최 신 판

건축 관계법 해설

조영호 著

한솔아카데미
H/A/N/S/O/L//A/C/A/D/E/M/Y

Preface

현대 사회의 건축과 에너지 관련 분야는 보다 전문화 되고 다양하기 때문에 건축과 에너지 분야에 세분화가 가속화 되어가고 있으며, 그 세분화 속의 한부분의 전문가가 되기 위해서는 건축 관련법과 에너지 관련법에 대한 법적인 지식이 필요하며 이를 알기위해서는 많은 노력이 요구된다.

건축과 에너지분야의 전문가가 되기 위해서는 건축과 에너지분야에 대한 열정적인 노력이 필요하다.

현재 건축관련법과 에너지 관련법을 함께 다룬 이론서가 부족하다고 생각하여 건축 에너지 관계법을 집필하게 되었다.

이 책은 총 4편으로 구성되며

1편은「관계법령(전문)」

1. 건축법
2. 건축법 시행령
3. 건축법 시행규칙
4. 주차장법
5. 주차장법 시행령
6. 주창장법 시행규칙

2편은「건축법 관계법령 해설」

1. 건축법
2. 국토의 계획 및 이용에 관한 법률
3. 주차장법
4. 건축사법
5. 주택법 등
6. 장애인 · 노인 · 임산부 등의 편의 증진 보장에 관한 법률
7. 교통약자의 이동편의 증진법

3편은「관계법령(전문)」

1. 건축물의 에너지 절약설계기준

4편은「건물 에너지효율설계 · 평가」

1. 건물 에너지효율설계 이해 및 응용
2. 건축, 기계, 전기, 신재생분야 도서분석능력

으로 정리하여 건축과 에너지 분야에 관심있는 분들의 사고를 확장할 수 있도록 하였다.

끝으로 출판에 성심을 다해주신 한솔아카데미의 편집부 모든 분께 감사드리며, 실무와 수험에 작은 보탬이 되길 진심으로 소원하며 항상 건강과 행운이 함께 하시길 기원드립니다.

무한하신 하나님의 사랑에 진심으로 감사드립니다.

2025. 2 저자 드림

Contents

건축에너지관계법 해설

제1편 관계법령(전문)

제2편 건축법 관계법령 해설

제1편

관계법령(전문)

1. 건축법
2. 건축법 시행령
3. 건축법 시행규칙
4. 주차장법
5. 주차장법 시행령
6. 주차장법 시행규칙

1. 건축법

[시행 2024. 6. 27.] [법률 제20424호, 2024. 3. 26., 일부개정]

제1장 총칙

제1조 【목적】 이 법은 건축물의 대지 · 구조 · 설비 기준 및 용도 등을 정하여 건축물의 안전 · 기능 · 환경 및 미관을 향상시킴으로써 공공복리의 증진에 이바지하는 것을 목적으로 한다.

제2조 【정의】 ① 이 법에서 사용하는 용어의 뜻은 다음과 같다.
〈개정 2009. 6. 9., 2011. 9. 16., 2012. 1. 17., 2013. 3. 23., 2014. 1. 14., 2014. 5. 28., 2014. 6. 3., 2016. 1. 19., 2016. 2. 3., 2017. 12. 26., 2020. 4. 7.〉

1. "대지(垈地)"란 「공간정보의 구축 및 관리 등에 관한 법률」에 따라 각 필지(筆地)로 나눈 토지를 말한다. 다만, 대통령령으로 정하는 토지는 둘 이상의 필지를 하나의 대지로 하거나 하나 이상의 필지의 일부를 하나의 대지로 할 수 있다.
2. "건축물"이란 토지에 정착(定着)하는 공작물 중 지붕과 기둥 또는 벽이 있는 것과 이에 딸린 시설물, 지하나 고가(高架)의 공작물에 설치하는 사무소 · 공연장 · 점포 · 차고 · 창고, 그 밖에 대통령령으로 정하는 것을 말한다.
3. "건축물의 용도"란 건축물의 종류를 유사한 구조, 이용 목적 및 형태별로 묶어 분류한 것을 말한다.
4. "건축설비"란 건축물에 설치하는 전기 · 전화 설비, 초고속 정보통신 설비, 지능형 홈네트워크 설비, 가스 · 급수 · 배수(配水) · 배수(排水) · 환기 · 난방 · 냉방 · 소화(消火) · 배연(排煙) 및 오물처리의 설비, 굴뚝, 승강기, 피뢰침, 국기 게양대, 공동시청 안테나, 유선방송 수신시설, 우편함, 저수조(貯水槽), 방범시설, 그 밖에 국토교통부령으로 정하는 설비를 말한다.
5. "지하층"이란 건축물의 바닥이 지표면 아래에 있는 층으로서 바닥에서 지표면까지 평균높이가 해당 층 높이의 2분의 1 이상인 것을 말한다.
6. "거실"이란 건축물 안에서 거주, 집무, 작업, 집회, 오락, 그 밖에 이와 유사한 목적을 위하여 사용되는 방을 말한다.
7. "주요구조부"란 내력벽(耐力壁), 기둥, 바닥, 보, 지붕틀 및 주계단(主階段)을 말한다. 다만, 사이 기둥, 최하층 바닥, 작은 보, 차양, 옥외 계단, 그 밖에 이와 유사한 것으로 건축물의 구조상 중요하지 아니한 부분은 제외한다.
8. "건축"이란 건축물을 신축 · 증축 · 개축 · 재축(再築)하거나 건축물을 이전하는 것을 말한다.

8의2. "결합건축"이란 제56조에 따른 용적률을 개별 대지마다 적용하지 아니하고, 2개 이상의 대지를 대상으로 통합적용하여 건축물을 건축하는 것을 말한다.

9. "대수선"이란 건축물의 기둥, 보, 내력벽, 주계단 등의 구조나 외부 형태를 수선 · 변경하거나 증설하는 것으로서 대통령령으로 정하는 것을 말한다.
10. "리모델링"이란 건축물의 노후화를 억제하거나 기능 향상 등을 위하여 대수선하거나 건축물의 일부를 증축 또는 개축하는 행위를 말한다.
11. "도로"란 보행과 자동차 통행이 가능한 너비 4미터 이상의 도로(지형적으로 자동차 통행이

불가능한 경우와 막다른 도로의 경우에는 대통령령으로 정하는 구조와 너비의 도로)로서 다음 각 목의 어느 하나에 해당하는 도로나 그 예정도로를 말한다.

가. 「국토의 계획 및 이용에 관한 법률」, 「도로법」, 「사도법」, 그 밖의 관계 법령에 따라 신설 또는 변경에 관한 고시가 된 도로

나. 건축허가 또는 신고 시에 특별시장·광역시장·특별자치시장·도지사·특별자치도지사(이하 "시·도지사"라 한다) 또는 시장·군수·구청장(자치구의 구청장을 말한다. 이하 같다)이 위치를 지정하여 공고한 도로

12. "건축주"란 건축물의 건축·대수선·용도변경, 건축설비의 설치 또는 공작물의 축조(이하 "건축물의 건축등"이라 한다) 에 관한 공사를 발주하거나 현장 관리인을 두어 스스로 그 공사를 하는 자를 말한다.

12의2. "제조업자"란 건축물의 건축·대수선·용도변경, 건축설비의 설치 또는 공작물의 축조 등에 필요한 건축자재를 제조하는 사람을 말한다.

12의3. "유통업자"란 건축물의 건축·대수선·용도변경, 건축설비의 설치 또는 공작물의 축조에 필요한 건축자재를 판매하거나 공사현장에 납품하는 사람을 말한다.

13. "설계자"란 자기의 책임(보조자의 도움을 받는 경우를 포함한다)으로 설계도서를 작성하고 그 설계도서에서 의도하는 바를 해설하며, 지도하고 자문에 응하는 자를 말한다.

14. "설계도서"란 건축물의 건축등에 관한 공사용 도면, 구조 계산서, 시방서(示方書), 그 밖에 국토교통부령으로 정하는 공사에 필요한 서류를 말한다.

15. "공사감리자"란 자기의 책임(보조자의 도움을 받는 경우를 포함한다)으로 이 법으로 정하는 바에 따라 건축물, 건축설비 또는 공작물이 설계도서의 내용대로 시공되는지를 확인하고, 품질관리·공사관리·안전관리 등에 대하여 지도·감독하는 자를 말한다.

16. "공사시공자"란 「건설산업기본법」 제2조제4호에 따른 건설공사를 하는 자를 말한다.

16의2. "건축물의 유지·관리"란 건축물의 소유자나 관리자가 사용 승인된 건축물의 대지·구조·설비 및 용도 등을 지속적으로 유지하기 위하여 건축물이 멸실될 때까지 관리하는 행위를 말한다.

17. "관계전문기술자"란 건축물의 구조·설비 등 건축물과 관련된 전문기술자격을 보유하고 설계와 공사감리에 참여하여 설계자 및 공사감리자와 협력하는 자를 말한다.

18. "특별건축구역"이란 조화롭고 창의적인 건축물의 건축을 통하여 도시경관의 창출, 건설기술 수준향상 및 건축 관련 제도개선을 도모하기 위하여 이 법 또는 관계 법령에 따라 일부 규정을 적용하지 아니하거나 완화 또는 통합하여 적용할 수 있도록 특별히 지정하는 구역을 말한다.

19. "고층건축물"이란 층수가 30층 이상이거나 높이가 120미터 이상인 건축물을 말한다.

20. "실내건축"이란 건축물의 실내를 안전하고 쾌적하며 효율적으로 사용하기 위하여 내부 공간을 칸막이로 구획하거나 벽지, 천장재, 바닥재, 유리 등 대통령령으로 정하는 재료 또는 장식물을 설치하는 것을 말한다.

21. "부속구조물"이란 건축물의 안전·기능·환경 등을 향상시키기 위하여 건축물에 추가적으로 설치하는 환기시설물 등 대통령령으로 정하는 구조물을 말한다.

② 건축물의 용도는 다음과 같이 구분하되, 각 용도에 속하는 건축물의 세부 용도는 대통령령으로 정한다. 〈개정 2013. 7. 16., 2022. 11. 15.〉

1. 단독주택

2. 공동주택
3. 제1종 근린생활시설
4. 제2종 근린생활시설
5. 문화 및 집회시설
6. 종교시설
7. 판매시설
8. 운수시설
9. 의료시설
10. 교육연구시설
11. 노유자(老幼者: 노인 및 어린이)시설
12. 수련시설
13. 운동시설
14. 업무시설
15. 숙박시설
16. 위락(慰樂)시설
17. 공장
18. 창고시설
19. 위험물 저장 및 처리 시설
20. 자동차 관련 시설
21. 동물 및 식물 관련 시설
22. 자원순환 관련 시설
23. 교정(矯正)시설
24. 국방 · 군사시설
25. 방송통신시설
26. 발전시설
27. 묘지 관련 시설
28. 관광 휴게시설
29. 그 밖에 대통령령으로 정하는 시설

제3조【적용 제외】 ① 다음 각 호의 어느 하나에 해당하는 건축물에는 이 법을 적용하지 아니한다. 〈개정 2016. 1. 19., 2019. 11. 26., 2023. 3. 21., 2023. 8. 8., 2024. 2. 6.〉

1. 「문화유산의 보존 및 활용에 관한 법률」에 따른 지정문화유산이나 임시지정문화유산 또는 「자연유산의 보존 및 활용에 관한 법률」에 따라 지정된 천연기념물등이나 임시지정천연기념물, 임시지정명승, 임시지정시 · 도자연유산, 임시자연유산자료
2. 철도나 궤도의 선로 부지(敷地)에 있는 다음 각 목의 시설
   가. 운전보안시설
   나. 철도 선로의 위나 아래를 가로지르는 보행시설
   다. 플랫폼
   라. 해당 철도 또는 궤도사업용 급수(給水) · 급탄(給炭) 및 급유(給油) 시설

3. 고속도로 통행료 징수시설
4. 컨테이너를 이용한 간이창고(「산업집적활성화 및 공장설립에 관한 법률」 제2조제1호에 따른 공장의 용도로만 사용되는 건축물의 대지에 설치하는 것으로서 이동이 쉬운 것만 해당된다)
5. 「하천법」에 따른 하천구역 내의 수문조작실

② 「국토의 계획 및 이용에 관한 법률」에 따른 도시지역 및 같은 법 제51조제3항에 따른 지구단위계획구역(이하 "지구단위계획구역"이라 한다) 외의 지역으로서 동이나 읍(동이나 읍에 속하는 섬의 경우에는 인구가 500명 이상인 경우만 해당된다)이 아닌 지역은 제44조부터 제47조까지, 제51조 및 제57조를 적용하지 아니한다. 〈개정 2011. 4. 14., 2014. 1. 14.〉

③ 「국토의 계획 및 이용에 관한 법률」 제47조제7항에 따른 건축물이나 공작물을 도시·군계획시설로 결정된 도로의 예정지에 건축하는 경우에는 제45조부터 제47조까지의 규정을 적용하지 아니한다. 〈개정 2011. 4. 14.〉

제4조 【건축위원회】 ① 국토교통부장관, 시·도지사 및 시장·군수·구청장은 다음 각 호의 사항을 조사·심의·조정 또는 재정(이하 이 조에서 "심의등"이라 한다)하기 위하여 각각 건축위원회를 두어야 한다. 〈개정 2009. 4. 1., 2013. 3. 23., 2014. 5. 28.〉

1. 이 법과 조례의 제정·개정 및 시행에 관한 중요 사항
2. 건축물의 건축등과 관련된 분쟁의 조정 또는 재정에 관한 사항. 다만, 시·도지사 및 시장·군수·구청장이 두는 건축위원회는 제외한다.
3. 건축물의 건축등과 관련된 민원에 관한 사항. 다만, 국토교통부장관이 두는 건축위원회는 제외한다.
4. 건축물의 건축 또는 대수선에 관한 사항
5. 다른 법령에서 건축위원회의 심의를 받도록 규정한 사항

② 국토교통부장관, 시·도지사 및 시장·군수·구청장은 건축위원회의 심의등을 효율적으로 수행하기 위하여 필요하면 자신이 설치하는 건축위원회에 다음 각 호의 전문위원회를 두어 운영할 수 있다. 〈개정 2009. 4. 1., 2013. 3. 23., 2014. 5. 28.〉

1. 건축분쟁전문위원회(국토교통부에 설치하는 건축위원회에 한정한다)
2. 건축민원전문위원회(시·도 및 시·군·구에 설치하는 건축위원회에 한정한다)
3. 건축계획·건축구조·건축설비 등 분야별 전문위원회

③ 제2항에 따른 전문위원회는 건축위원회가 정하는 사항에 대하여 심의등을 한다. 〈개정 2009. 4. 1., 2014. 5. 28.〉

④ 제3항에 따라 전문위원회의 심의등을 거친 사항은 건축위원회의 심의등을 거친 것으로 본다. 〈개정 2009. 4. 1., 2014. 5. 28.〉

⑤ 제1항에 따른 각 건축위원회의 조직·운영, 그 밖에 필요한 사항은 대통령령으로 정하는 바에 따라 국토교통부령이나 해당 지방자치단체의 조례(자치구의 경우에는 특별시나 광역시의 조례를 말한다. 이하 같다)로 정한다. 〈개정 2013. 3. 23.〉

제4조의2 【건축위원회의 건축 심의 등】 ① 대통령령으로 정하는 건축물을 건축하거나 대수선하려는 자는 국토교통부령으로 정하는 바에 따라 시·도지사 또는 시장·군수·구청장에게 제4조에 따른 건축위원회(이하 "건축위원회"라 한다)의 심의를 신청하여야 한다. 〈개정 2017. 1. 17.〉

② 제1항에 따라 심의 신청을 받은 시·도지사 또는 시장·군수·구청장은 대통령령으로 정하는

바에 따라 건축위원회에 심의 안건을 상정하고, 심의 결과를 국토교통부령으로 정하는 바에 따라 심의를 신청한 자에게 통보하여야 한다.

③ 제2항에 따른 건축위원회의 심의 결과에 이의가 있는 자는 심의 결과를 통보받은 날부터 1개월 이내에 시 · 도지사 또는 시장 · 군수 · 구청장에게 건축위원회의 재심의를 신청할 수 있다.

④ 제3항에 따른 재심의 신청을 받은 시 · 도지사 또는 시장 · 군수 · 구청장은 그 신청을 받은 날부터 15일 이내에 대통령령으로 정하는 바에 따라 건축위원회에 재심의 안건을 상정하고, 재심의 결과를 국토교통부령으로 정하는 바에 따라 재심의를 신청한 자에게 통보하여야 한다.

[본조신설 2014. 5. 28.]

제4조의3 【건축위원회 회의록의 공개】 시 · 도지사 또는 시장 · 군수 · 구청장은 제4조의2제1항에 따른 심의(같은 조 제3항에 따른 재심의를 포함한다. 이하 이 조에서 같다)를 신청한 자가 요청하는 경우에는 대통령령으로 정하는 바에 따라 건축위원회 심의의 일시 · 장소 · 안건 · 내용 · 결과 등이 기록된 회의록을 공개하여야 한다. 다만, 심의의 공정성을 침해할 우려가 있다고 인정되는 이름, 주민등록번호 등 대통령령으로 정하는 개인 식별 정보에 관한 부분의 경우에는 그러하지 아니하다.

[본조신설 2014. 5. 28.]

제4조의4 【건축민원전문위원회】 ① 제4조제2항에 따른 건축민원전문위원회는 건축물의 건축등과 관련된 다음 각 호의 민원[특별시장 · 광역시장 · 특별자치시장 · 특별자치도지사 또는 시장 · 군수 · 구청장(이하 "허가권자"라 한다)의 처분이 완료되기 전의 것으로 한정하며, 이하 "질의민원"이라 한다]을 심의하며, 시 · 도지사가 설치하는 건축민원전문위원회(이하 "광역지방건축민원전문위원회"라 한다)와 시장 · 군수 · 구청장이 설치하는 건축민원전문위원회(이하 "기초지방건축민원전문위원회"라 한다)로 구분한다.

1. 건축법령의 운영 및 집행에 관한 민원
2. 건축물의 건축등과 복합된 사항으로서 제11조제5항 각 호에 해당하는 법률 규정의 운영 및 집행에 관한 민원
3. 그 밖에 대통령령으로 정하는 민원

② 광역지방건축민원전문위원회는 허가권자나 도지사(이하 "허가권자등"이라 한다)의 제11조에 따른 건축허가나 사전승인에 대한 질의민원을 심의하고, 기초지방건축민원전문위원회는 시장(행정시의 시장을 포함한다) · 군수 · 구청장의 제11조 및 제14조에 따른 건축허가 또는 건축신고와 관련한 질의민원을 심의한다.

③ 건축민원전문위원회의 구성 · 회의 · 운영, 그 밖에 필요한 사항은 해당 지방자치단체의 조례로 정한다.

[본조신설 2014. 5. 28.]

제4조의5 【질의민원 심의의 신청】 ① 건축물의 건축등과 관련된 질의민원의 심의를 신청하려는 자는 제4조의4제2항에 따른 관할 건축민원전문위원회에 심의 신청서를 제출하여야 한다.

② 제1항에 따른 심의를 신청하고자 하는 자는 다음 각 호의 사항을 기재하여 문서로 신청하여야 한다. 다만, 문서에 의할 수 없는 특별한 사정이 있는 경우에는 구술로 신청할 수 있다.

1. 신청인의 이름과 주소
2. 신청의 취지 · 이유와 민원신청의 원인이 된 사실내용

3. 그 밖에 행정기관의 명칭 등 대통령령으로 정하는 사항

③ 건축민원전문위원회는 신청인의 질의민원을 받으면 15일 이내에 심의절차를 마쳐야 한다. 다만, 사정이 있으면 건축민원전문위원회의 의결로 15일 이내의 범위에서 기간을 연장할 수 있다.

[본조신설 2014. 5. 28.]

제4조의6 【심의를 위한 조사 및 의견 청취】 ① 건축민원전문위원회는 심의에 필요하다고 인정하면 위원 또는 사무국의 소속 공무원에게 관계 서류를 열람하게 하거나 관계 사업장에 출입하여 조사하게 할 수 있다.

② 건축민원전문위원회는 필요하다고 인정하면 신청인, 허가권자의 업무담당자, 이해관계자 또는 참고인을 위원회에 출석하게 하여 의견을 들을 수 있다.

③ 민원의 심의신청을 받은 건축민원전문위원회는 심의기간 내에 심의하여 심의결정서를 작성하여야 한다.

[본조신설 2014. 5. 28.]

제4조의7 【의견의 제시 등】 ① 건축민원전문위원회는 질의민원에 대하여 관계 법령, 관계 행정기관의 유권해석, 유사판례와 현장여건 등을 충분히 검토하여 심의의견을 제시할 수 있다.

② 건축민원전문위원회는 민원심의의 결정내용을 지체 없이 신청인 및 해당 허가권자등에게 통지하여야 한다.

③ 제2항에 따라 심의 결정내용을 통지받은 허가권자등은 이를 존중하여야 하며, 통지받은 날부터 10일 이내에 그 처리결과를 해당 건축민원전문위원회에 통보하여야 한다.

④ 제2항에 따른 심의 결정내용을 시장 · 군수 · 구청장이 이행하지 아니하는 경우에는 제4조의4제2항에도 불구하고 해당 민원인은 시장 · 군수 · 구청장이 통보한 처리결과를 첨부하여 광역지방건축민원전문위원회에 심의를 신청할 수 있다.

⑤ 제3항에 따라 처리결과를 통보받은 건축민원전문위원회는 신청인에게 그 내용을 지체 없이 통보하여야 한다.

[본조신설 2014. 5. 28.]

제4조의8 【사무국】 ① 건축민원전문위원회의 사무를 처리하기 위하여 위원회에 사무국을 두어야 한다.

② 건축민원전문위원회에는 다음 각 호의 사무를 나누어 맡도록 심사관을 둔다.

1. 건축민원전문위원회의 심의 · 운영에 관한 사항
2. 건축물의 건축등과 관련된 민원처리에 관한 업무지원 사항
3. 그 밖에 위원장이 지정하는 사항

③ 건축민원전문위원회의 위원장은 특정 사건에 관한 전문적인 사항을 처리하기 위하여 관계 전문가를 위촉하여 제2항 각 호의 사무를 하게 할 수 있다.

[본조신설 2014. 5. 28.]

제5조 【적용의 완화】 ① 건축주, 설계자, 공사시공자 또는 공사감리자(이하 "건축관계자"라 한다)는 업무를 수행할 때 이 법을 적용하는 것이 매우 불합리하다고 인정되는 대지나 건축물로서 대통령령으로 정하는 것에 대하여는 이 법의 기준을 완화하여 적용할 것을 허가권자에게 요청할 수 있다. 〈개정 2014. 1. 14., 2014. 5. 28.〉

② 제1항에 따른 요청을 받은 허가권자는 건축위원회의 심의를 거쳐 완화 여부와 적용 범위를 결정하고 그 결과를 신청인에게 알려야 한다. 〈개정 2014. 5. 28.〉

③ 제1항과 제2항에 따른 요청 및 결정의 절차와 그 밖에 필요한 사항은 해당 지방자치단체의 조례로 정한다.

제6조【기존의 건축물 등에 관한 특례】 허가권자는 법령의 제정 · 개정이나 그 밖에 대통령령으로 정하는 사유로 대지나 건축물이 이 법에 맞지 아니하게 된 경우에는 대통령령으로 정하는 범위에서 해당 지방자치단체의 조례로 정하는 바에 따라 건축을 허가할 수 있다.

제6조의2【특수구조 건축물의 특례】 건축물의 구조, 재료, 형식, 공법 등이 특수한 대통령령으로 정하는 건축물(이하 "특수구조 건축물"이라 한다)은 제4조, 제4조의2부터 제4조의8까지, 제5조부터 제9조까지, 제11조, 제14조, 제19조, 제21조부터 제25조까지, 제40조, 제41조, 제48조, 제48조의2, 제49조, 제50조, 제50조의2, 제51조, 제52조, 제52조의2, 제52조의4, 제53조, 제62조부터 제64조까지, 제65조의2, 제67조, 제68조 및 제84조를 적용할 때 대통령령으로 정하는 바에 따라 강화 또는 변경하여 적용할 수 있다. 〈개정 2019. 4. 23., 2019. 4. 30.〉

[본조신설 2015. 1. 6.]

제6조의3【부유식 건축물의 특례】 ① 「공유수면 관리 및 매립에 관한 법률」 제8조에 따른 공유수면 위에 고정된 인공대지(제2조제1항제1호의 "대지"로 본다)를 설치하고 그 위에 설치한 건축물(이하 "부유식 건축물"이라 한다)은 제40조부터 제44조까지, 제46조 및 제47조를 적용할 때 대통령령으로 정하는 바에 따라 달리 적용할 수 있다.

② 부유식 건축물의 설계, 시공 및 유지관리 등에 대하여 이 법을 적용하기 어려운 경우에는 대통령령으로 정하는 바에 따라 변경하여 적용할 수 있다.

[본조신설 2016. 1. 19.]

제7조【통일성을 유지하기 위한 도의 조례】 도(道) 단위로 통일성을 유지할 필요가 있으면 제5조제3항, 제6조, 제17조제2항, 제20조제2항제3호, 제27조제3항, 제42조, 제57조제1항, 제58조 및 제61조에 따라 시 · 군의 조례로 정하여야 할 사항을 도의 조례로 정할 수 있다. 〈개정 2014. 1. 14., 2015. 5. 18.〉

제8조【리모델링에 대비한 특례 등】 리모델링이 쉬운 구조의 공동주택의 건축을 촉진하기 위하여 공동주택을 대통령령으로 정하는 구조로 하여 건축허가를 신청하면 제56조, 제60조 및 제61조에 따른 기준을 100분의 120의 범위에서 대통령령으로 정하는 비율로 완화하여 적용할 수 있다.

제9조【다른 법령의 배제】 ① 건축물의 건축등을 위하여 지하를 굴착하는 경우에는 「민법」 제244조제1항을 적용하지 아니한다. 다만, 필요한 안전조치를 하여 위해(危害)를 방지하여야 한다.

② 건축물에 딸린 개인하수처리시설에 관한 설계의 경우에는 「하수도법」 제38조를 적용하지 아니한다.

제2장 건축물의 건축

제10조【건축 관련 입지와 규모의 사전결정】 ① 제11조에 따른 건축허가 대상 건축물을 건축하려는 자는 건축허가를 신청하기 전에 허가권자에게 그 건축물의 건축에 관한 다음 각 호의 사항에 대한

사전결정을 신청할 수 있다. 〈개정 2015. 5. 18.〉

1. 해당 대지에 건축하는 것이 이 법이나 관계 법령에서 허용되는지 여부
2. 이 법 또는 관계 법령에 따른 건축기준 및 건축제한, 그 완화에 관한 사항 등을 고려하여 해당 대지에 건축 가능한 건축물의 규모
3. 건축허가를 받기 위하여 신청자가 고려하여야 할 사항

② 제1항에 따른 사전결정을 신청하는 자(이하 "사전결정신청자"라 한다)는 건축위원회 심의와 「도시교통정비 촉진법」에 따른 교통영향평가서의 검토를 동시에 신청할 수 있다. 〈개정 2008. 3. 28., 2015. 7. 24.〉

③ 허가권자는 제1항에 따라 사전결정이 신청된 건축물의 대지면적이 「환경영향평가법」 제43조에 따른 소규모 환경영향평가 대상사업인 경우 환경부장관이나 지방환경관서의 장과 소규모 환경영향평가에 관한 협의를 하여야 한다. 〈개정 2011. 7. 21.〉

④ 허가권자는 제1항과 제2항에 따른 신청을 받으면 입지, 건축물의 규모, 용도 등을 사전결정한 후 사전결정 신청자에게 알려야 한다.

⑤ 제1항과 제2항에 따른 신청 절차, 신청 서류, 통지 등에 필요한 사항은 국토교통부령으로 정한다. 〈개정 2013. 3. 23.〉

⑥ 제4항에 따른 사전결정 통지를 받은 경우에는 다음 각 호의 허가를 받거나 신고 또는 협의를 한 것으로 본다. 〈개정 2010. 5. 31.〉

1. 「국토의 계획 및 이용에 관한 법률」 제56조에 따른 개발행위허가
2. 「산지관리법」 제14조와 제15조에 따른 산지전용허가와 산지전용신고, 같은 법 제15조의2에 따른 산지일시사용허가 · 신고. 다만, 보전산지인 경우에는 도시지역만 해당된다.
3. 「농지법」 제34조, 제35조 및 제43조에 따른 농지전용허가 · 신고 및 협의
4. 「하천법」 제33조에 따른 하천점용허가

⑦ 허가권자는 제6항 각 호의 어느 하나에 해당되는 내용이 포함된 사전결정을 하려면 미리 관계 행정기관의 장과 협의하여야 하며, 협의를 요청받은 관계 행정기관의 장은 요청받은 날부터 15일 이내에 의견을 제출하여야 한다.

⑧ 관계 행정기관의 장이 제7항에서 정한 기간(「민원 처리에 관한 법률」 제20조제2항에 따라 회신기간을 연장한 경우에는 그 연장된 기간을 말한다) 내에 의견을 제출하지 아니하면 협의가 이루어진 것으로 본다. 〈신설 2018. 12. 18.〉

⑨ 사전결정신청자는 제4항에 따른 사전결정을 통지받은 날부터 2년 이내에 제11조에 따른 건축허가를 신청하여야 하며, 이 기간에 건축허가를 신청하지 아니하면 사전결정의 효력이 상실된다. 〈개정 2018. 12. 18.〉

제11조 【건축허가】 ① 건축물을 건축하거나 대수선하려는 자는 특별자치시장 · 특별자치도지사 또는 시장 · 군수 · 구청장의 허가를 받아야 한다. 다만, 21층 이상의 건축물 등 대통령령으로 정하는 용도 및 규모의 건축물을 특별시나 광역시에 건축하려면 특별시장이나 광역시장의 허가를 받아야 한다. 〈개정 2014. 1. 14.〉

② 시장 · 군수는 제1항에 따라 다음 각 호의 어느 하나에 해당하는 건축물의 건축을 허가하려면 미리 건축계획서와 국토교통부령으로 정하는 건축물의 용도, 규모 및 형태가 표시된 기본설계도서를 첨부하여 도지사의 승인을 받아야 한다. 〈개정 2013. 3. 23., 2014. 5. 28.〉

1. 제1항 단서에 해당하는 건축물. 다만, 도시환경, 광역교통 등을 고려하여 해당 도의 조례로 정하는 건축물은 제외한다.
2. 자연환경이나 수질을 보호하기 위하여 도지사가 지정 · 공고한 구역에 건축하는 3층 이상 또는 연면적의 합계가 1천제곱미터 이상인 건축물로서 위락시설과 숙박시설 등 대통령령으로 정하는 용도에 해당하는 건축물
3. 주거환경이나 교육환경 등 주변 환경을 보호하기 위하여 필요하다고 인정하여 도지사가 지정 · 공고한 구역에 건축하는 위락시설 및 숙박시설에 해당하는 건축물

③ 제1항에 따라 허가를 받으려는 자는 허가신청서에 국토교통부령으로 정하는 설계도서와 제5항 각 호에 따른 허가 등을 받거나 신고를 하기 위하여 관계 법령에서 제출하도록 의무화하고 있는 신청서 및 구비서류를 첨부하여 허가권자에게 제출하여야 한다. 다만, 국토교통부장관이 관계 행정기관의 장과 협의하여 국토교통부령으로 정하는 신청서 및 구비서류는 제21조에 따른 착공신고 전까지 제출할 수 있다. 〈개정 2013. 3. 23., 2015. 5. 18.〉

④ 허가권자는 제1항에 따른 건축허가를 하고자 하는 때에 「건축기본법」 제25조에 따른 한국건축규정의 준수 여부를 확인하여야 한다. 다만, 다음 각 호의 어느 하나에 해당하는 경우에는 이 법이나 다른 법률에도 불구하고 건축위원회의 심의를 거쳐 건축허가를 하지 아니할 수 있다. 〈개정 2012. 1. 17., 2012. 10. 22., 2014. 1. 14., 2015. 5. 18., 2015. 8. 11., 2017. 4. 18., 2023. 12. 26.〉

1. 위락시설이나 숙박시설에 해당하는 건축물의 건축을 허가하는 경우 해당 대지에 건축하려는 건축물의 용도 · 규모 또는 형태가 주거환경이나 교육환경 등 주변 환경을 고려할 때 부적합하다고 인정되는 경우
2. 「국토의 계획 및 이용에 관한 법률」 제37조제1항제4호에 따른 방재지구(이하 "방재지구"라 한다) 및 「자연재해대책법」 제12조제1항에 따른 자연재해위험개선지구 등 상습적으로 침수되거나 침수가 우려되는 대통령령으로 정하는 지역에 건축하려는 건축물에 대하여 일부 공간에 거실을 설치하는 것이 부적합하다고 인정되는 경우

⑤ 제1항에 따른 건축허가를 받으면 다음 각 호의 허가 등을 받거나 신고를 한 것으로 보며, 공장건축물의 경우에는 「산업집적활성화 및 공장설립에 관한 법률」 제13조의2와 제14조에 따라 관련 법률의 인 · 허가등이나 허가등을 받은 것으로 본다. 〈개정 2009. 6. 9., 2010. 5. 31., 2011. 5. 30., 2014. 1. 14., 2017. 1. 17., 2020. 3. 31.〉

1. 제20조제3항에 따른 공사용 가설건축물의 축조신고
2. 제83조에 따른 공작물의 축조신고
3. 「국토의 계획 및 이용에 관한 법률」 제56조에 따른 개발행위허가
4. 「국토의 계획 및 이용에 관한 법률」 제86조제5항에 따른 시행자의 지정과 같은 법 제88조제2항에 따른 실시계획의 인가
5. 「산지관리법」 제14조와 제15조에 따른 산지전용허가와 산지전용신고, 같은 법 제15조의2에 따른 산지일시사용허가 · 신고. 다만, 보전산지인 경우에는 도시지역만 해당된다.
6. 「사도법」 제4조에 따른 사도(私道)개설허가
7. 「농지법」 제34조, 제35조 및 제43조에 따른 농지전용허가 · 신고 및 협의
8. 「도로법」 제36조에 따른 도로관리청이 아닌 자에 대한 도로공사 시행의 허가, 같은 법 제52조제1항에 따른 도로와 다른 시설의 연결 허가

9. 「도로법」 제61조에 따른 도로의 점용 허가
10. 「하천법」 제33조에 따른 하천점용 등의 허가
11. 「하수도법」 제27조에 따른 배수설비(配水設備)의 설치신고
12. 「하수도법」 제34조제2항에 따른 개인하수처리시설의 설치신고
13. 「수도법」 제38조에 따라 수도사업자가 지방자치단체인 경우 그 지방자치단체가 정한 조례에 따른 상수도 공급신청
14. 「전기안전관리법」 제8조에 따른 자가용전기설비 공사계획의 인가 또는 신고
15. 「물환경보전법」 제33조에 따른 수질오염물질 배출시설 설치의 허가나 신고
16. 「대기환경보전법」 제23조에 따른 대기오염물질 배출시설설치의 허가나 신고
17. 「소음 · 진동관리법」 제8조에 따른 소음 · 진동 배출시설 설치의 허가나 신고
18. 「가축분뇨의 관리 및 이용에 관한 법률」 제11조에 따른 배출시설 설치허가나 신고
19. 「자연공원법」 제23조에 따른 행위허가
20. 「도시공원 및 녹지 등에 관한 법률」 제24조에 따른 도시공원의 점용허가
21. 「토양환경보전법」 제12조에 따른 특정토양오염관리대상시설의 신고
22. 「수산자원관리법」 제52조제2항에 따른 행위의 허가
23. 「초지법」 제23조에 따른 초지전용의 허가 및 신고

⑥ 허가권자는 제5항 각 호의 어느 하나에 해당하는 사항이 다른 행정기관의 권한에 속하면 그 행정기관의 장과 미리 협의하여야 하며, 협의 요청을 받은 관계 행정기관의 장은 요청을 받은 날부터 15일 이내에 의견을 제출하여야 한다. 이 경우 관계 행정기관의 장은 제8항에 따른 처리기준이 아닌 사유를 이유로 협의를 거부할 수 없고, 협의 요청을 받은 날부터 15일 이내에 의견을 제출하지 아니하면 협의가 이루어진 것으로 본다. 〈개정 2017. 1. 17.〉

⑦ 허가권자는 제1항에 따른 허가를 받은 자가 다음 각 호의 어느 하나에 해당하면 허가를 취소하여야 한다. 다만, 제1호에 해당하는 경우로서 정당한 사유가 있다고 인정되면 1년의 범위에서 공사의 착수기간을 연장할 수 있다. 〈개정 2014. 1. 14., 2017. 1. 17., 2020. 6. 9.〉

1. 허가를 받은 날부터 2년(「산업집적활성화 및 공장설립에 관한 법률」 제13조에 따라 공장의 신설 · 증설 또는 업종변경의 승인을 받은 공장은 3년) 이내에 공사에 착수하지 아니한 경우
2. 제1호의 기간 이내에 공사에 착수하였으나 공사의 완료가 불가능하다고 인정되는 경우
3. 제21조에 따른 착공신고 전에 경매 또는 공매 등으로 건축주가 대지의 소유권을 상실한 때부터 6개월이 지난 이후 공사의 착수가 불가능하다고 판단되는 경우

⑧ 제5항 각 호의 어느 하나에 해당하는 사항과 제12조제1항의 관계 법령을 관장하는 중앙행정기관의 장은 그 처리기준을 국토교통부장관에게 통보하여야 한다. 처리기준을 변경한 경우에도 또한 같다. 〈개정 2013. 3. 23.〉

⑨ 국토교통부장관은 제8항에 따라 처리기준을 통보받은 때에는 이를 통합하여 고시하여야 한다. 〈개정 2013. 3. 23.〉

⑩ 제4조제1항에 따른 건축위원회의 심의를 받은 자가 심의 결과를 통지 받은 날부터 2년 이내에 건축허가를 신청하지 아니하면 건축위원회 심의의 효력이 상실된다. 〈신설 2011. 5. 30.〉

⑪ 제1항에 따라 건축허가를 받으려는 자는 해당 대지의 소유권을 확보하여야 한다. 다만, 다음 각 호의 어느 하나에 해당하는 경우에는 그러하지 아니하다. 〈신설 2016. 1. 19., 2017. 1. 17.,

2021. 8. 10.〉

1. 건축주가 대지의 소유권을 확보하지 못하였으나 그 대지를 사용할 수 있는 권원을 확보한 경우. 다만, 분양을 목적으로 하는 공동주택은 제외한다.
2. 건축주가 건축물의 노후화 또는 구조안전 문제 등 대통령령으로 정하는 사유로 건축물을 신축·개축·재축 및 리모델링을 하기 위하여 건축물 및 해당 대지의 공유자 수의 100분의 80 이상의 동의를 얻고 동의한 공유자의 지분 합계가 전체 지분의 100분의 80 이상인 경우
3. 건축주가 제1항에 따른 건축허가를 받아 주택과 주택 외의 시설을 동일 건축물로 건축하기 위하여 「주택법」 제21조를 준용한 대지 소유 등의 권리 관계를 증명한 경우. 다만, 「주택법」 제15조제1항 각 호 외의 부분 본문에 따른 대통령령으로 정하는 호수 이상으로 건설·공급하는 경우에 한정한다.
4. 건축하려는 대지에 포함된 국유지 또는 공유지에 대하여 허가권자가 해당 토지의 관리청이 해당 토지를 건축주에게 매각하거나 양여할 것을 확인한 경우
5. 건축주가 집합건물의 공용부분을 변경하기 위하여 「집합건물의 소유 및 관리에 관한 법률」 제15조제1항에 따른 결의가 있었음을 증명한 경우
6. 건축주가 집합건물을 재건축하기 위하여 「집합건물의 소유 및 관리에 관한 법률」 제47조에 따른 결의가 있었음을 증명한 경우

제12조 【건축복합민원 일괄협의회】 ① 허가권자는 제11조에 따라 허가를 하려면 해당 용도·규모 또는 형태의 건축물을 건축하려는 대지에 건축하는 것이 「국토의 계획 및 이용에 관한 법률」 제54조, 제56조부터 제62조까지 및 제76조부터 제82조까지의 규정과 그 밖에 대통령령으로 정하는 관계 법령의 규정에 맞는지를 확인하고, 제10조제6항 각 호와 같은 조 제7항 또는 제11조제5항 각 호와 같은 조 제6항의 사항을 처리하기 위하여 대통령령으로 정하는 바에 따라 건축복합민원 일괄협의회를 개최하여야 한다.

② 제1항에 따라 확인이 요구되는 법령의 관계 행정기관의 장과 제10조제7항 및 제11조제6항에 따른 관계 행정기관의 장은 소속 공무원을 제1항에 따른 건축복합민원 일괄협의회에 참석하게 하여야 한다.

제13조 【건축 공사현장 안전관리 예치금 등】 ① 제11조에 따라 건축허가를 받은 자는 건축물의 건축공사를 중단하고 장기간 공사현장을 방치할 경우 공사현장의 미관 개선과 안전관리 등 필요한 조치를 하여야 한다.

② 허가권자는 연면적이 1천제곱미터 이상인 건축물(「주택도시기금법」에 따른 주택도시보증공사가 분양보증을 한 건축물, 「건축물의 분양에 관한 법률」 제4조제1항제1호에 따른 분양보증이나 신탁계약을 체결한 건축물은 제외한다)로서 해당 지방자치단체의 조례로 정하는 건축물에 대하여는 제21조에 따른 착공신고를 하는 건축주(「한국토지주택공사법」에 따른 한국토지주택공사 또는 「지방공기업법」에 따라 건축사업을 수행하기 위하여 설립된 지방공사는 제외한다)에게 장기간 건축물의 공사현장이 방치되는 것에 대비하여 미리 미관 개선과 안전관리에 필요한 비용(대통령령으로 정하는 보증서를 포함하며, 이하 "예치금"이라 한다)을 건축공사비의 1퍼센트의 범위에서 예치하게 할 수 있다. 〈개정 2012. 12. 18., 2014. 5. 28., 2015. 1. 6.〉

③ 허가권자가 예치금을 반환할 때에는 대통령령으로 정하는 이율로 산정한 이자를 포함하여 반환하여야 한다. 다만, 보증서를 예치한 경우에는 그러하지 아니하다.

④ 제2항에 따른 예치금의 산정 · 예치 방법, 반환 등에 관하여 필요한 사항은 해당 지방자치단체의 조례로 정한다.

⑤ 허가권자는 공사현장이 방치되어 도시미관을 저해하고 안전을 위해한다고 판단되면 건축허가를 받은 자에게 건축물 공사현장의 미관과 안전관리를 위한 다음 각 호의 개선을 명할 수 있다. 〈개정 2014. 5. 28., 2019. 4. 30., 2020. 6. 9.〉

1. 안전울타리 설치 등 안전조치
2. 공사재개 또는 해체 등 정비

⑥ 허가권자는 제5항에 따른 개선명령을 받은 자가 개선을 하지 아니하면 「행정대집행법」으로 정하는 바에 따라 대집행을 할 수 있다. 이 경우 제2항에 따라 건축주가 예치한 예치금을 행정대집행에 필요한 비용에 사용할 수 있으며, 행정대집행에 필요한 비용이 이미 납부한 예치금보다 많을 때에는 「행정대집행법」 제6조에 따라 그 차액을 추가로 징수할 수 있다.

⑦ 허가권자는 방치되는 공사현장의 안전관리를 위하여 긴급한 필요가 있다고 인정하는 경우에는 대통령령으로 정하는 바에 따라 건축주에게 고지한 후 제2항에 따라 건축주가 예치한 예치금을 사용하여 제5항제1호 중 대통령령으로 정하는 조치를 할 수 있다. 〈신설 2014. 5. 28.〉

제13조의2 【건축물 안전영향평가】 ① 허가권자는 초고층 건축물 등 대통령령으로 정하는 주요 건축물에 대하여 제11조에 따른 건축허가를 하기 전에 건축물의 구조, 지반 및 풍환경(風環境) 등이 건축물의 구조안전과 인접 대지의 안전에 미치는 영향 등을 평가하는 건축물 안전영향평가(이하 "안전영향평가"라 한다)를 안전영향평가기관에 의뢰하여 실시하여야 한다. 〈개정 2021. 3. 16.〉

② 안전영향평가기관은 국토교통부장관이 「공공기관의 운영에 관한 법률」 제4조에 따른 공공기관으로서 건축 관련 업무를 수행하는 기관 중에서 지정하여 고시한다.

③ 안전영향평가 결과는 건축위원회의 심의를 거쳐 확정한다. 이 경우 제4조의2에 따라 건축위원회의 심의를 받아야 하는 건축물은 건축위원회 심의에 안전영향평가 결과를 포함하여 심의할 수 있다.

④ 안전영향평가 대상 건축물의 건축주는 건축허가 신청 시 제출하여야 하는 도서에 안전영향평가 결과를 반영하여야 하며, 건축물의 계획상 반영이 곤란하다고 판단되는 경우에는 그 근거 자료를 첨부하여 허가권자에게 건축위원회의 재심의를 요청할 수 있다.

⑤ 안전영향평가의 검토 항목과 건축주의 안전영향평가 의뢰, 평가 비용 납부 및 처리 절차 등 그 밖에 필요한 사항은 대통령령으로 정한다.

⑥ 허가권자는 제3항 및 제4항의 심의 결과 및 안전영향평가 내용을 국토교통부령으로 정하는 방법에 따라 즉시 공개하여야 한다.

⑦ 안전영향평가를 실시하여야 하는 건축물이 다른 법률에 따라 구조안전과 인접 대지의 안전에 미치는 영향 등을 평가 받은 경우에는 안전영향평가의 해당 항목을 평가 받은 것으로 본다.

[본조신설 2016. 2. 3.]

제14조 【건축신고】 ① 제11조에 해당하는 허가 대상 건축물이라 하더라도 다음 각 호의 어느 하나에 해당하는 경우에는 미리 특별자치시장 · 특별자치도지사 또는 시장 · 군수 · 구청장에게 국토교통부령으로 정하는 바에 따라 신고를 하면 건축허가를 받은 것으로 본다. 〈개정 2009. 2. 6., 2011. 4. 14., 2013. 3. 23., 2014. 1. 14., 2014. 5. 28.〉

1. 바닥면적의 합계가 85제곱미터 이내의 증축 · 개축 또는 재축. 다만, 3층 이상 건축물인 경우에는

증축 · 개축 또는 재축하려는 부분의 바닥면적의 합계가 건축물 연면적의 10분의 1 이내인 경우로 한정한다.

2. 「국토의 계획 및 이용에 관한 법률」에 따른 관리지역, 농림지역 또는 자연환경보전지역에서 연면적이 200제곱미터 미만이고 3층 미만인 건축물의 건축. 다만, 다음 각 목의 어느 하나에 해당하는 구역에서의 건축은 제외한다.
   가. 지구단위계획구역
   나. 방재지구 등 재해취약지역으로서 대통령령으로 정하는 구역
3. 연면적이 200제곱미터 미만이고 3층 미만인 건축물의 대수선
4. 주요구조부의 해체가 없는 등 대통령령으로 정하는 대수선
5. 그 밖에 소규모 건축물로서 대통령령으로 정하는 건축물의 건축

② 제1항에 따른 건축신고에 관하여는 제11조제5항 및 제6항을 준용한다. 〈개정 2014. 5. 28.〉

③ 특별자치시장 · 특별자치도지사 또는 시장 · 군수 · 구청장은 제1항에 따른 신고를 받은 날부터 5일 이내에 신고수리 여부 또는 민원 처리 관련 법령에 따른 처리기간의 연장 여부를 신고인에게 통지하여야 한다. 다만, 이 법 또는 다른 법령에 따라 심의, 동의, 협의, 확인 등이 필요한 경우에는 20일 이내에 통지하여야 한다. 〈신설 2017. 4. 18.〉

④ 특별자치시장 · 특별자치도지사 또는 시장 · 군수 · 구청장은 제1항에 따른 신고가 제3항 단서에 해당하는 경우에는 신고를 받은 날부터 5일 이내에 신고인에게 그 내용을 통지하여야 한다. 〈신설 2017. 4. 18.〉

⑤ 제1항에 따라 신고를 한 자가 신고일부터 1년 이내에 공사에 착수하지 아니하면 그 신고의 효력은 없어진다. 다만, 건축주의 요청에 따라 허가권자가 정당한 사유가 있다고 인정하면 1년의 범위에서 착수기한을 연장할 수 있다. 〈개정 2016. 1. 19., 2017. 4. 18.〉

제15조【건축주와의 계약 등】 ① 건축관계자는 건축물이 설계도서에 따라 이 법과 이 법에 따른 명령이나 처분, 그 밖의 관계 법령에 맞게 건축되도록 업무를 성실히 수행하여야 하며, 서로 위법하거나 부당한 일을 하도록 강요하거나 이와 관련하여 어떠한 불이익도 주어서는 아니 된다.

② 건축관계자 간의 책임에 관한 내용과 그 범위는 이 법에서 규정한 것 외에는 건축주와 설계자, 건축주와 공사시공자, 건축주와 공사감리자 간의 계약으로 정한다.

③ 국토교통부장관은 제2항에 따른 계약의 체결에 필요한 표준계약서를 작성하여 보급하고 활용하게 하거나 「건축사법」 제31조에 따른 건축사협회(이하 "건축사협회"라 한다), 「건설산업기본법」 제50조에 따른 건설사업자단체로 하여금 표준계약서를 작성하여 보급하고 활용하게 할 수 있다. 〈개정 2013. 3. 23., 2014. 1. 14., 2019. 4. 30.〉

제16조【허가와 신고사항의 변경】 ① 건축주가 제11조나 제14조에 따라 허가를 받았거나 신고한 사항을 변경하려면 변경하기 전에 대통령령으로 정하는 바에 따라 허가권자의 허가를 받거나 특별자치시장 · 특별자치도지사 또는 시장 · 군수 · 구청장에게 신고하여야 한다. 다만, 대통령령으로 정하는 경미한 사항의 변경은 그러하지 아니하다. 〈개정 2014. 1. 14.〉

② 제1항 본문에 따른 허가나 신고사항 중 대통령령으로 정하는 사항의 변경은 제22조에 따른 사용승인을 신청할 때 허가권자에게 일괄하여 신고할 수 있다.

③ 제1항에 따른 허가 사항의 변경허가에 관하여는 제11조제5항 및 제6항을 준용한다. 〈개정 2017.

4. 18.〉
④ 제1항에 따른 신고 사항의 변경신고에 관하여는 제11조제5항 · 제6항 및 제14조제3항 · 제4항을 준용한다. 〈신설 2017. 4. 18.〉

제17조【건축허가 등의 수수료】 ① 제11조, 제14조, 제16조, 제19조, 제20조 및 제83조에 따라 허가를 신청하거나 신고를 하는 자는 허가권자나 신고수리자에게 수수료를 납부하여야 한다.
② 제1항에 따른 수수료는 국토교통부령으로 정하는 범위에서 해당 지방자치단체의 조례로 정한다. 〈개정 2013. 3. 23.〉

제17조의2【매도청구 등】 ① 제11조제11항제2호에 따라 건축허가를 받은 건축주는 해당 건축물 또는 대지의 공유자 중 동의하지 아니한 공유자에게 그 공유지분을 시가(市價)로 매도할 것을 청구할 수 있다. 이 경우 매도청구를 하기 전에 매도청구 대상이 되는 공유자와 3개월 이상 협의를 하여야 한다.
② 제1항에 따른 매도청구에 관하여는 「집합건물의 소유 및 관리에 관한 법률」 제48조를 준용한다. 이 경우 구분소유권 및 대지사용권은 매도청구의 대상이 되는 대지 또는 건축물의 공유지분으로 본다.
[본조신설 2016. 1. 19.]

제17조의3【소유자를 확인하기 곤란한 공유지분 등에 대한 처분】 ① 제11조제11항제2호에 따라 건축허가를 받은 건축주는 해당 건축물 또는 대지의 공유자가 거주하는 곳을 확인하기가 현저히 곤란한 경우에는 전국적으로 배포되는 둘 이상의 일간신문에 두 차례 이상 공고하고, 공고한 날부터 30일 이상이 지났을 때에는 제17조의2에 따른 매도청구 대상이 되는 건축물 또는 대지로 본다.
② 건축주는 제1항에 따른 매도청구 대상 공유지분의 감정평가액에 해당하는 금액을 법원에 공탁(供託)하고 착공할 수 있다.
③ 제2항에 따른 공유지분의 감정평가액은 허가권자가 추천하는 「감정평가 및 감정평가사에 관한 법률」에 따른 감정평가법인등 2인 이상이 평가한 금액을 산술평균하여 산정한다. 〈개정 2016. 1. 19., 2020. 4. 7.〉
[본조신설 2016. 1. 19.]

제18조【건축허가 제한 등】 ① 국토교통부장관은 국토관리를 위하여 특히 필요하다고 인정하거나 주무부장관이 국방, 「국가유산기본법」 제3조에 따른 국가유산의 보존, 환경보전 또는 국민경제를 위하여 특히 필요하다고 인정하여 요청하면 허가권자의 건축허가나 허가를 받은 건축물의 착공을 제한할 수 있다. 〈개정 2013. 3. 23., 2023. 5. 16.〉
② 특별시장 · 광역시장 · 도지사는 지역계획이나 도시 · 군계획에 특히 필요하다고 인정하면 시장 · 군수 · 구청장의 건축허가나 허가를 받은 건축물의 착공을 제한할 수 있다. 〈개정 2011. 4. 14., 2014. 1. 14.〉
③ 국토교통부장관이나 시 · 도지사는 제1항이나 제2항에 따라 건축허가나 건축허가를 받은 건축물의 착공을 제한하려는 경우에는 「토지이용규제 기본법」 제8조에 따라 주민의견을 청취한 후 건축위원회의 심의를 거쳐야 한다. 〈신설 2014. 5. 28.〉
④ 제1항이나 제2항에 따라 건축허가나 건축물의 착공을 제한하는 경우 제한기간은 2년 이내로 한다. 다만, 1회에 한하여 1년 이내의 범위에서 제한기간을 연장할 수 있다. 〈개정 2014. 5. 28.〉

⑤ 국토교통부장관이나 특별시장 · 광역시장 · 도지사는 제1항이나 제2항에 따라 건축허가나 건축물의 착공을 제한하는 경우 제한 목적 · 기간, 대상 건축물의 용도와 대상 구역의 위치 · 면적 · 경계 등을 상세하게 정하여 허가권자에게 통보하여야 하며, 통보를 받은 허가권자는 지체 없이 이를 공고하여야 한다. 〈개정 2013. 3. 23., 2014. 1. 14., 2014. 5. 28.〉

⑥ 특별시장 · 광역시장 · 도지사는 제2항에 따라 시장 · 군수 · 구청장의 건축허가나 건축물의 착공을 제한한 경우 즉시 국토교통부장관에게 보고하여야 하며, 보고를 받은 국토교통부장관은 제한 내용이 지나치다고 인정하면 해제를 명할 수 있다. 〈개정 2013. 3. 23., 2014. 1. 14., 2014. 5. 28.〉

제19조 【용도변경】 ① 건축물의 용도변경은 변경하려는 용도의 건축기준에 맞게 하여야 한다.

② 제22조에 따라 사용승인을 받은 건축물의 용도를 변경하려는 자는 다음 각 호의 구분에 따라 국토교통부령으로 정하는 바에 따라 특별자치시장 · 특별자치도지사 또는 시장 · 군수 · 구청장의 허가를 받거나 신고를 하여야 한다. 〈개정 2013. 3. 23., 2014. 1. 14.〉

1. 허가 대상: 제4항 각 호의 어느 하나에 해당하는 시설군(施設群)에 속하는 건축물의 용도를 상위군(제4항 각 호의 번호가 용도변경하려는 건축물이 속하는 시설군보다 작은 시설군을 말한다)에 해당하는 용도로 변경하는 경우
2. 신고 대상: 제4항 각 호의 어느 하나에 해당하는 시설군에 속하는 건축물의 용도를 하위군(제4항 각 호의 번호가 용도변경하려는 건축물이 속하는 시설군보다 큰 시설군을 말한다)에 해당하는 용도로 변경하는 경우

③ 제4항에 따른 시설군 중 같은 시설군 안에서 용도를 변경하려는 자는 국토교통부령으로 정하는 바에 따라 특별자치시장 · 특별자치도지사 또는 시장 · 군수 · 구청장에게 건축물대장 기재내용의 변경을 신청하여야 한다. 다만, 대통령령으로 정하는 변경의 경우에는 그러하지 아니하다. 〈개정 2013. 3. 23., 2014. 1. 14.〉

④ 시설군은 다음 각 호와 같고 각 시설군에 속하는 건축물의 세부 용도는 대통령령으로 정한다.

1. 자동차 관련 시설군
2. 산업 등의 시설군
3. 전기통신시설군
4. 문화 및 집회시설군
5. 영업시설군
6. 교육 및 복지시설군
7. 근린생활시설군
8. 주거업무시설군
9. 그 밖의 시설군

⑤ 제2항에 따른 허가나 신고 대상인 경우로서 용도변경하려는 부분의 바닥면적의 합계가 100제곱미터 이상인 경우의 사용승인에 관하여는 제22조를 준용한다. 다만, 용도변경하려는 부분의 바닥면적의 합계가 500제곱미터 미만으로서 대수선에 해당되는 공사를 수반하지 아니하는 경우에는 그러하지 아니하다. 〈개정 2016. 1. 19.〉

⑥ 제2항에 따른 허가 대상인 경우로서 용도변경하려는 부분의 바닥면적의 합계가 500제곱미터 이상인 용도변경(대통령령으로 정하는 경우는 제외한다)의 설계에 관하여는 제23조를 준용한다.

⑦ 제1항과 제2항에 따른 건축물의 용도변경에 관하여는 제3조, 제5조, 제6조, 제7조, 제11조제2항부터

제9항까지, 제12조, 제14조부터 제16조까지, 제18조, 제20조, 제27조, 제29조, 제38조, 제42조부터 제44조까지, 제48조부터 제50조까지, 제50조의2, 제51조부터 제56조까지, 제58조, 제60조부터 제64조까지, 제67조, 제68조, 제78조부터 제87조까지의 규정과 「녹색건축물 조성 지원법」 제15조 및 「국토의 계획 및 이용에 관한 법률」 제54조를 준용한다. 〈개정 2011. 5. 30., 2014. 1. 14., 2014. 5. 28., 2019. 4. 30.〉

제19조의2【복수 용도의 인정】 ① 건축주는 건축물의 용도를 복수로 하여 제11조에 따른 건축허가, 제14조에 따른 건축신고 및 제19조에 따른 용도변경 허가 · 신고 또는 건축물대장 기재내용의 변경 신청을 할 수 있다.

② 허가권자는 제1항에 따라 신청한 복수의 용도가 이 법 및 관계 법령에서 정한 건축기준과 입지기준 등에 모두 적합한 경우에 한정하여 국토교통부령으로 정하는 바에 따라 복수 용도를 허용할 수 있다. 〈개정 2020. 6. 9.〉

[본조신설 2016. 1. 19.]

제20조【가설건축물】 ① 도시 · 군계획시설 및 도시 · 군계획시설예정지에서 가설건축물을 건축하려는 자는 특별자치시장 · 특별자치도지사 또는 시장 · 군수 · 구청장의 허가를 받아야 한다. 〈개정 2011. 4. 14., 2014. 1. 14.〉

② 특별자치시장 · 특별자치도지사 또는 시장 · 군수 · 구청장은 해당 가설건축물의 건축이 다음 각 호의 어느 하나에 해당하는 경우가 아니면 제1항에 따른 허가를 하여야 한다. 〈신설 2014. 1. 14.〉

1. 「국토의 계획 및 이용에 관한 법률」 제64조에 위배되는 경우
2. 4층 이상인 경우
3. 구조, 존치기간, 설치목적 및 다른 시설 설치 필요성 등에 관하여 대통령령으로 정하는 기준의 범위에서 조례로 정하는 바에 따르지 아니한 경우
4. 그 밖에 이 법 또는 다른 법령에 따른 제한규정을 위반하는 경우

③ 제1항에도 불구하고 재해복구, 흥행, 전람회, 공사용 가설건축물 등 대통령령으로 정하는 용도의 가설건축물을 축조하려는 자는 대통령령으로 정하는 존치 기간, 설치 기준 및 절차에 따라 특별자치시장 · 특별자치도지사 또는 시장 · 군수 · 구청장에게 신고한 후 착공하여야 한다. 〈개정 2014. 1. 14.〉

④ 제3항에 따른 신고에 관하여는 제14조제3항 및 제4항을 준용한다. 〈신설 2017. 4. 18.〉

⑤ 제1항과 제3항에 따른 가설건축물을 건축하거나 축조할 때에는 대통령령으로 정하는 바에 따라 제25조, 제38조부터 제42조까지, 제44조부터 제50조까지, 제50조의2, 제51조부터 제64조까지, 제67조, 제68조와 「녹색건축물 조성 지원법」 제15조 및 「국토의 계획 및 이용에 관한 법률」 제76조 중 일부 규정을 적용하지 아니한다. 〈개정 2014. 1. 14., 2017. 4. 18.〉

⑥ 특별자치시장 · 특별자치도지사 또는 시장 · 군수 · 구청장은 제1항부터 제3항까지의 규정에 따라 가설건축물의 건축을 허가하거나 축조신고를 받은 경우 국토교통부령으로 정하는 바에 따라 가설건축물대장에 이를 기재하여 관리하여야 한다. 〈개정 2013. 3. 23., 2014. 1. 14., 2017. 4. 18.〉

⑦ 제2항 또는 제3항에 따라 가설건축물의 건축허가 신청 또는 축조신고를 받은 때에는 다른 법령에 따른 제한 규정에 대하여 확인이 필요한 경우 관계 행정기관의 장과 미리 협의하여야 하고, 협의 요청을 받은 관계 행정기관의 장은 요청을 받은 날부터 15일 이내에 의견을 제출하여야 한다. 이

경우 관계 행정기관의 장이 협의 요청을 받은 날부터 15일 이내에 의견을 제출하지 아니하면 협의가 이루어진 것으로 본다. 〈신설 2017. 1. 17., 2017. 4. 18.〉

제21조【착공신고 등】 ① 제11조 · 제14조 또는 제20조제1항에 따라 허가를 받거나 신고를 한 건축물의 공사를 착수하려는 건축주는 국토교통부령으로 정하는 바에 따라 허가권자에게 공사계획을 신고하여야 한다. 〈개정 2013. 3. 23., 2019. 4. 30., 2021. 7. 27.〉

② 제1항에 따라 공사계획을 신고하거나 변경신고를 하는 경우 해당 공사감리자(제25조제1항에 따른 공사감리자를 지정한 경우만 해당된다)와 공사시공자가 신고서에 함께 서명하여야 한다.

③ 허가권자는 제1항 본문에 따른 신고를 받은 날부터 3일 이내에 신고수리 여부 또는 민원 처리 관련 법령에 따른 처리기간의 연장 여부를 신고인에게 통지하여야 한다. 〈신설 2017. 4. 18.〉

④ 허가권자가 제3항에서 정한 기간 내에 신고수리 여부 또는 민원 처리 관련 법령에 따른 처리기간의 연장 여부를 신고인에게 통지하지 아니하면 그 기간이 끝난 날의 다음 날에 신고를 수리한 것으로 본다. 〈신설 2017. 4. 18.〉

⑤ 건축주는 「건설산업기본법」 제41조를 위반하여 건축물의 공사를 하거나 하게 할 수 없다. 〈개정 2017. 4. 18.〉

⑥ 제11조에 따라 허가를 받은 건축물의 건축주는 제1항에 따른 신고를 할 때에는 제15조제2항에 따른 각 계약서의 사본을 첨부하여야 한다. 〈개정 2017. 4. 18.〉

제22조【건축물의 사용승인】 ① 건축주가 제11조 · 제14조 또는 제20조제1항에 따라 허가를 받았거나 신고를 한 건축물의 건축공사를 완료[하나의 대지에 둘 이상의 건축물을 건축하는 경우 동(棟)별 공사를 완료한 경우를 포함한다]한 후 그 건축물을 사용하려면 제25조제6항에 따라 공사감리자가 작성한 감리완료보고서(같은 조 제1항에 따른 공사감리자를 지정한 경우만 해당된다)와 국토교통부령으로 정하는 공사완료도서를 첨부하여 허가권자에게 사용승인을 신청하여야 한다. 〈개정 2013. 3. 23., 2016. 2. 3.〉

② 허가권자는 제1항에 따른 사용승인신청을 받은 경우 국토교통부령으로 정하는 기간에 다음 각 호의 사항에 대한 검사를 실시하고, 검사에 합격된 건축물에 대하여는 사용승인서를 내주어야 한다. 다만, 해당 지방자치단체의 조례로 정하는 건축물은 사용승인을 위한 검사를 실시하지 아니하고 사용승인서를 내줄 수 있다. 〈개정 2013. 3. 23.〉

1. 사용승인을 신청한 건축물이 이 법에 따라 허가 또는 신고한 설계도서대로 시공되었는지의 여부
2. 감리완료보고서, 공사완료도서 등의 서류 및 도서가 적합하게 작성되었는지의 여부

③ 건축주는 제2항에 따라 사용승인을 받은 후가 아니면 건축물을 사용하거나 사용하게 할 수 없다. 다만, 다음 각 호의 어느 하나에 해당하는 경우에는 그러하지 아니하다. 〈개정 2013. 3. 23.〉

1. 허가권자가 제2항에 따른 기간 내에 사용승인서를 교부하지 아니한 경우
2. 사용승인서를 교부받기 전에 공사가 완료된 부분이 건폐율, 용적률, 설비, 피난 · 방화 등 국토교통부령으로 정하는 기준에 적합한 경우로서 기간을 정하여 대통령령으로 정하는 바에 따라 임시로 사용의 승인을 한 경우

④ 건축주가 제2항에 따른 사용승인을 받은 경우에는 다음 각 호에 따른 사용승인 · 준공검사 또는 등록신청 등을 받거나 한 것으로 보며, 공장건축물의 경우에는 「산업집적활성화 및 공장설립에 관한 법률」 제14조의2에 따라 관련 법률의 검사 등을 받은 것으로 본다. 〈개정 2009. 1. 30., 2009.

6. 9., 2011. 4. 14., 2011. 5. 30., 2014. 1. 14., 2014. 6. 3., 2017. 1. 17., 2018. 3. 27., 2020. 3. 31., 2024. 1. 16.〉

1. 「하수도법」 제27조에 따른 배수설비(排水設備)의 준공검사 및 같은 법 제37조에 따른 개인하수처리시설의 준공검사
2. 「공간정보의 구축 및 관리 등에 관한 법률」 제64조에 따른 지적공부(地籍公簿)의 변동사항 등록신청
3. 「승강기 안전관리법」 제28조에 따른 승강기 설치검사
4. 「에너지이용 합리화법」 제39조에 따른 보일러 설치검사
5. 「전기안전관리법」 제9조에 따른 전기설비의 사용전검사
6. 「정보통신공사업법」 제36조에 따른 정보통신공사의 사용전검사

6의2. 「기계설비법」 제15조에 따른 기계설비의 사용 전 검사

7. 「도로법」 제62조제2항에 따른 도로점용 공사의 준공확인
8. 「국토의 계획 및 이용에 관한 법률」 제62조에 따른 개발 행위의 준공검사
9. 「국토의 계획 및 이용에 관한 법률」 제98조에 따른 도시 · 군계획시설사업의 준공검사
10. 「물환경보전법」 제37조에 따른 수질오염물질 배출시설의 가동개시의 신고
11. 「대기환경보전법」 제30조에 따른 대기오염물질 배출시설의 가동개시의 신고
12. 삭제 〈2009. 6. 9.〉

⑤ 허가권자는 제2항에 따른 사용승인을 하는 경우 제4항 각 호의 어느 하나에 해당하는 내용이 포함되어 있으면 관계 행정기관의 장과 미리 협의하여야 한다.

⑥ 특별시장 또는 광역시장은 제2항에 따라 사용승인을 한 경우 지체 없이 그 사실을 군수 또는 구청장에게 알려서 건축물대장에 적게 하여야 한다. 이 경우 건축물대장에는 설계자, 대통령령으로 정하는 주요 공사의 시공자, 공사감리자를 적어야 한다.

제23조 【건축물의 설계】 ① 제11조제1항에 따라 건축허가를 받아야 하거나 제14조제1항에 따라 건축신고를 하여야 하는 건축물 또는 「주택법」 제66조제1항 또는 제2항에 따른 리모델링을 하는 건축물의 건축등을 위한 설계는 건축사가 아니면 할 수 없다. 다만, 다음 각 호의 어느 하나에 해당하는 경우에는 그러하지 아니하다. 〈개정 2014. 5. 28., 2016. 1. 19.〉

1. 바닥면적의 합계가 85제곱미터 미만인 증축 · 개축 또는 재축
2. 연면적이 200제곱미터 미만이고 층수가 3층 미만인 건축물의 대수선
3. 그 밖에 건축물의 특수성과 용도 등을 고려하여 대통령령으로 정하는 건축물의 건축등

② 설계자는 건축물이 이 법과 이 법에 따른 명령이나 처분, 그 밖의 관계 법령에 맞고 안전 · 기능 및 미관에 지장이 없도록 설계하여야 하며, 국토교통부장관이 정하여 고시하는 설계도서 작성기준에 따라 설계도서를 작성하여야 한다. 다만, 해당 건축물의 공법(工法) 등이 특수한 경우로서 국토교통부령으로 정하는 바에 따라 건축위원회의 심의를 거친 때에는 그러하지 아니하다. 〈개정 2013. 3. 23.〉

③ 제2항에 따라 설계도서를 작성한 설계자는 설계가 이 법과 이 법에 따른 명령이나 처분, 그 밖의 관계 법령에 맞게 작성되었는지를 확인한 후 설계도서에 서명날인하여야 한다.

④ 국토교통부장관이 국토교통부령으로 정하는 바에 따라 작성하거나 인정하는 표준설계도서나 특수한 공법을 적용한 설계도서에 따라 건축물을 건축하는 경우에는 제1항을 적용하지 아니한다. 〈개정 2013. 3. 23.〉

제24조 【건축시공】 ① 공사시공자는 제15조제2항에 따른 계약대로 성실하게 공사를 수행하여야 하며, 이 법과 이 법에 따른 명령이나 처분, 그 밖의 관계 법령에 맞게 건축물을 건축하여 건축주에게 인도하여야 한다.

② 공사시공자는 건축물(건축허가나 용도변경허가 대상인 것만 해당된다)의 공사현장에 설계도서를 갖추어 두어야 한다.

③ 공사시공자는 설계도서가 이 법과 이 법에 따른 명령이나 처분, 그 밖의 관계 법령에 맞지 아니하거나 공사의 여건상 불합리하다고 인정되면 건축주와 공사감리자의 동의를 받아 서면으로 설계자에게 설계를 변경하도록 요청할 수 있다. 이 경우 설계자는 정당한 사유가 없으면 요청에 따라야 한다.

④ 공사시공자는 공사를 하는 데에 필요하다고 인정하거나 제25조제5항에 따라 공사감리자로부터 상세시공도면을 작성하도록 요청을 받으면 상세시공도면을 작성하여 공사감리자의 확인을 받아야 하며, 이에 따라 공사를 하여야 한다. 〈개정 2016. 2. 3.〉

⑤ 공사시공자는 건축허가나 용도변경허가가 필요한 건축물의 건축공사를 착수한 경우에는 해당 건축공사의 현장에 국토교통부령으로 정하는 바에 따라 건축허가 표지판을 설치하여야 한다. 〈개정 2013. 3. 23.〉

⑥ 「건설산업기본법」 제41조제1항 각 호에 해당하지 아니하는 건축물의 건축주는 공사 현장의 공정 및 안전을 관리하기 위하여 같은 법 제2조제15호에 따른 건설기술인 1명을 현장관리인으로 지정하여야 한다. 이 경우 현장관리인은 국토교통부령으로 정하는 바에 따라 공정 및 안전 관리 업무를 수행하여야 하며, 건축주의 승낙을 받지 아니하고는 정당한 사유 없이 그 공사 현장을 이탈하여서는 아니 된다. 〈신설 2016. 2. 3., 2018. 8. 14.〉

⑦ 공동주택, 종합병원, 관광숙박시설 등 대통령령으로 정하는 용도 및 규모의 건축물의 공사시공자는 건축주, 공사감리자 및 허가권자가 설계도서에 따라 적정하게 공사되었는지를 확인할 수 있도록 공사의 공정이 대통령령으로 정하는 진도에 다다른 때마다 사진 및 동영상을 촬영하고 보관하여야 한다. 이 경우 촬영 및 보관 등 그 밖에 필요한 사항은 국토교통부령으로 정한다. 〈신설 2016. 2. 3.〉

제25조 【건축물의 공사감리】 ① 건축주는 대통령령으로 정하는 용도 · 규모 및 구조의 건축물을 건축하는 경우 건축사나 대통령령으로 정하는 자를 공사감리자(공사시공자 본인 및 「독점규제 및 공정거래에 관한 법률」 제2조에 따른 계열회사는 제외한다)로 지정하여 공사감리를 하게 하여야 한다. 〈개정 2016. 2. 3.〉

② 제1항에도 불구하고 「건설산업기본법」 제41조제1항 각 호에 해당하지 아니하는 소규모 건축물로서 건축주가 직접 시공하는 건축물 및 주택으로 사용하는 건축물 중 대통령령으로 정하는 건축물의 경우에는 대통령령으로 정하는 바에 따라 허가권자가 해당 건축물의 설계에 참여하지 아니한 자 중에서 공사감리자를 지정하여야 한다. 다만, 다음 각 호의 어느 하나에 해당하는 건축물의 건축주가 국토교통부령으로 정하는 바에 따라 허가권자에게 신청하는 경우에는 해당 건축물을 설계한 자를 공사감리자로 지정할 수 있다. 〈신설 2016. 2. 3., 2018. 8. 14., 2020. 4. 7.〉

1. 「건설기술 진흥법」 제14조에 따른 신기술 중 대통령령으로 정하는 신기술을 보유한 자가 그 신기술을 적용하여 설계한 건축물
2. 「건축서비스산업 진흥법」 제13조제4항에 따른 역량 있는 건축사로서 대통령령으로 정하는 건축사가 설계한 건축물

3. 설계공모를 통하여 설계한 건축물

③ 공사감리자는 공사감리를 할 때 이 법과 이 법에 따른 명령이나 처분, 그 밖의 관계 법령에 위반된 사항을 발견하거나 공사시공자가 설계도서대로 공사를 하지 아니하면 이를 건축주에게 알린 후 공사시공자에게 시정하거나 재시공하도록 요청하여야 하며, 공사시공자가 시정이나 재시공 요청에 따르지 아니하면 서면으로 그 건축공사를 중지하도록 요청할 수 있다. 이 경우 공사중지를 요청받은 공사시공자는 정당한 사유가 없으면 즉시 공사를 중지하여야 한다. 〈개정 2016. 2. 3.〉

④ 공사감리자는 제3항에 따라 공사시공자가 시정이나 재시공 요청을 받은 후 이에 따르지 아니하거나 공사중지 요청을 받고도 공사를 계속하면 국토교통부령으로 정하는 바에 따라 이를 허가권자에게 보고하여야 한다. 〈개정 2013. 3. 23., 2016. 2. 3.〉

⑤ 대통령령으로 정하는 용도 또는 규모의 공사의 공사감리자는 필요하다고 인정하면 공사시공자에게 상세시공도면을 작성하도록 요청할 수 있다. 〈개정 2016. 2. 3.〉

⑥ 공사감리자는 국토교통부령으로 정하는 바에 따라 감리일지를 기록ㆍ유지하여야 하고, 공사의 공정(工程)이 대통령령으로 정하는 진도에 다다른 경우에는 감리중간보고서를, 공사를 완료한 경우에는 감리완료보고서를 국토교통부령으로 정하는 바에 따라 각각 작성하여 건축주에게 제출하여야 한다. 이 경우 건축주는 감리중간보고서는 제출받은 때, 감리완료보고서는 제22조에 따른 건축물의 사용승인을 신청할 때 허가권자에게 제출하여야 한다. 〈개정 2013. 3. 23., 2016. 2. 3., 2020. 4. 7.〉

⑦ 건축주나 공사시공자는 제3항과 제4항에 따라 위반사항에 대한 시정이나 재시공을 요청하거나 위반사항을 허가권자에게 보고한 공사감리자에게 이를 이유로 공사감리자의 지정을 취소하거나 보수의 지급을 거부하거나 지연시키는 등 불이익을 주어서는 아니 된다. 〈개정 2016. 2. 3.〉

⑧ 제1항에 따른 공사감리의 방법 및 범위 등은 건축물의 용도ㆍ규모 등에 따라 대통령령으로 정하되, 이에 따른 세부기준이 필요한 경우에는 국토교통부장관이 정하거나 건축사협회로 하여금 국토교통부장관의 승인을 받아 정하도록 할 수 있다. 〈개정 2013. 3. 23., 2016. 2. 3.〉

⑨ 국토교통부장관은 제8항에 따라 세부기준을 정하거나 승인을 한 경우 이를 고시하여야 한다. 〈개정 2013. 3. 23., 2016. 2. 3.〉

⑩ 「주택법」 제15조에 따른 사업계획 승인 대상과 「건설기술 진흥법」 제39조제2항에 따라 건설사업관리를 하게 하는 건축물의 공사감리는 제1항부터 제9항까지 및 제11항부터 제14항까지의 규정에도 불구하고 각각 해당 법령으로 정하는 바에 따른다. 〈개정 2013. 5. 22., 2016. 1. 19., 2016. 2. 3., 2018. 8. 14.〉

⑪ 제1항에 따라 건축주가 공사감리자를 지정하거나 제2항에 따라 허가권자가 공사감리자를 지정하는 건축물의 건축주는 제21조에 따른 착공신고를 하는 때에 감리비용이 명시된 감리 계약서를 허가권자에게 제출하여야 하고, 제22조에 따른 사용승인을 신청하는 때에는 감리용역 계약내용에 따라 감리비용을 지급하여야 한다. 이 경우 허가권자는 감리 계약서에 따라 감리비용이 지급되었는지를 확인한 후 사용승인을 하여야 한다. 〈신설 2016. 2. 3., 2020. 12. 22., 2021. 7. 27.〉

⑫ 제2항에 따라 허가권자가 공사감리자를 지정하는 건축물의 건축주는 설계자의 설계의도가 구현되도록 해당 건축물의 설계자를 건축과정에 참여시켜야 한다. 이 경우 「건축서비스산업 진흥법」 제22조를 준용한다. 〈신설 2018. 8. 14.〉

⑬ 제12항에 따라 설계자를 건축과정에 참여시켜야 하는 건축주는 제21조에 따른 착공신고를 하는

때에 해당 계약서 등 대통령령으로 정하는 서류를 허가권자에게 제출하여야 한다. 〈신설 2018. 8. 14.〉

⑭ 허가권자는 제2항에 따라 허가권자가 공사감리자를 지정하는 경우의 감리비용에 관한 기준을 해당 지방자치단체의 조례로 정할 수 있다. 〈신설 2016. 2. 3., 2018. 8. 14., 2020. 12. 22.〉

제25조의2 【건축관계자등에 대한 업무제한】 ① 허가권자는 설계자, 공사시공자, 공사감리자 및 관계전문기술자(이하 "건축관계자등"이라 한다)가 대통령령으로 정하는 주요 건축물에 대하여 제21조에 따른 착공신고 시부터 「건설산업기본법」 제28조에 따른 하자담보책임 기간에 제40조, 제41조, 제48조, 제50조 및 제51조를 위반하거나 중대한 과실로 건축물의 기초 및 주요구조부에 중대한 손괴를 일으켜 사람을 사망하게 한 경우에는 1년 이내의 기간을 정하여 이 법에 의한 업무를 수행할 수 없도록 업무정지를 명할 수 있다.

② 허가권자는 건축관계자등이 제40조, 제41조, 제48조, 제49조, 제50조, 제50조의2, 제51조, 제52조 및 제52조의4를 위반하여 건축물의 기초 및 주요구조부에 중대한 손괴를 일으켜 대통령령으로 정하는 규모 이상의 재산상의 피해가 발생한 경우(제1항에 해당하는 위반행위는 제외한다)에는 다음 각 호에서 정하는 기간 이내의 범위에서 다중이용건축물 등 대통령령으로 정하는 주요 건축물에 대하여 이 법에 의한 업무를 수행할 수 없도록 업무정지를 명할 수 있다. 〈개정 2019. 4. 23.〉

1. 최초로 위반행위가 발생한 경우: 업무정지일부터 6개월
2. 2년 이내에 동일한 현장에서 위반행위가 다시 발생한 경우: 다시 업무정지를 받는 날부터 1년

③ 허가권자는 건축관계자등이 제40조, 제41조, 제48조, 제49조, 제50조, 제50조의2, 제51조, 제52조 및 제52조의4를 위반한 경우(제1항 및 제2항에 해당하는 위반행위는 제외한다)와 제28조를 위반하여 가설시설물이 붕괴된 경우에는 기간을 정하여 시정을 명하거나 필요한 지시를 할 수 있다. 〈개정 2019. 4. 23.〉

④ 허가권자는 제3항에 따른 시정명령 등에도 불구하고 특별한 이유 없이 이를 이행하지 아니한 경우에는 다음 각 호에서 정하는 기간 이내의 범위에서 이 법에 의한 업무를 수행할 수 없도록 업무정지를 명할 수 있다.

1. 최초의 위반행위가 발생하여 허가권자가 지정한 시정기간 동안 특별한 사유 없이 시정하지 아니하는 경우: 업무정지일부터 3개월
2. 2년 이내에 제3항에 따른 위반행위가 동일한 현장에서 2차례 발생한 경우: 업무정지일부터 3개월
3. 2년 이내에 제3항에 따른 위반행위가 동일한 현장에서 3차례 발생한 경우: 업무정지일부터 1년

⑤ 허가권자는 제4항에 따른 업무정지처분을 갈음하여 다음 각 호의 구분에 따라 건축관계자등에게 과징금을 부과할 수 있다.

1. 제4항제1호 또는 제2호에 해당하는 경우: 3억원 이하
2. 제4항제3호에 해당하는 경우: 10억원 이하

⑥ 건축관계자등은 제1항, 제2항 또는 제4항에 따른 업무정지처분에도 불구하고 그 처분을 받기 전에 계약을 체결하였거나 관계 법령에 따라 허가, 인가 등을 받아 착수한 업무는 제22조에 따른 사용승인을 받은 때까지 계속 수행할 수 있다.

⑦ 제1항부터 제5항까지에 해당하는 조치는 그 소속 법인 또는 단체에게도 동일하게 적용한다. 다만, 소속 법인 또는 단체가 위반행위를 방지하기 위하여 해당 업무에 관하여 상당한 주의와 감독을 게을리하지 아니한 경우에는 그러하지 아니하다.

⑧ 제1항부터 제5항까지의 조치는 관계 법률에 따라 건축허가를 의제하는 경우의 건축관계자등에게 동일하게 적용한다.

⑨ 허가권자는 제1항부터 제5항까지의 조치를 한 경우 그 내용을 국토교통부장관에게 통보하여야 한다.

⑩ 국토교통부장관은 제9항에 따라 통보된 사항을 종합관리하고, 허가권자가 해당 건축관계자등과 그 소속 법인 또는 단체를 알 수 있도록 국토교통부령으로 정하는 바에 따라 공개하여야 한다.

⑪ 건축관계자등, 소속 법인 또는 단체에 대한 업무정지처분을 하려는 경우에는 청문을 하여야 한다.

[본조신설 2016. 2. 3.]

제26조 【허용 오차】 대지의 측량(「공간정보의 구축 및 관리 등에 관한 법률」에 따른 지적측량은 제외한다)이나 건축물의 건축 과정에서 부득이하게 발생하는 오차는 이 법을 적용할 때 국토교통부령으로 정하는 범위에서 허용한다. 〈개정 2009. 6. 9., 2013. 3. 23., 2014. 6. 3.〉

제27조 【현장조사 · 검사 및 확인업무의 대행】 ① 허가권자는 이 법에 따른 현장조사 · 검사 및 확인업무를 대통령령으로 정하는 바에 따라 「건축사법」 제23조에 따라 건축사사무소개설신고를 한 자에게 대행하게 할 수 있다. 〈개정 2014. 1. 14., 2014. 5. 28.〉

② 제1항에 따라 업무를 대행하는 자는 현장조사 · 검사 또는 확인결과를 국토교통부령으로 정하는 바에 따라 허가권자에게 서면으로 보고하여야 한다. 〈개정 2013. 3. 23.〉

③ 허가권자는 제1항에 따른 자에게 업무를 대행하게 한 경우 국토교통부령으로 정하는 범위에서 해당 지방자치단체의 조례로 정하는 수수료를 지급하여야 한다. 〈개정 2013. 3. 23.〉

제28조 【공사현장의 위해 방지 등】 ① 건축물의 공사시공자는 대통령령으로 정하는 바에 따라 공사현장의 위해를 방지하기 위하여 필요한 조치를 하여야 한다.

② 허가권자는 건축물의 공사와 관련하여 건축관계자간 분쟁상담 등의 필요한 조치를 하여야 한다.

제29조 【공용건축물에 대한 특례】 ① 국가나 지방자치단체는 제11조, 제14조, 제19조, 제20조 및 제83조에 따른 건축물을 건축 · 대수선 · 용도변경하거나 가설건축물을 건축하거나 공작물을 축조하려는 경우에는 대통령령으로 정하는 바에 따라 미리 건축물의 소재지를 관할하는 허가권자와 협의하여야 한다. 〈개정 2011. 5. 30.〉

② 국가나 지방자치단체가 제1항에 따라 건축물의 소재지를 관할하는 허가권자와 협의한 경우에는 제11조, 제14조, 제19조, 제20조 및 제83조에 따른 허가를 받았거나 신고한 것으로 본다. 〈개정 2011. 5. 30.〉

③ 제1항에 따라 협의한 건축물에는 제22조제1항부터 제3항까지의 규정을 적용하지 아니한다. 다만, 건축물의 공사가 끝난 경우에는 지체 없이 허가권자에게 통보하여야 한다.

④ 국가나 지방자치단체가 소유한 대지의 지상 또는 지하 여유공간에 구분지상권을 설정하여 주민편의 시설 등 대통령령으로 정하는 시설을 설치하고자 하는 경우 허가권자는 구분지상권자를 건축주로 보고 구분지상권이 설정된 부분을 제2조제1항제1호의 대지로 보아 건축허가를 할 수 있다. 이 경우 구분지상권 설정의 대상 및 범위, 기간 등은 「국유재산법」 및 「공유재산 및 물품 관리법」에 적합하여야 한다. 〈신설 2016. 1. 19.〉

제30조 【건축통계 등】 ① 허가권자는 다음 각 호의 사항(이하 "건축통계"라 한다)을 국토교통부령으로

정하는 바에 따라 국토교통부장관이나 시 · 도지사에게 보고하여야 한다. 〈개정 2013. 3. 23.〉

1. 제11조에 따른 건축허가 현황
2. 제14조에 따른 건축신고 현황
3. 제19조에 따른 용도변경허가 및 신고 현황
4. 제21조에 따른 착공신고 현황
5. 제22조에 따른 사용승인 현황
6. 그 밖에 대통령령으로 정하는 사항

② 건축통계의 작성 등에 필요한 사항은 국토교통부령으로 정한다. 〈개정 2013. 3. 23.〉

제31조 【건축행정 전산화】 ① 국토교통부장관은 이 법에 따른 건축행정 관련 업무를 전산처리하기 위하여 종합적인 계획을 수립 · 시행할 수 있다. 〈개정 2013. 3. 23.〉

② 허가권자는 제10조, 제11조, 제14조, 제16조, 제19조부터 제22조까지, 제25조, 제29조, 제30조, 제38조, 제83조 및 제92조에 따른 신청서, 신고서, 첨부서류, 통지, 보고 등을 디스켓, 디스크 또는 정보통신망 등으로 제출하게 할 수 있다. 〈개정 2019. 4. 30.〉

제32조 【건축허가 업무 등의 전산처리 등】 ① 허가권자는 건축허가 업무 등의 효율적인 처리를 위하여 국토교통부령으로 정하는 바에 따라 전자정보처리 시스템을 이용하여 이 법에 규정된 업무를 처리할 수 있다. 〈개정 2013. 3. 23.〉

② 제1항에 따른 전자정보처리 시스템에 따라 처리된 자료(이하 "전산자료"라 한다)를 이용하려는 자는 대통령령으로 정하는 바에 따라 관계 중앙행정기관의 장의 심사를 거쳐 다음 각 호의 구분에 따라 국토교통부장관, 시 · 도지사 또는 시장 · 군수 · 구청장의 승인을 받아야 한다. 다만, 지방자치단체의 장이 승인을 신청하는 경우에는 관계 중앙행정기관의 장의 심사를 받지 아니한다. 〈개정 2013. 3. 23., 2014. 1. 14., 2022. 6. 10.〉

1. 전국 단위의 전산자료: 국토교통부장관
2. 특별시 · 광역시 · 특별자치시 · 도 · 특별자치도(이하 "시 · 도"라 한다) 단위의 전산자료: 시 · 도지사
3. 시 · 군 또는 구(자치구를 말한다. 이하 같다) 단위의 전산자료: 시장 · 군수 · 구청장

③ 국토교통부장관, 시 · 도지사 또는 시장 · 군수 · 구청장이 제2항에 따른 승인신청을 받은 경우에는 건축허가 업무 등의 효율적인 처리에 지장이 없고 대통령령으로 정하는 건축주 등의 개인정보 보호기준을 위반하지 아니한다고 인정되는 경우에만 승인할 수 있다. 이 경우 용도를 한정하여 승인할 수 있다. 〈개정 2013. 3. 23.〉

④ 제2항 및 제3항에도 불구하고 건축물의 소유자가 본인 소유의 건축물에 대한 소유 정보를 신청하거나 건축물의 소유자가 사망하여 그 상속인이 피상속인의 건축물에 대한 소유 정보를 신청하는 경우에는 승인 및 심사를 받지 아니할 수 있다. 〈신설 2017. 10. 24.〉

⑤ 제2항에 따른 승인을 받아 전산자료를 이용하려는 자는 사용료를 내야 한다. 〈개정 2017. 10. 24.〉

⑥ 제1항부터 제5항까지의 규정에 따른 전자정보처리 시스템의 운영에 관한 사항, 전산자료의 이용 대상 범위와 심사기준, 승인절차, 사용료 등에 관하여 필요한 사항은 대통령령으로 정한다. 〈개정 2017. 10. 24.〉

제33조 【전산자료의 이용자에 대한 지도 · 감독】 ① 국토교통부장관, 시 · 도지사 또는 시장 · 군수 · 구청장은 개인정보의 보호 및 전산자료의 이용목적 외 사용 방지 등을 위하여 필요하다고 인정되면 전산자료의 보유 또는 관리 등에 관한 사항에 관하여 제32조에 따라 전산자료를 이용하는 자를 지도 · 감독할 수 있다. 〈개정 2013. 3. 23., 2019. 8. 20.〉

② 제1항에 따른 지도 · 감독의 대상 및 절차 등에 관하여 필요한 사항은 대통령령으로 정한다.

제34조 【건축종합민원실의 설치】 특별자치시장 · 특별자치도지사 또는 시장 · 군수 · 구청장은 대통령령으로 정하는 바에 따라 건축허가, 건축신고, 사용승인 등 건축과 관련된 민원을 종합적으로 접수하여 처리할 수 있는 민원실을 설치 · 운영하여야 한다. 〈개정 2014. 1. 14.〉

제3장 건축물의 유지와 관리

제35조 삭제 〈2019. 4. 30.〉

제35조의2 삭제 〈2019. 4. 30.〉

제36조 삭제 〈2019. 4. 30.〉

제37조 【건축지도원】 ① 특별자치시장 · 특별자치도지사 또는 시장 · 군수 · 구청장은 이 법 또는 이 법에 따른 명령이나 처분에 위반되는 건축물의 발생을 예방하고 건축물을 적법하게 유지 · 관리하도록 지도하기 위하여 대통령령으로 정하는 바에 따라 건축지도원을 지정할 수 있다. 〈개정 2014. 1. 14.〉

② 제1항에 따른 건축지도원의 자격과 업무 범위 등은 대통령령으로 정한다.

제38조 【건축물대장】 ① 특별자치시장 · 특별자치도지사 또는 시장 · 군수 · 구청장은 건축물의 소유 · 이용 및 유지 · 관리 상태를 확인하거나 건축정책의 기초 자료로 활용하기 위하여 다음 각 호의 어느 하나에 해당하면 건축물대장에 건축물과 그 대지의 현황 및 국토교통부령으로 정하는 건축물의 구조내력(構造耐力)에 관한 정보를 적어서 보관하고 이를 지속적으로 정비하여야 한다. 〈개정 2012. 1. 17., 2014. 1. 14., 2015. 1. 6., 2017. 10. 24.〉

1. 제22조제2항에 따라 사용승인서를 내준 경우
2. 제11조에 따른 건축허가 대상 건축물(제14조에 따른 신고 대상 건축물을 포함한다) 외의 건축물의 공사를 끝낸 후 기재를 요청한 경우
3. 삭제 〈2019. 4. 30.〉
4. 그 밖에 대통령령으로 정하는 경우

② 특별자치시장 · 특별자치도지사 또는 시장 · 군수 · 구청장은 건축물대장의 작성 · 보관 및 정비를 위하여 필요한 자료나 정보의 제공을 중앙행정기관의 장 또는 지방자치단체의 장에게 요청할 수 있다. 이 경우 자료나 정보의 제공을 요청받은 기관의 장은 특별한 사유가 없으면 그 요청에 따라야 한다. 〈신설 2017. 10. 24.〉

③ 제1항 및 제2항에 따른 건축물대장의 서식, 기재 내용, 기재 절차, 그 밖에 필요한 사항은 국토교통부령으로 정한다. 〈개정 2013. 3. 23., 2017. 10. 24.〉

제39조 【등기촉탁】 ① 특별자치시장 · 특별자치도지사 또는 시장 · 군수 · 구청장은 다음 각 호의 어느

하나에 해당하는 사유로 건축물대장의 기재 내용이 변경되는 경우(제2호의 경우 신규 등록은 제외한다) 관할 등기소에 그 등기를 촉탁하여야 한다. 이 경우 제1호와 제4호의 등기촉탁은 지방자치단체가 자기를 위하여 하는 등기로 본다. 〈개정 2014. 1. 14., 2017. 1. 17., 2019. 4. 30.〉

1. 지번이나 행정구역의 명칭이 변경된 경우
2. 제22조에 따른 사용승인을 받은 건축물로서 사용승인 내용 중 건축물의 면적 · 구조 · 용도 및 층수가 변경된 경우
3. 「건축물관리법」 제30조에 따라 건축물을 해체한 경우
4. 「건축물관리법」 제34조에 따른 건축물의 멸실 후 멸실신고를 한 경우

② 제1항에 따른 등기촉탁의 절차에 관하여 필요한 사항은 국토교통부령으로 정한다. 〈개정 2013. 3. 23.〉

제4장 건축물의 대지와 도로

제40조 【대지의 안전 등】 ① 대지는 인접한 도로면보다 낮아서는 아니 된다. 다만, 대지의 배수에 지장이 없거나 건축물의 용도상 방습(防濕)의 필요가 없는 경우에는 인접한 도로면보다 낮아도 된다.

② 습한 토지, 물이 나올 우려가 많은 토지, 쓰레기, 그 밖에 이와 유사한 것으로 매립된 토지에 건축물을 건축하는 경우에는 성토(盛土), 지반 개량 등 필요한 조치를 하여야 한다.

③ 대지에는 빗물과 오수를 배출하거나 처리하기 위하여 필요한 하수관, 하수구, 저수탱크, 그 밖에 이와 유사한 시설을 하여야 한다.

④ 손궤(損潰: 무너져 내림)의 우려가 있는 토지에 대지를 조성하려면 국토교통부령으로 정하는 바에 따라 옹벽을 설치하거나 그 밖에 필요한 조치를 하여야 한다. 〈개정 2013. 3. 23.〉

제41조 【토지 굴착 부분에 대한 조치 등】 ① 공사시공자는 대지를 조성하거나 건축공사를 하기 위하여 토지를 굴착 · 절토(切土) · 매립(埋立) 또는 성토 등을 하는 경우 그 변경 부분에는 국토교통부령으로 정하는 바에 따라 공사 중 비탈면 붕괴, 토사 유출 등 위험 발생의 방지, 환경 보존, 그 밖에 필요한 조치를 한 후 해당 공사현장에 그 사실을 게시하여야 한다. 〈개정 2013. 3. 23., 2014. 5. 28.〉

② 허가권자는 제1항을 위반한 자에게 의무이행에 필요한 조치를 명할 수 있다.

제42조 【대지의 조경】 ① 면적이 200제곱미터 이상인 대지에 건축을 하는 건축주는 용도지역 및 건축물의 규모에 따라 해당 지방자치단체의 조례로 정하는 기준에 따라 대지에 조경이나 그 밖에 필요한 조치를 하여야 한다. 다만, 조경이 필요하지 아니한 건축물로서 대통령령으로 정하는 건축물에 대하여는 조경 등의 조치를 하지 아니할 수 있으며, 옥상 조경 등 대통령령으로 따로 기준을 정하는 경우에는 그 기준에 따른다.

② 국토교통부장관은 식재(植栽) 기준, 조경 시설물의 종류 및 설치방법, 옥상 조경의 방법 등 조경에 필요한 사항을 정하여 고시할 수 있다. 〈개정 2013. 3. 23.〉

제43조 【공개 공지 등의 확보】 ① 다음 각 호의 어느 하나에 해당하는 지역의 환경을 쾌적하게 조성하기 위하여 대통령령으로 정하는 용도와 규모의 건축물은 일반이 사용할 수 있도록 대통령령으로 정하는 기준에 따라 소규모 휴식시설 등의 공개 공지(空地: 공터) 또는 공개 공간(이하 "공개공지등"이라

한다)을 설치하여야 한다. 〈개정 2014. 1. 14., 2018. 8. 14., 2019. 4. 23.〉

1. 일반주거지역, 준주거지역
2. 상업지역
3. 준공업지역
4. 특별자치시장 · 특별자치도지사 또는 시장 · 군수 · 구청장이 도시화의 가능성이 크거나 노후 산업단지의 정비가 필요하다고 인정하여 지정 · 공고하는 지역

② 제1항에 따라 공개공지등을 설치하는 경우에는 제55조, 제56조와 제60조를 대통령령으로 정하는 바에 따라 완화하여 적용할 수 있다. 〈개정 2019. 4. 23.〉

③ 시 · 도지사 또는 시장 · 군수 · 구청장은 관할 구역 내 공개공지등에 대한 점검 등 유지 · 관리에 관한 사항을 해당 지방자치단체의 조례로 정할 수 있다. 〈신설 2019. 4. 23.〉

④ 누구든지 공개공지등에 물건을 쌓아놓거나 출입을 차단하는 시설을 설치하는 등 공개공지등의 활용을 저해하는 행위를 하여서는 아니 된다. 〈신설 2019. 4. 23.〉

⑤ 제4항에 따라 제한되는 행위의 유형 또는 기준은 대통령령으로 정한다. 〈신설 2019. 4. 23.〉

제44조 【대지와 도로의 관계】 ① 건축물의 대지는 2미터 이상이 도로(자동차만의 통행에 사용되는 도로는 제외한다)에 접하여야 한다. 다만, 다음 각 호의 어느 하나에 해당하면 그러하지 아니하다. 〈개정 2016. 1. 19.〉

1. 해당 건축물의 출입에 지장이 없다고 인정되는 경우
2. 건축물의 주변에 대통령령으로 정하는 공지가 있는 경우
3. 「농지법」 제2조제1호나목에 따른 농막을 건축하는 경우

② 건축물의 대지가 접하는 도로의 너비, 대지가 도로에 접하는 부분의 길이, 그 밖에 대지와 도로의 관계에 관하여 필요한 사항은 대통령령으로 정하는 바에 따른다.

제45조 【도로의 지정 · 폐지 또는 변경】 ① 허가권자는 제2조제1항제11호나목에 따라 도로의 위치를 지정 · 공고하려면 국토교통부령으로 정하는 바에 따라 그 도로에 대한 이해관계인의 동의를 받아야 한다. 다만, 다음 각 호의 어느 하나에 해당하면 이해관계인의 동의를 받지 아니하고 건축위원회의 심의를 거쳐 도로를 지정할 수 있다. 〈개정 2013. 3. 23.〉

1. 허가권자가 이해관계인이 해외에 거주하는 등의 사유로 이해관계인의 동의를 받기가 곤란하다고 인정하는 경우
2. 주민이 오랫 동안 통행로로 이용하고 있는 사실상의 통로로서 해당 지방자치단체의 조례로 정하는 것인 경우

② 허가권자는 제1항에 따라 지정한 도로를 폐지하거나 변경하려면 그 도로에 대한 이해관계인의 동의를 받아야 한다. 그 도로에 편입된 토지의 소유자, 건축주 등이 허가권자에게 제1항에 따라 지정된 도로의 폐지나 변경을 신청하는 경우에도 또한 같다.

③ 허가권자는 제1항과 제2항에 따라 도로를 지정하거나 변경하면 국토교통부령으로 정하는 바에 따라 도로관리대장에 이를 적어서 관리하여야 한다. 〈개정 2011. 5. 30., 2013. 3. 23.〉

제46조 【건축선의 지정】 ① 도로와 접한 부분에 건축물을 건축할 수 있는 선[이하 "건축선(建築線)"이라 한다]은 대지와 도로의 경계선으로 한다. 다만, 제2조제1항제11호에 따른 소요 너비에 못 미치는 너비의 도로인 경우에는 그 중심선으로부터 그 소요 너비의 2분의 1의 수평거리만큼 물러난 선을

건축선으로 하되, 그 도로의 반대쪽에 경사지, 하천, 철도, 선로부지, 그 밖에 이와 유사한 것이 있는 경우에는 그 경사지 등이 있는 쪽의 도로경계선에서 소요 너비에 해당하는 수평거리의 선을 건축선으로 하며, 도로의 모퉁이에서는 대통령령으로 정하는 선을 건축선으로 한다.

② 특별자치시장 · 특별자치도지사 또는 시장 · 군수 · 구청장은 시가지 안에서 건축물의 위치나 환경을 정비하기 위하여 필요하다고 인정하면 제1항에도 불구하고 대통령령으로 정하는 범위에서 건축선을 따로 지정할 수 있다. 〈개정 2014. 1. 14.〉

③ 특별자치시장 · 특별자치도지사 또는 시장 · 군수 · 구청장은 제2항에 따라 건축선을 지정하면 지체 없이 이를 고시하여야 한다. 〈개정 2014. 1. 14.〉

제47조【건축선에 따른 건축제한】 ① 건축물과 담장은 건축선의 수직면(垂直面)을 넘어서는 아니 된다. 다만, 지표(地表) 아래 부분은 그러하지 아니하다.

② 도로면으로부터 높이 4.5미터 이하에 있는 출입구, 창문, 그 밖에 이와 유사한 구조물은 열고 닫을 때 건축선의 수직면을 넘지 아니하는 구조로 하여야 한다.

제5장 건축물의 구조 및 재료 등 〈개정 2014. 5. 28.〉

제48조【구조내력 등】 ① 건축물은 고정하중, 적재하중(積載荷重), 적설하중(積雪荷重), 풍압(風壓), 지진, 그 밖의 진동 및 충격 등에 대하여 안전한 구조를 가져야 한다.

② 제11조제1항에 따른 건축물을 건축하거나 대수선하는 경우에는 대통령령으로 정하는 바에 따라 구조의 안전을 확인하여야 한다.

③ 지방자치단체의 장은 제2항에 따른 구조 안전 확인 대상 건축물에 대하여 허가 등을 하는 경우 내진(耐震)성능 확보 여부를 확인하여야 한다. 〈신설 2011. 9. 16.〉

④ 제1항에 따른 구조내력의 기준과 구조 계산의 방법 등에 관하여 필요한 사항은 국토교통부령으로 정한다. 〈개정 2011. 9. 16., 2013. 3. 23., 2015. 1. 6.〉

제48조의2【건축물 내진등급의 설정】 ① 국토교통부장관은 지진으로부터 건축물의 구조 안전을 확보하기 위하여 건축물의 용도, 규모 및 설계구조의 중요도에 따라 내진등급(耐震等級)을 설정하여야 한다.

② 제1항에 따른 내진등급을 설정하기 위한 내진등급기준 등 필요한 사항은 국토교통부령으로 정한다.

[본조신설 2013. 7. 16.]

제48조의3【건축물의 내진능력 공개】 ① 다음 각 호의 어느 하나에 해당하는 건축물을 건축하고자 하는 자는 제22조에 따른 사용승인을 받는 즉시 건축물이 지진 발생 시에 견딜 수 있는 능력(이하 "내진능력"이라 한다)을 공개하여야 한다. 다만, 제48조제2항에 따른 구조안전 확인 대상 건축물이 아니거나 내진능력 산정이 곤란한 건축물로서 대통령령으로 정하는 건축물은 공개하지 아니한다. 〈개정 2017. 12. 26.〉

1. 층수가 2층[주요구조부인 기둥과 보를 설치하는 건축물로서 그 기둥과 보가 목재인 목구조 건축물(이하 "목구조 건축물"이라 한다)의 경우에는 3층] 이상인 건축물
2. 연면적이 200제곱미터(목구조 건축물의 경우에는 500제곱미터) 이상인 건축물
3. 그 밖에 건축물의 규모와 중요도를 고려하여 대통령령으로 정하는 건축물

② 제1항의 내진능력의 산정 기준과 공개 방법 등 세부사항은 국토교통부령으로 정한다.
[본조신설 2016. 1. 19.]

제48조의4 【부속구조물의 설치 및 관리】 건축관계자, 소유자 및 관리자는 건축물의 부속구조물을 설계 · 시공 및 유지 · 관리 등을 고려하여 국토교통부령으로 정하는 기준에 따라 설치 · 관리하여야 한다.
[본조신설 2016. 2. 3.]

제49조 【건축물의 피난시설 및 용도제한 등】 ① 대통령령으로 정하는 용도 및 규모의 건축물과 그 대지에는 국토교통부령으로 정하는 바에 따라 복도, 계단, 출입구, 그 밖의 피난시설과 저수조(貯水槽), 대지 안의 피난과 소화에 필요한 통로를 설치하여야 한다. 〈개정 2013. 3. 23., 2018. 4. 17.〉
② 대통령령으로 정하는 용도 및 규모의 건축물의 안전 · 위생 및 방화(防火) 등을 위하여 필요한 용도 및 구조의 제한, 방화구획(防火區劃), 화장실의 구조, 계단 · 출입구, 거실의 반자 높이, 거실의 채광 · 환기, 배연설비와 바닥의 방습 등에 관하여 필요한 사항은 국토교통부령으로 정한다. 다만, 대규모 창고시설 등 대통령령으로 정하는 용도 및 규모의 건축물에 대해서는 방화구획 등 화재 안전에 필요한 사항을 국토교통부령으로 별도로 정할 수 있다. 〈개정 2013. 3. 23., 2019. 4. 23., 2021. 10. 19.〉
③ 대통령령으로 정하는 건축물은 국토교통부령으로 정하는 기준에 따라 소방관이 진입할 수 있는 창을 설치하고, 외부에서 주야간에 식별할 수 있는 표시를 하여야 한다. 〈신설 2019. 4. 23.〉
④ 대통령령으로 정하는 용도 및 규모의 건축물에 대하여 가구 · 세대 등 간 소음 방지를 위하여 국토교통부령으로 정하는 바에 따라 경계벽 및 바닥을 설치하여야 한다. 〈신설 2014. 5. 28., 2019. 4. 23.〉
⑤ 「자연재해대책법」 제12조제1항에 따른 자연재해위험개선지구 중 침수위험지구에 국가 · 지방자치단체 또는 「공공기관의 운영에 관한 법률」 제4조제1항에 따른 공공기관이 건축하는 건축물은 침수 방지 및 방수를 위하여 다음 각 호의 기준에 따라야 한다. 〈신설 2015. 1. 6., 2019. 4. 23.〉
1. 건축물의 1층 전체를 필로티(건축물을 사용하기 위한 경비실, 계단실, 승강기실, 그 밖에 이와 비슷한 것을 포함한다) 구조로 할 것
2. 국토교통부령으로 정하는 침수 방지시설을 설치할 것

제49조의2 【피난시설 등의 유지 · 관리에 대한 기술지원】 국가 또는 지방자치단체는 건축물의 소유자나 관리자에게 제49조제1항 및 제2항에 따른 피난시설 등의 설치, 개량 · 보수 등 유지 · 관리에 대한 기술지원을 할 수 있다.
[본조신설 2018. 8. 14.]

제50조 【건축물의 내화구조와 방화벽】 ① 문화 및 집회시설, 의료시설, 공동주택 등 대통령령으로 정하는 건축물은 국토교통부령으로 정하는 기준에 따라 주요구조부와 지붕을 내화(耐火)구조로 하여야 한다. 다만, 막구조 등 대통령령으로 정하는 구조는 주요구조부에만 내화구조로 할 수 있다. 〈개정 2013. 3. 23., 2018. 8. 14.〉
② 대통령령으로 정하는 용도 및 규모의 건축물은 국토교통부령으로 정하는 기준에 따라 방화벽으로 구획하여야 한다. 〈개정 2013. 3. 23.〉

제50조의2【고층건축물의 피난 및 안전관리】 ① 고층건축물에는 대통령령으로 정하는 바에 따라 피난안전구역을 설치하거나 대피공간을 확보한 계단을 설치하여야 한다. 이 경우 피난안전구역의 설치 기준, 계단의 설치 기준과 구조 등에 관하여 필요한 사항은 국토교통부령으로 정한다. 〈개정 2013. 3. 23.〉

② 고층건축물에 설치된 피난안전구역 · 피난시설 또는 대피공간에는 국토교통부령으로 정하는 바에 따라 화재 등의 경우에 피난 용도로 사용되는 것임을 표시하여야 한다. 〈신설 2015. 1. 6.〉

③ 고층건축물의 화재예방 및 피해경감을 위하여 국토교통부령으로 정하는 바에 따라 제48조부터 제50조까지의 기준을 강화하여 적용할 수 있다. 〈개정 2013. 3. 23., 2015. 1. 6., 2018. 4. 17.〉

[본조신설 2011. 9. 16.]

제51조【방화지구 안의 건축물】 ①「국토의 계획 및 이용에 관한 법률」 제37조제1항제3호에 따른 방화지구(이하 "방화지구"라 한다) 안에서는 건축물의 주요구조부와 지붕 · 외벽을 내화구조로 하여야 한다. 다만, 대통령령으로 정하는 경우에는 그러하지 아니하다. 〈개정 2014. 1. 14., 2017. 4. 18., 2018. 8. 14.〉

② 방화지구 안의 공작물로서 간판, 광고탑, 그 밖에 대통령령으로 정하는 공작물 중 건축물의 지붕 위에 설치하는 공작물이나 높이 3미터 이상의 공작물은 주요부를 불연(不燃)재료로 하여야 한다.

③ 방화지구 안의 지붕 · 방화문 및 인접 대지 경계선에 접하는 외벽은 국토교통부령으로 정하는 구조 및 재료로 하여야 한다. 〈개정 2013. 3. 23.〉

제52조【건축물의 마감재료 등】 ① 대통령령으로 정하는 용도 및 규모의 건축물의 벽, 반자, 지붕(반자가 없는 경우에 한정한다) 등 내부의 마감재료[제52조의4제1항의 복합자재의 경우 심재(心材)를 포함한다]는 방화에 지장이 없는 재료로 하되, 「실내공기질 관리법」 제5조 및 제6조에 따른 실내공기질 유지기준 및 권고기준을 고려하고 관계 중앙행정기관의 장과 협의하여 국토교통부령으로 정하는 기준에 따른 것이어야 한다. 〈개정 2009. 12. 29., 2013. 3. 23., 2015. 1. 6., 2015. 12. 22., 2021. 3. 16.〉

② 대통령령으로 정하는 건축물의 외벽에 사용하는 마감재료(두 가지 이상의 재료로 제작된 자재의 경우 각 재료를 포함한다)는 방화에 지장이 없는 재료로 하여야 한다. 이 경우 마감재료의 기준은 국토교통부령으로 정한다. 〈신설 2009. 12. 29., 2013. 3. 23., 2021. 3. 16.〉

③ 욕실, 화장실, 목욕장 등의 바닥 마감재료는 미끄럼을 방지할 수 있도록 국토교통부령으로 정하는 기준에 적합하여야 한다. 〈신설 2013. 7. 16.〉

④ 대통령령으로 정하는 용도 및 규모에 해당하는 건축물 외벽에 설치되는 창호(窓戶)는 방화에 지장이 없도록 인접 대지와의 이격거리를 고려하여 방화성능 등이 국토교통부령으로 정하는 기준에 적합하여야 한다. 〈신설 2020. 12. 22.〉

[제목개정 2009. 12. 29., 2020. 12. 22.]

제52조의2【실내건축】 ① 대통령령으로 정하는 용도 및 규모에 해당하는 건축물의 실내건축은 방화에 지장이 없고 사용자의 안전에 문제가 없는 구조 및 재료로 시공하여야 한다.

② 실내건축의 구조 · 시공방법 등에 관한 기준은 국토교통부령으로 정한다.

③ 특별자치시장 · 특별자치도지사 또는 시장 · 군수 · 구청장은 제1항 및 제2항에 따라 실내건축이

적정하게 설치 및 시공되었는지를 검사하여야 한다. 이 경우 검사하는 대상 건축물과 주기(週期)는 건축조례로 정한다.
[본조신설 2014. 5. 28.]

제52조의3【건축자재의 제조 및 유통 관리】 ① 제조업자 및 유통업자는 건축물의 안전과 기능 등에 지장을 주지 아니하도록 건축자재를 제조ㆍ보관 및 유통하여야 한다.
② 국토교통부장관, 시ㆍ도지사 및 시장ㆍ군수ㆍ구청장은 건축물의 구조 및 재료의 기준 등이 공사현장에서 준수되고 있는지를 확인하기 위하여 제조업자 및 유통업자에게 필요한 자료의 제출을 요구하거나 건축공사장, 제조업자의 제조현장 및 유통업자의 유통장소 등을 점검할 수 있으며 필요한 경우에는 시료를 채취하여 성능 확인을 위한 시험을 할 수 있다.
③ 국토교통부장관, 시ㆍ도지사 및 시장ㆍ군수ㆍ구청장은 제2항의 점검을 통하여 위법 사실을 확인한 경우 대통령령으로 정하는 바에 따라 공사 중단, 사용 중단 등의 조치를 하거나 관계 기관에 대하여 관계 법률에 따른 영업정지 등의 요청을 할 수 있다.
④ 국토교통부장관, 시ㆍ도지사, 시장ㆍ군수ㆍ구청장은 제2항의 점검업무를 대통령령으로 정하는 전문기관으로 하여금 대행하게 할 수 있다.
⑤ 제2항에 따른 점검에 관한 절차 등에 관하여 필요한 사항은 국토교통부령으로 정한다.
[본조신설 2016. 2. 3.]
[제24조의2에서 이동, 종전 제52조의3은 제52조의4로 이동 〈2019. 4. 23.〉]

제52조의4【건축자재의 품질관리 등】 ① 복합자재(불연재료인 양면 철판, 석재, 콘크리트 또는 이와 유사한 재료와 불연재료가 아닌 심재로 구성된 것을 말한다)를 포함한 제52조에 따른 마감재료, 방화문 등 대통령령으로 정하는 건축자재의 제조업자, 유통업자, 공사시공자 및 공사감리자는 국토교통부령으로 정하는 사항을 기재한 품질관리서(이하 "품질관리서"라 한다)를 대통령령으로 정하는 바에 따라 허가권자에게 제출하여야 한다. 〈개정 2019. 4. 23., 2021. 3. 16.〉
② 제1항에 따른 건축자재의 제조업자, 유통업자는 「과학기술분야 정부출연연구기관 등의 설립ㆍ운영 및 육성에 관한 법률」에 따른 한국건설기술연구원 등 대통령령으로 정하는 시험기관에 건축자재의 성능시험을 의뢰하여야 한다. 〈개정 2019. 4. 23.〉
③ 제2항에 따른 성능시험을 수행하는 시험기관의 장은 성능시험 결과 등 건축자재의 품질관리에 필요한 정보를 국토교통부령으로 정하는 바에 따라 기관 또는 단체에 제공하거나 공개하여야 한다. 〈신설 2019. 4. 23.〉
④ 제3항에 따라 정보를 제공받은 기관 또는 단체는 해당 건축자재의 정보를 홈페이지 등에 게시하여 일반인이 알 수 있도록 하여야 한다. 〈신설 2019. 4. 23.〉
⑤ 제1항에 따른 건축자재 중 국토교통부령으로 정하는 단열재는 국토교통부장관이 고시하는 기준에 따라 해당 건축자재에 대한 정보를 표면에 표시하여야 한다. 〈신설 2019. 4. 23.〉
⑥ 복합자재에 대한 난연성분 분석시험, 난연성능기준, 시험수수료 등 필요한 사항은 국토교통부령으로 정한다. 〈개정 2019. 4. 23.〉
[본조신설 2015. 1. 6.]
[제목개정 2019. 4. 23.]
[제52조의3에서 이동 〈2019. 4. 23.〉]

제52조의5 【건축자재등의 품질인정】 ① 방화문, 복합자재 등 대통령령으로 정하는 건축자재와 내화구조(이하 "건축자재등"이라 한다)는 방화성능, 품질관리 등 국토교통부령으로 정하는 기준에 따라 품질이 적합하다고 인정받아야 한다.

② 건축관계자등은 제1항에 따라 품질인정을 받은 건축자재등만 사용하고, 인정받은 내용대로 제조·유통·시공하여야 한다.

[본조신설 2020. 12. 22.]

제52조의6 【건축자재등 품질인정기관의 지정·운영 등】 ① 국토교통부장관은 건축 관련 업무를 수행하는 「공공기관의 운영에 관한 법률」 제4조에 따른 공공기관으로서 대통령령으로 정하는 기관을 품질인정 업무를 수행하는 기관(이하 "건축자재등 품질인정기관"이라 한다)으로 지정할 수 있다.

② 건축자재등 품질인정기관은 제52조의5제1항에 따른 건축자재등에 대한 품질인정 업무를 수행하며, 품질인정을 신청한 자에 대하여 국토교통부령으로 정하는 바에 따라 수수료를 받을 수 있다.

③ 건축자재등 품질인정기관은 제2항에 따라 품질이 적합하다고 인정받은 건축자재등(이하 "품질인정자재등"이라 한다)이 다음 각 호의 어느 하나에 해당하면 그 인정을 취소할 수 있다. 다만, 제1호에 해당하는 경우에는 그 인정을 취소하여야 한다.

1. 거짓이나 그 밖의 부정한 방법으로 인정받은 경우
2. 인정받은 내용과 다르게 제조·유통·시공하는 경우
3. 품질인정자재등이 국토교통부장관이 정하여 고시하는 품질관리기준에 적합하지 아니한 경우
4. 인정의 유효기간을 연장하기 위한 시험결과를 제출하지 아니한 경우

④ 건축자재등 품질인정기관은 제52조의5제2항에 따른 건축자재등의 품질 유지·관리 의무가 준수되고 있는지 확인하기 위하여 국토교통부령으로 정하는 바에 따라 제52조의4에 따른 건축자재 시험기관의 시험장소, 제조업자의 제조현장, 유통업자의 유통장소, 건축공사장 등을 점검하여야 한다.

⑤ 건축자재등 품질인정기관은 제4항에 따른 점검 결과 위법 사실을 발견한 경우 국토교통부장관에게 그 사실을 통보하여야 한다. 이 경우 국토교통부장관은 대통령령으로 정하는 바에 따라 공사 중단, 사용 중단 등의 조치를 하거나 관계 기관에 대하여 관계 법률에 따른 영업정지 등의 요청을 할 수 있다.

⑥ 건축자재등 품질인정기관은 건축자재등의 품질관리 상태 확인 등을 위하여 대통령령으로 정하는 바에 따라 제조업자, 유통업자, 건축관계자등에 대하여 건축자재등의 생산 및 판매실적, 시공현장별 시공실적 등의 자료를 요청할 수 있다.

⑦ 그 밖에 건축자재등 품질인정기관이 건축자재등의 품질인정을 운영하기 위한 인정절차, 품질관리 등 필요한 사항은 국토교통부장관이 정하여 고시한다.

[본조신설 2020. 12. 22.]

제53조 【지하층】 ① 건축물에 설치하는 지하층의 구조 및 설비는 국토교통부령으로 정하는 기준에 맞게 하여야 한다. 〈개정 2013. 3. 23., 2023. 12. 26.〉

② 단독주택, 공동주택 등 대통령령으로 정하는 건축물의 지하층에는 거실을 설치할 수 없다. 다만, 다음 각 호의 사항을 고려하여 해당 지방자치단체의 조례로 정하는 경우에는 그러하지 아니하다. 〈신설 2023. 12. 26.〉

1. 침수위험 정도를 비롯한 지역적 특성
2. 피난 및 대피 가능성

3. 그 밖에 주거의 안전과 관련된 사항

제53조의2【건축물의 범죄예방】 ① 국토교통부장관은 범죄를 예방하고 안전한 생활환경을 조성하기 위하여 건축물, 건축설비 및 대지에 관한 범죄예방 기준을 정하여 고시할 수 있다.
② 대통령령으로 정하는 건축물은 제1항의 범죄예방 기준에 따라 건축하여야 한다.
[본조신설 2014. 5. 28.]

제6장 지역 및 지구의 건축물

제54조【건축물의 대지가 지역 · 지구 또는 구역에 걸치는 경우의 조치】 ① 대지가 이 법이나 다른 법률에 따른 지역 · 지구(녹지지역과 방화지구는 제외한다. 이하 이 조에서 같다) 또는 구역에 걸치는 경우에는 대통령령으로 정하는 바에 따라 그 건축물과 대지의 전부에 대하여 대지의 과반(過半)이 속하는 지역 · 지구 또는 구역 안의 건축물 및 대지 등에 관한 이 법의 규정을 적용한다. 〈개정 2014. 1. 14., 2017. 4. 18.〉
② 하나의 건축물이 방화지구와 그 밖의 구역에 걸치는 경우에는 그 전부에 대하여 방화지구 안의 건축물에 관한 이 법의 규정을 적용한다. 다만, 건축물의 방화지구에 속한 부분과 그 밖의 구역에 속한 부분의 경계가 방화벽으로 구획되는 경우 그 밖의 구역에 있는 부분에 대하여는 그러하지 아니하다.
③ 대지가 녹지지역과 그 밖의 지역 · 지구 또는 구역에 걸치는 경우에는 각 지역 · 지구 또는 구역 안의 건축물과 대지에 관한 이 법의 규정을 적용한다. 다만, 녹지지역 안의 건축물이 방화지구에 걸치는 경우에는 제2항에 따른다. 〈개정 2017. 4. 18.〉
④ 제1항에도 불구하고 해당 대지의 규모와 그 대지가 속한 용도지역 · 지구 또는 구역의 성격 등 그 대지에 관한 주변여건상 필요하다고 인정하여 해당 지방자치단체의 조례로 적용방법을 따로 정하는 경우에는 그에 따른다.

제55조【건축물의 건폐율】 대지면적에 대한 건축면적(대지에 건축물이 둘 이상 있는 경우에는 이들 건축면적의 합계로 한다)의 비율(이하 "건폐율"이라 한다)의 최대한도는 「국토의 계획 및 이용에 관한 법률」 제77조에 따른 건폐율의 기준에 따른다. 다만, 이 법에서 기준을 완화하거나 강화하여 적용하도록 규정한 경우에는 그에 따른다.

제56조【건축물의 용적률】 대지면적에 대한 연면적(대지에 건축물이 둘 이상 있는 경우에는 이들 연면적의 합계로 한다)의 비율(이하 "용적률"이라 한다)의 최대한도는 「국토의 계획 및 이용에 관한 법률」 제78조에 따른 용적률의 기준에 따른다. 다만, 이 법에서 기준을 완화하거나 강화하여 적용하도록 규정한 경우에는 그에 따른다.

제57조【대지의 분할 제한】 ① 건축물이 있는 대지는 대통령령으로 정하는 범위에서 해당 지방자치단체의 조례로 정하는 면적에 못 미치게 분할할 수 없다.
② 건축물이 있는 대지는 제44조, 제55조, 제56조, 제58조, 제60조 및 제61조에 따른 기준에 못 미치게 분할할 수 없다.
③ 제1항과 제2항에도 불구하고 제77조의6에 따라 건축협정이 인가된 경우 그 건축협정의 대상이 되는 대지는 분할할 수 있다. 〈신설 2014. 1. 14.〉

제58조 【대지 안의 공지】 건축물을 건축하는 경우에는 「국토의 계획 및 이용에 관한 법률」에 따른 용도지역 · 용도지구, 건축물의 용도 및 규모 등에 따라 건축선 및 인접 대지경계선으로부터 6미터 이내의 범위에서 대통령령으로 정하는 바에 따라 해당 지방자치단체의 조례로 정하는 거리 이상을 띄워야 한다. 〈개정 2011. 5. 30.〉

제59조 【맞벽 건축과 연결복도】 ① 다음 각 호의 어느 하나에 해당하는 경우에는 제58조, 제61조 및 「민법」 제242조를 적용하지 아니한다.

1. 대통령령으로 정하는 지역에서 도시미관 등을 위하여 둘 이상의 건축물 벽을 맞벽(대지경계선으로부터 50센티미터 이내인 경우를 말한다. 이하 같다)으로 하여 건축하는 경우
2. 대통령령으로 정하는 기준에 따라 인근 건축물과 이어지는 연결복도나 연결통로를 설치하는 경우

② 제1항 각 호에 따른 맞벽, 연결복도, 연결통로의 구조 · 크기 등에 관하여 필요한 사항은 대통령령으로 정한다.

제60조 【건축물의 높이 제한】 ① 허가권자는 가로구역[(街路區域): 도로로 둘러싸인 일단(一團)의 지역을 말한다. 이하 같다]을 단위로 하여 대통령령으로 정하는 기준과 절차에 따라 건축물의 높이를 지정 · 공고할 수 있다. 다만, 특별자치시장 · 특별자치도지사 또는 시장 · 군수 · 구청장은 가로구역의 높이를 완화하여 적용할 필요가 있다고 판단되는 대지에 대하여는 대통령령으로 정하는 바에 따라 건축위원회의 심의를 거쳐 높이를 완화하여 적용할 수 있다. 〈개정 2014. 1. 14.〉

② 특별시장이나 광역시장은 도시의 관리를 위하여 필요하면 제1항에 따른 가로구역별 건축물의 높이를 특별시나 광역시의 조례로 정할 수 있다. 〈개정 2014. 1. 14.〉

③ 삭제 〈2015. 5. 18.〉

④ 허가권자는 제1항 및 제2항에도 불구하고 일조(日照) · 통풍 등 주변 환경 및 도시미관에 미치는 영향이 크지 않다고 인정하는 경우에는 건축위원회의 심의를 거쳐 이 법 및 다른 법률에 따른 가로구역의 높이 완화에 관한 규정을 중첩하여 적용할 수 있다. 〈신설 2022. 2. 3.〉

제61조 【일조 등의 확보를 위한 건축물의 높이 제한】 ① 전용주거지역과 일반주거지역 안에서 건축하는 건축물의 높이는 일조 등의 확보를 위하여 정북방향(正北方向)의 인접 대지경계선으로부터의 거리에 따라 대통령령으로 정하는 높이 이하로 하여야 한다. 〈개정 2022. 2. 3.〉

② 다음 각 호의 어느 하나에 해당하는 공동주택(일반상업지역과 중심상업지역에 건축하는 것은 제외한다)은 채광(採光) 등의 확보를 위하여 대통령령으로 정하는 높이 이하로 하여야 한다. 〈개정 2013. 5. 10.〉

1. 인접 대지경계선 등의 방향으로 채광을 위한 창문 등을 두는 경우
2. 하나의 대지에 두 동(棟) 이상을 건축하는 경우

③ 다음 각 호의 어느 하나에 해당하면 제1항에도 불구하고 건축물의 높이를 정남(正南)방향의 인접 대지경계선으로부터의 거리에 따라 대통령령으로 정하는 높이 이하로 할 수 있다. 〈개정 2011. 5. 30., 2014. 1. 14., 2014. 6. 3., 2016. 1. 19., 2017. 2. 8.〉

1. 「택지개발촉진법」 제3조에 따른 택지개발지구인 경우
2. 「주택법」 제15조에 따른 대지조성사업지구인 경우
3. 「지역 개발 및 지원에 관한 법률」 제11조에 따른 지역개발사업구역인 경우

4. 「산업입지 및 개발에 관한 법률」 제6조, 제7조, 제7조의2 및 제8조에 따른 국가산업단지, 일반산업단지, 도시첨단산업단지 및 농공단지인 경우
5. 「도시개발법」 제2조제1항제1호에 따른 도시개발구역인 경우
6. 「도시 및 주거환경정비법」 제8조에 따른 정비구역인 경우
7. 정북방향으로 도로, 공원, 하천 등 건축이 금지된 공지에 접하는 대지인 경우
8. 정북방향으로 접하고 있는 대지의 소유자와 합의한 경우나 그 밖에 대통령령으로 정하는 경우

④ 2층 이하로서 높이가 8미터 이하인 건축물에는 해당 지방자치단체의 조례로 정하는 바에 따라 제1항부터 제3항까지의 규정을 적용하지 아니할 수 있다.

제7장 건축설비

제62조 【건축설비기준 등】 건축설비의 설치 및 구조에 관한 기준과 설계 및 공사감리에 관하여 필요한 사항은 대통령령으로 정한다.

제63조 삭제 〈2015. 5. 18.〉

제64조 【승강기】 ① 건축주는 6층 이상으로서 연면적이 2천제곱미터 이상인 건축물(대통령령으로 정하는 건축물은 제외한다)을 건축하려면 승강기를 설치하여야 한다. 이 경우 승강기의 규모 및 구조는 국토교통부령으로 정한다. 〈개정 2013. 3. 23.〉

② 높이 31미터를 초과하는 건축물에는 대통령령으로 정하는 바에 따라 제1항에 따른 승강기뿐만 아니라 비상용승강기를 추가로 설치하여야 한다. 다만, 국토교통부령으로 정하는 건축물의 경우에는 그러하지 아니하다. 〈개정 2013. 3. 23.〉

③ 고층건축물에는 제1항에 따라 건축물에 설치하는 승용승강기 중 1대 이상을 대통령령으로 정하는 바에 따라 피난용승강기로 설치하여야 한다. 〈신설 2018. 4. 17.〉

제64조의2 삭제 〈2014. 5. 28.〉

제65조 삭제 〈2012. 2. 22.〉

제65조의2 【지능형건축물의 인증】 ① 국토교통부장관은 지능형건축물[Intelligent Building]의 건축을 활성화하기 위하여 지능형건축물 인증제도를 실시한다. 〈개정 2013. 3. 23.〉

② 국토교통부장관은 제1항에 따른 지능형건축물의 인증을 위하여 인증기관을 지정할 수 있다. 〈개정 2013. 3. 23.〉

③ 지능형건축물의 인증을 받으려는 자는 제2항에 따른 인증기관에 인증을 신청하여야 한다.

④ 국토교통부장관은 건축물을 구성하는 설비 및 각종 기술을 최적으로 통합하여 건축물의 생산성과 설비 운영의 효율성을 극대화할 수 있도록 다음 각 호의 사항을 포함하여 지능형건축물 인증기준을 고시한다. 〈개정 2013. 3. 23.〉

1. 인증기준 및 절차
2. 인증표시 홍보기준
3. 유효기간
4. 수수료

5. 인증 등급 및 심사기준 등

⑤ 제2항과 제3항에 따른 인증기관의 지정 기준, 지정 절차 및 인증 신청 절차 등에 필요한 사항은 국토교통부령으로 정한다. 〈개정 2013. 3. 23.〉

⑥ 허가권자는 지능형건축물로 인증을 받은 건축물에 대하여 제42조에 따른 조경설치면적을 100분의 85까지 완화하여 적용할 수 있으며, 제56조 및 제60조에 따른 용적률 및 건축물의 높이를 100분의 115의 범위에서 완화하여 적용할 수 있다.

[본조신설 2011. 5. 30.]

제66조 삭제 〈2012. 2. 22.〉

제66조의2 삭제 〈2012. 2. 22.〉

제67조【관계전문기술자】 ① 설계자와 공사감리자는 제40조, 제41조, 제48조부터 제50조까지, 제50조의2, 제51조, 제52조, 제62조 및 제64조와 「녹색건축물 조성 지원법」 제15조에 따른 대지의 안전, 건축물의 구조상 안전, 부속구조물 및 건축설비의 설치 등을 위한 설계 및 공사감리를 할 때 대통령령으로 정하는 바에 따라 다음 각 호의 어느 하나의 자격을 갖춘 관계전문기술자(「기술사법」 제21조제2호에 따라 벌칙을 받은 후 대통령령으로 정하는 기간이 지나지 아니한 자는 제외한다)의 협력을 받아야 한다. 〈개정 2016. 2. 3., 2020. 6. 9., 2021. 3. 16.〉

1. 「기술사법」 제6조에 따라 기술사사무소를 개설등록한 자
2. 「건설기술 진흥법」 제26조에 따라 건설엔지니어링사업자로 등록한 자
3. 「엔지니어링산업 진흥법」 제21조에 따라 엔지니어링사업자의 신고를 한 자
4. 「전력기술관리법」 제14조에 따라 설계업 및 감리업으로 등록한 자

② 관계전문기술자는 건축물이 이 법 및 이 법에 따른 명령이나 처분, 그 밖의 관계 법령에 맞고 안전·기능 및 미관에 지장이 없도록 업무를 수행하여야 한다.

제68조【기술적 기준】 ① 제40조, 제41조, 제48조부터 제50조까지, 제50조의2, 제51조, 제52조, 제52조의2, 제62조 및 제64조에 따른 대지의 안전, 건축물의 구조상의 안전, 건축설비 등에 관한 기술적 기준은 이 법에서 특별히 규정한 경우 외에는 국토교통부령으로 정하되, 이에 따른 세부기준이 필요하면 국토교통부장관이 세부기준을 정하거나 국토교통부장관이 지정하는 연구기관(시험기관·검사기관을 포함한다), 학술단체, 그 밖의 관련 전문기관 또는 단체가 국토교통부장관의 승인을 받아 정할 수 있다. 〈개정 2013. 3. 23., 2014. 1. 14., 2014. 5. 28.〉

② 국토교통부장관은 제1항에 따라 세부기준을 정하거나 승인을 하려면 미리 건축위원회의 심의를 거쳐야 한다. 〈개정 2013. 3. 23.〉

③ 국토교통부장관은 제1항에 따라 세부기준을 정하거나 승인을 한 경우 이를 고시하여야 한다. 〈개정 2013. 3. 23.〉

④ 국토교통부장관은 제1항에 따른 기술적 기준 및 세부기준을 적용하기 어려운 건축설비에 관한 기술·제품이 개발된 경우, 개발한 자의 신청을 받아 그 기술·제품을 평가하여 신규성·진보성 및 현장 적용성이 있다고 판단하는 경우에는 대통령령으로 정하는 바에 따라 설치 등을 위한 기준을 건축위원회의 심의를 거쳐 인정할 수 있다. 〈신설 2020. 4. 7.〉

제68조의2 삭제 〈2015. 8. 11.〉

제68조의3 【건축물의 구조 및 재료 등에 관한 기준의 관리】 ① 국토교통부장관은 기후 변화나 건축기술의 변화 등에 따라 제48조, 제48조의2, 제49조, 제50조, 제50조의2, 제51조, 제52조, 제52조의2, 제52조의4, 제53조의 건축물의 구조 및 재료 등에 관한 기준이 적정한지를 검토하는 모니터링(이하 이 조에서 "건축모니터링"이라 한다)을 대통령령으로 정하는 기간마다 실시하여야 한다. 〈개정 2019. 4. 23.〉
② 국토교통부장관은 대통령령으로 정하는 전문기관을 지정하여 건축모니터링을 하게 할 수 있다.
[본조신설 2015. 1. 6.]

제8장 특별건축구역 등 〈개정 2014. 1. 14.〉

제69조 【특별건축구역의 지정】 ① 국토교통부장관 또는 시 · 도지사는 다음 각 호의 구분에 따라 도시나 지역의 일부가 특별건축구역으로 특례 적용이 필요하다고 인정하는 경우에는 특별건축구역을 지정할 수 있다. 〈개정 2013. 3. 23., 2014. 1. 14.〉
1. 국토교통부장관이 지정하는 경우
  가. 국가가 국제행사 등을 개최하는 도시 또는 지역의 사업구역
  나. 관계법령에 따른 국가정책사업으로서 대통령령으로 정하는 사업구역
2. 시 · 도지사가 지정하는 경우
  가. 지방자치단체가 국제행사 등을 개최하는 도시 또는 지역의 사업구역
  나. 관계법령에 따른 도시개발 · 도시재정비 및 건축문화 진흥사업으로서 건축물 또는 공간환경을 조성하기 위하여 대통령령으로 정하는 사업구역
  다. 그 밖에 대통령령으로 정하는 도시 또는 지역의 사업구역
② 다음 각 호의 어느 하나에 해당하는 지역 · 구역 등에 대하여는 제1항에도 불구하고 특별건축구역으로 지정할 수 없다.
1. 「개발제한구역의 지정 및 관리에 관한 특별조치법」에 따른 개발제한구역
2. 「자연공원법」에 따른 자연공원
3. 「도로법」에 따른 접도구역
4. 「산지관리법」에 따른 보전산지
5. 삭제 〈2016. 2. 3.〉
③ 국토교통부장관 또는 시 · 도지사는 특별건축구역으로 지정하고자 하는 지역이 「군사기지 및 군사시설 보호법」에 따른 군사기지 및 군사시설 보호구역에 해당하는 경우에는 국방부장관과 사전에 협의하여야 한다. 〈신설 2016. 2. 3.〉

제70조 【특별건축구역의 건축물】 특별건축구역에서 제73조에 따라 건축기준 등의 특례사항을 적용하여 건축할 수 있는 건축물은 다음 각 호의 어느 하나에 해당되어야 한다.
1. 국가 또는 지방자치단체가 건축하는 건축물
2. 「공공기관의 운영에 관한 법률」 제4조에 따른 공공기관 중 대통령령으로 정하는 공공기관이 건축하는 건축물
3. 그 밖에 대통령령으로 정하는 용도 · 규모의 건축물로서 도시경관의 창출, 건설기술 수준향상 및 건축 관련 제도개선을 위하여 특례 적용이 필요하다고 허가권자가 인정하는 건축물

제71조 【특별건축구역의 지정절차 등】 ① 중앙행정기관의 장, 제69조제1항 각 호의 사업구역을 관할하는 시 · 도지사 또는 시장 · 군수 · 구청장(이하 이 장에서 "지정신청기관"이라 한다)은 특별건축구역의 지정이 필요한 경우에는 다음 각 호의 자료를 갖추어 중앙행정기관의 장 또는 시 · 도지사는 국토교통부장관에게, 시장 · 군수 · 구청장은 특별시장 · 광역시장 · 도지사에게 각각 특별건축구역의 지정을 신청할 수 있다. 〈개정 2011. 4. 14., 2013. 3. 23., 2014. 1. 14.〉

1. 특별건축구역의 위치 · 범위 및 면적 등에 관한 사항
2. 특별건축구역의 지정 목적 및 필요성
3. 특별건축구역 내 건축물의 규모 및 용도 등에 관한 사항
4. 특별건축구역의 도시 · 군관리계획에 관한 사항. 이 경우 도시 · 군관리계획의 세부 내용은 대통령령으로 정한다.
5. 건축물의 설계, 공사감리 및 건축시공 등의 발주방법 등에 관한 사항
6. 제74조에 따라 특별건축구역 전부 또는 일부를 대상으로 통합하여 적용하는 미술작품, 부설주차장, 공원 등의 시설에 대한 운영관리 계획서. 이 경우 운영관리 계획서의 작성방법, 서식, 내용 등에 관한 사항은 국토교통부령으로 정한다.
7. 그 밖에 특별건축구역의 지정에 필요한 대통령령으로 정하는 사항

② 제1항에 따른 지정신청기관 외의 자는 제1항 각 호의 자료를 갖추어 제69조제1항제2호의 사업구역을 관할하는 시 · 도지사에게 특별건축구역의 지정을 제안할 수 있다. 〈신설 2020. 4. 7.〉

③ 제2항에 따른 특별건축구역 지정 제안의 방법 및 절차 등에 관하여 필요한 사항은 대통령령으로 정한다. 〈신설 2020. 4. 7.〉

④ 국토교통부장관 또는 특별시장 · 광역시장 · 도지사는 제1항에 따라 지정신청이 접수된 경우에는 특별건축구역 지정의 필요성, 타당성 및 공공성 등과 피난 · 방재 등의 사항을 검토하고, 지정 여부를 결정하기 위하여 지정신청을 받은 날부터 30일 이내에 국토교통부장관이 지정신청을 받은 경우에는 국토교통부장관이 두는 건축위원회(이하 "중앙건축위원회"라 한다), 특별시장 · 광역시장 · 도지사가 지정신청을 받은 경우에는 각각 특별시장 · 광역시장 · 도지사가 두는 건축위원회의 심의를 거쳐야 한다. 〈개정 2009. 4. 1., 2013. 3. 23., 2014. 1. 14., 2020. 4. 7.〉

⑤ 국토교통부장관 또는 특별시장 · 광역시장 · 도지사는 각각 중앙건축위원회 또는 특별시장 · 광역시장 · 도지사가 두는 건축위원회의 심의 결과를 고려하여 필요한 경우 특별건축구역의 범위, 도시 · 군관리계획 등에 관한 사항을 조정할 수 있다. 〈개정 2011. 4. 14., 2013. 3. 23., 2014. 1. 14., 2020. 4. 7.〉

⑥ 국토교통부장관 또는 시 · 도지사는 필요한 경우 직권으로 특별건축구역을 지정할 수 있다. 이 경우 제1항 각 호의 자료에 따라 특별건축구역 지정의 필요성, 타당성 및 공공성 등과 피난 · 방재 등의 사항을 검토하고 각각 중앙건축위원회 또는 시 · 도지사가 두는 건축위원회의 심의를 거쳐야 한다. 〈개정 2014. 1. 14., 2020. 4. 7.〉

⑦ 국토교통부장관 또는 시 · 도지사는 특별건축구역을 지정하거나 변경 · 해제하는 경우에는 대통령령으로 정하는 바에 따라 주요 내용을 관보(시 · 도지사는 공보)에 고시하고, 국토교통부장관 또는 특별시장 · 광역시장 · 도지사는 지정신청기관에 관계 서류의 사본을 송부하여야 한다. 〈개정 2013. 3. 23., 2014. 1. 14., 2020. 4. 7.〉

⑧ 제7항에 따라 관계 서류의 사본을 받은 지정신청기관은 관계 서류에 도시 · 군관리계획의 결정사항

이 포함되어 있는 경우에는 「국토의 계획 및 이용에 관한 법률」 제32조에 따라 지형도면의 승인신청 등 필요한 조치를 취하여야 한다. 〈개정 2011. 4. 14., 2020. 4. 7.〉

⑨ 지정신청기관은 특별건축구역 지정 이후 변경이 있는 경우 변경지정을 받아야 한다. 이 경우 변경지정을 받아야 하는 변경의 범위, 변경지정의 절차 등 필요한 사항은 대통령령으로 정한다. 〈개정 2020. 4. 7.〉

⑩ 국토교통부장관 또는 시 · 도지사는 다음 각 호의 어느 하나에 해당하는 경우에는 특별건축구역의 전부 또는 일부에 대하여 지정을 해제할 수 있다. 이 경우 국토교통부장관 또는 특별시장 · 광역시장 · 도지사는 지정신청기관의 의견을 청취하여야 한다. 〈개정 2013. 3. 23., 2014. 1. 14., 2020. 4. 7.〉

1. 지정신청기관의 요청이 있는 경우
2. 거짓이나 그 밖의 부정한 방법으로 지정을 받은 경우
3. 특별건축구역 지정일부터 5년 이내에 특별건축구역 지정목적에 부합하는 건축물의 착공이 이루어지지 아니하는 경우
4. 특별건축구역 지정요건 등을 위반하였으나 시정이 불가능한 경우

⑪ 특별건축구역을 지정하거나 변경한 경우에는 「국토의 계획 및 이용에 관한 법률」 제30조에 따른 도시 · 군관리계획의 결정(용도지역 · 지구 · 구역의 지정 및 변경은 제외한다)이 있는 것으로 본다. 〈개정 2011. 4. 14., 2020. 4. 7., 2020. 6. 9.〉

제72조 【특별건축구역 내 건축물의 심의 등】 ① 특별건축구역에서 제73조에 따라 건축기준 등의 특례사항을 적용하여 건축허가를 신청하고자 하는 자(이하 이 조에서 "허가신청자"라 한다)는 다음 각 호의 사항이 포함된 특례적용계획서를 첨부하여 제11조에 따라 해당 허가권자에게 건축허가를 신청하여야 한다. 이 경우 특례적용계획서의 작성방법 및 제출서류 등은 국토교통부령으로 정한다. 〈개정 2013. 3. 23.〉

1. 제5조에 따라 기준을 완화하여 적용할 것을 요청하는 사항
2. 제71조에 따른 특별건축구역의 지정요건에 관한 사항
3. 제73조제1항의 적용배제 특례를 적용한 사유 및 예상효과 등
4. 제73조제2항의 완화적용 특례의 동등 이상의 성능에 대한 증빙내용
5. 건축물의 공사 및 유지 · 관리 등에 관한 계획

② 제1항에 따른 건축허가는 해당 건축물이 특별건축구역의 지정 목적에 적합한지의 여부와 특례적용계획서 등 해당 사항에 대하여 제4조제1항에 따라 시 · 도지사 및 시장 · 군수 · 구청장이 설치하는 건축위원회(이하 "지방건축위원회"라 한다)의 심의를 거쳐야 한다.

③ 허가신청자는 제1항에 따른 건축허가 시 「도시교통정비 촉진법」 제16조에 따른 교통영향평가서의 검토를 동시에 진행하고자 하는 경우에는 같은 법 제16조에 따른 교통영향평가서에 관한 서류를 첨부하여 허가권자에게 심의를 신청할 수 있다. 〈개정 2008. 3. 28., 2015. 7. 24.〉

④ 제3항에 따라 교통영향평가서에 대하여 지방건축위원회에서 통합심의한 경우에는 「도시교통정비 촉진법」 제17조에 따른 교통영향평가서의 심의를 한 것으로 본다. 〈개정 2008. 3. 28., 2015. 7. 24.〉

⑤ 제1항 및 제2항에 따라 심의된 내용에 대하여 대통령령으로 정하는 변경사항이 발생한 경우에는 지방건축위원회의 변경심의를 받아야 한다. 이 경우 변경심의는 제1항에서 제3항까지의 규정을 준용한다.

⑥ 국토교통부장관 또는 특별시장 · 광역시장 · 도지사는 건축제도의 개선 및 건설기술의 향상을

위하여 허가권자의 의견을 들어 특별건축구역 내에서 제1항 및 제2항에 따라 건축허가를 받은 건축물에 대하여 모니터링(특례를 적용한 건축물에 대하여 해당 건축물의 건축시공, 공사감리, 유지 · 관리 등의 과정을 검토하고 실제로 건축물에 구현된 기능 · 미관 · 환경 등을 분석하여 평가하는 것을 말한다. 이하 이 장에서 같다)을 실시할 수 있다. 〈개정 2016. 2. 3.〉

⑦ 허가권자는 제1항 및 제2항에 따라 건축허가를 받은 건축물의 특례적용계획서를 심의하는 데에 필요한 국토교통부령으로 정하는 자료를 특별시장 · 광역시장 · 특별자치시장 · 도지사 · 특별자치도지사는 국토교통부장관에게, 시장 · 군수 · 구청장은 특별시장 · 광역시장 · 도지사에게 각각 제출하여야 한다. 〈개정 2013. 3. 23., 2014. 1. 14., 2016. 2. 3.〉

⑧ 제1항 및 제2항에 따라 건축허가를 받은 「건설기술 진흥법」 제2조제6호에 따른 발주청은 설계의도의 구현, 건축시공 및 공사감리의 모니터링, 그 밖에 발주청이 위탁하는 업무의 수행 등을 위하여 필요한 경우 설계자를 건축허가 이후에도 해당 건축물의 건축에 참여하게 할 수 있다. 이 경우 설계자의 업무내용 및 보수 등에 관하여는 대통령령으로 정한다. 〈개정 2013. 5. 22.〉

제73조【관계 법령의 적용 특례】 ① 특별건축구역에 건축하는 건축물에 대하여는 다음 각 호를 적용하지 아니할 수 있다. 〈개정 2016. 1. 19., 2016. 2. 3.〉

1. 제42조, 제55조, 제56조, 제58조, 제60조 및 제61조
2. 「주택법」 제35조 중 대통령령으로 정하는 규정

② 특별건축구역에 건축하는 건축물이 제49조, 제50조, 제50조의2, 제51조부터 제53조까지, 제62조 및 제64조와 「녹색건축물 조성 지원법」 제15조에 해당할 때에는 해당 규정에서 요구하는 기준 또는 성능 등을 다른 방법으로 대신할 수 있는 것으로 지방건축위원회가 인정하는 경우에만 해당 규정의 전부 또는 일부를 완화하여 적용할 수 있다. 〈개정 2014. 1. 14.〉

③ 「소방시설 설치 · 유지 및 안전관리에 관한 법률」 제9조와 제11조에서 요구하는 기준 또는 성능 등을 대통령령으로 정하는 절차 · 심의방법 등에 따라 다른 방법으로 대신할 수 있는 경우 전부 또는 일부를 완화하여 적용할 수 있다. 〈개정 2011. 8. 4.〉

제74조【통합적용계획의 수립 및 시행】 ① 특별건축구역에서는 다음 각 호의 관계 법령의 규정에 대하여는 개별 건축물마다 적용하지 아니하고 특별건축구역 전부 또는 일부를 대상으로 통합하여 적용할 수 있다. 〈개정 2014. 1. 14.〉

1. 「문화예술진흥법」 제9조에 따른 건축물에 대한 미술작품의 설치
2. 「주차장법」 제19조에 따른 부설주차장의 설치
3. 「도시공원 및 녹지 등에 관한 법률」에 따른 공원의 설치

② 지정신청기관은 제1항에 따라 관계 법령의 규정을 통합하여 적용하려는 경우에는 특별건축구역 전부 또는 일부에 대하여 미술작품, 부설주차장, 공원 등에 대한 수요를 개별법으로 정한 기준 이상으로 산정하여 파악하고 이용자의 편의성, 쾌적성 및 안전 등을 고려한 통합적용계획을 수립하여야 한다. 〈개정 2014. 1. 14.〉

③ 지정신청기관이 제2항에 따라 통합적용계획을 수립하는 때에는 해당 구역을 관할하는 허가권자와 협의하여야 하며, 협의요청을 받은 허가권자는 요청받은 날부터 20일 이내에 지정신청기관에게 의견을 제출하여야 한다.

④ 지정신청기관은 도시 · 군관리계획의 변경을 수반하는 통합적용계획이 수립된 때에는 관련 서류를

「국토의 계획 및 이용에 관한 법률」 제30조에 따른 도시·군관리계획 결정권자에게 송부하여야 하며, 이 경우 해당 도시·군관리계획 결정권자는 특별한 사유가 없으면 도시·군관리계획의 변경에 필요한 조치를 취하여야 한다. 〈개정 2011. 4. 14., 2020. 6. 9.〉

제75조 【건축주 등의 의무】 ① 특별건축구역에서 제73조에 따라 건축기준 등의 적용 특례사항을 적용하여 건축허가를 받은 건축물의 공사감리자, 시공자, 건축주, 소유자 및 관리자는 시공 중이거나 건축물의 사용승인 이후에도 당초 허가를 받은 건축물의 형태, 재료, 색채 등이 원형을 유지하도록 필요한 조치를 하여야 한다. 〈개정 2012. 1. 17.〉

② 삭제 〈2016. 2. 3.〉

제76조 【허가권자 등의 의무】 ① 허가권자는 특별건축구역의 건축물에 대하여 설계자의 창의성·심미성 등의 발휘와 제도개선·기술발전 등이 유도될 수 있도록 노력하여야 한다.

② 허가권자는 제77조제2항에 따른 모니터링 결과를 국토교통부장관 또는 특별시장·광역시장·도지사에게 제출하여야 하며, 국토교통부장관 또는 특별시장·광역시장·도지사는 제77조에 따른 검사 및 모니터링 결과 등을 분석하여 필요한 경우 이 법 또는 관계 법령의 제도개선을 위하여 노력하여야 한다. 〈개정 2013. 3. 23., 2014. 1. 14., 2016. 2. 3.〉

제77조 【특별건축구역 건축물의 검사 등】 ① 국토교통부장관 및 허가권자는 특별건축구역의 건축물에 대하여 제87조에 따라 검사를 할 수 있으며, 필요한 경우 제79조에 따라 시정명령 등 필요한 조치를 할 수 있다. 〈개정 2013. 3. 23., 2014. 1. 14.〉

② 국토교통부장관 및 허가권자는 제72조제6항에 따라 모니터링을 실시하는 건축물에 대하여 직접 모니터링을 하거나 분야별 전문가 또는 전문기관에 용역을 의뢰할 수 있다. 이 경우 해당 건축물의 건축주, 소유자 또는 관리자는 특별한 사유가 없으면 모니터링에 필요한 사항에 대하여 협조하여야 한다. 〈개정 2013. 3. 23., 2014. 1. 14., 2016. 2. 3.〉

제77조의2 【특별가로구역의 지정】 ① 국토교통부장관 및 허가권자는 도로에 인접한 건축물의 건축을 통한 조화로운 도시경관의 창출을 위하여 이 법 및 관계 법령에 따라 일부 규정을 적용하지 아니하거나 완화하여 적용할 수 있도록 다음 각 호의 어느 하나에 해당하는 지구 또는 구역에서 대통령령으로 정하는 도로에 접한 대지의 일정 구역을 특별가로구역으로 지정할 수 있다. 〈개정 2017. 1. 17.〉

1. 삭제 〈2017. 4. 18.〉
2. 경관지구
3. 지구단위계획구역 중 미관유지를 위하여 필요하다고 인정하는 구역

② 국토교통부장관 및 허가권자는 제1항에 따라 특별가로구역을 지정하려는 경우에는 다음 각 호의 자료를 갖추어 국토교통부장관 또는 허가권자가 두는 건축위원회의 심의를 거쳐야 한다.

1. 특별가로구역의 위치·범위 및 면적 등에 관한 사항
2. 특별가로구역의 지정 목적 및 필요성
3. 특별가로구역 내 건축물의 규모 및 용도 등에 관한 사항
4. 그 밖에 특별가로구역의 지정에 필요한 사항으로서 대통령령으로 정하는 사항

③ 국토교통부장관 및 허가권자는 특별가로구역을 지정하거나 변경·해제하는 경우에는 국토교통부령으로 정하는 바에 따라 이를 지역 주민에게 알려야 한다.

[본조신설 2014. 1. 14.]

제77조의3 【특별가로구역의 관리 및 건축물의 건축기준 적용 특례 등】 ① 국토교통부장관 및 허가권자는 특별가로구역을 효율적으로 관리하기 위하여 국토교통부령으로 정하는 바에 따라 제77조의2제2항 각 호의 지정 내용을 작성하여 관리하여야 한다.

② 특별가로구역의 변경절차 및 해제, 특별가로구역 내 건축물에 관한 건축기준의 적용 등에 관하여는 제71조제9항 · 제10항(각 호 외의 부분 후단은 제외한다), 제72조제1항부터 제5항까지, 제73조제1항(제77조의2제1항제3호에 해당하는 경우에는 제55조 및 제56조는 제외한다) · 제2항, 제75조제1항 및 제77조제1항을 준용한다. 이 경우 "특별건축구역"은 각각 "특별가로구역"으로, "지정신청기관", "국토교통부장관 또는 시 · 도지사" 및 "국토교통부장관, 시 · 도지사 및 허가권자"는 각각 "국토교통부장관 및 허가권자"로 본다. 〈개정 2017. 1. 17., 2020. 4. 7.〉

③ 특별가로구역 안의 건축물에 대하여 국토교통부장관 또는 허가권자가 배치기준을 따로 정하는 경우에는 제46조 및 「민법」 제242조를 적용하지 아니한다. 〈신설 2016. 1. 19.〉

[본조신설 2014. 1. 14.]

제8장의2 건축협정 〈신설 2014. 1. 14.〉

제77조의4 【건축협정의 체결】 ① 토지 또는 건축물의 소유자, 지상권자 등 대통령령으로 정하는 자(이하 "소유자등"이라 한다)는 전원의 합의로 다음 각 호의 어느 하나에 해당하는 지역 또는 구역에서 건축물의 건축 · 대수선 또는 리모델링에 관한 협정(이하 "건축협정"이라 한다)을 체결할 수 있다. 〈개정 2016. 2. 3., 2017. 2. 8., 2017. 4. 18.〉

1. 「국토의 계획 및 이용에 관한 법률」 제51조에 따라 지정된 지구단위계획구역
2. 「도시 및 주거환경정비법」 제2조제2호가목에 따른 주거환경개선사업을 시행하기 위하여 같은 법 제8조에 따라 지정 · 고시된 정비구역
3. 「도시재정비 촉진을 위한 특별법」 제2조제6호에 따른 존치지역
4. 「도시재생 활성화 및 지원에 관한 특별법」 제2조제1항제5호에 따른 도시재생활성화지역
5. 그 밖에 시 · 도지사 및 시장 · 군수 · 구청장(이하 "건축협정인가권자"라 한다)이 도시 및 주거환경 개선이 필요하다고 인정하여 해당 지방자치단체의 조례로 정하는 구역

② 제1항 각 호의 지역 또는 구역에서 둘 이상의 토지를 소유한 자가 1인인 경우에도 그 토지 소유자는 해당 토지의 구역을 건축협정 대상 지역으로 하는 건축협정을 정할 수 있다. 이 경우 그 토지 소유자 1인을 건축협정 체결자로 본다.

③ 소유자등은 제1항에 따라 건축협정을 체결(제2항에 따라 토지 소유자 1인이 건축협정을 정하는 경우를 포함한다. 이하 같다)하는 경우에는 다음 각 호의 사항을 준수하여야 한다.

1. 이 법 및 관계 법령을 위반하지 아니할 것
2. 「국토의 계획 및 이용에 관한 법률」 제30조에 따른 도시 · 군관리계획 및 이 법 제77조의11제1항에 따른 건축물의 건축 · 대수선 또는 리모델링에 관한 계획을 위반하지 아니할 것

④ 건축협정은 다음 각 호의 사항을 포함하여야 한다.

1. 건축물의 건축 · 대수선 또는 리모델링에 관한 사항
2. 건축물의 위치 · 용도 · 형태 및 부대시설에 관하여 대통령령으로 정하는 사항

⑤ 소유자등이 건축협정을 체결하는 경우에는 건축협정서를 작성하여야 하며, 건축협정서에는 다음

각 호의 사항이 명시되어야 한다.
1. 건축협정의 명칭
2. 건축협정 대상 지역의 위치 및 범위
3. 건축협정의 목적
4. 건축협정의 내용
5. 제1항 및 제2항에 따라 건축협정을 체결하는 자(이하 "협정체결자"라 한다)의 성명, 주소 및 생년월일(법인, 법인 아닌 사단이나 재단 및 외국인의 경우에는 「부동산등기법」 제49조에 따라 부여된 등록번호를 말한다. 이하 제6호에서 같다)
6. 제77조의5제1항에 따른 건축협정운영회가 구성되어 있는 경우에는 그 명칭, 대표자 성명, 주소 및 생년월일
7. 건축협정의 유효기간
8. 건축협정 위반 시 제재에 관한 사항
9. 그 밖에 건축협정에 필요한 사항으로서 해당 지방자치단체의 조례로 정하는 사항

⑥제1항제4호에 따라 시 · 도지사가 필요하다고 인정하여 조례로 구역을 정하려는 때에는 해당 시장 · 군수 · 구청장의 의견을 들어야 한다. 〈신설 2016. 2. 3.〉

[본조신설 2014. 1. 14.]

제77조의5 【건축협정운영회의 설립】 ① 협정체결자는 건축협정서 작성 및 건축협정 관리 등을 위하여 필요한 경우 협정체결자 간의 자율적 기구로서 운영회(이하 "건축협정운영회"라 한다)를 설립할 수 있다.

② 제1항에 따라 건축협정운영회를 설립하려면 협정체결자 과반수의 동의를 받아 건축협정운영회의 대표자를 선임하고, 국토교통부령으로 정하는 바에 따라 건축협정인가권자에게 신고하여야 한다. 다만, 제77조의6에 따른 건축협정 인가 신청 시 건축협정운영회에 관한 사항을 포함한 경우에는 그러하지 아니하다.

[본조신설 2014. 1. 14.]

제77조의6 【건축협정의 인가】 ① 협정체결자 또는 건축협정운영회의 대표자는 건축협정서를 작성하여 국토교통부령으로 정하는 바에 따라 해당 건축협정인가권자의 인가를 받아야 한다. 이 경우 인가신청을 받은 건축협정인가권자는 인가를 하기 전에 건축협정인가권자가 두는 건축위원회의 심의를 거쳐야 한다.

② 제1항에 따른 건축협정 체결 대상 토지가 둘 이상의 특별자치시 또는 시 · 군 · 구에 걸치는 경우 건축협정 체결 대상 토지면적의 과반(過半)이 속하는 건축협정인가권자에게 인가를 신청할 수 있다. 이 경우 인가 신청을 받은 건축협정인가권자는 건축협정을 인가하기 전에 다른 특별자치시장 또는 시장 · 군수 · 구청장과 협의하여야 한다.

③ 건축협정인가권자는 제1항에 따라 건축협정을 인가하였을 때에는 국토교통부령으로 정하는 바에 따라 그 내용을 공고하여야 한다.

[본조신설 2014. 1. 14.]

제77조의7 【건축협정의 변경】 ① 협정체결자 또는 건축협정운영회의 대표자는 제77조의6제1항에 따라 인가받은 사항을 변경하려면 국토교통부령으로 정하는 바에 따라 변경인가를 받아야 한다.

다만, 대통령령으로 정하는 경미한 사항을 변경하는 경우에는 그러하지 아니하다.
② 제1항에 따른 변경인가에 관하여는 제77조의6을 준용한다.
[본조신설 2014. 1. 14.]

제77조의8【건축협정의 관리】 건축협정인가권자는 제77조의6 및 제77조의7에 따라 건축협정을 인가하거나 변경인가하였을 때에는 국토교통부령으로 정하는 바에 따라 건축협정 관리대장을 작성하여 관리하여야 한다.
[본조신설 2014. 1. 14.]

제77조의9【건축협정의 폐지】 ① 협정체결자 또는 건축협정운영회의 대표자는 건축협정을 폐지하려는 경우에는 협정체결자 과반수의 동의를 받아 국토교통부령으로 정하는 바에 따라 건축협정인가권자의 인가를 받아야 한다. 다만, 제77조의13에 따른 특례를 적용하여 제21조에 따른 착공신고를 한 경우에는 대통령령으로 정하는 기간이 지난 후에 건축협정의 폐지 인가를 신청할 수 있다. 〈개정 2015. 5. 18., 2020. 6. 9.〉
② 제1항에 따른 건축협정의 폐지에 관하여는 제77조의6제3항을 준용한다.
[본조신설 2014. 1. 14.]

제77조의10(건축협정의 효력 및 승계】 ① 건축협정이 체결된 지역 또는 구역(이하 "건축협정구역"이라 한다)에서 건축물의 건축 · 대수선 또는 리모델링을 하거나 그 밖에 대통령령으로 정하는 행위를 하려는 소유자등은 제77조의6 및 제77조의7에 따라 인가 · 변경인가된 건축협정에 따라야 한다.
② 제77조의6제3항에 따라 건축협정이 공고된 후 건축협정구역에 있는 토지나 건축물 등에 관한 권리를 협정체결자인 소유자등으로부터 이전받거나 설정받은 자는 협정체결자로서의 지위를 승계한다. 다만, 건축협정에서 달리 정한 경우에는 그에 따른다.
[본조신설 2014. 1. 14.]

제77조의11【건축협정에 관한 계획 수립 및 지원】 ① 건축협정인가권자는 소유자등이 건축협정을 효율적으로 체결할 수 있도록 건축협정구역에서 건축물의 건축 · 대수선 또는 리모델링에 관한 계획을 수립할 수 있다.
② 건축협정인가권자는 대통령령으로 정하는 바에 따라 도로 개설 및 정비 등 건축협정구역 안의 주거환경개선을 위한 사업비용의 일부를 지원할 수 있다.
[본조신설 2014. 1. 14.]

제77조의12【경관협정과의 관계】 ① 소유자등은 제77조의4에 따라 건축협정을 체결할 때 「경관법」 제19조에 따른 경관협정을 함께 체결하려는 경우에는 「경관법」 제19조제3항 · 제4항 및 제20조에 관한 사항을 반영하여 건축협정인가권자에게 인가를 신청할 수 있다.
② 제1항에 따른 인가 신청을 받은 건축협정인가권자는 건축협정에 대한 인가를 하기 전에 건축위원회의 심의를 하는 때에 「경관법」 제29조제3항에 따라 경관위원회와 공동으로 하는 심의를 거쳐야 한다.
③ 제2항에 따른 절차를 거쳐 건축협정을 인가받은 경우에는 「경관법」 제21조에 따른 경관협정의 인가를 받은 것으로 본다.
[본조신설 2014. 1. 14.]

제77조의13 【건축협정에 따른 특례】 ① 제77조의4제1항에 따라 건축협정을 체결하여 제59조제1항제1호에 따라 둘 이상의 건축물 벽을 맞벽으로 하여 건축하려는 경우 맞벽으로 건축하려는 자는 공동으로 제11조에 따른 건축허가를 신청할 수 있다.

② 제1항의 경우에 제17조, 제21조, 제22조 및 제25조에 관하여는 개별 건축물마다 적용하지 아니하고 허가를 신청한 건축물 전부 또는 일부를 대상으로 통합하여 적용할 수 있다.

③ 건축협정의 인가를 받은 건축협정구역에서 연접한 대지에 대하여는 다음 각 호의 관계 법령의 규정을 개별 건축물마다 적용하지 아니하고 건축협정구역의 전부 또는 일부를 대상으로 통합하여 적용할 수 있다. 〈개정 2015. 5. 18., 2016. 1. 19.〉

1. 제42조에 따른 대지의 조경
2. 제44조에 따른 대지와 도로와의 관계
3. 삭제 〈2016. 1. 19.〉
4. 제53조에 따른 지하층의 설치
5. 제55조에 따른 건폐율
6. 「주차장법」 제19조에 따른 부설주차장의 설치
7. 삭제 〈2016. 1. 19.〉
8. 「하수도법」 제34조에 따른 개인하수처리시설의 설치

④ 제3항에 따라 관계 법령의 규정을 적용하려는 경우에는 건축협정구역 전부 또는 일부에 대하여 조경 및 부설주차장에 대한 기준을 이 법 및 「주차장법」에서 정한 기준 이상으로 산정하여 적용하여야 한다.

⑤ 건축협정을 체결하여 둘 이상 건축물의 경계벽을 전체 또는 일부를 공유하여 건축하는 경우에는 제1항부터 제4항까지의 특례를 적용하며, 해당 대지를 하나의 대지로 보아 이 법의 기준을 개별 건축물마다 적용하지 아니하고 허가를 신청한 건축물의 전부 또는 일부를 대상으로 통합하여 적용할 수 있다. 〈신설 2016. 1. 19.〉

⑥ 건축협정구역에 건축하는 건축물에 대하여는 제42조, 제55조, 제56조, 제58조, 제60조 및 제61조와 「주택법」 제35조를 대통령령으로 정하는 바에 따라 완화하여 적용할 수 있다. 다만, 제56조를 완화하여 적용하는 경우에는 제4조에 따른 건축위원회의 심의와 「국토의 계획 및 이용에 관한 법률」 제113조에 따른 지방도시계획위원회의 심의를 통합하여 거쳐야 한다. 〈신설 2016. 2. 3.〉

⑦ 제6항 단서에 따라 통합 심의를 하는 경우 통합 심의의 방법 및 절차 등에 관한 구체적인 사항은 대통령령으로 정한다. 〈신설 2016. 2. 3.〉

⑧ 제6항 본문에 따른 건축협정구역 내의 건축물에 대한 건축기준의 적용에 관하여는 제72조제1항(제2호 및 제4호는 제외한다)부터 제5항까지를 준용한다. 이 경우 "특별건축구역"은 "건축협정구역"으로 본다. 〈신설 2016. 2. 3.〉

[본조신설 2014. 1. 14.]

제77조의14 【건축협정 집중구역 지정 등】 ① 건축협정인가권자는 건축협정의 효율적인 체결을 통한 도시의 기능 및 미관의 증진을 위하여 제77조의4제1항 각 호의 어느 하나에 해당하는 지역 및 구역의 전체 또는 일부를 건축협정 집중구역으로 지정할 수 있다.

② 건축협정인가권자는 제1항에 따라 건축협정 집중구역을 지정하는 경우에는 미리 다음 각 호의

사항에 대하여 건축협정인가권자가 두는 건축위원회의 심의를 거쳐야 한다.

1. 건축협정 집중구역의 위치, 범위 및 면적 등에 관한 사항
2. 건축협정 집중구역의 지정 목적 및 필요성
3. 건축협정 집중구역에서 제77조의4제4항 각 호의 사항 중 건축협정인가권자가 도시의 기능 및 미관 증진을 위하여 세부적으로 규정하는 사항
4. 건축협정 집중구역에서 제77조의13에 따른 건축협정의 특례 적용에 관하여 세부적으로 규정하는 사항

③ 제1항에 따른 건축협정 집중구역의 지정 또는 변경 · 해제에 관하여는 제77조의6제3항을 준용한다.

④ 건축협정 집중구역 내의 건축협정이 제2항 각 호에 관한 심의내용에 부합하는 경우에는 제77조의6제1항에 따른 건축위원회의 심의를 생략할 수 있다.

[본조신설 2017. 4. 18.]

[종전 제77조의14는 제77조의15로 이동 〈2017. 4. 18.〉]

제8장의3 결합건축 〈신설 2016. 1. 19.〉

제77조의15 【결합건축 대상지】 ① 다음 각 호의 어느 하나에 해당하는 지역에서 대지간의 최단거리가 100미터 이내의 범위에서 대통령령으로 정하는 범위에 있는 2개의 대지의 건축주가 서로 합의한 경우 2개의 대지를 대상으로 결합건축을 할 수 있다. 〈개정 2017. 2. 8., 2017. 4. 18., 2020. 4. 7.〉

1. 「국토의 계획 및 이용에 관한 법률」 제36조에 따라 지정된 상업지역
2. 「역세권의 개발 및 이용에 관한 법률」 제4조에 따라 지정된 역세권개발구역
3. 「도시 및 주거환경정비법」 제2조에 따른 정비구역 중 주거환경개선사업의 시행을 위한 구역
4. 그 밖에 도시 및 주거환경 개선과 효율적인 토지이용이 필요하다고 대통령령으로 정하는 지역

② 다음 각 호의 어느 하나에 해당하는 경우에는 제1항 각 호의 어느 하나에 해당하는 지역에서 대통령령으로 정하는 범위에 있는 3개 이상 대지의 건축주 등이 서로 합의한 경우 3개 이상의 대지를 대상으로 결합건축을 할 수 있다. 〈신설 2020. 4. 7.〉

1. 국가 · 지방자치단체 또는 「공공기관의 운영에 관한 법률」 제4조제1항에 따른 공공기관이 소유 또는 관리하는 건축물과 결합건축하는 경우
2. 「빈집 및 소규모주택 정비에 관한 특례법」 제2조제1항제1호에 따른 빈집 또는 「건축물관리법」 제42조에 따른 빈 건축물을 철거하여 그 대지에 공원, 광장 등 대통령령으로 정하는 시설을 설치하는 경우
3. 그 밖에 대통령령으로 정하는 건축물과 결합건축하는 경우

③ 제1항 및 제2항에도 불구하고 도시경관의 형성, 기반시설 부족 등의 사유로 해당 지방자치단체의 조례로 정하는 지역 안에서는 결합건축을 할 수 없다. 〈신설 2020. 4. 7.〉

④ 제1항 또는 제2항에 따라 결합건축을 하려는 2개 이상의 대지를 소유한 자가 1명인 경우는 제77조의4제2항을 준용한다. 〈개정 2020. 4. 7.〉

[본조신설 2016. 1. 19.]

[제77조의14에서 이동, 종전 제77조의15는 제77조의16으로 이동 〈2017. 4. 18.〉]

제77조의16【결합건축의 절차】 ① 결합건축을 하고자 하는 건축주는 제11조에 따라 건축허가를 신청하는 때에는 다음 각 호의 사항을 명시한 결합건축협정서를 첨부하여야 하며 국토교통부령으로 정하는 도서를 제출하여야 한다.

1. 결합건축 대상 대지의 위치 및 용도지역
2. 결합건축협정서를 체결하는 자(이하 "결합건축협정체결자"라 한다)의 성명, 주소 및 생년월일(법인, 법인 아닌 사단이나 재단 및 외국인의 경우에는 「부동산등기법」 제49조에 따라 부여된 등록번호를 말한다)
3. 「국토의 계획 및 이용에 관한 법률」 제78조에 따라 조례로 정한 용적률과 결합건축으로 조정되어 적용되는 대지별 용적률
4. 결합건축 대상 대지별 건축계획서

② 허가권자는 「국토의 계획 및 이용에 관한 법률」 제2조제11호에 따른 도시·군계획사업에 편입된 대지가 있는 경우에는 결합건축을 포함한 건축허가를 아니할 수 있다.

③ 허가권자는 제1항에 따른 건축허가를 하기 전에 건축위원회의 심의를 거쳐야 한다. 다만, 결합건축으로 조정되어 적용되는 대지별 용적률이 「국토의 계획 및 이용에 관한 법률」 제78조에 따라 해당 대지에 적용되는 도시계획조례의 용적률의 100분의 20을 초과하는 경우에는 대통령령으로 정하는 바에 따라 건축위원회 심의와 도시계획위원회 심의를 공동으로 하여 거쳐야 한다.

④ 제1항에 따른 결합건축 대상 대지가 둘 이상의 특별자치시, 특별자치도 및 시·군·구에 걸치는 경우 제77조의6제2항을 준용한다.

[본조신설 2016. 1. 19.]

[제77조의15에서 이동, 종전 제77조의16은 제77조의17로 이동 〈2017. 4. 18.〉]

제77조의17【결합건축의 관리】 ① 허가권자는 결합건축을 포함하여 건축허가를 한 경우 국토교통부령으로 정하는 바에 따라 그 내용을 공고하고, 결합건축 관리대장을 작성하여 관리하여야 한다.

② 허가권자는 제77조의15제1항에 따른 결합건축과 관련된 건축물의 사용승인 신청이 있는 경우 해당 결합건축협정서상의 다른 대지에서 착공신고 또는 대통령령으로 정하는 조치가 이행되었는지를 확인한 후 사용승인을 하여야 한다. 〈개정 2020. 4. 7.〉

③ 허가권자는 결합건축을 허용한 경우 건축물대장에 국토교통부령으로 정하는 바에 따라 결합건축에 관한 내용을 명시하여야 한다.

④ 결합건축협정서에 따른 협정체결 유지기간은 최소 30년으로 한다. 다만, 결합건축협정서의 용적률 기준을 종전대로 환원하여 신축·개축·재축하는 경우에는 그러하지 아니한다.

⑤ 결합건축협정서를 폐지하려는 경우에는 결합건축협정체결자 전원이 동의하여 허가권자에게 신고하여야 하며, 허가권자는 용적률을 이전받은 건축물이 멸실된 것을 확인한 후 결합건축의 폐지를 수리하여야 한다. 이 경우 결합건축 폐지에 관하여는 제1항 및 제3항을 준용한다.

⑥ 결합건축협정의 준수 여부, 효력 및 승계에 대하여는 제77조의4제3항 및 제77조의10을 준용한다. 이 경우 "건축협정"은 각각 "결합건축협정"으로 본다.

[본조신설 2016. 1. 19.]

[제77조의16에서 이동 〈2017. 4. 18.〉]

제9장 보칙

제78조【감독】 ① 국토교통부장관은 시ㆍ도지사 또는 시장ㆍ군수ㆍ구청장이 한 명령이나 처분이 이 법이나 이 법에 따른 명령이나 처분 또는 조례에 위반되거나 부당하다고 인정하면 그 명령 또는 처분의 취소ㆍ변경, 그 밖에 필요한 조치를 명할 수 있다. 〈개정 2013. 3. 23.〉

② 특별시장ㆍ광역시장ㆍ도지사는 시장ㆍ군수ㆍ구청장이 한 명령이나 처분이 이 법 또는 이 법에 따른 명령이나 처분 또는 조례에 위반되거나 부당하다고 인정하면 그 명령이나 처분의 취소ㆍ변경, 그 밖에 필요한 조치를 명할 수 있다. 〈개정 2014. 1. 14.〉

③ 시ㆍ도지사 또는 시장ㆍ군수ㆍ구청장이 제1항에 따라 필요한 조치명령을 받으면 그 시정 결과를 국토교통부장관에게 지체 없이 보고하여야 하며, 시장ㆍ군수ㆍ구청장이 제2항에 따라 필요한 조치명령을 받으면 그 시정 결과를 특별시장ㆍ광역시장ㆍ도지사에게 지체 없이 보고하여야 한다. 〈개정 2013. 3. 23., 2014. 1. 14.〉

④ 국토교통부장관 및 시ㆍ도지사는 건축허가의 적법한 운영, 위법 건축물의 관리 실태 등 건축행정의 건실한 운영을 지도ㆍ점검하기 위하여 국토교통부령으로 정하는 바에 따라 매년 지도ㆍ점검 계획을 수립ㆍ시행하여야 한다. 〈개정 2013. 3. 23.〉

⑤ 국토교통부장관 및 시ㆍ도지사는 제4조의2에 따른 건축위원회의 심의 방법 또는 결과가 이 법 또는 이 법에 따른 명령이나 처분 또는 조례에 위반되거나 부당하다고 인정하면 그 심의 방법 또는 결과의 취소ㆍ변경, 그 밖에 필요한 조치를 할 수 있다. 이 경우 심의에 관한 조사ㆍ시정명령 및 변경절차 등에 관하여는 대통령령으로 정한다. 〈신설 2016. 1. 19.〉

제79조【위반 건축물 등에 대한 조치 등】 ① 허가권자는 이 법 또는 이 법에 따른 명령이나 처분에 위반되는 대지나 건축물에 대하여 이 법에 따른 허가 또는 승인을 취소하거나 그 건축물의 건축주ㆍ공사시공자ㆍ현장관리인ㆍ소유자ㆍ관리자 또는 점유자(이하 "건축주등"이라 한다)에게 공사의 중지를 명하거나 상당한 기간을 정하여 그 건축물의 해체ㆍ개축ㆍ증축ㆍ수선ㆍ용도변경ㆍ사용금지ㆍ사용제한, 그 밖에 필요한 조치를 명할 수 있다. 〈개정 2019. 4. 23., 2019. 4. 30.〉

② 허가권자는 제1항에 따라 허가나 승인이 취소된 건축물 또는 제1항에 따른 시정명령을 받고 이행하지 아니한 건축물에 대하여는 다른 법령에 따른 영업이나 그 밖의 행위를 허가ㆍ면허ㆍ인가ㆍ등록ㆍ지정 등을 하지 아니하도록 요청할 수 있다. 다만, 허가권자가 기간을 정하여 그 사용 또는 영업, 그 밖의 행위를 허용한 주택과 대통령령으로 정하는 경우에는 그러하지 아니하다. 〈개정 2014. 5. 28.〉

③ 제2항에 따른 요청을 받은 자는 특별한 이유가 없으면 요청에 따라야 한다.

④ 허가권자는 제1항에 따른 시정명령을 하는 경우 국토교통부령으로 정하는 바에 따라 건축물대장에 위반내용을 적어야 한다. 〈개정 2013. 3. 23., 2016. 1. 19.〉

⑤ 허가권자는 이 법 또는 이 법에 따른 명령이나 처분에 위반되는 대지나 건축물에 대한 실태를 파악하기 위하여 조사를 할 수 있다. 〈신설 2019. 4. 23.〉

⑥ 제5항에 따른 실태조사의 방법 및 절차에 관한 사항은 대통령령으로 정한다. 〈신설 2019. 4. 23.〉

제80조【이행강제금】 ① 허가권자는 제79조제1항에 따라 시정명령을 받은 후 시정기간 내에 시정명령을 이행하지 아니한 건축주등에 대하여는 그 시정명령의 이행에 필요한 상당한 이행기한을 정하여

그 기한까지 시정명령을 이행하지 아니하면 다음 각 호의 이행강제금을 부과한다. 다만, 연면적(공동주택의 경우에는 세대 면적을 기준으로 한다)이 60제곱미터 이하인 주거용 건축물과 제2호 중 주거용 건축물로서 대통령령으로 정하는 경우에는 다음 각 호의 어느 하나에 해당하는 금액의 2분의 1의 범위에서 해당 지방자치단체의 조례로 정하는 금액을 부과한다. 〈개정 2011. 5. 30., 2015. 8. 11., 2019. 4. 23.〉

1. 건축물이 제55조와 제56조에 따른 건폐율이나 용적률을 초과하여 건축된 경우 또는 허가를 받지 아니하거나 신고를 하지 아니하고 건축된 경우에는 「지방세법」에 따라 해당 건축물에 적용되는 1제곱미터의 시가표준액의 100분의 50에 해당하는 금액에 위반면적을 곱한 금액 이하의 범위에서 위반 내용에 따라 대통령령으로 정하는 비율을 곱한 금액
2. 건축물이 제1호 외의 위반 건축물에 해당하는 경우에는 「지방세법」에 따라 그 건축물에 적용되는 시가표준액에 해당하는 금액의 100분의 10의 범위에서 위반내용에 따라 대통령령으로 정하는 금액

② 허가권자는 영리목적을 위한 위반이나 상습적 위반 등 대통령령으로 정하는 경우에 제1항에 따른 금액을 100분의 100의 범위에서 해당 지방자치단체의 조례로 정하는 바에 따라 가중하여야 한다. 〈신설 2015. 8. 11., 2019. 4. 23., 2020. 12. 8.〉

③ 허가권자는 제1항 및 제2항에 따른 이행강제금을 부과하기 전에 제1항 및 제2항에 따른 이행강제금을 부과·징수한다는 뜻을 미리 문서로써 계고(戒告)하여야 한다. 〈개정 2015. 8. 11.〉

④ 허가권자는 제1항 및 제2항에 따른 이행강제금을 부과하는 경우 금액, 부과 사유, 납부기한, 수납기관, 이의제기 방법 및 이의제기 기관 등을 구체적으로 밝힌 문서로 하여야 한다. 〈개정 2015. 8. 11.〉

⑤ 허가권자는 최초의 시정명령이 있었던 날을 기준으로 하여 1년에 2회 이내의 범위에서 해당 지방자치단체의 조례로 정하는 횟수만큼 그 시정명령이 이행될 때까지 반복하여 제1항 및 제2항에 따른 이행강제금을 부과·징수할 수 있다. 〈개정 2014. 5. 28., 2015. 8. 11., 2019. 4. 23.〉

⑥ 허가권자는 제79조제1항에 따라 시정명령을 받은 자가 이를 이행하면 새로운 이행강제금의 부과를 즉시 중지하되, 이미 부과된 이행강제금은 징수하여야 한다. 〈개정 2015. 8. 11.〉

⑦ 허가권자는 제4항에 따라 이행강제금 부과처분을 받은 자가 이행강제금을 납부기한까지 내지 아니하면 「지방행정제재·부과금의 징수 등에 관한 법률」에 따라 징수한다. 〈개정 2013. 8. 6., 2015. 8. 11., 2020. 3. 24.〉

제80조의2【이행강제금 부과에 관한 특례】 ① 허가권자는 제80조에 따른 이행강제금을 다음 각 호에서 정하는 바에 따라 감경할 수 있다. 다만, 지방자치단체의 조례로 정하는 기간까지 위반내용을 시정하지 아니한 경우는 제외한다. 〈개정 2024. 3. 26.〉

1. 축사 등 농업용·어업용 시설로서 500제곱미터(「수도권정비계획법」 제2조제1호에 따른 수도권 외의 지역에서는 1천제곱미터) 이하인 경우는 5분의 1을 감경
2. 그 밖에 위반 동기, 위반 범위 및 위반 시기 등을 고려하여 대통령령으로 정하는 경우(제80조제2항에 해당하는 경우는 제외한다)에는 100분의 75의 범위에서 대통령령으로 정하는 비율을 감경

② 허가권자는 법률 제4381호 건축법개정법률의 시행일(1992년 6월 1일을 말한다) 이전에 이 법 또는 이 법에 따른 명령이나 처분을 위반한 주거용 건축물에 관하여는 대통령령으로 정하는 바에 따라 제80조에 따른 이행강제금을 감경할 수 있다.

[본조신설 2015. 8. 11.]

<u>**제81조** 삭제 〈2019. 4. 30.〉</u>

<u>**제81조의2** 삭제 〈2019. 4. 30.〉</u>

<u>**제81조의3** 삭제 〈2019. 4. 30.〉</u>

제82조【권한의 위임과 위탁】 ① 국토교통부장관은 이 법에 따른 권한의 일부를 대통령령으로 정하는 바에 따라 시·도지사에게 위임할 수 있다. 〈개정 2013. 3. 23.〉

② 시·도지사는 이 법에 따른 권한의 일부를 대통령령으로 정하는 바에 따라 시장(행정시의 시장을 포함하며, 이하 이 조에서 같다)·군수·구청장에게 위임할 수 있다.

③ 시장·군수·구청장은 이 법에 따른 권한의 일부를 대통령령으로 정하는 바에 따라 구청장(자치구가 아닌 구의 구청장을 말한다)·동장·읍장 또는 면장에게 위임할 수 있다.

④ 국토교통부장관은 제31조제1항과 제32조제1항에 따라 건축허가 업무 등을 효율적으로 처리하기 위하여 구축하는 전자정보처리 시스템의 운영을 대통령령으로 정하는 기관 또는 단체에 위탁할 수 있다. 〈개정 2013. 3. 23.〉

제83조【옹벽 등의 공작물에의 준용】 ① 대지를 조성하기 위한 옹벽, 굴뚝, 광고탑, 고가수조(高架水槽), 지하 대피호, 그 밖에 이와 유사한 것으로서 대통령령으로 정하는 공작물을 축조하려는 자는 대통령령으로 정하는 바에 따라 특별자치시장·특별자치도지사 또는 시장·군수·구청장에게 신고하여야 한다. 〈개정 2014. 1. 14.〉

② 삭제 〈2019. 4. 30.〉

③ 제14조, 제21조제5항, 제29조, 제40조제4항, 제41조, 제47조, 제48조, 제55조, 제58조, 제60조, 제61조, 제79조, 제84조, 제85조, 제87조와 「국토의 계획 및 이용에 관한 법률」 제76조는 대통령령으로 정하는 바에 따라 제1항의 경우에 준용한다. 〈개정 2014. 5. 28., 2017. 4. 18., 2019. 4. 30.〉

제84조【면적·높이 및 층수의 산정】 건축물의 대지면적, 연면적, 바닥면적, 높이, 처마, 천장, 바닥 및 층수의 산정방법은 대통령령으로 정한다.

제85조【「행정대집행법」 적용의 특례】 ① 허가권자는 제11조, 제14조, 제41조와 제79조제1항에 따라 필요한 조치를 할 때 다음 각 호의 어느 하나에 해당하는 경우로서 「행정대집행법」 제3조제1항과 제2항에 따른 절차에 의하면 그 목적을 달성하기 곤란한 때에는 해당 절차를 거치지 아니하고 대집행할 수 있다. 〈개정 2020. 6. 9.〉

1. 재해가 발생할 위험이 절박한 경우
2. 건축물의 구조 안전상 심각한 문제가 있어 붕괴 등 손괴의 위험이 예상되는 경우
3. 허가권자의 공사중지명령을 받고도 따르지 아니하고 공사를 강행하는 경우
4. 도로통행에 현저하게 지장을 주는 불법건축물인 경우
5. 그 밖에 공공의 안전 및 공익에 매우 저해되어 신속하게 실시할 필요가 있다고 인정되는 경우로서 대통령령으로 정하는 경우

② 제1항에 따른 대집행은 건축물의 관리를 위하여 필요한 최소한도에 그쳐야 한다.

[전문개정 2009. 4. 1.]

제86조【청문】 허가권자는 제79조에 따라 허가나 승인을 취소하려면 청문을 실시하여야 한다.

제87조 【보고와 검사 등】 ① 국토교통부장관, 시·도지사, 시장·군수·구청장, 그 소속 공무원, 제27조에 따른 업무대행자 또는 제37조에 따른 건축지도원은 건축물의 건축주등, 공사감리자, 공사시공자 또는 관계전문기술자에게 필요한 자료의 제출이나 보고를 요구할 수 있으며, 건축물·대지 또는 건축공사장에 출입하여 그 건축물, 건축설비, 그 밖에 건축공사에 관련되는 물건을 검사하거나 필요한 시험을 할 수 있다. 〈개정 2013. 3. 23., 2016. 2. 3.〉

② 제1항에 따라 검사나 시험을 하는 자는 그 권한을 표시하는 증표를 지니고 이를 관계인에게 내보여야 한다.

③ 허가권자는 건축관계자등과의 계약 내용을 검토할 수 있으며, 검토결과 불공정 또는 불합리한 사항이 있어 부실설계·시공·감리가 될 우려가 있는 경우에는 해당 건축주에게 그 사실을 통보하고 해당 건축물의 건축공사 현장을 특별히 지도·감독하여야 한다. 〈신설 2016. 2. 3.〉

제87조의2 【지역건축안전센터 설립】 ① 지방자치단체의 장은 다음 각 호의 업무를 수행하기 위하여 관할 구역에 지역건축안전센터를 설치할 수 있다. 〈개정 2019. 4. 30., 2020. 4. 7., 2020. 12. 22., 2022. 6. 10.〉

1. 제21조, 제22조, 제27조 및 제87조에 따른 기술적인 사항에 대한 보고·확인·검토·심사 및 점검

1의2. 제11조, 제14조 및 제16조에 따른 허가 또는 신고에 관한 업무

2. 제25조에 따른 공사감리에 대한 관리·감독

3. 삭제 〈2019. 4. 30.〉

4. 그 밖에 대통령령으로 정하는 사항

② 제1항에도 불구하고 다음 각 호의 어느 하나에 해당하는 지방자치단체의 장은 관할 구역에 지역건축안전센터를 설치하여야 한다. 〈신설 2022. 6. 10.〉

1. 시·도
2. 인구 50만명 이상 시·군·구
3. 국토교통부령으로 정하는 바에 따라 산정한 건축허가 면적(직전 5년 동안의 연평균 건축허가 면적을 말한다) 또는 노후건축물 비율이 전국 지방자치단체 중 상위 30퍼센트 이내에 해당하는 인구 50만명 미만 시·군·구

③ 체계적이고 전문적인 업무 수행을 위하여 지역건축안전센터에 「건축사법」 제23조제1항에 따라 신고한 건축사 또는 「기술사법」 제6조제1항에 따라 등록한 기술사 등 전문인력을 배치하여야 한다. 〈개정 2022. 6. 10.〉

④ 제1항부터 제3항까지의 규정에 따른 지역건축안전센터의 설치·운영 및 전문인력의 자격과 배치기준 등에 필요한 사항은 국토교통부령으로 정한다. 〈개정 2022. 6. 10.〉

[본조신설 2017. 4. 18.]

제87조의3 【건축안전특별회계의 설치】 ① 시·도지사 또는 시장·군수·구청장은 관할 구역의 지역건축안전센터 설치·운영 등을 지원하기 위하여 건축안전특별회계(이하 "특별회계"라 한다)를 설치할 수 있다.

② 특별회계는 다음 각 호의 재원으로 조성한다. 〈개정 2020. 4. 7.〉

1. 일반회계로부터의 전입금

2. 제17조에 따라 납부되는 건축허가 등의 수수료 중 해당 지방자치단체의 조례로 정하는 비율의 금액
3. 제80조에 따라 부과 · 징수되는 이행강제금 중 해당 지방자치단체의 조례로 정하는 비율의 금액
4. 제113조에 따라 부과 · 징수되는 과태료 중 해당 지방자치단체의 조례로 정하는 비율의 금액
5. 그 밖의 수입금

③ 특별회계는 다음 각 호의 용도로 사용한다.

1. 지역건축안전센터의 설치 · 운영에 필요한 경비
2. 지역건축안전센터의 전문인력 배치에 필요한 인건비
3. 제87조의2제1항 각 호의 업무 수행을 위한 조사 · 연구비
4. 특별회계의 조성 · 운용 및 관리를 위하여 필요한 경비
5. 그 밖에 건축물 안전에 관한 기술지원 및 정보제공을 위하여 해당 지방자치단체의 조례로 정하는 사업의 수행에 필요한 비용

[본조신설 2017. 4. 18.]

제88조 【건축분쟁전문위원회】 ① 건축등과 관련된 다음 각 호의 분쟁(「건설산업기본법」 제69조에 따른 조정의 대상이 되는 분쟁은 제외한다. 이하 같다)의 조정(調停) 및 재정(裁定)을 하기 위하여 국토교통부에 건축분쟁전문위원회(이하 "분쟁위원회"라 한다)를 둔다. 〈개정 2009. 4. 1., 2014. 5. 28.〉

1. 건축관계자와 해당 건축물의 건축등으로 피해를 입은 인근주민(이하 "인근주민"이라 한다) 간의 분쟁
2. 관계전문기술자와 인근주민 간의 분쟁
3. 건축관계자와 관계전문기술자 간의 분쟁
4. 건축관계자 간의 분쟁
5. 인근주민 간의 분쟁
6. 관계전문기술자 간의 분쟁
7. 그 밖에 대통령령으로 정하는 사항

② 삭제 〈2014. 5. 28.〉

③ 삭제 〈2014. 5. 28.〉

[제목개정 2009. 4. 1.]

제89조 【분쟁위원회의 구성】 ① 분쟁위원회는 위원장과 부위원장 각 1명을 포함한 15명 이내의 위원으로 구성한다. 〈개정 2009. 4. 1., 2014. 5. 28.〉

② 분쟁위원회의 위원은 건축이나 법률에 관한 학식과 경험이 풍부한 자로서 다음 각 호의 어느 하나에 해당하는 자 중에서 국토교통부장관이 임명하거나 위촉한다. 이 경우 제4호에 해당하는 자가 2명 이상 포함되어야 한다. 〈개정 2009. 4. 1., 2013. 3. 23., 2014. 1. 14., 2014. 5. 28.〉

1. 3급 상당 이상의 공무원으로 1년 이상 재직한 자
2. 삭제 〈2014. 5. 28.〉
3. 「고등교육법」에 따른 대학에서 건축공학이나 법률학을 가르치는 조교수 이상의 직(職)에 3년 이상 재직한 자

4. 판사, 검사 또는 변호사의 직에 6년 이상 재직한 자
5. 「국가기술자격법」에 따른 건축분야 기술사 또는 「건축사법」 제23조에 따라 건축사사무소개설신고를 하고 건축사로 6년 이상 종사한 자
6. 건설공사나 건설업에 대한 학식과 경험이 풍부한 자로서 그 분야에 15년 이상 종사한 자

③ 삭제 〈2014. 5. 28.〉

④ 분쟁위원회의 위원장과 부위원장은 위원 중에서 국토교통부장관이 위촉한다. 〈개정 2009. 4. 1., 2014. 5. 28.〉

⑤ 공무원이 아닌 위원의 임기는 3년으로 하되, 연임할 수 있으며, 보궐위원의 임기는 전임자의 남은 임기로 한다.

⑥ 분쟁위원회의 회의는 재적위원 과반수의 출석으로 열고 출석위원 과반수의 찬성으로 의결한다. 〈개정 2009. 4. 1., 2014. 5. 28.〉

⑦ 다음 각 호의 어느 하나에 해당하는 자는 분쟁위원회의 위원이 될 수 없다. 〈개정 2009. 4. 1., 2014. 5. 28.〉

1. 피성년후견인, 피한정후견인 또는 파산선고를 받고 복권되지 아니한 자
2. 금고 이상의 실형을 선고받고 그 집행이 끝나거나(집행이 끝난 것으로 보는 경우를 포함한다)되거나 집행이 면제된 날부터 2년이 지나지 아니한 자
3. 법원의 판결이나 법률에 따라 자격이 정지된 자

⑧ 위원의 제척 · 기피 · 회피 및 위원회의 운영, 조정 등의 거부와 중지 등 그 밖에 필요한 사항은 대통령령으로 정한다. 〈신설 2014. 5. 28.〉

[제목개정 2014. 5. 28.]

제90조 삭제 〈2014. 5. 28.〉

제91조 【대리인】 ① 당사자는 다음 각 호에 해당하는 자를 대리인으로 선임할 수 있다.

1. 당사자의 배우자, 직계존 · 비속 또는 형제자매
2. 당사자인 법인의 임직원
3. 변호사

② 삭제 〈2014. 5. 28.〉

③ 대리인의 권한은 서면으로 소명하여야 한다.

④ 대리인은 다음 각 호의 행위를 하기 위하여는 당사자의 위임을 받아야 한다.

1. 신청의 철회
2. 조정안의 수락
3. 복대리인의 선임

제92조 【조정등의 신청】 ① 건축물의 건축등과 관련된 분쟁의 조정 또는 재정(이하 "조정등"이라 한다)을 신청하려는 자는 분쟁위원회에 조정등의 신청서를 제출하여야 한다. 〈개정 2009. 4. 1., 2014. 5. 28.〉

② 제1항에 따른 조정신청은 해당 사건의 당사자 중 1명 이상이 하며, 재정신청은 해당 사건 당사자 간의 합의로 한다. 다만, 분쟁위원회는 조정신청을 받으면 해당 사건의 모든 당사자에게 조정신청이 접수된 사실을 알려야 한다. 〈개정 2009. 4. 1., 2014. 5. 28.〉

③ 분쟁위원회는 당사자의 조정신청을 받으면 60일 이내에, 재정신청을 받으면 120일 이내에 절차를 마쳐야 한다. 다만, 부득이한 사정이 있으면 분쟁위원회의 의결로 기간을 연장할 수 있다. 〈개정 2009. 4. 1., 2014. 5. 28.〉

제93조【조정등의 신청에 따른 공사중지】 ① 삭제 〈2014. 5. 28.〉

② 삭제 〈2014. 5. 28.〉

③ 시 · 도지사 또는 시장 · 군수 · 구청장은 위해 방지를 위하여 긴급한 상황이거나 그 밖에 특별한 사유가 없으면 조정등의 신청이 있다는 이유만으로 해당 공사를 중지하게 하여서는 아니 된다. [제목개정 2014. 5. 28.]

제94조【조정위원회와 재정위원회】 ① 조정은 3명의 위원으로 구성되는 조정위원회에서 하고, 재정은 5명의 위원으로 구성되는 재정위원회에서 한다.

② 조정위원회의 위원(이하 "조정위원"이라 한다)과 재정위원회의 위원(이하 "재정위원"이라 한다)은 사건마다 분쟁위원회의 위원 중에서 위원장이 지명한다. 이 경우 재정위원회에는 제89조제2항제4호에 해당하는 위원이 1명 이상 포함되어야 한다. 〈개정 2009. 4. 1., 2014. 5. 28.〉

③ 조정위원회와 재정위원회의 회의는 구성원 전원의 출석으로 열고 과반수의 찬성으로 의결한다.

제95조【조정을 위한 조사 및 의견 청취】 ① 조정위원회는 조정에 필요하다고 인정하면 조정위원 또는 사무국의 소속 직원에게 관계 서류를 열람하게 하거나 관계 사업장에 출입하여 조사하게 할 수 있다. 〈개정 2014. 5. 28.〉

② 조정위원회는 필요하다고 인정하면 당사자나 참고인을 조정위원회에 출석하게 하여 의견을 들을 수 있다.

③ 분쟁의 조정신청을 받은 조정위원회는 조정기간 내에 심사하여 조정안을 작성하여야 한다. 〈개정 2014. 5. 28.〉

제96조【조정의 효력】 ① 조정위원회는 제95조제3항에 따라 조정안을 작성하면 지체 없이 각 당사자에게 조정안을 제시하여야 한다.

② 제1항에 따라 조정안을 제시받은 당사자는 제시를 받은 날부터 15일 이내에 수락 여부를 조정위원회에 알려야 한다.

③ 조정위원회는 당사자가 조정안을 수락하면 즉시 조정서를 작성하여야 하며, 조정위원과 각 당사자는 이에 기명날인하여야 한다.

④ 당사자가 제3항에 따라 조정안을 수락하고 조정서에 기명날인하면 조정서의 내용은 재판상 화해와 동일한 효력을 갖는다. 다만, 당사자가 임의로 처분할 수 없는 사항에 관한 것은 그러하지 아니하다. 〈개정 2020. 12. 22.〉

제97조【분쟁의 재정】 ① 재정은 문서로써 하여야 하며, 재정 문서에는 다음 각 호의 사항을 적고 재정위원이 이에 기명날인하여야 한다.

1. 사건번호와 사건명
2. 당사자, 선정대표자, 대표당사자 및 대리인의 주소 · 성명
3. 주문(主文)
4. 신청 취지

5. 이유
6. 재정 날짜

② 제1항제5호에 따른 이유를 적을 때에는 주문의 내용이 정당하다는 것을 인정할 수 있는 한도에서 당사자의 주장 등을 표시하여야 한다.

③ 재정위원회는 재정을 하면 지체 없이 재정 문서의 정본(正本)을 당사자나 대리인에게 송달하여야 한다.

제98조【재정을 위한 조사권 등】 ① 재정위원회는 분쟁의 재정을 위하여 필요하다고 인정하면 당사자의 신청이나 직권으로 재정위원 또는 소속 공무원에게 다음 각 호의 행위를 하게 할 수 있다.

1. 당사자나 참고인에 대한 출석 요구, 자문 및 진술 청취
2. 감정인의 출석 및 감정 요구
3. 사건과 관계있는 문서나 물건의 열람 · 복사 · 제출 요구 및 유치
4. 사건과 관계있는 장소의 출입 · 조사

② 당사자는 제1항에 따른 조사 등에 참여할 수 있다.

③ 재정위원회가 직권으로 제1항에 따른 조사 등을 한 경우에는 그 결과에 대하여 당사자의 의견을 들어야 한다.

④ 재정위원회는 제1항에 따라 당사자나 참고인에게 진술하게 하거나 감정인에게 감정하게 할 때에는 당사자나 참고인 또는 감정인에게 선서를 하도록 하여야 한다.

⑤ 제1항제4호의 경우에 재정위원 또는 소속 공무원은 그 권한을 나타내는 증표를 지니고 이를 관계인에게 내보여야 한다.

제99조【재정의 효력 등】 재정위원회가 재정을 한 경우 재정 문서의 정본이 당사자에게 송달된 날부터 60일 이내에 당사자 양쪽이나 어느 한쪽으로부터 그 재정의 대상인 건축물의 건축등의 분쟁을 원인으로 하는 소송이 제기되지 아니하거나 그 소송이 철회되면 그 재정 내용은 재판상 화해와 동일한 효력을 갖는다. 다만, 당사자가 임의로 처분할 수 없는 사항에 관한 것은 그러하지 아니하다. 〈개정 2020. 12. 22.〉

제100조【시효의 중단】 당사자가 재정에 불복하여 소송을 제기한 경우 시효의 중단과 제소기간을 산정할 때에는 재정신청을 재판상의 청구로 본다. 〈개정 2020. 6. 9.〉

제101조【조정 회부】 분쟁위원회는 재정신청이 된 사건을 조정에 회부하는 것이 적합하다고 인정하면 직권으로 직접 조정할 수 있다. 〈개정 2009. 4. 1., 2014. 5. 28.〉

제102조【비용부담】 ① 분쟁의 조정등을 위한 감정 · 진단 · 시험 등에 드는 비용은 당사자 간의 합의로 정하는 비율에 따라 당사자가 부담하여야 한다. 다만, 당사자 간에 비용부담에 대하여 합의가 되지 아니하면 조정위원회나 재정위원회에서 부담비율을 정한다.

② 조정위원회나 재정위원회는 필요하다고 인정하면 대통령령으로 정하는 바에 따라 당사자에게 제1항에 따른 비용을 예치하게 할 수 있다.

③ 제1항에 따른 비용의 범위에 관하여는 국토교통부령으로 정한다. 〈개정 2009. 4. 1., 2013. 3. 23., 2014. 5. 28.〉

제103조【분쟁위원회의 운영 및 사무처리 위탁】 ① 국토교통부장관은 분쟁위원회의 운영 및 사무처리

를 「국토안전관리원법」에 따른 국토안전관리원(이하 "국토안전관리원"이라 한다)에 위탁할 수 있다. 〈개정 2014. 5. 28., 2017. 1. 17., 2020. 6. 9.〉

② 분쟁위원회의 운영 및 사무처리를 위한 조직 및 인력 등은 대통령령으로 정한다. 〈개정 2014. 5. 28.〉

③ 국토교통부장관은 예산의 범위에서 분쟁위원회의 운영 및 사무처리에 필요한 경비를 국토안전관리원에 출연 또는 보조할 수 있다. 〈개정 2014. 5. 28., 2020. 6. 9.〉

[제목개정 2014. 5. 28.]

제104조【조정등의 절차】 제88조부터 제103조까지의 규정에서 정한 것 외에 분쟁의 조정등의 방법·절차 등에 관하여 필요한 사항은 대통령령으로 정한다.

제104조의2【건축위원회의 사무의 정보보호】 건축위원회 또는 관계 행정기관 등은 제4조의5의 민원심의 및 제92조의 분쟁조정 신청과 관련된 정보의 유출로 인하여 신청인과 이해관계인의 이익이 침해되지 아니하도록 노력하여야 한다.

[본조신설 2014. 5. 28.]

제105조【벌칙 적용 시 공무원 의제】 다음 각 호의 어느 하나에 해당하는 사람은 공무원이 아니더라도 「형법」 제129조부터 제132조까지의 규정과 「특정범죄가중처벌 등에 관한 법률」 제2조와 제3조에 따른 벌칙을 적용할 때에는 공무원으로 본다. 〈개정 2009. 4. 1., 2014. 1. 14., 2014. 5. 28., 2016. 2. 3., 2017. 4. 18., 2019. 4. 23., 2022. 6. 10.〉

1. 제4조에 따른 건축위원회의 위원

1의2. 제13조의2제2항에 따라 안전영향평가를 하는 자

1의3. 제52조의3제4항에 따라 건축자재를 점검하는 자

2. 제27조에 따라 현장조사·검사 및 확인업무를 대행하는 사람

3. 제37조에 따른 건축지도원

4. 제82조제4항에 따른 기관 및 단체의 임직원

5. 제87조의2제3항에 따라 지역건축안전센터에 배치된 전문인력

제10장 벌칙

제106조【벌칙】 ① 제23조, 제24조제1항, 제25조제3항, 제52조의3제1항 및 제52조의5제2항을 위반하여 설계·시공·공사감리 및 유지·관리와 건축자재의 제조 및 유통을 함으로써 건축물이 부실하게 되어 착공 후 「건설산업기본법」 제28조에 따른 하자담보책임 기간에 건축물의 기초와 주요구조부에 중대한 손괴를 일으켜 일반인을 위험에 처하게 한 설계자·감리자·시공자·제조업자·유통업자·관계전문기술자 및 건축주는 10년 이하의 징역에 처한다. 〈개정 2015. 1. 6., 2016. 2. 3., 2019. 4. 23., 2020. 12. 22.〉

② 제1항의 죄를 범하여 사람을 죽거나 다치게 한 자는 무기징역이나 3년 이상의 징역에 처한다.

제107조【벌칙】 ① 업무상 과실로 제106조제1항의 죄를 범한 자는 5년 이하의 징역이나 금고 또는 5억원 이하의 벌금에 처한다. 〈개정 2016. 2. 3.〉

② 업무상 과실로 제106조제2항의 죄를 범한 자는 10년 이하의 징역이나 금고 또는 10억원 이하의

벌금에 처한다. 〈개정 2016. 2. 3.〉

제108조 【벌칙】 ① 다음 각 호의 어느 하나에 해당하는 자는 3년 이하의 징역이나 5억원 이하의 벌금에 처한다. 〈개정 2019. 4. 23., 2020. 12. 22.〉

1. 도시지역에서 제11조제1항, 제19조제1항 및 제2항, 제47조, 제55조, 제56조, 제58조, 제60조, 제61조 또는 제77조의10을 위반하여 건축물을 건축하거나 대수선 또는 용도변경을 한 건축주 및 공사시공자
2. 제52조제1항 및 제2항에 따른 방화에 지장이 없는 재료를 사용하지 아니한 공사시공자 또는 그 재료 사용에 책임이 있는 설계자나 공사감리자
3. 제52조의3제1항을 위반한 건축자재의 제조업자 및 유통업자
4. 제52조의4제1항을 위반하여 품질관리서를 제출하지 아니하거나 거짓으로 제출한 제조업자, 유통업자, 공사시공자 및 공사감리자
5. 제52조의5제1항을 위반하여 품질인정기준에 적합하지 아니함에도 품질인정을 한 자

② 제1항의 경우 징역과 벌금은 병과(倂科)할 수 있다.

제109조 【벌칙】 다음 각 호의 어느 하나에 해당하는 자는 2년 이하의 징역이나 2억원 이하의 벌금에 처한다. 〈개정 2016. 2. 3., 2017. 4. 18.〉

1. 제27조제2항에 따른 보고를 거짓으로 한 자
2. 제87조의2제1항제1호에 따른 보고 · 확인 · 검토 · 심사 및 점검을 거짓으로 한 자

[시행일:2017. 10. 19.] 제109조

제110조 【벌칙】 다음 각 호의 어느 하나에 해당하는 자는 2년 이하의 징역 또는 1억원 이하의 벌금에 처한다. 〈개정 2008. 3. 28., 2008. 6. 5., 2011. 9. 16., 2014. 5. 28., 2015. 1. 6., 2016. 1. 19., 2016. 2. 3., 2017. 4. 18.〉

1. 도시지역 밖에서 제11조제1항, 제19조제1항 및 제2항, 제47조, 제55조, 제56조, 제58조, 제60조, 제61조, 제77조의10을 위반하여 건축물을 건축하거나 대수선 또는 용도변경을 한 건축주 및 공사시공자

1의2. 제13조제5항을 위반한 건축주 및 공사시공자

2. 제16조(변경허가 사항만 해당한다), 제21조제5항, 제22조제3항 또는 제25조제7항을 위반한 건축주 및 공사시공자
3. 제20조제1항에 따른 허가를 받지 아니하거나 제83조에 따른 신고를 하지 아니하고 가설건축물을 건축하거나 공작물을 축조한 건축주 및 공사시공자
4. 다음 각 목의 어느 하나에 해당하는 자
   가. 제25조제1항을 위반하여 공사감리자를 지정하지 아니하고 공사를 하게 한 자
   나. 제25조제1항을 위반하여 공사시공자 본인 및 계열회사를 공사감리자로 지정한 자
5. 제25조제3항을 위반하여 공사감리자로부터 시정 요청이나 재시공 요청을 받고 이에 따르지 아니하거나 공사 중지의 요청을 받고도 공사를 계속한 공사시공자
6. 제25조제6항을 위반하여 정당한 사유 없이 감리중간보고서나 감리완료보고서를 제출하지 아니하거나 거짓으로 작성하여 제출한 자

6의2. 제27조제2항을 위반하여 현장조사 · 검사 및 확인 대행 업무를 한 자

7. 삭제 〈2019. 4. 30.〉
8. 제40조제4항을 위반한 건축주 및 공사시공자
8의2. 제43조제1항, 제49조, 제50조, 제51조, 제53조, 제58조, 제61조제1항 · 제2항 또는 제64조를 위반한 건축주, 설계자, 공사시공자 또는 공사감리자
9. 제48조를 위반한 설계자, 공사감리자, 공사시공자 및 제67조에 따른 관계전문기술자
9의2. 제50조의2제1항을 위반한 설계자, 공사감리자 및 공사시공자
9의3. 제48조의4를 위반한 건축주, 설계자, 공사감리자, 공사시공자 및 제67조에 따른 관계전문기술자
10. 삭제 〈2019. 4. 23.〉
11. 삭제 〈2019. 4. 23.〉
12. 제62조를 위반한 설계자, 공사감리자, 공사시공자 및 제67조에 따른 관계전문기술자

제111조 【벌칙】 다음 각 호의 어느 하나에 해당하는 자는 5천만원 이하의 벌금에 처한다. 〈개정 2009. 2. 6., 2014. 1. 14., 2014. 5. 28., 2016. 2. 3., 2019. 4. 23.〉
1. 제14조, 제16조(변경신고 사항만 해당한다), 제20조제3항, 제21조제1항, 제22조제1항 또는 제83조제1항에 따른 신고 또는 신청을 하지 아니하거나 거짓으로 신고하거나 신청한 자
2. 제24조제3항을 위반하여 설계 변경을 요청받고도 정당한 사유 없이 따르지 아니한 설계자
3. 제24조제4항을 위반하여 공사감리자로부터 상세시공도면을 작성하도록 요청받고도 이를 작성하지 아니하거나 시공도면에 따라 공사하지 아니한 자
3의2. 제24조제6항을 위반하여 현장관리인을 지정하지 아니하거나 착공신고서에 이를 거짓으로 기재한 자
3의3. 삭제 〈2019. 4. 23.〉
4. 제28조제1항을 위반한 공사시공자
5. 제41조나 제42조를 위반한 건축주 및 공사시공자
5의2. 제43조제4항을 위반하여 공개공지등의 활용을 저해하는 행위를 한 자
6. 제52조의2를 위반하여 실내건축을 한 건축주 및 공사시공자
6의2. 제52조의4제5항을 위반하여 건축자재에 대한 정보를 표시하지 아니하거나 거짓으로 표시한 자
7. 삭제 〈2019. 4. 30.〉
8. 삭제 〈2009. 2. 6.〉

제112조 【양벌규정】 ① 법인의 대표자, 대리인, 사용인, 그 밖의 종업원이 그 법인의 업무에 관하여 제106조의 위반행위를 하면 행위자를 벌할 뿐만 아니라 그 법인에도 10억원 이하의 벌금에 처한다. 다만, 법인이 그 위반행위를 방지하기 위하여 해당 업무에 관하여 상당한 주의와 감독을 게을리하지 아니한 때에는 그러하지 아니하다.
② 개인의 대리인, 사용인, 그 밖의 종업원이 그 개인의 업무에 관하여 제106조의 위반행위를 하면 행위자를 벌할 뿐만 아니라 그 개인에게도 10억원 이하의 벌금에 처한다. 다만, 개인이 그 위반행위를 방지하기 위하여 해당 업무에 관하여 상당한 주의와 감독을 게을리하지 아니한 때에는 그러하지 아니하다.
③ 법인의 대표자, 대리인, 사용인, 그 밖의 종업원이 그 법인의 업무에 관하여 제107조부터 제111조까지의 규정에 따른 위반행위를 하면 행위자를 벌할 뿐만 아니라 그 법인에도 해당 조문의 벌금형을

과(科)한다. 다만, 법인이 그 위반행위를 방지하기 위하여 해당 업무에 관하여 상당한 주의와 감독을 게을리하지 아니한 때에는 그러하지 아니하다.

④ 개인의 대리인, 사용인, 그 밖의 종업원이 그 개인의 업무에 관하여 제107조부터 제111조까지의 규정에 따른 위반행위를 하면 행위자를 벌할 뿐만 아니라 그 개인에게도 해당 조문의 벌금형을 과한다. 다만, 개인이 그 위반행위를 방지하기 위하여 해당 업무에 관하여 상당한 주의와 감독을 게을리하지 아니한 때에는 그러하지 아니하다.

제113조 【과태료】 ① 다음 각 호의 어느 하나에 해당하는 자에게는 200만원 이하의 과태료를 부과한다. 〈개정 2009. 2. 6., 2014. 5. 28., 2016. 1. 19., 2016. 2. 3., 2017. 12. 26., 2019. 4. 23., 2020. 12. 22.〉

1. 제19조제3항에 따른 건축물대장 기재내용의 변경을 신청하지 아니한 자
2. 제24조제2항을 위반하여 공사현장에 설계도서를 갖추어 두지 아니한 자
3. 제24조제5항을 위반하여 건축허가 표지판을 설치하지 아니한 자
4. 제52조의3제2항 및 제52조의6제4항에 따른 점검을 거부 · 방해 또는 기피한 자
5. 제48조의3제1항 본문에 따른 공개를 하지 아니한 자

② 다음 각 호의 어느 하나에 해당하는 자에게는 100만원 이하의 과태료를 부과한다. 〈신설 2009. 2. 6., 2012. 1. 17., 2014. 5. 28., 2016. 2. 3.〉

1. 제25조제4항을 위반하여 보고를 하지 아니한 공사감리자
2. 제27조제2항에 따른 보고를 하지 아니한 자
3. 삭제 〈2019. 4. 30.〉
4. 삭제 〈2019. 4. 30.〉
5. 삭제 〈2016. 2. 3.〉
6. 제77조제2항을 위반하여 모니터링에 필요한 사항에 협조하지 아니한 건축주, 소유자 또는 관리자
7. 삭제 〈2016. 1. 19.〉
8. 제83조제2항에 따른 보고를 하지 아니한 자
9. 제87조제1항에 따른 자료의 제출 또는 보고를 하지 아니하거나 거짓 자료를 제출하거나 거짓 보고를 한 자

③ 제24조제6항을 위반하여 공정 및 안전 관리 업무를 수행하지 아니하거나 공사 현장을 이탈한 현장관리인에게는 50만원 이하의 과태료를 부과한다. 〈신설 2016. 2. 3., 2018. 8. 14.〉

④ 제1항부터 제3항까지에 따른 과태료는 대통령령으로 정하는 바에 따라 국토교통부장관, 시 · 도지사 또는 시장 · 군수 · 구청장이 부과 · 징수한다. 〈개정 2009. 2. 6., 2013. 3. 23., 2016. 2. 3.〉

⑤ 삭제 〈2009. 2. 6.〉

부칙 〈제20424호, 2024. 3. 26.〉

제1조 【시행일】 이 법은 공포 후 3개월이 경과한 날부터 시행한다.

제2조 【이행강제금 부과에 관한 적용례】 제80조의2제1항제2호의 개정규정은 이 법 시행 이후 이행강제금을 부과하는 경우부터 적용한다.

2. 건축법 시행령

[시행 2025. 1. 21.] [대통령령 제35221호, 2025. 1. 21., 타법개정]

제1장 총칙

제1조 【목적】 이 영은 「건축법」에서 위임된 사항과 그 시행에 필요한 사항을 규정함을 목적으로 한다. [전문개정 2008. 10. 29.]

제2조 【정의】 이4 영에서 사용하는 용어의 뜻은 다음과 같다. 〈개정 2009. 7. 16., 2010. 2. 18., 2011. 12. 8., 2011. 12. 30., 2013. 3. 23., 2014. 11. 11., 2014. 11. 28., 2015. 9. 22., 2016. 1. 19., 2016. 5. 17., 2016. 6. 30., 2016. 7. 19., 2017. 2. 3., 2018. 9. 4., 2020. 4. 28., 2024. 12. 17.〉

1. "신축"이란 건축물이 없는 대지(기존 건축물이 해체되거나 멸실된 대지를 포함한다)에 새로 건축물을 축조(築造)하는 것[부속건축물만 있는 대지에 새로 주된 건축물을 축조하는 것을 포함하되, 개축(改築) 또는 재축(再築)하는 것은 제외한다]을 말한다.
2. "증축"이란 기존 건축물이 있는 대지에서 건축물의 건축면적, 연면적, 층수 또는 높이를 늘리는 것을 말한다.
3. "개축"이란 기존 건축물의 전부 또는 일부[내력벽 · 기둥 · 보 · 지붕틀(제16호에 따른 한옥의 경우에는 지붕틀의 범위에서 서까래는 제외한다) 중 셋 이상이 포함되는 경우를 말한다]를 해체하고 그 대지에 종전과 같은 규모의 범위에서 건축물을 다시 축조하는 것을 말한다.
4. "재축"이란 건축물이 천재지변이나 그 밖의 재해(災害)로 멸실된 경우 그 대지에 다음 각 목의 요건을 모두 갖추어 다시 축조하는 것을 말한다.
   가. 연면적 합계는 종전 규모 이하로 할 것
   나. 동(棟)수, 층수 및 높이는 다음의 어느 하나에 해당할 것
      1) 동수, 층수 및 높이가 모두 종전 규모 이하일 것
      2) 동수, 층수 또는 높이의 어느 하나가 종전 규모를 초과하는 경우에는 해당 동수, 층수 및 높이가 「건축법」(이하 "법"이라 한다), 이 영 또는 건축조례(이하 "법령등"이라 한다)에 모두 적합할 것
5. "이전"이란 건축물의 주요구조부를 해체하지 아니하고 같은 대지의 다른 위치로 옮기는 것을 말한다.
6. "내수재료(耐水材料)"란 인조석 · 콘크리트 등 내수성을 가진 재료로서 국토교통부령으로 정하는 재료를 말한다.
7. "내화구조(耐火構造)"란 화재에 견딜 수 있는 성능을 가진 구조로서 국토교통부령으로 정하는 기준에 적합한 구조를 말한다.
8. "방화구조(防火構造)"란 화염의 확산을 막을 수 있는 성능을 가진 구조로서 국토교통부령으로 정하는 기준에 적합한 구조를 말한다.
9. "난연재료(難燃材料)"란 불에 잘 타지 아니하는 성능을 가진 재료로서 국토교통부령으로 정하는 기준에 적합한 재료를 말한다.

10. “불연재료(不燃材料)”란 불에 타지 아니하는 성질을 가진 재료로서 국토교통부령으로 정하는 기준에 적합한 재료를 말한다.
11. “준불연재료”란 불연재료에 준하는 성질을 가진 재료로서 국토교통부령으로 정하는 기준에 적합한 재료를 말한다.
12. “부속건축물”이란 같은 대지에서 주된 건축물과 분리된 부속용도의 건축물로서 주된 건축물을 이용 또는 관리하는 데에 필요한 건축물을 말한다.
13. “부속용도”란 건축물의 주된 용도의 기능에 필수적인 용도로서 다음 각 목의 어느 하나에 해당하는 용도를 말한다.
   가. 건축물의 설비, 대피, 위생, 그 밖에 이와 비슷한 시설의 용도
   나. 사무, 작업, 집회, 물품저장, 주차, 그 밖에 이와 비슷한 시설의 용도
   다. 구내식당·직장어린이집·구내운동시설 등 종업원 후생복리시설, 구내소각시설, 그 밖에 이와 비슷한 시설의 용도. 이 경우 다음의 요건을 모두 갖춘 휴게음식점(별표 1 제3호의 제1종 근린생활시설 중 같은 호 나목에 따른 휴게음식점을 말한다)은 구내식당에 포함되는 것으로 본다.
      1) 구내식당 내부에 설치할 것
      2) 설치면적이 구내식당 전체 면적의 3분의 1 이하로서 50제곱미터 이하일 것
      3) 다류(茶類)를 조리 · 판매하는 휴게음식점일 것
   라. 관계 법령에서 주된 용도의 부수시설로 설치할 수 있게 규정하고 있는 시설, 그 밖에 국토교통부장관이 이와 유사하다고 인정하여 고시하는 시설의 용도
14. “발코니”란 건축물의 내부와 외부를 연결하는 완충공간으로서 전망이나 휴식 등의 목적으로 건축물 외벽에 접하여 부가적(附加的)으로 설치되는 공간을 말한다. 이 경우 주택에 설치되는 발코니로서 국토교통부장관이 정하는 기준에 적합한 발코니는 필요에 따라 거실 · 침실 · 창고 등의 용도로 사용할 수 있다.
15. “초고층 건축물”이란 층수가 50층 이상이거나 높이가 200미터 이상인 건축물을 말한다.

15의2. “준초고층 건축물”이란 고층건축물 중 초고층 건축물이 아닌 것을 말한다.

16. “한옥”이란 「한옥 등 건축자산의 진흥에 관한 법률」 제2조제2호에 따른 한옥을 말한다.
17. “다중이용 건축물”이란 다음 각 목의 어느 하나에 해당하는 건축물을 말한다.
   가. 다음의 어느 하나에 해당하는 용도로 쓰는 바닥면적의 합계가 5천제곱미터 이상인 건축물
      1) 문화 및 집회시설(동물원 및 식물원은 제외한다)
      2) 종교시설
      3) 판매시설
      4) 운수시설 중 여객용 시설
      5) 의료시설 중 종합병원
      6) 숙박시설 중 관광숙박시설
   나. 16층 이상인 건축물

17의2. “준다중이용 건축물”이란 다중이용 건축물 외의 건축물로서 다음 각 목의 어느 하나에 해당하는 용도로 쓰는 바닥면적의 합계가 1천제곱미터 이상인 건축물을 말한다.

   가. 문화 및 집회시설(동물원 및 식물원은 제외한다)

나. 종교시설
다. 판매시설
라. 운수시설 중 여객용 시설
마. 의료시설 중 종합병원
바. 교육연구시설
사. 노유자시설
아. 운동시설
자. 숙박시설 중 관광숙박시설
차. 위락시설
카. 관광 휴게시설
타. 장례시설

18. "특수구조 건축물"이란 다음 각 목의 어느 하나에 해당하는 건축물을 말한다.
가. 한쪽 끝은 고정되고 다른 끝은 지지(支持)되지 아니한 구조로 된 보·차양 등이 외벽(외벽이 없는 경우에는 외곽 기둥을 말한다)의 중심선으로부터 3미터 이상 돌출된 건축물
나. 기둥과 기둥 사이의 거리(기둥의 중심선 사이의 거리를 말하며, 기둥이 없는 경우에는 내력벽과 내력벽의 중심선 사이의 거리를 말한다. 이하 같다)가 20미터 이상인 건축물
다. 무량판 구조(보가 없이 바닥판·기둥으로 구성된 구조를 말한다. 이하 같다)를 가진 건축물로서 무량판 구조인 어느 하나의 층에 수직으로 배치된 주요구조부의 전체 단면적에서 보가 없이 배치된 기둥의 전체 단면적이 차지하는 비율이 4분의 1 이상인 건축물
라. 특수한 설계·시공·공법 등이 필요한 건축물로서 국토교통부장관이 정하여 고시하는 구조로 된 건축물

19. 법 제2조제1항제21호에서 "환기시설물 등 대통령령으로 정하는 구조물"이란 급기(給氣) 및 배기(排氣)를 위한 건축 구조물의 개구부(開口部)인 환기구를 말한다.

[전문개정 2008. 10. 29.]

제3조 【대지의 범위】 ① 법 제2조제1항제1호 단서에 따라 둘 이상의 필지를 하나의 대지로 할 수 있는 토지는 다음 각 호와 같다. 〈개정 2009. 12. 14., 2011. 6. 29., 2012. 4. 10., 2013. 11. 20., 2014. 10. 14., 2015. 6. 1., 2016. 5. 17., 2016. 8. 11., 2021. 1. 8., 2024. 6. 18.〉

1. 하나의 건축물을 두 필지 이상에 걸쳐 건축하는 경우: 그 건축물이 건축되는 각 필지의 토지를 합한 토지
2. 「공간정보의 구축 및 관리 등에 관한 법률」 제80조제3항에 따라 합병이 불가능한 경우 중 다음 각 목의 어느 하나에 해당하는 경우: 그 합병이 불가능한 필지의 토지를 합한 토지. 다만, 토지의 소유자가 서로 다르거나 소유권 외의 권리관계가 서로 다른 경우는 제외한다.
가. 각 필지의 지번부여지역(地番附與地域)이 서로 다른 경우
나. 각 필지의 도면의 축척이 다른 경우
다. 서로 인접하고 있는 필지로서 각 필지의 지반(地盤)이 연속되지 아니한 경우
3. 「국토의 계획 및 이용에 관한 법률」 제2조제7호에 따른 도시 · 군계획시설(이하 "도시 · 군계획시설"이라 한다)에 해당하는 건축물을 건축하는 경우: 그 도시 · 군계획시설이 설치되는 일단(一團)의 토지

4. 「주택법」 제15조에 따른 사업계획승인을 받아 주택과 그 부대시설 및 복리시설을 건축하는 경우: 같은 법 제2조제12호에 따른 주택단지(이하 "주택단지"라 한다)
5. 도로의 지표 아래에 건축하는 건축물의 경우: 특별시장 · 광역시장 · 특별자치시장 · 특별자치도지사 · 시장 · 군수 또는 구청장(자치구의 구청장을 말한다. 이하 같다)이 그 건축물이 건축되는 토지로 정하는 토지
6. 법 제22조에 따른 사용승인을 신청할 때 둘 이상의 필지를 하나의 필지로 합칠 것을 조건으로 건축허가를 하는 경우: 그 필지가 합쳐지는 토지. 다만, 토지의 소유자가 서로 다른 경우는 제외한다.

② 법 제2조제1항제1호 단서에 따라 하나 이상의 필지의 일부를 하나의 대지로 할 수 있는 토지는 다음 각 호와 같다. 〈개정 2012. 4. 10.〉

1. 하나 이상의 필지의 일부에 대하여 도시 · 군계획시설이 결정 · 고시된 경우: 그 결정 · 고시된 부분의 토지
2. 하나 이상의 필지의 일부에 대하여 「농지법」 제34조에 따른 농지전용허가를 받은 경우: 그 허가받은 부분의 토지
3. 하나 이상의 필지의 일부에 대하여 「산지관리법」 제14조에 따른 산지전용허가를 받은 경우: 그 허가받은 부분의 토지
4. 하나 이상의 필지의 일부에 대하여 「국토의 계획 및 이용에 관한 법률」 제56조에 따른 개발행위허가를 받은 경우: 그 허가받은 부분의 토지
5. 법 제22조에 따른 사용승인을 신청할 때 필지를 나눌 것을 조건으로 건축허가를 하는 경우: 그 필지가 나누어지는 토지

[전문개정 2008. 10. 29.]

제3조의2 【대수선의 범위】 법 제2조제1항제9호에서 "대통령령으로 정하는 것"이란 다음 각 호의 어느 하나에 해당하는 것으로서 증축 · 개축 또는 재축에 해당하지 아니하는 것을 말한다. 〈개정 2010. 2. 18., 2014. 11. 28.〉

1. 내력벽을 증설 또는 해체하거나 그 벽면적을 30제곱미터 이상 수선 또는 변경하는 것
2. 기둥을 증설 또는 해체하거나 세 개 이상 수선 또는 변경하는 것
3. 보를 증설 또는 해체하거나 세 개 이상 수선 또는 변경하는 것
4. 지붕틀(한옥의 경우에는 지붕틀의 범위에서 서까래는 제외한다)을 증설 또는 해체하거나 세 개 이상 수선 또는 변경하는 것
5. 방화벽 또는 방화구획을 위한 바닥 또는 벽을 증설 또는 해체하거나 수선 또는 변경하는 것
6. 주계단 · 피난계단 또는 특별피난계단을 증설 또는 해체하거나 수선 또는 변경하는 것
7. 삭제 〈2019. 10. 22.〉
8. 다가구주택의 가구 간 경계벽 또는 다세대주택의 세대 간 경계벽을 증설 또는 해체하거나 수선 또는 변경하는 것
9. 건축물의 외벽에 사용하는 마감재료(법 제52조제2항에 따른 마감재료를 말한다)를 증설 또는 해체하거나 벽면적 30제곱미터 이상 수선 또는 변경하는 것

[전문개정 2008. 10. 29.]

제3조의3 【지형적 조건 등에 따른 도로의 구조와 너비】 법 제2조제1항제11호 각 목 외의 부분에서

"대통령령으로 정하는 구조와 너비의 도로"란 다음 각 호의 어느 하나에 해당하는 도로를 말한다. 〈개정 2014. 10. 14.〉

1. 특별자치시장 · 특별자치도지사 또는 시장 · 군수 · 구청장이 지형적 조건으로 인하여 차량 통행을 위한 도로의 설치가 곤란하다고 인정하여 그 위치를 지정 · 공고하는 구간의 너비 3미터 이상(길이가 10미터 미만인 막다른 도로인 경우에는 너비 2미터 이상)인 도로
2. 제1호에 해당하지 아니하는 막다른 도로로서 그 도로의 너비가 그 길이에 따라 각각 다음 표에 정하는 기준 이상인 도로

막다른 도로의 길이	도로의 너비
10미터 미만	2미터
10미터 이상 35미터 미만	3미터
35미만 이상	6미터(도시지역이 아닌 읍·면 지역은 4미터)

[전문개정 2008. 10. 29.]

제3조의4【실내건축의 재료 등】 법 제2조제1항제20호에서 "벽지, 천장재, 바닥재, 유리 등 대통령령으로 정하는 재료 또는 장식물"이란 다음 각 호의 재료를 말한다.

1. 벽, 천장, 바닥 및 반자틀의 재료
2. 실내에 설치하는 난간, 창호 및 출입문의 재료
3. 실내에 설치하는 전기 · 가스 · 급수(給水), 배수(排水) · 환기시설의 재료
4. 실내에 설치하는 충돌 · 끼임 등 사용자의 안전사고 방지를 위한 시설의 재료

[본조신설 2014. 11. 28.]

[종전 제3조의4는 제3조의5로 이동 〈2014. 11. 28.〉]

제3조의5【용도별 건축물의 종류】 법 제2조제2항 각 호의 용도에 속하는 건축물의 종류는 별표 1과 같다.

[전문개정 2008. 10. 29.]

[제3조의4에서 이동 〈2014. 11. 28.〉]

제4조 삭제 〈2005. 7. 18.〉

제5조【중앙건축위원회의 설치 등】 ① 법 제4조제1항에 따라 국토교통부에 두는 건축위원회(이하 "중앙건축위원회"라 한다)는 다음 각 호의 사항을 조사 · 심의 · 조정 또는 재정(이하 "심의등"이라 한다)한다. 〈개정 2013. 3. 23., 2014. 11. 28.〉

1. 법 제23조제4항에 따른 표준설계도서의 인정에 관한 사항
2. 건축물의 건축 · 대수선 · 용도변경, 건축설비의 설치 또는 공작물의 축조(이하 "건축물의 건축등"이라 한다)와 관련된 분쟁의 조정 또는 재정에 관한 사항
3. 법과 이 영의 제정 · 개정 및 시행에 관한 중요 사항
4. 다른 법령에서 중앙건축위원회의 심의를 받도록 한 경우 해당 법령에서 규정한 심의사항
5. 그 밖에 국토교통부장관이 중앙건축위원회의 심의가 필요하다고 인정하여 회의에 부치는 사항

② 제1항에 따라 심의등을 받은 건축물이 다음 각 호의 어느 하나에 해당하는 경우에는 해당 건축물의 건축등에 관한 중앙건축위원회의 심의등을 생략할 수 있다.

1. 건축물의 규모를 변경하는 것으로서 다음 각 목의 요건을 모두 갖춘 경우
   가. 건축위원회의 심의등의 결과에 위반되지 아니할 것
   나. 심의등을 받은 건축물의 건축면적, 연면적, 층수 또는 높이 중 어느 하나도 10분의 1을 넘지 아니하는 범위에서 변경할 것
2. 중앙건축위원회의 심의등의 결과를 반영하기 위하여 건축물의 건축등에 관한 사항을 변경하는 경우

③ 중앙건축위원회는 위원장 및 부위원장 각 1명을 포함하여 70명 이내의 위원으로 구성한다.

④ 중앙건축위원회의 위원은 관계 공무원과 건축에 관한 학식 또는 경험이 풍부한 사람 중에서 국토교통부장관이 임명하거나 위촉한다. 〈개정 2013. 3. 23.〉

⑤ 중앙건축위원회의 위원장과 부위원장은 제4항에 따라 임명 또는 위촉된 위원 중에서 국토교통부장관이 임명하거나 위촉한다. 〈개정 2013. 3. 23.〉

⑥ 공무원이 아닌 위원의 임기는 2년으로 하며, 한 차례만 연임할 수 있다.

[전문개정 2012. 12. 12.]

제5조의2 【위원의 제척 · 기피 · 회피】 ① 중앙건축위원회의 위원(이하 이 조 및 제5조의3에서 "위원"이라 한다)이 다음 각 호의 어느 하나에 해당하는 경우에는 중앙건축위원회의 심의 · 의결에서 제척(除斥)된다.

1. 위원 또는 그 배우자나 배우자이었던 사람이 해당 안건의 당사자(당사자가 법인 · 단체 등인 경우에는 그 임원을 포함한다. 이하 이 호 및 제2호에서 같다)가 되거나 그 안건의 당사자와 공동권리자 또는 공동의무자인 경우
2. 위원이 해당 안건의 당사자와 친족이거나 친족이었던 경우
3. 위원이 해당 안건에 대하여 자문, 연구, 용역(하도급을 포함한다), 감정 또는 조사를 한 경우
4. 위원이나 위원이 속한 법인 · 단체 등이 해당 안건의 당사자의 대리인이거나 대리인이었던 경우
5. 위원이 임원 또는 직원으로 재직하고 있거나 최근 3년 내에 재직하였던 기업 등이 해당 안건에 관하여 자문, 연구, 용역(하도급을 포함한다), 감정 또는 조사를 한 경우

② 해당 안건의 당사자는 위원에게 공정한 심의 · 의결을 기대하기 어려운 사정이 있는 경우에는 중앙건축위원회에 기피 신청을 할 수 있고, 중앙건축위원회는 의결로 이를 결정한다. 이 경우 기피 신청의 대상인 위원은 그 의결에 참여하지 못한다.

③ 위원이 제1항 각 호에 따른 제척 사유에 해당하는 경우에는 스스로 해당 안건의 심의 · 의결에서 회피(回避)하여야 한다.

[본조신설 2012. 12. 12.]

제5조의3 【위원의 해임 · 해촉】 국토교통부장관은 위원이 다음 각 호의 어느 하나에 해당하는 경우에는 해당 위원을 해임하거나 해촉(解囑)할 수 있다. 〈개정 2013. 3. 23.〉

1. 심신장애로 인하여 직무를 수행할 수 없게 된 경우
2. 직무태만, 품위손상이나 그 밖의 사유로 인하여 위원으로 적합하지 아니하다고 인정되는 경우
3. 제5조의2제1항 각 호의 어느 하나에 해당하는 데에도 불구하고 회피하지 아니한 경우

[본조신설 2012. 12. 12.]

제5조의4 【운영세칙】 제5조, 제5조의2 및 제5조의3에서 규정한 사항 외에 중앙건축위원회의 운영에

관한 사항, 수당 및 여비의 지급에 관한 사항은 국토교통부령으로 정한다. 〈개정 2013. 3. 23.〉
[본조신설 2012. 12. 12.]

제5조의5【지방건축위원회】 ① 법 제4조제1항에 따라 특별시 · 광역시 · 특별자치시 · 도 · 특별자치도(이하 "시 · 도"라 한다) 및 시 · 군 · 구(자치구를 말한다. 이하 같다)에 두는 건축위원회(이하 "지방건축위원회"라 한다)는 다음 각 호의 사항에 대한 심의등을 한다. 〈개정 2013. 11. 20., 2014. 10. 14., 2014. 11. 11., 2014. 11. 28., 2020. 4. 21.〉

1. 법 제46조제2항에 따른 건축선(建築線)의 지정에 관한 사항
2. 법 또는 이 영에 따른 조례(해당 지방자치단체의 장이 발의하는 조례만 해당한다)의 제정 · 개정 및 시행에 관한 중요 사항
3. 삭제 〈2014. 11. 11.〉
4. 다중이용 건축물 및 특수구조 건축물의 구조안전에 관한 사항
5. 삭제 〈2016. 1. 19.〉
6. 삭제 〈2020. 4. 21.〉
7. 다른 법령에서 지방건축위원회의 심의를 받도록 한 경우 해당 법령에서 규정한 심의사항
8. 특별시장 · 광역시장 · 특별자치시장 · 도지사 또는 특별자치도지사(이하 "시 · 도지사"라 한다) 및 시장 · 군수 · 구청장이 도시 및 건축 환경의 체계적인 관리를 위하여 필요하다고 인정하여 지정 · 공고한 지역에서 건축조례로 정하는 건축물의 건축등에 관한 것으로서 시 · 도지사 및 시장 · 군수 · 구청장이 지방건축위원회의 심의가 필요하다고 인정한 사항. 이 경우 심의 사항은 시 · 도지사 및 시장 · 군수 · 구청장이 건축 계획, 구조 및 설비 등에 대해 심의 기준을 정하여 공고한 사항으로 한정한다.

② 제1항에 따라 심의등을 받은 건축물이 제5조제2항 각 호의 어느 하나에 해당하는 경우에는 해당 건축물의 건축등에 관한 지방건축위원회의 심의등을 생략할 수 있다.

③ 제1항에 따른 지방건축위원회는 위원장 및 부위원장 각 1명을 포함하여 25명 이상 150명 이하의 위원으로 성별을 고려하여 구성한다. 〈개정 2016. 1. 19.〉

④ 지방건축위원회의 위원은 다음 각 호의 어느 하나에 해당하는 사람 중에서 시 · 도지사 및 시장 · 군수 · 구청장이 임명하거나 위촉한다.

1. 도시계획 및 건축 관계 공무원
2. 도시계획 및 건축 등에서 학식과 경험이 풍부한 사람

⑤ 지방건축위원회의 위원장과 부위원장은 제4항에 따라 임명 또는 위촉된 위원 중에서 시 · 도지사 및 시장 · 군수 · 구청장이 임명하거나 위촉한다.

⑥ 지방건축위원회 위원의 임명 · 위촉 · 제척 · 기피 · 회피 · 해촉 · 임기 등에 관한 사항, 회의 및 소위원회의 구성 · 운영 및 심의등에 관한 사항, 위원의 수당 및 여비 등에 관한 사항은 조례로 정하되, 다음 각 호의 기준에 따라야 한다. 〈개정 2014. 11. 11., 2014. 11. 28., 2018. 9. 4., 2020. 4. 21.〉

1. 위원의 임명 · 위촉 기준 및 제척 · 기피 · 회피 · 해촉 · 임기
   가. 공무원을 위원으로 임명하는 경우에는 그 수를 전체 위원 수의 4분의 1 이하로 할 것
   나. 공무원이 아닌 위원은 건축 관련 학회 및 협회 등 관련 단체나 기관의 추천 또는 공모절차를 거쳐 위촉할 것

다. 다른 법령에 따라 지방건축위원회의 심의를 하는 경우에는 해당 분야의 관계 전문가가 그 심의에 위원으로 참석하는 심의위원 수의 4분의 1 이상이 되게 할 것. 이 경우 필요하면 해당 심의에만 위원으로 참석하는 관계 전문가를 임명하거나 위촉할 수 있다.

라. 위원의 제척·기피·회피·해촉에 관하여는 제5조의2 및 제5조의3을 준용할 것

마. 공무원이 아닌 위원의 임기는 3년 이내로 하며, 필요한 경우에는 한 차례만 연임할 수 있게 할 것

2. 심의등에 관한 기준

가. 「국토의 계획 및 이용에 관한 법률」 제30조제3항 단서에 따라 건축위원회와 도시계획위원회가 공동으로 심의한 사항에 대해서는 심의를 생략할 것

나. 제1항제4호에 관한 사항은 법 제21조에 따른 착공신고 전에 심의할 것. 다만, 법 제13조의2에 따라 안전영향평가 결과가 확정된 경우는 제외한다.

다. 지방건축위원회의 위원장은 회의 개최 10일 전까지 회의 안건과 심의에 참여할 위원을 확정하고, 회의 개최 7일 전까지 회의에 부치는 안건을 각 위원에게 알릴 것. 다만, 대외적으로 기밀 유지가 필요한 사항이나 그 밖에 부득이한 사유가 있는 경우에는 그러하지 아니하다.

라. 지방건축위원회의 위원장은 다목에 따라 심의에 참여할 위원을 확정하면 심의등을 신청한 자에게 위원 명단을 알릴 것

마. 삭제 <2014. 11. 28.>

바. 지방건축위원회의 회의는 구성위원(위원장과 위원장이 다목에 따라 회의 참여를 확정한 위원을 말한다) 과반수의 출석으로 개의(開議)하고, 출석위원 과반수 찬성으로 심의등을 의결하며, 심의등을 신청한 자에게 심의등의 결과를 알릴 것

사. 지방건축위원회의 위원장은 업무 수행을 위하여 필요하다고 인정하는 경우에는 관계 전문가를 지방건축위원회의 회의에 출석하게 하여 발언하게 하거나 관계 기관·단체에 자료를 요구할 것

아. 건축주·설계자 및 심의등을 신청한 자가 희망하는 경우에는 회의에 참여하여 해당 안건 등에 대하여 설명할 수 있도록 할 것

자. 제1항제4호, 제7호 및 제8호에 따른 사항을 심의하는 경우 심의등을 신청한 자에게 지방건축위원회에 간략설계도서(배치도·평면도·입면도·주단면도 및 국토교통부장관이 정하여 고시하는 도서로 한정하며, 전자문서로 된 도서를 포함한다)를 제출하도록 할 것

차. 건축구조 분야 등 전문분야에 대해서는 분야별 해당 전문위원회에서 심의하도록 할 것(제5조의6 제1항에 따라 분야별 전문위원회를 구성한 경우만 해당한다)

카. 지방건축위원회 심의 절차 및 방법 등에 관하여 국토교통부장관이 정하여 고시하는 기준에 따를 것

[본조신설 2012. 12. 12.]

제5조의5 【지방건축위원회】 ① 법 제4조제1항에 따라 특별시 · 광역시 · 특별자치시 · 도 · 특별자치도(이하 "시 · 도"라 한다) 및 시 · 군 · 구(자치구를 말한다. 이하 같다)에 두는 건축위원회(이하 "지방건축위원회"라 한다)는 다음 각 호의 사항에 대한 심의등을 한다. 〈개정 2013. 11. 20., 2014. 10. 14., 2014. 11. 11., 2014. 11. 28., 2020. 4. 21.〉

1. 법 제46조제2항에 따른 건축선(建築線)의 지정에 관한 사항

2. 법 또는 이 영에 따른 조례(해당 지방자치단체의 장이 발의하는 조례만 해당한다)의 제정 · 개정 및 시행에 관한 중요 사항
3. 삭제 〈2014. 11. 11.〉
4. 다중이용 건축물 및 특수구조 건축물의 구조안전에 관한 사항
5. 삭제 〈2016. 1. 19.〉
6. 삭제 〈2020. 4. 21.〉
7. 다른 법령에서 지방건축위원회의 심의를 받도록 한 경우 해당 법령에서 규정한 심의사항
8. 특별시장 · 광역시장 · 특별자치시장 · 도지사 또는 특별자치도지사(이하 "시 · 도지사"라 한다) 및 시장 · 군수 · 구청장이 도시 및 건축 환경의 체계적인 관리를 위하여 필요하다고 인정하여 지정 · 공고한 지역에서 건축조례로 정하는 건축물의 건축등에 관한 것으로서 시 · 도지사 및 시장 · 군수 · 구청장이 지방건축위원회의 심의가 필요하다고 인정한 사항. 이 경우 심의 사항은 시 · 도지사 및 시장 · 군수 · 구청장이 건축 계획, 구조 및 설비 등에 대해 심의 기준을 정하여 공고한 사항으로 한정한다.

② 제1항에 따라 심의등을 받은 건축물이 제5조제2항 각 호의 어느 하나에 해당하는 경우에는 해당 건축물의 건축등에 관한 지방건축위원회의 심의등을 생략할 수 있다.

③ 제1항에 따른 지방건축위원회는 위원장 및 부위원장 각 1명을 포함하여 25명 이상 150명 이하의 위원으로 성별을 고려하여 구성한다. 〈개정 2016. 1. 19.〉

④ 지방건축위원회의 위원은 다음 각 호의 어느 하나에 해당하는 사람 중에서 시 · 도지사 및 시장 · 군수 · 구청장이 임명하거나 위촉한다.

1. 도시계획 및 건축 관계 공무원
2. 도시계획 및 건축 등에서 학식과 경험이 풍부한 사람

⑤ 지방건축위원회의 위원장과 부위원장은 제4항에 따라 임명 또는 위촉된 위원 중에서 시 · 도지사 및 시장 · 군수 · 구청장이 임명하거나 위촉한다.

⑥ 지방건축위원회 위원의 임명 · 위촉 · 제척 · 기피 · 회피 · 해촉 · 임기 등에 관한 사항, 회의 및 소위원회의 구성 · 운영 및 심의등에 관한 사항, 위원의 수당 및 여비 등에 관한 사항은 조례로 정하되, 다음 각 호의 기준에 따라야 한다. 〈개정 2014. 11. 11., 2014. 11. 28., 2018. 9. 4., 2020. 4. 21., 2024. 12. 17.〉

1. 위원의 임명 · 위촉 기준 및 제척 · 기피 · 회피 · 해촉 · 임기
   가. 공무원을 위원으로 임명하는 경우에는 그 수를 전체 위원 수의 4분의 1 이하로 할 것
   나. 공무원이 아닌 위원은 건축 관련 학회 및 협회 등 관련 단체나 기관의 추천 또는 공모절차를 거쳐 위촉할 것
   다. 다른 법령에 따라 지방건축위원회의 심의를 하는 경우에는 해당 분야의 관계 전문가가 그 심의에 위원으로 참석하는 심의위원 수의 4분의 1 이상이 되게 할 것. 이 경우 필요하면 해당 심의에만 위원으로 참석하는 관계 전문가를 임명하거나 위촉할 수 있다.
   라. 위원의 제척·기피·회피·해촉에 관하여는 제5조의2 및 제5조의3을 준용할 것
   마. 공무원이 아닌 위원의 임기는 3년 이내로 하며, 필요한 경우에는 한 차례만 연임할 수 있게 할 것
2. 심의등에 관한 기준

가. 「국토의 계획 및 이용에 관한 법률」 제30조제3항 단서에 따라 건축위원회와 도시계획위원회가 공동으로 심의한 사항에 대해서는 심의를 생략할 것

나. 제1항제4호에 관한 사항은 법 제21조에 따른 착공신고 전에 심의할 것. 다만, 법 제13조의2에 따라 안전영향평가 결과가 확정된 경우는 제외한다.

다. 지방건축위원회의 위원장은 회의 개최 10일 전까지 회의 안건과 심의에 참여할 위원을 확정하고, 회의 개최 7일 전까지 회의에 부치는 안건을 각 위원에게 알릴 것. 다만, 대외적으로 기밀유지가 필요한 사항이나 그 밖에 부득이한 사유가 있는 경우에는 그러하지 아니하다.

라. 지방건축위원회의 위원장은 다목에 따라 심의에 참여할 위원을 확정하면 심의등을 신청한 자에게 위원 명단을 알릴 것

마. 삭제 <2014. 11. 28.>

바. 지방건축위원회의 회의는 구성위원(위원장과 위원장이 다목에 따라 회의 참여를 확정한 위원을 말한다) 과반수의 출석으로 개의(開議)하고, 출석위원 과반수 찬성으로 심의등을 의결하며, 심의등을 신청한 자에게 심의등의 결과를 알릴 것

사. 지방건축위원회의 위원장은 업무 수행을 위하여 필요하다고 인정하는 경우에는 관계 전문가를 지방건축위원회의 회의에 출석하게 하여 발언하게 하거나 관계 기관·단체에 자료를 요구할 것

아. 건축주·설계자 및 심의등을 신청한 자가 희망하는 경우에는 회의에 참여하여 해당 안건 등에 대하여 설명할 수 있도록 할 것

자. 제1항제4호, 제7호 및 제8호에 따른 사항을 심의하는 경우 심의등을 신청한 자에게 지방건축위원회에 간략설계도서(배치도·평면도·입면도·주단면도 및 국토교통부장관이 정하여 고시하는 도서로 한정하며, 전자문서로 된 도서를 포함한다)를 제출하도록 할 것

차. 건축구조 분야 등 전문분야에 대해서는 분야별 해당 전문위원회에서 심의하도록 할 것(건축구조 분야에 대해서는 제5조의6제1항에 따라 해당 전문위원회를 구성하여 심의해야 하고, 그 밖의 전문분야에 대해서는 같은 항에 따라 분야별 전문위원회를 구성한 경우만 해당한다)

카. 지방건축위원회 심의 절차 및 방법 등에 관하여 국토교통부장관이 정하여 고시하는 기준에 따를 것

[본조신설 2012. 12. 12.]

[시행일: 2025. 12. 18.] 제5조의5제6항제2호차목

제5조의6【전문위원회의 구성 등】 ① 국토교통부장관, 시 · 도지사 또는 시장 · 군수 · 구청장은 법 제4조제2항에 따라 다음 각 호의 분야별로 전문위원회를 구성 · 운영할 수 있다. 〈개정 2013. 3. 23.〉

1. 건축계획 분야
2. 건축구조 분야
3. 건축설비 분야
4. 건축방재 분야
5. 에너지관리 등 건축환경 분야
6. 건축물 경관(景觀) 분야(공간환경 분야를 포함한다)
7. 조경 분야

8. 도시계획 및 단지계획 분야
9. 교통 및 정보기술 분야
10. 사회 및 경제 분야
11. 그 밖의 분야

② 제1항에 따른 전문위원회의 구성 · 운영에 관한 사항, 수당 및 여비 지급에 관한 사항은 국토교통부령 또는 건축조례로 정한다. 〈개정 2013. 3. 23.〉

[본조신설 2012. 12. 12.]

제5조의7【지방건축위원회의 심의】 ① 법 제4조의2제1항에서 "대통령령으로 정하는 건축물"이란 제5조의5제1항제4호, 제7호 및 제8호에 따른 심의 대상 건축물을 말한다. 〈개정 2018. 9. 4., 2021. 5. 4.〉

② 시 · 도지사 또는 시장 · 군수 · 구청장은 법 제4조의2제1항에 따라 건축물을 건축하거나 대수선하려는 자가 지방건축위원회의 심의를 신청한 경우에는 법 제4조의2제2항에 따라 심의 신청 접수일부터 30일 이내에 해당 지방건축위원회에 심의 안건을 상정하여야 한다.

③ 법 제4조의2제3항에 따라 재심의 신청을 받은 시 · 도지사 또는 시장 · 군수 · 구청장은 지방건축위원회의 심의에 참여할 위원을 다시 확정하여 법 제4조의2제4항에 따라 해당 지방건축위원회에 재심의 안건을 상정하여야 한다.

[본조신설 2014. 11. 28.]

제5조의8【지방건축위원회 회의록의 공개】 ① 시 · 도지사 또는 시장 · 군수 · 구청장은 법 제4조의3 본문에 따라 법 제4조의2제1항에 따른 심의(같은 조 제3항에 따른 재심의를 포함한다. 이하 이 조에서 같다)를 신청한 자가 지방건축위원회의 회의록 공개를 요청하는 경우에는 지방건축위원회의 심의 결과를 통보한 날부터 6개월까지 공개를 요청한 자에게 열람 또는 사본을 제공하는 방법으로 공개하여야 한다.

② 법 제4조의3 단서에서 "이름, 주민등록번호 등 대통령령으로 정하는 개인 식별 정보"란 이름, 주민등록번호, 직위 및 주소 등 특정인임을 식별할 수 있는 정보를 말한다.

[본조신설 2014. 11. 28.]

제5조의9【건축민원전문위원회의 심의 대상】 법 제4조의4제1항제3호에서 "대통령령으로 정하는 민원"이란 다음 각 호의 어느 하나에 해당하는 민원을 말한다.

1. 건축조례의 운영 및 집행에 관한 민원
2. 그 밖에 관계 건축법령에 따른 처분기준 외의 사항을 요구하는 등 허가권자의 부당한 요구에 따른 민원

[본조신설 2014. 11. 28.]

제5조의10(질의민원 심의의 신청】 ① 법 제4조의5제2항 각 호 외의 부분 단서에 따라 구술로 신청한 질의민원 심의 신청을 접수한 담당 공무원은 신청인이 심의 신청서를 작성할 수 있도록 협조하여야 한다.

② 법 제4조의5제2항제3호에서 "행정기관의 명칭 등 대통령령으로 정하는 사항"이란 다음 각 호의 사항을 말한다.

1. 민원 대상 행정기관의 명칭

2. 대리인 또는 대표자의 이름과 주소(법 제4조의6제2항 및 제4조의7제2항 · 제5항에 따른 위원회 출석, 의견 제시, 결정내용 통지 수령 및 처리결과 통보 수령 등을 위임한 경우만 해당한다)
[본조신설 2014. 11. 28.]

제6조 【적용의 완화】 ① 법 제5조제1항에 따라 완화하여 적용하는 건축물 및 기준은 다음 각 호와 같다. 〈개정 2009. 6. 30., 2009. 7. 16., 2010. 2. 18., 2010. 8. 17., 2010. 12. 13., 2012. 4. 10., 2012. 12. 12., 2013. 3. 23., 2013. 5. 31., 2014. 4. 29., 2014. 10. 14., 2015. 12. 28., 2016. 7. 19., 2016. 8. 11., 2017. 2. 3., 2020. 5. 12., 2024. 6. 18., 2024. 12. 17.〉

1. 수면 위에 건축하는 건축물 등 대지의 범위를 설정하기 곤란한 경우: 법 제40조부터 제47조까지, 법 제55조부터 제57조까지, 법 제60조 및 법 제61조에 따른 기준
2. 거실이 없는 통신시설 및 기계 · 설비시설인 경우: 법 제44조부터 법 제46조까지의 규정에 따른 기준
3. 31층 이상인 건축물(건축물 전부가 공동주택의 용도로 쓰이는 경우는 제외한다)과 발전소, 제철소, 「산업집적활성화 및 공장설립에 관한 법률 시행령」 별표 1의2 제2호마목에 따라 산업통상자원부령으로 정하는 업종의 제조시설, 운동시설 등 특수 용도의 건축물인 경우: 법 제43조, 제49조부터 제52조까지, 제62조, 제64조, 제67조 및 제68조에 따른 기준
4. 전통사찰, 전통한옥 등 전통문화의 보존을 위하여 시 · 도의 건축조례로 정하는 지역의 건축물인 경우: 법 제2조제1항제11호, 제44조, 제46조 및 제60조제3항에 따른 기준
5. 경사진 대지에 계단식으로 건축하는 공동주택으로서 지면에서 직접 각 세대가 있는 층으로의 출입이 가능하고, 위층 세대가 아래층 세대의 지붕을 정원 등으로 활용하는 것이 가능한 형태의 건축물과 초고층 건축물인 경우: 법 제55조에 따른 기준
6. 다음 각 목의 어느 하나에 해당하는 건축물인 경우: 법 제42조, 제43조, 제46조, 제55조, 제56조, 제58조, 제60조, 제61조제2항에 따른 기준
   가. 허가권자가 리모델링 활성화가 필요하다고 인정하여 지정·공고한 구역(이하 "리모델링 활성화 구역"이라 한다) 안의 건축물
   나. 사용승인을 받은 후 15년 이상이 되어 리모델링이 필요한 건축물
   다. 기존 건축물을 건축(증축, 일부 개축 또는 일부 재축으로 한정한다. 이하 이 목 2) 및 제32조제4항에서 같다)하거나 대수선하는 경우로서 다음의 요건을 모두 갖춘 건축물
      1) 기존 건축물이 건축 또는 대수선 당시의 법령상 건축물 전체에 대하여 다음의 구분에 따른 확인 또는 확인 서류 제출을 하여야 하는 건축물에 해당하지 아니할 것
         가) 2009년 7월 16일 대통령령 제21629호 건축법 시행령 일부개정령으로 개정되기 전의 제32조에 따른 지진에 대한 안전여부의 확인
         나) 2009년 7월 16일 대통령령 제21629호 건축법 시행령 일부개정령으로 개정된 이후부터 2014년 11월 28일 대통령령 제25786호 건축법 시행령 일부개정령으로 개정되기 전까지의 제32조에 따른 구조 안전의 확인
         다) 2014년 11월 28일 대통령령 제25786호 건축법 시행령 일부개정령으로 개정된 이후의 제32조에 따른 구조 안전의 확인 서류 제출
      2) 제32조제4항에 따라 기존 건축물을 건축 또는 대수선하기 전과 후의 건축물 전체에 대한 구조 안전의 확인 서류를 제출할 것. 다만, 기존 건축물을 일부 재축하는 경우에는 재축

후의 건축물에 대한 구조 안전의 확인 서류만 제출한다.

7. 기존 건축물에 「장애인 · 노인 · 임산부 등의 편의증진 보장에 관한 법률」 제8조에 따른 편의시설을 설치하면 법 제55조 또는 법 제56조에 따른 기준에 적합하지 아니하게 되는 경우: 법 제55조 및 법 제56조에 따른 기준

7의2. 「국토의 계획 및 이용에 관한 법률」에 따른 도시지역 및 지구단위계획구역 외의 지역 중 동이나 읍에 해당하는 지역에 건축하는 건축물로서 건축조례로 정하는 건축물인 경우: 법 제2조제1항 제11호 및 제44조에 따른 기준

8. 다음 각 목의 어느 하나에 해당하는 대지에 건축하는 건축물로서 재해예방을 위한 조치가 필요한 경우: 법 제55조, 법 제56조, 법 제60조 및 법 제61조에 따른 기준

 가. 「국토의 계획 및 이용에 관한 법률」 제37조에 따라 지정된 방재지구(防災地區)

 나. 「급경사지 재해예방에 관한 법률」 제6조에 따라 지정된 붕괴위험지역

9. 조화롭고 창의적인 건축을 통하여 아름다운 도시경관을 창출한다고 법 제11조에 따른 특별시장 · 광역시장 · 특별자치시장 · 특별자치도지사 또는 시장 · 군수 · 구청장(이하 "허가권자"라 한다)가 인정하는 건축물과 「주택법 시행령」 제10조제1항에 따른 도시형 생활주택(아파트는 제외한다)인 경우: 법 제60조 및 제61조에 따른 기준

10. 「공공주택 특별법」 제2조제1호에 따른 공공주택인 경우: 법 제61조제2항에 따른 기준

11. 다음 각 목의 어느 하나에 해당하는 공동주택에 「주택건설 기준 등에 관한 규정」 제2조제3호에 따른 주민공동시설(주택소유자가 공유하는 시설로서 영리를 목적으로 하지 아니하고 주택의 부속용도로 사용하는 시설만 해당하며, 이하 "주민공동시설"이라 한다)을 설치하는 경우: 법 제56조에 따른 기준

 가. 「주택법」 제15조에 따라 사업계획 승인을 받아 건축하는 공동주택

 나. 상업지역 또는 준주거지역에서 법 제11조에 따라 건축허가를 받아 건축하는 200세대 이상 300세대 미만인 공동주택

 다. 법 제11조에 따라 건축허가를 받아 건축하는 「주택법 시행령」 제10조에 따른 도시형 생활주택

12. 법 제77조의4제1항에 따라 건축협정을 체결하여 건축물의 건축 · 대수선 또는 리모델링을 하려는 경우: 법 제55조 및 제56조에 따른 기준

13. 기존 주택단지에 「아동복지법」 제44조의2에 따른 다함께돌봄센터를 설치하는 경우: 법 제56조에 따른 기준

② 허가권자는 법 제5조제2항에 따라 완화 여부 및 적용 범위를 결정할 때에는 다음 각 호의 기준을 지켜야 한다. 〈개정 2009. 7. 16., 2010. 2. 18., 2010. 7. 6., 2010. 12. 13., 2012. 12. 12., 2013. 3. 23., 2013. 5. 31., 2014. 10. 14., 2016. 8. 11., 2024. 6. 18.〉

1. 제1항제1호부터 제5호까지, 제7호 · 제7호의2 및 제9호의 경우

 가. 공공의 이익을 해치지 아니하고, 주변의 대지 및 건축물에 지나친 불이익을 주지 아니할 것

 나. 도시의 미관이나 환경을 지나치게 해치지 아니할 것

2. 제1항제6호의 경우

 가. 제1호 각 목의 기준에 적합할 것

 나. 증축은 기능향상 등을 고려하여 국토교통부령으로 정하는 규모와 범위에서 할 것

 다. 「주택법」 제15조에 따른 사업계획승인 대상인 공동주택의 리모델링은 복리시설을 분양하기

위한 것이 아닐 것

3. 제1항제8호의 경우
   가. 제1호 각 목의 기준에 적합할 것
   나. 해당 지역에 적용되는 법 제55조, 법 제56조, 법 제60조 및 법 제61조에 따른 기준을 100분의 140 이하의 범위에서 건축조례로 정하는 비율을 적용할 것
4. 제1항제10호의 경우
   가. 제1호 각 목의 기준에 적합할 것
   나. 기준이 완화되는 범위는 외벽의 중심선에서 발코니 끝부분까지의 길이 중 1.5미터를 초과하는 발코니 부분에 한정될 것. 이 경우 완화되는 범위는 최대 1미터로 제한하며, 완화되는 부분에 창호를 설치해서는 아니 된다.
5. 제1항제11호 및 제13호의 경우
   가. 제1호 각 목의 기준에 적합할 것
   나. 법 제56조에 따른 용적률의 기준은 해당 지역에 적용되는 용적률에 주민공동시설에 해당하는 용적률을 가산한 범위에서 건축조례로 정하는 용적률을 적용할 것
6. 제1항제12호의 경우
   가. 제1호 각 목의 기준에 적합할 것
   나. 법 제55조 및 제56조에 따른 건폐율 또는 용적률의 기준은 법 제77조의4제1항에 따라 건축협정이 체결된 지역 또는 구역(이하 "건축협정구역"이라 한다) 안에서 연접한 둘 이상의 대지에서 건축허가를 동시에 신청하는 경우 둘 이상의 대지를 하나의 대지로 보아 적용할 것

[전문개정 2008. 10. 29.]

제6조의2【기존의 건축물 등에 대한 특례】 ① 법 제6조에서 "그 밖에 대통령령으로 정하는 사유"란 다음 각 호의 어느 하나에 해당하는 경우를 말한다. 〈개정 2012. 4. 10., 2013. 3. 23.〉

1. 도시·군관리계획의 결정·변경 또는 행정구역의 변경이 있는 경우
2. 도시·군계획시설의 설치, 도시개발사업의 시행 또는 「도로법」에 따른 도로의 설치가 있는 경우
3. 그 밖에 제1호 및 제2호와 비슷한 경우로서 국토교통부령으로 정하는 경우

② 허가권자는 기존 건축물 및 대지가 법령의 제정·개정이나 제1항 각 호의 사유로 법령등에 부적합하더라도 다음 각 호의 어느 하나에 해당하는 경우에는 건축을 허가할 수 있다. 〈개정 2010. 2. 18., 2012. 4. 10., 2014. 10. 14., 2016. 1. 19., 2016. 5. 17., 2021. 11. 2.〉

1. 기존 건축물을 재축하는 경우
2. 증축하거나 개축하려는 부분이 법령등에 적합한 경우
3. 기존 건축물의 대지가 도시·군계획시설의 설치 또는 「도로법」에 따른 도로의 설치로 법 제57조에 따라 해당 지방자치단체가 정하는 면적에 미달되는 경우로서 그 기존 건축물을 연면적 합계의 범위에서 증축하거나 개축하는 경우
4. 기존 건축물이 도시·군계획시설 또는 「도로법」에 따른 도로의 설치로 법 제55조 또는 법 제56조에 부적합하게 된 경우로서 화장실·계단·승강기의 설치 등 그 건축물의 기능을 유지하기 위하여 그 기존 건축물의 연면적 합계의 범위에서 증축하는 경우
5. 법률 제7696호 건축법 일부개정법률 제50조의 개정규정에 따라 최초로 개정한 해당 지방자치단체의 조례 시행일 이전에 건축된 기존 건축물의 건축선 및 인접 대지경계선으로부터의 거리가 그

조례로 정하는 거리에 미달되는 경우로서 그 기존 건축물을 건축 당시의 법령에 위반되지 않는 범위에서 수직으로 증축하는 경우
6. 기존 한옥을 개축하는 경우
7. 건축물 대지의 전부 또는 일부가 「자연재해대책법」 제12조에 따른 자연재해위험개선지구에 포함되고 법 제22조에 따른 사용승인 후 20년이 지난 기존 건축물을 재해로 인한 피해 예방을 위하여 연면적의 합계 범위에서 개축하는 경우

③ 허가권자는 「국토의 계획 및 이용에 관한 법률 시행령」 제84조의2 또는 제93조의3에 따라 기존 공장을 증축하는 경우에는 다음 각 호의 기준을 적용하여 해당 공장(이하 "기존 공장"이라 한다)의 증축을 허가할 수 있다. 〈신설 2016. 1. 19., 2022. 1. 18.〉
1. 제3조의3제2호에도 불구하고 도시지역에서의 길이 35미터 이상인 막다른 도로의 너비기준은 4미터 이상으로 한다.
2. 제28조제2항에도 불구하고 연면적 합계가 3천제곱미터 미만인 기존 공장이 증축으로 3천제곱미터 이상이 되는 경우 해당 대지가 접하여야 하는 도로의 너비는 4미터 이상으로 하고, 해당 대지가 도로에 접하여야 하는 길이는 2미터 이상으로 한다.

[전문개정 2008. 10. 29.]

제6조의3 【특수구조 건축물 구조 안전의 확인에 관한 특례】 ① 법 제6조의2에서 "대통령령으로 정하는 건축물"이란 제2조제18호에 따른 특수구조 건축물을 말한다.

② 특수구조 건축물을 건축하거나 대수선하려는 건축주(제32조제3항에 따라 구조 안전의 확인 방법이 달리 적용되는 건축주는 제외한다)는 법 제21조에 따른 착공신고를 하기 전에 국토교통부령으로 정하는 바에 따라 허가권자에게 해당 건축물의 구조 안전에 관하여 지방건축위원회의 심의를 신청하여야 한다. 이 경우 건축주는 설계자로부터 미리 법 제48조제2항에 따른 구조 안전 확인을 받아야 한다. 〈개정 2024. 12. 17.〉

③ 제2항에 따른 신청을 받은 허가권자는 심의 신청 접수일부터 15일 이내에 제5조의6제1항제2호에 따른 건축구조 분야 전문위원회에 심의 안건을 상정하고, 심의 결과를 심의를 신청한 자에게 통보하여야 한다.

④ 제3항에 따른 심의 결과에 이의가 있는 자는 심의 결과를 통보받은 날부터 1개월 이내에 허가권자에게 재심의를 신청할 수 있다.

⑤ 제3항에 따른 심의 결과 또는 제4항에 따른 재심의 결과를 통보받은 건축주는 법 제21조에 따른 착공신고를 할 때 그 결과를 반영하여야 한다.

⑥ 제3항에 따른 심의 결과의 통보, 제4항에 따른 재심의의 방법 및 결과 통보에 관하여는 법 제4조의2제2항 및 제4항을 준용한다.

[본조신설 2015. 7. 6.]

[종전 제6조의3은 제6조의4로 이동 〈2015. 7. 6.〉]

제6조의4 【부유식 건축물의 특례】 ① 법 제6조의3제1항에 따라 같은 항에 따른 부유식 건축물(이하 "부유식 건축물"이라 한다)에 대해서는 다음 각 호의 구분기준에 따라 법 제40조부터 제44조까지, 제46조 및 제47조를 적용한다.
1. 법 제40조에 따른 대지의 안전 기준의 경우: 같은 조 제3항에 따른 오수의 배출 및 처리에 관한

부분만 적용

2. 법 제41조부터 제44조까지, 제46조 및 제47조의 경우: 미적용. 다만, 법 제44조는 부유식 건축물의 출입에 지장이 없다고 인정하는 경우에만 적용하지 아니한다.

② 제1항에도 불구하고 건축조례에서 지역별 특성 등을 고려하여 그 기준을 달리 정한 경우에는 그 기준에 따른다. 이 경우 그 기준은 법 제40조부터 제44조까지, 제46조 및 제47조에 따른 기준의 범위에서 정하여야 한다.

[본조신설 2016. 7. 19.]

[종전 제6조의4는 제6조의5로 이동 〈2016. 7. 19.〉]

제6조의5 【리모델링이 쉬운 구조 등】 ① 법 제8조에서 "대통령령으로 정하는 구조"란 다음 각 호의 요건에 적합한 구조를 말한다. 이 경우 다음 각 호의 요건에 적합한지에 관한 세부적인 판단 기준은 국토교통부장관이 정하여 고시한다. 〈개정 2009. 7. 16., 2013. 3. 23.〉

1. 각 세대는 인접한 세대와 수직 또는 수평 방향으로 통합하거나 분할할 수 있을 것
2. 구조체에서 건축설비, 내부 마감재료 및 외부 마감재료를 분리할 수 있을 것
3. 개별 세대 안에서 구획된 실(室)의 크기, 개수 또는 위치 등을 변경할 수 있을 것

② 법 제8조에서 "대통령령으로 정하는 비율"이란 100분의 120을 말한다. 다만, 건축조례에서 지역별 특성 등을 고려하여 그 비율을 강화한 경우에는 건축조례로 정하는 기준에 따른다.

[전문개정 2008. 10. 29.]

[제6조의4에서 이동 〈2016. 7. 19.〉]

제2장 건축물의 건축

제7조 삭제 〈1995. 12. 30.〉

제8조 【건축허가】 ① 법 제11조제1항 단서에 따라 특별시장 또는 광역시장의 허가를 받아야 하는 건축물의 건축은 층수가 21층 이상이거나 연면적의 합계가 10만 제곱미터 이상인 건축물의 건축(연면적의 10분의 3 이상을 증축하여 층수가 21층 이상으로 되거나 연면적의 합계가 10만 제곱미터 이상으로 되는 경우를 포함한다)을 말한다. 다만, 다음 각 호의 어느 하나에 해당하는 건축물의 건축은 제외한다. 〈개정 2008. 10. 29., 2009. 7. 16., 2010. 12. 13., 2012. 12. 12., 2014. 11. 11., 2014. 11. 28.〉

1. 공장
2. 창고
3. 지방건축위원회의 심의를 거친 건축물(특별시 또는 광역시의 건축조례로 정하는 바에 따라 해당 지방건축위원회의 심의사항으로 할 수 있는 건축물에 한정하며, 초고층 건축물은 제외한다)

② 삭제 〈2006. 5. 8.〉

③ 법 제11조제2항제2호에서 "위락시설과 숙박시설 등 대통령령으로 정하는 용도에 해당하는 건축물"이란 다음 각 호의 건축물을 말한다. 〈개정 2008. 10. 29.〉

1. 공동주택
2. 제2종 근린생활시설(일반음식점만 해당한다)

3. 업무시설(일반업무시설만 해당한다)
4. 숙박시설
5. 위락시설

④ 삭제 〈2006. 5. 8.〉

⑤ 삭제 〈2006. 5. 8.〉

⑥ 법 제11조제2항에 따른 승인신청에 필요한 신청서류 및 절차 등에 관하여 필요한 사항은 국토교통부령으로 정한다. 〈개정 2008. 10. 29., 2013. 3. 23.〉

[전문개정 1999. 4. 30.]

제9조【건축허가 등의 신청】 ① 법 제11조제1항에 따라 건축물의 건축 또는 대수선의 허가를 받으려는 자는 국토교통부령으로 정하는 바에 따라 허가신청서에 관계 서류를 첨부하여 허가권자에게 제출하여야 한다. 다만, 「방위사업법」에 따른 방위산업시설의 건축 또는 대수선의 허가를 받으려는 경우에는 건축 관계 법령에 적합한지 여부에 관한 설계자의 확인으로 관계 서류를 갈음할 수 있다. 〈개정 2013. 3. 23., 2018. 9. 4.〉

② 허가권자는 법 제11조제1항에 따라 허가를 하였으면 국토교통부령으로 정하는 바에 따라 허가서를 신청인에게 발급하여야 한다. 〈개정 2013. 3. 23., 2018. 9. 4.〉

[전문개정 2008. 10. 29.]

제9조의2【상습 침수 우려지역】 허가권자는 법 제11조제4항제2호에 따라 다음 각 호의 어느 하나에 해당하는 지역에 건축하려는 건축물에 대하여 일부 공간에 거실을 설치하는 것이 부적합한 경우에는 건축위원회의 심의를 거쳐 건축허가를 하지 않을 수 있다.

1. 「국토의 계획 및 이용에 관한 법률」 제37조제1항제4호에 따른 방재지구
2. 「자연재해대책법」 제12조제1항에 따른 자연재해위험개선지구(같은 법 시행령 제8조제1항제1호에 따른 상습가뭄재해지구는 제외한다)
3. 제1호 및 제2호에 준하는 지역으로서 허가권자가 상습적으로 침수되거나 침수가 우려된다고 인정하여 지정·고시하는 지역

[본조신설 2024. 3. 26.]

[종전 제9조의2는 제9조의3으로 이동 〈2024. 3. 26.〉]

제9조의3【건축허가 신청 시 소유권 확보 예외 사유】 ① 법 제11조제11항제2호에서 "건축물의 노후화 또는 구조안전 문제 등 대통령령으로 정하는 사유"란 건축물이 다음 각 호의 어느 하나에 해당하는 경우를 말한다.

1. 급수·배수·오수 설비 등의 설비 또는 지붕·벽 등의 노후화나 손상으로 그 기능 유지가 곤란할 것으로 우려되는 경우
2. 건축물의 노후화로 내구성에 영향을 주는 기능적 결함이나 구조적 결함이 있는 경우
3. 건축물이 훼손되거나 일부가 멸실되어 붕괴 등 그 밖의 안전사고가 우려되는 경우
4. 천재지변이나 그 밖의 재해로 붕괴되어 다시 신축하거나 재축하려는 경우

② 허가권자는 건축주가 제1항제1호부터 제3호까지의 어느 하나에 해당하는 사유로 법 제11조제11항제2호의 동의요건을 갖추어 같은 조 제1항에 따른 건축허가를 신청한 경우에는 그 사유 해당 여부를 확인하기 위하여 현지조사를 하여야 한다. 이 경우 필요한 경우에는 건축주에게 다음 각 호의 어느

하나에 해당하는 자로부터 안전진단을 받고 그 결과를 제출하도록 할 수 있다. 〈개정 2018. 1. 16.〉

1. 건축사
2. 「기술사법」 제5조의7에 따라 등록한 건축구조기술사(이하 "건축구조기술사"라 한다)
3. 「시설물의 안전 및 유지관리에 관한 특별법」 제28조제1항에 따라 등록한 건축 분야 안전진단전문기관

[본조신설 2016. 7. 19.]

[제9조의2에서 이동 〈2024. 3. 26.〉]

제10조 【건축복합민원 일괄협의회】 ① 법 제12조제1항에서 "대통령령으로 정하는 관계 법령의 규정"이란 다음 각 호의 규정을 말한다. 〈개정 2009. 6. 9., 2009. 7. 16., 2010. 2. 18., 2010. 3. 9., 2010. 12. 29., 2012. 7. 26., 2012. 12. 12., 2014. 7. 14., 2016. 5. 17., 2017. 1. 26., 2017. 2. 3., 2017. 3. 29., 2021. 5. 4., 2022. 11. 29., 2024. 5. 7.〉

1. 「군사기지 및 군사시설보호법」 제13조
2. 「자연공원법」 제23조
3. 「수도권정비계획법」 제7조부터 제9조까지
4. 「택지개발촉진법」 제6조
5. 「도시공원 및 녹지 등에 관한 법률」 제24조 및 제38조
6. 「공항시설법」 제34조
7. 「교육환경 보호에 관한 법률」 제9조
8. 「산지관리법」 제8조, 제10조, 제12조, 제14조 및 제18조
9. 「산림자원의 조성 및 관리에 관한 법률」 제36조 및 「산림보호법」 제9조
10. 「도로법」 제40조 및 제61조
11. 「주차장법」 제19조, 제19조의2 및 제19조의4
12. 「환경정책기본법」 제38조
13. 「자연환경보전법」 제15조
14. 「수도법」 제7조 및 제15조
15. 「도시교통정비 촉진법」 제34조 및 제36조
16. 「문화유산의 보존 및 활용에 관한 법률」 제35조

16의2. 「자연유산의 보존 및 활용에 관한 법률」 제17조

17. 「전통사찰의 보존 및 지원에 관한 법률」 제10조
18. 「개발제한구역의 지정 및 관리에 관한 특별조치법」 제12조제1항, 제13조 및 제15조
19. 「농지법」 제32조 및 제34조
20. 「고도 보존 및 육성에 관한 특별법」 제11조
21. 「소방시설 설치 및 관리에 관한 법률」 제6조

② 허가권자는 법 제12조에 따른 건축복합민원 일괄협의회(이하 "협의회"라 한다)의 회의를 법 제10조제1항에 따른 사전결정 신청일 또는 법 제11조제1항에 따른 건축허가 신청일부터 10일 이내에 개최하여야 한다.

③ 허가권자는 협의회의 회의를 개최하기 3일 전까지 회의 개최 사실을 관계 행정기관 및 관계 부서에 통보하여야 한다.

④ 협의회의 회의에 참석하는 관계 공무원은 회의에서 관계 법령에 관한 의견을 발표하여야 한다.
⑤ 사전결정 또는 건축허가를 하는 관계 행정기관 및 관계 부서는 그 협의회의 회의를 개최한 날부터 5일 이내에 동의 또는 부동의 의견을 허가권자에게 제출하여야 한다.
⑥ 이 영에서 규정한 사항 외에 협의회의 운영 등에 필요한 사항은 건축조례로 정한다.
[전문개정 2008. 10. 29.]

제10조의2【건축 공사현장 안전관리 예치금】 ① 법 제13조제2항에서 "대통령령으로 정하는 보증서"란 다음 각 호의 어느 하나에 해당하는 보증서를 말한다. 〈개정 2010. 11. 15., 2012. 12. 12., 2013. 3. 23.〉
1. 「보험업법」에 따른 보험회사가 발행한 보증보험증권
2. 「은행법」에 따른 은행이 발행한 지급보증서
3. 「건설산업기본법」에 따른 공제조합이 발행한 채무액 등의 지급을 보증하는 보증서
4. 「자본시장과 금융투자업에 관한 법률 시행령」 제192조제2항에 따른 상장증권
5. 그 밖에 국토교통부령으로 정하는 보증서
② 법 제13조제3항 본문에서 "대통령령으로 정하는 이율"이란 법 제13조제2항에 따른 안전관리 예치금을 「국고금관리법 시행령」 제11조에서 정한 금융기관에 예치한 경우의 안전관리 예치금에 대하여 적용하는 이자율을 말한다.
③ 법 제13조제7항에 따라 허가권자는 착공신고 이후 건축 중에 공사가 중단된 건축물로서 공사 중단 기간이 2년을 경과한 경우에는 건축주에게 서면으로 알린 후 법 제13조제2항에 따른 예치금을 사용하여 공사현장의 미관과 안전관리 개선을 위한 다음 각 호의 조치를 할 수 있다. 〈신설 2014. 11. 28., 2021. 1. 5.〉
1. 공사현장 안전울타리의 설치
2. 대지 및 건축물의 붕괴 방지 조치
3. 공사현장의 미관 개선을 위한 조경 또는 시설물 등의 설치
4. 그 밖에 공사현장의 미관 개선 또는 대지 및 건축물에 대한 안전관리 개선 조치가 필요하여 건축조례로 정하는 사항
[전문개정 2008. 10. 29.]

제10조의3【건축물 안전영향평가】 ① 법 제13조의2제1항에서 "초고층 건축물 등 대통령령으로 정하는 주요 건축물"이란 다음 각 호의 어느 하나에 해당하는 건축물을 말한다. 〈개정 2017. 10. 24.〉
1. 초고층 건축물
2. 다음 각 목의 요건을 모두 충족하는 건축물
가. 연면적(하나의 대지에 둘 이상의 건축물을 건축하는 경우에는 각각의 건축물의 연면적을 말한다)이 10만 제곱미터 이상일 것
나. 16층 이상일 것
② 제1항 각 호의 건축물을 건축하려는 자는 법 제11조에 따른 건축허가를 신청하기 전에 다음 각 호의 자료를 첨부하여 허가권자에게 법 제13조의2제1항에 따른 건축물 안전영향평가(이하 "안전영향평가"라 한다)를 의뢰하여야 한다.
1. 건축계획서 및 기본설계도서 등 국토교통부령으로 정하는 도서

2. 인접 대지에 설치된 상수도 · 하수도 등 국토교통부장관이 정하여 고시하는 지하시설물의 현황도
3. 그 밖에 국토교통부장관이 정하여 고시하는 자료

③ 법 제13조의2제1항에 따라 허가권자로부터 안전영향평가를 의뢰받은 기관(같은 조 제2항에 따라 지정 · 고시된 기관을 말하며, 이하 "안전영향평가기관"이라 한다)은 다음 각 호의 항목을 검토하여야 한다.

1. 해당 건축물에 적용된 설계 기준 및 하중의 적정성
2. 해당 건축물의 하중저항시스템의 해석 및 설계의 적정성
3. 지반조사 방법 및 지내력(地耐力) 산정결과의 적정성
4. 굴착공사에 따른 지하수위 변화 및 지반 안전성에 관한 사항
5. 그 밖에 건축물의 안전영향평가를 위하여 국토교통부장관이 필요하다고 인정하는 사항

④ 안전영향평가기관은 안전영향평가를 의뢰받은 날부터 30일 이내에 안전영향평가 결과를 허가권자에게 제출하여야 한다. 다만, 부득이한 경우에는 20일의 범위에서 그 기간을 한 차례만 연장할 수 있다.

⑤ 제2항에 따라 안전영향평가를 의뢰한 자가 보완하는 기간 및 공휴일 · 토요일은 제4항에 따른 기간의 산정에서 제외한다.

⑥ 허가권자는 제4항에 따라 안전영향평가 결과를 제출받은 경우에는 지체 없이 제2항에 따라 안전영향평가를 의뢰한 자에게 그 내용을 통보하여야 한다.

⑦ 안전영향평가에 드는 비용은 제2항에 따라 안전영향평가를 의뢰한 자가 부담한다.

⑧ 제1항부터 제7항까지에서 규정한 사항 외에 안전영향평가에 관하여 필요한 사항은 국토교통부장관이 정하여 고시한다.

[본조신설 2017. 2. 3.]

제11조 【건축신고】 ① 법 제14조제1항제2호나목에서 "방재지구 등 재해취약지역으로서 대통령령으로 정하는 구역"이란 다음 각 호의 어느 하나에 해당하는 지구 또는 지역을 말한다. 〈신설 2014. 10. 14.〉

1. 「국토의 계획 및 이용에 관한 법률」 제37조에 따라 지정된 방재지구(防災地區)
2. 「급경사지 재해예방에 관한 법률」 제6조에 따라 지정된 붕괴위험지역

② 법 제14조제1항제4호에서 "주요구조부의 해체가 없는 등 대통령령으로 정하는 대수선"이란 다음 각 호의 어느 하나에 해당하는 대수선을 말한다. 〈신설 2009. 8. 5., 2014. 10. 14.〉

1. 내력벽의 면적을 30제곱미터 이상 수선하는 것
2. 기둥을 세 개 이상 수선하는 것
3. 보를 세 개 이상 수선하는 것
4. 지붕틀을 세 개 이상 수선하는 것
5. 방화벽 또는 방화구획을 위한 바닥 또는 벽을 수선하는 것
6. 주계단 · 피난계단 또는 특별피난계단을 수선하는 것

③ 법 제14조제1항제5호에서 "대통령령으로 정하는 건축물"이란 다음 각 호의 어느 하나에 해당하는 건축물을 말한다. 〈개정 2008. 10. 29., 2009. 8. 5., 2012. 4. 10., 2014. 10. 14., 2014. 11. 11., 2016. 6. 30.〉

1. 연면적의 합계가 100제곱미터 이하인 건축물

2. 건축물의 높이를 3미터 이하의 범위에서 증축하는 건축물
3. 법 제23조제4항에 따른 표준설계도서(이하 "표준설계도서"라 한다)에 따라 건축하는 건축물로서 그 용도 및 규모가 주위환경이나 미관에 지장이 없다고 인정하여 건축조례로 정하는 건축물
4. 「국토의 계획 및 이용에 관한 법률」 제36조제1항제1호다목에 따른 공업지역, 같은 법 제51조제3항에 따른 지구단위계획구역(같은 법 시행령 제48조제10호에 따른 산업 · 유통형만 해당한다) 및 「산업입지 및 개발에 관한 법률」에 따른 산업단지에서 건축하는 2층 이하인 건축물로서 연면적 합계 500제곱미터 이하인 공장(별표 1 제4호너목에 따른 제조업소 등 물품의 제조 · 가공을 위한 시설을 포함한다)
5. 농업이나 수산업을 경영하기 위하여 읍 · 면지역(특별자치시장 · 특별자치도지사 · 시장 · 군수가 지역계획 또는 도시 · 군계획에 지장이 있다고 지정 · 공고한 구역은 제외한다)에서 건축하는 연면적 200제곱미터 이하의 창고 및 연면적 400제곱미터 이하의 축사, 작물재배사(作物栽培舍), 종묘배양시설, 화초 및 분재 등의 온실

④ 법 제14조에 따른 건축신고에 관하여는 제9조제1항을 준용한다. 〈개정 2008. 10. 29., 2014. 10. 14.〉

제12조【허가 · 신고사항의 변경 등】 ① 법 제16조제1항에 따라 허가를 받았거나 신고한 사항을 변경하려면 다음 각 호의 구분에 따라 허가권자의 허가를 받거나 특별자치시장 · 특별자치도지사 또는 시장 · 군수 · 구청장에게 신고하여야 한다. 〈개정 2009. 8. 5., 2012. 12. 12., 2014. 10. 14., 2017. 1. 20., 2018. 9. 4.〉

1. 바닥면적의 합계가 85제곱미터를 초과하는 부분에 대한 신축 · 증축 · 개축에 해당하는 변경인 경우에는 허가를 받고, 그 밖의 경우에는 신고할 것
2. 법 제14조제1항제2호 또는 제5호에 따라 신고로써 허가를 갈음하는 건축물에 대하여는 변경 후 건축물의 연면적을 각각 신고로써 허가를 갈음할 수 있는 규모에서 변경하는 경우에는 제1호에도 불구하고 신고할 것
3. 건축주 · 설계자 · 공사시공자 또는 공사감리자(이하 "건축관계자"라 한다)를 변경하는 경우에는 신고할 것

② 법 제16조제1항 단서에서 "대통령령으로 정하는 경미한 사항의 변경"이란 신축 · 증축 · 개축 · 재축 · 이전 · 대수선 또는 용도변경에 해당하지 아니하는 변경을 말한다. 〈개정 2012. 12. 12.〉

③ 법 제16조제2항에서 "대통령령으로 정하는 사항"이란 다음 각 호의 어느 하나에 해당하는 사항을 말한다. 〈개정 2016. 1. 19.〉

1. 건축물의 동수나 층수를 변경하지 아니하면서 변경되는 부분의 바닥면적의 합계가 50제곱미터 이하인 경우로서 다음 각 목의 요건을 모두 갖춘 경우
   가. 변경되는 부분의 높이가 1미터 이하이거나 전체 높이의 10분의 1 이하일 것
   나. 허가를 받거나 신고를 하고 건축 중인 부분의 위치 변경범위가 1미터 이내일 것
   다. 법 제14조제1항에 따라 신고를 하면 법 제11조에 따른 건축허가를 받은 것으로 보는 규모에서 건축허가를 받아야 하는 규모로의 변경이 아닐 것
2. 건축물의 동수나 층수를 변경하지 아니하면서 변경되는 부분이 연면적 합계의 10분의 1 이하인 경우(연면적이 5천 제곱미터 이상인 건축물은 각 층의 바닥면적이 50제곱미터 이하의 범위에서 변경되는 경우만 해당한다). 다만, 제4호 본문 및 제5호 본문에 따른 범위의 변경인 경우만 해당한다.

3. 대수선에 해당하는 경우
4. 건축물의 층수를 변경하지 아니하면서 변경되는 부분의 높이가 1미터 이하이거나 전체 높이의 10분의 1 이하인 경우. 다만, 변경되는 부분이 제1호 본문, 제2호 본문 및 제5호 본문에 따른 범위의 변경인 경우만 해당한다.
5. 허가를 받거나 신고를 하고 건축 중인 부분의 위치가 1미터 이내에서 변경되는 경우. 다만, 변경되는 부분이 제1호 본문, 제2호 본문 및 제4호 본문에 따른 범위의 변경인 경우만 해당한다.

④ 제1항에 따른 허가나 신고사항의 변경에 관하여는 제9조를 준용한다. 〈개정 2018. 9. 4.〉

[전문개정 2008. 10. 29.]

제13조 삭제 〈2005. 7. 18.〉

제14조 【용도변경】 ① 삭제 〈2006. 5. 8.〉

② 삭제 〈2006. 5. 8.〉

③ 국토교통부장관은 법 제19조제1항에 따른 용도변경을 할 때 적용되는 건축기준을 고시할 수 있다. 이 경우 다른 행정기관의 권한에 속하는 건축기준에 대하여는 미리 관계 행정기관의 장과 협의하여야 한다. 〈개정 2008. 10. 29., 2013. 3. 23.〉

④ 법 제19조제3항 단서에서 "대통령령으로 정하는 변경"이란 다음 각 호의 어느 하나에 해당하는 건축물 상호 간의 용도변경을 말한다. 다만, 별표 1 제3호다목(목욕장만 해당한다) · 라목, 같은 표 제4호가목 · 사목 · 카목 · 파목(골프연습장, 놀이형시설만 해당한다) · 더목 · 러목 · 머목, 같은 표 제7호다목2), 같은 표 제15호가목(생활숙박시설만 해당한다) 및 같은 표 제16호가목 · 나목에 해당하는 용도로 변경하는 경우는 제외한다. 〈개정 2009. 6. 30., 2009. 7. 16., 2011. 6. 29., 2012. 12. 12., 2014. 3. 24., 2019. 10. 22., 2021. 11. 2., 2024. 2. 13.〉

1. 별표 1의 같은 호에 속하는 건축물 상호 간의 용도변경
2. 「국토의 계획 및 이용에 관한 법률」이나 그 밖의 관계 법령에서 정하는 용도제한에 적합한 범위에서 제1종 근린생활시설과 제2종 근린생활시설 상호 간의 용도변경

⑤ 법 제19조제4항 각 호의 시설군에 속하는 건축물의 용도는 다음 각 호와 같다. 〈개정 2008. 10. 29., 2010. 12. 13., 2011. 6. 29., 2014. 3. 24., 2016. 2. 11., 2017. 2. 3., 2023. 5. 15.〉

1. 자동차 관련 시설군
   자동차 관련 시설
2. 산업 등 시설군
   가. 운수시설
   나. 창고시설
   다. 공장
   라. 위험물저장 및 처리시설
   마. 자원순환 관련 시설
   바. 묘지 관련 시설
   사. 장례시설
3. 전기통신시설군
   가. 방송통신시설

나. 발전시설
4. 문화집회시설군
가. 문화 및 집회시설
나. 종교시설
다. 위락시설
라. 관광휴게시설
5. 영업시설군
가. 판매시설
나. 운동시설
다. 숙박시설
라. 제2종 근린생활시설 중 다중생활시설
6. 교육 및 복지시설군
가. 의료시설
나. 교육연구시설
다. 노유자시설(老幼者施設)
라. 수련시설
마. 야영장 시설
7. 근린생활시설군
가. 제1종 근린생활시설
나. 제2종 근린생활시설(다중생활시설은 제외한다)
8. 주거업무시설군
가. 단독주택
나. 공동주택
다. 업무시설
라. 교정시설
마. 국방·군사시설
9. 그 밖의 시설군
가. 동물 및 식물 관련 시설
나. 삭제 〈2010. 12. 13.〉

⑥ 기존의 건축물 또는 대지가 법령의 제정·개정이나 제6조의2제1항 각 호의 사유로 법령 등에 부적합하게 된 경우에는 건축조례로 정하는 바에 따라 용도변경을 할 수 있다. 〈개정 2008. 10. 29.〉

⑦ 법 제19조제6항에서 "대통령령으로 정하는 경우"란 1층인 축사를 공장으로 용도변경하는 경우로서 증축·개축 또는 대수선이 수반되지 아니하고 구조 안전이나 피난 등에 지장이 없는 경우를 말한다. 〈개정 2008. 10. 29.〉

[전문개정 1999. 4. 30.]

제15조 【가설건축물】 ① 법 제20조제2항제3호에서 "대통령령으로 정하는 기준"이란 다음 각 호의 기준을 말한다. 〈개정 2012. 4. 10., 2014. 10. 14.〉

1. 철근콘크리트조 또는 철골철근콘크리트조가 아닐 것

2. 존치기간은 3년 이내일 것. 다만, 도시 · 군계획사업이 시행될 때까지 그 기간을 연장할 수 있다.
3. 전기 · 수도 · 가스 등 새로운 간선 공급설비의 설치를 필요로 하지 아니할 것
4. 공동주택 · 판매시설 · 운수시설 등으로서 분양을 목적으로 건축하는 건축물이 아닐 것

② 제1항에 따른 가설건축물에 대하여는 법 제38조를 적용하지 아니한다.

③ 제1항에 따른 가설건축물 중 시장의 공지 또는 도로에 설치하는 차양시설에 대하여는 법 제46조 및 법 제55조를 적용하지 아니한다.

④ 제1항에 따른 가설건축물을 도시 · 군계획 예정 도로에 건축하는 경우에는 법 제45조부터 제47조를 적용하지 아니한다. 〈개정 2012. 4. 10.〉

⑤ 법 제20조제3항에서 "재해복구, 흥행, 전람회, 공사용 가설건축물 등 대통령령으로 정하는 용도의 가설건축물"이란 다음 각 호의 어느 하나에 해당하는 것을 말한다. 〈개정 2009. 6. 30., 2009. 7. 16., 2010. 2. 18., 2011. 6. 29., 2013. 5. 31., 2014. 10. 14., 2014. 11. 11., 2015. 4. 24., 2016. 1. 19., 2016. 6. 30.〉

1. 재해가 발생한 구역 또는 그 인접구역으로서 특별자치시장 · 특별자치도지사 또는 시장 · 군수 · 구청장이 지정하는 구역에서 일시사용을 위하여 건축하는 것
2. 특별자치시장 · 특별자치도지사 또는 시장 · 군수 · 구청장이 도시미관이나 교통소통에 지장이 없다고 인정하는 가설흥행장, 가설전람회장, 농 · 수 · 축산물 직거래용 가설점포, 그 밖에 이와 비슷한 것
3. 공사에 필요한 규모의 공사용 가설건축물 및 공작물
4. 전시를 위한 견본주택이나 그 밖에 이와 비슷한 것
5. 특별자치시장 · 특별자치도지사 또는 시장 · 군수 · 구청장이 도로변 등의 미관정비를 위하여 지정 · 공고하는 구역에서 축조하는 가설점포(물건 등의 판매를 목적으로 하는 것을 말한다)로서 안전 · 방화 및 위생에 지장이 없는 것
6. 조립식 구조로 된 경비용으로 쓰는 가설건축물로서 연면적이 10제곱미터 이하인 것
7. 조립식 경량구조로 된 외벽이 없는 임시 자동차 차고
8. 컨테이너 또는 이와 비슷한 것으로 된 가설건축물로서 임시사무실 · 임시창고 또는 임시숙소로 사용되는 것(건축물의 옥상에 축조하는 것은 제외한다. 다만, 2009년 7월 1일부터 2015년 6월 30일까지 및 2016년 7월 1일부터 2019년 6월 30일까지 공장의 옥상에 축조하는 것은 포함한다)
9. 도시지역 중 주거지역 · 상업지역 또는 공업지역에 설치하는 농업 · 어업용 비닐하우스로서 연면적이 100제곱미터 이상인 것
10. 연면적이 100제곱미터 이상인 간이축사용, 가축분뇨처리용, 가축운동용, 가축의 비가림용 비닐하우스 또는 천막(벽 또는 지붕이 합성수지 재질로 된 것과 지붕 면적의 2분의 1 이하가 합성강판으로 된 것을 포함한다)구조 건축물
11. 농업 · 어업용 고정식 온실 및 간이작업장, 가축양육실
12. 물품저장용, 간이포장용, 간이수선작업용 등으로 쓰기 위하여 공장 또는 창고시설에 설치하거나 인접 대지에 설치하는 천막(벽 또는 지붕이 합성수지 재질로 된 것을 포함한다), 그 밖에 이와 비슷한 것
13. 유원지, 종합휴양업 사업지역 등에서 한시적인 관광 · 문화행사 등을 목적으로 천막 또는 경량구조로 설치하는 것

14. 야외전시시설 및 촬영시설
15. 야외흡연실 용도로 쓰는 가설건축물로서 연면적이 50제곱미터 이하인 것
16. 그 밖에 제1호부터 제14호까지의 규정에 해당하는 것과 비슷한 것으로서 건축조례로 정하는 건축물

⑥ 법 제20조제5항에 따라 가설건축물을 축조하는 경우에는 다음 각 호의 구분에 따라 관련 규정을 적용하지 않는다. 〈개정 2015. 9. 22., 2018. 9. 4., 2019. 10. 22., 2020. 10. 8., 2023. 9. 12.〉

1. 제5항 각 호(제4호는 제외한다)의 가설건축물을 축조하는 경우에는 법 제25조, 제38조부터 제42조까지, 제44조부터 제47조까지, 제48조, 제48조의2, 제49조, 제50조, 제50조의2, 제51조, 제52조, 제52조의2, 제52조의4, 제53조, 제53조의2, 제54조부터 제58조까지, 제60조부터 제62조까지, 제64조, 제67조 및 제68조와 「국토의 계획 및 이용에 관한 법률」 제76조를 적용하지 않는다. 다만, 법 제48조, 제49조 및 제61조는 다음 각 목에 따른 경우에만 적용하지 않는다.
   가. 법 제48조 및 제49조를 적용하지 않는 경우: 다음의 어느 하나에 해당하는 경우
      1) 1층 또는 2층인 가설건축물(제5항제2호 및 제14호의 경우에는 1층인 가설건축물만 해당한다)을 건축하는 경우
      2) 3층 이상인 가설건축물(제5항제2호 및 제14호의 경우에는 2층 이상인 가설건축물을 말한다)을 건축하는 경우로서 지방건축위원회의 심의 결과 구조 및 피난에 관한 안전성이 인정된 경우. 다만, 구조 및 피난에 관한 안전성을 인정할 수 있는 서류로서 국토교통부령으로 정하는 서류를 특별자치시장 · 특별자치도지사 또는 시장 · 군수 · 구청장에게 제출하는 경우에는 지방건축위원회의 심의를 생략할 수 있다.
   나. 법 제61조를 적용하지 아니하는 경우: 정북방향으로 접하고 있는 대지의 소유자와 합의한 경우
2. 제5항제4호의 가설건축물을 축조하는 경우에는 법 제25조, 제38조, 제39조, 제42조, 제45조, 제50조의2, 제53조, 제54조부터 제57조까지, 제60조, 제61조 및 제68조와 「국토의 계획 및 이용에 관한 법률」 제76조만을 적용하지 아니한다.

⑦ 법 제20조제3항에 따라 신고해야 하는 가설건축물의 존치기간은 3년 이내로 하며, 존치기간의 연장이 필요한 경우에는 횟수별 3년의 범위에서 제5항 각 호의 가설건축물별로 건축조례로 정하는 횟수만큼 존치기간을 연장할 수 있다. 다만, 제5항제3호의 공사용 가설건축물 및 공작물의 경우에는 해당 공사의 완료일까지의 기간으로 한다. 〈개정 2014. 10. 14., 2014. 11. 11., 2021. 11. 2.〉

⑧ 법 제20조제1항 또는 제3항에 따라 가설건축물의 건축허가를 받거나 축조신고를 하려는 자는 국토교통부령으로 정하는 가설건축물 건축허가신청서 또는 가설건축물 축조신고서에 관계 서류를 첨부하여 특별자치시장 · 특별자치도지사 또는 시장 · 군수 · 구청장에게 제출하여야 한다. 다만, 건축물의 건축허가를 신청할 때 건축물의 건축에 관한 사항과 함께 공사용 가설건축물의 건축에 관한 사항을 제출한 경우에는 가설건축물 축조신고서의 제출을 생략한다. 〈개정 2013. 3. 23., 2014. 10. 14., 2018. 9. 4.〉

⑨ 제8항 본문에 따라 가설건축물 건축허가신청서 또는 가설건축물 축조신고서를 제출받은 특별자치시장 · 특별자치도지사 또는 시장 · 군수 · 구청장은 그 내용을 확인한 후 신청인 또는 신고인에게 국토교통부령으로 정하는 바에 따라 가설건축물 건축허가서 또는 가설건축물 축조신고필증을 주어야 한다. 〈개정 2018. 9. 4.〉

⑩ 삭제 〈2010. 2. 18.〉
[전문개정 2008. 10. 29.]

제15조의2 【가설건축물의 존치기간 연장】 ① 특별자치시장 · 특별자치도지사 또는 시장 · 군수 · 구청장은 법 제20조에 따른 가설건축물의 존치기간 만료일 30일 전까지 해당 가설건축물의 건축주에게 다음 각 호의 사항을 알려야 한다. 〈개정 2014. 10. 14., 2016. 6. 30.〉
1. 존치기간 만료일
2. 존치기간 연장 가능 여부
3. 제15조의3에 따라 존치기간이 연장될 수 있다는 사실(같은 조 제1호 각 목의 어느 하나에 해당하는 가설건축물에 한정한다)

② 존치기간을 연장하려는 가설건축물의 건축주는 다음 각 호의 구분에 따라 특별자치시장 · 특별자치도지사 또는 시장 · 군수 · 구청장에게 허가를 신청하거나 신고하여야 한다. 〈개정 2014. 10. 14.〉
1. 허가 대상 가설건축물: 존치기간 만료일 14일 전까지 허가 신청
2. 신고 대상 가설건축물: 존치기간 만료일 7일 전까지 신고

③ 제2항에 따른 존치기간 연장허가신청 또는 존치기간 연장신고에 관하여는 제15조제8항 본문 및 같은 조 제9항을 준용한다. 이 경우 "건축허가"는 "존치기간 연장허가"로, "축조신고"는 "존치기간 연장신고"로 본다. 〈신설 2018. 9. 4.〉
[본조신설 2010. 2. 18.]

제15조의3 【공장에 설치한 가설건축물 등의 존치기간 연장】 제15조의2제2항에도 불구하고 다음 각 호의 요건을 모두 충족하는 가설건축물로서 건축주가 같은 항의 구분에 따른 기간까지 특별자치시장 · 특별자치도지사 또는 시장 · 군수 · 구청장에게 그 존치기간의 연장을 원하지 않는다는 사실을 통지하지 않는 경우에는 기존 가설건축물과 동일한 기간(제1호다목의 경우에는 「국토의 계획 및 이용에 관한 법률」 제2조제10호의 도시 · 군계획시설사업이 시행되기 전까지의 기간으로 한정한다)으로 존치기간을 연장한 것으로 본다. 〈개정 2014. 10. 14., 2016. 6. 30., 2021. 1. 8.〉
1. 다음 각 목의 어느 하나에 해당하는 가설건축물일 것
   가. 공장에 설치한 가설건축물
   나. 제15조제5항제11호에 따른 가설건축물(「국토의 계획 및 이용에 관한 법률」 제36조제1항제3호에 따른 농림지역에 설치한 것만 해당한다)
   다. 도시 · 군계획시설 예정지에 설치한 가설건축물
2. 존치기간 연장이 가능한 가설건축물일 것

[본조신설 2010. 2. 18.]
[제목개정 2016. 6. 30.]

제16조 삭제 〈1995. 12. 30.〉

제17조 【건축물의 사용승인】 ① 삭제 〈2006. 5. 8.〉
② 건축주는 법 제22조제3항제2호에 따라 사용승인서를 받기 전에 공사가 완료된 부분에 대한 임시사용의 승인을 받으려는 경우에는 국토교통부령으로 정하는 바에 따라 임시사용승인신청서를 허가권자에게 제출(전자문서에 의한 제출을 포함한다)하여야 한다. 〈개정 2008. 10. 29., 2013. 3. 23.〉

③ 허가권자는 제2항의 신청서를 접수한 경우에는 공사가 완료된 부분이 법 제22조제3항제2호에 따른 기준에 적합한 경우에만 임시사용을 승인할 수 있으며, 식수 등 조경에 필요한 조치를 하기에 부적합한 시기에 건축공사가 완료된 건축물은 허가권자가 지정하는 시기까지 식수(植樹) 등 조경에 필요한 조치를 할 것을 조건으로 임시사용을 승인할 수 있다. 〈개정 2008. 10. 29.〉

④ 임시사용승인의 기간은 2년 이내로 한다. 다만, 허가권자는 대형 건축물 또는 암반공사 등으로 인하여 공사기간이 긴 건축물에 대하여는 그 기간을 연장할 수 있다. 〈개정 2008. 10. 29.〉

⑤ 법 제22조제6항 후단에서 "대통령령으로 정하는 주요 공사의 시공자"란 다음 각 호의 어느 하나에 해당하는 자를 말한다. 〈개정 2008. 10. 29., 2020. 2. 18., 2023. 9. 12.〉

1. 「건설산업기본법」 제9조에 따라 종합공사 또는 전문공사를 시공하는 업종을 등록한 자로서 발주자로부터 건설공사를 도급받은 건설사업자
2. 「전기공사업법」·「소방시설공사업법」 또는 「정보통신공사업법」에 따라 공사를 수행하는 시공자

제18조(설계도서의 작성) 법 제23조제1항제3호에서 "대통령령으로 정하는 건축물"이란 다음 각 호의 어느 하나에 해당하는 건축물을 말한다. 〈개정 2009. 7. 16., 2010. 2. 18., 2012. 4. 10., 2016. 6. 30.〉

1. 읍·면지역(시장 또는 군수가 지역계획 또는 도시·군계획에 지장이 있다고 인정하여 지정·공고한 구역은 제외한다)에서 건축하는 건축물 중 연면적이 200제곱미터 이하인 창고 및 농막(「농지법」에 따른 농막을 말한다)과 연면적 400제곱미터 이하인 축사, 작물재배사, 종묘배양시설, 화초 및 분재 등의 온실
2. 제15조제5항 각 호의 어느 하나에 해당하는 가설건축물로서 건축조례로 정하는 가설건축물

[전문개정 2008. 10. 29.]

제18조의2【사진 및 동영상 촬영 대상 건축물 등】 ① 법 제24조제7항 전단에서 "공동주택, 종합병원, 관광숙박시설 등 대통령령으로 정하는 용도 및 규모의 건축물"이란 다음 각 호의 어느 하나에 해당하는 건축물을 말한다. 〈개정 2018. 12. 4.〉

1. 다중이용 건축물
2. 특수구조 건축물
3. 건축물의 하층부가 필로티나 그 밖에 이와 비슷한 구조(벽면적의 2분의 1 이상이 그 층의 바닥면에서 위층 바닥 아래면까지 공간으로 된 것만 해당한다)로서 상층부와 다른 구조형식으로 설계된 건축물(이하 "필로티형식 건축물"이라 한다) 중 3층 이상인 건축물

② 법 제24조제7항 전단에서 "대통령령으로 정하는 진도에 다다른 때"란 다음 각 호의 구분에 따른 단계에 다다른 경우를 말한다. 〈개정 2018. 12. 4., 2019. 8. 6., 2024. 6. 18.〉

1. 다중이용 건축물: 다음 각 목에 해당하는 단계
   가. 제19조제3항제1호부터 제3호까지의 구분에 따른 단계
   나. 제46조제1항에 따른 방화구획 설치 공사와 관련하여 국토교통부령으로 정하는 단계
2. 특수구조 건축물: 다음 각 목의 어느 하나에 해당하는 단계
   가. 매 층마다 상부 슬래브배근을 완료한 경우
   나. 매 층마다 주요구조부의 조립을 완료한 경우
3. 3층 이상의 필로티형식 건축물: 다음 각 목의 어느 하나에 해당하는 단계
   가. 기초공사 시 철근배치를 완료한 경우

나. 건축물 상층부의 하중이 상층부와 다른 구조형식의 하층부로 전달되는 다음의 어느 하나에 해당하는 부재(部材)의 철근배치를 완료한 경우

1) 기둥 또는 벽체 중 하나

2) 보 또는 슬래브 중 하나

[본조신설 2017. 2. 3.]

[종전 제18조의2는 제18조의3으로 이동 〈2017. 2. 3.〉]

제19조 【공사감리】 ① 법 제25조제1항에 따라 공사감리자를 지정하여 공사감리를 하게 하는 경우에는 다음 각 호의 구분에 따른 자를 공사감리자로 지정하여야 한다. 〈개정 2009. 7. 16., 2010. 12. 13., 2014. 5. 22., 2018. 12. 11., 2020. 1. 7., 2021. 9. 14., 2021. 12. 28.〉

1. 다음 각 목의 어느 하나에 해당하는 경우: 건축사

가. 법 제11조에 따라 건축허가를 받아야 하는 건축물(법 제14조에 따른 건축신고 대상 건축물은 제외한다)을 건축하는 경우

나. 제6조제1항제6호에 따른 건축물을 리모델링하는 경우

2. 다중이용 건축물을 건축하는 경우: 「건설기술 진흥법」에 따른 건설엔지니어링사업자(공사시공자 본인이거나 「독점규제 및 공정거래에 관한 법률」 제2조제12호에 따른 계열회사인 건설엔지니어링사업자는 제외한다) 또는 건축사(「건설기술 진흥법 시행령」 제60조에 따라 건설사업관리기술인을 배치하는 경우만 해당한다)

② 제1항에 따라 다중이용 건축물의 공사감리자를 지정하는 경우 감리원의 배치기준 및 감리대가는 「건설기술 진흥법」에서 정하는 바에 따른다. 〈개정 2014. 5. 22.〉

③ 법 제25조제6항에서 "공사의 공정이 대통령령으로 정하는 진도에 다다른 경우"란 공사(하나의 대지에 둘 이상의 건축물을 건축하는 경우에는 각각의 건축물에 대한 공사를 말한다)의 공정이 다음 각 호의 구분에 따른 단계에 다다른 경우를 말한다. 〈개정 2014. 11. 28., 2016. 5. 17., 2017. 2. 3., 2019. 8. 6., 2024. 12. 17.〉

1. 해당 건축물의 구조가 철근콘크리트조 · 철골철근콘크리트조 · 조적조 또는 보강콘크리트블럭조인 경우: 다음 각 목의 어느 하나에 해당하는 단계

가. 기초공사 시 철근배치를 완료한 경우

나. 지붕슬래브배근을 완료한 경우

다. 지상 5개 층마다 상부 슬래브배근을 완료한 경우

라. 지하층 각 층(제2조제18호다목에 따른 특수구조 건축물로서 무량판 구조인 해당 지하층에 수직으로 배치된 주요구조부의 전체 단면적에서 보가 없이 배치된 기둥의 전체 단면적이 차지하는 비율이 4분의 1 이상인 경우만 해당한다)의 상부 슬래브배근을 완료한 경우

2. 해당 건축물의 구조가 철골조인 경우: 다음 각 목의 어느 하나에 해당하는 단계

가. 기초공사 시 철근배치를 완료한 경우

나. 지붕철골 조립을 완료한 경우

다. 지상 3개 층마다 또는 높이 20미터마다 주요구조부의 조립을 완료한 경우

3. 해당 건축물의 구조가 제1호 또는 제2호 외의 구조인 경우: 기초공사에서 거푸집 또는 주춧돌의 설치를 완료한 단계

4. 제1호부터 제3호까지에 해당하는 건축물이 3층 이상의 필로티형식 건축물인 경우: 다음 각 목의

어느 하나에 해당하는 단계

가. 해당 건축물의 구조에 따라 제1호부터 제3호까지의 어느 하나에 해당하는 경우

나. 제18조의2제2항제3호나목에 해당하는 경우

④ 법 제25조제5항에서 "대통령령으로 정하는 용도 또는 규모의 공사"란 연면적의 합계가 5천 제곱미터 이상인 건축공사를 말한다. 〈개정 2017. 2. 3.〉

⑤ 공사감리자는 수시로 또는 필요할 때 공사현장에서 감리업무를 수행해야 하며, 다음 각 호의 건축공사를 감리하는 경우에는 「건축사법」 제2조제2호에 따른 건축사보(「기술사법」 제6조에 따른 기술사사무소 또는 「건축사법」 제23조제9항 각 호의 건설엔지니어링사업자 등에 소속되어 있는 사람으로서 「국가기술자격법」에 따른 해당 분야 기술계 자격을 취득한 사람과 「건설기술 진흥법 시행령」 제4조에 따른 건설사업관리를 수행할 자격이 있는 사람을 포함한다. 이하 같다) 중 건축 분야의 건축사보 한 명 이상을 전체 공사기간 동안, 토목 · 전기 또는 기계 분야의 건축사보 한 명 이상을 각 분야별 해당 공사기간 동안 각각 공사현장에서 감리업무를 수행하게 해야 한다. 이 경우 건축사보는 해당 분야의 건축공사의 설계 · 시공 · 시험 · 검사 · 공사감독 또는 감리업무 등에 2년 이상 종사한 경력이 있는 사람이어야 한다. 〈개정 2009. 7. 16., 2010. 12. 13., 2014. 5. 22., 2015. 9. 22., 2018. 9. 4., 2020. 1. 7., 2020. 4. 21., 2021. 9. 14.〉

1. 바닥면적의 합계가 5천 제곱미터 이상인 건축공사. 다만, 축사 또는 작물 재배사의 건축공사는 제외한다.
2. 연속된 5개 층(지하층을 포함한다) 이상으로서 바닥면적의 합계가 3천 제곱미터 이상인 건축공사
3. 아파트 건축공사
4. 준다중이용 건축물 건축공사

⑥ 공사감리자는 제5항 각 호에 해당하지 않는 건축공사로서 깊이 10미터 이상의 토지 굴착공사 또는 높이 5미터 이상의 옹벽 등의 공사(「산업집적활성화 및 공장설립에 관한 법률」 제2조제14호에 따른 산업단지에서 바닥면적 합계가 2천제곱미터 이하인 공장을 건축하는 경우는 제외한다)를 감리하는 경우에는 건축사보 중 건축 또는 토목 분야의 건축사보 한 명 이상을 해당 공사기간 동안 공사현장에서 감리업무를 수행하게 해야 한다. 이 경우 건축사보는 건축공사의 시공 · 공사감독 또는 감리업무 등에 2년 이상 종사한 경력이 있는 사람이어야 한다. 〈신설 2020. 4. 21., 2021. 8. 10., 2023. 9. 12.〉

⑦ 공사감리자는 제61조제1항제4호에 해당하는 건축물의 마감재료 설치공사를 감리하는 경우로서 국토교통부령으로 정하는 경우에는 건축 또는 안전관리 분야의 건축사보 한 명 이상이 마감재료 설치공사기간 동안 그 공사현장에서 감리업무를 수행하게 해야 한다. 이 경우 건축사보는 건축공사의 설계 · 시공 · 시험 · 검사 · 공사감독 또는 감리업무 등에 2년 이상 종사한 경력이 있는 사람이어야 한다. 〈신설 2021. 8. 10.〉

⑧ 공사감리자는 제5항부터 제7항까지의 규정에 따라 건축사보로 하여금 감리업무를 수행하게 하는 경우 다른 공사현장이나 공정의 감리업무를 수행하고 있지 않는 건축사보가 감리업무를 수행하게 해야 한다. 〈신설 2021. 8. 10.〉

⑨ 공사감리자가 수행하여야 하는 감리업무는 다음과 같다. 〈개정 2013. 3. 23., 2020. 4. 21., 2021. 8. 10.〉

1. 공사시공자가 설계도서에 따라 적합하게 시공하는지 여부의 확인

2. 공사시공자가 사용하는 건축자재가 관계 법령에 따른 기준에 적합한 건축자재인지 여부의 확인
3. 그 밖에 공사감리에 관한 사항으로서 국토교통부령으로 정하는 사항

⑩ 제5항부터 제7항까지의 규정에 따라 공사현장에 건축사보를 두는 공사감리자는 다음 각 호의 구분에 따른 기간에 국토교통부령으로 정하는 바에 따라 건축사보의 배치현황을 허가권자에게 제출해야 한다. 〈개정 2013. 3. 23., 2014. 11. 28., 2020. 4. 21., 2021. 8. 10.〉

1. 최초로 건축사보를 배치하는 경우에는 착공 예정일(제6항 또는 제7항에 따라 배치하는 경우에는 배치일을 말한다)부터 7일
2. 건축사보의 배치가 변경된 경우에는 변경된 날부터 7일
3. 건축사보가 철수한 경우에는 철수한 날부터 7일

⑪ 허가권자는 제10항에 따라 공사감리자로부터 건축사보의 배치현황을 받으면 지체 없이 건축사보가 이중으로 배치되어 있는지 여부 등 국토교통부령으로 정하는 내용을 확인한 후 「전자정부법」 제37조에 따른 행정정보 공동이용센터를 통해 그 배치현황을 「건축사법」 제31조에 따른 대한건축사협회에 보내야 한다. 〈개정 2013. 3. 23., 2020. 4. 21., 2021. 8. 10., 2022. 7. 26., 2023. 9. 12.〉

⑫ 제11항에 따라 건축사보의 배치현황을 받은 대한건축사협회는 이를 관리해야 하며, 건축사보가 이중으로 배치된 사실 등을 확인한 경우에는 지체 없이 그 사실 등을 관계 시 · 도지사, 허가권자 및 그 밖에 국토교통부령으로 정하는 자에게 알려야 한다. 〈개정 2012. 12. 12., 2020. 4. 21., 2021. 8. 10., 2022. 7. 26., 2023. 9. 12.〉

⑬ 제12항에서 규정한 사항 외에 건축사보의 배치현황 관리 등에 필요한 사항은 국토교통부령으로 정한다. 〈신설 2023. 9. 12.〉

[전문개정 2008. 10. 29.]

제19조의2【허가권자가 공사감리자를 지정하는 건축물 등】 ① 법 제25조제2항 각 호 외의 부분 본문에서 "대통령령으로 정하는 건축물"이란 다음 각 호의 건축물을 말한다. 〈개정 2017. 10. 24., 2019. 2. 12.〉

1. 「건설산업기본법」 제41조제1항 각 호에 해당하지 아니하는 건축물 중 다음 각 목의 어느 하나에 해당하지 아니하는 건축물
   가. 별표 1 제1호가목의 단독주택
   나. 농업·임업·축산업 또는 어업용으로 설치하는 창고·저장고·작업장·퇴비사·축사·양어장 및 그 밖에 이와 유사한 용도의 건축물
   다. 해당 건축물의 건설공사가 「건설산업기본법 시행령」 제8조제1항 각 호의 어느 하나에 해당하는 경미한 건설공사인 경우
2. 주택으로 사용하는 다음 각 목의 어느 하나에 해당하는 건축물(각 목에 해당하는 건축물과 그 외의 건축물이 하나의 건축물로 복합된 경우를 포함한다)
   가. 아파트
   나. 연립주택
   다. 다세대주택
   라. 다중주택
   마. 다가구주택
3. 삭제 〈2019. 2. 12.〉

② 시 · 도지사는 법 제25조제2항 각 호 외의 부분 본문에 따라 공사감리자를 지정하기 위하여 다음 각 호의 구분에 따른 자를 대상으로 모집공고를 거쳐 공사감리자의 명부를 작성하고 관리해야 한다. 이 경우 시 · 도지사는 미리 관할 시장 · 군수 · 구청장과 협의해야 한다. 〈개정 2020. 4. 21., 2021. 9. 14.〉

1. 다중이용 건축물의 경우: 「건축사법」 제23조제1항에 따라 건축사사무소의 개설신고를 한 건축사 및 「건설기술 진흥법」에 따른 건설엔지니어링사업자
2. 그 밖의 경우: 「건축사법」 제23조제1항에 따라 건축사사무소의 개설신고를 한 건축사

③ 제1항 각 호의 어느 하나에 해당하는 건축물의 건축주는 법 제21조에 따른 착공신고를 하기 전에 국토교통부령으로 정하는 바에 따라 허가권자에게 공사감리자의 지정을 신청하여야 한다.

④ 허가권자는 제2항에 따른 명부에서 공사감리자를 지정하여야 한다.

⑤ 제3항 및 제4항에서 규정한 사항 외에 공사감리자 모집공고, 명부작성 방법 및 공사감리자 지정 방법 등에 관한 세부적인 사항은 시 · 도의 조례로 정한다.

⑥ 법 제25조제2항제1호에서 "대통령령으로 정하는 신기술"이란 건축물의 주요구조부 및 주요구조부에 사용하는 마감재료에 적용하는 신기술을 말한다. 〈신설 2020. 10. 8.〉

⑦ 법 제25조제2항제2호에서 "대통령령으로 정하는 건축사"란 건축주가 같은 항 각 호 외의 부분 단서에 따라 허가권자에게 공사감리 지정을 신청한 날부터 최근 10년간 「건축서비스산업 진흥법 시행령」 제11조제1항 각 호의 어느 하나에 해당하는 설계공모 또는 대회에서 당선되거나 최우수 건축 작품으로 수상한 실적이 있는 건축사를 말한다. 〈신설 2020. 10. 8.〉

⑧ 법 제25조제13항에서 "해당 계약서 등 대통령령으로 정하는 서류"란 다음 각 호의 서류를 말한다. 〈신설 2019. 2. 12., 2020. 10. 8.〉

1. 설계자의 건축과정 참여에 관한 계획서
2. 건축주와 설계자와의 계약서

[본조신설 2016. 7. 19.]

제19조의3【업무제한 대상 건축물 등】 ① 법 제25조의2제1항에서 "대통령령으로 정하는 주요 건축물"이란 다음 각 호의 건축물을 말한다.

1. 다중이용 건축물
2. 준다중이용 건축물

② 법 제25조의2제2항 각 호 외의 부분에서 "대통령령으로 정하는 규모 이상의 재산상의 피해"란 도급 또는 하도급받은 금액의 100분의 10 이상으로서 그 금액이 1억원 이상인 재산상의 피해를 말한다.

③ 법 제25조의2제2항 각 호 외의 부분에서 "다중이용건축물 등 대통령령으로 정하는 주요 건축물"이란 다음 각 호의 건축물을 말한다.

1. 다중이용 건축물
2. 준다중이용 건축물

[본조신설 2017. 2. 3.]

제20조【현장조사 · 검사 및 확인업무의 대행】 ① 허가권자는 법 제27조제1항에 따라 건축조례로 정하는 건축물의 건축허가, 건축신고, 사용승인 및 임시사용승인과 관련되는 현장조사 · 검사 및

확인업무를 건축사로 하여금 대행하게 할 수 있다. 이 경우 허가권자는 건축물의 사용승인 및 임시사용승인과 관련된 현장조사 · 검사 및 확인업무를 대행할 건축사를 다음 각 호의 기준에 따라 선정하여야 한다. 〈개정 2014. 11. 28.〉

1. 해당 건축물의 설계자 또는 공사감리자가 아닐 것
2. 건축주의 추천을 받지 아니하고 직접 선정할 것

② 시 · 도지사는 법 제27조제1항에 따라 현장조사 · 검사 및 확인업무를 대행하게 하는 건축사(이하 이 조에서 "업무대행건축사"라 한다)의 명부를 모집공고를 거쳐 작성 · 관리해야 한다. 이 경우 시 · 도지사는 미리 관할 시장 · 군수 · 구청장과 협의해야 한다. 〈개정 2021. 1. 8.〉

③ 허가권자는 제2항에 따른 명부에서 업무대행건축사를 지정해야 한다. 〈신설 2021. 1. 8.〉

④ 제2항 및 제3항에 따른 업무대행건축사 모집공고, 명부 작성 · 관리 및 지정에 필요한 사항은 시 · 도의 조례로 정한다. 〈신설 2021. 1. 8.〉

[전문개정 2008. 10. 29.]

제21조【공사현장의 위해 방지】 건축물의 시공 또는 해체에 따른 유해 · 위험의 방지에 관한 사항은 산업안전보건에 관한 법령에서 정하는 바에 따른다. 〈개정 2020. 4. 28.〉

[전문개정 2008. 10. 29.]

제22조【공용건축물에 대한 특례】 ① 국가 또는 지방자치단체가 법 제29조에 따라 건축물을 건축하려면 해당 건축공사를 시행하는 행정기관의 장 또는 그 위임을 받은 자는 건축공사에 착수하기 전에 그 공사에 관한 설계도서와 국토교통부령으로 정하는 관계 서류를 허가권자에게 제출(전자문서에 의한 제출을 포함한다)하여야 한다. 다만, 국가안보상 중요하거나 국가기밀에 속하는 건축물을 건축하는 경우에는 설계도서의 제출을 생략할 수 있다. 〈개정 2013. 3. 23.〉

② 허가권자는 제1항 본문에 따라 제출된 설계도서와 관계 서류를 심사한 후 그 결과를 해당 행정기관의 장 또는 그 위임을 받은 자에게 통지(해당 행정기관의 장 또는 그 위임을 받은 자가 원하거나 전자문서로 제1항에 따른 설계도서 등을 제출한 경우에는 전자문서로 알리는 것을 포함한다)하여야 한다.

③ 국가 또는 지방자치단체는 법 제29조제3항 단서에 따라 건축물의 공사가 완료되었음을 허가권자에게 통보하는 경우에는 국토교통부령으로 정하는 관계 서류를 첨부하여야 한다. 〈개정 2013. 3. 23.〉

④ 법 제29조제4항 전단에서 "주민편의시설 등 대통령령으로 정하는 시설"이란 다음 각 호의 시설을 말한다. 〈신설 2016. 7. 19.〉

1. 제1종 근린생활시설
2. 제2종 근린생활시설(총포판매소, 장의사, 다중생활시설, 제조업소, 단란주점, 안마시술소 및 노래연습장은 제외한다)
3. 문화 및 집회시설(공연장 및 전시장으로 한정한다)
4. 의료시설
5. 교육연구시설
6. 노유자시설
7. 운동시설
8. 업무시설(오피스텔은 제외한다)

[전문개정 2008. 10. 29.]

제22조의2【건축 허가업무 등의 전산처리 등】 ① 법 제32조제2항 각 호 외의 부분 본문에 따라 같은 조 제1항에 따른 전자정보처리 시스템으로 처리된 자료(이하 "전산자료"라 한다)를 이용하려는 자는 관계 중앙행정기관의 장의 심사를 받기 위하여 다음 각 호의 사항을 적은 신청서를 관계 중앙행정기관의 장에게 제출하여야 한다.

1. 전산자료의 이용 목적 및 근거
2. 전산자료의 범위 및 내용
3. 전산자료를 제공받는 방식
4. 전산자료의 보관방법 및 안전관리대책 등

② 제1항에 따라 전산자료를 이용하려는 자는 전산자료의 이용목적에 맞는 최소한의 범위에서 신청하여야 한다.

③ 제1항에 따른 신청을 받은 관계 중앙행정기관의 장은 다음 각 호의 사항을 심사한 후 신청받은 날부터 15일 이내에 그 심사결과를 신청인에게 알려야 한다.

1. 제1항 각 호의 사항에 대한 타당성 · 적합성 및 공익성
2. 법 제32조제3항에 따른 개인정보 보호기준에의 적합 여부
3. 전산자료의 이용목적 외 사용방지 대책의 수립 여부

④ 법 제32조제2항에 따라 전산자료 이용의 승인을 받으려는 자는 국토교통부령으로 정하는 건축행정 전산자료 이용승인 신청서에 제3항에 따른 심사결과를 첨부하여 국토교통부장관, 시 · 도지사 또는 시장 · 군수 · 구청장에게 제출하여야 한다. 다만, 중앙행정기관의 장 또는 지방자치단체의 장이 전산자료를 이용하려는 경우에는 전산자료 이용의 근거 · 목적 및 안전관리대책 등을 적은 문서로 승인을 신청할 수 있다. 〈개정 2013. 3. 23.〉

⑤ 법 제32조제3항 전단에서 "대통령령으로 정하는 건축주 등의 개인정보 보호기준"이란 다음 각 호의 기준을 말한다.

1. 신청한 전산자료는 그 자료에 포함되어 있는 성명 · 주민등록번호 등의 사항에 따라 특정 개인임을 알 수 있는 정보(해당 정보만으로는 특정개인을 식별할 수 없더라도 다른 정보와 쉽게 결합하여 식별할 수 있는 정보를 포함한다), 그 밖에 개인의 사생활을 침해할 우려가 있는 정보가 아닐 것. 다만, 개인의 동의가 있거나 다른 법률에 근거가 있는 경우에는 이용하게 할 수 있다.
2. 제1호 단서에 따라 개인정보가 포함된 전산자료를 이용하는 경우에는 전산자료의 이용목적 외의 사용 또는 외부로의 누출 · 분실 · 도난 등을 방지할 수 있는 안전관리대책이 마련되어 있을 것

⑥국토교통부장관, 시 · 도지사 또는 시장 · 군수 · 구청장은 법 제32조제3항에 따라 전산자료의 이용을 승인하였으면 그 승인한 내용을 기록 · 관리하여야 한다. 〈개정 2013. 3. 23.〉

[전문개정 2008. 10. 29.]

제22조의3【전산자료의 이용자에 대한 지도 · 감독의 대상 등】 ① 법 제33조제1항에 따라 전산자료를 이용하는 자에 대하여 그 보유 또는 관리 등에 관한 사항을 지도 · 감독하는 대상은 다음 각 호의 구분에 따른 전산자료(다른 법령에 따라 제공받은 전산자료를 포함한다)를 이용하는 자로 한다. 다만, 국가 및 지방자치단체는 제외한다. 〈개정 2013. 3. 23.〉

1. 국토교통부장관: 연간 50만 건 이상 전국 단위의 전산자료를 이용하는 자
2. 시 · 도지사: 연간 10만 건 이상 시 · 도 단위의 전산자료를 이용하는 자

3. 시장 · 군수 · 구청장: 연간 5만 건 이상 시 · 군 · 구 단위의 전산자료를 이용하는 자

② 국토교통부장관, 시 · 도지사 또는 시장 · 군수 · 구청장은 법 제33조제1항에 따른 지도 · 감독을 위하여 필요한 경우에는 제1항에 따른 지도 · 감독 대상에 해당하는 자에 대하여 다음 각 호의 자료를 제출하도록 요구할 수 있다. 〈개정 2013. 3. 23.〉

1. 전산자료의 이용실태에 관한 자료
2. 전산자료의 이용에 따른 안전관리대책에 관한 자료

③ 제2항에 따라 자료제출을 요구받은 자는 정당한 사유가 있는 경우를 제외하고는 15일 이내에 관련 자료를 제출하여야 한다.

④ 국토교통부장관, 시 · 도지사 또는 시장 · 군수 · 구청장은 법 제33조제1항에 따라 전산자료의 이용실태에 관한 현지조사를 하려면 조사대상자에게 조사 목적 · 내용, 조사자의 인적사항, 조사 일시 등을 7일 전까지 알려야 한다. 〈개정 2013. 3. 23., 2019. 8. 6.〉

⑤ 국토교통부장관, 시 · 도지사 또는 시장 · 군수 · 구청장은 제4항에 따른 현지조사 결과를 조사대상자에게 알려야 하며, 조사 결과 필요한 경우에는 시정을 요구할 수 있다. 〈개정 2013. 3. 23.〉

[전문개정 2008. 10. 29.]

제22조의4 【건축에 관한 종합민원실】 ① 법 제34조에 따라 특별자치시 · 특별자치도 또는 시 · 군 · 구에 설치하는 민원실은 다음 각 호의 업무를 처리한다. 〈개정 2014. 10. 14.〉

1. 법 제22조에 따른 사용승인에 관한 업무
2. 법 제27조제1항에 따라 건축사가 현장조사 · 검사 및 확인업무를 대행하는 건축물의 건축허가와 사용승인 및 임시사용승인에 관한 업무
3. 건축물대장의 작성 및 관리에 관한 업무
4. 복합민원의 처리에 관한 업무
5. 건축허가 · 건축신고 또는 용도변경에 관한 상담 업무
6. 건축관계자 사이의 분쟁에 대한 상담
7. 그 밖에 특별자치시장 · 특별자치도지사 또는 시장 · 군수 · 구청장이 주민의 편익을 위하여 필요하다고 인정하는 업무

② 제1항에 따른 민원실은 민원인의 이용에 편리한 곳에 설치하고, 그 조직 및 기능에 관하여는 특별자치시 · 특별자치도 또는 시 · 군 · 구의 규칙으로 정한다. 〈개정 2014. 10. 14.〉

[전문개정 2008. 10. 29.]

제3장 건축물의 유지와 관리 〈개정 2008. 10. 29.〉

제23조 삭제 〈2020. 4. 28.〉

제23조의2 삭제 〈2020. 4. 28.〉

제23조의3 삭제 〈2020. 4. 28.〉

제23조의4 삭제 〈2020. 4. 28.〉

제23조의5 삭제 〈2020. 4. 28.〉

제23조의6 삭제 〈2020. 4. 28.〉

제23조의7 삭제 〈2020. 4. 28.〉

제23조의8 삭제 〈2019. 8. 6.〉

제24조 【건축지도원】 ① 법 제37조에 따른 건축지도원(이하 "건축지도원"이라 한다)은 특별자치시장·특별자치도지사 또는 시장·군수·구청장이 특별자치시·특별자치도 또는 시·군·구에 근무하는 건축직렬의 공무원과 건축에 관한 학식이 풍부한 자로서 건축조례로 정하는 자격을 갖춘 자 중에서 지정한다. 〈개정 2012. 7. 19., 2014. 10. 14.〉

② 건축지도원의 업무는 다음 각 호와 같다.

1. 건축신고를 하고 건축 중에 있는 건축물의 시공 지도와 위법 시공 여부의 확인·지도 및 단속
2. 건축물의 대지, 높이 및 형태, 구조 안전 및 화재 안전, 건축설비 등이 법령등에 적합하게 유지·관리되고 있는지의 확인·지도 및 단속
3. 허가를 받지 아니하거나 신고를 하지 아니하고 건축하거나 용도변경한 건축물의 단속

③ 건축지도원은 제2항의 업무를 수행할 때에는 권한을 나타내는 증표를 지니고 관계인에게 내보여야 한다.

④ 건축지도원의 지정 절차, 보수 기준 등에 관하여 필요한 사항은 건축조례로 정한다.

[전문개정 2008. 10. 29.]

제25조 【건축물대장】 법 제38조제1항제4호에서 "대통령령으로 정하는 경우"란 다음 각 호의 어느 하나에 해당하는 경우를 말한다. 〈개정 2012. 7. 19., 2013. 3. 23.〉

1. 「집합건물의 소유 및 관리에 관한 법률」 제56조 및 제57조에 따른 건축물대장의 신규등록 및 변경등록의 신청이 있는 경우
2. 법 시행일 전에 법령등에 적합하게 건축되고 유지·관리된 건축물의 소유자가 그 건축물의 건축물관리대장이나 그 밖에 이와 비슷한 공부(公簿)를 법 제38조에 따른 건축물대장에 옮겨 적을 것을 신청한 경우
3. 그 밖에 기재내용의 변경 등이 필요한 경우로서 국토교통부령으로 정하는 경우

[전문개정 2008. 10. 29.]

제4장 건축물의 대지 및 도로

제26조 삭제 〈1999. 4. 30.〉

제27조 【대지의 조경】 ① 법 제42조제1항 단서에 따라 다음 각 호의 어느 하나에 해당하는 건축물에 대하여는 조경 등의 조치를 하지 아니할 수 있다. 〈개정 2009. 7. 16., 2010. 12. 13., 2012. 4. 10., 2012. 12. 12., 2013. 3. 23.〉

1. 녹지지역에 건축하는 건축물
2. 면적 5천 제곱미터 미만인 대지에 건축하는 공장
3. 연면적의 합계가 1천500제곱미터 미만인 공장
4. 「산업집적활성화 및 공장설립에 관한 법률」 제2조제14호에 따른 산업단지의 공장

5. 대지에 염분이 함유되어 있는 경우 또는 건축물 용도의 특성상 조경 등의 조치를 하기가 곤란하거나 조경 등의 조치를 하는 것이 불합리한 경우로서 건축조례로 정하는 건축물
6. 축사
7. 법 제20조제1항에 따른 가설건축물
8. 연면적의 합계가 1천500제곱미터 미만인 물류시설(주거지역 또는 상업지역에 건축하는 것은 제외한다)로서 국토교통부령으로 정하는 것
9. 「국토의 계획 및 이용에 관한 법률」에 따라 지정된 자연환경보전지역 · 농림지역 또는 관리지역(지구단위계획구역으로 지정된 지역은 제외한다)의 건축물
10. 다음 각 목의 어느 하나에 해당하는 건축물 중 건축조례로 정하는 건축물
  가. 「관광진흥법」 제2조제6호에 따른 관광지 또는 같은 조 제7호에 따른 관광단지에 설치하는 관광시설
  나. 「관광진흥법 시행령」 제2조제1항제3호가목에 따른 전문휴양업의 시설 또는 같은 호 나목에 따른 종합휴양업의 시설
  다. 「국토의 계획 및 이용에 관한 법률 시행령」 제48조제10호에 따른 관광·휴양형 지구단위계획구역에 설치하는 관광시설
  라. 「체육시설의 설치·이용에 관한 법률 시행령」 별표 1에 따른 골프장

② 법 제42조제1항 단서에 따른 조경 등의 조치에 관한 기준은 다음 각 호와 같다. 다만, 건축조례로 다음 각 호의 기준보다 더 완화된 기준을 정한 경우에는 그 기준에 따른다. 〈개정 2009. 9. 9., 2017. 3. 29., 2019. 3. 12.〉

1. 공장(제1항제2호부터 제4호까지의 규정에 해당하는 공장은 제외한다) 및 물류시설(제1항제8호에 해당하는 물류시설과 주거지역 또는 상업지역에 건축하는 물류시설은 제외한다)
  가. 연면적의 합계가 2천 제곱미터 이상인 경우: 대지면적의 10퍼센트 이상
  나. 연면적의 합계가 1천500 제곱미터 이상 2천 제곱미터 미만인 경우: 대지면적의 5퍼센트 이상
2. 「공항시설법」 제2조제7호에 따른 공항시설: 대지면적(활주로 · 유도로 · 계류장 · 착륙대 등 항공기의 이륙 및 착륙시설로 쓰는 면적은 제외한다)의 10퍼센트 이상
3. 「철도의 건설 및 철도시설 유지관리에 관한 법률」 제2조제1호에 따른 철도 중 역시설: 대지면적(선로 · 승강장 등 철도운행에 이용되는 시설의 면적은 제외한다)의 10퍼센트 이상
4. 그 밖에 면적 200제곱미터 이상 300제곱미터 미만인 대지에 건축하는 건축물: 대지면적의 10퍼센트 이상

③ 건축물의 옥상에 법 제42조제2항에 따라 국토교통부장관이 고시하는 기준에 따라 조경이나 그 밖에 필요한 조치를 하는 경우에는 옥상부분 조경면적의 3분의 2에 해당하는 면적을 법 제42조제1항에 따른 대지의 조경면적으로 산정할 수 있다. 이 경우 조경면적으로 산정하는 면적은 법 제42조제1항에 따른 조경면적의 100분의 50을 초과할 수 없다. 〈개정 2013. 3. 23.〉

[전문개정 2008. 10. 29.]

제27조의2 【공개 공지 등의 확보】 ① 법 제43조제1항에 따라 다음 각 호의 어느 하나에 해당하는 건축물의 대지에는 공개 공지 또는 공개 공간(이하 이 조에서 "공개공지등"이라 한다)을 설치해야 한다. 이 경우 공개 공지는 필로티의 구조로 설치할 수 있다. 〈개정 2009. 7. 16., 2013. 11. 20., 2019. 10. 22.〉

1. 문화 및 집회시설, 종교시설, 판매시설(「농수산물 유통 및 가격안정에 관한 법률」에 따른 농수산물유통시설은 제외한다), 운수시설(여객용 시설만 해당한다), 업무시설 및 숙박시설로서 해당 용도로 쓰는 바닥면적의 합계가 5천 제곱미터 이상인 건축물
2. 그 밖에 다중이 이용하는 시설로서 건축조례로 정하는 건축물

② 공개공지등의 면적은 대지면적의 100분의 10 이하의 범위에서 건축조례로 정한다. 이 경우 법 제42조에 따른 조경면적과 「매장유산 보호 및 조사에 관한 법률」 제14조제1항제1호에 따른 매장유산의 현지보존 조치 면적을 공개공지등의 면적으로 할 수 있다. 〈개정 2014. 11. 11., 2015. 8. 3., 2017. 6. 27., 2024. 5. 7.〉

③ 제1항에 따라 공개공지등을 설치할 때에는 모든 사람들이 환경친화적으로 편리하게 이용할 수 있도록 긴 의자 또는 조경시설 등 건축조례로 정하는 시설을 설치해야 한다. 〈개정 2019. 10. 22.〉

④ 제1항에 따른 건축물(제1항에 따른 건축물과 제1항에 해당되지 아니하는 건축물이 하나의 건축물로 복합된 경우를 포함한다)에 공개공지등을 설치하는 경우에는 법 제43조제2항에 따라 다음 각 호의 범위에서 대지면적에 대한 공개공지등 면적 비율에 따라 법 제56조 및 제60조를 완화하여 적용한다. 다만, 다음 각 호의 범위에서 건축조례로 정한 기준이 완화 비율보다 큰 경우에는 해당 건축조례로 정하는 바에 따른다. 〈개정 2014. 11. 11.〉

1. 법 제56조에 따른 용적률은 해당 지역에 적용하는 용적률의 1.2배 이하
2. 법 제60조에 따른 높이 제한은 해당 건축물에 적용하는 높이기준의 1.2배 이하

⑤ 제1항에 따른 공개공지등의 설치대상이 아닌 건축물(「주택법」 제15조제1항에 따른 사업계획승인 대상인 공동주택 중 주택 외의 시설과 주택을 동일 건축물로 건축하는 것 외의 공동주택은 제외한다)의 대지에 법 제43조제4항, 이 조 제2항 및 제3항에 적합한 공개 공지를 설치하는 경우에는 제4항을 준용한다. 〈개정 2014. 11. 11., 2016. 8. 11., 2017. 1. 20., 2019. 10. 22.〉

⑥ 공개공지등에는 연간 60일 이내의 기간 동안 건축조례로 정하는 바에 따라 주민들을 위한 문화행사를 열거나 판촉활동을 할 수 있다. 다만, 울타리를 설치하는 등 공중이 해당 공개공지등을 이용하는데 지장을 주는 행위를 해서는 아니 된다. 〈신설 2009. 6. 30.〉

⑦ 법 제43조제4항에 따라 제한되는 행위는 다음 각 호와 같다. 〈신설 2020. 4. 21.〉

1. 공개공지등의 일정 공간을 점유하여 영업을 하는 행위
2. 공개공지등의 이용에 방해가 되는 행위로서 다음 각 목의 행위
   가. 공개공지등에 제3항에 따른 시설 외의 시설물을 설치하는 행위
   나. 공개공지등에 물건을 쌓아 놓는 행위
3. 울타리나 담장 등의 시설을 설치하거나 출입구를 폐쇄하는 등 공개공지등의 출입을 차단하는 행위
4. 공개공지등과 그에 설치된 편의시설을 훼손하는 행위
5. 그 밖에 제1호부터 제4호까지의 행위와 유사한 행위로서 건축조례로 정하는 행위

[전문개정 2008. 10. 29.]

제28조 【대지와 도로의 관계】 ① 법 제44조제1항제2호에서 "대통령령으로 정하는 공지"란 다음 각 호의 어느 하나에 해당하는 공지로서 허가권자가 인정한 것을 말한다. 〈개정 2024. 7. 30.〉

1. 광장
2. 공원

3. 유원지
4. 그 밖에 관계 법령에 따라 건축이 금지되고 공중의 통행에 지장이 없는 공지

② 법 제44조제2항에 따라 연면적의 합계가 2천 제곱미터(공장인 경우에는 3천 제곱미터) 이상인 건축물(축사, 작물 재배사, 그 밖에 이와 비슷한 건축물로서 건축조례로 정하는 규모의 건축물은 제외한다)의 대지는 너비 6미터 이상의 도로에 4미터 이상 접하여야 한다. 〈개정 2009. 6. 30., 2009. 7. 16.〉

[전문개정 2008. 10. 29.]

제29조 삭제 〈1999. 4. 30.〉

제30조 삭제 〈1999. 4. 30.〉

제31조 【건축선】 ①법 제46조제1항에 따라 너비 8미터 미만인 도로의 모퉁이에 위치한 대지의 도로모퉁이 부분의 건축선은 그 대지에 접한 도로경계선의 교차점으로부터 도로경계선에 따라 다음의 표에 따른 거리를 각각 후퇴한 두 점을 연결한 선으로 한다.

도로의 교차각	해당도로의 너비		교차되는 도로의 너비
	6이상 8미만	4이상 6미만	
90° 미만	4	3	6이상 8미만
	3	2	4이상 6미만
90° 이상 120° 미만	3	2	6이상 8미만
	2	2	4이상 6미만

② 특별자치시장 · 특별자치도지사 또는 시장 · 군수 · 구청장은 법 제46조제2항에 따라 「국토의 계획 및 이용에 관한 법률」 제36조제1항제1호에 따른 도시지역에는 4미터 이하의 범위에서 건축선을 따로 지정할 수 있다. 〈개정 2014. 10. 14.〉

③ 특별자치시장 · 특별자치도지사 또는 시장 · 군수 · 구청장은 제2항에 따라 건축선을 지정하려면 미리 그 내용을 해당 지방자치단체의 공보(公報), 일간신문 또는 인터넷 홈페이지 등에 30일 이상 공고하여야 하며, 공고한 내용에 대하여 의견이 있는 자는 공고기간에 특별자치시장 · 특별자치도지사 또는 시장 · 군수 · 구청장에게 의견을 제출(전자문서에 의한 제출을 포함한다)할 수 있다. 〈개정 2014. 10. 14.〉

[전문개정 2008. 10. 29.]

제5장 건축물의 구조 및 재료 등 〈개정 2014. 11. 28.〉

제32조 【구조 안전의 확인】 ① 법 제48조제2항에 따라 법 제11조제1항에 따른 건축물을 건축하거나 대수선하는 경우 해당 건축물의 설계자는 국토교통부령으로 정하는 구조기준 등에 따라 그 구조의 안전을 확인하여야 한다. 〈개정 2009. 7. 16., 2013. 3. 23., 2013. 5. 31., 2014. 11. 28.〉

1. 삭제 〈2014. 11. 28.〉
2. 삭제 〈2014. 11. 28.〉
3. 삭제 〈2014. 11. 28.〉
4. 삭제 〈2014. 11. 28.〉

5. 삭제 〈2014. 11. 28.〉
6. 삭제 〈2014. 11. 28.〉
7. 삭제 〈2014. 11. 28.〉

② 제1항에 따라 구조 안전을 확인한 건축물 중 다음 각 호의 어느 하나에 해당하는 건축물의 건축주는 해당 건축물의 설계자로부터 구조 안전의 확인 서류를 받아 법 제21조에 따른 착공신고를 하는 때에 그 확인 서류를 허가권자에게 제출하여야 한다. 다만, 표준설계도서에 따라 건축하는 건축물은 제외한다. 〈개정 2014. 11. 28., 2015. 9. 22., 2017. 2. 3., 2017. 10. 24., 2018. 12. 4., 2024. 12. 17.〉

1. 층수가 2층[주요구조부인 기둥과 보를 설치하는 건축물로서 그 기둥과 보가 목재인 목구조 건축물(이하 "목구조 건축물"이라 한다)의 경우에는 3층] 이상인 건축물
2. 연면적이 200제곱미터(목구조 건축물의 경우에는 500제곱미터) 이상인 건축물. 다만, 창고, 축사, 작물 재배사는 제외한다.
3. 높이가 13미터 이상인 건축물
4. 처마높이가 9미터 이상인 건축물
5. 기둥과 기둥 사이의 거리가 10미터 이상인 건축물
6. 건축물의 용도 및 규모를 고려한 중요도가 높은 건축물로서 국토교통부령으로 정하는 건축물
7. 국가적 문화유산으로 보존할 가치가 있는 건축물로서 국토교통부령으로 정하는 것
8. 제2조제18호가목, 다목 및 라목의 건축물
9. 별표 1 제1호의 단독주택 및 같은 표 제2호의 공동주택

③ 제1항 및 제2항 각 호 외의 부분 본문에도 불구하고 방화 · 방수 · 단열 등의 성능 개선을 위해 기존 건축물을 국토교통부령으로 정하는 바에 따라 증축 또는 대수선하는 건축주에 대해서는 다음 각 호의 요건을 모두 갖춘 경우 국토교통부령으로 정하는 바에 따라 구조 안전의 확인 방법을 달리 적용할 수 있다. 다만, 제3조의2제5호에 해당하는 경우에는 제1호를 적용하지 않는다. 〈신설 2024. 12. 17.〉

1. 주요구조부의 변경이 없을 것
2. 법 제48조제1항에 따른 구조내력(構造耐力)의 변경이 국토교통부령으로 정하는 경미한 변경에 해당할 것

④ 제6조제1항제6호다목에 따라 기존 건축물을 건축 또는 대수선하려는 건축주는 법 제5조제1항에 따라 적용의 완화를 요청할 때 구조 안전의 확인 서류를 허가권자에게 제출하여야 한다. 〈신설 2017. 2. 3., 2024. 12. 17.〉

[전문개정 2008. 10. 29.]

제32조의2【건축물의 내진능력 공개】 ① 법 제48조의3제1항 각 호 외의 부분 단서에서 "대통령령으로 정하는 건축물"이란 다음 각 호의 어느 하나에 해당하는 건축물을 말한다.

1. 창고, 축사, 작물 재배사 및 표준설계도서에 따라 건축하는 건축물로서 제32조제2항제1호 및 제3호부터 제9호까지의 어느 하나에도 해당하지 아니하는 건축물
2. 제32조제1항에 따른 구조기준 중 국토교통부령으로 정하는 소규모건축구조기준을 적용한 건축물

② 법 제48조의3제1항제3호에서 "대통령령으로 정하는 건축물"이란 제32조제2항제3호부터 제9호까지의 어느 하나에 해당하는 건축물을 말한다.

[본조신설 2018. 6. 26.]

제33조 삭제 〈1999. 4. 30.〉

제34조 【직통계단의 설치】 ① 건축물의 피난층(직접 지상으로 통하는 출입구가 있는 층 및 제3항과 제4항에 따른 피난안전구역을 말한다. 이하 같다) 외의 층에서는 피난층 또는 지상으로 통하는 직통계단(경사로를 포함한다. 이하 같다)을 거실의 각 부분으로부터 계단(거실로부터 가장 가까운 거리에 있는 1개소의 계단을 말한다)에 이르는 보행거리가 30미터 이하가 되도록 설치해야 한다. 다만, 건축물(지하층에 설치하는 것으로서 바닥면적의 합계가 300제곱미터 이상인 공연장 · 집회장 · 관람장 및 전시장은 제외한다)의 주요구조부가 내화구조 또는 불연재료로 된 건축물은 그 보행거리가 50미터(층수가 16층 이상인 공동주택의 경우 16층 이상인 층에 대해서는 40미터) 이하가 되도록 설치할 수 있으며, 자동화 생산시설에 스프링클러 등 자동식 소화설비를 설치한 공장으로서 국토교통부령으로 정하는 공장인 경우에는 그 보행거리가 75미터(무인화 공장인 경우에는 100미터) 이하가 되도록 설치할 수 있다. 〈개정 2009. 7. 16., 2010. 2. 18., 2011. 12. 30., 2013. 3. 23., 2019. 8. 6., 2020. 10. 8.〉

② 법 제49조제1항에 따라 피난층 외의 층이 다음 각 호의 어느 하나에 해당하는 용도 및 규모의 건축물에는 국토교통부령으로 정하는 기준에 따라 피난층 또는 지상으로 통하는 직통계단을 2개소 이상 설치하여야 한다. 〈개정 2009. 7. 16., 2013. 3. 23., 2014. 3. 24., 2015. 9. 22., 2017. 2. 3.〉

1. 제2종 근린생활시설 중 공연장 · 종교집회장, 문화 및 집회시설(전시장 및 동 · 식물원은 제외한다), 종교시설, 위락시설 중 주점영업 또는 장례시설의 용도로 쓰는 층으로서 그 층에서 해당 용도로 쓰는 바닥면적의 합계가 200제곱미터(제2종 근린생활시설 중 공연장 · 종교집회장은 각각 300제곱미터) 이상인 것
2. 단독주택 중 다중주택 · 다가구주택, 제1종 근린생활시설 중 정신과의원(입원실이 있는 경우로 한정한다), 제2종 근린생활시설 중 인터넷컴퓨터게임시설제공업소(해당 용도로 쓰는 바닥면적의 합계가 300제곱미터 이상인 경우만 해당한다) · 학원 · 독서실, 판매시설, 운수시설(여객용 시설만 해당한다), 의료시설(입원실이 없는 치과병원은 제외한다), 교육연구시설 중 학원, 노유자시설 중 아동 관련 시설 · 노인복지시설 · 장애인 거주시설(「장애인복지법」 제58조제1항제1호에 따른 장애인 거주시설 중 국토교통부령으로 정하는 시설을 말한다. 이하 같다) 및 「장애인복지법」 제58조제1항제4호에 따른 장애인 의료재활시설(이하 "장애인 의료재활시설"이라 한다), 수련시설 중 유스호스텔 또는 숙박시설의 용도로 쓰는 3층 이상의 층으로서 그 층의 해당 용도로 쓰는 거실의 바닥면적의 합계가 200제곱미터 이상인 것
3. 공동주택(층당 4세대 이하인 것은 제외한다) 또는 업무시설 중 오피스텔의 용도로 쓰는 층으로서 그 층의 해당 용도로 쓰는 거실의 바닥면적의 합계가 300제곱미터 이상인 것
4. 제1호부터 제3호까지의 용도로 쓰지 아니하는 3층 이상의 층으로서 그 층 거실의 바닥면적의 합계가 400제곱미터 이상인 것
5. 지하층으로서 그 층 거실의 바닥면적의 합계가 200제곱미터 이상인 것

③ 초고층 건축물에는 피난층 또는 지상으로 통하는 직통계단과 직접 연결되는 피난안전구역(건축물의 피난 · 안전을 위하여 건축물 중간층에 설치하는 대피공간을 말한다. 이하 같다)을 지상층으로부터 최대 30개 층마다 1개소 이상 설치하여야 한다. 〈신설 2009. 7. 16., 2011. 12. 30.〉

④ 준초고층 건축물에는 피난층 또는 지상으로 통하는 직통계단과 직접 연결되는 피난안전구역을 해당 건축물 전체 층수의 2분의 1에 해당하는 층으로부터 상하 5개층 이내에 1개소 이상 설치하여야 한다. 다만, 국토교통부령으로 정하는 기준에 따라 피난층 또는 지상으로 통하는 직통계단을 설치하는 경우에는 그러하지 아니하다. 〈신설 2011. 12. 30., 2013. 3. 23.〉

⑤ 제3항 및 제4항에 따른 피난안전구역의 규모와 설치기준은 국토교통부령으로 정한다. 〈신설 2009. 7. 16., 2011. 12. 30., 2013. 3. 23.〉

[전문개정 2008. 10. 29.]

제35조 【피난계단의 설치】 ① 법 제49조제1항에 따라 5층 이상 또는 지하 2층 이하인 층에 설치하는 직통계단은 국토교통부령으로 정하는 기준에 따라 피난계단 또는 특별피난계단으로 설치하여야 한다. 다만, 건축물의 주요구조부가 내화구조 또는 불연재료로 되어 있는 경우로서 다음 각 호의 어느 하나에 해당하는 경우에는 그러하지 아니하다. 〈개정 2008. 10. 29., 2013. 3. 23.〉

1. 5층 이상인 층의 바닥면적의 합계가 200제곱미터 이하인 경우
2. 5층 이상인 층의 바닥면적 200제곱미터 이내마다 방화구획이 되어 있는 경우

② 건축물(갓복도식 공동주택은 제외한다)의 11층(공동주택의 경우에는 16층) 이상인 층(바닥면적이 400제곱미터 미만인 층은 제외한다) 또는 지하 3층 이하인 층(바닥면적이 400제곱미터미만인 층은 제외한다)으로부터 피난층 또는 지상으로 통하는 직통계단은 제1항에도 불구하고 특별피난계단으로 설치하여야 한다. 〈개정 2008. 10. 29.〉

③ 제1항에서 판매시설의 용도로 쓰는 층으로부터의 직통계단은 그 중 1개소 이상을 특별피난계단으로 설치하여야 한다. 〈개정 2008. 10. 29.〉

④ 삭제 〈1995. 12. 30.〉

⑤ 건축물의 5층 이상인 층으로서 문화 및 집회시설 중 전시장 또는 동 · 식물원, 판매시설, 운수시설(여객용 시설만 해당한다), 운동시설, 위락시설, 관광휴게시설(다중이 이용하는 시설만 해당한다) 또는 수련시설 중 생활권 수련시설의 용도로 쓰는 층에는 제34조에 따른 직통계단 외에 그 층의 해당 용도로 쓰는 바닥면적의 합계가 2천 제곱미터를 넘는 경우에는 그 넘는 2천 제곱미터 이내마다 1개소의 피난계단 또는 특별피난계단(4층 이하의 층에는 쓰지 아니하는 피난계단 또는 특별피난계단만 해당한다)을 설치하여야 한다. 〈개정 2008. 10. 29., 2009. 7. 16.〉

⑥ 삭제 〈1999. 4. 30.〉

[제목개정 1999. 4. 30.]

제36조 【옥외 피난계단의 설치】 건축물의 3층 이상인 층(피난층은 제외한다)으로서 다음 각 호의 어느 하나에 해당하는 용도로 쓰는 층에는 제34조에 따른 직통계단 외에 그 층으로부터 지상으로 통하는 옥외피난계단을 따로 설치하여야 한다. 〈개정 2014. 3. 24.〉

1. 제2종 근린생활시설 중 공연장(해당 용도로 쓰는 바닥면적의 합계가 300제곱미터 이상인 경우만 해당한다), 문화 및 집회시설 중 공연장이나 위락시설 중 주점영업의 용도로 쓰는 층으로서 그 층 거실의 바닥면적의 합계가 300제곱미터 이상인 것
2. 문화 및 집회시설 중 집회장의 용도로 쓰는 층으로서 그 층 거실의 바닥면적의 합계가 1천 제곱미터 이상인 것

[전문개정 2008. 10. 29.]

제37조 【지하층과 피난층 사이의 개방공간 설치】 바닥면적의 합계가 3천 제곱미터 이상인 공연장 · 집회장 · 관람장 또는 전시장을 지하층에 설치하는 경우에는 각 실에 있는 자가 지하층 각 층에서 건축물 밖으로 피난하여 옥외 계단 또는 경사로 등을 이용하여 피난층으로 대피할 수 있도록 천장이 개방된 외부 공간을 설치하여야 한다.

[전문개정 2008. 10. 29.]

제38조 【관람실 등으로부터의 출구 설치】 법 제49조제1항에 따라 다음 각 호의 어느 하나에 해당하는 건축물에는 국토교통부령으로 정하는 기준에 따라 관람실 또는 집회실로부터의 출구를 설치해야 한다. 〈개정 2013. 3. 23., 2014. 3. 24., 2017. 2. 3., 2019. 8. 6.〉

1. 제2종 근린생활시설 중 공연장 · 종교집회장(해당 용도로 쓰는 바닥면적의 합계가 각각 300제곱미터 이상인 경우만 해당한다)
2. 문화 및 집회시설(전시장 및 동 · 식물원은 제외한다)
3. 종교시설
4. 위락시설
5. 장례시설

[전문개정 2008. 10. 29.]

[제목개정 2019. 8. 6.]

제39조 【건축물 바깥쪽으로의 출구 설치】 ① 법 제49조제1항에 따라 다음 각 호의 어느 하나에 해당하는 건축물에는 국토교통부령으로 정하는 기준에 따라 그 건축물로부터 바깥쪽으로 나가는 출구를 설치하여야 한다. 〈개정 2013. 3. 23., 2014. 3. 24., 2017. 2. 3.〉

1. 제2종 근린생활시설 중 공연장 · 종교집회장 · 인터넷컴퓨터게임시설제공업소(해당 용도로 쓰는 바닥면적의 합계가 각각 300제곱미터 이상인 경우만 해당한다)
2. 문화 및 집회시설(전시장 및 동 · 식물원은 제외한다)
3. 종교시설
4. 판매시설
5. 업무시설 중 국가 또는 지방자치단체의 청사
6. 위락시설
7. 연면적이 5천 제곱미터 이상인 창고시설
8. 교육연구시설 중 학교
9. 장례시설
10. 승강기를 설치하여야 하는 건축물

② 법 제49조제1항에 따라 건축물의 출입구에 설치하는 회전문은 국토교통부령으로 정하는 기준에 적합하여야 한다. 〈개정 2013. 3. 23.〉

[전문개정 2008. 10. 29.]

제40조 【옥상광장 등의 설치】 ① 옥상광장 또는 2층 이상인 층에 있는 노대등[노대(露臺)나 그 밖에 이와 비슷한 것을 말한다. 이하 같다]의 주위에는 높이 1.2미터 이상의 난간을 설치하여야 한다. 다만, 그 노대등에 출입할 수 없는 구조인 경우에는 그러하지 아니하다. 〈개정 2018. 9. 4.〉

② 5층 이상인 층이 제2종 근린생활시설 중 공연장 · 종교집회장 · 인터넷컴퓨터게임시설제공업소(해

당 용도로 쓰는 바닥면적의 합계가 각각 300제곱미터 이상인 경우만 해당한다), 문화 및 집회시설(전시장 및 동·식물원은 제외한다), 종교시설, 판매시설, 위락시설 중 주점영업 또는 장례시설의 용도로 쓰는 경우에는 피난 용도로 쓸 수 있는 광장을 옥상에 설치하여야 한다. 〈개정 2014. 3. 24., 2017. 2. 3.〉

③ 다음 각 호의 어느 하나에 해당하는 건축물은 옥상으로 통하는 출입문에 「소방시설 설치 및 관리에 관한 법률」 제40조제1항에 따른 성능인증 및 같은 조 제2항에 따른 제품검사를 받은 비상문자동개폐장치(화재 등 비상시에 소방시스템과 연동되어 잠김 상태가 자동으로 풀리는 장치를 말한다)를 설치해야 한다. 〈신설 2021. 1. 8., 2022. 11. 29.〉

1. 제2항에 따라 피난 용도로 쓸 수 있는 광장을 옥상에 설치해야 하는 건축물
2. 피난 용도로 쓸 수 있는 광장을 옥상에 설치하는 다음 각 목의 건축물
   가. 다중이용 건축물
   나. 연면적 1천제곱미터 이상인 공동주택

④ 층수가 11층 이상인 건축물로서 11층 이상인 층의 바닥면적의 합계가 1만 제곱미터 이상인 건축물의 옥상에는 다음 각 호의 구분에 따른 공간을 확보하여야 한다. 〈개정 2009. 7. 16., 2011. 12. 30., 2021. 1. 8.〉

1. 건축물의 지붕을 평지붕으로 하는 경우: 헬리포트를 설치하거나 헬리콥터를 통하여 인명 등을 구조할 수 있는 공간
2. 건축물의 지붕을 경사지붕으로 하는 경우: 경사지붕 아래에 설치하는 대피공간

⑤ 제4항에 따른 헬리포트를 설치하거나 헬리콥터를 통하여 인명 등을 구조할 수 있는 공간 및 경사지붕 아래에 설치하는 대피공간의 설치기준은 국토교통부령으로 정한다. 〈신설 2011. 12. 30., 2013. 3. 23., 2021. 1. 8.〉

[전문개정 2008. 10. 29.]

제41조【대지 안의 피난 및 소화에 필요한 통로 설치】 ①건축물의 대지 안에는 그 건축물 바깥쪽으로 통하는 주된 출구와 지상으로 통하는 피난계단 및 특별피난계단으로부터 도로 또는 공지(공원, 광장, 그 밖에 이와 비슷한 것으로서 피난 및 소화를 위하여 해당 대지의 출입에 지장이 없는 것을 말한다. 이하 이 조에서 같다)로 통하는 통로를 다음 각 호의 기준에 따라 설치하여야 한다. 〈개정 2010. 12. 13., 2015. 9. 22., 2016. 5. 17., 2017. 2. 3.〉

1. 통로의 너비는 다음 각 목의 구분에 따른 기준에 따라 확보할 것
   가. 단독주택: 유효 너비 0.9미터 이상
   나. 바닥면적의 합계가 500제곱미터 이상인 문화 및 집회시설, 종교시설, 의료시설, 위락시설 또는 장례시설: 유효 너비 3미터 이상
   다. 그 밖의 용도로 쓰는 건축물: 유효 너비 1.5미터 이상
2. 필로티 내 통로의 길이가 2미터 이상인 경우에는 피난 및 소화활동에 장애가 발생하지 아니하도록 자동차 진입억제용 말뚝 등 통로 보호시설을 설치하거나 통로에 단차(段差)를 둘 것

② 제1항에도 불구하고 다중이용 건축물, 준다중이용 건축물 또는 층수가 11층 이상인 건축물이 건축되는 대지에는 그 안의 모든 다중이용 건축물, 준다중이용 건축물 또는 층수가 11층 이상인 건축물에 「소방기본법」 제21조에 따른 소방자동차(이하 "소방자동차"라 한다)의 접근이 가능한 통로를 설치하여야 한다. 다만, 모든 다중이용 건축물, 준다중이용 건축물 또는 층수가 11층 이상인 건축물이

소방자동차의 접근이 가능한 도로 또는 공지에 직접 접하여 건축되는 경우로서 소방자동차가 도로 또는 공지에서 직접 소방활동이 가능한 경우에는 그러하지 아니하다. 〈신설 2010. 12. 13., 2011. 12. 30., 2015. 9. 22.〉
[전문개정 2008. 10. 29.]

제42조 삭제 〈1999. 4. 30.〉

제43조 삭제 〈1999. 4. 30.〉

제44조 【피난 규정의 적용례】 건축물이 창문, 출입구, 그 밖의 개구부(開口部)(이하 "창문등"이라 한다)가 없는 내화구조의 바닥 또는 벽으로 구획되어 있는 경우에는 그 구획된 각 부분을 각각 별개의 건축물로 보아 제34조부터 제41조까지 및 제48조를 적용한다. 〈개정 2018. 9. 4.〉
[전문개정 2008. 10. 29.]

제45조 삭제 〈1999. 4. 30.〉

제46조 【방화구획 등의 설치】 ① 법 제49조제2항 본문에 따라 주요구조부가 내화구조 또는 불연재료로 된 건축물로서 연면적이 1천 제곱미터를 넘는 것은 국토교통부령으로 정하는 기준에 따라 다음 각 호의 구조물로 구획(이하 "방화구획"이라 한다)을 해야 한다. 다만, 「원자력안전법」 제2조제8호 및 제10호에 따른 원자로 및 관계시설은 같은 법에서 정하는 바에 따른다. 〈개정 2020. 10. 8., 2022. 4. 29.〉

1. 내화구조로 된 바닥 및 벽
2. 제64조제1항제1호 · 제2호에 따른 방화문 또는 자동방화셔터(국토교통부령으로 정하는 기준에 적합한 것을 말한다. 이하 같다)

② 다음 각 호에 해당하는 건축물의 부분에는 제1항을 적용하지 않거나 그 사용에 지장이 없는 범위에서 제1항을 완화하여 적용할 수 있다. 〈개정 2010. 2. 18., 2017. 2. 3., 2019. 8. 6., 2020. 10. 8., 2022. 4. 29., 2023. 5. 15.〉

1. 문화 및 집회시설(동 · 식물원은 제외한다), 종교시설, 운동시설 또는 장례시설의 용도로 쓰는 거실로서 시선 및 활동공간의 확보를 위하여 불가피한 부분
2. 물품의 제조 · 가공 및 운반 등(보관은 제외한다)에 필요한 고정식 대형 기기(器機) 또는 설비의 설치를 위하여 불가피한 부분. 다만, 지하층인 경우에는 지하층의 외벽 한쪽 면(지하층의 바닥면에서 지상층 바닥 아래면까지의 외벽 면적 중 4분의 1 이상이 되는 면을 말한다) 전체가 건물 밖으로 개방되어 보행과 자동차의 진입 · 출입이 가능한 경우로 한정한다.
3. 계단실 · 복도 또는 승강기의 승강장 및 승강로로서 그 건축물의 다른 부분과 방화구획으로 구획된 부분. 다만, 해당 부분에 위치하는 설비배관 등이 바닥을 관통하는 부분은 제외한다.
4. 건축물의 최상층 또는 피난층으로서 대규모 회의장 · 강당 · 스카이라운지 · 로비 또는 피난안전구역 등의 용도로 쓰는 부분으로서 그 용도로 사용하기 위하여 불가피한 부분
5. 복층형 공동주택의 세대별 층간 바닥 부분
6. 주요구조부가 내화구조 또는 불연재료로 된 주차장
7. 단독주택, 동물 및 식물 관련 시설 또는 국방 · 군사시설(집회, 체육, 창고 등의 용도로 사용되는 시설만 해당한다)로 쓰는 건축물

8. 건축물의 1층과 2층의 일부를 동일한 용도로 사용하며 그 건축물의 다른 부분과 방화구획으로 구획된 부분(바닥면적의 합계가 500제곱미터 이하인 경우로 한정한다)

③ 건축물 일부의 주요구조부를 내화구조로 하거나 제2항에 따라 건축물의 일부에 제1항을 완화하여 적용한 경우에는 내화구조로 한 부분 또는 제1항을 완화하여 적용한 부분과 그 밖의 부분을 방화구획으로 구획하여야 한다. 〈개정 2018. 9. 4.〉

④ 공동주택 중 아파트로서 4층 이상인 층의 각 세대가 2개 이상의 직통계단을 사용할 수 없는 경우에는 발코니(발코니의 외부에 접하는 경우를 포함한다)에 인접 세대와 공동으로 또는 각 세대별로 다음 각 호의 요건을 모두 갖춘 대피공간을 하나 이상 설치해야 한다. 이 경우 인접 세대와 공동으로 설치하는 대피공간은 인접 세대를 통하여 2개 이상의 직통계단을 쓸 수 있는 위치에 우선 설치되어야 한다. 〈개정 2013. 3. 23., 2020. 10. 8., 2023. 9. 12., 2024. 6. 18.〉

1. 대피공간은 바깥의 공기와 접할 것
2. 대피공간은 실내의 다른 부분과 방화구획으로 구획될 것
3. 대피공간의 바닥면적은 인접 세대와 공동으로 설치하는 경우에는 3제곱미터 이상, 각 세대별로 설치하는 경우에는 2제곱미터 이상일 것
4. 대피공간으로 통하는 출입문은 제64조제1항제1호에 따른 60분+ 방화문으로 설치할 것
5. 국토교통부장관이 정하는 기준에 적합할 것

⑤ 제4항에도 불구하고 아파트의 4층 이상인 층에서 발코니(제4호의 경우에는 발코니의 외부에 접하는 경우를 포함한다)에 다음 각 호의 어느 하나에 해당하는 구조 또는 시설을 갖춘 경우에는 대피공간을 설치하지 않을 수 있다. 〈개정 2010. 2. 18., 2013. 3. 23., 2014. 8. 27., 2018. 9. 4., 2021. 8. 10., 2023. 9. 12.〉

1. 발코니와 인접 세대와의 경계벽이 파괴하기 쉬운 경량구조 등인 경우
2. 발코니의 경계벽에 피난구를 설치한 경우
3. 발코니의 바닥에 국토교통부령으로 정하는 하향식 피난구를 설치한 경우
4. 국토교통부장관이 제4항에 따른 대피공간과 동일하거나 그 이상의 성능이 있다고 인정하여 고시하는 구조 또는 시설(이하 이 호에서 "대체시설"이라 한다)을 갖춘 경우. 이 경우 국토교통부장관은 대체시설의 성능에 대해 미리 「과학기술분야 정부출연연구기관 등의 설립 · 운영 및 육성에 관한 법률」 제8조제1항에 따라 설립된 한국건설기술연구원(이하 "한국건설기술연구원"이라 한다)의 기술검토를 받은 후 고시해야 한다.

⑥ 요양병원, 정신병원, 「노인복지법」 제34조제1항제1호에 따른 노인요양시설(이하 "노인요양시설"이라 한다), 장애인 거주시설 및 장애인 의료재활시설의 피난층 외의 층에는 다음 각 호의 어느 하나에 해당하는 시설을 설치하여야 한다. 〈신설 2015. 9. 22., 2018. 9. 4.〉

1. 각 층마다 별도로 방화구획된 대피공간
2. 거실에 접하여 설치된 노대등
3. 계단을 이용하지 아니하고 건물 외부의 지상으로 통하는 경사로 또는 인접 건축물로 피난할 수 있도록 설치하는 연결복도 또는 연결통로

⑦ 법 제49조제2항 단서에서 "대규모 창고시설 등 대통령령으로 정하는 용도 및 규모의 건축물"이란 제2항제2호에 해당하여 제1항을 적용하지 않거나 완화하여 적용하는 부분이 포함된 창고시설을 말한다. 〈신설 2022. 4. 29.〉

[전문개정 2008. 10. 29.]
[제목개정 2015. 9. 22.]

제47조 【방화에 장애가 되는 용도의 제한】 ① 법 제49조제2항 본문에 따라 의료시설, 노유자시설(아동 관련 시설 및 노인복지시설만 해당한다), 공동주택, 장례시설 또는 제1종 근린생활시설(산후조리원만 해당한다)과 위락시설, 위험물저장 및 처리시설, 공장 또는 자동차 관련 시설(정비공장만 해당한다)은 같은 건축물에 함께 설치할 수 없다. 다만, 다음 각 호에 해당하는 경우로서 국토교통부령으로 정하는 경우에는 같은 건축물에 함께 설치할 수 있다. 〈개정 2009. 7. 16., 2013. 3. 23., 2016. 1. 19., 2016. 7. 19., 2017. 2. 3., 2018. 2. 9., 2022. 4. 29.〉

1. 공동주택(기숙사만 해당한다)과 공장이 같은 건축물에 있는 경우
2. 중심상업지역 · 일반상업지역 또는 근린상업지역에서 「도시 및 주거환경정비법」에 따른 재개발사업을 시행하는 경우
3. 공동주택과 위락시설이 같은 초고층 건축물에 있는 경우. 다만, 사생활을 보호하고 방범 · 방화 등 주거 안전을 보장하며 소음 · 악취 등으로부터 주거환경을 보호할 수 있도록 주택의 출입구 · 계단 및 승강기 등을 주택 외의 시설과 분리된 구조로 하여야 한다.
4. 「산업집적활성화 및 공장설립에 관한 법률」 제2조제13호에 따른 지식산업센터와 「영유아보육법」 제10조제4호에 따른 직장어린이집이 같은 건축물에 있는 경우

② 법 제49조제2항 본문에 따라 다음 각 호에 해당하는 용도의 시설은 같은 건축물에 함께 설치할 수 없다. 〈개정 2009. 7. 16., 2010. 8. 17., 2012. 12. 12., 2014. 3. 24., 2022. 4. 29.〉

1. 노유자시설 중 아동 관련 시설 또는 노인복지시설과 판매시설 중 도매시장 또는 소매시장
2. 단독주택(다중주택, 다가구주택에 한정한다), 공동주택, 제1종 근린생활시설 중 조산원 또는 산후조리원과 제2종 근린생활시설 중 다중생활시설

[전문개정 2008. 10. 29.]

제48조 【계단 · 복도 및 출입구의 설치】 ① 법 제49조제2항 본문에 따라 연면적 200제곱미터를 초과하는 건축물에 설치하는 계단 및 복도는 국토교통부령으로 정하는 기준에 적합해야 한다. 〈개정 2013. 3. 23., 2022. 4. 29.〉

② 법 제49조제2항 본문에 따라 제39조제1항 각 호에 해당하는 건축물의 출입구는 국토교통부령으로 정하는 기준에 적합해야 한다. 〈개정 2013. 3. 23., 2022. 4. 29.〉

[전문개정 2008. 10. 29.]

제49조 삭제 〈1995. 12. 30.〉

제50조 【거실반자의 설치】 법 제49조제2항 본문에 따라 공장, 창고시설, 위험물저장 및 처리시설, 동물 및 식물 관련 시설, 자원순환 관련 시설 또는 묘지 관련시설 외의 용도로 쓰는 건축물 거실의 반자(반자가 없는 경우에는 보 또는 바로 위층의 바닥판의 밑면, 그 밖에 이와 비슷한 것을 말한다)는 국토교통부령으로 정하는 기준에 적합해야 한다. 〈개정 2013. 3. 23., 2014. 3. 24., 2022. 4. 29.〉

[전문개정 2008. 10. 29.]

제51조 【거실의 채광 등】 ① 법 제49조제2항 본문에 따라 단독주택 및 공동주택의 거실, 교육연구시설 중 학교의 교실, 의료시설의 병실 및 숙박시설의 객실에는 국토교통부령으로 정하는 기준에 따라

채광 및 환기를 위한 창문등이나 설비를 설치해야 한다. 〈개정 2013. 3. 23., 2022. 4. 29.〉

② 법 제49조제2항 본문에 따라 다음 각 호에 해당하는 건축물의 거실(피난층의 거실은 제외한다)에는 배연설비를 해야 한다. 〈개정 2015. 9. 22., 2017. 2. 3., 2019. 10. 22., 2020. 10. 8., 2022. 4. 29.〉

1. 6층 이상인 건축물로서 다음 각 목에 해당하는 용도로 쓰는 건축물
   가. 제2종 근린생활시설 중 공연장, 종교집회장, 인터넷컴퓨터게임시설제공업소 및 다중생활시설(공연장, 종교집회장 및 인터넷컴퓨터게임시설제공업소는 해당 용도로 쓰는 바닥면적의 합계가 각각 300제곱미터 이상인 경우만 해당한다)
   나. 문화 및 집회시설
   다. 종교시설
   라. 판매시설
   마. 운수시설
   바. 의료시설(요양병원 및 정신병원은 제외한다)
   사. 교육연구시설 중 연구소
   아. 노유자시설 중 아동 관련 시설, 노인복지시설(노인요양시설은 제외한다)
   자. 수련시설 중 유스호스텔
   차. 운동시설
   카. 업무시설
   타. 숙박시설
   파. 위락시설
   하. 관광휴게시설
   거. 장례시설
2. 다음 각 목에 해당하는 용도로 쓰는 건축물
   가. 의료시설 중 요양병원 및 정신병원
   나. 노유자시설 중 노인요양시설·장애인 거주시설 및 장애인 의료재활시설
   다. 제1종 근린생활시설 중 산후조리원

③ 법 제49조제2항 본문에 따라 오피스텔에 거실 바닥으로부터 높이 1.2미터 이하 부분에 여닫을 수 있는 창문을 설치하는 경우에는 국토교통부령으로 정하는 기준에 따라 추락방지를 위한 안전시설을 설치해야 한다. 〈신설 2009. 7. 16., 2013. 3. 23., 2022. 4. 29.〉

④ 법 제49조제3항에 따라 건축물의 11층 이하의 층에는 소방관이 진입할 수 있는 창을 설치하고, 외부에서 주야간에 식별할 수 있는 표시를 해야 한다. 다만, 다음 각 호의 어느 하나에 해당하는 아파트는 제외한다. 〈개정 2019. 10. 22.〉

1. 제46조제4항 및 제5항에 따라 대피공간 등을 설치한 아파트
2. 「주택건설기준 등에 관한 규정」 제15조제2항에 따라 비상용승강기를 설치한 아파트

[전문개정 2008. 10. 29.]

제52조【거실 등의 방습】 법 제49조제2항 본문에 따라 다음 각 호에 해당하는 거실·욕실 또는 조리장의 바닥 부분에는 국토교통부령으로 정하는 기준에 따라 방습을 위한 조치를 해야 한다. 〈개정 2013. 3. 23., 2022. 4. 29.〉

1. 건축물의 최하층에 있는 거실(바닥이 목조인 경우만 해당한다)
2. 제1종 근린생활시설 중 목욕장의 욕실과 휴게음식점 및 제과점의 조리장
3. 제2종 근린생활시설 중 일반음식점, 휴게음식점 및 제과점의 조리장과 숙박시설의 욕실

[전문개정 2008. 10. 29.]

제53조【경계벽 등의 설치】 ① 법 제49조제4항에 따라 다음 각 호의 어느 하나에 해당하는 건축물의 경계벽은 국토교통부령으로 정하는 기준에 따라 설치해야 한다. 〈개정 2010. 8. 17., 2013. 3. 23., 2014. 3. 24., 2014. 11. 28., 2015. 9. 22., 2019. 10. 22., 2020. 10. 8.〉

1. 단독주택 중 다가구주택의 각 가구 간 또는 공동주택(기숙사는 제외한다)의 각 세대 간 경계벽(제2조제14호 후단에 따라 거실 · 침실 등의 용도로 쓰지 아니하는 발코니 부분은 제외한다)
2. 공동주택 중 기숙사의 침실, 의료시설의 병실, 교육연구시설 중 학교의 교실 또는 숙박시설의 객실 간 경계벽
3. 제1종 근린생활시설 중 산후조리원의 다음 각 호의 어느 하나에 해당하는 경계벽
   가. 임산부실 간 경계벽
   나. 신생아실 간 경계벽
   다. 임산부실과 신생아실 간 경계벽
4. 제2종 근린생활시설 중 다중생활시설의 호실 간 경계벽
5. 노유자시설 중 「노인복지법」 제32조제1항제3호에 따른 노인복지주택(이하 "노인복지주택"이라 한다)의 각 세대 간 경계벽
6. 노유자시설 중 노인요양시설의 호실 간 경계벽

② 법 제49조제4항에 따라 다음 각 호의 어느 하나에 해당하는 건축물의 층간바닥(화장실의 바닥은 제외한다)은 국토교통부령으로 정하는 기준에 따라 설치해야 한다. 〈신설 2014. 11. 28., 2016. 8. 11., 2019. 10. 22.〉

1. 단독주택 중 다가구주택
2. 공동주택(「주택법」 제15조에 따른 주택건설사업계획승인 대상은 제외한다)
3. 업무시설 중 오피스텔
4. 제2종 근린생활시설 중 다중생활시설
5. 숙박시설 중 다중생활시설

[전문개정 2008. 10. 29.]
[제목개정 2014. 11. 28.]

제54조【건축물에 설치하는 굴뚝】 건축물에 설치하는 굴뚝은 국토교통부령으로 정하는 기준에 따라 설치하여야 한다. 〈개정 2013. 3. 23.〉

[전문개정 2008. 10. 29.]

제55조【창문 등의 차면시설】 인접 대지경계선으로부터 직선거리 2미터 이내에 이웃 주택의 내부가 보이는 창문 등을 설치하는 경우에는 차면시설(遮面施設)을 설치하여야 한다.

[전문개정 2008. 10. 29.]

제56조【건축물의 내화구조】 ① 법 제50조제1항 본문에 따라 다음 각 호의 어느 하나에 해당하는 건축물(제5호에 해당하는 건축물로서 2층 이하인 건축물은 지하층 부분만 해당한다)의 주요구조부와

지붕은 내화구조로 해야 한다. 다만, 연면적이 50제곱미터 이하인 단층의 부속건축물로서 외벽 및 처마 밑면을 방화구조로 한 것과 무대의 바닥은 그렇지 않다. 〈개정 2009. 6. 30., 2010. 2. 18., 2010. 8. 17., 2013. 3. 23., 2014. 3. 24., 2017. 2. 3., 2019. 8. 6., 2019. 10. 22., 2021. 1. 5.〉

1. 제2종 근린생활시설 중 공연장 · 종교집회장(해당 용도로 쓰는 바닥면적의 합계가 각각 300제곱미터 이상인 경우만 해당한다), 문화 및 집회시설(전시장 및 동 · 식물원은 제외한다), 종교시설, 위락시설 중 주점영업 및 장례시설의 용도로 쓰는 건축물로서 관람실 또는 집회실의 바닥면적의 합계가 200제곱미터(옥외관람석의 경우에는 1천 제곱미터) 이상인 건축물
2. 문화 및 집회시설 중 전시장 또는 동 · 식물원, 판매시설, 운수시설, 교육연구시설에 설치하는 체육관 · 강당, 수련시설, 운동시설 중 체육관 · 운동장, 위락시설(주점영업의 용도로 쓰는 것은 제외한다), 창고시설, 위험물저장 및 처리시설, 자동차 관련 시설, 방송통신시설 중 방송국 · 전신전화국 · 촬영소, 묘지 관련 시설 중 화장시설 · 동물화장시설 또는 관광휴게시설의 용도로 쓰는 건축물로서 그 용도로 쓰는 바닥면적의 합계가 500제곱미터 이상인 건축물
3. 공장의 용도로 쓰는 건축물로서 그 용도로 쓰는 바닥면적의 합계가 2천 제곱미터 이상인 건축물. 다만, 화재의 위험이 적은 공장으로서 국토교통부령으로 정하는 공장은 제외한다.
4. 건축물의 2층이 단독주택 중 다중주택 및 다가구주택, 공동주택, 제1종 근린생활시설(의료의 용도로 쓰는 시설만 해당한다), 제2종 근린생활시설 중 다중생활시설, 의료시설, 노유자시설 중 아동 관련 시설 및 노인복지시설, 수련시설 중 유스호스텔, 업무시설 중 오피스텔, 숙박시설 또는 장례시설의 용도로 쓰는 건축물로서 그 용도로 쓰는 바닥면적의 합계가 400제곱미터 이상인 건축물
5. 3층 이상인 건축물 및 지하층이 있는 건축물. 다만, 단독주택(다중주택 및 다가구주택은 제외한다), 동물 및 식물 관련 시설, 발전시설(발전소의 부속용도로 쓰는 시설은 제외한다), 교도소 · 소년원 또는 묘지 관련 시설(화장시설 및 동물화장시설은 제외한다)의 용도로 쓰는 건축물과 철강 관련 업종의 공장 중 제어실로 사용하기 위하여 연면적 50제곱미터 이하로 증축하는 부분은 제외한다.

② 법 제50조제1항 단서에 따라 막구조의 건축물은 주요구조부에만 내화구조로 할 수 있다. 〈개정 2019. 10. 22.〉

[전문개정 2008. 10. 29.]

제57조 【대규모 건축물의 방화벽 등】 ① 법 제50조제2항에 따라 연면적 1천 제곱미터 이상인 건축물은 방화벽으로 구획하되, 각 구획된 바닥면적의 합계는 1천 제곱미터 미만이어야 한다. 다만, 주요구조부가 내화구조이거나 불연재료인 건축물과 제56조제1항제5호 단서에 따른 건축물 또는 내부설비의 구조상 방화벽으로 구획할 수 없는 창고시설의 경우에는 그러하지 아니하다.

② 제1항에 따른 방화벽의 구조에 관하여 필요한 사항은 국토교통부령으로 정한다. 〈개정 2013. 3. 23.〉

③ 연면적 1천 제곱미터 이상인 목조 건축물의 구조는 국토교통부령으로 정하는 바에 따라 방화구조로 하거나 불연재료로 하여야 한다. 〈개정 2013. 3. 23.〉

[전문개정 2008. 10. 29.]

제58조 【방화지구의 건축물】 법 제51조제1항에 따라 그 주요구조부 및 외벽을 내화구조로 하지 아니할

수 있는 건축물은 다음 각 호와 같다.
1. 연면적 30제곱미터 미만인 단층 부속건축물로서 외벽 및 처마면이 내화구조 또는 불연재료로 된 것
2. 도매시장의 용도로 쓰는 건축물로서 그 주요구조부가 불연재료로 된 것

[전문개정 2008. 10. 29.]

제59조 삭제 〈1999. 4. 30.〉

제60조 삭제 〈1999. 4. 30.〉

제61조【건축물의 마감재료 등】 ①법 제52조제1항에서 "대통령령으로 정하는 용도 및 규모의 건축물"이란 다음 각 호의 어느 하나에 해당하는 건축물을 말한다. 다만, 다음 각 호(제8호는 제외한다)의 어느 하나에 해당하는 건축물의 주요구조부가 내화구조 또는 불연재료로 되어 있고 그 거실의 바닥면적(스프링클러나 그 밖에 이와 비슷한 자동식 소화설비를 설치한 바닥면적을 뺀 면적으로 한다. 이하 이 조에서 같다) 200제곱미터 이내마다 방화구획이 되어 있는 건축물은 제외한다. 〈개정 2009. 7. 16., 2010. 2. 18., 2010. 12. 13., 2013. 3. 23., 2014. 3. 24., 2014. 8. 27., 2014. 10. 14., 2015. 9. 22., 2017. 2. 3., 2019. 8. 6., 2020. 10. 8., 2021. 8. 10., 2024. 6. 18.〉
1. 단독주택 중 다중주택 · 다가구주택

1의2. 공동주택

1의3. 제1종 근린생활시설 중 의원, 치과의원, 한의원, 조산원

2. 제2종 근린생활시설 중 공연장 · 종교집회장 · 인터넷컴퓨터게임시설제공업소 · 학원 · 독서실 · 당구장 · 다중생활시설의 용도로 쓰는 건축물
3. 발전시설, 방송통신시설(방송국 · 촬영소의 용도로 쓰는 건축물로 한정한다)
4. 공장, 창고시설, 위험물 저장 및 처리 시설(자가난방과 자가발전 등의 용도로 쓰는 시설을 포함한다), 자동차 관련 시설의 용도로 쓰는 건축물
5. 5층 이상인 층 거실의 바닥면적의 합계가 500제곱미터 이상인 건축물
6. 문화 및 집회시설, 종교시설, 판매시설, 운수시설, 의료시설, 교육연구시설 중 학교 · 학원, 노유자시설, 수련시설, 업무시설 중 오피스텔, 숙박시설, 위락시설, 장례시설
7. 삭제 〈2021. 8. 10.〉
8. 「다중이용업소의 안전관리에 관한 특별법 시행령」 제2조에 따른 다중이용업의 용도로 쓰는 건축물

② 법 제52조제2항에서 "대통령령으로 정하는 건축물"이란 다음 각 호의 건축물을 말한다. 〈신설 2010. 12. 13., 2011. 12. 30., 2013. 3. 23., 2015. 9. 22., 2019. 8. 6., 2021. 8. 10.〉
1. 상업지역(근린상업지역은 제외한다)의 건축물로서 다음 각 목의 어느 하나에 해당하는 것
   가. 제1종 근린생활시설, 제2종 근린생활시설, 문화 및 집회시설, 종교시설, 판매시설, 운동시설 및 위락시설의 용도로 쓰는 건축물로서 그 용도로 쓰는 바닥면적의 합계가 2천제곱미터 이상인 건축물
   나. 공장(국토교통부령으로 정하는 화재 위험이 적은 공장은 제외한다)의 용도로 쓰는 건축물로부터 6미터 이내에 위치한 건축물
2. 의료시설, 교육연구시설, 노유자시설 및 수련시설의 용도로 쓰는 건축물
3. 3층 이상 또는 높이 9미터 이상인 건축물

4. 1층의 전부 또는 일부를 필로티 구조로 설치하여 주차장으로 쓰는 건축물
5. 제1항제4호에 해당하는 건축물

③ 법 제52조제4항에서 "대통령령으로 정하는 용도 및 규모에 해당하는 건축물"이란 제2항 각 호의 건축물을 말한다. 〈신설 2021. 5. 4.〉

[전문개정 2008. 10. 29.]

[제목개정 2021. 5. 4.]

제61조의2【실내건축】 법 제52조의2제1항에서 "대통령령으로 정하는 용도 및 규모에 해당하는 건축물"이란 다음 각 호의 어느 하나에 해당하는 건축물을 말한다. 〈개정 2020. 4. 21.〉

1. 다중이용 건축물
2. 「건축물의 분양에 관한 법률」 제3조에 따른 건축물
3. 별표 1 제3호나목 및 같은 표 제4호아목에 따른 건축물(칸막이로 거실의 일부를 가로로 구획하거나 가로 및 세로로 구획하는 경우만 해당한다)

[본조신설 2014. 11. 28.]

제61조의3【건축자재 제조 및 유통에 관한 위법 사실의 점검 및 조치】 ① 국토교통부장관, 시·도지사 및 시장·군수·구청장은 법 제52조의3제2항에 따른 점검을 통하여 위법 사실을 확인한 경우에는 같은 조 제3항에 따라 해당 건축관계자 및 제조업자·유통업자에게 위법 사실을 통보해야 하며, 해당 건축관계자 및 제조업자·유통업자에 대하여 다음 각 호의 구분에 따른 조치를 할 수 있다. 〈개정 2017. 1. 20., 2019. 10. 22.〉

1. 건축관계자에 대한 조치
   가. 해당 건축자재를 사용하여 시공한 부분이 있는 경우: 시공부분의 시정, 해당 공정에 대한 공사 중단 및 해당 건축자재의 사용 중단 명령
   나. 해당 건축자재가 공사현장에 반입 및 보관되어 있는 경우: 해당 건축자재의 사용 중단 명령
2. 제조업자 및 유통업자에 대한 조치: 관계 행정기관의 장에게 관계 법률에 따른 해당 제조업자 및 유통업자에 대한 영업정지 등의 요청

② 건축관계자 및 제조업자·유통업자는 제1항에 따라 위법 사실을 통보받거나 같은 항 제1호의 명령을 받은 경우에는 그 날부터 7일 이내에 조치계획을 수립하여 국토교통부장관, 시·도지사 및 시장·군수·구청장에게 제출하여야 한다.

③ 국토교통부장관, 시·도지사 및 시장·군수·구청장은 제2항에 따른 조치계획(제1항제1호가목의 명령에 따른 조치계획만 해당한다)에 따른 개선조치가 이루어졌다고 인정되면 공사 중단 명령을 해제하여야 한다.

[본조신설 2016. 7. 19.]

[제18조의3에서 이동, 종전 제61조의3은 제63조의2로 이동 〈2019. 10. 22.〉]

제61조의4【위법 사실의 점검업무 대행 전문기관】 ① 법 제52조의3제4항에서 "대통령령으로 정하는 전문기관"이란 다음 각 호의 기관을 말한다. 〈개정 2018. 1. 16., 2019. 10. 22., 2020. 12. 1., 2021. 8. 10., 2021. 12. 21.〉

1. 한국건설기술연구원
2. 「국토안전관리원법」에 따른 국토안전관리원(이하 "국토안전관리원"이라 한다)

3. 「한국토지주택공사법」에 따른 한국토지주택공사
4. 제63조제2호에 따른 자 및 같은 조 제3호에 따른 시험 · 검사기관
5. 그 밖에 점검업무를 수행할 수 있다고 인정하여 국토교통부장관이 지정하여 고시하는 기관

② 법 제52조의3제4항에 따라 위법 사실의 점검업무를 대행하는 기관의 직원은 그 권한을 나타내는 증표를 지니고 관계인에게 내보여야 한다. 〈개정 2019. 10. 22.〉

[본조신설 2016. 7. 19.]

[제18조의4에서 이동, 종전 제61조의4는 제62조로 이동 〈2019. 10. 22.〉]

제62조 【건축자재의 품질관리 등】 ① 법 제52조의4제1항에서 "복합자재[불연재료인 양면 철판, 석재, 콘크리트 또는 이와 유사한 재료와 불연재료가 아닌 심재(心材)로 구성된 것을 말한다]를 포함한 제52조에 따른 마감재료, 방화문 등 대통령령으로 정하는 건축자재"란 다음 각 호의 어느 하나에 해당하는 것을 말한다. 〈개정 2019. 10. 22., 2020. 10. 8.〉

1. 법 제52조의4제1항에 따른 복합자재
2. 건축물의 외벽에 사용하는 마감재료로서 단열재
3. 제64조제1항제1호부터 제3호까지의 규정에 따른 방화문
4. 그 밖에 방화와 관련된 건축자재로서 국토교통부령으로 정하는 건축자재

② 법 제52조의4제1항에 따른 건축자재의 제조업자는 같은 항에 따른 품질관리서(이하 "품질관리서"라 한다)를 건축자재 유통업자에게 제출해야 하며, 건축자재 유통업자는 품질관리서와 건축자재의 일치 여부 등을 확인하여 품질관리서를 공사시공자에게 전달해야 한다. 〈신설 2019. 10. 22.〉

③ 제2항에 따라 품질관리서를 제출받은 공사시공자는 품질관리서와 건축자재의 일치 여부를 확인한 후 해당 건축물에서 사용된 건축자재 품질관리서 전체를 공사감리자에게 제출해야 한다. 〈개정 2019. 10. 22.〉

④ 공사감리자는 제3항에 따라 제출받은 품질관리서를 공사감리완료보고서에 첨부하여 법 제25조제6항에 따라 건축주에게 제출해야 하며, 건축주는 법 제22조에 따른 건축물의 사용승인을 신청할 때에 이를 허가권자에게 제출해야 한다. 〈개정 2019. 10. 22.〉

[본조신설 2015. 9. 22.]

[제목개정 2019. 10. 22.]

[제61조의4에서 이동 〈2019. 10. 22.〉]

제63조 【건축자재 성능 시험기관】 법 제52조의4제2항에서 "「과학기술분야 정부출연연구기관 등의 설립 · 운영 및 육성에 관한 법률」에 따른 한국건설기술연구원 등 대통령령으로 정하는 시험기관"이란 다음 각 호의 기관을 말한다. 〈개정 2020. 1. 7., 2021. 8. 10., 2021. 9. 14.〉

1. 한국건설기술연구원
2. 「건설기술 진흥법」에 따른 건설엔지니어링사업자로서 건축 관련 품질시험의 수행능력이 국토교통부장관이 정하여 고시하는 기준에 해당하는 자
3. 「국가표준기본법」 제23조에 따라 인정받은 시험 · 검사기관

[본조신설 2019. 10. 22.]

제63조의2 【품질인정 대상 건축자재 등】 법 제52조의5제1항에서 "방화문, 복합자재 등 대통령령으로 정하는 건축자재와 내화구조"란 다음 각 호의 건축자재와 내화구조(이하 제63조의4 및 제63조의5에서

"건축자재등"이라 한다)를 말한다.
1. 법 제52조의4제1항에 따른 복합자재 중 국토교통부령으로 정하는 강판과 심재로 이루어진 복합자재
2. 주요구조부가 내화구조 또는 불연재료로 된 건축물의 방화구획에 사용되는 다음 각 목의 건축자재와 내화구조
   가. 자동방화셔터
   나. 제62조제1항제4호에 따라 국토교통부령으로 정하는 건축자재 중 내화채움성능이 인정된 구조
3. 제64조제1항 각 호의 방화문
4. 그 밖에 건축물의 안전 · 화재예방 등을 위하여 품질인정이 필요한 건축자재와 내화구조로서 국토교통부령으로 정하는 건축자재와 내화구조

[본조신설 2021. 12. 21.]
[종전 제63조의2는 제63조의6으로 이동 〈2021. 12. 21.〉]

제63조의3【건축자재등 품질인정기관】 법 제52조의6제1항에서 "대통령령으로 정하는 기관"이란 한국건설기술연구원을 말한다.
[본조신설 2021. 12. 21.]

제63조의4【건축자재등 품질 유지 · 관리 의무 위반에 따른 조치】 ① 국토교통부장관은 법 제52조의6제5항 전단에 따른 통보를 받은 경우 같은 항 후단에 따라 같은 조 제3항에 따른 품질인정자재등(이하 이 조 및 제63조의5에서 "품질인정자재등"이라 한다)의 제조업자, 유통업자 및 법 제25조의2제1항에 따른 건축관계자등(이하 이 조 및 제63조의5에서 "제조업자등"이라 한다)에게 위법 사실을 통보해야 하며, 제조업자등에게 다음 각 호의 구분에 따른 조치를 할 수 있다.
1. 법 제25조의2제1항에 따른 건축관계자등: 다음 각 목의 구분에 따른 조치
   가. 품질인정자재등을 사용하지 않거나 인정받은 내용대로 시공하지 않은 부분이 있는 경우: 시공부분의 시정, 해당 공정에 대한 공사 중단과 품질인정을 받지 않은 건축자재등의 사용 중단 명령
   나. 품질인정을 받지 않은 건축자재등이 공사현장에 반입되어 있거나 보관되어 있는 경우: 해당 건축자재등의 사용 중단 명령
2. 제조업자 및 유통업자: 관계 기관에 대한 관계 법률에 따른 영업정지 등의 요청

② 제1항에 따른 국토교통부장관의 조치에 관하여는 제61조의3제2항 및 제3항을 준용한다. 이 경우 "건축관계자 및 제조업자 · 유통업자"는 "제조업자등"으로, "국토교통부장관, 시 · 도지사 및 시장 · 군수 · 구청장"은 "국토교통부장관"으로 본다.
[본조신설 2021. 12. 21.]

제63조의5【제조업자등에 대한 자료요청】 법 제52조의6제1항 및 이 영 제63조의3에 따라 건축자재등 품질인정기관으로 지정된 한국건설기술연구원은 법 제52조의6제6항에 따라 제조업자등에게 다음 각 호의 자료를 요청할 수 있다.
1. 건축자재등 및 품질인정자재등의 생산 및 판매 실적
2. 시공현장별 건축자재등 및 품질인정자재등의 시공 실적
3. 품질관리서
4. 그 밖에 제조공정에 관한 기록 등 품질인정자재등에 대한 품질관리의 적정성을 확인할 수 있는

자료로서 국토교통부장관이 정하여 고시하는 자료
[본조신설 2021. 12. 21.]

제63조의6 【지하층에 거실 설치가 금지되는 건축물】 법 제53조제2항 각 호 외의 부분 본문에서 "단독주택, 공동주택 등 대통령령으로 정하는 건축물"이란 다음 각 호의 어느 하나에 해당하는 건축물을 말한다. 다만, 지하층에 거실을 부속용도로 설치하는 건축물은 제외한다.
1. 단독주택
2. 공동주택
[본조신설 2024. 6. 18.]
[종전 제63조의6은 제63조의7로 이동 〈2024. 6. 18.〉]

제63조의7 【건축물의 범죄예방】 법 제53조의2제2항에서 "대통령령으로 정하는 건축물"이란 다음 각 호의 어느 하나에 해당하는 건축물을 말한다. 〈개정 2018. 12. 31.〉
1. 다가구주택, 아파트, 연립주택 및 다세대주택
2. 제1종 근린생활시설 중 일용품을 판매하는 소매점
3. 제2종 근린생활시설 중 다중생활시설
4. 문화 및 집회시설(동 · 식물원은 제외한다)
5. 교육연구시설(연구소 및 도서관은 제외한다)
6. 노유자시설
7. 수련시설
8. 업무시설 중 오피스텔
9. 숙박시설 중 다중생활시설
[본조신설 2014. 11. 28.]
[제63조의6에서 이동 〈2024. 6. 18.〉]

제64조 【방화문의 구분】 ① 방화문은 다음 각 호와 같이 구분한다.
1. 60분+ 방화문: 연기 및 불꽃을 차단할 수 있는 시간이 60분 이상이고, 열을 차단할 수 있는 시간이 30분 이상인 방화문
2. 60분 방화문: 연기 및 불꽃을 차단할 수 있는 시간이 60분 이상인 방화문
3. 30분 방화문: 연기 및 불꽃을 차단할 수 있는 시간이 30분 이상 60분 미만인 방화문
② 제1항 각 호의 구분에 따른 방화문 인정 기준은 국토교통부령으로 정한다.
[전문개정 2020. 10. 8.]

제6장 지역 및 지구의 건축물 〈개정 2008. 10. 29.〉

제65조 삭제 〈2000. 6. 27.〉

제66조 삭제 〈1999. 4. 30.〉

제67조 삭제 〈1999. 4. 30.〉

제68조 삭제 〈2000. 6. 27.〉

제69조 삭제 〈1999. 4. 30.〉

제70조 삭제 〈1999. 4. 30.〉

제71조 삭제 〈1999. 4. 30.〉

제72조 삭제 〈1999. 4. 30.〉

제73조 삭제 〈2000. 6. 27.〉

제74조 삭제 〈1999. 4. 30.〉

제75조 삭제 〈1999. 4. 30.〉

제76조 삭제 〈2000. 6. 27.〉

제77조 【건축물의 대지가 지역 · 지구 또는 구역에 걸치는 경우】 법 제54조제1항에 따라 대지가 지역 · 지구 또는 구역에 걸치는 경우 그 대지의 과반이 속하는 지역 · 지구 또는 구역의 건축물 및 대지 등에 관한 규정을 그 대지의 전부에 대하여 적용 받으려는 자는 해당 대지의 지역 · 지구 또는 구역별 면적과 적용 받으려는 지역 · 지구 또는 구역에 관한 사항을 허가권자에게 제출(전자문서에 의한 제출을 포함한다)하여야 한다.
[전문개정 2008. 10. 29.]

제78조 삭제 〈2002. 12. 26.〉

제79조 삭제 〈2002. 12. 26.〉

제80조 【건축물이 있는 대지의 분할제한】 법 제57조제1항에서 "대통령령으로 정하는 범위"란 다음 각 호의 어느 하나에 해당하는 규모 이상을 말한다.
1. 주거지역: 60제곱미터
2. 상업지역: 150제곱미터
3. 공업지역: 150제곱미터
4. 녹지지역: 200제곱미터
5. 제1호부터 제4호까지의 규정에 해당하지 아니하는 지역: 60제곱미터
[전문개정 2008. 10. 29.]

제80조의2 【대지 안의 공지】 법 제58조에 따라 건축선(법 제46조제1항에 따른 건축선을 말한다. 이하 같다) 및 인접 대지경계선(대지와 대지 사이에 공원, 철도, 하천, 광장, 공공공지, 녹지, 그 밖에 건축이 허용되지 아니하는 공지가 있는 경우에는 그 반대편의 경계선을 말한다)으로부터 건축물의 각 부분까지 띄어야 하는 거리의 기준은 별표 2와 같다. 〈개정 2014. 10. 14.〉
[전문개정 2008. 10. 29.]

제81조 【맞벽건축 및 연결복도】 ① 법 제59조제1항제1호에서 "대통령령으로 정하는 지역"이란 다음 각 호의 어느 하나에 해당하는 지역을 말한다. 〈개정 2008. 10. 29., 2012. 12. 12., 2014. 10. 14., 2015. 9. 22.〉
1. 상업지역(다중이용 건축물 및 공동주택은 스프링클러나 그 밖에 이와 비슷한 자동식 소화설비를 설치한 경우로 한정한다)

2. 주거지역(건축물 및 토지의 소유자 간 맞벽건축을 합의한 경우에 한정한다)
3. 허가권자가 도시미관 또는 한옥 보전 · 진흥을 위하여 건축조례로 정하는 구역
4. 건축협정구역

② 삭제 〈2006. 5. 8.〉

③ 법 제59조제1항제1호에 따른 맞벽은 다음 각 호의 기준에 적합하여야 한다. 〈개정 2008. 10. 29., 2014. 10. 14.〉
1. 주요구조부가 내화구조일 것
2. 마감재료가 불연재료일 것

④ 제1항에 따른 지역(건축협정구역은 제외한다)에서 맞벽건축을 할 때 맞벽 대상 건축물의 용도, 맞벽 건축물의 수 및 층수 등 맞벽에 필요한 사항은 건축조례로 정한다. 〈개정 2008. 10. 29., 2014. 10. 14.〉

⑤ 법 제59조제1항제2호에서 "대통령령으로 정하는 기준"이란 다음 각 호의 기준을 말한다. 〈개정 2008. 10. 29., 2019. 8. 6.〉
1. 주요구조부가 내화구조일 것
2. 마감재료가 불연재료일 것
3. 밀폐된 구조인 경우 벽면적의 10분의 1 이상에 해당하는 면적의 창문을 설치할 것. 다만, 지하층으로서 환기설비를 설치하는 경우에는 그러하지 아니하다.
4. 너비 및 높이가 각각 5미터 이하일 것. 다만, 허가권자가 건축물의 용도나 규모 등을 고려할 때 원활한 통행을 위하여 필요하다고 인정하면 지방건축위원회의 심의를 거쳐 그 기준을 완화하여 적용할 수 있다.
5. 건축물과 복도 또는 통로의 연결부분에 자동방화셔터 또는 방화문을 설치할 것
6. 연결복도가 설치된 대지 면적의 합계가 「국토의 계획 및 이용에 관한 법률 시행령」 제55조에 따른 개발행위의 최대 규모 이하일 것. 다만, 지구단위계획구역에서는 그러하지 아니하다.

⑥ 법 제59조제1항제2호에 따른 연결복도나 연결통로는 건축사 또는 건축구조기술사로부터 안전에 관한 확인을 받아야 한다. 〈개정 2008. 10. 29., 2009. 7. 16., 2016. 5. 17., 2016. 7. 19.〉
[전문개정 1999. 4. 30.]

제82조 【건축물의 높이 제한】 ① 허가권자는 법 제60조제1항에 따라 가로구역별로 건축물의 높이를 지정 · 공고할 때에는 다음 각 호의 사항을 고려하여야 한다. 〈개정 2012. 4. 10., 2014. 10. 14.〉
1. 도시 · 군관리계획 등의 토지이용계획
2. 해당 가로구역이 접하는 도로의 너비
3. 해당 가로구역의 상 · 하수도 등 간선시설의 수용능력
4. 도시미관 및 경관계획
5. 해당 도시의 장래 발전계획

② 허가권자는 제1항에 따라 가로구역별 건축물의 높이를 지정하려면 지방건축위원회의 심의를 거쳐야 한다. 이 경우 주민의 의견청취 절차 등은 「토지이용규제 기본법」 제8조에 따른다. 〈개정 2011. 6. 29., 2014. 10. 14.〉

③ 허가권자는 같은 가로구역에서 건축물의 용도 및 형태에 따라 건축물의 높이를 다르게 정할 수 있다.

④ 법 제60조제1항 단서에 따라 가로구역의 높이를 완화하여 적용하는 경우에 대한 구체적인 완화기준은 제1항 각 호의 사항을 고려하여 건축조례로 정한다. 〈개정 2010. 2. 18., 2014. 10. 14.〉
[전문개정 2008. 10. 29.]

제83조 삭제 〈1999. 4. 30.〉

제84조 삭제 〈1999. 4. 30.〉

제85조 삭제 〈1999. 4. 30.〉

제86조【일조 등의 확보를 위한 건축물의 높이 제한】 ① 전용주거지역이나 일반주거지역에서 건축물을 건축하는 경우에는 법 제61조제1항에 따라 건축물의 각 부분을 정북(正北) 방향으로의 인접 대지경계선으로부터 다음 각 호의 범위에서 건축조례로 정하는 거리 이상을 띄어 건축하여야 한다. 〈개정 2015. 7. 6., 2023. 9. 12.〉
1. 높이 10미터 이하인 부분: 인접 대지경계선으로부터 1.5미터 이상
2. 높이 10미터를 초과하는 부분: 인접 대지경계선으로부터 해당 건축물 각 부분 높이의 2분의 1 이상

② 다음 각 호의 어느 하나에 해당하는 경우에는 제1항을 적용하지 아니한다. 〈신설 2015. 7. 6., 2016. 5. 17., 2016. 7. 19., 2017. 12. 29.〉
1. 다음 각 목의 어느 하나에 해당하는 구역 안의 대지 상호간에 건축하는 건축물로서 해당 대지가 너비 20미터 이상의 도로(자동차·보행자·자전거 전용도로를 포함하며, 도로에 공공공지, 녹지, 광장, 그 밖에 건축미관에 지장이 없는 도시·군계획시설이 접한 경우 해당 시설을 포함한다)에 접한 경우
가. 「국토의 계획 및 이용에 관한 법률」 제51조에 따른 지구단위계획구역, 같은 법 제37조제1항제1호에 따른 경관지구
나. 「경관법」 제9조제1항제4호에 따른 중점경관관리구역
다. 법 제77조의2제1항에 따른 특별가로구역
라. 도시미관 향상을 위하여 허가권자가 지정·공고하는 구역
2. 건축협정구역 안에서 대지 상호간에 건축하는 건축물(법 제77조의4제1항에 따른 건축협정에 일정 거리 이상을 띄어 건축하는 내용이 포함된 경우만 해당한다)의 경우
3. 건축물의 정북 방향의 인접 대지가 전용주거지역이나 일반주거지역이 아닌 용도지역에 해당하는 경우

③ 법 제61조제2항에 따라 공동주택은 다음 각 호의 기준을 충족해야 한다. 다만, 채광을 위한 창문 등이 있는 벽면에서 직각 방향으로 인접 대지경계선까지의 수평거리가 1미터 이상으로서 건축조례로 정하는 거리 이상인 다세대주택은 제1호를 적용하지 않는다. 〈개정 2009. 7. 16., 2013. 5. 31., 2015. 7. 6., 2021. 11. 2., 2024. 6. 18.〉
1. 건축물(기숙사는 제외한다)의 각 부분의 높이는 그 부분으로부터 채광을 위한 창문 등이 있는 벽면에서 직각 방향으로 인접 대지경계선까지의 수평거리의 2배(근린상업지역 또는 준주거지역의 건축물은 4배) 이하로 할 것
2. 같은 대지에서 두 동(棟) 이상의 건축물이 서로 마주보고 있는 경우(한 동의 건축물 각 부분이 서로 마주보고 있는 경우를 포함한다)에 건축물 각 부분 사이의 거리는 다음 각 목의 거리 이상을

띄어 건축할 것. 다만, 그 대지의 모든 세대가 동지(冬至)를 기준으로 9시에서 15시 사이에 2시간 이상을 계속하여 일조(日照)를 확보할 수 있는 거리 이상으로 할 수 있다.

가. 채광을 위한 창문 등이 있는 벽면으로부터 직각방향으로 건축물 각 부분 높이의 0.5배(도시형 생활주택의 경우에는 0.25배) 이상의 범위에서 건축조례로 정하는 거리 이상

나. 가목에도 불구하고 서로 마주보는 건축물 중 높은 건축물(높은 건축물을 중심으로 마주보는 두 동의 축이 시계방향으로 정동에서 정서 방향인 경우만 해당한다)의 주된 개구부(거실과 주된 침실이 있는 부분의 개구부를 말한다)의 방향이 낮은 건축물을 향하는 경우에는 10미터 이상으로서 낮은 건축물 각 부분의 높이의 0.5배(도시형 생활주택의 경우에는 0.25배) 이상의 범위에서 건축조례로 정하는 거리 이상

다. 가목에도 불구하고 건축물과 부대시설 또는 복리시설이 서로 마주보고 있는 경우에는 부대시설 또는 복리시설 각 부분 높이의 1배 이상

라. 채광창(창넓이가 0.5제곱미터 이상인 창을 말한다)이 없는 벽면과 측벽이 마주보는 경우에는 8미터 이상

마. 측벽과 측벽이 마주보는 경우[마주보는 측벽 중 하나의 측벽에 채광을 위한 창문 등이 설치되어 있지 아니한 바닥면적 3제곱미터 이하의 발코니(출입을 위한 개구부를 포함한다)를 설치하는 경우를 포함한다]에는 4미터 이상

3. 주택단지에 두 동 이상의 건축물이 법 제2조제1항제11호에 따른 도로를 사이에 두고 서로 마주보고 있는 경우에는 제2호가목부터 다목까지의 규정을 적용하지 아니하되, 해당 도로의 중심선을 인접 대지경계선으로 보아 제1호를 적용한다.

④ 법 제61조제3항 각 호 외의 부분에서 "대통령령으로 정하는 높이"란 제1항에 따른 높이의 범위에서 특별자치시장 · 특별자치도지사 또는 시장 · 군수 · 구청장이 정하여 고시하는 높이를 말한다. 〈개정 2014. 10. 14., 2015. 7. 6.〉

⑤ 특별자치시장 · 특별자치도지사 또는 시장 · 군수 · 구청장은 제4항에 따라 건축물의 높이를 고시하려면 국토교통부령으로 정하는 바에 따라 미리 해당 지역주민의 의견을 들어야 한다. 다만, 법 제61조제3항제1호부터 제6호까지의 어느 하나에 해당하는 지역인 경우로서 건축위원회의 심의를 거친 경우에는 그러하지 아니하다. 〈개정 2013. 3. 23., 2014. 10. 14., 2015. 7. 6., 2016. 5. 17.〉

⑥ 제1항부터 제5항까지를 적용할 때 건축물을 건축하려는 대지와 다른 대지 사이에 다음 각 호의 시설 또는 부지가 있는 경우에는 그 반대편의 대지경계선(공동주택은 인접 대지경계선과 그 반대편 대지경계선의 중심선)을 인접 대지경계선으로 한다. 〈개정 2009. 7. 16., 2014. 11. 11., 2015. 7. 6., 2016. 5. 17., 2021. 11. 2.〉

1. 공원(「도시공원 및 녹지 등에 관한 법률」 제2조제3호에 따른 도시공원 중 지방건축위원회의 심의를 거쳐 허가권자가 공원의 일조 등을 확보할 필요가 있다고 인정하는 공원은 제외한다), 도로, 철도, 하천, 광장, 공공공지, 녹지, 유수지, 자동차 전용도로, 유원지

2. 다음 각 목에 해당하는 대지(건축물이 없는 경우로 한정한다)

가. 너비(대지경계선에서 가장 가까운 거리를 말한다)가 2미터 이하인 대지

나. 면적이 제80조 각 호에 따른 분할제한 기준 이하인 대지

3. 제1호 및 제2호 외에 건축이 허용되지 아니하는 공지

⑦ 제1항부터 제5항까지의 규정을 적용할 때 건축물(공동주택으로 한정한다)을 건축하려는 하나의

대지 사이에 제6항 각 호의 시설 또는 부지가 있는 경우에는 지방건축위원회의 심의를 거쳐 제6항 각 호의 시설 또는 부지를 기준으로 마주하고 있는 해당 대지의 경계선의 중심선을 인접 대지경계선으로 할 수 있다. 〈신설 2018. 9. 4.〉

[전문개정 2008. 10. 29.]

제86조의2 삭제 〈2006. 5. 8.〉

제7장 건축물의 설비등

제87조 【건축설비 설치의 원칙】 ① 건축설비는 건축물의 안전·방화, 위생, 에너지 및 정보통신의 합리적 이용에 지장이 없도록 설치하여야 하고, 배관피트 및 닥트의 단면적과 수선구의 크기를 해당 설비의 수선에 지장이 없도록 하는 등 설비의 유지·관리가 쉽게 설치하여야 한다.

② 건축물에 설치하는 급수·배수·냉방·난방·환기·피뢰 등 건축설비의 설치에 관한 기술적 기준은 국토교통부령으로 정하되, 에너지 이용 합리화와 관련한 건축설비의 기술적 기준에 관하여는 산업통상자원부장관과 협의하여 정한다. 〈개정 2013. 3. 23.〉

③ 건축물에 설치하여야 하는 장애인 관련 시설 및 설비는 「장애인·노인·임산부 등의 편의증진보장에 관한 법률」 제14조에 따라 작성하여 보급하는 편의시설 상세표준도에 따른다. 〈개정 2012. 12. 12.〉

④ 건축물에는 방송수신에 지장이 없도록 공동시청 안테나, 유선방송 수신시설, 위성방송 수신설비, 에프엠(FM)라디오방송 수신설비 또는 방송 공동수신설비를 설치할 수 있다. 다만, 다음 각 호의 건축물에는 방송 공동수신설비를 설치하여야 한다. 〈개정 2009. 7. 16., 2012. 12. 12.〉

1. 공동주택
2. 바닥면적의 합계가 5천제곱미터 이상으로서 업무시설이나 숙박시설의 용도로 쓰는 건축물

⑤ 제4항에 따른 방송 수신설비의 설치기준은 과학기술정보통신부장관이 정하여 고시하는 바에 따른다. 〈신설 2009. 7. 16., 2013. 3. 23., 2017. 7. 26.〉

⑥ 연면적이 500제곱미터 이상인 건축물의 대지에는 국토교통부령으로 정하는 바에 따라 「전기사업법」 제2조제2호에 따른 전기사업자가 전기를 배전(配電)하는 데 필요한 전기설비를 설치할 수 있는 공간을 확보하여야 한다. 〈신설 2009. 7. 16., 2013. 3. 23.〉

⑦ 해풍이나 염분 등으로 인하여 건축물의 재료 및 기계설비 등에 조기 부식과 같은 피해 발생이 우려되는 지역에서는 해당 지방자치단체는 이를 방지하기 위하여 다음 각 호의 사항을 조례로 정할 수 있다. 〈신설 2010. 2. 18.〉

1. 해풍이나 염분 등에 대한 내구성 설계기준
2. 해풍이나 염분 등에 대한 내구성 허용기준
3. 그 밖에 해풍이나 염분 등에 따른 피해를 막기 위하여 필요한 사항

⑧ 건축물에 설치하여야 하는 우편수취함은 「우편법」 제37조의2의 기준에 따른다. 〈신설 2014. 10. 14.〉

[전문개정 2008. 10. 29.]

제88조 삭제 〈1995. 12. 30.〉

제89조【승용 승강기의 설치】 법 제64조제1항 전단에서 "대통령령으로 정하는 건축물"이란 층수가 6층인 건축물로서 각 층 거실의 바닥면적 300제곱미터 이내마다 1개소 이상의 직통계단을 설치한 건축물을 말한다.
[전문개정 2008. 10. 29.]

제90조【비상용 승강기의 설치】 ① 법 제64조제2항에 따라 높이 31미터를 넘는 건축물에는 다음 각 호의 기준에 따른 대수 이상의 비상용 승강기(비상용 승강기의 승강장 및 승강로를 포함한다. 이하 이 조에서 같다)를 설치하여야 한다. 다만, 법 제64조제1항에 따라 설치되는 승강기를 비상용 승강기의 구조로 하는 경우에는 그러하지 아니하다.
1. 높이 31미터를 넘는 각 층의 바닥면적 중 최대 바닥면적이 1천500제곱미터 이하인 건축물: 1대 이상
2. 높이 31미터를 넘는 각 층의 바닥면적 중 최대 바닥면적이 1천500제곱미터를 넘는 건축물: 1대에 1천500제곱미터를 넘는 3천 제곱미터 이내마다 1대씩 더한 대수 이상

② 제1항에 따라 2대 이상의 비상용 승강기를 설치하는 경우에는 화재가 났을 때 소화에 지장이 없도록 일정한 간격을 두고 설치하여야 한다.
③ 건축물에 설치하는 비상용 승강기의 구조 등에 관하여 필요한 사항은 국토교통부령으로 정한다. 〈개정 2013. 3. 23.〉
[전문개정 2008. 10. 29.]

제91조【피난용승강기의 설치】 법 제64조제3항에 따른 피난용승강기(피난용승강기의 승강장 및 승강로를 포함한다. 이하 이 조에서 같다)는 다음 각 호의 기준에 맞게 설치하여야 한다.
1. 승강장의 바닥면적은 승강기 1대당 6제곱미터 이상으로 할 것
2. 각 층으로부터 피난층까지 이르는 승강로를 단일구조로 연결하여 설치할 것
3. 예비전원으로 작동하는 조명설비를 설치할 것
4. 승강장의 출입구 부근의 잘 보이는 곳에 해당 승강기가 피난용승강기임을 알리는 표지를 설치할 것
5. 그 밖에 화재예방 및 피해경감을 위하여 국토교통부령으로 정하는 구조 및 설비 등의 기준에 맞을 것

[본조신설 2018. 10. 16.]

제91조의2 삭제 〈2013. 2. 20.〉

제91조의3【관계전문기술자와의 협력】 ① 다음 각 호의 어느 하나에 해당하는 건축물의 설계자는 제32조제1항에 따라 해당 건축물에 대한 구조의 안전을 확인하는 경우에는 건축구조기술사의 협력을 받아야 한다. 〈개정 2009. 7. 16., 2013. 3. 23., 2013. 5. 31., 2014. 11. 28., 2015. 9. 22., 2018. 12. 4.〉
1. 6층 이상인 건축물
2. 특수구조 건축물
3. 다중이용 건축물
4. 준다중이용 건축물
5. 3층 이상의 필로티형식 건축물

6. 제32조제2항제6호에 해당하는 건축물 중 국토교통부령으로 정하는 건축물
② 연면적 1만제곱미터 이상인 건축물(창고시설은 제외한다) 또는 에너지를 대량으로 소비하는 건축물로서 국토교통부령으로 정하는 건축물에 건축설비를 설치하는 경우에는 국토교통부령으로 정하는 바에 따라 다음 각 호의 구분에 따른 관계전문기술자의 협력을 받아야 한다. 〈개정 2009. 7. 16., 2013. 3. 23., 2016. 5. 17., 2017. 5. 2.〉
1. 전기, 승강기(전기 분야만 해당한다) 및 피뢰침: 「기술사법」에 따라 등록한 건축전기설비기술사 또는 발송배전기술사
2. 급수 · 배수(配水) · 배수(排水) · 환기 · 난방 · 소화 · 배연 · 오물처리 설비 및 승강기(기계 분야만 해당한다): 「기술사법」에 따라 등록한 건축기계설비기술사 또는 공조냉동기계기술사
3. 가스설비: 「기술사법」에 따라 등록한 건축기계설비기술사, 공조냉동기계기술사 또는 가스기술사
③ 깊이 10미터 이상의 토지 굴착공사 또는 높이 5미터 이상의 옹벽 등의 공사를 수반하는 건축물의 설계자 및 공사감리자는 토지 굴착 등에 관하여 국토교통부령으로 정하는 바에 따라 「기술사법」에 따라 등록한 토목구조기술사, 토질 및 기초 기술사, 지질 및 지반 기술사 또는 토목시공기술사의 협력을 받아야 한다. 〈개정 2009. 7. 16., 2010. 12. 13., 2013. 3. 23., 2016. 5. 17., 2024. 12. 17.〉
④ 설계자 및 공사감리자는 안전상 필요하다고 인정하는 경우, 관계 법령에서 정하는 경우 및 설계계약 또는 감리계약에 따라 건축주가 요청하는 경우에는 관계전문기술자의 협력을 받아야 한다.
⑤ 특수구조 건축물 및 고층건축물의 공사감리자는 제19조제3항제1호 각 목 및 제2호 각 목에 해당하는 공정에 다다를 때 건축구조기술사의 협력을 받아야 한다. 〈개정 2014. 11. 28., 2016. 5. 17.〉
⑥ 3층 이상인 필로티형식 건축물의 공사감리자는 법 제48조에 따른 건축물의 구조상 안전을 위한 공사감리를 할 때 공사가 제18조의2제2항제3호나목에 따른 단계에 다다른 경우마다 법 제67조제1항제1호부터 제3호까지의 규정에 따른 관계전문기술자의 협력을 받아야 한다. 이 경우 관계전문기술자는 「건설기술 진흥법 시행령」 별표 1 제3호라목1)에 따른 건축구조 분야의 특급 또는 고급기술자의 자격요건을 갖춘 소속 기술자로 하여금 업무를 수행하게 할 수 있다. 〈신설 2018. 12. 4.〉
⑦ 제1항부터 제6항까지의 규정에 따라 설계자 또는 공사감리자에게 협력한 관계전문기술자는 공사현장을 확인하고, 그가 작성한 설계도서 또는 감리중간보고서 및 감리완료보고서에 설계자 또는 공사감리자와 함께 서명날인하여야 한다. 〈개정 2009. 7. 16., 2013. 5. 31., 2014. 11. 28., 2018. 12. 4.〉
⑧ 제32조제1항에 따른 구조 안전의 확인에 관하여 설계자에게 협력한 건축구조기술사는 국토교통부장관이 정하여 고시하는 기준에 따라 구조의 안전을 확인한 건축물의 구조도 등 구조 관련 서류에 설계자와 함께 서명날인하여야 한다. 〈신설 2009. 7. 16., 2013. 5. 31., 2014. 11. 28., 2018. 12. 4., 2024. 12. 17.〉
⑨ 법 제67조제1항 각 호 외의 부분에서 "대통령령으로 정하는 기간"이란 2년을 말한다. 〈신설 2016. 7. 19., 2018. 12. 4.〉
[전문개정 2008. 10. 29.]

제91조의4 【신기술 · 신제품인 건축설비의 기술적 기준】 ① 법 제68조제4항에 따라 기술적 기준을 인정받으려는 자는 국토교통부령으로 정하는 서류를 국토교통부장관에게 제출해야 한다.
② 국토교통부장관은 제1항에 따른 서류를 제출받으면 한국건설기술연구원에 그 기술 · 제품이 신규성 · 진보성 및 현장 적용성이 있는지 여부에 대해 검토를 요청할 수 있다. 〈개정 2021. 8. 10.〉
③ 국토교통부장관은 제1항에 따라 기술적 기준의 인정 요청을 받은 기술 · 제품이 신규성 · 진보성

및 현장 적용성이 있다고 판단되면 그 기술적 기준을 중앙건축위원회의 심의를 거쳐 인정할 수 있다.

④ 국토교통부장관은 제3항에 따라 기술적 기준을 인정할 때 5년의 범위에서 유효기간을 정할 수 있다. 이 경우 유효기간은 국토교통부령으로 정하는 바에 따라 연장할 수 있다.

⑤ 국토교통부장관은 제3항 및 제4항에 따라 기술적 기준을 인정하면 그 기준과 유효기간을 관보에 고시하고, 인터넷 홈페이지에 게재해야 한다.

⑥ 제1항부터 제5항까지에서 정한 사항 외에 법 제68조제4항에 따른 건축설비 기술 · 제품의 평가 및 그 기술적 기준 인정에 관하여 필요한 세부 사항은 국토교통부장관이 정하여 고시할 수 있다.

[본조신설 2021. 1. 8.]

제92조 【건축모니터링의 운영】 ① 법 제68조의3제1항에서 "대통령령으로 정하는 기간"이란 3년을 말한다.

② 국토교통부장관은 법 제68조의3제2항에 따라 다음 각 호의 인력 및 조직을 갖춘 자를 건축모니터링 전문기관으로 지정할 수 있다.

1. 인력: 「국가기술자격법」에 따른 건축분야 기사 이상의 자격을 갖춘 인력 5명 이상
2. 조직: 건축모니터링을 수행할 수 있는 전담조직

[본조신설 2015. 7. 6.]

제93조 삭제 〈1999. 4. 30.〉

제94조 삭제 〈1999. 4. 30.〉

제95조 삭제 〈1999. 4. 30.〉

제96조 삭제 〈1999. 4. 30.〉

제97조 삭제 〈1997. 9. 9.〉

제98조 삭제 〈1999. 4. 30.〉

제99조 삭제 〈1999. 4. 30.〉

제100조 삭제 〈1999. 4. 30.〉

제101조 삭제 〈1999. 4. 30.〉

제102조 삭제 〈1999. 4. 30.〉

제103조 삭제 〈1999. 4. 30.〉

제104조 삭제 〈1995. 12. 30.〉

제8장 특별건축구역 등 〈개정 2014. 10. 14.〉

제105조 【특별건축구역의 지정】 ① 법 제69조제1항제1호나목에서 "대통령령으로 정하는 사업구역"이란 다음 각 호의 어느 하나에 해당하는 구역을 말한다. 〈개정 2009. 4. 21., 2009. 7. 30., 2012. 12. 12., 2014. 4. 29., 2014. 7. 28., 2014. 10. 14., 2015. 12. 28., 2018. 2. 27.〉

1.「신행정수도 후속대책을 위한 연기·공주지역 행정중심복합도시 건설을 위한 특별법」에 따른 행정중심복합도시의 사업구역
2.「혁신도시 조성 및 발전에 관한 특별법」에 따른 혁신도시의 사업구역
3.「경제자유구역의 지정 및 운영에 관한 특별법」 제4조에 따라 지정된 경제자유구역
4.「택지개발촉진법」에 따른 택지개발사업구역
5.「공공주택 특별법」 제2조제2호에 따른 공공주택지구
6. 삭제 〈2014. 10. 14.〉
7.「도시개발법」에 따른 도시개발구역
8. 삭제 〈2014. 10. 14.〉
9. 삭제 〈2014. 10. 14.〉
10.「아시아문화중심도시 조성에 관한 특별법」에 따른 국립아시아문화전당 건설사업구역
11.「국토의 계획 및 이용에 관한 법률」 제51조에 따른 지구단위계획구역 중 현상설계(懸賞設計) 등에 따른 창의적 개발을 위한 특별계획구역
12. 삭제 〈2014. 10. 14.〉
13. 삭제 〈2014. 10. 14.〉

② 법 제69조제1항제2호나목에서 "대통령령으로 정하는 사업구역"이란 다음 각 호의 어느 하나에 해당하는 구역을 말한다. 〈신설 2014. 10. 14.〉
1.「경제자유구역의 지정 및 운영에 관한 특별법」 제4조에 따라 지정된 경제자유구역
2.「택지개발촉진법」에 따른 택지개발사업구역
3.「도시 및 주거환경정비법」에 따른 정비구역
4.「도시개발법」에 따른 도시개발구역
5.「도시재정비 촉진을 위한 특별법」에 따른 재정비촉진구역
6.「제주특별자치도 설치 및 국제자유도시 조성을 위한 특별법」에 따른 국제자유도시의 사업구역
7.「국토의 계획 및 이용에 관한 법률」 제51조에 따른 지구단위계획구역 중 현상설계(懸賞設計) 등에 따른 창의적 개발을 위한 특별계획구역
8.「관광진흥법」 제52조 및 제70조에 따른 관광지, 관광단지 또는 관광특구
9.「지역문화진흥법」 제18조에 따른 문화지구

③ 법 제69조제1항제2호다목에서 "대통령령으로 정하는 도시 또는 지역"이란 다음 각 호의 어느 하나에 해당하는 도시 또는 지역을 말한다. 〈개정 2010. 12. 13., 2011. 6. 29., 2013. 3. 23., 2014. 10. 14.〉
1. 삭제 〈2014. 10. 14.〉
2. 건축문화 진흥을 위하여 국토교통부령으로 정하는 건축물 또는 공간환경을 조성하는 지역
2의2. 주거, 상업, 업무 등 다양한 기능을 결합하는 복합적인 토지 이용을 증진시킬 필요가 있는 지역으로서 다음 각 목의 요건을 모두 갖춘 지역
  가. 도시지역일 것
  나.「국토의 계획 및 이용에 관한 법률 시행령」 제71조에 따른 용도지역 안에서의 건축제한 적용을 배제할 필요가 있을 것
3. 그 밖에 도시경관의 창출, 건설기술 수준향상 및 건축 관련 제도개선을 도모하기 위하여 특별건축구

역으로 지정할 필요가 있다고 시·도지사가 인정하는 도시 또는 지역
[전문개정 2008. 10. 29.]

제106조【특별건축구역의 건축물】 ① 법 제70조제2호에서 "대통령령으로 정하는 공공기관"이란 다음 각 호의 공공기관을 말한다. 〈개정 2009. 6. 26., 2009. 9. 21., 2020. 9. 10.〉

1. 「한국토지주택공사법」에 따른 한국토지주택공사
2. 「한국수자원공사법」에 따른 한국수자원공사
3. 「한국도로공사법」에 따른 한국도로공사
4. 삭제 〈2009. 9. 21.〉
5. 「한국철도공사법」에 따른 한국철도공사
6. 「국가철도공단법」에 따른 국가철도공단
7. 「한국관광공사법」에 따른 한국관광공사
8. 「한국농어촌공사 및 농지관리기금법」에 따른 한국농어촌공사

② 법 제70조제3호에서 "대통령령으로 정하는 용도·규모의 건축물"이란 별표 3과 같다.
[전문개정 2008. 10. 29.]

제107조【특별건축구역의 지정 절차 등】 ① 법 제71조제1항제4호에 따른 도시·군관리계획의 세부 내용은 다음 각 호와 같다. 〈개정 2012. 4. 10.〉

1. 「국토의 계획 및 이용에 관한 법률」 제36조부터 제38조까지, 제38조의2, 제39조, 제40조 및 같은 법 시행령 제30조부터 제32조까지의 규정에 따른 용도지역, 용도지구 및 용도구역에 관한 사항
2. 「국토의 계획 및 이용에 관한 법률」 제43조에 따라 도시·군관리계획으로 결정되었거나 설치된 도시·군계획시설의 현황 및 도시·군계획시설의 신설·변경 등에 관한 사항
3. 「국토의 계획 및 이용에 관한 법률」 제50조부터 제52조까지 및 같은 법 시행령 제43조부터 제47조까지의 규정에 따른 지구단위계획구역의 지정, 지구단위계획의 내용 및 지구단위계획의 수립·변경 등에 관한 사항

② 법 제71조제1항제7호에서 "대통령령으로 정하는 사항"이란 다음 각 호의 사항을 말한다. 〈개정 2010. 12. 13., 2012. 4. 10., 2014. 10. 14.〉

1. 특별건축구역의 주변지역에 「국토의 계획 및 이용에 관한 법률」 제43조에 따라 도시·군관리계획으로 결정되었거나 설치된 도시·군계획시설에 관한 사항
2. 특별건축구역의 주변지역에 대한 지구단위계획구역의 지정 및 지구단위계획의 내용 등에 관한 사항

2의2. 「건축기본법」 제21조에 따른 건축디자인 기준의 반영에 관한 사항

3. 「건축기본법」 제23조에 따라 민간전문가를 위촉한 경우 그에 관한 사항
4. 제105조제3항제2호의2에 따른 복합적인 토지 이용에 관한 사항(제105조제3항제2호의2에 해당하는 지역을 지정하기 위한 신청의 경우로 한정한다)

③ 국토교통부장관 또는 시·도지사는 법 제71조제7항에 따라 특별건축구역을 지정하거나 변경·해제하는 경우에는 다음 각 호의 사항을 즉시 관보(시·도지사의 경우에는 공보)에 고시해야 한다. 〈개정 2012. 4. 10., 2013. 3. 23., 2014. 10. 14., 2021. 1. 8.〉

1. 지정 · 변경 또는 해제의 목적
2. 특별건축구역의 위치, 범위 및 면적
3. 특별건축구역 내 건축물의 규모 및 용도 등에 관한 주요 사항
4. 건축물의 설계, 공사감리 및 건축시공 등 발주방법에 관한 사항
5. 도시 · 군계획시설의 신설 · 변경 및 지구단위계획의 수립 · 변경 등에 관한 사항
6. 그 밖에 국토교통부장관 또는 시 · 도지사가 필요하다고 인정하는 사항

④ 특별건축구역의 지정신청기관이 다음 각 호의 어느 하나에 해당하여 법 제71조제9항에 따라 특별건축구역의 변경지정을 받으려는 경우에는 국토교통부령으로 정하는 자료를 갖추어 국토교통부장관 또는 특별시장 · 광역시장 · 도지사에게 변경지정 신청을 해야 한다. 이 경우 특별건축구역의 변경지정에 관하여는 법 제71조제4항 및 제5항을 준용한다. 〈개정 2012. 4. 10., 2013. 3. 23., 2014. 10. 14., 2021. 1. 8.〉

1. 특별건축구역의 범위가 10분의 1(특별건축구역의 면적이 10만 제곱미터 미만인 경우에는 20분의 1) 이상 증가하거나 감소하는 경우
2. 특별건축구역의 도시 · 군관리계획에 관한 사항이 변경되는 경우
3. 건축물의 설계, 공사감리 및 건축시공 등 발주방법이 변경되는 경우
4. 그 밖에 특별건축구역의 지정 목적이 변경되는 등 국토교통부령으로 정하는 경우

⑤ 제1항부터 제4항까지에서 규정한 사항 외에 특별건축구역의 지정에 필요한 세부 사항은 국토교통부장관이 정하여 고시한다. 〈개정 2013. 3. 23.〉

[전문개정 2008. 10. 29.]

제107조의2【특별건축구역의 지정 제안 절차 등】 ① 법 제71조제2항에 따라 특별건축구역 지정을 제안하려는 자는 같은 조 제1항의 자료를 갖추어 시장 · 군수 · 구청장에게 의견을 요청할 수 있다.

② 시장 · 군수 · 구청장은 제1항에 따라 의견 요청을 받으면 특별건축구역 지정의 필요성, 타당성, 공공성 등과 피난 · 방재 등의 사항을 검토하여 의견을 통보해야 한다. 이 경우 「건축기본법」 제23조에 따라 시장 · 군수 · 구청장이 위촉한 민간전문가의 자문을 받을 수 있다.

③ 법 제71조제2항에 따라 특별건축구역 지정을 제안하려는 자는 시 · 도지사에게 제안하기 전에 다음 각 호에 해당하는 자의 서면 동의를 받아야 한다. 이 경우 토지소유자의 서면 동의 방법은 국토교통부령으로 정한다.

1. 대상 토지 면적(국유지 · 공유지의 면적은 제외한다)의 3분의 2 이상에 해당하는 토지소유자
2. 국유지 또는 공유지의 재산관리청(국유지 또는 공유지가 포함되어 있는 경우로 한정한다)

④ 법 제71조제2항에 따라 특별건축구역 지정을 제안하려는 자는 다음 각 호의 서류를 시 · 도지사에게 제출해야 한다.

1. 법 제71조제1항 각 호의 자료
2. 제2항에 따른 시장 · 군수 · 구청장의 의견(의견을 요청한 경우로 한정한다)
3. 제3항에 따른 토지소유자 및 재산관리청의 서면 동의서

⑤ 시 · 도지사는 제4항에 따른 서류를 받은 날부터 45일 이내에 특별건축구역 지정의 필요성, 타당성, 공공성 등과 피난 · 방재 등의 사항을 검토하여 특별건축구역 지정여부를 결정해야 한다. 이 경우 관할 시장 · 군수 · 구청장의 의견을 청취(제4항제2호의 의견서를 제출받은 경우는 제외한다)한 후 시 · 도지사가 두는 건축위원회의 심의를 거쳐야 한다.

⑥ 시 · 도지사는 제5항에 따라 지정여부를 결정한 날부터 14일 이내에 특별건축구역 지정을 제안한 자에게 그 결과를 통보해야 한다.

⑦ 제5항에 따라 지정된 특별건축구역에 대한 변경지정의 제안에 관하여는 제1항부터 제6항까지의 규정을 준용한다.

⑧ 제1항부터 제7항까지에서 규정한 사항 외에 특별건축구역의 지정에 필요한 세부 사항은 국토교통부장관이 정하여 고시한다.

[본조신설 2021. 1. 8.]

제108조 【특별건축구역 내 건축물의 심의 등】 ① 법 제72조제5항에 따라 지방건축위원회의 변경심의를 받아야 하는 경우는 다음 각 호와 같다. 〈개정 2013. 3. 23.〉

1. 법 제16조에 따라 변경허가를 받아야 하는 경우
2. 법 제19조제2항에 따라 변경허가를 받거나 변경신고를 하여야 하는 경우
3. 건축물 외부의 디자인, 형태 또는 색채를 변경하는 경우
4. 그 밖에 법 제72조제1항 각 호의 사항 중 국토교통부령으로 정하는 사항을 변경하는 경우

② 법 제72조제8항 전단에 따라 설계자가 해당 건축물의 건축에 참여하는 경우 공사시공자 및 공사감리자는 특별한 사유가 있는 경우를 제외하고는 설계자의 자문 의견을 반영하도록 하여야 한다.

③ 법 제72조제8항 후단에 따른 설계자의 업무내용은 다음 각 호와 같다.

1. 법 제72조제6항에 따른 모니터링
2. 설계변경에 대한 자문
3. 건축디자인 및 도시경관 등에 관한 설계의도의 구현을 위한 자문
4. 그 밖에 발주청이 위탁하는 업무

④ 제3항에 따른 설계자의 업무내용에 대한 보수는 「엔지니어링산업 진흥법」 제31조에 따른 엔지니어링사업대가의 기준의 범위에서 국토교통부장관이 정하여 고시한다. 〈개정 2011. 1. 17., 2013. 3. 23.〉

⑤ 제1항부터 제4항까지에서 규정한 사항 외에 특별건축구역 내 건축물의 심의 및 건축허가 이후 해당 건축물의 건축에 대한 설계자의 참여에 관한 세부 사항은 국토교통부장관이 정하여 고시한다. 〈개정 2013. 3. 23.〉

[전문개정 2008. 10. 29.]

제109조 【관계 법령의 적용 특례】 ① 법 제73조제1항제2호에서 "대통령령으로 정하는 규정"이란 「주택건설기준 등에 관한 규정」 제10조, 제13조, 제29조, 제35조, 제37조, 제50조 및 제52조를 말한다. 〈개정 2013. 6. 17.〉

② 허가권자가 법 제73조제3항에 따라 「소방시설 설치 및 관리에 관한 법률」 제12조 및 제13조에 따른 기준 또는 성능 등을 완화하여 적용하려면 「소방시설공사업법」 제30조제2항에 따른 지방소방기술심의위원회의 심의를 거치거나 소방본부장 또는 소방서장과 협의를 하여야 한다. 〈개정 2017. 1. 26., 2022. 11. 29.〉

[전문개정 2008. 10. 29.]

제110조 삭제 〈2016. 7. 19.〉

제110조의2【특별가로구역의 지정】 ① 법 제77조의2제1항에서 "대통령령으로 정하는 도로"란 다음 각 호의 어느 하나에 해당하는 도로를 말한다.

1. 건축선을 후퇴한 대지에 접한 도로로서 허가권자(허가권자가 구청장인 경우에는 특별시장이나 광역시장을 말한다. 이하 이 조에서 같다)가 건축조례로 정하는 도로
2. 허가권자가 리모델링 활성화가 필요하다고 인정하여 지정·공고한 지역 안의 도로
3. 보행자전용도로로서 도시미관 개선을 위하여 허가권자가 건축조례로 정하는 도로
4. 「지역문화진흥법」 제18조에 따른 문화지구 안의 도로
5. 그 밖에 조화로운 도시경관 창출을 위하여 필요하다고 인정하여 국토교통부장관이 고시하거나 허가권자가 건축조례로 정하는 도로

② 법 제77조의2제2항제4호에서 "대통령령으로 정하는 사항"이란 다음 각 호의 사항을 말한다.

1. 특별가로구역에서 이 법 또는 관계 법령의 규정을 적용하지 아니하거나 완화하여 적용하는 경우에 해당 규정과 완화 등의 범위에 관한 사항
2. 건축물의 지붕 및 외벽의 형태나 색채 등에 관한 사항
3. 건축물의 배치, 대지의 출입구 및 조경의 위치에 관한 사항
4. 건축선 후퇴 공간 및 공개공지등의 관리에 관한 사항
5. 그 밖에 특별가로구역의 지정에 필요하다고 인정하여 국토교통부장관이 고시하거나 허가권자가 건축조례로 정하는 사항

[본조신설 2014. 10. 14.]

제8장의2 건축협정 〈신설 2014. 10. 14.〉

제110조의3【건축협정의 체결】 ① 법 제77조의4제1항 각 호 외의 부분에서 "토지 또는 건축물의 소유자, 지상권자 등 대통령령으로 정하는 자"란 다음 각 호의 자를 말한다.

1. 토지 또는 건축물의 소유자(공유자를 포함한다. 이하 이 항에서 같다)
2. 토지 또는 건축물의 지상권자
3. 그 밖에 해당 토지 또는 건축물에 이해관계가 있는 자로서 건축조례로 정하는 자 중 그 토지 또는 건축물 소유자의 동의를 받은 자

② 법 제77조의4제4항제2호에서 "대통령령으로 정하는 사항"이란 다음 각 호의 사항을 말한다.

1. 건축선
2. 건축물 및 건축설비의 위치
3. 건축물의 용도, 높이 및 층수
4. 건축물의 지붕 및 외벽의 형태
5. 건폐율 및 용적률
6. 담장, 대문, 조경, 주차장 등 부대시설의 위치 및 형태
7. 차양시설, 차면시설 등 건축물에 부착하는 시설물의 형태
8. 법 제59조제1항제1호에 따른 맞벽 건축의 구조 및 형태
9. 그 밖에 건축물의 위치, 용도, 형태 또는 부대시설에 관하여 건축조례로 정하는 사항

[본조신설 2014. 10. 14.]

제110조의4 【건축협정의 폐지 제한 기간】 ① 법 제77조의9제1항 단서에서 "대통령령으로 정하는 기간"이란 착공신고를 한 날부터 20년을 말한다.

② 제1항에도 불구하고 다음 각 호의 요건을 모두 갖춘 경우에는 제1항에 따른 기간이 지난 것으로 본다.

1. 법 제57조제3항에 따라 분할된 대지를 같은 조 제1항 및 제2항의 기준에 적합하게 할 것
2. 법 제77조의13에 따른 특례를 적용받지 아니하는 내용으로 건축협정 변경인가를 받고 그에 따라 건축허가를 받을 것. 다만, 법 제77조의13에 따른 특례적용을 받은 내용대로 사용승인을 받은 경우에는 특례를 적용받지 아니하는 내용으로 건축협정 변경인가를 받고 그에 따라 건축허가를 받은 후 해당 건축물의 사용승인을 받아야 한다.
3. 법 제77조의11제2항에 따라 지원받은 사업비용을 반환할 것

[본조신설 2016. 5. 17.]

[종전 제110조의4는 제110조의5로 이동 〈2016. 5. 17.〉]

제110조의5 【건축협정에 따라야 하는 행위】 법 제77조의10제1항에서 "대통령령으로 정하는 행위"란 제110조의3제2항 각 호의 사항에 관한 행위를 말한다.

[본조신설 2014. 10. 14.]

[제110조의4에서 이동, 종전 제110조의5는 제110조의6으로 이동 〈2016. 5. 17.〉]

제110조의6 【건축협정에 관한 지원】 법 제77조의4제1항제4호에 따른 건축협정인가권자가 법 제77조의11제2항에 따라 건축협정구역 안의 주거환경개선을 위한 사업비용을 지원하려는 경우에는 법 제77조의4제1항 및 제2항에 따라 건축협정을 체결한 자(이하 "협정체결자"라 한다) 또는 법 제77조의5제1항에 따른 건축협정운영회(이하 "건축협정운영회"라 한다)의 대표자에게 다음 각 호의 사항이 포함된 사업계획서를 요구할 수 있다.

1. 주거환경개선사업의 목표
2. 협정체결자 또는 건축협정운영회 대표자의 성명
3. 주거환경개선사업의 내용 및 추진방법
4. 주거환경개선사업의 비용
5. 그 밖에 건축조례로 정하는 사항

[본조신설 2014. 10. 14.]

[제110조의5에서 이동 〈2016. 5. 17.〉]

제110조의7 【건축협정에 따른 특례】 ① 건축협정구역에서 건축하는 건축물에 대해서는 법 제77조의13제6항에 따라 법 제42조, 제55조, 제56조, 제60조 및 제61조를 다음 각 호의 구분에 따라 완화하여 적용할 수 있다. 〈개정 2024. 6. 18.〉

1. 법 제42조에 따른 대지의 조경 면적: 대지의 조경을 도로에 면하여 통합적으로 조성하는 건축협정구역에 한정하여 해당 지역에 적용하는 조경 면적기준의 100분의 20의 범위에서 완화
2. 법 제55조에 따른 건폐율: 해당 지역에 적용하는 건폐율의 100분의 20의 범위에서 완화. 이 경우 「국토의 계획 및 이용에 관한 법률 시행령」 제84조에 따른 건폐율의 최대한도를 초과할 수 없다.
3. 법 제56조에 따른 용적률: 해당 지역에 적용하는 용적률의 100분의 20의 범위에서 완화. 이

경우 「국토의 계획 및 이용에 관한 법률 시행령」 제85조에 따른 용적률의 최대한도를 초과할 수 없다.
4. 법 제60조에 따른 높이 제한: 너비 6미터 이상의 도로에 접한 건축협정구역에 한정하여 해당 건축물에 적용하는 높이 기준의 100분의 20의 범위에서 완화
5. 법 제61조에 따른 일조 등의 확보를 위한 건축물의 높이 제한: 건축협정구역 안에서 대지 상호간에 건축하는 공동주택에 한정하여 제86조제3항제1호에 따른 기준의 100분의 20의 범위에서 완화

② 허가권자는 법 제77조의13제6항 단서에 따라 법 제4조에 따른 건축위원회의 심의와 「국토의 계획 및 이용에 관한 법률」 제113조에 따른 지방도시계획위원회의 심의를 통합하여 하려는 경우에는 다음 각 호의 기준에 따라 통합심의위원회(이하 "통합심의위원회"라 한다)를 구성하여야 한다.
1. 통합심의위원회 위원은 법 제4조에 따른 건축위원회 및 「국토의 계획 및 이용에 관한 법률」 제113조에 따른 지방도시계획위원회의 위원 중에서 시 · 도지사 또는 시장 · 군수 · 구청장이 임명 또는 위촉할 것
2. 통합심의위원회의 위원 수는 15명 이내로 할 것
3. 통합심의위원회의 위원 중 법 제4조에 따른 건축위원회의 위원이 2분의 1 이상이 되도록 할 것
4. 통합심의위원회의 위원장은 위원 중에서 시 · 도지사 또는 시장 · 군수 · 구청장이 임명 또는 위촉할 것

③ 제2항에 따른 통합심의위원회는 다음 각 호의 사항을 검토한다.
1. 해당 대지의 토지이용 현황 및 용적률 완화 범위의 적정성
2. 건축협정으로 완화되는 용적률이 주변 경관 및 환경에 미치는 영향

[본조신설 2016. 7. 19.]

제8장의3 결합건축 〈신설 2016. 7. 19.〉

제111조 【결합건축 대상지】 ① 법 제77조의15제1항 각 호 외의 부분에서 "대통령령으로 정하는 범위에 있는 2개의 대지"란 다음 각 호의 요건을 모두 충족하는 2개의 대지를 말한다. 〈개정 2019. 10. 22., 2021. 1. 8.〉
1. 2개의 대지 모두가 법 제77조의15제1항 각 호의 지역 중 동일한 지역에 속할 것
2. 2개의 대지 모두가 너비 12미터 이상인 도로로 둘러싸인 하나의 구역 안에 있을 것. 이 경우 그 구역 안에 너비 12미터 이상인 도로로 둘러싸인 더 작은 구역이 있어서는 아니 된다.

② 법 제77조의15제1항제4호에서 "대통령령으로 정하는 지역"이란 다음 각 호의 지역을 말한다. 〈개정 2019. 10. 22.〉
1. 건축협정구역
2. 특별건축구역
3. 리모델링 활성화 구역
4. 「도시재생 활성화 및 지원에 관한 특별법」 제2조제1항제5호에 따른 도시재생활성화지역
5. 「한옥 등 건축자산의 진흥에 관한 법률」 제17조제1항에 따른 건축자산 진흥구역

③ 법 제77조의15제2항 각 호 외의 부분 본문에서 "대통령령으로 정하는 범위에 있는 3개 이상의 대지"란 다음 각 호의 요건을 모두 충족하는 3개 이상의 대지를 말한다. 〈신설 2021. 1. 8.〉
1. 대지 모두가 법 제77조의15제1항 각 호의 지역 중 같은 지역에 속할 것

2. 모든 대지 간 최단거리가 500미터 이내일 것

④ 법 제77조의15제2항제2호에서 "공원, 광장 등 대통령령으로 정하는 시설"이란 다음 각 호의 어느 하나에 해당하는 시설을 말한다. 〈신설 2021. 1. 8.〉

1. 공원, 녹지, 광장, 정원, 공지, 주차장, 놀이터 등 공동이용시설
2. 그 밖에 제1호의 시설과 비슷한 것으로서 건축조례로 정하는 시설

⑤ 법 제77조의15제2항제3호에서 "대통령령으로 정하는 건축물"이란 다음 각 호의 건축물을 말한다. 〈신설 2021. 1. 8.〉

1. 마을회관, 마을공동작업소, 마을도서관, 어린이집 등 공동이용건축물
2. 공동주택 중 「민간임대주택에 관한 특별법」 제2조제1호의 민간임대주택
3. 그 밖에 제1호 및 제2호의 건축물과 비슷한 것으로서 건축조례로 정하는 건축물

[본조신설 2016. 7. 19.]

제111조의2 【건축위원회 및 도시계획위원회의 공동 심의】 허가권자는 법 제77조의16제3항 단서에 따라 건축위원회의 심의와 도시계획위원회의 심의를 공동으로 하려는 경우에는 제110조의7제2항 각 호의 기준에 따라 공동위원회를 구성하여야 한다. 〈개정 2019. 10. 22.〉

[본조신설 2016. 7. 19.]

제111조의3 【결합건축 건축물의 사용승인】 법 제77조의17제2항에서 "대통령령으로 정하는 조치"란 다음 각 호의 어느 하나에 해당하는 조치를 말한다. 〈개정 2019. 10. 22.〉

1. 법 제11조제7항 각 호 외의 부분 단서에 따른 공사의 착수기간 연장 신청. 다만, 착공이 지연된 것에 건축주의 귀책사유가 없고 착공 지연에 따른 건축허가 취소의 가능성이 없다고 인정하는 경우로 한정한다.
2. 「국토의 계획 및 이용에 관한 법률」에 따른 도시 · 군계획시설의 결정

[본조신설 2016. 7. 19.]

제9장 보칙 〈개정 2008. 10. 29.〉

제112조 【건축위원회 심의 방법 및 결과 조사 등】 ① 국토교통부장관은 법 제78조제5항에 따라 지방건축위원회 심의 방법 또는 결과에 대한 조사가 필요하다고 인정하면 시 · 도지사 또는 시장 · 군수 · 구청장에게 관련 서류를 요구하거나 직접 방문하여 조사를 할 수 있다.

② 시 · 도지사는 법 제78조제5항에 따라 시장 · 군수 · 구청장이 설치하는 지방건축위원회의 심의 방법 또는 결과에 대한 조사가 필요하다고 인정하면 시장 · 군수 · 구청장에게 관련 서류를 요구하거나 직접 방문하여 조사를 할 수 있다.

③ 국토교통부장관 및 시 · 도지사는 제1항 또는 제2항에 따른 조사 과정에서 필요하면 법 제4조의2에 따른 심의의 신청인 및 건축관계자 등의 의견을 들을 수 있다.

[본조신설 2016. 7. 19.]

제113조 【위법 · 부당한 건축위원회의 심의에 대한 조치】 ① 국토교통부장관 및 시 · 도지사는 제112조에 따른 조사 및 의견청취 후 건축위원회의 심의 방법 또는 결과가 법 또는 법에 따른 명령이나 처분 또는 조례(이하 이 조에서 "건축법규등"이라 한다)에 위반되거나 부당하다고 인정하면 다음

각 호의 구분에 따라 시 · 도지사 또는 시장 · 군수 · 구청장에게 시정명령을 할 수 있다.

1. 심의대상이 아닌 건축물을 심의하거나 심의내용이 건축법규등에 위반된 경우: 심의결과 취소
2. 건축법규등의 위반은 아니나 심의현황 및 건축여건을 고려하여 특별히 과도한 기준을 적용하거나 이행이 어려운 조건을 제시한 것으로 인정되는 경우: 심의결과 조정 또는 재심의
3. 심의 절차에 문제가 있다고 인정되는 경우: 재심의
4. 건축관계자에게 심의개최 통지를 하지 아니하고 심의를 하거나 건축법규등에서 정한 범위를 넘어 과도한 도서의 제출을 요구한 것으로 인정되는 경우: 심의절차 및 기준의 개선 권고

② 제1항에 따른 시정명령을 받은 시 · 도지사 또는 시장 · 군수 · 구청장은 특별한 사유가 없으면 이에 따라야 한다. 이 경우 제1항제2호 또는 제3호에 따라 재심의 명령을 받은 경우에는 해당 명령을 받은 날부터 15일 이내에 건축위원회의 심의를 하여야 한다.

③ 시 · 도지사 또는 시장 · 군수 · 구청장은 제1항에 따른 시정명령에 이의가 있는 경우에는 해당 심의에 참여한 위원으로 구성된 지방건축위원회의 심의를 거쳐 국토교통부장관 또는 시 · 도지사에게 이의신청을 할 수 있다.

④ 제3항에 따라 이의신청을 받은 국토교통부장관 및 시 · 도지사는 제112조에 따른 조사를 다시 실시한 후 그 결과를 시 · 도지사 또는 시장 · 군수 · 구청장에게 통지하여야 한다.

[본조신설 2016. 7. 19.]

제114조 【위반 건축물에 대한 사용 및 영업행위의 허용 등】 법 제79조제2항 단서에서 “대통령령으로 정하는 경우”란 바닥면적의 합계가 400제곱미터 미만인 축사와 바닥면적의 합계가 400제곱미터 미만인 농업용 · 임업용 · 축산업용 및 수산업용 창고를 말한다. 〈개정 2016. 1. 19.〉

[전문개정 2008. 10. 29.]

제115조 【위반 건축물 등에 대한 실태조사 및 정비】 ① 허가권자는 법 제79조제5항에 따른 실태조사를 매년 정기적으로 하며, 위반행위의 예방 또는 확인을 위하여 수시로 실태조사를 할 수 있다.

② 허가권자는 제1항에 따른 조사를 하려는 경우에는 조사 목적 · 기간 · 대상 및 방법 등이 포함된 실태조사 계획을 수립해야 한다.

③ 제1항에 따른 조사는 서면 또는 현장조사의 방법으로 실시할 수 있다.

④ 허가권자는 제1항에 따른 조사를 한 경우 법 제79조에 따른 시정조치를 하기 위하여 정비계획을 수립 · 시행해야 하며, 그 결과를 시 · 도지사(특별자치시장 및 특별자치도지사는 제외한다)에게 보고해야 한다.

⑤ 허가권자는 위반 건축물의 체계적인 사후 관리와 정비를 위하여 국토교통부령으로 정하는 바에 따라 위반 건축물 관리대장을 작성 · 관리해야 한다. 이 경우 전자적 처리가 불가능한 특별한 사유가 없으면 법 제32조제1항에 따른 전자정보처리 시스템을 이용하여 작성 · 관리해야 한다. 〈개정 2021. 11. 2.〉

⑥ 제1항부터 제4항까지에서 규정한 사항 외에 실태조사의 방법 · 절차에 필요한 세부적인 사항은 건축조례로 정할 수 있다.

[전문개정 2020. 4. 21.]

제115조의2 【이행강제금의 부과 및 징수】 ① 법 제80조제1항 각 호 외의 부분 단서에서 “대통령령으로 정하는 경우”란 다음 각 호의 경우를 말한다. 〈개정 2011. 12. 30., 2020. 10. 8.〉

1. 법 제22조에 따른 사용승인을 받지 아니하고 건축물을 사용한 경우
2. 법 제42조에 따른 대지의 조경에 관한 사항을 위반한 경우
3. 법 제60조에 따른 건축물의 높이 제한을 위반한 경우
4. 법 제61조에 따른 일조 등의 확보를 위한 건축물의 높이 제한을 위반한 경우
5. 그 밖에 법 또는 법에 따른 명령이나 처분을 위반한 경우(별표 15 위반 건축물란의 제1호의2, 제4호부터 제9호까지의 규정에 해당하는 경우는 제외한다)로서 건축조례로 정하는 경우

② 법 제80조제1항제2호에 따른 이행강제금의 산정기준은 별표 15와 같다.

③ 이행강제금의 부과 및 징수 절차는 국토교통부령으로 정한다. 〈개정 2013. 3. 23.〉

[전문개정 2008. 10. 29.]

제115조의3 【이행강제금의 탄력적 운영】 ① 법 제80조제1항제1호에서 "대통령령으로 정하는 비율"이란 다음 각 호의 구분에 따른 비율을 말한다. 다만, 건축조례로 다음 각 호의 비율을 낮추어 정할 수 있되, 낮추는 경우에도 그 비율은 100분의 60 이상이어야 한다.

1. 건폐율을 초과하여 건축한 경우: 100분의 80
2. 용적률을 초과하여 건축한 경우: 100분의 90
3. 허가를 받지 아니하고 건축한 경우: 100분의 100
4. 신고를 하지 아니하고 건축한 경우: 100분의 70

② 법 제80조제2항에서 "영리목적을 위한 위반이나 상습적 위반 등 대통령령으로 정하는 경우"란 다음 각 호의 어느 하나에 해당하는 경우를 말한다. 다만, 위반행위 후 소유권이 변경된 경우는 제외한다.

1. 임대 등 영리를 목적으로 법 제19조를 위반하여 용도변경을 한 경우(위반면적이 50제곱미터를 초과하는 경우로 한정한다)
2. 임대 등 영리를 목적으로 허가나 신고 없이 신축 또는 증축한 경우(위반면적이 50제곱미터를 초과하는 경우로 한정한다)
3. 임대 등 영리를 목적으로 허가나 신고 없이 다세대주택의 세대수 또는 다가구주택의 가구수를 증가시킨 경우(5세대 또는 5가구 이상 증가시킨 경우로 한정한다)
4. 동일인이 최근 3년 내에 2회 이상 법 또는 법에 따른 명령이나 처분을 위반한 경우
5. 제1호부터 제4호까지의 규정과 비슷한 경우로서 건축조례로 정하는 경우

[본조신설 2016. 2. 11.]

[종전 제115조의3은 제115조의5로 이동 〈2016. 2. 11.〉]

제115조의4 【이행강제금의 감경】 ① 법 제80조의2제1항제2호에서 "대통령령으로 정하는 경우"란 다음 각 호의 어느 하나에 해당하는 경우를 말한다. 〈개정 2018. 9. 4., 2024. 6. 18.〉

1. 위반행위 후 소유권이 변경된 경우
2. 임차인이 있어 현실적으로 임대기간 중에 위반내용을 시정하기 어려운 경우(법 제79조제1항에 따른 최초의 시정명령 전에 이미 임대차계약을 체결한 경우로서 해당 계약이 종료되거나 갱신되는 경우는 제외한다) 등 상황의 특수성이 인정되는 경우
3. 위반면적이 30제곱미터 이하인 경우(별표 1 제1호부터 제4호까지의 규정에 따른 건축물로 한정하며, 「집합건물의 소유 및 관리에 관한 법률」의 적용을 받는 집합건축물은 제외한다)

4. 「집합건물의 소유 및 관리에 관한 법률」의 적용을 받는 집합건축물의 구분소유자가 위반한 면적이 5제곱미터 이하인 경우(별표 1 제2호부터 제4호까지의 규정에 따른 건축물로 한정한다)
5. 법 제22조에 따른 사용승인 당시 존재하던 위반사항으로서 사용승인 이후 확인된 경우
6. 법률 제12516호 가축분뇨의 관리 및 이용에 관한 법률 일부개정법률 부칙 제9조에 따라 같은 조 제1항 각 호에 따른 기간(같은 조 제3항에 따른 환경부령으로 정하는 규모 미만의 시설의 경우 같은 항에 따른 환경부령으로 정하는 기한을 말한다) 내에 「가축분뇨의 관리 및 이용에 관한 법률」 제11조에 따른 허가 또는 변경허가를 받거나 신고 또는 변경신고를 하려는 배출시설(처리시설을 포함한다)의 경우

6의2. 법률 제12516호 가축분뇨의 관리 및 이용에 관한 법률 일부개정법률 부칙 제10조의2에 따라 같은 조 제1항에 따른 기한까지 환경부장관이 정하는 바에 따라 허가신청을 하였거나 신고한 배출시설(개 사육시설은 제외하되, 처리시설은 포함한다)의 경우

7. 그 밖에 위반행위의 정도와 위반 동기 및 공중에 미치는 영향 등을 고려하여 감경이 필요한 경우로서 건축조례로 정하는 경우

② 법 제80조의2제1항제2호에서 "대통령령으로 정하는 비율"이란 다음 각 호의 구분에 따른 비율을 말한다. 다만, 법 제80조제1항 각 호 외의 부분 단서에 해당하는 경우에는 같은 항 각 호 외의 부분 단서에 따른 금액의 100분의 50을 말한다. 〈개정 2018. 9. 4., 2024. 6. 18.〉

1. 제1항제1호부터 제6호까지 및 제6호의2의 경우: 100분의 75
2. 제1항제7호의 경우: 건축조례로 정하는 비율

③ 법 제80조의2제2항에 따른 이행강제금의 감경 비율은 다음 각 호와 같다.

1. 연면적 85제곱미터 이하 주거용 건축물의 경우: 100분의 80
2. 연면적 85제곱미터 초과 주거용 건축물의 경우: 100분의 60

[본조신설 2016. 2. 11.]

제115조의5 삭제 〈2020. 4. 28.〉

제116조 삭제 〈2020. 4. 28.〉

제116조의2 삭제 〈2020. 4. 28.〉

제116조의3 삭제 〈2020. 4. 28.〉

제117조 【권한의 위임 · 위탁】 ① 국토교통부장관은 법 제82조제1항에 따라 법 제69조 및 제71조(제6항은 제외한다)에 따른 특별건축구역의 지정, 변경 및 해제에 관한 권한을 시 · 도지사에게 위임한다. 〈신설 2010. 12. 30., 2013. 3. 23., 2021. 1. 8.〉

② 삭제 〈1999. 4. 30.〉

③ 법 제82조제3항에 따라 구청장(자치구가 아닌 구의 구청장을 말한다) 또는 동장 · 읍장 · 면장(「지방자치단체의 행정기구와 정원기준 등에 관한 규정」 별표 3 비고 제2호에 따라 행정안전부장관이 시장 · 군수 · 구청장과 협의하여 정하는 동장 · 읍장 · 면장으로 한정한다)에게 위임할 수 있는 권한은 다음 각 호와 같다. 〈개정 2009. 7. 16., 2016. 2. 11., 2017. 7. 26., 2024. 3. 29.〉

1. 6층 이하로서 연면적 2천제곱미터 이하인 건축물의 건축 · 대수선 및 용도변경에 관한 권한
2. 기존 건축물 연면적의 10분의 3 미만의 범위에서 하는 증축에 관한 권한

④ 법 제82조제3항에 따라 동장 · 읍장 또는 면장에게 위임할 수 있는 권한은 다음 각 호와 같다. 〈신설 2009. 7. 16., 2014. 10. 14., 2018. 9. 4.〉

1. 법 제14조에 따른 건축물의 건축 및 대수선에 관한 권한
2. 법 제20조제3항에 따른 가설건축물의 축조 및 이 영 제15조의2에 따른 가설건축물의 존치기간 연장에 관한 권한
3. 삭제 〈2018. 9. 4.〉
4. 법 제83조에 따른 옹벽 등의 공작물 축조에 관한 권한

⑤ 법 제82조제4항에서 "대통령령으로 정하는 기관 또는 단체"란 다음 각 호의 기관 또는 단체 중 국토교통부장관이 정하여 고시하는 기관 또는 단체를 말한다. 〈개정 2008. 10. 29., 2009. 7. 16., 2013. 11. 20.〉

1. 「공공기관의 운영에 관한 법률」 제5조에 따른 공기업
2. 「정부출연연구기관 등의 설립 · 운영 및 육성에 관한 법률」 및 「과학기술분야 정부출연연구기관 등의 설립 · 운영 및 육성에 관한 법률」에 따른 연구기관

[제목개정 2006. 5. 8.]

제118조 【옹벽 등의 공작물에의 준용】 ① 법 제83조제1항에 따라 공작물을 축조(건축물과 분리하여 축조하는 것을 말한다. 이하 이 조에서 같다)할 때 특별자치시장 · 특별자치도지사 또는 시장 · 군수 · 구청장에게 신고를 해야 하는 공작물은 다음 각 호와 같다. 〈개정 2014. 10. 14., 2016. 1. 19., 2020. 12. 15.〉

1. 높이 6미터를 넘는 굴뚝
2. 삭제 〈2020. 12. 15.〉
3. 높이 4미터를 넘는 장식탑, 기념탑, 첨탑, 광고탑, 광고판, 그 밖에 이와 비슷한 것
4. 높이 8미터를 넘는 고가수조나 그 밖에 이와 비슷한 것
5. 높이 2미터를 넘는 옹벽 또는 담장
6. 바닥면적 30제곱미터를 넘는 지하대피호
7. 높이 6미터를 넘는 골프연습장 등의 운동시설을 위한 철탑, 주거지역 · 상업지역에 설치하는 통신용 철탑, 그 밖에 이와 비슷한 것
8. 높이 8미터(위험을 방지하기 위한 난간의 높이는 제외한다) 이하의 기계식 주차장 및 철골 조립식 주차장(바닥면이 조립식이 아닌 것을 포함한다)으로서 외벽이 없는 것
9. 건축조례로 정하는 제조시설, 저장시설(시멘트사일로를 포함한다), 유희시설, 그 밖에 이와 비슷한 것
10. 건축물의 구조에 심대한 영향을 줄 수 있는 중량물로서 건축조례로 정하는 것
11. 높이 5미터를 넘는 「신에너지 및 재생에너지 개발 · 이용 · 보급 촉진법」 제2조제2호가목에 따른 태양에너지를 이용하는 발전설비와 그 밖에 이와 비슷한 것

② 제1항 각 호의 어느 하나에 해당하는 공작물을 축조하려는 자는 공작물 축조신고서와 국토교통부령으로 정하는 설계도서를 특별자치시장 · 특별자치도지사 또는 시장 · 군수 · 구청장에게 제출(전자문서에 의한 제출을 포함한다)하여야 한다. 〈개정 2013. 3. 23., 2014. 10. 14.〉

③ 제1항 각 호의 공작물에 관하여는 법 제83조제3항에 따라 법 제14조, 제21조제5항, 제29조, 제40조제4항, 제41조, 제47조, 제48조, 제55조, 제58조, 제60조, 제61조, 제79조, 제84조, 제85조, 제87조 및 「국토의 계획 및 이용에 관한 법률」 제76조를 준용한다. 다만, 제1항제3호의 공작물로서

「옥외광고물 등의 관리와 옥외광고산업 진흥에 관한 법률」에 따라 허가를 받거나 신고를 한 공작물에 관하여는 법 제14조를 준용하지 않고, 제1항제5호의 공작물에 관하여는 법 제58조를 준용하지 않으며, 제1항제8호의 공작물에 관하여는 법 제55조를 준용하지 않고, 제1항제3호 · 제8호의 공작물에 대해서만 법 제61조를 준용한다. 〈개정 2011. 6. 29., 2014. 11. 28., 2016. 7. 6., 2020. 4. 28., 2021. 5. 4.〉

④ 제3항 본문에 따라 법 제48조를 준용하는 경우 해당 공작물에 대한 구조 안전 확인의 내용 및 방법 등은 국토교통부령으로 정한다. 〈신설 2013. 11. 20.〉

⑤ 특별자치시장 · 특별자치도지사 또는 시장 · 군수 · 구청장은 제1항에 따라 공작물 축조신고를 받았으면 국토교통부령으로 정하는 바에 따라 공작물 관리대장에 그 내용을 작성하고 관리하여야 한다. 〈개정 2013. 3. 23., 2013. 11. 20., 2014. 10. 14.〉

⑥ 제5항에 따른 공작물 관리대장은 전자적 처리가 불가능한 특별한 사유가 없으면 전자적 처리가 가능한 방법으로 작성하고 관리하여야 한다. 〈개정 2013. 11. 20.〉

[전문개정 2008. 10. 29.]

제119조 【면적 등의 산정방법】 ① 법 제84조에 따라 건축물의 면적 · 높이 및 층수 등은 다음 각 호의 방법에 따라 산정한다. 〈개정 2009. 6. 30., 2009. 7. 16., 2010. 2. 18., 2011. 4. 4., 2011. 6. 29., 2011. 12. 8., 2011. 12. 30., 2012. 4. 10., 2012. 12. 12., 2013. 3. 23., 2013. 11. 20., 2014. 11. 28., 2015. 4. 24., 2016. 1. 19., 2016. 7. 19., 2016. 8. 11., 2017. 5. 2., 2017. 6. 27., 2018. 9. 4., 2019. 10. 22., 2020. 10. 8., 2021. 1. 8., 2021. 5. 4., 2021. 11. 2., 2023. 9. 12., 2024. 5. 7., 2024. 6. 18.〉

1. 대지면적: 대지의 수평투영면적으로 한다. 다만, 다음 각 목의 어느 하나에 해당하는 면적은 제외한다.

가. 법 제46조제1항 단서에 따라 대지에 건축선이 정하여진 경우: 그 건축선과 도로 사이의 대지면적

나. 대지에 도시·군계획시설인 도로·공원 등이 있는 경우: 그 도시·군계획시설에 포함되는 대지(「국토의 계획 및 이용에 관한 법률」 제47조제7항에 따라 건축물 또는 공작물을 설치하는 도시·군계획시설의 부지는 제외한다)면적

2. 건축면적: 건축물의 외벽(외벽이 없는 경우에는 외곽 부분의 기둥으로 한다. 이하 이 호에서 같다)의 중심선으로 둘러싸인 부분의 수평투영면적으로 한다. 다만, 다음 각 목의 어느 하나에 해당하는 경우에는 해당 목에서 정하는 기준에 따라 산정한다.

가. 처마, 차양, 부연(附椽), 그 밖에 이와 비슷한 것으로서 그 외벽의 중심선으로부터 수평거리 1미터 이상 돌출된 부분이 있는 건축물의 건축면적은 그 돌출된 끝부분으로부터 다음의 구분에 따른 수평거리를 후퇴한 선으로 둘러싸인 부분의 수평투영면적으로 한다.

1) 「전통사찰의 보존 및 지원에 관한 법률」 제2조제1호에 따른 전통사찰: 4미터 이하의 범위에서 외벽의 중심선까지의 거리

2) 사료 투여, 가축 이동 및 가축 분뇨 유출 방지 등을 위하여 처마, 차양, 부연, 그 밖에 이와 비슷한 것이 설치된 축사: 3미터 이하의 범위에서 외벽의 중심선까지의 거리(두 동의 축사가 하나의 차양으로 연결된 경우에는 6미터 이하의 범위에서 축사 양 외벽의 중심선까지의 거리를 말한다)

3) 한옥: 2미터 이하의 범위에서 외벽의 중심선까지의 거리

4) 「환경친화적자동차의 개발 및 보급 촉진에 관한 법률 시행령」 제18조의5에 따른 충전시설(그에 딸린 충전 전용 주차구획을 포함한다)의 설치를 목적으로 처마, 차양, 부연, 그 밖에 이와 비슷한 것이 설치된 공동주택(「주택법」 제15조에 따른 사업계획승인 대상으로 한정한다): 2미터 이하의 범위에서 외벽의 중심선까지의 거리

5) 「신에너지 및 재생에너지 개발 · 이용 · 보급 촉진법」 제2조제3호에 따른 신 · 재생에너지 설비(신 · 재생에너지를 생산하거나 이용하기 위한 것만 해당한다)를 설치하기 위하여 처마, 차양, 부연, 그 밖에 이와 비슷한 것이 설치된 건축물로서 「녹색건축물 조성 지원법」 제17조에 따른 제로에너지건축물 인증을 받은 건축물: 2미터 이하의 범위에서 외벽의 중심선까지의 거리

6) 「환경친화적 자동차의 개발 및 보급 촉진에 관한 법률」 제2조제9호의 수소연료공급시설을 설치하기 위하여 처마, 차양, 부연 그 밖에 이와 비슷한 것이 설치된 별표 1 제19호가목의 주유소, 같은 호 나목의 액화석유가스 충전소 또는 같은 호 바목의 고압가스 충전소: 2미터 이하의 범위에서 외벽의 중심선까지의 거리

7) 그 밖의 건축물: 1미터

나. 다음의 건축물의 건축면적은 국토교통부령으로 정하는 바에 따라 산정한다.

1) 태양열을 주된 에너지원으로 이용하는 주택

2) 창고 또는 공장 중 물품을 입출고하는 부위의 상부에 한쪽 끝은 고정되고 다른 쪽 끝은 지지되지 않는 구조로 설치된 돌출차양

3) 단열재를 구조체의 외기측에 설치하는 단열공법으로 건축된 건축물

다. 다음의 경우에는 건축면적에 산입하지 않는다.

1) 지표면으로부터 1미터 이하에 있는 부분(창고 중 물품을 입출고하기 위하여 차량을 접안시키는 부분의 경우에는 지표면으로부터 1.5미터 이하에 있는 부분)

2) 「다중이용업소의 안전관리에 관한 특별법 시행령」 제9조에 따라 기존의 다중이용업소(2004년 5월 29일 이전의 것만 해당한다)의 비상구에 연결하여 설치하는 폭 2미터 이하의 옥외 피난계단(기존 건축물에 옥외 피난계단을 설치함으로써 법 제55조에 따른 건폐율의 기준에 적합하지 아니하게 된 경우만 해당한다)

3) 건축물 지상층에 일반인이나 차량이 통행할 수 있도록 설치한 보행통로나 차량통로

4) 지하주차장의 경사로

5) 건축물 지하층의 출입구 상부(출입구 너비에 상당하는 규모의 부분을 말한다)

6) 생활폐기물 보관시설(음식물쓰레기, 의류 등의 수거시설을 말한다. 이하 같다)

7) 「영유아보육법」 제15조에 따른 어린이집(2005년 1월 29일 이전에 설치된 것만 해당한다)의 비상구에 연결하여 설치하는 폭 2미터 이하의 영유아용 대피용 미끄럼대 또는 비상계단(기존 건축물에 영유아용 대피용 미끄럼대 또는 비상계단을 설치함으로써 법 제55조에 따른 건폐율 기준에 적합하지 아니하게 된 경우만 해당한다)

8) 「장애인 · 노인 · 임산부 등의 편의증진 보장에 관한 법률 시행령」 별표 2의 기준에 따라 설치하는 장애인용 승강기, 장애인용 에스컬레이터, 휠체어리프트 또는 경사로

9) 「가축전염병 예방법」 제17조제1항제1호에 따른 소독설비를 갖추기 위하여 같은 호에 따른 가축사육시설(2015년 4월 27일 전에 건축되거나 설치된 가축사육시설로 한정한다)에서

설치하는 시설

10) 「매장유산 보호 및 조사에 관한 법률」 제14조제1항제1호 및 제2호에 따른 현지보존 및 이전보존을 위하여 매장유산 보호 및 전시에 전용되는 부분

11) 「가축분뇨의 관리 및 이용에 관한 법률」 제12조제1항에 따른 처리시설(법률 제12516호 가축분뇨의 관리 및 이용에 관한 법률 일부개정법률 부칙 제9조에 해당하는 배출시설의 처리시설로 한정한다)

12) 「영유아보육법」 제15조에 따른 설치기준에 따라 직통계단 1개소를 갈음하여 건축물의 외부에 설치하는 비상계단(같은 조에 따른 어린이집이 2011년 4월 6일 이전에 설치된 경우로서 기존 건축물에 비상계단을 설치함으로써 법 제55조에 따른 건폐율 기준에 적합하지 않게 된 경우만 해당한다)

3. 바닥면적: 건축물의 각 층 또는 그 일부로서 벽, 기둥, 그 밖에 이와 비슷한 구획의 중심선으로 둘러싸인 부분의 수평투영면적으로 한다. 다만, 다음 각 목의 어느 하나에 해당하는 경우에는 각 목에서 정하는 바에 따른다.

가. 벽·기둥의 구획이 없는 건축물은 그 지붕 끝부분으로부터 수평거리 1미터를 후퇴한 선으로 둘러싸인 수평투영면적으로 한다.

나. 건축물의 노대등의 바닥은 난간 등의 설치 여부에 관계없이 노대등의 면적(외벽의 중심선으로부터 노대등의 끝부분까지의 면적을 말한다)에서 노대등이 접한 가장 긴 외벽에 접한 길이에 1.5미터를 곱한 값을 뺀 면적을 바닥면적에 산입한다.

다. 필로티나 그 밖에 이와 비슷한 구조(벽면적의 2분의 1 이상이 그 층의 바닥면에서 위층 바닥 아래면까지 공간으로 된 것만 해당한다)의 부분은 그 부분이 공중의 통행이나 차량의 통행 또는 주차에 전용되는 경우와 공동주택의 경우에는 바닥면적에 산입하지 아니한다.

라. 승강기탑(옥상 출입용 승강장을 포함한다), 계단탑, 장식탑, 다락[층고(層高)가 1.5미터(경사진 형태의 지붕인 경우에는 1.8미터) 이하인 것만 해당한다], 건축물의 내부에 설치하는 냉방설비 배기장치 전용 설치공간(각 세대나 실별로 외부 공기에 직접 닿는 곳에 설치하는 경우로서 1제곱미터 이하로 한정한다), 건축물의 외부 또는 내부에 설치하는 굴뚝, 더스트슈트, 설비덕트, 그 밖에 이와 비슷한 것과 옥상·옥외 또는 지하에 설치하는 물탱크, 기름탱크, 냉각탑, 정화조, 도시가스 정압기, 그 밖에 이와 비슷한 것을 설치하기 위한 구조물과 건축물 간에 화물의 이동에 이용되는 컨베이어벨트만을 설치하기 위한 구조물은 바닥면적에 산입하지 않는다.

마. 공동주택으로서 지상층에 설치한 기계실, 전기실, 어린이놀이터, 조경시설 및 생활폐기물 보관시설의 면적은 바닥면적에 산입하지 않는다.

바. 「다중이용업소의 안전관리에 관한 특별법 시행령」 제9조에 따라 기존의 다중이용업소(2004년 5월 29일 이전의 것만 해당한다)의 비상구에 연결하여 설치하는 폭 1.5미터 이하의 옥외 피난계단(기존 건축물에 옥외 피난계단을 설치함으로써 법 제56조에 따른 용적률에 적합하지 아니하게 된 경우만 해당한다)은 바닥면적에 산입하지 아니한다.

사. 제6조제1항제6호에 따른 건축물을 리모델링하는 경우로서 미관 향상, 열의 손실 방지 등을 위하여 외벽에 부가하여 마감재 등을 설치하는 부분은 바닥면적에 산입하지 아니한다.

아. 제1항제2호나목3)의 건축물의 경우에는 단열재가 설치된 외벽 중 내측 내력벽의 중심선을 기준으로 산정한 면적을 바닥면적으로 한다.

자. 「영유아보육법」 제15조에 따른 어린이집(2005년 1월 29일 이전에 설치된 것만 해당한다)의 비상구에 연결하여 설치하는 폭 2미터 이하의 영유아용 대피용 미끄럼대 또는 비상계단의 면적은 바닥면적(기존 건축물에 영유아용 대피용 미끄럼대 또는 비상계단을 설치함으로써 법 제56조에 따른 용적률 기준에 적합하지 아니하게 된 경우만 해당한다)에 산입하지 아니한다.

차. 「장애인·노인·임산부 등의 편의증진 보장에 관한 법률 시행령」 별표 2의 기준에 따라 설치하는 장애인용 승강기, 장애인용 에스컬레이터, 휠체어리프트 또는 경사로는 바닥면적에 산입하지 아니한다.

카. 「가축전염병 예방법」 제17조제1항제1호에 따른 소독설비를 갖추기 위하여 같은 호에 따른 가축사육시설(2015년 4월 27일 전에 건축되거나 설치된 가축사육시설로 한정한다)에서 설치하는 시설은 바닥면적에 산입하지 아니한다.

타. 「매장유산 보호 및 조사에 관한 법률」 제14조제1항제1호 및 제2호에 따른 현지보존 및 이전보존을 위하여 매장유산 보호 및 전시에 전용되는 부분은 바닥면적에 산입하지 아니한다.

파. 「영유아보육법」 제15조에 따른 설치기준에 따라 직통계단 1개소를 갈음하여 건축물의 외부에 설치하는 비상계단의 면적은 바닥면적(같은 조에 따른 어린이집이 2011년 4월 6일 이전에 설치된 경우로서 기존 건축물에 비상계단을 설치함으로써 법 제56조에 따른 용적률 기준에 적합하지 않게 된 경우만 해당한다)에 산입하지 않는다.

하. 지하주차장의 경사로(지상층에서 지하 1층으로 내려가는 부분으로 한정한다)는 바닥면적에 산입하지 않는다.

거. 제46조제4항제3호에 따른 대피공간의 바닥면적은 건축물의 각 층 또는 그 일부로서 벽의 내부선으로 둘러싸인 부분의 수평투영면적으로 한다.

너. 제46조제5항제3호 또는 제4호에 따른 구조 또는 시설(해당 세대 밖으로 대피할 수 있는 구조 또는 시설만 해당한다)을 같은 조 제4항에 따른 대피공간에 설치하는 경우 또는 같은 조 제5항제4호에 따른 대체시설을 발코니(발코니의 외부에 접하는 경우를 포함한다. 이하 같다)에 설치하는 경우에는 해당 구조 또는 시설이 설치되는 대피공간 또는 발코니의 면적 중 다음의 구분에 따른 면적까지를 바닥면적에 산입하지 않는다.

1) 인접세대와 공동으로 설치하는 경우: 4제곱미터

2) 각 세대별로 설치하는 경우: 3제곱미터

4. 연면적: 하나의 건축물 각 층의 바닥면적의 합계로 하되, 용적률을 산정할 때에는 다음 각 목에 해당하는 면적은 제외한다.

가. 지하층의 면적

나. 지상층의 주차용(해당 건축물의 부속용도인 경우만 해당한다)으로 쓰는 면적

다. 삭제 〈2012. 12. 12.〉

라. 삭제 〈2012. 12. 12.〉

마. 제34조제3항 및 제4항에 따라 초고층 건축물과 준초고층 건축물에 설치하는 피난안전구역의 면적

바. 제40조제4항제2호에 따라 건축물의 경사지붕 아래에 설치하는 대피공간의 면적

5. 건축물의 높이: 지표면으로부터 그 건축물의 상단까지의 높이[건축물의 1층 전체에 필로티(건축물을 사용하기 위한 경비실, 계단실, 승강기실, 그 밖에 이와 비슷한 것을 포함한다)가 설치되어

있는 경우에는 법 제60조 및 법 제61조제2항을 적용할 때 필로티의 층고를 제외한 높이]로 한다. 다만, 다음 각 목의 어느 하나에 해당하는 경우에는 각 목에서 정하는 바에 따른다.

가. 법 제60조에 따른 건축물의 높이는 전면도로의 중심선으로부터의 높이로 산정한다. 다만, 전면도로가 다음의 어느 하나에 해당하는 경우에는 그에 따라 산정한다.

1) 건축물의 대지에 접하는 전면도로의 노면에 고저차가 있는 경우에는 그 건축물이 접하는 범위의 전면도로부분의 수평거리에 따라 가중평균한 높이의 수평면을 전면도로면으로 본다.

2) 건축물의 대지의 지표면이 전면도로보다 높은 경우에는 그 고저차의 2분의 1의 높이만큼 올라온 위치에 그 전면도로의 면이 있는 것으로 본다.

나. 법 제61조에 따른 건축물 높이를 산정할 때 건축물 대지의 지표면과 인접 대지의 지표면 간에 고저차가 있는 경우에는 그 지표면의 평균 수평면을 지표면으로 본다. 다만, 법 제61조제2항에 따른 높이를 산정할 때 해당 대지가 인접 대지의 높이보다 낮은 경우에는 해당 대지의 지표면을 지표면으로 보고, 공동주택을 다른 용도와 복합하여 건축하는 경우에는 공동주택의 가장 낮은 부분을 그 건축물의 지표면으로 본다.

다. 건축물의 옥상에 설치되는 승강기탑(옥상 출입용 승강장을 포함한다)·계단탑·망루·장식탑·옥탑 등으로서 그 수평투영면적의 합계가 해당 건축물 건축면적의 8분의 1(「주택법」 제15조제1항에 따른 사업계획승인 대상인 공동주택 중 세대별 전용면적이 85제곱미터 이하인 경우에는 6분의 1) 이하인 경우로서 그 부분의 높이가 12미터를 넘는 경우에는 그 넘는 부분만 해당 건축물의 높이에 산입한다.

라. 지붕마루장식·굴뚝·방화벽의 옥상돌출부나 그 밖에 이와 비슷한 옥상돌출물과 난간벽(그 벽면적의 2분의 1 이상이 공간으로 되어 있는 것만 해당한다)은 그 건축물의 높이에 산입하지 아니한다.

6. 처마높이: 지표면으로부터 건축물의 지붕틀 또는 이와 비슷한 수평재를 지지하는 벽 · 깔도리 또는 기둥의 상단까지의 높이로 한다.

7. 반자높이: 방의 바닥면으로부터 반자까지의 높이로 한다. 다만, 한 방에서 반자높이가 다른 부분이 있는 경우에는 그 각 부분의 반자면적에 따라 가중평균한 높이로 한다.

8. 층고: 방의 바닥구조체 윗면으로부터 위층 바닥구조체의 윗면까지의 높이로 한다. 다만, 한 방에서 층의 높이가 다른 부분이 있는 경우에는 그 각 부분 높이에 따른 면적에 따라 가중평균한 높이로 한다.

9. 층수: 승강기탑(옥상 출입용 승강장을 포함한다), 계단탑, 망루, 장식탑, 옥탑, 그 밖에 이와 비슷한 건축물의 옥상 부분으로서 그 수평투영면적의 합계가 해당 건축물 건축면적의 8분의 1(「주택법」 제15조제1항에 따른 사업계획승인 대상인 공동주택 중 세대별 전용면적이 85제곱미터 이하인 경우에는 6분의 1) 이하인 것과 지하층은 건축물의 층수에 산입하지 아니하고, 층의 구분이 명확하지 아니한 건축물은 그 건축물의 높이 4미터마다 하나의 층으로 보고 그 층수를 산정하며, 건축물이 부분에 따라 그 층수가 다른 경우에는 그 중 가장 많은 층수를 그 건축물의 층수로 본다.

10. 지하층의 지표면: 법 제2조제1항제5호에 따른 지하층의 지표면은 각 층의 주위가 접하는 각 지표면 부분의 높이를 그 지표면 부분의 수평거리에 따라 가중평균한 높이의 수평면을 지표면으로 산정한다.

② 제1항 각 호(제10호는 제외한다)에 따른 기준에 따라 건축물의 면적 · 높이 및 층수 등을 산정할

때 지표면에 고저차가 있는 경우에는 건축물의 주위가 접하는 각 지표면 부분의 높이를 그 지표면 부분의 수평거리에 따라 가중평균한 높이의 수평면을 지표면으로 본다. 이 경우 그 고저차가 3미터를 넘는 경우에는 그 고저차 3미터 이내의 부분마다 그 지표면을 정한다.

③ 다음 각 호의 요건을 모두 갖춘 건축물의 건폐율을 산정할 때에는 제1항제2호에도 불구하고 지방건축위원회의 심의를 통해 제2호에 따른 개방 부분의 상부에 해당하는 면적을 건축면적에서 제외할 수 있다. 〈신설 2020. 4. 21.〉

1. 다음 각 목의 어느 하나에 해당하는 시설로서 해당 용도로 쓰는 바닥면적의 합계가 1천제곱미터 이상일 것
   가. 문화 및 집회시설(공연장 · 관람장 · 전시장만 해당한다)
   나. 교육연구시설(학교 · 연구소 · 도서관만 해당한다)
   다. 수련시설 중 생활권 수련시설, 업무시설 중 공공업무시설
2. 지면과 접하는 저층의 일부를 높이 8미터 이상으로 개방하여 보행통로나 공지 등으로 활용할 수 있는 구조 · 형태일 것

④ 제1항제5호다목 또는 제1항제9호에 따른 수평투영면적의 산정은 제1항제2호에 따른 건축면적의 산정방법에 따른다. 〈개정 2020. 4. 21.〉

⑤ 국토교통부장관은 제1항부터 제4항까지에서 규정한 건축물의 면적, 높이 및 층수 등의 산정방법에 관한 구체적인 적용사례 및 적용방법 등을 작성하여 공개할 수 있다. 〈신설 2021. 5. 4.〉

[전문개정 2008. 10. 29.]

[시행일: 2024. 9. 13.] 제119조제1항제3호거목

제119조의2【「행정대집행법」 적용의 특례】 법 제85조제1항제5호에서 "대통령령으로 정하는 경우"란 「대기환경보전법」에 따른 대기오염물질 또는 「물환경보전법」에 따른 수질오염물질을 배출하는 건축물로서 주변 환경을 심각하게 오염시킬 우려가 있는 경우를 말한다. 〈개정 2019. 10. 22.〉

[본조신설 2009. 8. 5.]

[종전 제119조의2는 제119조의3으로 이동 〈2009. 8. 5.〉]

제119조의3【지역건축안전센터의 업무】 법 제87조의2제1항제4호에서 "대통령령으로 정하는 사항"이란 관할 구역 내 건축물의 안전에 관한 사항으로서 해당 지방자치단체의 조례로 정하는 사항을 말한다.

[본조신설 2018. 6. 26.]

[종전 제119조의3은 제119조의4로 이동 〈2018. 6. 26.〉]

제119조의4【분쟁조정】 ① 법 제88조에 따라 분쟁의 조정 또는 재정(이하 "조정등"이라 한다)을 받으려는 자는 국토교통부령으로 정하는 바에 따라 신청 취지와 신청사건의 내용을 분명하게 밝힌 조정등의 신청서를 국토교통부에 설치된 건축분쟁전문위원회(이하 "분쟁위원회"라 한다)에 제출(전자문서에 의한 제출을 포함한다)하여야 한다. 〈개정 2009. 8. 5., 2013. 3. 23., 2014. 11. 28.〉

② 조정위원회는 법 제95조제2항에 따라 당사자나 참고인을 조정위원회에 출석하게 하여 의견을 들으려면 회의 개최 5일 전에 서면(당사자 또는 참고인이 원하는 경우에는 전자문서를 포함한다)으로 출석을 요청하여야 하며, 출석을 요청받은 당사자 또는 참고인은 조정위원회의 회의에 출석할 수 없는 부득이한 사유가 있는 경우에는 미리 서면 또는 전자문서로 의견을 제출할 수 있다.

③ 법 제88조, 제89조 및 제91조부터 제104조까지의 규정에 따른 분쟁의 조정등을 할 때 서류의 송달에 관하여는 「민사소송법」 제174조부터 제197조까지를 준용한다. 〈개정 2014. 11. 28.〉

④ 조정위원회 또는 재정위원회는 법 제102조제1항에 따라 당사자가 분쟁의 조정등을 위한 감정 · 진단 · 시험 등에 드는 비용을 내지 아니한 경우에는 그 분쟁에 대한 조정등을 보류할 수 있다. 〈개정 2009. 8. 5.〉

⑤ 삭제 〈2014. 11. 28.〉

[전문개정 2008. 10. 29.]

[제119조의3에서 이동, 종전 제119조의4는 제119조의5로 이동 〈2018. 6. 26.〉]

제119조의5【선정대표자】 ① 여러 사람이 공동으로 조정등의 당사자가 될 때에는 그 중에서 3명 이하의 대표자를 선정할 수 있다.

② 분쟁위원회는 당사자가 제1항에 따라 대표자를 선정하지 아니한 경우 필요하다고 인정하면 당사자에게 대표자를 선정할 것을 권고할 수 있다. 〈개정 2009. 8. 5., 2014. 11. 28.〉

③ 제1항 또는 제2항에 따라 선정된 대표자(이하 "선정대표자"라 한다)는 다른 신청인 또는 피신청인을 위하여 그 사건의 조정등에 관한 모든 행위를 할 수 있다. 다만, 신청을 철회하거나 조정안을 수락하려는 경우에는 서면으로 다른 신청인 또는 피신청인의 동의를 받아야 한다.

④ 대표자가 선정된 경우에는 다른 신청인 또는 피신청인은 그 선정대표자를 통해서만 그 사건에 관한 행위를 할 수 있다.

⑤ 대표자를 선정한 당사자는 필요하다고 인정하면 선정대표자를 해임하거나 변경할 수 있다. 이 경우 당사자는 그 사실을 지체 없이 분쟁위원회에 통지하여야 한다. 〈개정 2009. 8. 5., 2014. 11. 28.〉

[전문개정 2008. 10. 29.]

[제119조의4에서 이동, 종전 제119조의5는 제119조의6으로 이동 〈2018. 6. 26.〉]

제119조의6【절차의 비공개】 분쟁위원회가 행하는 조정등의 절차는 법 또는 이 영에 특별한 규정이 있는 경우를 제외하고는 공개하지 아니한다. 〈개정 2009. 8. 5., 2014. 11. 28.〉

[본조신설 2006. 5. 8.]

[제119조의5에서 이동, 종전 제119조의6은 제119조의7로 이동 〈2018. 6. 26.〉]

제119조의7【위원의 제척 등】 ① 법 제89조제8항에 따라 분쟁위원회의 위원이 다음 각 호의 어느 하나에 해당하면 그 직무의 집행에서 제외된다.

1. 위원 또는 그 배우자나 배우자였던 자가 해당 분쟁사건(이하 "사건"이라 한다)의 당사자가 되거나 그 사건에 관하여 당사자와 공동권리자 또는 의무자의 관계에 있는 경우
2. 위원이 해당 사건의 당사자와 친족이거나 친족이었던 경우
3. 위원이 해당 사건에 관하여 진술이나 감정을 한 경우
4. 위원이 해당 사건에 당사자의 대리인으로서 관여하였거나 관여한 경우
5. 위원이 해당 사건의 원인이 된 처분이나 부작위에 관여한 경우

② 분쟁위원회는 제척 원인이 있는 경우 직권이나 당사자의 신청에 따라 제척의 결정을 한다.

③ 당사자는 위원에게 공정한 직무집행을 기대하기 어려운 사정이 있으면 분쟁위원회에 기피신청을 할 수 있으며, 분쟁위원회는 기피신청이 타당하다고 인정하면 기피의 결정을 하여야 한다.

④ 위원은 제1항이나 제3항의 사유에 해당하면 스스로 그 사건의 직무집행을 회피할 수 있다.

[본조신설 2014. 11. 28.]
[제119조의6에서 이동, 종전 제119조의7은 제119조의8로 이동 〈2018. 6. 26.〉]

제119조의8 【조정등의 거부와 중지】 ① 법 제89조제8항에 따라 분쟁위원회는 분쟁의 성질상 분쟁위원회에서 조정등을 하는 것이 맞지 아니하다고 인정하거나 부정한 목적으로 신청하였다고 인정되면 그 조정등을 거부할 수 있다. 이 경우 조정등의 거부 사유를 신청인에게 알려야 한다.
② 분쟁위원회는 신청된 사건의 처리 절차가 진행되는 도중에 한쪽 당사자가 소(訴)를 제기한 경우에는 조정등의 처리를 중지하고 이를 당사자에게 알려야 한다.
[본조신설 2014. 11. 28.]
[제119조의7에서 이동, 종전 제119조의8은 제119조의9로 이동 〈2018. 6. 26.〉]

제119조의9 【조정등의 비용 예치】 법 제102조제2항에 따라 조정위원회 또는 재정위원회는 조정등을 위한 비용을 예치할 금융기관을 지정하고 예치기간을 정하여 당사자로 하여금 비용을 예치하게 할 수 있다.
[본조신설 2014. 11. 28.]
[제119조의8에서 이동, 종전 제119조의9는 제119조의10으로 이동 〈2018. 6. 26.〉]

제119조의10(분쟁위원회의 운영 및 사무처리】 ① 국토교통부장관은 법 제103조제1항에 따라 분쟁위원회의 운영 및 사무처리를 국토안전관리원에 위탁한다. 〈개정 2016. 7. 19., 2020. 12. 1.〉
② 제1항에 따라 위탁을 받은 국토안전관리원은 그 소속으로 분쟁위원회 사무국을 두어야 한다. 〈개정 2020. 12. 1.〉
[본조신설 2014. 11. 28.]
[제119조의9에서 이동, 종전 제119조의10은 제119조의11로 이동 〈2018. 6. 26.〉]

제119조의11 【고유식별정보의 처리】 국토교통부장관(법 제82조에 따라 국토교통부장관의 권한을 위임받거나 업무를 위탁받은 자를 포함한다), 시ㆍ도지사, 시장, 군수, 구청장(해당 권한이 위임ㆍ위탁된 경우에는 그 권한을 위임ㆍ위탁받은 자를 포함한다)은 다음 각 호의 사무를 수행하기 위하여 불가피한 경우 「개인정보 보호법 시행령」 제19조에 따른 주민등록번호 또는 외국인등록번호가 포함된 자료를 처리할 수 있다. 〈개정 2021. 1. 8.〉
1. 법 제11조에 따른 건축허가에 관한 사무
2. 법 제14조에 따른 건축신고에 관한 사무
3. 법 제16조에 따른 허가와 신고사항의 변경에 관한 사무
4. 법 제19조에 따른 용도변경에 관한 사무
5. 법 제20조에 따른 가설건축물의 건축허가 또는 축조신고에 관한 사무
6. 법 제21조에 따른 착공신고에 관한 사무
7. 법 제22조에 따른 건축물의 사용승인에 관한 사무
8. 법 제31조에 따른 건축행정 전산화에 관한 사무
9. 법 제32조에 따른 건축허가 업무 등의 전산처리에 관한 사무
10. 법 제33조에 따른 전산자료의 이용자에 대한 지도ㆍ감독에 관한 사무
11. 법 제38조에 따른 건축물대장의 작성ㆍ보관에 관한 사무
12. 법 제39조에 따른 등기촉탁에 관한 사무

13. 법 제71조제2항 및 이 영 제107조의2에 따른 특별건축구역의 지정 제안에 관한 사무
[본조신설 2017. 3. 27.]
[제119조의10에서 이동 〈2018. 6. 26.〉]

제120조 삭제 〈2020. 3. 3.〉

제10장 벌칙 〈신설 2013. 5. 31.〉

제121조【과태료의 부과기준】 법 제113조제1항부터 제3항까지의 규정에 따른 과태료의 부과기준은 별표 16과 같다. 〈개정 2017. 2. 3.〉
[본조신설 2013. 5. 31.]

부칙 〈제35221호, 2025. 1. 21.〉 (주택법 시행령)

제1조【시행일】 이 영은 공포한 날부터 시행한다.

제2조 생략

제3조【다른 법령의 개정】 ① 건축법 시행령 일부를 다음과 같이 개정한다.
별표 1 제2호 각 목 외의 부분 본문 중 "소형 주택"을 "아파트형 주택"으로 한다.
② 및 ③ 생략

■ 건축법 시행령 [별표 1] <개정 2021.11.2.>

용도별 건축물의 종류 (제3조의5 관련)

1. **단독주택**[단독주택의 형태를 갖춘 가정어린이집 · 공동생활가정 · 지역아동센터 · 공동육아나눔터(「아이돌봄 지원법」 제19조에 따른 공동육아나눔터를 말한다. 이하 같다) · 작은도서관(「도서관법」 제2조제4호가목에 따른 작은도서관을 말하며, 해당 주택의 1층에 설치한 경우만 해당한다. 이하 같다) 및 노인복지시설(노인복지주택은 제외한다)을 포함한다]
   가. 단독주택
   나. 다중주택: 다음의 요건을 모두 갖춘 주택을 말한다.
      1) 학생 또는 직장인 등 여러 사람이 장기간 거주할 수 있는 구조로 되어 있는 것
      2) 독립된 주거의 형태를 갖추지 않은 것(각 실별로 욕실은 설치할 수 있으나, 취사시설은 설치하지 않은 것을 말한다)
      3) 1개 동의 주택으로 쓰이는 바닥면적(부설 주차장 면적은 제외한다. 이하 같다)의 합계가 660제곱미터 이하이고 주택으로 쓰는 층수(지하층은 제외한다)가 3개 층 이하일 것. 다만, 1층의 전부 또는 일부를 필로티 구조로 하여 주차장으로 사용하고 나머지 부분을 주택(주거 목적으로 한정한다) 외의 용도로 쓰는 경우에는 해당 층을 주택의 층수에서 제외한다.
      4) 적정한 주거환경을 조성하기 위하여 건축조례로 정하는 실별 최소 면적, 창문의 설치 및 크기 등의 기준에 적합할 것
   다. 다가구주택: 다음의 요건을 모두 갖춘 주택으로서 공동주택에 해당하지 아니하는 것을 말한다.
      1) 주택으로 쓰는 층수(지하층은 제외한다)가 3개 층 이하일 것. 다만, 1층의 전부 또는 일부를 필로티 구조로 하여 주차장으로 사용하고 나머지 부분을 주택(주거 목적으로 한정한다) 외의 용도로 쓰는 경우에는 해당 층을 주택의 층수에서 제외한다.
      2) 1개 동의 주택으로 쓰이는 바닥면적의 합계가 660제곱미터 이하일 것
      3) 19세대(대지 내 동별 세대수를 합한 세대를 말한다) 이하가 거주할 수 있을 것
   라. 공관(公館)

2. **공동주택**[공동주택의 형태를 갖춘 가정어린이집 · 공동생활가정 · 지역아동센터 · 공동육아나눔터 · 작은도서관 · 노인복지시설(노인복지주택은 제외한다) 및 「주택법 시행령」 제10조제1항제1호에 따른 원룸형 주택을 포함한다]. 다만, 가목이나 나목에서 층수를 산정할 때 1층 전부를 필로티 구조로 하여 주차장으로 사용하는 경우에는 필로티 부분을 층수에서 제외하고, 다목에서 층수를 산정할 때 1층의 전부 또는 일부를 필로티 구조로 하여 주차장으로 사용하고 나머지 부분을 주택(주거 목적으로 한정한다) 외의 용도로 쓰는 경우에는 해당 층을 주택의 층수에서 제외하며, 가목부터 라목까지의 규정에서 층수를 산정할 때 지하층을 주택의 층수에서 제외한다.
   가. 아파트: 주택으로 쓰는 층수가 5개 층 이상인 주택
   나. 연립주택: 주택으로 쓰는 1개 동의 바닥면적(2개 이상의 동을 지하주차장으로 연결하는 경우에는 각각의 동으로 본다) 합계가 660제곱미터를 초과하고, 층수가 4개 층 이하인 주택
   다. 다세대주택: 주택으로 쓰는 1개 동의 바닥면적 합계가 660제곱미터 이하이고, 층수가 4개 층 이하인 주택(2개 이상의 동을 지하주차장으로 연결하는 경우에는 각각의 동으로 본다)

라. 기숙사: 학교 또는 공장 등의 학생 또는 종업원 등을 위하여 쓰는 것으로서 1개 동의 공동취사시설 이용 세대 수가 전체의 50퍼센트 이상인 것(「교육기본법」 제27조제2항에 따른 학생복지주택 및 「공공주택 특별법」 제2조제1호의3에 따른 공공매입임대주택 중 독립된 주거의 형태를 갖추지 않은 것을 포함한다)

3. 제1종 근린생활시설

가. 식품 · 잡화 · 의류 · 완구 · 서적 · 건축자재 · 의약품 · 의료기기 등 일용품을 판매하는 소매점으로서 같은 건축물(하나의 대지에 두 동 이상의 건축물이 있는 경우에는 이를 같은 건축물로 본다. 이하 같다)에 해당 용도로 쓰는 바닥면적의 합계가 1천 제곱미터 미만인 것

나. 휴게음식점, 제과점 등 음료 · 차(茶) · 음식 · 빵 · 떡 · 과자 등을 조리하거나 제조하여 판매하는 시설(제4호너목 또는 제17호에 해당하는 것은 제외한다)로서 같은 건축물에 해당 용도로 쓰는 바닥면적의 합계가 300제곱미터 미만인 것

다. 이용원, 미용원, 목욕장, 세탁소 등 사람의 위생관리나 의류 등을 세탁 · 수선하는 시설(세탁소의 경우 공장에 부설되는 것과 「대기환경보전법」, 「물환경보전법」 또는 「소음 · 진동관리법」에 따른 배출시설의 설치 허가 또는 신고의 대상인 것은 제외한다)

라. 의원, 치과의원, 한의원, 침술원, 접골원(接骨院), 조산원, 안마원, 산후조리원 등 주민의 진료 · 치료 등을 위한 시설

마. 탁구장, 체육도장으로서 같은 건축물에 해당 용도로 쓰는 바닥면적의 합계가 500제곱미터 미만인 것

바. 지역자치센터, 파출소, 지구대, 소방서, 우체국, 방송국, 보건소, 공공도서관, 건강보험공단 사무소 등 주민의 편의를 위하여 공공업무를 수행하는 시설로서 같은 건축물에 해당 용도로 쓰는 바닥면적의 합계가 1천 제곱미터 미만인 것

사. 마을회관, 마을공동작업소, 마을공동구판장, 공중화장실, 대피소, 지역아동센터(단독주택과 공동주택에 해당하는 것은 제외한다) 등 주민이 공동으로 이용하는 시설

아. 변전소, 도시가스배관시설, 통신용 시설(해당 용도로 쓰는 바닥면적의 합계가 1천제곱미터 미만인 것에 한정한다), 정수장, 양수장 등 주민의 생활에 필요한 에너지공급 · 통신서비스제공이나 급수 · 배수와 관련된 시설

자. 금융업소, 사무소, 부동산중개사무소, 결혼상담소 등 소개업소, 출판사 등 일반업무시설로서 같은 건축물에 해당 용도로 쓰는 바닥면적의 합계가 30제곱미터 미만인 것

차. 전기자동차 충전소(해당 용도로 쓰는 바닥면적의 합계가 1천제곱미터 미만인 것으로 한정한다)

4. 제2종 근린생활시설

가. 공연장(극장, 영화관, 연예장, 음악당, 서커스장, 비디오물감상실, 비디오물소극장, 그 밖에 이와 비슷한 것을 말한다. 이하 같다)으로서 같은 건축물에 해당 용도로 쓰는 바닥면적의 합계가 500제곱미터 미만인 것

나. 종교집회장[교회, 성당, 사찰, 기도원, 수도원, 수녀원, 제실(祭室), 사당, 그 밖에 이와 비슷한 것을 말한다. 이하 같다]으로서 같은 건축물에 해당 용도로 쓰는 바닥면적의 합계가 500제곱미터 미만인 것

다. 자동차영업소로서 같은 건축물에 해당 용도로 쓰는 바닥면적의 합계가 1천제곱미터 미만인 것
라. 서점(제1종 근린생활시설에 해당하지 않는 것)
마. 총포판매소
바. 사진관, 표구점
사. 청소년게임제공업소, 복합유통게임제공업소, 인터넷컴퓨터게임시설제공업소, 가상현실체험 제공업소, 그 밖에 이와 비슷한 게임 및 체험 관련 시설로서 같은 건축물에 해당 용도로 쓰는 바닥면적의 합계가 500제곱미터 미만인 것
아. 휴게음식점, 제과점 등 음료·차(茶)·음식·빵·떡·과자 등을 조리하거나 제조하여 판매하는 시설(너목 또는 제17호에 해당하는 것은 제외한다)로서 같은 건축물에 해당 용도로 쓰는 바닥면적의 합계가 300제곱미터 이상인 것
자. 일반음식점
차. 장의사, 동물병원, 동물미용실, 「동물보호법」 제32조제1항제6호에 따른 동물위탁관리업을 위한 시설, 그 밖에 이와 유사한 것
카. 학원(자동차학원·무도학원 및 정보통신기술을 활용하여 원격으로 교습하는 것은 제외한다), 교습소(자동차교습·무도교습 및 정보통신기술을 활용하여 원격으로 교습하는 것은 제외한다), 직업훈련소(운전·정비 관련 직업훈련소는 제외한다)로서 같은 건축물에 해당 용도로 쓰는 바닥면적의 합계가 500제곱미터 미만인 것
타. 독서실, 기원
파. 테니스장, 체력단련장, 에어로빅장, 볼링장, 당구장, 실내낚시터, 골프연습장, 놀이형시설(「관광진흥법」에 따른 기타유원시설업의 시설을 말한다. 이하 같다) 등 주민의 체육 활동을 위한 시설(제3호마목의 시설은 제외한다)로서 같은 건축물에 해당 용도로 쓰는 바닥면적의 합계가 500제곱미터 미만인 것
하. 금융업소, 사무소, 부동산중개사무소, 결혼상담소 등 소개업소, 출판사 등 일반업무시설로서 같은 건축물에 해당 용도로 쓰는 바닥면적의 합계가 500제곱미터 미만인 것(제1종 근린생활시설에 해당하는 것은 제외한다)
거. 다중생활시설(「다중이용업소의 안전관리에 관한 특별법」에 따른 다중이용업 중 고시원업의 시설로서 국토교통부장관이 고시하는 기준과 그 기준에 위배되지 않는 범위에서 적정한 주거환경을 조성하기 위하여 건축조례로 정하는 실별 최소 면적, 창문의 설치 및 크기 등의 기준에 적합한 것을 말한다. 이하 같다)로서 같은 건축물에 해당 용도로 쓰는 바닥면적의 합계가 500제곱미터 미만인 것
너. 제조업소, 수리점 등 물품의 제조·가공·수리 등을 위한 시설로서 같은 건축물에 해당 용도로 쓰는 바닥면적의 합계가 500제곱미터 미만이고, 다음 요건 중 어느 하나에 해당하는 것
 1) 「대기환경보전법」, 「물환경보전법」 또는 「소음·진동관리법」에 따른 배출시설의 설치 허가 또는 신고의 대상이 아닌 것
 2) 「물환경보전법」 제33조제1항 본문에 따라 폐수배출시설의 설치 허가를 받거나 신고해야 하는 시설로서 발생되는 폐수를 전량 위탁처리하는 것
더. 단란주점으로서 같은 건축물에 해당 용도로 쓰는 바닥면적의 합계가 150제곱미터 미만인 것
러. 안마시술소, 노래연습장

5. 문화 및 집회시설
   가. 공연장으로서 제2종 근린생활시설에 해당하지 아니하는 것
   나. 집회장[예식장, 공회당, 회의장, 마권(馬券) 장외 발매소, 마권 전화투표소, 그 밖에 이와 비슷한 것을 말한다]으로서 제2종 근린생활시설에 해당하지 아니하는 것
   다. 관람장(경마장, 경륜장, 경정장, 자동차 경기장, 그 밖에 이와 비슷한 것과 체육관 및 운동장으로서 관람석의 바닥면적의 합계가 1천 제곱미터 이상인 것을 말한다)
   라. 전시장(박물관, 미술관, 과학관, 문화관, 체험관, 기념관, 산업전시장, 박람회장, 그 밖에 이와 비슷한 것을 말한다)
   마. 동·식물원(동물원, 식물원, 수족관, 그 밖에 이와 비슷한 것을 말한다)

6. 종교시설
   가. 종교집회장으로서 제2종 근린생활시설에 해당하지 아니하는 것
   나. 종교집회장(제2종 근린생활시설에 해당하지 아니하는 것을 말한다)에 설치하는 봉안당(奉安堂)

7. 판매시설
   가. 도매시장(「농수산물유통 및 가격안정에 관한 법률」에 따른 농수산물도매시장, 농수산물공판장, 그 밖에 이와 비슷한 것을 말하며, 그 안에 있는 근린생활시설을 포함한다)
   나. 소매시장(「유통산업발전법」 제2조제3호에 따른 대규모 점포, 그 밖에 이와 비슷한 것을 말하며, 그 안에 있는 근린생활시설을 포함한다)
   다. 상점(그 안에 있는 근린생활시설을 포함한다)으로서 다음의 요건 중 어느 하나에 해당하는 것
      1) 제3호가목에 해당하는 용도(서점은 제외한다)로서 제1종 근린생활시설에 해당하지 아니하는 것
      2) 「게임산업진흥에 관한 법률」 제2조제6호의2가목에 따른 청소년게임제공업의 시설, 같은 호 나목에 따른 일반게임제공업의 시설, 같은 조 제7호에 따른 인터넷컴퓨터게임시설제공업의 시설 및 같은 조 제8호에 따른 복합유통게임제공업의 시설로서 제2종 근린생활시설에 해당하지 아니하는 것

8. 운수시설
   가. 여객자동차터미널
   나. 철도시설
   다. 공항시설
   라. 항만시설
   마. 그 밖에 가목부터 라목까지의 규정에 따른 시설과 비슷한 시설

9. 의료시설
   가. 병원(종합병원, 병원, 치과병원, 한방병원, 정신병원 및 요양병원을 말한다)
   나. 격리병원(전염병원, 마약진료소, 그 밖에 이와 비슷한 것을 말한다)

10. 교육연구시설(제2종 근린생활시설에 해당하는 것은 제외한다)
   가. 학교(유치원, 초등학교, 중학교, 고등학교, 전문대학, 대학, 대학교, 그 밖에 이에 준하는 각종 학교를 말한다)
   나. 교육원(연수원, 그 밖에 이와 비슷한 것을 포함한다)
   다. 직업훈련소(운전 및 정비 관련 직업훈련소는 제외한다)
   라. 학원(자동차학원 · 무도학원 및 정보통신기술을 활용하여 원격으로 교습하는 것은 제외한다), 교습소(자동차교습 · 무도교습 및 정보통신기술을 활용하여 원격으로 교습하는 것은 제외한다)
   마. 연구소(연구소에 준하는 시험소와 계측계량소를 포함한다)
   바. 도서관

11. 노유자시설
   가. 아동 관련 시설(어린이집, 아동복지시설, 그 밖에 이와 비슷한 것으로서 단독주택, 공동주택 및 제1종 근린생활시설에 해당하지 아니하는 것을 말한다)
   나. 노인복지시설(단독주택과 공동주택에 해당하지 아니하는 것을 말한다)
   다. 그 밖에 다른 용도로 분류되지 아니한 사회복지시설 및 근로복지시설

12. 수련시설
   가. 생활권 수련시설(「청소년활동진흥법」에 따른 청소년수련관, 청소년문화의집, 청소년특화시설, 그 밖에 이와 비슷한 것을 말한다)
   나. 자연권 수련시설(「청소년활동진흥법」에 따른 청소년수련원, 청소년야영장, 그 밖에 이와 비슷한 것을 말한다)
   다. 「청소년활동진흥법」에 따른 유스호스텔
   라. 「관광진흥법」에 따른 야영장 시설로서 제29호에 해당하지 아니하는 시설

13. 운동시설
   가. 탁구장, 체육도장, 테니스장, 체력단련장, 에어로빅장, 볼링장, 당구장, 실내낚시터, 골프연습장, 놀이형시설, 그 밖에 이와 비슷한 것으로서 제1종 근린생활시설 및 제2종 근린생활시설에 해당하지 아니하는 것
   나. 체육관으로서 관람석이 없거나 관람석의 바닥면적이 1천제곱미터 미만인 것
   다. 운동장(육상장, 구기장, 볼링장, 수영장, 스케이트장, 롤러스케이트장, 승마장, 사격장, 궁도장, 골프장 등과 이에 딸린 건축물을 말한다)으로서 관람석이 없거나 관람석의 바닥면적이 1천 제곱미터 미만인 것

14. 업무시설
   가. 공공업무시설: 국가 또는 지방자치단체의 청사와 외국공관의 건축물로서 제1종 근린생활시설에 해당하지 아니하는 것
   나. 일반업무시설: 다음 요건을 갖춘 업무시설을 말한다.
      1) 금융업소, 사무소, 결혼상담소 등 소개업소, 출판사, 신문사, 그 밖에 이와 비슷한 것으로서

제1종 근린생활시설 및 제2종 근린생활시설에 해당하지 않는 것
2) 오피스텔(업무를 주로 하며, 분양하거나 임대하는 구획 중 일부 구획에서 숙식을 할 수 있도록 한 건축물로서 국토교통부장관이 고시하는 기준에 적합한 것을 말한다)

15. 숙박시설
가. 일반숙박시설 및 생활숙박시설(「공중위생관리법」 제3조제1항 전단에 따라 숙박업 신고를 해야 하는 시설로서 국토교통부장관이 정하여 고시하는 요건을 갖춘 시설을 말한다)
나. 관광숙박시설(관광호텔, 수상관광호텔, 한국전통호텔, 가족호텔, 호스텔, 소형호텔, 의료관광호텔 및 휴양 콘도미니엄)
다. 다중생활시설(제2종 근린생활시설에 해당하지 아니하는 것을 말한다)
라. 그 밖에 가목부터 다목까지의 시설과 비슷한 것

16. 위락시설
가. 단란주점으로서 제2종 근린생활시설에 해당하지 아니하는 것
나. 유흥주점이나 그 밖에 이와 비슷한 것
다. 「관광진흥법」에 따른 유원시설업의 시설, 그 밖에 이와 비슷한 시설(제2종 근린생활시설과 운동시설에 해당하는 것은 제외한다)
라. 삭제 〈2010.2.18〉
마. 무도장, 무도학원
바. 카지노영업소

17. 공장
물품의 제조 · 가공[염색 · 도장(塗裝) · 표백 · 재봉 · 건조 · 인쇄 등을 포함한다] 또는 수리에 계속적으로 이용되는 건축물로서 제1종 근린생활시설, 제2종 근린생활시설, 위험물저장 및 처리시설, 자동차 관련 시설, 자원순환 관련 시설 등으로 따로 분류되지 아니한 것

18. 창고시설(위험물 저장 및 처리 시설 또는 그 부속용도에 해당하는 것은 제외한다)
가. 창고(물품저장시설로서 「물류정책기본법」에 따른 일반창고와 냉장 및 냉동 창고를 포함한다)
나. 하역장
다. 「물류시설의 개발 및 운영에 관한 법률」에 따른 물류터미널
라. 집배송 시설

19. 위험물 저장 및 처리 시설
「위험물안전관리법」, 「석유 및 석유대체연료 사업법」, 「도시가스사업법」, 「고압가스 안전관리법」, 「액화석유가스의 안전관리 및 사업법」, 「총포 · 도검 · 화약류 등 단속법」, 「화학물질 관리법」 등에 따라 설치 또는 영업의 허가를 받아야 하는 건축물로서 다음 각 목의 어느 하나에 해당하는 것. 다만, 자가난방, 자가발전, 그 밖에 이와 비슷한 목적으로 쓰는 저장시설은 제외한다.
가. 주유소(기계식 세차설비를 포함한다) 및 석유 판매소

나. 액화석유가스 충전소 · 판매소 · 저장소(기계식 세차설비를 포함한다)
다. 위험물 제조소 · 저장소 · 취급소
라. 액화가스 취급소 · 판매소
마. 유독물 보관 · 저장 · 판매시설
바. 고압가스 충전소 · 판매소 · 저장소
사. 도료류 판매소
아. 도시가스 제조시설
자. 화약류 저장소
차. 그 밖에 가목부터 자목까지의 시설과 비슷한 것

20. 자동차 관련 시설(건설기계 관련 시설을 포함한다)
가. 주차장
나. 세차장
다. 폐차장
라. 검사장
마. 매매장
바. 정비공장
사. 운전학원 및 정비학원(운전 및 정비 관련 직업훈련시설을 포함한다)
아. 「여객자동차 운수사업법」, 「화물자동차 운수사업법」 및 「건설기계관리법」에 따른 차고 및 주기장(駐機場)
자. 전기자동차 충전소로서 제1종 근린생활시설에 해당하지 않는 것

21. 동물 및 식물 관련 시설
가. 축사(양잠 · 양봉 · 양어 · 양돈 · 양계 · 곤충사육 시설 및 부화장 등을 포함한다)
나. 가축시설[가축용 운동시설, 인공수정센터, 관리사(管理舍), 가축용 창고, 가축시장, 동물검역소, 실험동물 사육시설, 그 밖에 이와 비슷한 것을 말한다]
다. 도축장
라. 도계장
마. 작물 재배사
바. 종묘배양시설
사. 화초 및 분재 등의 온실
아. 동물 또는 식물과 관련된 가목부터 사목까지의 시설과 비슷한 것(동 · 식물원은 제외한다)

22. 자원순환 관련 시설
가. 하수 등 처리시설
나. 고물상
다. 폐기물재활용시설
라. 폐기물 처분시설
마. 폐기물감량화시설

23. 교정 및 군사 시설(제1종 근린생활시설에 해당하는 것은 제외한다)
  가. 교정시설(보호감호소, 구치소 및 교도소를 말한다)
  나. 갱생보호시설, 그 밖에 범죄자의 갱생 · 보육 · 교육 · 보건 등의 용도로 쓰는 시설
  다. 소년원 및 소년분류심사원
  라. 국방 · 군사시설

24. 방송통신시설(제1종 근린생활시설에 해당하는 것은 제외한다)
  가. 방송국(방송프로그램 제작시설 및 송신 · 수신 · 중계시설을 포함한다)
  나. 전신전화국
  다. 촬영소
  라. 통신용 시설
  마. 데이터센터
  바. 그 밖에 가목부터 마목까지의 시설과 비슷한 것

25. 발전시설
발전소(집단에너지 공급시설을 포함한다)로 사용되는 건축물로서 제1종 근린생활시설에 해당하지 아니하는 것

26. 묘지 관련 시설
  가. 화장시설
  나. 봉안당(종교시설에 해당하는 것은 제외한다)
  다. 묘지와 자연장지에 부수되는 건축물
  라. 동물화장시설, 동물건조장(乾燥葬)시설 및 동물 전용의 납골시설

27. 관광 휴게시설
  가. 야외음악당
  나. 야외극장
  다. 어린이회관
  라. 관망탑
  마. 휴게소
  바. 공원 · 유원지 또는 관광지에 부수되는 시설

28. 장례시설
  가. 장례식장[의료시설의 부수시설(「의료법」 제36조제1호에 따른 의료기관의 종류에 따른 시설을 말한다)에 해당하는 것은 제외한다]
  나. 동물 전용의 장례식장

29. 야영장 시설

「관광진흥법」에 따른 야영장 시설로서 관리동, 화장실, 샤워실, 대피소, 취사시설 등의 용도로 쓰는 바닥면적의 합계가 300제곱미터 미만인 것

※ 비고

1. 제3호 및 제4호에서 "해당 용도로 쓰는 바닥면적"이란 부설 주차장 면적을 제외한 실(實) 사용면적에 공용부분 면적(복도, 계단, 화장실 등의 면적을 말한다)을 비례 배분한 면적을 합한 면적을 말한다.
2. 비고 제1호에 따라 "해당 용도로 쓰는 바닥면적"을 산정할 때 건축물의 내부를 여러 개의 부분으로 구분하여 독립한 건축물로 사용하는 경우에는 그 구분된 면적 단위로 바닥면적을 산정한다. 다만, 다음 각 목에 해당하는 경우에는 각 목에서 정한 기준에 따른다.
   가. 제4호더목에 해당하는 건축물의 경우에는 내부가 여러 개의 부분으로 구분되어 있더라도 해당 용도로 쓰는 바닥면적을 모두 합산하여 산정한다.
   나. 동일인이 둘 이상의 구분된 건축물을 같은 세부 용도로 사용하는 경우에는 연접되어 있지 않더라도 이를 모두 합산하여 산정한다.
   다. 구분 소유자(임차인을 포함한다)가 다른 경우에도 구분된 건축물을 같은 세부 용도로 연계하여 함께 사용하는 경우(통로, 창고 등을 공동으로 활용하는 경우 또는 명칭의 일부를 동일하게 사용하여 홍보하거나 관리하는 경우 등을 말한다)에는 연접되어 있지 않더라도 연계하여 함께 사용하는 바닥면적을 모두 합산하여 산정한다.
3. 「청소년 보호법」 제2조제5호가목8) 및 9)에 따라 여성가족부장관이 고시하는 청소년 출입 · 고용금지업의 영업을 위한 시설은 제1종 근린생활시설 및 제2종 근린생활시설에서 제외하되, 위 표에 따른 다른 용도의 시설로 분류되지 않는 경우에는 제16호에 따른 위락시설로 분류한다.
4. 국토교통부장관은 별표 1 각 호의 용도별 건축물의 종류에 관한 구체적인 범위를 정하여 고시할 수 있다.

■ 건축법 시행령 [별표 2] <개정 2021.11.2.>

대지의 공지 기준 (제80조의2 관련)

1. 건축선으로부터 건축물까지 띄어야 하는 거리

대상 건축물	건축조례에서 정하는 건축기준
가. 해당 용도로 쓰는 바닥면적의 합계가 500제곱미터 이상인 공장(전용공업지역, 일반공업지역 또는 「산업입지 및 개발에 관한 법률」에 따른 산업단지에 건축하는 공장은 제외한다)으로서 건축조례로 정하는 건축물	· 준공업지역: 1.5미터 이상 6미터 이하 · 준공업지역 외의 지역: 3미터 이상 6미터 이하
나. 해당 용도로 쓰는 바닥면적의 합계가 500제곱미터 이상인 창고(전용공업지역, 일반공업지역 또는「산업입지 및 개발에 관한 법률」에 따른 산업단지에 건축하는 창고는 제외한다)로서 건축조례로 정하는 건축물	· 준공업지역: 1.5미터 이상 6미터 이하 · 준공업지역 외의 지역: 3미터 이상 6미터 이하
다. 해당 용도로 쓰는 바닥면적의 합계가 1,000제곱미터 이상인 판매시설, 숙박시설(일반숙박시설은 제외한다), 문화 및 집회시설(전시장 및 동·식물원은 제외한다) 및 종교시설	· 3미터 이상 6미터 이하
라. 다중이 이용하는 건축물로서 건축조례로 정하는 건축물	· 3미터 이상 6미터 이하
마. 공동주택	· 아파트: 2미터 이상 6미터 이하 · 연립주택: 2미터 이상 5미터 이하 · 다세대주택: 1미터 이상 4미터 이하
바. 그 밖에 건축조례로 정하는 건축물	1미터 이상 6미터 이하(한옥의 경우에는 처마선 2미터 이하, 외벽선 1미터 이상 2미터 이하)

2. 인접 대지경계선으로부터 건축물까지 띄어야 하는 거리

대상 건축물	건축조례에서 정하는 건축기준
가. 전용주거지역에 건축하는 건축물(공동주택은 제외한다)	· 1미터 이상 6미터 이하(한옥의 경우에는 처마선 2미터 이하, 외벽선 1미터 이상 2미터 이하)
나. 해당 용도로 쓰는 바닥면적의 합계가 500제곱미터 이상인 공장(전용공업지역, 일반공업지역 또는 「산업입지 및 개발에 관한 법률」에 따른 산업단지에 건축하는 공장은 제외한다)으로서 건축조례로 정하는 건축물	· 준공업지역: 1미터 이상 6미터 이하 · 준공업지역 외의 지역: 1.5미터 이상 6미터 이하
다. 상업지역이 아닌 지역에 건축하는 건축물로서 해당 용도로 쓰는 바닥면적의 합계가 1,000제곱미터 이상인 판매시설, 숙박시설(일반숙박시설은 제외한다), 문화 및 집회시설(전시장 및 동·식물원은 제외한다) 및 종교시설	· 1.5미터 이상 6미터 이하
라. 다중이 이용하는 건축물(상업지역에 건축하는 건축물로서 스프링클러나 그 밖에 이와 비슷한 자동식 소화설비를 설치한 건축물은 제외한다)로서 건축조례로 정하는 건축물	· 1.5미터 이상 6미터 이하
마. 공동주택(상업지역에 건축하는 공동주택으로서 스프링클러나 그 밖에 이와 비슷한 자동식 소화설비를 설치한 공동주택은 제외한다)	· 아파트: 2미터 이상 6미터 이하 · 연립주택: 1.5미터 이상 5미터 이하 · 다세대주택: 0.5미터 이상 4미터 이하
바. 그 밖에 건축조례로 정하는 건축물	· 0.5미터 이상 6미터 이하(한옥의 경우에는 처마선 2미터 이하, 외벽선 1미터 이상 2미터 이하)

■ 비고

1) 제1호가목 및 제2호나목에 해당하는 건축물 중 법 제11조에 따른 허가를 받거나 법 제14조에 따른 신고를 하고 2009년 7월 1일부터 2015년 6월 30일까지, 2016년 7월 1일부터 2019년 6월 30일까지 또는 2021년 11월 2일부터 2024년 11월 1일까지 법 제21조에 따른 착공신고를 하는 건축물에 대해서는 건축조례로 정하는 건축기준을 2분의 1로 완화하여 적용한다.
2) 제1호에 해당하는 건축물(별표 1 제1호, 제2호 및 제17호부터 제19호까지의 건축물은 제외한다)이 너비가 20미터 이상인 도로를 포함하여 2개 이상의 도로에 접한 경우로서 너비가 20미터 이상인 도로(도로와 접한 공공공지 및 녹지를 포함한다)면에 접한 건축물에 대해서는 건축선으로부터 건축물까지 띄어야 하는 거리를 적용하지 않는다.
3) 제1호에 따른 건축물의 부속용도에 해당하는 건축물에 대해서는 주된 용도에 적용되는 대지의 공지 기준 범위에서 건축조례로 정하는 바에 따라 완화하여 적용할 수 있다. 다만, 최소 0.5미터 이상은 띄어야 한다.

■ 건축법 시행령 [별표 3] <개정 2021.1.8.>

특별건축구역의 특례사항 적용 대상 건축물 (제106조제2항 관련)

용도	규모(연면적, 세대 또는 동)
1. 문화 및 집회시설, 판매시설, 운수시설, 의료시설, 교육연구시설, 수련시설	2천제곱미터 이상
2. 운동시설, 업무시설, 숙박시설, 관광 휴게시설, 방송통신시설	3천제곱미터 이상
3. 종교시설	-
4. 노유자시설	5백제곱미터 이상
5. 공동주택(주거용 외의 용도와 복합된 건축물을 포함한다)	100세대 이상
6. 단독주택 가.「한옥 등 건축자산의 진흥에 관한 법률」제2조제2호 또는 제3호의 한옥 또는 한옥건축양식의 단독주택 나. 그 밖의 단독주택	1) 10동 이상 2) 30동 이상
7. 그 밖의 용도	1천제곱미터 이상

■ 비고

1. 위 표의 용도에 해당하는 건축물은 허가권자가 인정하는 비슷한 용도의 건축물을 포함한다.
2. 용도가 복합된 건축물의 경우에는 해당 용도의 연면적 합계가 기준 연면적을 합한 값 이상이어야 한다. 이 경우 공동주택과 주거용 외의 용도가 복합된 건축물의 경우에는 각각 해당 용도의 연면적 또는 세대 기준에 적합해야 한다.
3. 위 표 제6호가목의 건축물에는 허가권자가 인정하는 범위에서 단독주택 외의 용도로 쓰는 한옥 또는 한옥건축양식의 건축물을 일부 포함할 수 있다.

[별표 4] ~ [별표 14] 삭제 <2000.6.27>

■ 건축법 시행령 [별표 15] <개정 2020.10.8.>

이행강제금의 산정기준 (제115조의2제2항 관련)

위반건축물	해당 법조문	이행강제금의 금액
1. 허가를 받지 않거나 신고를 하지 않고 제3조의2제8호에 따른 증설 또는 해체로 대수선을 한 건축물	법 제11조, 법 제14조	시가표준액의 100분의 10에 해당하는 금액
1의2. 허가를 받지 아니하거나 신고를 하지 아니하고 용도변경을 한 건축물	법 제19조	허가를 받지 아니하거나 신고를 하지 아니하고 용도변경을 한 부분의 시가표준액의 100분의 10에 해당하는 금액
2. 사용승인을 받지 아니하고 사용 중인 건축물	법 제22조	시가표준액의 100분의 2에 해당하는 금액
3. 대지의 조경에 관한 사항을 위반한 건축물	법 제42조	시가표준액(조경의무를 위반한 면적에 해당하는 바닥면적의 시가표준액)의 100분의 10에 해당하는 금액
4. 건축선에 적합하지 아니한 건축물	법 제47조	시가표준액의 100분의 10에 해당하는 금액
5. 구조내력기준에 적합하지 아니한 건축물	법 제48조	시가표준액의 100분의 10에 해당하는 금액
6. 피난시설, 건축물의 용도·구조의 제한, 방화구획, 계단, 거실의 반자 높이, 거실의 채광·환기와 바닥의 방습 등이 법령등의 기준에 적합하지 아니한 건축물	법 제49조	시가표준액의 100분의 10에 해당하는 금액
7. 내화구조 및 방화벽이 법령등의 기준에 적합하지 아니한 건축물	법 제50조	시가표준액의 100분의 10에 해당하는 금액
8. 방화지구 안의 건축물에 관한 법령등의 기준에 적합하지 아니한 건축물	법 제51조	시가표준액의 100분의 10에 해당하는 금액
9. 법령등에 적합하지 않은 마감재료를 사용한 건축물	법 제52조	시가표준액의 100분의 10에 해당하는 금액
10. 높이 제한을 위반한 건축물	법 제60조	시가표준액의 100분의 10에 해당하는 금액
11. 일조 등의 확보를 위한 높이제한을 위반한 건축물	법 제61조	시가표준액의 100분의 10에 해당하는 금액
12. 건축설비의 설치·구조에 관한 기준과 그 설계 및 공사감리에 관한 법령등의 기준을 위반한 건축물	법 제62조	시가표준액의 100분의 10에 해당하는 금액
13. 그 밖에 이 법 또는 이 법에 따른 명령이나 처분을 위반한 건축물		시가표준액의 100분의 3 이하로서 위반행위의 종류에 따라 건축조례로 정하는 금액(건축조례로 규정하지 아니한 경우에는 100분의 3으로 한다)

■ 건축법 시행령 [별표 16] <개정 2021.12.21.>

과태료의 부과기준 (제121조 관련)

1. 일반기준
   가. 위반행위의 횟수에 따른 과태료의 가중된 부과기준은 최근 1년간 같은 위반행위로 과태료 부과처분을 받은 경우에 적용한다. 이 경우 기간의 계산은 위반행위에 대하여 과태료 부과처분을 받은 날과 그 처분 후 다시 같은 위반행위를 하여 적발된 날을 기준으로 한다.
   나. 과태료 부과 시 위반행위가 둘 이상인 경우에는 부과금액이 많은 과태료를 부과한다.
   다. 부과권자는 위반행위의 정도, 동기와 그 결과 등을 고려하여 제2호에 따른 과태료 금액의 2분의 1 범위에서 그 금액을 늘릴 수 있다. 다만, 과태료를 늘려 부과하는 경우에도 법 제113조 제1항부터 제3항까지의 규정에 따른 과태료 금액의 상한을 넘을 수 없다.
   라. 부과권자는 다음의 어느 하나에 해당하는 경우에는 제2호에 따른 과태료 금액의 2분의 1 범위에서 그 금액을 줄일 수 있다. 다만, 과태료를 체납하고 있는 위반행위자의 경우에는 그 금액을 줄일 수 없으며, 감경 사유가 여러 개 있는 경우라도 감경의 범위는 과태료 금액의 2분의 1을 넘을 수 없다.
      1) 삭제 〈2020.10.8.〉
      2) 위반행위가 사소한 부주의나 오류 등으로 인한 것으로 인정되는 경우
      3) 위반행위자가 법 위반상태를 바로 정정하거나 시정하여 해소한 경우
      4) 그 밖에 위반행위의 정도, 동기와 그 결과 등을 고려하여 줄일 필요가 있다고 인정되는 경우

2. 개별기준

(단위: 만원)

위반행위	근거 법조문	과태료 금액		
		1차 위반	2차 위반	3차 이상 위반
가. 법 제19조제3항에 따른 건축물대장 기재내용의 변경을 신청하지 않은 경우	법 제113조 제1항제1호	50	100	200
나. 법 제24조제2항을 위반하여 공사현장에 설계도서를 갖추어 두지 않은 경우	법 제113조 제1항제2호	50	100	200
다. 법 제24조제5항을 위반하여 건축허가 표지판을 설치하지 않은 경우	법 제113조 제1항제3호	50	100	200
라. 법 제24조제6항 후단을 위반하여 공정 및 안전 관리 업무를 수행하지 않거나 공사 현장을 이탈한 경우	법 제113조 제3항	20	30	50
마. 법 제52조의3제2항 및 제52조의6제4항에 따른 점검을 거부·방해 또는 기피한 경우	법 제113조 제1항제4호	50	100	200

바. 공사감리자가 법 제25조제4항을 위반하여 보고를 하지 않은 경우	법 제113조 제2항제1호	30	60	100
사. 법 제27조제2항에 따른 보고를 하지 않은 경우	법 제113조 제2항제2호	30	60	100
아. 삭제 <2020.4.28.>				
자. 삭제 <2020.4.28.>				
차. 법 제48조의3제1항 본문에 따른 공개를 하지 아니한 경우	법 제113조 제1항제5호	50	100	200
카. 건축주, 소유자 또는 관리자가 법 제77조제2항을 위반하여 모니터링에 필요한 사항에 협조하지 않은 경우	법 제113조 제2항제6호	30	60	100
타. 삭제 <2020.4.28.>				
파. 법 제87조제1항에 따른 자료의 제출 또는 보고를 하지 않거나 거짓 자료를 제출하거나 거짓 보고를 한 경우	법 제113조 제2항제9호	30	60	100

3. 건축법 시행규칙

[시행 2025. 1. 14.] [국토교통부령 제1439호, 2025. 1. 14., 일부개정]

제1조 【목적】 이 규칙은 「건축법」 및 「건축법 시행령」에서 위임된 사항과 그 시행에 필요한 사항을 규정함을 목적으로 한다. 〈개정 2005. 7. 18., 2012. 12. 12.〉

제1조의2 【설계도서의 범위】 「건축법」(이하 "법"이라 한다) 제2조제14호에서 "그 밖에 국토교통부령으로 정하는 공사에 필요한 서류"란 다음 각 호의 서류를 말한다. 〈개정 2005. 7. 18., 2008. 3. 14., 2008. 12. 11., 2013. 3. 23.〉

1. 건축설비계산 관계서류
2. 토질 및 지질 관계서류
3. 기타 공사에 필요한 서류

[본조신설 1996. 1. 18.]

제2조 【중앙건축위원회의 운영 등】 ① 법 제4조제1항 및 「건축법 시행령」(이하 "영"이라 한다) 제5조의4에 따라 국토교통부에 두는 건축위원회(이하 "중앙건축위원회"라 한다)의 회의는 다음 각 호에 따라 운영한다. 〈개정 2013. 3. 23., 2016. 1. 13.〉

1. 중앙건축위원회의 위원장은 중앙건축위원회의 회의를 소집하고, 그 의장이 된다.
2. 중앙건축위원회의 회의는 구성위원(위원장과 위원장이 회의 시마다 확정하는 위원을 말한다) 과반수의 출석으로 개의(開議)하고, 출석위원 과반수의 찬성으로 조사 · 심의 · 조정 또는 재정(이하 "심의등"이라 한다)을 의결한다.
3. 중앙건축위원회의 위원장은 업무수행을 위하여 필요하다고 인정하는 경우에는 관계 전문가를 중앙건축위원회의 회의에 출석하게 하여 발언하게 하거나 관계 기관 · 단체에 대하여 자료를 요구할 수 있다.
4. 중앙건축위원회는 심의신청 접수일부터 30일 이내에 심의를 마쳐야 한다. 다만, 심의요청서 보완 등 부득이한 사정이 있는 경우에는 20일의 범위에서 연장할 수 있다.

② 중앙건축위원회의 회의에 출석한 위원에 대하여는 예산의 범위에서 수당 및 여비를 지급할 수 있다. 다만, 공무원인 위원이 그의 소관 업무와 직접적으로 관련하여 출석하는 경우에는 그러하지 아니하다.

③ 중앙건축위원회의 심의등 관련 서류는 심의등의 완료 후 2년간 보존하여야 한다. 〈신설 2016. 1. 13.〉

④ 중앙건축위원회에 회의록 작성 등 중앙건축위원회의 사무를 처리하기 위하여 간사를 두되, 간사는 국토교통부의 건축정책업무 담당 과장이 된다. 〈신설 2016. 1. 13.〉

⑤ 이 규칙에서 규정한 사항 외에 중앙건축위원회의 운영에 필요한 사항은 중앙건축위원회의 의결을 거쳐 위원장이 정한다. 〈개정 2016. 1. 13.〉

[전문개정 2012. 12. 12.]

제2조의2 【중앙건축위원회의 심의등의 결과 통보】 국토교통부장관은 중앙건축위원회가 심의등을 의결한 날부터 7일 이내에 심의등을 신청한 자에게 그 심의등의 결과를 서면으로 알려야 한다. 〈개정

2013. 3. 23.〉
[본조신설 2012. 12. 12.]
[종전 제2조의2는 제2조의3으로 이동 〈2012. 12. 12.〉]

제2조의3 【전문위원회의 구성등】 ① 삭제 〈1999. 5. 11.〉
②법 제4조제2항에 따라 중앙건축위원회에 구성되는 전문위원회(이하 이 조에서 "전문위원회"라 한다)는 중앙건축위원회의 위원 중 5인 이상 15인 이하의 위원으로 구성한다. 〈개정 1999. 5. 11., 2006. 5. 12.〉
③전문위원회의 위원장은 전문위원회의 위원중에서 국토교통부장관이 임명 또는 위촉하는 자가 된다. 〈개정 1999. 5. 11., 2008. 3. 14., 2013. 3. 23.〉
④ 전문위원회의 운영에 관하여는 제2조제1항 및 제2항을 준용한다. 이 경우 "중앙건축위원회"는 각각 "전문위원회"로 본다. 〈개정 2012. 12. 12.〉
[본조신설 1998. 9. 29.]
[제목개정 1999. 5. 11.]
[제2조의2에서 이동, 종전 제2조의3은 삭제

제2조의4 【지방건축위원회의 심의 신청 등】 ① 법 제4조의2제1항 및 제3항에 따라 건축물을 건축하거나 대수선하려는 자는 특별시ㆍ광역시ㆍ특별자치시ㆍ도ㆍ특별자치도 및 시ㆍ군ㆍ구(자치구를 말한다. 이하 같다)에 두는 건축위원회(이하 "지방건축위원회"라 한다)의 심의 또는 재심의를 신청하려는 경우에는 별지 제1호서식의 건축위원회 심의(재심의)신청서에 영 제5조의5제6항제2호자목에 따른 간략설계도서를 첨부(심의를 신청하는 경우에 한정한다)하여 제출하여야 한다.
② 영 제6조의3제2항 및 제4항에 따라 구조 안전에 관한 지방건축위원회의 심의 또는 재심의를 신청할 때에는 별지 제1호의5서식의 건축위원회 구조 안전 심의(재심의) 신청서에 별표 1의2에 따른 서류를 첨부(재심의를 신청하는 경우는 제외한다)하여 제출하여야 한다. 〈신설 2015. 7. 7.〉
③ 법 제4조의2제2항 및 제4항에 따라 특별시장ㆍ광역시장ㆍ특별자치시장ㆍ도지사ㆍ특별자치도지사(이하 "시ㆍ도지사"라 한다) 또는 시장ㆍ군수ㆍ구청장(자치구의 구청장을 말한다. 이하 같다)은 지방건축위원회의 심의 또는 재심의를 완료한 날부터 14일 이내에 그 심의 또는 재심의 결과를 심의 또는 재심의를 신청한 자에게 통보하여야 한다. 〈개정 2015. 7. 7.〉
[본조신설 2014. 11. 28.]
[종전 제2조의4는 제2조의5로 이동 〈2014. 11. 28.〉]

제2조의5 【적용의 완화】 영 제6조제2항제2호나목에서 "국토교통부령으로 정하는 규모 및 범위"란 다음 각 호의 구분에 따른 증축을 말한다. 〈개정 2012. 12. 12., 2013. 3. 23., 2013. 11. 28., 2014. 4. 25., 2014. 11. 28., 2016. 7. 20., 2016. 8. 12., 2022. 2. 11., 2024. 12. 17.〉
1. 증축의 규모는 다음 각 목의 기준에 따라야 한다.
  가. 연면적의 증가
    1) 공동주택이 아닌 건축물로서 「주택법 시행령」 제10조제1항제1호에 따른 소형 주택으로의 용도변경을 위하여 증축되는 건축물 및 공동주택: 건축위원회의 심의에서 정한 범위 이내일 것.
    2) 그 외의 건축물: 기존 건축물 연면적 합계의 10분의 2의 범위에서 건축위원회의 심의에서

정한 범위 이내일 것. 다만, 영 제6조제1항제6호가목에 따른 리모델링 활성화 구역은 기존 건축물의 연면적 합계의 10분의 3의 범위에서 건축위원회 심의에서 정한 범위 이내일 것으로 한다.

나. 건축물의 층수 및 높이의 증가: 건축위원회 심의에서 정한 범위 이내일 것.

다.「주택법」 제15조에 따른 사업계획승인 대상인 공동주택 세대수의 증가: 가목에 따라 증축 가능한 연면적의 범위에서 기존 세대수의 100분의 15를 상한으로 건축위원회 심의에서 정한 범위 이내일 것

2. 증축할 수 있는 범위는 다음 각 목의 구분에 따른다.

가. 공동주택

1) 승강기 · 계단 및 복도

2) 각 세대 내의 노대 · 화장실 · 창고 및 거실

3)「주택법」에 따른 부대시설

4)「주택법」에 따른 복리시설

5) 기존 공동주택의 높이 · 층수 또는 세대수

나. 가목 외의 건축물

1) 승강기 · 계단 및 주차시설

2) 노인 및 장애인 등을 위한 편의시설

3) 외부벽체

4) 통신시설 · 기계설비 · 화장실 · 정화조 및 오수처리시설

5) 기존 건축물의 높이 및 층수

6) 법 제2조제1항제6호에 따른 거실

[전문개정 2010. 8. 5.]

[제2조의4에서 이동 〈2014. 11. 28.〉]

제3조【기존건축물에 대한 특례】 영 제6조의2제1항제3호에서 "국토교통부령으로 정하는 경우"란 다음 각 호의 어느 하나에 해당하는 경우를 말한다. 〈개정 2003. 7. 1., 2005. 7. 18., 2006. 5. 12., 2008. 3. 14., 2010. 8. 5., 2012. 3. 16., 2013. 3. 23., 2014. 10. 15.〉

1. 법률 제3259호「준공미필건축물 정리에 관한 특별조치법」, 법률 제3533호「특정건축물 정리에 관한 특별조치법」, 법률 제6253호「특정건축물 정리에 관한 특별조치법」, 법률 제7698호「특정건축물 정리에 관한 특별조치법」 및 법률 제11930호「특정건축물 정리에 관한 특별조치법」에 따라 준공검사필증 또는 사용승인서를 교부받은 사실이 건축물대장에 기재된 경우
2. 「도시 및 주거환경정비법」에 의한 주거환경개선사업의 준공인가증을 교부받은 경우
3. 「공유토지분할에 관한 특례법」에 의하여 분할된 경우
4. 대지의 일부 토지소유권에 대하여「민법」 제245조에 따라 소유권이전등기가 완료된 경우
5. 「지적재조사에 관한 특별법」에 따른 지적재조사사업으로 새로운 지적공부가 작성된 경우

[전문개정 1996. 1. 18.]

제4조【건축에 관한 입지 및 규모의 사전결정신청시 제출서류】 법 제10조제1항 및 제2항에 따른 사전결정을 신청하는 자는 별지 제1호의2서식의 사전결정신청서에 다음 각 호의 도서를 첨부하여 법 제11조제

1항에 따른 허가권자(이하 "허가권자"라 한다)에게 제출하여야 한다. 〈개정 2008. 12. 11., 2008. 12. 31., 2012. 12. 12., 2014. 11. 28., 2016. 1. 13., 2016. 1. 27.〉

1. 영 제5조의5제6항제2호자목에 따라 제출되어야 하는 간략설계도서(법 제10조제2항에 따라 사전결정신청과 동시에 건축위원회의 심의를 신청하는 경우만 해당한다)
2. 「도시교통정비 촉진법」에 따른 교통영향평가서의 검토를 위하여 같은 법에서 제출하도록 한 서류(법 제10조제2항에 따라 사전결정신청과 동시에 교통영향평가서의 검토를 신청하는 경우만 해당됩니다)
3. 「환경정책기본법」에 따른 사전환경성검토를 위하여 같은 법에서 제출하도록 한 서류(법 제10조제1항에 따라 사전결정이 신청된 건축물의 대지면적 등이 「환경정책기본법」에 따른 사전환경성검토 협의대상인 경우만 해당한다)
4. 법 제10조제6항 각 호의 허가를 받거나 신고 또는 협의를 하기 위하여 해당법령에서 제출하도록 한 서류(해당사항이 있는 경우만 해당한다)
5. 별표 2 중 건축계획서(에너지절약계획서, 노인 및 장애인을 위한 편의시설 설치계획서는 제외한다) 및 배치도(조경계획은 제외한다)

[본조신설 2006. 5. 12.]

제5조【건축에 관한 입지 및 규모의 사전결정서 등】 ①허가권자는 법 제10조제4항에 따라 사전결정을 한 후 별지 제1호의3서식의 사전결정서를 사전결정일부터 7일 이내에 사전결정을 신청한 자에게 송부하여야 한다. 〈개정 2012. 12. 12., 2014. 11. 28.〉

②제1항에 따른 사전결정서에는 법 · 영 또는 해당지방자치단체의 건축에 관한 조례(이하 "건축조례"라 한다) 등(이하 "법령등"이라 한다)에의 적합 여부와 법 제10조제6항에 따른 관계법률의 허가 · 신고 또는 협의 여부를 표시하여야 한다. 〈개정 2012. 12. 12.〉

[본조신설 2006. 5. 12.]

제6조【건축허가 등의 신청】 ①법 제11조제1항 · 제3항, 제20조제1항, 영 제9조제1항 및 제15조제8항에 따라 건축물의 건축 · 대수선 허가 또는 가설건축물의 건축허가를 받으려는 자는 별지 제1호의4서식의 건축 · 대수선 · 용도변경 (변경)허가 신청서에 다음 각 호의 서류를 첨부하여 허가권자에게 제출(전자문서로 제출하는 것을 포함한다)해야 한다. 이 경우 허가권자는 「전자정부법」 제36조제1항에 따른 행정정보의 공동이용(이하 "행정정보의 공동이용"이라 한다)을 통해 제1호의2의 서류 중 토지등기사항증명서를 확인해야 한다. 〈개정 1996. 1. 18., 1999. 5. 11., 2005. 7. 18., 2006. 5. 12., 2007. 12. 13., 2008. 12. 11., 2011. 1. 6., 2011. 6. 29., 2012. 12. 12., 2014. 11. 28., 2015. 10. 5., 2016. 7. 20., 2016. 8. 12., 2017. 1. 19., 2018. 11. 29., 2019. 11. 18., 2021. 6. 25., 2021. 12. 31., 2023. 6. 9.〉

1. 건축할 대지의 범위에 관한 서류

1의2. 건축할 대지의 소유에 관한 권리를 증명하는 서류. 다만, 다음 각 목의 경우에는 그에 따른 서류로 갈음할 수 있다.

가. 건축할 대지에 포함된 국유지 또는 공유지에 대해서는 허가권자가 해당 토지의 관리청과 협의하여 그 관리청이 해당 토지를 건축주에게 매각하거나 양여할 것을 확인한 서류

나. 집합건물의 공용부분을 변경하는 경우에는 「집합건물의 소유 및 관리에 관한 법률」 제15조제1항

에 따른 결의가 있었음을 증명하는 서류

다. 분양을 목적으로 하는 공동주택을 건축하는 경우에는 그 대지의 소유에 관한 권리를 증명하는 서류. 다만, 법 제11조에 따라 주택과 주택 외의 시설을 동일 건축물로 건축하는 건축허가를 받아「주택법 시행령」제27조제1항에 따른 호수 또는 세대수 이상으로 건설·공급하는 경우 대지의 소유권에 관한 사항은「주택법」제21조를 준용한다.

1의3. 법 제11조제11항제1호에 해당하는 경우에는 건축할 대지를 사용할 수 있는 권원을 확보하였음을 증명하는 서류

1의4. 법 제11조제11항제2호 및 영 제9조의2제1항 각 호의 사유에 해당하는 경우에는 다음 각 목의 서류

가. 건축물 및 해당 대지의 공유자 수의 100분의 80 이상의 서면동의서: 공유자가 자필로 서명하는 서면동의의 방법으로 하며, 주민등록증, 여권 등 신원을 확인할 수 있는 신분증명서의 사본을 첨부해야 한다. 다만, 공유자가 해외에 장기체류하거나 법인인 경우 등 불가피한 사유가 있다고 허가권자가 인정하는 경우에는 공유자가 인감도장을 날인하거나 서명한 서면동의서에 해당 인감증명서나「본인서명사실 확인 등에 관한 법률」제2조제3호에 따른 본인서명사실확인서 또는 같은 법 제7조제7항에 따른 전자본인서명확인서의 발급증을 첨부하는 방법으로 할 수 있다.

나. 가목에 따라 동의한 공유자의 지분 합계가 전체 지분의 100분의 80 이상임을 증명하는 서류

다. 영 제9조의2제1항 각 호의 어느 하나에 해당함을 증명하는 서류

라. 해당 건축물의 개요

1의5. 제5조에 따른 사전결정서(법 제10조에 따라 건축에 관한 입지 및 규모의 사전결정서를 받은 경우만 해당한다)

2. 별표 2의 설계도서(법 제10조에 따른 사전결정을 받은 경우에는 건축계획서 및 배치도를 제외한다). 다만, 법 제23조제4항에 따른 표준설계도서에 따라 건축하는 경우에는 건축계획서 및 배치도만 해당한다.

3. 법 제11조제5항 각 호에 따른 허가등을 받거나 신고를 하기 위하여 해당 법령에서 제출하도록 의무화하고 있는 신청서 및 구비서류(해당 사항이 있는 경우로 한정한다)

4. 별지 제27호의12서식에 따른 결합건축협정서(해당 사항이 있는 경우로 한정한다)

② 법 제11조제3항 단서에서 "국토교통부령으로 정하는 신청서 및 구비서류"란 별표 2의 설계도서 중 구조도 및 구조계산서를 말한다. 〈신설 2021. 6. 25.〉

③ 법 제16조제1항 및 영 제12조제1항에 따라 변경허가를 받으려는 자는 별지 제1호의4서식의 건축 · 대수선 · 용도변경 (변경)허가 신청서에 변경하려는 부분에 대한 변경 전 · 후의 설계도서와 제1항 각 호에서 정하는 관계 서류 중 변경이 있는 서류를 첨부하여 허가권자에게 제출(전자문서로 제출하는 것을 포함한다)해야 한다. 이 경우 허가권자는 행정정보의 공동이용을 통해 제1항제1호의2의 서류 중 토지등기사항증명서를 확인해야 한다. 〈신설 2018. 11. 29., 2019. 11. 18., 2021. 6. 25.〉

④ 삭제 〈1999. 5. 11.〉

[제목개정 2018. 11. 29.]

제7조【건축허가의 사전승인】 ①법 제11조제2항에 따라 건축허가사전승인 대상건축물의 건축허가에 관한 승인을 받으려는 시장 · 군수는 허가 신청일부터 15일 이내에 다음 각 호의 구분에 따른 도서를

도지사에게 제출(전자문서로 제출하는 것을 포함한다)하여야 한다. 〈개정 1999. 5. 11., 2001. 9. 28., 2007. 12. 13., 2008. 12. 11., 2016. 7. 20.〉

1. 법 제11조제2항제1호의 경우 : 별표 3의 도서

2. 법 제11조제2항제2호 및 제3호의 경우 : 별표 3의2의 도서

②제1항의 규정에 의하여 사전승인의 신청을 받은 도지사는 승인요청을 받은 날부터 50일 이내에 승인여부를 시장 · 군수에게 통보(전자문서에 의한 통보를 포함한다)하여야 한다. 다만, 건축물의 규모가 큰 경우등 불가피한 경우에는 30일의 범위내에서 그 기간을 연장할 수 있다. 〈개정 1996. 1. 18., 1999. 5. 11., 2007. 12. 13.〉

[제목개정 1999. 5. 11.]

제8조 【건축허가서 등】 ① 영 제9조제2항에 따른 건축허가서 및 영 제15조제9항에 따른 가설건축물 건축허가서는 별지 제2호서식과 같다.

② 제6조제3항에 따라 신청을 받은 허가권자가 법 제16조에 따라 변경허가를 한 경우에는 별지 제2호서식의 건축 · 대수선 · 용도변경 허가서를 신청인에게 발급해야 한다. 〈개정 2021. 6. 25.〉

③ 허가권자는 제1항 및 제2항에 따라 별지 제2호서식의 건축 · 대수선 · 용도변경 허가서를 교부하는 때에는 별지 제3호서식의 건축 · 대수선 · 용도변경 허가(신고)대장을 건축물의 용도별 및 월별로 작성 · 관리해야 한다.

④ 별지 제3호서식의 건축 · 대수선 · 용도변경 허가(신고)대장은 전자적 처리가 불가능한 특별한 사유가 없으면 전자적 처리가 가능한 방법으로 작성 · 관리해야 한다.

[전문개정 2018. 11. 29.]

제9조 【건축공사현장 안전관리예치금】 영 제10조의2제1항제5호에서 "국토교통부령으로 정하는 보증서"란 「주택도시기금법」 제16조에 따른 주택도시보증공사가 발행하는 보증서를 말한다. 〈개정 2008. 3. 14., 2010. 8. 5., 2013. 3. 23., 2015. 7. 1.〉

[본조신설 2006. 5. 12.]

제9조의2 【건축물 안전영향평가】 ① 영 제10조의3제2항제1호에서 "건축계획서 및 기본설계도서 등 국토교통부령으로 정하는 도서"란 별표 3의 도서를 말한다.

② 법 제13조의2제6항에서 "국토교통부령으로 정하는 방법"이란 해당 지방자치단체의 공보에 게시하는 방법을 말한다. 이 경우 게시 내용에 「개인정보 보호법」 제2조제1호에 따른 개인정보를 포함하여서는 아니된다.

[본조신설 2017. 2. 3.]

제10조 【건축허가 등의 수수료】 ①법 제11조 · 제14조 · 제16조 · 제19조 · 제20조 및 제83조에 따라 건축허가를 신청하거나 건축신고를 하는 자는 법 제17조제2항에 따라 별표 4에 따른 금액의 범위에서 건축조례로 정하는 수수료를 내야 한다. 다만, 재해복구를 위한 건축물의 건축 또는 대수선에 있어서는 그렇지 않다. 〈개정 1996. 1. 18., 2006. 5. 12., 2008. 12. 11., 2022. 11. 2.〉

② 제1항 본문에도 불구하고 건축물을 대수선하거나 바닥면적을 산정할 수 없는 공작물을 축조하기 위하여 허가 신청 또는 신고를 하는 경우의 수수료는 대수선의 범위 또는 공작물의 높이 등을 고려하여 건축조례로 따로 정한다. 〈신설 2008. 12. 11.〉

③ 삭제 〈2022. 11. 2.〉

[제목개정 1999. 5. 11., 2006. 5. 12.]

제11조【건축 관계자 변경신고】 ①법 제11조 및 제14조에 따라 건축 또는 대수선에 관한 허가를 받거나 신고를 한 자가 다음 각 호의 어느 하나에 해당하게 된 경우에는 그 양수인 · 상속인 또는 합병후 존속하거나 합병에 의하여 설립되는 법인은 그 사실이 발생한 날부터 7일 이내에 별지 제4호서식의 건축관계자변경신고서에 변경 전 건축주의 명의변경동의서 또는 권리관계의 변경사실을 증명할 수 있는 서류를 첨부하여 허가권자에게 제출(전자문서로 제출하는 것을 포함한다)하여야 한다. 〈개정 2006. 5. 12., 2007. 12. 13., 2008. 12. 11., 2012. 12. 12.〉

1. 허가를 받거나 신고를 한 건축주가 허가 또는 신고 대상 건축물을 양도한 경우
2. 허가를 받거나 신고를 한 건축주가 사망한 경우
3. 허가를 받거나 신고를 한 법인이 다른 법인과 합병을 한 경우

②건축주는 설계자, 공사시공자 또는 공사감리자를 변경한 때에는 그 변경한 날부터 7일 이내에 별지 제4호서식의 건축관계자변경신고서를 허가권자에게 제출(전자문서에 의한 제출을 포함한다)하여야 한다. 〈개정 2007. 12. 13., 2017. 1. 20.〉

③허가권자는 제1항 및 제2항의 규정에 의한 건축관계자변경신고서를 받은 때에는 그 기재내용을 확인한 후 별지 제5호서식의 건축관계자변경신고필증을 신고인에게 교부하여야 한다.

[전문개정 1999. 5. 11.]

[제목개정 2006. 5. 12.]

제12조【건축신고】 ①법 제14조제1항 및 제16조제1항에 따라 건축물의 건축 · 대수선 또는 설계변경의 신고를 하려는 자는 별지 제6호서식의 건축 · 대수선 · 용도변경 (변경)신고서에 다음 각 호의 서류를 첨부하여 특별자치시장 · 특별자치도지사 또는 시장 · 군수 · 구청장에게 제출(전자문서로 제출하는 것을 포함한다)해야 한다. 이 경우 특별자치시장 · 특별자치도지사 또는 시장 · 군수 · 구청장은 행정정보의 공동이용을 통해 제4호의 서류 중 토지등기사항증명서를 확인해야 한다. 〈개정 2006. 5. 12., 2007. 12. 13., 2008. 12. 11., 2011. 1. 6., 2011. 6. 29., 2012. 12. 12., 2014. 10. 15., 2016. 1. 13., 2018. 11. 29., 2019. 11. 18.〉

1. 별표 2 중 배치도 · 평면도(층별로 작성된 것만 해당한다) · 입면도 및 단면도. 다만, 다음 각 목의 경우에는 각 목의 구분에 따른 도서를 말한다.

   가. 연면적의 합계가 100제곱미터를 초과하는 영 별표 1 제1호의 단독주택을 건축하는 경우 : 별표 2의 설계도서 중 건축계획서 · 배치도 · 평면도 · 입면도 · 단면도 및 구조도(구조내력상 주요한 부분의 평면 및 단면을 표시한 것만 해당한다)

   나. 법 제23조제4항에 따른 표준설계도서에 따라 건축하는 경우 : 건축계획서 및 배치도

   다. 법 제10조에 따른 사전결정을 받은 경우 : 평면도

2. 법 제11조제5항 각 호에 따른 허가 등을 받거나 신고를 하기 위하여 해당법령에서 제출하도록 의무화하고 있는 신청서 및 구비서류(해당사항이 있는 경우로 한정한다)
3. 건축할 대지의 범위에 관한 서류
4. 건축할 대지의 소유 또는 사용에 관한 권리를 증명하는 서류. 다만, 건축할 대지에 포함된 국유지 · 공유지에 대해서는 특별자치시장 · 특별자치도지사 또는 시장 · 군수 · 구청장이 해당 토지의 관리청과 협의하여 그 관리청이 해당 토지를 건축주에게 매각하거나 양여할 것을 확인한 서류로 그

토지의 소유에 관한 권리를 증명하는 서류를 갈음할 수 있으며, 집합건물의 공용부분을 변경하는 경우에는「집합건물의 소유 및 관리에 관한 법률」제15조제1항에 따른 결의가 있었음을 증명하는 서류로 갈음할 수 있다.

5. 법 제48조제2항에 따라 구조안전을 확인해야 하는 건축 · 대수선의 경우: 별표 2에 따른 구조도 및 구조계산서. 다만,「건축물의 구조기준 등에 관한 규칙」에 따른 소규모건축물로서 국토교통부장관이 고시하는 소규모건축구조기준에 따라 설계한 경우에는 구조도만 해당한다.

② 법 제14조제1항에 따른 신고를 받은 특별자치시장 · 특별자치도지사 또는 시장 · 군수 · 구청장은 해당 건축물을 건축하려는 대지에 재해의 위험이 있다고 인정하는 경우에는 지방건축위원회의 심의를 거쳐 별표 2의 서류 중 이미 제출된 서류를 제외한 나머지 서류를 추가로 제출하도록 요구할 수 있다. 〈신설 2011. 1. 6., 2014. 10. 15.〉

③특별자치시장 · 특별자치도지사 또는 시장 · 군수 · 구청장은 제1항에 따른 건축 · 대수선 · 용도변경신고서를 받은 때에는 그 기재내용을 확인한 후 그 신고의 내용에 따라 별지 제7호서식의 건축 · 대수선 · 용도변경 신고필증을 신고인에게 교부하여야 한다. 〈개정 2011. 1. 6., 2014. 10. 15., 2018. 11. 29.〉

④ 제3항에 따라 건축 · 대수선 · 용도변경 신고필증을 발급하는 경우에 관하여는 제8조제3항 및 제4항을 준용한다. 〈개정 2008. 12. 11., 2011. 1. 6., 2018. 11. 29.〉

⑤ 특별자치시장 · 특별자치도지사 · 시장 · 군수 또는 구청장은 제1항에 따른 신고를 하려는 자에게 같은 항 각 호의 서류를 제출하는데 도움을 줄 수 있는 건축사사무소, 건축지도원 및 건축기술자 등에 대한 정보를 충분히 제공하여야 한다. 〈신설 2008. 12. 11., 2011. 1. 6., 2014. 10. 15.〉

[전문개정 1999. 5. 11.]

제12조의2 【용도변경】 ①법 제19조제2항에 따라 용도변경의 허가를 받으려는 자는 별지 제1호의4서식의 건축 · 대수선 · 용도변경 (변경)허가 신청서에, 용도변경의 신고를 하려는 자는 별지 제6호서식의 건축 · 대수선 · 용도변경 (변경)신고서에 다음 각 호의 서류를 첨부하여 특별자치시장 · 특별자치도지사 또는 시장 · 군수 · 구청장에게 제출(전자문서로 제출하는 것을 포함한다)하여야 한다. 〈개정 2006. 5. 12., 2007. 12. 13., 2008. 12. 11., 2011. 6. 29., 2014. 10. 15., 2014. 11. 28., 2016. 1. 13., 2018. 11. 29.〉

1. 용도를 변경하려는 층의 변경 후의 평면도
2. 용도변경에 따라 변경되는 내화 · 방화 · 피난 또는 건축설비에 관한 사항을 표시한 도서

② 허가권자는 제1항에 따른 신청을 받은 경우 용도를 변경하려는 층의 변경 전의 평면도를 확인하기 위해 행정정보의 공동이용을 통해 건축물대장을 확인하거나 법 제32조제1항에 따른 전산자료를 확인해야 한다. 다만, 행정정보의 공동이용 또는 전산자료를 통해 평면도를 확인할 수 없는 경우에는 해당 서류를 제출하도록 해야 한다. 〈신설 2018. 11. 29., 2019. 11. 18.〉

③ 법 제16조 및 제19조제7항에 따라 용도변경의 변경허가를 받으려는 자는 별지 제1호의4서식의 건축 · 대수선 · 용도변경 (변경)허가 신청서에, 용도변경의 변경신고를 하려는 자는 별지 제6호서식의 건축 · 대수선 · 용도변경 (변경)신고서에 변경하려는 부분에 대한 변경 전 · 후의 설계도서를 첨부하여 특별자치시장 · 특별자치도지사 또는 시장 · 군수 · 구청장에게 제출(전자문서로 제출하는 것을 포함한다)해야 한다. 〈신설 2018. 11. 29.〉

④특별자치시장 · 특별자치도지사 또는 시장 · 군수 · 구청장은 제1항 및 제3항에 따른 건축 · 대수

선 · 용도변경 (변경)허가 신청서를 받은 경우에는 법 제12조제1항 및 영 제10조제1항에 따른 관계법령에 적합한지를 확인한 후 별지 제2호서식의 건축 · 대수선 · 용도변경 허가서를 용도변경의 허가 또는 변경허가를 신청한 자에게 발급하여야 한다. 〈신설 2006. 5. 12., 2008. 12. 11., 2011. 6. 29., 2014. 10. 15., 2018. 11. 29.〉

⑤특별자치시장 · 특별자치도지사 또는 시장 · 군수 · 구청장은 제1항 또는 제3항에 따른 건축 · 대수선 · 용도변경 (변경)신고서를 받은 때에는 그 기재내용을 확인한 후 별지 제7호서식의 건축 · 대수선 · 용도변경 신고필증을 신고인에게 발급하여야 한다. 〈개정 2006. 5. 12., 2011. 6. 29., 2014. 10. 15., 2018. 11. 29.〉

⑥ 제8조제3항 및 제4항은 제4항 및 제5항에 따라 건축 · 대수선 · 용도변경 허가서 또는 건축 · 대수선 · 용도변경 신고필증을 발급하는 경우에 준용한다. 〈개정 2018. 11. 29.〉

[본조신설 1999. 5. 11.]

제12조의3 【복수 용도의 인정】 ① 법 제19조의2제2항에 따른 복수 용도는 영 제14조제5항 각 호의 같은 시설군 내에서 허용할 수 있다.

② 제1항에도 불구하고 허가권자는 지방건축위원회의 심의를 거쳐 다른 시설군의 용도간의 복수 용도를 허용할 수 있다. 다만, 영 제14조제5항제4호나목에 따른 종교시설 및 같은 항 제6호다목에 따른 노유자시설(老幼者施設) 간의 복수 용도를 허용하려는 경우에는 지방건축위원회의 심의를 생략할 수 있다. 〈개정 2025. 1. 14.〉

[본조신설 2016. 7. 20.]

제13조 【가설건축물】 ①법 제20조제3항에 따라 신고하여야 하는 가설건축물을 축조하려는 자는 영 제15조제8항에 따라 별지 제8호서식의 가설건축물 축조신고서(전자문서로 된 신고서를 포함한다)에 배치도 · 평면도 및 대지사용승낙서(다른 사람이 소유한 대지인 경우만 해당한다)를 첨부하여 특별자치시장 · 특별자치도지사 또는 시장 · 군수 · 구청장에게 제출하여야 한다. 〈개정 1996. 1. 18., 1999. 5. 11., 2004. 11. 29., 2005. 7. 18., 2006. 5. 12., 2008. 12. 11., 2011. 6. 29., 2014. 10. 15., 2018. 11. 29.〉

②영 제15조제9항에 따른 가설건축물 축조 신고필증은 별지 제9호서식에 따른다. 〈개정 2006. 5. 12., 2018. 11. 29.〉

③특별자치시장 · 특별자치도지사 또는 시장 · 군수 · 구청장은 법 제20조제1항 또는 제3항에 따라 가설건축물의 건축을 허가하거나 축조신고를 수리한 경우에는 별지 제10호서식의 가설건축물 관리대장에 이를 기재하고 관리하여야 한다. 〈개정 1996. 1. 18., 1999. 5. 11., 2006. 5. 12., 2008. 12. 11., 2011. 6. 29., 2014. 10. 15., 2018. 11. 29.〉

④가설건축물의 소유자나 가설건축물에 대한 이해관계자는 제3항에 따른 가설건축물 관리대장을 열람할 수 있다. 〈신설 1998. 9. 29., 1999. 5. 11., 2018. 11. 29.〉

⑤영 제15조제7항의 규정에 의하여 가설건축물의 존치기간을 연장하고자 하는 자는 별지 제11호서식의 가설건축물 존치기간 연장신고서(전자문서로 된 신고서를 포함한다)를 특별자치시장 · 특별자치도지사 또는 시장 · 군수 · 구청장에게 제출하여야 한다. 이 경우 해당 가설건축물의 현황(가설건축물의 전면, 후면 및 양 측면을 포함한다)을 확인할 수 있는 사진(가설건축물 존치기간 연장신고서 제출일 이전 1개월 내에 촬영된 사진을 말한다)을 함께 제출해야 한다. 〈신설 1999. 5. 11., 2004. 11.

29., 2005. 7. 18., 2011. 6. 29., 2014. 10. 15., 2018. 11. 29., 2024. 12. 17.〉

⑥특별자치시장 · 특별자치도지사 또는 시장 · 군수 · 구청장은 제5항에 따른 가설건축물 존치기간 연장신고서를 받은 때에는 그 기재내용을 확인한 후 별지 제12호서식의 가설건축물 존치기간 연장신고필증을 신고인에게 발급하여야 한다. 〈신설 1999. 5. 11., 2011. 6. 29., 2014. 10. 15., 2018. 11. 29.〉

⑦ 특별자치시장 · 특별자치도지사 또는 시장 · 군수 · 구청장은 가설건축물이 법령에 적합하지 아니하게 된 경우에는 제3항에 따른 가설건축물 관리대장의 그 밖의 사항란에 다음 각 호의 사항을 표시하고, 위반내용이 시정된 경우에는 그 내용을 적어야 한다. 〈신설 2011. 4. 7., 2011. 6. 29., 2014. 10. 15., 2018. 11. 29.〉

1. 위반일자
2. 내용 및 원인

⑧ 영 제15조제6항제1호가목2) 단서에서 "국토교통부령으로 정하는 서류"란 제1항에 따른 가설건축물 축조신고서에 추가로 첨부하여 제출하는 다음 각 호의 서류를 말한다. 〈신설 2023. 11. 1.〉

1. 가설건축물의 입면도 · 단면도 · 구조도 및 구조계산서
2. 「건축물의 구조기준 등에 관한 규칙」 별지 제2호서식의 구조안전 및 내진설계 확인서
3. 별지 제8호의2서식의 3층 이상인 가설건축물의 피난안전 확인서

제14조 【착공신고등】 ①법 제21조제1항에 따른 건축공사의 착공신고를 하려는 자는 별지 제13호서식의 착공신고서(전자문서로 된 신고서를 포함한다)에 다음 각 호의 서류 및 도서를 첨부하여 허가권자에게 제출해야 한다. 〈개정 2006. 5. 12., 2008. 12. 11., 2015. 10. 5., 2016. 7. 20., 2018. 11. 29., 2021. 12. 31.〉

1. 법 제15조에 따른 건축관계자 상호간의 계약서 사본(해당사항이 있는 경우로 한정한다)
2. 별표 4의2의 설계도서. 다만, 법 제11조 또는 제14조에 따라 건축허가 또는 신고를 할 때 제출한 경우에는 제출하지 않으며, 변경사항이 있는 경우에는 변경사항을 반영한 설계도서를 제출한다.
3. 법 제25조제11항에 따른 감리 계약서(해당 사항이 있는 경우로 한정한다)
4. 「건축사법 시행령」 제21조제2항에 따라 제출받은 보험증서 또는 공제증서의 사본

②건축주는 법 제11조제7항 각 호 외의 부분 단서에 따라 공사착수시기를 연기하려는 경우에는 별지 제14호서식의 착공연기신청서(전자문서로 된 신청서를 포함한다)를 허가권자에게 제출하여야 한다. 〈개정 1996. 1. 18., 1999. 5. 11., 2004. 11. 29., 2008. 12. 11.〉

③허가권자는 토지굴착공사를 수반하는 건축물로서 가스, 전기 · 통신, 상 · 하수도등 지하매설물에 영향을 줄 우려가 있는 건축물의 착공신고가 있는 경우에는 당해 지하매설물의 관리기관에 토지굴착공사에 관한 사항을 통보하여야 한다. 〈신설 1996. 1. 18., 1999. 5. 11.〉

④허가권자는 제1항 및 제2항의 규정에 의한 착공신고서 또는 착공연기신청서를 받은 때에는 별지 제15호서식의 착공신고필증 또는 별지 제16호서식의 착공연기확인서를 신고인 또는 신청인에게 교부하여야 한다. 〈신설 1999. 5. 11.〉

⑤ 삭제 〈2020. 10. 28.〉

⑥ 건축주는 법 제21조제1항에 따른 착공신고를 할 때에 해당 건축공사가 「산업안전보건법」 제73조제1항에 따른 건설재해예방전문지도기관의 지도대상에 해당하는 경우에는 제1항 각 호에 따른 서류 외에 같은 법 시행규칙 별지 제104호서식의 기술지도계약서 사본을 첨부해야 한다. 〈신설 2016.

5. 30., 2020. 10. 28.〉

제15조 삭제 〈1996. 1. 18.〉

제16조【사용승인신청】 ①법 제22조제1항(법 제19조제5항에 따라 준용되는 경우를 포함한다)에 따라 건축물의 사용승인을 받으려는 자는 별지 제17호서식의 (임시)사용승인 신청서에 다음 각 호의 구분에 따른 도서를 첨부하여 허가권자에게 제출해야 한다. 〈개정 2006. 5. 12., 2008. 12. 11., 2010. 8. 5., 2012. 5. 23., 2016. 7. 20., 2017. 1. 20., 2018. 11. 29., 2021. 12. 31., 2024. 12. 17.〉

1. 법 제25조제1항에 따른 공사감리자를 지정한 경우 : 공사감리완료보고서
2. 법 제11조, 제14조 또는 제16조에 따라 허가·변경허가를 받았거나 신고·변경신고를 한 도서에 변경이 있는 경우 : 설계변경사항이 반영된 최종 공사완료도서
3. 법 제14조제1항에 따른 신고를 하여 건축한 건축물 : 배치 및 평면이 표시된 현황도면
4. 삭제 〈2018. 11. 29.〉
5. 법 제22조제4항 각 호에 따른 사용승인·준공검사 또는 등록신청 등을 받거나 하기 위하여 해당 법령에서 제출하도록 의무화하고 있는 신청서 및 첨부서류(해당 사항이 있는 경우로 한정한다)
6. 법 제25조제11항에 따라 감리비용을 지불하였음을 증명하는 서류(해당 사항이 있는 경우로 한정한다)
7. 법 제48조의3제1항에 따라 내진능력을 공개해야 하는 건축물인 경우: 「건축물의 구조기준 등에 관한 규칙」 제58조에 따른 구조안전 및 내진설계 확인서(같은 규칙 제60조의2제2항 전단에 해당하는 경우로 한정한다)
8. 사용승인을 신청할 건축물이 영 별표 1 제15호가목에 따른 생활숙박시설(30실 이상이거나 생활숙박시설 영업장의 면적이 해당 건축물 연면적의 3분의 1 이상인 것으로 한정한다)인 경우에는 「건축물의 분양에 관한 법률 시행령」 제9조제1항제9호의3에 따른 내용(분양받은 자가 서명 또는 날인한 「건축물의 분양에 관한 법률 시행규칙」 별지 제2호의2서식의 생활숙박시설 관련 확인서를 포함한다)의 사본

② 제1항에 따른 신청을 받은 허가권자는 해당 건축물이 「액화석유가스의 안전관리 및 사업법」 제44조제2항 본문에 따라 액화석유가스의 사용시설에 대한 완성검사를 받아야 할 건축물인 경우에는 행정정보의 공동이용을 통해 액화석유가스 완성검사 증명서를 확인해야 하며, 신청인이 확인에 동의하지 않은 경우에는 해당 서류를 제출하도록 해야 한다. 〈신설 2018. 11. 29.〉

③허가권자는 제1항에 따른 사용승인신청을 받은 경우에는 법 제22조제2항에 따라 그 신청서를 받은 날부터 7일 이내에 사용승인을 위한 현장검사를 실시하여야 하며, 현장검사에 합격된 건축물에 대하여는 별지 제18호서식의 사용승인서를 신청인에게 발급하여야 한다. 〈개정 2006. 5. 12., 2008. 12. 11., 2018. 11. 29.〉

[전문개정 1999. 5. 11.]

제17조【임시사용승인신청등】 ①영 제17조제2항의 규정에 의한 임시사용승인신청서는 별지 제17호서식에 의한다. 〈개정 1996. 1. 18., 1999. 5. 11.〉

②영 제17조제3항에 따라 허가권자는 건축물 및 대지의 일부가 법 제40조부터 제50조까지, 제50조의2, 제51조부터 제58조까지, 제60조부터 제62조까지, 제64조, 제67조, 제68조 및 제77조를 위반하여 건축된 경우에는 해당 건축물의 임시사용을 승인하여서는 아니된다. 〈개정 1996. 1. 18., 1999.

5. 11., 2000. 7. 4., 2006. 5. 12., 2008. 12. 11., 2012. 12. 12.〉

③허가권자는 제1항의 규정에 의한 임시사용승인신청을 받은 경우에는 당해신청서를 받은 날부터 7일이내에 별지 제19호서식의 임시사용승인서를 신청인에게 교부하여야 한다. 〈신설 1999. 5. 11.〉

제17조의2 삭제 〈2006. 5. 12.〉

제18조 【건축허가표지판】 법 제24조제5항에 따라 공사시공자는 건축물의 규모 · 용도 · 설계자 · 시공자 및 감리자 등을 표시한 건축허가표지판을 주민이 보기 쉽도록 해당건축공사 현장의 주요 출입구에 설치하여야 한다. 〈개정 2008. 12. 11.〉

[본조신설 2006. 5. 12.]

제18조의2 【현장관리인의 업무】 현장관리인은 법 제24조제6항 후단에 따라 다음 각 호의 업무를 수행한다.

1. 건축물 및 대지가 이 법 또는 관계 법령에 적합하도록 건축주를 지원하는 업무
2. 건축물의 위치와 규격 등이 설계도서에 따라 적정하게 시공되는 지에 대한 확인 · 관리
3. 시공계획 및 설계 변경에 관한 사항 검토 등 공정관리에 관한 업무
4. 안전시설의 적정 설치 및 안전기준 준수 여부의 점검 · 관리
5. 그 밖에 건축주와 계약으로 정하는 업무

[본조신설 2020. 10. 28.]

[종전 제18조의2는 제18조의3으로 이동 〈2020. 10. 28.〉]

제18조의3 【사진 · 동영상 촬영 및 보관 등】 ① 영 제18조의2제2항제1호나목에서 "국토교통부령으로 정하는 단계"란 다음 각 호의 단계를 말한다. 〈신설 2024. 12. 16.〉

1. 「건축물의 피난 · 방화구조 등의 기준에 관한 규칙」 제14조제2항제2호에 따라 내화채움성능이 인정된 구조로 메우는 시공을 완료한 단계
2. 「건축물의 피난 · 방화구조 등의 기준에 관한 규칙」 제14조제2항제3호 각 목 외의 부분 본문에 따라 댐퍼를 설치하는 시공을 완료한 단계

② 법 제24조제7항 전단에 따라 사진 및 동영상을 촬영 · 보관하여야 하는 공사시공자는 영 제18조의2제2항에서 정하는 진도에 다다른 때마다 촬영한 사진 및 동영상을 디지털파일 형태로 가공 · 처리하여 보관하여야 하며, 해당 사진 및 동영상을 디스크 등 전자저장매체 또는 정보통신망을 통하여 공사감리자에게 제출하여야 한다. 〈개정 2024. 12. 16.〉

③ 제2항에 따라 사진 및 동영상을 제출받은 공사감리자는 그 내용의 적정성을 검토한 후 법 제25조제6항에 따라 건축주에게 감리중간보고서 및 감리완료보고서를 제출할 때 해당 사진 및 동영상을 함께 제출하여야 한다. 〈개정 2024. 12. 16.〉

④ 제3항에 따라 사진 및 동영상을 제출받은 건축주는 법 제25조제6항에 따라 허가권자에게 감리중간보고서 및 감리완료보고서를 제출할 때 해당 사진 및 동영상을 함께 제출하여야 한다. 〈개정 2024. 12. 16.〉

⑤ 제1항부터 제4항까지에서 규정한 사항 외에 사진 및 동영상의 촬영 및 보관 등에 필요한 사항은 국토교통부장관이 정하여 고시한다. 〈개정 2024. 12. 16.〉

[본조신설 2017. 2. 3.]

[제18조의2에서 이동 〈2020. 10. 28.〉]

제19조【감리보고서등】 ①법 제25조제3항에 따라 공사감리자는 건축공사기간중 발견한 위법사항에 관하여 시정 · 재시공 또는 공사중지의 요청을 하였음에도 불구하고 공사시공자가 이에 따르지 아니하는 경우에는 시정등을 요청할 때에 명시한 기간이 만료되는 날부터 7일 이내에 별지 제20호서식의 위법건축공사보고서를 허가권자에게 제출(전자문서로 제출하는 것을 포함한다)하여야 한다. 〈개정 1999. 5. 11., 2007. 12. 13., 2008. 12. 11.〉

② 삭제 〈1999. 5. 11.〉

③ 법 제25조제6항에 따른 공사감리일지는 별지 제21호서식에 따른다. 〈개정 2018. 11. 29.〉

④ 건축주는 법 제25조제6항에 따라 감리중간보고서 · 감리완료보고서를 제출할 때 별지 제22호서식에 다음 각 호의 서류를 첨부하여 허가권자에게 제출해야 한다. 〈신설 2018. 11. 29.〉

1. 건축공사감리 점검표
2. 별지 제21호서식의 공사감리일지
3. 공사추진 실적 및 설계변경 종합
4. 품질시험성과 총괄표
5. 「산업표준화법」에 따른 산업표준인증을 받은 자재 및 국토교통부장관이 인정한 자재의 사용 총괄표
6. 공사현장 사진 및 동영상(법 제24조제7항에 따른 건축물만 해당한다)
7. 공사감리자가 제출한 의견 및 자료(제출한 의견 및 자료가 있는 경우만 해당한다)

⑤ 제4항에 따라 감리중간보고서 · 감리완료보고서를 제출받은 허가권자는 같은 항 제2호에 따른 공사감리일지에 서명 · 날인한 감리원과 영 제19조제10항에 따른 건축사보 배치현황이 일치하는지 여부를 확인해야 한다. 〈신설 2023. 11. 1.〉

[전문개정 1996. 1. 18.]

제19조의2【공사감리업무 등】 ①공사감리자는 영 제19조제9항제3호에 따라 다음 각 호의 업무를 수행한다. 〈개정 2020. 10. 28., 2021. 12. 31.〉

1. 건축물 및 대지가 이 법 및 관계 법령에 적합하도록 공사시공자 및 건축주를 지도
2. 시공계획 및 공사관리의 적정여부의 확인

2의2. 건축공사의 하도급과 관련된 다음 각 목의 확인

가. 수급인(하수급인을 포함한다. 이하 이 호에서 같다)이 「건설산업기본법」 제16조에 따른 시공자격을 갖춘 건설사업자에게 건축공사를 하도급했는지에 대한 확인

나. 수급인이 「건설산업기본법」 제40조제1항에 따라 공사현장에 건설기술인을 배치했는지에 대한 확인

3. 공사현장에서의 안전관리의 지도
4. 공정표의 검토
5. 상세시공도면의 검토 · 확인
6. 구조물의 위치와 규격의 적정여부의 검토 · 확인
7. 품질시험의 실시여부 및 시험성과의 검토 · 확인
8. 설계변경의 적정여부의 검토 · 확인
9. 기타 공사감리계약으로 정하는 사항

② 공사감리자는 영 제19조제10항에 따라 건축사보 배치현황을 제출(제22조의2에 따른 전자정보시스템을 통해 제출하는 것을 말한다)하는 경우에는 별지 제22호의2서식에 다음 각 호의 서류를 첨부(건축사보가 철수하는 경우는 제외한다)해야 한다. 이 경우 공사감리자는 공사현장에 배치되는 건축사보(배치기간을 변경하거나 철수하는 경우의 건축사보는 제외한다)로부터 배치기간 및 다른 공사현장이나 공정에 이중으로 배치되었는지 여부를 확인받은 후 해당 건축사보의 서명·날인을 받아야 한다. 〈개정 2023. 11. 1.〉

1. 예정공정표(건축주의 확인을 받은 것을 말한다) 및 분야별 건축사보 배치계획
2. 건축사보의 경력, 자격 및 소속을 증명하는 서류

③ 영 제19조제11항에서 "건축사보가 이중으로 배치되어 있는지 여부 등 국토교통부령으로 정하는 내용"이란 다음 각 호의 사항을 말한다. 〈신설 2023. 11. 1.〉

1. 제2항 각 호의 내용이 영 제19조제2항 및 제5항부터 제7항까지의 규정에 적합한지 여부
2. 건축사보가 영 제19조제2항 및 제5항부터 제7항까지의 규정에 따른 건축공사 현장에 이중으로 배치되어 있는지 여부

④ 영 제19조제12항에서 "국토교통부령으로 정하는 자"란 다음 각 호의 자를 말한다. 〈신설 2023. 11. 1.〉

1. 「주택법」 제15조에 따른 주택건설사업 사업계획승인권자(이하 "주택건설사업계획승인권자"라 한다)
2. 「건설기술진흥법 시행규칙」 제25조제1항에 따른 건설엔지니어링 실적관리 수탁기관(이하 "건설엔지니어링 실적관리 수탁기관"이라 한다)

⑤ 「건축사법」 제31조에 따른 대한건축사협회(이하 "대한건축사협회"라 한다)는 영 제19조제11항에 따라 허가권자로부터 받은 건축사보 배치현황을 전자적 처리가 가능한 방식으로 관리한다. 〈신설 2023. 11. 1.〉

⑥ 대한건축사협회는 다음 각 호의 자료를 활용하여 건축사보가 공사현장에 이중으로 배치되어 있는지 여부를 확인한다. 〈신설 2023. 11. 1.〉

1. 제5항에 따른 건축사보 배치현황 자료
2. 국토교통부장관이 정하는 바에 따라 주택건설사업계획승인권자로부터 받은 감리원 배치 자료
3. 국토교통부장관이 정하는 바에 따라 건설엔지니어링 실적관리 수탁기관으로부터 받은 건설엔지니어링 참여 기술인의 현황 자료

[본조신설 1996. 1. 18.]
[제목개정 2005. 7. 18.]

제19조의3 【공사감리자 지정 신청 등】 ① 법 제25조제2항 각 호 외의 부분 본문에 따라 허가권자가 공사감리자를 지정하는 건축물의 건축주는 영 제19조의2제3항에 따라 별지 제22호의3서식의 지정신청서를 허가권자에게 제출하여야 한다.

② 허가권자는 제1항에 따른 신청서를 받은 날부터 7일 이내에 공사감리자를 지정한 후 별지 제22호의4서식의 지정통보서를 건축주에게 송부하여야 한다.

③ 건축주는 제2항에 따라 지정통보서를 받으면 해당 공사감리자와 감리 계약을 체결하여야 하며, 공사감리자의 귀책사유로 감리 계약이 체결되지 아니하는 경우를 제외하고는 지정된 공사감리자를 변경할 수 없다.

[본조신설 2016. 7. 20.]

제19조의4 【허가권자의 공사감리자 지정 제외 신청 절차 등】 ① 법 제25조제2항 각 호 외의 부분 단서에 따라 해당 건축물을 설계한 자를 공사감리자로 지정하여 줄 것을 신청하려는 건축주는 별지 제22호의5서식의 신청서에 다음 각 호의 어느 하나에 해당하는 서류를 첨부하여 허가권자에게 제출해야 한다. 〈개정 2020. 10. 28.〉

1. 영 제19조의2제6항에 따른 신기술을 보유한 자가 그 신기술을 적용하여 설계했음을 증명하는 서류
2. 영 제19조의2제7항에 따른 건축사임을 증명하는 서류
3. 설계공모를 통하여 설계한 건축물임을 증명하는 서류로서 다음 각 목의 내용이 포함된 서류
   가. 설계공모 방법
   나. 설계공모 등의 시행공고일 및 공고 매체
   다. 설계지침서
   라. 심사위원의 구성 및 운영
   마. 공모안 제출 설계자 명단 및 공모안별 설계 개요

② 허가권자는 제1항에 따라 신청서를 받으면 제출한 서류에 대하여 관계 기관에 사실을 조회할 수 있다.

③ 허가권자는 제2항에 따른 사실 조회 결과 제출서류가 거짓으로 판명된 경우에는 건축주에게 그 사실을 알려야 한다. 이 경우 건축주는 통보받은 날부터 3일 이내에 이의를 제기할 수 있다.

④ 허가권자는 제1항에 따른 신청서를 받은 날부터 7일 이내에 건축주에게 그 결과를 서면으로 알려야 한다.

[본조신설 2016. 7. 20.]

제19조의5 【업무제한 대상 건축물 등의 공개】 국토교통부장관은 법 제25조의2제10항에 따라 같은 조 제9항에 따른 통보사항 중 다음 각 호의 사항을 국토교통부 홈페이지 또는 법 제32조제1항에 따른 전자정보처리 시스템에 게시하는 방법으로 공개하여야 한다.

1. 법 제25조의2제1항부터 제5항까지의 조치를 받은 설계자, 공사시공자, 공사감리자 및 관계전문기술자(같은 조 제7항에 따라 소속 법인 또는 단체에 동일한 조치를 한 경우에는 해당 법인 또는 단체를 포함하며, 이하 이 조에서 "조치대상자"라 한다)의 이름, 주소 및 자격번호(법인 또는 단체는 그 명칭, 사무소 또는 사업소의 소재지, 대표자의 이름 및 법인등록번호)
2. 조치대상자에 대한 조치의 사유
3. 조치대상자에 대한 조치 내용 및 일시
4. 그 밖에 국토교통부장관이 필요하다고 인정하는 사항

[본조신설 2017. 2. 3.]

제20조 【허용오차】 법 제26조에 따른 허용오차의 범위는 별표 5와 같다. 〈개정 2008. 12. 11.〉

제21조 【현장조사 · 검사업무의 대행】 ①법 제27조제2항에 따라 현장조사 · 검사 또는 확인업무를 대행하는 자는 허가권자에게 별지 제23호서식의 건축허가조사 및 검사조서 또는 별지 제24호서식의 사용승인조사 및 검사조서를 제출하여야 한다. 〈개정 2006. 5. 12., 2008. 12. 11.〉

② 허가권자는 제1항에 따라 건축허가 또는 사용승인을 하는 것이 적합한 것으로 표시된 건축허가조사

및 검사조서 또는 사용승인조사 및 검사조서를 받은 때에는 지체 없이 건축허가서 또는 사용승인서를 교부하여야 한다. 다만, 법 제11조제2항에 따라 건축허가를 할 때 도지사의 승인이 필요한 건축물인 경우에는 미리 도지사의 승인을 받아 건축허가서를 발급하여야 한다. 〈개정 2006. 5. 12., 2008. 12. 11.〉

③ 허가권자는 법 제27조제3항에 따라 현장조사 · 검사 및 확인업무를 대행하는 자에게 「엔지니어링산업 진흥법」 제31조에 따라 산업통상자원부장관이 고시하는 엔지니어링사업 대가기준에 따라 산정한 대가 이상의 범위에서 건축조례로 정하는 수수료를 지급하여야 한다. 〈개정 1996. 1. 18., 2000. 7. 4., 2005. 7. 18., 2006. 5. 12., 2008. 12. 11., 2010. 8. 5., 2012. 12. 12., 2013. 3. 23., 2014. 10. 15.〉

제22조 【공용건축물의 건축에 있어서의 제출서류】 ①영 제22조제1항에서 "국토교통부령으로 정하는 관계 서류"란 제6조 · 제12조 · 제12조의2의 규정에 의한 관계도서 및 서류(전자문서를 포함한다)를 말한다. 〈개정 1996. 1. 18., 1999. 5. 11., 2006. 5. 12., 2007. 12. 13., 2008. 3. 14., 2010. 8. 5., 2013. 3. 23.〉

②영 제22조제3항에서 "국토교통부령으로 정하는 관계 서류"란 다음 각 호의 서류(전자문서를 포함한다)를 말한다. 〈신설 2006. 5. 12., 2007. 12. 13., 2008. 3. 14., 2010. 8. 5., 2013. 3. 23.〉

1. 별지 제17호서식의 사용승인신청서. 이 경우 구비서류는 현황도면에 한한다.
2. 별지 제24호서식의 사용승인조사 및 검사조서

제22조의2 【전자정보처리시스템의 이용】 ① 법 제32조제1항에 따라 허가권자는 정보통신망 이용환경의 미비, 전산장애 등 불가피한 경우를 제외하고는 전자정보시스템을 이용하여 건축허가 등의 업무를 처리하여야 한다.

② 제1항에 따른 전자정보처리시스템의 구축, 운영 및 관리에 관한 세부적인 사항은 국토교통부장관이 정한다. 〈개정 2013. 3. 23.〉

[본조신설 2010. 8. 5.]

[종전 제22조의2는 제22조의3으로 이동 〈2010. 8. 5.〉]

제22조의3 【건축 허가업무 등의 전산처리 등】 영 제22조의2제4항에 따라 전산자료 이용의 승인을 얻으려는 자는 별지 제24호의2서식의 건축행정전산자료 이용승인신청서를 국토교통부장관, 특별시장 · 광역시장 · 특별자치시장 · 도지사 또는 특별자치도지사(이하 "시 · 도지사"라 한다)나 시장 · 군수 · 구청장에게 제출하여야 한다. 〈개정 2008. 3. 14., 2011. 6. 29., 2013. 3. 23., 2014. 10. 15.〉

[본조신설 2006. 5. 12.]

[제22조의2에서 이동 〈2010. 8. 5.〉]

제23조 삭제 〈2020. 5. 1.〉

제24조 삭제 〈2020. 5. 1.〉

제24조의2 【건축물 석면의 제거 · 처리】 석면이 함유된 건축물을 증축 · 개축 또는 대수선하는 경우에는 「산업안전보건법」 등 관계 법령에 적합하게 석면을 먼저 제거 · 처리한 후 건축물을 증축 · 개축 또는 대수선해야 한다. 〈개정 2020. 5. 1., 2021. 6. 25.〉

[본조신설 2010. 8. 5.]

제25조【대지의 조성】 법 제40조제4항에 따라 손궤의 우려가 있는 토지에 대지를 조성하는 경우에는 다음 각 호의 조치를 하여야 한다. 다만, 건축사 또는 「기술사법」에 따라 등록한 건축구조기술사에 의하여 해당 토지의 구조안전이 확인된 경우는 그러하지 아니하다. 〈개정 2000. 7. 4., 2005. 7. 18., 2008. 12. 11., 2012. 12. 12., 2014. 10. 15., 2016. 5. 30.〉

1. 성토 또는 절토하는 부분의 경사도가 1:1.5이상으로서 높이가 1미터이상인 부분에는 옹벽을 설치할 것
2. 옹벽의 높이가 2미터이상인 경우에는 이를 콘크리트구조로 할 것. 다만, 별표 6의 옹벽에 관한 기술적 기준에 적합한 경우에는 그러하지 아니하다.
3. 옹벽의 외벽면에는 이의 지지 또는 배수를 위한 시설외의 구조물이 밖으로 튀어 나오지 아니하게 할 것
4. 옹벽의 윗가장자리로부터 안쪽으로 2미터 이내에 묻는 배수관은 주철관, 강관 또는 흡관으로 하고, 이음부분은 물이 새지 아니하도록 할 것
5. 옹벽에는 3제곱미터마다 하나 이상의 배수구멍을 설치하여야 하고, 옹벽의 윗가장자리로부터 안쪽으로 2미터 이내에서의 지표수는 지상으로 또는 배수관으로 배수하여 옹벽의 구조상 지장이 없도록 할 것
6. 성토부분의 높이는 법 제40조에 따른 대지의 안전 등에 지장이 없는 한 인접대지의 지표면보다 0.5미터 이상 높게 하지 아니할 것. 다만, 절토에 의하여 조성된 대지 등 허가권자가 지형조건상 부득이하다고 인정하는 경우에는 그러하지 아니하다.

[전문개정 1999. 5. 11.]

제26조【토지의 굴착부분에 대한 조치】 ①법 제41조제1항에 따라 대지를 조성하거나 건축공사에 수반하는 토지를 굴착하는 경우에는 다음 각 호에 따른 위험발생의 방지조치를 하여야 한다. 〈개정 2008. 12. 11.〉

1. 지하에 묻은 수도관·하수도관·가스관 또는 케이블등이 토지굴착으로 인하여 파손되지 아니하도록 할 것
2. 건축물 및 공작물에 근접하여 토지를 굴착하는 경우에는 그 건축물 및 공작물의 기초 또는 지반의 구조내력의 약화를 방지하고 급격한 배수를 피하는 등 토지의 붕괴에 의한 위해를 방지하도록 할 것
3. 토지를 깊이 1.5미터 이상 굴착하는 경우에는 그 경사도가 별표 7에 의한 비율이하이거나 주변상황에 비추어 위해방지에 지장이 없다고 인정되는 경우를 제외하고는 토압에 대하여 안전한 구조의 흙막이를 설치할 것
4. 굴착공사 및 흙막이 공사의 시공중에는 항상 점검을 하여 흙막이의 보강, 적절한 배수조치등 안전상태를 유지하도록 하고, 흙막이판을 제거하는 경우에는 주변지반의 내려앉음을 방지하도록 할 것

②성토부분·절토부분 또는 되메우기를 하지 아니하는 굴착부분의 비탈면으로서 제25조에 따른 옹벽을 설치하지 아니하는 부분에 대하여는 법 제41조제1항에 따라 다음 각 호에 따른 환경의 보전을 위한 조치를 하여야 한다. 〈개정 1996. 1. 18., 1999. 5. 11., 2008. 12. 11.〉

1. 배수를 위한 수로는 돌 또는 콘크리트를 사용하여 토양의 유실을 막을 수 있도록 할 것
2. 높이가 3미터를 넘는 경우에는 높이 3미터 이내마다 그 비탈면적의 5분의 1 이상에 해당하는 면적의 단을 만들 것. 다만, 허가권자가 그 비탈면의 토질 · 경사도등을 고려하여 붕괴의 우려가 없다고 인정하는 경우에는 그러하지 아니하다.
3. 비탈면에는 토양의 유실방지와 미관의 유지를 위하여 나무 또는 잔디를 심을 것. 다만, 나무 또는 잔디를 심는 것으로는 비탈면의 안전을 유지할 수 없는 경우에는 돌붙이기를 하거나 콘크리트 블록격자등의 구조물을 설치하여야 한다.

제26조의2 【대지안의 조경】 영 제27조제1항제8호에서 "국토교통부령으로 정하는 것"이란 「물류정책기본법」 제2조제4호에 따른 물류시설을 말한다. 〈개정 2005. 7. 18., 2008. 3. 14., 2010. 8. 5., 2012. 12. 12., 2013. 3. 23.〉
[전문개정 1999. 5. 11.]

제26조의3 삭제 〈2014. 10. 15.〉

제26조의4 【도로관리대장 등】 법 제45조제2항 및 제3항에 따른 도로의 폐지 · 변경신청서 및 도로관리대장은 각각 별지 제26호서식 및 별지 제27호서식과 같다. 〈개정 2008. 12. 11., 2012. 12. 12.〉
[전문개정 1999. 5. 11.]
[제목개정 2012. 12. 12.]
[제26조의3에서 이동 〈2010. 8. 5.〉]

제26조의5 【실내건축의 구조 · 시공방법 등의 기준】 ① 법 제52조의2제2항에 따른 실내건축의 구조 · 시공방법 등에 관한 기준은 다음 각 호의 구분에 따른 기준에 따른다. 〈개정 2020. 10. 28.〉

1. 영 제61조의2제1호 및 제2호에 따른 건축물: 다음 각 목의 기준을 모두 충족할 것
   가. 실내에 설치하는 칸막이는 피난에 지장이 없고, 구조적으로 안전할 것
   나. 실내에 설치하는 벽, 천장, 바닥 및 반자틀(노출된 경우에 한정한다)은 방화에 지장이 없는 재료를 사용할 것
   다. 바닥 마감재료는 미끄럼을 방지할 수 있는 재료를 사용할 것
   라. 실내에 설치하는 난간, 창호 및 출입문은 방화에 지장이 없고, 구조적으로 안전할 것
   마. 실내에 설치하는 전기·가스·급수·배수·환기시설은 누수·누전 등 안전사고가 없는 재료를 사용하고, 구조적으로 안전할 것
   바. 실내의 돌출부 등에는 충돌, 끼임 등 안전사고를 방지할 수 있는 완충재료를 사용할 것
2. 영 제61조의2제3호에 따른 건축물: 다음 각 목의 기준을 모두 충족할 것
   가. 거실을 구획하는 칸막이는 주요구조부와 분리 · 해체 등이 쉬운 구조로 할 것
   나. 거실을 구획하는 칸막이는 피난에 지장이 없고, 구조적으로 안전할 것. 이 경우 「건축사법」에 따라 등록한 건축사 또는 「기술사법」에 따라 등록한 건축구조기술사의 구조안전에 관한 확인을 받아야 한다.
   다. 거실을 구획하는 칸막이의 마감재료는 방화에 지장이 없는 재료를 사용할 것
   라. 구획하는 부분에 추락, 누수, 누전, 끼임 등의 안전사고를 방지할 수 있는 안전조치를 할 것

② 제1항에 따른 실내건축의 구조 · 시공방법 등에 관한 세부 사항은 국토교통부장관이 정하여 고시한다.
[본조신설 2014. 11. 28.]

제27조【건축자재 제조 및 유통에 관한 위법 사실의 점검 절차 등】 ① 국토교통부장관, 시 · 도지사 및 시장 · 군수 · 구청장은 법 제52조의3제2항에 따른 점검을 하려는 경우에는 다음 각 호의 사항이 포함된 점검계획을 수립해야 한다. 〈개정 2019. 11. 18.〉

1. 점검 대상
2. 점검 항목

가. 건축물의 설계도서와의 적합성

나. 건축자재 제조현장에서의 자재의 품질과 기준의 적합성

다. 건축자재 유통장소에서의 자재의 품질과 기준의 적합성

라. 건축공사장에 반입 또는 사용된 건축자재의 품질과 기준의 적합성

마. 건축자재의 제조현장, 유통장소, 건축공사장에서 시료를 채취하는 경우 채취된 시료의 품질과 기준의 적합성

3. 그 밖에 점검을 위하여 필요하다고 인정하는 사항

② 국토교통부장관, 시 · 도지사 및 시장 · 군수 · 구청장은 법 제52조의3제2항에 따라 점검 대상자에게 다음 각 호의 자료를 제출하도록 요구할 수 있다. 다만, 제2호의 서류는 해당 건축물의 허가권자가 아닌 자만 요구할 수 있다. 〈개정 2019. 11. 18.〉

1. 건축자재의 시험성적서 및 납품확인서 등 건축자재의 품질을 확인할 수 있는 서류
2. 해당 건축물의 설계도서
3. 그 밖에 해당 건축자재의 점검을 위하여 필요하다고 인정하는 자료

③ 법 제52조의3제4항에 따라 점검업무를 대행하는 전문기관은 점검을 완료한 후 해당 결과를 14일 이내에 점검을 대행하게 한 국토교통부장관, 시 · 도지사 또는 시장 · 군수 · 구청장에게 보고해야 한다. 〈개정 2019. 11. 18.〉

④ 시 · 도지사 또는 시장 · 군수 · 구청장은 영 제61조의3제1항에 따른 조치를 한 경우에는 그 사실을 국토교통부장관에게 통보해야 한다. 〈개정 2019. 11. 18.〉

⑤ 국토교통부장관은 제1항제2호 각 목에 따른 점검 항목 및 제2항 각 호에 따른 자료제출에 관한 세부적인 사항을 정하여 고시할 수 있다.

[본조신설 2016. 7. 20.]

[제18조의3에서 이동 〈2019. 11. 18.〉]

제28조 삭제 〈1999. 5. 11.〉

제28조의2 삭제 〈1999. 5. 11.〉

제29조 삭제 〈1999. 5. 11.〉

제30조 삭제 〈1999. 5. 11.〉

제31조 삭제 〈1999. 5. 11.〉

제31조의2 삭제 〈1999. 5. 11.〉

제31조의3 삭제 〈1999. 5. 11.〉

제31조의4 삭제 〈1999. 5. 11.〉

제32조 삭제 〈1999. 5. 11.〉

제33조 삭제 〈1999. 5. 11.〉

제33조의2 삭제 〈1999. 5. 11.〉

제34조 삭제 〈2000. 7. 4.〉

제35조 삭제 〈2000. 7. 4.〉

제36조【일조등의 확보를 위한 건축물의 높이제한】 특별자치시장 · 특별자치도지사 또는 시장 · 군수 · 구청장은 영 제86조제5항에 따라 건축물의 높이를 고시하기 위하여 주민의 의견을 듣고자 할 때에는 그 내용을 30일간 주민에게 공람시켜야 한다. 〈개정 2011. 6. 29., 2014. 10. 15., 2016. 5. 30.〉

[전문개정 1999. 5. 11.]

제36조의2【관계전문기술자】 ① 삭제 〈2010. 8. 5.〉

②영 제91조의3제3항에 따라 건축물의 설계자 및 공사감리자는 다음 각 호의 어느 하나에 해당하는 사항에 대하여 「기술사법」에 따라 등록한 토목구조기술사, 토질 및 기초 기술사, 지질 및 지반 기술사 또는 토목시공기술사의 협력을 받아야 한다. 〈개정 2005. 10. 20., 2011. 1. 6., 2016. 5. 30., 2024. 12. 17.〉

1. 지질조사
2. 토공사의 설계 및 감리
3. 흙막이벽 · 옹벽설치등에 관한 위해방지 및 기타 필요한 사항

[본조신설 1996. 1. 18.]

제37조【신기술 · 신제품인 건축설비에 대한 기술적 기준 인정신청 등】 ① 영 제91조의4제1항에서 "국토교통부령으로 정하는 서류"란 다음 각 호의 서류를 말한다.

1. 신기술 · 신제품인 건축설비의 구체적인 내용 · 기능과 해당 건축설비의 신규성 · 진보성 및 현장 적용성에 관한 내용을 적은 서류
2. 신기술 · 신제품인 건축설비와 관련된 다음 각 목의 증서 · 서류 등의 사본
   가. 「건설기술 진흥법 시행령」 제33조제1항에 따라 발급받은 신기술 지정증서
   나. 「특허법」 제86조에 따라 발급받은 특허증
   다. 「산업기술혁신 촉진법 시행령」 제18조제6항에 따라 발급받은 신기술 인증서, 같은 영 제18조의4 제2항에 따라 발급받은 신기술적용제품 확인서 및 같은 영 제18조의5제1항에서 준용하는 같은 영 제18조제6항에 따라 발급받은 신제품 인증서
   라. 그 밖에 다른 법령에 따라 발급받은 증서 · 서류 등
3. 「산업표준화법」 제12조에 따른 한국산업표준 중 인정을 신청하는 신기술 · 신제품인 건축설비와 관련된 부분
4. 국제표준화기구(ISO)에서 정한 내용 중 인정을 신청하는 신기술 · 신제품인 건축설비와 관련된 부분
5. 그 밖에 신기술 · 신제품인 건축설비의 기술적 기준 인정에 필요한 서류로서 국토교통부장관이

정하여 고시하는 서류

② 영 제91조의4제1항에 따라 신기술 · 신제품인 건축설비의 기술적 기준에 대한 인정을 받으려는 자는 별지 제27호의2서식의 신기술 · 신제품인 건축설비의 기술적 기준 인정 신청서에 제1항 각 호의 증서 · 서류 등을 첨부하여 국토교통부장관에게 제출해야 한다. 이 경우, 제1항제2호부터 제5호까지의 증서 · 서류 등은 해당 증서 · 서류 등이 있는 경우에만 첨부한다.

③ 법 제68조제4항에 따라 신기술 · 신제품인 건축설비의 기술적 기준에 대한 인정을 받은 자가 영 제91조의4제4항 후단에 따라 유효기간을 연장받으려는 경우에는 유효기간 만료일의 6개월 전까지 별지 제27호의2서식의 신기술 · 신제품인 건축설비의 기술적 기준 유효기간 연장 신청서를 국토교통부장관에게 제출해야 한다.

④ 국토교통부장관은 영 제91조의4제4항 후단에 따라 유효기간을 연장하는 경우에는 5년의 범위에서 연장할 수 있다.

[본조신설 2021. 12. 31.]

제38조 삭제 〈2013. 2. 22.〉

제38조의2【특별건축구역의 지정】 영 제105조제3항제2호에서 "국토교통부령으로 정하는 건축물 또는 공간환경"이란 도시 · 군계획 또는 건축 관련 박물관, 박람회장, 문화예술회관, 그 밖에 이와 비슷한 문화예술공간을 말한다. 〈개정 2012. 4. 13., 2013. 3. 23., 2020. 10. 28.〉

[본조신설 2008. 12. 11.]

제38조의3【특별건축구역의 지정 절차 등】 ① 법 제71조제1항제6호에 따른 운영관리 계획서는 별지 제27호의3서식과 같다. 〈개정 2021. 12. 31.〉

② 제1항에 따른 운영관리 계획서에는 다음 각 호의 서류를 첨부하여야 한다.

1. 삭제 〈2011. 1. 6.〉
2. 법 제74조에 따른 통합적용 대상시설(이하 "통합적용 대상시설"이라 한다)의 배치도
3. 통합적용 대상시설의 유지 · 관리 및 비용분담계획서

③ 영 제107조제4항 각 호 외의 부분에서 "국토교통부령으로 정하는 자료"란 법 제72조제1항에 따라 특별건축구역의 지정을 신청할 때 제출한 자료 중 변경된 내용에 따라 수정한 자료를 말한다. 〈개정 2013. 3. 23.〉

④ 영 제107조제4항제4호에서 "지정 목적이 변경되는 등 국토교통부령으로 정하는 경우"란 다음 각 호의 어느 하나에 해당하는 경우를 말한다. 〈개정 2010. 8. 5., 2011. 1. 6., 2013. 3. 23.〉

1. 특별건축구역의 지정 목적 및 필요성이 변경되는 경우
2. 특별건축구역 내 건축물의 규모 및 용도 등이 변경되는 경우(건축물의 규모변경이 연면적 및 높이의 10분의 1 범위 이내에 해당하는 경우 또는 영 제12조제3항 각 호에 해당하는 경우는 제외한다)
3. 통합적용 대상시설의 규모가 10분의 1이상 변경되거나 또는 위치가 변경되는 경우

[본조신설 2008. 12. 11.]

제38조의4【특별건축구역의 지정 제안 동의 방법 등】 ① 영 제107조의2제3항 각 호 외의 부분 후단에 따른 토지소유자의 동의 방법은 별지 제27호의4서식의 특별건축구역 지정 제안 동의서에 자필로 서명하는 방법으로 한다. 이 경우 토지소유자는 별지 제27호의4서식의 특별건축구역 지정 제안

동의서에 주민등록증 · 여권 등 신원을 확인할 수 있는 신분증명서의 사본을 첨부해야 한다. 〈개정 2021. 12. 31., 2023. 6. 9.〉

② 제1항에도 불구하고 토지소유자가 해외에 장기체류하거나 법인인 경우 등 불가피한 사유가 있다고 시 · 도지사가 인정하는 경우에는 토지소유자의 인감도장을 날인하는 방법으로 한다. 이 경우 토지소유자는 별지 제27호의4서식의 특별건축구역 지정 제안 동의서에 해당 인감증명서를 첨부해야 한다. 〈개정 2021. 12. 31.〉

③ 시 · 도지사는 영 제107조의2제4항에 따라 토지소유자의 특별건축구역 지정 제안 동의서를 받으면 행정정보의 공동이용을 통해 토지등기사항증명서를 확인해야 한다. 다만, 토지소유자가 확인에 동의하지 않는 경우에는 토지등기사항증명서를 첨부하도록 해야 한다.

[본조신설 2021. 1. 8.]

[종전 제38조의4는 제38조의5로 이동 〈2021. 1. 8.〉]

제38조의5 【특별건축구역 내 건축물의 심의 등】 ① 법 제72조제1항 전단에 따른 특례적용계획서는 별지 제27호의5서식과 같다. 〈개정 2021. 1. 8., 2021. 12. 31.〉

② 제1항에 따른 특례적용계획서에는 다음 각 호의 서류를 첨부하여야 한다.

1. 특례적용 대상건축물의 개략설계도서
2. 특례적용 대상건축물의 배치도
3. 특례적용 대상건축물의 내화 · 방화 · 피난 또는 건축설비도
4. 특례적용 신기술의 세부 설명자료

③ 영 제108조제1항제4호에서 "법 제72조제1항 각 호의 사항 중 국토교통부령으로 정하는 사항을 변경하는 경우"란 법 제73조제1항의 적용배제 특례사항 또는 같은 조 제2항의 완화적용 특례사항을 변경하는 경우를 말한다. 〈개정 2013. 3. 23.〉

④ 법 제72조제7항에서 "국토교통부령으로 정하는 자료"란 제2항 각 호의 서류를 말한다. 〈개정 2013. 3. 23.〉

[본조신설 2008. 12. 11.]

[제38조의4에서 이동 〈2021. 1. 8.〉]

제38조의6 【특별가로구역의 지정 등의 공고】 ① 국토교통부장관 및 허가권자는 법 제77조의2제1항 및 제3항에 따라 특별가로구역을 지정하거나 변경 또는 해제하는 경우에는 이를 관보(허가권자의 경우에는 공보)에 공고하여야 한다.

② 국토교통부장관 및 허가권자는 제1항에 따라 특별가로구역을 지정, 변경 또는 해제한 경우에는 해당 내용을 관보 또는 공보에 공고한 날부터 30일 이상 일반이 열람할 수 있도록 하여야 한다. 이 경우 국토교통부장관, 특별시장 또는 광역시장은 관계 서류를 특별자치시장 · 특별자치도 또는 시장 · 군수 · 구청장에게 송부하여 일반이 열람할 수 있도록 하여야 한다.

[본조신설 2014. 10. 15.]

제38조의7 【특별가로구역의 관리】 ① 국토교통부장관 및 허가권자는 법 제77의3제1항에 따라 특별가로구역의 지정 내용을 별지 제27호의6서식의 특별가로구역 관리대장에 작성하여 관리하여야 한다.

② 제1항에 따른 특별가로구역 관리대장은 전자적 처리가 불가능한 특별한 사유가 없으면 전자적 처리가 가능한 방법으로 작성하여 관리하여야 한다.

[본조신설 2014. 10. 15.]

제38조의8 【건축협정운영회의 설립 신고】 법 제77조의5제1항에 따른 건축협정운영회(이하 "건축협정운영회"라 한다)의 대표자는 같은 조 제2항에 따라 건축협정운영회를 설립한 날부터 15일 이내에 법 제77조의4제1항제5호에 따른 건축협정인가권자(이하 "건축협정인가권자"라 한다)에게 별지 제27호의7서식에 따라 신고해야 한다. 〈개정 2021. 6. 25.〉

[본조신설 2014. 10. 15.]

제38조의9 【건축협정의 인가 등】 ① 법 제77조의4제1항 및 제2항에 따라 건축협정을 체결하는 자(이하 "협정체결자"라 한다) 또는 건축협정운영회의 대표자가 법 제77조의6제1항에 따라 건축협정의 인가를 받으려는 경우에는 별지 제27호의8서식의 건축협정 인가신청서를 건축협정인가권자에게 제출하여야 한다.

② 협정체결자 또는 건축협정운영회의 대표자가 법 제77조의7제1항 본문에 따라 건축협정을 변경하려는 경우에는 별지 제27호의8서식의 건축협정 변경인가신청서를 건축협정인가권자에게 제출하여야 한다.

③ 건축협정인가권자는 법 제77조의6 및 제77조의7에 따라 건축협정을 인가하거나 변경인가한 때에는 해당 지방자치단체의 공보에 공고하여야 하며, 건축협정서 등 관계 서류를 건축협정 유효기간 만료일까지 해당 특별자치시 · 특별자치도 또는 시 · 군 · 구에 비치하여 열람할 수 있도록 하여야 한다.

[본조신설 2014. 10. 15.]

제38조의10(건축협정의 관리】 ① 건축협정인가권자는 법 제77조의6 및 제77조의7에 따라 건축협정을 인가하거나 변경인가한 경우에는 별지 제27호의9서식의 건축협정관리대장에 작성하여 관리하여야 한다.

② 제1항에 따른 건축협정관리대장은 전자적 처리가 불가능한 특별한 사유가 없으면 전자적 처리가 가능한 방법으로 작성하여 관리하여야 한다.

[본조신설 2014. 10. 15.]

제38조의11 【건축협정의 폐지】 ① 협정체결자 또는 건축협정운영회의 대표자가 법 제77조의9에 따라 건축협정을 폐지하려는 경우에는 별지 제27호의10서식의 건축협정 폐지인가신청서를 건축협정인가권자에게 제출하여야 한다.

② 건축협정인가권자는 법 제77조의9에 따라 건축협정의 폐지를 인가한 때에는 해당 지방자치단체의 공보에 공고하여야 한다.

[본조신설 2014. 10. 15.]

제38조의12 【결합건축협정서】 법 제77조의16제1항에 따른 결합건축협정서는 별지 제27호의11서식에 따른다. 〈개정 2019. 11. 18.〉

[본조신설 2016. 7. 20.]

제38조의13 【결합건축의 관리】 ① 허가권자는 결합건축을 포함하여 건축허가를 한 경우에는 법 제77조의17제1항에 따라 그 내용을 30일 이내에 해당 지방자치단체의 공보에 공고하고, 별지 제27호의12서식의 결합건축 관리대장을 작성하여 관리해야 한다. 〈개정 2018. 11. 29., 2021. 1. 8.〉

② 제1항에 따른 결합건축 관리대장은 전자적 처리가 불가능한 특별한 사유가 없으면 전자적 처리가 가능한 방법으로 작성하여 관리하여야 한다.
[본조신설 2016. 7. 20.]

제39조 【건축행정의 지도 · 감독】 법 제78조제4항에 따라 국토교통부장관 또는 시 · 도지사는 연 1회 이상 건축행정의 건실한 운영을 지도 · 감독하기 위하여 다음 각 호의 내용이 포함된 지도 · 점검계획을 수립하여야 한다. 〈개정 2005. 10. 20., 2008. 3. 14., 2008. 12. 11., 2013. 3. 23.〉
1. 건축허가 등 건축민원 처리실태
2. 건축통계의 작성에 관한 사항
3. 건축부조리 근절대책
4. 위반건축물의 정비계획 및 실적
5. 기타 건축행정과 관련하여 필요한 사항
[전문개정 1999. 5. 11.]

제40조 【위반 건축물에 대한 실태조사】 ① 허가권자는 영 제115조제1항에 따른 실태조사 결과를 기록 · 관리해야 한다.
② 영 제115조제5항 전단에 따른 위반 건축물 관리대장은 별지 제29호서식에 따른다.
[전문개정 2020. 10. 28.]

제40조의2 【이행강제금의 부과 및 징수절차】 영 제115조의2제3항에 따른 이행강제금의 부과 및 징수절차는 「국고금관리법 시행규칙」을 준용한다. 이 경우 납입고지서에는 이의신청방법 및 이의신청기간을 함께 기재하여야 한다.
[본조신설 2006. 5. 12.]

제41조 【공작물축조신고】 ①법 제83조 및 영 제118조에 따라 옹벽 등 공작물의 축조신고를 하려는 자는 별지 제30호서식의 공작물축조신고서에 다음 각 호의 서류 및 도서를 첨부하여 특별자치시장 · 특별자치도지사 또는 시장 · 군수 · 구청장에게 제출(전자문서로 제출하는 것을 포함한다)해야 한다. 다만, 제6조제1항에 따라 건축허가를 신청할 때 건축물의 건축에 관한 사항과 함께 공작물의 축조신고에 관한 사항을 제출한 경우에는 공작물축조신고서의 제출을 생략한다. 〈개정 2007. 12. 13., 2008. 12. 11., 2011. 6. 29., 2014. 10. 15., 2014. 11. 28., 2020. 10. 28., 2021. 12. 31.〉
1. 공작물의 배치도
2. 공작물의 구조도
3. 「건축물의 구조기준 등에 관한 규칙」 별지 제2호서식의 구조안전 및 내진설계 확인서(높이가 8미터 이상인 공작물인 경우에만 첨부한다)
4. 별지 제30호의2서식의 공작물 내풍설계 확인서(높이가 8미터 이상인 공작물인 경우에만 첨부한다)

②특별자치시장 · 특별자치도지사 또는 시장 · 군수 · 구청장은 제1항에 따른 공작물축조신고서를 받은 때에는 영 제118조제4항에 따라 별지 제30호의3서식의 공작물의 구조 안전 점검표를 작성 · 검토한 후 별지 제31호서식의 공작물축조신고필증을 신고인에게 발급하여야 한다. 〈개정 2011. 6. 29., 2012. 12. 12., 2014. 10. 15., 2014. 11. 28., 2021. 12. 31.〉
③ 삭제 〈2020. 5. 1.〉
④영 제118조제5항의 규정에 의한 공작물관리대장은 별지 제32호서식에 의한다. 〈개정 2014. 11. 28.〉

[전문개정 1999. 5. 11.]

제42조【출입검사원증】 법 제87조제2항에 따른 검사나 시험을 하는 자의 권한을 표시하는 증표는 별지 제33호서식과 같다. 〈개정 1999. 5. 11., 2008. 12. 11.〉

제43조【태양열을 이용하는 주택 등의 건축면적 산정방법 등】 ①영 제119조제1항제2호나목1) 및 3)에 따라 태양열을 주된 에너지원으로 이용하는 주택의 건축면적과 단열재를 구조체의 외기측에 설치하는 단열공법으로 건축된 건축물의 건축면적은 건축물의 외벽중 내측 내력벽의 중심선을 기준으로 한다. 이 경우 태양열을 주된 에너지원으로 이용하는 주택의 범위는 국토교통부장관이 정하여 고시하는 바에 따른다. 〈개정 1996. 1. 18., 2008. 3. 14., 2011. 6. 29., 2013. 3. 23., 2020. 10. 28.〉

②영 제119조제1항제2호나목2)에 따라 창고 또는 공장 중 물품을 입출고하는 부위의 상부에 설치하는 한쪽 끝은 고정되고 다른 끝은 지지되지 않은 구조로 된 돌출차양의 면적 중 건축면적에 산입하는 면적은 다음 각 호에 따라 산정한 면적 중 작은 값으로 한다. 〈신설 2005. 10. 20., 2008. 12. 11., 2011. 6. 29., 2017. 1. 19., 2020. 10. 28.〉

1. 해당 돌출차양을 제외한 창고의 건축면적의 10퍼센트를 초과하는 면적
2. 해당 돌출차양의 끝부분으로부터 수평거리 6미터를 후퇴한 선으로 둘러싸인 부분의 수평투영면적

[제목개정 2005. 10. 20.]

제43조의2【지역건축안전센터의 설치 및 운영 등】 ① 시·도지사 및 시장·군수·구청장이 법 제87조의2에 따라 설치하는 지역건축안전센터(이하 "지역건축안전센터"라 한다)에는 센터장 1명과 법 제87조의2제1항 각 호의 업무를 수행하는 데 필요한 전문인력을 둔다.

② 시·도지사 및 시장·군수·구청장은 해당 지방자치단체 소속 공무원 중에서 건축행정에 관한 학식과 경험이 풍부한 사람이 제1항에 따른 센터장(이하 "센터장"이라 한다)을 겸임하게 할 수 있다.

③ 센터장은 지역건축안전센터의 사무를 총괄하고, 소속 직원을 지휘·감독한다.

④ 제1항에 따른 전문인력(이하 "전문인력"이라 한다)은 다음 각 호의 어느 하나에 해당하는 자격을 갖춘 사람으로서 건축행정에 관한 학식과 경험이 풍부한 사람으로 한다. 〈개정 2019. 2. 25., 2021. 6. 25.〉

1. 「건축사법」 제2조제1호에 따른 건축사
2. 다음 각 목의 어느 하나에 해당하는 사람
   가. 「국가기술자격법」에 따른 건축구조기술사
   나. 「건설기술 진흥법 시행령」 별표 1에 따른 건설기술인 중 건축구조 분야 고급기술인 이상의 자격기준을 갖춘 사람
3. 「국가기술자격법」에 따른 건축시공기술사
4. 다음 각 목의 어느 하나에 해당하는 사람
   가. 「국가기술자격법」에 따른 건축기계설비기술사
   나. 「건설기술 진흥법 시행령」 별표 1에 따른 건설기술인 중 건축기계설비 분야 고급기술인 이상의 자격기준을 갖춘 사람
5. 다음 각 목의 어느 하나에 해당하는 사람
   가. 「국가기술자격법」에 따른 지질 및 지반기술사 또는 토질 및 기초기술사

나. 「건설기술 진흥법 시행령」 별표 1에 따른 건설기술인 중 토질·지질 분야 고급기술인 이상의 자격기준을 갖춘 사람

⑤ 시 · 도지사 및 시장 · 군수 · 구청장은 별표 8에 따른 산정기준에 따라 지역건축안전센터의 전문인력을 확보하기 위하여 노력하여야 한다. 다만, 다음 각 호에 해당하는 전문인력(이하 “필수전문인력”이라 한다)은 각각 1명 이상 두어야 한다. 〈개정 2023. 6. 9.〉

1. 제4항제1호에 따른 전문인력
2. 제4항제2호 또는 제3호에 따른 전문인력

⑥ 시장 · 군수 · 구청장이 지역의 규모 · 예산 · 인력 및 건축허가 등의 신청 건수를 고려하여 단독으로 지역건축안전센터를 설치 · 운영하는 것이 곤란하다고 판단하는 경우에는 둘 이상의 시 · 군 · 구가 공동으로 하나의 지역건축안전센터를 설치 · 운영할 수 있다. 이 경우 공동으로 지역건축안전센터를 설치 · 운영하려는 시장 · 군수 · 구청장은 지역건축안전센터의 공동 설치 및 운영에 관한 협약을 체결하여야 한다.

⑦ 국토교통부장관은 법 제87조의2제2항에 따라 지역건축안전센터를 설치해야 하는 지방자치단체를 5년마다 고시해야 한다. 〈신설 2023. 6. 9.〉

⑧ 법 제87조의2제2항제3호에 따라 건축허가 면적 또는 노후건축물 비율은 다음 각 호의 구분에 따라 산정한다. 〈신설 2023. 6. 9.〉

1. 건축허가 면적: 제7항에 따라 국토교통부장관이 고시하는 해의 직전연도부터 과거 5년 동안 법 제11조에 따라 건축허가(신축만 해당한다)를 받은 건축물의 연면적 합계를 5로 나눈 면적
2. 노후건축물 비율: 제7항에 따라 국토교통부장관이 고시하는 해의 직전연도의 전체 건축물 중 법 제22조에 따라 최초로 사용승인을 받은 후 30년 이상이 지난 건축물이 차지하는 비율

⑨ 제1항부터 제8항까지에서 규정한 사항 외에 지역건축안전센터의 조직 및 운영 등에 필요한 사항은 해당 지방자치단체의 조례로 정한다. 〈개정 2023. 6. 9.〉

[본조신설 2018. 6. 15.]

[종전 제43조의2는 제43조의3으로 이동 〈2018. 6. 15.〉]

제43조의3 【분쟁조정의 신청】 ①영 제119조의4제1항에 따라 분쟁의 조정 또는 재정(이하 “조정등”이라 한다)을 받으려는 자는 다음 각 호의 사항을 기재하고 서명 · 날인한 분쟁조정등신청서에 참고자료 또는 서류를 첨부해 국토교통부에 설치된 건축분쟁전문위원회(이하 “분쟁위원회”라 한다)에 제출(전자문서로 제출하는 것을 포함한다)해야 한다. 〈개정 2006. 5. 12., 2007. 12. 13., 2010. 8. 5., 2014. 11. 28., 2021. 6. 25.〉

1. 신청인의 성명(법인의 경우에는 명칭) 및 주소
2. 당사자의 성명(법인의 경우에는 명칭) 및 주소
3. 대리인을 선임한 경우에는 대리인의 성명 및 주소
4. 분쟁의 조정등을 받고자 하는 사항
5. 분쟁이 발생하게 된 사유와 당사자간의 교섭경과
6. 신청연월일

②제1항의 경우에 증거자료 또는 서류가 있는 경우에는 그 원본 또는 사본을 분쟁조정등신청서에 첨부하여 제출할 수 있다. 〈개정 2006. 5. 12.〉

[본조신설 1996. 1. 18.]

[제43조의2에서 이동, 종전 제43조의3은 제43조의4로 이동 〈2018. 6. 15.〉]

제43조의4【분쟁위원회의 회의·운영 등】 ①법 제88조에 따른 분쟁위원회의 위원장은 분쟁위원회를 대표하고 분쟁위원회의 업무를 총괄한다. 〈개정 2008. 12. 11., 2010. 8. 5., 2014. 11. 28., 2021. 8. 27.〉

②분쟁위원회의 위원장은 분쟁위원회의 회의를 소집하고 그 의장이 된다. 〈개정 2010. 8. 5., 2014. 11. 28.〉

③분쟁위원회의 위원장이 부득이한 사유로 직무를 수행할 수 없는 때에는 부위원장이 그 직무를 대행한다. 〈개정 2010. 8. 5., 2014. 11. 28.〉

④분쟁위원회의 사무를 처리하기 위하여 간사를 두되, 간사는 국토교통부 소속 공무원 중에서 분쟁위원회의 위원장이 지정한 자가 된다. 〈개정 2008. 3. 14., 2010. 8. 5., 2013. 3. 23., 2014. 11. 28.〉

⑤분쟁위원회의 회의에 출석한 위원 및 관계전문가에 대하여는 예산의 범위 안에서 수당을 지급할 수 있다. 다만, 공무원인 위원이 그 소관 업무와 직접적으로 관련되어 출석하는 경우에는 그러하지 아니 하다. 〈개정 2010. 8. 5., 2014. 11. 28.〉

[본조신설 2006. 5. 12.]

[제목개정 2014. 11. 28.]

[제43조의3에서 이동, 종전 제43조의4는 제43조의5로 이동 〈2018. 6. 15.〉]

제43조의5【비용부담】 법 제102조제3항에 따라 조정등의 당사자가 부담할 비용의 범위는 다음 각 호와 같다. 〈개정 2008. 3. 14., 2008. 12. 11., 2010. 8. 5., 2013. 3. 23., 2014. 11. 28.〉

1. 감정·진단·시험에 소요되는 비용
2. 검사·조사에 소요되는 비용
3. 녹음·속기록·참고인 출석에 소요되는 비용, 그 밖에 조정등에 소요되는 비용. 다만, 다음 각 목의 어느 하나에 해당하는 비용을 제외한다.
   가. 분쟁위원회의 위원 또는 영 제119조의9제2항에 따른 사무국(이하 "사무국"이라 한다) 소속 직원이 분쟁위원회의 회의에 출석하는데 소요되는 비용
   나. 분쟁위원회의 위원 또는 사무국 소속 직원의 출장에 소요되는 비용
   다. 우편료 및 전신료

[본조신설 2006. 5. 12.]

[제43조의4에서 이동 〈2018. 6. 15.〉]

제44조 삭제 〈2016. 12. 30.〉

부칙 〈제1439호, 2025. 1. 14.〉

이 규칙은 공포한 날부터 시행한다.

[별표 1] 삭제 〈2000.7.4.〉

[별표 1의2] 〈신설 2015.7.7.〉

구조 안전 심의 신청 시 첨부서류 (제2조의4제2항 관련)

분야	도서종류	표시하여야 할 사항
1. 건축	가. 건축개요	1) 사업 개요: 위치, 대지면적, 사업기간 등 2) 건축물 개요: 규모(높이, 면적 등), 용도별 면적 및 건폐율, 용적률 등
	나. 배치도	1) 축척 및 방위, 대지에 접한 도로의 길이 및 너비 2) 대지의 종·횡단면도
	다. 평면도	1) 1층 및 기준층 평면도 2) 기둥·벽·창문 등의 위치 3) 방화구획 및 방화문의 위치 4) 복도 및 계단 위치
	라. 단면도	1) 종·횡단면도 2) 건축물 전체높이, 각층의 높이 및 반자높이 등
2. 구조	가. 구조계획서	1) 설계근거기준 2) 하중조건분석 3) 구조재료의 성질 및 특성 4) 구조 형식선정 계획 5) 구조안전 검토
	나. 구조도 및 구조계산서	1) 구조내력상 주요부분 평면 및 단면 2) 내진설계(지진에 대한 안전여부 확인 대상)내용 3) 구조 안전 확인서 4) 주요부분의 상세도면
3. 기타	가. 지질조사서	1) 토질개황 2) 각종 토질시험내용 3) 지내력 산출근거 4) 지하수위 5) 기초에 대한 의견
	나. 시방서	1) 시방내용(표준시방서에 없는 공법인 경우만 해당함) 2) 흙막이 공법 및 도면

[별표 2] 〈개정 2021.6.25.〉

건축허가신청에 필요한 설계도서 (제6조제1항 관련)

도서의 종류	도서의 축척	표시하여야 할 사항
건축계획서	임의	1. 개요(위치 · 대지면적 등) 2. 지역 · 지구 및 도시계획사항 3. 건축물의 규모(건축면적 · 연면적 · 높이 · 층수 등) 4. 건축물의 용도별 면적 5. 주차장규모 6. 에너지절약계획서(해당건축물에 한한다) 7. 노인 및 장애인 등을 위한 편의시설 설치계획서(관계법령에 의하여 설치의무가 있는 경우에 한한다)
배치도	임의	1. 축척 및 방위 2. 대지에 접한 도로의 길이 및 너비 3. 대지의 종 · 횡단면도 4. 건축선 및 대지경계선으로부터 건축물까지의 거리 5. 주차동선 및 옥외주차계획 6. 공개공지 및 조경계획
평면도	임의	1. 1층 및 기준층 평면도 2. 기둥 · 벽 · 창문 등의 위치 3. 방화구획 및 방화문의 위치 4. 복도 및 계단의 위치 5. 승강기의 위치
입면도	임의	1. 2면 이상의 입면계획 2. 외부마감재료 3. 간판 및 건물번호판의 설치계획(크기·위치)
단면도	임의	1. 종 · 횡단면도 2. 건축물의 높이, 각층의 높이 및 반자높이
구조도 (구조안전 확인 또는 내진설계 대상 건축물)	임의	1. 구조내력상 주요한 부분의 평면 및 단면 2. 주요부분의 상세도면 3. 구조안전확인서
구조계산서 (구조안전 확인 또는 내진설계 대상 건축물)	임의	1. 구조계산서 목록표(총괄표, 구조계획서, 설계하중, 주요 구조도, 배근도 등) 2. 구조내력상 주요한 부분의 응력 및 단면 산정 과정 3. 내진설계의 내용(지진에 대한 안전 여부 확인 대상 건축물)
실내마감도	임의	벽 및 반자의 마감의 종류
소방설비도	임의	「소방시설설치유지 및 안전관리에 관한 법률」에 따라 소방관서의 장의 동의를 얻어야 하는 건축물의 해당소방 관련 설비

[별표 3] <개정 2017.2.3.>

대형건축물의 건축허가 사전승인신청 및 건축물 안전영향평가 의뢰시 제출도서의 종류 (제7조제1항제1호 및 제9조의2제1항 관련)

1. 건축계획서

분야	도서종류	표시하여야 할 사항
건축	설계설명서	○ 공사개요 위치 · 대지면적 · 공사기간 · 공사금액 등 ○ 사전조사사항 지반고 · 기후 · 동결심도 · 수용인원 · 상하수와 주변지역을 포함한 지질 및 지형, 인구, 교통, 지역, 지구, 토지이용현황, 시설물현황 등 ○ 건축계획 배치 · 평면 · 입면계획 · 동선계획 · 개략조경계획 · 주차계획 및 교통처리계획 등 ○ 시공방법 ○ 개략공정계획 ○ 주요설비계획 ○ 주요자재 사용계획 ○ 기타 필요한 사항
	구조계획서	○ 설계근거기준 ○ 구조재료의 성질 및 특성 ○ 하중조건분석 적용 ○ 구조의 형식선정계획 ○ 각부 구조계획 ○ 건축구조성능(단열 · 내화 · 차음 · 진동장애 등) ○ 구조안전검토
	지질조사서	○ 토질개황 ○ 각종 토질시험내용 ○ 지내력 산출근거 ○ 지하수위면 ○ 기초에 대한 의견
	시방서	○ 시방내용(국토교통부장관이 작성한 표준시방서에 없는 공법인 경우에 한한다)

2. 기본설계도서

분야	도서종류	표시하여야 할 사항
건축	투시도 또는 투시도 사진	색채사용
	평면도(주요층, 기준층)	1. 각실의 용도 및 면적 2. 기둥 · 벽 · 창문 등의 위치 3. 방화구획 및 방화문의 위치 4. 복도 · 직통계단 · 피난계단 또는 특별 피난계단의 위치 및 치수 5. 비상용승강기 · 승용승강기의 위치 및 치수 6. 가설건축물의 규모
	2면 이상의 입면도	1. 축척 2. 외벽의 마감재료
	2면 이상의 단면도	1. 축척 2. 건축물의 높이, 각층의 높이 및 반자높이
	내외마감표	벽 및 반자의 마감재의 종류
	주차장평면도	1. 축척 및 방위 2. 주차장면적 3. 도로 · 통로 및 출입구의 위치
설비	건축설비도	1. 비상용승강기 · 승용승강기 · 에스컬레이터 · 난방설비 · 환기설비 기타 건축설비의 설비계획 2. 비상조명장치 · 통신설비 기타 전기설비설치계획
	소방설비도	옥내소화전설비 · 스프링클러설비 · 각종 소화설비 · 옥외소화전설비 · 동력소방펌프설비 · 자동화재탐지설비 · 전기화재경보기 · 화재속보설비와 유도 등 기타 유도표시 소화용수의 위치 및 수량배연설비 · 연결살수설비 · 비상콘센트설비의 설치계획
	상 · 하수도 계통도	상 · 하수도의 연결관계, 수조의 위치, 급 · 배수 등

[별표 3의2] <신설 2001.9.28>

수질환경 등의 보호관련 건축허가 사전승인신청시 제출도서의 종류

(제7조제1항제2호관련)

1. 건축계획서

분야	도서종류	표시하여야 할 사항
건축	설계설명서	○ 공사개요 위치·대지면적·공사기간·착공예정일 ○ 사전조사사항 지역·지구, 지반높이, 상·하수도, 토지이용현황, 주변현황 ○ 건축계획 배치·평면·입면·주차계획 ○ 개략공정계획 ○ 주요설비계획

2. 기본설계도서

분야	도서종류	표시하여야 할 사항
건축	투시도 또는 투시도사진	색채사용
	평면도 (주요층, 기준층)	1. 각실의 용도 및 면적 2. 기둥·벽·창문 등의 위치
	2면 이상의 입면도	1. 축척 2. 외벽의 마감재료
	2면 이상의 단면도	1. 축척 2. 건축물의 높이, 각층의 높이 및 반자높이
	내외마감표	벽 및 반자의 마감재의 종류
	주차장평면도	1. 주차장면적 2. 도로·통로 및 출입구의 위치
설비	건축설비도	1. 난방설비·환기설비 그 밖의 건축설비의 설비계획 2. 비상조명장치·통신설비 설치계획
	상·하수도계통도	상·하수도의 연결관계, 저수조의 위치, 급·배수 등

[별표 4] <개정 2005.10.20, 2006.5.12>

건축허가등 수수료의 범위 (제10조 관련)

연면적 합계	금액
200제곱미터 미만	단독주택2천원7백원 이상 4천원 이하
	기타6천7백원 이상 9천4백원 이하
200제곱미터 이상1천제곱미터 미만	단독주택 4천원 이상 6천원 이하
	기타1만4천원 이상 2만원 이하
1천제곱미터 이상5천제곱미터 미만	3만4천원 이상 5만4천원 이하
5천제곱미터 이상1만제곱미터 미만	6만8천원 이상 10만원 이하
1만제곱미터 이상3만제곱미터 미만	13만5천원 이상 20만원 이하
3만제곱미터 이상 10만제곱미터 미만	27만원 이상 41만원 이하
10만제곱미터 이상 30만제곱미터 미만	54만원 이상 81만원 이하
30만제곱미터 이상	108만원 이상 162만원 이하

※ 설계변경의 경우에는 변경하는 부분의 면적에 따라 적용한다.

[별표 4의2] <개정 2021.8.27>

착공신고에 필요한 설계도서 (제14조제1항 관련)

분야	도서의 종류	내용
1. 건축	가. 도면 목록표	공종 구분해서 분류 작성
	나. 안내도	방위, 도로, 대지주변 지물의 정보 수록
	다. 개요서	1) 개요(위치·대지면적 등) 2) 지역·지구 및 도시계획사항 3) 건축물의 규모(건축면적·연면적·높이·층수 등) 4) 건축물의 용도별 면적 5) 주차장 규모
	라. 구적도	대지면적에 대한 기술
	마. 마감재료표	바닥, 벽, 천정 등 실내 마감재료 및 외벽 마감재료(외벽에 설치하는 단열재를 포함한다)의 성능, 품명, 규격, 재질, 질감 및 색상 등의 구체적 표기
	바. 배치도	축척 및 방위, 건축선, 대지경계선 및 대지가 정하는 도로의 위치와 폭, 건축선 및 대지경계선으로부터 건축물까지의 거리, 신청 건물과 기존 건물과의 관계, 대지의 고저차, 부대시설물과의 관계
	사. 주차계획도	1) 법정 주차대수와 주차 확보대수의 대비표, 주차배치도 및 차량 동선도 차량진출입 관련 위치 및 구조 2) 옥외 및 지하 주차장 도면
	아. 각 층 및 지붕 평면도	1) 기둥·벽·창문 등의 위치 및 복도, 계단, 승강기 위치 2) 방화구획 계획(방화문, 자동방화셔터, 내화충전구조 및 방화댐퍼의 설치 계획을 포함한다)
	자. 입면도(2면 이상)	1) 주요 내외벽, 중심선 또는 마감선 치수, 외벽 마감재료 2) 건축자재 성능 및 품명, 규격, 재질, 질감, 색상 등의 구체적 표기 3) 간판 및 건물번호판의 설치계획(크기·위치)
	차. 단면도(종·횡단면도)	1) 건축물 최고높이, 각 층의 높이, 반자높이 2) 천정 안 배관 공간, 계단 등의 관계를 표현 3) 방화구획 계획(방화문, 자동방화셔터, 내화충전구조 및 방화댐퍼의 설치 계획을 포함한다)

	카. 수직동선상세도	1) 코아(Core) 상세도(코아 안의 각종 설비관련 시설물의 위치) 2) 계단 평면·단면 상세도 3) 주차경사로 평면·단면 상세도
	타. 부분상세도	1) 지상층 외벽 평면·입면·단면도 2) 지하층 부분 단면 상세도
	파. 창호도	창호 일람표, 창호 평면도, 창호 상세도, 창호 입면도
	하. 건축설비도	냉방·난방설비, 위생설비, 환경설비, 정화조, 승강설비 등 건축설비
	거. 방화구획 상세도	방화문, 자동방화셔터, 내화충전구조, 방화댐퍼 설치부분 상세도
	너. 외벽 마감재료의 단면 상세도	외벽의 마감재료(외벽에 설치하는 단열재를 포함한다)의 종류별 단면 상세도(법 제52조제2항에 따른 건축물만 해당한다)
2. 일반	가. 시방서	1) 시방내용(국토교통부장관이 작성한 표준시방서에 없는 공법인 경우만 해당한다) 2) 흙막이공법 및 도면
3. 구조	가. 도면 목록표	
	나. 기초 일람표	
	다. 구조 평면·입면·단면도 (구조안전 확인 대상 건축물)	1) 구조내력상 주요한 부분의 평면 및 단면 2) 주요부분의 상세도면(배근상세, 접합상세, 배근 시 주의사항 표기) 3) 구조안전확인서
	라. 구조가구도	골조의 단면 상태를 표현하는 도면으로 골조의 상호 연관관계를 표현
	마. 앵커(Anchor)배치도 및 베이스플레이트(Base Plate) 설치도	
	바. 기둥 일람표	
	사. 보 일람표	
	아. 슬래브(Slab) 일람표	
	자. 옹벽 일람표	
	차. 계단배근 일람표	
	카. 주심도	
4. 기계	가. 도면 목록표	
	나. 장비일람표	규격, 수량을 상세히 기록

	다. 장비배치도	기계실, 공조실 등의 장비배치방안 계획
	라. 계통도	공조배관 설비, 덕트(Duct) 설비, 위생 설비 등 계통도
	마. 기준층 및 주요층 기구 평면도	공조배관 설비, 덕트 설비, 위생 설비 등 평면도
	바. 저수조 및 고가수조	저수조 및 고가수조의 설치기준을 표시
	사. 도시가스 인입 확인	도시가스 인입지역에 한해서 조사 및 확인
5. 전기	가. 도면 목록표	
	나. 배치도	옥외조명 설비 평면도
	다. 계통도	1) 전력 계통도
		2) 조명 계통도
	라. 평면도	조명 평면도
6. 통신	가. 도면 목록표	
	나. 배치도	옥외 CCTV설비와 옥외방송 평면도
	다. 계통도	1) 구내통신선로설비 계통도
		2) 방송공동수신설비 계통도
		3) 이동통신 구내선로설비 계통도
		4) CCTV설비 계통도
	라. 평면도	1) 구내통신선로설비 평면도
		2) 방송공동수신설비 평면도
		3) 이동통신 구내선로설비 평면도
		4) CCTV설비 평면도
7. 토목	가. 도면 목록표	
	나. 각종 평면도	주요시설물 계획
	다. 토지굴착 및 옹벽도	1) 지하매설구조물 현황 2) 흙막이 구조(지하 2층 이상의 지하층을 설치하는 경우 또는 지하 1층을 설치하는 경우로서 법 제27조에 따른 건축허가 현장조사·검사 또는 확인시 굴착으로 인하여 인접대지 석축 및 건축물 등에 영향이 있어 조치가 필요하다고 인정된 경우만 해당한다) 3) 단면상세 4) 옹벽구조
	라. 대지 종·횡단면도	
	마. 포장계획 평면·단면도	
	바. 우수·오수 배수처리 평면·종단면도	

	사. 상하수 계통도	우수·오수 배수처리 구조물 위치 및 상세도, 공공하수도와의 연결방법, 상수도 인입계획, 정화조의 위치
	아. 지반조사 보고서	시추조사 결과, 지반분류, 지반반력계수 등 구조설계를 위한 지반자료(주변 건축물의 지반조사 결과를 적용하여 별도의 지반조사가 필요 없는 경우, 「건축물의 구조기준 등에 관한 규칙」에 따른 소규모건축물로 지반을 최저 등급으로 가정한 경우, 지반조사를 할 수 없는 경우 등 허가권자가 인정하는 경우에는 지반조사 보고서를 제출하지 않을 수 있다.
8. 조경	가. 도면 목록표	
	나. 조경 배치도	법정 면적과 계획면적의 대비, 조경계획 및 식재 상세도
	다. 식재 평면도	
	라. 단면도	

■ 비고

법 제21조에 따라 착공신고하려는 건축물의 공사와 관련 없는 설계도서는 제출하지 않는다.

[별표 5] <개정 2010.8.5>

건축허용오차 (제20조관련)

1. 대지관련 건축기준의 허용오차

항목	허용되는 오차의 범위
건축선의 후퇴거리	3퍼센트 이내
인접대지 경계선과의 거리	3퍼센트 이내
인접건축물과의 거리	3퍼센트 이내
건폐율	0.5퍼센트 이내(건축면적 5제곱미터를 초과할 수 없다)
용적률	1퍼센트 이내(연면적 30제곱미터를 초과할 수 없다)

2. 건축물관련 건축기준의 허용오차

항목	허용되는 오차의 범위
건축물 높이	2퍼센트 이내(1미터를 초과할 수 없다)
평면길이	2퍼센트 이내(건축물 전체길이는 1미터를 초과할 수 없고, 벽으로 구획된 각실의 경우에는 10센티미터를 초과할 수 없다)
출구너비	2퍼센트 이내
반자높이	2퍼센트 이내
벽체두께	3퍼센트 이내
바닥판두께	3퍼센트 이내

[별표 6] <개정 2014.10.15>

옹벽에 관한 기술적 기준 (제25조관련)

1. 석축인 옹벽의 경사도는 그 높이에 따라 다음 표에 정하는 기준 이하일 것

구분	1.5미터까지	3미터까지	5미터까지
멧쌓기	1 : 0.30	1 : 0.35	1 : 0.40
찰쌓기	1 : 0.25	1 : 0.30	1 : 0.35

2. 석축인 옹벽의 석축용 돌의 뒷길이 및 뒷채움돌의 두께는 그 높이에 따라 다음 표에 정하는 기준 이상일 것

구분높이		1.5미터까지	3미터까지	5미터까지
석축용돌의뒷길이(센티미터)		30	40	50
뒷채움돌의두께(센티미터)	상부	30	30	30
	하부	40	50	50

3. 석축인 옹벽의 윗가장자리로부터 건축물의 외벽면까지 띄어야 하는 거리는 다음 표에 정하는 기준 이상일 것. 다만, 건축물의 기초가 석축의 기초 이하에 있는 경우에는 그러하니 아니하다.

건축물의층수	1층	2층	3층 이상
띄우는 거리(미터)	1.5	2	3

4.~6. 삭제 〈2014.10.15.〉

[별표 7]

토질에 따른 경사도 (제26조제1항관련)

토 질	경 사 도
경암	1 : 0.5
연암	1 : 1.0
모래	1 : 1.8
모래질흙	1 : 1.2
사력질흙, 암괴 또는 호박돌이 섞인 모래질흙	1 : 1.2
점토, 점성토	1 : 1.2
암괴 또는 호박돌이 섞인 점성토	1 : 1.5

[별표 8] <신설 2018.6.15.>

지역건축안전센터의 적정 전문인력 인원 산정기준 (제43조의2제5항 관련)

1. 지역건축안전센터의 적정 전문인력 인원은 다음의 산정식에 따라 산정한다.

$$\text{적정 전문인력 인원(명)} = \frac{\text{최근 3년간 연평균 건축 신고·허가 건수}}{\text{1인당 연간 건축 신고·허가 처리가능 건수}} \times \text{필수 전문인력 인원(명)}$$

2. 제1호의 산정식에 적용되는 용어의 정의
   가. "최근 3년간 연평균 건축 신고·허가 건수"란 최근 3년간 연평균 해당 지방자치단체의 건축 신고 건수에 해당 업무의 난이도를 가중한 값과 최근 3년간 연평균 해당 지방자치단체의 건축허가 건수에 해당 업무의 난이도를 가중한 값을 더한 값을 말한다.
   나. "1인당 연간 건축 신고·허가 처리가능 건수"란 해당 업무의 난이도를 고려하여 공무원 1명이 1일 동안 통상적으로 처리할 수 있는 건축 신고·허가 건수에 근무일수를 곱한 값을 말한다.
   다. "필수전문인력 인원"이란 제43조의2제5항 단서에 따라 지역건축안전센터에 필수적으로 두어야 하는 전문인력 인원으로 2명을 말한다.

3. 제1호의 산정식에 적용되는 산정기준: 다음 각 목의 구분에 따른다.
   가. 특별시·광역시·특별자치시·도, 특별시·광역시·경기도의 시 또는 자치구

적용용어	산정기준
최근 3년간 연평균 건축 신고·허가 건수	0.76(업무 난이도) × 최근 3년간 연평균 건축신고 건수 + 1.4(업무 난이도) × 최근 3년간 연평균 건축허가 건수
1인당 연간 건축 신고·허가 처리가능 건수	5건 × 21일 × 12개월 = 1,260

   나. 도(경기도는 제외한다)의 시·군·자치구, 특별자치도, 광역시·경기도의 군

적용용어	산정기준
최근 3년간 연평균 건축 신고·허가 건수	0.9(업무 난이도) × 최근 3년간 연평균 건축신고 건수 + 1.4(업무 난이도) × 최근 3년간 연평균 건축허가 건수
1인당 연간 건축 신고·허가 처리가능 건수	7건 × 21일 × 12개월 = 1,764

   다. 공통사항
      1) 적정 전문인력 인원은 소수점 첫째자리에서 반올림하여 산정한다.
      2) 적정 전문인력 인원은 제43조의2제4항에 따른 전문인력 인원만을 말한다.

[별표 9]~[별표 10] 삭제 〈1999.5.11〉

[별표 11] 삭제 〈2000.7.4〉

[별표 12] 삭제 〈1999.5.11.〉

4. 주차장법

[시행 2025. 1. 31.] [법률 제20762호, 2025. 1. 31., 일부개정]

제1장 총칙 〈개정 2010.3.22.〉

제1조【목적】 이 법은 주차장의 설치·정비 및 관리에 필요한 사항을 규정함으로써 자동차교통을 원활하게 하여 공중(公衆)의 편의와 안전을 도모함을 목적으로 한다. 〈개정 2019. 12. 24.〉
[전문개정 2010. 3. 22.]

제2조【정의】 이 법에서 사용하는 용어의 뜻은 다음과 같다. 〈개정 2011. 6. 8., 2012. 1. 17., 2016. 1. 19.〉

1. "주차장"이란 자동차의 주차를 위한 시설로서 다음 각 목의 어느 하나에 해당하는 종류의 것을 말한다.
   가. 노상주차장(路上駐車場): 도로의 노면 또는 교통광장(교차점광장만 해당한다. 이하 같다)의 일정한 구역에 설치된 주차장으로서 일반(一般)의 이용에 제공되는 것
   나. 노외주차장(路外駐車場): 도로의 노면 및 교통광장 외의 장소에 설치된 주차장으로서 일반의 이용에 제공되는 것
   다. 부설주차장: 제19조에 따라 건축물, 골프연습장, 그 밖에 주차수요를 유발하는 시설에 부대(附帶)하여 설치된 주차장으로서 해당 건축물·시설의 이용자 또는 일반의 이용에 제공되는 것
2. "기계식주차장치"란 노외주차장 및 부설주차장에 설치하는 주차설비로서 기계장치에 의하여 자동차를 주차할 장소로 이동시키는 설비를 말한다.
3. "기계식주차장"이란 기계식주차장치를 설치한 노외주차장 및 부설주차장을 말한다.
4. "도로"란 「건축법」 제2조제1항제11호에 따른 도로로서 자동차가 통행할 수 있는 도로를 말한다.
5. "자동차"란 「도로교통법」 제2조제18호에 따른 자동차 및 같은 법 제2조제19호에 따른 원동기장치자전거를 말한다.
6. "주차"란 「도로교통법」 제2조제24호에 따른 주차를 말한다.
7. "주차단위구획"이란 자동차 1대를 주차할 수 있는 구획을 말한다.
8. "주차구획"이란 하나 이상의 주차단위구획으로 이루어진 구획 전체를 말한다.
9. "전용주차구획"이란 제6조제1항에 따른 경형자동차(輕型自動車) 등 일정한 자동차에 한정하여 주차가 허용되는 주차구획을 말한다.
10. "건축물"이란 「건축법」 제2조제1항제2호에 따른 건축물을 말한다.
11. "주차전용건축물"이란 건축물의 연면적 중 대통령령으로 정하는 비율 이상이 주차장으로 사용되는 건축물을 말한다.
12. "건축"이란 「건축법」 제2조제1항제8호 및 제9호에 따른 건축 및 대수선(같은 법 제19조에 따른 용도변경을 포함한다)을 말한다.
13. "기계식주차장치 보수업"이란 기계식주차장치의 고장을 수리하거나 고장을 예방하기 위하여 정비를 하는 사업을 말한다.

[전문개정 2010. 3. 22.]

제3조 【주차장 수급 및 안전관리 실태조사】 ① 특별자치시장 · 특별자치도지사 · 시장 · 군수 또는 구청장(구청장은 자치구의 구청장을 말한다. 이하 "시장 · 군수 또는 구청장"이라 한다)은 주차장의 설치 및 관리를 위한 기초자료로 활용하기 위하여 행정구역 · 용도지역 · 용도지구 등을 종합적으로 고려한 조사구역(이하 "조사구역"이라 한다)을 정하여 정기적으로 조사구역별 주차장 수급(需給) 실태를 조사(이하 "수급실태조사"라 한다)하여야 한다. 〈개정 2018. 12. 18., 2019. 12. 24.〉

② 시장 · 군수 또는 구청장은 주차장의 안전사고 예방을 위하여 정기적으로 조사구역 내 설치된 주차장의 경사도 등 이용자의 안전에 위해가 되는 요소를 점검하고 그에 따른 안전 관리 실태를 조사(이하 "안전관리실태조사"라 한다)하여야 한다. 〈신설 2019. 12. 24.〉

③ 수급실태조사와 안전관리실태조사의 방법 · 주기 및 조사구역 설정방법 등에 관하여 필요한 사항은 국토교통부령으로 정한다. 〈개정 2013. 3. 23., 2019. 12. 24.〉

[전문개정 2010. 3. 22.]

[제목개정 2019. 12. 24.]

제4조 【주차환경개선지구의 지정】 ① 시장 · 군수 또는 구청장은 다음 각 호의 지역에 있는 조사구역으로서 실태조사 결과 주차장 확보율(주차단위구획의 수를 자동차의 등록대수로 나눈 비율을 말한다. 이 경우 다른 법령에서 일정한 자동차에 대하여 따로 차고를 확보하도록 하고 있는 경우 그 자동차의 등록대수 및 차고의 수는 비율을 계산할 때 제외한다)이 해당 지방자치단체의 조례로 정하는 비율 이하인 조사구역은 주차난 완화와 교통의 원활한 소통을 위하여 주차환경개선지구로 지정할 수 있다. 〈개정 2020. 6. 9.〉

1. 「국토의 계획 및 이용에 관한 법률」 제36조제1항제1호가목에 따른 주거지역
2. 제1호에 따른 주거지역과 인접한 지역으로서 해당 지방자치단체의 조례로 정하는 지역

② 제1항에 따라 주차환경개선지구를 지정할 때에는 시장 · 군수 또는 구청장이 주차환경개선지구 지정 · 관리계획을 수립하여 결정한다.

③ 시장 · 군수 또는 구청장은 제2항에 따라 주차환경개선지구를 지정하였을 때에는 그 관리에 관한 연차별 목표를 정하고, 매년 주차장 수급 실태의 개선 효과를 분석하여야 한다.

[전문개정 2010. 3. 22.]

제4조의2 【주차환경개선지구 지정 · 관리계획】 ① 제4조제2항에 따른 주차환경개선지구 지정 · 관리계획에는 다음 각 호의 사항이 포함되어야 한다.

1. 주차환경개선지구의 지정구역 및 지정의 필요성
2. 주차환경개선지구의 관리 목표 및 방법
3. 주차장의 수급 실태 및 이용 특성
4. 장기 · 단기 주차수요에 대한 예측
5. 연차별 주차장 확충 및 재원 조달계획
6. 노외주차장 우선 공급 등 주차환경개선지구의 지정 목적을 달성하기 위하여 필요한 조치

② 시장 · 군수 또는 구청장은 제4조제2항에 따른 주차환경개선지구 지정 · 관리계획을 수립할 때에는 미리 공청회를 열어 지역 주민, 관계 전문가 등의 의견을 들어야 한다. 대통령령으로 정하는 중요한 사항을 변경하려는 경우에도 또한 같다.

③ 시장 · 군수 또는 구청장은 제2항에 따라 주차환경개선지구 지정 · 관리계획을 수립하거나 변경한

때에는 그 사실을 고시하여야 한다.
[전문개정 2010. 3. 22.]

제4조의3 【주차환경개선지구 지정의 해제】 시장 · 군수 또는 구청장은 제4조제1항에 따른 주차환경개선지구의 지정 목적을 달성하였다고 인정하는 경우에는 그 지정을 해제하고, 그 사실을 고시하여야 한다.
[전문개정 2010. 3. 22.]

제5조 【권한의 위임】 이 법에 따른 국토교통부장관의 권한은 그 일부를 대통령령으로 정하는 바에 따라 특별시장 · 광역시장 · 특별자치시장 · 도지사 또는 특별자치도지사에게 위임할 수 있다. 〈개정 2013. 3. 23., 2018. 12. 18.〉
[전문개정 2010. 3. 22.]

제6조 【주차장설비기준 등】 ① 주차장의 구조 · 설비 및 안전기준 등에 관하여 필요한 사항은 국토교통부령으로 정한다. 이 경우 다음 각 호의 자동차에 대하여는 전용주차구획(제2호에 따른 자동차의 경우에는 충전시설을 포함한다)을 일정 비율 이상 정할 수 있다. 〈개정 2024. 1. 9., 2025. 1. 31.〉

1. 「자동차관리법」에 따른 배기량 1천시시 미만의 자동차(이하 "경형자동차"라 한다)
2. 「환경친화적 자동차의 개발 및 보급 촉진에 관한 법률」 제2조제2호에 따른 환경친화적 자동차(이하 "환경친화적 자동차"라 한다)
3. 「여객자동차 운수사업법」 제31조제1항에 따른 자동차대여사업자가 제공하는 자동차로서 승용차공동이용 서비스를 이용하는 회원이 자동차가 필요할 때 시간단위로 예약하여 이용할 수 있는 자동차(이하 "승용차공동이용 자동차"라 한다)
4. 「영유아보육법」 제2조제1호에 따른 영유아와 동반하여 탑승하거나 「모자보건법」 제2조제1호에 따른 임산부가 탑승한 자동차(이하 "영유아동반 자동차등"이라 한다)

② 특별시 · 광역시 · 특별자치시 · 특별자치도 · 시 · 군 또는 자치구는 해당 지역의 주차장 실태 등을 고려하여 필요하다고 인정하는 경우에는 제1항 전단에도 불구하고 주차장의 구조 · 설비 및 안전기준 등에 관하여 필요한 사항을 해당 지방자치단체의 조례로 달리 정할 수 있다. 〈개정 2018. 12. 18., 2019. 12. 24.〉

③ 국토교통부령으로 정하는 경사진 곳에 주차장을 설치하려는 자는 국토교통부령으로 정하는 바에 따라 고임목 등 주차된 차량이 미끄러지는 것을 방지하는 시설과 미끄럼 주의 안내표지를 갖추어야 한다. 〈신설 2019. 12. 24.〉

④ 특별시장 · 광역시장, 시장 · 군수 또는 구청장은 노상주차장 또는 노외주차장을 설치하는 경우에는 도시 · 군관리계획과 「도시교통정비 촉진법」에 따른 도시교통정비 기본계획에 따라야 하며, 노상주차장을 설치하는 경우에는 미리 관할 경찰서장과 소방서장의 의견을 들어야 한다. 〈개정 2011. 4. 14., 2017. 10. 24., 2019. 12. 24.〉
[전문개정 2010. 3. 22.]

제6조의2 【이륜자동차 주차관리대상구역 지정 등】 ① 특별시장 · 광역시장 · 시장 · 군수 또는 구청장은 이륜자동차(「도로교통법」 제2조제18호가목에 따른 이륜자동차 및 같은 법 제2조제19호에 따른 원동기장치자전거를 말한다. 이하 이 조에서 같다)의 주차 관리가 필요한 지역을 이륜자동차 주차관리

대상구역으로 지정할 수 있다.

② 특별시장 · 광역시장 · 시장 · 군수 또는 구청장은 제1항에 따라 이륜자동차 주차관리대상구역을 지정할 때 해당 지역 주차장의 이륜자동차 전용주차구획을 일정 비율 이상 정하여야 한다.

③ 특별시장 · 광역시장 · 시장 · 군수 또는 구청장은 제1항에 따라 주차관리대상구역을 지정한 때에는 그 사실을 고시하여야 한다.

[본조신설 2012. 1. 17.]

제6조의3 【주차장에서의 금지행위】 누구든지 국가기관, 지방자치단체, 「공공기관의 운영에 관한 법률」 제4조에 따른 공공기관, 그 밖에 국토교통부령으로 정하는 기관의 장이 설치한 주차장에서 야영행위, 취사행위 또는 불을 피우는 행위를 하여서는 아니 된다.

[본조신설 2024. 3. 19.]

[종전 제6조의3은 제6조의4로 이동 〈2024. 3. 19.〉]

제6조의4 【협회의 설립】 ① 주차장 사업을 경영하거나 이와 관련된 업무에 종사하는 자는 관련 제도의 개선 및 사업의 건전한 발전을 위하여 주차장 사업자단체(이하 "협회"라 한다)를 설립할 수 있다.

② 협회는 법인으로 한다.

③ 협회는 국토교통부장관의 인가를 받아 주된 사무소의 소재지에서 설립등기를 함으로써 성립한다.

④ 협회 회원의 자격과 임원에 관한 사항, 협회의 업무 등은 정관으로 정한다.

⑤ 협회에 관하여 이 법에 규정된 사항 외에는 「민법」 중 사단법인에 관한 규정을 준용한다.

[본조신설 2016. 1. 19.]

[제6조의3에서 이동 〈2024. 3. 19.〉]

제2장 삭제 〈1995. 12. 29.〉

제3장 노상주차장 〈개정 2010. 3. 22.〉

제7조 【노상주차장의 설치 및 폐지】 ① 노상주차장은 특별시장 · 광역시장, 시장 · 군수 또는 구청장이 설치한다. 이 경우 「국토의 계획 및 이용에 관한 법률」 제43조제1항은 적용하지 아니한다. 〈개정 2010. 3. 22.〉

② 삭제 〈1995. 12. 29.〉

③ 특별시장 · 광역시장, 시장 · 군수 또는 구청장은 다음 각 호의 어느 하나에 해당하는 경우에는 지체 없이 해당 노상주차장을 폐지하여야 한다. 〈개정 2010. 3. 22., 2021. 1. 12.〉

1. 노상주차장에의 주차로 인하여 대중교통수단의 운행이나 그 밖의 교통소통에 장애를 주는 경우
2. 노상주차장을 대신하는 노외주차장의 설치 등으로 인하여 노상주차장이 필요 없게 된 경우
3. 「도로교통법」 제12조에 따라 어린이 보호구역으로 지정된 경우

④ 특별시장 · 광역시장, 시장 · 군수 또는 구청장은 노상주차장 중 해당 지역의 교통 여건을 고려하여 화물의 하역(荷役)을 위한 주차구획(이하 "하역주차구획"이라 한다)을 지정할 수 있다. 이 경우 특별시장 · 광역시장, 시장 · 군수 또는 구청장은 해당 지방자치단체의 조례로 정하는 바에 따라 하역주차구획에 화물자동차 외의 자동차(「도로교통법」 제2조제22호에 따른 긴급자동차는 제외한다)

의 주차를 금지할 수 있다. 〈개정 2010. 3. 22., 2011. 6. 8.〉
[전문개정 1990. 4. 7.]
[제목개정 2010. 3. 22.]

제8조【노상주차장의 관리】 ① 노상주차장은 제7조제1항에 따라 해당 주차장을 설치한 특별시장 · 광역시장, 시장 · 군수 또는 구청장이 관리하거나 특별시장 · 광역시장, 시장 · 군수 또는 구청장으로부터 그 관리를 위탁받은 자(이하 "노상주차장관리 수탁자"라 한다)가 관리한다.
② 노상주차장관리 수탁자의 자격과 그 밖에 노상주차장의 관리에 관하여 필요한 사항은 해당 지방자치단체의 조례로 정한다.
③ 노상주차장관리 수탁자와 그 관리를 직접 담당하는 사람은 「형법」 제129조부터 제132조까지의 규정을 적용할 때에는 공무원으로 본다.
[전문개정 2010. 3. 22.]

제8조의2【노상주차장에서의 주차행위 제한 등】 ① 특별시장 · 광역시장, 시장 · 군수 또는 구청장은 다음 각 호의 어느 하나에 해당하는 경우에는 해당 자동차의 운전자 또는 관리책임이 있는 자에게 주차방법을 변경하거나 자동차를 그 곳으로부터 다른 장소로 이동시킬 것을 명할 수 있다. 다만, 「도로교통법」 제2조제22호에 따른 긴급자동차의 경우에는 그러하지 아니하다. 〈개정 2011. 6. 8., 2024. 1. 9.〉
1. 제7조제4항에 따른 하역주차구획에 화물자동차가 아닌 자동차를 주차하는 경우
2. 정당한 사유 없이 제9조제1항에 따른 주차요금을 내지 아니하고 주차하는 경우
3. 제10조제1항 각 호의 제한조치를 위반하여 주차하는 경우
4. 주차장의 지정된 주차구획 외의 곳에 주차하는 경우
5. 주차장을 주차장 외의 목적으로 이용하는 경우
6. 주차요금이 징수되지 아니하는 노상주차장에 정당한 사유 없이 대통령령으로 정하는 기간 이상 계속하여 고정적으로 주차하는 경우
② 특별시장 · 광역시장, 시장 · 군수 또는 구청장은 제1항 각 호의 어느 하나에 해당하는 경우 해당 자동차의 운전자 또는 관리책임이 있는 자가 현장에 없을 때에는 주차장의 효율적인 이용 및 주차장 이용자의 안전과 도로의 원활한 소통을 위하여 필요한 범위에서 스스로 그 자동차의 주차방법을 변경하거나 변경에 필요한 조치를 할 수 있으며, 부득이한 경우에는 미리 지정한 다른 장소로 그 자동차를 이동시키거나 그 자동차에 이동을 제한하는 장치를 설치할 수 있다. 〈개정 2019. 12. 24.〉
③ 제2항에 따라 자동차를 이동시키는 경우에는 「도로교통법」 제35조제3항부터 제7항까지 및 제36조를 준용한다.
[전문개정 2010. 3. 22.]

제9조【노상주차장의 주차요금 징수 등】 ① 제8조제1항에 따라 노상주차장을 관리하는 특별시장 · 광역시장, 시장 · 군수 또는 구청장이나 노상주차장관리 수탁자(이하 이들을 합하여 "노상주차장관리자"라 한다)는 주차장에 자동차를 주차하는 사람으로부터 주차요금을 받을 수 있다. 다만, 「도로교통법」 제2조제22호에 따른 긴급자동차에 대하여는 주차요금을 받지 아니하고, 경형자동차 및 환경친화적 자동차에 대하여는 주차요금의 100분의 50 이상을 감면한다. 〈개정 2011. 6. 8., 2016. 1. 19.〉

② 제1항에 따른 주차요금의 요율 및 징수방법 등은 해당 지방자치단체의 조례로 정한다. 이 경우 노상주차장의 효율적인 이용을 위하여 필요한 경우에는 주차요금을 그 이용시간 등에 따라 달리 정할 수 있다.

③ 노상주차장관리자는 제8조의2제1항 각 호의 어느 하나에 해당하는 경우 해당 자동차의 운전자 또는 관리책임이 있는 자로부터 제1항에 따른 주차요금 외에 해당 지방자치단체의 조례로 정하는 바에 따라 그 주차요금의 4배 이내의 금액에 해당하는 가산금을 받을 수 있다.

④ 특별시장·광역시장, 시장·군수 또는 구청장인 노상주차장관리자는 제1항에 따른 주차요금이나 제3항에 따른 가산금(이하 "주차요금등"이라 한다)을 내지 아니한 자에 대하여는 지방세 체납처분의 예에 따라 그 주차요금등을 징수할 수 있다.

⑤ 노상주차장관리 수탁자인 노상주차장관리자는 주차요금등을 내지 아니한 자에 대한 주차요금등의 징수를 특별시장·광역시장, 시장·군수 또는 구청장에게 위탁할 수 있으며, 특별시장·광역시장, 시장·군수 또는 구청장은 그 징수를 위탁받은 경우에는 제4항에 준하여 그 주차요금등을 징수할 수 있다.

[전문개정 2010. 3. 22.]

제10조【노상주차장의 사용 제한 등】 ① 특별시장·광역시장, 시장·군수 또는 구청장은 교통의 원활한 소통과 노상주차장의 효율적인 이용을 위하여 필요한 경우에는 다음 각 호의 제한조치를 할 수 있다. 다만,「도로교통법」제2조제22호에 따른 긴급자동차는 제한조치와 관계없이 주차할 수 있다. 〈개정 2011. 6. 8., 2013. 3. 23., 2016. 1. 19., 2020. 6. 9., 2024. 1. 9., 2025. 1. 31.〉

1. 노상주차장의 전부나 일부에 대한 일시적인 사용 제한
2. 자동차별 주차시간의 제한
3. 노상주차장의 일부에 대하여 국토교통부령으로 정하는 자동차와 경형자동차, 환경친화적 자동차, 승용차공동이용 자동차 및 영유아동반 자동차등을 위한 전용주차구획의 지정

② 제1항에 따른 제한조치를 하려는 경우에는 그 내용을 미리 공고하거나 게시하여야 한다.

③ 특별시장·광역시장, 시장·군수 또는 구청장이 지역별 주차환경 등을 고려하여 제1항제3호에 따라 전용주차구획을 지정하는 경우 그 지정구역의 규모, 지정의 방법 및 절차 등은 해당 지방자치단체의 조례로 정한다. 〈신설 2024. 1. 9.〉

[전문개정 2010. 3. 22.]

제10조의2【노상주차장관리자의 책임】 ① 노상주차장관리자는 해당 지방자치단체의 조례로 정하는 바에 따라 주차장을 성실히 관리·운영하여야 하며, 주차장 이용자의 안전과 시설의 적정한 유지관리를 위하여 노력하여야 한다. 〈개정 2019. 12. 24.〉

② 노상주차장관리자는 해당 주차장에 주차하는 자동차에 대하여 선량한 관리자의 주의의무를 게을리하지 아니하였음을 증명한 경우를 제외하고는 그 자동차의 멸실 또는 훼손으로 인한 손해배상의 책임을 면하지 못한다. 다만, 노상주차장관리자가 상주(常駐)하지 아니하는 노상주차장의 경우는 그러하지 아니하다.

[전문개정 2010. 3. 22.]

제11조【노상주차장의 표지】 ① 노상주차장관리자는 노상주차장에 주차장 표지(전용주차구획의 표지를 포함한다)와 구획선을 설치하여야 한다.

② 노상주차장관리자는 제1항에 따른 표지 외에 해당 지방자치단체의 조례로 정하는 바에 따라 주차요금과 그 밖에 노상주차장의 이용에 관한 표지를 설치하여야 한다.
[전문개정 2010. 3. 22.]

제4장 노외주차장 〈개정 2010. 3. 22.〉

제12조【노외주차장의 설치 등】 ① 노외주차장을 설치 또는 폐지한 자는 국토교통부령으로 정하는 바에 따라 시장 · 군수 또는 구청장에게 통보하여야 한다. 설치 통보한 사항이 변경된 경우에도 또한 같다. 〈개정 2010. 3. 22., 2013. 3. 23.〉
② 특별시장 · 광역시장, 시장 · 군수 또는 구청장은 노외주차장에 화물자동차, 승용차공동이용 자동차 또는 영유아동반 자동차등의 주차공간이 필요하다고 인정하면 지방자치단체의 조례로 정하는 바에 따라 화물자동차, 승용차공동이용 자동차 또는 영유아동반 자동차등의 주차를 위한 구역을 지정하거나 지정하도록 할 수 있다. 이 경우 그 지정구역의 규모, 지정의 방법 및 절차 등은 해당 지방자치단체의 조례로 정한다. 〈개정 2010. 3. 22., 2024. 1. 9., 2025. 1. 31.〉
③ 삭제 〈1999. 2. 8.〉
④ 삭제 〈1999. 2. 8.〉
⑤ 삭제 〈1999. 2. 8.〉
⑥ 특별시장 · 광역시장 · 특별자치시장 · 특별자치도지사 또는 시장은 노외주차장을 설치하면 교통혼잡이 가중될 우려가 있는 지역에 대하여는 노외주차장의 설치를 제한할 수 있다. 이 경우 제한지역의 지정 및 설치 제한의 기준은 국토교통부령으로 정하는 바에 따라 해당 지방자치단체의 조례로 정한다. 〈개정 2010. 3. 22., 2013. 3. 23., 2018. 12. 18.〉
[전문개정 1990. 4. 7.]
[제목개정 2010. 3. 22.]

제12조의2【다른 법률과의 관계】 노외주차장인 주차전용건축물의 건폐율, 용적률, 대지면적의 최소한도 및 높이 제한 등 건축 제한에 대하여는 「국토의 계획 및 이용에 관한 법률」 제76조부터 제78조까지, 「건축법」 제57조 및 제60조에도 불구하고 다음 각 호의 기준에 따른다.
1. 건폐율: 100분의 90 이하
2. 용적률: 1천500퍼센트 이하
3. 대지면적의 최소한도: 45제곱미터 이상
4. 높이 제한: 다음 각 목의 배율 이하
가. 대지가 너비 12미터 미만의 도로에 접하는 경우: 건축물의 각 부분의 높이는 그 부분으로부터 대지에 접한 도로(대지가 둘 이상의 도로에 접하는 경우에는 가장 넓은 도로를 말한다. 이하 이 호에서 같다)의 반대쪽 경계선까지의 수평거리의 3배
나. 대지가 너비 12미터 이상의 도로에 접하는 경우: 건축물의 각 부분의 높이는 그 부분으로부터 대지에 접한 도로의 반대쪽 경계선까지의 수평거리의 36/도로의 너비(미터를 단위로한다)배. 다만, 배율이 1.8배 미만인 경우에는 1.8배로 한다.
[전문개정 2010. 3. 22.]

제12조의3【단지조성사업등에 따른 노외주차장】 ① 택지개발사업, 산업단지개발사업, 항만배후단지개발사업, 도시재개발사업, 도시철도건설사업, 그 밖에 단지 조성 등을 목적으로 하는 사업(이하 "단지조성사업등"이라 한다)을 시행할 때에는 일정 규모 이상의 노외주차장을 설치하여야 한다. 〈개정 2021. 12. 7.〉

② 단지조성사업등의 종류와 규모, 노외주차장의 규모와 관리방법은 해당 지방자치단체의 조례로 정한다.

③ 제1항에 따라 단지조성사업등으로 설치되는 노외주차장에는 경형자동차 및 환경친화적 자동차를 위한 전용주차구획을 대통령령으로 정하는 비율 이상 설치하여야 한다. 〈개정 2016. 1. 19.〉

[전문개정 2010. 3. 22.]

제13조【노외주차장의 관리】 ① 노외주차장은 그 노외주차장을 설치한 자가 관리한다.

② 특별시장 · 광역시장, 시장 · 군수 또는 구청장은 노외주차장을 설치한 경우 그 관리를 특별시장 · 광역시장, 시장 · 군수 또는 구청장 외의 자에게 위탁할 수 있다.

③ 제2항에 따라 특별시장 · 광역시장, 시장 · 군수 또는 구청장의 위탁을 받아 노외주차장을 관리할 수 있는 자의 자격은 해당 지방자치단체의 조례로 정한다.

④ 제2항에 따라 노외주차장관리를 위탁받은 자에 대하여는 제8조제3항을 준용한다. 이 경우 "노상주차장관리 수탁자"는 "노외주차장관리를 위탁받은 자"로 본다.

[전문개정 2010. 3. 22.]

제14조【노외주차장의 주차요금 징수 등】 ① 제13조에 따라 노외주차장을 관리하는 자(이하 "노외주차장관리자"라 한다)는 주차장에 자동차를 주차하는 사람으로부터 주차요금을 받을 수 있다.

② 특별시장 · 광역시장, 시장 · 군수 또는 구청장이 설치한 노외주차장의 주차요금의 요율과 징수방법에 관하여 필요한 사항은 해당 지방자치단체의 조례로 정한다. 다만, 경형자동차 및 환경친화적 자동차에 대하여는 주차요금의 100분의 50 이상을 감면한다. 〈개정 2016. 1. 19.〉

③ 특별시장 · 광역시장, 시장 · 군수 또는 구청장인 노외주차장관리자는 제15조제2항 각 호의 경우에 주차요금등을 강제징수할 수 있다. 이 경우 제9조제3항 및 제4항을 준용한다. 〈신설 2016. 1. 19.〉

[전문개정 2010. 3. 22.]

제15조【관리방법】 ① 특별시장 · 광역시장, 시장 · 군수 또는 구청장이 설치한 노외주차장의 관리 · 운영에 필요한 사항은 해당 지방자치단체의 조례로 정한다.

② 다음 각 호의 경우에는 제8조의2제2항 및 제3항을 준용한다. 〈개정 2016. 1. 19., 2024. 1. 9.〉

1. 정당한 사유 없이 제14조제1항에 따른 주차요금을 내지 아니하고 주차하는 경우
2. 노외주차장을 주차장 외의 목적으로 이용하는 경우
3. 노외주차장의 지정된 주차구획 외의 곳에 주차하는 경우
4. 주차요금이 징수되지 아니하는 노외주차장에 정당한 사유 없이 대통령령으로 정하는 기간 이상 계속하여 고정적으로 주차하는 경우

[전문개정 2010. 3. 22.]

제16조 삭제 〈1999. 2. 8.〉

제17조【노외주차장관리자의 책임 등】 ① 노외주차장관리자는 조례로 정하는 바에 따라 주차장을

성실히 관리 · 운영하여야 하며, 주차장 이용자의 안전과 시설의 적정한 유지관리를 위하여 노력하여야 한다. 〈개정 2019. 12. 24.〉

② 노외주차장관리자는 주차장의 공용기간(供用期間)에 정당한 사유 없이 그 이용을 거절할 수 없다.

③ 노외주차장관리자는 주차장에 주차하는 자동차의 보관에 관하여 선량한 관리자의 주의의무를 게을리하지 아니하였음을 증명한 경우를 제외하고는 그 자동차의 멸실 또는 훼손으로 인한 손해배상의 책임을 면하지 못한다.

[전문개정 2010. 3. 22.]

제18조 【노외주차장의 표지】 ① 노외주차장관리자는 주차장 이용자의 편의를 도모하기 위하여 필요한 표지(전용주차구획의 표지를 포함한다)를 설치하여야 한다. 〈개정 2016. 12. 2.〉

② 제1항에 따른 표지의 종류 · 서식과 그 밖에 표지의 설치에 필요한 사항은 해당 지방자치단체의 조례로 정한다.

[전문개정 2010. 3. 22.]

제5장 부설주차장 〈개정 2010. 3. 22.〉

제19조 【부설주차장의 설치 · 지정】 ①「국토의 계획 및 이용에 관한 법률」에 따른 도시지역, 같은 법 제51조제3항에 따른 지구단위계획구역 및 지방자치단체의 조례로 정하는 관리지역에서 건축물, 골프연습장, 그 밖에 주차수요를 유발하는 시설(이하 "시설물"이라 한다)을 건축하거나 설치하려는 자는 그 시설물의 내부 또는 그 부지에 부설주차장(화물의 하역과 그 밖의 사업 수행을 위한 주차장을 포함한다. 이하 같다)을 설치하여야 한다. 〈개정 2011. 4. 14.〉

② 부설주차장은 해당 시설물의 이용자 또는 일반의 이용에 제공할 수 있다.

③ 제1항에 따른 시설물의 종류와 부설주차장의 설치기준은 대통령령으로 정한다.

④ 제1항의 경우에 부설주차장이 대통령령으로 정하는 규모 이하이면 같은 항에도 불구하고 시설물의 부지 인근에 단독 또는 공동으로 부설주차장을 설치할 수 있다. 이 경우 시설물의 부지 인근의 범위는 대통령령으로 정하는 범위에서 지방자치단체의 조례로 정한다.

⑤ 제1항의 경우에 시설물의 위치 · 용도 · 규모 및 부설주차장의 규모 등이 대통령령으로 정하는 기준에 해당할 때에는 해당 주차장의 설치에 드는 비용을 시장 · 군수 또는 구청장에게 납부하는 것으로 부설주차장의 설치를 갈음할 수 있다. 이 경우 부설주차장의 설치를 갈음하여 납부된 비용은 노외주차장의 설치 외의 목적으로 사용할 수 없다.

⑥ 시장 · 군수 또는 구청장은 제5항에 따라 주차장의 설치비용을 납부한 자에게 대통령령으로 정하는 바에 따라 납부한 설치비용에 상응하는 범위에서 노외주차장(특별시장 · 광역시장, 시장 · 군수 또는 구청장이 설치한 노외주차장만 해당한다)을 무상으로 사용할 수 있는 권리(이하 이 조에서 "노외주차장 무상사용권"이라 한다)를 주어야 한다. 다만, 시설물의 부지로부터 제4항 후단에 따른 범위에 노외주차장 무상사용권을 줄 수 있는 노외주차장이 없는 경우에는 그러하지 아니하다.

⑦ 시장 · 군수 또는 구청장은 제6항 단서에 따라 노외주차장 무상사용권을 줄 수 없는 경우에는 제5항에 따른 주차장 설치비용을 줄여 줄 수 있다.

⑧ 시설물의 소유자가 변경되는 경우에는 노외주차장 무상사용권은 새로운 소유자가 승계한다.

⑨ 제5항과 제7항에 따른 설치비용의 산정기준 및 감액기준 등에 관하여 필요한 사항은 해당 지방자치단체의 조례로 정한다.

⑩ 특별시장 · 광역시장 · 특별자치시장 · 특별자치도지사 또는 시장은 부설주차장을 설치하면 교통혼잡이 가중될 우려가 있는 지역에 대하여는 제1항 및 제3항에도 불구하고 부설주차장의 설치를 제한할 수 있다. 이 경우 제한지역의 지정 및 설치 제한의 기준은 국토교통부령으로 정하는 바에 따라 해당 지방자치단체의 조례로 정한다. 〈개정 2013. 3. 23., 2018. 12. 18.〉

⑪ 시장 · 군수 또는 구청장은 설치기준에 적합한 부설주차장이 제3항에 따른 부설주차장 설치기준의 개정으로 인하여 설치기준에 미달하게 된 기존 시설물 중 대통령령으로 정하는 시설물에 대하여는 그 소유자에게 개정된 설치기준에 맞게 부설주차장을 설치하도록 권고할 수 있다.

⑫ 시장 · 군수 또는 구청장은 제11항에 따라 부설주차장의 설치권고를 받은 자가 부설주차장을 설치하려는 경우 제21조의2제6항에 따라 부설주차장의 설치비용을 우선적으로 보조할 수 있다.

⑬ 시장 · 군수 또는 구청장은 주차난을 해소하기 위하여 필요한 경우 공공기관, 그 밖에 대통령령으로 정하는 시설물의 부설주차장을 일반이 이용할 수 있는 개방주차장(이하 "개방주차장"이라 한다)으로 지정할 수 있다. 〈신설 2020. 2. 4.〉

⑭ 시장 · 군수 또는 구청장은 개방주차장을 지정하기 위하여 그 시설물을 관리하는 자에게 협조를 요청할 수 있다. 이 경우 요청을 받은 자는 특별한 사정이 없으면 이에 따라야 한다. 〈신설 2020. 2. 4.〉

⑮ 시장 · 군수 또는 구청장은 제13항에 따라 지정된 개방주차장의 위치, 개방시간 및 주차요금 등 국토교통부령으로 정하는 사항을 인터넷 홈페이지에 게재하는 등의 방법으로 홍보하여야 한다. 〈신설 2023. 8. 16.〉

⑯ 개방주차장의 지정에 필요한 절차, 개방시간, 보조금의 지원, 시설물 관리 및 운영에 대한 손해배상책임 등에 관하여 필요한 사항은 해당 지방자치단체의 조례로 정한다. 〈신설 2020. 2. 4., 2023. 8. 16.〉

⑰ 특별시장 · 광역시장, 시장 · 군수 또는 구청장은 부설주차장에 영유아동반 자동차등을 위한 주차공간이 필요하다고 인정하면 지방자치단체의 조례로 정하는 바에 따라 영유아동반 자동차등의 주차를 위한 구역을 지정하거나 지정하도록 할 수 있다. 이 경우 그 지정구역의 규모, 지정의 방법 및 절차 등은 해당 지방자치단체의 조례로 정한다. 〈신설 2025. 1. 31.〉

[전문개정 2010. 3. 22.]

[제목개정 2020. 2. 4.]

제19조의2 【부설주차장 설치계획서】 부설주차장을 설치하는 자는 시설물의 건축 또는 설치에 관한 허가를 신청하거나 신고를 할 때에는 국토교통부령으로 정하는 바에 따라 부설주차장 설치계획서를 제출하여야 한다. 다만, 시설물의 용도변경으로 인하여 부설주차장을 설치하여야 하는 경우에는 용도변경을 신고하는 때(용도변경 신고의 대상이 아닌 경우에는 그 용도변경을 하기 전을 말한다)에 부설주차장 설치계획서를 제출하여야 한다. 〈개정 2013. 3. 23.〉

[전문개정 2010. 3. 22.]

제19조의3 【부설주차장의 관리방법 등】 ① 부설주차장을 관리하는 자는 주차장에 자동차를 주차하는 사람으로부터 주차요금을 받을 수 있다.

② 제1항에 따른 부설주차장의 관리자에 대하여는 제17조를 준용한다.

③ 시장 · 군수 또는 구청장은 다음 각 호의 어느 하나에 해당하는 경우에는 제8조의2제2항에 따른 조치를 취할 수 있다. 〈신설 2020. 2. 4., 2024. 1. 9.〉

1. 개방주차장의 지정된 주차구획 외의 곳에 주차하는 경우
2. 개방주차장의 지정된 개방시간을 위반하여 주차하는 경우
3. 국가기관의 장 또는 지방자치단체의 장이 설치한 부설주차장 중 개방주차장이 아닌 주차장에 정당한 사유 없이 대통령령으로 정하는 기간 이상 계속하여 고정적으로 주차하는 경우

④ 제3항에 따라 자동차를 이동시키는 경우에는 「도로교통법」 제35조제3항부터 제7항까지 및 제36조를 준용한다. 〈신설 2020. 2. 4.〉

[전문개정 2010. 3. 22.]

[제목개정 2020. 2. 4.]

제19조의4 【부설주차장의 용도변경 금지 등】 ① 부설주차장은 주차장 외의 용도로 사용할 수 없다. 다만, 다음 각 호의 어느 하나에 해당하는 경우에는 그러하지 아니하다. 〈개정 2014. 3. 18.〉

1. 시설물의 내부 또는 그 부지(제19조제4항에 따라 해당 시설물의 부지 인근에 부설주차장을 설치하는 경우에는 그 인근 부지를 말한다) 안에서 주차장의 위치를 변경하는 경우로서 시장 · 군수 또는 구청장이 주차장의 이용에 지장이 없다고 인정하는 경우
2. 시설물의 내부에 설치된 주차장을 추후 확보된 인근 부지로 위치를 변경하는 경우로서 시장 · 군수 또는 구청장이 주차장의 이용에 지장이 없다고 인정하는 경우
3. 그 밖에 대통령령으로 정하는 기준에 해당하는 경우

② 시설물의 소유자 또는 부설주차장의 관리책임이 있는 자는 해당 시설물의 이용자가 부설주차장을 이용하는 데에 지장이 없도록 부설주차장 본래의 기능을 유지하여야 한다. 다만, 대통령령으로 정하는 기준에 해당하는 경우에는 그러하지 아니하다.

③ 시장 · 군수 또는 구청장은 제1항 또는 제2항을 위반하여 부설주차장을 다른 용도로 사용하거나 부설주차장 본래의 기능을 유지하지 아니하는 경우에는 해당 시설물의 소유자 또는 부설주차장의 관리책임이 있는 자에게 지체 없이 원상회복을 명하여야 한다. 이 경우 시설물의 소유자 또는 부설주차장의 관리책임이 있는 자가 그 명령에 따르지 아니할 때에는 「행정대집행법」에 따라 원상회복을 대집행(代執行)할 수 있다.

④ 제1항 및 제2항을 위반하여 부설주차장을 다른 용도로 사용하거나 부설주차장 본래의 기능을 유지하지 아니하는 경우에는 해당 시설물을 「건축법」 제79조제1항에 따른 위반 건축물로 보아 같은 조 제2항 본문을 적용한다.

[전문개정 2010. 3. 22.]

제5장의2 기계식주차장 〈개정 2010. 3. 22.〉

제19조의5 【기계식주차장의 설치기준 등】 ① 기계식주차장의 설치기준은 국토교통부령으로 정한다. 〈개정 2013. 3. 23., 2018. 8. 14.〉

② 특별시 · 광역시 · 특별자치도 · 시 · 군 또는 자치구는 지역실정이 고려된 구역을 정하여 다음 각 호의 사항을 지방자치단체의 조례로 정할 수 있다. 〈신설 2018. 8. 14.〉

1. 기계식주차장치의 설치대수
2. 기계식주차장치의 종류
3. 부설주차장의 주차대수 중 기계식주차장치의 비율

[전문개정 2010. 3. 22.]
[제목개정 2018. 8. 14.]

제19조의6 【기계식주차장치의 안전도인증】 ① 기계식주차장치를 제작 · 조립 또는 수입하여 양도 · 대여 또는 설치하려는 자(이하 "제작자등"이라 한다)는 대통령령으로 정하는 바에 따라 그 기계식주차장치의 안전도(安全度)에 관하여 국토교통부장관의 인증(이하 "안전도인증"이라 한다)을 받아야 한다. 이를 변경하려는 경우(대통령령으로 정하는 경미한 사항을 변경하는 경우는 제외한다)에도 또한 같다. 〈개정 2023. 8. 16.〉

② 제1항에 따라 안전도인증을 받으려는 자는 미리 해당 기계식주차장치의 조립도(組立圖), 안전장치의 도면(圖面), 그 밖에 국토교통부령으로 정하는 서류를 국토교통부장관이 지정하는 검사기관에 제출하여 안전도에 대한 심사를 받아야 한다. 〈개정 2013. 3. 23.〉

[전문개정 2010. 3. 22.]

제19조의7 【안전도인증서의 발급】 국토교통부장관은 기계식주차장치가 국토교통부령으로 정하는 안전기준에 적합하다고 인정되는 경우에는 제작자등에게 국토교통부령으로 정하는 바에 따라 기계식주차장치의 안전도인증서를 발급하여야 한다. 〈개정 2013. 3. 23., 2023. 8. 16.〉

[전문개정 2010. 3. 22.]

제19조의8 【안전도인증의 취소】 ① 국토교통부장관은 제작자등이 다음 각 호의 어느 하나에 해당하는 경우에는 안전도인증을 취소할 수 있다. 〈개정 2023. 8. 16.〉

1. 거짓이나 그 밖의 부정한 방법으로 안전도인증을 받은 경우
2. 안전도인증을 받은 내용과 다른 기계식주차장치를 제작 · 조립 또는 수입하여 양도 · 대여 또는 설치한 경우
3. 제19조의7에 따른 안전기준에 적합하지 아니하게 된 경우

② 제작자등은 안전도인증이 취소된 경우에는 제19조의7에 따른 안전도인증서를 반납하여야 한다.

[전문개정 2010. 3. 22.]

제19조의9 【기계식주차장의 사용검사 등】 ① 기계식주차장을 설치하려는 경우에는 안전도인증을 받은 기계식주차장치를 사용하여야 한다.

② 제1항에 따라 기계식주차장을 설치한 자 또는 해당 기계식주차장의 관리자(이하 "기계식주차장관리자등"이라 한다)는 그 기계식주차장에 대하여 국토교통부령으로 정하는 바에 따라 시장 · 군수 또는 구청장이 실시하는 다음 각 호의 검사를 받아야 한다. 다만, 시장 · 군수 또는 구청장은 대통령령으로 정하는 부득이한 사유가 있을 때에는 검사를 연기할 수 있다. 〈개정 2013. 3. 23., 2023. 8. 16.〉

1. 사용검사: 기계식주차장의 설치를 마치고 이를 사용하기 전에 실시하는 검사
2. 정기검사: 사용검사의 유효기간이 지난 후 계속하여 사용하려는 경우에 주기적으로 실시하는 검사
3. 수시검사: 다음 각 목의 어느 하나에 해당하는 경우에 실시하는 검사
   가. 기계식주차장치의 주요구동부의 부품변경, 운반기 및 철골을 변경한 경우

나. 시장·군수 또는 구청장이 해당 기계식주차장치의 오작동 등에 따른 안전상의 문제가 있어 점검이 필요하다고 판단하는 경우

다. 기계식주차장관리자등이 요청하는 경우

③ 사용검사, 정기검사, 수시검사(이하 "안전검사"라 한다)의 유효기간, 연기 절차, 검사시기 등 검사에 필요한 사항은 대통령령으로 정한다. 〈개정 2023. 8. 16.〉

[전문개정 2010. 3. 22.]

제19조의10(검사확인증의 발급 등) ① 시장 · 군수 또는 구청장은 제19조의9제2항에 따른 검사에 합격한 자에게는 검사확인증을 발급하고, 불합격한 자에게는 사용을 금지하는 표지를 내주어야 한다.

② 기계식주차장관리자등은 제1항에 따라 받은 검사확인증이나 기계식주차장의 사용을 금지하는 표지를 국토교통부령으로 정하는 바에 따라 기계식주차장에 붙여야 한다. 〈개정 2013. 3. 23., 2020. 6. 9.〉

③ 제19조의9제2항에 따른 검사에 불합격한 기계식주차장은 사용할 수 없다.

[전문개정 2010. 3. 22.]

제19조의11 【검사비용 등의 납부】 제19조의6에 따른 안전도인증 또는 제19조의9제2항 각 호에 따른 검사를 받으려는 자는 국토교통부령으로 정하는 바에 따라 안전도인증 또는 검사에 드는 비용을 내야 한다. 〈개정 2013. 3. 23.〉

[전문개정 2010. 3. 22.]

제19조의12 【안전도인증 및 검사업무의 대행】 ① 국토교통부장관은 제19조의6 및 제19조의7에 따른 기계식주차장치의 안전도인증 및 안전도인증서의 발급업무를 대통령령으로 정하는 바에 따라 국토교통부장관이 지정하는 전문기관(이하 "지정인증기관"이라 한다)으로 하여금 대행하게 할 수 있다.

② 시장 · 군수 또는 구청장은 제19조의9 및 제19조의10에 따른 기계식주차장의 검사에 관한 업무를 대통령령으로 정하는 바에 따라 국토교통부장관이 지정하는 전문검사기관(이하 "전문검사기관"이라 한다)으로 하여금 대행하게 할 수 있다.

③ 국토교통부장관 또는 시장 · 군수 · 구청장은 제1항, 제2항 및 제19조의23제4항에 따라 기계식주차장치 안전도인증 및 기계식주차장의 검사업무를 대행하는 자에 대하여 기계식주차장의 안전성을 확보하기 위하여 필요한 범위에서 지도 · 감독 및 지원을 할 수 있다.

④ 국토교통부장관은 제1항 또는 제2항에 따른 지정인증기관 및 전문검사기관이 다음 각 호의 어느 하나에 해당하는 경우에는 지정을 취소하거나 1년 이내의 기간을 정하여 업무정지를 명할 수 있다. 다만, 제1호 또는 제2호의 어느 하나에 해당하는 경우에는 지정을 취소하여야 한다.

1. 거짓이나 그 밖의 부정한 방법으로 지정인증기관 또는 전문검사기관으로 지정을 받은 경우
2. 업무정지명령을 받은 후 그 업무정지기간에 기계식주차장치 안전도인증 또는 기계식주차장 안전검사를 한 경우
3. 정당한 사유 없이 기계식주차장치 안전도인증 또는 기계식주차장 안전검사를 거부하거나 실시하지 아니한 경우
4. 제1항 또는 제2항에 따른 지정기준에 맞지 아니하게 된 경우
5. 기계식주차장치 안전도인증업무 및 기계식주차장 안전검사업무를 게을리한 경우

[전문개정 2023. 8. 16.]

제19조의13【기계식주차장치의 철거】 ① 기계식주차장관리자등은 부설주차장에 설치된 기계식주차장치가 다음 각 호의 어느 하나에 해당하면 철거할 수 있다.

1. 기계식주차장치가 노후(老朽) · 고장 등의 이유로 작동이 불가능한 경우(기계식주차장치를 설치한 날부터 5년 이상으로서 대통령령으로 정하는 기간이 지난 경우로 한정한다)
2. 시설물의 구조상 또는 안전상 철거가 불가피한 경우

② 부설주차장을 설치하여야 할 시설물의 소유자는 제1항에 따라 기계식주차장치를 철거함으로써 제19조제3항에 따른 부설주차장의 설치기준에 미달하게 되는 경우에는 같은 조 제4항에 따라 시설물의 부지 인근에 부설주차장을 설치하거나, 같은 조 제5항에 따라 주차장의 설치에 드는 비용을 내야 한다. 이 경우 기계식주차장치가 설치되었던 바닥면적에 해당하는 주차장을 해당 시설물 또는 그 부지에 확보하여야 한다.

③ 제1항에 따라 기계식주차장치를 철거하려는 자는 국토교통부령으로 정하는 바에 따라 시장 · 군수 또는 구청장에게 신고하여야 한다. 〈개정 2013. 3. 23.〉

④ 시장 · 군수 또는 구청장은 제3항에 따른 신고를 받은 날부터 7일 이내에 신고수리 여부를 신고인에게 통지하여야 한다. 〈신설 2018. 12. 18.〉

⑤ 시장 · 군수 또는 구청장이 제4항에서 정한 기간 내에 신고수리 여부 또는 민원 처리 관련 법령에 따른 처리기간의 연장을 신고인에게 통지하지 아니하면 그 기간(민원 처리 관련 법령에 따라 처리기간이 연장 또는 재연장된 경우에는 해당 처리기간을 말한다)이 끝난 날의 다음 날에 신고를 수리한 것으로 본다. 〈신설 2018. 12. 18.〉

⑥ 특별시 · 광역시 · 특별자치시 · 특별자치도 · 시 · 군 또는 자치구는 기계식주차장치의 철거를 위하여 필요한 경우 제19조제3항에 따른 부설주차장 설치기준을 2분의 1의 범위에서 대통령령으로 정하는 바에 따라 해당 지방자치단체의 조례로 완화할 수 있다. 〈신설 2016. 1. 19., 2018. 12. 18.〉

[전문개정 2010. 3. 22.]

제19조의14【기계식주차장치 보수업의 등록 등】 ① 기계식주차장치 보수업(이하 "보수업"이라 한다)을 하려는 자는 국토교통부령으로 정하는 바에 따라 시장 · 군수 또는 구청장에게 등록하여야 한다. 〈개정 2013. 3. 23.〉

② 제1항에 따라 보수업의 등록을 하려는 자는 대통령령으로 정하는 기술인력과 설비를 갖추어야 한다.

③ 제1항에 따라 보수업의 등록을 한 자(이하 "보수업자"라 한다)는 기계식주차장치를 보수하는 보수원의 사고를 예방하기 위하여 소속 보수원으로 하여금 국토교통부장관이 정하는 기계식주차장치 안전관리에 관한 교육(이하 "보수원 안전교육"이라 한다)을 받도록 하여야 한다. 〈신설 2023. 8. 16.〉

④ 보수업자는 고용하고 있는 보수원이 보수원 안전교육을 받는 데 필요한 경비를 부담하며, 이를 이유로 해당 보수원에게 불리한 처분을 하여서는 아니 된다. 〈신설 2023. 8. 16.〉

⑤ 제3항 및 제4항에 따른 보수원 안전교육의 시간 · 내용 · 방법 및 주기 등에 필요한 사항은 국토교통부령으로 정한다. 〈신설 2023. 8. 16.〉

[전문개정 2010. 3. 22.]

[제목개정 2023. 8. 16.]

제19조의15【결격사유】 다음 각 호의 어느 하나에 해당하는 자는 보수업의 등록을 할 수 없다. 〈개정 2014. 3. 18., 2016. 1. 19.〉

1. 피성년후견인
2. 파산선고를 받고 복권되지 아니한 자
3. 이 법을 위반하여 징역 이상의 실형을 선고받고 그 집행이 끝나거나(집행이 끝난 것으로 보는 경우를 포함한다) 집행이 면제된 날부터 2년이 지나지 아니한 사람
4. 이 법을 위반하여 징역 이상의 형의 집행유예를 선고받고 그 유예기간이 지나지 아니한 사람
5. 제19조의19에 따라 등록이 취소된 후 2년이 지나지 아니한 자(제19조의15제1호 및 제2호에 해당하여 등록이 취소된 경우는 제외한다)
6. 임원 중에 제1호부터 제5호까지의 어느 하나에 해당하는 사람이 있는 법인

[전문개정 2010. 3. 22.]

제19조의16【보험 가입】 ① 제19조의14제1항에 따라 보수업의 등록을 한 자(이하 "보수업자"라 한다)는 그 업무를 수행하면서 고의 또는 과실로 타인에게 손해를 입힐 경우 그 손해에 대한 배상을 보장하기 위하여 보험에 가입하여야 한다.

② 대통령령으로 정하는 일정 규모 이상의 기계식주차장치를 운영하는 기계식주차장관리자등은 기계식주차장의 사고로 이용자 등 다른 사람의 생명 · 신체 또는 재산상의 손해를 발생하게 하는 경우 그 손해에 대한 배상을 보장하기 위하여 보험에 가입하여야 한다. 〈신설 2023. 8. 16.〉

③ 제1항 및 제2항에 따른 보험의 종류, 가입 절차, 그 밖에 필요한 사항은 대통령령으로 정한다. 〈개정 2023. 8. 16.〉

④ 보험회사는 보수업자 또는 기계식주차장관리자등이 제1항 및 제2항에 따른 보험에 가입하려는 때에는 대통령령으로 정하는 사유가 있는 경우 외에는 계약의 체결을 거부할 수 없다. 〈신설 2023. 8. 16.〉

⑤ 이 법에 따른 보험금을 받을 권리는 압류할 수 없다. 〈신설 2023. 8. 16.〉

[전문개정 2010. 3. 22.]

제19조의17【등록사항의 변경 등의 신고】 보수업자는 다음 각 호의 어느 하나에 해당하는 경우에는 국토교통부령으로 정하는 바에 따라 시장 · 군수 또는 구청장에게 신고하여야 한다. 〈개정 2013. 3. 23., 2015. 8. 11., 2023. 8. 16.〉

1. 제19조의14제1항에 따라 등록한 사항 중 상호명, 주소, 보수원 등 기술인력, 사업자등록번호 등 중요 사항을 변경한 경우
2. 그 영업을 휴업 · 폐업 또는 재개업(再開業)한 경우
3. 그 밖에 국토교통부령으로 정하는 경우

[전문개정 2010. 3. 22.]

제19조의18【시정명령】 시장 · 군수 또는 구청장은 보수업자가 다음 각 호의 어느 하나에 해당하는 경우에는 기간을 정하여 그 시정을 명할 수 있다.

1. 제19조의14제2항에 따른 보수업의 등록기준에 미달하게 된 경우
2. 제19조의16에 따른 보험에 가입하지 아니한 경우

[전문개정 2010. 3. 22.]

제19조의19 【등록의 취소 등】 ① 시장 · 군수 또는 구청장은 보수업자가 다음 각 호의 어느 하나에 해당하는 경우에는 보수업의 등록을 취소하거나 6개월 이내의 기간을 정하여 그 영업의 정지를 명할 수 있다. 다만, 제1호 · 제2호 · 제4호 및 제6호에 해당하는 경우에는 그 등록을 취소하여야 한다.

1. 거짓이나 그 밖의 부정한 방법으로 보수업의 등록을 한 경우
2. 제19조의15 각 호의 어느 하나에 해당하는 경우(같은 조 제6호에 해당하는 법인이 그에 해당하게 된 날부터 3개월 이내에 해당 임원을 바꾸어 임명한 경우는 제외한다)
3. 제19조의17에 따른 신고를 하지 아니한 경우
4. 제19조의18에 따른 시정명령을 이행하지 아니한 경우
5. 보수의 흠으로 인하여 기계식주차장치의 이용자를 사망하게 하거나 다치게 한 경우 또는 자동차를 파손시킨 경우
6. 영업정지명령을 위반하여 그 영업정지기간에 영업을 한 경우

② 제1항에 따른 등록취소 및 영업정지의 기준은 대통령령으로 정한다.

[전문개정 2010. 3. 22.]

제19조의20(기계식주차장치 관리인의 배치 및 교육 등】 ① 기계식주차장관리자등은 대통령령으로 정하는 일정 규모 이상의 기계식주차장치가 설치된 때에는 주차장 이용자의 안전을 위하여 기계식주차장치 관리인을 두어야 한다.

② 기계식주차장관리자등은 주차장 관련 법령, 사고 시 응급처치 방법 등 국토교통부령이 정하는 기계식주차장치의 관리에 필요한 교육(이하 "기계식주차장치 관리인 교육"이라 한다)을 받은 사람을 제1항에 따른 기계식주차장치 관리인으로 선임 또는 변경하여야 한다. 이 경우 기계식주차장관리자등은 선임 또는 변경된 기계식주차장치 관리인으로 하여금 국토교통부령으로 정하는 보수교육을 받도록 하여야 한다. 〈신설 2023. 8. 16.〉

③ 기계식주차장관리자등은 제1항에 따른 기계식주차장치 관리인을 선임 또는 변경한 경우에는 선임 또는 변경 후 14일 이내에 시장 · 군수 또는 구청장에게 통보하여야 한다. 기계식주차장치를 직접 관리하는 기계식주차장관리자등이 변경되었을 때에도 또한 같다. 〈개정 2023. 8. 16.〉

④ 제1항에서 규정하는 일정 규모 이상의 기계식주차장치가 설치되지 않아 직접 기계식주차장치를 관리하는 기계식주차장관리자등은 관리 시작 전에 국토교통부령으로 정하는 기계식주차장치 안전관리 교육을 받아야 하며, 관리 시작 이후에는 정기적으로 보수교육을 받아야 한다. 〈신설 2023. 8. 16.〉

⑤ 기계식주차장관리자등은 주차장 이용자가 확인하기 쉬운 위치에 기계식주차장의 이용 방법을 설명하는 안내문을 붙여야 한다. 〈개정 2020. 6. 9., 2023. 8. 16.〉

⑥ 제1항 및 제5항에 따른 기계식주차장치 관리인의 임무, 안내문의 부착 위치와 세부 내용 등에 필요한 사항은 국토교통부령으로 정한다. 〈개정 2017. 3. 21., 2023. 8. 16.〉

⑦ 기계식주차장관리자등은 제19조의5제1항에 따라 국토교통부령으로 정한 규격 · 무게 등 기계식주차장의 설치 기준에 맞는 자동차를 주차하도록 관리하여야 한다. 〈신설 2023. 8. 16.〉

⑧ 기계식주차장관리자등은 주차장치 운행의 안전에 관한 점검(이하 "자체점검"이라 한다)을 월 1회 이상 실시하고 그 점검기록을 제19조의21에 따른 기계식주차장 정보망에 입력하여야 한다. 〈신설 2023. 8. 16.〉

⑨ 기계식주차장관리자등은 제8항에 따른 자체점검 결과 해당 기계식주차장치에 결함이 있다는 사실을 알았을 경우에는 즉시 보수하여야 하며, 보수가 끝날 때까지 운행을 중지하여야 한다. 〈신설 2023. 8. 16.〉

⑩ 기계식주차장관리자등은 기계식주차장치에 대한 자체점검을 보수업자에게 대행하도록 할 수 있다. 〈신설 2023. 8. 16.〉

⑪ 제8항 및 제10항에 따른 자체점검의 항목, 방법, 그 밖에 필요한 사항은 국토교통부령으로 정한다. 〈신설 2023. 8. 16.〉

[본조신설 2015. 8. 11.]

[제목개정 2023. 8. 16.]

[종전 제19조의20은 제19조의21로 이동 〈2015. 8. 11.〉]

[시행일: 2025. 8. 17.] 제19조의20제7항

제19조의21 【기계식주차장 정보망 구축 · 운영】 ① 국토교통부장관은 기계식주차장의 안전과 관련된 다음 각 호의 정보를 종합적으로 관리하기 위한 기계식주차장 정보망을 구축 · 운영할 수 있다. 〈개정 2017. 3. 21., 2017. 10. 24., 2023. 8. 16.〉

1. 제19조의9에 따른 검사의 이력정보
2. 제19조의14부터 제19조의19까지에 따른 보수업에 관한 사항

2의2. 제19조의16에 따른 보험 가입 현황

2의3. 제19조의20제8항에 따른 기계식주차장의 자체점검 기록

2의4. 제19조의22제1항에 따른 중대한 사고에 관한 정보

2의5. 제19조의23에 따른 정밀안전검사의 결과에 관한 정보

3. 제25조에 따른 보고, 자료의 제출 및 검사에 관한 정보
4. 그 밖에 기계식주차장의 안전과 관련되는 사항으로서 국토교통부령으로 정하는 정보

② 국토교통부장관은 제1항에 따라 수집된 정보를 제19조의12에 따른 전문검사기관, 제19조의14에 따른 보수업등록업자, 제25조에 따른 행정기관에 제공하거나 필요시 정보의 일부를 일반에게 공개할 수 있다. 〈개정 2017. 10. 24.〉

③ 국토교통부장관은 제1항에 따른 기계식주차장 정보망의 구축 · 운영에 관한 업무를 대통령령으로 정하는 기관에 위탁할 수 있다. 이 경우 그에 필요한 경비의 전부 또는 일부를 지원할 수 있다.

[본조신설 2016. 1. 19.]

[종전 제19조의21은 제19조의22로 이동 〈2016. 1. 19.〉]

제19조의22 【사고 보고 의무 및 사고 조사】 ① 기계식주차장관리자등은 그가 관리하는 기계식주차장으로 인하여 이용자가 사망하거나 다치는 사고, 자동차 추락 등 국토교통부령으로 정하는 중대한 사고가 발생한 경우에는 즉시 국토교통부령으로 정하는 바에 따라 관할 시장 · 군수 또는 구청장과 「한국교통안전공단법」에 따른 한국교통안전공단의 장에게 통보하여야 한다. 이 경우 「한국교통안전공단법」에 따른 한국교통안전공단의 장은 통보받은 사항 중 중대한 사고에 관한 내용을 국토교통부장관, 제6항에 따른 사고조사위원회에 보고하여야 한다. 〈개정 2023. 8. 16.〉

② 기계식주차장관리자등은 제1항 전단에 따른 중대한 사고가 발생한 경우에는 사고현장 또는 중대한 사고와 관련되는 물건을 이동시키거나 변경 또는 훼손하여서는 아니 된다. 다만, 인명구조 등 긴급한

사유가 있는 경우에는 그러하지 아니하다.

③ 제1항에 따라 통보받은 「한국교통안전공단법」에 따른 한국교통안전공단의 장은 기계식주차장 사고의 재발 방지 및 예방을 위하여 필요하다고 인정하면 기계식주차장 사고의 원인 및 경위 등에 관한 조사를 할 수 있다.

④ 시장 · 군수 또는 구청장은 한국교통안전공단의 사고조사가 원활히 진행될 수 있도록 사고조사에 참여하여야 하고, 사고조사에 따른 행정처리 등에 적극 협조하여야 한다. 〈신설 2023. 8. 16.〉

⑤ 「한국교통안전공단법」에 따른 한국교통안전공단의 장은 기계식주차장 사고의 효율적인 조사를 위하여 사고조사반을 둘 수 있으며, 사고조사반의 구성 및 운영 등에 관한 사항은 국토교통부령으로 정한다. 〈개정 2023. 8. 16.〉

⑥ 국토교통부장관은 제3항에 따라 「한국교통안전공단법」에 따른 한국교통안전공단이 조사한 기계식주차장 사고의 원인 등을 조사하고, 재발 방지 방안을 마련하기 위하여 필요한 경우 사고조사위원회를 구성 · 운영할 수 있다. 〈개정 2023. 8. 16.〉

⑦ 사고조사위원회는 기계식주차장 사고의 원인 등을 조사하여 원인과 조사한 결과를 국토교통부에 보고하여야 한다. 〈개정 2023. 8. 16.〉

⑧ 국토교통부장관은 사고조사위원회의 구성 목적을 달성하였다고 인정하는 경우에는 사고조사위원회를 해산할 수 있다. 〈신설 2023. 8. 16.〉

⑨ 사고조사위원회는 한국교통안전공단의 조사결과 등을 검토하여 사고 원인을 조사하고, 재발 방지 방안을 마련하여 국토교통부장관에게 보고하여야 한다. 〈신설 2023. 8. 16.〉

⑩ 국토교통부장관은 필요한 경우 사고조사위원회의 재발 방지 방안을 해당 시장 · 군수 또는 구청장 및 제작자등에게 통보하여 재발 방지 방안의 이행을 권고할 수 있다. 〈신설 2023. 8. 16.〉

⑪ 사고조사위원회의 구성 및 운영과 그 밖에 필요한 사항은 대통령령으로 정한다. 〈개정 2023. 8. 16.〉

[본조신설 2017. 10. 24.]

[종전 제19조의22는 제19조의23으로 이동 〈2017. 10. 24.〉]

제19조의23 【기계식주차장의 정밀안전검사】 ① 기계식주차장관리자등은 해당 기계식주차장이 다음 각 호의 어느 하나에 해당하는 경우에는 시장 · 군수 또는 구청장이 실시하는 정밀안전검사를 받아야 한다. 이 경우 제3호에 해당하는 때에는 정밀안전검사를 받은 날부터 4년마다 정기적으로 정밀안전검사를 받아야 한다. 〈개정 2023. 8. 16.〉

1. 제19조의9제2항에 따른 검사 결과 결함원인이 불명확하여 사고예방과 안전성 확보를 위하여 정밀안전검사가 필요하다고 인정된 경우
2. 기계식주차장의 이용자가 죽거나 다치는 등 국토교통부령으로 정하는 중대한 사고가 발생한 경우. 다만, 시장 · 군수 · 구청장이 사고조사반의 조사 등을 검토한 결과 사고의 원인이 기계식주차장치의 결함에 의한 것이 아닌 경우로서 구동부의 부품, 운반기 등 주요 주차장치의 파손이 없고, 안전에 문제가 없다고 판단하는 경우 등 국토교통부령으로 정하는 사항에 해당하는 경우에는 제외한다.
3. 기계식주차장이 설치된 날부터 10년이 지난 경우
4. 그 밖에 기계식주차장치의 성능 저하로 인하여 이용자의 안전을 침해할 우려가 있는 것으로 국토교통부장관이 정한 경우

② 기계식주차장관리자등은 제1항에 따른 정밀안전검사에 불합격한 기계식주차장을 운영할 수 없으며, 다시 운영하기 위해서는 정밀안전검사를 다시 받아야 한다.
③ 제1항에 따라 정밀안전검사를 받은 경우 또는 정밀안전검사를 받아야 하는 경우에는 제19조의9제2항제2호에 따른 해당 연도의 정기검사를 면제한다.
④ 시장 · 군수 또는 구청장은 제1항에 따른 정밀안전검사에 관한 업무를 「한국교통안전공단법」에 따라 설립된 한국교통안전공단에 대행하게 할 수 있다. 〈개정 2017. 10. 24.〉
⑤ 정밀안전검사에 관해서는 제19조의10제1항 · 제2항 및 제19조의11을 준용한다. 이 경우 "제19조의9제2항에 따른 검사", "제19조의9제2항 각 호에 따른 검사"는 "제19조의23제1항에 따른 정밀안전검사"로 본다. 〈개정 2017. 10. 24.〉
⑥ 제1항에 따른 정밀안전검사의 기준 · 항목 · 방법 및 실시시기 등에 필요한 사항은 대통령령으로 정한다.
[본조신설 2017. 3. 21.]
[제19조의22에서 이동, 종전 제19조의23은 제19조의24로 이동 〈2017. 10. 24.〉]

제19조의24 【기계식주차장치 운행중지명령 등】 ① 시장 · 군수 또는 구청장은 기계식주차장치가 다음 각 호의 어느 하나에 해당하는 경우에는 그 사유가 없어질 때까지 해당 기계식주차장치의 운행중지를 명할 수 있다. 다만, 제1호 또는 제2호에 해당하는 경우에는 기계식주차장치의 운행중지를 명하여야 한다.
1. 안전검사 및 정밀안전검사를 받지 아니한 경우
2. 안전검사 및 정밀안전검사 불합격 기계식주차장치의 운행을 중지하지 아니하는 경우
3. 안전검사 및 정밀안전검사가 연기된 경우
4. 노후화, 사고발생 등으로 인하여 중대한 위해가 발생하였거나 발생 우려가 있는 경우
5. 제19조의20에 따른 기계식주차장치 관리인을 두지 아니한 경우
6. 그 밖에 현장조사 또는 안전검사 시 이용자 등에게 위해가 발생할 우려가 있다고 판단되는 경우
② 시장 · 군수 또는 구청장은 제1항에 따라 기계식주차장치의 운행중지를 명할 때에는 기계식주차장관리자등에게 국토교통부령으로 정하는 바에 따라 운행중지 표지를 발급하여야 한다.
③ 기계식주차장관리자등은 제2항에 따라 발급받은 표지를 국토교통부령으로 정하는 바에 따라 이용자가 보기 쉬운 곳에 즉시 게시하고 훼손되지 않도록 관리하여야 한다.
④ 제1항에 따른 운행중지 명령에 따라 기계식주차장의 운행을 중지한 기계식주차장관리자등이 기계식주차장을 다시 운행하고자 할 경우에는 시장 · 군수 · 구청장으로부터 운행중지 사유 등이 해소되었음을 확인받은 후에 운행하여야 한다.
⑤ 제1항에 따른 운행중지 명령에 따라 운행을 중지한 기계식주차장이 제12조의3제1항에 따른 노외주차장 또는 제19조제1항에 따른 부설주차장에 해당하는 경우, 시장 · 군수 또는 구청장은 해당 기계식주차장관리자등에게 운행중지 사유 해소 시까지 대통령령으로 정하는 바에 따라 제12조의3제2항 또는 제19조제3항의 기준에 미달하는 주차대수 만큼 인근(제19조제4항 후단에 따른 시설물 부지 인근을 말한다. 이하 이 항에서 같다) 주차장을 확보하게 하거나 해당 기간동안 인근 주차장의 확보에 드는 비용을 납부하게 할 수 있다.
[본조신설 2023. 8. 16.]
[종전 제19조의24는 제19조의25로 이동 〈2023. 8. 16.〉]

제6장 보칙 〈신설 2017. 10. 24.〉

제19조의25【부기등기】 ① 제19조제4항에 따라 시설물 부지 인근에 설치된 부설주차장 및 제19조의4제1항에 따라 위치 변경된 부설주차장은 「부동산등기법」에 따라 시설물과 그에 부대하여 설치된 부설주차장 관계임을 표시하는 내용을 각각 부기등기하여야 한다.

② 제19조제4항에 따라 시설물 부지 인근에 설치된 부설주차장은 제19조의4제1항에 따라 용도변경이 인정되어 부설주차장으로서 의무가 면제되지 아니한 경우에는 부기등기를 말소할 수 없다.

③ 제1항에 따른 부기등기의 내용 및 말소에 관한 사항은 대통령령으로 정한다.

[본조신설 2014. 3. 18.]

[제19조의24에서 이동 〈2023. 8. 16.〉]

제20조【국유재산 · 공유재산의 처분 제한】 ① 국가 또는 지방자치단체 소유의 토지로서 노외주차장 설치계획에 따라 노외주차장을 설치하는 데에 필요한 토지는 다른 목적으로 매각(賣却)하거나 양도할 수 없으며, 관계 행정청은 노외주차장의 설치에 적극 협조하여야 한다.

② 도로, 광장, 공원, 그 밖에 대통령령으로 정하는 학교 등 공공시설의 지하에 노외주차장을 설치하기 위하여 「국토의 계획 및 이용에 관한 법률」 제88조에 따른 도시 · 군계획시설사업의 실시계획인가를 받은 경우에는 「도로법」, 「도시공원 및 녹지 등에 관한 법률」, 「학교시설사업 촉진법」, 그 밖에 대통령령으로 정하는 관계 법령에 따른 점용허가를 받거나 토지형질변경에 대한 협의 등을 한 것으로 보며, 노외주차장으로 사용되는 토지 및 시설물에 대하여는 대통령령으로 정하는 바에 따라 그 점용료 및 사용료를 감면할 수 있다. 〈개정 2011. 4. 14.〉

③ 대통령령으로 정하는 공공시설의 지상에 노외주차장을 설치하는 경우에도 제2항을 준용한다.

[전문개정 2010. 3. 22.]

제21조【보조 또는 융자】 ① 국가 또는 지방자치단체는 노외주차장의 설치를 촉진하기 위하여 특히 필요하다고 인정하는 경우에는 대통령령으로 정하는 바에 따라 노외주차장의 설치에 관한 비용의 전부 또는 일부를 보조할 수 있다.

② 국가 또는 지방자치단체는 노외주차장 또는 부설주차장의 설치를 위하여 필요한 경우에는 노외주차장 또는 부설주차장의 설치에 필요한 자금의 융자를 알선할 수 있다.

③ 국가 또는 지방자치단체는 도시환경의 개선 등을 위하여 필요한 경우에는 대통령령 또는 해당 지방자치단체의 조례로 정하는 바에 따라 주차장 환경개선사업의 추진에 필요한 비용의 일부를 보조할 수 있다. 〈신설 2020. 10. 20.〉

[전문개정 2010. 3. 22.]

제21조의2【주차장특별회계의 설치 등】 ① 특별시장 · 광역시장, 시장 · 군수 또는 구청장은 주차장을 효율적으로 설치 및 관리 · 운영하기 위하여 주차장특별회계를 설치할 수 있다.

② 제1항에 따라 특별시장 · 광역시장 · 특별자치시장 · 특별자치도지사 · 시장 또는 군수가 설치하는 주차장특별회계는 다음 각 호의 재원(財源)으로 조성한다. 〈개정 2010. 3. 31., 2012. 1. 17., 2018. 12. 18., 2020. 6. 9., 2021. 1. 12.〉

1. 제9조제1항 및 제3항, 제14조제1항에 따른 주차요금 등의 수입금과 제19조제5항에 따른 노외주차장 설치를 위한 비용의 납부금

2. 제24조의2에 따른 과징금의 징수금
3. 해당 지방자치단체의 일반회계로부터의 전입금
4. 정부의 보조금
5. 「지방세법」 제112조(같은 조 제1항제1호는 제외한다)에 따른 재산세 징수액 중 대통령령으로 정하는 일정 비율에 해당하는 금액
6. 「도로교통법」 제161조제1항제2호 및 제3호에 따라 제주특별자치도지사 또는 시장등이 부과 · 징수한 과태료
7. 제32조에 따른 이행강제금의 징수금
8. 「지방세기본법」 제8조제1항제1호에 따른 보통세 징수액의 100분의 1의 범위에서 광역시의 조례로 정하는 비율에 해당하는 금액(광역시에 한정한다)
9. 광역시의 보조금

③ 제1항에 따라 구청장이 설치하는 주차장특별회계는 다음 각 호의 재원으로 조성한다.

1. 제2항제1호의 수입금 및 납부금 중 해당 구청장이 설치 · 관리하는 노상주차장 및 노외주차장의 주차요금과 대통령령으로 정하는 납부금
2. 제24조의2에 따른 과징금의 징수금
3. 해당 지방자치단체의 일반회계로부터의 전입금
4. 특별시 또는 광역시의 보조금
5. 「도로교통법」 제161조제1항제3호에 따라 시장등이 부과 · 징수한 과태료
6. 제32조에 따른 이행강제금의 징수금

④ 제1항에 따른 주차장특별회계는 다음 각 호의 용도로 사용한다. 〈신설 2021. 1. 12.〉

1. 주차환경개선사업: 주차장조성 및 유지관리, 주차장 수급실태조사 및 주차환경개선지구 지정 · 관리, 주차장 정보구축, 주차공유 지원사업 등 주차환경개선을 위한 사업
2. 주차질서유지사업: 주차질서 홍보 및 교육, 주차단속활동 및 단속장비구입, 단속시스템 구축 등 주차이용 활성화를 위한 사업
3. 주차장특별회계의 조성 · 운용 및 관리를 위하여 필요한 경비

⑤ 제1항에 따른 주차장특별회계의 설치 및 운용 · 관리에 필요한 사항은 해당 지방자치단체의 조례로 정한다. 〈개정 2021. 1. 12.〉

⑥ 특별시장 · 광역시장, 시장 · 군수 또는 구청장은 노상주차장 또는 노외주차장의 관리를 위탁한 경우 그 위탁을 받은 자에게 위탁수수료 외에 노상주차장 또는 노외주차장의 관리 · 운영비용의 일부를 보조할 수 있다. 다만, 주차장특별회계가 설치된 경우에는 그 회계로부터 보조할 수 있다. 〈개정 2021. 1. 12.〉

⑦ 특별시장 · 광역시장, 시장 · 군수 또는 구청장은 노외주차장 또는 부설주차장의 설치자에게 주차장특별회계로부터 노외주차장 또는 부설주차장의 설치비용의 일부를 보조하거나 융자할 수 있다. 이 경우 보조 또는 융자의 대상 · 방법 및 융자금의 상환 등에 관하여 필요한 사항은 해당 지방자치단체의 조례로 정한다. 〈개정 2021. 1. 12.〉

⑧ 특별시장 · 광역시장 · 특별자치시장 · 특별자치도지사 또는 시장은 해당 지방자치단체에 「도시교통정비 촉진법」에 따른 지방도시교통사업특별회계가 설치되어 있는 경우에는 그 회계에 이 법에 따른 주차장특별회계를 통합하여 운용할 수 있다. 이 경우 계정(計定)은 분리하여야 한다. 〈개정

2018. 12. 18., 2021. 1. 12.〉
[전문개정 2010. 3. 22.]

제21조의3【주차관리 전담기구의 설치】 특별시장 · 광역시장, 시장 · 군수 또는 구청장은 주차장의 설치 및 효율적인 관리 · 운영을 위하여 필요한 경우에는 「지방공기업법」에 따른 지방공기업을 설치 · 경영할 수 있다.
[전문개정 2010. 3. 22.]

제21조의4【주차장 정보망 구축 · 운영】 ① 국토교통부장관은 주차장과 관련된 다음 각 호의 업무를 효율적으로 관리하기 위하여 주차장 정보망을 구축 · 운영할 수 있다.
1. 다음 각 목에 따른 노상주차장에 관한 사항
 가. 제7조에 따른 노상주차장의 설치 및 폐지에 관한 사항
 나. 제8조에 따른 노상주차장의 관리에 관한 사항
 다. 제9조 및 제10조에 따른 노상주차장의 주차요금 징수 및 사용 제한에 관한 사항
2. 다음 각 목에 따른 노외주차장에 관한 사항
 가. 제12조, 제12조의2 및 제12조의3에 따른 노외주차장의 설치에 관한 사항
 나. 제13조 및 제14조에 따른 노외주차장의 관리 및 주차요금 징수에 관한 사항
3. 다음 각 목에 따른 부설주차장에 관한 사항
 가. 제19조에 따른 부설주차장의 설치에 관한 사항
 나. 제19조의3 및 제19조의4에 따른 부설주차장의 주차요금 징수 및 용도변경에 관한 사항
4. 그 밖에 주차장과 관련되는 사항으로서 국토교통부령으로 정하는 정보

② 국토교통부장관은 제1항에 따른 주차장 정보망에 필요한 정보를 수집하기 위하여 다음 각 호의 자에게 주차장 운영과 관련된 정보를 요청할 수 있으며, 정보제공을 요청 받은 자는 특별한 사정이 없으면 이에 따라야 한다.
1. 제7조에 따른 특별시장 · 광역시장, 시장 · 군수 또는 구청장
2. 제12조에 따른 노외주차장을 설치한 자
3. 제19조에 따른 시설물을 건축하거나 설치하려는 자

③ 특별시장 · 광역시장, 시장 · 군수 또는 구청장은 제1항에 따른 주차장 정보망을 공동으로 이용할 수 있다.

④ 국토교통부장관은 제1항에 따른 주차장 정보망의 구축 · 운영 및 제2항에 따른 정보의 수집에 관한 업무를 「한국교통안전공단법」에 따른 한국교통안전공단에 위탁할 수 있다. 이 경우 그에 필요한 경비의 전부 또는 일부를 지원할 수 있다.

⑤ 제1항 및 제4항에 따른 주차장 정보망의 구축 · 운영에 필요한 사항은 국토교통부령으로 정한다.
[본조신설 2019. 11. 26.]

제22조【주차요금 등의 사용 제한】 특별시장 · 광역시장, 시장 · 군수 또는 구청장이 제9조제1항 및 제3항과 제14조제1항에 따라 받는 주차요금 등은 주차장의 설치 · 관리 및 운영 외의 용도에 사용할 수 없다.
[전문개정 2010. 3. 22.]

제22조의2【자료의 요청】 ① 국토교통부장관은 주차장의 구조 · 설치기준 등의 제정, 기계식주차장의

안전기준의 제정, 그 밖에 주차장의 설치 · 정비 및 관리에 관한 정책의 수립을 위하여 필요한 경우에는 노상주차장관리자 · 노외주차장관리자 · 기계식주차장관리자 등에게 노상주차장 · 노외주차장 · 부설주차장의 설치 현황 및 운영 실태 등에 관한 자료를 요청할 수 있다. 〈개정 2013. 3. 23.〉

② 제1항에 따른 자료 요청을 받은 자는 특별한 사유가 없으면 이에 따라야 한다.

[전문개정 2010. 3. 22.]

제23조 【감독】 ① 삭제 〈2009. 1. 7.〉

② 특별시장 · 광역시장 또는 도지사는 주차장이 공익상 현저히 유해하거나 자동차교통에 현저한 지장을 준다고 인정할 때에는 시장 · 군수 또는 구청장(특별자치시장 및 특별자치도지사는 제외한다. 이하 이 항에서 같다)에게 해당 주차장에 대한 시설의 개선, 공용의 제한 등 필요한 조치를 할 것을 명할 수 있으며, 그 명령을 받은 시장 · 군수 또는 구청장은 필요한 조치를 하여야 한다. 〈개정 2010. 3. 22., 2018. 12. 18.〉

③ 시장 · 군수 또는 구청장은 노외주차장이 공익상 현저히 유해하거나 자동차교통에 현저한 지장을 준다고 인정할 때에는 해당 노외주차장관리자에게 대통령령으로 정하는 바에 따라 시설의 개선, 공용의 제한 등 필요한 조치를 할 것을 명할 수 있다. 〈개정 2010. 3. 22.〉

[제목개정 2010. 3. 22.]

제24조 【영업정지 등】 시장 · 군수 또는 구청장은 노외주차장관리자 또는 제19조의3에 따른 부설주차장의 관리자가 다음 각 호의 어느 하나에 해당하는 경우에는 6개월 이내의 기간을 정하여 해당 주차장을 일반의 이용에 제공하는 것을 금지하거나 1천만원 이하의 과징금을 부과할 수 있다. 〈개정 2012. 1. 17., 2019. 12. 24., 2021. 1. 12.〉

1. 제6조제1항 · 제2항 또는 제6조의2제2항에 따른 주차장의 구조 · 설비 및 안전기준 등을 위반한 경우
2. 제6조제3항에 따른 미끄럼 방지시설과 미끄럼 주의 안내표지를 갖추지 않은 경우
3. 제17조제2항(제19조의3에서 준용되는 경우를 포함한다)을 위반하여 주차장에 대한 일반의 이용을 거절한 경우
4. 제23조제3항에 따른 시장 · 군수 또는 구청장의 명령에 따르지 아니한 경우(노외주차장관리자만 해당한다)
5. 제25조제1항에 따른 검사를 거부 · 기피 또는 방해한 경우(노외주차장관리자만 해당한다)

[전문개정 2010. 3. 22.]

제24조의2 【과징금처분】 ① 제24조에 따른 과징금을 부과하는 위반행위의 종류 및 위반 정도에 따른 과징금의 금액과 그 밖에 필요한 사항은 대통령령으로 정한다.

② 제24조에 따른 과징금은 시장 · 군수 또는 구청장이 조례로 정하는 바에 따라 지방세 징수의 예에 따라 징수한다.

[전문개정 2010. 3. 22.]

제24조의3 【청문】 시장 · 군수 또는 구청장은 다음 각 호의 어느 하나에 해당하는 처분을 하려면 청문을 하여야 한다.

1. 제19조의8제1항에 따른 안전도인증의 취소
2. 제19조의19에 따른 보수업 등록의 취소

[전문개정 2010. 3. 22.]

제25조【보고 및 검사】 ① 특별시장·광역시장, 시장·군수 또는 구청장은 필요하다고 인정하는 경우에는 노외주차장관리자 또는 제19조의12에 따른 전문검사기관을 감독하기 위하여 필요한 보고를 하게 하거나 자료의 제출을 명할 수 있으며, 소속 공무원으로 하여금 주차장·검사장 또는 그 업무와 관계있는 장소에서 주차시설·검사시설 또는 그 업무에 관하여 검사를 하게 할 수 있다. 〈개정 2020. 6. 9.〉

② 제1항에 따라 검사를 하는 공무원은 그 권한을 표시하는 증표를 지니고 이를 관계인에게 보여주어야 한다.

③ 제2항에 따른 증표에 관하여 필요한 사항은 국토교통부령으로 정한다. 〈개정 2013. 3. 23.〉

[전문개정 2010. 3. 22.]

제26조【수수료】 제19조의14제1항에 따른 등록신청을 하는 자는 국토교통부령으로 정하는 바에 따라 수수료를 관할 시장·군수 또는 구청장에게 내야 한다. 〈개정 2013. 3. 23.〉

[전문개정 2010. 3. 22.]

제27조【벌칙 적용에서 공무원 의제】 다음 각 호의 어느 하나에 해당하는 사람은 「형법」 제129조부터 제132조까지의 규정을 적용할 때에는 공무원으로 본다.

1. 제19조의12제1항에 따른 지정인증기관의 임직원
2. 제19조의12제2항에 따른 전문검사기관의 임직원
3. 제19조의23제4항에 따른 정밀안전검사 대행기관의 임직원

[본조신설 2023. 8. 16.]

제28조 삭제 〈2010. 3. 22.〉

제7장 벌칙 〈개정 2010. 3. 22.〉

제29조【벌칙】 ① 다음 각 호의 어느 하나에 해당하는 자는 3년 이하의 징역 또는 5천만원 이하의 벌금에 처한다. 〈개정 2017. 3. 21., 2017. 10. 24., 2023. 8. 16.〉

1. 제19조제1항 및 제3항을 위반하여 부설주차장을 설치하지 아니하고 시설물을 건축하거나 설치한 자
2. 제19조의4제1항을 위반하여 부설주차장을 주차장 외의 용도로 사용한 자
3. 제19조의23제2항을 위반하여 정밀안전검사에 불합격한 기계식주차장을 사용에 제공한 자
4. 제19조의24제1항에 따른 운행중지명령을 위반한 자

② 다음 각 호의 어느 하나에 해당하는 자는 1년 이하의 징역 또는 1천만원 이하의 벌금에 처한다. 〈개정 2015. 8. 11., 2017. 3. 21., 2017. 10. 24.〉

1. 노외주차장인 주차전용건축물을 제2조제11호에 따른 주차장 사용 비율을 위반하여 사용한 자
2. 제19조의4제2항을 위반하여 정당한 사유 없이 부설주차장 본래의 기능을 유지하지 아니한 자
3. 거짓이나 그 밖의 부정한 방법으로 제19조의6제1항에 따른 안전도인증을 받은 자
4. 제19조의6제1항에 따른 안전도인증을 받지 아니하고 기계식주차장치를 제작·조립 또는 수입하여 양도·대여 또는 설치한 자
5. 제19조의6제2항에 따라 기계식주차장치의 안전도에 대한 심사를 하는 자로서 부정한 심사를 한 자

6. 거짓이나 그 밖의 부정한 방법으로 제19조의9제2항 각 호 또는 제19조의23제1항의 검사를 받은 자
7. 제19조의9제2항 각 호에 따른 검사를 받지 아니하고 기계식주차장을 사용에 제공한 자
8. 제19조의10제3항을 위반하여 검사에 불합격한 기계식주차장을 사용에 제공한 자
9. 제19조의12 또는 제19조의23제4항에 따라 기계식주차장의 검사대행을 지정받은 자 또는 그 종사원으로서 부정한 검사를 한 자
10. 제19조의14제1항을 위반하여 등록을 하지 아니하고 보수업을 한 자
11. 거짓이나 그 밖의 부정한 방법으로 제19조의14제1항에 따른 보수업의 등록을 한 자
11의2. 제19조의20제1항을 위반하여 기계식주차장치 관리인을 두지 아니한 자
11의3. 제19조의23제1항에 따른 정밀안전검사를 받지 아니하고 기계식주차장을 사용에 제공한 자
12. 제24조에 따른 금지기간에 주차장을 일반의 이용에 제공한 자

[전문개정 2010. 3. 22.]

제30조【과태료】 ① 다음 각 호의 어느 하나에 해당하는 자에게는 500만원 이하의 과태료를 부과한다. 〈신설 2017. 10. 24., 2023. 8. 16.〉

1. 제19조의16제1항 또는 제2항을 위반하여 배상보험에 가입하지 아니한 자
2. 제19조의22제1항을 위반하여 통보를 하지 아니하거나 거짓으로 통보한 자
3. 제19조의22제2항을 위반하여 중대한 사고의 현장 또는 중대한 사고와 관련되는 물건을 이동시키거나 변경 또는 훼손한 자

② 다음 각 호의 어느 하나에 해당하는 자에게는 100만원 이하의 과태료를 부과한다. 〈개정 2010. 3. 22., 2015. 8. 11., 2016. 1. 19., 2017. 3. 21., 2017. 10. 24., 2020. 6. 9., 2021. 1. 12., 2023. 8. 16.〉

1. 제17조제2항(제19조의3에서 준용되는 경우를 포함한다)을 위반하여 주차장에 대한 일반의 이용을 거절한 자
2. 제19조의9제3항에 따른 사용검사 또는 정기검사의 유효기간이 지난 후 검사를 받지 아니한 자(제29조제2항제7호에 따라 벌칙을 부과받은 경우는 제외한다)

2의2. 제19조의14제3항을 위반하여 보수원 안전교육을 받도록 하지 아니한 보수업자

3. 제19조의17을 위반하여 신고를 하지 아니한 자
4. 제19조의20제2항을 위반하여 기계식주차장치 관리인 교육을 받지 아니한 사람을 기계식주차장치 관리인으로 선임 또는 변경하거나 보수교육을 받게 하지 아니한 자

4의2. 제19조의20제4항을 위반하여 기계식주차장치 안전관리교육 또는 보수교육을 받지 아니한 자

4의3. 제19조의20제7항을 위반하여 기계식주차장의 설치 기준에 맞지 아니하는 자동차를 주차시킨 기계식주차장관리자등

4의4. 제19조의20제8항을 위반하여 자체점검을 하지 아니한 자

4의5. 제19조의20제8항을 위반하여 자체점검 결과를 기계식주차장 정보망에 입력하지 아니하거나 거짓으로 입력한 자

4의6. 제19조의20제9항을 위반하여 기계식주차장 운행을 중지하지 아니한 자 또는 운행의 중지를 방해한 자

5. 제19조의23제1항 후단에 따른 정기적 정밀안전검사를 받지 아니한 자(제29조제2항제11호의3에

따라 벌칙을 부과받은 경우는 제외한다)

5의2. 제19조의24제3항을 위반하여 운행중지 표지를 붙이지 아니하거나 잘 볼 수 없는 곳에 붙이거나 훼손되게 관리한 자

6. 제25조제1항에 따른 검사를 거부 · 기피 또는 방해한 자

③ 다음 각 호의 어느 하나에 해당하는 자에게는 50만원 이하의 과태료를 부과한다. 〈신설 2021. 1. 12., 2023. 8. 16., 2024. 3. 19.〉

1. 제6조의3을 위반하여 주차장에서 야영행위, 취사행위 또는 불을 피우는 행위를 한 자
2. 제19조의10제2항(제19조의23제5항에서 준용되는 경우를 포함한다)을 위반하여 검사확인증이나 기계식주차장의 사용을 금지하는 표지를 부착하지 아니한 자
3. 제19조의20제3항을 위반하여 기계식주차장치 관리인의 선임 또는 변경 통보를 하지 아니한 자
4. 제19조의20제5항을 위반하여 안내문을 부착하지 아니한 자

④ 제1항부터 제3항까지에 따른 과태료는 대통령령으로 정하는 바에 따라 시장 · 군수 또는 구청장이 부과 · 징수한다. 〈개정 2010. 3. 22., 2017. 10. 24., 2021. 1. 12.〉

[전문개정 1983. 12. 31.]

[제목개정 2010. 3. 22.]

[시행일: 2025. 8. 17.] 제30조제2항제4호의3

제31조【양벌규정】 법인의 대표자나 법인 또는 개인의 대리인, 사용인, 그 밖의 종업원이 그 법인 또는 개인의 업무에 관하여 제29조의 위반행위를 하면 그 행위자를 벌하는 외에 그 법인 또는 개인에게도 해당 조문의 벌금형을 과(科)한다. 다만, 법인 또는 개인이 그 위반행위를 방지하기 위하여 해당 업무에 관하여 상당한 주의와 감독을 게을리하지 아니한 경우에는 그러하지 아니하다.

[전문개정 2009. 1. 7.]

제32조【이행강제금】 ① 시장 · 군수 또는 구청장은 제19조의4제3항 전단에 따른 원상회복명령을 받은 후 그 시정기간 이내에 그 원상회복명령을 이행하지 아니한 시설물의 소유자 또는 부설주차장의 관리책임이 있는 자에게 다음 각 호의 한도에서 이행강제금을 부과할 수 있다.

1. 제19조의4제1항을 위반하여 부설주차장을 주차장 외의 용도로 사용하는 경우: 제19조제9항에 따라 산정된 위반 주차구획의 설치비용의 20퍼센트
2. 제19조의4제2항을 위반하여 부설주차장 본래의 기능을 유지하지 아니하는 경우: 제19조제9항에 따라 산정된 위반 주차구획의 설치비용의 10퍼센트

② 시장 · 군수 또는 구청장은 제1항에 따른 이행강제금을 부과하기 전에 상당한 이행기간을 정하여 해당 명령이 그 기한까지 이행되지 아니한 경우에는 이행강제금을 부과 · 징수한다는 뜻을 미리 문서로 계고(戒告)하여야 한다.

③ 시장 · 군수 또는 구청장은 제1항에 따른 이행강제금을 부과할 때에는 이행강제금의 금액, 부과 사유, 납부기한, 수납기관, 이의제기방법 및 이의제기기관 등을 명확하게 적은 문서로 하여야 한다.

④ 시장 · 군수 또는 구청장은 최초의 원상회복명령이 있었던 날을 기준으로 하여 1년에 2회 이내의 범위에서 원상회복명령이 이행될 때까지 반복하여 제1항에 따른 이행강제금을 부과 · 징수할 수 있다. 다만, 이행강제금의 총 부과 횟수는 해당 시설물의 소유자 또는 부설주차장의 관리책임이 있는 자의 변경 여부와 관계없이 5회를 초과할 수 없다.

⑤ 시장 · 군수 또는 구청장은 제19조의4제3항 전단에 따른 원상회복명령을 받은 자가 그 명령을 이행하는 경우에는 새로운 이행강제금의 부과를 중지하되, 이미 부과된 이행강제금은 징수하여야 한다.
⑥ 시장 · 군수 또는 구청장은 제3항에 따라 이행강제금 부과처분을 받은 자가 이행강제금을 기한까지 내지 아니하면 「지방행정제재 · 부과금의 징수 등에 관한 법률」에 따라 징수한다. 〈개정 2013. 8. 6., 2020. 3. 24.〉
⑦ 이행강제금의 징수금은 주차장의 설치 · 관리 및 운영 외의 용도에 사용할 수 없다.
[전문개정 2010. 3. 22.]

부칙 〈제20762호, 2025. 1. 31.〉

이 법은 공포한 날부터 시행한다.

5. 주차장법 시행령

[시행 2024. 9. 20.] [대통령령 제34898호, 2024. 9. 19., 일부개정]

제1조 【목적】 이 영은 「주차장법」에서 위임된 사항과 그 시행에 필요한 사항을 규정함을 목적으로 한다.
[전문개정 2010. 10. 21.]

제1조의2 【주차전용건축물의 주차면적비율】 ① 「주차장법」(이하 "법"이라 한다) 제2조제11호에서 "대통령령으로 정하는 비율 이상이 주차장으로 사용되는 건축물"이란 건축물의 연면적 중 주차장으로 사용되는 부분의 비율이 95퍼센트 이상인 것을 말한다. 다만, 주차장 외의 용도로 사용되는 부분이 「건축법 시행령」 별표 1에 따른 단독주택(같은 표 제1호에 따른 단독주택을 말한다. 이하 "단독주택"이라 한다), 공동주택, 제1종 근린생활시설, 제2종 근린생활시설, 문화 및 집회시설, 종교시설, 판매시설, 운수시설, 운동시설, 업무시설, 창고시설 또는 자동차 관련 시설인 경우에는 주차장으로 사용되는 부분의 비율이 70퍼센트(법 제4조제1항에 따른 주차환경개선지구 내에 위치한 건축물의 경우에는 60퍼센트) 이상인 것을 말한다. 〈개정 2014. 12. 30., 2016. 1. 19., 2018. 2. 20., 2024. 8. 16.〉
1. 삭제 〈1996. 6. 4.〉
2. 삭제 〈1996. 6. 4.〉
② 제1항에 따른 건축물의 연면적의 산정방법은 「건축법」에 따른다. 다만, 기계식주차장의 연면적은 기계식주차장치에 의하여 자동차를 주차할 수 있는 면적과 기계실, 관리사무소 등의 면적을 합하여 계산한다.
③ 특별시장 · 광역시장 · 특별자치도지사 또는 시장은 법 제12조제6항 또는 제19조제10항에 따라 노외주차장 또는 부설주차장의 설치를 제한하는 지역의 주차전용건축물의 경우에는 제1항 단서에도 불구하고 해당 지방자치단체의 조례로 정하는 바에 따라 주차장 외의 용도로 사용되는 부분에 설치할 수 있는 시설의 종류를 해당 지역의 구역별로 제한할 수 있다.
[전문개정 2010. 10. 21.]

제2조 【중요 사항의 변경】 법 제4조의2제2항 후단에서 "대통령령으로 정하는 중요한 사항을 변경하려는 경우"란 다음 각 호의 어느 하나에 해당하는 경우를 말한다.
1. 주차환경개선지구의 지정구역의 10퍼센트 이상을 변경하는 경우
2. 예측된 주차수요를 30퍼센트 이상 변경하는 경우
[전문개정 2010. 10. 21.]

제2조의2 삭제 〈1996. 6. 4.〉

제3조 【무료 노상주차장에서 주차방법 변경 등의 대상이 되는 자동차의 주차기간】 법 제8조의2제1항제6호에서 "대통령령으로 정하는 기간"이란 1개월(자동차가 분해 · 파손되어 운행이 불가능한 경우에는 15일)을 말한다.
[본조신설 2024. 7. 9.]

제3조의2 삭제 〈2009. 7. 7.〉

제4조【경형자동차 및 환경친화적 자동차 전용주차구획의 설치비율】 법 제12조의3제1항에 따른 단지조성사업등(이하 "단지조성사업등"이라 한다)으로 설치되는 노외주차장에는 같은 조 제3항에 따라 경형자동차 및 환경친화적 자동차를 위한 전용주차구획을 다음 각 호의 비율이 모두 충족되도록 설치해야 한다.

1. 경형자동차를 위한 전용주차구획과 환경친화적 자동차를 위한 전용주차구획을 합한 주차구획: 총주차대수의 100분의 10 이상
2. 환경친화적 자동차를 위한 전용주차구획: 총주차대수의 100분의 5 이상

[전문개정 2021. 3. 30.]

제5조【무료 노외주차장에서 주차방법 변경 등의 대상이 되는 자동차의 주차기간】 법 제15조제2항제4호에서 "대통령령으로 정하는 기간"이란 1개월(자동차가 분해 · 파손되어 운행이 불가능한 경우에는 15일)을 말한다.

[본조신설 2024. 7. 9.]

제5조의2 삭제 〈2000. 7. 27.〉

제6조【부설주차장의 설치기준】 ① 법 제19조제3항에 따라 부설주차장을 설치하여야 할 시설물의 종류와 부설주차장의 설치기준은 별표 1과 같다. 다만, 다음 각 호의 경우에는 특별시 · 광역시 · 특별자치도 · 시 또는 군(광역시의 군은 제외한다. 이하 이 조에서 같다)의 조례로 시설물의 종류를 세분하거나 부설주차장의 설치기준을 따로 정할 수 있다. 〈개정 2016. 7. 19.〉

1. 오지 · 벽지 · 섬 지역, 도심지의 간선도로변이나 그 밖에 해당 지역의 특수성으로 인하여 별표 1의 기준을 적용하는 것이 현저히 부적합한 경우
2. 「국토의 계획 및 이용에 관한 법률」 제6조제2호에 따른 관리지역으로서 주차난이 발생할 우려가 없는 경우
3. 단독주택 · 공동주택의 부설주차장 설치기준을 세대별로 정하거나 숙박시설 또는 업무시설 중 오피스텔의 부설주차장 설치기준을 호실별로 정하려는 경우
4. 기계식주차장을 설치하는 경우로서 해당 지역의 주차장 확보율, 주차장 이용 실태, 교통 여건 등을 고려하여 별표 1의 부설주차장 설치기준과 다르게 정하려는 경우
5. 대한민국 주재 외국공관 안의 외교관 또는 그 가족이 거주하는 구역 등 일반인의 출입이 통제되는 구역에 주택 등의 시설물을 건축하는 경우
6. 시설면적이 1만제곱미터 이상인 공장을 건축하는 경우
7. 판매시설, 문화 및 집회시설 등 「자동차관리법」 제3조제1항제2호에 따른 승합자동차(중형 또는 대형 승합자동차만 해당한다)의 출입이 빈번하게 발생하는 시설물을 건축하는 경우

② 특별시 · 광역시 · 특별자치도 · 시 또는 군은 주차수요의 특성 또는 증감에 효율적으로 대처하기 위하여 필요하다고 인정하는 경우에는 별표 1의 부설주차장 설치기준의 2분의 1의 범위에서 그 설치기준을 해당 지방자치단체의 조례로 강화하거나 완화할 수 있다. 이 경우 별표 1의 시설물의 종류 · 규모를 세분하여 각 시설물의 종류 · 규모별로 강화 또는 완화의 정도를 다르게 정할 수 있다.

③ 제1항 단서 및 제2항에 따라 부설주차장의 설치기준을 조례로 정하는 경우 해당 지방자치단체는

해당 지역의 구역별로 부설주차장 설치기준을 각각 다르게 정할 수 있다.

④ 건축물의 용도를 변경하는 경우에는 용도변경 시점의 주차장 설치기준에 따라 변경 후 용도의 주차대수와 변경 전 용도의 주차대수를 산정하여 그 차이에 해당하는 부설주차장을 추가로 확보하여야 한다. 다만, 다음 각 호의 어느 하나에 해당하는 경우에는 부설주차장을 추가로 확보하지 아니하고 건축물의 용도를 변경할 수 있다.

1. 사용승인 후 5년이 지난 연면적 1천제곱미터 미만의 건축물의 용도를 변경하는 경우. 다만, 문화 및 집회시설 중 공연장 · 집회장 · 관람장, 위락시설 및 주택 중 다세대주택 · 다가구주택의 용도로 변경하는 경우는 제외한다.
2. 해당 건축물 안에서 용도 상호간의 변경을 하는 경우. 다만, 부설주차장 설치기준이 높은 용도의 면적이 증가하는 경우는 제외한다.

[전문개정 2010. 10. 21.]

제7조 【부설주차장의 인근 설치】 ① 법 제19조제4항 전단에서 "대통령령으로 정하는 규모"란 주차대수 300대의 규모를 말한다. 다만, 다음 각 호의 어느 하나에 해당하는 경우에는 별표 1의 부설주차장 설치기준에 따라 산정한 주차대수에 상당하는 규모를 말한다. 〈개정 2016. 1. 19.〉

1. 「도로교통법」 제6조에 따라 차량통행이 금지된 장소의 시설물인 경우
2. 시설물의 부지에 접한 대지나 시설물의 부지와 통로로 연결된 대지에 부설주차장을 설치하는 경우
3. 시설물의 부지가 너비 12미터 이하인 도로에 접해 있는 경우 도로의 맞은편 토지(시설물의 부지에 접한 도로의 건너편에 있는 시설물 정면의 필지와 그 좌우에 위치한 필지를 말한다)에 부설주차장을 그 도로에 접하도록 설치하는 경우
4. 「산업입지 및 개발에 관한 법률」 제2조제8호에 따른 산업단지 안에 있는 공장인 경우

② 법 제19조제4항 후단에 따른 시설물의 부지 인근의 범위는 다음 각 호의 어느 하나의 범위에서 특별자치도 · 시 · 군 또는 자치구(이하 "시 · 군 또는 구"라 한다)의 조례로 정한다.

1. 해당 부지의 경계선으로부터 부설주차장의 경계선까지의 직선거리 300미터 이내 또는 도보거리 600미터 이내
2. 해당 시설물이 있는 동 · 리(행정동 · 리를 말한다. 이하 이 호에서 같다) 및 그 시설물과의 통행 여건이 편리하다고 인정되는 인접 동 · 리

[전문개정 2010. 10. 21.]

제8조 【부설주차장 설치의무 면제 등】 ① 법 제19조제5항에 따라 부설주차장의 설치의무가 면제되는 시설물의 위치 · 용도 · 규모 및 부설주차장의 규모는 다음 각 호와 같다.

1. 시설물의 위치
   가. 「도로교통법」 제6조에 따른 차량통행의 금지 또는 주변의 토지이용 상황으로 인하여 제6조 및 제7조에 따른 부설주차장의 설치가 곤란하다고 특별자치도지사·시장·군수 또는 자치구의 구청장(이하 "시장·군수 또는 구청장"이라 한다)이 인정하는 장소
   나. 부설주차장의 출입구가 도심지 등의 간선도로변에 위치하게 되어 자동차교통의 혼잡을 가중시킬 우려가 있다고 시장·군수 또는 구청장이 인정하는 장소
2. 시설물의 용도 및 규모: 연면적 1만제곱미터 이상의 판매시설 및 운수시설에 해당하지 아니하거나

연면적 1만 5천제곱미터 이상의 문화 및 집회시설(공연장 · 집회장 및 관람장만을 말한다), 위락시설, 숙박시설 또는 업무시설에 해당하지 아니하는 시설물(「도로교통법」 제6조에 따라 차량통행이 금지된 장소의 시설물인 경우에는 「건축법」에서 정하는 용도별 건축허용 연면적의 범위에서 설치하는 시설물을 말한다)

3. 부설주차장의 규모: 주차대수 300대 이하의 규모(「도로교통법」 제6조에 따라 차량통행이 금지된 장소의 경우에는 별표 1의 부설주차장 설치기준에 따라 산정한 주차대수에 상당하는 규모를 말한다)

② 법 제19조제5항에 따라 부설주차장의 설치의무를 면제받으려는 자는 다음 각 호의 사항을 적은 주차장 설치의무 면제신청서를 시장 · 군수 또는 구청장에게 제출하여야 한다.

1. 시설물의 위치 · 용도 및 규모
2. 설치하여야 할 부설주차장의 규모
3. 부설주차장의 설치에 필요한 비용 및 주차장 설치의무가 면제되는 경우의 해당 비용의 납부에 관한 사항
4. 신청인의 성명(법인인 경우에는 명칭 및 대표자의 성명) 및 주소

③ 제1항제1호나목의 장소에 있는 시설물의 경우에는 화물의 하역과 그 밖에 해당 시설물의 기능 유지에 필요한 부설주차장은 설치하고 이를 제외한 규모의 부설주차장에 대해서만 설치의무 면제 신청을 할 수 있다. 이 경우 시설물의 기능 유지에 필요한 부설주차장의 규모는 시 · 군 또는 구의 조례로 정한다.

[전문개정 2010. 10. 21.]

제9조 【주차장 설치비용의 납부 등】 법 제19조제5항에 따라 부설주차장의 설치의무를 면제받으려는 자는 해당 지방자치단체의 조례로 정하는 바에 따라 부설주차장의 설치에 필요한 비용을 다음 각 호의 구분에 따라 시장 · 군수 또는 구청장에게 내야 한다.

1. 해당 시설물의 건축 또는 설치에 대한 허가 · 인가 등을 받기 전까지: 그 설치에 필요한 비용의 50퍼센트
2. 해당 시설물의 준공검사(건축물인 경우에는 「건축법」 제22조에 따른 사용승인 또는 임시사용승인을 말한다) 신청 전까지: 그 설치에 필요한 비용의 50퍼센트

[전문개정 2012. 10. 29.]

제10조 【주차장 설치비용 납부자의 주차장 무상사용 등】 ① 시장 · 군수 또는 구청장은 제9조에 따라 시설물의 소유자로부터 부설주차장의 설치에 필요한 비용을 받은 경우에는 시설물 준공검사확인증(건축물인 경우에는 「건축법」 제22조에 따른 사용승인서 또는 임시사용승인서를 말한다. 이하 같다)을 발급할 때에 특별시장 · 광역시장, 시장 · 군수 또는 구청장이 설치한 노외주차장 중 해당 시설물의 소유자가 무상으로 사용할 수 있는 주차장을 지정하여야 한다. 다만, 제7조제2항에 따른 범위에 해당하는 시설물의 부지 인근에 사용할 수 있는 노외주차장이 없는 경우에는 그러하지 아니하다.

② 제1항 본문에 따라 주차장을 무상으로 사용할 수 있는 기간은 납부된 주차장 설치비용을 해당 지방자치단체의 조례로 정하는 방법에 따라 시설물 준공검사확인증을 발급할 때의 해당 주차장의 주차요금 징수기준에 따른 징수요금으로 나누어 산정한다.

③ 시장 · 군수 또는 구청장은 제1항 본문에 따라 시설물의 소유자가 무상으로 사용할 수 있는 노외주차

장을 지정할 때에는 해당 시설물로부터 가장 가까운 거리에 있는 주차장을 지정하여야 한다. 다만, 그 주차장의 주차난이 심하거나 그 밖에 그 주차장을 이용하게 하기 곤란한 사정이 있는 경우에는 시설물 소유자의 동의를 받아 그 주차장 외의 다른 주차장을 지정할 수 있다.

④ 구청장은 제1항 본문에 따라 무상사용 주차장으로 지정하려는 노외주차장이 특별시장 또는 광역시장이 설치한 노외주차장인 경우에는 미리 해당 특별시장 또는 광역시장과 협의하여야 한다.

[전문개정 2010. 10. 21.]

제11조【기존 시설물】 ① 법 제19조제11항에서 "대통령령으로 정하는 시설물"이란 단독주택, 공동주택 또는 오피스텔로서 해당 시설물의 내부 또는 그 부지 안에 부설주차장을 추가로 설치할 수 있는 면적이 10제곱미터 이상인 시설물을 말한다.

② 제1항에 따른 시설물에 추가로 설치되는 부설주차장의 설치방법 등에 관하여 필요한 세부적인 사항은 지방자치단체의 조례로 정할 수 있다.

[전문개정 2010. 10. 21.]

제11조의2【개방주차장 지정 대상 시설물】 법 제19조제13항에서 "대통령령으로 정하는 시설물"이란 다음 각 호의 어느 하나에 해당하는 시설물을 말한다.

1. 다음 각 목의 어느 하나에 해당하는 시설물로서 시설물을 소유하거나 관리하는 자가 부설주차장을 개방주차장으로 지정하는 데 동의한 시설물
   가. 주차난이 심각한 도심·주택가 등에 위치한 시설물로서 판매시설, 문화시설, 체육시설 등 다중이 이용하는 시설물
   나. 개방주차장으로 지정할 필요가 있는 시설물로서 시·군 또는 구의 조례에서 정하는 시설물
2. 시설물을 소유하거나 관리하는 자가 부설주차장을 개방주차장으로 지정해줄 것을 요청하는 시설물

[본조신설 2020. 8. 4.]

제11조의3【개방주차장이 아닌 부설주차장에서 주차방법 변경 등의 대상이 되는 자동차의 주차기간】 법 제19조의3제3항제3호에서 "대통령령으로 정하는 기간"이란 1개월(자동차가 분해 · 파손되어 운행이 불가능한 경우에는 15일)을 말한다.

[본조신설 2024. 7. 9.]

제12조【부설주차장의 용도변경 등】 ① 법 제19조의4제1항제3호에서 "대통령령으로 정하는 기준에 해당하는 경우"란 다음 각 호의 어느 하나에 해당하는 경우를 말한다. 〈개정 2012. 4. 10., 2012. 10. 29., 2014. 9. 11., 2016. 7. 19.〉

1. 「도로교통법」 제6조에 따른 차량통행의 금지 또는 주변의 토지이용 상황 등으로 인하여 시장 · 군수 또는 구청장이 해당 주차장의 이용이 사실상 불가능하다고 인정한 경우. 이 경우 변경 후의 용도는 주차장으로 이용할 수 없는 사유가 소멸되었을 때에 즉시 주차장으로 환원하는 데에 지장이 없는 경우로 한정하고, 변경된 용도로의 사용기간은 주차장으로 이용이 불가능한 기간으로 한정한다.
2. 직거래 장터 개설 등 지역경제 활성화를 위하여 시장 · 군수 또는 구청장이 정하여 고시하는 바에 따라 주차장을 일시적으로 이용하려는 경우로서 시장 · 군수 또는 구청장이 해당 주차장의 이용에 지장이 없다고 인정하는 경우
3. 제6조 또는 법 제19조제10항에 따른 해당 시설물의 부설주차장의 설치기준 또는 설치제한기준(시설

물을 설치한 후 법령 · 조례의 개정 등으로 설치기준 또는 설치제한기준이 변경된 경우에는 그 변경된 설치기준 또는 설치제한기준을 말한다)을 초과하는 주차장으로서 그 초과 부분에 대하여 시장 · 군수 또는 구청장의 확인을 받은 경우

4. 「국토의 계획 및 이용에 관한 법률」 제2조제10호에 따른 도시 · 군계획시설사업으로 인하여 그 전부 또는 일부를 사용할 수 없게 된 주차장으로서 시장 · 군수 또는 구청장의 확인을 받은 경우
5. 법 제19조제4항에 따라 시설물의 부지 인근에 설치한 부설주차장 또는 법 제19조의4제1항제2호 및 이 항 제6호에 따라 시설물 내부 또는 그 부지에서 인근 부지로 위치 변경된 부설주차장을 그 부지 인근의 범위에서 위치 변경하여 설치하는 경우
6. 「산업입지 및 개발에 관한 법률」 제2조제8호에 따른 산업단지 안에 있는 공장의 부설주차장을 법 제19조제4항 후단에 따른 시설물 부지 인근의 범위에서 위치 변경하여 설치하는 경우
7. 「도시교통정비 촉진법 시행령」 제13조의2제1항 각 호에 따른 건축물(「주택건설기준 등에 관한 규정」이 적용되는 공동주택은 제외한다)의 주차장이 「도시교통정비 촉진법」 제33조제1항제4호에 따른 승용차공동이용 지원(승용차공동이용을 위한 전용주차구획을 설치하고 공동이용을 위한 승용자동차를 상시 배치하는 것을 말한다. 이하 같다)을 위하여 사용되는 경우로서 다음 각 목의 모든 요건을 충족하는지 여부에 대하여 시장 · 군수 또는 구청장의 확인을 받은 경우
   가. 주차장 외의 용도로 사용하는 주차장의 면적이 승용차공동이용 지원을 위하여 설치한 전용주차구획 면적의 2배를 초과하지 아니할 것
   나. 주차장 외의 용도로 사용하는 주차장의 면적이 해당 주차장의 전체 주차구획 면적의 100분의 10을 초과하지 아니할 것
   다. 해당 주차장이 승용차공동이용 지원에 사용되지 아니하는 경우에는 주차장 외의 용도로 사용하는 부분을 즉시 주차장으로 환원하는 데에 지장이 없을 것

② 법 제19조의4제1항제1호 · 제2호 및 이 조 제1항제5호 · 제6호의 경우에 종전의 부설주차장은 새로운 부설주차장의 사용이 시작된 후에 용도변경하여야 한다. 다만, 기존 주차장 부지에 증축되는 건축물 안에 주차장을 설치하는 경우에는 그러하지 아니하다. 〈개정 2012. 10. 29., 2014. 9. 11.〉
③ 법 제19조의4제2항 단서에 따라 부설주차장 본래의 기능을 유지하지 아니하여도 되는 경우는 제1항제1호 · 제3호 또는 제4호에 해당하는 경우와 기존 주차장을 보수 또는 증축하는 경우(보수 또는 증축하는 기간으로 한정한다)로 한다.
[전문개정 2010. 10. 21.]

제12조의2 【기계식주차장치의 안전도인증 신청 등】 ① 법 제19조의6제1항에 따라 기계식주차장치의 안전도에 관한 인증(이하 "안전도인증"이라 한다)을 받거나 안전도인증을 받은 내용의 변경에 관한 인증을 받으려는 제작자등(기계식주차장치를 제작 · 조립 또는 수입하여 양도 · 대여 또는 설치하려는 자를 말한다. 이하 같다)은 국토교통부령으로 정하는 바에 따라 법 제19조의6제2항에 따른 검사기관이 발행한 안전도 심사결과를 첨부하여 국토교통부장관(법 제19조의12제1항에 따라 같은 항에 따른 지정인증기관에 안전도인증업무를 대행하게 한 경우에는 지정인증기관을 말한다)에게 안전도인증 또는 그 변경인증을 신청하여야 한다. 〈개정 2013. 3. 23., 2024. 8. 16.〉
② 법 제19조의6제1항 후단에서 "대통령령으로 정하는 경미한 사항을 변경하는 경우"란 다음 각 호의 경우를 말한다.
1. 기계식주차장치가 수용할 수 있는 자동차대수를 안전도인증을 받은 대수 미만으로 변경하는 경우

2. 기계식주차장치의 출입구, 통로, 주차구획의 크기 및 안전장치를 법 제19조의7에 따른 안전기준의 범위에서 변경하는 경우

[전문개정 2010. 10. 21.]

제12조의3【기계식주차장의 사용검사 등】 ① 법 제19조의9제2항에 따른 사용검사의 유효기간은 3년으로 하고, 정기검사의 유효기간은 2년으로 한다. 〈개정 2016. 1. 19.〉

② 제1항에도 불구하고 사용검사 또는 정기검사의 유효기간 만료 전에 법 제19조의23제1항 각 호에 따라 정밀안전검사를 받은 경우 정밀안전검사를 받은 날부터 다음 정기검사의 유효기간을 기산한다. 〈신설 2018. 2. 20., 2018. 10. 23.〉

③ 제1항에 따른 정기검사의 검사기간은 사용검사 또는 정기검사의 유효기간 만료일 전후 각각 31일 이내로 한다. 이 경우 해당 검사기간 이내에 적합판정을 받은 경우에는 사용검사 또는 정기검사의 유효기간 만료일에 정기검사를 받은 것으로 본다. 〈신설 2016. 1. 19., 2018. 2. 20.〉

④ 법 제19조의9제1항에 따라 기계식주차장을 설치한 자 또는 해당 기계식주차장의 관리자(이하 "기계식주차장관리자등"이라 한다)는 기계식주차장치의 주요구동부의 부품, 운반기 및 철골을 변경한 경우에는 해당 주차장을 사용하기 전에 같은 조 제2항제3호가목에 따른 수시검사를 요청해야 한다. 〈신설 2024. 8. 16.〉

⑤ 법 제19조의9제2항 각 호 외의 부분 단서에서 "대통령령으로 정하는 부득이한 사유"란 다음 각 호의 경우를 말한다. 〈개정 2016. 1. 19., 2018. 2. 20., 2024. 8. 16.〉

1. 기계식주차장이 설치된 건축물의 흠으로 인하여 그 건축물과 기계식주차장의 사용이 불가능하게 된 경우
2. 기계식주차장(법 제19조에 따라 설치가 의무화된 부설주차장의 경우는 제외한다)의 사용을 중지한 경우
3. 천재지변이나 그 밖에 정기검사 또는 수시검사를 받지 못할 부득이한 사유가 발생한 경우

⑥ 제5항 각 호에 따른 사유로 정기검사 또는 법 제19조의9제2항제3호나목에 따른 수시검사를 연기하려는 자는 국토교통부령으로 정하는 바에 따라 다음 각 호에 따른 기한 전에 연기신청을 해야 한다. 〈개정 2024. 8. 16.〉

1. 정기검사의 경우: 사용검사 또는 정기검사의 유효기간 만료일
2. 법 제19조의9제2항제3호나목에 따른 수시검사의 경우: 시장 · 군수 또는 구청장이 통보한 수시검사 실시 예정일

⑦ 제6항에 따라 정기검사를 연기한 자는 해당 사유가 없어졌을 때에는 그때부터 2개월 이내에 정기검사를 받아야 한다. 이 경우 정기검사가 끝날 때까지 사용검사 또는 정기검사의 유효기간이 연장된 것으로 본다. 〈개정 2016. 1. 19., 2018. 2. 20., 2024. 8. 16.〉

⑧ 제6항에 따라 법 제19조의9제2항제3호나목에 따른 수시검사를 연기한 자는 해당 사유가 없어졌을 때에는 지체 없이 수시검사를 받아야 한다. 〈신설 2024. 8. 16.〉

[전문개정 2010. 10. 21.]

제12조의4【지정인증기관 등의 지정】 ① 법 제19조의12제1항에 따른 지정인증기관 또는 같은 조 제2항에 따른 전문검사기관으로 지정받으려는 자는 국토교통부령으로 정하는 바에 따라 국토교통부장관에게 지정을 신청해야 한다.

② 법 제19조의12제1항에 따라 지정인증기관으로 지정받으려는 자가 갖추어야 할 지정요건은 별표 1의2와 같다.

③ 법 제19조의12제2항에 따라 전문검사기관으로 지정받으려는 자가 갖추어야 할 지정요건은 별표 2와 같다.

[전문개정 2024. 8. 16.]

제12조의5【기계식주차장치의 철거】 ①법 제19조의13제1항제1호에서 "대통령령으로 정하는 기간"이란 5년을 말한다. 〈개정 2016. 7. 19.〉

② 특별시장 · 광역시장 · 특별자치도지사 · 시장 · 군수 또는 구청장은 법 제19조의13제4항에 따라 기계식주차장의 수급 실태 및 이용 특성 등을 고려하여 기계식주차장치의 철거가 필요하다고 인정하는 경우에는 해당 지방자치단체의 조례로 정하는 바에 따라 별표 1에 따른 부설주차장 설치기준을 철거되는 기계식주차장치의 종류별로 2분의 1의 범위에서 완화할 수 있다. 〈신설 2016. 7. 19.〉

③ 제2항에 따라 완화된 부설주차장 설치기준에 따라 설치한 주차장의 경우 해당 시설물이 증축되거나 부설주차장 설치기준이 강화되는 용도로 변경될 때에는 그 증축 또는 용도변경하는 부분에 대해서는 제2항에도 불구하고 별표 1에 따른 부설주차장 설치기준을 적용한다. 〈신설 2016. 7. 19.〉

[전문개정 2010. 10. 21.]

제12조의6【보수업의 등록기준 등】 ①법 제19조의14제1항에 따라 기계식주차장치 보수업(이하 "보수업"이라 한다)을 등록하려는 자가 갖추어야 할 기술인력 및 설비는 별표 3과 같다. 〈개정 2011. 12. 28.〉

② 시장 · 군수 또는 구청장은 법 제19조의14제1항에 따른 등록 신청이 다음 각 호의 어느 하나에 해당하는 경우를 제외하고는 등록을 해 주어야 한다. 〈신설 2011. 12. 28.〉

1. 등록을 신청한 자가 법 제19조의15 각 호의 어느 하나에 해당하는 경우
2. 별표 3에 따른 보수업의 등록기준을 갖추지 못한 경우
3. 그 밖에 법 또는 다른 법령에 따른 제한에 위반되는 경우

[전문개정 2010. 10. 21.]

[제목개정 2011. 12. 28.]

제12조의7【기계식주차장의 사고 등에 대한 배상보험】 ① 법 제19조의14제1항에 따라 보수업의 등록을 한 자(이하 "보수업자"라 한다) 및 법 제19조의16제2항에 따른 기계식주차장관리자등이 법 제19조의16 제1항 및 제2항에 따라 가입해야 하는 보험은 다음 각 호의 기준을 모두 충족하는 것이어야 한다.

1. 보험의 종류는 기계식주차장 사고배상책임보험 또는 이와 같은 내용이 포함된 보험일 것
2. 보험금액은 다음 각 목의 구분에 따른 기준을 모두 충족할 것
   가. 물적 손해의 경우: 사고당 배상한도액이 1억원 이상일 것
   나. 인적 손해의 경우: 피해자 1명당 다음 구분에 따른 금액 이상일 것
      1) 사망한 경우: 1억5천만원. 다만, 실제 손해액이 2천만원 미만인 경우에는 2천만원으로 한다.
      2) 부상당한 경우: 3천만원
      3) 부상에 대한 치료를 마친 후 더 이상의 치료효과를 기대할 수 없고 그 증상이 고정된 상태에서 그 부상으로 인해 신체의 장애(이하 이 조에서 "후유장애"라 한다)가 생긴 경우: 1억5천만원
      4) 하나의 사건으로 1)부터 3)까지의 손해 중 둘 이상에 해당하게 된 경우: 다음 구분에 따른

계산식에 따라 계산한 금액

가) 부상자가 치료 중 그 부상으로 인해 사망한 경우: 1)의 금액 + 2)의 금액

나) 부상자에게 그 부상으로 인해 후유장애가 생긴 경우: 2)의 금액 + 3)의 금액

다) 후유장애가 생긴 후 후유장애를 유발한 부상으로 인해 사망한 경우: 1)의 금액 + 3)의 금액 - 3)의 금액 중 사망한 날 이후에 해당하는 손해액

3. 보험은 보수업 또는 기계식주차장치를 운영하는 기간 동안 유지될 것

② 법 제19조의16제2항에서 "대통령령으로 정하는 일정 규모 이상의 기계식주차장치"란 수용할 수 있는 자동차대수가 20대 이상(하나의 주차장에 2개 이상의 기계식주차장치가 설치되어 있는 경우에는 각 기계식주차장치가 수용할 수 있는 자동차대수의 총합이 20대 이상)인 기계식주차장치를 말한다.

③ 보수업자 및 법 제19조의16제2항에 따른 기계식주차장관리자등(이하 이 조에서 "보수업자등"이라 한다)은 다음 각 호의 구분에 따른 기한 전에 제1항에 따른 보험에 가입해야 한다.

1. 보수업자: 보수업을 시작하여 최초로 보수계약을 체결하는 날
2. 법 제19조의16제2항에 따른 기계식주차장관리자등: 법 제19조의9제2항제1호에 따른 사용검사를 받은 날 또는 기계식주차장을 양수하여 운영을 시작하는 날

④ 보수업자등은 보험계약을 체결 또는 변경하였을 때에는 보험계약 체결 또는 변경일부터 14일 이내에 보험계약의 체결을 증명하는 서류를 관할 시장 · 군수 또는 구청장에게 제출해야 한다. 이 경우 법 제19조의21제1항에 따른 기계식주차장 정보망에 보험계약의 체결을 증명하는 정보를 입력하는 것으로 그 제출을 갈음할 수 있다.

⑤ 법 제19조의16제4항에서 "대통령령으로 정하는 사유"란 다음 각 호의 사유를 말한다.

1. 보수업자가 법 제19조의19제1항에 따른 영업정지 또는 천재지변 등의 사유로 보수업을 운영할 수 없게 된 경우
2. 법 제19조의16제2항에 따른 기계식주차장관리자등이 법 제19조의24제1항에 따른 운행중지명령 또는 천재지변 등의 사유로 기계식주차장을 운영할 수 없게 된 경우
3. 보험회사가 해당 배상보험을 판매하고 있지 않은 경우
4. 「상법」 제650조제1항 · 제2항, 제651조, 제652조제1항 또는 제654조에 따른 계약 해지의 사유가 발생한 경우

[전문개정 2024. 8. 16.]

제12조의8 삭제 〈2016. 2. 11.〉

제12조의9 【등록취소 등의 기준】 ① 법 제19조의19제2항에 따른 등록취소 및 영업정지의 기준은 별표 4와 같다.

② 시장 · 군수 또는 구청장은 제1항에 따라 등록취소 및 영업정지 처분을 할 때 위반행위의 정도 및 횟수 등을 고려하여 그 처분을 가중하거나 감경할 수 있다. 이 경우 등록취소의 경우에는 영업정지 6개월로 감경할 수 있고, 영업정지의 경우에는 해당 영업정지기간의 2분의 1의 범위에서 가중하거나 감경할 수 있다.

③ 시장 · 군수 또는 구청장은 고의 또는 중과실이 없는 위반행위자가 「소상공인기본법」 제2조에 따른 소상공인에 해당하고, 별표 4에 따른 처분이 영업정지인 경우에는 다음 각 호의 사항을 고려하여

그 처분기준의 100분의 70 범위에서 감경할 수 있다. 다만, 제2항에 따른 감경과 중복하여 적용하지 않는다. 〈신설 2023. 4. 25.〉

1. 해당 행정처분으로 위반행위자가 더 이상 영업을 영위하기 어렵다고 객관적으로 인정되는지 여부
2. 경제위기 등으로 위반행위자가 속한 시장 · 산업 여건이 현저하게 변동되거나 지속적으로 악화된 상태인지 여부

[전문개정 2010. 10. 21.]

제12조의10(기계식주차장치 관리인의 배치】 법 제19조의20제1항에서 "대통령령으로 정하는 일정 규모 이상의 기계식주차장치"란 수용할 수 있는 자동차대수가 20대 이상인 기계식주차장치를 말한다.

[본조신설 2016. 2. 11.]

[종전 제12조의10은 제12조의11로 이동 〈2016. 2. 11.〉]

제12조의11 【기계식주차장 정보망의 구축 · 운영 업무의 위탁】 국토교통부장관은 법 제19조의21제3항에 따라 기계식주차장 정보망의 구축 · 운영에 관한 업무를 「한국교통안전공단법」에 따른 한국교통안전공단(이하 "한국교통안전공단"이라 한다)에 위탁한다. 〈개정 2018. 2. 20.〉

[본조신설 2016. 7. 19.]

[종전 제12조의11은 제12조의12로 이동 〈2016. 7. 19.〉]

제12조의12 【사고조사위원회의 구성 및 운영】 ① 법 제19조의22제6항에 따른 사고조사위원회(이하 "위원회"라 한다)는 위원장 1명을 포함한 12명 이상 20명 이내의 위원으로 구성한다. 〈개정 2024. 8. 16.〉

② 위원장은 제3항제2호에 따른 위촉위원 중에서 국토교통부장관이 지명한다.

③ 위원은 다음 각 호의 어느 하나에 해당하는 사람 중에서 국토교통부장관이 임명하거나 위촉한다. 이 경우 제1호에 따른 지명위원은 1명으로 한다. 〈개정 2024. 8. 16.〉

1. 지명위원: 기계식주차장 관련 업무를 담당하는 국토교통부의 4급 이상 공무원 또는 고위공무원단에 속하는 일반직공무원
2. 위촉위원: 기계식주차장에 관한 전문지식이나 경험이 풍부한 사람으로서 다음 각 목의 어느 하나에 해당하는 사람
   가. 변호사의 자격을 취득한 후 5년 이상이 된 사람
   나. 「고등교육법」에 따른 대학에서 기계·전기 또는 안전관리 분야의 과목을 가르치는 부교수 이상으로 5년 이상 재직하고 있거나 재직하였던 사람
   다. 행정기관에서 4급 이상 공무원 또는 고위공무원단에 속하는 일반직공무원으로 2년 이상 재직하였던 사람
   라. 한국교통안전공단 또는 법 제19조의12제2항에 따라 지정된 전문검사기관에서 10년 이상 재직하고 있거나 재직하였던 사람
   마. 기계식주차장 관련 업체에서 설계, 제작, 시공, 유지보수 등의 업무에 10년 이상 종사하고 있거나 종사하였던 사람

④ 제3항제2호에 따른 위촉위원의 임기는 3년으로 하며, 한 차례만 연임할 수 있다. 다만, 법 제19조의22제8항에 따라 위원회가 해산되는 경우에는 그 해산되는 때에 임기가 만료되는 것으로 한다. 〈개정 2024. 8. 16.〉

⑤ 위원회의 회의는 위원장, 지명위원과 위촉위원 중 위원장이 회의마다 지정하는 5명의 위원으로 구성한다.

⑥ 위원회는 필요하다고 인정하면 관계인 또는 관계 전문가를 위원회에 출석시켜 발언하게 하거나 서면으로 의견을 제출하게 할 수 있다.

⑦ 위원회에 출석한 위원, 관계인 및 관계 전문가에게 예산의 범위에서 수당과 여비를 지급할 수 있다.

⑧ 제1항부터 제7항까지에서 규정한 사항 외에 위원회의 운영에 필요한 사항은 위원회의 의결을 거쳐 위원장이 정한다.

[본조신설 2018. 10. 23.]

[제목개정 2024. 8. 16.]

[종전 제12조의12는 제12조의15로 이동 〈2018. 10. 23.〉]

제12조의13 【위원의 해촉 등】 국토교통부장관은 위원회의 위원이 다음 각 호의 어느 하나에 해당하는 경우에는 해당 위원을 해촉(解囑)하거나 그 임명을 철회할 수 있다.

1. 심신장애로 인하여 직무를 수행할 수 없게 된 경우
2. 직무와 관련된 비위사실이 있는 경우
3. 직무태만, 품위손상이나 그 밖의 사유로 인하여 위원으로 적합하지 아니하다고 인정되는 경우
4. 위원 스스로 직무를 수행하는 것이 곤란하다고 의사를 밝히는 경우

[본조신설 2018. 10. 23.]

[종전 제12조의13은 제12조의16으로 이동 〈2018. 10. 23.〉]

제12조의14 【위원회의 업무】 위원회의 업무는 다음 각 호와 같다. 〈개정 2024. 8. 16.〉

1. 법 제19조의22제1항 후단에 따라 보고받은 중대한 사고에 관한 내용의 검토
2. 법 제19조의22제3항에 따른 기계식주차장 사고의 재발 방지 · 예방을 위한 사고의 원인 및 경위 등의 조사
3. 법 제19조의22제6항에 따라 한국교통안전공단이 조사한 기계식주차장 사고의 원인 등에 대한 판정

[본조신설 2018. 10. 23.]

[종전 제12조의14는 제12조의17로 이동 〈2018. 10. 23.〉]

제12조의15 【기계식주차장의 정밀안전검사 실시시기】 ① 법 제19조의23제1항제3호에 따른 정밀안전검사를 최초로 받아야 하는 날은 기계식주차장이 설치된 날부터 10년이 속하는 정기검사의 유효기간 만료일(이하 이 항에서 "만료일"이라 한다) 전 180일부터 만료일까지이고, 해당 검사기간에 적합판정을 받은 경우에는 만료일에 정밀안전검사를 받은 것으로 본다. 〈개정 2018. 10. 23.〉

② 법 제19조의23제1항제3호에 따른 정밀안전검사는 제1항에 따른 최초 정밀안전검사를 받은 날부터 4년이 되는 날(이하 이 항에서 "만료일"이라 한다)의 전후 각각 31일 이내에 받아야 하고, 해당 검사기간에 적합판정을 받은 경우에는 만료일에 정밀안전검사를 받은 것으로 본다. 〈개정 2018. 10. 23.〉

[본조신설 2018. 2. 20.]

[제12조의12에서 이동, 종전 제12조의15는 제12조의18로 이동 〈2018. 10. 23.〉]

제12조의16【기계식주차장의 정밀안전검사 기준 · 항목 및 방법】 법 제19조의23제6항에 따른 정밀안전검사의 기준 · 항목 및 방법 등은 다음 각 호의 사항을 모두 고려하여 국토교통부장관이 고시하는 기준 · 항목 및 방법 등에 따른다. 〈개정 2018. 10. 23.〉

1. 법 제19조의5에 따른 기계식주차장의 설치기준
2. 법 제19조의7에 따른 기계식주차장의 안전기준
3. 기계식주차장치의 구조 및 구동방식
4. 기계식주차장에 적용되는 기술의 특성

[본조신설 2018. 2. 20.]

[제12조의13에서 이동, 종전 제12조의16은 제12조의19로 이동 〈2018. 10. 23.〉]

제12조의17【기계식주차장치의 운행중지명령】 ① 시장 · 군수 또는 구청장은 법 제19조의24제5항에 따라 인근(법 제19조제4항 후단에 따른 시설물 부지 인근을 말한다. 이하 이 조에서 같다) 주차장을 확보하게 하려는 경우에는 60일의 범위에서 조례로 정하는 기간 내에 인근 주차장을 확보할 것을 해당 기계식주차장관리자등에게 통지해야 한다.

② 시장 · 군수 또는 구청장은 제1항에 따른 기간 내에 기계식주차장관리자등이 인근 주차장을 확보하지 못한 경우에는 인근 주차장을 직접 확보하고 그 비용을 법 제19조의24제5항에 따라 해당 기계식주차장관리자등에게 납부하게 할 수 있다.

[본조신설 2024. 8. 16.]

[종전 제12조의17은 제12조의18로 이동 〈2024. 8. 16.〉]

제12조의18【부기등기의 절차 등】 ① 법 제19조제4항에 따라 시설물의 부지 인근에 부설주차장을 설치한 경우와 법 제19조의4제1항제2호 및 이 영 제12조제1항제6호에 따라 시설물의 내부 또는 그 부지에 설치된 주차장을 인근 부지로 위치를 변경한 경우에 시설물의 소유자는 법 제19조의25제1항에 따라 다음 각 호의 부기등기를 동시에 하여야 한다. 〈개정 2016. 2. 11., 2016. 7. 19., 2018. 2. 20., 2018. 10. 23., 2024. 8. 16.〉

1. 부설주차장이 시설물의 부지 인근에 설치되었음을 시설물의 소유권등기에 부기등기(이하 "시설물의 부기등기"라 한다)
2. 부설주차장의 용도변경이 금지됨을 부설주차장의 소유권등기에 부기등기(이하 "부설주차장의 부기등기"라 한다)

② 제12조제1항제5호에 따라 부설주차장을 그 부지 인근의 범위에서 위치 변경하여 설치한 경우에 시설물의 소유자는 다음 각 호의 등기를 동시에 하여야 한다.

1. 시설물의 부기등기에 명시된 부설주차장 소재지의 변경등기
2. 새로 이전된 부설주차장의 부기등기

③ 제1항 및 제2항에도 불구하고 시설물의 소유권보존등기를 할 수 없는 시설물인 경우에는 부설주차장의 부기등기만을 하여야 한다.

[본조신설 2014. 9. 11.]

[제12조의17에서 이동, 종전 제12조의18은 제12조의19로 이동 〈2024. 8. 16.〉]

제12조의19【부기등기의 내용】 ① 시설물의 부기등기에는 "「주차장법」에 따른 부설주차장이 시설물의 부지 인근에 별도로 설치되어 있음"이라는 내용과 그 부설주차장의 소재지를 명시하여야 한다.

② 부설주차장의 부기등기에는 "이 토지(또는 건물)는 「주차장법」에 따라 시설물의 부지 인근에 설치된 부설주차장으로서 같은 법 시행령 제12조제1항 각 호의 어느 하나에 해당하여 용도변경이 인정되기 전에는 주차장 외의 용도로 사용할 수 없음"이라는 내용과 그 시설물의 소재지를 명시하여야 한다.

[본조신설 2014. 9. 11.]

[제12조의18에서 이동, 종전 제12조의19는 제12조의20으로 이동 〈2024. 8. 16.〉]

제12조의20(부기등기의 말소 신청】 ① 법 제19조의25제1항에 따라 부기등기한 부설주차장으로서 제12조제1항 각 호의 어느 하나에 해당하여 용도변경이 인정된 경우에 시설물의 소유자는 다음 각 호의 구분에 따라 부기등기의 말소를 신청하여야 한다. 〈개정 2016. 2. 11., 2016. 7. 19., 2018. 2. 20., 2018. 10. 23., 2024. 8. 16.〉

1. 제12조제1항제1호 · 제3호 또는 제4호 중 어느 하나에 해당하여 해당 부설주차장 전부에 대한 용도변경이 인정된 경우: 시설물의 부기등기 및 부설주차장의 부기등기의 말소 동시 신청
2. 제12조제1항제5호에 해당하여 용도변경이 인정된 경우: 종전 부설주차장의 부기등기의 말소 신청

② 제1항에도 불구하고 다음 각 호의 어느 하나에 해당하는 경우에는 해당 구분에 따라 시설물의 부기등기 또는 부설주차장의 부기등기의 말소를 신청하여야 한다.

1. 시설물의 부기등기가 되어 있지 아니한 경우: 부설주차장의 부기등기만을 말소 신청
2. 시설물의 소유자와 부설주차장이 설치된 토지 · 건물의 소유자가 다른 경우: 해당 소유자가 시설물의 부기등기 및 부설주차장의 부기등기의 말소를 각자 신청

[본조신설 2014. 9. 11.]

[제12조의19에서 이동 〈2024. 8. 16.〉]

제13조【점용료 및 사용료의 감면】 ① 법 제20조제2항에서 "대통령령으로 정하는 학교 등 공공시설"이란 초등학교 · 중학교 · 고등학교 · 공용의 청사 · 주차장 및 운동장을 말한다.

② 법 제20조제2항에 따라 노외주차장을 도로 · 광장 · 공원 및 제1항의 공공시설의 지하에 설치하는 경우에는 노외주차장의 최초 사용기간 동안 그 부지에 대한 점용료와 그 시설물에 대한 사용료를 면제한다.

③ 법 제20조제3항에서 "대통령령으로 정하는 공공시설"이란 공용의 청사 · 하천 · 유수지(遊水池) · 주차장 및 운동장을 말한다.

[전문개정 2010. 10. 21.]

제14조【보조】 ① 국가나 지방자치단체는 법 제21조제1항에 따라 노외주차장을 설치하는 자에 대하여 다음 각 호의 구분에 따른 범위에서 그 설치비용을 보조할 수 있다. 〈개정 2021. 4. 20.〉

1. 특별시장 · 광역시장, 시장 · 군수 또는 구청장이 설치하는 노외주차장의 경우: 설치비용의 전부 또는 일부
2. 특별시장 · 광역시장, 시장 · 군수 또는 구청장이 아닌 자가 설치하는 노외주차장으로서 주차용도에 제공하는 면적이 2천제곱미터 이상인 노외주차장의 경우: 설치비용(토지매입비는 제외한다. 이하 같다)의 2분의 1. 다만, 국유지 · 공유지의 점용허가를 받아 설치하는 경우에는 설치비용의 3분의 1을 보조할 수 있다.

3. 특별시장 · 광역시장, 시장 · 군수 또는 구청장이 아닌 자가 설치하는 노외주차장으로서 주차 용도에 제공하는 면적이 1천제곱미터 이상 2천제곱미터 미만인 노외주차장의 경우: 설치비용의 3분의 1. 다만, 국유지 · 공유지의 점용허가를 받아 설치하는 경우에는 설치비용의 5분의 1을 보조할 수 있다.

② 국가는 법 제21조제3항에 따라 주차장 환경개선사업을 하는 자에 대하여 다음 각 호의 구분에 따른 범위에서 해당 사업의 추진에 필요한 비용을 보조할 수 있다. 〈신설 2021. 4. 20.〉

1. 특별시장 · 광역시장, 시장 · 군수 또는 구청장이 추진하는 주차장 환경개선사업의 경우: 사업비용의 일부
2. 제1호 외의 자가 추진하는 주차장 환경개선사업의 경우: 다음 각 목의 구분에 따른 비용
   가. 주차 용도에 제공하는 면적이 2천제곱미터 이상인 경우: 사업비용의 2분의 1
   나. 주차 용도에 제공하는 면적이 1천제곱미터 이상 2천제곱미터 미만인 경우: 사업비용의 3분의 1

[전문개정 2010. 10. 21.]

제15조【주차장특별회계의 재원】 ① 법 제21조의2제2항제5호에서 "대통령령으로 정하는 일정 비율"이란 「지방세법」 제112조(같은 조 제1항제1호는 제외한다)에 따른 재산세 징수액의 10퍼센트를 말한다.

② 법 제21조의2제3항제1호에서 "대통령령으로 정하는 납부금"이란 법 제19조제5항에 따른 노외주차장 설치를 위한 비용의 납부금 중 구청장이 설치한 노외주차장을 무상으로 사용하게 하는 경우의 납부금을 말한다.

[전문개정 2010. 10. 21.]

제16조【감독】 법 제23조제3항에 따라 시장 · 군수 또는 구청장이 노외주차장관리자에게 감독상 필요한 명령을 할 때에는 다음 각 호의 사항을 적은 서면으로 하여야 한다.

1. 노외주차장의 위치 및 명칭
2. 노외주차장관리자의 성명(법인인 경우에는 법인의 명칭 및 대표자의 성명) 및 주소
3. 명령을 내리는 이유
4. 조치가 필요한 사항의 내용
5. 조치기간
6. 명령 불이행에 대한 조치 내용

[전문개정 2010. 10. 21.]

제16조의2 삭제 〈1997. 12. 31.〉

제17조【과징금을 부과할 위반행위와 과징금의 금액 등】 법 제24조의2제1항에 따라 과징금을 부과하는 위반행위의 종류와 과징금의 금액은 별표 5와 같다.

[전문개정 2021. 4. 20.]

제17조의2【규제의 재검토】 국토교통부장관은 다음 각 호의 사항에 대하여 2025년 1월 1일을 기준으로 3년마다(매 3년이 되는 해의 1월 1일 전까지를 말한다) 그 타당성을 검토하여 개선 등의 조치를 해야 한다.

1. 제12조의4 및 별표 1의2에 따른 지정인증기관의 지정요건
2. 제12조의7에 따른 기계식주차장의 사고 등에 대한 배상보험의 요건

[본조신설 2024. 8. 16.]

제18조【과태료의 부과기준】 법 제30조제1항부터 제3항까지의 규정에 따른 과태료의 부과기준은 별표 6과 같다. 〈개정 2018. 10. 23., 2024. 8. 16.〉
[전문개정 2016. 7. 19.]

제19조 삭제 〈2008. 7. 31.〉

부칙 〈제34898호, 2024. 9. 19.〉

이 영은 2024년 9월 20일부터 시행한다.

6. 주차장법 시행규칙

[시행 2024. 12. 2.] [국토교통부령 제1388호, 2024. 9. 20., 일부개정]

제1조 【목적】 이 규칙은 「주차장법」 및 같은 법 시행령에서 위임된 사항과 그 시행에 필요한 사항을 규정함을 목적으로 한다.
[전문개정 2010. 10. 29.]

제1조의2 【실태조사 방법 및 주기 등】 ① 「주차장법」(이하 "법"이라 한다) 제3조제1항 및 제2항에 따른 조사구역 설정방법은 다음 각 호와 같다.
1. 법 제3조제1항에 따른 수급실태조사(이하 "수급실태조사"라 한다)
가. 사각형 또는 삼각형 형태로 조사구역을 설정하되 조사구역 바깥 경계선의 최대거리가 300미터를 넘지 않도록 할 것
나. 각 조사구역은 「건축법」 제2조제1항제11호에 따른 도로를 경계로 구분할 것
다. 아파트단지와 단독주택단지가 섞여 있는 지역 또는 주거기능과 상업·업무기능이 섞여 있는 지역의 경우에는 주차시설 수급의 적정성, 지역적 특성 등을 고려하여 같은 특성을 가진 지역별로 조사구역을 설정할 것
2. 법 제3조제2항에 따른 안전관리실태조사(이하 "안전관리실태조사"라 한다): 출입도로를 포함하여 주차장 전체를 조사구역으로 할 것

② 수급실태조사 및 안전관리실태조사의 주기는 3년으로 한다. 다만, 법 제6조제3항 및 이 규칙 제6조제11호 및 제15호의 준수사항은 매년 한번 이상 점검하고 조사해야 한다.

③ 수급실태조사 및 안전관리실태조사의 방법은 다음 각 호와 같다. 〈개정 2024. 9. 20.〉
1. 수급실태조사: 특별자치시 · 특별자치도 · 시 · 군 또는 자치구(이하 "시 · 군 또는 구"라 한다)의 조례에서 정하는 바에 따라 제1항제1호 각 목의 기준에 따라 설정된 조사구역별로 주차수요조사와 주차시설 현황조사로 구분하여 실태조사를 실시할 것
2. 안전관리실태조사: 조사대상에 다음 각 목의 사항을 포함할 것
가. 법 제6조제1항 · 제19조 및 제19조의5에 따른 설치기준의 준수 여부
나. 법 제6조제3항에 따른 시설의 설치 여부
다. 법 제19조의9제2항제1호, 제2호 및 제19조의23에 따른 사용검사, 정기검사 및 정밀안전검사 이행 여부
라. 법 제19조의20에 따른 기계식주차장치 관리인의 배치 여부
마. 법 제19조의22제10항에 따른 권고의 이행 여부
바. 그 밖에 주차장의 안전관리를 위하여 특별자치시장·특별자치도지사·시장·군수 또는 구청장(구청장은 자치구의 구청장을 말하며, 이하 "시장·군수 또는 구청장"이라 한다)이 필요하다고 인정하는 사항

④ 시장 · 군수 · 구청장은 수급실태조사를 하였을 때에는 각 조사구역별로 주차수요와 주차시설 현황을 대조 · 확인할 수 있도록 별지 제1호서식의 주차실태 조사결과 입력대장에 기록(전산프로그램을 제작하여 입력하는 경우를 포함한다)하여 관리한다.

[전문개정 2020. 6. 25.]

제2조 【주차장의 형태】 법 제6조제1항에 따른 주차장의 형태는 운전자가 자동차를 직접 운전하여 주차장으로 들어가는 주차장(이하 "자주식주차장"이라 한다)과 법 제2조제3호에 따른 기계식주차장(이하 "기계식주차장"이라 한다)으로 구분하되, 이를 다시 다음과 같이 세분한다.

1. 자주식주차장: 지하식 · 지평식(地平式) 또는 건축물식(공작물식을 포함한다. 이하 같다)
2. 기계식주차장: 지하식 · 건축물식

[전문개정 2010. 10. 29.]

제3조 【주차장의 주차구획】 ① 법 제6조제1항에 따른 주차장의 주차단위구획은 다음 각 호와 같다. 〈개정 2012. 7. 2., 2018. 3. 21.〉

1. 평행주차형식의 경우

구분	너비	길이
경형	1.7미터 이상	4.5미터 이상
일반형	2.0미터 이상	6.0미터 이상
보도와 차도의 구분이 없는 주거지역의 도로	2.0미터 이상	5.0미터 이상
이륜자동차전용	1.0미터 이상	2.3미터 이상

2. 평행주차형식 외의 경우

구분	너비	길이
경형	2.0미터 이상	3.6미터 이상
일반형	2.5미터 이상	5.0미터 이상
확장형	2.6미터 이상	5.2미터 이상
장애인전용	3.3미터 이상	5.0미터 이상
이륜자동차 전용	1.0미터 이상	2.3미터 이상

② 제1항에 따른 주차단위구획은 흰색 실선(경형자동차 전용주차구획의 주차단위구획은 파란색 실선)으로 표시하여야 한다.

③ 둘 이상의 연속된 주차단위구획의 총 너비 또는 총 길이는 제1항에 따른 주차단위구획의 너비 또는 길이에 주차단위구획의 개수를 곱한 것 이상이 되어야 한다. 〈신설 2015. 3. 23.〉

[전문개정 2010. 10. 29.]

제4조 【노상주차장의 구조 · 설비기준】 ① 법 제6조제1항에 따른 노상주차장의 구조 · 설비기준은 다음 각 호와 같다. 〈개정 2014. 2. 6., 2021. 8. 27.〉

1. 노상주차장을 설치하려는 지역에서의 주차수요와 노외주차장 또는 그 밖에 자동차의 주차에 사용되는 시설 또는 장소와의 연관성을 고려하여 유기적으로 대응할 수 있도록 적정하게 분포되어야 한다.
2. 주간선도로에 설치하여서는 아니 된다. 다만, 분리대나 그 밖에 도로의 부분으로서 도로교통에 크게 지장을 주지 아니하는 부분에 대해서는 그러하지 아니하다.
3. 너비 6미터 미만의 도로에 설치해서는 안 된다. 다만, 보행자의 통행이나 연도(沿道: 옆길)의 이용에 지장이 없는 경우로서 해당 지방자치단체의 조례로 따로 정하는 경우에는 그렇지 않다.
4. 종단경사도(자동차 진행방향의 기울기를 말한다. 이하 같다)가 4퍼센트를 초과하는 도로에 설치하

여서는 아니 된다. 다만, 다음 각 목의 경우에는 그러하지 아니하다.
가. 종단경사도가 6퍼센트 이하인 도로로서 보도와 차도가 구별되어 있고, 그 차도의 너비가 13미터 이상인 도로에 설치하는 경우
나. 종단경사도가 6퍼센트 이하인 도로로서 해당 시장·군수 또는 구청장이 안전에 지장이 없다고 인정하는 도로에 제6조의2제1항제1호에 해당하는 노상주차장을 설치하는 경우
5. 고속도로, 자동차전용도로 또는 고가도로에 설치하여서는 아니 된다.
6. 「도로교통법」 제32조 각 호의 어느 하나에 해당하는 도로의 부분 및 같은 법 제33조 각 호의 어느 하나에 해당하는 도로의 부분에 설치하여서는 아니 된다.
7. 도로의 너비 또는 교통 상황 등을 고려하여 그 도로를 이용하는 자동차의 통행에 지장이 없도록 설치하여야 한다.
8. 노상주차장에는 다음 각 목의 구분에 따라 장애인 전용주차구획을 설치하여야 한다.
가. 주차대수 규모가 20대 이상 50대 미만인 경우: 한 면 이상
나. 주차대수 규모가 50대 이상인 경우: 주차대수의 2퍼센트부터 4퍼센트까지의 범위에서 장애인의 주차수요를 고려하여 해당 지방자치단체의 조례로 정하는 비율 이상
② 노상주차장의 주차구획 설치에 필요한 사항은 해당 지방자치단체의 조례로 정할 수 있다.
[전문개정 2010. 10. 29.]

제4조의2 【고임목 등의 설치】 ① 법 제6조제3항에서 "국토교통부령으로 정하는 경사진 곳"이란 주차제동장치가 작동되지 않은 상태에서 자동차의 미끄러짐이 발생하는 곳을 말한다.
② 제1항에 따른 경사진 곳에 주차장을 설치하려는 자는 법 제6조제3항에 따라 주차된 차량이 미끄러지는 것을 방지하기 위해 고정형 고임목을 설치해야 한다. 다만, 다음 각 호의 어느 하나에 해당하는 경우에는 이동형 고임목, 고임돌, 고무, 플라스틱 등 차량의 미끄러짐을 방지하기 위한 물건을 비치할 수 있다.
1. 고정형 고임목을 설치할 경우 주차장의 형태 · 위치 등으로 인하여 주차단위구획으로의 진출입이나 주차가 현저히 곤란한 경우
2. 고정형 고임목을 설치할 경우 보행자 안전 또는 교통 흐름 등에 지장을 초래할 특별한 사정이 있다고 시장 · 군수 · 구청정이 인정하는 경우
③ 법 제6조제3항에 따른 미끄럼 주의 안내표지에는 다음 각 호의 사항이 모두 포함되어야 하며, 자동차 운전자가 잘 볼 수 있는 곳에 설치되어야 한다.
1. 주차장이 경사진 곳이라는 사항
2. 차량이 미끄러짐을 방지하기 위해 다음 각 목의 조치가 필요하다는 사항
가. 자동차의 주차제동장치를 작동시킬 것
나. 주차장에 비치된 이동형 고임돌 등으로 차량의 미끄럼을 방지하기 위한 조치를 할 것
다. 조향장치를 가장자리 방향으로 돌려놓을 것
[본조신설 2020. 6. 25.]

제4조의3 【야영행위 등이 금지되는 주차장의 설치자】 법 제6조의3에서 "국토교통부령으로 정하는 기관의 장"이란 「지방공기업법」 제49조에 따른 지방공사의 장 및 같은 법 제76조에 따른 지방공단의 장을 말한다.

[본조신설 2024. 9. 20.]

제5조 【노외주차장의 설치에 대한 계획기준】 법 제12조제1항 및 법 제12조의3제1항에 따른 노외주차장 설치에 대한 계획기준은 다음 각 호와 같다. 〈개정 2014. 2. 6., 2016. 4. 12., 2020. 6. 25.〉

1. 노외주차장의 유치권은 노외주차장을 설치하려는 지역에서의 토지이용 현황, 노외주차장 이용자의 보행거리 및 보행자를 위한 도로 상황 등을 고려하여 이용자의 편의를 도모할 수 있도록 정하여야 한다.
2. 노외주차장의 규모는 유치권 안에서의 전반적인 주차수요와 이미 설치되었거나 장래에 설치할 계획인 자동차 주차에 사용하는 시설 또는 장소와의 연관성을 고려하여 적정한 규모로 하여야 한다.
3. 노외주차장을 설치하는 지역은 녹지지역이 아닌 지역이어야 한다. 다만, 자연녹지지역으로서 다음 각 목의 어느 하나에 해당하는 지역의 경우에는 그러하지 아니하다.
   가. 하천구역 및 공유수면으로서 주차장이 설치되어도 해당 하천 및 공유수면의 관리에 지장을 주지 아니하는 지역
   나. 토지의 형질변경 없이 주차장 설치가 가능한 지역
   다. 주차장 설치를 목적으로 토지의 형질변경 허가를 받은 지역
   라. 특별시장·광역시장, 시장·군수 또는 구청장이 특히 주차장의 설치가 필요하다고 인정하는 지역
4. 단지조성사업 등에 따른 노외주차장은 주차수요가 많은 곳에 설치하여야 하며 될 수 있으면 공원 · 광장 · 큰길가 · 도시철도역 및 상가인접지역 등에 접하여 배치하여야 한다.
5. 노외주차장의 출구 및 입구(노외주차장의 차로의 노면이 도로의 노면에 접하는 부분을 말한다. 이하 같다)는 다음 각 목의 어느 하나에 해당하는 장소에 설치하여서는 아니 된다.
   가. 「도로교통법」 제32조제1호부터 제4호까지, 제5호(건널목의 가장자리만 해당한다) 및 같은 법 제33조제1호부터 제3호까지의 규정에 해당하는 도로의 부분
   나. 횡단보도(육교 및 지하횡단보도를 포함한다)로부터 5미터 이내에 있는 도로의 부분
   다. 너비 4미터 미만의 도로(주차대수 200대 이상인 경우에는 너비 6미터 미만의 도로)와 종단 기울기가 10퍼센트를 초과하는 도로
   라. 유아원, 유치원, 초등학교, 특수학교, 노인복지시설, 장애인복지시설 및 아동전용시설 등의 출입구로부터 20미터 이내에 있는 도로의 부분
6. 노외주차장과 연결되는 도로가 둘 이상인 경우에는 자동차교통에 미치는 지장이 적은 도로에 노외주차장의 출구와 입구를 설치하여야 한다. 다만, 보행자의 교통에 지장을 가져올 우려가 있거나 그 밖의 특별한 이유가 있는 경우에는 그러하지 아니하다.
7. 주차대수 400대를 초과하는 규모의 노외주차장의 경우에는 노외주차장의 출구와 입구를 각각 따로 설치하여야 한다. 다만, 출입구의 너비의 합이 5.5미터 이상으로서 출구와 입구가 차선 등으로 분리되는 경우에는 함께 설치할 수 있다.
8. 특별시장 · 광역시장, 시장 · 군수 또는 구청장이 설치하는 노외주차장의 주차대수 규모가 50대 이상인 경우에는 주차대수의 2퍼센트부터 4퍼센트까지의 범위에서 장애인의 주차수요를 고려하여 지방자치단체의 조례로 정하는 비율 이상의 장애인 전용주차구획을 설치하여야 한다.
9. 경사진 곳에 노외주차장을 설치하는 경우에는 미끄럼 방지시설 및 미끄럼 주의 안내표지 설치

등 안전대책을 마련해야 한다.

[전문개정 2010. 10. 29.]

제6조 【노외주차장의 구조 · 설비기준】 ① 법 제6조제1항에 따른 노외주차장의 구조 · 설비기준은 다음 각 호와 같다. 〈개정 2010. 10. 29., 2012. 7. 2., 2013. 1. 25., 2013. 3. 23., 2014. 7. 15., 2018. 3. 21., 2018. 10. 25., 2020. 6. 25., 2021. 4. 16., 2021. 8. 27., 2023. 12. 1., 2024. 2. 16., 2024. 9. 20.〉

1. 노외주차장의 출구와 입구에서 자동차의 회전을 쉽게 하기 위하여 필요한 경우에는 차로와 도로가 접하는 부분을 곡선형으로 하여야 한다.
2. 노외주차장의 출구 부근의 구조는 해당 출구로부터 2미터(이륜자동차전용 출구의 경우에는 1.3미터)를 후퇴한 노외주차장의 차로의 중심선상 1.4미터의 높이에서 도로의 중심선에 직각으로 향한 왼쪽 · 오른쪽 각각 60도의 범위에서 해당 도로를 통행하는 자를 확인할 수 있도록 하여야 한다.
3. 노외주차장에는 자동차의 안전하고 원활한 통행을 확보하기 위하여 다음 각 목에서 정하는 바에 따라 차로를 설치하여야 한다.

가. 주차구획선의 긴 변과 짧은 변 중 한 변 이상이 차로에 접하여야 한다.

나. 차로의 너비는 주차형식 및 출입구(지하식 또는 건축물식 주차장의 출입구를 포함한다. 제4호에서 또한 같다)의 개수에 따라 다음 구분에 따른 기준 이상으로 하여야 한다.

1) 이륜자동차전용 노외주차장

주차형식	차로의 너비	
	출입구가 2개 이상인 경우	출입구가 1개 이상인 경우
평행주차	2.25미터	3.5미터
직각주차	4.0미터	4.0미터
45도 대향(對向)주차	2.3미터	3.5미터

2) 1) 외의 노외주차장

주차형식	차로의 너비	
	출입구가 2개 이상인 경우	출입구가 1개 이상인 경우
평행주차	3.3미터	5.0미터
직각주차	6.0미터	6.0미터
60도 대향주차	4.5미터	5.5미터
45도 대향주차	3.5미터	5.0미터
교차주차	3.5미터	5.0미터

4. 노외주차장의 출입구 너비는 3.5미터 이상으로 하여야 하며, 주차대수 규모가 50대 이상인 경우에는 출구와 입구를 분리하거나 너비 5.5미터 이상의 출입구를 설치하여 소통이 원활하도록 하여야 한다.
5. 지하식 또는 건축물식 노외주차장의 차로는 제3호의 기준에 따르는 외에 다음 각 목에서 정하는 바에 따른다.

가. 높이는 주차바닥면으로부터 2.3미터 이상으로 하여야 한다.

나. 경사로의 곡선 부분은 자동차가 6미터(같은 경사로를 이용하는 주차장의 총주차대수가 50대

이하인 경우에는 5미터, 이륜자동차전용 노외주차장의 경우에는 3미터) 이상의 내변반경으로 회전할 수 있도록 하여야 한다.

다. 경사로의 차로 너비는 직선형인 경우에는 3.3미터 이상(2차로의 경우에는 6미터 이상)으로 하고, 곡선형인 경우에는 3.6미터 이상(2차로의 경우에는 6.5미터 이상)으로 하며, 경사로의 양쪽 벽면으로부터 30센티미터 이상의 지점에 높이 10센티미터 이상 15센티미터 미만의 연석(경계석)을 설치해야 한다. 이 경우 연석 부분은 차로의 너비에 포함되는 것으로 본다.

라. 경사로의 종단경사도는 직선 부분에서는 17퍼센트를 초과하여서는 아니 되며, 곡선 부분에서는 14퍼센트를 초과하여서는 아니 된다.

마. 경사로의 노면은 거친 면으로 하여야 한다.

바. 오르막 경사로로서 도로와 접하는 부분으로부터 3미터 이내인 경사로의 종단경사도는 직선 부분에서는 8.5퍼센트를, 곡선 부분에서는 7퍼센트를 초과하여서는 안 된다.

사. 주차대수 규모가 50대 이상인 경우의 경사로는 다음 기준에 따라 설치해야 한다.

1) 너비 6미터 이상인 2차로를 확보하거나 진입차로와 진출차로를 분리할 것

2) 별표 1에서 정하는 바에 따라 완화구간(경사로를 지나는 자동차가 지면에 접촉하지 않도록 종단경사도가 경사로 최대 종단경사도의 2분의 1 이하로 설계된 구간을 말한다)을 설치할 것

6. 자동차용 승강기로 운반된 자동차가 주차구획까지 자주식으로 들어가는 노외주차장의 경우에는 주차대수 30대마다 1대의 자동차용 승강기를 설치해야 한다. 이 경우 제16조의2제1항제1호 및 제3호를 준용하되, 자동차용 승강기의 출구와 입구가 따로 설치되어 있거나 주차장의 내부에서 자동차가 방향전환을 할 수 있을 때에는 같은 항 제3호에 따른 진입로를 설치하고 같은 항 제1호에 따른 전면공지 또는 방향전환장치를 설치하지 않을 수 있다.

7. 노외주차장에서 주차에 사용되는 부분의 높이는 주차바닥면으로부터 2.1미터 이상으로 하여야 한다.

8. 노외주차장 내부 공간의 일산화탄소 농도는 주차장을 이용하는 차량이 가장 빈번한 시각의 앞뒤 8시간의 평균치가 50피피엠 이하(「실내공기질 관리법」 제3조제1항제19호에 따른 실내주차장은 25피피엠 이하)로 유지되어야 한다.

9. 자주식주차장으로서 지하식 또는 건축물식 노외주차장에는 벽면에서부터 50센티미터 이내를 제외한 바닥면의 최소 조도(照度)와 최대 조도를 다음 각 목과 같이 한다.

가. 주차구획 및 차로: 최소 조도는 10럭스 이상, 최대 조도는 최소 조도의 10배 이내

나. 주차장 출구 및 입구: 최소 조도는 300럭스 이상, 최대 조도는 없음

다. 사람이 출입하는 통로: 최소 조도는 50럭스 이상, 최대 조도는 없음

10. 노외주차장에는 다음 각 목에서 정하는 바에 따라 경보장치를 설치해야 한다.

가. 주차장의 출입구로부터 3미터 이내의 장소로서 보행자가 경보장치의 작동을 식별할 수 있는 곳에 위치해야 한다.

나. 경보장치는 자동차의 출입 시 경광(警光)과 50데시벨 이상의 경보음이 발생하도록 해야 한다.

11. 주차대수 30대를 초과하는 규모의 자주식주차장으로서 지하식 또는 건축물식 노외주차장에는 관리사무소에서 주차장 내부 전체를 볼 수 있는 폐쇄회로 텔레비전(녹화장치를 포함한다) 또는 네트워크 카메라를 포함하는 방범설비를 설치 · 관리하여야 하되, 다음 각 목의 사항을 준수하여야 한다.

가. 방범설비는 주차장의 바닥면으로부터 170센티미터의 높이에 있는 사물을 알아볼 수 있도록 설치하여야 한다.

나. 폐쇄회로 텔레비전 또는 네트워크 카메라와 녹화장치의 화면 수가 같아야 한다.

다. 선명한 화질이 유지될 수 있도록 관리하여야 한다.

라. 촬영된 자료는 컴퓨터보안시스템을 설치하여 1개월 이상 보관하여야 한다.

12. 2층 이상의 건축물식 주차장 및 특별시장·광역시장·특별자치도지사·시장·군수가 정하여 고시하는 주차장에는 다음 각 목의 어느 하나에 해당하는 추락방지 안전시설을 설치하여야 한다.

가. 2톤 차량이 시속 20킬로미터의 주행속도로 정면충돌하는 경우에 견딜 수 있는 강도의 구조물로서 구조계산에 의하여 안전하다고 확인된 구조물

나. 「도로법 시행령」 제3조제4호에 따른 방호(防護) 울타리

다. 2톤 차량이 시속 20킬로미터의 주행속도로 정면충돌하는 경우에 견딜 수 있는 강도의 구조물로서 「한국도로공사법」에 따라 설립된 한국도로공사, 「한국교통안전공단법」에 따라 설립된 한국교통안전공단(이하 "한국교통안전공단"이라 한다), 그 밖에 국토교통부장관이 정하여 고시하는 전문연구기관에서 인정하는 제품

라. 그 밖에 국토교통부장관이 정하여 고시하는 추락방지 안전시설

13. 노외주차장의 주차단위구획은 평평한 장소에 설치하여야 한다. 다만, 경사도가 7퍼센트 이하인 경우로서 시장·군수 또는 구청장이 안전에 지장이 없다고 인정하는 경우에는 그러하지 아니하다.

14. 노외주차장에는 제3조제1항제2호에 따른 확장형 주차단위구획을 주차단위구획 총수(평행주차형식의 주차단위구획 수는 제외한다)의 30퍼센트 이상 설치해야 하며, 환경친화적 자동차의 전용주차구획을 총주차대수의 100분의 5 이상 설치해야 한다. 다만, 시장·군수 또는 구청장이 지역별 주차환경을 고려하여 필요하다고 인정하는 경우에는 시·군 또는 구의 조례로 환경친화적 자동차의 전용주차구획의 의무 설치 비율을 100분의 5보다 상향하여 정할 수 있다.

15. 주차대수 400대를 초과하는 규모의 노외주차장의 경우에는 주차장 내에서 안전한 보행을 위하여 과속방지턱, 차량의 일시정지선 등 보행안전을 확보하기 위한 시설을 설치해야 한다.

16. 제5조제3호가목에 따른 지역에 설치되는 주차장에는 홍수 등으로 인한 자동차 침수를 방지하기 위하여 다음 각 목의 시설을 모두 설치해야 한다.

가. 차량 출입을 통제하기 위한 주차 차단기

나. 주차장 전체를 볼 수 있는 폐쇄회로 텔레비전 또는 네트워크 카메라

다. 차량 침수가 발생할 우려가 있는 경우에 차량 대피를 안내할 수 있는 방송설비 또는 전광판

② 삭제 〈2020. 6. 25.〉

③ 삭제 〈1996. 6. 29.〉

④ 노외주차장에 설치할 수 있는 부대시설은 다음 각 호와 같다. 다만, 전기자동차충전시설을 제외한 부대시설의 총면적은 주차장 총시설면적(주차장으로 사용되는 면적과 주차장 외의 용도로 사용되는 면적을 합한 면적을 말한다. 이하 같다)의 20퍼센트를 초과해서는 안 된다. 〈개정 2010. 10. 29., 2012. 7. 2., 2016. 12. 30., 2021. 4. 16., 2024. 9. 20.〉

1. 관리사무소, 휴게소 및 공중화장실

2. 간이매점, 자동차 장식품 판매점 및 전기자동차 충전시설, 태양광발전시설, 집배송시설

2의2. 「석유 및 석유대체연료 사업법 시행령」 제2조제3호에 따른 주유소(특별시장·광역시장, 시장·

군수 또는 구청장이 설치한 노외주차장만 해당한다)

3. 노외주차장의 관리 · 운영상 필요한 편의시설

4. 시 · 군 또는 구의 조례로 정하는 이용자 편의시설

⑤ 법 제20조제2항 또는 제3항에 따른 노외주차장에 설치할 수 있는 부대시설의 종류 및 주차장 총시설면적 중 부대시설이 차지하는 비율에 대해서는 제4항에도 불구하고 특별시 · 광역시, 시 · 군 또는 구의 조례로 정할 수 있다. 이 경우 부대시설이 차지하는 면적의 비율은 주차장 총시설면적의 40퍼센트를 초과할 수 없다. 〈개정 2010. 10. 29.〉

⑥ 시장 · 군수 또는 구청장이 노외주차장 안에 「국토의 계획 및 이용에 관한 법률」 제2조제7호의 도시 · 군계획시설을 부대시설로서 중복하여 설치하려는 경우에는 노외주차장 외의 용도로 사용하려는 도시 · 군계획시설이 차지하는 면적의 비율은 부대시설을 포함하여 주차장 총시설면적의 40퍼센트를 초과할 수 없다. 〈개정 2010. 10. 29., 2012. 4. 13.〉

⑦ 제1항제12호에 따른 추락방지 안전시설의 설계 및 설치 등에 관한 세부적인 사항은 국토교통부장관이 정하여 고시한다. 〈개정 2010. 10. 29., 2013. 3. 23.〉

[제목개정 2010. 10. 29.]

제6조의2 【노상주차장의 전용주차구획 설치】 ① 법 제10조제1항제3호에 따라 노상주차장의 일부에 대하여 전용주차구획을 설치할 수 있는 경우는 다음 각 호와 같다. 〈개정 2016. 7. 27.〉

1. 주거지역에 설치된 노상주차장으로서 인근 주민의 자동차를 위한 경우
2. 법 제7조제4항에 따른 하역주차구획으로서 인근 이용자의 화물자동차를 위한 경우
3. 대한민국에 주재하는 외교공관 및 외교관의 자동차를 위한 경우
4. 「도시교통정비 촉진법」 제33조제1항제4호에 따른 승용차공동이용 지원을 위하여 사용되는 자동차를 위한 경우
5. 그 밖에 해당 지방자치단체의 조례로 정하는 자동차를 위한 경우

② 시장 · 군수 또는 구청장은 제1항제1호 및 제5호에 해당하는 전용주차구획의 효율적인 이용을 위해 필요하다고 인정하는 경우에는 해당 전용주차구획에 주차가 허용되는 자동차(이하 이 항에서 "전용주차자동차"라 한다)가 주차되지 않는 시간대에 전용주차자동차 외의 자동차의 주차를 허용할 수 있다. 〈신설 2021. 4. 16.〉

③ 제1항 및 제2항에 따른 전용주차구획의 설치 · 운영에 필요한 사항은 해당 지방자치단체의 조례로 정한다. 〈개정 2021. 4. 16.〉

[전문개정 2010. 10. 29.]

제7조 【노외주차장의 설치 통보 등】 ① 법 제12조제1항에 따라 노외주차장을 설치하거나 폐지한 자는 별지 제1호의2서식의 노외주차장 설치(폐지) 통보서에 주차시설 배치도를 첨부(설치 통보의 경우만 해당한다)하여 노외주차장을 설치하거나 폐지한 날부터 30일 이내에 주차장 소재지를 관할하는 시장 · 군수 또는 구청장에게 통보하여야 한다.

② 노외주차장을 설치한 자(노외주차장을 양수하거나 임차한 자 등을 포함한다)는 법 제12조제1항 후단에 따라 설치 통보한 사항이 변경된 경우에는 변경된 날부터 30일 이내에 별지 제1호의3서식의 노외주차장 변경통보서에 주차시설 배치도를 첨부하여 주차장 소재지를 관할하는 시장 · 군수 또는 구청장에게 통보하여야 한다.

[전문개정 2010. 10. 29.]

제7조의2 【노외주차장 또는 부설주차장의 설치 제한】 ① 법 제12조제6항 또는 법 제19조제10항에 따라 노외주차장 또는 부설주차장(주택 및 오피스텔의 부설주차장은 제외한다)의 설치를 제한할 수 있는 지역은 다음 각 호의 어느 하나에 해당하는 지역으로서 지방자치단체의 조례로 정한다. 〈개정 2014. 2. 6., 2022. 11. 1.〉

1. 자동차교통이 혼잡한 상업지역 또는 준주거지역
2. 「도시교통정비 촉진법」 제42조에 따른 교통혼잡 특별관리구역으로서 도시철도 등 대중교통수단의 이용이 편리한 지역

② 법 제12조제6항에 따른 노외주차장 설치 제한의 기준은 그 지역의 자동차교통 여건을 고려하여 정한다.

③ 법 제19조제10항에 따라 해당 지방자치단체의 조례로 정하는 부설주차장 설치 제한의 기준은 최고한도로 정하되, 그 최고한도는 「주차장법 시행령」(이하 "영"이라 한다) 별표 1의 설치기준(조례로 설치기준을 정한 경우에는 조례에서 정한 설치기준을 말한다. 이하 이 항에서 "설치기준"이라 한다) 이내로 하여야 한다. 다만, 제1항제2호에 해당하는 지역의 경우에는 설치기준의 2분의 1 이내로 하여야 한다.

④ 제3항에 따른 부설주차장 설치 제한의 기준은 시설물의 종류별 · 규모별 또는 해당 지역의 구역별로 각각 다르게 정할 수 있다.

⑤ 제3항 및 제4항에 따라 조례로 부설주차장 설치 제한의 기준을 정할 때에는 화물의 하역(荷役)을 위한 주차 또는 장애인 등 교통약자나 긴급자동차 등의 주차를 위한 최소한의 주차구획을 확보하도록 하여야 한다.

[전문개정 2010. 10. 29.]

제8조 삭제 〈1999. 3. 12.〉

제9조 삭제 〈1999. 3. 12.〉

제10조 삭제 〈1999. 3. 12.〉

제11조 【부설주차장의 구조 · 설비기준】 ① 법 제6조제1항에 따른 부설주차장의 구조 · 설비기준에 대해서는 제5조제6호 및 제7호와 제6조제1항제1호부터 제8호까지 · 제10호 · 제12호 · 제13호 · 제15호 및 같은 조 제7항을 준용한다. 다만, 단독주택 및 다세대주택으로서 해당 부설주차장을 이용하는 차량의 소통에 지장을 주지 아니한다고 시장 · 군수 또는 구청장이 인정하는 주택의 부설주차장의 경우에는 그러하지 아니하다. 〈개정 2020. 6. 25.〉

② 다음 각 호의 부설주차장에 대해서는 제6조제1항제9호 및 제11호를 준용한다.

1. 주차대수 30대를 초과하는 지하식 또는 건축물식 형태의 자주식주차장으로서 판매시설, 숙박시설, 운동시설, 위락시설, 문화 및 집회시설, 종교시설 또는 업무시설(이하 이 항에서 "판매시설등"이라 한다)의 용도로 이용되는 건축물의 부설주차장
2. 제1호에 따른 규모의 주차장을 설치한 판매시설등과 다른 용도의 시설이 복합적으로 설치된 건축물의 부설주차장으로서 각각의 시설에 대한 부설주차장을 구분하여 사용 · 관리하는 것이 곤란한 건축물의 부설주차장

③ 제2항에 따른 건축물 외의 건축물(단독주택 및 다세대주택은 제외한다)의 부설주차장으로서 지하식 또는 건축물식 형태의 자주식주차장에는 벽면에서부터 50센티미터 이내를 제외한 바닥면의 최소 조도와 최대 조도를 제6조제1항제9호 각 목과 같이 하여야 한다. 〈개정 2013. 1. 25.〉

④ 주차대수 50대 이상의 부설주차장에 설치되는 확장형 주차단위구역에 관하여는 제6조제1항제14호를 준용한다. 〈신설 2012. 7. 2.〉

⑤ 부설주차장의 총주차대수 규모가 8대 이하인 자주식주차장의 구조 및 설비기준은 제1항 본문에도 불구하고 다음 각 호에 따른다. 〈개정 2012. 7. 2., 2013. 1. 25., 2016. 4. 12.〉

1. 차로의 너비는 2.5미터 이상으로 한다. 다만, 주차단위구획과 접하여 있는 차로의 너비는 주차형식에 따라 다음 표에 따른 기준 이상으로 하여야 한다.

주차형식	차로의 너비
평행주차	3.0미터
직각주차	6.0미터
60도 대향주차	4.0미터
45도 대향주차	3.5미터
교차주차	3.5미터

2. 보도와 차도의 구분이 없는 너비 12미터 미만의 도로에 접하여 있는 부설주차장은 그 도로를 차로로 하여 주차단위구획을 배치할 수 있다. 이 경우 차로의 너비는 도로를 포함하여 6미터 이상(평행주차형식인 경우에는 도로를 포함하여 4미터 이상)으로 하며, 도로의 포함 범위는 중앙선까지로 하되, 중앙선이 없는 경우에는 도로 반대쪽 경계선까지로 한다.
3. 보도와 차도의 구분이 있는 12미터 이상의 도로에 접하여 있고 주차대수가 5대 이하인 부설주차장은 그 주차장의 이용에 지장이 없는 경우만 그 도로를 차로로 하여 직각주차형식으로 주차단위구획을 배치할 수 있다.
4. 주차대수 5대 이하의 주차단위구획은 차로를 기준으로 하여 세로로 2대까지 접하여 배치할 수 있다.
5. 출입구의 너비는 3미터 이상으로 한다. 다만, 막다른 도로에 접하여 있는 부설주차장으로서 시장·군수 또는 구청장이 차량의 소통에 지장이 없다고 인정하는 경우에는 2.5미터 이상으로 할 수 있다.
6. 보행인의 통행로가 필요한 경우에는 시설물과 주차단위구획 사이에 0.5미터 이상의 거리를 두어야 한다.

⑥ 제1항 및 제5항에 따라 도로를 차로로 하여 설치한 부설주차장의 경우 도로와 주차구획선 사이에는 담장 등 주차장의 이용을 곤란하게 하는 장애물을 설치할 수 없다. 〈개정 2012. 7. 2.〉

[전문개정 2010. 10. 29.]

제12조 【부설주차장 설치계획서의 제출】 ① 법 제19조의2에 따라 부설주차장 설치계획서를 제출하는 경우에는 별지 제2호서식의 부설주차장 설치계획서(부설주차장 인근설치계획서)에 다음 각 호의 서류(전자문서를 포함한다) 및 도면을 첨부하여야 한다. 다만, 제2호부터 제4호까지의 서류는 법 제19조제4항에 따라 시설물의 부지 인근에 부설주차장을 설치하는 경우만 첨부한다. 〈개정 2020. 6. 25.〉

1. 부설주차장의 배치도

2. 공사설계도서(공사가 필요한 경우만 해당한다)
3. 시설물의 부지와 주차장의 설치 부지를 포함한 지역의 토지이용 상황을 판단할 수 있는 축척 1천200분의 1 이상의 지형도
4. 토지의 지번 · 지목 및 면적이 적힌 토지조서(건축물식 주차장인 경우에는 건축면적 · 건축연면적 · 층수 및 높이와 주차형식이 적힌 건물조서를 포함한다)
5. 경사진 주차장을 건설하는 경우 미끄럼 방지시설 및 미끄럼 주의 안내표지 설치계획

② 제1항에 따른 부설주차장 설치계획서를 제출받은 시장 · 군수 또는 구청장은 법 제19조제4항에 따라 시설물의 부지 인근에 부설주차장을 설치하는 경우만 「전자정부법」 제36조제1항에 따른 행정정보의 공동이용을 통하여 토지등기부 등본(건축물식 주차장인 경우에는 건물등기부 등본을 포함한다)을 확인하여야 한다.

[전문개정 2010. 10. 29.]

제13조 【부설주차장 설치의무 면제신청서 등】 ① 영 제8조제2항에 따른 부설주차장 설치의무 면제신청서는 별지 제4호서식에 따른다.

② 시장 · 군수 또는 구청장은 법 제19조제5항 전단에 따라 부설주차장 설치의무를 면제하려는 경우에는 제1항에 따른 신청서를 받은 후 지체 없이 주차장 설치비용과 그 납부장소 및 납부기한을 정하여 신청인에게 주차장 설치비용을 납부할 것을 통지하여야 한다.

③ 시장 · 군수 또는 구청장은 부설주차장 설치의무 면제신청인이 주차장 설치비용을 납부한 경우에는 부설주차장이 설치되어야 할 시설물에 관한 설치허가 등을 할 때에 별지 제4호서식의 부설주차장 설치의무 면제서를 신청인에게 발급하여야 한다.

[전문개정 2010. 10. 29.]

제14조 【개방주차장의 홍보】 법 제19조제15항에서 "개방주차장의 위치, 개방시간 및 주차요금 등 국토교통부령으로 정하는 사항"이란 개방주차장의 위치, 개방시간, 주차요금, 시설명, 개방 주차면수 및 개방기간을 말한다.

[본조신설 2024. 2. 16.]

제15조 【부설주차장 인근설치 관리대장】 ① 시장 · 군수 또는 구청장은 법 제19조의4제3항에 따른 업무를 수행하기 위하여 필요한 경우에는 별지 제5호서식의 부설주차장 인근설치 관리대장을 작성하여 관리하여야 한다.

② 제1항의 부설주차장 인근설치 관리대장은 전자적 처리가 불가능한 특별한 사유가 없으면 전자적 처리가 가능한 방법으로 작성 · 관리하여야 한다.

[전문개정 2010. 10. 29.]

제16조 【부설주차장의 용도변경 신청 등】 영 제12조제1항에 따라 부설주차장의 용도를 변경하려는 자는 별지 제8호서식의 부설주차장 용도변경 신청서에 용도변경을 증명할 수 있는 서류를 첨부하여 해당 부설주차장의 소재지를 관할하는 시장 · 군수 또는 구청장에게 제출하여야 한다.

[전문개정 2010. 10. 29.]

제16조의2 【기계식주차장의 설치기준】 ①법 제19조의5에 따른 기계식주차장의 설치기준은 다음 각 호와 같다. 〈개정 2012. 7. 2., 2016. 4. 12.〉

1. 기계식주차장치 출입구의 앞면에는 다음 각 목에 따라 자동차의 회전을 위한 공지(空地)(이하 "전면공지"라 한다) 또는 자동차의 방향을 전환하기 위한 기계장치(이하 "방향전환장치"라 한다)를 설치하여야 한다.
   가. 중형 기계식주차장(길이 5.05미터 이하, 너비 1.9미터 이하, 높이 1.55미터 이하, 무게 1,850킬로그램 이하인 자동차를 주차할 수 있는 기계식주차장을 말한다. 이하 같다): 너비 8.1미터 이상, 길이 9.5미터 이상의 전면공지 또는 지름 4미터 이상의 방향전환장치와 그 방향전환장치에 접한 너비 1미터 이상의 여유 공지
   나. 대형 기계식주차장(길이 5.75미터 이하, 너비 2.15미터 이하, 높이 1.85미터 이하, 무게 2,200킬로그램 이하인 자동차를 주차할 수 있는 기계식주차장을 말한다. 이하 같다): 너비 10미터 이상, 길이 11미터 이상의 전면공지 또는 지름 4.5미터 이상의 방향전환장치와 그 방향전환장치에 접한 너비 1미터 이상의 여유 공지
2. 기계식주차장치의 내부에 방향전환장치를 설치한 경우와 2층 이상으로 주차구획이 배치되어 있고 출입구가 있는 층의 모든 주차구획을 기계식주차장치 출입구로 사용할 수 있는 기계식주차장의 경우에는 제1호에도 불구하고 제6조제1항제3호 또는 제11조제5항제2호를 준용한다.
3. 기계식주차장에는 도로에서 기계식주차장치 출입구까지의 차로(이하 "진입로"라 한다) 또는 전면공지와 접하는 장소에 자동차가 대기할 수 있는 장소(이하 "정류장"이라 한다)를 설치하여야 한다. 이 경우 주차대수 20대를 초과하는 20대마다 한 대분의 정류장을 확보하여야 하며, 정류장의 규모는 다음 각 목과 같다. 다만, 주차장의 출구와 입구가 따로 설치되어 있거나 진입로의 너비가 6미터 이상인 경우에는 종단경사도가 6퍼센트 이하인 진입로의 길이 6미터마다 한 대분의 정류장을 확보한 것으로 본다.
   가. 중형 기계식주차장: 길이 5.05미터 이상, 너비 1.9미터 이상
   나. 대형 기계식주차장: 길이 5.3미터 이상, 너비 2.15미터 이상
4. 기계식주차장치에는 벽면으로부터 50센티미터 이내를 제외한 바닥면의 최소 조도를 다음 각 목과 같이 한다.
   가. 주차구획: 최소 조도는 50럭스 이상
   나. 출입구: 최소 조도는 150럭스 이상

② 시장·군수·구청장은 조례로 정하는 바에 따라 부설주차장에 설치할 수 있는 기계식주차장치의 최소규모를 정할 수 있다. 〈신설 2016. 4. 12.〉

③ 제1항 및 제2항에서 규정한 사항 외에 기계식주차장의 설치기준에 대해서는 제6조(같은 조 제1항제3호·제7호 및 제8호는 제외한다)에 따른다. 제11조제1항에서 이를 준용하는 경우에도 또한 같다. 〈신설 2016. 4. 12.〉

[전문개정 2010. 10. 29.]

제16조의3【기계식주차장치의 안전도인증 신청 등】 영 제12조의2제1항에 따라 기계식주차장치의 안전도인증(이하 "안전도인증"이라 한다) 또는 변경인증을 신청하려는 자는 별지 제8호의2서식의 기계식주차장치 안전도(변경)인증 신청서에 다음 각 호의 서류를 첨부하여 국토교통부장관[법 제19조의12제1항에 따라 법 제19조의6 및 제19조의7에 따른 기계식주차장치의 안전도인증 및 안전도인증서의 발급업무를 법 제19조의12제1항에 따른 지정인증기관(이하 "지정인증기관"이라 한다)에 대행하게 한 경우에는 지정인증기관을 말한다. 이하 제16조의6제1항부터 제3항까지에서 같다]에게 신청하여야

한다. 〈개정 2024. 9. 20.〉

1. 기계식주차장치 사양서
2. 법 제19조의6제2항에 따른 검사기관의 안전도심사서(변경인증의 경우에는 변경된 사항에 대한 안전도심사서를 말한다)
3. 기계식주차장치 안전도인증서(변경인증의 경우만 해당한다)

[전문개정 2010. 10. 29.]

제16조의4【기계식주차장치의 안전도심사】 ① 법 제19조의6제2항에 따라 기계식주차장치의 안전도심사를 받으려는 자는 별지 제8호의3서식의 기계식주차장치 안전도심사 신청서에 다음 각 호의 서류를 첨부하여 국토교통부장관이 지정·고시하는 검사기관에 신청하여야 한다. 〈개정 2013. 3. 23.〉

1. 기계식주차장치의 전체 조립도(축척 100분의 1 이상인 것만 해당한다)
2. 안전장치의 도면 및 설명서(변경신청의 경우에는 변경된 사항만 해당한다)
3. 기계식주차장치 사양서
4. 주요 구조부의 강도계산서 및 도면(변경신청의 경우에는 변경된 사항만 해당한다)
5. 기계식주차장치 출입구의 도면 및 설명서(변경신청의 경우에는 변경된 사항만 해당한다)

② 제1항에 따라 안전도심사 신청을 받은 검사기관은 그 기계식주차장치의 안전도를 심사하여 별지 제8호의4서식의 기계식주차장치 안전도심사서를 발급하여야 한다.

[전문개정 2010. 10. 29.]

제16조의5【기계식주차장치의 안전기준】 ① 법 제19조의7에 따른 기계식주차장치의 안전기준은 다음 각 호와 같다. 〈개정 2013. 1. 25., 2013. 3. 23., 2016. 4. 12.〉

1. 기계식주차장치에 사용하는 재료는 「산업표준화법」 제12조에 따른 한국산업표준 또는 그 이상으로 하여야 한다.
2. 기계식주차장치 출입구의 크기는 중형 기계식주차장의 경우에는 너비 2.3미터 이상, 높이 1.6미터 이상으로 하여야 하고, 대형 기계식주차장의 경우에는 너비 2.4미터 이상, 높이 1.9미터 이상으로 하여야 한다. 다만, 사람이 통행하는 기계식주차장치 출입구의 높이는 1.8미터 이상으로 한다.
3. 주차구획의 크기는 중형 기계식주차장의 경우에는 너비 2.2미터 이상, 높이 1.6미터 이상, 길이 5.15미터 이상으로 하여야 하고, 대형 기계식주차장의 경우에는 너비 2.3미터 이상, 높이 1.9미터 이상, 길이 5.3미터 이상으로 하여야 한다. 다만, 차량의 길이가 5.1미터 이상인 경우에는 주차구획의 길이는 차량의 길이보다 최소 0.2미터 이상을 확보하여야 한다.
4. 운반기의 크기는 자동차가 들어가는 바닥의 너비를 중형 기계식주차장의 경우에는 1.9미터 이상, 대형 기계식주차장의 경우에는 1.95미터 이상으로 하여야 한다.
5. 기계식주차장치 안에서 자동차를 입출고하는 사람이 출입하는 통로의 크기는 너비 50센티미터 이상, 높이 1.8미터 이상으로 하여야 한다.
6. 기계식주차장치 출입구에는 출입문을 설치하거나 기계식주차장치가 작동하고 있을 때 기계식주차장치 출입구로 사람 또는 자동차가 접근할 경우 즉시 그 작동을 멈추게 할 수 있는 장치를 설치하여야 한다.
7. 자동차가 주차구획 또는 운반기 안에서 제자리에 위치하지 아니한 경우에는 기계식주차장치의 작동을 불가능하게 하는 장치를 설치하여야 한다.

7의2. 기계식주차장치에는 자동차의 높이가 주차구획의 높이를 초과하는 경우 작동하지 아니하게 하는 장치를 설치하여야 한다. 다만, 다음 각 목의 어느 하나에 해당하는 기계식주차장치는 제외한다.

가. 2단식 주차장치: 주차구획이 2층으로 배치되어 있고 출입구가 있는 층의 모든 주차구획을 주차장치 출입구로 사용할 수 있는 구조로서 그 주차구획을 아래·위 또는 수평으로 이동하여 자동차를 주차하는 주차장치

나. 다단식 주차장치: 주차구획이 3층 이상으로 배치되어 있고 출입구가 있는 층의 모든 주차구획을 주차장치 출입구로 사용할 수 있는 구조로서 그 주차구획을 아래·위 또는 수평으로 이동하여 자동차를 주차하는 주차장치

다. 수직순환식 주차장치: 주차구획에 자동차가 들어가도록 한 후 그 주차구획을 수직으로 순환이동하여 자동차를 주차하는 주차장치

8. 기계식주차장치의 작동 중 위험한 상황이 발생하는 경우 즉시 그 작동을 멈추게 할 수 있는 안전장치를 설치하여야 한다.

9. 승강기식 주차장치(운반기에 의하여 자동차를 자동으로 운반하여 주차하는 주차장치를 말한다)에는 운반기 안에 사람이 있는 경우 이를 감지하여 작동하지 아니하게 하는 장치를 설치하여야 한다.

10. 기계식주차장치의 안전기준에 관하여 이 규칙에 규정된 사항 외의 사항은 국토교통부장관이 정하여 고시한다.

② 법 제19조의6제1항에 따라 안전도인증을 받아야 하는 자는 누구든지 국토교통부장관에게 제1항에 따른 안전기준의 개정을 신청할 수 있다. 〈개정 2013. 3. 23.〉

③ 제2항에 따라 안전기준의 개정신청을 받은 국토교통부장관은 신청일부터 30일 이내에 이를 검토하여 안전기준의 개정 여부를 신청인에게 통보하여야 한다. 〈개정 2013. 3. 23.〉

[전문개정 2010. 10. 29.]

제16조의6【안전도인증서의 발급】 ① 제16조의3에 따라 기계식주차장치의 안전도인증 신청 또는 변경인증 신청을 받은 국토교통부장관은 그 기계식주차장치가 제16조의5에 따른 안전기준에 적합할 때에는 별지 제8호의5서식의 기계식주차장치 안전도인증서(영문서식을 포함한다)를 발급하여야 한다. 〈개정 2016. 4. 12., 2024. 9. 20.〉

② 제1항에 따라 발급받은 기계식주차장치 안전도인증서의 기재내용 중 주소, 법인의 명칭 및 대표자가 변경되었을 때에는 국토교통부장관에게 신청하여 변경사항을 고쳐 적은 인증서를 받아야 한다. 〈개정 2024. 9. 20.〉

③ 제1항 및 제2항에 따라 발급받은 기계식주차장치 안전도인증서를 못 쓰게 되거나 잃어버린 경우에는 별지 제8호의6서식의 기계식주차장치 안전도인증서 재발급신청서에 다음 각 호의 서류를 첨부하여 국토교통부장관에게 신청하여 재발급을 받을 수 있다. 〈개정 2024. 9. 20.〉

1. 못 쓰게 된 경우에는 해당 기계식주차장치 안전도인증서
2. 잃어버린 경우에는 그 사유서

④ 지정인증기관은 제1항에 따라 기계식주차장치 안전도인증서를 발급한 경우 그 사실을 국토교통부장관에게 통보해야 한다. 〈개정 2024. 9. 20.〉

⑤ 국토교통부장관은 제1항에 따라 기계식주차장치 안전도인증서를 발급하거나(지정인증기관이 기계식주차장치 안전도인증서를 발급한 경우를 포함한다) 법 제19조의8제1항에 따라 안전도인증을

취소한 경우에는 그 사실을 고시해야 한다. 〈신설 2024. 9. 20.〉
[전문개정 2010. 10. 29.]

제16조의7 삭제 〈2004. 7. 1.〉

제16조의8 【기계식주차장의 사용검사 등】 ① 법 제19조의9제2항 각 호에 따른 검사를 받으려는 자는 별지 제8호의8서식의 기계식주차장 검사 신청서에 다음 각 호의 구분에 따른 서류를 첨부하여 해당 기계식주차장의 소재지를 관할하는 시장 · 군수 또는 구청장[법 제19조의12제2항에 따라 법 제19조의9 및 제19조의10에 따른 기계식주차장의 검사에 관한 업무를 법 제19조의12제2항에 따른 전문검사기관(이하 "전문검사기관"이라 한다)에 대행하게 한 경우에는 전문검사기관을 말한다. 이하 제2항부터 제4항까지, 제5항 전단 및 제7항에서 같다]에게 신청해야 한다. 〈개정 2024. 9. 20.〉

1. 사용검사의 경우: 다음 각 목의 서류. 다만, 가목부터 마목까지의 서류는 제16조의4제1항에 따른 기계식주차장치의 안전도심사 신청 당시 제출한 같은 항 제4호의 주요 구조부의 강도계산서에 포함되어 있는 경우에는 첨부하지 않을 수 있다.
   가. 와이어로프 · 체인 시험성적서
   나. 전동기 시험성적서
   다. 감속기 시험성적서
   라. 제동기 시험성적서
   마. 운반기 계량증명서
   바. 설치장소 약도
2. 정기검사의 경우: 설치장소 약도
3. 수시검사의 경우: 다음 각 목의 서류. 다만, 가목 및 나목의 서류는 법 제19조의9제2항제3호가목에 따른 수시검사를 신청하는 경우에만 첨부한다.
   가. 주요구동부의 부품변경, 운반기 및 철골의 변경을 확인할 수 있는 서류
   나. 변경된 부분의 강도계산서
   다. 설치장소 약도

② 제1항에 따라 검사신청을 받은 시장 · 군수 또는 구청장은 검사신청을 받은 날부터 다음 각 호의 구분에 따른 기간 이내에 제8항에 따른 검사기준에 따라 검사를 마치고 항목별 검사결과를 법 제19조의9제2항 각 호 외의 부분 본문에 따른 기계식주차장관리자등(이하 "기계식주차장관리자등"이라 한다)에게 통보하여야 한다. 〈개정 2024. 9. 20.〉

1. 사용검사 및 정기검사: 20일
2. 수시검사: 30일

③ 제2항에 따른 검사결과를 통보받은 기계식주차장관리자등은 부적합판정을 받은 검사항목에 대해서는 그 통보를 받은 날부터 3개월 이내에 해당 항목을 보완한 후 재검사를 신청하여야 한다. 이 경우 시장 · 군수 또는 구청장은 검사신청을 받은 날부터 10일 이내에 검사를 마치고 그 결과를 기계식주차장관리자등에게 통보하여야 한다. 〈개정 2012. 7. 2., 2024. 9. 20.〉

④ 시장 · 군수 또는 구청장은 제3항에 따른 보완항목에 대한 검사를 할 때 사진, 시험성적서, 그 밖의 증명서류 등으로 보완된 사실을 확인할 수 있는 경우에는 사진 등의 확인으로 검사를 할 수 있다. 이 경우 시장 · 군수 또는 구청장은 제3항에 따른 검사신청을 받은 날부터 5일 이내에 그

결과를 기계식주차장관리자등에게 통보하여야 한다. 〈개정 2024. 9. 20.〉

⑤ 시장 · 군수 또는 구청장은 제2항부터 제4항까지의 규정에 따라 검사결과를 기계식주차장관리자등에게 통보할 때에는 법 제19조의10에 따라 별지 제8호의9서식의 검사확인증 또는 별지 제8호의10서식의 사용금지 표지를 함께 발급해야 한다. 이 경우 전문검사기관이 검사확인증 또는 사용금지 표지를 발급한 경우에는 해당 기계식주차장의 소재지를 관할하는 시장 · 군수 또는 구청장에게 그 사실을 통보해야 한다. 〈개정 2024. 9. 20.〉

⑥ 제5항에 따라 검사확인증 또는 사용금지 표지를 발급받은 기계식주차장관리자등은 해당 기계식주차장의 보기 쉬운 곳에 이를 부착하여야 한다.

⑦ 법 제19조의9제2항 각 호 외의 부분 단서 및 영 제12조의3제6항에 따라 법 제19조의9제2항제2호에 따른 정기검사 또는 같은 항 제3호나목에 따른 수시검사의 연기신청을 하려는 자는 별지 제8호의11서식의 기계식주차장 검사 연기신청서에 그 연기 사유를 확인할 수 있는 서류를 첨부하여 해당 기계식주차장의 소재지를 관할하는 시장 · 군수 또는 구청장에게 제출해야 한다. 〈개정 2024. 9. 20.〉

⑧ 국토교통부장관은 법 제19조의9제2항 각 호에 따른 검사의 기준을 제16조의2에 따른 기계식주차장의 설치기준과 제16조의5에 따른 기계식주차장치의 안전기준에 따라 측정오차와 기계장치의 마모율 등을 고려하여 검사항목별로 정하여 고시한다. 〈개정 2013. 3. 23., 2024. 9. 20.〉

[전문개정 2010. 10. 29.]

제16조의9【검사비용 등】 법 제19조의6제2항에 따른 검사기관, 전문검사기관 및 법 제19조의23제4항에 따라 정밀안전검사를 대행하는 한국교통안전공단은 법 제19조의11(법 제19조의23제5항에 따라 준용되는 경우를 포함한다)에 따른 검사비용을 정하려면 「엔지니어링산업 진흥법」 제31조에 따른 엔지니어링사업 대가의 범위에서 국토교통부장관의 승인을 받아야 한다. 〈개정 2024. 9. 20.〉

[전문개정 2018. 3. 21.]

제16조의10(지정인증기관 등의 지정신청】 지정인증기관 또는 전문검사기관으로 지정받으려는 자는 법 제19조의12제1항 · 제2항 및 영 제12조의4제1항에 따라 다음 각 호의 구분에 따른 서류를 갖추어 국토교통부장관에게 신청해야 한다.

1. 지정인증기관: 영 제12조의4제2항의 지정요건을 갖추었음을 증명하는 서류
2. 전문검사기관: 다음 각 목의 서류
   가. 영 제12조의4제3항의 지정요건을 갖추었음을 증명하는 서류
   나. 대행하려는 검사의 종류 및 검사업무를 대행하려는 시 · 군 또는 구를 적은 서류

[전문개정 2024. 9. 20.]

제16조의11【기계식주차장치의 철거】 ① 법 제19조의13제3항에 따라 기계식주차장치를 철거하려는 자는 별지 제8호의12서식의 기계식주차장치 철거신고서에 다음 각 호의 서류 및 도면을 첨부하여 시장 · 군수 또는 구청장에게 신고하여야 한다. 〈개정 2016. 4. 12.〉

1. 별지 제8호의9서식의 기계식주차장 검사확인증 또는 별지 제8호의10서식의 기계식주차장 사용금지 표지
2. 기계식주차장치가 설치되었던 바닥면적에 해당하는 주차장의 배치계획도
3. 별지 제2호서식의 부설주차장 설치계획서(부설주차장 인근설치계획서) 또는 별지 제4호서식의 부설주차장 설치의무 면제신청서. 다만, 영 제6조제1항의 설치기준에 따라 부설주차장을 설치하는

경우에는 첨부하지 아니한다.

② 제1항에 따라 기계식주차장치의 철거신고를 받은 시장 · 군수 또는 구청장은 그 신고내용이 법 제19조의13제1항과 같은 조 제2항에 적합할 때에는 지체 없이 별지 제8호의12서식의 기계식주차장치 철거신고확인증을 발급하여야 한다.

[전문개정 2010. 10. 29.]

제16조의12 【보수업의 등록신청 등】 ① 법 제19조의14제1항에 따라 기계식주차장치보수업(이하 "보수업"이라 한다)의 등록을 하려는 자는 별지 제10호서식의 기계식주차장치 보수업 등록신청서에 다음 각 호의 서류를 첨부하여 시장 · 군수 또는 구청장에게 제출하여야 한다. 이 경우 신청서를 받은 시장 · 군수 또는 구청장은 「전자정부법」 제36조제1항에 따른 행정정보의 공동이용을 통하여 법인 등기사항증명서(신청인이 법인인 경우만 해당한다)를 확인하여야 한다.

1. 자격증 사본
2. 경력증명서
3. 보수설비 현황

② 시장 · 군수 또는 구청장은 제1항에 따라 보수업을 등록한 자에게 별지 제11호서식의 기계식주차장치 보수업 등록증(이하 "등록증"이라 한다)을 발급하여야 한다.

③ 제2항에 따라 발급받은 등록증을 못 쓰게 되거나 잃어버린 때에는 별지 제12호서식의 기계식주차장치 보수업 등록증 재발급신청서에 등록증을 첨부(못 쓰게 된 경우만 해당한다)하여 시장 · 군수 또는 구청장에게 제출하여야 한다.

④ 삭제 〈2016. 7. 27.〉

[전문개정 2010. 10. 29.]

제16조의13 【등록증 발급 정보의 입력】 시장 · 군수 또는 구청장은 제16조의12제2항에 따라 등록증을 발급한 경우에는 법 제19조의21에 따른 기계식주차장 정보망(이하 "기계식주차장 정보망"이라 한다)에 그 내용을 입력해야 한다.

[전문개정 2024. 9. 20.]

제16조의14 【보수원 안전교육】 ① 법 제19조의14제3항에 따른 기계식주차장치 안전관리에 관한 교육(이하 "보수원 안전교육"이라 한다)은 다음 각 호의 어느 하나에 해당하는 법인 중 별표 1에 따른 요건을 갖춘 법인으로서 국토교통부장관이 정하여 고시하는 법인(이하 "기계식주차장치 교육기관"이라 한다)에서 실시한다.

1. 한국교통안전공단
2. 「민법」 제32조에 따라 교육 관련 업무 등의 수행을 목적으로 설립된 비영리법인

② 보수원 안전교육의 교육시간은 6시간 이상으로 한다.

③ 보수원 안전교육에는 다음 각 호의 내용이 포함되어야 한다.

1. 기계식주차장치에 관한 일반지식
2. 기계식주차장치 관련 법령
3. 기계식주차장치 보수에 관한 안전수칙
4. 그 밖에 기계식주차장치의 안전운행 및 보수에 필요한 내용

④ 법 제19조의14제1항에 따라 보수업의 등록을 한 자(이하 "보수업자"라 한다)는 다음 각 호의

구분에 따른 기간에 소속 보수원으로 하여금 보수원 안전교육을 받도록 해야 한다.

1. 신규로 채용한 보수원의 경우: 채용한 날부터 6개월 이내
2. 그 밖의 소속 보수원의 경우: 보수원 안전교육을 마지막으로 받은 날부터 기산하여 2년이 되는 날이 속하는 해의 1월 1일부터 12월 31일까지

⑤ 기계식주차장치 교육기관은 보수원 안전교육을 받은 사람에게 별지 제13호서식의 교육수료증(이하 "교육수료증"이라 한다)을 발급하고, 기계식주차장 정보망에 해당 보수원의 교육 수료에 관한 정보를 입력해야 한다.

⑥ 기계식주차장치 교육기관은 보수원으로 하여금 보수원 안전교육을 받게 하려는 보수업자에게 교육에 필요한 수강료를 받을 수 있다. 이 경우 그 금액에 대하여 미리 국토교통부장관의 승인을 받아야 한다.

[본조신설 2024. 9. 20.]

[종전 제16조의14는 제16조의15로 이동 〈2024. 9. 20.〉]

제16조의15【보수업의 등록사항 변경 등의 신고】 ① 법 제19조의17제1호에 따른 중요 사항의 변경 신고를 하려는 자는 변경된 날부터 30일 이내에 별지 제14호서식의 기계식주차장치 보수업 변경 신고서에 다음 각 호의 서류를 첨부하여 시장 · 군수 또는 구청장에게 제출해야 한다.

1. 등록증
2. 법 제19조의17제1호에 따른 신고 사유를 확인할 수 있는 서류

② 법 제19조의17제2호에 따른 휴업 · 폐업 또는 재개업 신고를 하려는 자는 휴업 · 폐업 또는 재개업을 한 날부터 30일 이내에 별지 제15호서식의 기계식주차장치 보수업 휴업 · 폐업 · 재개업 신고서를 시장 · 군수 또는 구청장에게 제출해야 한다.

③ 제1항 및 제2항에 따른 신고를 받은 시장 · 군수 또는 구청장은 신고인이 법인인 경우에는 「전자정부법」 제36조제1항에 따른 행정정보의 공동이용을 통하여 법인 등기사항증명서를 확인해야 한다.

④ 시장 · 군수 또는 구청장은 제1항에 따른 신고를 받은 경우에는 해당 신고인에게 변경 사항을 반영하여 등록증을 재발급하고, 기계식주차장 정보망에 그 변경 내용을 입력해야 한다.

[전문개정 2024. 9. 20.]

[제16조의14에서 이동, 종전 제16조의15는 제16조의16으로 이동 〈2024. 9. 20.〉]

제16조의16【기계식주차장치 관리인 교육 등】 ① 법 제19조의20제2항 전단에서 "국토교통부령이 정하는 기계식주차장치의 관리에 필요한 교육" 및 같은 항 후단에서 "국토교통부령으로 정하는 보수교육"이란 기계식주차장치 교육기관이 실시하는 교육을 말한다. 〈개정 2024. 9. 20.〉

② 제1항에 따른 교육에는 다음 각 호의 내용이 포함되어야 한다. 〈개정 2024. 9. 20.〉

1. 기계식주차장치에 관한 일반지식
2. 기계식주차장치 관련 법령
3. 기계식주차장치 운행 및 취급
4. 화재 및 고장 등 긴급상황이 발생한 경우 조치방법
5. 그 밖에 기계식주차장치의 안전운행에 필요한 사항

③ 기계식주차장관리자등은 법 제19조의20제2항 후단에 따라 기계식주차장치 관리인으로 하여금 제1항에 따른 교육을 마지막으로 받은 날부터 기산하여 3년이 되는 날이 속하는 해의 1월 1일부터

12월 31일까지 보수교육을 받도록 해야 한다. 〈개정 2024. 9. 20.〉

④ 법 제19조의20제2항 전단에 따른 기계식주차장치의 관리에 필요한 교육의 교육시간은 4시간으로 하고, 같은 항 후단에 따른 보수교육의 교육시간은 3시간으로 한다. 〈개정 2024. 9. 20.〉

⑤ 기계식주차장치 교육기관은 제1항에 따른 교육을 받은 사람에게 교육수료증을 발급하여야 한다. 〈개정 2024. 9. 20.〉

⑥ 기계식주차장치 교육기관은 제1항에 따른 교육을 받으려는 사람으로부터 교육에 필요한 수강료를 받을 수 있다. 이 경우 수강료의 금액에 대하여 미리 국토교통부장관의 승인을 받아야 한다. 〈개정 2024. 9. 20.〉

[전문개정 2018. 3. 21.]

[제16조의15에서 이동, 종전 제16조의16은 제16조의20으로 이동 〈2024. 9. 20.〉]

제16조의17 【기계식주차장치 관리인 등의 선임 또는 변경 통보】 ① 기계식주차장관리자등은 법 제19조의20제3항 전단에 따라 기계식주차장치 관리인의 선임 또는 변경을 통보하거나 같은 항 후단에 따라 기계식주차장치를 직접 관리하는 기계식주차장관리자등의 변경을 통보하려는 경우에는 별지 제15호의2서식의 기계식주차장치 관리인 등 선임 · 변경 통보서에 다음 각 호의 구분에 따른 서류를 첨부하여 시장 · 군수 또는 구청장에게 제출해야 한다.

1. 기계식주차장치 관리인의 선임 또는 변경을 통보하려는 경우: 선임 또는 변경된 기계식주차장치 관리인이 법 제19조의20제2항 전단에 따른 기계식주차장치 관리인 교육을 수료하였음을 증명하는 교육수료증
2. 기계식주차장관리자등의 변경을 통보하려는 경우: 변경된 기계식주차장관리자등이 법 제19조의20제4항에 따른 기계식주차장치 안전관리교육을 수료하였음을 증명하는 교육수료증

② 시장 · 군수 또는 구청장은 제1항에 따른 통보를 받은 경우 통보인이 법인인 경우에는 「전자정부법」 제36조제1항에 따른 행정정보의 공동이용을 통하여 법인 등기사항증명서를 확인해야 한다.

③ 시장 · 군수 또는 구청장은 제1항에 따른 통보를 받은 경우에는 기계식주차장 정보망에 그 내용을 입력해야 한다.

[본조신설 2024. 9. 20.]

[종전 제16조의17은 제16조의19로 이동 〈2024. 9. 20.〉]

제16조의18 【기계식주차장치 안전관리교육 등】 ① 법 제19조의20제4항에서 "국토교통부령으로 정하는 기계식주차장치 안전관리교육"이란 기계식주차장치 교육기관이 실시하는 교육을 말한다.

② 법 제19조의20제4항에 따라 보수교육을 받아야 하는 기계식주차장관리자등은 같은 항에 따른 교육을 마지막으로 받은 날부터 기산하여 3년이 되는 날이 속하는 해의 1월 1일부터 12월 31일까지 기계식주차장치 교육기관이 실시하는 보수교육을 받아야 한다.

③ 법 제19조의20제4항에 따른 기계식주차장치 안전관리교육의 교육시간은 4시간으로 하고, 같은 항에 따른 보수교육의 교육시간은 3시간으로 한다.

④ 제1항부터 제3항까지에서 정한 사항 외에 법 제19조의20제4항에 따른 기계식주차장치 안전관리교육 및 보수교육에 관하여는 제16조의16제2항, 제5항 및 제6항을 준용한다. 이 경우 "제1항에 따른 교육"은 "법 제19조의20제4항에 따른 기계식주차장치 안전관리교육 및 보수교육"으로 본다.

[본조신설 2024. 9. 20.]

[종전 제16조의18은 제16조의22로 이동 〈2024. 9. 20.〉]

제16조의19【기계식주차장치 안내문 부착 위치 등】 ① 법 제19조의20제5항에 따른 안내문은 기계식주차장치 이용자가 맨눈으로 쉽게 확인할 수 있도록 기계식주차장치를 작동하기 위한 스위치 근처에 부착해야 한다. 〈개정 2018. 3. 21., 2021. 8. 27., 2024. 9. 20.〉

② 제1항에 따른 안내문에는 다음 각 호의 내용이 포함되어야 한다. 〈개정 2020. 6. 25.〉

1. 차량의 입고 및 출고 방법
2. 긴급상황 발생 시 조치 방법
3. 긴급상황 발생 시 연락처(응급 의료기관 및 기계식주차장치 보수업체 등의 연락처를 포함한다)
4. 기계식주차장치 관리인의 성명 및 연락처
5. 기계식주차장의 형식 및 주차 가능 자동차

[본조신설 2016. 7. 27.]

[제16조의17에서 이동, 종전 제16조의19는 제16조의23으로 이동 〈2024. 9. 20.〉]

제16조의20(기계식주차장치 관리인의 임무) 법 제19조의20제6항에 따른 기계식주차장치 관리인의 임무는 다음 각 호와 같다. 〈개정 2018. 3. 21., 2024. 9. 20.〉

1. 기계식주차장치 조작에 필요한 지식, 기계식주차장치 취급 시 주의사항 및 긴급상황 발생 시 조치방법 등에 대하여 충분히 숙지할 것
2. 기계식주차장치의 이용자가 안전하게 이용할 수 있도록 기계식주차장치를 조작할 것
3. 기계식주차장치를 안전한 상태로 유지할 것

[본조신설 2016. 7. 27.]

[제16조의16에서 이동, 종전 제16조의20은 제16조의24로 이동 〈2024. 9. 20.〉]

제16조의21【기계식주차장치의 자체점검】 ① 기계식주차장관리자등은 법 제19조의20제8항에 따른 주차장치 운행의 안전에 관한 점검(이하 "자체점검"이라 한다)을 하려는 경우에는 다음 각 호의 사항(점검 당시 운행하지 않는 기계식주차장치에 관한 사항은 제외한다)을 점검해야 한다.

1. 제16조의5제1항제6호, 제7호, 제7호의2 및 제8호에 따른 출입문 및 장치의 작동 상태
2. 법 제19조의20제5항에 따른 안내문의 부착 상태
3. 기계식주차장의 조명시설 점등 상태
4. 그 밖에 국토교통부장관이 기계식주차장치 운행의 안전을 위하여 점검할 필요가 있다고 인정하는 사항

② 기계식주차장관리자등은 자체점검을 하는 경우에는 시험운전 등을 통해 작동 상태 등을 확인해야 한다.

③ 기계식주차장관리자등은 법 제19조의20제8항에 따라 점검기록을 해당 자체점검을 수행한 달의 다음 달 10일까지 기계식주차장 정보망에 입력해야 한다.

④ 제1항부터 제3항까지에서 규정한 사항 외에 자체점검의 세부 항목 및 방법 등에 관하여 필요한 사항은 국토교통부장관이 정하여 고시한다.

[본조신설 2024. 9. 20.]

[종전 제16조의21은 제16조의25로 이동 〈2024. 9. 20.〉]

제16조의22【기계식주차장의 안전 관련 정보】 법 제19조의21제1항제4호에서 "국토교통부령으로 정하

는 정보"란 다음 각 호를 말한다. 〈개정 2024. 9. 20.〉

1. 법 제19조의6부터 제19조의8까지의 규정에 따른 기계식주차장치의 안전도인증에 관한 정보
2. 법 제19조의20제3항에 따른 기계식주차장치 관리인 및 기계식주차장관리자등의 선임·변경 등에 관한 정보
3. 법 제19조의24제1항에 따른 기계식주차장치의 운행중지명령에 관한 정보
4. 그 밖에 기계식주차장의 위치 및 주차구획 수 등 기계식 주차장의 현황에 관한 정보

[본조신설 2016. 7. 27.]

[제16조의18에서 이동, 종전 제16조의22는 제16조의26으로 이동 〈2024. 9. 20.〉]

제16조의23 【중대한 사고】 법 제19조의22제1항 본문 및 법 제19조의23제1항제2호 본문에서 "국토교통부령으로 정하는 중대한 사고"란 다음 각 호의 어느 하나를 말한다. 〈개정 2018. 10. 25., 2024. 9. 20.〉

1. 사망자가 발생한 사고
2. 기계식주차장에서 사고가 발생한 날부터 7일 이내에 실시한 의사의 최초 진단결과 1주 이상의 입원치료 또는 3주 이상의 치료가 필요한 상해를 입은 사람이 발생한 사고
3. 기계식주차장을 이용한 자동차가 전복 또는 추락한 사고

[본조신설 2018. 3. 21.]

[제목개정 2018. 10. 25.]

[제16조의19에서 이동, 종전 제16조의23은 제16조의27로 이동 〈2024. 9. 20.〉]

제16조의24 【사고보고 등】 ① 기계식주차장관리자등은 법 제19조의22제1항 전단에 따라 그가 관리하는 주차장에서 중대한 사고가 발생한 때에는 즉시 서면 또는 전자문서로 건물명, 소재지, 사고발생 일시·장소 및 피해 정도를 관할 시장·군수 또는 구청장과 한국교통안전공단의 장에게 통보하여야 한다.

② 한국교통안전공단의 장은 제1항에 따라 통보를 받은 때에는 법 제19조의22제1항 후단에 따라 지체 없이 별지 제15호의3서식에 따른 기계식주차장 사고현황 보고서를 작성하여 국토교통부장관 및 법 제19조의22제6항에 따른 사고조사위원회(이하 "사고조사위원회"라 한다)에 보고하여야 한다. 〈개정 2024. 9. 20.〉

③ 한국교통안전공단의 장은 법 제19조의22제3항에 따라 기계식주차장 사고의 원인 및 경위 등을 조사한 때에는 조사한 달이 속하는 다음 달 15일까지 다음 각 호의 사항이 포함된 사고조사보고서를 사고조사위원회에 제출하여야 한다. 〈개정 2024. 9. 20.〉

1. 사고의 원인 및 경위에 관한 사항
2. 사고 원인의 분석에 관한 사항
3. 사고 재발 방지에 관한 사항
4. 그 밖에 사고와 관련하여 조사·확인된 사항

[본조신설 2018. 10. 25.]

[제16조의20에서 이동, 종전 제16조의24는 제16조의29로 이동 〈2024. 9. 20.〉]

제16조의25 【사고조사반의 구성·운영 등】 ① 법 제19조의22제5항에 따라 사고조사반으로 사고발생지역을 관할하는 한국교통안전공단 지역본부에는 초동조사반을, 한국교통안전공단 본부에는 전문조사

반을 구성·운영한다. 〈개정 2024. 9. 20.〉

② 제1항에 따른 초동조사반은 2명 이내의 사고조사원으로 구성하며, 다음 각 호의 업무를 수행한다. 〈개정 2024. 9. 20.〉

1. 사고개요 및 원인 등의 조사
2. 별지 제15호의3서식에 따른 기계식주차장 사고현황 보고서의 작성

③ 제1항에 따른 전문조사반(이하 "전문조사반"이라 한다)은 조사반장 1명을 포함한 3명 이내의 사고조사원으로 구성하되, 조사반장 및 사고조사원은 한국교통안전공단 소속 직원, 기계식주차장 또는 안전관리 분야에 관한 전문지식을 갖춘 민간 전문가 중에서 한국교통안전공단의 장이 지명하거나 위촉하는 사람으로 한다.

④ 전문조사반은 다음 각 호의 업무를 수행한다.

1. 사고 원인의 조사·분석
2. 피해 현황에 관한 조사
3. 그 밖에 전문조사반장이 사고 원인 파악 및 재발 방지 등을 위하여 필요하다고 인정하는 사항의 조사

[본조신설 2018. 10. 25.]

[제16조의21에서 이동, 종전 제16조의25는 제16조의30으로 이동 〈2024. 9. 20.〉]

제16조의26【기계식주차장 정밀안전검사 실시 등】 ① 기계식주차장관리자등이 법 제19조의23제1항에 따른 정밀안전검사를 받으려면 별지 제8호의8서식의 기계식주차장 검사 신청서를 시장·군수 또는 구청장(법 제19조의23제4항에 따라 한국교통안전공단이 정밀안전검사를 대행하는 경우에는 한국교통안전공단을 말한다. 이하 이 조에서 같다)에게 제출하여야 한다. 〈개정 2018. 10. 25.〉

② 법 제19조의23제1항제2호 단서에서 "국토교통부령으로 정하는 사항에 해당하는 경우"란 다음 각 호에 모두 해당하는 경우를 말한다. 〈신설 2024. 9. 20.〉

1. 사고의 원인이 기계식주차장치의 결함에 의한 것이 아닌 경우로서 구동부의 부품, 운반기 등 주요 주차장치의 파손이 없는 경우
2. 기계식주차장치의 원활한 작동이 가능한 경우로서 시장·군수 또는 구청장이 기계식주차장치의 안전에 문제가 없다고 판단하는 경우

③ 시장·군수 또는 구청장은 제1항에 따른 검사 신청을 받은 날부터 20일 이내에 영 제12조의16에 따른 정밀안전검사기준에 따라 검사를 실시한 후, 합격여부 및 항목별 검사결과를 기계식주차장관리자등에게 통보하여야 한다. 〈개정 2024. 9. 20.〉

④ 제3항에 따라 불합격 통보를 받은 기계식주차장관리자등은 재검사를 신청할 수 있으며, 시장·군수 또는 구청장은 재검사 신청을 받은 날부터 10일 이내에 검사를 실시하고 합격여부 및 해당 항목 검사결과를 기계식주차장관리자등에게 통보하여야 한다. 다만, 기계식주차장관리자등이 불합격 통보를 받은 후 3개월 이내에 불합격 항목을 보완한 후 재검사를 신청하는 경우에는 불합격한 항목에 대하여만 검사를 실시한다. 〈개정 2024. 9. 20.〉

⑤ 시장·군수 또는 구청장은 제3항 및 제4항에 따라 정밀안전검사 또는 재검사를 실시할 때 해당 기계식주차장관리자등을 현장에 참석하게 할 수 있다. 〈개정 2024. 9. 20.〉

⑥ 시장·군수 또는 구청장은 제3항 및 제4항에 따른 검사결과를 기계식주차장관리자등에게 통보할 때 별지 제8호의9서식의 검사확인증 또는 별지 제8호의10서식의 사용금지표지를 발급하여야 한다.

〈개정 2024. 9. 20.〉

⑦ 제6항에 따른 검사확인증 또는 사용금지표지를 발급받은 기계식주차장관리자등은 해당 기계식주차장의 보기 쉬운 곳에 이를 부착하여야 한다. 〈개정 2024. 9. 20.〉

[본조신설 2018. 3. 21.]

[제16조의22에서 이동, 종전 제16조의26은 제16조의31로 이동 〈2024. 9. 20.〉]

제16조의27 【기계식주차장 정밀안전검사 기술인력 등】 ① 법 제19조의23제4항에 따라 정밀안전검사를 대행하는 경우 한국교통안전공단은 별표 3에 따른 정밀안전검사 기술인력 및 검사기기를 갖추어야 한다. 〈개정 2018. 10. 25., 2023. 12. 1., 2024. 9. 20.〉

② 한국교통안전공단은 제1항에 따른 정밀안전검사 기술인력에 대하여 다음 각 호의 교육을 실시하여야 한다.

1. 신규교육: 정밀안전검사 기술인력으로 처음 선임될 때 받아야 하는 교육
2. 정기교육: 신규교육 후 3년(신규교육 또는 직전의 정기교육을 받은 날부터 기산하여 3년이 되는 날이 속하는 해의 1월 1일부터 12월 31일까지를 말한다)마다 받아야 하는 교육
3. 임시교육: 기계식주차장 관련 법령의 개정 등으로 국토교통부장관이 특별히 필요하다고 인정하는 교육

③ 제2항에 따른 정밀안전검사의 기술인력에 대한 교육기준은 별표 4와 같다. 〈개정 2023. 12. 1., 2024. 9. 20.〉

[본조신설 2018. 3. 21.]

[제16조의23에서 이동 〈2024. 9. 20.〉]

제16조의28 【기계식주차장치 운행중지 명령】 ① 법 제19조의24제2항에 따른 운행중지 표지는 별지 제15호의4서식에 따른다.

② 제1항에 따른 운행중지 표지를 발급받은 기계식주차장관리자등은 법 제19조의24제3항에 따라 기계식주차장치의 출입문 또는 조작반 등 이용자가 보기 쉬운 곳에 운행중지 표지를 부착하여 게시하고, 운행중지 표지가 훼손된 경우에는 즉시 이를 재발급받아 다시 부착하여 게시해야 한다.

③ 시장·군수 또는 구청장은 법 제19조의24제1항에 따라 운행중지명령을 한 경우에는 기계식주차장 정보망에 그 내용을 입력해야 한다.

[본조신설 2024. 9. 20.]

제16조의29 【부설주차장 인근설치확인서】 ① 시설물의 소유자는 법 제19조의25제1항에 따른 부기등기를 위하여 필요한 경우에는 시장·군수 또는 구청장에게 해당 부설주차장이 시설물의 부지 인근에 설치되어 있음을 확인하여 줄 것을 요청할 수 있다. 〈개정 2016. 7. 27., 2018. 3. 21., 2018. 10. 25., 2024. 9. 20.〉

② 제1항에 따른 요청을 받은 시장·군수 또는 구청장은 별지 제15호의5서식에 따른 부설주차장 인근 설치 확인서를 발급하여야 한다. 〈개정 2018. 10. 25., 2024. 9. 20.〉

[본조신설 2015. 3. 23.]

[제16조의24에서 이동 〈2024. 9. 20.〉]

제16조의30(주차장 정보망의 대상 정보】 법 제21조의4제1항제4호에서 "국토교통부령으로 정하는 정보"란 법 제3조제2항에 따른 안전관리실태조사 결과를 말한다.

[본조신설 2021. 4. 16.]
[제16조의25에서 이동 〈2024. 9. 20.〉]

제16조의31 【증표】 법 제25조제2항에 따른 증표는 별지 제16호서식에 따른다.
[전문개정 2010. 10. 29.]
[제16조의26에서 이동 〈2024. 9. 20.〉]

제17조 【수수료】 법 제26조에 따른 수수료는 별표 5와 같다. 〈개정 2018. 3. 21., 2023. 12. 1., 2024. 9. 20.〉
[전문개정 2010. 10. 29.]

제18조 삭제 〈2009. 6. 30.〉

제19조 【규제의 재검토】 국토교통부장관은 다음 각 호의 사항에 대하여 2017년 1월 1일을 기준으로 3년마다(매 3년이 되는 해의 1월 1일 전까지를 말한다) 그 타당성을 검토하여 개선 등의 조치를 하여야 한다.

1. 제6조에 따른 노외주차장의 구조 · 설비기준
2. 제7조에 따른 노외주차장의 설치 통보 등
3. 제11조에 따른 부설주차장의 구조 · 설비기준
4. 제16조의5에 따른 기계주차장치의 안전기준
5. 제16조의12에 따른 보수업의 등록신청 등

[전문개정 2016. 12. 30.]

부칙 〈제1388호, 2024. 9. 20.〉

제1조 【시행일】 이 규칙은 공포한 날부터 시행한다.

제2조 【보수원 안전교육에 관한 경과조치】 보수업자는 이 규칙 시행 당시 재직 중인 보수원에 대해서는 제16조의14제4항의 개정규정에도 불구하고 2024년 12월 31일까지 보수원 안전교육을 받도록 해야 한다.

제2편

건축법 관계법령 해설

1. 건축법
2. 국토의 계획 및 이용에 관한 법률
3. 주차장법
4. 건축사법
5. 주택법 등
6. 장애인·노인·임산부 등의 편의 증진 보장에 관한 법률
7. 교통약자의 이동편의 증진법

1. 건축법

핵심1 건축법의 목적

건축법의 목적은 건축물의 대지·구조·설비 기준 및 용도 등을 정하여 건축물의 안전·기능·환경 및 미관을 향상시킴으로서 공공복리의 증진에 이바지함을 목적으로 한다.

(1) 목적 : 공공복리의 증진 (2) 규정내용 : 건축물의 대지, 구조, 설비, 용도

기출 다음 중 건축법상 건축법의 목적과 관계가 없는 것은?

㉮ 건축물의 안전 ㉯ 공공복리증진
㉰ 건축주재산권보호 ㉱ 건축물의 기능

· 정답 : ㉰
건축법의 목적은 건축물의 대지·구조·설비 기준 및 용도 등을 정하여 건축물의 안전·기능·환경 및 미관을 향상시킴으로서 공공복리의 증진에 이바지함을 목적으로 한다.

예상 건축법상 건축법의 규정내용이 아닌 것은 어느 것인가?

㉮ 건축물의 대지의 기준
㉯ 건축물의 설비의 기준
㉰ 건축물의 구조의 기준
㉱ 지역·지구 내의 건축제한

· 정답 : ㉱
지역·지구 내의 건축제한은 국토의 계획 및 이용에 관한 법에서 규정한다.

핵심2 건축물

토지에 정착하는 공작물 중 다음에 해당하면 건축물로 본다.

① 지붕과 기둥 또는 지붕과 벽이 있는 것 ② "①"에 부수되는 시설물(건축물에 부수되는 대문, 담장 등)
③ 지하나 고가에 설치하는 사무소, 공연장, 점포, 차고, 창고
　초고층건축물 : 50층 이상이거나 높이 200m 이상인 건축물
　고층건축물 : 30층 이상이거나 건축물 높이 120m 이상인 건축물
　준 초고층 건축물 : 고층건축물 중 초고층건축물에 해당되지 않는 건축물
　- 건축물 층수 30층 이상 49층 이하인 것 - 건축물 높이 120m 이상 200m 미만인 것
④ 특수구조 건축물
　- 내민구조, 보, 차양 등이 외벽의 중심선으로부터 3m 이상 돌출된 건축물
　- 기둥과 기둥사이거리가 20m 이상 건축물 - 국토교통부장관이 고시하는 건축물
⑤ 한옥 : 다음의 조건을 모두 갖춘 건축물 및 그 부속건축물
　1. 기둥 및 보 목구조방식 2. 한식지붕틀 사용
　3. 전통양식반영 4. 한옥 등 건축자산의 진흥에 관한 법률에서 정함

기출 건축법령상 고층건축물의 정의로 옳은 것은?

㉮ 층수가 30층 이상이거나 높이가 90m 이상인 건축물
㉯ 층수가 30층 이상이거나 높이가 120m 이상인 건축물
㉰ 층수가 50층 이상이거나 높이가 150m 이상인 건축물
㉱ 층수가 50층 이상이거나 높이가 150m 이상인 건축물

· 정답 : ㉯
층수가 30층 이상이거나 높이가 120m 이상인 건축물을 고층건축물이라 한다.

예상 건축법령상 규정된 초고층 건축물의 규모로 적합한 것은?

㉮ 층수가 30층 이상이거나 높이가 120미터 이상인 건축물
㉯ 층수가 35층 이상이거나 높이가 150미터 이상인 건축물
㉰ 층수가 40층 이상이거나 높이가 160미터 이상인 건축물
㉱ 층수가 50층 이상이거나 높이가 200미터 이상인 건축물

· 정답 : ㉱
층수가 50층 이상이거나 높이가 200미터 이상인 건축물을 초고층건축물이라 한다.

핵심3 발코니

· 발코니 대피공간의 설치

공동주택 중 아파트로서 4층 이상의 층에서는 발코니를 거실 등으로 전환할 경우 다음의 요건을 모두 갖춘 대피공간을 1개소 이상 설치하여야 한다.

① 대피공간은 바깥의 공기와 접할 것
② 대피공간은 실내의 다른 부분과 방화구획으로 구획될 것
③ 대피공간의 바닥면적은 인접세대와 공동으로 설치하는 경우에는 3m² 이상, 각 세대별로 설치하는 경우에는 2m² 이상일 것
④ 국토교통부장관이 정하는 기준에 적합할 것

아파트 4층 이상인 층에서 발코니에 다음 각 호의 어느 하나에 해당하는 구조 또는 시설을 설치하는 경우에는 대피공간을 설치하지 아니할 수 있다.

1. 인접세대와의 경계벽이 파괴하기 쉬운 경량구조 등인 경우
2. 경계벽에 피난구를 설치한 경우
3. 발코니 바닥에 국토교통부령으로 정하는 하향식 피난구를 설치한 경우
4. 국토교통부장관이 중앙건축위원회의 심의를 거쳐 제4항에 따른 대피공간과 동일하거나 그 이상의 성능이 있다고 인정하여 고시하는 구조 또는 시설을 설치한 경우

기출 건축법령상 아파트로서 4층 이상의 발코니에 설치하는 대피공간에 관한 설명으로 가장 부적당한 것은?

㉮ 대피공간은 바깥의 공기와 접할 것
㉯ 대피공간은 실내의 다른 부분과 난연재료로 구획할 것
㉰ 대피공간의 바닥면적은 인접세대와 공동으로 설치하는 경우에는 3m² 이상으로 할 것
㉱ 인접세대와 경계벽이 파괴하기 쉬운 경량구조인 경우에는 대피공간을 설치하지 아니할 수 있음

· 정답 : ㉯

대피공간은 실내의 다른 부분과 방화구획으로 구획되어야 한다.

예상 건축법령상 아파트로서 4층 이상의 발코니에 설치하는 대피공간에 관한 설명으로 가장 부적당한 것은?

㉮ 연립주택으로서 4층 이상 층에 설치하여야 한다.
㉯ 대피공간은 인접세대와 공동으로 설치하는 경우에는 3m² 이상, 각 세대별로 설치하는 경우에는 2m² 이상이어야 한다.
㉰ 대피공간은 실내의 다른 부분과 방화구획으로 구획될 것
㉱ 대피공간은 1시간 이상의 내화성능을 갖는 내화구조의 벽으로 구획되어야 한다.

· 정답 : ㉮

대피공간은 공동주택 중 아파트의 경우에만 대피 공간 규정을 적용한다.

핵심4 주요구조부

주요구조부란 내력벽, 기둥, 바닥, 보, 지붕틀 및 주 계단을 말한다. 다만, 사이기둥, 최하층바닥, 작은 보, 차양, 옥외계단, 그밖에 이와 유사한 것으로 건축물의 구조상 중요하지 아니한 부분을 제외한다.

기출 다음 중 건축법상 주요구조부에 해당되지 않는 것은?

㉮ 기초　㉯ 내력벽
㉰ 지붕틀　㉱ 바닥

· 정답 : ㉮

주요구조부란 내력벽, 기둥, 바닥, 보, 지붕틀 및 주 계단을 말한다. 다만, 사이기둥, 최하층바닥, 작은 보, 차양, 옥외계단 그밖에 이와 유사한 것으로 건축물의 구조상 중요하지 아니한 부분을 제외한다.

예상 건축법상의 내화구조 기준에 규정되어 있는 것은 어느 것인가?

㉮ 기초　㉯ 지붕틀
㉰ 비내력벽　㉱ 작은보

· 정답 : ㉯

주요구조부란 내력벽, 기둥, 바닥, 보, 지붕틀 및 주 계단을 말한다. 다만, 사이기둥, 최하층바닥, 작은 보, 차양, 옥외계단 그밖에 이와 유사한 것으로 건축물의 구조상 중요하지 아니한 부분을 제외한다.

핵심5 내화구조

화재에 견딜 수 있는 성능을 가진 다음의 구조를 말한다.

철근 콘크리트조, 철골·철근콘크리트조인 경우

- 벽 : 두께 10cm 이상 외벽 중 비내력벽 : 두께 7cm 이상
- 기둥 : 작은 지름이 25cm 이상인 것
- 바닥 : 두께 10cm 이상
- 보(지붕틀 포함), 지붕, 계단 : 치수규제 없음
- 철골조 계단 : 모두 내화구조로 인정된다.

기출 **건축법령상 내화구조로 가장 부적합한 것은?**

㉮ 두께가 10cm 이상인 철근콘크리트조 벽
㉯ 두께가 19cm 인 벽돌조 벽
㉰ 두께가 5cm 인 콘크리트로 덮은 철골기둥 (지름 25cm 이상)
㉱ 두께가 5cm 인 철근콘크리트조 바닥

· **정답** : ㉱
철근콘크리트 바닥판 두께가 10cm 이상인 경우가 내화구조에 해당한다.

예상 **건축법상 내화구조에 대한 기술 중 잘못 설명한 것은 어느 것인가?**

㉮ 내화구조 기준에 규정되어 있는 구조부분은 주요구조부와 같다.
㉯ 주계단을 철골조로 한 경우 그 자체가 내화구조로 인정된다.
㉰ 철근콘크리트조인 경우 외벽 중 비내력벽이 내화구조로 인정되기 위해서는 두께 6cm 이상이 되어야 한다.
㉱ 철근콘크리트조인 경우 기둥의 경우 그 작은 지름이 25cm 이상인 것은 내화구조로 인정된다.

· **정답** : ㉰
철근 콘크리트조, 철골·철근콘크리트조인 경우
외벽 중 비내력벽 : 두께 7cm 이상

핵심6 건축

"건축"이란 건축물을 신축, 증축, 개축, 재축 또는 이전하는 것을 말한다.

(1) 신축

① 건축물이 없는 대지에 건축물 축조
② 기존건축물의 전부를 해체(멸실)한 후 종전 규모보다 크게 건축물 축조
③ 부속건축물만 있는 대지에 새로이 주된 건축물 축조

(2) 증축

① 기존건축물의 규모 증가
② 기존건축물의 일부를 해체(멸실)한 후 종전 규모보다 크게 건축물축조
③ 주된 건축물이 있는 대지에 새로이 부속건축물 축조

(3) 개축

기존건축물의 전부 또는 일부(내력벽·기둥·보·지붕틀 중 3 이상이 포함되는 경우에 한함)를 해체하고 당해 대지 안에 종전과 동일한 규모의 범위 안에서 건축물을 다시 축조

(4) 재축

자연재해로 인하여 건축물의 일부 또는 전부가 멸실된 경우 그 대지 안에 종전과 동일한 규모의 범위 안에서 다시 축조하는 행위

(5) 이전

기존건축물의 주요구조부를 해체하지 않고 동일 대지 내에서 건축물의 위치를 옮기는 행위

기출 건축법령상 "건축" 행위로서 가장 부적합한 것은?

㉮ 건축물의 주요구조부를 해체하지 아니하고 같은 대지의 다른 위치로 옮기는 것
㉯ 건축물의 주계단의 구조나 외부형태를 수선·변경하는 것
㉰ 기존건축물이 있는 대지에서 건축물의 높이를 늘리는 것
㉱ 기존 건축물을 철거하고 그 대지에 종전과 같은 규모로 건축물을 다시 축조하는 것

· **정답** : ㉯
가. 이전
나. 대수선
다. 증축
라. 개축

예상 건축법상 용어의 정의에서 건축과 관련된 설명 중 틀린 것은 어느 것인가?

㉮ 기존건축물의 주요 구조부를 해체하지 않고 동일 대지 내에서 건축물의 위치를 옮기는 행위를 이전이라 한다.
㉯ 자연재해로 인하여 건축물의 일부 또는 전부가 멸실된 경우 그 대지 안에 종전의 동일한 규모의 범위 안에서 다시 축조하는 행위를 재축이라 한다.
㉰ "건축"이란 건축물을 신축·증축·개축·재축·대수선하는 것을 말한다.
㉱ 부속건축물만 있는 대지에 새로이 주된 건축물을 축조하는 행위는 신축에 해당된다.

· **정답** : ㉰
"건축"이란 신축, 증축, 개축, 재축 또는 이전하는 것을 말한다.

핵심7 대수선

"대수선"이란 다음과 같이 건축물의 기능에 손상을 일으킬 수 있는 주요구조부에 대한 수선변경공사와 외부형태 변경공사로 다음과 같다.

① 내력벽을 증설·해체하거나 내력벽의 벽면적 $30m^2$ 이상 수선·변경
② 기둥·보·지붕틀(한옥의 경우 서까래 제외)을 각각 증설·해체하거나 3개 이상 수선·변경
③ 다음 건축물의 외벽마감재를 증설 또는 해체하거나 $30m^2$ 이상 수선 또는 변경하는 것
  1. 6층 이상 건축물
  2. 높이 22m 이상 건축물
  3. 상업지역(근린상업지역 제외)안의 건축물중
    – $2,000m^2$ 이상 다중이용업, – 공장으로부터 6m 이내의 건축물
④ 방화벽·방화구획을 위한 바닥, 벽 및 주계단·피난계단·특별피난계단을 증설·해체하거나 수선 또는 변경하는 것
⑤ 다가구주택 및 다세대주택의 가구 및 세대 간 경계벽을 증설·해체하거나 수선 또는 변경하는 것

기출 건축법령상 대수선에 해당하지 아니한 것으로 짝지어진 것은?

ㄱ. 내력벽을 증설 또는 해체하거나 그 벽면적을 $30m^2$ 이상 수선 또는 변경
ㄴ. 기둥을 증설 또는 해체하거나 세 개 이상 수선 또는 변경
ㄷ. 한옥의 서까래를 증설 또는 해체하거나 두개 이상 수선 또는 변경
ㄹ. 건축물의 내벽에 사용하는 마감재료를 증설하거나 벽면적 $20m^2$ 이상을 수선 또는 변경

㉮ ㄱ, ㄴ　　㉯ ㄴ, ㄷ
㉰ ㄷ, ㄹ　　㉱ ㄱ, ㄹ

· **정답** : ㉰
ㄷ. 한옥의 지붕틀 중 서까래는 제외한다.
ㄹ. 내력벽 면적 $30m^2$ 이상의 수선 또는 변경이 대수선에 해당된다.

예상 건축법령상 대수선 행위에 해당하는 것은?

㉮ 기둥 2개를 변경하는 경우
㉯ 건축물 내력벽의 벽면적 20제곱미터를 변경하는 경우
㉰ 보 2개를 변경하는 경우
㉱ 다세대주택의 세대간 경계벽을 해체하는 경우

· **정답** : ㉱
1. 기둥·보·지붕틀을 각각 증설·해체하거나 3개 이상 수선·변경하는 것이 대수선에 해당된다.
2. 내력벽을 증설·해체하거나 내력벽의 벽면적 $30m^2$ 이상 수선·변경하는 경우 대수선에 해당한다.

핵심8 리모델링

"리모델링"이란 건축물의 노후화를 억제하거나 기능향상 등을 위하여 대수선하거나 일부를 증축 또는 개축하는 행위를 말한다.

기출 다음 중 건축법령상 건축기준이 완화되는 "리모델링" 과 직접적인 관련이 있는 행위는 어느 것인가?

㉮ 신축 ㉯ 재축
㉰ 이전 ㉱ 대수선

· 정답 : ㉱
"리모델링"이란 건축물의 노후화를 억제하거나 기능향상 등을 위하여 대수선하거나 일부를 증축 또는 개축하는 행위를 말한다.

예상 건축법상 "리모델링"과 직접적인 관련이 있는 행위로 가장 타당한 것은?

㉠ 용도변경	㉡ 신축
㉢ 대수선	㉣ 증축

㉮ ㉠, ㉡ ㉯ ㉡, ㉢
㉰ ㉡, ㉣ ㉱ ㉢, ㉣

· 정답 : ㉱
"리모델링"이란 건축물의 노후화를 억제하거나 기능향상 등을 위하여 대수선하거나 일부를 증축 또는 개축하는 행위를 말한다.

핵심9 기타 용어

(1) **건축주** : 건축물의 건축·대수선·건축설비의 설치 또는 공작물 등의 축조에 관한 공사를 발주하거나 현장관리인을 두어 스스로 공사를 행하는 자
(2) **제조업자** : 건축물의 건축·대수선·건축설비의 설치 또는 공작물의 축조 등에 필요한 건축자재를 제조하는 사람을 말한다.
(3) **유통업자** : 건축물의 건축·대수선·건축설비의 설치 또는 공작물의 축조에 필요한 건축자재를 판매하거나 공사현장에 납품하는 사람을 말한다.
(4) **설계자** : 자기 책임 하에 (보조자의 조력을 받는 경우 포함) 설계도서를 작성하고 그 설계도서에 의도한 바를 해설하며 지도·자문하는 자
(5) **공사감리자** : 자기 책임 하에 (보조자의 조력을 받는 경우 포함)건축법이 정하는 바에 의하여 건축물·건축설비 또는 공작물이 설계도서의 내용대로 시공되고 있는지의 여부를 확인하고 품질관리·공사관리·안전관리 등에 대하여 지도·감독하는 자
(6) **공사시공자** : 건설산업기본법에 의한 건설공사를 행하는 자
(7) **관계전문기술자** : 건축물의 구조·설비 등 건축물과 관련된 전문기술자격을 보유하고 설계 및 공사감리에 참여하여 설계자 및 공사감리자와 협력하는 자
(8) **설계도서** : 1. 공사용 도면 2. 구조계산서
3. 시방서 4. 건축설비계산 관계서류
5. 토질 및 지질관계서류 6. 기타 공사에 필요한 서류
(9) **특별건축구역** : 조화롭고 창의적인 건축물의 건축을 통하여 도시경관의 창출, 건설기술 수준향상 및 건축관련 제도 개선을 도모하기 위하여 이 법 또는 관계법령에 따른 일부 규정의 적용배제, 완화적용 또는 통합 적용할 수 있도록 하는 구역이다.
(10) **건축물의 유지관리** : 건축물의 소유자나 관리자가 사용 승인된 건축물을 지속적으로 유지하기 위하여 건축물이 멸실될 때까지 관리하는 행위

기출 건축법령상 용어의 정의에 관한 설명으로 가장 부적합한 것은?

㉮ "지하층"이란 건축물의 바닥이 지표면 아래에 있는 층으로서 바닥에세 지표면 까지의 높이가 해당 층 높이의 2분의 1이상인 것을 말한다.
㉯ "증축"이란 기존건축물 이 있는 대지에서 건축물의 건축면적, 연면적, 층수 또는 높이를 늘리는 것을 말한다.
㉰ "리모델링이란"이란 건축물의 노후화를 억제하거나 기능향상 등을 위하여 신축하는 행위를 말한다.
㉱ "거실"이란 건축물 안에서 거주, 작업, 집회, 오락, 그 밖에 이와 유사한 목적을 위하여 사용되는 방을 말한다.

· 정답 : ㉰
"리모델링"이란 건축물의 노후화를 억제하거나 기능향상 등을 위하여 대수선하거나 일부를 증축 또는 개축하는 행위를 말한다.

예상 건축법령상 용어에 대한 설명으로 가장 부적합한 것은?

㉮ "리모델링"이란 건축물의 노후화를 억제하거나 기능향상 등을 위하여 대수선하거나 일부 증축 또는 개축하는 행위를 말한다.
㉯ "주요구조부"란 내력벽, 기둥, 바닥, 보, 지붕틀 및 주계단을 말한다.
㉰ "초고층건축물"이란 층수가 50층 이상이거나 200m 이상인 건축물을 말한다.
㉱ "공사시공자"란 건축물의 건축 · 대수선 · 용도변경, 건축설비의 설치 또는 공작물의 축조에 관한 공사를 발주하거나 현장관리인을 두어 스스로 공사를 하는 자를 말한다.

· 정답 : ㉱
㉱는 건축주에 관한 설명이다.

핵심10 건축법의 적용

(1) 건축법이 적용되지 않는 건축물

① 지정 · 임시지정 문화유산, 천연기념물, 명승, 시 · 도 자연유산
② 철도·궤도 선로부지 안에 있는 운전보안시설·보행시설 플랫폼·급수·급탄. 급유시설
③ 고속도로통행료 징수시설
④ 컨테이너를 이용한 간이창고 (산업집적활성화 및 공장설립에 관한 법률에 의한 공장의 용도로만 사용되는 건축물의 대지 안에 설치하는 것으로서 이동이 용이한 것에 한한다)
⑤ 하천법에 따른 하천구역 내의 수문조작실

(2) 건축법이 전부 적용되는 지역

① 도시지역
② 지구단위계획구역
③ 동 또는 읍의 지역(섬의 경우 인구 500인 이상)

기출 건축법을 적용하는 건축물로 가장 적합한 것은?

㉮ 문화재보호법에 따른 가지정문화재
㉯ 실내낚시터
㉰ 고속도로 통행료 징수시설
㉱ 하천법에 따른 하천구역 내의 수문조작실

· 정답 : ㉯
실내 낚시터 등은 건축법을 적용한다.

예상 건축법의 적용을 받는 건축물로 가장 적합한 것은?

㉮ 문화재보호법에 따른 지정문화재
㉯ 고속도로통행료징수시설
㉰ 철도나 궤도의 선로부지에 있는 플랫폼
㉱ 고가의 공작물에 설치하는 사무소

· 정답 : ㉱건축법이 적용되지 않는 건축물
① 지정 · 임시지정 문화유산, 천연기념물
② 철도·궤도 선로부지 안에 있는 운전보안시설·보행시설·플랫트홈·급수·급탄·급유시설
③ 고속도로통행료 징수시설
④ 컨테이너를 이용한 간이창고
⑤ 하천법에 따른 하천구역 내의 수문조작실

핵심11 적용의 완화

(1) 완화의 대상

건축주, 설계자, 공사시공자 또는 공사감리자가 그 업무를 수행함에 있어서 건축법을 적용하는 것이 매우 불합리하다고 인정되는 다음과 같은 대지 또는 건축물에 대하여는 건축법의 기준을 완화하여 적용할 것을 허가권자에게 요청할 수 있다.

1. 수면위에 건축하는 건축물 등 대지의 범위를 설정하기 곤란한 경우
2. 거실이 없는 통신시설 및 기계·설비시설인 경우
3. 31층 이상인 건축물(공동주택제외)과 발전소, 제철소, 산업통상자원부령으로 정하는 제조시설, 운동시설 등 특수용도의 건축물
4. 전통사찰, 전통한옥 밀집지역으로서 시, 도 조례로 정한 지역의 건축물
5. 사용승인을 얻은 후 15년 이상 경과되어 리모델링이 필요한 건축물인 경우
6. 경사진 대지에 계단식 공동주택인 경우 및 초고층건축물
7. 기존건축물에 장애인 등의 편의시설을 설치한 경우
8. 방재 지구 또는 지반붕괴위험지역 내 건축물로서 재해예방 조치를 한 경우
9. 허가권자가 인정한 창의적 건축물과 도시형 생활주택(아파트 제외)
10. 공공주택
11. ① 사업계획 승인을 받은 공동주택
    ② 상업지역 또는 준주거지역에서 건축허가를 받은 200세대 이상 300세대 미만 공동주택
    ③ 건축허가를 받은 도시형생활주택
12. 건축협정을 체결한 건축물의 건축 · 대수선 · 리모델링

(2) 완화여부 및 적용기준

허가권자는 적용의 완화여부 및 결정함에 있어서 다음의 기준을 준수하여야 한다.

(3) 사용승인을 얻은 후 15년 이상 경과되어 리모델링이 필요한 경우

리모델링 증축범위

1. 공동주택

① 승강기·계단 및 복도　② 각 세대 내의 노대·화장실·창고 및 거실
③ 주택법에 의한 부대시설　④ 주택법에 의한 복리시설
⑤ 높이, 층수, 층별 세대 수

2. 공동주택 이외의 건축물

① 승강기·계단 및 주차시설　② 노인 및 장애인 등을 위한 편의시설
③ 외부벽체　④ 통신시설·기계시설·화장실·정화조 및 오수처리시설
⑤ 높이, 층수

(4) 리모델링에 대비한 특례

1. 리모델링이 용이한 구조

① 각 세대는 인접한 세대와 수직 또는 수평 방향으로 통합하거나 분할 할 수 있을 것
② 구조체에서 건축설비, 내부마감재료, 및 외부 마감 재료를 분리할 수 있을 것
③ 개별 세대 안에서 구획된 실의 크기, 개수 또는 위치 등을 변경할 수 있을 것

2. 기준의 완화

리모델링이 용이한 구조의 공동주택에 대하여는 다음의 기준을 완화한다.
120/100범위 내에서 대통령령으로 정함
① 용적률　② 건축물의 높이제한　③ 일조 등의 확보를 위한 건축물의 높이제한

기출 **건축법령상 사용승인을 얻은 후 15년 이상 경과되어 리모델링이 필요한 공동주택의 경우 증축할 수 있는 범위로 가장 부적당한 것은?**

㉮ 승강기, 계단 및 복도
㉯ 주택법에 의한 부대시설
㉰ 외부벽체 및 공동구
㉱ 기존 공동주택의 높이, 층수

· **정답 : ㉰**
공동주택 증축범위
① 승강기·계단 및 복도
② 각 세대 내의 노대·화장실·창고 및 거실
③ 주택법에 의한 부대시설
④ 주택법에 의한 복리시설
⑤ 높이, 층수, 층별 세대 수

기출 **건축법령상 건축법의 적용의 완화를 허가권자에게 요청할 수 있는 건축물 및 기준으로 가장 부적합한 것은?**

㉮ 허가권자가 리모델링 활성화가 필요하다고 인정하여 지정 · 공고한 구역안의 건축물
㉯ 사용승인을 받은 후 15년 이상이 되어 리모델링이 필요한 건축물
㉰ 수면위에 건축하는 건축물 등 대지의 범위를 설정하기 곤란한 경우
㉱ 31층인 건축물로서 전부가 공동주택 용도로 쓰는 경우

· **정답 : ㉱**
31층 이상의 건축물은 적용완화 대상에 포함되나 공동주택은 제외된다.

기출 **건축법령상 리모델링이 쉬운 구조의 공동주택에 적용되는 완화 기준이 아닌 것은?**

㉮ 용적률
㉯ 건폐율
㉰ 건축물의 높이제한
㉱ 일조 등의 확보를 위한 건축물의 높이제한

· **정답 : ㉯**
완화규정은 120/100의 범위 안에서 다음과 같다.
1. 건축물의 용적률
2. 건축물의 높이제한
3. 일조 등의 확보를 위한 건축물의 높이제한

예상 **건축법상 건축 관계자가 그 업무를 수행함에 있어서 건축법의 기준을 완화하여 적용할 것을 요청할 때의 대상자로 부적당한 것은?**

㉮ 특별시장
㉯ 광역시장
㉰ 특별자치도지사
㉱ 국토교통부장관

· **정답 : ㉱**
건축관계자는 허가권자에게 건축완화 적용을 신청할 수 있다. 국토교통부장관은 승인권자에 해당된다.

예상 **건축법령상 사용승인을 얻은 후 15년 이상 경과되어 리모델링이 필요한 공동주택의 경우 증축할 수 있는 범위로 가장 부적당한 것은?**

㉮ 주택법에 의한 부대시설
㉯ 주택법에 의한 복리시설
㉰ 노인 및 장애인 등을 위한 편의시설
㉱ 높이, 층수, 층별 세대수

· **정답 : ㉰**
공동주택 증축범위
① 승강기·계단 및 복도
② 각 세대 내의 노대·화장실·창고 및 거실
③ 주택법에 의한 부대시설
④ 주택법에 의한 복리시설
⑤ 높이, 층수, 층별 세대 수

예상 **건축법령상 리모델링이 쉬운 구조의 공동주택의 건축을 촉진하기 위하여 대통령령으로 정하는 구조로서 가장 부적합한 것은?**

㉮ 각 세대는 인접한 세대와 수직 또는 수평방향으로 통합하거나 분할할 수 있을 것
㉯ 구조체에서 건축설비, 내, 외부 마감재료를 분리할 수 있을 것
㉰ 개별 세대 안에서 구획된 실의 크기, 개수 또는 위치 등을 변경할 수 있을 것
㉱ 각 세대 안에서 구획된 실은 독립성을 위해 가변성이 없을 것

· **정답 : ㉱**
개별 세대 안에서 구획된 실의 크기, 개수 또는 위치 등을 변경할 수 있을 것 (가변성 확보)

핵심12 부유식 건축물의 특례와 공작물에 대한 건축법적용

(1) 부유식 건축물의 특례

① 부유식 건축물의 정의 : 공유수면위에 고정된 인공대지를 설치하고 그 위에 설치한 건축물

② 부유식 건축물에 대한 특례 : 부유식 건축물에 대해서는 다음과 같이 건축법 규정을 적용하지 않는다.

조 항	적용특례
1. 대지의 안전	오수의 배출 및 처리기준만 적용
2. 토지굴착부분에 대한 조치 등	미적용(대지와 도로와의 관계기준은 부유식 건축물의 출입에 지장이 없는 경우만 적용하지 않는다.
3. 대지의 조경	
4. 공개공지 등의 확보	
5. 대지와 도로와의 관계	
6. 건축선	
7. 건축선에 의한 건축제한	

(2) 일정 규모가 넘는 공작물에 대한 건축법 적용

① 높이 2m를 넘는 옹벽·담장 ② 높이 4m를 넘는 장식탑, 기념탑, 첨탑,광고탑·광고판

③ 높이 5m를 넘는 태양에너지 발전설비

④ 높이 6m를 넘는 굴뚝··골프연습장 등의 운동시설을 위한 철탑 및 주거지역 및 상업지역 안에 설치하는 통신용 철탑

⑤ 높이 8m를 넘는 고가수조

⑥ 높이 8m 이하인 기계식주차장 및 철골조립식 주차장으로서 외벽이 없는 것 (단, 위험방지를 위한 난간높이 제외)

⑦ 바닥면적 $30m^2$를 넘는 지하대피호

⑧ 건축조례로 정하는 제조시설·저장시설(시멘트의 저장용 사일로 포함)·유희시설, 건축물구조에 심대한 영향을 줄 수 있는 중량물

기출 다음 중 공작물 축조신고 대상으로 가장 부적합한 것은?

㉮ 높이 8m를 넘는 기계식주차장
㉯ 높이 4m를 넘는 광고탑
㉰ 높이 8m를 넘는 고가수조
㉱ 높이 4m를 넘는 기념탑

· 정답 : ㉮
기계식 주차장의 경우 높이 8m 이하인 경우이다.

기출 건축법령상 공작물을 축조할 때 신고대상 건축물로 가장 부적합한 것은?

㉮ 높이 6m 이하 골프연습장 등의 운동시설을 위한 철탑
㉯ 바닥면적 30제곱미터를 넘는 지하대피호
㉰ 위험방지용 난간을 제외한 높이 8미터 이하 기계식주차장으로서 외벽이 없는 것
㉱ 건축물의 구조에 심대한 영향을 줄 수 있는 중량물로서 건축조례로 정하는 것

· 정답 : ㉮
높이 6m를 넘는 경우에 해당한다.

예상 건축법상 일정규모 이상의 옹벽 및 공작물 등의 축조 시에는 건축법령의 일부규정을 준용한다. 다음 공작물 중 건축법령의 일부 규정이 준용되지 않는 것은?

㉮ 높이 4m의 광고탑
㉯ 높이 6m를 넘는 골프연습장 등의 운동시설을 위한 철탑
㉰ 위험물 방지를 위한 난간을 포함한 높이 8m 이하인 기계식 주차장
㉱ 건축물 구조에 심대한 영향을 줄 수 있는 중량물로서 건축조례로 정하는 것

· 정답 : ㉰
난간높이를 제외하고 8m 이하인 주차장

예상 건축법에 따른 부유식건축물에 대해서 적용되는 기준은?

㉮ 대지의 안전
㉯ 대지와 도로와의 관계
㉰ 건축선에 의한 건축제한
㉱ 건축물의 유지, 관리

· 정답 : ㉱
건축물의 유지관리는 부유식건축물에 적용되어야 한다.

핵심13 건축위원회

(1) 중앙건축위원회의 심의사항

① 법 및 표준설계도서 인정에 관한 사항
② 분쟁의 조정 또는 재정에 관한 사항
③ 법 및 시행령의 재정, 개정 및 시행령에 관한 사항
④ 다른 법령에서 심의를 받도록 한 사항

(2) 지방건축위원회의 심의사항

① 건축조례의 제정·개정에 관한 사항
② 건축선의 지정에 관한 사항
③ 다중이용건축물 및 특수구조 건축물의 안전에 관한 사항
④ 다른 법령에서 심의를 받도록 한 사항

(3) 다중이용건축물

① 16층 이상의 건축물
② 문화 및 집회시설(동·식물원 제외) 종교시설, 판매시설, 운수시설(여객자동차터미널만 해당), 종합병원, 관광숙박시설의 용도에 쓰이는 바닥면적합계가 5,000m² 이상인 건축물

(4) 특수구조 건축물

① 내민구조, 보, 차양 등이 외벽의 중심선으로부터 3m 이상 돌출된 건축물
② 기둥과 기둥사이거리가 20m 이상 건축물
③ 국토교통부장관이 고시하는 건축물

기출 건축법령상 다중이용건축물이 아닌 것은? (단, 층수가 16층 미만의 건축물임)

㉮ 바닥면적합계가 5,000m²인 종교시설
㉯ 바닥면적합계가 5,000m²인 운동시설
㉰ 바닥면적합계가 6,000m²인 관광숙박시설
㉱ 바닥면적합계가 6,000m²인 판매시설

· **정답 : ㉯**
다중이용건축물
① 16층 이상의 건축물
② 문화 및 집회시설(동·식물원 제외), 종교시설, 판매시설, 운수시설(여객자동차터미널만 해당), 종합병원, 관광숙박시설의 용도에 쓰이는 바닥면적합계가 5,000m² 이상인 건축물

기출 건축법령상 다음 시설 중 지방건축위원회의 심의를 받지 않아도 되는 건축물은?

㉮ 연면적 6,000㎡의 종합병원
㉯ 10층의 사무소
㉰ 연면적 10,000㎡의 아파트
㉱ 16층의 관광호텔

· **정답 : ㉰**
지방건축위원회의 심의대상은 다중이용건축물이다.

예상 건축법상 지방건축위원회의 심의대상이 아닌 것은 다음 중 어느 것인가?

㉮ 건축선의 지정에 관한 사항
㉯ 건축조례의 제정, 개정에 관한 사항
㉰ 바닥면적 6,000m²인 동물원의 피난 및 소방에 관한 사항
㉱ 바닥면적 15,000m²인 관광호텔의 구조안전에 관한 사항

· **정답 : ㉰**
동물원은 면적에 의한 다중이용건축물에 해당되지 않으므로 지방건축위원회의 심의대상에 해당되지 아니한다.

예상 건축법령상 다중이용건축물이 아닌 것은? (단, 층수가 16층 미만의 건축물임)

㉮ 바닥면적합계가 5,000m²인 종교시설
㉯ 바닥면적합계가 5,000m²인 동물원
㉰ 바닥면적합계가 6,000m²인 관광숙박시설
㉱ 바닥면적합계가 6,000m²인 판매시설

· **정답 : ㉯**
다중이용건축물에서 동 · 식물원은 제외된다.

핵심14 건축허가대상

(1) 건축허가대상

① 특별자치도지사 등의 허가대상

건축물을 건축 또는 대수선하고자 하는 자는 특별자치시장. 특별자치도지사, 시장, 군수, 구청장의 허가를 받아야 한다.

② 특별시장·광역시장의 허가대상

대상지역	허가권자	규 모	예 외
특별시 광역시	특별시장 광역시장	· 21층 이상 건축물 · 연면적의 합계가 100,000m² 이상인 건축물 · 연면적의 3/10 이상의 증축으로 인하여 층수가 21층 이상으로 되거나 연면적의 합계가 100,000m² 이상인 건축물의 신축	· 공장 · 창고 · 지방건축위원회의 심의를 거친 건축물 (초고층건축물 제외)

(2) 사전승인 제출도서(대형건축물의 경우)

건축계획서(설계설명서, 구조계획서, 지질조사서, 시방서)

■ 설계설명서의 내용

1. 공사개요　2. 사전조사사항　3. 건축계획　4. 시공방법
5. 개략 공정계획　6. 주요설비계획　7. 주요자재 사용계획　8. 기타 필요한 사항

기출 특별시 또는 광역시에 건축물을 건축하고자 하는 경우 특별시장 또는 광역시장의 허가를 받아야 하는 것으로 가장 타당한 것은?

㉮ 연면적의 합계가 10만m²인 공장
㉯ 연면적의 합계가 10만m²인 오피스텔
㉰ 연면적의 합계가 5만m²인 오피스
㉱ 연면적의 합계가 5만m²인 백화점

· **정답** : ㉯
특별시장·광역시장의 허가대상
① 21층 이상 건축물
② 연면적 합계가 100,000m² 이상인 건축물

기출 건축법령상 시장 · 군수가 건축허가를 하기 전에 도시사의 승인을 받아야 하는 대상은?

㉮ 층수가 20층인 판매시설
㉯ 연면적의 3/10 이상을 증축하여 연면적의합계가 110,000m²인 호텔
㉰ 연면적의 합계가 100,000m²인 공장
㉱ 주변환경을 보호하기위하여 필요하다고 인정하여 도지사가 지정 · 공고한 구역에서 건축하는 종교시설

· **정답** : ㉯
사전 승인 대상 건축물
① 21층 이상 건축물
② 연면적 합계가 100,000m² 이상인 건축물
③ 연면적의 3/10 이상의 증축으로 인하여 21층 이상 또는 연면적의 합계가 100,000m² 이상되는 건축물

예상 건축법상 대형건축물의 건축허가 사전승인 시 제출도서 중 건축계획서에 포함되지 않는 것은 다음 중 어느 것인가?

㉮ 구조계획서
㉯ 지질조사서
㉰ 주차장 평면도
㉱ 시방서

· **정답** : ㉰
사전승인 제출도서에 포함되는 건축계획서에는(설계설명서, 구조계획서, 지질조사서, 시방서)등이 포함된다.

예상 건축법상 대형건축물의 건축허가 사전승인 시 제출도서 중 설계설명서의 내용에 포함되지 않는 것은 다음 중 어느 것인가?

㉮ 건축계획
㉯ 개략공정계획
㉰ 구소계획
㉱ 주요자재사용계획

· **정답** : ㉰
구조계획은 포함되지 않는다.

■ 설계설명서의 내용
1.공사개요　2.사전조사사항　3.건축계획
4. 시공방법　5. 개략 공정계획　6. 주요설비계획
7. 주요자재 사용계획　8. 기타 필요한 사항

핵심15 건축허가신청(1)

(1) 건축허가신청에 필요한 서류

건축물의 건축허가(가설건축물의 경우를 포함)를 받고자 하는 자는 관계서류를 허가권자에게 제출하여야 한다.

(2) 건축허가 신청에 필요한 설계도서

1. 건축계획서 2. 배치도 3. 평면도 4. 입면도
5. 단면도 6. 구조도(구조안전확인 또는 내진설계대상건축물)
7. 구조계산서(구조안전확인 또는 내진설계대상건축물)
8. 건축설비도 9. 토지 굴착 및 옹벽도
10. 시방서, 소방설비도

(3) 설계도서에 표시하여야 할 사항

1. 건축계획서 표시내용

① 개요(위치, 대지면적 등)
② 지역·지구 및 도시계획사항
③ 건축물의 규모(건축면적·연면적·높이·층수 등)
④ 건축물의 용도별 면적
⑤ 주차장 규모
⑥ 에너지 절약계획서(해당건축물에 한 한다.)
⑦ 노인 및 장애인 등을 위한 편의시설 설치계획서(관계법령에 의하여 설치의무가 있는 경우에 한 한다.)

기출 다음 중 건축법상 건축허가 신청에 필요한 설계도서로 가장 부적합한 것은?

㉮ 건축계획서 ㉯ 배치도
㉰ 구조도 ㉱ 공정표

· **정답 : ㉱**

1. 건축허가 신청에 필요한 설계도서
① 건축계획서
② 배치도
③ 평면도
④ 입면도
⑤ 단면도
⑥ 구조도
⑦ 구조계산서
⑧ 건축설비도
⑨ 토지 굴착 및 옹벽도
⑩ 시방서, 소방설비도

예상 건축법상 건축허가 신청에 필요한 기본 설계도서 중 건축계획서에 표시하여야 할 사항으로 가장 부적당한 것은?

㉮ 공개공지 및 조경계획
㉯ 지역, 지구 및 도시계획사항
㉰ 건축물의 용도별 면적
㉱ 주차장 규모

· **정답 : ㉮**

1. 건축계획서 표시내용
① 개요(위치, 대지면적 등)
② 지역·지구 및 도시계획사항
③ 건축물의 규모(건축면적·연면적·높이·층수 등)
④ 건축물의 용도별 면적
⑤ 주차장 규모
⑥ 에너지 절약계획서(해당건축물에 한 한다.)
⑦ 노인 및 장애인 등을 위한 편의시설 설치계획서(관계법령에 의하여 설치의무가 있는 경우에 한 한다.)

핵심16 건축허가신청(2)

2. 배치도에 표시하여야 할 사항

① 축척 및 방위
② 대지에 접한 도로의 길이 및 너비
③ 대지의 종·횡 단면도
④ 건축선 및 대지경계선으로부터 건축물까지의 거리
⑤ 주차동선 및 옥외주차계획
⑥ 공개공지 및 조경계획

3. 평면도에 표시하여야 할 사항

① 1층 및 기준층 평면도
② 기둥·벽·창문 등의 위치
③ 방화구획 및 방화문의 위치
④ 복도 및 계단의 위치
⑤ 승강기의 위치

4. 입면도에 표시하여야 할 사항

① 2면 이상의 입면계획
② 외부마감재료

5. 단면도에 표시하여야 할 사항

① 종·횡단면도
② 건축물의 높이, 각 층의 높이 및 반자높이

■ **건축물의 안전영향평가**

평가대상: 1. 초고층 건축물
2. 건축물 한 동의 연면적이 10만m^2 이상이며 16층 이상인 건축물

기출 **건축허가 신청에 필요한 기본 설계도서 중 배치도에 표시하여야 할 사항이 아닌 것은?**

㉮ 주차동선 및 옥외주차계획
㉯ 승강기의 위치
㉰ 공개공지 및 조경계획
㉱ 축척 및 방위

· **정답** : ㉯

1. 배치도에 표시할 내용
① 축척 및 방위
② 대지에 접한 도로의 길이 및 너비
③ 대지의 종·횡 단면도
④ 건축선 및 대지경계선으로부터 건축물까지의 거리
⑤ 주차동선 및 옥외주차계획
⑥ 공개공지 및 조경계획

예상 **건축법령상 건축물의 안전영향 평가에 관한 설명으로 가장 부적합한 것은?**

㉮ 연면적이 5만제곱미터인 건축물은 안전영향평가대상이다.
㉯ 고층건축물은 안전영향 평가대상 건축물이 아니다.
㉰ 안전영향평가 결과는 건축위원회의 심의를 거쳐 확정한다.
㉱ 건축허가를 하기 전에 건축물의 구조안전과 인접대지의 안전에 미치는 영향 등을 평가하는 것이다.

· **정답** : ㉮

건축물 한동의 연면적이 10만제곱미터 이상 16층 이상

핵심17 건축허가 및 착공제한

1. 제한사유

제한권자	제한사유
1. 국토교통부장관	1. 국토관리상 특히 필요하다고 인정한 경우 2. 주무부장관이 국방·문화재보존·환경보존·국민경제상 특히 필요하다고 요청하는 경우
2. 시·도지사	지역계획 또는 도시계획상 특히 필요하다고 인정하는 경우 (국토교통부장관에게 보고)

2. 제한방법

① 제한기간 2년 이내로 하되, 연장은 1회에 한하여 1년 이내로 할 것
착공을 제한하는 경우 착공을 제한한 날부터 2년

② 제한목적을 상세히 할 것

③ 대상구역의 위치·면적·구역경계 등을 상세히 할 것

④ 대상건축물의 용도를 상세히 할 것

3. 제한절차

주민의 의견 청취 후 건축위원회 심의를 거쳐야 한다.

기출 건축허가의 제한에 관한 설명 중 가장 부적당한 것은?

㉮ 건축허가제한조건 중 제한기간은 2년 이내로 하되, 다만 제한기간의 연장은 1회에 한하여 1년 이내로 한다.
㉯ 국토교통부장관 또는 시, 도지사가 건축허가를 제한하는 경우에는 그 목적, 기간 및 대상건축물의 용도 등을 상세하게 정하여 허가권자에게 통보하여야한다.
㉰ 시, 도지사는 주무부장관이 국방, 문화재보전 또는 국민 경제상 특히 필요하다고 인정하여 요청하는 경우에는 허가권자의 건축허가를 제한할 수 있다.
㉱ 시, 도지사는 지역계획 또는 도시계획상 특히 필요하다고 인정하는 경우에는 시장, 군수, 구청장의 건축허가를 제한할 수 있다.

· **정답 : ㉰**
국민경제 등에 의한 건축허가 제한은 주무부장관 요청에 의해 국토교통부장관이 건축허가를 제한한다.

예상 건축법상 국토교통부장관 또는 시·도지사가 시장·군수·구청장의 건축허가를 제한 할 수 있는 최대기간은 다음 중 어느 것인가?

㉮ 6월 ㉯ 1년
㉰ 2년 ㉱ 3년

· **정답 : ㉱**
허가제한기간은 2년으로 하되, 연장은 1회에 한하여 1년까지 할 수 있으므로 건축허가를 제한 할 수 있는 최대기간은 3년 이내이다.

예상 건축법상 국토교통부장관 이 건축허가를 제한 할 수 있는 사항이 아닌 것은?

㉮ 국민경제상 ㉯ 문화재보전상
㉰ 환경보존상 ㉱ 도시계획상

· **정답 : ㉱**
시, 도지사는 지역계획 또는 도시계획상 특히 필요하다고 인정하는 경우에는 시장, 군수, 구청장의 건축허가를 제한할 수 있다.

핵심18 허가와 신고사항의 변경

· 사용승인 신청 시 일괄신고의 범위

일괄변경 신고대상	조 건
① 변경부분의 바닥면적의 합계가 $50m^2$ 이하인 경우	건축물의 동수나 층수를 변경하지 아니하는 경우에 한 함
② 연면적의 합계의 1/10 이하인 경우 (연면적5,000m^2 이상인 건축물은 각 층의 바닥면적이 $50m^2$ 이하의 범위 안에서의 변경일 것	
③ 대수선에 해당하는 경우	–
④ 변경되는 부분의 높이가 1m 이하이거나 전체높이의 1/10 이하인 경우	건축물의 층수를 변경하지 아니하는 경우에 한함
⑤ 변경되는 부분의 위치가 1m 이하인 경우	–

기출 **건축허가 또는 신고사항의 변경에서 대통령령이 정하는 사항 중 사용승인 신청 시 일괄하여 신고할 수 있는 사항으로 가장 타당한 것은?**

㉮ 변경되는 부분의 바닥면적의 합계가 $60m^2$ 이하인 경우
㉯ 변경되는 부분의 높이가 2m 이하인 경우
㉰ 변경되는 부분의 위치가 1m 이하인 경우
㉱ 변경되는 부분의 연면적의 합계가 1/5 이하인 경우

· **정답** : ㉰
㉮ $50m^2$ 이하
㉯ 변경되는 부분의 높이가 1m 이하이거나 전체높이의 1/10 이하
㉱ 변경되는 부분의 연면적의 합계가 1/10 이하인 경우

예상 **건축법상 이미 건축허가를 받았거나 신고한 사항을 다시 변경하고자 하는 경우에 변경 후 사용승인 시 일괄하여 신고할 수 있는 것이 아닌 것은?**

㉮ 변경부분의 바닥면적의 합계가 $50m^2$ 이하인 경우
㉯ 변경되는 부분의 높이가 1m 이하이거나 전체 높이의 1/10 이하인 경우
㉰ 대수선에 해당하는 경우
㉱ 변경되는 부분의 위치가 2m 이하인 경우

· **정답** : ㉱
변경되는 부분의 위치가 1m 이하인 경우

핵심19 가설건축물

· 허가대상 가설건축물의 설치기준

1. 철근콘크리트구조 또는 철골철근 콘크리트조가 아닐 것
2. 존치기간은 3년 이내일 것(단, 도시 · 군계획사업이 시행될 때까지 기간연장 가능)
3. 4층 이상이 아닐 것 (3층 이하일 것)
4. 전기, 수도, 가스 등 새로운 간선공급설비의 설치를 요하지 아니할 것
5. 공동주택, 판매시설, 운수시설 등의 분양을 목적으로 건축하는 건축물이 아닐 것
6. 국토의 계획 및 이용에 관한 법률 규정에 의한 도시·군계획시설부지에서의 개발행위에 적합할 것

※ 비고 : 존치기간연장신청: 존치기간 만료 14일 전까지 하여야 함.

기출 **건축법령상 허가대상 가설건축물의 설치기준에 해당되지 않는 것은?**

㉮ 공동주택 등으로서 분양을 목적으로 건축하는 건축물이 아닌 경우
㉯ 가설건축물의 구조형식이 철근콘크리트 조인 경우
㉰ 가설건축물 축조 시 새로운 간선 공급설비의 설치를 필요로 하지 않는 경우
㉱ 가설건축물의 존치기간이 3년인 경우(다만, 도시 · 군계획사업이 시행될 때 까지 그 기간을 연장할 수 있다.)

· **정답 : ㉯**
철근콘크리트구조 또는 철골철근 콘크리트조가 아닐 것

예상 **건축법상 도시·군계획시설 또는 도시·군계획시설 예정지에 가설건축물의 건축을 허가할 수 있는 기준으로 가장 부적당한 것은?**

㉮ 존치기간은 5년 이내일 것(단, 도시계획사업이 시행될 때까지 기간연장 가능)
㉯ 3층 이하일 것
㉰ 공동주택, 판매시설, 운수시설 등의 분양을 목적으로 건축하는 건축물이 아닐 것
㉱ 철근콘크리트구조 또는 철골철근콘크리트조가 아닐 것

· **정답 : ㉮**
존치기간은 3년 이내일 것(단, 도시계획 사업이 시행될 때까지 기간 연장 가능)

핵심20 용도분류

· **단독주택과 공동주택**

1. **단독주택(가정보육시설·공동생활가정, 지역아동센터 및 노인복지를 제외한 노인복지시설 포함)**
   ① 단독주택
   ② 다중주택(학생 또는 직장인 등의 다수인이 장기간 거주할 수 있는 구조로 된 주택으로서 연면적 660m² 이하, 3층 이하 독립된 주거형태가 아닐 것) 각 실별로 욕실은 설치가능, 취사시설은 설치불가
   ③ 다가구 주택(주택으로 쓰이는 층수(지하층을 제외)가 3개 층 이하, 주택으로 쓰이는 바닥면적의 합계가 660m²(지하주차장 바닥면적 제외) 이하, 19세대 이하가 거주할 수 있는 주택, 1층 바닥면적의 1/2 이상을 피로티구조로 하여 주차장으로 사용하고 나머지 부분을 주택외의 용도로 사용하는 경우 해당 층을 주택의 층수에서 제외)
   ④ 공관

2. **공동주택(가정보육시설·공동생활가정, 지역아동센터 및 노인복지를 제외한 노인복지시설, 원룸형 주택을 포함하며, 지하층을 주택의 층수에서 제외한다.)**
   ① 아파트 (주택으로 쓰이는 층수가 5개 층 이상인 주택)
   ② 연립주택 (주택으로 쓰이는 1개동의 바닥면적(지하주차장면적제외)의 합계가 660m²를 초과 층수가 4개 층 이하인 주택)
   ③ 다세대주택 (주택으로 쓰이는 1개동의 바닥면적(지하주차장면적제외)의 합계가 660m² 이하, 층수가 4개 층 이하인 주택)
   ④ 기숙사 (학교 또는 공장 등의 학생 또는 종업원 등을 위하여 사용하는 것으로서 공동취사 등을 할 수 있는 구조이되, 독립된 주거의 형태를 갖추지 아니할 것[교육기본법에 따른 학생복지주택 포함])

기출 다음의 조건 모두를 갖춘 주택의 용도로 가장 타당한 것은?

(조건)
지하1층은 주차장으로 사용하고, 지상1층은 피로티구조로서 주차장으로 전부를 사용하며, 지상2층, 3층, 4층, 5층은 주택으로 사용한다. (단, 각층 바닥면적은 가각 200m²임)

㉮ 다가구주택 ㉯ 다세대주택
㉰ 연립주택 ㉱ 아파트

· **정답** : ㉰
주택으로 사용되는 것이 4개 층(2~5층)이며 용도바닥면적의 합이 800m²이므로 연립주택에 해당된다.

예상 건축법상 다음의 조건 모두를 갖춘 주택의 용도로 가장 타당한 것은?

(조건)
지하1층은 주차장으로 사용하고, 지상1층은 피로티구조로서 주차장으로 전부를 사용하며, 지상2층, 3층, 4층은 주택으로 사용한다.(단, 각층 바닥면적은 각각 150m² 이며 세대수는 17세대임)

㉮ 다중주택 ㉯ 다가구주택
㉰ 연립주택 ㉱ 기숙사

· **정답** : ㉯
주택으로 사용되는 것이 3개 층(2~4층)이며 용도바닥면적의 합이 450m²이고 세대수가 19세대 이하 이므로 다가구 주택에 해당된다.

핵심21 부속용도

건축물의 주된 용도의 기능에 필수적인 용도로서 다음과 같다.
① 건축물의 설비·대피 및 위생 기타 이와 유사한 시설의 용도
② 사무·작업·집회·물품저장·주차 기타 이와 유사한 시설의 용도
③ 구내식당·직장어린이집·구내운동시설 등 종업원 후생복리시설 및 구내소각시설 기타 이와 유사한 시설의 용도
④ 관계법령에서 주된 용도의 부수시설로 설치할 수 있도록 규정하고 있는 시설의 용도

기출 건축법령상 부속용도에 관한 기술 중 부적당한 것은?

㉮ 건축물의 설비, 대피 및 위생 기타 이와 유사한 시설의 용도
㉯ 공장에 설치하는 사원기숙사 기타 이와 유사한 시설의 용도
㉰ 사무, 작업, 집회, 물품저장, 주차 기타 이와 유사한 시설의 용도
㉱ 구내식당, 구내 탁아소, 구내운동시설 등 종업원 후생복리시설 기타 이와 유사한 시설의 용도

· **정답** : ㉯
공장에 설치되는 사원 기숙사는 공동주택의 일종으로 주용도시설로 분류된다.

예상 건축법령상 건축물의 용도 분류가 잘 못 된 것은?

㉮ 공동주택 - 다세대 주택
㉯ 주유소 - 자동차관련시설
㉰ 의료시설 - 요양병원
㉱ 제1종근린생활시설 - 목욕장

· **정답** : ㉯
주유소(기계식 세차설비 포함) 및 석유판매소는 위험물 저장 및 처리시설에 해당한다.

핵심22 용도변경

· 용도변경 절차

사용승인을 얻은 건축물의 용도변경은 다음과 같이 특별자치시장, 특별자치도지사, 시장, 군수, 구청장의 허가 또는 신고대상행위와 임의적인 자유변경행위로 구분된다.

<table>
<tr><th>분 류</th><th>시 설 군</th><th>절 차</th></tr>
<tr><td>① 자동차 관련 시설군</td><td>1) 자동차관련시설</td><td rowspan="9">1. 허가대상 : 상위군(오름차순)에 해당하는 용도로 변경하는 행위
2. 신고대상 : 하위군(내림차순)에 해당하는 용도로 변경하는 행위
3. 임의(건축물대장 기재 변경신청) : 동일한 시설 군 내에서 용도를 변경하는 경우
4. 건축법대장 기재사항 변경 없이 용도변경 가능대상
1) 건축법시행령 별표1의 같은 호에 속하는 사호 간의 용도변경
2) 국토의 계획 및 이용에 관한 법률 등에서 정하는 용도제한에 적합한 범위에서 제1종근린생활시설과 제2종 근린생활상호 간의 용도변경</td></tr>
<tr><td>② 산업 등의 시설군</td><td>1) 운수시설 2) 창고시설
3) 공장 4) 위험물 저장 및 처리시설
5) 자원순환관련시설 6)묘지관련시설
7) 장례시설</td></tr>
<tr><td>③ 전기통신 시설군</td><td>1)방송통신시설 2) 발전시설</td></tr>
<tr><td>④ 문화 및 집회 시설군</td><td>1) 문화 및 집회시설 2) 종교시설
3) 위락시설 4) 관광휴게시설</td></tr>
<tr><td>⑤ 영업 시설군</td><td>1) 판매시설 2) 운동시설 3)숙박시설
4) 다중생활시설(고시원)</td></tr>
<tr><td>⑥ 교육 및 복지시설군</td><td>1) 의료시설 2) 교육연구시설
3) 노유자시설 4) 수련시설
5) 야영장 시설</td></tr>
<tr><td>⑦ 근린생활시설군</td><td>1) 1종 및 2종 근린생활시설(고시원 제외)</td></tr>
<tr><td>⑧ 주거업무시설군</td><td>1) 단독, 공동주택 2) 업무시설
3) 교정 및 군사시설</td></tr>
<tr><td>⑨ 기타시설군</td><td>1) 동물 및 식물관련시설</td></tr>
</table>

기출 건축법상 건축물의 용도변경 시 시장 등에게 허가를 받아야 하는 경우로 가장 적합한 것은?

㉮ 교육 및 복지시설군을 영업시설군으로 변경
㉯ 전기통신시설군을 문화 및 집회시설군으로 변경
㉰ 자동차관련시설군을 산업 등의 시설군으로 변경
㉱ 근린생활시설군을 주거업무시설군으로 변경

· 정답 : ㉮
⑥ 교육 및 복지시설군에서 ⑤ 영업시설군으로 상위군으로 용도변경을 해야 하므로 허가를 받아야 하는 경우에 해당한다.

예상 건축물의 용도변경을 위한 시설군의 조합으로 가장 부적당 한 것은?

㉮ 영업시설군 - 업무시설
㉯ 산업등 시설군 - 창고시설
㉰ 문화 및 집회시설군 - 관광휴게시설
㉱ 주거업무시설군- 교정 및 군사시설

· 정답 : ㉮
업무시설은 주거업무시설군에 속한다.

예상 건축법상 건축물의 용도변경을 위해 구분된 시설군이 아닌 것은?

㉮ 공공업무시설군
㉯ 자동차관련시설군
㉰ 영업시설군
㉱ 전기통신시설군

· 정답 : ㉮
공공업무시설군은 용도변경을 위해 구분된 시설군에 포함되지 않는다.

예상 건축법상 건축물의 용도변경 시 시장 등에게 허가를 받아야 하는 경우로 가장 적합한 것은?

㉮ 주거업무시설군을 문화집회시설군으로 변경
㉯ 전기통신시설군을 문화 및 집회시설군으로 변경
㉰ 교육 및 복지시설군을 근린생활시설군으로 변경
㉱ 근린생활시설군을 주거업무시설군으로 변경

· 정답 : ㉮
㉯, ㉰, ㉱ 의 경우 신고대상이다.

핵심23 착공 신고

1. 다음과 같은 건축물의 건축주는 공사착수 전에 허가권자에게 공사계획을 신고하여야 한다.

구 분	내 용	비 고
① 대상	1. 건축허가 대상 2. 건축신고 대상 3. 가설건축물 축조허가 대상	·신고대상 가설건축물, 용도 변경신고 시 착공신고 대상에서 제외 ·건축물의 철거신고시 착공예정일을 기재한 경우에는 철거신고로 착공신고를 대신한다.
② 의무자 및 시기	건축주가 공사착수 전 허가권자에게 공사계획을 신고	
③ 첨부서류 및 도서	1. 건축관계자 상호간의 계약서 사본 2. 시방서, 실내마감표, 건축설비도, 토지굴착 및 옹벽도(공장인 경우) 3. 흙막이 구조 도면(지하 2층 이상의 지하층을 설치하는 경우) 4. 구조안전확인서	

2. 내진능력공개대상

① 2층 이상인 건축물

② 연면적 200제곱미터 이상인 건축물(목구조인 경우 500제곱미터)

③ 구조안전 확인 대상 건축물 중 3호부터 10호까지 해당하는 건축물

기출 건축허가를 받은 건축물의 착공신고 시 제출해야 하는 설계도서에 관한 기술로 가장 부적당한 것은?

㉮ 착공신고 시 제출하는 각종 설계도서의 축척은 임의로 결정해도 된다.

㉯ 평면도, 입면도, 단면도 등이 건축허가시 제출한 도면과 동일한 경우에는 도면제출을 생략해도 된다.

㉰ 건축주가 공사착수 전 허가권자에게 공사계획을 신고한다.

㉱ 지하층을 설치하는 경우에는 반드시 흙막이 구조도면을 첨부해야 한다.

· **정답** : ㉱

흙막이 구조도면 제출대상 – 지하2층 이상의 지하층을 설치하는 건축물

기출 건축법령상 건축신고를 하면 건축허가를 받은 것으로 보는 경우로서 부적합한 것은?

㉮ 연면적이 200제곱미터 미만이고 3층 미만인 건축물의 대수선

㉯ 읍·면지역에서 건축하는 연면적 300제곱미터 이하의 창고의 건축

㉰ 소규모건축물로서 연면적의 합계가 100제곱미터 이하인 건축물의 건축

㉱ 소규모건축물로서 건축물의 높이를 3미터 이하의 범위에서 증축

· **정답** : ㉯

읍·면지역에서 건축하는 연면적 200제곱미터 이하의 창고의 건축의 경우가 신고대상에 해당한다.

예상 건축법령상 사용승인을 받는 즉시 건축물의 내진능력을 공개하여야 하는 경우로 가장 부적합한 것은?

㉮ 2층 이상인 건축물

㉯ 1층이고 200제곱미터 미만인 업무시설

㉰ 바닥면적이 5,000제곱미터인 건축물

㉱ 단독주택 및 공동주택

· **정답** : ㉯

1층이고 200제곱미터 미만인 업무시설은 내진능력 공개대상에 해당하지 않는다.

예상 건축법상 다음 괄호 안에 들어갈 내용으로 가장 적합한 것은?

> 건축물의 (A)는 (B)에 허가권자에게 공사계획을 신고하여야 한다.

㉮ A : 건축주 B : 공사착수전

㉯ A : 시공자 B : 공사착수전

㉰ A : 감리자 B : 공사완료후

㉱ A : 건축사 B : 공사착수전

· **정답** : ㉮

건축물의 건축주는 공사착수전에 허가권자에게 공사계획을 신고하여야 한다.

핵심24 사용승인과 임시사용승인

(1) 건축물의 사용승인

다음과 같은 건축물의 건축주는 공사완료 후에 허가권자에게 공사계획을 신고하여야 한다.

① 건축주의 사용승인신청서에 대하여 허가권자는 신청접수일로부터 7일 이내에 사용승인검사를 실시하여 검사에 합격한 후 즉시 사용승인서를 교부한다.

② 하나의 대지에 2 이상의 건축물을 건축하는 경우 동별공사를 완료한 경우 사용승인신청을 할 수 있다.

③ 건축주는 원칙적으로 사용승인을 얻은 후에 그 건축물을 사용하거나 사용하게 할 수 있다. (단, 기간 내에 사용승인서를 교부하지 않거나 임시사용승인의 경우 제외)

(2) 임시사용승인

구 분	내 용
① 대상	· 사용승인서를 교부하기 전에 공사가 완료된 부분 · 식수 등 조경에 필요한 조치를 하기에 부적합한 시기에 건축공사가 완료된 건축물
② 기간	· 2년 이내 (다만, 허가권자는 대형건축물 또는 암반공사 등으로 인하여 공사기간이 장기간인 건축물에 대하여는 그 기간을 연장할 수 있음)
③ 신청	· 건축주가 임시사용승인 신청서를 허가권자에게 제출
④ 승인	· 신청 받은 날부터 7일 이내에 임시사용승인서를 신청인에 교부

(3) 건축물의 안전영향 평가대상과 평가항목

1. 안전영향평가대상
   ① 초고층건축물
   ② 연면적이 10만제곱미터 이상이고 16층 이상인 건축물
2. 평가항목
   ① 해당건축물에 적용된 설계 기준 및 하중의 적정성
   ② 해당 건축물의 하중저항시스템의 해석 및 설계의 적정성
   ③ 지반조사방법 및 지내력 산정결과의 적정성
   ④ 굴착공사에 따른 지하수위 변화 및 지반 안정성에 관한 사항

기출 건축법상 건축물의 사용승인에 관한 사항 중 가장 부적합한 것은?

㉮ 건축주는 원칙적으로 사용승인을 얻은 후가 아니면 그 건축물을 사용하거나 타인에게 사용하게 할 수 없다.
㉯ 임시사용승인의 기간은 2년 이내로 하되 허가권자는 특별한 경우 그 기간을 연장 할 수 있다.
㉰ 허가권자는 사용승인 신청을 받은 때에는 14일 이내에 사용승인을 위한 검사를 하여야 한다.
㉱ 건축주는 공사감리자를 지정한 경우 공사 감리 완료보고서를 첨부하여 사용승인을 신청하여야 한다.

· **정답 : ㉰**

사용승인 신청일로부터 7일 이내에 사용승인검사를 실시한다.

예상 건축법령상 건축물의 안전영향 평가에 관한 사항 중 가장 부적합한 것은?

㉮ 허가 신청 전에 건축물의 구조안전과 인접대지의 안전에 미치는 영향 등을 평가하는 것이다.
㉯ 초고층 건축물은 안전영향 평가 대상이다.
㉰ 연면적이 10만제곱미터 이상이고 16층 이상인 건축물은 안전영향 평가대상이다.
㉱ 평가시 지반조사방법 및 지내력 산정결과의 적정성은 검토하지 않는다.

· **정답 : ㉱**

평가항목
1) 해당건축물에 적용된 설계 기준 및 하중의 적정성
2) 해당 건축물의 하중저항시스템의 해석 및 설계의 적정성
3) 지반조사방법 및 지내력 산정결과의 적정성
4) 굴착공사에 따른 지하수위 변화 및 지반 안정성에 관한 사항

핵심25 공사감리

(1) 감리보고서의 제출

① 감리보고서 작성 및 제출

건축주는 건축물의 사용승인을 신청하는 때에 중간감리보고서와 감리완료보고서를 공사감리자로부터 받아 허가권자에게 제출하여야 한다.

② 감리중간보고서의 제출시기

구 조	공 정	공사의 진도
· 철근콘크리트구조 · 철골조 · 철골철근콘크리트구조 · 조적조 · 보강콘크리트블록조	기초공사	기초철근배치를 완료한 때
	지붕공사	지붕슬라브 배근을 완료한 때
	3층 이상 건축물	지상 5개 층마다 상부슬래브 배근을 완료한 때(철골조인 경우 지상3개 층마다 또는 높이 20m마다 주요구조부 조립을 완료한때)
· 기타구조	기초공사	거푸집 또는 주춧돌 설치를 완료한 때

(2) 공사감리자의 감리업무

1. 공사시공자가 설계도서에 적합하게 시공하는지 여부확인
2. 공사시공자가 사용하는 건축자재가 기준에 적합한지 여부확인
3. 건축물 및 대지가 관계법령에 적합하도록 시공자 및 건축주 지도
4. 시공계획 및 공사관리의 적정여부 확인
5. 공사현장의 안전관리지도
6. 공정표 검토
7. 상세시공도면의 검토·확인
8. 구조물의 위치와 규격의 적정여부 확인
9. 품질시험의 실시여부 및 시험성과 검토·확인
10. 설계변경의 적정여부 검토·확인
11. 기타 공사감리계약으로 정하는 사항

- 특수구조건축물, 고층건축물의 경우 지상 5개 층마다 상부슬래브 배근이 완료될 때마다 공사감리자는 건축구조기술사의 안전에 관한 협력을 받아야 한다.

(3) 상세시공도면의 작성은 연면적의 합계가 5,000m^2 이상의 경우 시공자가 감리자의 요청에 의하여 작성하여야 한다.

기출 건축법령상 감리중간보고서를 작성하는 시점으로 가장 부적합한 것은?

㉮ 보강콘크리트블럭조 건축물의 지상 5개층 마다 상부슬래브 배근을 완료한 경우
㉯ 조적조 건축물의 지붕슬래브 배근을 완료한 경우
㉰ 철근콘크리트구조 건축물의 기초공사시 철근배치를 완료한 경우
㉱ 철골조 건축물의 지상 5개층마다 또는 높이 25미터 주요구조부의 조립을 완료한 경우

· **정답 : ㉱**

철골조구조의 건축물의 경우에는 지상 3개 층마다 또는 높이 20m마다 주요구조부의 조립을 완료한때에 감리중간보고서를 제출하여야 한다.

예상 건축법상 공사감리자가 수행하여야 하는 감리업무가 아닌 것은?

㉮ 공사현장에서 안전관리지도
㉯ 시공계획 및 공사관리의 적정여부확인
㉰ 상세시공도면의 작성
㉱ 구조물의 위치와 규격의 적정여부 확인

· **정답 : ㉰**

상세시공도면의 작성은 연면적의 합계가 5,000m^2 이상의 경우 시공자가 감리자의 요청에 의하여 작성하여야 할 사항이다.

핵심26 허용오차

대지의 측량(측량, 수로조사 및 지적에 관한 법률에 의한 측량 제외) 과정과 건축물의 건축에 있어 부득이하게 발생하는 오차의 범위는 다음과 같다.

(1) 대지관련 건축기준의 허용오차

항 목	허용되는 오차의 범위
1. 건축선의 후퇴거리	3% 이내
2. 인접건축물과의 거리	
3. 건폐율	0.5% 이내(단, 건축면적 $5m^2$를 초과 할 수 없다.)
4. 용적률	1% 이내(단, 연면적 $30m^2$를 초과 할 수 없다.)

(2) 건축물관련 건축기준의 허용오차

항 목	허용되는 오차의 범위	
1. 건축물의 높이	2% 이내	1m를 초과 할 수 없다.
2. 출구너비		–
3. 반자높이		–
4. 평면길이		·건축물전체길이는 1m를 초과 할 수 없다. ·벽으로 구획된 각 실은 10cm를 초과 할 수 없다.
5. 벽체 두께	3% 이내	–
6. 바닥판두께		–

기출 건축법령상 건축물 관련 건축기준 허용오차 범위로 가장 타당한 것은?

㉮ 건축물의 높이 3% 이내
㉯ 출구너비 2% 이내
㉰ 반자높이 3% 이내
㉱ 벽체두께 2% 이내

· 정답 : ㉯
㉮ 건축물의 높이 2% 이내
㉰ 반자높이 2% 이내
㉱ 벽체두께 3% 이내

기출 건축법령상 대지 및 건축물 관련건축기준의 허용오차 범위로 부적합한 것은?

㉮ 건축선의 후퇴거리 : 3퍼센트 이내
㉯ 건폐율 : 1퍼센트 이내 (건축면적 5제곱미터를 초과할 수 없다.)
㉰ 바닥판 두께 : 3퍼센트 이내
㉱ 출구너비 : 2퍼센트 이내

· 정답 : ㉯
건폐율 : 0.5% 이내
(단, 건축면적 $5m^2$를 초과할 수 없다.)

예상 건축법상 건축물의 높이가 60m인 건축물의 건축에 있어 부득이 하게 발생하는 건축물의 높이에 대한 최대 건축허용오차는 어느 것인가?

㉮ 0.5m ㉯ 1.0m
㉰ 1.2m ㉱ 1.8m

· 정답 : ㉯
건축물의 높이에 대한 허용오차는 다음 값 중 작은 값으로 한다.
1. 높이의 2% 이내 : 60×0.02=1.2m
2. 1m 이하

예상 건축법령상 감리업무를 수행하지 않아도 되는 건축물은?

㉮ 연면적의 합계가 100제곱미터 이하인 건축공사
㉯ 지하층을 포함한 연속된 5개층 이상으로서 바닥면적의 합계가 3천제곱미터 이상인 건축공사
㉰ 아파트 건축공사
㉱ 준다중이용 건축물

· 정답 : ㉮
연면적의 합계가 100제곱미터 이하인 건축공사는 건축신고대상으로 공사감리대상에 포함되지 않는다.

핵심27 업무의 대행

(1) 업무대행 대상

허가권자는 현장조사검사 및 확인업무에 대하여 건축사법에 따라 건축사 업무신고를 한 건축사로 하여금 이를 대행하게 할 수 있다.

대행업무	업무대행자
1. 건축허가 및 건축신고와 관련된 현장조사·검사 및 확인 업무	건축사
2. 사용승인과 관련된 현장조사·검사 및 확인 업무 3. 임시사용 승인과 관련된 현장조사·검사 및 확인 업무	·당해 건축물의 설계자 또는 공사감리자가 아닌 건축사 ·시장 등이 직접 선정할 것

(2) 건축허가서 또는 사용승인서의 교부

허가권자는 업무대행자가 작성한 건축허가 조사 및 검사조서 또는 사용승인조사 및 검사조서를 받은 때에는 지체 없이 건축허가서 또는 사용승인서를 교부하여야 한다.
(단, 승인대상 건축물의 경우에는 도지사의 승인을 얻어 건축허가서를 교부하여야 한다.)

(3) 수수료의 지급

허가권자는 현장조사·검사 및 확인업무에 대행하는 자에게 건축허가 수수료의 범위 안에서 건축조례가 정하는 수수료를 지급하여야 한다.

기출 **건축법령에 의한 현장조사, 검사 및 확인업무의 대행에 관한 설명으로 부적당한 것은?**

㉮ 신고대상 건축물의 '현장조사·검사 및 확인업무'는 건축사가 대행 할 수 없다.
㉯ 허가권자는 업무대행에 의한 사용승인조사 및 검사조서를 받은 때에는 사용승인서를 교부한다.
㉰ '현장조사·검사 및 확인업무'를 대행하는 자에게는 수수료를 지급한다.
㉱ 사용승인서에 관련되는 '현장조사·검사 및 확인업무'는 당해 건축물의 설계자나 감리자가 아닌 건축사가 해야 한다.

· 정답 : ㉮
허가대상 또는 신고대상 건축물에 대해서 건축사에 의한 업무대행이 가능하다.

예상 **건축법상 현장조사·검사 및 확인업무의 대행에 관한 다음 기술 중 가장 부적당한 것은 어느 것인가?**

㉮ 허가권자는 업무대행자가 작성한 건축허가 조사 및 검사조서 또는 사용승인조사 및 검사조서를 받은 때에는 지체 없이 건축허가서 또는 사용승인서를 교부하여야 한다.
㉯ 사용승인서에 관련되는 '현장조사·검사 및 확인업무'는 당해 건축물의 설계자나 감리자가 아닌 건축사가 해야 한다.
㉰ 업무대행을 할 수 있는 자는 건축주로부터 소정의 수수료를 받는다.
㉱ 허가대상 건축물의 '현장조사·검사 및 확인업무'는 건축사가 대행할 수 있다

· 정답 : ㉰
허가권자는 현장조사·검사 및 확인업무에 대행하는 자에게 건축허가 수수료의 범위 안에서 건축조례가 정하는 수수료를 지급하여야 한다.

핵심28 공용건축물

① 정 의	국가 또는 지방자치단체가 시행하는 건축물을 말한다.
② 하가·신고	국가 또는 지방자치단체가 건축물 소재지 관할 허가권자와 협의함으로써 허가·신고를 받은 것으로 한다.
③ 공사완료	협의한 건축물의 공사가 완료된 경우 지체없이 허가권자에게 공사완료 사실을 통보하여야 한다.

기출 공용건축물을 건축하고자 할 때 허가권자와 협의한 경우 건축법상 특례가 적용되는 것은?

㉮ 건축허가 및 신고 ㉯ 설계도서제출
㉰ 공사감리자 선정 ㉱ 착공신고

· 정답 : ㉮

공용건축물에 대한특례
1) 건축허가 및 신고 : 협의
2) 사용승인 : 생략

예상 공용건축물을 건축하고자 할 때 다음 사항 중 생략하여도 되는 것은?

㉮ 사용승인 ㉯ 착공신고
㉰ 공사감리자 선정 ㉱ 설계도서제출

· 정답 : ㉮

공용건축물에 대한특례
1) 건축허가 및 신고 : 협의
2) 사용승인 : 생략

핵심29 건축지도원

특별자치시장·특별자치도지사·시장·군수·구청장은 건축법 또는 건축법의 규정에 의한 명령이나 처분에 위반되는 건축물의 발생을 예방하고 적법한 유지·관리를 지도하기 위해 건축조례로 정한 기준에 따라 건축지도원을 지정할 수 있다.

① 자격	·특별자치시, 특별자치도 또는 시·군·구에 근무하는 건축직렬 공무원 ·건축에 관한 학식이 풍부한 자로서 조례에 정하는 자격을 갖춘 자
② 업무	·건축신고를 한 건축물의 시공지도와 위법시공여부 확인, 지도 및 단속 ·건축물의 대지, 높이 및 형태, 구조안전, 화재안전, 건축설비 등이 법령에 적합하게 유지 관리 되는지의 확인, 지도 및 단속 ·허가·신고를 하지 않고 건축하거나 용도 변경한 건축물의 단속

기출 건축지도원의 업무가 아닌 것은?

㉮ 건축신고를 하고 건축 중에 있는 건축물의 시공지도와 위법시공 여부의 확인, 지도 및 단속
㉯ 건축설비 등의 법령 등에 적합하게 유지, 관리되고 있는지의 확인, 지도 및 단속
㉰ 허가를 받지 아니하거나 신고를 하지 아니하고 건축하거나 용도변경한 건축물의 단속
㉱ 허가를 받지 아니하거나 신고를 하지 아니하고 시행한 건축물의 철거, 멸실

· 정답 : ㉱

건축물의 철거와 멸실 처분은 허가권자의 단독권한이다.

예상 건축법상 건축지도원의 업무가 아닌 것은?

㉮ 건축허가를 받고 건축 중에 있는 건축물의 시공계획 및 공사관리의 지도
㉯ 신고를 하지 않고 건축하거나 용도 변경한 건축물의 단속
㉰ 건축설비 등이 법령에 적합하게 유지 관리 되는 지의 확인
㉱ 건축물의 대지, 높이 및 형태, 구조안전, 화재안전, 등이 법령에 적합하게 유지 관리 되는지의 확인

· 정답 : ㉮

건축신고를 한 건축물의 시공지도와 위법시공여부 확인, 지도 및 단속이다.

핵심30 건축물의 유지관리, 건축물대장

(1) 건축물의 유지관리

1) 점검의 구분

정기점검 : 사용승인일로부터 10년이 지난 날 이후, 수시점검일로부터 : 2년마다 실시

수시점검 : 재난 등으로부터 건축물의 안전을 확보하기 위하여 필요한 때 실시

2) 점검대상

① 다중이용건축물

② 연면적 합계 3,000m² 이상인 집합건축물 (의무관리를 받는 공동주택 제외)

③ 준다중 이용건축물 중 특수구조건축물

④ 다중이용업 건축물로서 해당 지방자치단체 건축조례로 정한 건축물

(2) 건축물 대장

1) 건축물대장의 기재 및 보관의 목적

특별자치시장·특별자치도지사·시장·군수·구청장은 다음의 목적을 위하여 건축물 대장을 영구히 보관하여야 한다.

① 건축물의 소유, 이용 상태를 확인 ② 건축정책의 기초자료로 활용

2) 건축물대장의 기재 및 보관 대상

① 건축물의 사용승인서를 교부한 경우

② 건축허가 대상건축물(신고대상건축물 포함)외의 건축물의 공사를 완료 한 후 기재의 요청이 있는 경우

③ 가옥대장의 신규 및 변경등록 신청이 있는 경우(집합건축물의 소유 및 관리규정에 의함)

④ 건축물의 소유자가 건축물관리대장 기타 이와 유사한 공부를 법에 의한 건축물대장으로서의 이기 신청이 있는 경우 (단, 법 시행일 전에 법령 등의 규정에 적합하게 건축되고 유지관리된 건축물에 한함)

⑤ 기재내용이 변경이 필요한 경우로서 국토교통부령으로 정하는 경우

3) 건축물대장의 작성단위

건축물 1동을 단위로 하여 동일 대지내의 각 건축물 마다 작성한다.

예외) 부속 건축물은 주 건축물에 포함하여 작성

기출 건축법령상 다중이용 건축물의 유지 · 관리에 관한 내용으로 ( ) 안에 적합한 것은?

> 건축물의 소유자나 관리자는 해당건축물의 (㉠)을 기준으로 (㉡)년이 지난날부터 (㉢)년마다 한번 정기점검을 실시하여야 한다. 다만, 「주택법」 제 43조의 3제 2호에 따라 안전점검을 실시한 경우에는 해당 주기의 정기점검을 생략할 수 있다.

㉮ ㉠-공사완료일 ㉡-5 ㉢-1

㉯ ㉠-사용승인일 ㉡-5 ㉢-1

㉰ ㉠-공사완료일 ㉡-10 ㉢-2

㉱ ㉠-사용승인일 ㉡-10 ㉢-2

· 정답 : ㉱

사용승인일로부터 10년이 되는 날 또는 수시점검이로부터 2년마다 정기점검을 실시하여야 한다.

예상 건축법상 다음 괄호 안에 들어갈 내용으로 가장 적합한 것은?

> (A)· 시장· 군수· 구청장은 다음의 목적을 위하여 건축물 대장을 (B) 보관하여야 한다.

㉮ A : 특별자치시장·특별자치도지사, B : 영구히

㉯ A : 도지사, B : 10년

㉰ A : 국토해양부장관, B : 7년

㉱ A : 서울특별시장, B : 5년

· 정답 : ㉮

특별자치시장·특별자치도지사·시장·군수·구청장은 건축물 대장을 영구히 보관하여야 한다.

핵심31 대 지

(1) 대지의 정의

건축물의 건축이 가능한 토지로서 공간정보의 구축 및 관리에 관한 법률에 의하여 각 필지로 나눈 토지를 기본단위로 한다.

(2) 대지의 예외적 인정범위

1) 2필지 이상을 하나의 대지로 보는 경우

① 하나의 건축물을 2필지 이상에 걸쳐 건축하는 경우 : 그 건축물이 건축되는 각 필지의 토지를 합한 토지

② 공간정보의 구축 및 관리에 관한 법률에 의한 합병이 불가능한 경우 중 다음에 해당하는 경우 : 그 합병이 불가능한 필지의 토지를 합한 토지

1. 각 필지의 지번지역이 서로 다른 경우
2. 각 필지의 도면이 축척이 다른 경우
3. 상호 인접하고 있는 필지로서 각 필지의 지반이 연속되지 아니한 경우

예외 : 토지의 소유자가 서로 다르거나 소유권외의 권리관계가 서로 다른 경우 : 하나의 대지로 보지 않는다.

③ 국토의 계획 및 이용에 관한 법률규정에 의한 도시·군 계획시설에 해당되는 건축물을 건축하는 경우 : 당해 도시·군 계획시설이 설치되는 일단의 토지

④ 주택법 규정에 의하여 사업계획승인을 얻어 주택과 그 부대시설 및 복리시설을 건축하는 경우 : 주택법 규정에 의한 주택단지

⑤ 도로의 지표 하에 건축하는 건축물의 경우 : 허가권자가 당해 건축물이 건축되는 토지로 정하는 토지

⑥ 건축법 규정에 의한 사용승인을 신청 시 2 이상의 필지를 하나의 필지로 합필할 것을 조건으로 하여 건축허가를 하는 경우 : 그 합필대상이 되는 토지

기출 **대지의 정의로 가장 부적당한 것은?**

㉮ 공간정보의 구축 및 관리 등에 관한 법률에 의하여 각 필지로 구획된 토지
㉯ 필지의 지번지역이 서로 다른 소유주가 다른 토지를 합한 토지
㉰ 하나의 건축물을 2필지에 걸쳐 건축 된 토지를 합한 토지
㉱ 도시·군 계획시설에 해당하는 건축물을 건축하는 일단의 토지

· **정답** : ㉯

소유자가 다른 각각의 필지를 합하여 하나의 대지로 인정할 수 없다.

예상 **건축법령에서 "대지"라는 용어를 정의한 근본 취지에 가장 적합한 것은 다음 중 어느 것인가?**

㉮ 대지의 안전 ㉯ 대지의 형태
㉰ 대지의 범위 ㉱ 토지의 지목

· **정답** : ㉰

건축법의 대지는 공간정보의 구축 및 관리 등에 관한 법률에 의한 토지의 사용목적인 지목으로서의 대와 달리 건축법령의 대지로서의 기준에 적합하여 건축물의 건축이 가능한 일단의 토지범위를 지칭한다.

예상 **건축법령상 대지에 관한 설명 중 하나 이상의 필지의 일부를 하나의 대지로 할 수 있는 토지가 아닌 것은?**

㉮ 「농지법」 규정에 의하여 하나 이상의 필지 일부에 대하여 농지전용허가를 받은 경우 그 허가 받은 부분의 토지
㉯ 「산지관리법」 규정에 의하여 하나 이상의 필지 일부에 대하여 농지전용허가를 받은 경우 그 허가 받은 부분의 토지
㉰ 착공신고 신청 때 분필할 것을 조건으로 하여 건축허가를 하는 경우 그 분필 대상이 되는 토지
㉱ 「국토의 계획 및 이용에 관한 법률」 규정에 의하여 하나 이상의 필지 일부에 대하여 개발행위 허가를 받은 경우 그 허가 받은 부분의 토지

· **정답** : ㉰

착공신고 신청 때 분필할 것을 조건으로 하여 건축허가를 하는 경우 그 분필 대상이 되는 토지가 아니라 사용승인 신청 때 분필할 것을 조건으로 하여 건축허가를 하는 경우 그 분필 대상이 되는 토지의 경우가 해당된다.

핵심32 대지의 안전

(1) 대지의 안전

① 대지는 이와 인접하는 도로면보다 낮아서는 아니된다.
예외 : 대지안의 배수에 지장이 없거나 건축물의 용도상 방습의 필요가 없는 경우

② 습한 토지, 물이 나올 우려가 많은 토지 또는 쓰레기 기타 이와 유사한 것으로 매립 된 토지에 건축물을 건축하는 경우에는 성토, 지반의 개량 기타 필요한 조치를 하여야 한다.

③ 대지에는 빗물 및 오수를 배출하거나 처리하기 위하여 필요한 하수관, 하수구, 저수 탱크 기타 이와 유사한 시설을 하여야 한다.

(2) 옹벽의 설치

손궤의 우려가 있는 토지에 대지를 조성할 경우 옹벽의 설치 등 필요한 조치를 하여야 함.
예외) 건축사 또는 국가기술자격법에 의한 건축구조기술사에 의하여 당해 토지의 구조안전이 확인되는 경우 제외

① 성토·절토하는 부분의 경사도가 1 : 1.5 이상으로서 높이가 1m 이상인 부분에는 옹벽을 설치하여야 한다.

② 높이 2m 이상인 옹벽의 경우에는 콘크리트구조로 하여야 한다.
단, 옹벽에 관한 기술적 기준에 적합한 경우에는 그러하지 않다.

③ 옹벽의 외벽 면에는 옹벽의 지지 또는 배수를 위한 시설외의 구조물이 밖으로 튀어나오지 않아야 한다.

(3) 옹벽에 관한 기술적 기준

1. 옹벽에는 $3m^2$마다 하나 이상의 배수구멍을 설치하여야 하고, 옹벽의 위 가장자리로부터 2m 이내에서의 지표수는 지상으로 또는 배수관으로 배수하여 옹벽의 구조상 지장이 없도록 할 것
2. 옹벽의 위 가장자리로부터 건축물의 외벽 면까지의 거리
1층 : (1.5m 이상), 2층 : (2m 이상), 3층 이상 : (3m 이상)

기출 건축법령상 대지의 안전에 관한 설명 중 부적합한 것은?

㉮ 성토부분의 높이는 대지안전에 지장이 없는 한 인접대지의 지표면 보다 0.5미터이상 높게 하여서는 안된다.
㉯ 성토 또는 절토하는 부분의 경사도가 1:1.5이상으로서 높이가 1미터 이상인 부분에는 옹벽을 설치하여야 한다.
㉰ 옹벽의 윗 가장자리로부터 안쪽으로 2미터이내에 묻는 배수관은 주철관 및 강관으로 한다.
㉱ 옹벽에는 $5m^2$ 마다 하나 이상의 배수구멍을 설치하여야 한다.

· **정답** : ㉱
옹벽면적 $3m^2$ 마다 하나 이상의 배수구멍을 설치하여야 한다.

예상 건축법상 4층 이상일 때 옹벽의 위 가장자리로부터 건축물의 외벽 면까지의 거리로서 적당한 것은?

㉮ 1m　　㉯ 2m
㉰ 3m　　㉱ 4m

· **정답** : ㉰
옹벽의 위 가장자리로부터 건축물의 외벽 면까지의 거리
1층 : (1.5m 이상), 2층 : (2m 이상),
3층 이상 : (3m 이상)

예상 건축법상 옹벽의 높이가 얼마 이상일 때 콘크리트 구조로 하여야 하는가?

㉮ 1m　　㉯ 2m
㉰ 3m　　㉱ 4m

· **정답** : ㉯
높이 2m 이상인 경우에는 콘크리트구조로 하여야 한다.

핵심33 대지의 조경

(1) 대지안의 조경대상

구 분	내 용	
① 원칙	적용면적	대지면적 $200m^2$ 이상
	적용기준	건축주는 건축물의 용도 및 건축물의 규모에 따라 건축조례가 정하는 기준에 따라 설치하여야 한다.
② 예외	1. 녹지지역에 건축하는 건축물 2. 공장 · $5,000m^2$ 미만인 대지에 건축하는 경우, 연면적의 합계가 $1,500m^2$ 미만인 경우 · 산업단지에 건축하는 경우 3. 대지에 염분이 함유되어 있는 경우 4. 건축물의 용도 특성상 조경조치를 하기가 곤란하거나 불합리한 경우로서 건축조례가 정하는 건축물 5. 축사 6. 가설건축물 7. 연면적의 합계가 $1,500m^2$ 미만인 물류시설(주거지역, 상업지역에 건축하는 것은 제외) 8. 건축조례로 정하는 다음의 건축물 · 관광지, 관광단지 또는 관광·휴양형 지구단위구역 내 관광시설 · 전문휴양업시설, 종합휴양업시설·골프장 9. 국토의 계획 및 이용에 관한 법에 의한 자연환경보전지역, 농림지역, 관리지역(지구단위계획구역 제외)	

(2) 옥상조경면적의 인정기준

① 건축물의 옥상에 조경을 한 경우 : 옥상조경면적의 2/3를 대지안의 조경면적으로 산정한다.

② 대지안의 조경면적으로 산입되는 옥상조경 최대인정면적 : 전체조경 면적의 50% 이내로 한다.

기출 건축법령상 조경 등의 조치를 하여야 하는 건축물로서 적합한 것은?

㉮ 녹지지역에 건축하는 건축물
㉯ 연면적의 합계가 1천제곱미터인 공장
㉰ 축사
㉱ 면적 $6,000m^2$인 대지에 건축하는 공장

· 정답 : ㉱
면적 $5,000m^2$ 미만인 대지에 건축하는 공장의 경우 조경을 하지 아니할 수 있다.

기출 건축법상 조경 등의 조치를 해야 하는 건축물로서 가장 적합한 것은?

㉮ 축사
㉯ 연면적의 합계가 2,000제곱미터인 공장
㉰ 녹지지역에 건축하는 건축물
㉱ 면적 $5,000m^2$ 미만인 대지에 건축하는 공장

· 정답 : ㉯
연면적의 합계가 1,500제곱미터 미만인 공장의 경우 제외된다.

예상 건축법상 대지안의 조경을 의무적으로 조치하여야 하는 기준면적 $200m^2$ 이상은 다음 중 어느 것인가?

㉮ 건축면적
㉯ 연면적
㉰ 대지면적
㉱ 각 층 바닥면적

· 정답 : ㉰
대지면적 $200m^2$ 이상을 기준으로 하여 적용한다.

예상 2,000제곱미터의 대지의 의무조경면적이 15%인 건축물을 신축하는 경우 옥상에 조경면적을 300제곱미터 시공하였다면 지표면에 필요한 최소 조경면적으로 가장 적합한 것은?

㉮ $120m^2$ ㉯ $130m^2$
㉰ $140m^2$ ㉱ $150m^2$

· 정답 : ㉱
조경기준면적 $2.000\times0.15=300m^2$
옥상조경면적 $300\times2/3=200 \rightarrow 150m^2$ 인정
$300-150=150$

핵심34 공개공지

(1) 공개공지 확보대상

대상지역	용 도	규 모
·일반주거지역 ·준주거지역 ·상업지역 ·준공업지역 ·특별자치시장·특별자치도지사·시장·군수·구청장이 도시화의 가능성이 크다고 인정하여 지정·공고하는 지역	·문화 및 집회시설 ·판매시설(농·수산물 유통시설은 제외) ·업무시설 ·숙박시설 ·종교시설 ·운수시설(여객용 시설만 해당)	용도바닥면적의 합계 5,000m² 이상
	·다중이 이용하는 시설로서 건축조례가 정하는 건축물	

(2) 공개공지 설치기준

① 공개공지 확보면적

대지면적의 10% 범위 안에서 건축조례로 정한다.

② 공개공지에 확보해야 하는 시설

- 공개공지 또는 공개공간에는 긴의자·파고라 등 공중이 이용할 수 있는 시설로서 건축 조례로 정하는 시설을 설치하여야 한다.(공개공지는 피로티의 구조로 설치할 수 있다.)
- 연간 60일 이내의 기간 동안 문화행사 등을 할 수 있다.

③ 건축기준의 완화

건축조례가 정하는 범위 안에서 용적률, 건축물 높이제한을 1.2배 범위 안에서 완화하여 적용할 수 있다.

기출 건축법령상 공개공지 또는 공개공간을 설치하여야 하는 지역은?(단, 지방자치단체에서 지정공고하는 지역은 제외한다.)

㉮ 일반주거지역 ㉯ 전용주거지역
㉰ 일반공업지역 ㉱ 자연녹지지역

· 정답 : ㉮
대상지역 : 일반주거지역, 준주거지역, 상업지역, 준공업지역

기출 건축법령상 공개공지에 관한 규정 중 가장 부적합한 것은?

㉮ 준주거지역 내에서 해당용도로 쓰이는 바닥면적 5천제곱미터 이상인 종교시설은 공개공지를 설치하여야 한다.
㉯ 공개공지면적은 대지면적의 100분의 10이하의 범위에서 건축조례로 정한다.
㉰ 공개공지를 설치할 경우 해당지역에 적용하는 용적률과 건축물에 적용하는 높이기준의 1.2배 이하까지 완화 받을 수 있다.
㉱ 공개공지 등에는 연간 90일 이내의 기간동안 건축조례로 정하는 바에 따라 주민들을 위한 문화행사를 열 수 있다.

· 정답 : ㉱
공개공지는 연간 60일 이내의 기간에서 문화행사 등의 용도로 사용할 수 있다.

예상 건축법상 건축물의 대지에 적법한 공개공지 확보 시 건축물에 적용되는 완화규정인 것은?

㉮ 대지안의 조경
㉯ 건축물의 허용오차
㉰ 건축물의 높이제한
㉱ 대지의 분할제한

· 정답 : ㉰
건축조례가 정하는 범위 안에서 용적률, 건축물 높이제한을 1.2배 범위 안에서 완화하여 적용할 수 있다.

예상 건축법상 공개공지 설치기준에서 공개공지확보면적은 다음 중 어느 것인가?

㉮ 대지면적의 5%
㉯ 대지면석의 7%
㉰ 대지면적의 10%
㉱ 대지면적의 15%

· 정답 : ㉰
공개공지 확보 면적은 대지면적의 10%범위 안에서 건축조례로 정한다.

핵심35 대지와 도로와의 관계

(1) 대지가 도로에 접하는 길이의 원칙

건축물의 대지는 2m 이상을 도로(자동차 전용도로 제외)에 접하여야 한다.

예외 ; 1. 당해 건축물의 출입에 지장이 없다고 인정되는 경우

2. 건축물 주위에 광장·공원·유원지 등과 관계법령에 의하여 건축이 금지되고 공중의 통행에 지장이 없는 공지로서 허가권자가 인정한 것에 접한 경우

(2) 대지가 도로에 접하는 길이의 강화

연면적의 합계가 2,000m² 이상인 건축물(공장의 경우 3,000m² 이상)의 대지는 너비 6m 이상의 도로(자동차 전용도로 제외)에 4m 이상을 접하여야 한다. (예외 : 축사, 작물재배사, 조례로 정한 건축물의 경우)

· 막다른 도로의 경우

막다른 도로의 길이	도로의 너비
10m 미만	2m 이상
10m 이상 35m 미만	3m 이상
35m 이상	6m(도시지역이 아닌 읍·면 지역에서는 4m) 이상

기출 연면적의 합계가 2,000m² 이상인 건축물의 대지가 도로에 접하여야 하는 필요사항인 것은?

㉮ 너비 4m 이상인 도로에 2m 이상
㉯ 너비 4m 이상인 도로에 3m 이상
㉰ 너비 6m 이상인 도로에 4m 이상
㉱ 너비 8m 이상인 도로에 6m 이상

· 정답 : ㉰

연면적의 합계가 2,000m² 이상(공장의 경우 3,000m² 이상)인 건축물의 대지는 너비 6m 이상의 도로(자동차 전용도로 제외)에 4m 이상을 접하여야 한다.

기출 건축법령상 막다른 도로에 대한 설명으로 가장 부적합한 것은?

㉮ 막다른 도로의 길이가 10미터 미만인 경우 그 도로의 너비는 2미터 이상이어야 한다.
㉯ 막다른 도로의 길이가 10미터 이상 35미터 미만인 경우 그 도로의 너비는 3미터 이상이어야 한다.
㉰ 도시지역이 아닌 읍이나 면지역에서 막다른 도로의 길이가 35미터 이상인 경우 그 도로의 너비는 4미터 이상이어야 한다.
㉱ 도시지역에서 막다른 도로의 길이가 35미터 이상인 경우 그 도로의 너비는 5미터 이상이어야 한다.

· 정답 : ㉱

도시지역에서 막다른 도로의 길이가 35미터 이상인 경우 그 도로의 너비는 6미터 이상이어야 한다.

예상 건축법상 대지와 도로와의 관계에 관한 기준으로 가장 부적당한 것은 다음 중 어느 것인가?

㉮ 건축물의 대지는 2m 이상을 도로에 접해야 한다.
㉯ 대지가 광장 등에 접하여 허가권자가 인정한 경우 건축물의 대지는 2m 이상을 도로에 접하지 않아도 된다.
㉰ 대지가 유원지 등에 접하여 허가권자가 인정한 경우 건축물의 대지는 2m 이상을 도로에 접하지 않아도 된다.
㉱ 연면적의 합계가 2,000m² 이상인 건축물의 대지는 너비 6m 이상의 도로(자동차 전용도로 제외)에 3m 이상을 접하여야 한다.

· 정답 : ㉱

연면적의 합계가 2,000m² 이상(공장의 경우 3,000m² 이상)인 건축물의 대지는 너비 6m 이상의 도로(자동차 전용도로 제외)에 4m 이상을 접하여야 한다.

예상 건축법상 막다른 도로의 길이가 10m일 때 건축법에서 요구하는 도로의 기준 폭으로 적당한 것은?

㉮ 1m ㉯ 2m
㉰ 3m ㉱ 4m

· 정답 : ㉰

10m 이상 35m 미만인 경우에는 3m 이상을 기준 폭으로 한다.

핵심36 건축선의 지정

(1) 건축선의 정의

건축선(도로에 접한 부분에 있어서 건축물을 건축할 수 있는 선)은 원칙적으로 대지와 도로의 경계선으로 한다.)

(2) 소요너비에 미달되는 도로의 건축선

조 건	건축선
① 도로 양쪽에 대지가 있을 때	미달되는 도로의 중심선에서 소요너비의 1/2 수평거리를 후퇴한 선
② 도로의 반대쪽에 경사지·하천·철도·선로부지 등이 있을 때	경사지 등이 있는 쪽의 도로 경계선에서 소요너비에 필요한 수평거리를 후퇴한 선

(3) 도로모퉁이에서의 건축선

교차되는 너비 8m 미만인 도로의 모퉁이에 위치한 대지의 도로모퉁이 부분의 건축선은 도로경계선의 교차점으로부터 도로경계선에 따라 다음 표에 의한 거리를 후퇴한 2점을 연결한 선으로 한다.

도로의 교차각	교차되는 도로의 너비	8 〉D ≧ 6	6 〉D ≧ 4
90° 미만	8 〉W ≥ 6	4m	3m
	6 〉W ≥ 4	3m	2m
90° 이상 120° 미만	8 〉W ≥ 4	3m	2m
	6 〉W D ≥ 4	2m	2m

(4) 지정 건축선

① 특별자치시장, 특별자치도지사, 시장, 군수, 구청장은 도시지역 안에서는 4m의 범위 안에서 건축선을 따로 정할 수 있다.

② 특별자치시장, 특별자치도지사, 시장, 군수, 구청장이 건축선을 따로 지정하고자 하는 때에는 미리 그 내용을 30일 이상 공고하여야 한다.

③ 공고한 내용에 대하여 의견이 있는 자는 공고기간 내에 특별자치시장, 특별자치도지사 또는 시장, 군수, 구청장에게 의견을 제출할 수 있다.

기출 **건축법령상 도로모퉁이 대지에서 건축선 후퇴에 관한 규정을 적용받지 아니한 것은 어느 것인가?**

㉮ 교차하는 2개도로의 폭이 각각 6미터, 7미터인 경우
㉯ 교차하는 2개도로의 폭이 각각 5미터, 5미터인 경우
㉰ 교차하는 2개도로의 폭이 각각 7미터, 9미터인 경우
㉱ 교차하는 2개도로의 폭이 각각 4미터, 6미터인 경우

· 정답 : ㉰

교차하는 도로 중 어느 한 도로의 폭이 4m 미만이거나 8m 이상인 경우에는 도로모퉁이에서의 건축선 지정을 규제하지 않는다.

예상 **건축법상 도시지역 안에서 시가지 정비를 위하여 기준 폭이 확보된 도로경계선으로부터 후퇴하여 건축선을 지정할 수 있는 범위로 가장 적당한 것은 다음 중 어느 것인가?**

㉮ 1m 이내
㉯ 2m 이내
㉰ 3m 이내
㉱ 4m 이내

· 정답 : ㉱

도시지역 안에서는 4m의 범위 안에서 건축선을 따로 정할 수 있다.

핵심37 건축선에 의한 건축제한

(1) 건축물 및 담장
건축선의 수직면을 넘어서는 안 된다. 예외 : 지표 하에서는 예외

(2) 출입구·창문 등의 구조
도로면으로부터 높이 4.5m 이하에 있는 출입구·창문 등의 구조물은 개폐 시에 건축선의 수직면을 넘는 구조로 할 수 없다.

기출 건축법령상 건축선에 관한 규정 중 가장 부적합한 것은?

㉮ 도로면으로부터 높이 4.5m 이하에 있는 출입구 등을 열고 닫을 때 건축선의 수직면을 넘지 않아야 한다.
㉯ 일반적으로 대지와 도로의 경계선이 건축선이다.
㉰ 건축물의 담장은 건축물의 수직면을 넘을 수 있다.
㉱ 6m도로와 4m 도로가 직각으로 교차하는 대지의 도로모퉁이 부분은 도로경계선의 교차점으로부터 2미터를 각각 후퇴한 두점을 연결한 선을 건축선으로 한다.

· **정답 : ㉰**
건축물의 담장은 건축물의 수직면을 넘을 수 없다.

예상 건축법령상 건축선에 대한 설명으로 가장 부적합한 것은?

㉮ 도로에 접한 부분에 건축물을 건축할 수 있는 선을 말한다.
㉯ 시장 · 군수 · 구청장은 대통령령으로 정하는 범위에서 건축선을 따로 지정할 수 있다.
㉰ 건축물과 담장은 건축선의 수직면을 넘어서는 아니 된다.
㉱ 도로면으로부터 높이 4.5m 이하에 있는 창문은 열고 닫을 때 건축선의 수직면을 넘을 수 있다.

· **정답 : ㉱**
건축선에 의한 건축제한
도로면으로부터 높이 4.5m 이하에 있는 출입구·창문 등의 구조물은 개폐 시에 건축선의 수직면을 넘는 구조로 할 수 없다.

핵심38 구조내력

(1) 구조계산에 의한 구조안전 확인 대상 건축물

구 분	구조계산을 요하는 건축물	구조계산자의 자격
1. 연면적	200m² 이상(목구조의 경우 500m² 이상이며, 창고, 축사, 작물재배사 제외)	건축사
2. 층 수	2층 이상(기둥과 보가 목재인 목구조의 경우에는 3층 이상)	
3. 건축물의 높이	13m 이상	
4. 처마높이	9m 이상	
5. 경간	10m 이상	
6. 중요도 특 또는 중요도1의 건축물		
7. 국가적 문화유산으로서 보존가치가 있는 연면적 합계 5,000m² 이상인 박물관, 기념관 등		
8. 한쪽 끝은 고정되고 다른 끝은 지지되지 아니한 구조로 된 보, 차양 등이 외벽의 중심선으로부터 3m 이상 돌출된 건축물		
9. 특수한 설계, 시공 등이 필요한 건축물로서 국토교통부장관이 고시하는 건축물		
10. 단독주택 및 공동주택 예외: 표준설계도서에 따른 건축물		

(2) 건축구조 기술사 등의 협력대상 건축물

대 상
1. 6층 이상인 건축물
2. 특수구조건축물 : 경간 20m 이상 건축물, 보, 차양 등의 내민길이 3m 이상 건축물
3. 다중이용건축물 4. 준다중이용건축물 5. 3층 이상인 필로티 형식의 건축물
6. 지진구역1의 중요도(특)인 건축물

기출 **건축법령상 착공신고시 구조안전확인서류를 허가권자에게 의무적으로 제출해야 하는 건축물이 아닌 것은?**

㉮ 높이가 10m인 음식점
㉯ 연면적이 600제곱미터인 주택
㉰ 기둥과 기둥사이거리가 15미터인 도서관
㉱ 처마높이가 10미터인 상점

· **정답** : ㉮
구조안전확인 대상 건축물
1. 2층 이상 건축물
2. 연면적 200제곱미터 이상 건축물
3. 건축물높이 13미터 이상 등

예상 **건축법상 구조기술사 등의 협력대상건축물에 해당되는 범위가 아닌 것은 어느 것인가?**

㉮ 층수가 6층 이상인 건축물
㉯ 경간 20m 이상인 건축물
㉰ 다중이용건축물
㉱ 내민 구조의 차양길이가 4m 이상인 건축물

· **정답** : ㉱
건축구조기술사 협력대상 건축물
1. 6층 이상 건축물
2. 특수구조 건축물
 1) 경간 20m 이상 건축물
 2) 보, 차양 등의 내민길이 3m 이상 건축물
3. 다중이용 건축물
4. 준다중이용건축물
5. 3층 이상인 필로티 형식의 건축물
6. 지진구역1의 중요도 (특)에 해당되는 건축물

핵심39 거실의 시설기준

(1) 거실 반자 높이

거실의 용도	반자높이	그외규정
모든 건축물	2.1m 이상	공장, 창고시설, 위험물저장 및 처리시설, 동물 및 식물관련시설, 자원순환처리시설, 묘지관련시설은 제외
문화 및 집회시설(전시장, 동·식물원제외), 종교시설, 장례식장, 유흥주점 : 바닥면적 200m² 이상인 관람석, 집회실	4.0m 이상 (단 노대 밑 부분은 2.7m 이상)	기계 환기장치를 설치한 경우는 예외

(2) 채광 및 환기

건축물의 용도	구 분	창문 등의 면적	예 외
· 주택의 거실 · 학교의 교실 · 의료시설의 병실 · 숙박시설의 객실	채광	거실바닥면적의 1/10 이상	기준조도 이상의 조명장치를 설치한 경우
	환기	거실바닥면적의 1/20 이상	기계 환기장치 및 중앙관리방식의 공기조화설비를 설치하는 경우

비고 : 수시로 개방할 수 있는 미닫이로 구획된 2개의 거실은 거실의 채광 및 환기를 위한 규정을 적용함에 있어서 이를 1개의 거실로 본다.

기출 **건축법령상 거실의 채광 및 환기를 위한 창문 등이나 설비를 설치해야 하는 대상이 아닌 것은?**

㉮ 의료시설의 수술실
㉯ 학교의 교실
㉰ 숙박시설의 객실
㉱ 단독주택의 거실

· **정답** : ㉮
의료시설의 병실은 건축법령상 거실의 채광 및 환기를 위한 창문이나 설비를 설치해야 하는 대상에 해당되지만, 의료시설의 수술실은 해당하지 않는다.

예상 **건축법상 거실의 규정에 대한 기술 중 가장 부적당한 것은 다음 중 어느 것인가?**

㉮ 학교의 거실은 거실바닥면적의 1/10 이상으로 채광면적을 설치하여야 한다.
㉯ 의료시설의 병실은 거실바닥면적의 1/10 이상으로 채광면적을 설치하여야 한다.
㉰ 숙박시설의 객실은 거실바닥면적의 1/20 이상으로 환기면적을 설치하여야 한다.
㉱ 수시로 개방할 수 있는 미닫이로 구획된 2개의 거실은 각각의 거실로 본다.

· **정답** : ㉱
수시로 개방할 수 있는 미닫이로 구획된 2개의 거실은 거실의 채광 및 환기를 위한 규정을 적용함에 있어서 이를 1개의 거실로 본다.

핵심40 지하층

(1) 지하층의 구조기준

바닥면적 규모	구조기준
① 거실바닥면적 $50m^2$ 이상인 층	직통계단 외에 피난층 또는 지상으로 통하는 비상탈출구 및 환기통 설치 (예외 : 직통계단이 2 이상 설치되어 있는 경우)
② 거실바닥면적 $50m^2$ 이상인 · 2종근린생활시설(공연장, 단란주점, 당구장, 노래연습장) · 문화 및 집회시설(예식장, 공연장) · 수련시설(생활권수련시설, 자연권수련시설) · 숙박시설(여관, 여인숙) · 위락시설(단란주점, 유흥주점) · 다중이용업	직통계단을 2개소 이상 설치
③ 거실 바닥면적의 합계가 $1,000m^2$ 이상인 층	환기설비설치
④ 바닥면적 $1,000m^2$ 이상인 층	피난층 또는 지상으로 통하는 직통계단을 방화구획으로 구획하는 각 부분마다 1 이상의 피난계단 또는 특별피난계단 설치
⑤ 바닥면적 $300m^2$ 이상인 층	식수공급을 위한 급수전을 1개소 이상 설치

(2) 비상탈출구 구조기준

비상탈출구	구조기준
① 비상탈출구의 크기	유효너비 0.75m 이상으로 하고, 유효 높이는 1.5m 이상으로 할 것
② 비상탈출구의 구조	피난방향으로 열리도록 하고, 실내에서 항상 열 수 있는 구조로 하며, 내부 및 외부에는 비상탈출구 표시를 할 것
③ 비상탈출구의 설치	출입구로부터 3m 이상 떨어진 곳에 설치할 것
④ 지하층의 바닥으로부터 비상탈출구의 하단까지가 높이 1.2m 이상이 되는 경우	벽체에 발판의 너비가 20cm 이상인 사다리를 설치할 것
⑤ 피난통로의 유효너비	0.75m 이상으로 하고, 피난통로의 실내에 접하는 부분의 마감과 바탕은 불연재료로 할 것

기출 건축법령상 지하층의 구조 및 설비기준에 관한 설명 중 가장 부적합한 것은?

㉮ 거실의 바닥면적이 1천제곱미터 이상인 층에는 환기설비를 설치할 것

㉯ 모든 주택의 지하층에는 비상탈출구를 반드시 설치할 것

㉰ 지하층 비상탈출구의 유효너비는 0.75m이상, 유효높이는 1.5m 이상으로 할 것

㉱ 지하층의 바닥면적이 $300m^2$ 이상인 층에는 식수공급을 위한 급수전을 1개소 이상 설치할 것

· 정답 : ㉯

거실바닥면적이 50제곱미터 이상인 경우에는 비상탈출구를 설치한다. (직통계단 2개소 이상인 경우는 예외)

예상 건축법상 건축물에 설치하는 지하층의 구조 및 설비기준으로 가장 부적당한 것은?

㉮ 거실바닥면적의 합계가 $500m^2$ 이상인 층에 환기설비를 설치할 것

㉯ 지하층 비상탈출구의 유효너비는 0.75m이상, 유효높이는 1.5m 이상으로 할 것

㉰ 비상탈출구는 출입구로부터 3m 이상 떨어진 곳에 설치할 것

㉱ 지하층 바닥면적 $300m^2$ 이상인 층에 식수공급을 위한 급수전을 1개소 이상 설치

· 정답 : ㉮

거실바닥면적의 합계가 $1,000m^2$ 이상인 지하층에는 환기설비를 설치하여야 한다.

핵심41 관람실의 출구

(1) 공연장 개별 관람실의 출구 기준

대 상	제한기준	
개별 관람석 바닥면적 $300m^2$ 이상	출구설치	2개소 이상
	출구 유효너비	최소 1.5m 이상
	출구유효너비의 합계	관람실바닥면적$(m^2)/100m^2 \times 0.6m$ 이상

(2) 건축법령상 공연장,집회장, 관람장, 전시장의 경우바닥면적의 합계가 3,000제곱미터 이상인 경우
지하층에 설치하는 경우, 피난층으로 대피할 수 있도록 천장이 개방된 외부공간을 설치하여야 한다.

기출 건축법령상 공연장을 지하층에 설치하는 경우, 피난층으로 대피할 수 있도록 천장이 개방된 외부공간을 설치하여야 하는 바닥면적의 합계기준으로 가장 적합한 것은?

㉮ 500제곱미터 이상
㉯ 1,000제곱미터 이상
㉰ 2,000제곱미터 이상
㉱ 3,000제곱미터 이상

· 정답 : ㉱
건축법령상 공연장, 집회장, 관람장, 전시장의 경우바닥면적의 합계가 3,000제곱미터 이상인 경우 지하층에 설치하는 경우, 피난층으로 대피할 수 있도록 천장이 개방된 외부공간을 설치하여야 한다.

기출 관람실의 바닥면적 $1,000m^2$인 공연장을 건축할 경우, 건축법령상에서 규정하고 있는 최소유효너비로 관람실의 출구를 설치할 때 필요한 최소 출구 수는?

㉮ 2개 ㉯ 3개
㉰ 4개 ㉱ 5개

· 정답 : ㉰
$1,000/100 \times 0.6 = 6m$ ∴ 출구 수 : $6/1.5 = 4$개

기출 건축법령상 피난안전구역의 구조 및 설비의 기준으로 가장 부적합한 것은?

㉮ 내부마감재료는 불연재료로 설치할 것
㉯ 건축물의 내부에서 피난안전구역으로 통하는 계단은 피난계단의 구조로 설치할 것
㉰ 비상용승강기는 피난안전구역에서 승하차 할 수 있는 구조로 설치할 것
㉱ 관리사무소 또는 방재센타 등과 긴급연락이 가능한 경보 및 통신시설을 설치할 것

· 정답 : ㉯
건축물의 내부에서 피난안전구역으로 통하는 계단은 특별피난계단의 구조로 설치할 것

예상 건축법상 층수가 11층 이상인 건축물로서 11층 이상인 층의 바닥면적의 합계가 1만제곱미터 이상인 건축물의 옥상이 경사지붕인 경우 그 아래에 설치해야 하는 대피공간의 기준으로 부적합한 것은?

㉮ 대피공간의 면적은 수평투영면적의 10분의 1 이상일 것
㉯ 특별피난계단 또는 피난계단과 연결되도록 할 것
㉰ 출입구는 유효너비 1.2미터 이상으로 하고, 그 출입구에는 을종방화문을 설치할 것
㉱ 예비전원으로 작동하는 조명설비를 설치할 것

· 정답 : ㉰
출입구는 유효너비 0.9미터 이상으로 하고, 그 출입구에는 60+방화문 또는 60분방화문을 설치할 것

■ 방화문의 구분

구분	연기 · 불꽃 차단시간	열차단시간
60+방화문	60분이상	30분이상
60분방화문	60분이상	–
30분방화문	30분이상 60분미만	

예상 건축법령상 범죄예방 건축기준에 따라 조치하지 않아도 되는 건축물은?

㉮ 교육연구시설 중 연구소 및 도서관
㉯ 제2종 근린생활시설 중 다중생활시설
㉰ 문화 및 집회시설 (동 · 식물원은 제외)
㉱ 업무시설 중 오피스텔

· 정답 : ㉮
범죄예방 대상건축물
1. 아파트, 연립주택, 다세대주택, 다가구주택
2. 1종 근린생활시설 중 일용품판매소매점
3. 문화 및 집회시설(동 · 식물원 제외)
4. 교육연구시설(연구소, 도서관 제외)
5. 노유자 시설
6. 수련시설
7. 다중생활시설(고시원)
8. 오피스텔

핵심42 직통계단의 설치기준

(1) 보행거리에 의한 직통계단의 설치

구 분	보행거리
· 원칙	· 30m 이하
· 주요구조부가 내화구조 또는 불연재료로 된 건축물(지하층에 설치한 바닥면적의 합계 300m² 이상인 공연장, 집회장, 관람장, 전시장 제외)	· 50m 이하(16층 이상 공동주택 : 40m 이하) · 자동화 생산시설의 자동식 소화설비 공장인 경우 : 75m 이하(무인화공장 : 100m 이하)

(2) 2개소 이상의 직통계단 설치기준

건축물의 용도	해당부분	바닥면적합계
1. 문화 및 집회시설(전시장, 동식물원 제외), 종교시설, 제1종근린생활시설 중 입원실이 있는 정신과병원, 300㎡ 이상인 공연장 · 종교집회장, 장례식장, 유흥주점	해당 층의 관람석 또는 집회실	200m² 이상
2. 다중주택, 다가구주택, 학원, 독서실, 판매시설, 운수시설(여객용시설에 한함), 의료시설, 아동관련시설 · 노인복지시설, 유스호스텔, 숙박시설	3층 이상으로서 당해 용도로 쓰이는 거실	
3. 지하층	해당 층의 거실	200m² 이상
4. 공동주택(층당 4세대 이하인 것을 제외), 오피스텔	해당 층의 거실	300m² 이상
5. 앞의 1, 2, 4에 해당하지 않는 용도	3층 이상의 층으로 해당 층의 거실	400m² 이상

(3) 특별피난계단의 출입구 구조

실내 → 노대 또는 부속실	60+방화문 또는 60분방화문
노대 또는 부속실 → 계단실	60+방화문, 60분방화문 또는 30분방화문

기출 건축법령상 피난층 외의 층으로부터 피난층 또는 지상으로 통하는 직통계단을 2개소 이상 설치해야 하는 경우가 아닌 것은?

㉮ 지하 1층에 있는 거실의 바닥면적의 합계가 100m²인 종교시설
㉯ 지상 2층에 있는 바닥면적의 합계가 200m²인 장례식장
㉰ 지상 3층에 있는 거실의 바닥면적의 합계가 300m²인 판매시설
㉱ 지상 3층에 있는 거실의 바닥면적의 합계가 400m²인 숙박시설

· 정답 : ㉮
지하층인 경우 해당 층 거실바닥면적의 합계가 200m² 이상일 때 2개소 이상의 직통계단을 설치한다.

예상 건축법령상 건축물의 특별피난계단 설치기준으로 가장 부적합한 것은?

㉮ 출입구의 유효너비는 0.9m 이상으로 하고 피난방향으로 열 수 있을 것
㉯ 건축물의 내부에서 부속실로 통하는 출입구에는 60+방화문 또는 60분방화문을 설치할 것
㉰ 계단실의 부속실에 접하는 창문 등(출입구를 제외한다.)은 그 면적을 3제곱미터 이하로 할 것
㉱ 계단실이나 예비전원에 의한 조명설비를 할 것

· 정답 : ㉰
계단실의 부속실에 접하는 창문 등(출입구를 제외한다.)은 망이 들어 있는 유리의 붙박이창으로서 그 면적을 각각 1제곱미터 이하로 할 것

핵심43 계단의 구조제한

(1) 계단참 등에 의한 구조제한

대 상		설치기준
① 계단참	높이가 3m를 넘는 계단	높이 3m 이내마다 너비 1.2m 이상의 계단참을 설치 할 것
② 난 간	높이가 1m를 넘는 계단 및 계단참	양옆에는 난간(벽 또는 이에 대치되는 것을 포함한다)를 설치 할 것
③ 중간난간	너비가 3m를 넘는 계단	계단의 중간에 너비 3m 이내마다 난간을 설치할 것 (예외 : 계단의 단 높이가 15cm 이하이고, 단너비가 30cm 이상인 경우 예외)
④ 계단의 유효높이(계단의 바닥마감면으로부터 상부구조체의 하부마감면까지의 연직방향의 높이)		2.1m 이상

(2) 계단에 대체되는 경사로

구 분	구조기준
① 경사도	1 : 8 이하
② 재료마감	표면을 거친 면으로 하거나 미끄러지지 않는 재료로 할 것
③ 설치기준 및 구조	상기 계단에 대한 구조제한 기준을 준용한다.

(3) 바깥쪽으로의 출구설치기준 : 회전문

- 계단이나 에스컬레이터로부터 2m 이상 이격·회전문의 길이 140cm 이상
- 회전속도 : 분당회전수 8회 이하 ·회전문과 문틀사이간격-문과 문틀 5cm 이상, 문과바닥 3cm 이하

(4) 옥상광장 등의 설치

- 5층 이상의 층으로서 문화 및 집회시설(전시장 및 동·식물원 제외), 종교시설, 판매시설, 장례식장, 유흥주점 2종근생 중 300m² 이상인 공연장, 종교집회장, 인터넷 컴퓨터 게임시설제공업소에 해당되는 건축물은 옥상광장을 설치하여야 한다.

기출 **건축법령상 연면적 200제곱미터를 초과하는 건축물에서 계단 설치기준으로 가장 부적합한 것은?**

㉮ 높이가 3미터 넘는 계단에는 유효너비 1미터의 계단참을 설치할 것
㉯ 높이가 1미터를 넘는 계단 및 계단참의 양옆에는 난간벽 또는 이에 대치되는 것을 설치 할 것
㉰ 너비가 3미터 넘는 계단 (단높이 15센티미터 초과이고 단너비 30센티미터 미만)에는 계단 중간에 3미터 이내마다 난간을 설치할 것
㉱ 계단의 유효높이는 2.1미터 이상으로 할 것

· **정답 : ㉮**
높이가 3미터 넘는 계단에는 유효너비 1.2미터의 계단참을 설치할 것

예상 **건축법상 계단에 대체되는 경사로의 경사도 기준으로 가장 적당한 것은?**

㉮ 1 : 6 이하 ㉯ 1 : 6 이상
㉰ 1 : 8 이하 ㉱ 1 : 8 이상

· **정답 : ㉰**
표면을 거친 면으로 하거나 미끄러지지 않는 재료로 1 : 8 이하일 것

예상 **건축물의 출입구에 회전문을 설치하는 경우 계단이나 에스컬레이터로부터 얼마 이상의 거리를 두고 설치해야 하는가?**

㉮ 1.0m ㉯ 1.5m
㉰ 2.0m ㉱ 3.0m

· **정답 : ㉰**
회전문은 계단이나 에스컬레이터로부터 2m 이상 이격

핵심44 방화구획

(1) 방화구획기준

건축물의 규모	구획기준		
① 10층 이하의 층	바닥면적 $1,000m^2$ ($3,000m^2$) 이내마다 구획		· 내화구조의 바닥, 벽, 및 60+방화문 또는60분방화문(자동방화셔터로 함)으로 구획한다. · ( )안의 면적은 스프링클러 등 자동식 소화설비를 설치한 때임
② 11층 이상의 층	실내마감이 불연재료의 경우	바닥면적 $500m^2$ ($1,500m^2$) 이내마다 내화구조벽으로 구획	
	실내마감이 불연재료가 아닌 경우	바닥면적 $200m^2$ ($600m^2$) 이내마다 내화구조벽으로 구획	
③ 지상층	매층마다 구획(면적에 무관)		
④ 지하층			
⑤ 필로티의 부분을 주차장으로 사용하는 경우 그 부분과 건축물의 다른 부분을 구획			

(2) 방화구획기준의 완화

① 문화 및 집회시설(동·식물원을 제외), 종교 시설, 장례식장, 운동시설의 용도에 쓰이는 거실	· 시선 및 활동공간의 확보를 위하여 불가피한 부분
② 물품의 제조, 가공 및 운반 등에 필요	· 대형기기 설비의 설치, 운영을 위하여 불가피한 부분
③ 계단실부분, 복도 또는 승강기의 승강로 부분 (당해 승강기의 승강을 위한 승강로비 부분을 포함)	· 당해 건축물의 다른 부분과 방화구획으로 구획된 부분
④ 건축물의 최상층 또는 피난층	· 대규모회의장, 강당, 스카이라운지, 로비 등의 용도에 사용되는 부분으로서 당해용도로서의 사용을 위하여 불가피한 부분
⑤ 복층형인 공동주택	· 세대안의 층간 바닥부분
⑥ 주요구조부가 내화구조 또는 불연재료로 된 주차장 부분	
⑦ 단독주택, 동물 및 식물관련시설·군사시설에 쓰이는 건축물	

기출 건축법령상 방화구획에 관한 설명 중 부적합한 것은?

㉮ 10층 이하의 층은 스프링클러 설치 시 바닥면적 3천제곱미터 이내마다 구획할 것
㉯ 지상층은 매층마다 구획할 것
㉰ 지하층은 매층마다 구획할 것 (다만, 지하 1층에서 지상으로 직접 연결하는 경사로 부위는 제외한다.)
㉱ 11층 이상의 층은 스프링클러 설치시 바닥면적 2천제곱미터 이내마다 구획할 것

· **정답** : ㉱

11층 이상의 층
1) 실내마감이 불연재료의 경우 : 바닥면적 $500m^2$ ($1,500m^2$) 이내마다 내화구조벽으로 구획
2) 실내마감이 불연재료가 아닌 경우 : 바닥면적 $200m^2$ ($600m^2$) 이내마다 내화구조벽으로 구획
( )안의 면적은 스프링클러 등 자동식 소화설비를 설치한 때 임

예상 건축법상 방화구획의 설치의무대상 중 완화 적용 받을 수 없는 것은?

㉮ 장례식장 ㉯ 건축물의 최상층
㉰ 동·식물원 ㉱ 군사시설

· **정답** : ㉰

동·식물원은 적용

예상 건축법상 방화구획의 설치의무대상 중 완화 적용 받을 수 없는 것은?

㉮ 복층형인 공동주택 ㉯ 건축물의 피난층
㉰ 교도소 ㉱ 군사시설

· **정답** : ㉰

교도소는 적용

핵심45 지역 등에 대한 조치

(1) 적용의 원칙

대지가 2개 이상의 지역 등에 걸치는 경우에 있어서는 건축물 및 대지 전체에 대하여 그대지의 과반이 속하는 지역, 지구 또는 구역안의 건축제한을 적용한다.

예외 : 녹지지역, 방화지구는 걸쳐진 면적에 관계없이 각각의 지역, 지구에 관한 규정을 적용한다.

(2) 적용의 예외

대지의 일부(과반면적이 아님)가 방화지구에 속함으로써 대지 내 건축물의 일부가 당해 방화지구에 걸치는 경우에는 건축물에 대해서만 방화지구제한을 적용한다.

구분(건축물의 일부가 걸치는 지구)	제한기준 적용
방화지구	건축물에 대해서만 방화지구제한 적용 단, 방화벽 축조의 경우 방화벽 경계이후의 부분 예외

기출 건축법령상 건축물 또는 대지가 용도지역 · 지구 또는 구역에 걸쳐 있는 경우에 관한 일반적인 설명으로 가장 부적합한 것은?

㉮ 대지가 서로 다른 지역 · 지구 또는 구역에 걸쳐있는 경우 그 대지의 과반이 속하는 지역 · 지구 또는 구역안의 건축물 및 대지 등에 관한 규정을 적용한다.

㉯ 대지가 녹지지역과 그 밖의 지역 · 지구 또는 구역에 걸치는 경우에는 각 지역 · 지구 또는 구역안의 건축물과 대지에 관한 규정을 적용한다.

㉰ 녹지지역안의 건축물이 방화지구에 걸치는 경우 그 전부에 대하여 방화지구안의 건축물에 관한 규정을 적용한다.

㉱ 건축물이 방화지구와 그 밖의 구역에 걸치는 경우 방화지구 내에 위치한 건축물에만 방화지구 안의 건축물에 관한 규정을 적용한다.

· 정답 : ㉱

하나의 건축물이 방화지구와 그 밖의 구역에 걸치는 경우에는 그 전부에 대하여 방화지구안의 건축물에 관한 이 법의 규정을 적용한다.

예상 건축법상 대지가 방화지구가 아닌 지역, 지구 또는 구역에 걸치는 경우에 각 지역 · 지구 또는 구역안의 건축물 및 대지에 관한 규정을 적용받아야 하는 지역인 것은?

㉮ 녹지지역　㉯ 상업지역
㉰ 공업지역　㉱ 공업지역

· 정답 : ㉮

대지가 2개 이상의 지역에 걸치는 경우에는 그 대지의 과반이 속하는 지역 · 지구 등의 건축제한을 적용 받게 되나 녹지지역의 경우에는 각각 적용한다.

예상 건축법상 건축물의 대지가 2개의 지구에 걸쳐 있을 때 대지의 과반을 걸치지 않았더라도 건축물의 일부가 걸침으로써 건축물 전부에 대해 규정을 적용해야 되는 지구는? (단, 조례에 적용방법을 정하지 아니했을 경우)

㉮ 방화지구　㉯ 공항지구
㉰ 보호지구　㉱ 경관지구

· 정답 : ㉮

방화지구에 걸치는 건축물

건축물이 방화지구에 걸치는 경우에는 그 건축물에 대하여 방화지구안의 건축물에 관한 규정을 적용한다.

핵심46 면적 등에 대한 조치

(1) 대지면적

대지면적이란 건축법상의 기준폭이 확보된 도로의경계선과 인접대지경계선으로 구획된 수평투영 면적이다.

(2) 건축면적

건축물의 외벽(외벽이 없는 경우에는 외곽부분의 기둥)의 중심선으로 둘러싸인 부분의 수평투영면적으로 산정한다.

· 적용

① 이중벽인 경우는 벽체 두께 합의 중심선으로 하지만 태양열을 이용하는 주택과 단열재를 구조체의 외기측에 설치하는 단열공법으로 건축된 건축물은 내측 내력벽의 중심으로 한다.

② 처마·차양·부연 등이 외벽의 중심선으로부터 수평거리 1m 이상 돌출된 경우에는 다음과 같이 돌출된 끝부분으로부터 일정거리를 후퇴한 선으로 구획된 면적으로 한다.(전통사찰 : 4m, 축사 : 3m, 한옥 · 공동주택의 자동차충전시설, 제로에너지건축물인증건축물 : 2m, 기타 : 1m)

③ 창고의 내민 부분의 돌출차양의 경우에는 다음의 값 중 작은 값을 건축면적으로 한다.

1. 해당 돌출차양을 제외한 창고의 건축면적의 10%를 초과하는 면적
2. 해당 돌출차양의 끝부분으로부터 6m 후퇴한 선으로 구획된 면적

- 건축면적 산정 시 제외되는 부분 (1. 지표면으로부터 1m 이하의 부분(창고 중 물품 입 · 출입을 위한 차량 접안시설의 경우 지표면상 1.5m 이하), 2. 다중이용업소의 비상구에 연결하는 폭 2m 이하의 옥외피난계단, 3. 지상층에 설치한 보행통로 또는 차량통로, 4. 지하주차장의 경사로, 5. 지하층의 출입구 상부, 6. 생활폐기물 보관시설, 7. 장애인용승강기 · 장애인용에스컬레이터 · 경사로 · 휠체어리프트, 8. 매장문화재 보호 및 전시에 전용되는 부분 등)

기출 **건축법령상 건축면적에 포함해야 하는 것은?**

㉮ 건축물 지상층에 차량이 통행할 수 있도록 설치한 차량 통로
㉯ 물품을 입·출고하기 위하여 차량을 접안시키는 부분의 경우로서 지표면으로부터 1.8미터 높이 데크
㉰ 지하주차장의 경사로
㉱ 건축물지하층의 출입구 상부(출입구 너비에 상당하는 규모의 부분)

· 정답 : ㉯

물품을 입출고하기 위하여 차량을 접안시키는 부분의 경우로서 지표면으로부터 15미터 높이 데크 이하인 부분이 건축면적에서 제외된다.

예상 **건축법상 건축면적의 산정방법에 관한 기술 중 부적당한 것은?**

㉮ 건축면적은 건축물의 외벽의 중심선으로 둘러싸인 부분의 수평투영면적으로 한다.
㉯ 지표면상 1m 이하에 있는 건축물의 부분은 건축면적산정에서 제외된다.
㉰ 건축물의 차양과 부연은 건축물의 건축면적산정에서 제외된다.
㉱ 태양열을 주된 에너지원으로 이용하는 주택인 경우 그 건축면적의 산정방법은 건축물의 외벽 중 내측내력벽의 중심선을 기준으로 한다.

· 정답 : ㉰

차양·처마·부연 등이 외벽의 중심선으로부터 수평거리 1m 이상 돌출된 경우에는 다음과 같이 돌출된 끝부분으로부터 일정거리를 후퇴한 선으로 구획된 면적으로 한다.(전통사찰 : 4m, 축사 : 3m, 한옥 · 공동주택의 자동차충전시설, 제로에너지건축물인증건축물 : 2m, 기타 : 1m)

기출 건축법령상 태양열을 주된 에너지원으로 이용하는 주택의 건축면적 산정방법에 대한 기준선으로 가장 적합한 것은?

㉮ 건축물의 외벽 중 내측내력벽의 중심선
㉯ 건축물의 외벽 중 내측내력벽의 내부선
㉰ 건축물의 외벽 중 외측내력벽의 중심선
㉱ 건축물의 외벽 중 외측내력벽의 내부선

· **정답** : ㉮

외벽이 이중벽인 경우 전체 벽두께의 중심선을 기준으로 건축면적을 산정하여야 하나, 태양열을 주된 에너지원으로 하는 주택의 경우에는 내측내력벽의 중신선을 기준으로 한다.

예상 건축법령상 건축면적산정시 차량접안시설의 경우 지표면상 몇 m 이하인 경우에 건축면적에서 제외되는 가?

㉮ 1.0m　　㉯ 1.2m
㉰ 1.5m　　㉱ 2.0m

· **정답** : ㉰

차량접안시설의 경우 지표면상 1.5m 이하인 부분이 건축면적에서 제외된다.

핵심47 바닥면적

바닥면적은 건축면적과 달리 하나의 건축물 각 층의 외벽 또는 외곽기둥의 중심선으로 둘러싸인 수평투영 면적이다.

(1) 바닥면적 산정기준

① 건축물의 각층 또는 그 일부로서 벽·기둥 기타 이와 유사한 구획의 중심선으로 둘러싸인 부분의 수평투영면적으로 산정한다.

② 벽·기둥의 구획이 없는 건축물은 그 지붕 끝부분으로부터 수평거리 1m를 후퇴한 선으로 둘러싸인 수평투영면적을 바닥면적으로 한다.

③ 노대 등의 바닥면적
난간 등의 설치여부와 관계없이 노대 등의 면적에서 노대 등이 접한 가장 긴 외벽에 접한 길이에 1.5m를 곱한 값을 공제한 면적을 바닥면적에 산입한다.

④ 피로티 등의 바닥면적
피로티, 기타 이와 유사한 구조(벽면적의 1/2 이상이 당해 층의 바닥 면에서 위층아래면까지 공간으로 된 것)의 부분도 바닥면적에 산입되는 것이 원칙이다. 다만 당해 부분이 다음과 같은 용도에 전용되는 경우에는 이를 바닥면적에 산입하지 않는다. (1.공중의 통행에 전용되는 경우, 2. 차량의 통행, 주차에 전용되는 경우, 3. 공동주택의 경우)

(2) 바닥면적 산정 시 제외되는 부분

① 승강기탑·계단탑·장식탑·굴뚝·더스트 슈트·설비 덕트·층고 1.5m(경사진 형태인 경우 : 1.8m) 이하인 다락 등

② 옥상, 옥외 또는 지하에 설치하는 물탱크·기름탱크·냉각탑·정화조·도시가스정압기 등의 설치를 위한 구조물

③ 지상층에서 지하 1층으로 내려가는 지하주차장의 경사로

④ 공동주택의 지상층에 설치한 기계실·전기실·어린이놀이터·조경시설·생활폐기물 보관시설

⑤ $1m^2$ 이하의 건축물 내부에 설치하는 냉방설비 배기장치전용설치공간

⑥ 다중이용업소의 비상구에 연결하는 폭 1.5m 이하의 옥외피난계단

⑦ 리모델링 시 외벽에 부가하여 마감재 등을 설치하는 부분

⑧ 장애인용승강기, 에스컬레이터, 경사로, 승강로 등의 부분

⑨ 매장문화재 보호 및 전시에 전용되는 부분

기출 건축법령상 바닥면적 산정에 포함되는 것 중 가장 적합한 것은?

㉮ 공동주택으로서 지상층에 설치된 기계실
㉯ 학교건물 옥상에 설치된 창고
㉰ 승강기탑
㉱ 층고가 1.5m인 다락

· **정답 : ㉯**

옥상, 옥외, 또는 지하에 설치되는 물탱크 · 기름탱크 · 정화조 · 도시가스정압기 등의 설치를 위한 구조물의 경우 바닥면적산정에서 제외한다.

기출 건축법령상 바닥면적 산정에 포함되는 것 중 가장 적합한 것은?

㉮ 공동주택으로서 지상층에 설치하는 조경시설
㉯ 공동주택의 지상층에 설치한 어린이놀이터
㉰ 공동주택의 지상층에 설치한 상가
㉱ 층고가 1.2m인 다락방

· **정답 : ㉰**

공동주택의 지상층에 설치한 상가는 건축면적에 포함된다.

예상 건축법상 바닥면적에 대한 기술이다. 이 중 부적당한 것은 어느 것인가?

㉮ 지상층에 설치된 물탱크는 바닥면적에서 제외된다.
㉯ 피로티의 바닥면적 산입여부는 당해 피로티에 쓰이는 용도에 따라 좌우된다.
㉰ 층고가 1.5m인 다락방은 바닥면적에서 제외된다
㉱ 공동주택의 지상층에 설치한 기계실의 바닥면적은 바닥면적 산정 시 제외된다.

· **정답 : ㉮**

물탱크 점유부위가 옥상, 옥외, 지하에 설치될 경우에 바닥면적에서 제외된다.

예상 건축법상 노대등의 바닥면적산정시 ( ) 안에 가장 적합한 것은?

"난간 등의 설치여부와 관계없이 노대 등의 면적에서 노대 등이 접한 가장 긴 외벽에 접한 길이에 ( )를 곱한 값을 공제한 면적을 바닥면적에 산입한다."

㉮ 1.0m ㉯ 1.2m
㉰ 1.5m ㉱ 2.0m

· **정답 : ㉰**

핵심48 연면적

(1) 연면적 산정기준

연면적은 하나의 건축물의 각 층 바닥면적의 합계로 한다. 따라서 바닥면적 산정 시 제외되는 부분은 연면적 산정 시에도 제외된다.

(2) 용적률 산정 시 연면적 산정방법

1. 동일대지 내에 2동 이상의 건축물이 있는 경우 각각의 건축물에 대한 연면적을 합한 면적을 말한다.
2. 용적률 산정 시 연면적에서 제외되는 부분
   1) 지하층 면적
   2) 부속용도인 주차장면적
   3) 고층건축물 피난안전구역면적
   4) 경사지붕아래에 설치하는 대피공간면적

   주택법에 의한 주민공동시설면적도 적용완화 규정에 따라 용적률산정 시 제외됨

(3) 초고층 건축물

1. 초고층 건축물 정의 (영 제2조)		· 층수 50층 이상인 건축물 · 건축물 높이 200m 이상인 건축물
2. 건축법 관련 규정	① 영제6조(적용의 완화)	· 건축물 건폐율 규정의 완화 적용 가능(법 제55조)
	② 영 제34조 ③, ④ (피난안전구역설치)	· 초고층 건축물에는 피난층 또는 지상으로 통하는 직통계단과 직접 연결되는 피난안전구역(초고층 건축물의 피난·안전을 위하여 지상층으로부터 최대 30개 층마다 설치하는 대피공간)을 설치할 것 · 피난안전구역의 규모와 설치기준은 국토교통부령으로 정함.
	③ 영 제47조 (방화에 장애가 되는 용도의 제한)	· 사생활을 보호하고 방범·방화 등 주거 안전을 보장하며 소음·악취 등으로부터 주거환경을 보호할 수 있도록 주택의 출입구·계단 및 승강기 등을 주택 외의 시설과 분리된 구조로 하면, 공동주택과 위락시설을 같은 초고층 건축물에 설치할 수 있음
	④ 영 제119조 (면적 등의 산정방법)	· 초고층 건축물의 피난안전구역의 면적을 용적률 산정 시 연면적에서 제외

기출 건축법 상 초고층 건축물의 피난안전구역은 최대 몇 개 층 마다 설치해야 하는가?

㉮ 10층
㉯ 20층
㉰ 30층
㉱ 40층

· 정답 : ㉰

지상층으로부터 30개 층 마다 직통계단과 직접 연결되는 피난안전구역을 설치하여야 한다.

예상 건축법상 초고층건축물의 층수는 몇 층 이상을 말하는가?

㉮ 16층
㉯ 25층
㉰ 31층
㉱ 50층

· 정답 : ㉱

초고층건축물은 층수가 50층 이상이거나 높이가 200미터 이상인 건축물을 말한다.

기출 **건축법상 초고층 건축물에 대한 설명으로 가장 적합한 것은?**

㉮ 건폐율과 용적률을 완화하여 적용할 수 있다.
㉯ 용적률을 산정할 때 초고층건축물의 피난안전구역의 면적은 연면적에서 제외된다.
㉰ 초고층건축물은 층수가 31층 이상이거나 높이가 100미터 이상인 건축물을 말한다.
㉱ 초고층건축물의 건축에 관한 사항은 반드시 중앙건축위원회에서 심의해야 한다.

· **정답 : ㉯**
㉮ 건폐율에 대하여 완화 적용할 수 있다.
㉰ 초고층건축물은 층수가 50층 이상이거나 높이가 200미터 이상인 건축물을 말한다.
㉱ 허가권자가 필요하다고 인정할 경우 중앙건축위원회의 심의를 받는다.

예상 **건축법상 초고층 건축물에 대한 설명으로 가장 부적합한 것은?**

㉮ 건폐율을 완화하여 적용할 수 있다.
㉯ 건폐율을 산정할 때 초고층건축물의 피난안전구역의 면적은 건축면적에서 제외된다.
㉰ 초고층건축물은 층수가 50층 이상이거나 높이가 200미터 이상인 건축물을 말한다.
㉱ 초고층건축물의 건축에 관한 사항은 허가권자가 필요하다고 인정할 경우 중앙건축위원회의 심의를 받는다.

· **정답 : ㉯**
용적률을 산정할 때 초고층건축물의 피난안전구역의 면적은 연면적에서 제외된다.

핵심49 대지의 분할제한

(1) 대지의 분할 규모

대지의 분할 규모는 용도지역에 따라 다음의 범위 안에서 건축조례로 정하는 규모 이상이어야 한다.

용도지역	분할규모
1. 주거지역	60m² 이상
2. 상업지역	150m² 이상
3. 공업지역	
4. 녹지지역	200m² 이상
5. 기타지역	60m² 이상

(2) 대지분할의 제한

건축물이 있는 대지는 다음의 기준에 미달되게 분할 할 수 없다.
① 대지와 도로와의 관계
② 건폐율
③ 용적률
④ 대지안의 공지
⑤ 건축물의 높이제한
⑥ 일조 등의 확보를 위한 건축물의 높이제한

기출 **건축법령상 건축물이 있는 대지를 분할 할 경우 고려해야 할 규정으로 가장 부적당한 것은?**

㉮ 건축물의 용도 및 대지의 안전
㉯ 일조 등의 확보를 위한 건축물의 높이제한
㉰ 대지안의 공지
㉱ 대지와 도로와의 관계

· **정답 : ㉮**
건축물이 있는 대지는 다음의 기준에 미달되게 분할 할 수 없다.
① 대지와 도로와의관계 ② 건폐율
③ 용적률 ④ 대지안의 공지
⑤ 건축물의 높이제한
⑥ 일조 등의 확보를 위한 건축물의 높이제한

예상 **건축법령상 건축물이 있는 대지의 분할제한 범위로 부적합한 것은? (단, 지방자치단체의 조례는 고려하지 않고 건축협정이 인가된 대지는 제외)**

㉮ 녹지지역 : 150m² 이상
㉯ 상업지역 : 150m² 이상
㉰ 주거지역 : 60m² 이상
㉱ 농림지역 : 60m² 이상

· **정답 : ㉮**
녹지지역 : 200m² 이상

핵심50 맞벽 건축 및 연결복도

(1) 맞벽 건축 및 연결복도

구 분			제외규정
1. 맞벽건축 (대지경계선에서 50cm 이내인 경우)	대상지역	· 상업지역 · 주거지역(건축물 등의 소유자간 맞벽건축이 합의 된 경우) · 건축협정구역 · 허가권자가 도시미관 또는 한옥보전 · 진흥을 위하여 건축조례로 정하는 지역	맞벽 및 연결복도에 대한 법 적용제외 (1) 법제58조 -대지안의 공지 (2) 법 제61조- 일조 등의 확보를 위한 건축물의 높이제한 (3) 민법 제242조 경계선부근의 건축 (인접대지경계선으로부터 50cm 이상 띄어서 건축
2. 연결복도	건축물과 건축물을 연결하는 복도와 통로의 설치가능(지역, 용도에 관계없음)		

(2) 맞벽 등의 구조제한 등

1) 맞벽(대지경계선으로부터 50cm 이내인 경우)

① 주요구조부가 내화구조일 것

② 마감재료가 불연재료일 것

③ 맞벽건축을 할 때, 맞벽 대상건축물의 용도, 맞벽건축물의 수 및 층수 등 맞벽에 필요한 사항은 건축조례로 정한다.

2) 연결복도 또는 연결통로

다음의 기준으로 하되, 건축사 또는 건축구조기술사로부터 안전에 확인을 받아야 한다.

구 분	기 준
1. 주요구조부	내화구조
2. 마감재료	불연재료
3. 너비×높이	각각 5m 이하일 것
4. 밀폐된 구조인 경우	벽면적의 1/10 이상이 되는 창문을 설치 예외: 지하층으로서 환기설비를 설치하는 경우
5. 건축물과 복도 또는 통로의 연결부분	방화셔터 또는 방화문을 설치
6. 연결 복도가 설치된 대지면적의 합	국토의 계획 및 이용에 관한 법률시행령 제55조에 따른 개발행위의 최대 규모 이하일 것

· 연결복도 아랫부분에 도로가 위치하거나 타인의 토지를 건너갈 경우, 도로점용허가 또는 토지소유자의 사용승락을 받아야 함.

기출 건축법령상 인근건축물과 이어지는 연결복도나 연결통로를 설치하는 경우의 기준으로 가상 부적합한 것은?

㉮ 너비 및 높이가 각각 5.5m 이하일 것

㉯ 주요구조부가 내화구조일 것

㉰ 밀폐된 지상층 구조인 경우 벽면적의 1/10 이상에 해당되는 면적의 창문을 설치할 것

㉱ 마감재료가 불연재료일 것

· 정답 : ㉮

너비 및 높이가 5m 이하일 것

예상 건축법상 인근건축물의 연결복도 또는 연결통로 설치에 관한 설멍으로 부적당한 것은?

㉮ 주요구조부는 방화구조로 한다.

㉯ 마감재료는 불연재료로 한다.

㉰ 너비 및 높이는 각각 5m 이하로 한다.

㉱ 건축물과 복도의연결부분에 방화셔터 또는 방화문을 설치할 것

· 정답 : ㉮

주요구조부는 내화구조로 한다.

핵심51 높이의 산정 등(1)

(1) 건축물 높이의 산정

① 원칙

지표면으로부터 당해 건축물 상단까지의 높이로 한다.

다만, 건축물의 높이제한과 공동주택에 대한 일조권 제한을 적용함에 있어 건축물에 필로티가 설치되어 있는 경우에는 필로티 상단을 지표면으로 본다.

(2) 지표면에 고저차가 있는 경우의 산정방법

① 건축물의 주위가 접하는 각 지표면 부분의 높이를 당해 지표면 부분의 수평거리에 따라 가중 평균한 높이의 수평면을 지표면으로 한다.

가. 균등한 경사 지표면의 경우

고저 차의 가중 평균 면(이등분선)을 가상 지표면으로 하여 높이를 산정한다.

나. 불균등한 경사지표면의 경우

건축물이 접하는 지표면에 대한 가중 평균면을 가상지표면으로 하여 높이를 산정한다.

② 고저차가 3m를 넘는 경우에는 그 고저차 3m 이내 부분마다 지표면을 산정한다.

(3) 건축물 옥상부분의 높이산정기준

① 건축물상단이 옥탑인 경우

가. 옥탑을 거실의 용도로 사용하는 경우에는 건축물 높이에 산입된다.

나. 옥탑을 승강기탑, 계단탑, 망루 장식탑 등으로 사용할 때에는 다음과 같이한다.

구 분	높이산정의 기준	
승강기탑 등의 수평투영면적의 합	건축면적의 1/8 초과	높이에 산입
	건축면적의 1/8 이하(주택법에 의한 사업계획 승인 대상인 공동주택 중 세대별 전용면적이 $85m^2$ 이하인 경우에는 1/6)	12m를 넘는 부위만 높이에 산입

② 지붕마루장식, 굴뚝, 방화벽의 옥상돌출부 등의 돌출물과 벽면적의 1/2 이상이 공간으로 되어 있는 난간벽은 당해 건축물 높이에 산입하지 아니한다.

기출 **건축면적이 $480m^2$, 옥상바닥까지 높이 23m인 오피스텔의 옥상에 수평투영면적의 합계가 $75m^2$, 높이 5m인 옥탑이 있는 경우, 이 건축물의 높이로 가장 적합한 것은?**

㉮ 23m ㉯ 25m
㉰ 26m ㉱ 28m

· **정답 : ㉱**

건축물높이(23+5=28m)옥탑의 바닥면적이 건축면적의 1/8보다 크므로 옥탑높이는 모두 건축물 높이에 산입된다.

기출 **건축법상 가중평균한 값으로 높이가 산정되는 것으로 가장 부적당한 것은?**

㉮ 반자높이가 다른 거실의 반자높이
㉯ 층의 높이가 다른 부분이 있다는 층의높이
㉰ 전면도로의 노면에 고저차가 있는 건축물 높이
㉱ 인접대지의 지표면간에 고저차가 있는 지표면 높이

· **정답 : ㉱**

인접대지간 고저차에 대해서는 단순평균한 이등분선을 가상지표면으로 하여 기준한다.

예상 **건축법상 건축물의 면적·높이 등을 계산할 때 지표면과 관계없는 것은?**

㉮ 층수
㉯ 처마높이
㉰ 건축면적
㉱ 바닥면적

· **정답 : ㉱**

바닥면적은 지표면과 관계없이 산정된다.

예상 **건축법상 다음 보기의 건축물에 대한 높이로 가장 적합한 것은?**

> 건축면적이 $800m^2$이고 지표면에서 옥상바닥까지 높이가 20m인 오피스텔의 옥상에 수평투영면적이 $100m^2$이고 높이가 15m인 옥탑이 설치된 건축물

㉮ 20m ㉯ 21m
㉰ 22m ㉱ 23m

· **정답 : ㉱**

건축물높이 (H)=20+(15−12)=23m

핵심52 높이의 산정 등(2)

(1) 일조 등의 확보를 위한 높이제한 규정 (법61조)의 건축물 높이산정의 기준

1) 정북방향규정 (법제61조①) 적용의 경우

건축물 대지의 지표면과 인접대지의 지표면간에 고저차가 있는 경우에는 그 지표면의 평균수평면을 지표면으로 본다.

2) 공동주택채광규정 등(법제61조②) 적용의 경우

① 인접대지 간 고저차가 있는 경우

1. 높은 지표면 대지 내 건축물 높이 : 인접대지 간 지표면의 고저차의 이등분선을 가상 지표면으로 하여 건축물의 상단까지를 높이로 한다.
2. 낮은 지표면 대지 내 건축물 높이 : 당해 대지의 지표면을 기준으로 하여 건축물의 상단까지를 높이로 한다.

② 1층 전체를 필로티로 한 경우 : 1층 전체를 필로티(건축물을 사용하기 위한 경비실, 계단실 등 포함)로 한 경우에 당해 필로티 부분은 건축물높이에서 제외된다.

3) 복합용도(공동주택과 다른 용도 병용)건축물의 경우

1. 전용주거지역, 일반주거지역 안의 건축물 : 당해 건축물의 지표면을 기준으로 한다. (정북방향 일조권적용)
2. 공동주택의 가장 낮은 부분을 기준으로 한다. (채광 방향규정)

4) 동일대지 내 고저차가 있는 경우의 인동간 간격 제한의 경우

건축물이 접하는 당해 지표면으로부터 건축물 상단까지의 높이로 한다.

(2) 도로에 의한 건축물 높이(법60조 관련) 산정의 기준

1) **원칙:** 대지가 접한 전면도로의 중심면으로부터 당해 건축물 상단까지의 높이로 한다.

2) **전면도로가 지표면보다 높게 있는 경우:** 당해 전면도로의 중심면으로부터 건축물 상단까지의 높이로 한다.

3) **전면도로가 지표면보다 낮게 있는 경우:** 전면도로의 중심면과 지표면과의 고저차의 1/2의 높이만큼 올라온 위치를 도로의 중심면으로 하여 건축물상단까지를 높이로 한다.

4) **전면도로가 경사도로인 경우:** 건축물과 접하는 부분의 전면도로의 가중평균면을 당해 도로의 중심면으로 하여 건축물 상단까지를 높이로 한다.

기출 **건축물의 높이 및 층수의 산정에 관련된 항목의 설명 중 가장 타당한 것은?**

㉮ 대지의 지표면이 전면도로보다 높은 경우에는 그 고저 차의 1/2의 높이만큼 올라온 위치에 당해 전면도로의 면이 있는 것으로 본다.

㉯ 채광방향 규정시 일반주거지역안에서 공동주택을 다른 용도와 복합하여 건축하는 경우에는 지표면을 지표면으로 본다.

㉰ 층의 구분이 명확하지 않을 경우 건축물 높이 3m마다 1개 층으로 본다.

㉱ 부분적으로 층수를 달리할 경우에는 그 중 가장 적은 층수로 산정한다.

· **정답** : ㉮

㉯ 채광방향 규정시 공동주택을 다른 용도와 복합하여 건축하는 경우에는 공동주택의 가장 낮은 부분을 지표면으로 본다.

㉰ 층의 구분이 명확하지 않을 경우 건축물 높이 4m마다 1개 층으로 본다.

㉱ 부분적으로 층수를 달리할 경우에는 그 중 가장 많은 층수로 산정한다.

예상 **건축법상 건축물의 높이 산정 방법으로 가장 부적당한 것은?**

㉮ 건축물의 대지에 지표면이 전면도로보다 높은 경우에는 그 고저차의 2분의 1높이만큼 올라온 위치에 당해 전면도로의 면이 있는 것으로 본다.

㉯ 건축물과 접하는 지표면에 고저차가 있는 경우 고저차 3m이내마다 가중 평균에 의한 지표면을 달리한다.

㉰ 지붕마루장식 · 굴뚝 · 방화벽의 옥상돌출부는 건축물의 높이에 산입하지 아니한다.

㉱ 건축물의 대지에 접하는 전면도로의 노면에 고저의 차가 있는 경우에는 건축물이 접하는 범위의 전면도로부분의 수평거리에 따라 당해 도로 중심면을 당해도로 중심면을 전면도로로 본다.

· **정답** : ㉱

건축물이 접하는 도로에 대한 가중평균면을 전면도로로 본다.

핵심53 높이의 산정 등(3)

(1) 처마높이

지표면으로부터 건축물의 지붕틀 또는 이와 유사한 수평재를 지지하는 벽·깔도리 또는 기둥의 상단까지의 높이로 한다.

(2) 반자높이

1) 반자 높이의 기준

방의 바닥면으로부터 반자까지의 높이로 한다.

2) 반자 높이가 다른 부위가 있는 경우

방의 부피를 바닥면적으로 나눈 가중평균높이를 반자높이로 한다.

(3) 층고

방의 바닥구조체 윗면으로부터 위층 바닥구체의 윗면까지의 높이로 한다. 다만, 동일한 방에서 반자높이가 다른 부분이 있는 경우에는 그 각 부분의 반자의 면적에 따라 가중 평균한 높이로 한다.

(4) 층수

1) 층수 산정의 원칙

① 지상층의 층수만으로 산정한다.
② 층의 구분이 명확하지 않은 경우 건축물 높이 4m마다 1개 층으로 한다.
③ 부분적으로 층수를 달리할 경우에는 그 중 가장 많은 층수로 산정한다.

2) 옥탑층에 대한 층수산정의 기준

① 거실의 용도로 사용하는 옥탑 등은 층수에 산입된다.
② 거실 이외의 용도로 쓰이는 옥상부분(승강기탑, 계단탑, 망루, 장식탑, 옥탑 등)의 수평투영면적의 합계가 건축면적의 1/8(주택법의 사업계획 승인대상 공동주택 중세대별전용면적이 $85m^2$ 이하인 경우에는 1/6 이하) 이하인 경우에는 층수에 산입에서 제외

기출 층의 높이가 같은 경우 층고에 관한 기준으로 가장 타당한 것은?

㉮ 방의 바닥마감면 중심선으로부터 위층 바닥마감면 중심선까지의 높이로 한다.
㉯ 방의 바닥마감면으로부터 위층 바닥 마감면까지의 높이로 한다.
㉰ 방의 바닥구조체 중심선으로부터 위층 바닥구조체의 중심선까지의 높이로 한다.
㉱ 방의 바닥구조체 윗면으로부터 위층 바닥구조체의 윗면까지의 높이로 한다.

· 정답 : ㉱

기출 건축법령상 연면적, 건축면적, 층수, 높이 등을 산정하는 방법으로 가장 부적합한 것은?

㉮ 옥상에 있는 계단탑, 승강기탑은 그 수평투영면적의 합계가 건축물 건축면적의 2분의 1인 경우 층수로 산입하지 않는다.
㉯ 연면적은 하나의 건축물 각 층의 바닥면적합계로 한다.
㉰ 건축면적은 건축물의 외벽의 중심선으로 둘러싸인 부분의 수평투영면적으로 한다.
㉱ 가로구역별 건축물의 높이는 전면도로와 대지가 높은 높이인 경우 전면도로의 중심선으로 산정한다.

· 정답 : ㉮

옥상에 있는 계단탑, 승강기탑은 그 수평투영면적의 합계가 건축물 건축면적의 8분의 1인 경우 층수로 산입하지 않는다.

예상 건축법상 층수 산정 시 층의 구분이 명확하지 않은 경우, 건축물 높이 몇 m마다 1개 층으로 산정하는가?

㉮ 1m ㉯ 2m
㉰ 3m ㉱ 4m

· 정답 : ㉱

층의 구분이 명확하지 않을 경우 건축물 높이 4m 마다 1개 층으로 본다.

예상 건축법령상 건축물에 설치하는 배연설비의 기준으로 가장 부적합한 것은?

㉮ 배연구는 연기감지기 또는 열감지기에 의해 자동으로 열 수 있어야 하며, 손으로 열고 닫을 수 없어야 한다.
㉯ 건축물에 방화구획이 설치된 경우에는 그 구획마다 1개소 이상의 배연창을 설치하여야 한다.
㉰ 배연구는 예비전원에 의하여 열 수 있어야 한다.
㉱ 방화구획이 없는 경우 배연구의 유효면적은 최소 $1m^2$ 이상이어야 한다.

· 정답 : ㉮

배연구는 연기감지기 또는 열감지기에 의해 자동으로 열 수 있어야 하며, 손으로 열고 닫을 수 있어야 한다.

핵심54 건축물의 높이 제한

(1) 건축물의 높이제한

1) 최고높이의 지정원칙

허가권자가 가로구역(도로로 둘러싸인 일단의 지역)을 단위로 하여 최고높이지정기준에 따라 건축물의 최고높이를 지정할 수 있다.

2) 지정기준

허가권자가 다음의 요건을 고려하여 가로구역별로 건축물의 최고높이를 지정·공고하여야 한다.

1. 도시·군관리계획 등의 토지이용계획
2. 당해 가로구역이 접하는 도로의 너비
3. 당해 가로구역의 상·하수도 등 시설의 수용능력
4. 도시미관 및 경관계획
5. 당해 도시의 장래 발전계획

기출 건축법령상 허가권자가 가로구역을 단위로 하여 최고높이를 지정 · 공고할 때 고려하여야 하는 사항 중 가장 부적합한 것은?

㉮ 도시 · 군 관리 계획 등의 토지이용계획
㉯ 도시미관 및 경관계획
㉰ 인접지역의 건폐율 및 용적률
㉱ 해당 가로구역이 접하는 도로의 너비

· 정답 : ㉰

허가권자가 다음의 요건을 고려하여 가로구역별로 건축물의 최고높이를 지정·공고하여야 한다.

1. 도시 · 군 관리계획 등의 토지이용계획
2. 당해 가로구역이 접하는 도로의 너비
3. 당해 도로구역의 상·하수도 등 시설의 수용능력
4. 도시미관 및 경관계획
5. 당해 도시의 장래 발전계획

예상 건축법상 시장, 군수, 구청장이 가로구역별로 건축물의 최고높이를 지정, 공고할 때 고려하여야 할 사항으로 가장 부적당한 것은?

㉮ 당해 가로구역의 상, 하수도 등 간선시설의 수용능력
㉯ 당해 가로구역의 지질 및 지형
㉰ 도시·군관리 계획 등의 토지이용계획
㉱ 도시미관 및 경관계획

· 정답 : ㉯

허가권자가 다음의 요건을 고려하여 가로구역별로 건축물의 최고높이를 지정·공고하여야 한다.

1. 도시·군 관리계획 등의 토지이용계획
2. 당해 가로구역이 접하는 도로의 너비
3. 당해 도로구역의 상·하수도 등 시설의 수용능력
4. 도시미관 및 경관계획
5. 당해 도시의 장래 발전계획

핵심55 일조 등의 확보를 위한 건축물의 높이 제한

· 전용주거지역, 일반주거지역 안에서 일조 등의 확보

일조 등의 확보를 위해 건축물의 각 부분을 정북방향의 인접대지 경계선으로부터 다음의 범위 안에서 건축조례가 정하는 거리 이상을 띄어 건축하여야 한다.

대 상	띄움 거리의 기준(조례로 정함)	
전용주거지역 및 일반주거지역 안의 건축물	높이 10m 이하인 부분	1.5m 이상
	높이 10m를 초과하는 부분	인접대지경계선으로부터 당해건축물의 각 부분의 높이의 1/2 이상
	예외: 건축물의 미관향상을 위하여 너비 20m 이상의 도로(자동차전용도로 등 포함)로서 건축조례가 정하는 도로에 접한 대지상호 간에 건축하는 건축물은 제외	

* 대지와 대지사이에 공원(허가권자가 일조 등을 확보할 필요가 있다고 인정한 경우 제외)·도로·철도·하천·광장·공공공지·녹지·유수지·자동차전용도로·유원지 기타 건축이 허용되지 않는 공지가 있는 경우에는 그 반대편 경계선(공동주택의 경우에는 중심선)을 인접대지경계선으로 한다.

기출 건축물의 일조 등의 확보를 위한 높이 제한 규정된 내용이 아닌 것은?

㉮ 건축물의 높이
㉯ 용도지역
㉰ 건축물의 각 층 바닥면적
㉱ 정북방향 및 인접대지 경계선

· 정답 : ㉰
건축물의 각층바닥면적과는 무관하다.

예상 건축법상 일조 등의 확보를 위한 높이제한 규정 중 정북방향의 인접대지경계선에서 띄움거리의 기준으로 옳지 않은 것은?

㉮ 높이 3m의 부분 : 1.5m 이상
㉯ 높이 6m의 부분 : 1.5m 이상
㉰ 높이 8m의 부분 : 1.5m 이상
㉱ 높이 12m의 부분 : 5m 이상

· 정답 : ㉰
12m 이하인 경우 65m 이상 띄운다.

핵심56 건축설비 설치의 원칙과 지능형건축물의 인증

(1) 건축설비 설치의 원칙

1) 건축설비는 건축물의 안전·방화, 위생, 에너지 및 정보통신의 합리적 이용에 지장이 없도록 설치하여야 함.
2) 배관피트 및 닥트의 단면적과 수선구의 크기를 해당설비의 수선에 지장이 없도록 하는 등 설비의 유지·관리 쉽게 설치하여야 함.
3) 급수·배수·냉방·난방·등 건축설비의 설치에 관한 기술적 기준은 국토교통부장관으로 정함-에너지이용합리화와 관련한 건축설비의 기술적 기준에 관하여는 산업통상자원부장관과 협의하여 정함.
4) 건축물에 설치하는 장애인 관련 시설 및 설비는 장애인·노인·임산부 등의 편의 증진 보장에 관한 법률이 정하는 바에 따른다.
5) 건축물에는 방송수신에 지장이 없도록 공동시청 안테나, 유성방송수신시설, 위성방송 수신설비, 에프엠라디오방송 수신설비 또는 방송 공동수신설비를 설치할 수 있다.
6) 방송수신설비의 설치 기준은 미래창조과학부장관이 정하여 고시하는 바에 따른다.
7) 연면적 500m² 이상인 건축물의 대지에는 국토교통부령으로 정하는 바에 따라 배전하는데 필요한 전기설비를 설치할 수 있는 공간을 확보할 것

(2) 방송·통신 및 전기 관련설비

1) 방송 공동 수신설비 등
다음 건축물은 방송 공동수신설비 기준에 따른 설비를 할 것
① 공동주택
② 바닥면적의 합계가 5,000m² 이상으로서 업무시설이나 숙박시설의 용도로 쓰는 건축물

2) 전기설비설치용 공간의 확보
연면적 500m² 이상인 건축물의 대지에는 국토교통부령으로 정하는 바에 따라 전기사업법에 따른 전기사업자가 전기를 배전하는데 필요한 전기설비를 설치할 수 있는 공간을 확보할 것

(3) 지능형 건축물의 인증

1) 국토교통부장관이 지능형건축물 인증 제도를 실시한다.
2) 국토교통부장관이 인증기관을 지정한다.
3) 지능형 건축물 인증기준
① 인증기준 및 절차
② 인증표시 홍보기준
③ 유효기간
④ 수수료
⑤ 인증등급 및 심사기준 등
4) 지능형 건축물 인증효력

완화기준	법 제42조(대지안의 조경)	85/100 까지 적용
	법 제50조(용적률) 법 제60조(건축물의 높이제한)	115/100 범위 안에서 적용

5) 지능형 건축물의 인증은 건축주가 인증기관에 신청하여야 함

예상 **건축법상 지능형 건축물 인증제도에 관한 설명 중 가장 부적당한 것은?**

㉮ 지능형건축물 인증기관은 국토교통부장관이 정한다.
㉯ 지능형건축물의 인증은 국토교통부장관에게 신청한다.
㉰ 지능형건축물에 대해서는 대지안의 조경기준에 대하여 85/100 범위 안에서 적용한다.
㉱ 지능형 건축물에 대해서는 용적률 기준과 건축물높이제한에 대하여 115/100 범위 안에서 적용한다.

· **정답** : ㉯
지능형건축물의 인증은 인증기관에 신청해야 한다.

예상 **지능형 건축물에 대한 건축법 완화 적용기준에 해당되지 않는 것은?**

㉮ 건축물의 용적률　　㉯ 건축물의 건폐율
㉰ 건축물 높이제한　　㉱ 대지안의 조경

· **정답** : ㉯
완화적용: 대지안의 조경, 용적률, 건축물의 높이

예상 **건축법상 지능형건축물 인증기준 내용이 아닌 것은?**

㉮ 인증기준 및 절차
㉯ 유효기간
㉰ 인증등급 및 심사기준
㉱ 채점기준표

· **정답** : ㉱
친환경인증기준내용은 다음과 같다.
1. 인증기준 및 절차
2. 인증표시 홍보기준
3. 유효기간
4. 수수료
5. 인증등급 및 심사기준

핵심57 관계전문기술자

· **관계전문기술자와의 협력**

설계자 및 공사감리자는 설계 및 공사감리를 함에 있어 관계전문기술자의 협력을 받아야 한다.

관계전문기술자	건축물의 규모	협력사항
① 구조기술사 등	1. 6층이상 건축물, 2. 특수구조건축물(경간 20m 이상 건축물. 보, 차양 등의 내민 길이 3m이상, 건축물) 3. 다중이용건축물, 4. 준다중이용건축물, 5. 3층 이상인 필로티 형식의 건축물, 6. 지진구역 1의 중요도(특)인 건축물	구조안전의 확인
② 토목분야 기술사	깊이 10m 이상 토지굴착공사 높이 5m 이상의 옹벽 등의 공사를 수반하는 건축물	지질조사, 토공사의 설계 및 감리, 흙막이벽, 옹벽 설치 등에 관한 위해방지 및 기타 필요한 사항

기출 **토목분야 기술사의 협력을 받아야 하는 대상 중 가장 타당한 것은?**

㉮ 깊이 5m 이상의 토지굴착공사 또는 높이 10m 이상의 옹벽공사
㉯ 깊이 10m 이상의 토지굴착공사 또는 높이 5m 이상의 옹벽공사
㉰ 깊이 10m 미만의 토지굴착공사 또는 높이 5m 미만의 옹벽공사
㉱ 깊이 5m 이상의 토지굴착공사 또는 높이 5m 이상의 옹벽공사

· **정답** : ㉯
토목분야기술사 : 깊이 10m 이상 토지굴착공사
높이 5m 이상의 옹벽 등 공사

예상 **건축법상 협력한 관계전문기술자는 중간감리보고서와 감리완료보고서에 누구와 함께 서명, 날인하여야 하는가?**

㉮ 설계자, 감리자
㉯ 시공자, 건축주
㉰ 설계자, 건축주
㉱ 건축사, 기술사

· **정답** : ㉮
협력한 관계전문기술자는 중간감리보고서 및 감리완료보고서에 설계자, 감리자와 함께 서명, 날인해야 한다.

핵심58 승용승강기

· 승용승강기 설치대상

층수가 6층 이상으로서 연면적 2,000m² 이상인 건축물

예외 : 1. 층수가 6층인 건축물로서 각 층 거실바닥면적 300m² 이내마다 1개소 이상 직통계단을 설치한 경우는 제외

2. 승용승강기가 설치되어 있는 건축물에 1개 층을 증축하는 경우에는 승용승강기의 승강로를 연장하여 설치하지 아니할 수 있다.

건축물의 용도	6층 이상 거실면적의 합계 3,000m² 이하	6층 이상 거실면적의 합계 3,000m² 초과
· 공연장·집회장·관람장 · 판매시설 · 의료시설	2대	2대에 3,000m² 초과하는 2,000m² 이내마다 1대의 비율로 가산한 대수이상
· 전시장 및 동·식물원 · 업무시설 · 위락시설 · 숙박시설	1대	1대에 3,000m² 를 초과하는 2,000m² 이내마다 1대의 비율로 가산한 대수이상
· 기타시설	1대	1대에 3,000m² 를 초과하는 3,000m² 이내마다 1대의 비율로 가산한 대수이상

* 대수 산정 시 8인승-15인승은 1대, 16인승 이상을 2대로 본다.
대수 산정 시 소수점 이하는 1대로 본다.

기출 건축법상 승용승강기의 설치기준이 강화되어 있는 건축물 용도부터 완화되어 있는 건축물 용도 순으로 가장 적합하게 나열된 것은?

㉮ 숙박시설 > 병원 > 공동주택
㉯ 병원 > 위락시설 > 공동주택
㉰ 위락시설 > 공연장 > 교육연구시설
㉱ 공동주택 > 업무시설 > 도매시장

· 정답 : ㉯

예상 건축법상 6층 이상의 거실 바닥면적의 합계가 23,000m² 인 종합병원에 설치해야 하는 승용승강기의 최소 대수인 것은?

㉮ 8대 ㉯ 9대
㉰ 10대 ㉱ 12대

· 정답 : ㉱
2대 + 23,000 − 3,000/2,000 = 12대

핵심59 비상용승강기

· 비상용승강기(높이 31m를 넘는 건축물에 설치)의 승강장 및 승강로의 구조

1) 비상용승강기의 승강장 구조

① 승강장은 건축물의 다른 부분과 내화구조의 바닥·벽으로 구획(창문·출입구 기타 개구부 제외)

예외 : 공동주택의 경우에는 승강장과 특별피난계단의 부속실과의 겸용부분을 계단실과 별도로 구획하는 때에는 승강장을 특별피난계단의 부속실과 겸용할 수 있다.

② 승강장은 피난층을 제외한 각 층의 내부와 연결될 수 있도록 하되, 그 출입구(승강로의 출입구 제외)에는 방화문(60+방화문 또는 60분방화문)을 설치할 것

③ 노대 또는 외부를 향하여 열 수 있는 창문이나 배연설비를 설치할 것

④ 벽 및 반자가 실내에 접하는 부분의 마감재료(마감을 위한 바탕포함)는 불연재료로 할 것

⑤ 채광이 되는 창문이 있거나 예비전원에 의한 배연설비를 설치할 것

⑥ 승강장의 바닥면적은 비상용승강기 1대에 대하여 6m² 이상으로 할 것

예외 : 옥외에 승강장을 설치하는 경우

⑦ 피난층이 있는 승강장의 출입구(승강장이 없는 경우에는 승강로의 출입구)로부터 도로 또는 공지에 이르는 거리가 30m 이하일 것

⑧ 승강장출입구 부근의 잘 보이는 곳에 당해 승강기가 비상용승강기 임을 알 수 있는 표시를 할 것

2) 비상용승강기의 승강장 구조

① 당해 건축물의 다른 부분과 내화구조로 구획할 것

② 전 층을 단일구조로서 연결하여 설치할 것

기출 비상용승강기 승강장의구조에 관한 기술 중 가장 부적당한 것은?

㉮ 피난층이 있는 승강장의 출입구로부터 도로 또는 공지에 이르는 거리는 30m 이하로 한다.

㉯ 승강장 출입구 부근의 잘 보이는 곳에 당해 승강기가 비상용승강기임을 알 수 있는 표지를 하여야 한다.

㉰ 승강장의 벽 및 반자가 접하는 부분의 실내마감재료는 난연 또는 준불연재료로 해야 한다.

㉱ 승강장에는 채광창이 있거나 예비전원에 의한 조명 설비를 해야 한다.

· 정답 : ㉰

벽 및 반자가 실내에 접하는 부분의 마감재료(마감을 위한 바탕포함)는 불연재료로 할 것

예상 높이 31미터를 넘는 각층의 바닥면적 중 최대 바닥면적이 4천500제곱미터인 건축물의 비상용승강기 최소 설치대수는? (단, 8인승을 기준으로 한다.)

㉮ 1대

㉯ 2대

㉰ 3대

㉱ 4대

· 정답 : ㉯

비상용승강기 설치대수(N)

N= 1+(4,500−1,500)÷3,000=2대

핵심60 개별난방설비

· 개별난방설비 기준

공동주택과 오피스텔의 난방설비를 개별난방방식으로 하는 경우에는 다음의 기준에 적합하여야 한다.

구 분	구조 및 설치내용
1. 보일러설치 위치	· 거실외의 곳에 설치 · 보일러실과 거실사이는 내화구조의 벽으로 구획(출입구 제외)
2. 보일러실의 환기	· 윗부분에 $0.5m^2$ 이상의 환기창 설치 · 지름 10cm 이상의 공기흡입구 및 배기구를 항상 개방상태로 외기에 접하도록 설치할 것 예외) 전기보일러의 경우는 제외
3. 보일러실과 거실사이의 출입구	출입구가 닫힌 경우에는 보일러가스가 거실에 들어갈 수 없는 구조로 할 것
4. 기름저장소	기름보일러의 기름저장소는 보일러실 외의 곳에 설치할 것
5. 보일러 연도	내화구조로서 공동연도로 설치할 것
6. 오피스텔 난방구획	방화구획으로 구획할 것

기출 건축법상 공동주택과 오피스텔의 난방설비를 개별 난방방식으로 하는 경우의 기준으로 가장 적합하지 않은 것은?

㉮ 기름보일러를 설치하는 경우에는 기름저장소를 보일러실 외의 다른 곳에 설치할 것
㉯ 보일러실 윗부분에는 그 면적이 $0.5m^2$ 이상인 환기창을 설치할 것
㉰ 보일러는 거실외의 곳에 설치하되, 보일러를 설치하는 곳과 거실사이의 경계벽은 출입구를 제외하고는 내화구조의 벽으로 구획할 것
㉱ 오피스텔의 경우에는 난방구획마다 방화구조로 된 벽·바닥과 을종방화문으로 된 출입문을 구획할 것

· 정답 : ㉱
오피스텔의 경우에는 난방구획마다 방화구획으로 구획할 것

예상 건축법상 공동주택과 오피스텔의 난방설비를 개별 난방방식으로 하는 경우의 기준으로 가장 적합하지 않은 것은?

㉮ 기름보일러를 설치하는 경우에는 기름저장소를 보일러실 외의 다른 곳에 설치할 것
㉯ 보일러실 윗부분에는 그 면적이 $0.7m^2$ 이상인 환기창을 설치할 것
㉰ 보일러는 거실외의 곳에 설치하되, 보일러를 설치하는 곳과 거실사이의 경계벽은 출입구를 제외하고는 내화구조의 벽으로 구획할 것
㉱ 오피스텔의 경우에는 난방구획마다 방화구획으로 구획할 것

· 정답 : ㉯
보일러실 윗부분에는 그 면적이 $0.5m^2$ 이상인 환기창을 설치할 것

핵심61 냉방설비, 피뢰설비

1. 건축물의 냉방설비 배기기구 위치제한

상업지역, 주거지역에서 도로(길이 10m 미만 막다른 도로 제외)에 면한 배기구는 도로면으로부터 2m 이상의 높이에 설치하여야 한다.

2. 공동주택 환기설비 : 30세대 이상 공동주택, 주택이 30세대 이상이 되는 복합건축물 : 신축, 리모델링 0.5회 이상/시간당

3. 피뢰설비

1) 설치대상 : 높이 20m 이상의 건축물(공작물 포함) 또는 낙하의 우려가 있는 건축물

구 분	구조기준
1. 돌침의 설치	· 건축물의 맨 윗부분으로부터 25cm 이상 돌출할 것
2. 피뢰설비 최소단면적 (피복이 없는 동선기준)	· 수뢰부, 인하도선, 접지극 : $50mm^2$ 이상
3. 측면 낙뢰방지	· 60m 초과 건축물 : 지면에서 건축물 높이의 4/5되는 지점부터 측면에 수뢰부를 설치 할 것 · 150m 초과 건축물 : 120m 지점부터 최상단 부분까지의 측면에 수뢰부를 설치할 것
4. 철골(철근)구조체를 인하도선으로 사용할 경우의 전기저항	· 구조체의 상단부와 하단부사이의 전기저항을 0.2옴 이하로 할 것 · 전기적 연속성이 보장될 것

예상 건축법상 60m 초과하는 건축물의 측면에 수뢰부 설치위치로 옳은 것은?

㉮ 건축물높이의 1/3위치
㉯ 건축물높이의 4/5위치
㉰ 건축물높이의 1/2위치
㉱ 건축물높이의 3/5위치

· 정답 : ㉯
60m 초과하는 건축물의 측면에 수뢰부는 건축물 높이의 4/5위치에 설치한다.

예상 건축법상 상업지역, 주거지역에서 도로에 면한 배기구의 위치로 적합한 것은?

㉮ 도로면으로부터 2m 이상의 높이에 설치
㉯ 도로면으로부터 3m 이상의 높이에 설치
㉰ 도로면으로부터 4m 이상의 높이에 설치
㉱ 도로면으로부터 5m 이상의 높이에 설치

· 정답 : ㉮
건축법상 상업지역, 주거지역에서 도로(길이 10m 미만 막다른 도로 제외)에 면한 배기구는 도로면으로부터 2m 이상의 위치에 설치하여야 한다.

핵심62 특별건축구역, 건축협정

1. **특별건축구역(제외지역 : 개발제한구역, 자연공원, 접도구역, 보전산지)**

- **특별건축구역 지정목적**

조화롭고 창의적인 건축물의 건축을 통하여 도시경관의 창출, 건설기술수준향상 및 건축관련제도 개선을 도모하기 위하여 이 법 또는 관계법령에 따라 일부 규정을 적용하지 아니하거나 완화 또는 통합하여 적용할 수 있도록 특별히 지정하는 구역이다.

(1) 특례적용대상지역

1. 문화 및 집회시설, 판매시설, 운수시설, 의료시설, 교육연구시설, 수련시설(연면적 2,000m² 이상)
2. 운동시설, 업무시설, 숙박시설, 관광휴게시설, 방송통신시설(연면적 3,000m² 이상)
3. 종교시설
4. 노유자시설(연면적 500m² 이상)
5. 공동주택(복합건축물포함) (100세대 이상)
6. 단독주택 30동이상(한옥, 한옥양식의 경우 10동이상)
7. 그 밖의 용도(연면적 1,000m² 이상)

(2) 법령의 적용

특별건축구역에 건축하는 건축물에 대하여는 다음 각 호의 규정을 적용하지 아니할 수 있다.

① 대지안의 조경
② 건축물의 건폐율
③ 건축물의 용적률
④ 대지안의 공지
⑤ 건축물의 높이제한
⑥ 일조 등의 확보를 위한 건축물의 높이제한
⑦ 주택법 제35조 중 대통령령으로 정하는 규정

(3) 통합적용

건축법상 특별건축구역에서 관계법령의 규정을 적용하지 않고 특별건축구역 전부 또는 일부를 대상으로 통합하여 적용

① 미술장식
② 부설주차장의 설치
③ 공원의 설치

2. 건축협정(건축협정체결시 둘이상의 건축물 벽을 맞벽으로 하여 공동으로 건축허가를 신청할 수 있다.)

(1) 건축협정의의

토지 또는 건축물의 소유자 등이 관계법령의 일정한 완화를 받기 위하여 자율적으로 지역의 특성에 맞는 건축물의 건축방안을 건축허가전에 협약하는 제도이다.

(2) 건축협정대상지역

1. 국토의 계획 및 이용에 관한 법률의 지구단위계획구역
2. 도시 및 주건환경 정비법의 주거환경개선사업 또는 주건환경관리사업 정비구역
3. 도시정비 촉진을 위한 특별법의 존치지역
4. 도시재생 활성화 및 지원에 관한 특별법의 도시재생활성화 지역
5. 그 밖에 건축협정인가권자가 도시 및 주거환경개선이 필요하다고 인정하여 해당 지방자치단체의 조례로 정하는 구역 (시 · 도지사의 경우 지정구역 관할 시장, 군수, 구청장의 의견을 들어 건축협정구역을 정한다. (건축협정인가권자 : 시 · 도지사 및 시장, 군수, 구청장)

(3) 건축협정의 폐지 등

특례를 적용한 건축협정의 경우에는 착공신고 후 20년이 경과한 후 폐지인가를 신청할 수 있다.

(4) 건축협정(건축물 기준의 통합적용의 특례)

1. 건축법(대지의 조경, 대지와 도로와의 관계, 지하층의 설치, 건폐율)
2. 주차장법(부설주차장의 설치)
3. 하수도법(개인하수처리시설의 설치)

기출 **건축법령상 특별건축구역에서 대지안의 조경, 건폐율 등의 특례사항을 적용하여 건축할 수 있는 건축물로 가장 부적합한 것은?**

㉮ 국가 또는 지방자치단체가 건축하는 건축물
㉯ 한국토지주택공사가 건축하는 건축물
㉰ 연면적 2,000m² 이상인 교육연구시설
㉱ 연면적 1,000m² 이상인 숙박시설

· **정답** : ㉱
특례 적용대상 건축물 중 숙박시설의 경우 3,000m² 이상이다.

기출 **건축법상 '특별건축구역'의 용어정의에 포함되지 않는 것은?**

㉮ 법률의일괄적 적용 ㉯ 도시경관의 창출
㉰ 건설기술수준향상 ㉱ 건축관련제도개선

· **정답** : ㉮
• 특별건축구역 지정목적
조화롭고 창의적인 건축물의 건축을 통하여 도시경관의 창출, 건설기술수준향상 및 건축관련제도 개선을 도모하기 위하여 이 법 또는 관계법령에 따라 일부 규정을 적용하지 아니하거나 완화 또는 통합하여 적용할 수 있도록 특별히 지정하는 구역이다.

기출 **건축법령상 건축협정 특례를 적용하여 착공신고를 한 이후에 건축협정을 폐지하려는 경우 폐지인가를 신청할 수 있는 최소기간으로 가장 적합한 것은?**

㉮ 5년이 경과한 후
㉯ 10년이 경과한 후
㉰ 15년이 경과한 후
㉱ 20년이 경과한 후

· **정답** : ㉱
효력유지기간

1. 건축협정	착공신고 후 20년
2. 결합건축	협정체결 후 30년

기출 **건축법상 건축협정의 인가를 받은 건축협정구역에서 관계법령의 규정을 개별 건축물마다 적용하지 아니하고 건축협정구역의 전부 또는 일부를 대상으로 통합하여 적용할 수 있는 것으로 가장 부적합한 것은?**

㉮ 건폐율 ㉯ 용적률
㉰ 대지의 조경 ㉱ 지하층의 설치

· **정답** : ㉯
건축협정(건축물 기준의 통합적용의 특례)
1. 건축법(대지의 조경, 대지와 도로와의 관계, 지하층의 설치, 건폐율
2. 주차장법(부설주차장의 설치)
3. 하수도법(개인하수처리시설의 설치)

기출 **건축법령상 건축협정을 체결할 수 있는 대상지로 가장 부적합한 것은?**

㉮ 국토의 계획 및 이용에 관한 법률에 따른 지구단위계획
㉯ 도시 및 주거환경정비법에 따른 주거환경관리사업구역
㉰ 도시 및 주거환경정비법에 따른 주택재개발사업구역
㉱ 도시재정비촉진을 위한 특별법에 따른 존치지역

· **정답** : ㉰
주택재개발사업 구역은 대상지에 해당되지 않는다.

예상 **건축법령상 특별건축구역에서 관계법령의 규정을 적용하지 않고 특별건축구역 전부 또는 일부를 대상으로 통합하여 적용할 수 있는 규정으로 가장 부적합한 것은?**

㉮ 미술장식 ㉯ 부설주차장의 설치
㉰ 공원의 설치 ㉱ 배수설비의 설치

· **정답** : ㉱
통합설계대상은 미술장식, 부설주차장의 설치, 공원의 설치이다.

예상 **건축법령상 특별건축구역에 건축하는 건축물에 적용하지 않을 수 있는 특례규정을 모두 고른 것은?**

㉠ 건축물의 용적률	㉡ 건축물의 건폐율
㉢ 대지안의 공지	㉣ 대지의 조경

㉮ ㉠, ㉡
㉯ ㉢, ㉣
㉰ ㉡, ㉢, ㉣
㉱ ㉠, ㉡, ㉢, ㉣

· **정답** : ㉱
(2) 법령의 적용
특별건축구역에 건축하는 건축물에 대하여는 다음 각 호의 규정을 적용하지 아니할 수 있다.
① 대지안의 조경
② 건축물의 건폐율
③ 건축물의 용적률
④ 대지안의 공지
⑤ 건축물의 높이제한
⑥ 일조 등의 확보를 위한 건축물의 높이제한
⑦ 주택법 제35조 중 대통령령으로 정하는 규정

핵심63 기존건축물, 소방관 진입창의 설치

(1) 손실보상

① 특별자치시장, 특별자치도지사·시장·군수·구청장이 보상하는 경우에는 시정명령에 의한 처분으로 생길 수 있는 손실을 시가로 보상하여야 한다.

② 보상금액에 관하여 협의가 성립되지 아니한 경우에는 특별자치시장, 특별자치도지사·시장·군수 구청장은 그 보상 금액을 지급하거나 공탁하고 이를 통지하여야 한다.

③ 보상금의 지급 또는 공탁의 통지에 불복이 있는 자는 지급 또는 공탁의 통지를 받은 날부터 20일 이내에 관할 토지수용위원회에 재결을 신청할 수 있다.

(2) 경관지구 안에서의 시정명령

특별자치시장, 특별자치도지사·시장·군수·구청장은 경관지구 안의 건축물로서 도시미관이나 주거환경 상 현저히 장애가 된다고 인정하는 경우에는 건축위원회의 의견을 들어 개축 또는 수선을 하게 할 수 있다.

(3) 권한의 위임

시장·군수·구청장은 6층 이하로서 연면적 2,000m^2 이하인 건축물의 건축·대수선·용도변경에 관한 권한과 기존건축물 연면적의 3/10 미만의 증축에 관한 권한을 자치구가 아닌 구청장에게 위임할 수 있다.

(4) 소방관 진입 창의 설치

1. 2층이상 11층 이하인 층에 각각 1개소 이상 설치 할 것.
 이 경우 소방관이 진입할 수 있는 창의 가운데에서 벽면 끝까지의 수평거리가 40m 이상인 경우에는 40m 이내마다 소방관이 진입할 수 있는 창을 추가로 설치하여야 한다.
2. 소방차 진입로 또는 소방차 진입이 가능한 공터에 면할 것
3. 창문의 가운데에 지름 20 ㎝ 이상의 역삼각형을 야간에도 알아볼 수 있도록 빛 반사 등으로 붉은색으로 표시 할 것
4. 창문의 한 쪽 모서리에 타격지점을 지름 3㎝ 이상의 원형으로 표시 할 것
5. 창문의 크기
 1) 폭 90㎝ 이상 2)높이 1.0m이상 3) 창 하단 위치는 바닥면적에서 80㎝이내(난간 등이 설치된 노대 등) 에 불가피하게 소방관 진입창을 설치하는 경우에는120㎝이내
6. 다음 각 목의 어느하나에 해당하는 유리를 사용할 것
 가. 플로트판 유리로서 그 두께가 6㎜이하인 것
 나. 강화유리 또는 배강도유리로서 그두께가 5㎜이하인 것
 다. 가목 또는 나목에 해당하는 유리로 구성된 이중유리
 라 가목 또는 나목에 해당하는 유리로 구성된 삼중유리 이 경우 각각의 유리에 비산방지필름을 부착하는 경우에는 그 필름 두께를 50마이크로미터 이하로 하여야 한다.

기출 **특별자치시장, 특별자치도지사·시장·군수·구청장이 기존건축물에 대하여 건축법의 규정에 의해 국가 보안상 등의 사유로 철거 등을 명할 경우에 지급하는 손실보상금에 대하여 불복이 있을 경우 재결신청은 어느 곳에 하는가?**

㉮ 건축위원회 ㉯ 도시계획위원회
㉰ 토지수용위원회 ㉱ 건축분쟁조정위원회

· **정답 : ㉰**

보상금의 지급 또는 공탁의 통지에 불복이 있는 자는 지급 또는 공탁의 통지를 받은 날부터 20일 이내에 관할 토지수용위원회에 재결을 신청할 수 있다.

예상 **건축법상 시장·군수·구청장은 자치구가 아닌 구의 구청장에게 권한을 위임할 수 있는 건축물의 규모는 다음 중 어느 것인가?**

㉮ 3층 이하의 건축물
㉯ 4층 이하의 건축물
㉰ 5층 이하의 건축물
㉱ 6층 이하의 건축물

· **정답 : ㉱**

시장· 군수· 구청장은 6층 이하로서 연면적 2,000m^2 이하인 건축물의 건축·대수선·용도 변경에 관한 권한을 자치구가 아닌 구청장에게 위임할 수 있다.

예상 건축법령상 소방관 진입창에 대한 설명중 가장 적합한 것은?

㉮ 3층이상 12층 이하인 층에 각각 1개소 이상 설치 할 것.
㉯ 소방관이 진입할 수 있는 창의 가운데에서 벽면 끝까지의 수평거리가 30m 이상인 경우에는 30m 이내마다 소방관이 진입할 수 있는 창을 추가로 설치하여야 한다.
㉰ 창문의 가운데에 지름 20 ㎝ 이상의 역삼각형을 야간에도 알아볼 수 있도록 빛 반사 등으로 붉은색으로 표시 할 것
㉱ 창문의 한 쪽 모서리에 타격지점을 지름 5㎝ 이상의 원형으로 표시 할 것

· 정답 : ㉰
㉮ 2층이상 11층 이하인 층에 각각 1개소 이상 설치 할 것.
㉯ 소방관이 진입할 수 있는 창의 가운데에서 벽면 끝까지의 수평거리가 40m 이상인 경우에는 40m 이내마다 소방관이 진입할 수 있는 창을 추가로 설치하여야 한다.
㉱ 창문의 한 쪽 모서리에 타격지점을 지름 3㎝ 이상의 원형으로 표시 할 것

예상 건축법령상 소방관 진입창에 대한 설명중 가장 적합한 것은?

㉮ 4층이상 11층 이하인 층에 각각 1개소 이상 설치 할 것.
㉯ 소방관이 진입할 수 있는 창의 가운데에서 벽면 끝까지의 수평거리가 40m 이상인 경우에는 40m 이내마다 소방관이 진입할 수 있는 창을 추가로 설치하여야 한다.
㉰ 창문의 가운데에 지름 30 ㎝ 이상의 역삼각형을 야간에도 알아볼 수 있도록 빛 반사 등으로 붉은색으로 표시 할 것
㉱ 창문의 한 쪽 모서리에 타격지점을 지름 5㎝ 이상의 원형으로 표시 할 것

· 정답 : ㉯
㉮ 2층이상 11층 이하인 층에 각각 1개소 이상 설치 할 것.
㉰ 창문의 가운데에 지름 20 ㎝ 이상의 역삼각형을 야간에도 알아볼 수 있도록 빛 반사 등으로 붉은색으로 표시 할 것
㉱ 창문의 한 쪽 모서리에 타격지점을 지름 3㎝ 이상의 원형으로 표시 할 것

핵심64 건축분쟁전문위원회

(1) 조직의 설치

국토교통부에 건축분쟁조정위원회를 둔다.

(2) 위원의 구성

① 위원장과 부위원장 각 1인을 포함하여 15인 이내로 한다.
② 위원장과 부위원장은 국토교통부장관이 위원 중 위촉한다.
③ 임기는 3년(공무원 제외)으로 하되, 연임할 수 있다.

(3) 조정업무 의결

재적의원 과반수의 출석과 출석위원 과반수의 찬성으로 의결한다.

(4) 분쟁조정사항

① 건축관계자와 인근 주민간의 분쟁
② 관계전문기술자와 인근 주민간의 분쟁
③ 건축관계자와 관계전문기술자간의 분쟁
④ 건축관계자간의 분쟁
⑤ 인근 주민간의 분쟁
⑥ 관계전문기술자간의 분쟁
⑦ 기타 대통령령으로 정하는 사항

(5) 조정위원회로부터 조정안을 제시받은 당사자는 제시를 받은 날부터 15일 이내에 수락여부를 조정위원회에 알려야 한다.

(6) 분쟁위원회는 당사자의 조정신청을 받으면 60일 이내에 절차를 마쳐야 한다.

기출 다음 중 건축분쟁전문위원회의 조정대상이 아닌 것은?

㉮ 건축관계자 간의 분쟁
㉯ 인근주민 간의 분쟁
㉰ 관계전문기술자 간의 분쟁
㉱ 기타 국토교통부령으로 정하는 사항

· 정답 : ㉱

분쟁조정사항
① 건축관계자와 인근주민 간의 분쟁
② 관계전문기술자와 인근주민 간의 분쟁
③ 건축관계자와 관계전문기술자 간의 분쟁
④ 건축관계자 상호간의 분쟁
⑤ 인근주민 간의 분쟁
⑥ 관계전문기술자 간의 분쟁
⑦ 기타 대통령령으로 정하는 사항

기출 건축법령상 건축분쟁전문위원회에 관한 설명 중 가장 부적합한 것은?

㉮ 조정위원회로부터 조정안을 제시받은 당사자는 제시를 받은 날부터 15일 내에 수락여부를 조정위원회에 알려야 한다.
㉯ 조정신청은 해당 사건의 당사자 중 1명이 신청할 수도 있다.
㉰ 조정당사자가 조정안을 수락하고 조정서에 기명날인하면 당사자 간에 조정서와 동일한 내용의 합의가 성립된 것으로 본다.
㉱ 분쟁위원회는 당사자의 조정신청을 받으면 90일 이내에 절차를 마쳐야 한다.

· 정답 : ㉱

조정재결기한
1. 조정신청 : 60일 이내　　2. 재정신청 : 120일 이내

예상 건축법상 다음 중 건축분쟁전문위원회의 조정대상이 아닌 것은 다음 중 어느 것인가?

㉮ 건축관계자와 인근주민간의 분쟁
㉯ 인근주민 간의 분쟁
㉰ 관계전문기술자와 인근주민간의 분쟁
㉱ 허가권자와 건축주간의 분쟁

· 정답 : ㉱

허가권자와 건축주간의 분쟁은 행정소송의 대상이다.

예상 건축법령상 건축분쟁전문위원회에 관한 설명 중 가장 부적합한 것은?

㉮ 조정위원회로부터 조정안을 제시받은 당사자는 제시를 받은 날부터 30일 이내에 수락여부를 조정위원회에 알려야 한다.
㉯ 조정신청은 해당 사건의 당사자 중 1명이 신청할 수도 있다.
㉰ 조정당사자가 조정안을 수락하고 조정서에 기명날인하면 당사자 간에 조정서와 동일한 내용의 합의가 성립된 것으로 본다.
㉱ 분쟁위원회는 당사자의 조정신청을 받으면 60일 이내에 절차를 마쳐야 한다.

· 정답 : ㉮

조정위원회로부터 조정안을 제시받은 당사자는 제시를 받은 날부터 15일 이내에 수락여부를 조정위원회에 알려야 한다.

핵심65 이행강제금

(1) 부과대상

명령, 처분에 위반한 대지 또는 건축물이 시정명령을 받은 후 시정기간 내에 시정을 이행하지 아니한 건축주

(2) 부과권자

건축허가권자

(3) 부과횟수

① 1년에 2회 이내의 범위 안에서 시정 시 까지 부과할 수 있다.
② 시행명령을 이행하는 경우 새로운 이행강제금의 부과를 중지하여야 한다.
③ 시정조치를 한 경우 일지라도 이미 부과된 이행강제금은 납부하여야 한다.

(4) 부과방법

① 이행강제금의 부과 및 징수절차는 "국고금관리법 시행규칙"을 준용한다.
② 납입고지서에는 이의 신청방법 및 이의 신청기간을 함께 신청하여야 한다.

(5) 강제징수

기간 내에 이의를 제기하지 않고 이행강제금을 납부하지 아니한 경우에는 지방세 외 수입금의 징수 등에 관한 법률에 의하여 징수한다.

기출 건축법상 이행강제금에 관한 설명으로 가장 부적합한 것은?

㉮ 매분기마다 반복하여 부과, 징수 할 수 있다.
㉯ 허가권자는 이행강제금을 부과, 징수한다는 뜻을 미리 문서로써 계고하여야한다.
㉰ 허가권자는 시정명령을 받은 자가 이를 이행한 경우에는 새로운 이행강제금의 부과를 즉시 중단하되 이미 부과된 이행강제금은 징수하여야 한다.
㉱ 허가권자는 이행강제금을 기한 이내에 납부하지 아니하는 때에는 지방세 외 수입금의 징수 등에 관한 법률에 의하여 징수한다.

· 정답 : ㉮
1년에 2회 이내의 범위 안에서 시정 시까지 부과할 수 있다.

예상 건축법상 이행강제금은 1년에 몇 회의 범위 안에서 부과할 수 있는가?

㉮ 1회 ㉯ 2회
㉰ 3회 ㉱ 4회

· 정답 : ㉯
1년에 2회 이내의 범위 안에서 시정 시까지 부과할 수 있다.

예상 건축법상 허가권자가 시정명령을 받은 후 시정기간 내에 이를 이행하지 아니한 건축주 등에 대하여 이행될 때까지 반복해서 부과할 수 있는 것은?

㉮ 벌금 ㉯ 과징금
㉰ 과태료 ㉱ 이행강제금

· 정답 : ㉱
허가권자는 1년에 2회 이내의 범위 안에서 시정될 때까지 이행강제금을 부과할 수 있다.

기출 건축법상 허가권자가 영리목적을 위한 위반이나 상습적 위반 등 사유로 이행강제금을 가중할 수 있는 것은?

㉮ 위반면적이 30제곱미터인 용도변경을 한경우
㉯ 허가나 신고없이 30제곱미터를 증축한 경우
㉰ 허가나 신고없이 다가구주택의 가구수를 3가구 증가시킨 경우
㉱ 동일인이 최근 3년이내에 2회이상 「건축법」을 위반한 경우

· 정답 : ㉱
이행강제금 50%가중부과
허가권자는 영리목적을 위한 위반이나 상습적 위반 등 다음의 경우에 해당할 때 이행강제금을 50/100의 범위에서 가중 할 수 있다.

1. 임대 등 영리를 목적으로 용도변경 규정에 위반하여 용도변경을 한 경우(위반면적이 50제곱미터를 초과하는 경우로 한정)
2. 임대 등 영리를 목적으로 허가나 신고없이 신축 또는 증축을 한 경우(위반면적이 50제곱미터를 초과하는 경우로 한정)
3. 임대 등 영리를 목적으로 허가나 신고없이 다세대주택의 세대수 또는 다가구주택의 가구수를 증가시킨 경우(5세대 또는 5가구이상 증가시킨 경우로 한정)
4. 동일인이 최근 3년 내에 2회이상 법 또는 법에 따른 명령이나 처분을 위반한 경우
5. 상기 규정과 비슷한 경우로서 건축조례로 정하는 경우

기출 건축법령상 지하층이 없는 지상 2층 규모인 건축물의 주요구조부를 내화구조로 하여야 하는 대상으로 적합한 것은?

㉮ 종교시설의 용도로 쓰는 건축물로서 관람석 또는 집회실의 바닥면적의 합계가 150제곱미터인 경우
㉯ 판매시설의 용도로 쓰는 건축물로서 그 용도로 쓰는 바닥면적의 합계가 200제곱미터인 경우
㉰ 공장의 용도로 쓰는 건축물로서 그 용도로 쓰는 바닥면적의 합계가 1,000제곱미터인 경우
㉱ 건축물의 2층이 숙박시설의 용도로 쓰는 건축물로서 그 용도로 쓰는 바닥면적의 합계가 500제곱미터인 경우

· 정답 : ㉱
㉮ 종교시설의 용도로 쓰는 건축물로서 관람석 또는 집회실의 바닥면적의 합계가 200제곱미터인 경우
㉯ 판매시설의 용도로 쓰는 건축물로서 그 용도로 쓰는 바닥면적의 합계가 500제곱미터인 경우
㉰ 공장의 용도로 쓰는 건축물로서 그 용도로 쓰는 바닥면적의 합계가 2,000제곱미터인 경우
㉱ 건축물의 2층이 숙박시설의 용도로 쓰는 건축물로서 그 용도로 쓰는 바닥면적의 합계가 400제곱미터인 경우

2. 국토의 계획 및 이용에 관한 법률

핵심66 용어의 정의

(1) 광역도시계획 : 광역계획권의 장기발전방향을 제시하는 계획을 말한다.

(2) **도시·군 기본계획**
특별시·광역시·특별자치도·시 또는 군의 관할구역에 대하여 기본적인 공간구조와 장기발전방향을 제시하는 종합계획으로서 도시·군관리계획 수립의 지침이 되는 계획을 말한다.

(3) **도시·군관리계획**
특별시·광역시·특별자치도·시 또는 군의 개발·정비 및 보존을 위한 계획으로써 광역도시계획 또는 도시·군 기본계획의 실행을 위한 집행계획이다.

(4) **기반시설**
도시기능유지를 위하여 대통령령으로 정하는 시설
① 교통시설 ② 공간시설 ③ 유통 및 공급시설 ④ 공공문화체육시설 ⑤ 방재시설
⑥ 보건위생시설 ⑦ 환경기초시설

(5) 공동구 : 지하매설물(전기·가스. 수도·통신·하수도시설 등)을 공동수용하기 위하여 지하에 설치하는 시설물을 말한다. 설치목적 : 1. 미관의 개선 2. 도로구조의 보존 3. 도로교통의 원활한 소통

(6) 도시·군계획시설 : 기반시설 중 도시·군관리계획으로 결정된 시설을 말한다.

(7) 도시·군계획시설사업 : 도시·군계획시설을 설치·정비 또는 개량하는 사업을 말한다.

(8) 광역시설 : 기반시설 중 광역적인 정비체계가 필요한 시설로서 대통령령으로 정한시설을 말한다.

(9) 공공시설 : 대통령령으로 정하는 공공용시설을 말한다.

(10) 지구단위계획 : 도시·군계획 수립대상지역안의 일부에 대하여 토지이용을 합리화하고 그 기능을 증진시키며 미관을 개선하고 양호한 환경을 확보하며, 당해 지역을 체계적·계획적으로 관리하기위하여 수립하는 도시·군관리계획을 말한다.

기출 **국토의 계획 및 이용에 관한 법률상 용어정의에 따른 지구단위계획목적으로 가장 부적합한 것은?**

㉮ 도시생활권의 설정 및 인구의 배분
㉯ 토지이용의 합리화와 기능의 증진
㉰ 미관의 개선과 양호한 환경의 확보
㉱ 지역의 체계적이고 계획적인 관리

· **정답 : ㉮**
지구단위계획:
도시·군계획 수립대상지역안의 일부에 대하여 토지이용을 합리화하고 그 기능을 증진시키며 미관을 개선하고 양호한 환경을 확보하며, 당해 지역을 체계적·계획적으로 관리하기 위하여 수립하는 도시·군관리계획을 말한다.

예상 **국토의 계획 및 이용에 관한 법률에 의한 기반시설이 아닌 것은?**

㉮ 공간시설 ㉯ 방재시설
㉰ 교통시설 ㉱ 공공시설

· **정답 : ㉱**
공공시설은 기반시설에 해당하지 않는다.

예상 **국토의 계획 및 이용에 관한 법률에 의한 기반시설이 아닌 것은?**

㉮ 보건위생시설 ㉯ 환경기초시설
㉰ 유통 및 공급시설 ㉱ 광역시설

· **정답 : ㉱**
도시기능유지를 위하여 대통령령으로 정하는 시설
① 교통시설 ② 공간시설
③ 유통 및 공급시설 ④ 공공문화체육시설
⑤ 방재시설 ⑥ 보건위생시설
⑦ 환경기초시설

예상 **국토의 계획 및 이용에 관한 법령상 공동구의 설치목적에 포함된 것이 아닌 것은?**

㉮ 도로구조의 보존
㉯ 교통의 원활한 소통
㉰ 도시미관의 개선
㉱ 건축물유지관리 및 보수의 편의

· **정답 : ㉱**
건축물유지관리 및 보수의 편의는 공동구의 설치목적에 해당되지 아니한다.

핵심67 국토의 이용 및 관리의 기본원칙

· 국토의 이용 및 관리의 기본원칙

1. 국민생활과 경제활동에 필요한 토지 및 각종 시설물의 효율적 이용과 원활한 공급
2. 자연환경 및 경관의 보전과 훼손된 자연환경 및 경관의 개선 및 복원
3. 교통·수자원·에너지 등 국민생활에 필요한 각종 기초서비스의 제공
4. 주거 등 생활환경 개선을 통한 국민의 삶의 질의 향상
5. 지역의 정체성과 문화유산의 보전
6. 지역 간 협력 및 균형발전을 통한 공동번영의 추구
7. 지역경제의 발전 및 지역 간·지역 내 적정한 기능배분을 통한 사회적 비용의 최소화
8. 기후변화에 대한 대응 및 풍수해 저감을 통한 국민의 생명과 재산의 보호

기출 **국토의 계획 및 이용에 관한 법령상 국토이용 및 관리의 목적으로 가장 부적합 한 것은?**

㉮ 주거 등 생활환경 개선을 통한 국민의 삶의 질 향상
㉯ 수도권 집중화를 통한 국토의 균형발전을 지향
㉰ 지역의 정체성과 문화유산의 보전
㉱ 국민생활과 경제활동에 필요한 토지 및 각종 시설물의 효율적 이용과 원활한 공급

· 정답 : ㉯
지역 간 협력 및 균형발전을 통한 공동번영의 추구를 목적으로 한다.

예상 **국토의 계획 및 이용에 관한 법령상 국토이용 및 관리의 기본원칙이 아닌 것은?**

㉮ 지역의 정체성과 문화유산의 보전
㉯ 지속가능한 친환경을 통한 국민의 생명과 재산의 보호
㉰ 기후변화에 대한 대응 및 풍수해 저감을 통한 국민의 생명과 재산의 보호
㉱ 주거 등 생활환경 개선을 통한 국민의 삶의 질 향상

· 정답 : ㉯
국토의 이용 및 관리의 기본원칙에 지속 가능한 친환경을 통한 국민의 생명과 재산권보호는 없다.

핵심68 용도지역 등

· 용도지역

1. 도시지역 2. 관리지역 3. 농림지역 4. 자연환경보전지역

주거지역	전용주거지역(양호한 주거환경의 보호를 위함)	·1종 전용주거지역(단독주택중심의 양호한 주거환경을 보호하기 위하여 필요한 지역)
		·2종 전용주거지역(공동주택중심의 양호한 주거환경을 보호하기 위하여 필요한 지역)
	일반주거지역 (편리한 주거환경의 조성을 위함)	·제1종 일반주거지역(저층주택을 중심으로 편리한 주거환경을 조성하기 위하여 필요한 지역)
		·제2종 일반주거지역(중층주택을 중심으로 편리한 주거환경을 조성하기 위하여 필요한 지역)
		·제3종 일반주거지역(중·고층주택을 중심으로 편리한 주거환경을 조성하기 위하여 필요한 지역)
	준주거지역	주거기능을 위주로 이를 지원하는 일부 상업 및 업무기능을 보완하기 위함
상업지역	중심상업지역	도심·부도심의 업무 및 상업기능의 확충을 위함
	일반상업지역	일반적인 상업 및 업무기능을 담당하게 하기 위함
	근린상업지역	근린지역에서의 일용품 및 서비스의 공급을 위함
	유통상업지역	도시 내 및 지역 간 유통기능의 증진을 위함

기출 **국토의 계획 및 이용에 관한 법령상 도시·군관리계획으로 결정하는 용도지역의 지정 및 세분으로 부적합한 것은?**

㉮ 주거지역: 전용주거지역 (제1종, 제2종),일반주거지역 (제1종, 제2종, 제3종), 준주거지역
㉯ 상업지역 : 중심상업지역, 일반상업지역, 근린상업지역, 유통상업지역
㉰ 공업지역 : 전용공업지역, 일반공업지역, 준공업지역
㉱ 녹지지역 : 보전녹지지역, 관리녹지지역, 자연녹지지역

· **정답 : ㉱**
녹지지역: 보전녹지지역, 생산녹지지역, 자연녹지지역으로 분류된다.

기출 **국토의 계획 및 이용에 관한 법령상 용도지역 구분이 아닌 것은?**

㉮ 도시지역 ㉯ 준도시지역
㉰ 관리지역 ㉱ 농림지역

· **정답 : ㉯**
용도지역의 구분
도시지역, 관리지역, 농립지역, 자연환경보전지역

예상 **국토의 계획 및 이용에 관한 법령상 제1종 전용주거지역의 지정목적으로 가장 타당한 것은?**

㉮ 중층주택을 중심으로 편리한 주거환경을 조성하기 위하여 필요한 지역
㉯ 저층주택을 중심으로 편리한 주거환경을 조성하기 위하여 필요한 지역
㉰ 공동주택 중심의 양호한 주거환경을 보호하기 위하여 필요한 지역
㉱ 단독주택 중심의 양호한 주거환경을 보호하기 위하여 필요한 지역

· **정답 : ㉱**
단독주택 중심의 양호한 주거환경을 보호하기 위하여 필요한 지역

예상 **국토의 계획 및 이용에 관한 법령상 주거기능을 위주로 이를 지원하는 일부 상업기능 및 업무기능을 보완하기 위하여 지정하는 지역으로 가장 적합한 것은?**

㉮ 근린상업지역 ㉯ 준주거지역
㉰ 일반주거지역 ㉱ 중심상업지역

· **정답 : ㉯**
1. 근린상업지역 : 근린지역에서의 일용품 서비스 및 서비스의 공급을 위함
2. 일반주거지역 : 편리한 주거환경 조성을 위함
3. 중심상업지역 : 도심 · 부도심의 업무 및 상업 기능의 확충을 위함

핵심69 용도구역

(1) 개발제한구역

1) 지정

국토교통부장관이 도시·군관리계획으로 결정한다.

2) 지정목적

① 도시의 무질서한 확산방지 ② 도시주변의 자연환경보전
③ 도시민의 건전한 생활환경 확보 ④ 국방부 장관의 보안상의 요청

(2) 시가화 조정구역

1) 지정

시 · 도지사가 직접 또는 관계행정기관의 장의 요청을 받아 도시·군관리계획으로 결정한다. (국가계획과 연계된 경우에는 국토교통부장관이 결정)

2) 지정목적

① 무질서한 시가화 방지
② 계획적·단계적 개발도모

3) 시가화 유보기간

① 5년 이상 20년 이하의 기간으로 국토교통부장관이 도시·군관리계획으로 정한다.
② 시가화 유보기간이 만료된 다음날로부터 시가화조정구역 지정의 효력은 상실된다.

기출 **시가화 조정구역의 지정목적으로 가장 타당한 것은?**

㉮ 도시주변의 자연환경보전을 위하여 지정
㉯ 도시지역과 그 주변지역의 계획적, 단계적인 개발을 도모하기 위하여 지정
㉰ 보안상 필요에 의하여 도시개발을 제안하기 위하여 지정
㉱ 도시민의 건전한 생활환경 확보를 위하여 지정

· 정답 : ㉯
지정목적
1. 무질서한 시가화 방지
2. 계획적·단계적 개발도모

기출 **국토의 계획 및 이용에 관한 법률상 광역시설은 둘 이상의 특별시 · 광역시 · 특별자치시 · 시 또는 군의 관할지역에 걸치는 시설과 공동으로 이용하는 시설로 구분한다. 다음 중 관할 지역에 걸치는 시설로 가장 적합한 것은?**

㉮ 공항　　㉯ 항만
㉰ 철도　　㉱ 공원

· 정답 : ㉰
도로, 철도 , 운하, 광장, 녹지, 수도 등은 둘 이상의 특별시 · 광역시 · 특별자치시 · 시 또는 군의 관할지역에 걸치는 시설에 해당한다.

기출 **국토의 계획 및 이용에 관한 법률에서 시장 등의 허가권자에게 허가를 받아야 하는 개발행위로 가장 부적합한 것은?**

㉮ 건축법에 따른 건축허가대상 건축물의 건축
㉯ 관계법령에 의한 허가 · 인가 등을 받지 아니하고 너비 5m 이하로 토지를 분할하는 행위
㉰ 농지의 지력증진 및 생산성향상을 위한 객토나 정지작업
㉱ 도시지역에서 채취면적이 $50m^2$인 토지에서 $80m^2$ 토석을 채취하는 행위

· 정답 : ㉰
토지의 형질변경은 허가대상행위에 속한다. 농지에서 농작물재배, 농지의 지력증진 및 생산성향상을 위한 객토나 정지작업, 양수, 배수시설 설치를 위한 토지형질변경은 제외한다.

예상 **국토의 계획 및 이용에 관한 법령상 개발제한구역의 지정목적으로 가장 부적당한 것은?**

㉮ 도시의 무질서한 확산방지
㉯ 도시주변의 자연환경보전
㉰ 국방부 장관의 보안상의 요청
㉱ 무질서한 시가화 방지

· 정답 : ㉱
무질서한 시가화 방지는 시가화조정구역의 지정목적이다.

예상 **국토의 계획 및 이용에 관한 법령상 시가화 조정구역의 시가화 유보기간으로 가장 적합한 것은?**

㉮ 2년 이상 10년 이하
㉯ 3년 이상 15년 이하
㉰ 5년 이상 15년 이하
㉱ 5년 이상 20년 이하

· 정답 : ㉱
시가화 유보기간은 5년 이상 20년 이하로 한다.

예상 **국토의 계획 및 이용에 관한 법률상 광역시설은 둘 이상의 특별시 · 광역시 · 특별자치시 · 시 또는 군의 관할지역에 걸치는 시설과 공동으로 이용하는 시설로 구분한다. 다음 중 공동으로 이용하는 시설에 해당하는 시설로 가장 적합한 것은?**

㉮ 도로　　㉯ 운하
㉰ 철도　　㉱ 공항

· 정답 : ㉱

1. 2이상의 특별시 · 광역시 · 시 · 군(광역시의 관리구역에 있는 군을 제외)의 관할구역에 걸치는 시설	도로, 철도, 운하, 광장, 녹지, 수도, 전기공급설비, 가스공급설비, 방송 · 통신시설, 공동구, 유류저장 및 송유설비, 열공급설비, 하천 하수도(하수종말처리시설을 제외한다.)
2. 2이상의 특별시 · 광역시 · 시 · 군의 공통으로 이용하는 시설	항만, 공항, 자동차정류장, 공원, 유원지, 유통업무설비, 운동장, 유수지, 하수종말처리시설, 화장장, 공동묘지, 봉안시설, 폐기물처리시설, 도축장, 수질오염방지시설, 폐차장, 문화시설, 체육시설, 사회복지시설, 공공직업훈련시설, 청소년수련시설

핵심70 광역도시계획

(1) 광역도시계획의 수립권자

1) 도지사가 광역계획권을 지정한 경우

구 분		수립권자
원칙		관할 시장, 군수 공동수립 (도지사 승인대상)
예외	광역계획권 지정한 날로부터 3년이 경과할 때까지 관할시장, 군수로부터 광역도시계획에 대한 승인신청이 없을 시	도지사 수립
	관할 시장, 군수의 요청이 있을 경우	관할 시장, 군수 및 도지사 공동수립

2) 국토교통부장관이 광역계획권을 지정한 경우

구 분		수립권자
원칙		관할 시·도지사 공동수립 (국토교통부장관 승인대상)
예외	·국가계획과 관련 ·광역계획권 지정한 날로부터 3년이 경과할 때 까지 광역도시계획에 대한 승인신청이 없을 시	국토교통부장관 수립
	·시·도지사의 요청이 있는 경우 ·국토교통부장관이 필요하다고 인정한 경우	·국토교통부장관과 관할시·도지사 공동수립

(2) 광역도시계획의 내용

작성단위기간	내 용
장기	1. 광역계획권의 공간구조와 기능분담에 관한 사항 2. 광역계획권의 녹지관리체계와 환경보전에 관한 사항 3. 광역시설의 배치, 규모, 설치에 관한 사항 4. 경관계획에 관한 사항 5. 광역계획권의 교통 및 물류유통체계에 관한 사항 6. 광역계획권의 문화 여가공간 및 방재에 관한 사항

기출 광역도시계획에 포함되어야 할 내용으로 가장 부적당한 것은?

㉮ 광역시설의 배치, 규모, 설치에 관한 사항
㉯ 광역계획권의 녹지관리 체계와 환경보선에 관한 사항
㉰ 광역계획권의 공간구조와 기능분담에 관한 사항
㉱ 광역계획권의 경제발전과 자원배분에 관한 사항

· 정답 : ㉱

광역계획권의 경제발전과 자원배분에 관한 사항은 포함되지 않는다.

예상 광역도시계획에 포함되어야 할 내용으로 가장 부적당한 것은?

㉮ 광역시설의 배치, 규모, 설치에 관한 사항
㉯ 광역계획권의 녹지관리 체계와 환경보진에 관한 사항
㉰ 광역계획권의 공간구조와 기능분담에 관한 사항
㉱ 공원·녹지·경관에 관한 사항

· 정답 : ㉱

공원·녹지·경관에 관한 사항은 도시·군기본계획에 관한 내용이다.

핵심71 도시·군기본계획

(1) 도시·군기본계획의 작성기준

① 장기계획으로 작성하며, 5년마다 그 타당성을 검토하여 도시·군기본계획에 반영하여야 한다.

② 도시·군기본계획은 광역도시계획에 부합되어야 한다.

③ 도시·군기본계획의 내용이 광역도시계획의 내용과 다를 때에는 광역도시계획의 내용이 우선한다.

(2) 도시·군 기본계획의 내용

1. 지역적 특성 및 계획의 방향·목표에 관한 사항
2. 공간구조, 생활권의 설정 및 인구의 배분에 관한 사항
3. 토지의 이용 및 개발에 관한 사항
4. 토지의 용도별 수요 및 공급에 관한 사항
5. 환경의 보존 및 관리에 관한 사항
6. 기반시설에 관한 사항
7. 공원·녹지·경관에 관한 사항
8. 기후변화대응 및 에너지절약에 관한 사항
9. 방재 및 안전에 관한 사항
10. 도심 및 주거환경의 정비·보존에 관한 사항
11. 다른 법률에 따라 도시·군기본계획에 반영되어야 하는 사항
12. 도시· 군기본계획의 시행을 위하여 필요한 재원조달에 관한 사항
13. 제2호 내지 제9호에 규정된 사항의 단계별 추진에 관한 사항
14. 그 밖에 도시·군기본계획 승인권자가 필요하다고 인정하는 사항

기출 국토의 계획 및 이용에 관한 법령상 도시·군기본계획에 포함되어야 할 사항으로 가장 적합한 것은?

㉠ 건축물의 용도제한, 건폐율, 용적률, 건축물높이에 관한 사항
㉡ 지역적 특성 및 계획의 방향·목표에 관한 사항
㉢ 공원·녹지에 관한 사항
㉣ 경관에 관한 사항

㉮ ㉠, ㉢ ㉯ ㉡, ㉢
㉰ ㉡, ㉢, ㉣ ㉱ ㉠, ㉡, ㉣

· 정답 : ㉰

건축물의 용도제한, 건폐율, 용적률, 건축물높이에 관한 사항은 지구단위계획의 내용에 포함된다.

기출 국토의 계획 및 이용에 관한 법령상 도시·군기본계획에 포함되는 내용으로 가장 적합하지 않은 것은?

㉮ 공원·녹지·경관에 관한 사항
㉯ 기후변화대응 및 에너지절약에 관한 사항
㉰ 건축기본계획에 관한 사항
㉱ 공간구조, 생활권의 설정 및 인구의 배분에 관한 사항

· 정답 : ㉰

건축기본계획에 관한 사항은 도시·군기본계획의 내용이 아니다.

예상 국토의 계획 및 이용에 관한 법령상 도시·군기본계획의 수립 내용이 아닌 것은?

㉮ 공원·녹지·경관에 관한 사항
㉯ 방재 및 안전에 관한 사항
㉰ 공간구조, 생활권의 설정 및 인구의 배분에 관한 사항
㉱ 주택건설촉진에 관한 사항

· 정답 : ㉱

주택건설촉진에 관한 사항은 주택법에 관한 사항이다.

예상 국토의 계획 및 이용에 관한 법령상 도시·군기본계획에 포함되어야 하는 내용으로 옳은 것을 모두 고른 것은?

㉠ 토지의 용도별 수요 및 공급에 관한 사항
㉡ 환경의 보전 및 관리에 관한사항
㉢ 기후변화 대응에 관한 사항
㉣ 기반시설에 관한 사항

㉮ ㉠, ㉣
㉯ ㉡, ㉢
㉰ ㉠, ㉡, ㉣
㉱ ㉠, ㉡, ㉢, ㉣

· 정답 : ㉱

핵심72 도시·군관리계획

(1) 도시·군관리계획의 의의

1) 정의

① 특별시·광역시·특별자치도·시 또는 군의 개발·정비 및 보전을 위한 계획을 말한다.

② 도시·군관리계획은 광역도시계획 및 도시·군기본계획에 부합되어야 한다.

2) 내용

① 용도지역·용도지구의 지정 또는 변경에 관한 계획

② 개발제한구역·시가화조정구역·수산자원보호구역·도시자연공원구역의 지정 또는 변경에 관한계획

③ 기반시설의 설치·정비 또는 개량에 관한 계획

④ 도시개발사업 또는 정비 사업에 관한 계획

⑤ 지구단위계획의 지정 또는 변경에 관한 계획과 지구단위계획

⑥ 입지규제최소구역의 지정 또는 변경에 관한 계획과 입지규제최소구역계획

입제규제 최소구역 :도시지역에서 복합적인 토지이용을 증진시켜 도시정비를 촉진하고 지역거점을 육성할 필요가 있다고 인정하여 국토교통부장관이 도시·군관리 계획에 따라 지정한 구역을 말한다.

3) 기초조사·심의 등의 절차 생략이 가능한 경미한 변경

1. 지구단위계획

① 가구면적 10% 이내 ② 건축물의 높이 20% 이내 ③ 획지면적 30% 이내 ④ 건축선 1m후퇴 등

4) 도시·군관리계획의 정비

검토사유	정비기간	정비의무자
1. 일반적인 도시·군관리계획인 경우	결정 ·고시일로부터 5년마다	특별시장, 광역시장, 특별자치시장, 특별자치도지사, 시장, 군수
2. 도시·군계획사업의 일부 또는 전부가 시행되지 아니한 경우	결정 ·고시일로부터 3년마다	

기출 국토의 계획 및 이용에 관한 법령상 관할구역의 도시·군관리계획에 대하여 그 타당성 여부를 전반적으로 재검토 정비하여야 하는 주기는?

㉮ 3년　　㉯ 5년
㉰ 10년　　㉱ 20년

· 정답 : ㉯

시장·군수 등이 도시·군관리 계획에 대하여 타당성여부를 5년마다 재검토정비하여야 한다.

기출 도시·군관리계획으로 결정된 지구단위계획 중 관계 행정기관의 장과 도시계획위원회의 심의 등을 거치지 않고 지구단위계획을 변경할 수 있는 경우로 가장 적합한 것은?

㉮ 건축물높이 20퍼센트 이내의 변경인 경우
㉯ 가구면적 15퍼센트 이내의 경우
㉰ 획지면적 40퍼센트 이내의 변경인 경우
㉱ 건축선 2미터 이내의 변경인 경우

· 정답 : ㉮

㉯ 가구면적 10퍼센트 이내의 경우
㉰ 획지면적 30퍼센트 이내의 변경인 경우
㉱ 건축선 1미터 이내의 변경인 경우

기출 국토의 계획 및 이용에 관한 법령상 입지규제 최소구역의 지정목적을 이루기 위하여 입지규제 최소구역계획에 포함될 사항이 아닌 것은?

㉮ 건축물의 건폐율·용적률·조경 그리고 건축설비에 관한 사항
㉯ 용도지역·용도지구, 도시·군계획시설 및 지구단위계획의 결정에 관한 사항
㉰ 간선도로 등 주요 기반시설의 확보에 관한 사항
㉱ 건축물의 용도·종류 및 규모 등에 관한 사항

· 정답 : ㉮

· 입지규제 최소구역계획의 내용

입지규제최소구역계획에는 입지규제최소구역의 지정 목적을 이루기 위하여 다음 각 호에 관한 사항이 포함되어야 한다.

1. 건축물의 용도·종류 및 규모 등에 관한 사항
2. 건축물의 건폐율 ·용적률·높이에 관한 사항
3. 간선도로 등 주요 기반시설의 확보에 관한 사항
4. 용도지역·용도지구, 도시·군계획시설 및 지구단위계획의 결정에 관한 사항
5. 다른 법률 규정 적용의 완화 또는 배제에 관한 사항
6. 그 밖에 입지규제 최소구역으로 체계적 개발과 관리에 필요한 사항

핵심73 지구단위계획

(1) 지구단위계획구역 및 지구단위 계획의 결정절차

결정절차 : 도시·군 관리계획의 입안 및 결정절차에 따라 지구단위계획구역을 결정한 후 3년 이내에 지구단위계획을 결정한다.

(2) 결정권자

국토교통부장관, 시·도지사 시장 또는 군수가 도시·군 관리계획 절차에 따라 지구단위계획구역 및 지구단위계획을 결정한다. (지구단위계획의 수립기준은 국토교통부장관이 정한다.)

(3) 지구단위계획의 내용

내 용	작성범위
1. 용도지역 또는 용도지구를 세분하거나 변경하는 사항	2호, 4호를 반드시 포함하여야 하며, 이외의 사항은 필요에 따라 포함시킬 수 있다.
2. 기반시설의 배치와 규모	
3. 도로로 둘러싸인 일단의 지역 또는 계획적인 개발·정비를 위하여 계획 된 일단의 토지의 규모와 조성계획	
4. 건축물의 용도제한·건축물의 건폐율 또는 용적률·건축물의 높이의 최고한도 또는 최저한도	
5. 건축물의 배치·형태·색채 또는 건축선에 관한 계획	
6. 환경관리계획 또는 경관계획	
7. 교통처리계획	
8. 토지이용의 합리화, 도시 또는 농·산·어촌의 기능증진 등에 필요한 사항	

(4) 지구단위계획 구역 안에서의 완화적용

대지의 일부를 공공시설부지로 제공하는 경우 : 1. 건폐율 2. 용적률 3. 높이

기출 **지구단위계획의 내용에 해당되지 않는 것은?**

㉮ 건축물의 배치·형태·색채 또는 건축선에 관한 계획
㉯ 경관계획
㉰ 교통처리계획
㉱ 건축물의 안전에 관한 계획

· 정답 : ㉱

건축물의 안전에 관한 계획은 관계가 없다.

기출 **국토의 계획 및 이용에 관한 법령상의 지구단위계획에 내용에 대한 사항으로 가장 부적합한 것은?**

㉮ 용도지역 또는 용도지구를 대통령령으로 정하는 범위에서 세분화하거나 변경하는 사항
㉯ 용도지구 중 고도지구의 세분 또는 변경에 관한 사항
㉰ 환경관리계획 또는 경관계획
㉱ 건축물의 배치·형태·색채 또는 건축선에 관한 계획

· 정답 : ㉯

시·도지사·대도시시장은 도시·군관리계획결정으로 경관지구·방재지구·보호지구·취락지구 및 개발진흥지구를 세분하여 지정할 수 있다.

예상 **지구단위계획의 내용에 포함되지 않는 것은?**

㉮ 토지의 이용 및 개발에 관한 사항
㉯ 건축물의 배치, 형태, 색채 또는 건축선에 관한 계획
㉰ 환경관리계획 또는 경관계획
㉱ 기반시설의 배치와 규모

· 정답 : ㉮

토지의 이용 및 개발에 관한 사항은 지구단위계획에 포함되지 않는다.

기출 **국토의 계획 및 이용에 관한 법령상 개발행위 허가를 받은 사항을 변경하고자 할 때 다시 허가받지 않아도 되는 경미한 변경 내용으로 부적합한 것은?**

㉮ 사업기간을 6개월 연장하는 경우
㉯ 부지면적 또는 건축물 연면적을 3퍼센트 축소하는 경우
㉰ 「공간정보의 구축 및 관리 등에 관한 법률」 및 「건축법」에 따라 허용되는 오차를 반영하기 위한 변경인 경우
㉱ 대수선에 해당하는 경우

· 정답 : ㉮

사업기간을 단축하는 경우는 경미한 변경에 해당하지만, 사업기간을 6개월 연장하는 경우는 경미한 변경에 해당하지 않는다.

핵심74 건폐율

(1) 건폐율의 정의

건폐율은 대지면적에 대한 건축면적의 비율을 말한다.

건폐율 = 건축면적/대지면적×100% 단, 건축면적(대지에 2 이상의 건축물이 있는 경우 이들 건축면적의 합계로 한다.)

(2) 지역별 건폐율의 기준

지역별 건폐율의 세분

지 역	지역의 세분	건폐율의 세분(이하)
① 주거지역	제1종 전용주거지역 제2종 전용주거지역	50%
	제1종 일반주거지역 제2종 일반주거지역	60%
	제3종 일반주거지역	50%
	준주거지역	70%
② 상업지역	근린상업지역	70%
	일반상업지역	80%
	유통상업지역	
	중심상업지역	90%
③ 공업지역	전용공업지역	70%
	일반공업지역	
	준공업지역	
④ 녹지지역	보전녹지지역	20%
	생산녹지지역	
	자연녹지지역	
⑤ 기타지역	–	20% (계획관리지역 40%)

기출 다음의 지역 중 건폐율 기준이 가장 높은 것에서 낮은 것의 순서로 가장 적합한 것은?

㉮ 중심상업지역>일반상업지역>일반공업지역
㉯ 유통상업지역>근린상업지역>중심상업지역
㉰ 생산녹지지역>근린상업지역>준주거지역
㉱ 근린상업지역>유통상업지역>중심상업지역

· **정답 : ㉮**
중심상업지역(90%), 일반상업지역, 유통상업지역(80%), 근린상업지역, 준주거지역, 일반공업지역(70%), 생산녹지지역(20%)

기출 국토의 계획 및 이용에 관한 법령상 건폐율의 최대한도가 다음 중 가장 작은 지역은?

㉮ 제1종 전용주거지역　㉯ 중심상업지역
㉰ 전용공업지역　㉱ 생산녹지지역

· **정답 : ㉱**
생산녹지지역(20%)

예상 국토의 계획 및 이용에 관한 법령상 도시계획조례로 위임한 용도지역별 건폐율의 최대한도가 높은 지역부터 낮은 지역 순으로 나열한 것 중 가장 타당한 것은?

㉠ 일반상업지역
㉡ 근린상업지역
㉢ 제2종일반주거지역
㉣ 보전녹지지역

㉮ ㉠－㉡－㉢－㉣
㉯ ㉠－㉡－㉣－㉢
㉰ ㉢－㉣－㉠－㉡
㉱ ㉣－㉢－㉡－㉠

· **정답 : ㉮**
일반상업지역 : 80%, 근린상업지역 : 70%,
제2종일반주거지역 : 60%, 보전녹지지역 : 20%

핵심75 용적률

(1) 용적률의 정의

용적률 = 건축물의 연면적/대지면적×100%

지역	지역의 세분	건폐율의 세분(이하)
① 주거지역	제1종 전용주거지역	50~100%
	제2종 전용주거지역	100~150%
	제1종 일반주거지역	100~200%
	제2종 일반주거지역	150~250%
	제3종 일반주거지역	200~300%
	준주거지역	200~500%
② 상업지역	중심상업지역	400~1,500%
	일반상업지역	300~1300%
	근린상업지역	200~900%
	유통상업지역	200~1100%
③ 공업지역	전용공업지역	150~300%
	일반공업지역	200~350%
	준공업지역	200~400%
④ 녹지지역	보전녹지지역	50~80%
	생산녹지지역	50~100%
	자연녹지지역	
⑤ 기타지역	–	50~80% (계획관리지역 50~100%)

(2) 토지거래 허가구역

1) 허가구역의 지정 : 국토교통부장관이 5년 이내의 기간으로 정한다.

(3) 허가대상기준면적(m^2 초과)

1. 주거지역 : 180제곱미터, 2. 상업지역 : 200제곱미터, 3. 공업지역 : 660제곱미터
4. 녹지지역 : 100제곱미터, 5. 미 지정지역 : 90제곱미터

(4) 토지거래 허가권자

허가대상 토지를 관할하는 시장, 군수, 구청장

기출 **지방자치 단체의 조례로 정할 수 있는 용적률의 최대한도 중 틀린 것은?**

㉮ 제1종 일반주거지역 200% 이하
㉯ 유통상업지역 1,100% 이하
㉰ 일반공업지역 400% 이하
㉱ 생산녹지지역 100% 이하

· 정답 : ㉰

일반공업지역 350% 이하

기출 **국토의 계획 및 이용에 관한 법률상 도시지역에서 용도지역별 토지거래 계약의 허가를 요하지 아니하는 토지면적으로 부적합한 것은?**

㉮ 주거지역 : 180제곱미터 이하
㉯ 상업지역 : 200제곱미터 이하
㉰ 공업지역 : 660제곱미터 이하
㉱ 녹지지역 : 600제곱미터 이하

· 정답 : ㉱

녹지지역 내 토지면적 100제곱미터 이하인 경우 토지거래 허가대상이 아니다.

예상 **국토의 계획 및 이용에 관한 법령상 개발행위허가를 할 수 있는 토지형질변경의 상한기준으로 가장 부적합한 것은?**

㉮ 주거지역 : 1만제곱미터 미만
㉯ 보전녹지지역 : 5천제곱미터 미만
㉰ 공업지역 : 2만제곱미터 미만
㉱ 자연환경보전지역 : 5천제곱미터 미만

· 정답 : ㉰

형질변경 기준면적

1. 도시지역
   1) 공업지역 : 3만제곱미터 미만
   2) 보전녹지지역 : 5천제곱미터 미만
   3) 이외의 지역 : 1만제곱미터 미만(주거지역, 상업지역, 자연녹지지역, 생산녹지지역)
2. 관리지역, 농림지역 : 3만제곱미터 미만
3. 자연환경보존지역 : 5천제곱미터 미만

3. 주차장법

핵심76 주차구획

(1) 주차장 설비기준 등

1) 주차장의 형태

· 자주식주차장 : 운전자가 직접 운전하여 주차장으로 들어가는 형식
지하식, 지평식, 건축물식(공작물 식 포함)

· 기계식주차장 : 기계식주차 장치를 설치한 노외주차장 및 부설주차장
지하식, 건축물식(공작물 식 포함)

2) 주차장의 주차단위 구획

구분	주차방식	단위주차구획	
일반주차장	원칙(평형주차식이 아닌 경우)	2.5m×5m 이상	확장형 : 2.6m×5.2m 이상
	평형주차식인 경우	2m×6m 이상	–
		2m×5m 이상	주거지역의 보도와 차도의 구분이 없는 도로인 경우
지체장애인 전용주차장	3.3m×5m 이상	–	
비고 1. 주차단위구획은 백색실선으로 표시하여야 한다. (단, 경형주차구획은 청색실선) 2. 경형자동차 (1,000cc 미만)주차구획 ① 평형주차 : 1.7m×4.5m ② 기타 : 2m×3.6m, 이륜자동차 전용 : 1m×2.3m			

기출 주차장 법령상 주차장에서 장애인전용주차단위 구획의 면적은 최소 얼마 이상이어야 하는가? (단, 평형주차형식 외의 경우)

㉮ $7.2m^2$ ㉯ $11.5m^2$
㉰ $12m^2$ ㉱ $16.5m^2$

· 정답 : ㉱
경형 : 3.3m×5m ($16.5m^2$)

예상 주거지역의 보도와 차도의 구분이 없는 도로에서 평형주차 1대의 주차단위구획으로 주차장관련법에 규정되어 있는 것은?

㉮ 2.0m×5m ㉯ 2.5m×6m
㉰ 3.3m×5m ㉱ 3.0m×6m

· 정답 : ㉮
주거지역의 보도와 차도의 구분이 없는 도로인 경우 2.0m×5m

핵심77 노외주차장인 주차전용건축물

· 노외주차장의 주차전용건축물에 대한 특례

노외주차장인 주차전용건축물의 건폐율, 용적률, 대지면적의 최소한도 등은 다음의 범위 내에서 특별시·광역시·시 또는 군의 조례로 정한다.

1. 건폐율	90/100 이하	
2. 용적률	1,500% 이하	
3. 대지면적의 최소한도	$45m^2$ 이상	
4. 높이제한(대지가 2 이상의 도로에 접할 경우에는 가장 넓은 도로를 기준으로 한다.)	대지가 접한 도로의 폭	건축물의 각 부분의 높이
	가. 12m 미만인 경우	그 부분으로부터 대지에 접한 도로의 반대쪽 경계선까지의 수평거리의 3배
	나. 12m 이상인 경우	그 부분으로부터 대지에 접한 도로의 반대쪽 경계선까지의 수평거리의 36/도로의 폭 배. 다만, 배율이 1.8배 미만인 경우 1.8배로 한다.

기출 주차장 법령상 주차전용건축물의 건축시 조례로서 건축기준을 완화할 수 있는 규정으로 가장 타당한 것은?

㉮ 대지안의 조경
㉯ 건축물의 건폐율
㉰ 대지안의 공지
㉱ 주차전용건축물의 유지, 관리

· 정답 : ㉯
건폐율은 90/100까지 완화하여 적용할 수 있다.

예상 주차장법상 주차전용 건축물을 건축시 조례로서 건축규제 완화를 할 수 있는 기준으로 가장 부적당한 것은?

㉮ 건폐율 : 90% 이하
㉯ 용적률 : 1,500% 이하
㉰ 대지면적의 최소한도 : $30m^2$
㉱ 높이제한 : 도로폭 12m 미만의 경우 넓은 도로를 기준으로 3배까지 가능

· 정답 : ㉰
대지면적의 최소한도는 $45m^2$ 이상

핵심78 노외주차장의 구조 및 설비기준(1)

· 노외주차장의(일반적인 경우)의 구조 및 설비기준

1) 주요사항

① 노외주차장의 입구와 출구는 자동차의 회전을 용이하게 하기 위해 필요한 때는 차로와 도로가 접하는 부분을 곡선형으로 하여야 한다.
② 출구로부터 2m 후퇴한 차로의 중심선상 1.4m의 높이에서 도로의 중심선에 직각으로 향한 좌우측 각 60° 범위 안에서 당해 도로를 통행하는 자의 존재를 확인할 수 있어야 한다.
③ 노외주차장의 출입구의 폭은 3.5m 이상으로 하여야 한다.
④ 주차대수 규모가 50대 이상인 경우에는 출구와 입구를 분리하거나 폭 5.5m 이상의 출입구를 설치하여 소통이 원활하도록 하여야 한다.
⑤ 출구와 입구의 분리설치 : 주차대수 400대를 초과하는 규모의 노외주차장의 경우에는 노외주차장의 출구와 입구는 각각 따로 설치하여야 한다.
⑥ 장애인 전용주차구획설치 : 특별시장, 광역시장, 시장, 군수, 구청장이 설치하는 노외주차장에는 주차대수 50대 이상인 경우에는 주차대수의 2~4%까지의 범위에서 주차수요를 고려하여 지방자치단체의 조례로 정하는 비율 이상의 장애인 전용주차구획을 설치하여야 한다.

2) 차로의 구조기준

① 주차부분의 장·단변 중 1변 이상이 차로에 접하여야 한다.
② 차로의 폭은 주차형식에 따라 다음 표에 의한 기준 이상으로 하여야 한다.

주차형식	차로의 폭	
	출입구가 2개 이상인 경우	출입구가 1개 이상인 경우
평행주차	3.3m	5.0m
45° 대향주차	3.5m	5.0m
교차주차	3.5m	5.0m
60° 대향주차	4.5m	5.5m
직각주차	6.0m	6.0m

3) 노외주차장 내 주차부분의 높이

노외주차장의 주차부분의 높이는 주차 바닥면으로부터 2.1m 이상으로 하여야 한다.

4) 노외주차장의 내부공간의 환기

실내일산화 탄소(CO)농도는 차량이용이 빈번한 전·후 8시간의 평균치가 50ppm 이하 (다중이용시설물 : 25ppm 이하)가 되도록 한다.

5) 경보장치

자동차 출입 또는 도로교통의 안전확보를 위한 필요 경보장치를 설치하여야 한다.

기출 주차장법령상 부설주차장 설치기준에 관한 설명으로 가장 적합한 것은?

㉮ 주차대수가 300대 이하이면 부설주차장을 시설물의 부지인근에 설치할 수 있다.
㉯ 부설주차장은 해당시설물의 이용자 외에 일반의 이용에 제공할 수 없다.
㉰ 부설주차장에서는 주차요금을 받을 수 없다.
㉱ 판매시설의 부설주차장 기준은 시설면적100제곱미터당 1대 이상이어야 한다.

· 정답 : ㉮

㉯ 부설주차장은 해당시설물의 이용자 외에 일반의 이용에 제공할 수 있다.
㉰ 부설주차장에서는 주차요금을 받을 수 있다.
㉱ 판매시설의 부설주차장 기준은 시설면적 150제곱미터당 1대 이상이어야 한다.

기출 주차장법령상 지하식 노외주차장의 구조 및 설비기준의 설명 중 부적합한 것은?

㉮ 주차대수 규모가 50대 이상의 경우의 경사로는 너비 6m이상인 2차로를 확보하거나 진입차로와 진출차로를 분리하여야 한다.
㉯ 차로의 높이는 주차바닥면으로부터 2.1m 이상으로 하여야 한다.
㉰ 경사로의 노면은 거친 면으로 하여야 한다.
㉱ 경사로의 종단경사도는 곡선부분에서는 14%를 초과하여서는 아니된다.

· 정답 : ㉯

차로의 높이는 주차바닥면으로부터 2.3m 이상으로 하여야 한다.

기출 주차장법상 노상주차장에 관한 일반적인 설명 중 가장 부적합한 것은?

㉮ 도로교통에 지장을 주는 경우 주간선도로에 설치하여서는 아니된다.
㉯ 고속도로, 자동차전용도로에는 설치하여서는 아니된다.
㉰ 노상주차장에는 주차구획면수와 상관없이 장애인 설치하여야 한다.
㉱ 종단경사도 8%인 도로의 경우에는 설치하여서는 아니된다.

· 정답 : ㉰

20대 이상의 노상주차장이 장애인 전용주차구획 설치대상이다.

예상 주차장 법령상 차로의 폭이 가장 넓은 것은? (단, 출입구가 2개 이상인 경우)

㉮ 평행주차 ㉯ 직각주차
㉰ 교차주차 ㉱ 60° 주차

· 정답 : ㉯

직각주차의 차로 폭이 6m로서 가장 넓다.

기출 주차장법령에 대한 설명 중 부적합한 것은?

㉮ 건축물의 연면적 5천제곱미터 중 4천제곱미터가 주차장이고 1천제곱미터가 다세대주택인 건축물은 주차전용건축물로 분류할 수 있다.
㉯ 노상주차장을 설치하는 경우에는 구청장이 미리 관할 경찰서장과 소방서장의 의견을 들어야 한다.
㉰ 노상주차장은 종단경사도가 10퍼센트인 보도와 차도의 구별이 있는 도로로서 그 차도의 너비가 10미터인 도로에 설치할 수 있다.
㉱ 노외주차장의 출입구는 노인 복지시설의 출입구로부터 20미터 이내에 있는 도로부분에 설치 할 수 없다.

· 정답 : ㉰

노상주차장은 종단경사도가 4퍼센트를 초과하는 도로와 너비 6m 미만의 도로에 설치할 수 없다.

기출 주차장법령상 용어에 관한 설명 중 가장 부적합한 것은?

㉮ "노상주차장"이란 도로의 노면 또는 교통광장의 일정한 구역에 설치된 주차장으로서 일반의 이용에 제공되는 것을 말한다.
㉯ "부설주차장"이란 건축물, 골프연습장, 그 밖에 주차수요를 유발하는 시설에 부대하여 설치된 주차장으로서 해당 건축물·시설의 이용자에 제공하는 것을 말한다.
㉰ 자동차의 범위에 원동기 장치자전거는 포함되지 아니한다.
㉱ "주차단위구획"이란 자동차 1대를 주차할 수 있는 구획을 말한다.

· 정답 : ㉰

주차장법 적용대상인 자동차의 범위

1. 승용자동차 · 승합자동차 · 화물자동차 · 특수자동차
2. 이륜자동차
3. 원동기장치 자전거

핵심79 노외주차장의 구조 및 설비기준(2)

· 자주식주차장으로서 지하식 또는 건축물식에 의한 노외주차장

1) 노외주차장 조도(벽면에서 50cm 이내 바닥 제외)

구 분	최소조도	최대조도
1. 주차구획 및 차로	10럭스 이상	최소조도의 10배 이내
2. 주차장 출·입구	300럭스 이상	규정 없음
3. 사람 출입통로	50럭스 이상	

2) 차로의 구조

① 노외주차장의 차로의 구조기준을 적용한다.

② 높이 : 바닥 면으로부터 2.3m 이상으로 하여야 한다.

③ 굴곡부 : 자동차가 6m 이상의 내변반경으로 회전이 가능하도록 하여야 한다.
단, 같은 경사로를 이용하는 총주차대수가 50대 이하인 경우에는 5m 이상(이륜자동차의 경우 3m) 이상으로 한다.

④ 진입로(경사로)의 차로 폭

1. 직선인 경우	3.3m 이상 (2차선인 경우 6m 이상)
2. 곡선인 경우	3.6m 이상 (2차선인 경우 6.5m 이상)

⑤ 진입로(경사로)의 종단구배

1. 직선부분	17% 이하
2. 곡선부분	14% 이하

* 경사로의 양측벽면으로부터 30cm의 거리를 띄어 10~15cm의 연석을 설치해야 한다.
경사로의 노면은 거친 면으로 하여야 한다.

⑥ 주차대수규모가 50대 이상인 경우의 경사로는 너비 6m 이상인 2차선의 차로를 확보하거나 진입차로와 진출차로를 분리하여야 한다.

3) 감시설비

주차대수 30대 초과시 주차장 내부전체를 볼 수 있는 폐쇄회로 텔레비전 및 녹화장치를 포함한 방범설비를 주차장 바닥면에서 170cm 높이에 있는 사물의 식별이 가능하도록 설치하여 1월 이상 보관하여야 한다.

4) 자동차용 승강기의 설치

자동차용 승강기로 운반된 자동차가 주차구획까지 자주식으로 들어가는 노외주차장의 경우에는 주차대수 30대마다 1대의 자동차용 승강기를 설치하여야 한다.

기출 **주차장 법령상 노외주차장의 구조·설비기준으로 가장 부적합한 것은?**

㉮ 주차대수 20대를 초과하는 경우 CCTV등 방범설비를 설치하여야 한다.

㉯ 자동차용승강기로 운반하여 자주식으로 주차하는 경우, 주차대수 30대마다 1대의 자동차용 승강기를 설치하여야 한다.

㉰ 관리사무소, 휴게실 등의 부대시설 총면적은 총시설면적의 20%를 초과하여서는 안된다.

㉱ 자주식주차장의 경사로 곡선차로의 종단경사도는 14%를 초과하여서는 안된다.

· **정답** : ㉮

주차대수 30대 초과 시 방범설비를 설치한다.

예상 **주차장법상 자주식주차장으로서 건축물식에 의한 노외주차장의 주차장 출·입구의 최소 조도는?**

㉮ 70lux 이상 ㉯ 100lux 이상

㉰ 200lux 이상 ㉱ 300lux 이상

· **정답** : ㉱

자주식 주차장으로서 건축물식에 의한 노외주차장의 주차장 출·입구의 최소조도는 300lux 이상이다.

(참고) 경형자동차 및 환경친화적 자동차를 위한 전용주차구획

1. 경형자동차를 위한 전용주차구획과 환경친화적 자동차를 위한 전용주차구획을 합한 주차구획 : 총 주차대수의 100분의 10이상
2. 환경친화적 자동차를 위한 전용주차구획 : 총주차대수의 100분의 5이상

핵심80 부설주차장 설치기준(1)

· 부설주차장의 설치기준

- 부설주차장의 설치대상 종류 및 부설주차장 설치기준

시설물	설치기준
1. 위락시설	시설면적 $100m^2$ 당 1대
2. 문화 및 집회시설(관람장을 제외한다), 종교시설, 판매시설, 운수시설, 의료시설 (정신병원, 요양소, 및 격리병원을 제외한다.), 운동시설(골프장, 골프연습장 및 옥외수영장을 제외한다.) 업무시설(외국공관 및 오피스텔은 제외)방송국, 장례식장	시설면적 $150m^2$ 당 1대
3. 제1종 근린생활시설, 제2종 근린생활시설, 숙박시설	시설면적 $200m^2$ 당 1대
4. 단독주택(다가구주택 제외)	시설면적 $50m^2$ 초과 $150m^2$ 이하 : 1대 시설면적 $150m^2$ 초과의 경우 : 1대에 $150m^2$ 를 초과하는 $100m^2$ 당 1대를 더한 대수
5. 공동주택(기숙사를 제외한다), 다가구주택 오피스텔	주택법 규정 적용
6. 골프장 골프연습장 옥외수영장 관람장	골프장 1홀 당 10대 골프연습장 1타석 당 1대 옥외수영장 정원 15인당 1대 관람장 정원 100인당 1대
7. 수련시설, 공장(아파트형 제외), 발전시설	시설면적 $350m^2$ 당 1대
8. 창고 시설	시설면적 $400m^2$ 당 1대
9. 그 밖의 건축물	시설면적 $300m^2$ 당 1대
10. 방송통신시설 중 데이터센터	시설면적 $400m^2$ 당 1대

기출 부설주차장의 주차대수 설치기준으로 가장 부적합한 것은?

㉮ 위락시설 : $100m^2$ 당 1대
㉯ 문화 및 집회시설 : $150m^2$ 당 1대
㉰ 제1종 근린생활시설 : $200m^2$ 당 1대
㉱ 옥외수영장 : 정원 30명당 1대

· **정답** : ㉱
옥외수영장 : 정원 15인당 1대

예상 주차장법상 시설면적 $150m^2$ 당 1대의 부설주차장 설치기준이 적용되는 시설물인 것은?

㉮ 위락시설
㉯ 골프연습장
㉰ 관람장
㉱ 방송국

· **정답** : ㉱
위락시설($100m^2$ 당 1대), 골프연습장 : 1타석 당 1대
관람장 : 관람장 정원 100인당 1대

핵심81 부설주차장 설비기준(2)

· 부설주차장의 인근설치

1) 대상시설의 규모
주차대수 300대 이하

2) 부지인근의 범위
당해부지 경계선으로부터 부설주차장의 경계선까지 직선거리 : 300m 이내
도보거리 : 600m 이내

3) 부설주차장의 구조 및 설비기준
단독주택 및 다세대주택으로 시장·군수가 인정하는 주택의 부설주차장을 제외한 부설주차장은 노외주차장의 구조 및 설비기준을 준용한다.

4) 자주식부설주차장으로서 주차대수가 8대 이하인 경우의 별도기준
① 차로의 너비는 2.5m 이상으로 하되 주차단위구획과 접하여 있는 차로의 너비는 다음에 의한다. 평행주차(3.0m 이상), 직각주차(6.0m 이상), 60도 대향주차(4.0m 이상), 45도 대향주차, 교차주차 (3.5m 이상)
② 보도와 차로의 구분이 없는 너비 12m 미만인 도로에 접한 부설주차장은 그 도로를 차로로 하여 주차단위구획을 배치할 수 있으며, 이 경우
㉮ 차로 6m 이상(평행주차 4m 이상)
㉯ 도로의 범위 : 중앙선(또는 반대측 경계선)
③ 보도와 차도의 구분이 있는 12m 이상의 도로에 접하여 있고 주차대수가 5대 이하인 부설주차장은 당해 주차장의 이용에 지장이 없는 경우에 한하여 그 도로를 차로로 하여 직각주차형식으로 주차단위구획을 배치할 수가 있다.
④ 주차대수 5대 이하의 주차단위구획은 차로를 기준으로 하여 세로로 2대까지 접하여 배치할 수 있다.
⑤ 보행인의 통로가 필요한 경우에는 시설물과 주차단위구획 사이에 0.5m 이상의 거리를 두어야 한다.
⑥ 출입구너비 : 3m 이상(막다른 도로에 접한 경우로서 시장·군수·구청장이 차량소통에 지장이 없다고 인정하는 경우 2.5m 이상)
⑦ 경사로 : 종단구배 17% 이하(직선식), 곡선식(14%이하)로 하여야 한다.

기출 부설주차장에 대한 다음 설명 중 가장 부적합한 것은?

㉮ 주차대수 300대 이하의 부설주차장은 당해 부지인근에 설치할 수 있다.
㉯ 부설주차장을 인근에 설치할 때에는 당해부지로부터 직선거리 300m 이내로 한다.
㉰ 부설주차장의 경사로의 종단구배는 직선, 곡선 모두 20%로 한다.
㉱ 수도원 및 수녀원에는 부설주차장을 설치하지 않을 수 있다.

· 정답 : ㉰
부설주차장의 종단구배 직선식(17% 이하),
곡선식(14% 이하)로 하여야 한다.

기출 부설주차장의 구조 및 설비기준에서 주차단위구획을 차로에서 2대까지 세로로 접하여 배치할 수 있는 주차대수는 몇 대 이하에 가능한가?

㉮ 2대 ㉯ 4대
㉰ 5대 ㉱ 8대

· 정답 : ㉰
지평식인 자주식주차장으로서 총주차대수 5대 이하인 경우 세로로 2대까지 주차할 수 있다.

예상 주차대수 8대 이하인 경우 폭 12m 미만인 도로를 차로로 이용할 경우 당해 차로의 기준 폭은? (단, 직각주차인 경우)

㉮ 6m ㉯ 5m ㉰ 4m ㉱ 3m

· 정답 : ㉮
평행주차(3.0m 이상), 직각주차(6.0m 이상), 60도 대향주차(4.0m 이상), 45도 대향주차, 교차주차 (3.5m 이상)

예상 주차장법상 부설주차장에 대한 설명 중 가장 부적합한 것은?

㉮ 판매시설의 부설주차장 기준은 시설면적100제곱미터당 1대 이상이어야 한다.
㉯ 주차대수 300대 이하이면 부설주차장을 시설물의 부지인근에 설치할 수 있다.
㉰ 주차전용건축물이라 함은 건축물의 연면적 중 주차장으로 사용되는 부분의 비율이 95%이상을 원칙으로 한다.
㉱ 노외주차장은 당해 노외주차장을 설치한자가 관리함

· 정답 : ㉮
판매시설의 부설주차장 기준은 시설면적150제곱미터당 1대 이상이어야 한다.

4. 건축사법

핵심82 목적

(1) 목적

건축사법은 건축사의 자격과 그 업무에 관한 사항을 규정함으로써 건축물과 공간환경의 질적 향상을 도모하고 건축문화 발전에 이바지함을 목적으로 한다.

(2) 용어의 정의

1) 건축사

건축사란 국토교통부장관이 시행하는 자격시험에 합격한 사람으로서 건축물의 설계와 공사감리 등 제19조에 따른 업무를 수행하는 사람을 말한다.

2) 건축사보

① 정의

건축사사무소에 소속되어 건축사업무를 보조하는 자 중 다음의 자격을 갖춘 자로서 국토교통부장관에게 신고한 자이다.

대상자	내용
대상자	1. 실무수련을 받고 있거나 받은 사람
	2. 국가기술자격법에 따라 건설·전기·전자·기계·화학·재료·정보통신·환경·에너지·안전관리·문화·예술·디자인·방송 분야의 기사 또는 산업기사 자격을 취득한 사람 3. 4년제 이상 대학 건축학과 관련 졸업 또는 이와 동등 이상의 자격으로서 대통령령으로 정하는 학력 및 경력을 가진 사람

② 건축사보 신고

㉮ 신고절차

건축사보의 신고는 국토교통부장관에게 하여야 하나, 권한의 위탁에 의하여 건축사협회에 신고하며, 건축사협회는 즉시 건축사보 신고필증을 교부하여야 한다.

㉯ 신고 제출서류 :

1. 국가기술자격증 사본 또는 실무수련 신고확인증 사본
2. 주민등록표등본 또는 운전면허증 사본
3. 사진(반명함판 2장)

㉰ 신상변동신고 : 건축사보 신고자가 성명, 근무처를 변경한 때에는 변경 날로부터 30일 이내에 건축사협회에 신고하여야 한다.

기출 건축사법의 제정목적에 대한 설명 중 가장 타당한 것은?

㉮ 건축사의 품위보존
㉯ 건설기술의 연구, 개발을 촉진하고 이를 효율적으로 관리
㉰ 건축물과 공간환경의 질적 향상을 도모
㉱ 건축사의 권익을 옹호

· 정답 : ㉰

건축사법은 건축물과 공간환경의 질적 향상을 도모한다.

예상 건축사법의 자격과 관련이 없는 국가기술자격법에 의한 기술계 기술자격은 다음 중 어느 것인가?

㉮ 안전관리분야
㉯ 건설분야
㉰ 환경분야
㉱ 생태관리분야

· 정답 : ㉱

생태관리 분야는 무관하다.

핵심83 설계

(1) 설계

"설계"란 건축사책임아래 (보조자의 도움을 받는 경우를 포함한다.) 건축물의 건축, 대수선, 용도변경, 리모델링, 건축설비의 설치 또는 공작물의 축조를 위한 다음의 행위를 말한다.

1. 건축물, 건축설비, 공작물 및 공간환경을 조사하고 건축 등을 기획하는 행위
2. 도면, 구조계획서, 공사설계 설명서
3. 건축설비계산 관계서류
4. 토질 및 지질 관계서류
5. 그 밖에 공사에 필요한 서류
6. 설계도서에서 의도한 바를 해설·조언하는 경우

(2) 공사감리

"공사감리"란 건축사 책임아래(보조자의 도움을 받는 경우를 포함한다.) 건축법에서 정하는 바에 따라 건축물, 건축설비 또는 공작물이 설계도서의 내용대로 시공되는지 확인하고 품질관리, 공사관리 및 안전관리 등에 대하여 지도·감독하는 행위를 말한다.

(3) 건축사업

"건축사업"이란 다른 사업의 의뢰에 따라 일정한 보수를 받고 다음의 업무를 업으로 하는 것을 말한다.

1. 건축물의 설계와 공사감리
2. 건축물의 조사 또는 감정에 관한 사항
3. 건축법에 따른 건축물에 대한 현장조사, 검사 및 확인에 관한 사항
4. 건축법에 따른 건축물의 유지관리 및 건설산업기본법에 따른 건설사업관리에 관한 사항
5. 건축법에 따른 특별건축구역의 건축물에 대한 모니터링 보고서 작성 등에 관한 사항
6. 건축사법 또는 건축법과 건축사법 또는 건축법에 따른 명령이나 기준 등에서 건축사의 업무로 규정한 사항
7. 「건축서비스산업진흥법」에 따른 사업계획서의 작성 및 공공사업의 기획 등에 관한 사항
8. 「건축법」에 따른 건축허가 건축물의 건축 등을 하려는 경우 인가·허가·승인신청 등 업무대행에 관한 사항
9. 그 밖에 다른 법령에서 건축사의 업무로 규정한 사항

기출 건축사법령상 설계행위로서 가장 부적합한 것은?

㉮ 건축물, 건축설비 및 공간환경을 조사하고 건축 등을 기획하는 행위
㉯ 품질 및 안전관리 등에 대하여 지도·감독하는 행위
㉰ 설계도서에서 의도한 바를 해설하는 행위
㉱ 공사설계설명서를 작성하는 행위

· 정답 : ㉯
품질 및 안전관리 등에 대한 지도, 감독행위는 감리에 속한다.

예상 건축사법령상 건축사업에 해당되지 않는 것은?

㉮ 건축물의 설계와 공사감리
㉯ 건축물의 조사 또는 감정에 관한 사항
㉰ 건축법에 따른 건축물에 대한 현장조사, 검사 및 확인에 관한 사항
㉱ 건축법에 따른 특별재난구역의 건축물에 대한 모니터링 보고서 작성 등에 관한 사항

· 정답 : ㉱
건축법에 따른 특별건축구역의 건축물에 대한 모니터링 보고서 작성 등에 관한 사항이 건축사업에 관한 내용이다.

핵심84 실무수련

(1) 실무수련자 취득조건

① 5년 이상의 건축학 학위과정 인증대학에서 8학기 이상 이수한 자

② 인증기관으로부터 인증된 대학원에서 다음에 따른 학기를 이수한 자

1. 건축학 전공학사 학위자	2학기
2. 건축학 이외 전공학사 학위자	4학기

③ 인증받지 못한 대학, 대학원에서도 ①, ② 의 학기 이수에 따라 2023년까지 실무수련 자격이 인정된다.(비 인증학위)

(2) 실무수련의 실시

① 건축사사무소 개설자는 직접 또는 해당 건축사사무소 소속건축사를 실무수련 감독건축사로 지정하여야 한다.

② 감독건축사는 실무수련자의 실무수련에 관한 기록을 유지·관리하여야 하며, 실무수련자의 요청에 따라 실무수련확인서를 발급하여야 한다.

③ 실무수련자 또는 실무수련을 받은 자는 실무수련확인서를 국토교통부장관에게 제출하여야 한다.

④ 국토교통부장관은 실무수련자가 실무수련기간을 마친 경우 실무수련완료증명서를 발급하여야 한다.

(3) 실무수련기간의 인정

① 2 이상의 건축사사무소에서 실무수련을 한 경우 그 실무수련을 합산한다.

② 실무수련자가 업무정지명령을 받은 경우 그 업무 정지기간은 실무수련기간에서 제외된다.

· 건축사자격

1. 건축사 자격시험 응시 대상자

다음의 어느 하나에 해당하는 자가 아니면 건축사 자격시험에 응시할 수 없다.

1. 건축사예비시험에 합격한 자로서 건축사예비시험 응시자격 취득일로부터 5년 이상 건축에 관한 실무경력(연구경력을 포함한다.) 이 있는 자
2. 외국에서 건축사면허를 받거나 자격을 취득한 자로서 통산하여 5년 이상 건축에 관한 실무경력이 있는 자
3. 건축사사무소에서 3년(비 인증학위의 경우 4년) 이상 실무수련을 받은 자

기출 **건축사법령상 실무수련자가 실무수련기간 중 이수하여야 할 설계, 공사관리, 기타 수련영역 최소 수련일수의 합으로 가장 적합한 것은?**

㉮ 165일 이상
㉯ 265일 이상
㉰ 365일 이상
㉱ 465일 이상

· 정답 : ㉱

실무수련 영역별 최소 수련일 수

1. 설계	365일 이상	465일 이상
2. 공사관리	80일 이상	
3. 기타	20일 이상	

예상 **건축사법령상 건축사자격응시 대상자 중 건축사사무소에서 몇 년 이상 실무수련을 받은 자는 건축사자격시험 응시대상자에 해당되는가?**

㉮ 1년 ㉯ 2년
㉰ 3년 ㉱ 4년

· 정답 : ㉰

건축사사무소에서 3년(비 인증 학위의 경우 4년) 이상 실무수련을 받은 자는 건축사 자격시험응시 대상자에 해당된다.

핵심85 건축사자격

(1) 건축사 자격 취득

건축사가 되고자 하는 자는 건축사자격시험에 합격하여야 한다.

국토교통부장관은 건축사 자격시험에 합격한 자에게 건축사자격 심의를 거쳐 국토교통부령이 정하는 바에 의하여 자격증을 교부해야 한다.

(2) 결격사유

건축사자격시험에 합격한 자 일지라도 다음에 해당하는 자는 건축사 자격을 취득할 수 없다.

1. 피성년 후견인 또는 피한정 후견인	
2. 건축사법, 건축법에 의해	· 금고 이상의 형을 선고받고 그 집행이 종료되거나 집행을 받지 아니하기로 확정된 후 3년이 경과되지 아니한 자
	· 집행유예를 선고받고 그 유예기간 중에 있는 자
3. 건축사자격의 취소처분을 받고 그 취소된 날로부터 2년이 경과되지 아니한 자	

(3) 자격의 취소

국토교통부장관은 건축사가 다음에 해당되는 때에는 그 자격을 취소하여야 한다.

1. 거짓이나 그 밖의 부정한 방법으로 자격을 취득한 사실이 드러난 경우
2. 피성년 후견인 또는 피한정 후견인
3. 건축사법, 건축법에 의해
   ① 금고 이상의 형을 선고 받고 그 집행이 종료되거나 집행을 받지 아니하기로 확정된 후 3년이 경과되지 아니한 자
   ② 집행유예를 선고 받고 그 유예기간 중에 있는 자
4. 다른 사람에게 자기의 성명을 사용하여 건축사업무를 수행하게 하거나 자격증을 빌려 준 경우
5. 건축사사무소 개설신고의 효력상실처분을 받고도 계속하여 건축사업을 한 경우
6. 해당 건축사에게 책임을 돌릴 수 있는 사유로 건축사사무소개설신고의 효력상실처분을 3회 받은 경우
7. 고의 또는 중대한 과실로 건축법에 따른 건축물의 설계(제23조)또는 건축물의 공사감리(제25조) 규정을 위반하여 설계 또는 공사감리를 함으로써 공사가 부실하게 되어 착공 후 건설산업기본법에 따른 건설공사 수급인의 하자 담보책임(제28조) 기간에 다중이용건축물의 구조상 주요 부분에 중대한 손궤를 일으켜 사람을 죽거나 다치게 한 경우

비고: 상기 규정에 따라 자격이 취소된 사람은 취소된 날부터 15일 내에 자격증을 국토교통부장관에게 반납하여야 한다.

(4) 건축사자격 갱신등록

1. 건축사자격 등록한 건축사는 5년마다 국토교통부장관에게 등록을 갱신하여야 한다.
2. 갱신등록기간은 건축사자격 등록일로부터 5년이 지나기 180일 전부터 5년이 되는 날까지로 한다.

기출 **건축사법령상 건축사자격 취소와 관련된 설명 중 가장 부적합한 것은?**

㉮ 거짓으로 자격을 취득한 사실이 드러난 경우 자격이 취소된다.
㉯ 다른 사람에게 자격증을 빌려준 경우 자격이 취소된다.
㉰ 자격이 취소된 사람은 취소된 날부터 30일 이후에 국토교통부장관에게 반납하여야 한다.
㉱ 건축사사무소 개설신고의 효력상실처분을 받고도 계속하여 건축사업을 한 경우 자격이 취소된다.

· 정답 : ㉰

자격취소일로부터 15일 이내에 반납하여야 한다.

예상 **건축사법상 다음 중 건축사가 될 수 있는 자격을 가진 자는?**

㉮ 건축사법의 위반으로 6월 징역을 선고 받고 그 집행이 종료된 자
㉯ 건축사자격의 취소처분을 받고 그 취소된 날로부터 3년이 된 자
㉰ 건축법의 위반으로 금고형의 집행유예의 선고를 받고 그 유예기간이 1년이 남은 자
㉱ 피성년 후견인 또는 피한정 후견인

· 정답 : ㉯

건축사자격의 취소처분을 받고 그 취소된 날로부터 2년이 경과되면 가능하다.

핵심86 건축사의 업무내용

(1) 건축사의 업무
건축사의 업무내용은 다음과 같다.
① 건축물의 설계와 공사감리
② 건축물의 조사 또는 감정에 관한 사항
③ 건축물의 현장조사·검사 및 확인에 관한 사항
④ 건축물의 유지·관리 및 건설사업관리에 관한 사항
⑤ 특별건축구역의 건축물에 대한 모니터링 및 보고서 작성 등에 관한 사항
⑥ 건축사법 또는 건축법 에 따른 명령이나 기준 등에서 건축사의 업무로 규정한 사항
⑦ 사업계획서의 작성 및 공공건축사업의 기획 등에 관한 사항
⑧ 건축물의 건축의 인·허가·승인·신청 등 업무대행에 관한 사항
⑨ 그 밖에 다른 법령에서 건축사의 업무로 규정한 사항

(2) 건축사업무수행기준
① 건축사는 건축물이 건축사법·건축법 기타 관계법령의 규정에 적합하고 안전·기능 및 미관에 지장이 없도록 업무를 성실히 수행하여야 한다.
② 건축사가 업무를 수행함에 있어 고의 또는 과실로 인하여 건축주에게 재산상의 손해를 발생하게 한 경우에는 그 손해를 배상할 책임이 있다.
③ 건축사는 제②항에 따른 손해배상책임을 보장하기 위하여 다음과 같은 기준으로 보험 또는 공제에 가입하여야 한다.

1. 가입기간	건설공사의 착공일부터 완공일까지의 기간
2. 가입대상	건축물의 설계 및 공사감리
3. 가입금액	건축물의 설계 및 공사감리의 계약금액

비고 : 건축사가 건축물의 설계 및 공사감리 계약을 체결할 때에는 보험증서 또는 공제증서를 건축주에게 제출하여야 한다.

(3) 건축사보 업무수행기준
건축사보는 건축사의 업무를 보조함에 있어 건축사법 또는 건축법에 적합하도록 그 업무를 성실히 수행하여야 한다.

(4) 표시행위
건축사는 건축물에 관한 설계를 한 때에는 그 설계도서에 서명날인을 하여야 한다. 설계도서의 일부를 변경한 경우에도 또한 같다.

(5) 건축사자격의 취소, 자격등록의 취소, 건축사업무신고의 효력상실 또는 업무정지 처분을 받은 건축사는 그 처분 전에 계약을 체결한 업무는 계속하여 수행할 수 있다.

기출 **건축사법령상 건축사의 손해배상책임을 보장하기 위한 보험 또는 공제가입에 대한 규정으로 부적합한 것은?**

㉮ 보험 또는 공제의 가입대상은 건축사의 건축물의 설계 및 공사감리업무로 본다.
㉯ 보험 또는 공제의 가입기간은 건설공사의 착공일부터 완공일 까지로 한다.
㉰ 건축사는 업무수행에 따른 손해배상책임을 보장하기 위하여 보험 또는 공제에 가입하여야 한다.
㉱ 공공발주사업 수행시 건축사는 보험 또는 공제가입에 따른 비용을 부담하여야 한다.

· **정답** : ㉱
건축사가 건축물의 설계 및 공사감리 계약을 체결할 때에는 보험증서 또는 공제증서를 건축주에게 제출하여야 한다.

예상 **건축사의 업무내용으로 가장 부적당한 것은?**

㉮ 건축물의 설계와 공사감리에 관한 업무
㉯ 특별재난구역의 건축물에 대한 모니터링 및 보고서 작성 등에 관한 사항
㉰ 건축물의 조사 또는 감정에 관한 사항
㉱ 건축물의 현장조사·검사 및 확인에 관한 사항

· **정답** : ㉯
특별건축구역의 건축물에 대한 모니터링 및 보고서 작성 등에 관한 사항이 건축사의 업무내용이다.

핵심87 건축사 사무소 개설 신고 등

· 건축사 사무소 개설신고 등

(1) 건축사사무소 개설신고

1) 자격등록을 한 건축사가 건축사업을 하려면 국토교통부장관에게 건축사사무소의 개설신고를 하여야 한다.
2) 건축사사무소에는 건축사사무소 개설신고를 한 건축사의 업무를 보조하는 소속건축사, 건축사보 및 실무수련자를 둘 수 있다. 이 경우 소속 건축사는 자격등록을 한 사람이어야 하고, 건축사사무소개설자는 소속건축사가 아닌 사람으로 하여금 건축사 업무를 보조하게 하여서는 아니 된다.
3) 건축사사무소의 명칭에는 '건축사사무소' 라는 용어를 사용하여야 한다.
4) 건축사사무소 개설자는 1개의 사무소만 설치할 수 있고, 건축사, 건축사보 및 실무수련자는 1개의 건축사사무소에만 소속될 수 있다.
5) 법인이 건축사 사무소개설신고를 하려는 경우에는 그 대표자가 건축사이어야 한다.

예외 : 건축사가 아닌 사람이 건축사와 공동으로 설립하고 20명 이상의 건축사 가 속한 법인이 다음에 해당하는 건축물을 대상으로 건축사의 업무내용에 따른 업무를 수행하는 경우에는 그러하지 아니하다.

1. 연면적 합계가 10만m^2 이상 건축물
2. 국가, 지방자치단체가 설계시공 일괄 입찰방식으로 발주하는 건축물

(2) 신고절차

건축사사무소 개설신고를 하고자 하는 자는 다음의 서류를 국토교통부장관에게 제출하여야한다.

1) 자격증사본
2) 사무실보유증명서

(3) 신고의 제한

건축사가 다음 각 호에 1에 해당될 때에는 건축사업 업무수행을 위한 건축사사무소 개설신고를 할 수 없다.

1) 건축사자격등록 및 갱신등록 거부사유에 해당하는 사람
2) 건축사사무소 개설신고의 효력상실처분을 받고, 그 처분을 받은 날로부터 2년이 지나지 아니한 사람
3) 업무정지명령을 받고 그 기간이 끝나지 아니한 사람
4) 건축사법 또는 건축법을 위반하여 벌금형을 선고받고 1년이 지나지 아니한 사람
5) 2 이상의 건축사사무소를 개설하려는 사람
6) 파산선고를 받고 복권되지 아니한 사람

(4) 신고사항의 변경 등

건축사사무소의 건축사 사무소개설 신고사항을 변경하거나 건축사사무소를 휴업 또는 폐업한 자는 그 사유가 발생한 날로부터 30일 이내에 신고서를 국토교통부장관에게 제출하여야 한다.

기출 **건축사법령에서 건축사 자격 등에 관한 내용으로 가장 부적합한 것은?**

㉮ 외국 건축사 자격을 가진 사람은 건축사사 사무소 개설자와 공동으로 건축물의 설계업무를 수임할 수 있다.
㉯ 건축사자격의 취소처분 (피성년후견인 또는 피한정후견인 제외)을 받고, 그 취소된 날로부터 2년이 지나지 아니한 사람은 자격을 취득할 수 없다.
㉰ 건축사가 아닌 사람은 건축사 또는 이와 유사한 명칭을 사용하지 못한다.
㉱ 건축사는 건축사사무소를 2개 이상 개설할 수 있다.

· 정답 : ㉱

건축사는 건축사사무소를 2개 이상 개설할 수 없다.

예상 **건축사 사무소개설 신고사항을 변경하거나 건축사사무소를 휴업 또는 폐업한 자는 그 사유가 발생한 날부터 몇 일 이내에 신고서를 국토교통부장관에게 신고하여야 하는가?**

㉮ 7일 ㉯ 10일
㉰ 15일 ㉱ 30일

· 정답 : ㉱

건축사사무소의 건축사 사무소개설 신고사항을 변경하거나 건축사사무소를 휴업 또는 폐업한자는 그 사유가 발생한 날로부터 30일 이내에 신고서를 국토교통부부장관에게 제출하여야 한다.

핵심88 효력상실 처분

· 신고의 효력상실 처분

(1) 효력상실 처분대상

국토교통부장관은 건축사가 다음에 해당하는 때에는 건축사사무소개설신고의 효력상실처분을 하여야 한다.

① 거짓이나 그 밖의 부정한 방법으로 건축사사무소개설신고를 한 사실이 드러난 경우
② 건축사 사무소개설자의 자격등록이 취소된 경우
③ 건축물의 구조상의 안전에 관한 규정을 위반하여 설계 또는 공사감리를 함으로써 사람을 죽거나 다치게 한 경우
④ 연 2회 이상 건축사의 업무정지명령을 받고 그 정지기간이 통틀어 1년을 초과하는 경우

(2) 효력상실 또는 업무정지 대상

국토교통부장관은 건축사사무소 개설자 또는 소속건축사가 다음에 해당되는 때에는 건축사사무소 개설신고의 효력상실 처분을 하거나 1년 이내의 기간을 정하여 업무정지를 명할 수 있다.

① 건축사법에 의한 업무범위를 위반하여 업무를 행한 때
② 2상의 건축사사무소를 개설한 경우
③ 건축사사무소 개설신고의 변경 등을 거짓으로 신고한 경우
④ 국토교통부장관의 보고 명령에 의한 보고를 하지 아니하거나 허위의 보고를 한 때 또는 검사를 거부·방해 또는 기피한 때

(3) 건축사사무소 소속 건축사보 및 실무수련자의 업무정지

국토교통부장관은 건축사사무소개설신고 등의 효력상실 처분 및 건축사에 대한 업무정지를 한 경우 당해 효력상실처분 및 업무정지가 소속건축사보 또는 실무수련자의 업무 보조의 잘못으로 인한 경우에는 당해 소속건축사보 및 실무수련자에 대하여 1년 이내에 기간을 정하여 업무정지를 명할 수 있다.

(4) 외국의 건축사 면허 또는 자격을 가진 사람은 대통령령으로 정하는 바에 따라 건축사사무소개설자와 공동으로 건축물의 설계·공사감리 업무를 수임하는 경우에만 건축사업을 할 수 있다.

기출 건축사법령상 건축사사무소개설신고 등에 대한 설명으로 부적합한 것은?

㉮ 건축사사무소의 명칭에는 "건축사사무소"라는 용어를 사용하여야 한다.
㉯ 건축사사무소 개설자는 1개의 사무소만 설치할 수 있다.
㉰ 외국의 건축사 면허 또는 자격을 가진 사람은 단독으로 건축사업을 할 수 있다.
㉱ 건축사사무소 개설자는 소속 건축사가 아닌 사람으로 하여금 건축사업무를 보조하게 하여서는 아니된다.

· 정답 : ㉰
외국건축사면허를 가진 사람은 건축사사무소 개설자와 공동으로 건축사업을 할 수 있다.

기출 건축사법령상 건축사자격의 취소 등의 행정처분 또는 명령에 따른 건축사의 업무규정으로 부적합 한것은?

㉮ 자격의 취소처분을 받기 전에 계약을 체결한 업무는 계속하여 수행할 수 있다.
㉯ 업무정지명령을 받은 건축사는 그 명령의 내용을 해당 건축주에게 알려야 한다.
㉰ 자격의 취소처분을 받기 전 계약을 체결한 업무를 완성할 때까지 「건축사법」에 따른 건축사로 본다.
㉱ 국토교통부장관은 건축물의 구조상 안전에 관한 규정을 위반하여 설계를 함으로써 사람을 죽게 한 경우 건축사사무소개설신고의 효력상실처분을 하여야 한다.

· 정답 : ㉯
건축사가 업무정지명령을 받은 경우에 국토교통부장관이 업무정지명령의 내용을 건축주에게 알려야 한다.

핵심89 건설기술용역업자 소속건축사 등의 업무수행

(1) 건설기술용역업자 소속 건축사 등의 업무수행

1) 감리전문회사 소속건축사: 건설기술진흥법에 따른 건설기술용역업자에게 소속된 건축사는 건설기술진흥법에 의하여 행해지는 건설사업관리를 수행할 수 있다.

2) 엔지니어링 소속건축사

다음과 같은 특수건축물에 대한 설계 또는 공사감리업무를 미리 국토교통부장관에게 신고함으로써 수행할 수 있다.

① 발전·제철·철강·기계·비철금속·석유정제 및 화학·펄프 등의 공장건축물, ② 공항여객터미널, ③ 고속철도역사, ④ 정수장, 하수종말처리장, 폐수처리장 등 상·하수도 관련 구조물, ⑤ 상기규정에 의한 건축물의 건설기간 중에 건축되는 것으로서 그 건축물의 운전 또는 관리에 필요한 기계실, 변전실, 사무실, 창고, 휴게실 등 부속건축물

(2) 자격등록 : 건축사 자격시험에 합격한 사람이 건축사 업무를 수행하려면 1. 건축사자격등록신청서, 2. 건축사자격증사본, 3. 건축사윤리선언서, 4. 실무교육증명서류(실무교육대상자에 한함) 서류를 구비하여 국토교통부장관에게 등록하여야 한다.

(3) 자격 갱신등록 : 건축사 등록한 건축사는 5년마다 국토교통부장관에게 등록을 갱신하여야 한다.

(4) 건축사 실무교육

1) 건축사자격 갱신등록에 따른 실무교육

건축사는 건축사업무수행에 필요한 전문지식과 기술적 능력을 높이기 위하여 갱신등록을 하기 전에 40시간 이상으로 국토교통부장관이 실시하는 실무교육을 받아야 한다.

2) 실무교육대상 및 교육시간

교육대상자	교육시간
1. 갱신등록을 하지 아니하여 자격등록의 효력이 상실된 건축사	40시간 중 교육을 받지 아니한 시간
2. 자격등록이 취소된 후 3년이 지난 건축사	8시간
3. 건축사 자격을 취득한 후 3년 이내에 등록하지 아니한 자	8시간

기출 **건축법령상 건축사의 자격 등록 및 갱신에 대한 규정으로 가장 부적합한 것은?**

㉮ 건축사자격시험에 합격한 사람이 건축사 업무를 수행하려면 국토부장관에게 등록하여야 한다.
㉯ 등록증을 발급받은 건축사는 다른 사람에게 그 등록증을 빌려주어서는 아니 된다.
㉰ 등록한 건축사는 7년마다 그 등록을 갱신하여야 한다.
㉱ 건축사자격등록 신청서에는 건축사윤리선언서를 첨부하여야 한다.

· **정답** : ㉰

등록한 건축사는 5년마다 그 등록을 갱신하여야 한다.

기출 **건축법령상 건축사업무를 수행하기 위하여 자격등록하려는 경우 제출하여야 하는 서류로서 가장 부적합한 것은?**

㉮ 건축사자격증 사본
㉯ 국토교통부령으로 정하는 건축사윤리선언서
㉰ 건축사예비시험합격증명서
㉱ 실무교육을 받은 사실을 증명하는 서류

· **정답** : ㉰

건축사예비시험 합격증명서류는 제출서류에 해당하지 않는다.

예상 **건축법상 엔지니어링 활동주체에 소속된 건축사가 건축사 업무신고 없이 행할 수 있는 특수건축물의 범위에 해당되지 않는 것은?**

㉮ 폐수처리장 ㉯ 고속철도역사
㉰ 종합체육관 ㉱ 공항 여객터미널

· **정답** : ㉰

종합체육관은 특수건축물범위에 해당되지 않는다.

예상 **「건축사법 시행령」에서 정하는 바에 따라 건축사 자격을 등록한 건축사의 건축사자격 갱신등록 주기로 적합한 것은?**

㉮ 3년 ㉯ 5년
㉰ 7년 ㉱ 10년

· **정답** : ㉯

건축사 등록한 건축사는 5년마다 국토교통부장관에게 등록을 갱신하여야 한다.

핵심90 건축사협회

1. 건축사협회

구분	내용
1. 설립자	건축사
2. 설립목적	·건축사의 품위 유지
	·업무개선
	·건축기술의 연구·개발
	·건축물의 질적 향상
	·건축문화의 발전
3. 협회의 성격	사단법인
4. 협회의 성립시기	주 사무소 소재지 법원에 설립등기일
5. 협회 사업범위	·건축물에 관한 조사·연구
	·건축물의 품질 및 시공기술의 향상을 위한 지도
	·건축사업무의 개선·발전
	·회원의 품위보전 및 윤리 확립
	·건축사 및 건축사보의 자질향상을 위한 연수
	·회원의 복지향상 및 연금제도 운영
	·회원의 업무수행에 따른 손해배상책임의 보장 및 회원에 대한 자금의 융자 등을 위한 공제사업
	·기타 건축사협회의 설립목적을 달성하기 위하여 필요한 사업

비고 :
1. 정관의 제정 및 변경은 국토교통부장관의 인가를 받아야 한다.
2. 건축사협회는 정관으로 정하는 바에 따라 주사무소를 설치하고 필요한 곳에 지부를 둘 수 있다.

기출 건축사협회의 사업으로 가장 부적당한 것은?
㉮ 건축물의 품질 및 시공기술의 향상을 위한 지도
㉯ 건축물에 관한 조사, 연구
㉰ 회원의 품위유지 및 윤리 확립
㉱ 주택의 개량 및 리모델링 추진

· **정답** : ㉱
주택의 개량 및 리모델링 추진과는 무관하다.

기출 건축사법령상 건축사협회에 관한 설명 중 가장 부적합한 것은?
㉮ 건축사협회는 법인으로 한다.
㉯ 건축사협회의 주된 사무소의 소재지에서 설립등기를 함으로서 성립한다.
㉰ 건축사협회는 정관으로 정하는 바에 따라 주사무소를 설치하고 필요한 곳에 지부를 둘 수 있다.
㉱ 건축사협회는 회원의 복지향상을 위한 연금제도를 운영할 수 없다.

· **정답** : ㉱
건축사협회는 회원의 복지향상을 위한 연금제도를 운영할 수 있다.

예상 건축사협회의 사업으로 가장 부적당한 것은?
㉮ 회원의 품위유지 및 윤리 확립
㉯ 건축사업무의 개선·발전
㉰ 회원의 복지향상 및 연금제도 운영
㉱ 주택의 건설·공급·관리

· **정답** : ㉱
주택의 건설·공급·관리는 주택법의 규정사항이다.

예상 건축사협회의 사업으로 가장 부적당한 것은?
㉮ 건축물에 관한 조사·연구
㉯ 건축물의 품질 및 시공기술의 향상을 위한 지도
㉰ 회원의 복지향상 및 연금제도 운영
㉱ 건축사자격증 발급 및 건축사징계

· **정답** : ㉱
건축사자격증 발급권한과 건축사징계권한은 국토교통부장관이 갖는다.

핵심91 권한의 위임·위탁

· 권한의 위임 및 위탁

국토교통부장관은 권한의 일부를 시·도지사 또는 건축사협회에 위임, 위탁할 수 있다.

(1) 시·도지사에게 위임한 사항

① 건축사 사망신고
② 건축사 자격취소 등에 따른 건축사업무계속 내용의 통지
③ 건축사사무소 개설신고의 접수
④ 건축사사무소개설신고사항의 변경신고 또는 휴업, 폐업신고의 접수
⑤ 건축사사무소개설신고의 효력 상실처분 또는 업무정지명령
(건축사보 또는 실무수련자에 대한 업무정지명령 포함)
⑥ 청문
⑦ 건축사사무소개설신고부의 정리
⑧ 보고명령 및 검사
⑨ 건축사 징계
⑩ 과태료 부과징수(건축사자격 취소에 의한 과태료의 경우 제외)

(2) 건축사협회에 위탁한 사항

① 실무수련자의 관리
② 건축사보신고의 접수
③ 건축사 자격시험의 관리
④ 등록의 접수, 등록증 발급 및 반납
⑤ 건축사업무 실적의 관리
⑥ 실무교육

기출 건축사법령상 국토교통부장관이 건축사협회에 위탁할 수 있는 업무가 아닌 것은?

㉮ 건축사의 징계
㉯ 실무수련자의 관리
㉰ 건축사 자격시험의 관리
㉱ 건축사보 신고의 접수

· 정답 : ㉮

건축사에 대한 징계는 국토교통부장관의 고유권한으로써 시, 도지사에게 위임할 수 있다.

기출 건축사법령상 건축사가 건축사업무수행과 관련하여 부당하게 금품을 요구하는 행위를 하였을 경우의 벌칙으로 가장 적합한 것은?

㉮ 6개월 이하의 징역이나 500만원 이하의 벌금
㉯ 1년 이하의 징역이나 1,000만원 이하의 벌금
㉰ 18개월 이하의 징역이나 1,500만원 이하의 벌금
㉱ 2년 이하의 징역이나 2,000만원 이하의 벌금

· 정답 : ㉱

2년 이하의 징역이나 2,000만원 이하의 벌금
부당하게 금품을 주고 받거나 요구하는 행위, 제3자에게 부당한 금품을 제공하거나 제공을 요구하는 행위

예상 건축사법령상 국토교통부장관의 권한을 건축사협회에 위탁한 사항이 아닌 것은?

㉮ 건축사사무소 개설신고의 접수
㉯ 건축사자격시험의 관리
㉰ 실무수련자의 관리
㉱ 건축사업무 실적의 관리

· 정답 : ㉮

건축사사무소 개설신고의 접수는 국토교통부장관의 권한을 시·도지사에게 위임한 사항

예상 건축사법령상 국토교통부장관의 권한을 특별시장, 광역시장, 도지사에게 위임한 사항인 것은?

㉮ 건축사사무소 개설신고 등의 효력상실처분
㉯ 건축사의 업무실적관리
㉰ 건축사자격시험 및 예비시험관리
㉱ 건축사보, 신고의 접수

· 정답 : ㉮

㉯, ㉰, ㉱ 항은 건축사협회에 위탁한 사항이다.

5. 주택법 등

핵심92 용어의 정의

(1) 주택의 규모제한

구 분		규모기준
국민주택		· 주택도시기금에 의한 자금을 지원받아 건설되거나 개량 되는 주택 · 호당(또는 세대 당) 85m² 이하(수도권을 제외한 및 도시지역이 아닌 읍·면지역에서는 100m² 이하)
단독주택		
공동주택	아파트	· 주택으로 쓰이는 층수가 5개 층 이상인 주택
	연립주택	· 주택으로 쓰이는 1개동의 연면적(지하주차장 면적 제외)이 660m² 초과하고 4층 이하인 주택
	다세대 주택	· 주택으로 쓰이는 1개동의 연면적(지하주차장 면적 제외)이 660m² 이하이고 4층 이하인 주택

(2) 도시형생활주택

1. 구분

도시지역에 건설하는 300세대 미만의 국민주택 규모에 해당하는 주택으로서 다음과 같이 분류한다.

구 분	적용형태	구비조건
1. 단지형 주택	· 연립주택 · 다세대주택	· 건축위원회의 심의를 받은 경우 주택으로 쓰는 층수를 5층까지 할 수 있다.
2. 원룸형 주택	· 아파트 · 연립주택 · 다세대주택	가. 세대별로 독립된 주거가 가능하도록 욕실, 부엌을 설치할 것 나. 욕실·보일러실을 제외한 부분을 하나의 공간으로 구성할 것 단, 30m² 이상인 경우 두 개의 공간으로 할 수 있다. 다. 세대별 주거전용면적은 50m² 이하일 것 라. 각 세대는 지하층에 설치하지 아니할 것

2. 병설제한

하나의 건축물에는 도시형생활주택과 그 밖의 주택을 함께 건축할 수 없으며, 단지형 연립 또는 다세대주택과 원룸형주택을 함께 건축할 수 없다.

다음의 경우에는 병설이 가능하다.

① 원룸형주택과 그 밖의 주택 1세대를 함께 건축하는 경우

② 준주거지역 또는 상업지역에서 원룸형주택과 도시형 생활주택외의 주택을 함께 건축하는 경우

(3) 준주택의 범위

① 다중생활시설(고시원) ② 노인복지주택 ③ 오피스텔 ④ 기숙사

(4) 관리주체범위

① 자치관리기구의 대표자인 공동주택의 관리사무소장

② 관리업무를 인계하기 전의 사업주체

③ 주택관리업자

④ 임대주택법, 규정에 의한 임대사업자

(5) 부대시설 : "부대시설"이라 함은 주차장, 관리사무소, 담장 및 주택단지안의 도로, 건축물에 설치한 각종설비와 건설기준에 관한 규정에 의거된 시설과 설비를 말한다.

(6) 복리시설 : 어린이놀이터, 근린생활시설, 유치원, 주민운동시설 및 경로당

기출 주택법상 수도권을 제외한 도시지역이 아닌 읍·면지역의 국민주택의 주거전용면적 기준으로 가장 적합한 것은?

㉮ 85m² 이하 ㉯ 100m² 이하
㉰ 110m² 이하 ㉱ 120m² 이하

· 정답 : ㉯
원칙 : 85m² 이하, 읍·면지역 : 100m² 이하

기출 주택법령상 도시형 생활주택에 대한 설명으로 가장 적합한 것은?

㉮ 500세대 미만의 국민주택규모에 해당하는 원룸형 주택은 도시형 생활주택에 해당한다.
㉯ 원룸형 주택의 세대별 주거전용면적은 60m² 이하이어야 한다.
㉰ 단지형 다세대주택은 건축위원회의 심의를 받은 경우에는 주택으로 층수를 6개층까지 건축할 수 있다.
㉱ 하나의 건축물에는 단지형 연립주택 또는 단지형 다세대주택과 원룸형 주택을 함께 건축할 수 없다.

· 정답 : ㉱
㉮ 300세대 미만의 국민주택규모에 해당하는 원룸형 주택은 도시형 생활주택에 해당한다.
㉯ 원룸형 주택의 세대별 주거전용면적은 50m² 이하이어야 한다.
㉰ 단지형 다세대주택은 건축위원회의 심의를 받은 경우에는 주택으로 층수를 5개층 이하까지 건축할 수 있다.

기출 주택법령상 부대시설로서 가장 부적합한 것은?

㉮ 주택단지안의 주차장
㉯ 주택단지안의 도로
㉰ 주택단지안의 주민운동시설
㉱ 주택단지안의 관리사무소

· 정답 : ㉰
주민운동시설은 복리시설에 해당한다.

기출 주택법령상 준주택에 해당하지 않는 건축물은?

㉮ 건축법시행령에 따른 기숙사
㉯ 건축법시행령에 따른 다중생활시설
㉰ 건축법시행령에 따른 노인복지시설
㉱ 건축법시행령에 따른 아파트

· 정답 : ㉱
아파트는 공동주택에 해당된다.

예상 주택법령상 용어의 정의 중 준주택의 범위에 해당하지 않는 것은?

㉮ 다중주택 ㉯ 노인복지주택
㉰ 다중생활시설 ㉱ 오피스텔

· 정답 : ㉮
다중주택은 단독주택에 해당된다.

예상 주택법령상 규정된 내용으로 가장 부적합한 것은?

㉮ 주택조합은 지역주택조합, 직장주택조합, 재건축조합으로 구분한다.
㉯ 세대구분형 공동주택이란 공간의 일부를 구분 소유할 수 없는 주택을 말한다.
㉰ 국가는 주택건설사업 또는 대지조성사업을 시행하는 사업주체가 될 수 있다.
㉱ 국민주택 규모는 도사지역에서 호당 (또는 세대상) 85제곱미터 이하인 주택을 말한다.

· 정답 : ㉮
주택조합은 지역주택조합, 직장주택조합, 리모델링주택조합으로 구분한다.

예상 주택법령상 용어의 정의 중 공동주택의 범위에 해당하지 않는 것은?

㉮ 기숙사 ㉯ 아파트
㉰ 연립주택 ㉱ 다세대주택

· 정답 : ㉮
기숙사는 준주택에 해당된다.

예상 주택법령상 복리시설로서 가장 부적합한 것은?

㉮ 주택단지안의 어린이 놀이터
㉯ 주택단지안의 유치원
㉰ 주택단지안의 도로
㉱ 주택단지안의 경로당

· 정답 : ㉰
주택단지안의 도로는 부대시설에 해당한다.

예상 주택법령상 부대시설로서 가장 적합한 것은?

㉮ 주택단지안의 주민운동시설
㉯ 주택단지안의 근린생활시설
㉰ 주택단지안의 도로
㉱ 주택단지안의 어린이놀이터

· 정답 : ㉰
부대시설 : "부대시설"이라 함은 주차장, 관리사무소, 담장 및 주택단지안의 도로, 건축물에 설치한 각종설비와 건설기준에 관한 규정에 의거된 시설과 설비를 말한다.

핵심93 세대구분형 공동주택

· 세대구분형 공동주택

① "세대구분형 공동주택"이란 공동주택의 주택 내부공간의 일부를 세대별로 구분하여 생활이 가능한 구조로 하되, 그 구분된 공간 일부에 대하여 구분소유를 할 수 없는 주택을 말한다.

② 세대구분형 공동주택 건설기준

1. 세대구분형 공동주택의 세대별로 구분된 각각의 공간마다 별도의 욕실, 부엌과 현관을 설치할 것
2. 하나의 세대가 통합하여 사용할 수 있도록 세대 간에 연결문 또는 경량구조의 경계벽 등을 설치할 것
3. 세대구분형 공동주택은 주택단지 공동주택 전체호수의 1/3을 넘지 아니할 것
4. 세대구분형 공동주택의 세대별로 구분된 각각의 공간의 주거전용면적 합계가 주택단지 전체 주거전용면적 합계의 1/3을 넘지 아니하는 등 국토교통부장관이 정하는 주거전용면적의 비율에 관한 기준을 충족할 것

③ 세대구분형 공동주택의 건설과 관련하여 주택건설기준 등을 적용하는 경우 세대구분형 공동주택의 세대수는 그 구분된 공간의 세대에 관계없이 하나의 세대로 산정한다.

기출 주택법령상 세대구분형 공동주택의 기준에 대한 설명으로 가장 부적합한 것은?

㉮ 세대별로 구분된 각각의 공간마다 별도의 욕실, 부엌과 현관을 설치할 것

㉯ 세대별로 구분된 각각의 공간은 주거전용면적이 $24m^2$ 이상일 것

㉰ 하나의 세대가 통합하여 사용할 수 있도록 세대간에 연결문 또는 경량구조의 경계벽등을 설치할 것

㉱ 세대구분형 공동주택은 주택단지 공동주택 전체호수의 1/3을 넘지 아니할 것

· 정답 : ㉯

세대별로 구분된 각각의 공간은 주거전용면적은 국토교통부장관이 정한다.

기출 주택법령상 공동주택의 평면과 각 부위의 치수 및 기준척도에 관한 설명중 부적합 한 것은?

㉮ 거실의 침실 및 평면 각 변의 길이는 5센티미터를 단위로 한 것을 기준척도로 할 것

㉯ 거실 및 침실의 반자높이 (반자를 설치하는 경우만 해당한다.)는 2.2미터 이상으로 할 것

㉰ 거실 및 침실의 층높이는 2.4미터이상으로 하되, 각각 5센티미터를 단위로 한 것을 기준척도로 할 것

㉱ 계단 및 계단참 등의 평면 각 변의 길이 또는 너비는 20센티미터를 단위로 한 것을 기준척도로 할 것

· 정답 : ㉱

㉱ 계단 및 계단참 등의 평면 각 변의 길이 또는 너비는 5센티미터를 단위로 한 것을 기준척도로 할 것

기출 주택법령상 용어에 관한 설명으로 가장 부적합한 것은?

㉮ "주택"이란 세대의 구성원이 장기간 독립된 주거생활을 할 수 있는 구조로 된 건축물의 전부 또는 일부 및 그 부속토지를 말한다.

㉯ "공동주택"은 건축물의 벽 · 복도 · 계단이나 그 밖의 설비 등의 전부 또는 일부를 공동으로 사용하는 각 세대가 하나의 건축물 안에서 각각 독립된 주거생활을 할 수 있는 구조로 된 주택을 말한다.

㉰ "준주택"이란 주택외의 건축물과 그 부속토지로서 주거시설로 이용가능한 시설 등을 말한다.

㉱ 도시지역이 아닌 읍 또는 면지역에서의 "국민주택규모"란 1세대당 주거전용면적이 120제곱미터 이하인 주택을 말한다.

· 정답 : ㉱

호당(또는 세대당) $85m^2$ 이하(수도권을 제외한 및 도시지역이 아닌 읍·면지역에서는 $100m^2$ 이하)

예상 주택법령상 "세대구분형 공동주택"에 관한 설명으로 가장 부적합한 것은?

㉮ 공동주택의 주택내부 공간의 일부를 세대별로 구분하여 그 일부를 구분 소유할 수 있는 것

㉯ 세대별로 구분된 각각의 공간마다 별도의 욕실, 부엌과 현관을 설치할 것

㉰ 하나의 세대가 통합하여 사용할 수 있도록 세대간에 연결문 또는 경량구조의 경계벽등을 설치할 것

㉱ 세대구분형 공동주택의 세대수가 주택단지 공동주택 전체호수의 1/3을 넘지 아니할 것

· 정답 : ㉮

공동주택의 주택내부 공간의 일부를 세대별로 구분하여 생활이 가능한 구조로 하되, 그 구분된 공간일부에 대하여 구분 소유할 수 없는 주택을 말한다.

핵심94 증축형리모델링의 안전진단

· 증축형리모델링의 안전진단

① "증축형리모델링을 하려는 자는 시장 · 군수 · 구청장에게 안전진단을 요청하여야 하며, 안전진단을 요청받은 시장 · 군수 · 구청장은 해당 건축물의 증축가능 여부의 확인 등을 위하여 안전진단을 실시하여야 한다.

② 시장 · 군수 · 구청장은 ①항에 따라 안전진단을 실시하려는 경우에는 다음의 기관에 안전진단을 의뢰하여야 하며, 안전진단을 의뢰받은 기관은 리모델링을 하려는 자가 추천한 건축구조기술사와 함께 안전진단을 실시하여야 한다.

1. 안전진단전문기관 2. 한국시설안전공단 3. 한국건설기술연구원

③ 시장 · 군수 · 구청장은 수직증축형 리모델링을 허가한 후에 해당 건축물의 구조안전성능에 대한 상세확인을 위하여 안전진단을 실시하여야 한다. 이 경우 리모델링을 하려는 자는 안전진단 후 구조설계의 변경 등이 필요한 경우에는 건축구조기술사로 하여금 이를 보완하도록 하여야 한다.

④ 안전진단을 의뢰받은 기관은 국토교통부장관이 정하여 고시하는 기준에 따라 안전진단을 실시하고, 국토교통부령으로 정하는 방법 및 절차에 따라 안전진단결과 보고서를 작성하여 의뢰를 받은 날부터 30일 이내에 안전진단을 요청한 자와 시장 · 군수 · 구청장에게 제출하여야 한다.

⑤ 기관으로부터 안전진단 결과보고서를 제출받은 시장 · 군수 또는 구청장은 필요하다고 인정하는 경우에는 ②항의 기관에 안전진단 결과 보고서의 적정성에 대한 검토를 의뢰할 수 있다.

⑥ 시장 · 군수 · 구청장은 안전진단을 실시하는 비용의 전부 또는 일부를 리모델링을 하려는 자에게 부담하게 할 수 있다.

기출 주택법령상 증축형리모델링 안전진단에 대한 설명으로 가장 부적합한 것은?

㉮ 안전진단을 의뢰받은 기관은 리모델링을 하려는 자가 추천한 건축구조기술사와 함께 안전진단을 실시하여야 한다.

㉯ 시장 · 군수 · 구청장이 주택재건축사업이 필요하다고 결정한 건축물에 대하여 증축형리모델링을 하여서는 아니 된다.

㉰ 리모델링을 하려는 자는 안전진단 후 구조설계의 변경 등이 필요한 경우에는 건축사로 하여금 이를 보완하도록 하여야 한다.

㉱ 안전진단을 의뢰받은 기관은 안전진단결과 보고서를 작성하여 안전진단을 요청한 자와 시장 · 군수 · 구청장에게 제출하여야 한다.

· 정답 : ㉰

리모델링을 하려는 자는 안전진단 후 구조설계의 변경 등이 필요한 경우에는 건축구조기술사로 하여금 이를 보완하도록 하여야 한다.

예상 주택법령상 증축형리모델링 안전진단에 대한 설명으로 가장 부적합한 것은?

㉮ 안전진단을 의뢰받은 기관은 리모델링을 하려는 자가 추천한 건축사와 함께 안전진단을 실시하여야 한다.

㉯ 시장 · 군수 · 구청장이 주택재건축사업이 필요하다고 결정한 건축물에 대하여 증축형리모델링을 하여서는 아니된다.

㉰ 리모델링을 하려는 자는 안전진단 후 구조설계의 변경 등이 필요한 경우에는 건축구조기술사로 하여금 이를 보완하도록 하여야 한다.

㉱ 안전진단을 의뢰받은 기관은 안전진단결과 보고서를 작성하여 안전진단을 요청한 자와 시장 · 군수 · 구청장에게 제출하여야 한다.

· 정답 : ㉮

안전진단을 의뢰받은 기관은 리모델링을 하려는 자가 추천한 건축구조기술사와 함께 안전진단을 실시하여야 한다.

핵심95 주택의 건설기준

(1) 주택의 건설기준

사업주체가 건설·공급하는 주택은 다음의 기준에 충족되어야 한다.

1. 주택 및 시설의 배치, 주택과의 복합건축 등에 관한 주택건설기준
2. 세대간의 경계벽, 바닥충격음, 차단구조, 구조내력 등 주택의 구조·설비기준
3. 부대시설의 설치기준
4. 복리시설의 설치기준
5. 대지조성기준
6. 주택의 규모 및 규모별 건설비율
7. 도시형 생활주택의 건설기준
8. 에너지절약형 친환경주택 등의 건설기준
9. 장수명주택의 건설기준 및 인증제도
10. 공동주택성능등급의 표시
11. 환기시설설치기준
12. 바닥충격음 성능등급인정
13. 소음방지대책 수립에 필요한 실외소음도와 실외소음도를 측정하는 기준, 실외소음도 측정기관의 지정요건 및 측정에 소요되는 수수로 등 실외소음도 측정에 필요한 사항

(2) 건강친화형 주택 : 500세대 이상의 공동주택은 건강친화형 주택으로 건설하여야 한다.

(3) 장수명주택 : 1,000세대 이상의 공동주택을 공급하고자 할 때에는 일반등급 이상의 등급을 인정받아야 한다.

1. 장수명주택 인증기준

   국토교통부장관은 구조적으로 오래 유지될 수 있는 내구성을 갖추고, 입주자의 필요에 따라 내부구조를 쉽게 변경할 수 있는 가변성과 수리용이성 등이 우수한 다음의 주택의 건설기준을 정하여 고시할 수 있다.

   1) 콘크리트 품질 및 철근의 피복두께 등 내구성
   2) 벽체재료 및 배관·기둥 등의 배치 등 가변성
   3) 개수·보수 및 점검의 용이성 등 수리용이성

2. 장수명 주택 인증제

   1) 국토교통부장관은 장수명주택의 공급활성화를 유도하기 위하여 장수명 주택인증제도를 시행할 수 있다.
   2) 국가, 지방자치단체 및 공공기관의 장은 장수명주택을 공급하는 사업주체 및 장수명주택 취득자에 대하여 법률 등으로 정하는 바에 따라 행정상·세제상의 지원을 할 수 있다.
   3) 국토교통부장관은 인증제도를 시행하기 위하여 녹색건축물 조성지원법에 따른 인증기관을 지정하고 관련업무를 위탁할 수 있다.
   4) 사업주체가 1,000세대 이상의 공동주택을 건설하는 경우에는 주택건설사업계획승인을 신청하기 전에 장수명주택인증을 신청하여야 한다.

3. 장수명주택의 기준의 완화

   우수등급이상의 인증을 받은 경우 건폐율, 용적율 기준값 대비 115% 이하로 완화하여 적용할 수 있다.

(4) 500세대 이상의 공동주택을 건설하는 경우에는 결로방지 성능을 갖추어야 한다.

(5) 공동주택의 성능등급의 표시

사업주체가 1,000세대 이상의 공동주택을 공급할 때에는 주택의 성능 및 품질을 입주자가 알 수 있도록 "녹색건축 조성 지원법"에 따라 공동주택 성능에 대한 등급을 발급받아 입주자 모집공고에 표시하여야 한다.

기출 **주택법령상 주택건설기준의 내용에 포함되지 아니한 것은?**

㉮ 주택의 배치, 세대간의 경계벽, 구조 내력등에 관한 기준
㉯ 주택의 리모델링에 관한 기준
㉰ 주택의 규모 및 규모별 건설비율
㉱ 부대시설 및 복리시설의 설치기준

· **정답** : ㉯
주택의 리모델링기준은 주택건설기준의 내용에 포함되지 않는다.

기출 **주택법령상 장수명주택 건설기준과 인증제도에 대한 설명 중 가장 적합한 것은?**

㉮ 사업주체가 800세대 이상의 주택을 공급하고자 하는 경우에는 장수명 주택인증을 받아야 한다.
㉯ 국가 및 지방자치단체는 장수명 주택을 공급하는 사업주체에게 행정상지원은 가능하나 세제상의 지원은 할 수 없다.
㉰ 국토교통부장관은 인증제도를 시행하기 위하여 인증기관을 지정하고 관련업무를 위탁할 수 있다.
㉱ 장수명 주택등급 중 우수등급 이상을 인정받은 경우에만 건축물의 높이제한을 완화 받을 수 있다.

· **정답** : ㉰
㉮ 사업주체가 1,000세대 이상의 주택을 공급하고자 하는 경우에는 장수명 주택인증을 받아야 한다.
㉯ 국가 및 지방자치단체는 장수명 주택을 공급하는 사업주체에게 행정상지원은 가능하나 세제상의 지원은 할 수 있다.
㉱ 우수 등급이상의 인증을 받은 경우에 건폐율과 용적률에 대하여 기준값 대비 115% 이하로 완화할 수 있다.

예상 **주택법령에서 몇 세대 이상의 공동주택을 건설하는 경우에 장수명 주택인증을 받아야 하는가?**

㉮ 300세대 ㉯ 500세대
㉰ 700세대 ㉱ 1,000세대

· **정답** : ㉱
1,000세대 이상의 공동주택을 건설하는 경우에는 장수명 주택인증을 받아야 한다.

예상 **주택법령에서 몇 세대 이상의 공동주택을 건설하는 경우에 결로방지 성능을 갖추어야 하는가?**

㉮ 300세대 ㉯ 500세대
㉰ 700세대 ㉱ 1,000세대

· **정답** : ㉯
500세대 이상의 공동주택을 건설하는 경우에는 결로방지 성능을 갖추어야 한다.

예상 **주택법령에서 몇 세대 이상의 공동주택을 건설하는 경우에 건강친환경주택으로 건설하여야 하는가?**

㉮ 300세대 ㉯ 500세대
㉰ 700세대 ㉱ 1,000세대

· **정답** : ㉯
500세대 이상의 공동주택을 건설하는 경우에는 건강친환경주택으로 건설하여야 한다.

기출 **주택법령상 용어의 정의에 관한 설명 중 부적합한 것은?**

㉮ "단독주택"이란 1세대가 하나의 건축물 안에서 독립된 주거생활을 할 수 있는 구조로 된 주택을 말하며, 그 종류와 범위는 대통령령으로 정한다.
㉯ "도시형 생활주택"이란 300세대 미만의 국민주택규모에 해당하는 주택으로서 대통령령으로 정하는 주택을 말한다.
㉰ "민영주택"이란 국민주택을 제외한 주택을 말한다.
㉱ "가변형주택"이란 구조적으로 오랫동안 유지·관리할 수 있는 내구성을 갖추고, 입주자의 필요에 따라 내부구조를 쉽게 변경할 수 있는 가변성과 수리용이성 등이 우수한 주택을 말한다.

· **정답** : ㉱
"장수명주택"이란 구조적으로 오랫동안 유지·관리할 수 있는 내구성을 갖추고, 입주자의 필요에 따라 내부구조를 쉽게 변경할 수 있는 가변성과 수리용이성 등이 우수한 주택을 말한다.

핵심96 사업계획승인

(1) 사업계획승인대상

① 다음의 규모 이상의 사업을 하고자 하는 사업주체는 주택, 부대시설, 복리시설의 배치도 등을 작성하여 사업계획승인권자의 승인을 받아야 한다.

<table>
<tr><td rowspan="2">1. 단독주택</td><td>30호 이상</td><td></td></tr>
<tr><td>공공택지에서의 건축인 경우, 한옥</td><td>50호 이상</td></tr>
<tr><td rowspan="3">2. 공동주택</td><td>30세대 이상 (증가하는 세대수가 30세대 이상인 리모델링 포함)</td><td></td></tr>
<tr><td>주거환경개선사업, 주거환경관리사업인 공동주택</td><td rowspan="2">50세대 이상</td></tr>
<tr><td>단지형 연립주택, 단지형 다세대주택 (세대별 주거전용면적 30m² 이상으로서 해당주택단지 진입도로폭이 6m 이상인 경우)</td></tr>
<tr><td>3. 대지조성</td><td colspan="2">1만 m² 이상</td></tr>
</table>

② 동일한 사업주체가 주택단지를 수개의 공구로 분할하여 주택을 건설하고자 하는 때에는 단위규모의 건설공구가 상기①의 규정에 의한 규모에 미달되는 경우에도 전체 공구의 주택건설호수 또는 세대수의 규모에 따라 상기①항의 규정을 준용한다.

③ 사업계획은 건강하고 문화적인 주거생활을 영위하는데 적합하도록 작성되어야 하며 그 사업계획에는 부대시설 및 복리시설의 설치에 대한 계획이 포함되어야 한다.

(2) 주택단지의 분할 건설 · 공급

전체 세대수가 600세대 이상인 주택단지는 공구별로 구분하여 주택을 건설 · 공급할 수 있다.

(3) 사업계획승인권자

주택건설사업 또는 대지조성사업으로서 해당 대지면적에 따라 다음과 같이 한다.

10만 m² 이상	특별시장, 광역시장, 특별자치시장, 특별자치도지사, 도지사, 대도시 시장
10만 m² 미만	특별시장, 광역시장, 특별자치시장, 특별자치도지사, 시장, 군수

단, 국가, 한국토지주택공사 또는 330만m² 이상의 도시개발사업 등의 경우에는 국토교통부장관의 승인을 받아야 한다.

기출 주택법상 사업계획 승인을 받아야 할 공동주택 세대수의 최저기준은?

㉮ 10세대 이상 ㉯ 20세대 이상
㉰ 30세대 이상 ㉱ 40세대 이상

· 정답 : ㉰
30세대 이상의 주택건설 사업 중 아파트는 시·도지사 또는 국토교통부장관의 사업계획승인을 받아야 한다.

기출 주택법령에 따른 공동주택단지의 총세대수에 따른 기간도로와 접하는 폭 또는 진입도로의 폭으로 가장 부적합한 것은?

	주택단지의 총 세대수	기간도로와 접하는 폭 또는 진입도로의 폭
㉮	300세대이상	4m 이상
㉯	300세대이상 500세대미만	8m 이상
㉰	500세대이상 1,000세대미만	12m 이상
㉱	1,000세대이상 2,000세대미만	15m 이상

· 정답 : ㉮
300세대 미만의 주택단지는 6m 이상의 기간도로 또는 진입도로에 접하여야 한다.

기출 주택법령상 주택건설사업 시행자가 공구별로 분할하여 주택을 건설·공급할 수 있는 최소 세대규모는?

㉮ 300세대 이상 ㉯ 400세대 이상
㉰ 500세대 이상 ㉱ 600세대 이상

· 정답 : ㉱
주택단지의 분할 건설·공급
전체세대수 600세대 이상인 주택단지는 300세대 이상의 공구별로 분할하여 주택을 건설·공급할 수 있다.

예상 주택법령상 단독주택으로서 한옥의 건설사업계획 승인 최소 규모는?

㉮ 20호 ㉯ 30호
㉰ 40호 ㉱ 50호

· 정답 : ㉱
주택건설 사업 중 한옥의 경우 50호 이상의 경우는 사업계획승인권자의 사업계획승인을 받아야 한다.

예상 주택법령에 따른 공동주택단지의 총 세대수가 1,000세대 이상 2,000세대 미만일 때 기간도로와 접하는 폭 또는 진입도로의 폭으로 가장 적합한 것은?

㉮ 8m 이상 ㉯ 10m 이상
㉰ 12m 이상 ㉱ 15m 이상

· 정답 : ㉱

주택단지의 총세대수	기간도로와 접하는 폭 또는 진입도로의 폭
300세대이상	4m 이상
300세대이상 500세대미만	8m 이상
500세대이상 1,000세대미만	12m 이상
1,000세대이상 2,000세대미만	15m 이상

예상 주택법상 사업계획 승인을 받아야 할 공공택지에서 건축하는 단독주택의 경우 호수로 가장 적합한 것은?

㉮ 10호 이상 ㉯ 20호 이상
㉰ 30호 이상 ㉱ 50호 이상

· 정답 : ㉱
주택건설 사업 중 공공택지에서 건축하는 단독주택의 경우 50호 이상의 경우는 사업계획승인권자의 사업계획 승인을 받아야 한다.

핵심97 사용검사

(1) 절차

① 사업주체는 사업계획의 승인을 얻어 시행하는 주택건설사업 또는 대지조성사업을 완료한 경우에는 주택·부대시설·복리시설 및 대지에 대하여 시장, 군수, 구청장(국토교통부장관의 사업승인을 받은 경우에는 국토교통부장관)의 사용검사를 받아야 한다.

단서 : 건축물의 경우로서 특히 필요 하다고 인정하는 때에는 사업완료 전이라도 완공부분에 대하여 동별 또는 세대별로 사용검사를 받을 수 있다.

② 사용검사는 그 신청일로부터 15일 이내에 하여야 한다.

(2) 효력

① 사용검사를 받은 경우에는 건축법의 규정에 의한 사용승인을 받은 것으로 본다.

② 사업주체가 사용검사를 받은 때에는 사업계획승인에 따른 다른 법률에 의한 인, 허가 등에 따른 당해 사업의 사용검사 또는 준공인가를 받은 것으로 본다. 이 경우 사용검사를 행하는 기관은 미리 관계기관의 장의 의견을 들어야 한다.

③ 사용검사를 행하는 기관이 관계기관의 장에게 의견을 요청하는 때에는 정당한 사유가 없는 한 그 요청을 받은 날로부터 10일 이내에 그 의견을 제시하여야 한다.

④ 사업주체 또는 입주자는 사용검사를 받은 후가 아니면, 주택, 부대시설 또는 대지를 사용하게 하거나 이를 사용할 수 없다.

예외 : 건축물의 동별로 공사가 완료된 경우로서 임시사용승인을 얻은 경우에는 예외

(3) 사용검사신청

사업주체가 공사를 완료하고 시장 등에게 사용검사를 신청하여야 하나 사업주체가 파산 등으로 사용검사를 받을 수 없는 경우에는 당해 주택의 시공을 보증한 자 또는 입주예정자 등이 다음에 정하는 바에 의하여 사용검사를 받을 수 있다.

사 유	잔여공사 시공자	사용검사 신청자
1. 사업주체가 파산한 경우	·시공을 보증한 자	·시공 보증자 ·입주예정자
2. 사업주체가 정당한 이유없이 사용검사를 위한 절차를 이행하지 아니하는 경우	·시공을 보증한 자 ·해당주택의 시공자	·시공 보증자 ·해당주택의 시공자 ·입주예정자
3. 시공보증자가 없거나 시공을 보증한자가 파산한 경우	·입주예정사 대표회의를 구성한 후 시공자 결정	·입주예정자 대표회의

기출 주택법령상 공동주택의 사용검사에 관한 설명 중 가장 타당한 것은?

㉮ 공동주택과 부대시설, 복리시설은 반드시 각각 나누어 따로 사용검사를 받아야 한다.
㉯ 주택법에 의한 사용검사를 받으면 건축법의 규정에 의한 사용승인을 받은 것으로 본다.
㉰ 사업주체가 파산 등으로 주택사업을 계속 할 수 없는 경우 시장, 군수, 구청장이 시공자를 선정하여야 한다.
㉱ 사용검사는 그 신청일로부터 20일 이내에 하여야 한다.

· 정답 : ㉯

예상 주택법령상 공동주택의 사용검사는 신청일로부터 몇 일 이내에 하여야 하는가?

㉮ 10일 ㉯ 15일
㉰ 20일 ㉱ 30일

· 정답 : ㉯
사용검사는 그 신청일로부터 15일 이내에 하여야 한다.

핵심98 주택의 감리 등

· 감리자 지정

① 사업계획승인권자는 주택건설사업계획을 승인하는 때와 시장 등이 리모델링의 허가를 하였을 때에는 다음 각 호에 적합한 자를 감리자로 지정하여야 한다.

주택건설공사 규모	감리자의 자격
1. 300세대 미만	건축사법에 의하여 감리자격이 있는 자 건설기술진흥법에 의한 건설기술용역업자
2. 300세대 이상	건설기술진흥법에 의한 건설기술용역업자

② 감리자를 지정한 경우 인접한 지역에 2 이상의 주택건설단지가 있는 경우에는 공동으로 감리하도록 지정할 수 있다.

③ 감리할 자로 지정받은 자(이하 '감리자' 라 한다.)는 그에게 소속된 감리자격이 있는 자를 공사현장에 상주시켜 감리하되, 공사에 대한 감리업무를 총괄하는 감리원 1인과 공사분야별 감리원을 각각 배치하여야 한다.

④ 감리자를 지정함에 있어 당해 주택건설공사를 시공하는 자의 계열회사인 자를 감리자로 지정해서는 안 된다.

⑤ 감리자는 감리원의 배치계획(배치계획의 변경을 포함)을 사업계획승인권자와 사업주체에게 제출하여야 한다.

기출 주택의 감리에 관한 규정에 부적합한 것은?

㉮ 사업주체가 한국토지주택공사인 경우에는 주택건설공사를 감리할 자를 지정하지 않는다.
㉯ 사업계획승인권자는 주택건설사업계획을 승인하는 때에는 당해 주택건설공사를 감리할 자를 지정하여야 한다.
㉰ 300세대 미만인 주택건설공사는 건축사법에 의하여 감리자격이 있는 자가 한다.
㉱ 공사현장에 상주하는 감리자는 주택법이 정한 사항이외에는 건축사법 또는 건설기술관리법에서 정하는 바에 따라 감리를 하여야 한다.

· 정답 : ㉮

주택건설에 대한 감리자는 사업계획승인권자가 지정하나, 사업주체가 한국토지주택공사 지방공사 등일 경우에는 사업주체가 직접 공사감리자를 지정한다.

예상 주택법에서 주택건설공사가 몇 세대 미만일 경우에 건축사법에 의한 감리자격이 있는 자가 감리를 수행할 수 있는가?

㉮ 100세대 미만 ㉯ 200세대 미만
㉰ 300세대 미만 ㉱ 500세대 미만

· 정답 : ㉰

주택건설에 대한 감리자는 300세대 미만인 경우 건축사법에 의하여 감리자격이 있는 자가 감리업무를 수행한다.

핵심99 주택건설사업의 시공제한 등

(1) 주택건설사업의 시공제한 등

① 사업계획승인을 얻은 주택의 건설공사는 건설산업기본법에 의한 건설업자(주택법의 등록업자 포함)가 아니면 시공할 수 없다.

② 공동주택의 방수·위생 및 냉난방설비공사는 건설산업기본법에 의한 건설업등록을 받은 자가 아니면 이를 시공할 수 없다.

③ 국가, 지방자치단체 및 사업주체는 승인을 얻은 주택공사의 설계와 시공은 분리 발주하여야 하나 주택건설업 사업 중 총공사비 500억원 이상인 대형공사로서 기술관리상 분리하여 발주할 수 없는 공정의 공사는 설계, 시공, 일괄입찰의 방법에 의하여 시행할 수 있다.

(2) 토지소유자의 사업시행

토지소유자는 등록업자와 공동으로 주택을 건설할 수 있다. 이 경우 토지소유자와 등록업자를 공동사업주체로 본다.

기출 **주택법의 적용을 받아 지어지는 공동주택의 특정한 공사는 건설산업기본법에 의한 건설업등록을 받은 자가 아니면 이를 시공할 수 없다. 이에 해당되지 않는 공사는?**

㉮ 방수공사
㉯ 통신공사
㉰ 위생설비공사
㉱ 냉난방설비공사

· **정답** : ㉯
공동주택의 방수·위생 및 냉난방설비공사는 건설산업기본법에 의한 건설업등록을 받은 자가 아니면 이를 시공할 수 없다.

예상 **다음 괄호 안에 들어갈 숫자로 가장 적합한 것은?**

> 국가, 지방자치단체인 사업주체는 승인을 얻은 주택공사의 설계와 시공은 분리 발주하여야 하나 주택건설업 사업 중 총공사비 (　) 이상인 대형공사로서 기술관리상 분리하여 발주할 수 없는 공정의 공사는 설계, 시공, 일괄입찰의 방법에 의하여 시행할 수 있다.

㉮ 100억원　　㉯ 200억원
㉰ 300억원　　㉱ 500억원

· **정답** : ㉱
국가, 지방자치단체인 사업 및 대한주택공사인 사업주체는 승인을 얻은 주택공사의 설계와 시공은 분리 발주하여야 하나 주택건설업 사업 중 총공사비 500억원 이상인 대형공사로서 기술관리상 분리하여 발주할 수 없는 공정의 공사는 설계, 시공, 일괄입찰의 방법에 의하여 시행할 수 있다.

핵심100 간선시설의 설치

(1) 간선시설의 설치의무

일단의 주택단지 내 주택공급규모에 따라 설치되는 도로·상하수도 등의 간선시설은 당해 주택건설 사업주체가 설치하여야 한다.

(2) 간선시설 설치대행

① 일단의 사업규모가 주택의 경우 100호(증가하는 세대수가 100세대 이상인 리모델링 포함) 이상, 대지조성의 경우 16,500m² 이상일 경우에는 다음에 정하는 자는 해당 간선시설을 설치하여야 한다.

간선시설의 종류	설치의무자
1. 도로 및 상하수도의 시설	지방자치단체
2. 전기시설·통신시설·가스공급시설 지역난방시설	당해 지역에 전기·통신·가스 또는 난방을 공급하는 자
3. 우체통	국가

② 간선시설의 설치는 특별한 사유가 없는 한 사용검사일까지 완료하여야 한다.

(3) 설치비용 상환

① 간선시설 설치 의무자가 당해 사업의 사용검사 일까지 간선시설의 설치를 완료하지 못할 특별한 사유가 있는 때에는 사업주체는 당해 간선시설을 자기부담으로 설치하고 그 비용의 상환을 간선시설 설치의무자에게 요구할 수 있다.

② 간선시설의 설치비 상환계약에서 정하는 상환기간은 당해 공사의 사용검사일로부터 3년 이내로 한다.

기출 **주택법에 의하여 사업주체가 주택건설사업을 시행하는 경우 간선시설을 설치해야 하는 호수의 최저기준은?**

㉮ 50호 이상
㉯ 80호 이상
㉰ 100호 이상
㉱ 200호 이상

· **정답** : ㉰
일단의 사업규모가 주택의 경우 100호 이상, 대지조성의 경우 16,500m² 이상일 경우에는 해당 간선시설을 설치하여야 한다.

예상 **간선시설의 설치의무대행에 관한 것으로 잘못된 것은?**

㉮ 일단의 사업규모가 주택의 경우 100호 이상, 대지조성의 겨우 16,500m² 이상일 경우에는 해당 간선시설을 설치하여야 한다.
㉯ 도로 및 상하수도 시설은 지방자치단체 및 토지공사가 대행한다.
㉰ 전기·통신·가스공급 또는 지역난방시설은 당해지역에 전기·통신·가스 또는 난방을 공급하는 자가 대행한다.
㉱ 간선시설의 설치는 특별한 사유가 없는 한 사용검사일까지 완료하여야 한다.

· **정답** : ㉯
도로 및 상하수도 시설은 지방자치단체가 대행한다.

핵심101 공동주택의 관리

(1) 하자보수 등

① 사업주체(건축허가를 받아 분양을 목적으로 하는 공동주택을 건축하는 건축주를 포함)는 공동주택의 하자를 보수할 책임이 있다.
② 사업주체는 하자보수 청구를 받은 날로부터 15일 이내에 하자보수계획을 수립하여 입주자 대표회의 등에 통보하여야 한다.
③ 사업주체와 건축주는 공동주택의 내력구조부에 중대한 하자가 발생한 때에는 10년의 범위 내에서 이를 보수하고, 그로 인한 손해를 배상할 책임이 있다.
④ 시장 등은 10년 이내에 공동주택의 구조안전에 중대한 하자가 있다고 인정하는 경우에는 안전진단을 실시 할 수 있다.
⑤ 하자보수 책임기간

기둥, 내력벽	10년
보, 바닥, 지붕	5년

기출 **주택법상 공동주택 바닥의 하자보수 책임기간은?**

㉮ 3년 ㉯ 5년
㉰ 7년 ㉱ 10년

· **정답** : ㉯
보, 바닥, 지붕 : 5년

예상 **주택법상의 사업주체가 건설한 공동주택 내력구조부에 대한 하자보수 책임기간으로서 가장 부적당한 것은?**

㉮ 내력벽 : 5년 ㉯ 보 : 5년
㉰ 바닥 : 5년 ㉱ 지붕 : 5년

· **정답** : ㉮
내력벽 : 10년

핵심102 주택조합

(1) 주택조합의 구분

주택조합은 다수의 구성원이 주택을 마련하거나 리모델링하기 위하여 결정하는 다음의 조합을 말한다.

1. 지역주택조합	다음 구분에 따라 지역에 거주하는 주민이 주택을 마련하기 위하여 설립한 조합
2. 직장주택조합	같은 직장의 근로자가 주택을 마련하기 위하여 설립한 조합
3. 리모델링 주택조합	공동주택의 소유자가 당해 주택을 리모델링하기 위하여 설립한 조합

① 주택조합설립은 주택건설대지의 80% 이상 토지사용 권원을 확보하여 관할시장, 군수, 구청장의 인가를 받아야 한다.

② 리모델링 주택조합 설립인가 동의 수

① 단지전체 리모델링	- 주택단지전체 구분소유자와 의결권의 각 2/3 이상의 결의 - 각 동의 구분 소유자와 의결권의 각 과반수 결의
② 동 리모델링	- 그 동의 구분소유자 및 의결권의 각 2/3 이상의 결의

③ 주택조합은 설립인가를 받은 날로부터 2년 이내에 사업계획승인을 신청하여야 한다.

(2) 지역, 직장조합 설립인가 신청서식

① 창립총회의 회의록
② 조합장 선출동의서
③ 조합원 전원이 자필로 서명한 조합규약
④ 조합원명부
⑤ 사업계획서
⑥ 고용자가 확인하는 근무확인서(직장주택조합의 경우에 한 한다)
⑦ 주민등록표등본 및 조합원 자격이 있는 자임을 확인하는 서류

기출 주택법령에 따라 주택조합 설립인가를 받으려는 자는 해당 주택건설대지의 얼마 이상의 토지의 사용권원을 확보하여야 하는가?

㉮ 100분의 65이상
㉯ 100분의 70이상
㉰ 100분의 75이상
㉱ 100분의 80이상

· **정답** : ㉱

주택조합설립은 주택건설대지의 80% 이상 토지사용 권원을 확보하여 관할시장, 군수, 구청장의 인가를 받아야 한다.

예상 「주택법」에 따라 사업계획승인을 받아 주택을 마련하거나 리모델링하기 위하여 결성하는 주택조합으로 부적합한 것은?

㉮ 리모델링주택조합
㉯ 직장주택조합
㉰ 지역주택조합
㉱ 재건축 · 재개발주택조합

· **정답** : ㉱

재건축 · 재개발주택조합은 주택조합에 해당하지 않는다.

6. 장애인·노인·임산부 등의 편의 증진 보장에 관한 법률

핵심103 편의시설 설치대상

(1) **공원**

(2) **공공건물 및 공중이용시설** : 건축법에 의한 건축물 중 제1종 근린생활시설 및 제2종 근린생활시설, 문화 및 집회시설, 종교시설, 판매시설, 의료시설, 교육연구시설, 노유자시설, 수련시설, 운동시설, 업무시설, 숙박시설, 공장, 자동차관련시설, 교정시설, 방송통신시설, 묘지관련시설, 및 관광휴게시설

① 제1종 근린생활시설
- 수퍼마켓 : 300m² 이상 1,000m² 미만
- 의원·한의원 : 500m² 이상
- 지역아동센타 : 300m² 이상

② 제2종 근린생활시설
- 음식점 : 300m² 이상
- 안마시술소 : 500m² 이상

③ 종교시설 : 500m² 이상

④ 숙박시설
- 일반숙박시설 : 객실 수 30실 이상·관광숙박시설

⑤ 문화 및 집회시설, 판매시설, 의료시설 등

(3) **공동주택**

① 아파트

② 연립주택·다세대주택 : 세대수 10세대 이상

③ 기숙사 : 30인 이상

(4) **통신시설** : 공중전화, 우체통

기출 장애인, 노인, 임산부 등의 편의 증진보장에 관한 법령상 장애인 등의 접근권을 보장하기 위한 편의시설을 설치해야 하는 대상시설로 가장 부적합한 것은?

㉮ 공원
㉯ 공동주택
㉰ 통신시설
㉱ 위락시설

· **정답** : ㉱

편의시설설치대상 : 공원, 공공건물 및 공중이용시설, 공동주택, 통신시설 등

예상 장애인, 노인, 임산부 등의 편의 증진보장에 관한 법률에서 규정하고 있는 편의 시설을 설치하여야 하는 대상시설이 아닌 것은?

㉮ 50세대 아파트
㉯ 10세대 연립주택
㉰ 10세대 다세대주택
㉱ 20인이 기숙하는 기숙사

· **정답** : ㉱

30인 이상 기숙하는 기숙사를 기준한다.

핵심104 편의시설 설치계획, 장애인에 대한 편의제공

1. 편의시설 설치계획

(1) 설치계획의 수립

시설주관기관은 편의시설 설치를 촉진하기 위하여 소관 대상시설에 대한 편의시설 설치계획을 수립·시행하여야 한다.

(2) 설치계획의 내용

① 대상시설의 편의시설 설치실태 및 정비계획
② 대상시설의 건축·대수선·용도변경의 경우 또는 교통수단 구입 등의 경우에 있어서의 편의시설 설치계획
③ 대상시설 및 편의시설 설치기준에 관한 홍보
④ 기타 보건복지부령으로 정하는 사항

(3) 설치계획 및 시행실적의 제출

구 분	제출기한	제 출
편의시설 설치계획	5년마다	시설주관기관 → 보건복지부 장관
시행실적	매년	

(4) 국가종합계획의 수립

보건복지부장관은 제출된 계획 등을 종합하여 편의증진심의회의 심의를 거쳐 편의시설 설치에 관한 국가 종합계획을 수립하여야 한다.

2. 편의증진 심의회

(1) 구성

① 위원장 1인과 부위원장 1인을 포함한 25인 이상 35인 이하의 위원으로 구성한다.
② 위원장은 보건복지부차관이 되고, 부위원장은 위원장이 위원 중에서 지명하는 자로 한다.

(2) 심의사항

① 장애인 등에 대한 편의증진정책의 기본방향에 관한 사항
② 편의시설 설치에 관한 국가종합계획 수립에 관한 사항
③ 장애인 등의 편의증진보장을 위한 제도개선 등에 관한 사항
④ 그 밖에 장애인 등의 편의증진 보장을 위하여 관계부처 간에 협조가 필요한 사항

3. 장애인에 대한 편의제공

장애인은 다음의 공공건물의 시설주에게 안내서비스 수화 통역 등의 편의 제공을 요청할 수 있다.

1) 제1종 근린생활시설 중 지역자치센타, 파출소, 지구대, 우체국, 보건소, 공공도서관, 국민건강보험공단, 국민연금공단, 한국장애인 고용공단, 근로복지공단의 지사
2) 문화 및 집회시설 중 공연장 (좌석수가 1,000석 이상인 시설만 해당한다) 및 전시장 (바닥면적의 합계가 1,000m^2 이상인 시설만 해당한다.)
3) 의료시설 중 종합병원
4) 교육연구시설 중 학교 및 도서관
5) 노유자시설 중 장애인 복지시설
6) 업무시설 중 국가 또는 지방자치단체 청사
7) 업무시설 중 국민건강보험공단 · 국민연금공단 · 한국장애인공용공단 · 근로복지공단 및 그 지사

4. "시설주관기관" 이란 편의시설의 설치와 운영에 관하여 지도하고 감독하는 중앙행정기관의 장과 특별시장 · 광역시장 · 도지사 · 특별자치도지사 · 시장 · 군수 · 구청장(자치구의 구청장을 말한다.) 및 교육감을 말한다.

5. 장애물 없는 생활환경 인증 : 보건복지부장관과 국토교통부장관은 장애인 등이 대상시설을 안전하고 편리하게 이용할 수 있도록 편의시설의 설치 · 운영을 유도하기 위하여 「장애물없는 생활환경」 인을 할 수 있다.(인증의 유효기간은 인증을 받은 날부터 5년으로 하며, 연장할 수 있다.)

기출 장애인, 노인, 임산부 등의 편의증진보장에 관한 법령상 용어정의에서 시설주관기관에 포함되지 않는 것은?

㉮ 광역시장 · 도지사
㉯ 시장 · 군수 · 구청장
㉰ 교육감
㉱ 정부투자기관의 장

· **정답 : ㉱**
"시설주관기관" 이란 편의시설의 설치와 운영에 관하여 지도하고 감독하는 중앙행정기관의 장과 특별시장 · 광역시장 · 도지사 · 특별자치도지사 · 시장 · 군수 · 구청장 (자치구의 구청장을 말한다.) 및 교육감을 말한다.

기출 장애인, 노인, 임산부 등의 편의증진보장에 관한 법령상 장애인의 시설주에 대하여 서비스, 수화통역 등의 편의제공을 요청할 수 있는 공공건물 및 공중이용시설로서 가장 부적합한 것은?

㉮ 의료시설 중 종합병원
㉯ 문화 및 집회시설 중 좌석 수 500석 이상인 공연장
㉰ 교육연구시설 중 학교 및 도서관
㉱ 노유자시설 중 장애인 복지시설

· **정답 : ㉯**
공연장의 경우 관람석의 좌석 수가 1,000석 이상인 경우에만 해당한다.

기출 장애인, 노인, 임산부 등의 편의증진보장에 관한 법령상 장애물 없는 생활환경인증의 유효기간은?

㉮ 1년　　㉯ 3년
㉰ 5년　　㉱ 7년

· **정답 : ㉰**
장애물 없는 생활환경 인증 : 보건복지부장관과 국토교통부장관은 장애인 등이 대상시설을 안전하고 편리하게 이용할 수 있도록 편의시설의 설치 · 운영을 유도하기 위하여 「장애물없는 생활환경」 인을 할 수 있다.(인증의 유효기간은 인증을 받은 날부터 5년으로 하며, 연장할 수 있다.)

예상 장애인, 노인, 임산부 등의 편의증진보장에 관한 법령상 장애인의 시설주에 대하여 서비스, 수화통역 등의 편의제공을 요청할 수 있는 공공건물 및 공중이용시설로서 가장 부적합한 것은?

㉮ 업무시설 중 국가 또는 지방자치단체의 청사
㉯ 문화 및 집회시설 중 좌석 수 1,000석 이상인 공연장
㉰ 제1종 근린생활시설 중 파출소
㉱ 바닥면적의 합계가 500m² 이상인 전시장

· **정답 : ㉱**
바닥면적의 합계가 1,000m² 이상인 전시장

7. 교통약자의 이동편의 증진법

핵심105 용어의 정의

(1) **목적** : 이 법은 교통약자가 안전하고 편리하게 이동할 수 있도록 교통수단·여객시설 및 도로에 이동편의시설을 확충하고 보행환경을 개선하여 인간중심의 교통체계를 구축함으로써 이들의 사회참여와 복지증진에 이바지함을 목적으로 한다.

(2) **용어의 정의**

① "교통약자"라 함은 장애인, 고령자, 임산부 등 영유아를 동반한 사람, 어린이 등 일상생활에서 이동에 불편을 느끼는 사람을 말한다.

② "교통수단"이라 함은 사람을 운송하는데 이용되는 것으로서 운송수단을 말한다.

③ "여객시설"이라 함은 여객의 교통수단 이용을 위하여 제공되는 시설 또는 인공구조물을 말한다.

④ "도로"라 함은 도로법에 따른 도로(도로의 부속물을 포함한다) 및 준용도로를 말한다.

⑤ "교통사업자"라 함은 여객자동차운수사업법, 도시철도법 등의 관계법령에 따라 교통행정기관으로부터 면허, 허가, 인가, 위탁 등을 받거나 교통행정기관에 등록, 신고 등을 하고 교통수단을 운행·운영하거나 여객시설을 설치·운영하는 자를 말한다.

⑥ "이동편의시설"이라 함은 휠체어 탑승설비, 장애인용승강기, 장애인을 위한 보도, 임산부가 모유수유를 할 수 있는 휴게시설 등 교통약자가 교통수단·여객시설 또는 도로를 이용할 때 편리하게 이동할 수 있도록 하기 위한 시설과 설비를 말한다.

⑦ "특별교통수단"이라 함은 이동에 심한 불편을 느끼는 교통약자의 이동을 지원하기 위하여 휠체어 탑승 설비 등을 장착한 차량을 말한다.

기출 교통약자의 이동편의 증진법에 관한 내용으로 가장 부적합한 것은?

㉮ 이법은 교통수단, 여객시설 및 도로에 교통약자를 위하여 이동편의 시설을 확충하는 것을 목적으로 한다.

㉯ "교통약자"란 장애인, 고령자, 임산부 등 이동에 불편을 느끼는 자를 말한다.

㉰ "이동편의시설"이란 교통약자 이동의 편리를 도모하기 위한 시설 및 설비를 말한다.

㉱ "특별교통수단"이란 교통약자의 이동을 지원하기 위하여 운행되는 기차나 버스 등의 대중 교통수단을 말한다.

· **정답** : ㉱

"특별교통수단"이라 함은 이동에 심한 불편을 느끼는 교통약자의 이동을 지원하기 위하여 휠체어 탑승 설비 등을 장착한 차량을 말한다.

예상 교통약자의 이동편의 증진법에 관한 내용으로 가장 부적합한 것은?

㉮ "도로"라 함은 건축법에 의한 도로 및 준용도로를 말한다.

㉯ "교통약자"란 장애인, 고령자, 임산부 등 이동에 불편을 느끼는 자를 말한다.

㉰ "이동편의시설"이란 교통약자 이동의 편리를 도모하기 위한 시설 및 설비를 말한다.

㉱ "교통수단"이라 함은 사람을 운송하는데 이용되는 것으로서 운송수단을 말한다.

· **정답** : ㉮

"도로"라 함은 도로법에 의한 도로 및 준용도로를 말한다.

핵심106 교통약자 이동편의 증진계획

(1) 수립

국토교통부장관이 국가교통위원회의 심의를 거쳐 5년 단위의 계획으로 수립한다.

(2) 내용

① 교통약자이동편의증진 정책의 기본방향 및 목표에 관한 사항
② 이동편의시설의 설치 및 관리실태
③ 보행환경실태
④ 이동편의시설의개선과 확충에 관한 사항
⑤ 저상버스 도입에 관한 사항
⑥ 보행환경개선에 관한 사항
⑦ 특별교통 수단 도입에 관한 사항
⑧ 교통약자 이동편의증진계획의 추진에 소요되는 재원조달방안
⑨ 교통약자의 인구현황 및 실태
⑩ 교통약자의 이용편의 증진을 위한 연구개발에 관한 사항

기출 교통약자의 이동편의 증진법에 관한 설명 중 가장 적합하지 않은 것은?

㉮ 국토교통부장관은 5년 단위의 교통약자이동편의 증진계획을 수립하여야 한다.
㉯ 시장·군수는 지방교통 약자 이동편의 증진계획을 집행하기 위한 연차별 시행계획을 수립하여야 한다.
㉰ 교통약자 이동편의 증진계획에는 보행실태에 관한 사항이 포함되어야 한다.
㉱ 국토교통부장관은 교통약자이동편의 증진계획을 수립하고자 하는 때에는 중앙도시계획위원회의 심의를 거쳐야 한다.

· **정답** : ㉱

국토교통부장관은 교통약자이동편의 증진계획을 수립하고자 하는 때에는 미리 관계 중앙행정기관의 장과 시, 도지사의 의견을 들은 후 국가교통위원회의 심의를 거쳐야 한다.

예상 교통약자 이동편의 증진계획의 수립내용이 아닌 것은?

㉮ 이동편의 시설의 설치 및 관리상태
㉯ 특별교통수단 도입에 관한 사항
㉰ 이동편의 시설의 개선과 확충에 관한 사항
㉱ 전기자동차의 도입에 관한 사항

· **정답** : ㉱

① 교통약자이동편의증진 정책의 기본방향 및 목표에 관한 사항
② 이동편의시설의 설치 및 관리실태
③ 보행환경실태
④ 이동편의시설의개선과 확충에 관한 사항
⑤ 저상버스 도입에 관한 사항
⑥ 보행환경개선에 관한 사항
⑦ 특별교통 수단 도입에 관한 사항
⑧ 교통약자 이동편의증진계획의 추진에 소요되는 재원조달방안
⑨ 교통약자의 인구현황 및 실태
⑩ 교통약자의 이용편의 증진을 위한 연구개발에 관한 사항

핵심107 보행우선구역

(1) 지정

1. 시장 또는 군수는 교통약자를 포함한 보행자의 안전하고 편리한 보행환경을 위하여 필요하다고 인정하는 때에는 도로의 일정구간을 보행우선구역으로 지정할 수 있다.
2. 시장 또는 군수는 보행우선구역을 지정하고자 하는 때에는 보행우선구역의 지정 및 유지관리를 위한 지정계획을 수립하여야 한다.

(2) 보행우선구역안의 조치

1. 시장 또는 군수는 보행우선구역안에서 보행자의 안전 또는 편의를 도모하기 위하여 다음 각 호의 조치를 지방경찰청장 또는 경찰서장에게 요청할 수 있다.
   ① 자동차의 일방통행 등 통행제한
   ② 보행우선구역안에서의 자동차 운행속도 제한
   ③ 자동차의 정차나 주차의 금지
   요청을 받은 지방경찰청장 또는 경찰서장은 특별한 사유가 없는 한 이에 응하여야 한다.

(3) 지정대상(지정시 고려사항 : 1. 도로의 교통량, 2. 보행환경 및 대중교통 접근로의 개선이 필요한 정도, 3. 주차시설 설치의 난이도)

대상지역	지정면적
1. 주거지역, 상업지역	보행우선구역의 면적은 1km² 이하로 한다.
2. 학교주변의 주택밀집지역	
3. 주거지역과 인접한 지역으로서 조례로 정한 지역	

(4) 보행우선구역 관리대장

시장 또는 군수는 보행우선구역 관리대장을 연도별로 작성·비치하고 3년간 보존하여야 한다.

기출 교통약자의 이동편의 증진법령에서 보행우선구역의 지정기준에 관한 설명 중 가장 부적합한 것은?

㉮ 지정면적은 3km²를 초과할 수 없다.
㉯ 간선도로 또는 보조간선도로로 둘러싸인 지역으로서 주거지역 및 상업지역에 지정이 가능하다.
㉰ 구역지정시 도로의 교통량, 보행환경 및 대중교통 접근로의 개선이 필요한 정도 등을 우선 고려하여야 한다.
㉱ 교통약자가 대중교통을 쉽게 이용할 수 있도록 조례로 정하는 경우 주거지역 인접지역에 지정할 수 있다.

· 정답 : ㉮
보행우선구역의 지정면적은 1km² 를 초과할 수 없다.

기출 교통약자의 이동편의 증진법령상 보행우선구역을 지정하는 경우에 우선적으로 고려해야 할 내용으로 가장 부적합한 것은?

㉮ 도로의 교통량
㉯ 주차시설 설치의 난이도보행환경 및 대중교통 접근로의 개선이 필요한 정도
㉰ 용도지역 지정면적 및 주차장 확충계획
㉱ 보행환경 및 대중교통 접근로의 개선이 필요한 정도

· 정답 : ㉰
㉰항은 해당하지 않는다.

예상 교통약자의 이동편의 증진법상 보행우선구역을 지정할 수 있는 대상지역이 아닌 것은?

㉮ 주거지역, 상업지역
㉯ 학교주변의 주택밀집지역
㉰ 주거지역과 인접한 지역으로서 조례로 정한 지역
㉱ 공업지역

· 정답 : ㉱
(3) 지정대상

대상지역	지정면적
1. 주거지역, 상업지역	보행우선 구역의 면적은 1km² 이하로 한다.
2. 학교주변의 주택밀집지역	
3. 주거지역과 인접한 지역으로서 조례로 정한 지역	

예상 교통약자의 이동편의 증진법령상 시장이나 군수가 보행자의 안전 및 편의를 도모하기 위하여 지방경찰청장이나 경찰서장에게 조치 또는 설치를 요청할 수 있는 것으로서 가장 부적합한 것은?

㉮ 자동차의 일반통행 등 통행제한
㉯ 자동차의 운행속도제한
㉰ 자동차의 정차나 주차금지
㉱ 자동차의 진입억제용 말뚝

· 정답 : ㉱
㉱항은 해당하지 않는다.

제3편

관계법령(전문)

1. 건축물 에너지절약설계기준(2024.12.31)

1. 건축물 에너지절약설계기준

[시행 2025. 1. 1.] [국토교통부고시 제2024-1026호, 2024. 12. 31., 일부개정.]

제1장 총칙

제1조【목적】 이 기준은 「녹색건축물 조성 지원법」(이하 "법"이라 한다) 제12조, 제14조, 제14조의2, 제15조, 같은 법 시행령(이하 "영"이라 한다) 제9조, 제10조, 제10조의2, 제11조 및 같은 법 시행규칙(이하 "규칙"이라 한다) 제7조, 제7조의2의 규정에 의한 건축물의 효율적인 에너지 관리를 위하여 열손실 방지 등 에너지절약 설계에 관한 기준, 에너지절약계획서 및 설계 검토서 작성기준, 녹색건축물의 건축을 활성화하기 위한 건축기준 완화에 관한 사항 등을 정함을 목적으로 한다.

제2조【건축물의 열손실방지 등】 ① 건축물을 건축하거나 대수선, 용도변경 및 건축물대장의 기재내용을 변경하는 경우에는 다음 각 호의 기준에 의한 열손실방지 등의 에너지이용합리화를 위한 조치를 하여야 한다.

1. 거실의 외벽, 최상층에 있는 거실의 반자 또는 지붕, 최하층에 있는 거실의 바닥, 바닥난방을 하는 층간 바닥, 거실의 창 및 문 등은 별표1의 열관류율 기준 또는 별표3의 단열재 두께 기준을 준수하여야 하고, 단열조치 일반사항 등은 제6조의 건축부문 의무사항을 따른다.
2. 건축물의 배치 · 구조 및 설비 등의 설계를 하는 경우에는 에너지가 합리적으로 이용될 수 있도록 한다.

② 제1항에도 불구하고 열손실의 변동이 없는 증축, 대수선, 용도변경, 건축물대장의 기재내용 변경의 경우에는 관련 조치를 하지 아니할 수 있다. 다만 종전에 제3항에 따른 열손실방지 등의 조치 예외대상이었으나 조치대상으로 용도변경 또는 건축물대장의 기재내용 변경의 경우에는 관련 조치를 하여야 한다.

③ 다음 각 호의 어느 하나에 해당하는 건축물 또는 공간에 대해서는 제1항제1호를 적용하지 아니할 수 있다. 다만, 제1호 및 제2호의 경우 냉방 또는 난방 설비를 설치할 계획이 있는 건축물 또는 공간에 대해서는 제1항제1호를 적용하여야 한다.

1. 창고 · 차고 · 기계실 등으로서 거실의 용도로 사용하지 아니하고, 냉방 또는 난방 설비를 설치하지 아니하는 건축물 또는 공간
2. 냉방 또는 난방 설비를 설치하지 아니하고 용도 특성상 건축물 내부를 외기에 개방시켜 사용하는 등 열손실 방지조치를 하여도 에너지절약의 효과가 없는 건축물 또는 공간
3. 「건축법 시행령」별표1 제25호에 해당하는 건축물 중 「원자력 안전법」제10조 및 제20조에 따라 허가를 받는 건축물

제3조【에너지절약계획서 제출 예외대상 등】 ① 영 제10조제1항에 따라 에너지절약계획서를 첨부할 필요가 없는 건축물은 다음 각 호와 같다.

1. 「건축법 시행령」 별표1 제3호 아목에 따른 시설 중 냉방 또는 난방 설비를 설치하지 아니하는 건축물
2. 「건축법 시행령」 별표1 제13호에 따른 운동시설 중 냉방 또는 난방 설비를 설치하지 아니하는 건축물

3. 「건축법 시행령」 별표1 제16호에 따른 위락시설 중 냉방 또는 난방 설비를 설치하지 아니하는 건축물
4. 「건축법 시행령」 별표1 제27호에 따른 관광 휴게시설 중 냉방 또는 난방 설비를 설치하지 아니하는 건축물
5. 「주택법」 제15조제1항에 따라 사업계획 승인을 받아 건설하는 주택으로서 「주택건설기준 등에 관한 규정」 제64조제3항에 따라 「에너지절약형 친환경주택의 건설기준」에 적합한 건축물

② 영 제10조제1항에서 "연면적의 합계"는 다음 각 호에 따라 계산한다.

1. 같은 대지에 모든 바닥면적을 합하여 계산한다.
2. 주거와 비주거는 구분하여 계산한다.
3. 증축이나 용도변경, 건축물대장의 기재내용을 변경하는 경우 이 기준을 해당 부분에만 적용할 수 있다.
4. 연면적의 합계 500제곱미터 미만으로 허가를 받거나 신고한 후 「건축법」 제16조에 따라 허가와 신고사항을 변경하는 경우에는 당초 허가 또는 신고 면적에 변경되는 면적을 합하여 계산한다.
5. 제2조제3항에 따라 열손실방지 등의 에너지이용합리화를 위한 조치를 하지 않아도 되는 건축물 또는 공간, 주차장, 기계실 면적은 제외한다.

③ 제1항 및 영 제10조제1항제3호의 건축물 중 냉방 또는 난방 설비를 설치하고 냉방 또는 난방 열원을 공급하는 대상의 연면적의 합계가 500제곱미터 미만인 경우에는 에너지절약계획서를 제출하지 아니한다.

제3조의2 【에너지절약계획서 사전확인 등】 ① 법 제14조제1항에 따라 에너지절약계획서를 제출하여야 하는 자는 그 신청을 하기 전에 영 제10조제2항의 허가권자(이하 "허가권자"라 한다)에게 에너지절약계획서 사전확인을 신청할 수 있다.

② 제1항에 따른 사전확인을 신청하는 자(이하 "사전확인신청자"라 한다)는 규칙 별지 제1호 서식에 따른 에너지절약계획서를 신청구분 사전확인란에 표시하여 제출하여야 한다.

③ 허가권자는 제1항과 제2항에 따른 사전확인 신청을 받으면 에너지절약계획서 관련 도서 등을 검토한 후 사전확인 결과를 사전확인신청자에게 알려야 한다.

④ 허가권자는 제3항에 따라 사전확인신청자로부터 제출된 에너지절약계획서를 검토하는 경우 규칙 제7조제2항에 따른 에너지 관련 전문기관에 에너지절약계획서의 검토 및 보완을 거치도록 할 수 있으며, 이 경우 에너지절약계획서 검토 수수료는 규칙 별표 1과 같다.

⑤ 제1항부터 제4항에 따른 처리절차는 규칙 별지 제1호서식의 처리절차와 같으며, 효율적인 업무 처리를 위하여 건축법 제32조제1항에 따른 전자정보처리 시스템을 이용할 수 있다.

⑥ 제3항에 따른 사전확인 결과가 제14조 및 제15조 또는 제14조 및 제21조에 따른 판정기준에 적합한 경우 사전확인이 이루어진 것으로 보며, 법 제14조제3항에 따라 에너지절약계획서의 적절성 등을 검토하지 아니할 수 있다. 다만, 사전확인 결과 중 별지 제1호 서식 에너지절약계획 설계 검토서의 항목별 평가결과에 변동이 있을 경우에는 그러하지 아니하다.

⑦ 사전확인의 유효기간은 제3항에 따른 사전확인 결과를 통지받은 날로부터 1개월이며, 이 유효기간이 경과된 경우 법 제14조제3항의 적용을 받지 아니한다.

제4조 【적용예외】 다음 각 호에 해당하는 경우 이 기준의 전체 또는 일부를 적용하지 않을 수 있다.

1. 삭제

2. 제로에너지건축물 인증을 취득한 경우에는 제15조 및 제21조를 적용하지 아니할 수 있으며 별지 제1호서식 에너지절약계획 설계 검토서를 제출하지 아니할 수 있다.
3. 건축물의 기능 · 설계조건 또는 시공 여건상의 특수성 등으로 인하여 이 기준의 적용이 불합리한 것으로 지방건축위원회가 심의를 거쳐 인정하는 경우에는 이 기준의 해당 규정을 적용하지 아니할 수 있다. 다만, 지방건축위원회 심의 시에는 「제로에너지건축물 인증에 관한 규칙」 제4조제4항 각 호의 어느 하나에 해당하는 건축물 에너지 관련 전문인력 1인 이상을 참여시켜 의견을 들어야 한다.
4. 건축물을 증축하거나 용도변경, 건축물대장의 기재내용을 변경하는 경우에는 제15조를 적용하지 아니할 수 있다. 다만, 별동으로 건축물을 증축하는 경우와 기존 건축물 연면적의 100분의 50 이상을 증축하면서 해당 증축 연면적의 합계가 2,000제곱미터 이상인 경우에는 그러하지 아니한다.
5. 허가 또는 신고대상의 같은 대지 내 주거 또는 비주거를 구분한 제3조제2항 및 3항에 따른 연면적의 합계가 500제곱미터 이상이고 2천제곱미터 미만인 건축물 중 연면적의 합계가 500제곱미터 미만인 개별동의 경우에는 제15조 및 제21조를 적용하지 아니할 수 있다.
6. 열손실의 변동이 없는 증축, 용도변경 및 건축물대장의 기재내용을 변경하는 경우에는 별지 제1호 서식 에너지절약 설계 검토서를 제출하지 아니할 수 있다. 다만, 종전에 제2조제3항에 따른 열손실방지 등의 조치 예외대상이었으나 조치대상으로 용도변경 또는 건축물대장 기재내용의 변경의 경우에는 그러하지 아니한다.
7. 「건축법」 제16조에 따라 허가와 신고사항을 변경하는 경우에는 변경하는 부분에 대해서만 규칙 제7조에 따른 에너지절약계획서 및 별지 제1호 서식에 따른 에너지절약 설계 검토서(이하 "에너지절약계획서 및 설계 검토서"라 한다)를 제출할 수 있다.
8. 제21조제2항에서 제시하는 건축물 에너지소요량 평가서 판정기준을 만족하는 경우에는 제15조를 적용하지 아니할 수 있다.

제5조 【용어의 정의】 이 기준에서 사용하는 용어의 뜻은 다음 각 호와 같다.

1. "의무사항"이라 함은 건축물을 건축하는 건축주와 설계자 등이 건축물의 설계 시 필수적으로 적용해야 하는 사항을 말한다.
2. "권장사항"이라 함은 건축물을 건축하는 건축주와 설계자 등이 건축물의 설계 시 선택적으로 적용이 가능한 사항을 말한다.
3. 삭제
4. "제로에너지건축물 인증"이라 함은 국토교통부와 산업통상자원부의 공동부령인 「제로에너지건축물 인증에 관한 규칙」에 따라 제로에너지건축물 인증을 받는 것을 말한다.
5. "녹색건축인증"이라 함은 국토교통부와 환경부의 공동부령인 「녹색건축의 인증에 관한 규칙」에 따라 인증을 받는 것을 말한다.
6. "고효율제품"이라 함은 산업통상자원부 고시 「고효율에너지기자재 보급촉진에 관한 규정」에 따라 인증서를 교부받은 제품과 산업통상자원부 고시 「효율관리기자재 운용규정」에 따른 에너지소비효율 1등급 제품 또는 동 고시에서 고효율로 정한 제품을 말한다.
7. "완화기준"이라 함은 「건축법」, 「국토의 계획 및 이용에 관한 법률」 및 「지방자치단체 조례」등에서 정하는 건축물의 용적률 및 높이제한 기준을 적용함에 있어 완화 적용할 수 있는 비율을 정한 기준을 말한다.
8. "예비인증"이라 함은 건축물의 완공 전에 설계도서 등으로 인증기관에서 제로에너지건축물 인증, 녹색건축인증을 받는 것을 말한다.

9. “본인증”이라 함은 신청건물의 완공 후에 최종설계도서 및 현장 확인을 거쳐 최종적으로 인증기관에서 제로에너지건축물 인증, 녹색건축인증을 받는 것을 말한다.

10. 건축부문

가. “거실”이라 함은 건축물 안에서 거주(단위 세대 내 욕실·화장실·현관을 포함한다)·집무·작업·집회·오락 기타 이와 유사한 목적을 위하여 사용되는 방을 말하나, 특별히 이 기준에서는 거실이 아닌 냉방 또는 난방공간 또한 거실에 포함한다.

나. “외피”라 함은 거실 또는 거실 외 공간을 둘러싸고 있는 벽·지붕·바닥·창 및 문 등으로서 외기에 직접 면하는 부위를 말한다.

다. “거실의 외벽”이라 함은 거실의 벽 중 외기에 직접 또는 간접 면하는 부위를 말한다. 다만, 복합용도의 건축물인 경우에는 해당 용도로 사용하는 공간이 다른 용도로 사용하는 공간과 접하는 부위를 외벽으로 볼 수 있다.

라. “최하층에 있는 거실의 바닥”이라 함은 최하층(지하층을 포함한다)으로서 거실인 경우의 바닥과 기타 층으로서 거실의 바닥 부위가 외기에 직접 또는 간접적으로 면한 부위를 말한다. 다만, 복합용도의 건축물인 경우에는 다른 용도로 사용하는 공간과 접하는 부위를 최하층에 있는 거실의 바닥으로 볼 수 있다.

마. “최상층에 있는 거실의 반자 또는 지붕”이라 함은 최상층으로서 거실인 경우의 반자 또는 지붕을 말하며, 기타 층으로서 거실의 반자 또는 지붕 부위가 외기에 직접 또는 간접적으로 면한 부위를 포함한다. 다만, 복합용도의 건축물인 경우에는 다른 용도로 사용하는 공간과 접하는 부위를 최상층에 있는 거실의 반자 또는 지붕으로 볼 수 있다.

바. “외기에 직접 면하는 부위”라 함은 바깥쪽이 외기이거나 외기가 직접 통하는 공간에 면한 부위를 말한다.

사. “외기에 간접 면하는 부위”라 함은 외기가 직접 통하지 아니하는 비난방 공간(지붕 또는 반자, 벽체, 바닥 구조의 일부로 구성되는 내부 공기층은 제외한다)에 접한 부위, 외기가 직접 통하는 구조이나 실내공기의 배기를 목적으로 설치하는 샤프트 등에 면한 부위, 지면 또는 토양에 면한 부위를 말한다.

아. “방풍구조”라 함은 출입구에서 실내외 공기 교환에 의한 열출입을 방지할 목적으로 설치하는 방풍실 또는 회전문 등을 설치한 방식을 말한다.

자. “기밀성 창”, “기밀성 문”이라 함은 창 및 문으로서 한국산업규격(KS) F 2292 규정에 의하여 기밀성 등급에 따른 기밀성이 1~5등급(통기량 5㎥/h·㎡ 미만)인 것을 말한다.

차. “외단열”이라 함은 건축물 각 부위의 단열에서 단열재를 구조체의 외기측에 설치하는 단열방법으로서 모서리 부위를 포함하여 시공하는 등 열교를 차단한 경우를 말한다.

카. “방습층”이라 함은 습한 공기가 구조체에 침투하여 결로발생의 위험이 높아지는 것을 방지하기 위해 설치하는 투습도가 24시간당 30g/㎡ 이하 또는 투습계수 0.28g/㎡·h·mmHg 이하의 투습저항을 가진 층을 말한다.(시험방법은 한국산업규격 KS T 1305 방습포장재료의 투습도 시험방법 또는 KS F 2607 건축 재료의 투습성 측정 방법에서 정하는 바에 따른다) 다만, 단열재 또는 단열재의 내측에 사용되는 마감재가 방습층으로서 요구되는 성능을 가지는 경우에는 그 재료를 방습층으로 볼 수 있다.

타. “평균 열관류율”이라 함은 지붕(천창 등 투명 외피부위를 포함하지 않는다), 바닥, 외벽(창 및 문을 포함한다) 등의 열관류율 계산에 있어 세부 부위별로 열관류율 값이 다를 경우 이를

면적으로 가중평균하여 나타낸 것을 말한다. 단, 평균열관류율은 중심선 치수를 기준으로 계산한다.

파. 별표1의 창 및 문의 열관류율 값은 유리와 창틀(또는 문틀)을 포함한 평균 열관류율을 말한다.

하. "투광부"라 함은 창, 문면적의 50% 이상이 투과체로 구성된 문, 유리블럭, 플라스틱패널 등과 같이 투과재료로 구성되며, 외기에 접하여 채광이 가능한 부위를 말한다.

거. "태양열취득률(SHGC)"이라 함은 입사된 태양열에 대하여 실내로 유입된 태양열취득의 비율을 말한다.

너. "일사조절장치"라 함은 태양열의 실내 유입을 조절하기 위한 차양, 구조체 또는 태양열취득률이 낮은 유리를 말한다. 이 경우 차양은 설치위치에 따라 외부 차양과 내부 차양 그리고 유리간 차양으로 구분하며, 가동여부에 따라 고정형과 가동형으로 나눌 수 있다.

더. 삭제

11. 기계설비부문

가. "위험률"이라 함은 냉(난)방기간 동안 또는 연간 총시간에 대한 온도출현분포중에서 가장 높은(낮은) 온도쪽으로부터 총시간의 일정 비율에 해당하는 온도를 제외시키는 비율을 말한다.

나. "효율"이라 함은 설비기기에 공급된 에너지에 대하여 출력된 유효에너지의 비를 말한다.

다. "열원설비"라 함은 에너지를 이용하여 열을 발생시키는 설비를 말한다.

라. "대수분할운전"이라 함은 기기를 여러 대 설치하여 부하상태에 따라 최적 운전상태를 유지할 수 있도록 기기를 조합하여 운전하는 방식을 말한다.

마. "비례제어운전"이라 함은 기기의 출력값과 목표값의 편차에 비례하여 입력량을 조절하여 최적운전상태를 유지할 수 있도록 운전하는 방식을 말한다.

바. "심야전기를 이용한 축열·축냉시스템"이라 함은 심야시간에 전기를 이용하여 열을 저장하였다가 이를 난방, 온수, 냉방 등의 용도로 이용하는 설비로서 한국전력공사에서 심야전력기기로 인정한 것을 말한다.

사. "열회수형환기장치"라 함은 난방 또는 냉방을 하는 장소의 환기장치로 실내의 공기를 배출할 때 급기되는 공기와 열교환하는 구조를 가진 것으로서 KS B 6879(열회수형 환기 장치) 부속서 B에서 정하는 시험방법에 따른 열교환효율과 에너지계수의 최소 기준 이상의 성능을 가진 것을 말한다.

아. "이코노마이저시스템"이라 함은 중간기 또는 동계에 발생하는 냉방부하를 실내 엔탈피 보다 낮은 도입 외기에 의하여 제거 또는 감소시키는 시스템을 말한다.

자. "중앙집중식 냉·난방설비"라 함은 건축물의 전부 또는 냉난방 면적의 60% 이상을 냉방 또는 난방함에 있어 해당 공간에 순환펌프, 증기난방설비 등을 이용하여 열원 등을 공급하는 설비를 말한다. 단, 산업통상자원부 고시 「효율관리기자재 운용규정」에서 정한 가정용 가스보일러는 개별 난방설비로 간주한다.

차. "TAB"라 함은 Testing(시험), Adjusting(조정), Balancing(평가)의 약어로 건물내의 모든 설비시스템이 설계에서 의도한 기능을 발휘하도록 점검 및 조정하는 것을 말한다.

카. "커미셔닝"이라 함은 효율적인 건축 기계설비 시스템의 성능 확보를 위해 설계 단계부터 공사완료에 이르기까지 전 과정에 걸쳐 건축주의 요구에 부합되도록 모든 시스템의 계획, 설계, 시공, 성능시험 등을 확인하고 최종 유지 관리자에게 제공하여 입주 후 건축주의 요구를 충족할 수 있도록 운전성능 유지 여부를 검증하고 문서화하는 과정을 말한다.

12. 전기설비부문

가. "역률개선용커패시터(콘덴서)"라 함은 역률을 개선하기 위하여 변압기 또는 전동기 등에 병렬로 설치하는 커패시터를 말한다.

나. "전압강하"라 함은 인입전압(또는 변압기 2차전압)과 부하측전압과의 차를 말하며 저항이나 인덕턴스에 흐르는 전류에 의하여 강하하는 전압을 말한다.

다. "조도자동조절조명기구"라 함은 인체 또는 주위 밝기를 감지하여 자동으로 조명등을 점멸하거나 조도를 자동 조절할 수 있는 센서장치 또는 그 센서를 부착한 등기구를 말한다.

라. "수용률"이라 함은 부하설비 용량 합계에 대한 최대 수용전력의 백분율을 말한다.

마. "최대수요전력"이라 함은 수용가에서 일정 기간 중 사용한 전력의 최대치를 말하며, "최대수요전력제어설비"라 함은 수용가에서 피크전력의 억제, 전력 부하의 평준화 등을 위하여 최대수요전력을 자동제어할 수 있는 설비를 말한다.

바. "가변속제어기(인버터)"라 함은 정지형 전력변환기로서 전동기의 가변속운전을 위하여 설치하는 설비를 말한다.

사. "변압기 대수제어"라 함은 변압기를 여러 대 설치하여 부하상태에 따라 필요한 운전대수를 자동 또는 수동으로 제어하는 방식을 말한다.

아. "대기전력자동차단장치"라 함은 산업통상자원부고시 「대기전력저감프로그램운용규정」에 의하여 대기전력저감우수제품으로 등록된 대기전력자동차단콘센트, 대기전력자동차단스위치를 말한다.

자. "자동절전멀티탭"이라 함은 산업통상자원부고시 「대기전력저감프로그램운용규정」에 의하여 대기전력저감우수제품으로 등록된 자동절전멀티탭을 말한다.

차. "일괄소등스위치"라 함은 층 또는 구역 단위(세대 단위)로 설치되어 조명등(센서등 및 비상등 제외 가능)을 일괄적으로 끌 수 있는 스위치를 말한다.

카. "회생제동장치"라 함은 승강기가 균형추보다 무거운 상태로 하강(또는 반대의 경우)할 때 모터는 순간적으로 발전기로 동작하게 되며, 이 때 생산되는 전력을 다른 회로에서 전원으로 활용하는 방식으로 전력소비를 절감하는 장치를 말한다.

타. 삭제

파. 삭제

하. "간선"이라 함은 인입구에서 분기과전류차단기에 이르는 배선으로서 분기회로의 분기점에서 전원측의 부분을 말한다.

13. 신 · 재생에너지설비부문

가. "신·재생에너지"라 함은 「신에너지 및 재생에너지 개발·이용·보급 촉진법」에서 규정하는 것을 말한다.

14. "공공기관"이라 함은 산업통상자원부고시 「공공기관 에너지이용 합리화 추진에 관한 규정」에서 정한 기관을 말한다.

15. "전자식 원격검침계량기" 란 에너지사용량을 전자식으로 계측하여 에너지 관리자가 실시간으로 모니터링하고 기록할 수 있도록 하는 장치이다.

16. "건축물에너지관리시스템(BEMS)"이란 「녹색건축물 조성 지원법」제6조의2제2항에서 규정하는 것을 말한다.

17. "에너지요구량"이란 건축물의 냉방, 난방, 급탕, 조명부문에서 표준 설정 조건을 유지하기 위하여

해당 건축물에서 필요로 하는 에너지량을 말한다.

18. "에너지소요량"이란 에너지요구량을 만족시키기 위하여 건축물의 냉방, 난방, 급탕, 조명, 환기 부문의 설비기기에 사용되는 에너지량을 말한다.
19. "1차에너지"란 연료의 채취, 가공, 운송, 변환, 공급 등의 과정에서의 손실분을 포함한 에너지를 말하며, 에너지원별 1차에너지 환산계수는 "제로에너지건축물 인증 제도 운영규정"에 따른다. 〈전문개정〉
20. "시험성적서"란 「적합성평가 관리 등에 관한 법률」제2조제10호다목에 해당하는 성적서로 동법에 따라 발급 · 관리되는 것을 말한다.

제2장 에너지절약 설계에 관한 기준

제1절 건축부문 설계기준

제6조 【건축부문의 의무사항】 제2조에 따른 열손실방지 조치 대상 건축물의 건축주와 설계자 등은 다음 각 호에서 정하는 건축부문의 설계기준을 따라야 한다.

1. 단열조치 일반사항

가. 외기에 직접 또는 간접 면하는 거실의 각 부위에는 제2조에 따라 건축물의 열손실방지 조치를 하여야 한다. 다만, 다음 부위에 대해서는 그러하지 아니할 수 있다.

1) 지표면 아래 2미터를 초과하여 위치한 지하 부위(공동주택의 거실 부위는 제외)로서 이중벽의 설치 등 하계 표면결로 방지 조치를 한 경우

2) 지면 및 토양에 접한 바닥 부위로서 난방공간의 외벽 내표면까지의 모든 수평거리가 10미터를 초과하는 바닥부위

3) 외기에 간접 면하는 부위로서 당해 부위가 면한 비난방공간의 외기에 직접 또는 간접 면하는 부위를 별표1에 준하여 단열조치하는 경우

4) 공동주택의 층간바닥(최하층 제외) 중 바닥난방을 하지 않는 현관 및 욕실의 바닥부위

5) 방풍구조(외벽제외) 또는 바닥면적 150제곱미터 이하의 개별 점포의 출입문

6) 「건축법 시행령」별표1 제21호에 따른 동물 및 식물 관련 시설 중 작물재배사 또는 온실 등 지표면을 바닥으로 사용하는 공간의 바닥부위

7) 「건축법」제49조제3항에 따른 소방관진입창(단, 「건축물의 피난·방화구조 등의 기준에 관한 규칙」제18조의2제1호를 만족하는 최소 설치 개소로 한정한다.)

나. 단열조치를 하여야 하는 부위의 열관류율이 위치 또는 구조상의 특성에 의하여 일정하지 않는 경우에는 해당 부위의 평균 열관류율 값을 면적가중 계산에 의하여 구한다.

다. 단열조치를 하여야 하는 부위에 대하여는 다음 각 호에서 정하는 방법에 따라 단열기준에 적합한지를 판단할 수 있다.

1) 이 기준 별표3의 지역별·부위별·단열재 등급별 허용 두께 이상으로 설치하는 경우(단열재의 등급 분류는 별표2에 따름) 적합한 것으로 본다.

2) 해당 벽·바닥·지붕 등의 부위별 전체 구성재료와 동일한 시료에 대하여 KS F2277(건축용 구성재의 단열성 측정방법)에 의한 열저항 또는 열관류율 측정값(시험성적서의 값)이 별표1의 부위별 열관류율에 만족하는 경우에는 적합한 것으로 보며, 시료의 공기층(단열재 내부의

공기층 포함) 두께와 동일하면서 기타 구성재료의 두께가 시료보다 증가한 경우와 공기층을 제외한 시료에 대한 측정값이 기준에 만족하고 시료 내부에 공기층을 추가하는 경우에도 적합한 것으로 본다. 단, 공기층이 포함된 경우에는 시공 시에 공기층 두께를 동일하게 유지하여야 한다.

3) 구성재료의 열전도율 값으로 열관류율을 계산한 결과가 별표1의 부위별 열관류율 기준을 만족하는 경우 적합한 것으로 본다.(단, 각 재료의 열전도율 값은 한국산업규격 또는 시험성적서의 값을 사용하고, 표면열전달저항 및 중공층의 열저항은 이 기준 별표5 및 별표6에서 제시하는 값을 사용)

4) 창 및 문의 경우 KS F 2278(창호의 단열성 시험 방법)에 의한 시험성적서 또는 별표4에 의한 열관류율 값 또는 산업통상자원부고시 「효율관리기자재 운용규정」에 따른 창 세트의 열관류율 표시값 또는 ISO 15099에 따라 계산된 창 및 문의 열관류율 값이 별표1의 열관류율 기준을 만족하는 경우 적합한 것으로 본다.

5) 열관류율 또는 열관류저항의 계산결과는 소수점 3자리로 맺음을 하여 적합 여부를 판정한다.(소수점 4째 자리에서 반올림)

라. 별표1 건축물부위의 열관류율 산정을 위한 단열재의 열전도율 값은 KS L 9016 및 KS L 8301(또는 KS L 8302) 측정방법에 따른 한국산업규격 품질 값 또는 시험성적서에 의한 값을 사용하되 열전도율 시험을 위한 시료의 평균온도는 20±5℃로 한다.

마. 수평면과 이루는 각이 70도를 초과하는 경사지붕은 별표1에 따른 외벽의 열관류율을 적용할 수 있다.

바. 바닥난방을 하는 공간의 하부가 바닥난방을 하지 않는 공간일 경우에는 당해 바닥난방을 하는 바닥부위는 별표1의 최하층에 있는 거실의 바닥으로 보며 외기에 간접 면하는 경우의 열관류율 기준을 만족하여야 한다.

2. 에너지절약계획서 및 설계 검토서 제출대상 건축물은 별지 제1호 서식 에너지절약계획 설계 검토서 중 에너지성능지표(이하 “에너지성능지표”라 한다) 건축부문 1번 항목 배점을 0.6점 이상 획득하여야 한다.

3. 바닥난방에서 단열재의 설치

가. 바닥난방 부위에 설치되는 단열재는 바닥난방의 열이 슬래브 하부로 손실되는 것을 막을 수 있도록 온수배관(전기난방인 경우는 발열선) 하부와 슬래브 사이에 설치하고, 온수배관(전기난방인 경우는 발열선) 하부와 슬래브 사이에 설치되는 구성 재료의 열저항의 합계는 해당 바닥에 요구되는 총열관류저항(별표1에서 제시되는 열관류율의 역수)의 60% 이상이 되어야 한다. 다만, 바닥난방을 하는 욕실 및 현관부위와 슬래브의 축열을 직접 이용하는 심야전기이용 온돌 등(한국전력의 심야전력이용기기 승인을 받은 것에 한한다)의 경우에는 단열재의 위치가 그러하지 않을 수 있다.

4. 기밀 및 결로방지 등을 위한 조치

가. 벽체 내표면 및 내부에서의 결로를 방지하고 단열재의 성능 저하를 방지하기 위하여 제2조에 의하여 단열조치를 하여야 하는 부위(창 및 문과 난방공간 사이의 층간 바닥 제외)에는 방습층을 단열재의 실내측에 설치하여야 한다.

나. 방습층 및 단열재가 이어지는 부위 및 단부는 이음 및 단부를 통한 투습을 방지할 수 있도록 다음과 같이 조치하여야 한다.

1) 단열재의 이음부는 최대한 밀착하여 시공하거나, 2장을 엇갈리게 시공하여 이음부를 통한 단열성능 저하가 최소화될 수 있도록 조치할 것

2) 방습층으로 알루미늄박 또는 플라스틱계 필름 등을 사용할 경우의 이음부는 100㎜ 이상 중첩하고 내습성 테이프, 접착제 등으로 기밀하게 마감할 것

3) 단열부위가 만나는 모서리 부위는 방습층 및 단열재가 이어짐이 없이 시공하거나 이어질 경우 이음부를 통한 단열성능 저하가 최소화되도록 하며, 알루미늄박 또는 플라스틱계 필름 등을 사용할 경우의 모서리 이음부는 150㎜이상 중첩되게 시공하고 내습성 테이프, 접착제 등으로 기밀하게 마감할 것

4) 방습층의 단부는 단부를 통한 투습이 발생하지 않도록 내습성 테이프, 접착제 등으로 기밀하게 마감할 것

다. 건축물 외피 단열부위의 접합부, 틈 등은 밀폐될 수 있도록 코킹과 가스켓 등을 사용하여 기밀하게 처리하여야 한다.

라. 외기에 직접 면하고 1층 또는 지상으로 연결된 출입문은 방풍구조로 하여야 한다. 다만, 다음 각 호에 해당하는 경우에는 그러하지 않을 수 있다.

1) 바닥면적 3백 제곱미터 이하의 개별 점포의 출입문

2) 주택의 출입문(단, 기숙사는 제외)

3) 사람의 통행을 주목적으로 하지 않는 출입문

4) 너비 1.2미터 이하의 출입문

마. 방풍구조를 설치하여야 하는 출입문에서 회전문과 일반문이 같이 설치되어진 경우, 일반문 부위는 방풍실 구조의 이중문을 설치하여야 한다.

바. 건축물의 거실의 창이 외기에 직접 면하는 부위인 경우에는 기밀성 창을 설치하여야 한다.

5. 영 제10조의2에 해당하는 공공건축물을 건축 또는 리모델링하는 경우 법 제14조의2제1항에 따라 에너지성능지표 건축부문 7번 항목 배점을 0.6점 이상 획득하여야 한다. 다만, 제로에너지건축물 인증을 취득한 경우 또는 제21조제2항에 따라 단위면적당 1차 에너지소요량의 합계가 적합할 경우에는 그러하지 아니할 수 있다.

제7조 【건축부문의 권장사항】 에너지절약계획서 제출대상 건축물의 건축주와 설계자 등은 다음 각 호에서 정하는 사항을 제15조의 규정에 적합하도록 선택적으로 채택할 수 있다.

1. 배치계획

가. 건축물은 대지의 향, 일조 및 주풍향 등을 고려하여 배치하며, 남향 또는 남동향 배치를 한다.

나. 공동주택은 인동간격을 넓게 하여 저층부의 태양열 취득을 최대한 증대시킨다.

2. 평면계획

가. 거실의 층고 및 반자 높이는 실의 용도와 기능에 지장을 주지 않는 범위 내에서 가능한 낮게 한다.

나. 건축물의 체적에 대한 외피면적의 비 또는 연면적에 대한 외피면적의 비는 가능한 작게 한다.

다. 실의 냉난방 설정온도, 사용스케줄 등을 고려하여 에너지절약적 조닝계획을 한다.

3. 단열계획

가. 건축물 용도 및 규모를 고려하여 건축물 외벽, 천장 및 바닥으로의 열손실이 최소화되도록 설계한다.

나. 외벽 부위는 외단열로 시공한다.

다. 외피의 모서리 부분은 열교가 발생하지 않도록 단열재를 연속적으로 설치하고, 기타 열교부위는 별표11의 외피 열교부위별 선형 열관류율 기준에 따라 충분히 단열되도록 한다.

라. 건물의 창 및 문은 가능한 작게 설계하고, 특히 열손실이 많은 북측 거실의 창 및 문의 면적은 최소화한다.

마. 발코니 확장을 하는 공동주택이나 창 및 문의 면적이 큰 건물에는 단열성이 우수한 로이(Low-E) 복층창이나 삼중창 이상의 단열성능을 갖는 창을 설치한다.

바. 태양열 유입에 의한 냉·난방부하를 저감 할 수 있도록 일사조절장치, 태양열취득률(SHGC), 창 및 문의 면적비 등을 고려한 설계를 한다. 건축물 외부에 일사조절장치를 설치하는 경우에는 비, 바람, 눈, 고드름 등의 낙하 및 화재 등의 사고에 대비하여 안전성을 검토하고 주변 건축물에 빛반사에 의한 피해 영향을 고려하여야 한다.

사. 건물 옥상에는 조경을 하여 최상층 지붕의 열저항을 높이고, 옥상면에 직접 도달하는 일사를 차단하여 냉방부하를 감소시킨다.

4. 기밀계획

가. 틈새바람에 의한 열손실을 방지하기 위하여 외기에 직접 또는 간접으로 면하는 거실 부위에는 기밀성 창 및 문을 사용한다.

나. 공동주택의 외기에 접하는 주동의 출입구와 각 세대의 현관은 방풍구조로 한다.

다. 기밀성을 높이기 위하여 외기에 직접 면한 거실의 창 및 문 등 개구부 둘레를 기밀테이프 등을 활용하여 외기가 침입하지 못하도록 기밀하게 처리한다.

5. 자연채광계획

가. 자연채광을 적극적으로 이용할 수 있도록 계획한다. 특히 학교의 교실, 문화 및 집회시설의 공용부분(복도, 화장실, 휴게실, 로비 등)은 1면 이상 자연채광이 가능하도록 한다.

나. 삭제

다. 삭제

라. 삭제

6. 삭제

제2절 기계설비부문 설계기준

제8조【기계부문의 의무사항】 에너지절약계획서 제출대상 건축물의 건축주와 설계자 등은 다음 각 호에서 정하는 기계부문의 설계기준을 따라야 한다.

1. 설계용 외기조건

난방 및 냉방설비의 용량계산을 위한 외기조건은 각 지역별로 위험률 2.5%(냉방기 및 난방기를 분리한 온도출현분포를 사용할 경우) 또는 1%(연간 총시간에 대한 온도출현 분포를 사용할 경우)로 하거나 별표7에서 정한 외기온 · 습도를 사용한다. 별표7 이외의 지역인 경우에는 상기 위험률을 기준으로 하여 가장 유사한 기후조건을 갖는 지역의 값을 사용한다. 다만, 지역난방공급방식을 채택할 경우에는 산업통상자원부 고시 「집단에너지시설의 기술기준」에 의하여 용량계산을 할 수 있다.

2. 열원 및 반송설비

가. 공동주택에 중앙집중식 난방설비(집단에너지사업법에 의한 지역난방공급방식을 포함한다)를

설치하는 경우에는 「주택건설기준 등에 관한 규정」 제37조의 규정에 적합한 조치를 하여야 한다.

나. 펌프는 한국산업규격(KS B 6318, 7501, 7505등) 표시인증제품 또는 KS규격에서 정해진 효율 이상의 제품을 설치하여야 한다.

다. 기기배관 및 덕트는 국토교통부에서 정하는 「국가건설기준 기계설비공사 표준시방서」의 보온두께 이상 또는 그 이상의 열저항을 갖도록 단열조치를 하여야 한다. 다만, 건축물내의 벽체 또는 바닥에 매립되는 배관 등은 그러하지 아니할 수 있다.

3. 「공공기관 에너지이용 합리화 추진에 관한 규정」 제10조의 규정을 적용받는 건축물의 경우에는 에너지성능지표 기계부문 10번 항목 배점을 0.6점 이상 획득하여야 한다.

4. 영 제10조의2에 해당하는 공공건축물을 건축 또는 리모델링하는 경우 법 제14조의2제2항에 따라 에너지성능지표 기계부문 1번 및 2번 항목 배점을 0.9점 이상 획득하여야 한다.

제9조【기계부문의 권장사항】 에너지절약계획서 제출대상 건축물의 건축주와 설계자 등은 다음 각 호에서 정하는 사항을 제15조의 규정에 적합하도록 선택적으로 채택할 수 있다.

1. 설계용 실내온도 조건

난방 및 냉방설비의 용량계산을 위한 설계기준 실내온도는 난방의 경우 20℃, 냉방의 경우 28℃를 기준으로 하되(목욕장 및 수영장은 제외) 각 건축물 용도 및 개별 실의 특성에 따라 별표8에서 제시된 범위를 참고하여 설비의 용량이 과다해지지 않도록 한다.

2. 열원설비

가. 열원설비는 부분부하 및 전부하 운전효율이 좋은 것을 선정한다.

나. 난방기기, 냉방기기, 냉동기, 송풍기, 펌프 등은 부하조건에 따라 최고의 성능을 유지할 수 있도록 대수분할 또는 비례제어운전이 되도록 한다.

다. 난방기기, 냉방기기, 급탕기기는 고효율제품 또는 이와 동등 이상의 효율을 가진 제품을 설치한다.

라. 보일러의 배출수·폐열·응축수 및 공조기의 폐열, 생활배수 등의 폐열을 회수하기 위한 열회수설비를 설치한다. 폐열회수를 위한 열회수설비를 설치할 때에는 중간기에 대비한 바이패스(by-pass)설비를 설치한다.

마. 냉방기기는 전력피크 부하를 줄일 수 있도록 하여야 하며, 상황에 따라 심야전기를 이용한 축열·축냉시스템, 가스 및 유류를 이용한 냉방설비, 집단에너지를 이용한 지역냉방방식, 소형열병합발전을 이용한 냉방방식, 신·재생에너지를 이용한 냉방방식을 채택한다.

3. 공조설비

가. 중간기 등에 외기도입에 의하여 냉방부하를 감소시키는 경우에는 실내 공기질을 저하시키지 않는 범위 내에서 이코노마이저시스템 등 외기냉방시스템을 적용한다. 다만, 외기냉방시스템의 적용이 건축물의 총에너지비용을 감소시킬 수 없는 경우에는 그러하지 아니한다.

나. 공기조화기 팬은 부하변동에 따른 풍량제어가 가능하도록 가변익축류방식, 흡입베인제어방식, 가변속제어방식 등 에너지절약적 제어방식을 채택한다.

4. 반송설비

가. 냉방 또는 난방 순환수 펌프, 냉각수 순환 펌프는 운전효율을 증대시키기 위해 가능한 한 대수제어 또는 가변속제어방식을 채택하여 부하상태에 따라 최적 운전상태가 유지될 수 있도록 한다.

나. 급수용 펌프 또는 급수가압펌프의 전동기에는 가변속제어방식 등 에너지절약적 제어방식을 채택한다.

다. 공조용 송풍기, 펌프는 효율이 높은 것을 채택한다.

5. 환기 및 제어설비

가. 환기를 통한 에너지손실 저감을 위해 성능이 우수한 열회수형환기장치를 설치한다.

나. 기계환기설비를 사용하여야 하는 지하주차장의 환기용 팬은 대수제어 또는 풍량조절(가변익, 가변속도), 일산화탄소(CO)의 농도에 의한 자동(on-off)제어 등의 에너지절약적 제어방식을 도입한다.

다. 건축물의 효율적인 기계설비 운영을 위해 TAB 또는 커미셔닝을 실시한다.

라. 에너지 사용설비는 에너지절약 및 에너지이용 효율의 향상을 위하여 컴퓨터에 의한 자동제어시스템 또는 네트워킹이 가능한 현장제어장치 등을 사용한 에너지제어시스템을 채택하거나, 분산제어 시스템으로서 각 설비별 에너지제어 시스템에 개방형 통신기술을 채택하여 설비별 제어 시스템간 에너지관리 데이터의 호환과 집중제어가 가능하도록 한다.

6. 삭제

제3절 전기설비부문 설계기준

제10조【전기부문의 의무사항】 에너지절약계획서 제출대상 건축물의 건축주와 설계자 등은 다음 각 호에서 정하는 전기부문의 설계기준을 따라야 한다.

1. 수변전설비

가. 변압기를 신설 또는 교체하는 경우에는 고효율제품으로 설치하여야 한다.

2. 간선 및 동력설비

가. 전동기에는 기본공급약관 시행세칙 별표6에 따른 역률개선용커패시터(콘덴서)를 전동기별로 설치하여야 한다. 다만, 소방설비용 전동기 및 인버터 설치 전동기에는 그러하지 아니할 수 있다.

나. 간선의 전압강하는 한국전기설비규정을 따라야 한다.

3. 조명설비

가. 조명기기 중 안정기내장형램프, 형광램프를 채택할 때에는 산업통상자원부 고시 「효율관리기자재 운용규정」에 따른 최저소비효율기준을 만족하는 제품을 사용하고, 유도등 및 주차장 조명기기는 고효율제품에 해당하는 LED 조명을 설치하여야 한다.

나. 공동주택 각 세대내의 현관 및 숙박시설의 객실 내부입구, 계단실의 조명기구는 인체감지점멸형 또는 일정시간 후에 자동 소등되는 조도자동조절조명기구를 채택하여야 한다.

다. 조명기구는 필요에 따라 부분조명이 가능하도록 점멸회로를 구분하여 설치하여야 하며, 일사광이 들어오는 창측의 전등군은 부분점멸이 가능하도록 설치한다. 다만, 공동주택은 그러하지 않을 수 있다.

라. 공동주택의 효율적인 조명에너지 관리를 위하여 세대별로 일괄적 소등이 가능한 일괄소등스위치를 설치하여야 한다. 다만, 전용면적 60제곱미터 이하인 주택의 경우에는 그러하지 않을 수 있다.

4. 영 제10조의2에 해당하는 공공건축물을 건축 또는 리모델링하는 경우 법 제14조의2제2항에 따라 에너지성능지표 전기설비부문 8번 항목 배점을 0.6점 이상 획득하여야 한다.

5. 「공공기관 에너지이용 합리화 추진에 관한 규정」 제6조제3항의 규정을 적용받는 건축물의 경우에는 에너지성능지표 전기설비부문 8번 항목 배점을 1점 획득하여야 한다.

제11조【전기부문의 권장사항】 에너지절약계획서 제출대상 건축물의 건축주와 설계자 등은 다음 각 호에서 정하는 사항을 제15조의 규정에 적합하도록 선택적으로 채택할 수 있다.

1. 수변전설비

가. 변전설비는 부하의 특성, 수용률, 장래의 부하증가에 따른 여유율, 운전조건, 배전방식을 고려하여 용량을 산정한다.

나. 부하특성, 부하종류, 계절부하 등을 고려하여 변압기의 운전대수제어가 가능하도록 뱅크를 구성한다.

다. 수전전압 25kV이하의 수전설비에서는 변압기의 무부하손실을 줄이기 위하여 충분한 안전성이 확보된다면 직접강압방식을 채택하며 건축물의 규모, 부하특성, 부하용량, 간선손실, 전압강하 등을 고려하여 손실을 최소화할 수 있는 변압방식을 채택한다.

라. 전력을 효율적으로 이용하고 최대수용전력을 합리적으로 관리하기 위하여 최대수요전력 제어설비를 채택한다.

마. 역률개선용커패시터(콘덴서)를 집합 설치하는 경우에는 역률자동조절장치를 설치한다.

바. 건축물의 사용자가 합리적으로 전력을 절감할 수 있도록 층별 및 임대 구획별로 전력량계를 설치한다.

2. 조명설비

가. 옥외등은 고효율제품인 LED 조명을 사용하고, 옥외등의 조명회로는 격등 점등(또는 조도조절기능) 및 자동점멸기에 의한 점멸이 가능하도록 한다.

나. 공동주택의 지하주차장에 자연채광용 개구부가 설치되는 경우에는 주위 밝기를 감지하여 전등군별로 자동 점멸되거나 스케줄제어가 가능하도록 하여 조명전력이 효과적으로 절감될 수 있도록 한다.

다. LED 조명기구는 고효율제품을 설치한다.

라. KS A 3011에 의한 작업면 표준조도를 확보하고 효율적인 조명설계에 의한 전력에너지를 절약한다.

마. 효율적인 조명에너지 관리를 위하여 층별 또는 구역별로 일괄 소등이 가능한 일괄소등스위치를 설치한다.

3. 제어설비

가. 여러 대의 승강기가 설치되는 경우에는 군관리 운행방식을 채택한다.

나. 팬코일유닛이 설치되는 경우에는 전원의 방위별, 실의 용도별 통합제어가 가능하도록 한다.

다. 수변전설비는 종합감시제어 및 기록이 가능한 자동제어설비를 채택한다.

라. 실내 조명설비는 군별 또는 회로별로 자동제어가 가능하도록 한다.

마. 승강기에 회생제동장치를 설치한다.

바. 사용하지 않는 기기에서 소비하는 대기전력을 저감하기 위해 대기전력자동차단장치를 설치한다.

4. 건축물에너지관리시스템(BEMS)이 설치되는 경우에는 「제로에너지건축물 인증 기준」 별표1의2에 따라 센서·계측장비, 분석 소프트웨어 등이 포함되도록 한다.

5. 삭제

6. 삭제

제4절 신 · 재생에너지설비부문 설계기준

제12조【신 · 재생에너지 설비부문의 의무사항】 에너지절약계획서 제출대상 건축물에 신 · 재생에너지 설비를 설치하는 경우 「신에너지 및 재생에너지 개발 · 이용 · 보급 촉진법」에 따른 산업통상자원부 고시 「신 · 재생에너지 설비의 지원 등에 관한 규정」을 따라야 한다.

제12조의2【신 · 재생에너지 설비부문의 권장사항】 에너지절약계획서 제출대상 건축물의 건축주와 설계자 등은 난방, 냉방, 급탕 및 조명에너지 공급 설계 시 신 · 재생에너지를 제15조의 규정에 적합하도록 선택적으로 채택할 수 있다.

제3장 에너지절약계획서 및 설계 검토서 작성기준

제13조【에너지절약계획서 및 설계 검토서 작성】 에너지절약 설계 검토서는 별지 제1호 서식에 따라 에너지절약설계기준 의무사항 및 에너지성능지표, 건축물 에너지소요량 평가서로 구분된다. 에너지절약계획서를 제출하는 자는 에너지절약계획서 및 설계 검토서(에너지절약설계기준 의무사항 및 에너지성능지표, 건축물 에너지소요량 평가서)의 판정자료를 제시(전자문서로 제출하는 경우를 포함한다)하여야 한다. 다만, 자료를 제시할 수 없는 경우에는 부득이 당해 건축사 및 설계에 협력하는 해당분야 기술사(기계 및 전기)가 서명 · 날인한 설치예정확인서로 대체할 수 있다.

제14조【에너지절약설계기준 의무사항의 판정】 에너지절약설계기준 의무사항은 전 항목 채택 시 적합한 것으로 본다.

제15조【에너지성능지표의 판정】 ① 에너지성능지표는 평점합계가 65점 이상일 경우 적합한 것으로 본다. 다만, 공공기관이 신축하는 건축물(별동으로 증축하는 건축물을 포함한다)은 74점 이상일 경우 적합한 것으로 본다.

② 에너지성능지표의 각 항목에 대한 배점의 판단은 에너지절약계획서 제출자가 제시한 설계도면 및 자료에 의하여 판정하며, 판정 자료가 제시되지 않을 경우에는 적용되지 않은 것으로 간주한다.

제4장 건축기준의 완화 적용

제16조【완화기준】 영 제11조제2항에 따라 건축물에 적용할 수 있는 세부 완화기준은 별표9에 따르며, 건축주가 건축기준의 완화적용을 신청하는 경우에 한해서 적용한다.

제17조【완화기준의 적용방법】 ① 완화기준의 적용은 당해 용도구역 및 용도지역에 지방자치단체 조례에서 정한 최대 용적률의 제한기준, 건축물 최대높이의 제한 기준에 대하여 다음 각 호의 방법에 따라 적용한다.

1. 용적률 적용방법
   「법 및 조례에서 정하는 기준 용적률」× [1 + 완화기준]
2. 건축물 높이제한 적용방법
   「법 및 조례에서 정하는 건축물의 최고높이」× [1 + 완화기준]

<u>② 삭제</u>

제18조【완화기준의 신청 등】 ① 완화기준을 적용받고자 하는 자(이하 "신청인"이라 한다)는 건축심의, 건축허가 또는 사업계획승인 신청 시 허가권자에게 별지 제2호 서식의 완화기준 적용 신청서 및 관계 서류를 첨부하여 제출하여야 한다.

② 이미 건축허가를 받은 건축물의 건축주 또는 사업주체도 허가변경을 통하여 완화기준 적용 신청을 할 수 있다.

③ 신청인의 자격은 건축주 또는 사업주체로 한다.

④ 완화기준의 신청을 받은 허가권자는 신청내용의 적합성을 지방건축위원회 심의를 통해 검토하고, 신청자가 신청내용을 이행하도록 허가조건에 명시하여 허가하여야 한다.

제19조【인증의 취득】 ① 신청인이 인증에 의해 완화기준을 적용받고자 하는 경우에는 인증기관으로부터 예비인증을 받아야 한다.

② 완화기준을 적용받은 건축주 또는 사업주체는 건축물의 사용승인 신청 이전에 본인증을 취득하여 사용승인 신청 시 허가권자에게 인증서 사본을 제출하여야 한다. 단, 본인증의 등급은 예비인증 등급 이상으로 취득하여야 한다.

제20조【이행여부 확인】 ① 인증취득을 통해 완화기준을 적용받은 경우에는 본인증서를 제출하는 것으로 이행한 것으로 본다.

② 이행여부 확인결과 건축주가 본인증서를 제출하지 않은 경우 허가권자는 사용승인을 거부할 수 있으며, 완화적용을 받기 이전의 해당 기준에 맞게 건축하도록 명할 수 있다.

제5장 건축물 에너지 소비 총량제

제21조【건축물의 에너지소요량의 평가대상 및 에너지소요량 평가서의 판정】 ① 신축 또는 별동으로 증축하는 경우로서 다음 각 호의 어느 하나에 해당하는 건축물은 1차 에너지소요량 등을 평가하여 별지 제1호 서식에 따른 건축물 에너지소요량 평가서를 제출하여야 한다.

1. 「건축법 시행령」 별표1에 따른 업무시설 중 연면적의 합계가 3천 제곱미터 이상인 건축물
2. 「건축법 시행령」 별표1에 따른 교육연구시설 중 연면적의 합계가 3천 제곱미터 이상인 건축물
3. 삭제

② 건축물의 에너지소요량 평가서는 단위면적당 1차 에너지소요량의 합계가 200 kWh/㎡년 미만일 경우 적합한 것으로 본다. 다만, 공공기관 건축물은 140 kWh/㎡년 미만일 경우 적합한 것으로 본다.

제22조【건축물의 에너지소요량의 평가방법】 건축물 에너지소요량은 ISO 52016 등 국제규격에 따라 난방, 냉방, 급탕, 조명, 환기 등에 대해 종합적으로 평가하도록 제작된 프로그램에 따라 산출된 연간 단위면적당 1차 에너지소요량 등으로 평가하며, 별표10의 평가기준과 같이 한다.

제6장 보칙

제23조【복합용도 건축물의 에너지절약계획서 및 설계 검토서 작성방법 등】 ① 에너지절약계획서 및 설계 검토서를 제출하여야 하는 건축물 중 비주거와 주거용도가 복합되는 건축물의 경우에는 해당 용도별로 에너지절약계획서 및 설계 검토서를 제출하여야 한다.

② 다수의 동이 있는 경우에는 동별로 에너지절약계획서 및 설계 검토서를 제출하는 것을 원칙으로 한다.(다만, 공동주택의 주거용도는 하나의 단지로 작성)

③ 설비 및 기기, 장치, 제품 등의 효율 · 성능 등의 판정 방법에 있어 본 기준에서 별도로 제시되지 않는 것은 해당 항목에 대한 한국산업규격(KS)을 따르도록 한다.

④ 기숙사, 오피스텔은 별표1 및 별표3의 공동주택 외의 단열기준을 준수할 수 있으며, 별지 제1호서식의 에너지성능지표 작성 시, 기본배점에서 비주거를 적용한다.

제24조 【에너지절약계획서 및 설계 검토서의 이행】 ① 허가권자는 건축주가 에너지절약계획서 및 설계 검토서의 작성내용을 이행하도록 허가조건에 포함하여 허가한다.

② 작성책임자(건축주 또는 감리자)는 건축물의 사용승인을 신청하는 경우 별지 제3호 서식 에너지절약계획 이행 검토서를 첨부하여 신청하여야 한다.

제25조 【에너지절약계획 설계 검토서 항목 추가】 국토교통부장관은 에너지절약계획 설계 검토서의 건축, 기계, 전기, 신재생부분의 항목 추가를 위하여 수요조사를 실시하고, 자문위원회의 심의를 거쳐 반영 여부를 결정할 수 있다.

제26조 【운영규정】 규칙 제7조제5항에 따른 에너지 절약계획서 검토업무 운영기관의 장은 에너지절약계획서 및 에너지절약계획 설계 검토서의 작성 · 검토 업무의 효율화를 위하여 필요한 때에는 이 기준에 저촉되지 않는 범위 안에서 운영규정을 제정하여 운영할 수 있다. 다만, 운영규정을 제정 · 개정 또는 폐지할 때에는 국토교통부장관의 승인을 받아야 한다.

제27조 【재검토기한】 국토교통부장관은 「훈령 · 예규 등의 발령 및 관리에 관한 규정」에 따라 이 고시에 대하여 2022년 1월 1일 기준으로 매3년이 되는 시점(매 3년째의 12월 31일까지를 말한다)마다 그 타당성을 검토하여 개선 등의 조치를 하여야 한다.

부칙 〈제2016-944호, 2016. 12. 21.〉

제1조 【시행일】 이 기준은 2017년 6월 20일부터 시행한다. 다만, 제3조의2 개정규정은 2017년 3월 20일부터 시행한다.

제2조 【일반적 경과조치】 이 기준 시행 당시 다음 각 호의 어느 하나에 해당하는 경우에는 종전의 규정에 따를 수 있다.

1. 건축허가를 받은 경우
2. 건축허가를 신청한 경우나 건축허가를 신청하기 위하여 건축법 제4조에 따른 건축위원회의 심의를 신청한 경우(다만, 제3조의2에 따른 사전확인이 적용된 경우에는 사전확인을 신청한 시점의 규정 적용)
3. 제3조의2제7항에 따른 사전확인의 유효기간 이내인 경우

부칙 〈제2017-71호, 2017. 1. 19.〉

제1조 【시행일】 이 기준은 2017년 6월 20일부터 시행한다. 다만, 제3조의2 개정규정은 2017년 1월 20일부터 시행한다.

제2조 【일반적 경과조치】 이 기준 시행 당시 다음 각 호의 어느 하나에 해당하는 경우에는 종전의 규정에 따를 수 있다.
1. 건축허가를 받은 경우
2. 건축허가를 신청한 경우나 건축허가를 신청하기 위하여 건축법 제4조에 따른 건축위원회의 심의를 신청한 경우(다만, 제3조의2에 따른 사전확인이 적용된 경우에는 사전확인을 신청한 시점의 규정 적용)
3. 제3조의2제7항에 따른 사전확인의 유효기간 이내인 경우

부칙 〈제2017-881호, 2017. 12. 28.〉

제1조 【시행일】 이 고시는 2018년 9월 1일부터 시행한다.

제2조 【경과조치】 이 고시 시행 당시 다음 각 호의 어느 하나에 해당하는 경우에는 종전의 규정에 따를 수 있다.
1. 건축허가를 받은 경우
2. 건축허가를 신청한 경우나 건축허가를 신청하기 위하여 건축법 제4조에 따른 건축위원회의 심의를 신청한 경우(다만, 제3조의2에 따른 사전확인이 적용된 경우에는 사전확인을 신청한 시점의 규정 적용)
3. 제3조의2제7항에 따른 사전확인의 유효기간 이내인 경우

부칙 〈제2022-52호, 2022. 1. 28.〉

제1조 【시행일】 이 고시는 발령 후 6개월이 경과한 날부터 시행한다.

제2조 【경과조치】 이 고시 시행 당시 다음 각 호의 어느 하나에 해당하는 경우에는 종전에 규정에 따를 수 있다.
1. 건축허가를 받은 경우
2. 건축허가를 신청한 경우나 건축허가를 신청하기 위하여 「건축법」제4조에 따른 건축위원회의 심의를 신청한 경우

부칙 〈제2023-104호, 2023. 2. 28.〉

제1조 【시행일】 이 고시는 발령한 날부터 시행한다.

제2조 【경과조치】 이 고시 시행 당시 다음 각 호의 어느 하나에 해당하는 경우에는 종전의 규정에 따를 수 있다.
1. 「건축법」 제11조에 따른 건축허가(건축허가가 의제되는 다른 법률에 따른 허가 · 인가 · 승인 등을 포함한다. 이하 같다)를 받았거나 신청한 건축물
2. 「건축법」 제4조의2제1항에 따라 건축허가를 받기 위하여 건축위원회에 심의를 신청한 건축물
3. 제1호에 해당하는 건축물로서 이 고시 시행 이후 변경허가를 신청하거나 변경신고를 하는 건축물

부칙 〈제2024-421호, 2024. 8. 8.〉

제1조 【시행일】 이 고시는 발령한 날부터 시행한다.

제2조 【경과조치】 이 고시 시행 당시 다음 각 호의 어느 하나에 해당하는 경우에는 종전의 규정에 따를 수 있다.

1. 「건축법」 제11조에 따른 건축허가(건축허가가 의제되는 다른 법률에 따른 허가 · 인가 · 승인 등을 포함한다. 이하 같다)를 받았거나 신청한 건축물
2. 「건축법」 제4조의2제1항에 따라 건축허가를 받기 위하여 건축위원회에 심의를 신청한 건축물
3. 제1호에 해당하는 건축물로서 이 고시 시행 이후 변경허가를 신청하거나 변경신고를 하는 건축물

부칙 〈제2024-1026호, 2024. 12. 31.〉

제1조 【시행일】 이 고시는 2025년 1월 1일부터 시행한다.

제2조 【경과조치】 이 고시 시행 당시 다음 각 호의 어느 하나에 해당하는 경우에는 종전의 규정에 따를 수 있다.

1. 「건축법」 제11조에 따른 건축허가(건축허가가 의제되는 다른 법률에 따른 허가 · 인가 · 승인 등을 포함한다. 이하 같다)를 받았거나 신청한 건축물
2. 「건축법」 제4조의2제1항에 따라 건축허가를 받기 위하여 건축위원회에 심의를 신청한 건축물
3. 제1호에 해당하는 건축물로서 이 고시 시행 이후 변경허가를 신청하거나 변경신고를 하는 건축물
4. 종전의 규칙 「건축물 에너지효율등급 인증 및 제로에너지건축물 인증 규칙」 제11조에 따른 건축물 에너지효율등급 예비인증 또는 제로에너지건축물 예비인증을 신청한 경우

제4편

건물 에너지효율설계 · 평가

1. 건물 에너지효율설계 이해 및 응용
2. 건축, 기계, 전기, 신재생분야 도서분석능력

1. 건물 에너지효율설계 이해 및 응용

핵심1 목적(고시 제1조)

(1) 목 적

① 건축물의 효율적인 에너지관리를 위하여 열손실 방지 등 에너지절약 설계에 관한 기준

② 에너지절약계획서 및 설계검토서 작성기준

③ 녹색건축물의 건축을 활성화하기 위한 건축기준 완화에 관한 사항 등을 정함을 목적으로 한다.

영 제11조 【녹색건축물 조성의 활성화 대상 건축물 및 완화기준】

① 법 제15조제2항에서 "대통령령으로 정하는 기준에 적합한 건축물"이란 다음 각 호의 어느 하나에 해당하는 건축물을 말한다. <개정 2013.3.23>

1. 법 제15조제1항에 따라 국토교통부장관이 정하여 고시하는 설계·시공·감리 및 유지·관리에 관한 기준에 맞게 설계된 건축물
2. 법 제16조에 따라 녹색건축의 인증을 받은 건축물
3. 삭제
4. 법 제 17조에 따라 제로에너지 건축물 인증을 받은 건축물
5. 법 제24조제1항에 따른 녹색건축물 조성 시범사업 대상으로 지정된 건축물
6. 건축물의 신축공사를 위한 골조공사에 국토교통부장관이 고시하는 재활용 건축자재를 100분의 15 이상 사용한 건축물

예제1 건축물의 에너지 절약설계기준의 목적에 해당하지 않는 것은?

① 건축물의 효율적인 에너지 관리를 위하여 열손실방지 등 에너지 절약 설계에 관한 기준을 정함

② 에너지절약계획서 및 설계검토서 작성기준을 정함

③ 녹색건축물의 건축을 활성화 하기위한 건축기준의 완화에 관한 사항을 정함

④ 건축물 에너지효율등급인증을 위한 세부기준을 정함

· **정답 : ④**

건축물 에너지효율등급인증을 위한 세부기준을 정함은 건축물에너지 효율등급 인증 및 제로에너지 건축물 인증 규칙의 목적에 해당된다.

예제2 건축물의 에너지 절약설계기준의 목적에 해당하지 않는 것은?

① 에너지 절약설계에 관한 기준을 정함
② 에너지 절약계획서 작성기준을 정함
③ 설계검토서 작성기준을 정함
④ 시방서 작성기준을 정함

· **정답 : ④**

시방서 작성기준을 정함은 건축물에너지 절약설계기준의 목적에 해당되지 않는다.

예제3 녹색건축물 건축의 활성화 대상 건축물 및 완화기준에 해당하지 않는 것은?

① 제로에너지 건축물 인증을 받은 건축물

② 녹색건축물 조성시범사업 대상으로 지정된 건축물

③ 골조공사에 국토교통부장관이 고시하는 재활용건축자재를 100분의 20이상 사용한 건축물

④ 녹색건축인증을 받은 건축물

· **정답 : ③**

녹색건축물 건축의 활성화대상

1. 국토교통부장관이 정하여 고시하는 설계·시공·감리 및 유지·관리에 관한 기준에 맞게 설계된 건축물
2. 녹색 건축인증을 받은 건축물
3. 삭제
4. 제로 에너지 건축물 인증을 받은 건축물
5. 녹색건축물 조성시범사업 대상으로 지정된 건축물
6. 골조공사에 국토교통부장관이 고시하는 재활용건축자재를 100분의 15 이상 사용한 건축물

핵심2 건축물의 열손실방지 등(고시 제2조)

(1) 건축물의 열손실방지 등

1) 조치 대상

① 건축물을 건축하거나 대수선, 용도변경 및 건축물대장의 기재내용을 변경하는 경우

② 다음 각 호의 기준에 의한 열손실방지 등의 에너지이용합리화를 위한 조치를 하여야 한다.

- 거실의 외벽, 최상층에 있는 거실의 반자 또는 지붕, 최하층에 있는 거실의 바닥, 바닥 난방을 하는 층간 바닥, 거실의 창 및 문 등은 별표1의 열관류율 기준 또는 별표3의 단열재 두께 기준을 준수하여야하고, 단열조치 일반사항 등은 제6조의 건축부문 의무사항을 따른다.
- 건축물의 배치·구조 및 설비 등의 설계를 하는 경우에는 에너지가 합리적으로 이용될 수 있도록 한다.

2) 적용 예외 대상

다음 각 호의 어느 하나에 해당하는 건축물 또는 공간에 대해서는 제1항제1호를 적용하지 아니할 수 있다. 다만, 냉·난방 설비를 설치할 계획이 있는 건축물 또는 공간은 제1항제1호를 적용하여야 한다.

① 창고·차고·기계실 등으로서 거실의 용도로 사용하지 아니하고, 냉방 또는 난방 설비를 설치하지 아니하는 건축물 또는 공간

② 냉방 또는 난방 설비를 설치하지 아니하고 용도 특성상 건축물 내부를 외기에 개방시켜 사용하는 등 열손실 방지조치를 하여도 에너지절약의 효과가 없는 건축물 또는 공간

③ 「건축법시행령」 별표1 제25호에 해당하는 건축물 중 「원자력 안전법」 제 10조 및 제 20조에 따라 허가를 받는 건축물

예제1 **건축물을 건축하거나 용도변경, 대수선하는 경우 열손실방지 등 조치를 하지 않아도 되는 부위는?**

① 거실의 외벽　　② 최상층에 있는 거실의 반자 또는 지붕
③ 최하층에 있는 거실의 바닥　　④ 다가구 주택세대간의 경계벽

· **정답 : ④**

열손실 방지조치대상부위는 열관류율표(단위 : $w/m^2 \cdot k$)에 따라 중부지역, 남부지역, 제주도로 나눈다.

■ 열손실 방지조치 대상부위

1. 거실의 외벽　　2. 최상층에 있는 거실의 반자 또는 지붕
3. 최하층에 있는 거실의 바닥　　4. 바닥난방인 층간바닥
5. 거실의 창 및 문

예제2 **"건축물의 에너지절약설계기준" 에 따라 보기 ㉠~㉣ 중 열손실방지조치를 하지 않을 수 있는 부위를 모두 고른 것은?** **【2018년 국가자격 시험 4회 출제문제】**

㉠ 창고로서 거실의 용도로 사용하지 않고, 냉·난방 설비를 설치하지 않는 공간의 외벽 ㉡ 공동주택의 층간바닥(최하층 제외) 중 바닥 난방을 하는 현관 및 욕실의 바닥부위 ㉢ 외기 간접에 면하는 부위로서 당해 부위가 면한 비난방공간의 외피를 별표1(지역별 건축물 부위에 열관류율표)에 준하여 단열 조치하는 경우 ㉣ 기계실로서 거실의 용도로 사용하지 않고, 냉·난방 설비를 설치하는 공간의 외벽

① ㉠, ㉡　　② ㉠, ㉢
③ ㉠, ㉢, ㉣　　④ ㉡, ㉢, ㉣

· **정답 : ②**

㉡ 공동주택의 층간바닥(최하층 제외) 중 바닥 난방을 하는 현관 및 욕실의 바닥부위

㉣ 기계실로서 거실의 용도로 사용하지 않고, 냉·난방 설비를 설치하는 공간의 외벽 의 경우에는 열손실방지조치를 하여야 한다.

예제3 **다음 중 건축물의 열손실방지를 하지 않아도 되는 경우로 가장 적합한 것은?**

① 증축　　② 용도변경
③ 신축　　④ 수선

· **정답 : ④**

건축물을 건축하거나 대수선, 용도변경 및 건축물대장의 기재내용을 변경하는 경우에는 다음 각 호의 기준에 의한 열손실방지 등의 에너지이용합리화를 위한 조치를 하여야 한다.

핵심3 에너지절약계획서 제출 예외대상 등(고시 제3조)

(1) 에너지절약계획서제출예외 대상 등

1) 에너지절약계획서 제출 대상

건축물을 건축하려는 건축주는 건축허가를 신청하거나 용도변경의 허가신청 또는 신고, 건축물대장 기재내용의 변경 시 연면적 500m² 이상인 건축물

2) 에너지절약계획서 제출 예외 대상 1 (녹색건축물 조성지원법 시행령 제10조)

① 단독주택
② 문화 및 집회시설 중 동·식물원
③ 공장 중 냉방 또는 난방 설비를 설치하지 아니하는 건축물
④ 창고시설 중 냉방 또는 난방 설비를 설치하지 아니하는 건축물
⑤ 위험물 저장 및 처리시설 중 냉방 또는 난방 설비를 설치하지 아니하는 건축물
⑥ 자동차 관련시설 중 냉방 또는 난방 설비를 설치하지 아니하는 건축물
⑦ 동물 및 식물 관련시설 중 냉방 또는 난방 설비를 설치하지 아니하는 건축물
⑧ 자원순환관련시설 냉방 또는 난방 설비를 설치하지 아니하는 건축물
⑨ 교정 및 군사시설(제1종 근린생활시설에 해당하는 것은 제외) 중 냉방 또는 난방 설비를 설치하지 아니하는 건축물
⑩ 방송통신시설(제1종 근린생활시설에 해당하는 것은 제외) 중 냉방 또는 난방 설비를 설치하지 아니하는 건축물
⑪ 발전시설 중 냉방 또는 난방 설비를 설치하지 아니하는 건축물
⑫ 묘지 관련 시설 중 냉방 또는 난방 설비를 설치하지 아니하는 건축물
⑬ 국토교통부장관이 에너지절약계획서를 첨부할 필요가 없다고 고시하는 건축물

3) 예외 대상 2 (건축물에너지절약설계기준 제3조)

① 「건축법 시행령」 별표1 제3호 아목에 따른 시설 중 냉방 또는 난방설비를 설치하지 아니하는 건축물
② 운동시설 중 냉방 또는 난방 설비를 설치하지 아니하는 건축물
③ 위락시설 중 냉방 또는 난방 설비를 설치하지 아니하는 건축물
④ 관광 휴게시설 중 냉방 또는 난방 설비를 설치하지 아니하는 건축물
⑤ 「주택법」 제15조 제1항에 따라 사업계획 승인을 받아 건설하는 주택으로서 「주택건설 기준 등에 관한 규정」 제64조 제3항에 따라 「에너지절약형 친환경주택의 건설기준」에 적합한 건축물
⑥ 제1항 및 영 제10조제1항제3호의 건축물 중 냉방 또는 난방 설비를 설치하고 냉방 또는 난방 열원을 공급하는 대상의 연면적 합계가 500제곱미터 미만인 경우에는 에너지절약계획서를 제출하지 아니한다.

4) 연면적 합계 계산하는 방법

① 같은 대지에 모든 바닥면적을 합하여 계산한다.
② 주거와 비 주거는 구분하여 계산한다.
③ 증축이나 용도 변경, 건축물대장의 기재내용을 변경하는 경우 이 기준을 해당 부분에만 적용할 수 있다.
④ 연면적의 합계 500제곱미터 미만으로 허가를 받거나 신고한 후 「건축법」 제16조에 따라 허가와 신고사항을 변경하는 경우에는 당초 허가 또는 신고 면적에 변경되는 면적을 합하여 계산한다.
⑤ 제2조제3항에 따라 열손실방지 등의 에너지이용합리화를 위한 조치를 하지 않아도 되는 건축물 또는 공간, 주차장, 기계실 면적은 제외한다.

예제1 용도별 건축물의 종류 중 "녹색건축물 조성 지원법" 및 "건축물의 에너지절약설계기준"에 따른 에너지 절약계획서 제출 예외대상으로 볼 수 없는 것은? (단, 연면적의 합계가 5백제곱미터 이상이며, 냉·난방(냉방 또는 난방) 설비를 설치하지 않는 건축물이다.) 【2018년 국가자격 시험 4회 출제문제】

① 정비공장(자동차 관련 시설)
② 관람장(문화 및 집회시설)
③ 양수장(제1종 근린생활시설)
④ 공관(단독주택)

· **정답 : ②**
관람장(문화 및 집회시설)은 에너지절약계획서 제출대상이다.

예제2 에너지 절약계획서를 제출해야 하는 제출대상에 해당되는 것은?

① 연립주택 ② 다가구주택
③ 공관 ④ 다중주택

· **정답 : ①**
단독주택은 에너지절약계획서를 제출하지 아니하여도 되고 공동주택은 에너지절약계획서를 제출하여야 한다.

예제3 건축물의 에너지절약설계기준에서 말하는 "연면적의 합계" 계산 방법이 아닌 것은?

① 같은 대지에 모든 바닥면적을 합하여 계산한다.
② 주거와 비주거는 구분하여 계산한다.
③ 증축 또는 용도 변경하는 경우 증축이나 용도 변경하는 부분에만 적용한다.
④ 열손실방지 등의 에너지이용합리화를 위한 조치를 하지 않아도 되는 건축물 또는 공간, 주차장, 기계실 면적은 포함한다.

· **정답 : ④**
제2조 3항에 따라 열손실방지 등의 에너지이용합리화를 위한 조치를 하지 않아도 되는 건축물 또는 공간, 주차장, 기계실 면적은 제외한다.

예제4 건축물에너지 절약설계기준에 따른 에너지절약계획서 제출 예외대상이 아닌 것은?

① 양수장 중 냉·난방 설비를 설치하지 아니하는 건축물
② 공동주택
③ 관광휴게시설 중 냉·난방 설비를 설치하지 아니하는 건축물
④ 도시배관시설 중 냉·난방 설비를 설치하지 아니하는 건축물

· **정답 : ②**
공동주택이 아니라 단독주택의 경우에 에너지절약계획서 제출 예외 대상이다.

핵심4 에너지절약계획서 사전확인 등(고시 제3조의2)

(1) 에너지절약계획서 사전확인 등

① 법 제14조제1항에 따라 에너지절약계획서를 제출하여야 하는 자는 그 신청을 하기 전에 영 제10조제2항의 허가권자(이하 "허가권자"라 한다)에게 에너지절약계획서 사전확인을 신청할 수 있다.
② 제1항에 따른 사전확인을 신청하는 자(이하 "사전확인신청자"라 한다)는 규칙 별지 제1호 서식에 따른 에너지절약계획서를 신청구분 사전확인란에 표시하여 제출하여야 한다.
③ 허가권자는 제1항과 제2항에 따른 사전확인 신청을 받으면 에너지절약계획서 관련 도서 등을 검토한 후 사전확인 결과를 사전확인신청자에게 알려야 한다.
④ 허가권자는 제3항에 따라 사전확인신청자로부터 제출된 에너지절약계획서를 검토하는 경우 규칙 제7조제2항에 따른 에너지 관련 전문기관에 에너지절약계획서의 검토 및 보완을 거치도록 할 수 있으며, 이 경우 에너지절약계획서 검토 수수료는 규칙 별표 1과 같다.
⑤ 제1항부터 제4항에 따른 처리절차는 규칙 별지 제1호서식의 처리절차와 같으며, 효율적인 업무처리를 위하여 건축법 제32조제1항에 따른 전자정보처리 시스템을 이용할 수 있다.
⑥ 제3항에 따른 사전확인 결과가 제14조 및 제15조 또는 제14조 및 제21조에 따른 판정기준에 적합한 경우 사전확인이 이루어진 것으로 보며, 법 제14조제3항에 따라 에너지절약계획서의 적절성 등을 검토하지 아니할 수 있다. 다만, 사전확인 결과 중 별지 제1호 서식 에너지절약계획 설계 검토서의 항목별 평가결과에 변동이 있을 경우에는 그러하지 아니하다.
⑦ 사전확인의 유효기간은 제3항에 따른 사전확인 결과를 통지받은 날로부터 1개월이며, 이 유효기간이 경과된 경우 법 제14조제3항의 적용을 받지 아니한다.

핵심5 적용예외(고시 제4조)

(1) 적용예외

① 삭제
② 제로에너지건축물 인증을 취득한 경우에는 제15조 및 제21조를 적용하지 아니할 수 있으며 별지 제 1호서식 에너지절약계획 설계검토서를 제출하지 아니할 수 있다.
③ 건축물의 기능 · 설계조건 또는 시공 여건상의 특수성 등으로 인하여 이 기준의 적용이 불합리한 것으로 지방건축위원회가 심의를 거쳐 인정하는 경우에는 이 기준의 해당 규정을 적용하지 아니할 수 있다. 다만, 지방건축위원회 심의 시에는 「제로에너지건축물 인증에 관한 규칙」 제4조제4항 각 호의 어느 하나에 해당하는 건축물 에너지 관련 전문인력 1인 이상을 참여시켜 의견을 들어야 한다.
④ 건축물을 증축하거나 용도변경, 건축물대장의 기재내용을 변경하는 경우에는 제15조를 적용하지 아니할 수 있다. 다만, 별동으로 건축물을 증축하는 경우와 기존 건축물 연면적의 100분의 50 이상을 증축하면서 해당 증축 연면적의 합계가 2,000제곱미터 이상인 경우에는 그러하지 아니한다.
⑤ 허가 또는 신고대상의 같은 대지 내 주거 또는 비주거를 구분한 제3조제2항 및 3항에 따른 연면적의 합계가 500제곱미터 이상이고 2천제곱미터 미만인 건축물 중 연면적의 합계가 500제곱미터 미만인 개별동의 경우에는 제15조 및 제21조를 적용하지 아니할 수 있다.
⑥ 열손실의 변동이 없는 증축, 용도변경 및 건축물대장의 기재내용을 변경하는 경우에는 별지 제1호 서식 에너지절약 설계 검토서를 제출하지 아니할 수 있다. 다만, 종전에 제2조제3항에 따른 열손실방지 등의 조치 예외대상이었으나 조치대상으로 용도변경 또는 건축물대장 기재내용의 변경의 경우에는 그러하지 아니한다.

> ⑦ 「건축법」 제16조에 따라 허가와 신고사항을 변경하는 경우에는 변경하는 부분에 대해서만 규칙 제7조에 따른 에너지절약계획서 및 별지 제1호 서식에 따른 에너지절약 설계 검토서(이하 "에너지절약계획서 및 설계 검토서"라 한다)를 제출할 수 있다.
> ⑧ 제21조 제 2항에서 제시하는 건축물에너지소요량평가서 판정기준을 만족하는 경우에는 제15조를 적용하지 아니할 수 있다.

예제 **"건축물의 에너지절약설계기준" 에 따라 보기 ㉠~㉣ 중 에너지성능지표를 제출해야 할 대상을 모두 고른 것은?** 【17년 3회 국가자격시험】

> ㉠ 같은 대지에 A동(비주거) 연면적의 합계 400제곱미터와 B동(비주거) 연면적의 합계 200제곱미터를 신축할 경우
> ㉡ 업무시설을 별동으로 연면적의 합계 500제곱미터 이상 증축한 경우
> ㉢ 신축 공공업무시설이 건축물 에너지 효율등급 1등급을 취득한 경우
> ㉣ 제로에너지 건축물 인증을 취득한 건축물

① ㉠, ㉡ ② ㉡, ㉣
③ ㉡, ㉢ ④ ㉠, ㉡, ㉢, ㉣

· 정답 : ③

에너지성능지표 제출대상

㉠ 같은 대지에 A동(B주거) 연면적의 합계 400m^2와 B동(비주거) 연면적의 합계 200m^2를 신축할 경우
→ 허가 or 신고 대상의 같은 대지 내 주거 or 비주거를 구분한 연면적의 합계 500m^2 이상 - 2,000m^2 미만인 건축물 중 개별동의 연면적이 500m^2 미만인 경우에는 EPI 15번 적용하지 아니한다.

㉡ 업무시설을 변동으로 연면적의 합계 500m^2 이상 증축하는 경우
→ 별동으로 증축하는 경우○

㉢ 공공기관이 신축하는 건축물(별동으로 증축하는 건축물을 포함한다.)은 1++등급 이상 또는 제로에너지 건축물을 취득한 경우에 에너지 성능지표 및 건축물 에너지 소요량 평가서를 적용하지 아니할 수 있다.

㉣ 제로에너지 건축물 인증을 취득한 건축물은 에너지 성능지표를 제출하지 아니한다.

예제 **에너지절약계획서 제출 대상인 민간건축물에 대해 건축물의 에너지절약설계기준의 일부 또는 전부를 적용하지 않을 수 있는 것으로 보기 중 적절한 것을 모두 고른 것은?** 【2018년 국가자격 시험 4회 출제문제】

> ㉠ 기존 건축물 연면적의 1/2 이상을 수평 증축하면서 해당 증축 연면적의 합계가 2천 제곱미터 미만인 경우 에너지성능지표 평점 합계 적합기준을 적용하지 않을 수 있다.
> ㉡ 제2조제3항 열손실방지 등의 조치 예외 대상이었으나 조치 대상의 열손실의 변동이 없는 용도변경을 하는 경우 별지 제1호 서식 에너지절약 설계 검토서를 제출 하지 않을 수 있다.
> ㉢ 연면적의 합계가 3천 제곱미터인 업무시설의 건축물 에너지소요량 평가서 상 단위면적당 1차 에너지소요량의 합계가 380kWh/m^2·년 인 경우 에너지 성능지표 평점합계 적합기준을 적용하지 않을 수 있다.
> ㉣ 연면적의 합계가 1,500제곱미터인 비주거 건축물 중 연면적의 합계가 400제곱미터인 동은 에너지성능지표 평점합계 적합기준과 건축물 에너지소요량 평가서 제출 및 적합 기준을 적용하지 않을 수 있다.

① ㉠, ㉡ ② ㉢, ㉣
③ ㉠, ㉢ ④ ㉠, ㉣

· 정답 : ④

㉡ 제2조제3항 열손실방지 등의 조치 예외 대상이었으나 조치 대상의 열손실의 변동이 없는 용도변경을 하는 경우 별지 제1호 서식 에너지절약 설계 검토서를 제출하지 않을 수 있다.
- 열손실 방지 조치대상의 경우에는 에너지절약설계검토서를 제출하여야 한다.

㉢ 연면적의 합계가 3천 제곱미터인 업무시설의 건축물 에너지소요량 평가서 상 단위면적당 1차 에너지소요량의 합계가 380kWh/m^2·년 인 경우 에너지 성능지표 평점합계 적합기준을 적용하지 않을 수 있다.
- 건축물의 에너지소요량 평가서는 단위면적당 1차에너지소요량의 합계가 200kWh/m^2·년 미만일 경우 에너지 성능지표 평점합계 적합기준을 적용하지 않을 수 있다. 다만, 공공기관 건축물은 140kWh/m^2·년 미만일 경우 에너지 성능지표 평점합계 적합기준을 적용하지 않을 수 있다.

핵심6 용어의 정의(고시 제5조)

(1) 용어의 정의

이 기준에서 사용하는 용어의 뜻은 다음 각 호와 같다.

① "의무사항"이라 함은 건축물을 건축하는 건축주와 설계자 등이 건축물의 설계 시 필수적으로 적용해야 하는 사항을 말한다.

② "권장사항"이라 함은 건축물을 건축하는 건축주와 설계자 등이 건축물의 설계 시 선택적으로 적용이 가능한 사항을 말한다.

③ 삭제

④ "제로에너지 건축물인증"이라함은 국토교통부와 산업통상자원부의 공동부령인 「제로에너지건축물 인증에 관한 규칙」에 따라 제로에너지건축물인증을 받는 것을 말한다.

⑤ "녹색건축인증"이라 함은 국토교통부와 환경부의 공동부령인 「녹색건축의 인증에 관한 규칙」에 따라 인증을 받는 것을 말한다.

⑥ "고효율제품"이라 함은 산업통상자원부 고시 「고효율에너지기자재 보급촉진에 관한규정」에 따라 인증서를 교부받은 제품과 산업통상자원부고시 「효율관리기자재 운용규정」에 따른 에너지소비효율 1등급제품 또는 동 고시에서 고효율로 정한 제품을 말한다.

⑦ "완화기준"이라 함은 「건축법」, 「국토의 계획 및 이용에 관한 법률」 및 「지방자치단체 조례」 등에서 정하는 건축물의 용적률 및 높이제한 기준을 적용함에 있어 완화 적용할 수 있는 비율을 정한 기준을 말한다.

⑧ "예비인증"이라 함은 건축물의 완공 전에 설계도서 등으로 인증기관에서 제로에너지건축물 인증, 녹색건축인증을 받는 것을 말한다.

⑨ "본인증"이라 함은 신청건물의 완공 후에 최종설계도서 및 현장 확인을 거쳐 최종적으로 인증기관에서 제로에너지 건축물인증, 녹색건축인증을 받는 것을 말한다.

⑭ "공공기관"이라 함은 산업통상자원부고시 「공공기관 에너지이용합리화 추진에 관한 규정」에서 정한 기관을 말한다.

⑮ "전자식원격 검침계량기"란 에너지사용량을 전자식으로 계측하여 에너지 관리자가 실시간으로 모니터링하고 기록할 수 있도록 하는 장치이다.

예제1 에너지절약설계기준에 대한 다음 용어 중 옳지 않은 것은?

① "녹색건축인증"이라 함은 국토교통부와 환경부의 공동부령인 녹색건축의 인증에 관한규칙에 따라 인증을 받는 것을 말한다.

② "신·재생에너지 이용건축물인증"이라 함은 국토교통부와 산업통상자원부의 공동부령인 신·재생에너지이용건축물인증에 관한 규칙에 따라 인증을 받는 것을 말한다는 법의 개정으로 인하여 삭제되었다.

③ "예비인증"이라 함은 건축물의 완공 전에 설계도서 등으로 인증기관에서 건축물에너지 제로에너지건축물인증, 녹색건축인증을 받는 것을 말한다.

④ "본인증"이라 함은 신청건물의 완공 후에 최종설계도서 및 현장 확인을 거쳐 최종적으로 허가권자가 제로에너지건축물인증, 녹색건축인증을 받는 것을 말한다.

· **정답** : ④

"본인증"이라 함은 신청건물의 완공 후에 최종설계도서 및 현장 확인을 거쳐 최종적으로 인증기관에서 건축물에너지 효율등급인증, 녹색건축인증을 받는 것을 말한다.

예제2 에너지절약설계기준에 대한 다음 용어 중 옳지 않은 것은?

① "의무사항"이라 함은 건축물을 건축하는 건축주와 설계자 등이 건축물의 설계 시 필수적으로 적용해야 하는 사항을 말한다.
② "권장사항"이라 함은 건축물을 건축하는 건축주와 설계자 등이 건축물의 설계 시 선택적으로 적용이 가능한 사항을 말한다.
③ "완화기준"이라 함은「건축법」,「국토의 계획 및 이용에 관한 법률」및「지방자치단체 조례」등에서 정하는 조경설치면적, 건축물의 건폐율 및 높이제한 기준을 적용함에 있어 완화 적용할 수 있는 비율을 정한 기준을 말한다.
④ "본인증"이라 함은 신청건물의 완공 후에 최종설계도서 및 현장 확인을 거쳐 최종적으로 인증기관에서 제로에너지건축물인증, 녹색건축인증을 받는 것을 말한다.

· 정답 : ③
"완화기준"이라 함은「건축법」,「국토의 계획 및 이용에 관한 법률」및「지방자치단체 조례」등에서 정하는 건축물의 용적률 및 높이제한 기준을 적용함에 있어 완화 적용할 수 있는 비율을 정한 기준을 말한다.

예제3 다음은 에너지절약설계기준에서 말하는 용어 중 완화기준에 해당하는 것은?

① 조경설치면적, 용적률 ② 건축물의 용적률, 건폐율
③ 건축물의 용적률, 높이제한기준 ④ 높이제한 기준, 건폐율

· 정답 : ③
"완화기준"이라 함은「건축법」,「국토의 계획 및 이용에 관한 법률」및「지방자치단체 조례」등에서 정하는 건축물의 용적률 및 높이제한 기준을 적용함에 있어 완화 적용할 수 있는 비율을 정한 기준을 말한다.

핵심7 건축부문 용어의 정의(고시 제 5조 10)

(1) 건축부문 용어의 정의

가. "거실"이라 함은 건축물 안에서 거주(단위 세대 내 욕실·화장실·현관을 포함한다)·집무·작업·집회·오락 기타 이와 유사한 목적을 위하여 사용되는 방을 말하나, 특별히 이 기준에서는 거실이 아닌 냉방 또는 난방 공간 또한 거실에 포함한다.

나. "외피"라 함은 거실 또는 거실 외 공간을 둘러싸고 있는 벽·지붕·바닥·창 및 문 등으로서 외기에 직접 면하는 부위를 말한다.

다. "거실의 외벽"이라 함은 거실의 벽 중 외기에 직접 또는 간접 면하는 부위를 말한다. 다만, 복합용도의 건축물인 경우에는 해당 용도로 사용하는 공간이 다른 용도로 사용하는 공간과 접하는 부위를 외벽으로 볼 수 있다.

라. "최하층에 있는 거실의 바닥"이라 함은 최하층(지하층을 포함한다)으로서 거실인 경우의 바닥과 기타 층으로서 거실의 바닥 부위가 외기에 직접 또는 간접적으로 면한 부위를 말한다. 다만, 복합용도의 건축물인 경우에는 다른 용도로 사용하는 공간과 접하는 부위를 최하층에 있는 거실의 바닥으로 볼 수 있다.

마. "최상층에 있는 거실의 반자 또는 지붕"이라 함은 최상층으로서 거실인 경우의 반자 또는 지붕을 말하며, 기타 층으로서 거실의 반자 또는 지붕 부위가 외기에 직접 또는 간접적으로 면한 부위를 포함한다. 다만, 복합용도의 건축물인 경우에는 다른 용도로 사용하는 공간과 접하는 부위를 최상층에 있는 거실의 반자 또는 지붕으로 볼 수 있다.

바. "외기에 직접 면하는 부위"라 함은 바깥쪽이 외기이거나 외기가 직접 통하는 공간에 면한 부위를 말한다.
건축물에서 외기에 직접 면하는 부위라 함은 벽, 지붕, 바닥, 창 및 그리고 문 등이 직접 외기에 면하여 있는 경우를 말하며 외기가 직접 통하는 공간에 면한 부위라 함은 다음과 같은 경우를 말한다.

① 창 또는 문이 설치되지 않아 외부 공기의 출입이 가능한 공간에 면한 부위
② 외부공기 유입을 목적으로 설치된 통로 또는 공간에 면한 부위
③ 외기가 통하는 지붕 내부의 아래쪽에 설치 된 천장 또는 반자
④ 램프식 지하주차장에 면하는 거실부위 등

사. "외기에 간접 면하는 부위"라 함은 외기가 직접 통하지 아니하는 비난방 공간(지붕 또는 반자, 벽체, 바닥 구조의 일부로 구성되는 내부 공기층은 제외한다)에 접한 부위, 외기가 직접 통하는 구조이나 실내공기의 배기를 목적으로 설치하는 샤프트 등에 면한 부위, 지면 또는 토양에 면한 부위를 말한다.

건축물에서 외기에 간접 면하는 부위라 함은 다음과 같은 부위를 말한다.

① 외기가 차단될 수 있는 구조로 된 비난방 공간에 면한 부위(외기를 차단 할 수 없는 구조의 비난방공간에 면한 경우는 외기에 직접 면하는 부위로 본다.)

• 비난방공간이란 난방을 하지 않고 창고, 복도, 계단실, 다락방, 차고, 기계실, 샤프트(AD/PD)등의 공간을 말한다. 한편, 지붕 또는 반자, 벽체, 바닥구조 내부에 단열, 방수, 환기 등의 목적으로 설치되는 공기층 또는 공기통로는 구조체의 일부로 보아야 하며 별도로 비난방공간으로 다루지 않는다.

② 실내공기의 배기를 목적으로 설치된 샤프트(AD)나 배관설치공간(PD) 등에 면한 부위
③ 지면 또는 지면의 토양에 면한 부위
④ 공동주택의 창이 설치된 발코니나 다용도실에 면한 부위

아. "방풍구조"라 함은 출입구에서 실내외 공기 교환에의한 열출입을 방지할 목적으로 설치하는 방풍실 또는 회전문 등을 설치한 방식을 말한다.

자. "기밀성 창", "기밀성 문"이라 함은 창 및 문으로서 한국산업규격(KS) F 2292 규정에 의하여 기밀성 등급에 따른 기밀성이 1~5등급(통기량 $5m^3/h \cdot m^2$ 미만)인 것을 말한다.

차. "외단열"이라 함은 건축물 각 부위의 단열에서 단열재를 구조체의 외기측에 설치하는 단열방법으로서 모서리 부위를 포함하여 시공하는 등 열교를 차단한 경우를 말한다.

카. "방습층"이라 함은 습한 공기가 구조체에 침투하여 결로발생의 위험이 높아지는 것을 방지하기 위해 설치하는 투습도가 24시간당 $30g/m^2$ 이하 또는 투습계수 $0.28g/m^2 \cdot h \cdot mmHg$ 이하의 투습저항을 가진 층을 말한다.(시험방법은 한국산업규격 KS T 1305 방습포장재료의 투습도 시험방법 또는 KS F 2607 건축 재료의 투습성 측정 방법에서 정하는 바에 따른다.) 다만, 단열재 또는 단열재의 내측에 사용되는 마감재가 방습층으로서 요구되는 성능을 가지는 경우에는 그 재료를 방습층으로 볼 수 있다.

타. "평균 열관류율"이라 함은 지붕(천창 등 투명 외피부위를 포함하지 않는다), 바닥, 외벽(창 및 문을 포함한다) 등의 열관류율 계산에 있어 세부 부위별로 열관류율값이 다를 경우 이를 면적으로 가중평균하여 나타낸 것을 말한다. 단, 평균열관류율은 중심선 치수를 기준으로 계산한다.

파. 별표1의 창 및 문의 열관류율 값은 유리와 창틀(또는 문틀)을 포함한 평균 열관류율을 말한다.

하. "투광부"라 함은 창, 문면적의 50% 이상이 투과체로 구성된 문, 유리블럭, 플라스틱 패널 등과 같이 투과재료로 구성되며, 외기에 접하여 채광이 가능한 부위를 말한다.

거. "태양열취득률(SHGC)"이라 함은 입사된 태양열에 대하여 실내로 유입된 태양열취득의 비율을 말한다.

너. "일사조절장치"라 함은 태양열의 실내 유입을 조절하기 위한 차양, 구조체 또는 태양열 취득률이 낮은 유리를 말한다. 이 경우 차양은 설치위치에 따라 외부차양과 내부차양 그리고 유리간 사이 차양으로 구분하며, 가동여부에 따라 고정형과 가동형으로 나눌 수 있다.

더. 삭제

예제1 **다음은 건축물의 에너지절약설계기준의 건축부문 용어의 정의에 관한 것이다. 다음 중 옳지 않은 것은 어느 것인가?**

① "기밀성 창", "기밀성 문"이라 함은 창 및 문으로서 한국산업규격(KS) F 2292 규정에 의하여 기밀성 등급에 따른 기밀성이 1 ~ 5등급(통기량 $5m^3/h \cdot m^2$ 이하)인 것을 말한다.

② "방습층"이라 함은 습한 공기가 구조체에 침투하여 결로발생의 위험이 높아지는 것을 방지하기 위해 설치하는 투습도가 24시간당 $30g/m^2$ 이하 또는 투습계수 $0.28g/m^2 \cdot h \cdot mmHg$ 이하의 투습저항을 가진 층을 말한다.

③ "방풍구조"라 함은 출입구에서 실내외 공기 교환에 의한 열출입을 방지할 목적으로 설치하는 방풍실 또는 회전문 등을 설치한 방식을 말한다.

④ "외피"라 함은 거실 또는 거실 외 공간을 둘러싸고 있는 벽·지붕·바닥·창 및 문 등으로서 외기에 직접 면하는 부위를 말한다.

· **정답** : ①

"기밀성 창", "기밀성 문"이라 함은 창 및 문으로서 한국산업규격(KS) F 2292 규정에 의하여 기밀성 등급에 따른 기밀성이 1 ~ 5등급(통기량 $5m^3/h \cdot m^2$ 미만)인 것을 말한다.

예제2 **다음은 건축물의 에너지절약설계기준의 용어의 정의에 관한 것이다. 방습층과 관련된 내용 중 (   ) 안에 가장 적합한 것은?**

"방습층"이라 함은 습한 공기가 구조체에 침투하여 결로발생의 위험이 높아지는 것을 방지하기 위해 설치하는 투습도가 (㉠)시간당 (㉡) 이하 또는 투습계수 (㉢) 이하의 투습저항을 가진 층을 말한다.

① ㉠ 24, ㉡ $30g/m^2$, ㉢ $0.28g/m^2 \cdot h \cdot mmHg$
② ㉠ 24, ㉡ $40g/m^2$, ㉢ $0.28g/m^2 \cdot h \cdot mmHg$
③ ㉠ 12, ㉡ $30g/m^2$, ㉢ $0.38g/m^2 \cdot h \cdot mmHg$
④ ㉠ 12, ㉡ $40g/m^2$, ㉢ $0.38g/m^2 \cdot h \cdot mmHg$

· **정답** : ①

"방습층"이라 함은 습한 공기가 구조체에 침투하여 결로발생의 위험이 높아지는 것을 방지하기 위해 설치하는 투습도가 24시간당 $30g/m^2$ 이하 또는 투습계수 $0.28g/m^2 \cdot h \cdot mmHg$ 이하의 투습저항을 가진 층을 말한다. (시험방법은 한국산업규격 KS T 1305 방습포장재료의 투습도 시험방법 또는 KS F 2607 건축 재료의 투습성 측정 방법에서 정하는 바에 따른다.) 다만, 단열재 또는 단열재의 내측에 사용되는 마감재가 방습층으로서 요구되는 성능을 가지는 경우에는 그 재료를 방습층으로 볼 수 있다.

예제3 **다음은 건축물의 에너지절약설계기준의 건축부문 용어의 정의에 관한 것이다. 다음 중 옳지 않은 것은 어느 것인가?**

① "거실"이라 함은 건축물 안에서 거주(단위 세대 내 욕실·화장실·현관을 포함한다)·집무·작업·집회·오락 기타 이와 유사한 목적을 위하여 사용되는 방을 말하나, 특별히 이 기준에서는 거실이 아닌 냉·난방 공간 또한 거실에 포함한다.

② "야간단열장치"라 함은 창의 야간 열손실을 방지할 목적으로 설치하는 단열셔터, 단열덧문으로서 총열관류저항(열관류율의 역수)이 $0.4m^2 \cdot K/W$ 이상인 것을 말한다.

③ "평균 열관류율"이라 함은 지붕(천창 등 투명 외피부위를 포함하지 않는다), 바닥, 외벽(창 및 문을 포함한다) 등의 열관류율 계산에 있어 세부 부위별로 열관류율값이 다를 경우 이를 면적으로 가중평균하여 나타낸 것을 말한다. 단, 평균열관류율은 중심선 치수를 기준으로 계산한다.

④ 방습층"이라 함은 습한 공기가 구조체에 침투하여 결로발생의 위험이 높아지는 것을 방지하기 위해 설치하는 투습도가 24시간당 $30g/m^2$ 이하 또는 투습계수 $0.28g/m^2 \cdot h \cdot mmHg$ 이하의 투습저항을 가진 층을 말한다.

· **정답** : ②

"야간단열장치"라 함은 창의 야간 열손실을 방지할 목적으로 설치하는 단열셔터, 단열덧문으로서 총열관류저항(열관류율의 역수)이 $0.4m^2 \cdot K/W$ 이상인 것을 말한다. 는 법의 개정으로 삭제 되었다.

예제4 다음은 건축물의 에너지절약설계기준의 건축부문 용어의 정의에 관한 것이다. 다음 중 옳지 않은 것은 어느 것인가?

① "거실의 외벽"이라 함은 거실의 벽 중 외기에 직접 또는 간접 면하는 부위를 말한다. 다만, 복합용도의 건축물인 경우에는 해당 용도로 사용하는 공간이 다른 용도로 사용하는 공간과 접하는 부위를 외벽으로 볼 수 있다.
② "야간단열장치"라 함은 창의 야간 열손실을 방지할 목적으로 설치하는 단열셔터, 단열덧문으로서 총열관류저항(열관류율의 역수)이 $0.3m^2 \cdot K/W$ 이상인 것을 말한다.
③ "방습층"이라 함은 습한 공기가 구조체에 침투하여 결로발생의 위험이 높아지는 것을 방지하기 위해 설치하는 투습도가 24시간당 $30g/m^2$ 이하 또는 투습계수 $0.28g/m^2 \cdot h \cdot mmHg$ 이하의 투습저항을 가진 층을 말한다.
④ "외단열"이라 함은 건축물 각 부위의 단열에서 단열재를 구조체의 외기 측에 설치하는 단열방법으로서 모서리 부위를 포함하여 시공하는 등 열교를 차단한 경우를 말한다.

· 정답 : ②

"야간단열장치"라 함은 창의 야간 열손실을 방지할 목적으로 설치하는 단열셔터, 단열덧문으로서 총열관류저항(열관류율의 역수)이 $0.4m^2 \cdot K/W$ 이상인 것을 말한다.는 법의 개정으로 삭제되었다.

예제5 다음은 건축물의 에너지절약설계기준의 건축부문 용어의 정의에 관한 것이다. 다음 중 외기가 직접 통하는 공간에 면한 부위에 대한 설명 중 가장 부적합한 것은?

① 외기가 통하는 지붕 내부의 아래쪽에 설치 된 천장 또는 반자
② 지면 또는 토양에 면한 부위
③ 외부공기 유입을 목적으로 설치된 통로 또는 공간에 면한 부위
④ 창 또는 문이 설치되었으나 난방이 되는 주된 사용 시간대에 통상적으로 열려 있어 외부공기가 통하는 공간에 면한 부위

· 정답 : ②

지면 또는 토양에 면한부위는 외기에 간접 면하는 부위에 해당한다.

예제6 다음은 건축물의 에너지절약설계기준의 건축부문 용어의 정의에 관한 것이다. 다음 중 외기가 간접으로 면하는 부위에 대한 설명 중 가장 부적합한 것은?

① 공동주택의 창이 설치된 발코니나 다용도실에 면한 부위
② 램프식 지하주차장에 면하는 거실 부위 등
③ 실내면의 배기를 목적으로 설치된 샤프트(AD)나 배관 설치공간(PD)등에 면한 부위
④ 지면 또는 토양에 면한 부위

· 정답 : ②

램프식 지하주차장에 면하는 거실 부위 등은 외기에 직접 면하는 부위

예제7 **다음 중 "건축물의 에너지절약설계기준" 에서 규정된 용어의 정의로 가장 부적합한 것은?**
【13년 2급 출제유형】

① 외피라 함은 거실 또는 거실 외 공간을 둘러싸고 있는 벽 · 지붕 · 바닥 · 창 및 문 등으로서 외기에 직접 면하는 부위를 말한다.
② 기밀성 창, 기밀성 문이라 함은 창 및 문으로서 한국산업규격(KS) F 2292 규정에 의하여 기밀성 등급에 따른 기밀성이 1~5등급(통기량 $5m^3/h \cdot m^2$ 미만)인 것을 말한다.
③ 야간단열장치라 함은 창의 야간 열손실을 방지할 목적으로 설치하는 단열셔터, 단열덧문으로서 총열관류저항(열관류율의 역수)이 $0.4m^2 \cdot K/W$ 이상인 것을 말한다.
④ 기밀성 창", "기밀성 문"이라 함은 창 및 문으로서 한국산업규격(KS) F 2292 규정에 의하여 기밀성 등급에 따른 기밀성이 1 ~ 5등급(통기량 $5m^3 / h \cdot m^2$ 이하)인 것을 말한다.

· **정답** : ③
"야간단열장치"라 함은 창의 야간 열손실을 방지할 목적으로 설치하는 단열셔터, 단열덧문으로서 총열관류저항(열관류율의 역수)이 $0.4m^2 \cdot K/W$ 이상인 것을 말한다.는 법의 개정으로 삭제되었다.

예제8 **건축물의 에너지절약 설계기준" 에서 제시하는 용어의 설명으로 옳지 않은 것은?**
【2015년 국가자격 시험 1회 출제문제】

① "외피"라 함은 거실 또는 거실 외 공간을 둘러싸고 있는 벽·지붕·바닥·창 및 문 등으로서 외기에 직접 또는 간접 면하는 부위를 말한다.
② "방풍구조"라 함은 출입구에서 실내외 공기 교환에 의한 열출입을 방지할 목적으로 설치하는 방풍실 또는 회전문 등을 설치한 방식을 말한다.
③ "제로에너지 건축물 인증"이라 함은 국토교통부와 산업통상자원부의 공동부령인 「제로에너지건축물 인증에 관한 규칙」에 따라 인증을 받는 것을 말한다.
④ "완화기준"이라 함은 「건축법」, 「국토의 계획 및 이용에 관한 법률」 및 「지방자치단체 조례」 등에서 정하는 건축물의 용적률 및 높이제한 기준을 적용함에 있어 완화 적용할 수 있는 비율을 정한 기준을 말한다.

· **정답** : ①
"외피"라 함은 거실 또는 거실 외 공간을 둘러 싸고 있는 벽 · 지붕 · 바닥 · 창 및 문 등으로서 외기에 직접 면하는 부위를 말한다.

예제9 **"건축물의 에너지절약설계기준" 에 따라 외벽 평균열관류율을 계산할 때 기준이 되는 치수로 적절한 것은?**
【2016년 국가자격 시험 2회 출제문제】

① 비주거 건축물-중심선치수, 주거용 건축물-안목치수
② 비주거 건축물-중심선치수, 주거용 건축물-중심선치수
③ 비주거 건축물-안목치수, 거용 건축물-중심선치수
④ 비주거 건축물-안목치수, 주거용 건축물-안목치수

· **정답** : ②
제5조(용어의 정의)
9. 건축부문 파
단, 평균열관류율은 중심선 치수를 기준으로 계산한다.

핵심8 기계부문 용어의 정의(고시 제 5조 11)

(1) 기계부문 용어의 정의

가. "위험률"이라 함은 냉(난)방기간 동안 또는 연간 총 시간에 대한 온도출현분포 중에서 가장 높은(낮은) 온도쪽으로부터 총 시간의 일정 비율에 해당하는 온도를 제외시키는 비율을 말한다.

나. "효율"이라 함은 설비기기에 공급된 에너지에 대하여 출력된 유효에너지의 비를 말한다.

다. "열원설비"라 함은 에너지를 이용하여 열을 발생시키는 설비를 말한다.

라. "대수분할운전"이라 함은 기기를 여러 대 설치하여 부하상태에 따라 최적 운전상태를 유지할 수 있도록 기기를 조합하여 운전하는 방식을 말한다.

마. "비례제어운전"이라 함은 기기의 출력 값과 목표 값의 편차에 비례하여 입력량을 조절하여 최적 운전 상태를 유지할 수 있도록 운전하는 방식을 말한다.

바. "심야전기를 이용한 축열·축냉시스템"이라 함은 심야시간에 전기를 이용하여 열을 저장하였다가 이를 난방, 온수, 냉방 등의 용도로 이용하는 설비로서 한국전력공사에서 심야전력기기로 인정한 것을 말한다.

사. "열회수형환기장치"라 함은 난방 또는 냉방을 하는 장소의 환기장치로 실내의 공기를 배출할 때 급기되는 공기와 열교환하는 구조를 가진 것으로서 KS B 6879(열화수형 환기장치) 부속서 B에서 정하는 시험방법에 따른 열교환효율과 에너지계수의 최소 기준 이상의 성능을 가진 것을 말한다.

아. "이코노마이저시스템"이라 함은 중간기 또는 동계에 발생하는 냉방부하를 실내 엔탈피 보다 낮은 도입 외기에 의하여 제거 또는 감소시키는 시스템을 말한다.

자. "중앙집중식 냉 · 난방설비"라 함은 건축물의 전부 또는 냉난방 면적의 60% 이상을 냉방 또는 난방함에 있어 해당 공간에 순환펌프, 증기난방설비 등을 이용하여 열원 등을 공급하는 설비를 말한다. 단, 산업통상자원부 고시 「효율관리기자재 운용규정」에서 정한 가정용 가스보일러는 개별난방 설비로 간주한다.

차. "TAB" 라 함은 Testing(시험), Adjusting(조정), Balansing(평가) 의 약어로 건물내의 모든 설비시스템이 설계에서 의도한 기능을 발휘하도록 점검 및 조정하는 것을 말한다.

카. "커미셔닝" 이라 함은 효율적인 건축 기계설비 시스템의 성능 확보를 위해 설계 단계부터 공사완료에 이르기까지 전과정 에 걸쳐 건축주의 요구에 부합되도록 모든시스템의 계획, 설계, 시공, 성능시험 등을 확인하고 최종 유지관리자에게 제공하여 입주 후 건축주의 요구를 충족할 수 있도록 운전성능 유지 여부를 검증하고 문서화 하는 과정을 말한다.

예제1 다음은 건축물의 에너지절약설계기준의 기계부문 용어의 정의에 관한 것이다. 다음 중 가장 부적합한 것은?

① "효율"이라 함은 설비기기에 공급된 에너지에 대하여 출력된 유효에너지의 비를 말한다.

② "폐열회수형환기장치"라 함은 난방 또는 냉방을 하는 장소의 환기장치로 실내의 공기를 배출할 때 급기 되는 공기와 열교환하는 구조를 가진 것으로서 고효율인증제품을 말한다.

③ "TAB" 라 함은 Testing(시험), Adjusting(조정), Balansing(평가) 의 약어로 건물내의 모든 설비시스템이 설계에서 의도한 기능을 발휘하도록 점검 및 조정하는 것을 말한다.

④ "이코노마이저시스템"이라 함은 중간기 또는 동계에 발생하는 냉방부하를 실내 온도 보다 낮은 도입 외기에 의하여 제거 또는 감소시키는 시스템을 말한다.

· **정답 :** ④

"이코노마이저시스템"이라 함은 중간기 또는 동계에 발생하는 냉방부하를 실내 엔탈피 보다 낮은 도입 외기에 의하여 제거 또는 감소시키는 시스템을 말한다.

예제2 **다음은 건축물의 에너지절약설계기준의 기계부문 용어의 정의에 관한 것이다. "비례제어운전"에 대한 설명 중 가장 적합한 것은?**

① 한 번의 제어에 의한 출력이 다음 번 제어의 기준이 되는 제어 방식을 말한다.
② 기기의 출력 값과 목표 값의 편차에 비례하여 입력량을 조절하여 최적운전 상태를 유지할 수 있도록 운전하는 방식을 말한다.
③ 기기를 여러 대 설치하여 부하상태에 따라 최적 운전상태를 유지할 수 있도록 기기를 조합하여 운전하는 방식을 말한다.
④ 실내 엔탈피 및 외기 엔탈피에 의한 외기 댐퍼를 비례 제어하는 방식을 말한다.

· **정답 : ②**
"비례제어운전"이라함은 기기의 출력 값과 목표 값의 편차에 비례하여 입력량을 조절하여 최적운전 상태를 유지할 수 있도록 운전하는 방식을 말한다.

예제3 **다음은 건축물의 에너지절약설계기준의 기계부문 용어의 정의에 관한 것이다. "대수분할운전"에 대한 설명 중 가장 적합한 것은?**

① 한 번의 제어에 의한 출력이 다음 번 제어의 기준이 되는 제어 방식을 말한다.
② 기기의 출력값과 목표값의 편차에 비례하여 입력량을 조절하여 최적운전 상태를 유지할 수 있도록 운전하는 방식을 말한다.
③ 기기를 여러 대 설치하여 부하상태에 따라 최적 운전상태를 유지할 수 있도록 기기를 조합하여 운전하는 방식을 말한다.
④ 실내 엔탈피 및 외기 엔탈피에 의한 외기 댐퍼를 비례 제어하는 방식을 말한다.

· **정답 : ③**
"대수분할운전"이라 함은 기기를 여러 대 설치하여 부하상태에 따라 최적 운전상태를 유지할 수 있도록 기기를 조합하여 운전하는 방식을 말한다.

예제4 **다음은 건축물의 에너지절약설계기준의 기계부문 용어의 정의에 관한 것이다. "이코노마이저시스템"에 대한 설명 중 가장 적합한 것은?**

① 한 번의 제어에 의한 출력이 다음 번 제어의 기준이 되는 제어 방식을 말한다.
② 중간기 또는 동계에 발생하는 냉방부하를 실내 엔탈피 보다 낮은 도입 외기에 의하여 제거 또는 감소시키는 시스템을 말한다.
③ 기기를 여러 대 설치하여 부하상태에 따라 최적 운전상태를 유지할 수 있도록 기기를 조합하여 운전하는 방식을 말한다.
④ 실내 엔탈피 및 외기 엔탈피에 의한 외기 댐퍼를 비례 제어하는 방식을 말한다.

· **정답 : ②**
"이코노마이저 시스템"이라함은 중간기 또는 동계에 발생하는 냉방부하를 실내 엔탈피 보다 낮은 도입 외기에 의하여 제거 또는 감소시키는 시스템을 말한다.

예제5 **다음은 건축물의 에너지절약설계기준의 기계부문 용어의 정의에 관한 것이다. 다음 중 가장 부적합한 것은?**

① "효율"이라 함은 설비기기에 공급된 에너지에 대하여 출력된 유효에너지의 비를 말한다.
② "심야전기를 이용한 축열·축냉시스템"이라 함은 심야시간에 전기를 이용하여 열을 저장하였다가 이를 난방, 온수, 냉방 등의 용도로 이용하는 설비로서 한국전력공사에서 심야전력기기로 인정한 것을 말한다.
③ "대수분할운전"이라 함은 기기를 여러 대 설치하여 부하상태에 따라 최적 운전상태를 유지할 수 있도록 기기를 조합하여 운전하는 방식을 말한다.
④ "비례제어운전"이라 함은 기기의 입력값과 출력 값의 편차에 비례하여 입력량을 조절하여 최적운전 상태를 유지할 수 있도록 운전하는 방식을 말한다.

· **정답 : ④**
"비례제어운전"이라 함은 기기의 출력 값과 목표 값의 편차에 비례하여 입력량을 조절하여 최적운전 상태를 유지할 수 있도록 운전하는 방식을 말한다.

예제6 **다음은 "건축물의 에너지절약설계기준"에 사용되고 있는 용어의 정의에 관한 것이다. 그 설명으로 가장 적합한 것은?** 【13년 1급 출제유형】

① 효율은 설비기기에 공급된 에너지에 대하여 출력된 유효에너지의 비를 말한다.
② "고효율제품"이라 함은 산업통상자원부 고시 「고효율에너지기자재 보급촉진에 관한규정」에 따라 인증서를 교부받은 제품과 산업통상자원부고시 「효율관리기자재 운용규정」에 따른 에너지소비효율 2등급제품 또는 동 고시에서 고효율로 정한 제품을 말한다.
③ 완화기준이라 함은 건축법, 국토의 계획 및 이용에 관한 법률 등에서 정하는 건축물의 건폐율 및 높이제한 기준, 창면적비를 적용함에 있어 완화 적용할 수 있는 비율을 말한다.
④ 평균열관류율은 지붕, 바닥, 외벽 등의 세부 부위별로 열관류율 값이 다를 경우 각 부위의 열관류율 값을 산술평균하여 나열한 것이다.

· **정답** : ①

② "고효율제품"이라 함은 산업통상자원부 고시 「고효율에너지기자재 보급촉진에 관한규정」에 따라 인증서를 교부받은 제품과 산업통상자원부고시 「효율관리기자재 운용규정」에 따른 에너지소비효율 1등급제품 또는 동 고시에서 고효율로 정한 제품을 말한다.
③ 완화기준이라 함은 건축법, 국토의 계획 및 이용에 관한 법률 등에서 정하는 건축물의 용적율 및 높이제한 기준을 적용함에 있어 완화 적용할 수 있는 비율을 정한 기준을 말한다.
④ 평균열관류율은 지붕, 바닥, 외벽 등의 세부 부위별로 열관류율 값이 다를 경우 각 부위의 열관류율 값을 면적으로 가중평균하여 나타낸 것을 말한다.

예제7 **다음은 건축물의 에너지절약설계기준의 기계부문 용어의 정의에 관한 것이다. 관련된 내용 중 ( ) 안에 가장 적합한 것은?**

1. " "고효율제품"이라 함은 산업통상자원부 고시 「고효율에너지기자재 보급촉진에 관한규정」에 따라 인증서를 교부받은 제품과 산업통상자원부고시 「효율관리기자재 운용규정」에 따른 에너지소비효율 (㉠)제품 또는 동 고시에서 고효율로 정한 제품을 말한다.
2, "중앙집중식 냉·난방설비"라 함은 건축물의 전부 또는 냉난방 면적의(㉡) 이상을 냉방 또는 난방함에 있어 해당 공간에 순환펌프, 증기난방설비 등을 이용하여 열원 등을 공급하는 설비를 말한다.

① ㉠ 1등급, ㉡ 60%　　② ㉠ 1등급, ㉡ 70%
③ ㉠ 2등급, ㉡ 60%　　④ ㉠ 2등급, ㉡ 70%

· **정답** : ①

1. " "고효율제품"이라 함은 산업통상자원부 고시 「고효율에너지기자재 보급촉진에 관한규정」에 따라 인증서를 교부받은 제품과 산업통상자원부고시 「효율관리기자재 운용규정」에 따른 에너지소비효율 1등급제품 또는 동 고시에서 고효율로 정한 제품을 말한다.
2, "중앙집중식 냉·난방설비"라 함은 건축물의 전부 또는 냉·난방 면적의 60% 이상을 냉방 또는 난방함에 있어 해당 공간에 순환펌프, 증기난방설비 등을 이용하여 열원 등을 공급하는 설비를 말한다.

예제8 다음은 건축물의 에너지절약설계기준의 기계부문 용어의 정의에 관한 것이다. 다음 중 가장 부적합한 것은?

① "효율"이라 함은 설비기기에 공급된 에너지에 대하여 출력된 유효에너지의 비를 말한다.
② "심야전기를 이용한 축열·축냉시스템"이라 함은 심야 시간에 전기를 이용하여 열을 저장하였다가 이를 난방, 온수, 냉방 등의 용도로 이용하는 설비로서 한국에너지공단에서 심야전력기기로 인정한 것을 말한다.
③ "대수분할운전"이라 함은 기기를 여러대 설치하여 부하상태에 따라 최적 운전상태를 유지할 수 있도록 기기를 조합하여 운전하는 방식을 말한다.
④ "고효율제품"이라 함은 산업통상자원부 고시 「고효율에너지기자재 보급촉진에 관한규정」에 따라 인증서를 교부받은 제품과 산업통상자원부고시 「효율관리기자재 운용규정」에 따른 에너지소비효율 2등급제품 또는 동 고시에서 고효율로 정한 제품을 말한다.

· **정답** : ②
"심야전기를 이용한 축열·축냉시스템"이라 함은 심야 시간에 전기를 이용하여 열을 저장하였다가 이를 난방, 온수, 냉방 등의 용도로 이용하는 설비로서 한국전력공사에서 심야전력기기로 인정한 것을 말한다.

예제9 "건축물의 에너지절약설계기준"에 따른 중앙집중식 난방방식을 모두 고른 것은? **【17년 출제문제】**

> ㉠ 난방면적의 60%에 EHP설비(공기 대 공기)방식으로 설치
> ㉡ 난방면적의 100%에 증기보일러를 이용한 방열기 설치
> ㉢ 난방면적의 60%에 지역난방을 이용한 열교환기 및 온수순환펌프 설치
> ㉣ 난방면적의 50%에 지열히트펌프(물 대 물)방식으로 설치
> \+ 난방면적의 50%에 가스 히트펌프(공기 대 공기) 설치

① ㉠, ㉢ ② ㉡, ㉢
③ ㉢ ④ ㉢, ㉣

· **정답** : ②
"중앙 집중식, 냉·난방 설비"라 함은 건축물의 전부 또는 냉난방면적의 60% 이상을 냉방 또는 난방 함에 있어 해당 공간에 순환펌프, 증기난방설비 등을 이용하여 열원 등을 공급하는 설비를 말한다. 단, 산업 통상 자원부 고시 「효율관리기자재 운용규정」에서 정한 가정용 가스보일러는 개별난방 설비로 간주한다.

핵심9 전기설비부문 용어의 정의(고시 제5조 11)

11) 전기설비부문

가. “역률개선용커패시터 (콘덴서) ”라 함은 역률을 개선하기 위하여 변압기 또는 전동기 등에 병렬로 설치하는 커패시터를 말한다.

나. “전압강하”라 함은 인입전압(또는 변압기 2차전압)과 부하측 전압과의 차를 말하며 저항이나 인덕턴스에 흐르는 전류에 의하여 강하하는 전압을 말한다.

다. “조도자동조절조명기구”라 함은 인체 또는 주위 밝기를 감지하여 자동으로 조명등을 점멸하거나 조도를 자동 조절할 수 있는 센서장치 또는 그 센서를 부착한 등기구를 말한다.

라. “수용률”이라 함은 부하설비 용량 합계에 대한 최대 수용전력의 백분율을 말한다.

마. “최대수요전력”이라 함은 수용가에서 일정 기간 중 사용한 전력의 최대치를 말하며, “최대수요전력제어설비”라 함은 수용가에서 피크전력의 억제, 전력 부하의 평준화 등을 위하여 최대수요전력을 자동제어할 수 있는 설비를 말한다.

바. “가변속제어기(인버터)”라 함은 정지형 전력변환기로서 전동기의 가변속운전을 위하여 설치하는 설비를 말한다.

사. “변압기 대수제어”라 함은 변압기를 여러 대 설치하여 부하상태에 따라 필요한 운전대수를 자동 또는 수동으로 제어하는 방식을 말한다.

아. “대기전력자동차단장치”라 함은 산업통상자원부고시 「대기전력저감프로그램운용규정」에 의하여 대기전력저감우수제품으로 등록된 대기전력자동차단콘센트, 대기전력자동차단스위치를 말한다.

자. “자동절전멀티탭”이라 함은 산업통상자원부고시 「대기전력저감프로그램운용규정」에 의하여 대기전력저감우수제품으로 등록된 자동절전멀티탭을 말한다.

차. “일괄소등스위치”라 함은 층 또는 구역 단위(세대단위)로 설치되어 조명등(센서등 및 비상등 제외 가능)을 일괄적으로 끌 수 있는 스위치를 말한다.

카. “회생제동장치” 라 함은 승강기가 균형추보다 무거운 상태로 하강 (또는 반대의 경우) 할 때 모터는 순간적으로 발전기로 동작하게 되며, 이때 생산되는 전력을 다른 회로에서 전원으로 활용하는 방식으로 전력소비를 절감하는 장치를 말한다.

타. 삭제

파. 삭제

하. ” 간선 “이라 함은 인입구에서 분기과전류차단기에 이르는 배선으로서 분기회로의 분기점에서 전원측의 부분을 말한다.

12) 신·재생에너지설비부문

“신·재생에너지”라 함은 「신에너지 및 재생에너지 개발 · 이용 · 보급촉진법」에서 규정하는 것을 말한다.

예제1 다음은 에너지절약설계기준의 전기부문용어에 관한 설명이다. 다음 중 가장 부적합한 것은?

① “변압기 대수제어”라 함은 변압기를 여러 대 설치하여 부하상태에 따라 필요한 운전대수를 자동 또는 수동으로 제어하는 방식을 말한다.
② “가변속제어기(인버터)”라 함은 정지형 전력변환기로서 전동기의 가변속운전을 위하여 설치하는 설비를 말한다.
③ “수용률”이라 함은 부하설비 용량 합계에 대한 최대 수용전력의 백분율을 말한다.
④ “일괄소등스위치”라 함은 층 또는 구역 단위 또는 세대 단위로 설치되어 층별 또는 세대 내의 조명등(센서등 및 비상등제외가능)을 일괄적으로 켜고 끌 수 있는 스위치를 말한다.

· **정답** : ④

일괄소등스위치”라 함은 층 또는 구역 단위(세대단위)로 설치되어 조명등(센서등 및 비상등 제외 가능)을 일괄적으로 끌 수 있는 스위치를 말한다.

예제2 다음은 에너지절약설계기준의 전기부문용어에 관한 설명이다. 다음 중 가장 적합한 것은?

① "역률개선용커패시터 (콘덴서) "라 함은 역률을 개선하기 위하여 변압기 또는 전동기 등에 직렬로 설치하는 커패시터를 말한다.
② "회생제동장치" 라 함은 승강기가 균형추보다 가벼운 상태로 하강 (또는 반대의 경우) 할 때 모터는 순간적으로 발전기로 동작하게 되며, 이때 생산되는 전력을 다른 회로에서 전원으로 활용하는 방식으로 전력소비를 절감하는 장치를 말한다.
③ "변압기 대수제어"라 함은 변압기를 여러 대 설치하여 부하상태에 따라 필요한 운전대수를 자동 또는 수동으로 제어하는 방식을 말한다.
④ "일괄소등스위치"라 함은 층 또는 구역 단위(세대단위)로 설치되어 조명등(센서등 및 비상등 제외 가능)을 일괄적으로 켜고 끌 수 있는 스위치를 말한다.

· **정답** : ③

① "역률개선용커패시터 (콘덴서) " 라 함은 역률을 개선하기 위하여 변압기 또는 전동기 등에 병렬로 설치하는 커패시터를 말한다.
② "회생제동장치" 라 함은 승강기가 균형추보다 무거운 상태로 하강 (또는 반대의 경우) 할 때 모터는 순간적으로 발전기로 동작하게 되며, 이때 생산되는 전력을 다른 회로에서 전원으로 활용하는 방식으로 전력소비를 절감하는 장치를 말한다.
④ "일괄소등스위치" 라 함은 층 또는 구역 단위(세대단위)로 설치되어 조명등(센서등 및 비상등 제외 가능)을 일괄적으로 끌 수 있는 스위치를 말한다.

예제3 인입전압(또는 변압기 2차전압)과 부하측 전압과의 차를 말하며 저항이나 인덕턴스에 흐르는 전류에 의하여 강하하는 전압을 무엇이라고 하는가?

① 수용률 ② 인버터
③ 전압강하 ④ 역률 개선형 콘덴서

· **정답** : ③

"전압강하"라 함은 인입전압(또는 변압기 2차전압)과 부하측 전압과의 차를 말하며 저항이나 인덕턴스에 흐르는 전류에 의하여 강하하는 전압을 말한다.

예제4 다음은 에너지절약설계기준의 전기부문용어에 관한 설명이다. 다음 중 가장 부적합한 것은?

① "대기전력자동차단장치"라 함은 산업통상자원부고시 「대기전력저감프로그램운용규정」에 의하여 대기전력저감우수제품으로 등록된 대기전력자동차단콘센트, 대기전력자동차단 밸브를 말한다.
② "일괄소등스위치"라 함은 층 또는 구역 단위(세대단위)로 설치되어 조명등(센서등 및 비상등 제외 가능)을 일괄적으로 끌 수 있는 스위치를 말한다.
③ "자동절전멀티탭"이라 함은 산업통상자원부고시 「대기전력저감프로그램운용규정」에 의하여 대기전력저감우수제품으로 등록된 자동절전멀티탭을 말한다.
④ "자동절전멀티탭"이라 함은 산업통상자원부고시 「대기전력저감프로그램운용규정」에 의하여 대기전력저감우수제품으로 등록된 자동절전멀티탭을 말한다.

· **정답** : ①

"대기전력자동차단장치"라 산업통상자원부고시 「대기전력저감프로그램운용규정」에 의하여 대기전력저감우수제품으로 등록된 대기전력자동차단콘센트, 대기전력자동차단 스위치를 말한다.

예제5 **"건축물의 에너지절약설계기준" 제5조(용어의 정의)에 대한 설명으로 가장 적절한 것은?**

【2018년 국가자격 시험 4회 출제문제】

① "고효율조명기기"라 함은 광원, 안정기, 기타 조명기기로서 최저소비효율기준을 만족하는 제품을 말한다.

② "회생제동장치" 라 함은 승강기가 균형추보다 가벼운 상태로 하강 (또는 반대의 경우) 할 때 모터는 순간적으로 발전기로 동작하게 되며, 이때 생산되는 전력을 다른 회로에서 전원으로 활용하는 방식으로 전력소비를 절감하는 장치를 말한다.

③ "자동절전멀티탭"이라 함은 산업통상자원부고시 「대기전력저감프로그램운용규정」에 의하여 최저소비효율 인증을 받은 제품으로 등록된 자동절전멀티탭을 말한다.

④ "일괄소등스위치"라 함은 층 또는 구역 단위(세대단위)로 설치되어 조명등(센서등 및 비상등 제외 가능)을 일괄적으로 끌 수 있는 스위치를 말한다.

· **정답** : ④

① "고효율조명기기"라 함은 광원, 안정기, 기타 조명기기로서 고효율인증제품을 말한다.는 법의 개정으로 삭제 되었다.

② "회생제동장치" 라 함은 승강기가 균형추보다 무거운 상태로 하강 (또는 반대의 경우) 할 때 모터는 순간적으로 발전기로 동작하게 되며, 이때 생산되는 전력을 다른 회로에서 전원으로 활용하는 방식으로 전력소비를 절감하는 장치를 말한다.

③ "자동절전멀티탭"이라 함은 산업통상자원부고시 의하여 대기전력우수제품 인증을 받은 제품으로 등록된 자동절전멀티탭을 말한다.

예제6 **"건축물의 에너지절약 설계기준" 중 전기설비부문의 용어에 대한 설명으로 옳지 않은 것은?**

【2015년 국가자격 시험 1회 출제문제】

① "대기전력 저감형 도어폰"이라 함은 세대내의 실내기들 간에 호출 및 통화를 하는 기기를 말한다.

② "전압강하"라 함은 인입전압(또는 변압기 2차 전압)과 부하측 전압과의 차이를 말하며 저항이나 인덕턴스에 흐르는 전류에 의하여 강하하는 전압을 말한다.

③ "수용률"이라 함은 부하설비 용량 합계에 대한 최대 수용전력의 백분율을 말한다.

④ "최대수요전력"이라 함은 수용가에서 일정 기간 중 사용한 전력의 최대치를 말한다.

· **정답** : ①

"대기전력 저감형 도어폰"이라 함은 세대내의 실내기기와 실외기기간의 호출 및 통화를 하는 기기로서 산업통상자원부 고시 「대기전력저감프로그램운용규정」 에 의하여 대기전력우수제품으로 등록된 제품을 말한다. 는 법의 개정으로 삭제되었다.

예제7 **전등설비 250[W], 전열설비 800[W], 전동기설비 200[W], 기타 150[W]인 수용가가 있다. 이 수용가의 최대수요전력이 910[W]이면 수용률은?**

① 65%　　② 70%

③ 75%　　④ 80%

· **정답** : ①

$$\text{수용률} = \frac{\text{최대수요전력}}{\text{부하설비용량합계}} \times 100[\%]$$

$$= \frac{910}{250+800+200+150} \times 100[\%]$$

$$= \frac{910}{1,400} \times 100 = 65[\%]$$

예제8 다음은 에너지절약설계기준의 전기부문용어에 관한 설명이다. 대기전력자동차단장치 설치시 필요한 등록표기는 무엇인가?

① 탄소성적 ② 친환경 건축자재
③ 대기전력저감 우수제품 ④ 한국산업규격표시

· 정답 : ③

대기전력자동차단장치"라 함은 산업통상자원부고시 「대기전력저감프로그램운용규정」에 의하여 대기전력저감우수제품으로 등록된 대기전력자동차단콘센트, 대기전력자동차단스위치를 말한다.

예제9 신에너지 및 재생에너지 개발·이용·보급촉진법에서 정하는 재생에너지가 아닌 것은 어느 것인가?

① 연료전지 ② 태양광
③ 해양에너지 ④ 폐기물에너지

· 정답 : ①

연료전지는 신에너지에 포함된다.

예제10 신에너지 및 재생에너지 개발·이용·보급촉진법에서 정하는 신에너지가 아닌 것은 어느 것인가?

① 연료전지 ② 태양열에너지
③ 수소에너지 ④ 석탄의 액화, 가스화

· 정답 : ②

태양열에너지는 재생에너지에 해당한다.

핵심10 에너지절약계획서 및 설계 검토서 작성(고시 제13조)

고시 제13조 【에너지절약계획서 및 설계 검토서 작성】

① 에너지절약 설계 검토서는 별지 제1호 서식에 따라 에너지절약설계기준 의무사항 및 에너지성능지표, 에너지소요량 평가서로 구분된다.

② 에너지절약계획서를 제출하는 자는 에너지절약계획서 및 설계 검토서(에너지절약설계기준 의무사항 및 에너지성능지표, 건축물에너지소요량 평가서)의 판정자료를 제시(전자문서로 제출하는 경우를 포함한다)하여야 한다.

③ 다만, 자료를 제시할 수 없는 경우에는 부득이 당해 건축사 및 설계에 협력하는 해당분야 기술사(기계 및 전기)가 서명·날인한 설치예정확인서로 대체할 수 있다.

고시 제14조 【에너지절약설계기준 의무사항의 판정】

에너지절약설계기준 의무사항은 전 항목 채택 시 적합한 것으로 본다.

고시 제15조 【에너지성능지표의 판정】

① 에너지성능지표는 평점합계가 65점 이상일 경우 적합한 것으로 본다. 다만, 공공기관이 신축하는 건축물(별동으로 증축하는 건축물을 포함한다)은 74점 이상일 경우 적합한 것으로 본다.

② 에너지성능지표의 각 항목에 대한 배점의 판단은 에너지절약계획서 제출자가 제시한 설계도면 및 자료에 의하여 판정하며, 판정 자료가 제시되지 않을 경우에는 적용되지 않은 것으로 간주한다.

예제1 **다음 중 에너지절약 설계 검토서의 내용 중 에너지 절약설계기준 의무사항 (건축, 기계, 전기) 총 항목수로 가장 적합한 것은?**

① 10개 항목　　② 12개 항목
③ 16개 항목　　④ 20개 항목

· **정답** : ④
에너지절약 설계기준 의무사항은 건축 7개 항목, 기계 5개 항목, 전기부문 8개 항목으로 총20개 항목의 전 항목을 채택시 적합한 것으로 본다.

예제2 **다음은 "건축물의 에너지절약설계기준" 에서 정하는 에너지절약 설계검토서의 작성에 관한 사항이다. (　　)에 가장 올바른 용어로 적합한 것은?**

> 에너지절약 설계 검토서는 별지 제1호 서식에 따라 에너지절약 설계기준 의무사항 및 에너지 성능지표 (㉠)로 구분된다. 에너지절약계획서를 제출하는 자는 에너지절약계획서 및 설계 검토서의 판정자료를 제시하여야 한다. 다만, 자료를 제시할 수 없는 경우에는 부득이 당해 건축사 및 설계에 협력하는 해당분야 기술사(기계 및 전기)가 서명, 날인한 (㉡)으로 대체할 수 있다.

	㉠	㉡
①	건축물에너지 소요량 평가서	설치예정확인서
②	건축물에너지 소요량 평가서	건축물 부위별 성능내역서
③	건축물에너지 소요량 평가서	에너지절약계획 이행검토서
④	에너지 절약계획 이행검토서	설치예정확인서

· **정답** : ①
에너지절약 설계 검토서는 별지 제1호 서식에 따라 에너지절약 설계기준 의무사항 및 에너지성능지표 (㉠건축물에너지소요량 평가서)로 구분된다. 에너지절약계획서를 제출하는 자는 에너지절약계획서 및 설계 검토서의 판정자료를 제시하여야 한다. 다만, 자료를 제시할 수 없는 경우에는 부득이 당해 건축사 및 설계에 협력하는 해당분야 기술사(기계 및 전기)가 서명, 날인한 (㉡ 설치예정확인서)로 대체할 수 있다.

예제3 **다음 중 에너지절약 설계 검토서의 내용이 아닌 것은?**

① 에너지성능지표　　② 건축물에너지소요량 평가서
③ 에너지절약설계기준 의무사항　　④ 에너지효율등급

· **정답** : ④
에너지절약 설계 검토서는 별지 제1호 서식에 따라 에너지절약설계기준 의무사항 및 에너지성능지표, 건축물 에너지소요량 평가서로 구분된다.

예제4 **건축물의 에너지절약설계기준 에너지성능지표의 판정에서 (　　) 안에 가장 적합한 것은?**

주체	에너지 성능지표의(EPI)기준
민간건축물	(㉠)점 이상
공공건축물 신축(별동 증축건축물 포함)	(㉡)점 이상

① ㉠ 65, ㉡ 74　　② ㉠ 70, ㉡ 84
③ ㉠ 65, ㉡ 80　　④ ㉠ 70, ㉡ 74

· **정답** : ①
에너지성능지표는 평점합계가 65점 이상일 경우 적합한 것으로 본다. 다만, 공공기관이 신축하는 건축물(별동으로 증축하는 건축물을 포함한다)은 74점 이상일 경우 적합한 것으로 본다.

핵심11 완화기준(고시 제 16조)

(1) 완화기준

1) 완화신청

영 제11조제2항에 따라 건축물에 적용할 수 있는 완화기준은 별표9에 따르며, 건축주가 건축기준의 완화적용을 신청하는 경우에 한해서 적용한다.

2) 완화대상

영제11조(녹색건축물 건축의 활성화 대상건축물 및 완화기준)

① 녹색건축물 건축의 활성화 대상

- 국토교통부장관이 정하여 고시하는 설계 · 시공 · 감리 및 유지 · 관리에 관한 기준에 맞게 설계된 건축물
- 녹색건축인증을 받은 건축물
- 제로에너지 건축물인증을 받은 건축물
- 녹색건축물 조성 시범사업 대상으로 지정된 건축물
- 골조공사에 국토교통부장관이 고시하는 재활용 건축자재를 100분의 15 이상 사용한 건축물

3) 완화기준(개정안)

① 녹색건축 인증에 따른 건축기준 완화비율 (영제11조 제1항 제2호 관련)

녹색건축 인증 등급	최대완화비율
최우수	6%
우수	3%

② 제로에너지 건축물 인증에 따른 건축기준 완화비율 (영제11조 제1항 제3의 2호 관련)

제로에너지건축물 인증 등급	최대완화 비율	비고
ZEB 1, 플러스(+) 등급	15%	에너지 자립률이 100% 이상, 120% 이상
ZEB 2	14%	에너지 자립률이 80% 이상
ZEB 3	13%	에너지 자립률이 60% 이상
ZEB 4	12%	에너지 자립률이 40% 이상
ZEB 5	11%	에너지 자립률이 20% 이상

③ 녹색 건축물 조성시범 사업대상으로 지정된 건축물 (영제11조 제1항 제4호관련)

완화조건	최대완화비율
녹색건축물 조성시범사업	10%

④ 신축공사를 위한 골조 공사에 재활용 건축자재를 사용한 건축물 (영제11조 제1항 제5호관련)

- 이 경우 「재활용건축자재의 활용기준」 제 4조 2항에 따른다.

고시 제17조 【완화기준의 적용방법】

적용방법(100분의 115의 범위 내)

「법 및 조례에서 정하1) 완화기준

1) 완화기준의 적용은 당해 용도구역 및 용도지역에 지방자치단체 조례에서 정한 최대 용적률의 제한기준, 건축물 최대높이의 제한 기준에 대하여 다음 각 호의 방법에 따라 적용한다.

- 용적률 적용방법

「법 및 조례에서 정하는 기준 용적률」 × [1 + 완화기준]

• 건축물 높이제한 적용방법 (100분의 115의 범위 내)
「법 및 조례에서 정하는 건축물의 최고높이」 × [1 + 완화기준]

2) 완화기준 적용방법

① 완화기준은 제16조에서 정하는 범위 내에서 제1항제1호 내지 제3호에 나누어 적용할 수 있다.

완화기준 계산방법 예시

① 해당 용도지역 용적률이 200%이고, 녹색건축 최우수 등급 인증: 200 X (1+0.06) = 212%

② 해당 용도지역 용적률이 200%이고, 제로에너지건축물 1등급을 받는 경우 : 200 X (1+0.15) = 230%

* 계산방법은 최대치를 산정한 것이며, 해당용도의 지구특성 및 사업특성에 따라 달리 적용될 수 있음

■ 완화기준 적용방법 예시

녹색건축 최우수 등급 인증

– 건축주의 신청에 따라 용적률, 높이에 나누어 신청할 수 있음
예) 용적률 3%, 높이 3%

고시 제18조 【완화기준의 신청 등】

① 완화기준을 적용받고자 하는 자(이하 "신청인"이라 한다)는 건축허가 또는 사업계획승인 신청 시 허가권자에게 별지 제2호 서식의 완화기준 적용 신청서 및 관계 서류를 첨부하여 제출하여야 한다.

② 이미 건축허가를 받은 건축물의 건축주 또는 사업주체도 허가변경을 통하여 완화기준 적용 신청을 할 수 있다.

③ 신청인의 자격은 건축주 또는 사업주체로 한다.

④ 완화기준의 신청을 받은 허가권자는 신청내용의 적합성을 지방건축위원회 심의를 통해 검토하고, 신청자가 신청내용을 이행하도록 허가조건에 명시하여 허가하여야 한다.

고시 제19조 【인증의 취득】

① 예비인증
신청인이 인증에 의해 완화기준을 적용받고자 하는 경우에는 인증기관으로부터 예비인증을 받아야 한다.

② 본인증
완화기준을 적용받은 건축주 또는 사업주체는 건축물의 사용승인 신청 이전에 본인증을 취득하여 사용승인 신청 시 허가권자에게 인증서 사본을 제출하여야 한다. 단, 본 인증의 등급은 예비인증 등급 이상으로 취득하여야 한다.

고시 제20조 【이행여부확인】

① 인증취득을 통해 완화기준을 적용받은 경우에는 본인증서를 제출하는 것으로 이행한 것으로 본다.

② 이행여부 확인결과 건축주가 본인증서를 제출하지 않은 경우 허가권자는 사용승인을 거부할 수 있으며, 완화적용을 받기 이전의 해당 기준에 맞게 건축하도록 명할 수 있다.

예제1 녹색건축인증 최우수등급 건축물이 최대로 건축기준 완화적용을 받고자 신청할 수 있는 내용으로 가장 적합한 것은? 【13년 1급 출제유형】

① 용적률 8%, 높이제한 3%
② 용적률 6%
③ 용적률 5%, 높이제한 3%
④ 용적률 4%, 조경면적 4%

· **정답** : ②

녹색건축인증 최우수등급 = 6% 완화적용

예제2 제로에너지건축물인증 등급 1등급을 취득하였을 경우, "건축물의 에너지절약 설계기준"에 따라 최대로 받을 수 있는 건축기준 완화비율은? 【2015년 국가자격 시험 1회 출제문제】

① 8%
② 9%
③ 12%
④ 15%

· **정답** : ④

제로에너지건축물 인증 1등급을 취득하였을 경우 건축기준완화비율 15% 이하를 적용하여 신청 할 수 있다.

예제3 허가권자는 녹색건축물의 건축을 활성화 하기 위해 그 기준을 완화하여 적용할 수 있다. 완화기준에 관하여 가장 적합한 것은?

① 용적률 적용방법 「법 및 조례에서 정하는 기준 용적률」×[1 + 완화기준]
② 건폐율 적용방법 「법 및 조례에서 정하는 기준 건폐율」×[1 + 완화기준]
③ 건축물 공지 적용방법 「법 및 조례에서 정하는 기준 공지」×[1 + 완화기준]
④ 조경면적 적용방법 「법 및 조례에서 정하는 기준 조경면적」×[1 − 완화기준]

· **정답** : ①

건축물의 용적률과 건축물의 높이에 완화기준을 적용한다.

예제4 다음 중 에너지절약설계기준에서 말하는 완화기준에 해당하는 것은?

① 조경설치면적
② 건축물의 공지
③ 높이제한 기준
④ 건축물의 건폐율

· **정답** : ③

건축물의 용적률, 건축물의 높이를 115/100까지 완화하여 적용할 수 있다.

예제5 건축물의 에너지절약 설계기준의 완화기준의 신청 등과 관련하여 가장 부적합한 것은?

① 완화기준을 적용받고자 하는 자(이하 "신청인"이라 한다)는 건축허가 또는 사업계획승인 신청 시 허가권자에게 별지 제2호 서식의 완화기준 적용 신청서 및 관계 서류를 첨부하여 제출하여야 한다.
② 이미 건축허가를 받은 건축물의 건축주 또는 사업주체도 허가변경을 통하여 완화기준 적용 신청을 할 수 있다.
③ 신청인의 자격은 건축사 또는 사업주체로 한다.
④ 완화기준의 신청을 받은 허가권자는 신청내용의 적합성을 검토하고, 신청자가 신청내용을 이행하도록 허가조건에 명시하여 허가하여야 한다.

· **정답** : ③

신청인의 자격은 건축주 또는 사업주체로 한다.

예제6 "제로에너지 건축물 인증 5등급을 취득하였을 겨우 건축기준 최대 완화비율은?
【2018년 국가자격 시험 4회 출제문제】

① 0%
② 9%
③ 10%
④ 11%

· **정답** : ④

제로에너지건축물 인증 5등급의 건축기준 최대 완화비율은 11%이다.

예제7 **에너지절약계획서의 완화규정과 관련된 내용 중 다음 ( ) 안에 들어갈 용어로 가장 적합한 것은?**

> "건축허가 시기에 용적률, 건축높이 등의 완화적용을 받은 건축물에 대해서 사용승인 신청시 ( )를 제출한 것으로 이행한 것으로 본다.

① 이행확인서　　② 이행검토서
③ 예비인증서　　④ 본 인증서

· **정답 : ④**
건축물의 사용승인시 허가권자에게 본인증서를 제출할 경우 완화기준을 이행한 것으로 봄

핵심12 건축물의 에너지소요량의 평가(고시 제21조)

고시 제21조 **【건축물의 에너지소요량의 평가대상 및 에너지소요량 평가서의 판정】**

① 신축 또는 별동으로 증축하는 경우로서 다음 각 호의 어느 하나에 해당하는 건축물은 1차 에너지소요량 등을 평가하여 별지 제1호 서식에 따른 건축물 에너지소요량 평가서를 제출하여야 한다.
1.「건축법 시행령」별표1에 따른 업무시설 중 연면적의 합계가 3천 제곱미터 이상인 건축물
2.「건축법 시행령」 별표1에 따른 교육연구시설 중 연면적의 합계가 3천 제곱미터 이상인 건축물
3. 삭제

② 건축물의 에너지소요량 평가서는 단위면적당 1차 에너지소요량의 합계가 200kWh/m²년 미만일 경우 적합한 것으로 본다. 다만, 공공기관 건축물은 140kWh/m²년 미만일 경우 적합한 것으로 본다.

예제 **건축물의 에너지 소요량의 평가에서 바닥면적 3천제곱미터 이상 업무시설에서 작성한 단위면적당 에너지소요량에 포함되는 내용이 아닌 것은?**

① 난방에너지　　② 급탕에너지
③ 냉방에너지　　④ 채광에너지

· **정답 : ④**
단위면적당 에너지소요량 : 해당 건축물에 설치된 난방, 냉방, 급탕, 조명, 환기시스템에서 소요되는 단위면적당 에너지량

핵심13 건축물의 에너지소요량의 평가평가방법(고시 제 22조)

(1) 건축물의 에너지소요량의 평가방법

건축물 에너지소요량은 ISO 52016등 국제규격에 따라 난방, 냉방, 급탕, 조명, 환기 등에 대해 종합적으로 평가하도록 제작된 프로그램에 따라 산출된 연간 단위면적당 1차 에너지소요량 등으로 평가하며, 별표10의 평가기준과 같이 한다.

[별표 10] 연간 1차 에너지 소요량 평가기준

$$\text{단위면적당 에너지 요구량} = \frac{\text{난방에너지 요구량}}{\text{난방에너지가 요구되는 공간의 바닥면적 또는 실내 연면적}} + \frac{\text{냉방에너지 요구량}}{\text{냉방에너지가 요구되는 공간의 바닥면적 또는 실내 연면적}} + \frac{\text{급탕에너지 요구량}}{\text{급탕에너지가 요구되는 공간의 바닥면적 또는 실내 연면적}} + \frac{\text{조명에너지 요구량}}{\text{조명에너지가 요구되는 공간의 바닥면적 또는 실내 연면적}}$$

$$\text{단위면적당 에너지 소요량} = \frac{\text{난방에너지 소요량}}{\text{난방에너지가 요구되는 공간의 바닥면적 또는 실내 연면적}} + \frac{\text{냉방에너지 소요량}}{\text{냉방에너지가 요구되는 공간의 바닥면적 또는 실내 연면적}} + \frac{\text{급탕에너지 소요량}}{\text{급탕에너지가 요구되는 공간의 바닥면적 또는 실내 연면적}} + \frac{\text{조명에너지 소요량}}{\text{조명에너지가 요구되는 공간의 바닥면적 또는 실내 연면적}} + \frac{\text{환기에너지 소요량}}{\text{환기에너지가 요구되는 공간의 바닥면적 또는 실내 연면적}}$$

단위면적당 1차에너지 소요량 = 단위면적당 에너지 소요량 × 1차 에너지 환산계수

※ 에너지 소요량 = 해당 건축물에 설치된 난방, 냉방, 급탕, 조명, 환기시스템에서 소요되는 에너지량

※ 에너지 소비 총량제 판정 기준이 되는 1차에네지소요량은 용도 등에 따른 보정계수를 반영한 결과

예제1 에너지절약설계기준에 의한 건축물의 에너지 소요량에 대한 설명 중 틀린 것은?

① 바닥면적 1,000m^2 이상인 업무시설에 한하여 작성한다.
② 단위면적당 에너지요구량, 소요량, 1차 에너지소요량을 표기한다.
③ 건축물 에너지소요량은 ISO52016 등 국제규격에 따른 프로그램으로 평가한다.
④ 에너지소요량은 난방, 냉방, 급탕, 조명, 환기시스템에서 소요되는 에너지량의 합이다.

· **정답** : ①

바닥면적 3,000m^2 이상인 업무시설, 교육연구시설 중 공공기관이 신축하는 연면적의 합계가 500제곱미터 이상인 모든 용도의 공공기관 건축물 신축 또는 별동으로 증축하는 경우 건축물에너지 소요량 평가서를 제출하여야 한다.

예제2 건축물의 에너지 소요량의 평가에서 바닥면적 3천제곱미터 이상 업무시설에서 작성한 단위면적당 에너지소요량에 포함되는 내용이 아닌 것은?

① 냉·난방에너지 ② 급탕에너지
③ 조명에너지 ④ 급수에너지

· **정답** : ④
단위면적당 에너지소요량 : 해당 건축물에 설치된 난방, 냉방, 급탕, 조명, 환기시스템에서 소요되는 단위면적당 에너지량

예제3 건축물의 에너지 소요량 평가에서 단위면적당 1차에너지 소요량의 설명으로 가장 적합한 것은?

① 에너지소요량에 연료의 채취, 가공, 운송, 변환, 공급 과정 등의 손실을 포함한 단위면적당 에너지량
② 해당 건축물의 난방, 냉방, 급탕, 조명 부문에서 1차적으로 소요되는 단위면적당 에너지량
③ 해당 건축물에 설치된 난방, 냉방, 급탕, 조명, 환기시스템에서 소요되는 단위면적당 에너지량
④ 해당 건축물의 난방, 냉방, 급탕, 조명 부문에서 단위면적당 에너지량

· **정답** : ①
에너지소요량 평가서의 단위면적당 1차에너지 소요량은 에너지 소요량에 연료의 채취 가공, 운송, 변환, 공급과정 등의 손실을 포함한 단위면적당 에너지량을 의미한다.

예제4 "건축물의 에너지절약설계기준"에 따라 건축물에너지 소요량 평가서를 제출해야 하는 건축물을 모두 고른 것은?

> ㄱ. 연면적의 합계가 3,000m^2인 신축 업무시설(민간건축물)
> ㄴ. 연면적의 합계가 3,000m^2인 신축교육연구시설(민간건축물)
> ㄷ. 연면적의 합계가 2,500m^2인 별동 증축 업무시설(공공건축물)
> ㄹ. 연면적의 합계가 1,000m^2인 신축 교육연구시설(공공건축물)

① ㄱ, ㄷ, ㄹ ② ㄴ, ㄹ
③ ㄱ, ㄴ, ㄹ ④ ㄱ, ㄴ

· **정답** : ④
업무시설 및 교육연구시설 중 연면적의 합계가 3,000제곱미터 이상인 건축물은 건축물에너지 소요량 평가서를 제출하여야 한다.

예제5 다음 중 건축물 에너지 소비 총량제에 관한 설명으로 가장 적합한 것은? **【13년 1급 출제유형】**

① 에너지소요량 평가서의 단위면적당 에너지요구량은 난방, 냉방, 급탕, 조명, 채광 시스템에서 소요되는 단위면적당 에너지량을 의미한다.
② 에너지소요량 평가서의 단위면적당 2차에너지 소요량은 에너지 요구량에 연료의 채취 가공, 운송, 변환, 공급과정 등의 손실을 포함한 단위면적당 에너지량을 의미한다.
③ 건축물에너지 소비 총량제 대상 건축물은 에너지 절약계획서를 제출하지 않을 수 있다.
④ 건축법 시행령 제3조의 4에 따른 업무시설 기타 에너지 소비특성 및 이용상황 등이 이와 유사한 건축물로서 연면적의 합계가 3,000m^2 이상인 건축물은 에너지 소요량 평가서를 제출하여야 한다.

· **정답** : ④
① 에너지소요량 평가서의 단위면적당 에너지요구량은 난방, 냉방, 급탕, 조명, 시스템에서 소요되는 단위면적당 에너지량을 의미한다.
② 에너지소요량 평가서의 단위면적당 1차에너지 소요량은 에너지 소요량에 연료의 채취 가공, 운송, 변환, 공급과정 등의 손실을 포함한 단위면적당 에너지량을 의미한다.
③ 건축물에너지 소비 총량제 대상 건축물은 에너지 절약 계획서를 제출하여야 한다.

예제6 **건축물 에너지 소비 총량제에 대한 다음 설명 중 가장 적절하지 않은 것은?**

[2015년 국가자격 시험 1회 출제문제]

① 연면적 3천 제곱미터 이상인 문화 및 집회시설은 건축물 에너지 소요량 평가서를 제출하여야 한다.
② 건축물에너지 효율등급 인증은 법의 개정으로 삭제 되었다.
③ 건축물의 에너지 소요량은 ISO 52016 등 국제 규격에 따라 난방, 냉방, 급탕, 조명, 환기 부문에 대해 종합적으로 평가한다.
④ 건축물 에너지 소요량 평가서에는 단위면적당 에너지요구량, 단위면적당 에너지소요량, 단위면적당 1차 에너지소요량이 표기된다.

· **정답** : ①

① 건축물에너지 소요량평가서는 연면적 합계가 3천제곱미터 이상인 업무시설, 교육연구시설 중 경우에 작성하므로 문화 및 집회시설은 해당되지 않으므로 건축물에너지 소요량 평가서를 제출하지 않아도 된다.

핵심14 복합용도 건축물의 에너지절약계획서 및 설계검토서작성방법 등(고시 제23조)

고시 **제23조 【복합용도 건축물의 에너지절약계획서 및 설계검토서 작성방법 등】**

① 에너지절약계획서 및 설계 검토서를 제출하여야 하는 건축물 중 비주거와 주거용도가 복합되는 건축물의 경우에는 해당 용도별로 에너지절약계획서 및 설계 검토서를 제출하여야 한다.
② 다수의 동이 있는 경우에는 동별로 에너지절약계획서 및 설계 검토서를 제출하는 것을 원칙으로 한다.(다만, 공동주택의 주거용도는 하나의 단지로 작성)
③ 설비 및 기기, 장치, 제품 등의 효율·성능 등의 판정 방법에 있어 본 기준에서 별도로 제시되지 않는 것은 해당 항목에 대한 한국산업규격(KS)을 따르도록 한다.
④ 기숙사, 오피스텔은 별표1 및 별표3의 공동주택 외의 단열기준을 준수할 수 있으며, 별지 제1호 서식의 에너지성능지표 작성 시, 기본배점에서 비주거를 적용한다.

고시 **제24조 【에너지절약계획서 및 설계검토서의 이행】**

① 허가권자는 건축주가 에너지절약계획서 및 설계 검토서의 작성내용을 이행하도록 허가조건에 포함하여 허가할 수 있다.
② 작성책임자(건축주 또는 감리자)는 건축물의 사용승인을 신청하는 경우 별지 제3호 서식 에너지절약계획 이행 검토서를 첨부하여 신청하여야 한다.

고시 **제25조 【에너지절약계획설계 검토서 항목추가】**

국토교통부장관은 에너지절약계획 설계 검토서의 건축, 기계, 전기, 신재생부분의 항목 추가를 위하여 수요조사를 실시하고, 자문위원회의 심의를 거쳐 반영 여부를 결정할 수 있다.

고시 **제26조 【운영규정】**

규칙 제7조제5항에 따른 운영기관의 장은 에너지절약계획서 및 에너지절약계획 설계 검토서의 작성·검토 업무의 효율화를 위하여 필요한 때에는 이 기준에 저촉되지 않는 범위 안에서 운영규정을 제정하여 운영할 수 있다.

고시 **제27조 【재검토기한】**

국토교통부 장관은 「훈령·예규 등의 발령 및 관리에 관한 규정」에 따라 이 고시에 대하여 2022년 1월 1일 기준으로 매 3년이 되는 시점(매 3년째의 12월 31일까지를 말한다) 마다 그 타당성을 검토하여 개선 등의 조치를 하여야 한다.

부칙

고시 **제1조 【시행일】**
이 고시는 2025년 1월 1일부터 시행한다.

고시 **제2조 【경과 조치】**
이 고시 시행 당시 다음 각 호의 어느 하나에 해당하는 경우에는 종전의 규정에 따를 수 있다.
1. 건축허가를 받았거나 신청한 건축물
2. 건축허가를 받기 위하여 건축위원회의 심의를 신청한 건축물
3. 제 1호에 해당하는 건축물로서 이 고시 시행 이후 변경허가를 하는 건축물
4. 종전의 규칙 「건축물 에너지효율등급 인증 및 제로에너지건축물인증규칙」 제11조에 따른 건축물에너지효율등급 예비인증 또는 제로에너지 건축물 예비인증을 신청한 경우

예제1 다음 중 에너지절약 설계에 관한 기준의 설명으로 맞지 않는 것은?

① 에너지성능지표의 평점 합계의 최소점수는 65점이다.
② 복합용도 건축물은 해당 용도별로 에너지절약계획서 및 설계 검토서를 제출한다.
③ 다수의 동이 있는 경우는 동별로 에너지절약계획서를 제출하는 것이 원칙이다.
④ 기숙사와 오피스텔은 에너지성능지표 작성시 기본배점에서 주거를 적용한다.

· 정답 : ④
기숙사와 오피스텔은 에너지성능지표 작성시 기본배점에서 비주거를 적용한다.

예제2 복합용도의 건축물 에너지절약계획서 및 설계검토서 작성방법으로 가장 부적합한 것은 다음 중 어느 것인가?

① 비주거와 주거 용도가 복합되는 건축물의 경우에는 해당 용도별로 에너지절약계획서 및 설계검토서를 제출하여야 한다.
② 다수의 동이 있는 경우에는 동별로 에너지절약계획서 및 설계검토서를 제출하는 것을 원칙으로 한다.(다만, 공동주택의 주거용도는 하나의 단지로 구성)
③ 기숙사, 오피스텔은 공동주택외 의 단열기준을 준수할 수 있으며, 에너지성능지표 작성시 기본배점에서 비주거를 적용한다.
④ 설비 및 기기, 장치, 제품 등의 효율·성능 등의 판정방법에 있어 본 기준에서 별도로 제시 되지 않은 해당 항목에 대한 표준시방서를 따르도록 한다.

· 정답 : ④
설비 및 기기, 장치, 제품 등의 효율·성능 등의 판정 방법에 있어 본 기준에서 별도로 제시되지 않는 것은 해당 항목에 대한 한국산업규격(KS)을 따르도록 한다.

예제3 복합용도의 건축물 에너지절약계획서 및 설계검토서 작성방법에서 다음 중 ( ) 안에 들어갈 내용으로 가장 적합한 것은?

> 1. 다수의 동이 있는 경우에는 (㉠)로 에너지절약계획서 및 설계검토서를 제출하는 것을 원칙으로 한다.(다만, 공동주택의 주거용도는 하나의 (㉡)로 구성)
> 2. 기숙사, 오피스텔은 공동주택 외의 단열기준을 준수할 수 있으며, 에너지성능지표 작성시 기본배점에서 (㉢)를 적용한다.

① ㉠ 동별 ㉡ 단지 ㉢ 비주거　② ㉠ 동별 ㉡ 단지 ㉢ 주거
③ ㉠ 단지 ㉡ 동별 ㉢ 비주거　④ ㉠ 단지 ㉡ 동별 ㉢ 주거

· 정답 : ①
1. 다수의 동이 있는 경우에는 동별로 에너지절약계획서 및 설계 검토서를 제출하는 것을 원칙으로 한다.(다만, 공동주택의 주거용도는 하나의 단지로 작성)
2. 기숙사, 오피스텔은 별표1 및 별표3의 공동주택 외의 단열기준을 준수할 수 있으며, 별지 제1호서식의 에너지성능지표 작성 시, 기본배점에서 비주거를 적용한다.

예제4 다음 중 에너지절약설계에 관한 기준의 설명으로 맞지 않는 것은?

① 에너지절약계획서 및 설계검토서를 제출하여야하는 건축물 중 비주거와 주거용도가 복합되는 건축물의 경우에는 해당 용도별로 에너지 절약계획서 및 설계검토서를 제출하여야 한다.
② 허가권자는 건축주가 에너지절약계획서 및 설계검토서의 작성내용을 이행하도록 허가조건에 포함하여 허가할 수 있다.
③ 건축주 또는 감리자는 건축물의 사용승인을 선정하는 경우 별지 제3호서식 에너지 절약계획서 이행검토서를 첨부하여 신청하여야 한다.
④ 완화기준의 신청인의 자격은 건축사 또는 사업주체로 한다.

· **정답 : ④**
완화기준의 신청인의 자격은 건축주 또는 사업주체로 한다.

예제5 건축주 또는 감리자는 건축물의 사용승인을 신청하는 경우 별지 제3호 서식 에너지절약계획 이행검토서를 첨부하여 신청하여야 한다. 이때 이행검토서 작성내용에서 포함되지 않는 사항은 어떤 것인가?

① 시공자의 회사명
② 건축부문 기밀성 창호 및 문의 적용 비율
③ 전기부문 성능지표 점수
④ 기계부문의 열원 설비 및 공조용 송풍기 평균효율

· **정답 : ③**
이행검토서 작성내용
1. 건축주 2. 건축물개요
3. 시공자 4. 작성책임자(건축주 또는 감리자)
5. 건축허가일

예제6 (　　)은 에너지절약계획 설계 검토서의 건축, 기계, 전기, 신재생부분의 항목 추가를 위하여 수요조사를 실시하고, 자문위원회의 심의를 거쳐 반영 여부를 결정할 수 있다.에서 (　　)안에 가장 적합한 것은?

① 국토교통부장관 ② 산업통상자원부장관
③ 인증기관 ④ 운영기관

· **정답 : ①**
국토교통부장관은 에너지절약계획 설계 검토서의 건축, 기계, 전기, 신재생부분의 항목 추가를 위하여 수요조사를 실시하고, 자문위원회의 심의를 거쳐 반영 여부를 결정할 수 있다.

핵심15 단열재의 등급 분류 및 이해

단열재의 등급 분류는 단열재의 열전도율의 범위에 따라 등급을 분류한다.

|별표2| 단열재의 등급 분류

등급 분류	열전도율의 범위 (KS L 9016에 의한 20±5℃ 시험조건에서 열전도율)		관련 표준	단열재 종류
	W/mK	kcal/mh℃		
가	0.034 이하	0.029 이하	KS M 3808	- 압출법보온판 특호, 1호, 2호, 3호 - 비드법보온판 2종 1호, 2호, 3호, 4호
			KS M 3809	- 경질우레탄폼보온판 1종 1호, 2호, 3호 및 2종 1호, 2호, 3호
			KS L 9102	- 그라스울 보온판 48K, 64K, 80K, 96K, 120K
			KS M ISO 4898	- 페놀 폼 Ⅰ종A, Ⅱ종A
			KS M 3871-1	- 분무식 중밀도 폴리우레탄 폼 1종(A, B), 2종(A, B)
			KS F 5660	- 폴리에스테르 흡음 단열재 1급
			기타 단열재로서 열전도율이 0.034W/mK(0.029 ㎉/mh℃) 이하인 경우	
나	0.035~0.040	0.030~0.034	KS M 3808	- 비드법보온판 1종 1호, 2호, 3호
			KS L 9102	- 미네랄울 보온판 1호, 2호, 3호 - 그라스울 보온판 24K, 32K, 40K
			KS M ISO 4898	- 페놀 폼 Ⅰ종B, Ⅱ종B, Ⅲ종A
			KS M 3871-1	- 분무식 중밀도 폴리우레탄 폼 1종(C)
			KS F 5660	- 폴리에스테르 흡음 단열재 2급
			기타 단열재로서 열전도율이 0.035~0.040 W/mK (0.030~ 0.034 ㎉/mh℃)이하인 경우	
다	0.041~0.046	0.035~0.039	KS M 3808	- 비드법보온판 1종 4호
			KS F 5660	- 폴리에스테르 흡음 단열재 3급
			기타 단열재로서 열전도율이 0.041~0.046 W/mK (0.035~0.039 ㎉/mh℃)이하인 경우	
라	0.047~0.051	0.040~0.044	기타 단열재로서 열전도율이 0.047~0.051 W/mK (0.040~0.044 ㎉/mh℃)이하인 경우	

예제1 에너지 절약계획서에서 단열재의 등급분류에 대한 설명 중 가장 부적합한 것은 다음 중 어느 것인가?

① 가 등급 – 열전도율 0.034W/mK
② 나 등급 – 열전도율 0.035 ~ 0.040W/mK
③ 다 등급 – 열전도율 0.041 ~ 0.046W/mK
④ 라 등급 – 열전도율 0.047 ~ 0.052W/mK

· **정답** : ④
라 등급 – 열전도율 0.047 ~ 0.051W/mK

예제2 에너지절약계획서에서 단열재의 열전도율 시험을 위한 시료의 평균온도는 몇℃로 하여야 하는지 가장 적합한 것은?

① 20±3℃ ② 20±5℃
③ 23±3℃ ④ 23±5℃

· **정답 : ②**
열전도율의 범위 : (KS L 9016에 의한 20±5℃ 시험조건에서 열전도율)

예제3 에너지절약계획서에서 단열재의 등급분류에 대한 설명 중 가장 부적합한 것은 다음 중 어느 것인가?

① 가 등급 – 열전도율 0.034W/mK 이하인 경우로서 압출법보온판 특호, 1호, 2호, 3호는 가 등급이다.
② 나 등급 – 열전도율 0.035~0.040W/mK 이하인 경우로서 비드법보온판 2종 1호, 2호, 3호, 4호는 나 등급이다.
③ 다 등급 – 열전도율 0.041~0.046W/mK 이하인 경우로서 비드법보온판 1종 4호는 다 등급이다.
④ 라 등급 – 열전도율 0.047 ~0.051W/mK 이하인 경우로서 기타단열재 이다.

· **정답 : ②**
나 등급 – 열전도율 0.035~0.040W/mK 이하인 경우로서 비드법보온판 1종 1호, 2호, 3호는 나 등급이다.

예제4 에너지절약계획서에서 단열재의 등급분류 중 가 등급에 포함되는 것으로 가장 부적합한 것은?

① 그라스울 보온판 48K, 64K, 80K, 96K, 120K
② 비드법보온판 2종 1호, 2호, 3호, 4호
③ 비드법보온판 1종 1호, 2호, 3호
④ 경질우레탄폼보온판 1종 1호, 2호, 3호 및 2종 1호, 2호, 3호

· **정답 : ③**
비드법보온판 1종 1호, 2호, 3호는 나등급이다.

예제5 에너지절약설계기준에서 단열재의 등급분류 중 서로의 관계가 가장 부적합한 것은?

① 가등급 – 비드법 보온판 2종 1호, 2호, 3호, 4호
② 나등급 – 비드법보온판 1종 1호, 2호, 3호
③ 다등급 – 비드법 보온판 1종4호, 5호, 6호
④ 라등급 – 기타 단열재로서 열전도율이 0.047 ~ 0.051W/mK (0.040 ~ 0.044kcal/mh℃) 이하인 경우

· **정답 : ③**
다등급–비드법 보온판 1종 4호

예제6 에너지절약설계기준에서 단열재의 등급분류 중 나 등급에 포함되는 것으로 가장 부적합한 것은?

① 그라스울 보온판 24K, 32K, 40K
② 비드법보온판 1종 1호, 2호, 3호
③ 기타 단열재로서 열전도율이 0.034W/mK 이하인 경우
④ 미네랄울 보오판 1호, 2호, 3호

· **정답 : ③**
기타 단열재로서 열전도율이 0.035 ~ 0.040W/mK(0.030 ~ 0.034kcal/ mh℃)이하인 경우

예제7 다음 중 "건축물의 에너지 절약설계기준" 에서 제시하는 단열재의 등급분류에서 가등급 단열재의 열전도율 범위로서 가장 적합한 것은? (단, KS L 9016에 의한 20±5℃ 시험조건)

① 0.034W/m·K 이하
② 0.034~0.035W/m·K
③ 0.035~0.040W/m·K
④ 0.041~0.046W/m·K

· **정답 : ①**
가 등급의 경우 열전도율은 0.034W/m·K이다.

예제8 "건축물의 에너지 절약설계기준" 에서 제시하는 KS L9016에 의한 시험성적서 (20±5℃시험조건)상의 열전도율이 0.041W/m·K 일 때 단열재의 등급분류로 가장 적합한 것은?

① 가등급　　② 나등급
③ 다등급　　④ 라등급

· **정답 : ③**
다 등급의 경우 열전도율은 0.041W/m·K~0.046W/m·K이다.

핵심16 지역별 건축물 부위의 열관류율 기준(별표1)

|별표 1| 지역별 건축물 부위의 열관류율표

(단위 : W/m²·K)

<table>
<tr><th colspan="4">지역 / 건축물의 부위</th><th>중부1지역[1]</th><th>중부2지역[2]</th><th>남부지역[3]</th><th>제주도</th></tr>
<tr><td rowspan="4">거실의 외벽</td><td rowspan="2">외기에 직접 면하는 경우</td><td colspan="2">공동주택</td><td>0.150 이하</td><td>0.170 이하</td><td>0.220 이하</td><td>0.290 이하</td></tr>
<tr><td colspan="2">공동주택 외</td><td>0.170 이하</td><td>0.240 이하</td><td>0.320 이하</td><td>0.410 이하</td></tr>
<tr><td rowspan="2">외기에 간접 면하는 경우</td><td colspan="2">공동주택</td><td>0.210 이하</td><td>0.240 이하</td><td>0.310 이하</td><td>0.410 이하</td></tr>
<tr><td colspan="2">공동주택 외</td><td>0.240 이하</td><td>0.340 이하</td><td>0.450 이하</td><td>0.560 이하</td></tr>
<tr><td rowspan="2">최상층에 있는 거실의 반자 또는 지붕</td><td colspan="3">외기에 직접 면하는 경우</td><td colspan="2">0.150 이하</td><td>0.180 이하</td><td>0.250 이하</td></tr>
<tr><td colspan="3">외기에 간접 면하는 경우</td><td colspan="2">0.210 이하</td><td>0.260 이하</td><td>0.350 이하</td></tr>
<tr><td rowspan="4">최하층에 있는 거실의 바닥</td><td rowspan="2">외기에 직접 면하는 경우</td><td colspan="2">바닥난방인 경우</td><td>0.150 이하</td><td>0.170 이하</td><td>0.220 이하</td><td>0.290 이하</td></tr>
<tr><td colspan="2">바닥난방이 아닌 경우</td><td>0.170 이하</td><td>0.200 이하</td><td>0.250 이하</td><td>0.330 이하</td></tr>
<tr><td rowspan="2">외기에 간접 면하는 경우</td><td colspan="2">바닥난방인 경우</td><td>0.210 이하</td><td>0.240 이하</td><td>0.310 이하</td><td>0.410 이하</td></tr>
<tr><td colspan="2">바닥난방이 아닌 경우</td><td>0.240 이하</td><td>0.290 이하</td><td>0.350 이하</td><td>0.470 이하</td></tr>
<tr><td colspan="4">바닥난방인 층간바닥</td><td colspan="4">0.810 이하</td></tr>
<tr><td rowspan="6">창 및 문</td><td rowspan="3">외기에 직접 면하는 경우</td><td colspan="2">공동주택</td><td>0.900 이하</td><td>1.000 이하</td><td>1.200 이하</td><td>1.600 이하</td></tr>
<tr><td rowspan="2">공동 주택 외</td><td>창</td><td>1.300 이하</td><td rowspan="2">1.500 이하</td><td rowspan="2">1.800 이하</td><td rowspan="2">2.200 이하</td></tr>
<tr><td>문</td><td>1.500 이하</td></tr>
<tr><td rowspan="3">외기에 간접 면하는 경우</td><td colspan="2">공동주택</td><td>1.300 이하</td><td>1.500 이하</td><td>1.700 이하</td><td>2.000 이하</td></tr>
<tr><td rowspan="2">공동 주택 외</td><td>창</td><td>1.600 이하</td><td rowspan="2">1.900 이하</td><td rowspan="2">2.200 이하</td><td rowspan="2">2.800 이하</td></tr>
<tr><td>문</td><td>1.900 이하</td></tr>
<tr><td rowspan="2">공동주택 세대현관문 및 방화문</td><td colspan="3">외기에 직접 면하는 경우 및 거실 내 방화문</td><td colspan="4">1.400 이하</td></tr>
<tr><td colspan="3">외기에 간접 면하는 경우</td><td colspan="4">1.800 이하</td></tr>
</table>

■ 비고

1) 중부1지역 : 강원도(고성, 속초, 양양, 강릉, 동해, 삼척 제외), 경기도(연천, 포천, 가평, 남양주, 의정부, 양주, 동두천, 파주), 충청북도(제천), 경상북도(봉화, 청송)

2) 중부2지역 : 서울특별시, 대전광역시, 세종특별자치시, 인천광역시, 강원도(고성, 속초, 양양, 강릉, 동해, 삼척), 경기도(연천, 포천, 가평, 남양주, 의정부, 양주, 동두천, 파주 제외), 충청북도(제천 제외), 충청남도, 경상북도(봉화, 청송, 울진, 영덕, 포항, 경주, 청도, 경산 제외), 전라북도, 경상남도(거창, 함양)

3) 남부지역 : 부산광역시, 대구광역시, 울산광역시, 광주광역시, 전라남도, 경상북도(울진, 영덕, 포항, 경주, 청도, 경산), 경상남도(거창, 함양 제외)

예제1 **건축물의 에너지절약설계기준에서 지역구분 중 중부2지역에 해당하지 않는 지역은?**

① 강원도(강릉시, 동해시, 속초시, 삼척시, 고성군, 양양군)
② 충청북도(제천 제외)
③ 충청남도
④ 경상북도(봉화, 청송)

· **정답** : ①
경상북도(봉화, 청송)은 중부1지역에 해당된다.

예제2 **건축물의 에너지절약설계기준에서 지역구분 중 남부지역에 해당하지 않는 지역은?**

① 부산광역시　　② 대구광역시
③ 광주광역시　　④ 경상북도(청송)

· **정답** : ④
경상북도(봉화, 청송)은 중부1지역에 해당된다.

예제3 **건축물의 열손실 방지를 위한 조치 중 열관류율 (단위 : w/m² ·k)기준으로 가장 부적합한 것은 다음 중 어느 것인가? (단, 중부2지역임)**

① 외기에 직접 면하는 거실의 외벽 : (공동주택 외) 0.240 이하
② 외기에 직접 면하는 최상층에 있는 거실의 반자 또는 지붕 : 0.150 이하
③ 외기에 직접 면하는 최하층에 있는 거실의 바닥(바닥 난방인 경우) : 0.170 이하
④ 바닥난방인 층간바닥 : 0.790 이하

· **정답** : ④
바닥난방인 층간바닥 : 0.810 이하

예제4 **중부지역에서 수평면과 이루는 각이 70도를 초과하는 경사지붕이 외기에 직접 면하는 경우 열관류율 값은 얼마를 적용하는 것이 적정한가? (단위 : w/m² ·k, 지역은 중부2지역임, 단 공동주택 외인 경우)**

① 0.240 이하　　② 0.180 이하
③ 0.230 이하　　④ 0.810 이하

· **정답** : ①
수평면과 이루는 각이 70도를 초과하는 경사지붕이 외기에 직접면하는 경우 외벽의 평균 열관류율 값을 적용하므로 중부2지방의 경우 0.240 이하를 적용한다.

예제5 **다음 에너지절약 설계에 관한 기준 중 현재 적용되는 건축물의 부위에 따른 지역별 연관류율 값에서 거실의 외벽이 외기에 직접면하는 경우에 열관류율 기준 값으로 가장 부적합한 것은? (단위 : $w/m^2 \cdot k$) (단, 공동주택외의 경우)**

① 0.170 이하　　② 0.240 이하
③ 0.320 이하　　④ 0.640 이하

· **정답** : ④

건축물의 부위 \ 지역			중부1지역[1)]	중부2지역[2)]	남부지역[3)]	제주도
거실의 외벽	외기에 직접 면하는 경우	공동주택	0.150 이하	0.170 이하	0.220 이하	0.290 이하
		공동주택 외	0.170 이하	0.240 이하	0.320 이하	0.410 이하
	외기에 간접 면하는 경우	공동주택	0.210 이하	0.240 이하	0.310 이하	0.410 이하
		공동주택 외	0.240 이하	0.340 이하	0.450 이하	0.560 이하

예제6 "건축물의 에너지절약 설계기준" [별표1] 지역별 건축물 부위의 열관류율표에 따른 기준값을 비교한 것으로 적절하지 않은 것은? 【2016년도 2회 국가자격시험】

① 중부1지역 : 외기에 간접 면한 최상층 지붕 = 외기에 간접 면한 최하층 바닥(바닥난방인 경우)
② 남부지역 : 외기에 직접 면한 외벽(공동주택 외) > 외기에 직접 면한 최하층 바닥(바닥난방 아닌 경우)
③ 남부지역 : 외기에 간접 면한 외벽(공동주택 외) > 외기에 간접 면한 최하층 바닥 (바닥난방 아닌 경우)
④ 제주지방 : 외기에 간접 면한 최상층 지붕 < 외기에 직접 면한 최하층 바닥(바닥난방 아닌 경우)

· **정답** : ④
제주지역 : 열관류율 = 0.350 > 0.330

예제7 남부지역에서 수평면과 이루는 각이 70도를 초과하는 경사지붕이 외기에 직접 면하는 경우 열관류율 값은 얼마를 적용하는 것이 적정한가? (단위 : w/m² ·k, 지역은 남부지역임, 단 공동주택 외인 경우)

① 0.270 이하 ② 0.180 이하
③ 0.230 이하 ④ 0.320 이하

· **정답** : ④
수평면과 이루는 각이 70도를 초과하는 경사지붕이 외기에 직접면하는 경우 외벽의 평균 열관류율 값을 적용하므로 남부지방의 경우 0.320 이하를 적용한다.

예제8 다음 에너지절약 설계에 관한 기준 중 현재 적용되는 건축물의 부위에 따른 지역별 연관류율 값에서 창 및 문의 열관류율 값으로 가장 부적합한 것은? (단위 : w/m² ·k)

① 외기에 직접 면하는 경우 공동주택으로서 중부2지역의 열관류율은 1.000이하 이다.
② 외기에 직접 면하는 경우 공동주택 외로서 중부2지역의 열관류율은 1.500이하 이다.
③ 외기에 간접 면하는 경우 공동주택으로서 중부2지역의 열관류율은 1.500이하 이다.
④ 외기에 간접 면하는 경우 공동주택 외로서 중부2지역의 열관류율은 2.700이다.

· **정답** : ④
외기에 간접 면하는 경우 공동주택 외로서 중부2지역의 열관류율은 1.900 이하 이다.

예제9 충청북도 보은군에 위치한 바닥 난방을 실시하는 공동주택에 대하여, 다음의 건축 부위에 대한 법적 열관류율 허용치가 큰 것부터 순서대로 나열한 것은? 【2015년 국가자격 시험 1회 출제문제】

㉠ 외기에 직접 면하는 최하층 거실의 바닥 ㉡ 외기에 간접 면하는 최하층 거실의 바닥 ㉢ 외기에 직접 면하는 거실의 외벽 ㉣ 외기에 간접 면하는 최상층 거실의 지붕

① ㉠ > ㉡ > ㉢ > ㉣ ② ㉡ > ㉣ > ㉢ = ㉠
③ ㉢ > ㉠ > ㉣ > ㉡ ④ ㉣ > ㉢ > ㉠ > ㉡

· **정답** : ②
충청북도 보은군은 중부2지역의 열관류율을 부위별로 적용한다.
㉠ 외기에 직접면하는 최하층 거실의 바닥 : (0.170W/㎡ · K 이하)
㉡ 외기에 간접면하는 최하층 거실의 바닥 : (0.240W/㎡ · K 이하)
㉢ 외기에 직접 면하는 거실의 외벽 : (0.170W/㎡ · K 이하)
㉣ 외기에 간접면하는 최상층 거실의 지붕 : (0.210W/㎡ · K 이하)

예제10 **건축물의 에너지절약설계기준에서 지역구분 중 남부지역에 해당하지 않는 지역은?**

① 강원도(강릉시, 동해시, 속초시, 삼척시, 고성군, 양양군)
② 부산광역시
③ 대구광역시
④ 경상남도(거창, 함양 제외)

· **정답 : ①**
강원도(강릉시, 동해시, 속초시, 삼척시, 고성군, 양양군)은 중부2지역에 포함된다.

예제11 **다음은 비주거 건축물의 외벽(외기에 직접 면한 벽체)의 구성이다. 해당 외벽을 적용하였을 때, 단열기준을 만족하는 경우는? (단, 실외표면열전달저항(외기에 직접 면하는 경우) : 0.043m² ·K/W, 실내표면열전달저항 : 0.110m² ·K/W)** 【2016년 국가자격 시험 2회 출제문제】

부위별 구성	열전도율(W/m·K)	두께(mm)
콘크리트	1.6	200
압출법보온판특호	0.027	80
석고보드	0.18	5

① 인천시에 신축하는 숙박시설
② 천안시에 신축하는 교육연구시설
③ 진주시에 신축하는 업무시설
④ 청송군에 신축하는 공동주택

· **정답 : ③**

1. 외벽 열저항 합 = 0.043 + 0.125 + 2.963 + 0.028 + 0.11 = 3.269(m^2 · k/w)
2. 열관류율 = 1/3.269 = 0.306(w/m^2 · k)
3. ③ 진주시는 남부이므로 남부지역 외기 직접 열관류율 기준 = 0.320w/m^2 · k이므로
   ③만 답

핵심17 단열재의 두께

| 별표 3 | 단열재의 두께

[중부지역] 1)

(단위 : mm)

건축물의 부위 \ 단열재의 등급			가	나	다	라
거실의 외벽	외기에 직접 면하는 경우	공동주택	220	255	295	325
		공동주택 외	190	225	260	285
	외기에 간접 면하는 경우	공동주택	150	180	205	225
		공동주택 외	130	155	175	195
최상층에 있는 거실의 반자 또는 지붕	외기에 직접 면하는 경우		220	260	295	330
	외기에 간접 면하는 경우		155	180	205	230
최하층에 있는 거실의 바닥	외기에 직접 면하는 경우	바닥난방인 경우	215	250	290	320
		바닥난방이 아닌 경우	195	230	265	290
	외기에 간접 면하는 경우	바닥난방인 경우	145	170	195	220
		바닥난방이 아닌 경우	135	155	180	200
바닥난방인 층간바닥			30	35	45	50

[중부2지역] 1)

(단위 : mm)

건축물의 부위 \ 단열재의 등급			가	나	다	라
거실의 외벽	외기에 직접 면하는 경우	공동주택	190	225	260	285
		공동주택 외	135	155	180	200
	외기에 간접 면하는 경우	공동주택	130	155	175	195
		공동주택 외	90	105	120	135
최상층에 있는 거실의 반자 또는 지붕	외기에 직접 면하는 경우		220	260	295	330
	외기에 간접 면하는 경우		155	180	205	230
최하층에 있는 거실의 바닥	외기에 직접 면하는 경우	바닥난방인 경우	190	220	255	280
		바닥난방이 아닌 경우	165	195	220	245
	외기에 간접 면하는 경우	바닥난방인 경우	125	150	170	185
		바닥난방이 아닌 경우	110	125	145	160
바닥난방인 층간바닥			30	35	45	50

[남부지역] 2)

(단위 : mm)

건축물의 부위 \ 단열재의 등급			가	나	다	라
거실의 외벽	외기에 직접 면하는 경우	공동주택	145	170	200	220
		공동주택 외	100	115	130	145
	외기에 간접 면하는 경우	공동주택	100	115	135	150
		공동주택 외	65	75	90	95
최상층에 있는 거실의 반자 또는 지붕	외기에 직접 면하는 경우		180	215	245	270
	외기에 간접 면하는 경우		120	145	165	180
최하층에 있는 거실의 바닥	외기에 직접 면하는 경우	바닥난방인 경우	140	165	190	210
		바닥난방이 아닌 경우	130	155	175	195
	외기에 간접 면하는 경우	바닥난방인 경우	95	110	125	140
		바닥난방이 아닌 경우	90	105	120	130
바닥난방인 층간바닥			30	35	45	50

[제주도] (단위 : mm)

건축물의 부위 \ 단열재의 등급			가	나	다	라
거실의 외벽	외기에 직접 면하는 경우	공동주택	110	130	145	165
		공동주택 외	75	90	100	110
	외기에 간접 면하는 경우	공동주택	75	85	100	110
		공동주택 외	50	60	70	75
최상층에 있는 거실의 반자 또는 지붕	외기에 직접 면하는 경우		130	150	175	190
	외기에 간접 면하는 경우		90	105	120	130
최하층에 있는 거실의 바닥	외기에 직접 면하는 경우	바닥난방인 경우	105	125	140	155
		바닥난방이 아닌 경우	100	115	130	145
	외기에 간접 면하는 경우	바닥난방인 경우	65	80	90	100
		바닥난방이 아닌 경우	65	75	85	95
바닥난방인 층간바닥			30	35	45	50

(단열재 등급별 허용 두께: 가, 나, 다, 라)

■ 비고

1) 중부지역 : 서울특별시, 인천광역시, 경기도, 강원도(강릉시, 동해시, 속초시, 삼척시, 고성군, 양양군 제외), 충청북도(영동군 제외), 충청남도(천안시), 경상북도(청송군)
2) 남부지역 : 부산광역시, 대구광역시, 광주광역시, 대전광역시, 울산광역시, 강원도(강릉시, 동해시, 속초시, 삼척시, 고성군, 양양군), 충청북도(영동군), 충청남도(천안시 제외), 전라북도, 전라남도, 경상북도(청송군 제외), 경상남도, 세종특별자치시

예제1 다음 건축 부위 중 동일등급의 단열재 사용시 허용 두께가 가장 두꺼워야 하는 부위는?

① 최상층에 있는 거실의 반자 또는 지붕(외기에 직접 면하는 경우)
② 최하층에 있는 거실의 바닥(외기에 직접 면하는 경우, 바닥난방)
③ 최하층에 있는 거실의 바닥(외기에 직접 면하는 경우, 바닥난방이 아닌 경우)
④ 거실의 외벽(외기에 직접 면하는 경우)

· **정답** : ①
최상층에 있는 거실의 반자 또는 지붕 (외기에 직접 면하는 경우)의 단열재 사용시 허용 두께가 가장 두꺼워야 할 부위이다.

예제2 지역별 열관류율 표에서 지역별 구분으로 가장 부적합한 것은?

① 제주도 ② 남부지역
③ 북부지역 ④ 중부1지역

· **정답** : ③
지역별열관류율 표에서 지역의 구분은 중부1지역, 중부2지역, 남부지역, 제주도 지방으로 분류한다.

예제3 건축물의 열손실 방지를 위한 조치 중 단열재 두께가 가장 얇은 건축물의 부위는? (단, 중부1지역, 단열재 두께가 "가" 등급의 경우이다.)

① 거실의 외벽 중 외기에 간접 면하는 경우(단, 공동주택외인 경우)
② 최하층의 거실의 바닥 중 외기에 간접 면하며 바닥 난방인 경우
③ 최상층의 거실의 지붕 중 외기에 간접 면하는 경우
④ 최하층의 거실의 바닥 중 외기에 직접 면하며 바닥 난방이 아닌 경우

· **정답** : ①
① 거실의 외벽 중 외기에 간접 면하는 경우 (단, 공동주택외인 경우): 130mm
② 최하층의 거실의 바닥 중 외기에 간접 면하며 바닥 난방인 경우 : 145mm
③ 최상층의 거실의 지붕 중 외기에 간접 면하는 경우 : 155mm
④ 최하층의 거실의 바닥 중 외기에 직접 면하며 바닥 난방이 아닌 경우 : 195mm

예제4 다음 그림은 경기도에 신축 중인 공동주택의 단면도를 나타낸다. 바닥난방을 실시하는 ㉠ 또는 ㉡ 부분에 적용할 단열재의 종류 및 두께로 적절하지 않은 것은? (단, 단열기준 적합여부는 건축물의 에너지 절약 설계기준 [별표 3]의 지역별·부위별·단열재 등급별 허용두께 적합여부로 판단함)

【2015년 국가자격 시험 1회 출제문제】

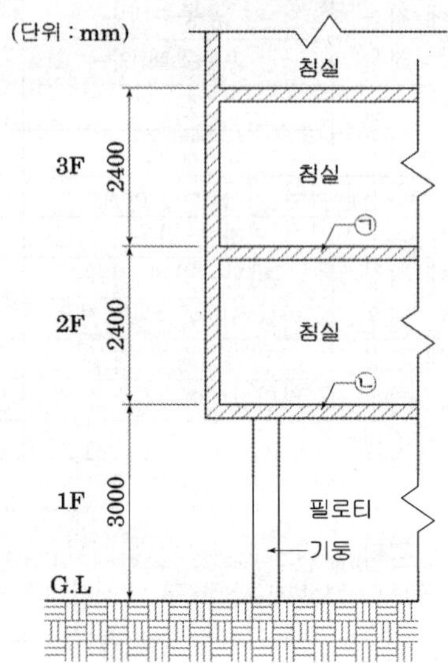

① ㉠ : 비드법보온판 2종 1호, 두께 35mm
② ㉠ : 비드법보온판 1종 2호, 두께 35mm
③ ㉡ : 비드법보온판 2종 1호, 두께 190mm
④ ㉡ : 비드법보온판 1종 2호, 두께 190mm

· **정답** : ④

비드법 보온판 1종2호는 나등급에 해당되므로 외기에 직접 면하는 최하층에 있는 거실의 바닥난방인 경우에는 220mm 이상이 되어야 한다.

핵심18 창 및 문의 단열성능

|별표 4| 창 및 문의 단열성능

창 및 문의 종류			창틀 및 문틀의 종류별 열관류율								
			금속재						플라스틱 또는 목재		
			열교차단재1) 미적용			열교차단재 적용					
유리의 공기층 두께[mm]			6	12	16 이상	6	12	16 이상	6	12	16 이상
창	복층창	일반복층창[2]	4.0	3.7	3.6	3.7	3.4	3.3	3.1	2.8	2.7
창	복층창	로이유리(하드코팅)	3.6	3.1	2.9	3.3	2.8	2.6	2.7	2.3	2.1
창	복층창	로이유리(소프트코팅)	3.5	2.9	2.7	3.2	2.6	2.4	2.6	2.1	1.9
창	복층창	아르곤 주입	3.8	3.6	3.5	3.5	3.3	3.2	2.9	2.7	2.6
창	복층창	아르곤 주입+로이유리(하드코팅)	3.3	2.9	2.8	3.0	2.6	2.5	2.5	2.1	2.0
창	복층창	아르곤 주입 + 로이유리(소프트코팅)	3.2	2.7	2.6	2.9	2.4	2.3	2.3	1.9	1.8
창	삼중창	일반삼중창[2]	3.2	2.9	2.8	2.9	2.6	2.5	2.4	2.1	2.0
창	삼중창	로이유리(하드코팅)	2.9	2.4	2.3	2.6	2.1	2.0	2.1	1.7	1.6
창	삼중창	로이유리(소프트코팅)	2.8	2.3	2.2	2.5	2.0	1.9	2.0	1.6	1.5
창	삼중창	아르곤 주입	3.1	2.8	2.7	2.8	2.5	2.4	2.2	2.0	1.9
창	삼중창	아르곤 주입+로이유리(하드코팅)	2.6	2.3	2.2	2.3	2.0	1.9	1.9	1.6	1.5
창	삼중창	아르곤 주입+로이유리(소프트코팅)	2.5	2.2	2.1	2.2	1.9	1.8	1.8	1.5	1.4
창	사중창	일반사중창[2]	2.8	2.5	2.4	2.5	2.2	2.1	2.1	1.8	1.7
창	사중창	로이유리(하드코팅)	2.5	2.1	2.0	2.2	1.8	1.7	1.8	1.5	1.4
창	사중창	로이유리(소프트코팅)	2.4	2.0	1.9	2.1	1.7	1.6	1.7	1.4	1.3
창	사중창	아르곤 주입	2.7	2.5	2.4	2.4	2.2	2.1	1.9	1.7	1.6
창	사중창	아르곤 주입+로이유리(하드코팅)	2.3	2.0	1.9	2.0	1.7	1.6	1.6	1.4	1.3
창	사중창	아르곤 주입+로이유리(소프트코팅)	2.2	1.9	1.8	1.9	1.6	1.5	1.5	1.3	1.2
창	단창		6.6			6.10			5.30		
문	일반문	단열 두께 20mm 미만	2.70			2.60			2.40		
문	일반문	단열 두께 20mm 이상	1.80			1.70			1.60		
문	유리문	단창문 유리비율[3] 50% 미만	4.20			4.00			3.70		
문	유리문	단창문 유리비율 50% 이상	5.50			5.20			4.70		
문	유리문	복층창문 유리비율 50% 미만	3.20	3.10	3.00	3.00	2.90	2.80	2.70	2.60	2.50
문	유리문	복층창문 유리비율 50% 이상	3.80	3.50	3.40	3.30	3.10	3.00	3.00	2.80	2.70
문	방풍구조문		2.1								

주1) 열교차단재 : 열교차단재라 함은 창 및 문의 금속프레임 외부 및 내부사이에 설치되는 폴리염화비닐 등 단열성을 가진 재료로서 외부로의 열흐름을 차단할 수 있는 재료를 말한다.
주2) 복층창은 단창+단창을 포함하며, 사중창은 복층창+복층창을 포함한다.
주3) 문의 유리비율은 문 및 문틀을 포함한 면적에 대한 유리면적의 비율을 말한다.
주4) 창 및 문을 구성하는 각 유리의 공기층 두께가 서로 다를 경우 그 중 최소 공기층 두께를 해당 창 및 문 의 공기층 두께로 인정하며, 단창+단창, 단창+복층창의 공기층 두께는 6mm로 인정한다.
주5) 창 및 문을 구성하는 각 유리의 창틀, 및 문틀이 서로 다를 경우에는 열관류율이 높은 값을 인정한다.
주6) 복층창, 삼중창, 사중창의 경우, 한면만 로이유리를 사용할 경우, 로이유리를 적용한 것으로 인정한다.
주7) 삼중창, 사중창의 경우 하나의 창 및 문에 아르곤을 주입할 경우, 아르곤을 적용한 것으로 인정한다.

예제1 다음 중 그림에서 제시된 삼중창에 대해 "건축물의 에너지절약설계기준" 별표4 창 및 문의 단열성능에서 요구되는 방법에 따라 창의 종류와 유리의 공기층 두께를 판정하였을 경우 가장 적합하게 적용한 것은?

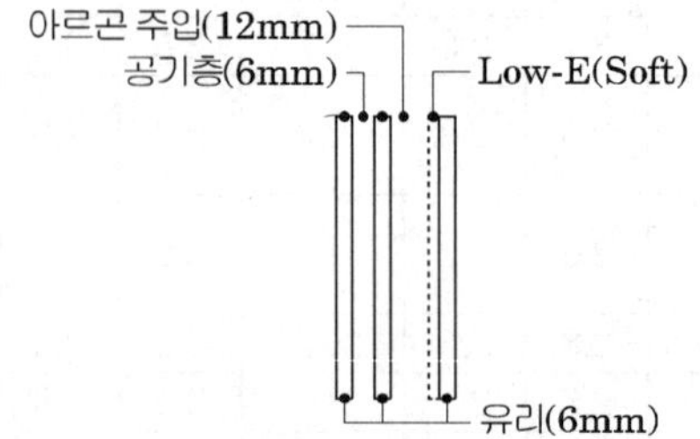

① 아르곤 주입+로이유리(소프트코팅), 유리의 공기층 두께 = 6mm
② 아르곤 주입+로이유리(소프트코팅), 유리의 공기층 두께 = 12mm
③ 아르곤 주입+로이유리(소프트코팅), 유리의 공기층 두께 = 15mm
③ 아르곤 주입+로이유리(소프트코팅), 유리의 공기층 두께 = 21mm

· **정답 : ①**
창호를 구성하는 각 유리의 공기층 두께가 서로 다를 경우 그 중 최소 공기층 두께를 해당 창호의 공기층 두께로 인정하며, 단창+단창, 단창+복측창의 공기층 두께는 6mm로 인정한다.

예제2 창 및 문을 구성하는 각 유리의 공기층 두께가 서로 다를 경우 그 중 최소 공기층 두께를 해당 창 및 문의 공기층 두께로 인정하며, 단창+단창, 단창+복측창의 공기층 두께는 몇 mm로 인정하는가?

① 6mm　　② 9mm
③ 12mm　　④ 15mm

· **정답 : ①**
창호를 구성하는 각 유리의 공기층 두께가 서로 다를 경우 그 중 최소 공기층 두께를 해당 창호의 공기층 두께로 인정하며, 단창+단창, 단창+복측창의 공기층 두께는 6mm로 인정한다.

예제3 창 틀의 플라스틱 유리의 공기층 두께가 6mm인 경우, 건축물에너지 절약설계기준에 근거하여 다음 중 단열성능이 가장 우수한 것은?

① 일반삼중창　　② 로이유리 (소프트 코팅) 복층창
③ 로이유리 (하드코팅) 복층창　　④ 아르곤주입 복층창

· **정답 : ①**
① 일반삼중창 : 2.4　　② 로이유리 (소프트 코팅) 복층창 : 2.6
③ 로이유리 (하드코팅) 복층창 : 2.7　　④ 아르곤주입 복층창 : 2.9

예제4 창 및 문의 단열성능과 관련된 내용 중 가장 부적합한 것은 다음 중 어느 것인가?

① 열교차단재라 함은 창 및 문의 금속프레임 외부 및 내부사이에 설치되는 폴리염화비닐 등 단열성을 가진재료로서 외부로의 열흐름을 차단할 수 있는 재료를 말한다.
② 문의 유리비율은 문 및 문틀을 포함한 면적에 대한 유리면적의 비율을 말한다.
③ 창 및 문을 구성하는 각 유리의 공기층 두께가 서로 다를 경우 그 중 최소 공기층 두께를 해당 창 및 문 의 공기층 두께로 인정하며, 단창+단창, 단창+복층창의 공기층 두께는 6mm로 인정한다.
④ 창 및 문을 구성하는 각 유리의 창틀, 및 문틀이 서로 다를 경우에는 열관류율이 낮은 값을 인정한다.

· **정답** : ④
창 및 문을 구성하는 각 유리의 창틀 및 문틀이 서로 다를 경우에는 열관류율이 높은 값을 인정한다.

예제5 열관류율 계산 시 적용되는 실내 및 실외측 표면 열전달저항 의 상수로 가장 부적합한 것은?

① 거실의 외벽 실내표면 열전달저항 : 0.11
② 거실의 외벽 실외표면 열전달저항 (외기에 간접 면하는 경우) : 0.11
③ 거실의 외벽 실외표면 열전달저항 (외기에 직접 면하는 경우) : 0.043
④ 최하층 에 있는 거실바닥의 실내표면 열전달저항 : 0.043

· **정답** : ④
최하층에 있는 거실바닥의 실내표면 열전달저항 : 0.086

| 별표 5 | 열관류율 계산 시 적용되는 실내 및 실외측 표면 열전달저항

열전달저항 / 건물부위	실내표면열전달저항Ri [단위 : m^2 · K/W] (괄호 안은 m^2 · h · ℃/kcal)	실외표면열전달저항Ro [단위 : m^2 · K/W] (괄호 안은 m^2 · h · ℃/kcal)	
		외기에 간접 면하는 경우	외기에 직접 면하는 경우
거실의 외벽 (측벽 및 창, 문 포함)	0.11(0.13)	0.11 (0.13)	0.043 (0.050)
최하층에 있는 거실 바닥	0.086(0.10)	0.15 (0.17)	0.043 (0.050)
최상층에 있는 거실의 반자 또는 지붕	0.086(0.10)	0.086 (0.10)	0.043 (0.050)
공동주택의 층간 바닥	0.086(0.10)	–	–

| 별표 6 | 열관류율 계산시 적용되는 중공층의 열저항

공기층의 종류	공기층의 두께 da(cm)	공기층의 열저항 Ra [단위 : m^2 · K/W] (괄호 안은 m^2 · h · ℃/kcal)
(1) 공장생산된 기밀제품	2 cm 이하	0.086×da(cm) (0.10×da(cm))
	2 cm 초과	0.17 (0.20)
(2) 현장시공 등	1 cm 이하	0.086×da(cm) (0.10×da(cm))
	1 cm 초과	0.086 (0.10)
(3) 중공층 내부에 반사형 단열재가 설치된 경우	방사율 0.5이하 : (1) 또는 (2)에서 계산된 열저항의 1.5배 방사율 0.1이하 : (1) 또는 (2)에서 계산된 열저항의 2.0배	

핵심19 열관류율 계산 및 응용

(1) 의미

열이 관류(통과) 되는 정도를 열관류율(K)이라 하며, 이 값이 작을수록 열성능상 유리하다. 또한 열관류율의 역수(1/K)를 열관류저항(기호 : R, 단위 : $m^2 \cdot K/W$) 이라 한다.

1) 에너지절약설계기준 의무 사항

제6조(건축부문의 의무사항) 제2조에 따른 열손실방지 조치 대상 건축물의 건축주와 설계자 등은 다음 각 호에서 정하는 건축부문의 설계기준을 따라야 한다.

1. 단열조치 일반사항

가. 외기에 직접 또는 간접 면하는 거실의 각 부위에는 제2조에 따라 건축물의 열손실방지 조치를 하여야 한다. 다만, 다음 부위에 대해서는 그러하지 아니할 수 있다.

① 지표면 아래 2미터를 초과하여 위치한 지하 부위(공동주택의 거실 부위는 제외)로서 이중벽의 설치 등 하게 표면결로 방지 조치를 한 경우

② 지면 및 토양에 접한 바닥 부위로서 난방공간의 외벽 내표면까지의 모든 수평거리가 10미터를 초과하는 바닥부위

③ 외기에 간접 면하는 부위로서 당해 부위가 면한 비난방공간의 외기에 직접 또는 간접 면하는 부위를 별표1에 준하여 단열조치하는 경우

④ 공동주택의 층간바닥(최하층 제외) 중 바닥난방을 하지 않는 현관 및 욕실의 바닥부위

⑤ 방풍구조(외벽제외) 또는 바닥면적 150m^2 이하의 개별 점포의 출입문

⑥ 「건축법 시행령」 별표1 제21호에 따른 동물 및 식물 관련 시설 중 작물재배사 또는 온실 등 지표면을 바닥으로 사용하는 공간의 바닥부위

⑦ 「건축법」 제 39조 제3항에 따른 소방관진입창 (단, 「건축물의 피난·방화구조 등의 기준에 관한 규칙」 제 18조의 2 제1호를 만족하는 최소 설치 개소로 한정한다.)

나. 단열조치를 하여야 하는 부위의 열관류율이 위치 또는 구조상의 특성에 의하여 일정하지 않는 경우에는 해당 부위의 평균 열관류율값을 면적가중 계산에 의하여 구한다.

다. 단열조치를 하여야 하는 부위에 대하여는 다음 각 호에서 정하는 방법에 따라 단열기준에 적합한지를 판단할 수 있다.

① 이 기준 별표3의 지역별·부위별·단열재 등급별 허용 두께 이상으로 설치하는 경우(단열재의 등급 분류는 별표2에 따름) 적합한 것으로 본다.

② 해당 벽·바닥·지붕 등의 부위별 전체 구성재료와 동일한 시료에 대하여 KS F2277(건축용 구성재의 단열성 측정방법)에 의한 열저항 또는 열관류율 측정값이 별표1의 부위별 열관류율에 만족하는 경우에는 적합한 것으로 보며, 시료의 공기층(단열재 내부의 공기층 포함) 두께와 동일하면서 기타 구성재료의 두께가 시료보다 증가한 경우와 공기층을 제외한 시료에 대한 측정값이 기준에 만족하고 시료 내부에 공기층을 추가하는 경우에도 적합한 것으로 본다. 단, 공기층이 포함된 경우에는 시공 시에 공기층 두께를 동일하게 유지하여야 한다.

③ 구성재료의 열전도율 값으로 열관류율을 계산한 결과가 별표1의 부위별 열관류율 기준을 만족하는 경우 적합한 것으로 본다.(단, 각 재료의 열전도율 값은 한국산업규격 또는 시험성적서의 값을 사용하고, 표면열전달저항 및 중공층의 열저항은 이 기준 별표5 및 별표6에서 제시하는 값을 사용)

④ 창 및 문의 경우 KS F 2278(창호의 단열성 시험 방법)에 의한 시험성적서 또는 별표4에 의한 열관류율값 또는 산업통상자원부고시 「효율관리기자재 운용규정」에 따른 창 세트의 열관류율 표시값 또는 ISO 15099에 따라 계산된 창 및 문의 열관류율 값이 별표1의 열관류율 기준을 만족하는 경우 적합한 것으로 본다.

⑤ 열관류율 또는 열관류저항의 계산결과는 소수점 3자리로 맺음을 하여 적합 여부를 판정한다. (소수점 4째 자리에서 반올림)

라. 별표1 건축물부위의 열관류율 산정을 위한 단열재의 열전도율 값은 한국산업규격 KS L 9016 보온재의 열전도율 측정방법에 따른 시험성적서에 의한 값을 사용하되 열전도율 시험을 위한 시료의 평균온도는 20±5℃로 한다.

마. 수평면과 이루는 각이 70도를 초과하는 경사지붕은 별표1에 따른 외벽의 열관류율을 적용할 수 있다.

바. 바닥난방을 하는 공간의 하부가 바닥난방을 하지 않는 공간일 경우에는 당해 바닥난방을 하는 바닥부위는 별표1의 최하층에 있는 거실의 바닥으로 보며 외기에 간접 면하는 경우의 열관류율 기준을 만족하여야 한다.

2. 에너지절약계획서 및 설계 검토서 제출대상 건축물은 별지 제1호 서식 에너지절약설계검토서 중 에너지 성능지표(이하 "에너지성능지표" 라 한다)의 건축부문 1번 항목 배점을 0.6점 이상 획득하여야 한다.

3. 바닥난방에서 단열재의 설치

가. 바닥난방 부위에 설치되는 단열재는 바닥난방의 열이 슬래브 하부로 손실되는 것을 막을 수 있도록 온수배관(전기난방인 경우는 발열선) 하부와 슬래브 사이에 설치하고, 온수배관(전기난방인 경우는 발열선) 하부와 슬래브 사이에 설치되는 구성 재료의 열저항의 합계는 해당 바닥에 요구되는 총열관류저항(별표1에서 제시되는 열관류율의 역수)의 60% 이상이 되어야 한다. 다만, 바닥난방을 하는 욕실 및 현관부위와 슬래브의 축열을 직접 이용하는 심야전기이용 온돌 등(한국전력의 심야전력이용기기 승인을 받은 것에 한한다)의 경우에는 단열재의 위치가 그러하지 않을 수 있다.

(2) 평균 열관류율 계산법

① 건축물 외피 구성체에 대한 열관류율 및 적용면적을 산출한다.(지붕 및 바닥에 대하여도 같은 방법을 적용한다.)

〈산출예시〉

<table>
<tr><th colspan="2">단면구조</th><th colspan="2">재료명</th><th>두께
(m)①</th><th>열전도율
(W/m·K)
②</th><th>열관류저항
(m^2·K/W)
③=①÷②</th></tr>
<tr><td colspan="2" rowspan="7"> 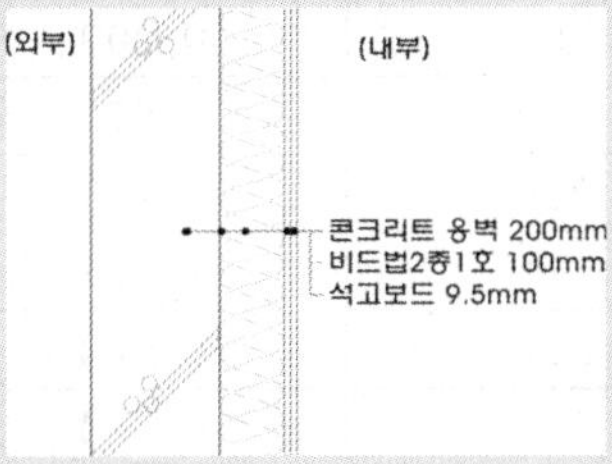(외부) (내부)
콘크리트 옹벽 200mm
비드법2종1호 100mm
석고보드 9.5mm</td><td>1</td><td>실외표면 열전달저항Ro</td><td>–</td><td>–</td><td>0.043</td></tr>
<tr><td>2</td><td>콘크리트(1:2:4)</td><td>0.2</td><td>1.600</td><td>0.125</td></tr>
<tr><td>3</td><td>비드법보온판2종1호</td><td>0.1</td><td>0.031</td><td>3.226</td></tr>
<tr><td>4</td><td>석고보드</td><td>0.0095</td><td>0.180</td><td>0.053</td></tr>
<tr><td>5</td><td>실내표면 열전달저항Ri</td><td>–</td><td>–</td><td>0.110</td></tr>
<tr><td colspan="2">합 계 ④</td><td>–</td><td>–</td><td>3.557</td></tr>
<tr><td colspan="2">적용 열관류율(W/m2·K)
⑤=1÷④</td><td>–</td><td>–</td><td>0.281</td></tr>
<tr><td>면적(m2)</td><td>2000</td><td colspan="2">기준 열관류율(W/m2·K)</td><td>–</td><td>–</td><td>0.320</td></tr>
</table>

〈산출예시〉

건축물의 구분	계 산 법
거실의 외벽 (창포함)(Ue)	Ue = [Σ(방위별 외벽의 열관류율 × 방위별 외벽 면적) + Σ(방위별 창 및 문의 열관류율 × 방위별 창 및 문의 면적)]/(Σ방위별 외벽 면적 + Σ방위별 창 및 문의 면적)
최상층에 있는 거실의 반자 또는 지붕(Ur)	Ur = Σ(지붕 부위별 열관류율 × 부위별 면적)/(Σ지붕 부위별 면적) ☜ 천창 등 투명 외피부위는 포함하지 않음
최하층에 있는 거실의 바닥(Uf)	Uf = Σ(최하층 거실의 바닥 부위별 열관류율 × 부위별 면적)/(Σ최하층 거실의 바닥 부위별 면적)

※ 외벽, 지붕 및 최하층 거실 바닥의 평균열관류율이란 거실 또는 난방 공간의 외기에 직접 또는 간접으로 면하는 각 부위들의 열관류율을 면적가중 평균하여 산출한 값을 말한다.

※ 평균 열관류율 계산은 제2조 제1항 제1호에 따른 부위를 기준으로 산정하며, 외기에 간접적으로 면한 부위에 대해서는 적용된 열관류율 값에 외벽, 지붕, 바닥부위는 0.7을 곱하고, 창 및 문 부위는 0.8을 곱하여 평균 열관류율의 계산에 사용한다. 또한 이 기준 제6조 제1호에 의하여 단열조치를 아니하여도 되는 부위와 공동주택의 이웃세대와 면하는 세대간벽(거실의 외벽으로 계산가능)의 열관류율은 별표1의 해당 부위의 외기에 직접 면하는 경우의 열관류율 기준값을 적용한다.

※ 평균 열관류율 계산에 있어서 복합용도의 건축물 등이 수직 또는 수평적으로 용도가 분리되어 당해 용도 건축물의 최상층 거실 상부 또는 최하층 거실 바닥부위 및 다른 용도의 공간과 면한 벽체 부위가 외기에 직접 또는 간접으로 면하지 않는 부위일 경우의 열관류 율은 0으로 적용한다.

예제1 다음의 열관류율 계산표를 보고 괄호 안의 알맞은 값은?

벽체	재료명	열전도율(W/mK)	두께(mm)	열전도저항 (m^2K/W)
W1	실외표면열전달저항	-	-	0.043
	화강석	3.300	30	0.009
	비드법보온판2종1호	0.031	120	3.871
	콘크리트 (1:2:4)	1.600	200	0.125
	실내표면열전달저항	-	-	0.110
소 계				(㉠)
열관류율(W/m^2K)				(㉡)

① ㉠ 4.158, ㉡ 0.241　② ㉠ 4.158, ㉡ 0.169
③ ㉠ 4.005, ㉡ 0.250　④ ㉠ 4.005, ㉡ 0.175

· **정답** : ①
열관류율 값은 해당 구조체의 재료별 열전도저항 값을 모두 합한 뒤 역수를 취하여 구한다.

예제2 다음의 중부지방 업무시설 외벽 평균열관류율 계산표를 보고 틀린 것을 고르시오.

벽체 및 창호	열관류율($W/m^2 \cdot K$)	외기보정계수	면적(m^2)	열관류율×계수×면적
W1(외기직접)	0.21	① 1.0	1,000	210.0
W2(외기간접)	0.35	② 0.7	500	122.5
G1(외기직접)	1.80	③ 1.0	300	540
G2(외기간접)	2.30	④ 0.7	100	161

· **정답** : ④
창 및 문 부위의 외기에 간접적으로 면한 부위에 대해서는 외기보정계수 값으로 0.8을 곱한다.

예제3 **에너지절약계획서 검토시 평균열관류율 산정시 ( ) 안에 가장 적합한 것은?**

> 평균열관류율산정시 외기에 간접면한부위는 해당 열관류율값에 외벽, 지붕, 바닥부위는 (㉠), 창 및 문 부위는 (㉡)을 곱하여 적용한다.

① ㉠ 0.5, ㉡ 0.6　　② ㉠ 0.6, ㉡ 0.7
③ ㉠ 0.7, ㉡ 0.8　　④ ㉠ 0.8, ㉡ 0,9

· **정답** : ③
평균 열관류율 계산은 제2조 제1항 제1호에 따른 부위를 기준으로 산정하며, 외기에 간접적으로 면한 부위에 대해서는 적용된 열관류율 값에 외벽, 지붕, 바닥부위는 0.7을 곱하고, 창 및 문부위는 0.8을 곱하여 평균 열관류율의 계산에 사용한다.

예제4 **다음 그림에서 남부지역에 건축될 공동주택 단위세대의 부위별 열관류율을 설계하였을 때 단열기준에 가장 부적합한 부위는?** 【13년 2급】

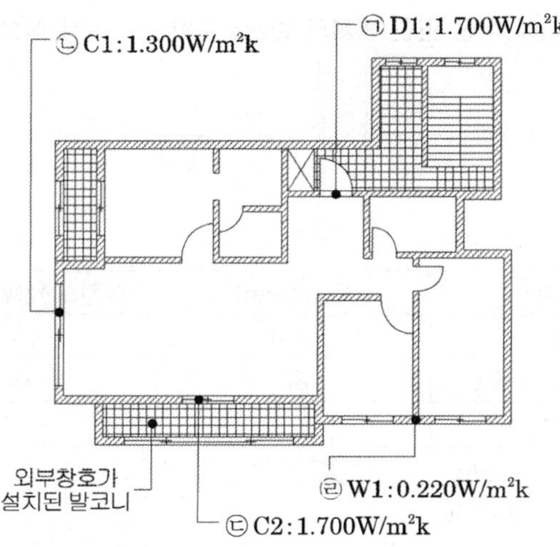

> ※ 벽체 = W1, 창호 = C1, C2, 세대문 = D1

〈지역별 건축물의 부위의 열관류율표〉

건축물의 부위 \ 지 역			중부2지역	남부지역	제주도
거실의 외벽	외기에 직접 면하는 경우		0.170 이하	0.220 이하	0.290 이하
	외기에 간접 면하는 경우		0.240 이하	0.310 이하	0.410 이하
창 및 문	외기에 직접 면하는 경우	공동주택	1.000 이하	1.200 이하	1.600 이하
		공동주택 외	1.500 이하	1.800 이하	2.200 이하
	외기에 간접 면하는 경우	공동주택	1.500 이하	1.700 이하	2.000 이하
		공동주택 외	1.900 이하	2.200 이하	2.800 이하

① ㉠　　② ㉡
③ ㉢　　④ ㉣

· **정답** : ②
㉡의 경우에 공동주택 외기에 직접 면하는 창의 경우에 1.200w/m² · K 이하가 되어야 한다.

예제5 **다음 중 설계된 창호에 대하여 열관류율 성능을 인정받기 위해 "건축물의 에너지절약설계기준" 에서 규정하고 있는 방법으로 가장 부적합 한 것은?** 【13년 2급】

① 건축물의 에너지절약설계기준 별표1 지역별 건축물 부위의 열관류율표에 따른 해당 창호의 열관류율값 제시
② 건축물의 에너지절약설계기준 별표4 창 및 문의 단열성능에 따른 해당 창호의 열관류율값 제시
③ 효율관리기자재 운용규정에 따른 창세트의 열관류율 표시값 제시
④ KS F 2278(창호의 단열성 시험방법)에 의한 시험성적서

· **정답** : ①

창 및 문의 경우 KS F 2278(창호의 단열성 시험 방법)에 의한 시험성적서 또는 별표4에 의한 열관류율값 또는 산업통상자원부고시 「효율관리기자재 운용규정」에 따른 창 세트의 열관류율 표시값 또는 ISO 15099에 따라 계산된 창 및 문의 열관류율 값이 별표1의 열관류율 기준을 만족하는 경우 적합한 것으로 본다.

예제6 **다음 그림에서 제시된 외기에 직접 면한 벽체의 열관류율값으로 가장 적합한 것은?** 【13년 2급】

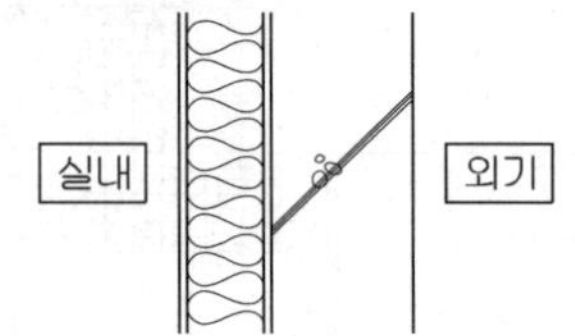

구 분	재료명	두께(mm)	열전도율(W/m·K)
㉠	콘크리트	200	1.6
㉡	비드법보온판 2종2호	80	0.032
㉢	석고보드	9.5	0.17

* 실내표면열전달저항 : 0.11$m^2 \cdot K/W$
실외표면열전달저항 : 0.034$m^2 \cdot K/W$

① 0.333$W/m^2 \cdot K$
② 0.340$W/m^2 \cdot K$
③ 0.354$W/m^2 \cdot K$
④ 0.360$W/m^2 \cdot K$

· **정답** : ③

$0.11+0.034+0.2/1.6+0.08/0.032+0.0095/0.17 = 2.825m^2 \cdot K/W$
따라서 열관류율은 $1/2.825 = 0.354W/m^2 \cdot K$

예제7 **다음 중 건축물의 에너지절약설계기준의 의무사항에서 에너지 성능지표의 0.6점 이상 점수를 획득하여야 하는 항목으로 가장 적합한 것은 다음 중 어느 것인가?**

① 방풍구조 설치
② 방습층의 설치
③ 최하층 거실바닥의 평균열관류율
④ 외벽의 평균 열관류율

· **정답** : ④

이 기준 제6조제2호에 의한 에너지성능지표의 건축부문 1번 항목인 외벽의 평균열관류율을 0.6점 이상 획득하였다.

예제8 **다음 중 "건축물의 에너지절약설계기준" 에서 정하는 건축물의 열손실방지를 위한 단열조치의 예외 사항에 해당하는 것 중 적합한 것으로 나열된 것은?** 【13년 1급】

> ㉠ 지표면 아래 3m를 초과하여 위치한 지하 부위(공동주택의 거실 부위 제외)로서 이중 벽의 설치 등 하계 표면결로 방지 조치를 할 경우
> ㉡ 지면 및 토양에 접한 바닥 부위로서 난방공간의 외벽 내표면까지의 모든 수평거리가 10미터를 초과하는 바닥부위
> ㉢ 방풍구조(외벽제외) 또는 바닥면적 150m^2 이하의 개별 점포의 출입문
> ㉣ 공동주택의 층간바닥(최하층 포함) 중 바닥난방을 하지 않는 현관 및 욕실의 바닥부위
> ㉤ 외기에 간접 면하는 부위로서 당해부위가 면한 비난방공간의 외피를 기준 "[별표1] 지역별 건축물 부위의 열관류율표" 에 준하여 단열조치하는 경우

① ㉡, ㉢, ㉣ ② ㉠, ㉡, ㉢
③ ㉠, ㉢, ㉤ ④ ㉡, ㉢, ㉤

· **정답** : ④

제6조【건축부문의 의무사항】 제2조에 따른 열손실방지 조치대상 건축물의 건축주와 설계자 등은 다음 각 호에서 정하는 건축부문의 설계기준을 따라야 한다.

1. 단열조치 일반사항

가. 외기에 직접 또는 간접 면하는 거실의 각 부위에는 제2조에 따라 건축물의 열손실방지 조치를 하여야 한다. 다만, 다음 부위에 대해서는 그러하지 아니할 수 있다.

1) 지표면 아래 2미터를 초과하여 위치한 지하 부위(공동주택의 거실 부위는 제외)로서 이중벽의 설치 등 하계 표면결로 방지 조치를 한 경우
2) 지면 및 토양에 접한 바닥 부위로서 난방공간의 외벽 내표면까지의 모든 수평거리가 10미터를 초과하는 바닥부위
3) 외기에 간접 면하는 부위로서 당해 부위가 면한 비난방공간의 외기에 직접 또는 간접면하는 부위를 별표1에 준하여 단열 조치하는 경우
4) 공동주택의 층간바닥(최하층 제외) 중 바닥 난방을 하지 않는 현관 및 욕실의 바닥부위
5) 제5조제10호아목에 따른 방풍구조(외벽제외) 또는 바닥면적 150m^2 이하의 개별 점포의 출입문
6) 「 건축법 시행령」 별표1 제21호에 따른 동물 및 식물 관련 시설 중 작물재배사 또는 온실 등 지표면을 바닥으로 사용하는 공간의 바닥부위
7) 「 건축법 」 제 39조 제3항에 따른 소방관진입창 (단, 「건축물의 피난 · 방화구조 등의 기준에 관한 규칙」 제 18조의 2 제1호를 만족하는 최소 설치 개소로 한정한다.)

예제9 **건축물의 지붕, 외벽, 바닥의 재료구성 및 두께가 동일하다고 가정할 경우, 건축물의 에너지절약 설계기준에 따른 열관류율 산출결과가 가장 큰 것(A)과 가장 작은 것(B)은?** 【2015년 국가자격 시험 1회 출제문제】

> ㉠ 외기에 직접 면하는 거실의 외벽
> ㉡ 외기에 간접 면하는 거실의 외벽
> ㉢ 외기에 직접 면하는 최하층 거실의 바닥
> ㉣ 외기에 간접 면하는 최상층 거실의 지붕

	(A)	(B)
①	㉠	㉢
②	㉡	㉣
③	㉢	㉡
④	㉣	㉠

· **정답** : ③

㉠ 외기에 직접면하는 거실의 외벽 : $\dfrac{1}{0.11+0.043}=6.536+K$

㉡ 외기에 간접면하는 거실의 외벽 : $\dfrac{1}{0.11+0.11}=4.545+K$

㉢ 외기에 직접 면하는 최하층 거실의 바닥 : $\dfrac{1}{0.086+0.043}=7.751+K$

㉣ 외기에 간접면하는 최상층 거실의 지붕 : $\dfrac{1}{0.086+0.086}=5.813+K$

예제10 **다음 그림은 공동주택에서 벽체 및 창호의 열관류율을 보여주고 있다. 해당부분에 대해서 건축물의 에너지절약설계 기준에서 규정하는 외벽평균열관류율[Ue(W/m² · K)]을 계산하면 얼마인가?** 【13년 1급】

기호	부위	외기구분	보정계수	열관류율 (W/m²·K)	부위별면적 (m²)	열관류율×부위별면적 (W/m²·K×m²)×보정계수
W1	외벽	직접	1	0.2	67.76	13.552
W2	외벽	직접	1	0.21	133.84	28.106
W3	외벽	간접	0.7	0.3	32.20	6.762
W4	외벽	간접	0.7	0.28	25.76	5.049
소계					259.56	53.469
G1	창	직접	1	1.4	2.70	3.780
G2	창	직접	1	1.3	5.12	6.656
G3	창	직접	1	1.2	4.75	5.700
G4	문	간접	0.8	1.8	3.00	4.320
소계					15.570	20.456
합계					275.130	73.925

① 0.169　② 0.209
③ 0.239　④ 0.269

· **정답** : ④

외벽(창포함)에 대한 평균 열관류율 : Ue=73.925/275.130=0.269(W/m² K)

예제11 **다음과 같은 최하층 바닥의 조건일 때 열관류율을 계산하시오.** 【13년 1급】

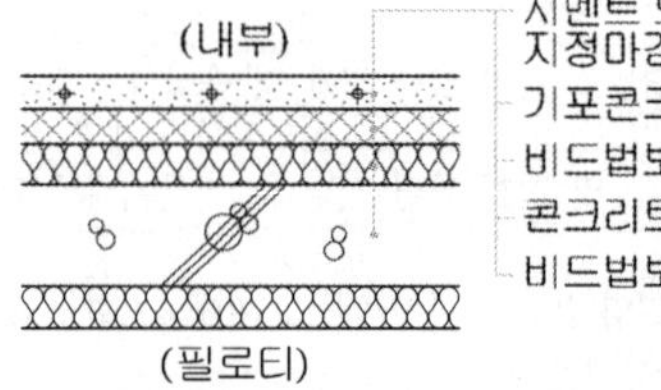

	재료명	두께 (mm)	열전도율(W/m·K)
1	바닥마감재	10	0.190
2	시멘트모르타르	40	1.400
3	기포콘크리트(0.6품)	50	0.190
4	비드법보온판 2종 2호	90	0.032
5	콘크리트 슬래브	210	1.600
6	비드법보온판 2종 2호	100	0.032
7	천장마감재	–	

① 0.113W/m²·K　② 0.123W/m²·K
③ 0.133W/m²·K　④ 0.153W/m²·K

· **정답** : ④

$$\text{열관류율}(K) = \frac{1}{\text{실내표면 열전달저항}+\text{재료의 열저항 합}+\text{공기층의 열저항}+\text{실외표면 열전달저항}}$$

$$\text{여기서 재료의 열저항합}(R) = \frac{\text{재료두께(m)}}{\text{열전도율(W/m·K)}}$$

$$= \frac{0.01}{0.19}+\frac{0.04}{1.4}+\frac{0.05}{0.19}+\frac{0.09}{0.032}+\frac{0.21}{1.6}+\frac{0.1}{0.032}$$

$$= 6.413\,(m^2 \cdot K/W)$$

$$\therefore\ K = \frac{1}{0.086+6.413+0.043} = \frac{1}{6.542(m^2 \cdot K/W)} = 0.153\,(W/m^2 \cdot K)$$

예제12 **"건축물의 에너지절약설계기준"에 따른 열손실방지조치를 하지 않아도 괜찮은 부위는?** 【17년 출제문제】

① 바닥면적 160제곱미터의 개별 점포의 출입문
② 지표면 아래 2미터를 초과하여 위치한 공동 주택의 거실 부위로서 이중벽의 설치 등 하계표면결로 방지 조치를 한 경우
③ 공동주택의 층간바닥 중 바닥난방을 하는 현관 및 욕실의 바닥 부위
④ 바닥면적 250제곱미터 이하의 방풍구조 출입문

· **정답** : ④

열손실방지 조치예외 부위○

① 바닥면적 160m²의 개별점포의 출입문
→ 150m² 이하의 개별점포의 출입문
② 지표면아래 2미터를 초과하여 위치한 공동주택의 거실부위로서 이중벽의 설치 등 하계 도면 결로 방지조치를 한 경우
→ 공동주택의 거실 부위는 제외
③ 공동주택의 층간바닥 중 바닥난방을 하는 현관 및 욕실의 바닥 부위
→ 공동주택의 층간바닥(최하층제외) 중 바닥난방을 하지 않는 현관 및 욕실의 바닥 부위
④ 바닥면적 250m² 이하의 방풍구조 출입문
→ 제5조10호아목에 따른 방풍구조(외벽제외)
→ 이외)
2) 지면 및 토양에 접한 바닥부위로서 난방공간의 주변 외벽 내표면까지의 모든 수평거리가 10m를 초과하는 바닥 부위
3) 외기에 간접 면하는 부위로서 당해 부위가 면한 비난방 공간의 외피를 별표1에 준하여 단열 조치하는 경우

예제13 **건축물의 에너지절약설계기준에서 바닥 난방의 경우 단열재의 설치 기준이다. (　　) 속에 가장 적합한 것은 다음 중 어느 것인가?**

바닥 난방 부위에 설치되는 단열재는 바닥 난방의 열이 슬래브 (A) 로 손실되는 것을 막을 수 있도록 온수배관(전기난방인 경우는 발열선) 하부와 (B) 사이에 설치하고, 온수배관(전기난방인 경우는 발열선) 하부와 슬래브 사이에 설치되는 구성재료의 열저항의 합계는 해당 바닥에 요구되는 총열관류저항 (별표1에서 제시되는 열관류율의 역수)의 (C)% 이상이 되어야 한다. 다만, 바닥 난방을 하는 욕실 및 현관부위와 슬래브의 (D)을 직접 이용하는 심야전기이용 온돌 등(한국전력의 심야전력이용기기 승인을 받은 것에 한한다)의 경우에는 단열재의 위치가 그러하지 않을 수 있다.

	A	B	C	D
①	상부	방습층	30	현열
②	상부	단열재	40	온열
③	하부	공기층	50	잠열
④	하부	슬래브	60	축열

· **정답** : ④

슬래브 하부로 손실되는 것을 막을 수 있도록 온수배관(전기난방인 경우는 발열선) 하부와 슬래브 사이에 설치하고, 총열관류저항의 60% 이상, 슬래브의 축열을 직접 이용하는 심야전기이용 온돌 등의 경우에는 단열재의 위치가 그러하지 않을 수 있다.

핵심20 냉방부하계산

(1) 실내조건

냉방부하 계산에 있어서 실내 온·습도는 매우 중요한 설계조건의 하나이다. 왜냐하면 실의 사용목적에 따라 그 조건이 각기 다르며, 또한 사람의 경우에 있어서도 쾌적 온도의 범위가 서로 다르기 때문이다.

(2) 외기조건

① 최대냉방부하는 가장 불리한 상태 일 때의 조건으로 구한 부하로 이는 냉방장치 용량을 결정하는데, 도움을 주나, 부하가 최대일 때를 위한 장치 용량이므로 매우 비경제적이 되기 쉽다. 그래서 ASHRAE의 TAC(Techanical Advisory Comminity)에서 위험률 2.5%~10% 범위 내에서 설계조건을 삼는 것을 추천하고 있다. 위험률 2.5%의 의미는 예를 들어 어느 지역의 냉방기간이 3,000시간이라면 이 기간 중 2.5%에 해당하는 75시간은 냉방설계 외기조건을 초과한다는 것을 의미한다.

② TAC(Techanical Advisory Comminity) 위험률 값이 낮을 수록 장치용량이 커지게 된다.

1) 설계용 실내온도 조건

난방 및 냉방설비의 용량계산을 위한 설계기준 실내온도는 난방의 경우 20℃, 냉방의 경우 28℃를 기준으로 하되(목욕장 및 수영장은 제외) 각 건축물 용도 및 개별 실의 특성에 따라 별표8에서 제시된 범위를 참고하여 설비의 용량이 과다해지지 않도록 한다.

■ 설계기준[별표6]에서 정한 외기 온습도 기준 사용

• 냉난방부하계산서 중 외기온도 조건이 작성된 페이지 발췌 첨부 또는 기계설비계산서중 설계용 온도조건이 작성된 페이지 발췌 첨부

■ 지역난방 방식 건축물은 '집단에너지시설의 기술기준' 적용

• 설계용 외기조건 채택 근거로 제시하는 서류에 건축물명 및 기술사 날인

2) 설계용 외기조건

난방 및 냉방설비의 용량계산을 위한 외기조건은 각 지역별로 위험율 2.5%(냉방기 및 난방기를 분리한 온도출현분포를 사용할 경우) 또는 1%(연간 총 시간에 대한 온도출현 분포를 사용할 경우)로 하거나 별표7에서 정한 외기온·습도를 사용한다. 별표7 이외의 지역인 경우에는 상기 위험율을 기준으로 하여 가장 유사한 기후조건을 갖는 지역의 값을 사용한다. 다만, 지역난방공급방식을 채택할 경우에는 산업통상자원부 고시 「집단에너지시설의 기술기준」에 의하여 용량계산을 할 수 있다.

[별표8] 냉·난방설비의 용량계산을 위한 실내 온·습도 기준

구분 / 용도	난방	냉방	
	건구온도(℃)	건구온도(℃)	상대습도(%)
공동주택	20~22	26~28	50~60
학교(교실)	20~22	26~28	50~60
병원(병실)	21~23	26~28	50~60
관람집회시설(객석)	20~22	26~28	50~60
숙박시설(객실)	20~24	26~28	50~60
판매시설	18~21	26~28	50~60
사무소	20~23	26~28	50~60
목욕장	26~29	26~29	50~75
수영장	27~30	27~30	50~70

예제1 설계용 외기조건에 대한 설명 중 옳지 않은 것은?

① 설계기준 실내온도는 난방의 경우 20℃, 냉방의 경우 28℃를 기준으로 한다.
② 연간 총시간에 대한 온도출현분포를 사용한 경우 각 지역별로 위험률 2%를 적용한다.
③ 목욕장 및 수영장은 실내온도 기준이 다르다.
④ 지역난방 방식 건축물은 "집단에너지시설의 기술기준"을 적용한다.

· **정답** : ②
연간 총시간에 대한 온도출현분포를 사용한 경우 각 지역별로 위험률 1%를 적용한다.

예제2 설계용 실내온도 조건 중 내용이 틀린 것을 고르시오.

① 공동주택 난방 : 20℃ 냉방 : 28℃
② 학 교 난방 : 20℃ 냉방 : 28℃
③ 수 영 장 난방 : 20℃ 냉방 : 28℃
④ 사 무 소 난방 : 20℃ 냉방 : 28℃

· **정답** : ③
수영장 난방 : 27℃, 냉방 : 30℃

예제3 다음 중 냉방용량 계산 시에 쓰이는 위험률에 대한 설명으로 가장 부적합한 것은?

① ASHRAE의 TAC(Techanical Advisory Comminity)에서 위험률 2.5%~10% 범위 내에서 설계조건을 삼는 것을 추천하고 있다.
② TAC 위험률 2.5%의 의미는 예를 들어 어느 지역의 냉방기간이 3,000시간이라면 이 기간 중 2.5%에 해당하는 75시간은 냉방설계 외기조건을 초과한다는 것을 의미한다.
③ TAC(Techanical Advisory Comminity) 위험률 값이 낮을수록 장치용량이 작아지게 된다.
④ 냉방기 및 난방기를 분리한 온도출현분포를 사용한 경우 위험률 2.5%를 사용한다.

· **정답** : ③
TAC(Techanical Advisory Comminity) 위험률 값이 낮을수록 장치용량이 커지게 된다.

예제4 다음 중 "건축물의 에너지절약설계기준"에서 냉·난방설비의 용량계산을 위한 실내온도조건 중 가장 부적합 한 것은? 【13년 2급】

① 사무소 : 난방 20℃, 냉방 28℃ ② 병원(병실) : 난방 21℃, 냉방 28℃
③ 수영장 : 난방 20℃, 냉방 28℃ ④ 교실 : 난방 20℃, 냉방 28℃

· **정답** : ③
수영장 : 난방 27℃, 냉방 30℃

예제5 다음 중 "건축물의 에너지절약설계기준"에서 규정하는 설계용 외기조건에 대해 (㉠)과 (㉡)에 들어갈 말로 가장 적합한 것은? 【13년 2급】

> 난방 및 냉방 설비 장치의 용량계산을 위한 외기조건은 각 지역별로 위험율 (㉠)(냉방기 및 난방기를 분리한 온도 출현분포를 사용할 경우) 또는 (㉡) (연간 총시간에 대한 온도출현분포를 사용할 경우)로 하거나 별표 7에서 정한 외기 온·습도를 사용한다.

	㉠	㉡
①	1%	2%
②	2%	3%
③	2.5%	1%
④	3%	2%

· **정답** : ③
난방 및 냉방 설비 장치의 용량계산을 위한 외기조건은 각 지역별로 위험율 (㉠ 2.5%)(냉방기 및 난방기를 분리한 온도 출현분포를 사용할 경우) 또는 (㉡ 1%) (연간 총시간에 대한 온도출현분포를 사용할 경우)로 하거나 별표 7에서 정한 외기 온·습도를 사용한다.

핵심21 난방부하계산

(1) 구조체(벽, 천장, 유리, 문등)을 통한 손실열량(W)

① 일사 영향을 무시한 경우

$Q = K \cdot A \cdot \Delta t$

② 일사 영향을 고려한 경우

$Q = K \cdot A \cdot \Delta t \cdot C$

여기서 K : 열관류율(W/m² K)

A : 구조체의 표면적(m²)

Δt : 실내외의 온도차

C : 보정계수

위치	남	동, 서	북	지붕	바람이 강한 곳	고립된 곳
방위보정계수	1	1.1	1.2	1.2	1.2	1.15

예제1 어떤 구조체의 손실열량을 계산하는 식 Q = K · A · △t에서 K는 무엇을 의미하는가?

① 열전도율(W/mK)　② 열관류율(W/m²K)
③ 열관류저항(m²K/W)　④ 열복사율(W/m²K)

· **정답** : ②

① 일사 영향을 무시한 경우

$Q = K \cdot A \cdot \Delta t$

예제2 콘크리트 두께 15cm, 내면 석고 플라스터 1cm의 구조체에 들어오는 열량은 몇 W 인가? (단, 구조체의 열관류율은 3.2W/m² · K 이고, 외기온도는 36℃, 실내온도는 26℃, 벽의 면적은 35m² 이다.)

① 535W　② 1,120W
③ 1,230W　④ 1,320W

· **정답** : ②

1) 일사 영향을 무시한 경우

$Q = K \cdot A \cdot \Delta t$

에서 $Q = 3.2W/m^2K \times 35m^2 \times (36-26) = 1{,}120W$

2) 일사 영향을 고려한 경우

$Q = K \cdot A \cdot \Delta t \cdot C$

여기서 K : 열관류율(W/m²K)

A : 구조체의 표면적(m²)

Δt : 실내외의 온도차

C : 보정계수

② 일사 영향을 고려한 경우

$Q = K \cdot A \cdot \Delta t \cdot C$

여기서 K : 열관류율(W/m²K)

A : 구조체의 표면적(m²)

Δt : 실내외의 온도차

C : 보정계수

예제3 주택의 거실에서 외벽면적이 12m² 일 때, 외벽을 통한 열손실량은? (단, 외벽의 열관류저항 0.8m² k/W, 실내온도 20℃, 외기온도 -5℃이다.)

① 225W　② 275W
③ 325W　④ 375W

· **정답** : ④

$Q = K \cdot A \cdot \Delta t$

$Q = 1/0.8 \times 12 \times 25 = 375W$

예제4 건물 구조체의 일사의 영향을 고려한 손실열량을 계산하는 식 Q = K · A · Δt · C에서 C는 무엇을 의미하는가?

① 열관류율(W/m² K)　　② 방위 보정계수
③ 실내외의 온도차　　④ 구조체의 표면적

· **정답 : ②**

① 일사 영향을 무시한 경우
$Q = K \cdot A \cdot \Delta t$

② 일사 영향을 고려한 경우
$Q = K \cdot A \cdot \Delta t \cdot C$

여기서 K : 열관류율(W/m²K)
A : 구조체의 표면적(m²)
Δt : 실내외의 온도차
C : 보정계수

예제5 다음 중 "건축물의 에너지절약설계기준" 에서 규정하는 설계용 외기조건에 대해 (㉠)과 (㉡)에 들어갈 말로 가장 적합한 것은?

> 난방 및 냉방 설비 장치의 용량계산을 위한 외기조건은 각 지역별로 위험율 (㉠)(냉방기 및 난방기를 분리한 온도 출현분포를 사용할 경우) 또는 (㉡) (연간 총시간에 대한 온도출현분포를 사용할 경우)로 하거나 별표 7에서 정한 외기 온·습도를 사용한다.

	㉠	㉡
①	1%	2%
②	2%	3%
③	2.5%	1%
④	3%	2%

· **정답 : ③**

난방 및 냉방 설비 장치의 용량계산을 위한 외기조건은 각 지역별로 위험율 (㉠ 2.5%)(냉방기 및 난방기를 분리한 온도 출현분포를 사용할 경우) 또는 (㉡ 1%) (연간 총시간에 대한 온도출현분포를 사용할 경우)로 하거나 별표 7에서 정한 외기 온·습도를 사용한다.

핵심22

건축부문의 의무사항 (고시 제6조)
건축부문의 권장사항 (고시 제7조)

고시 제6조【건축부문의 의무사항】

제6조(건축부문의 의무사항) 제2조에 따른 열손실방지 조치 대상 건축물의 건축주와 설계자 등은 다음 각 호에서 정하는 건축부문의 설계기준을 따라야 한다.

1. 단열조치 일반사항

가. 외기에 직접 또는 간접 면하는 거실의 각 부위에는 제2조에 따라 건축물의 열손실방지 조치를 하여야 한다. 다만, 다음 부위에 대해서는 그러하지 아니할 수 있다.

① 지표면 아래 2미터를 초과하여 위치한 지하 부위(공동주택의 거실 부위는 제외)로서 이중벽의 설치 등 하계 표면결로 방지 조치를 한 경우

② 지면 및 토양에 접한 바닥 부위로서 난방공간의 외벽 내표면까지의 모든 수평거리가 10미터를 초과하는 바닥부위

③ 외기에 간접 면하는 부위로서 당해 부위가 면한 비난방공간의 외기에 직접 또는 간접 면하는 부위를 별표1에 준하여 단열조치하는 경우

④ 공동주택의 층간바닥(최하층 제외) 중 바닥난방을 하지 않는 현관 및 욕실의 바닥부위

⑤ 방풍구조(외벽제외) 또는 바닥면적 150m^2 이하의 개별 점포의 출입문

⑥ 「건축법 시행령」 별표1 제21호에 따른 동물 및 식물 관련 시설 중 작물재배사 또는 온실 등 지표면을 바닥으로 사용하는 공간의 바닥부위

⑦ 「건축법」 제 39조 제3항에 따른 소방관진입창 (단, 「건축물의 피난·방화구조 등의 기준에 관한 규칙」 제 18조의 2 제1호를 만족하는 최소 설치 개소로 한정한다.)

나. 단열조치를 하여야 하는 부위의 열관류율이 위치 또는 구조상의 특성에 의하여 일정하지 않는 경우에는 해당 부위의 평균 열관류율값을 면적가중 계산에 의하여 구한다.

다. 단열조치를 하여야 하는 부위에 대하여는 다음 각 호에서 정하는 방법에 따라 단열기준에 적합한지를 판단할 수 있다.

① 이 기준 별표3의 지역별·부위별·단열재 등급별 허용 두께 이상으로 설치하는 경우(단열재의 등급 분류는 별표2에 따름) 적합한 것으로 본다.

② 해당 벽·바닥·지붕 등의 부위별 전체 구성재료와 동일한 시료에 대하여 KS F2277(건축용 구성재의 단열성 측정방법)에 의한 열저항 또는 열관류율 측정값이 별표1의 부위별 열관류율에 만족하는 경우에는 적합한 것으로 보며, 시료의 공기층(단열재 내부의 공기층 포함) 두께와 동일하면서 기타 구성재료의 두께가 시료보다 증가한 경우와 공기층을 제외한 시료에 대한 측정값이 기준에 만족하고 시료 내부에 공기층을 추가하는 경우에도 적합한 것으로 본다. 단, 공기층이 포함된 경우에는 시공 시에 공기층 두께를 동일하게 유지하여야 한다.

③ 구성재료의 열전도율 값으로 열관류율을 계산한 결과가 별표1의 부위별 열관류율 기준을 만족하는 경우 적합한 것으로 본다.(단, 각 재료의 열전도율 값은 한국산업규격 또는 시험성적서의 값을 사용하고, 표면열전달저항 및 중공층의 열저항은 이 기준 별표5 및 별표6에서 제시하는 값을 사용)

④ 창 및 문의 경우 KS F 2278(창호의 단열성 시험 방법)에 의한 시험성적서 또는 별표4에 의한 열관류율값 또는 산업통상자원부고시「효율관리기자재 운용규정」에 따른 창 세트의 열관류율 표시값 또는 ISO 15099에 따라 계산된 창 및 문의 열관류율 값이 별표1의 열관류율 기준을 만족하는 경우 적합한 것으로 본다.

⑤ 열관류율 또는 열관류저항의 계산결과는 소수점 3자리로 맺음을 하여 적합 여부를 판정한다. (소수점 4째 자리에서 반올림)

라. 별표1 건축물부위의 열관류율 산정을 위한 단열재의 열전도율 값은 한국산업규격 KS L 9016 보온재의 열전도율 측정방법에 따른 시험성적서에 의한 값을 사용하되 열전도율 시험을 위한 시료의 평균온도는 20±5℃로 한다.

마. 수평면과 이루는 각이 70도를 초과하는 경사지붕은 별표1에 따른 외벽의 열관류율을 적용할 수 있다.

바. 바닥난방을 하는 공간의 하부가 바닥난방을 하지 않는 공간일 경우에는 당해 바닥난방을 하는 바닥부위는 별표1의 최하층에 있는 거실의 바닥으로 보며 외기에 간접 면하는 경우의 열관류율 기준을 만족하여야 한다.

2. 에너지절약계획서 및 설계 검토서 제출대상 건축물은 별지 제1호 서식 에너지절약설계검토서 중 에너지 성능지표(이하 "에너지성능지표" 라 한다)의 건축부문 1번 항목 배점을 0.6점 이상 획득하여야 한다.

3. 바닥난방에서 단열재의 설치

가. 바닥난방 부위에 설치되는 단열재는 바닥난방의 열이 슬래브 하부로 손실되는 것을 막을 수 있도록 온수배관(전기난방인 경우는 발열선) 하부와 슬래브 사이에 설치하고, 온수배관(전기난방인 경우는 발열선) 하부와 슬래브 사이에 설치되는 구성 재료의 열저항의 합계는 해당 바닥에 요구되는 총열관류저항(별표1에서 제시되는 열관류율의 역수)의 60% 이상이 되어야 한다. 다만, 바닥난방을 하는 욕실 및 현관부위와 슬래브의 축열을 직접 이용하는 심야전기이용 온돌 등(한국전력의 심야전력이용기기 승인을 받은 것에 한한다)의 경우에는 단열재의 위치가 그러하지 않을 수 있다.

4. 기밀 및 결로방지 등을 위한 조치

가. 벽체 내표면 및 내부에서의 결로를 방지하고 단열재의 성능 저하를 방지하기 위하여 제2조에 의하여 단열조치를 하여야 하는 부위(창 및 문과 난방공간 사이의 층간 바닥 제외)에는 방습층을 단열재의 실내측에 설치하여야 한다.

나. 방습층 및 단열재가 이어지는 부위 및 단부는 이음 및 단부를 통한 투습을 방지할 수 있도록 다음과 같이 조치하여야 한다.

1) 단열재의 이음부는 최대한 밀착하여 시공하거나, 2장을 엇갈리게 시공하여 이음부를 통한 단열성능 저하가 최소화될 수 있도록 조치할 것

2) 방습층으로 알루미늄박 또는 플라스틱계 필름 등을 사용할 경우의 이음부는 100mm 이상 중첩하고 내습성 테이프, 접착제 등으로 기밀하게 마감할 것

3) 단열부위가 만나는 모서리 부위는 방습층 및 단열재가 이어짐이 없이 시공하거나 이어질 경우 이음부를 통한 단열성능 저하가 최소화되도록 하며, 알루미늄박 또는 플라스틱계 필름 등을 사용할 경우의 모서리 이음부는 150mm 이상 중첩되게 시공하고 내습성 테이프, 접착제 등으로 기밀하게 마감할 것

4) 방습층의 단부는 단부를 통한 투습이 발생하지 않도록 내습성 테이프, 접착제 등으로 기밀하게 마감할 것

다. 건축물 외피 단열부위의 접합부, 틈 등은 밀폐될 수 있도록 코킹과 가스켓 등을 사용하여 기밀하게 처리하여야 한다.

라. 외기에 직접 면하고 1층 또는 지상으로 연결된 출입문은 방풍구조로 하여야 한다. 다만, 다음 각 호에 해당하는 경우에는 그러하지 않을 수 있다.

1) 바닥면적 300m² 이하의 개별 점포의 출입문

2) 주택의 출입문(단, 기숙사는 제외)

3) 사람의 통행을 주목적으로 하지 않는 출입문

4) 너비 1.2m 이하의 출입문

마. 방풍구조를 설치하여야 하는 출입문에서 회전문과 일반문이 같이 설치되어진 경우, 일반문 부위는 방풍실 구조의 이중문을 설치하여야 한다.

바. 건축물의 거실의 창이 외기에 직접 면하는 부위인 경우에는 기밀성 창을 설치하여야 한다.

5. 영 제10조의 2에 해당하는 공공건축물을 건축 또는 리모델링하는 경우 법 제14조의 2 제1항에 따라 에너지 성능지표 건축부문 8번 항목 배점을 0.6점 이상 획득하여야 한다. 다만, 건축물 에너지효율 1++등급 이상을 취득한 경우 또는 제21조제2항에 다라 건축물 에너지소요량 평가서의 단위면적당 1차에너지 소요량의 합계가 적합할 경우에는 그러하지 아니할 수 있다.

고시 제7조 【건축부문의 권장사항】

1. 배치계획

가. 건축물은 대지의 향, 일조 및 주풍향 등을 고려하여 배치하며, 남향 또는 남동향 배치를 한다.

나. 공동주택은 인동간격을 넓게 하여 저층부의 태양열 취득을 최대한 증대시킨다.

2. 평면계획

가. 거실의 층고 및 반자 높이는 실의 용도와 기능에 지장을 주지 않는 범위 내에서 가능한 낮게 한다.

나. 건축물의 체적에 대한 외피면적의 비 또는 연면적에 대한 외피면적의 비는 가능한 작게 한다.

다. 실의 냉난방 설정온도, 사용스케줄 등을 고려하여 에너지절약적 조닝계획을 한다.

3. 단열계획

가. 건축물의 용도 및 규모를 고려하여 건축물 외벽, 천장 및 바닥으로의 열손실이 최소화되도록 설계한다.

나. 외벽 부위는 외단열로 시공한다.

다. 외피의 모서리 부분은 열교가 발생하지 않도록 단열재를 연속적으로 설치하고 기타 열교부위는 별표 11의 외피 열교부위별 선형 열관류율 기준에 따라 충분히 단열되도록 한다.

라. 건물의 창 및 문은 가능한 작게 설계하고, 특히 열손실이 많은 북측 거실의 창 및 문의면적은 최소화한다.

마. 발코니 확장을 하는 공동주택이나 창 및 문의 면적이 큰 건물에는 단열성이 우수한 로이(Low-E) 복층창이나 삼중창 이상의 단열성능을 갖는 창을 설치한다.

바. 야간 시간에도 난방을 해야 하는 숙박시설 및 공동 주택에는 창으로의 열손실을 줄이기 위하여 단열셔터 등 제5조제10호타목에 따른 야간단열장치를 설치한다.

사. 태양열 유입에 의한 냉·난방부하를 저감할 수 있도록 일사조절장치, 태양열취득률 (SHGC),, 창 및 문의 면적비 등을 고려한 설계를 한다. 건축물 외부에 일사조절장치를 설치하는 경우에는 비, 바람, 눈, 고드름 등의 낙하 및 화재 등의 사고에 대비하여 안전성을 검토하고, 주변 건축물에 빛 반사에 의한 피해 영향을 고려하여야 한다.

아. 건물 옥상에는 조경을 하여 최상층 지붕의 열저항을 높이고, 옥상면에 직접 도달하는 일사를 차단하여 냉방부하를 감소시킨다.

4. 기밀계획

가. 틈새바람에 의한 열손실을 방지하기 위하여 외기에 직접 또는 간접으로 면하는 거실 부위에는 기밀성 창 및 문을 사용 한다.

나. 공동주택의 외기에 접하는 주동의 출입구와 각 세대의 현관은 방풍구조로 한다.

다. 기밀성을 높이기 위하여 외기에 직접 면한 거실의 창 및 문 등 개구부 둘레를 기밀테이프 등을 활용하여 외기가 침입하지 못하도록 기밀하게 처리한다.

5. 자연채광계획

가. 자연채광을 적극적으로 이용할 수 있도록 계획한다. 특히 학교의 교실, 문화 및 집회시설의 공용부분(복도, 화장실, 휴게실, 로비 등)은 1면 이상 자연채광이 가능하도록 한다.

나. 삭제
다. 삭제
라. 삭제
6. 삭제

예제1 외기에 직접 또는 간접 면하는 거실의 각 부위에는 건축물의 열손실방지조치를 하여야 한다. 건축물의 단열조치 예외사항에 해당되지 않은 것은?

① 지표면아래 2m를 초과하여 위치한 지하부위(공동주택 거실제외)로서 이중벽의 설치 등 하계 표면결로 방지 조치한 경우
② 지표 및 토양에 접한 바닥부위로서 난방공간의 주변 외벽 내표면까지의 모든 수평거리가 10m를 초과하는 바닥부위
③ 공동주택의 층간바닥(최하층제외) 중 바닥 난방을 하지 않는 현관 및 욕실의 바닥부위
④ 방풍구조(외벽제외) 또는 바닥면적 100m^2 이하의 개별점포의 출입문

· **정답** : ④
방풍구조(외벽제외) 또는 바닥면적 150m^2 이하의 개별점포의 출입문

예제2 에너지절약설계에 관한 기준 "건축부문의무사항" 중 방풍구조와 관련된 내용 중 출입문을 방풍구조로 하지 아니하여도 되는 내용에 포함되지 않는 것은?

① 바닥면적 3백제곱미터 이하의 개별점포의 출입문
② 기숙사의 출입문
③ 사람의 통행을 주목적으로 하지 않는 출입문
④ 너비 1.2미터 이하의 출입문

· **정답** : ②
기숙사의 출입문은 방풍구조로 하여야 한다.

예제3 에너지절약설계에 관한 기준 "건축부문의무사항" 중 단열재의 일반사항 중 가장 부적합한 것은?

① 지역별·부위별·단열재 등급 별 허용 두께 이상으로 설치하는 경우 적합한 것으로 본다.
② 열전도율 시험을 위한 시료의 평균온도는 20±5℃로 한다.
③ 수평면과 이루는 각이 70도를 초과하는 경사지붕은 외벽의 열관류율을 적용할 수 있다.
④ 바닥난방을 하는 공간의 하부가 바닥난방을 하지 않는 난방공간일 경우에는 당해 바닥난방을 하는 바닥부위는 최하층에 있는 거실의 바닥으로 보며 외기에 직접 면하는 경우의 열관류율을 적용한다.

· **정답** : ④
바닥난방을 하는 공간의 하부가 바닥난방을 하지 않는 난방공간일 경우에는 당해 바닥난방을 하는 바닥부위는 최하층에 있는 거실의 바닥으로 보며 외기에 간접 면하는 경우의 열관류율을 적용한다.

예제4 에너지절약설계에 관한 기준 "건축부문의무사항" 중 단열재의 일반사항 중 가장 부적합한 것은?

① 수평면과 이루는 각이 70도를 초과하는 경사지붕은 외벽의 열관류율을 적용할 수 있다.
② 열관류율 또는 열관류저항의 계산결과는 소수점 4자리로 맺음을 하여 적합 여부를 판정한다.(소수점 5째 자리에서 반올림)
③ 바닥난방을 하는 공간의 하부가 바닥난방을 하지 않는 난방공간일 경우에는 당해 바닥난방을 하는 바닥부위는 최하층에 있는 거실의 바닥으로 보며 외기에 간접 면하는 경우의 열관류율을 적용한다.
④ 열전도율 시험을 위한 시료의 평균온도는 20±5℃로 한다.

· **정답** : ②

열관류율 또는 열관류저항의 계산결과는 소수점 3자리로 맺음을 하여 적합 여부를 판정한다.(소수점 4째 자리에서 반올림)

예제5 에너지성능지표검토서 검토시 평균열관류율 산정시 ( ) 안에 가장 적합한 것은?

평균열관류율산정시 외기에 간접면한부위는 해당 열관류율값에 외벽, 지붕, 바닥부위는 (㉠), 창 및 문부위는 (㉡)을 곱하여 적용한다.

① ㉠ 0.5, ㉡ 0.6
② ㉠ 0.6, ㉡ 0.7
③ ㉠ 0.7, ㉡ 0.8
④ ㉠ 0.8, ㉡ 0,9

· **정답** : ③

평균 열관류율산정 시 외기에 간접 면한 부위는 해당 열관류율 값에 외벽, 지붕, 바닥부위는 0.7, 창 및 문 부위는 0.8을 곱하여 적용한다.

예제6 에너지절약설계에 관한 기준 "건축부문의무사항" 중 바닥난방 에서 단열재의 설치방법과 관련된 내용 중 ( ) 안에 가장 적합한 것은?

바닥 난방 부위에 설치되는 단열재는 바닥 난방의 열이 슬래부 하부로 손실되는 것을 막을 수 있도록 온수배관(전기난방인 경우는 발열선) 하부와 슬래브 사이에 설치되는 구성재료의 열저항의 합계는 ㉠)의 (㉡) 이상이 되어야 한다. 다만, 바닥 난방을 하는 욕실 및 현관부위와 슬래브의 축열을 직접 이용하는 심야전기이용 온돌 등(한국전력의 심야전력이용기기 승인을 받은 것에 한한다)의 경우에는 단열재의 위치가 그러하지 않을 수 있다.

① ㉠ 총열관류저항 ㉡ 60%
② ㉠ 총열관류저항 ㉡ 70%
③ ㉠ 총열관류율 ㉡ 70%
④ ㉠ 총열관류율 ㉡ 70%

· **정답** : ①

바닥난방에서 단열재의 설치

바닥난방 부위에 설치되는 단열재는 바닥난방의 열이 슬래브 하부 로 손실되는 것을 막을 수 있도록 온수배관(전기난방인 경우는 발열선) 하부와 슬래브 사이에 설치하고, 온수배관(전기난방인 경우는 발열선) 하부와 슬래브 사이에 설치되는 구성 재료의 열저항의 합계는 총열관류저항(별표1에서 제시되는 열관류율의 역수)의 60% 이상이 되어야 한다. 다만, 바닥난방을 하는 욕실 및 현관부위와 슬래브의 축열을 직접 이용하는 심야전기이용 온돌 등(한국전력의 심야전력이용기기 승인을 받은 것에 한한다)의 경우에는 단열재의 위치가 그러하지 않을 수 있다.

예제7 **에너지절약설계에 관한 기준 "건축부문의무사항" 중 방습층설치에 관한 사항 중 가장 부적합한 것은?**

① 단열재의 이음부는 최대한 밀착하여 시공하거나, 2장을 엇갈리게 시공하여 이음부를 통한 단열성능 저하가 최소화될 수 있도록 조치할 것
② 방습층으로 알루미늄박 또는 플라스틱계 필름 등을 사용할 경우 이음부는 100mm 이상 중첩하고, 내습성 테이프, 접착제 등으로 기밀하게 마감할 것
③ 단열부위가 만나는 모서리 부위는 방습층 및 단열재가 이어짐이 없이 시공되거나 이어질 경우 이음부를 통한 단열성능 저하가 최소화되도록 하며, 알루미늄박 또는 플라스틱계 필름 등을 사용할 경우의 모서리 이음부는 150mm이상 중첩되게 시공하고 내습성 테이프, 접착제 등으로 기밀하게 마감할 것
④ 방습층의 단부는 단부를 통한 투습이 발생하지 않도록 내수성테이프, 접착제 등으로 기밀하게 마감할 것

· **정답** : ④
방습층의 단부는 단부를 통한 투습이 발생하지 않도록 내습성테이프, 접착제 등으로 기밀하게 마감할 것

예제8 **에너지절약계획 설계검토서와 관련된 "에너지절약 설계기준의무사항" 중 외기에 직접 면한 창의 기밀성능은 모두 몇 등급 이하로 설계하여야 하는가?**

① 1등급 ② 2등급
③ 4등급 ④ 5등급

· **정답** : ④
외기에 직접 면한 창의 기밀성능은 모두 5등급 이하(통기량 $5m^3/hm^2$ 미만)로 설계
· 관련도면에 '기밀성능은 5등급 이하(통기량 $5m^3/hm^2$ 미만) 제품적용' 명기(의무사항)

예제9 **에너지절약설계에 관한 기준 "건축부문권장사항" 중 자연채광 계획에 관한 사항 중 가장 적합한 것은?**

① 자연채광을 적극적으로 이용할 수 있도록 계획한다. 특히 학교의 교실, 문화 및 집회시설의 공용부분(복도, 화장실, 휴게실, 로비 등)은 1면 이상 자연채광이 가능하도록 한다.
② 공동주택의 지하주차장은 $300m^2$ 이내마다 1개소 이상의 외기와 직접 면하는 $2m^2$ 이상의 개폐가 가능한 천창 또는 측창을 설치하여 자연환기 및 자연채광을 유도한다.
③ 수영장에는 자연채광을 위한 개구부를 설치하되, 그 면적의 합계는 수영장 바닥면적의 5분의 1 이상으로 한다.
④ 창에 직접 도달하는 일사를 조절할 수 있도록 차양장치를 설치한다.

· **정답** : ①
자연채광계획과 관련해서는 1번항목만이 제시 되고 있고 2.3,4 항목은 법의 개정으로 삭제 되었다.

예제10 **에너지절약설계에 관한 기준 "건축부문권장사항" 중 배치계획, 평면계획에 관한 사항 중 가장 부적합한 것은?**

① 건축물은 대지의 향, 일조 및 주풍향 등을 고려하여 배치하며, 남향 또는 남동향 배치를 한다.
② 공동주택은 인동간격을 넓게 하여 저층부의 태양열 취득을 최대한 증대시킨다.
③ 거실의 층고 및 반자 높이는 실의 용도와 기능에 지장을 주지 않는 범위 내에서 가능한 높게 한다.
④ 건축물의 체적에 대한 외피면적의 비 또는 연면적에 대한 외피면적의 비는 가능한 작게 한다.

· **정답** : ③
거실의 층고 및 반자 높이는 실의 용도와 기능에 지장을 주지 않는 범위 내에서 가능한 낮게 한다.

예제11 건축물의 에너지절약 설계기준"의 권장사항에 규정된 내용으로 알맞은 것은?
【2015년 국가자격 시험 1회 출제문제】

① 수평면과 이루는 각이 70도를 초과하는 경사 지붕은 [별표 1]에 따른 외벽의 열관류율을 적용한다.
② 열관류율 또는 열관류저항의 계산결과는 소수점 3자리로 맺음을 하여 적합여부를 판정한다.
③ 외피의 모서리 부분은 열교가 발생하지 않도록 단열재를 연속적으로 설치한다.
④ 방습층의 단부는 단부를 통한 투습이 발생하지 않도록 내습성 테이프, 접착제 등으로 기밀하게 마감한다.

· 정답 : ③

①, ②, ④번은 건축부문 의무사항에 해당하는 내용이다.
③ "외피의 모서리 부분은 열교가 발생하지 않도록 단열재를 연속적으로 설치한다" 는 단열계획과 관련된 권장시항에 해당한다.

예제12 다음 중 "건축물의 에너지절약설계기준" 에서 정하는 건축물의 열손실방지를 위한 단열조치의 예외사항에 해당하는 것 중 적합한 것으로 나열된 것은? **【13년 1급】**

> ㉠ 지표면 아래 3m를 초과하여 위치한 지하 부위(공동주택의 거실 부위 제외)로서 이중 벽의 설치 등 하계 표면결로 방지 조치를 할 경우
> ㉡ 지면 및 토양에 접한 바닥 부위로서 난방공간의 외벽 내표면 까지의 모든 수평거리가 10m를 초과하는 바닥부위
> ㉢ 방풍구조(외벽제외) 또는 바닥면적 150m² 이하의 개별 점포의 출입문
> ㉣ 공동주택의 층간바닥(최하층 포함) 중 바닥난방을 하지않는 현관 및 욕실의 바닥부위
> ㉤ 외기에 간접 면하는 부위로서 당해부위가 면한 비난방공간의 외기에 직접 또는 간접 면하는 부위를 별표1에 준하여 단열조치하는 경우

① ㉡, ㉢, ㉣ ② ㉠, ㉡, ㉢ ③ ㉠, ㉢, ㉤ ④ ㉡, ㉢, ㉤

· 정답 : ④

건축물의 열손실방지를 위한 단열조치 예외사항

제6조 【건축부문의 의무사항】 제2조에 따른 열손실방지 조치대상 건축물의 건축주와 설계자 등은 다음 각 호에서 정하는 건축부문의 설계기준을 따라야 한다.

1. 단열조치 일반사항
   가. 외기에 직접 또는 간접 면하는 거실의 각 부위에는 제2조에 따라 건축물의 열손실방지 조치를 하여야 한다. 다만, 다음 부위에 대해서는 그러하지 아니할 수 있다.
      1) 지표면 아래 2m를 초과하여 위치한 지하 부위(공동주택의 거실 부위는 제외)로서 이중벽의 설치 등 하계 표면결로 방지 조치를 한 경우
      2) 지면 및 토양에 접한 바닥 부위로서 난방공간의 외벽 내표면까지의 모든 수평거리가 10m를 초과하는 바닥부위
      3) 외기에 간접 면하는 부위로서 당해 부위가 면한 비난방공간의 외기에 직접 또는 간접면하는 부위를별표1에 준하여 단열 조치하는 경우
      4) 공동주택의 층간바닥(최하층 제외) 중 바닥 난방을 하지 않는 현관 및 욕실의 바닥부위
      5) 방풍구조(외벽제외) 또는 바닥면적 150m² 이하의 개별 점포의 출입문

예제13 "건축물의 에너지절약설계기준" 건축부문의 권장 사항에 규정된 계획 구분과 그 내용의 연결이 맞는 것은? **【2018년 국가자격 시험 4회 출제문제】**

① 자연채광계획 - 자연채광을 적극적으로 이용할 수 있도록 계획한다. 특히 학교의 교실, 문화 및 집회시설의 공용부분(복도, 화장실, 휴게실, 로비 등)은 1면 이상 자연채광이 가능하도록 한다.
② 단열계획 - 공동주택의 외기에 접하는 주동의 출입구와 각 세대의 현관은 방풍구조로 한다.
③ 기밀계획 - 개폐 가능한 창부위 면적의 합계는 거실 외주부 바닥면적의 10분의 1이상으로 한다.
④ 평면계획 - 창 및 문 등 개구부 둘레 기밀 테이프 활용

· 정답 : ①

② 기밀계획 - 공동주택의 외기에 접하는 주동의 출입구와 각 세대의 현관은 방풍구조로 한다.
③ 환기계획 - 개폐 가능한 창부위 면적의 합계는 거실 외주부 바닥면적의 10분의 1이상으로 한다.(삭제)
④ 기밀계획 - 기밀성을 높이기 위하여 외기에 직접 면한 거실의 창 및 문 등 개구부 둘레를 기밀테이프 등을 활용하여 외기가 침입하지 못하도록 기밀하게 처리한다.

핵심23 기계부문의 의무사항 (고시 제8조) 기계부문의 권장사항 (고시 제9조)

고시 제8조【기계부문의 의무사항】

1. 설계용 외기조건

난방 및 냉방설비의 용량계산을 위한 외기조건은 지역별로 위험율 2.5%(냉방기 및 난방기를 분리한 온도출현분포를 사용할 경우) 또는 1%(연간 총시간에 대한 온도출현 분포를 사용할 경우)로 하거나 별표7에서 정한 외기 온·습도를 사용한다. 별표7 이외의 지역인 경우에는 상기 위험율을 기준으로 하여 가장 유사한 기후조건을 갖는 지역의 값을 사용한다. 다만, 지역난방 공급방식을 채택할 경우에는 산업통상자원부고시 집단 에너지시설의 기술기준」에 의하여 용량계산을 할 수 있다.

2. 열원 및 반송설비

가. 공동주택에 중앙집중식 난방설비(집단에너지사업법에 의한 지역난방공급방식을 포함한다)를 설치하는 경우에는 「주택건설기준 등에 관한규정」 제37조의 규정에 적합한 조치를 하여야 한다.

나. 펌프는 한국산업규격(KS B 6318, 7501, 7505등) 표시 인증제품 또는 KS규격에서 정해진 효율 이상의 제품을 설치하여야 한다.

다. 기기배관 및 덕트는 국토교통부에서 정하는 「국가건설기준 기계설비공사표준시방서」의 보온두께 이상 또는 그 이상의 열 저항을 갖도록 단열조치를 하여야 한다. 다만, 건축물내의 벽체 또는 바닥에 매립되는 배관 등은 그러하지 아니할 수 있다.

3. 「공공기관 에너지 이용합리화 추진에 관한 규정」 제10조의 규정을 적용받는 건축물의 경우에는 에너지 성능지표 기계부문 10번 항목 배점을 0.6점 이상 획득 하여야 한다.

4. 영 제10조의2에 해당하는 공공건축물을 건축 또는 리모델링하는 경우 법 제14조의2 제2항에 따라 에너지 성능지표의 기계부문 1번 2번 항목 배점을 0.9점 이상 획득하여야 한다.

고시 제9조【기계부문의 권장사항】

1. 설계용 실내온도 조건

난방 및 냉방설비의 용량계산을 위한 설계기준 실내온도는 난방의 경우 20℃, 냉방의 경우 28℃를 기준으로 하되(목욕장 및 수영장은 제외) 각 건축물 용도 및 개별실의 특성에 따라 별표8에서 제시된 범위를 참고하여 설비의 용량이 과다해지지 않도록 한다.

2. 열원설비

가. 열원설비는 부분부하 및 전부하 운전효율이 좋은 것을 선정한다.

나. 난방기기, 냉방기기, 냉동기, 송풍기, 펌프 등은 부하조건에 따라 최고의 성능을 유지할 수 있도록 대수분할 또는 비례제어운전이 되도록 한다.

다. 난방기기, 냉방기기, 급탕기기는 고효율인증제품 또는 이와 동등 이상의 효율을 가진 제품을 설치한다.

라. 보일러의 배출수·폐열·응축수 및 공조기의 폐열, 생활배수 등의 폐열을 회수하기 위한 열회수설비를 설치한다. 폐열회수를 위한 열회수설비를 설치할 때에는 중간기에 대비한 바이패스(by-pass)설비를 설치한다.

마. 냉방기기는 전력피크 부하를 줄일 수 있도록 하여야 하며, 상황에 따라 심야전기를 이용한 축열·축냉시스템, 가스 및 유류를 이용한 냉방설비, 집단에너지를 이용한 지역냉방방식, 소형열병합발전을 이용한 냉방방식, 신·재생에너지를 이용한 냉방방식을 채택한다.

3. 공조설비

가. 중간기 등에 외기도입에 의하여 냉방부하를 감소시키는 경우에는 실내 공기질을 저하시키지 않는 범위 내에서 이코노마이저시스템 등 외기냉방시스템을 적용한다. 다만, 외기냉방시스템의 적용이 건축물의 총에너지비용을 감소시킬 수 없는 경우에는 그러하지 아니한다.

나. 공기조화기 팬은 부하변동에 따른 풍량제어가 가능하도록 가변익축류방식, 흡입베인제어방식, 가변속제어 방식 등 에너지절약적 제어방식을 채택한다.

4. 반송설비

가. 냉방 또는 난방 순환수,냉각순환수 펌프는 운전효율을 증대시키기 위해 가능한 한 대수제어 또는 가변속제어방식을 채택하여 부하상태에 따라 최적 운전상태가 유지될 수 있도록 한다.

나. 급수용 펌프 또는 급수가압펌프의 전동기에는 가변속제어방식 등 에너지절약적 제어방식을 채택한다.

다. 공조용 송풍기, 펌프는 효율이 높은 것을 채택한다.

5. 환기 및 제어설비

가. 환기를 통한 에너지손실 저감을 위해 성능이 우수한 열회수형 환기장치 를 설치한다.

나. 기계환기설비를 사용하여야 하는 지하주차장의 환기용 팬은 대수제어 또는 풍량조절(가변익, 가변속도), 일산화탄소(CO)의 농도에 의한 자동(on-off)제어 등의 에너지 절약적 제어방식을 도입한다.

다. 건축물의 효율적인 기계설비 운영을 위해 TAB 또는 커미셔닝을 실시한다.

라. 에너지 사용설비는 에너지절약 및 에너지이용 효율의 향상을 위하여 컴퓨터에 의한 자동제어시스템 또는 네트워킹이 가능한 현장제어장치 등을 사용한 에너지 제어시스템을 채택하거나, 분산제어 시스템으로서 각 설비별 에너지제어 시스템에 개방형 통신기술을 채택하여 설비별 제어 시스템에너지관리 데이터의 호환과 집중제어가 가능하도록 한다.

6. 삭제

예제1 에너지절약설계에 관한 기준 "기계부문의무사항" 중 "설계용 외기조건과 관련된 내용 중 ( ) 안에 가장 적합한 것은?

난방 및 냉방설비의 용량계산을 위한 외기조건은 지역별로 위험율(㉠)(냉방기 및 난방기를 분리한 온도출현분포를 사용할 경우) 또는 (㉡)(연간 총 시간에 대한 온도출현 분포를 사용할 경우)로 하거나 별표7에서 정한 외기 온·습도를 사용한다.

① ㉠ 2.5% ㉡ 1% ② ㉠ 2.5% ㉡ 2%
③ ㉠ 1.5% ㉡ 1% ④ ㉠ 1% ㉡ 1%

· **정답 : ①**

난방 및 냉방설비의 용량계산을 위한 외기조건은 지역별로 위험율 2.5%(냉방기 및 난방 기를 분리한 온도출현분포를 사용할 경우) 또는 1%(연간 총 시간에 대한 온도출현 분포를 사용할 경우)로 하거나 별표7에서 정한 외기 온·습도를 사용한다.

예제2 **에너지절약설계에 관한 기준 "기계부문의무사항과 권장사항" 중 설계용 외기조건과 설계용 실내조건에 대한 설명 중 가장 부적합한 것은?**

① 설계기준 실내온도는 난방의 경우 28℃, 냉방의 경우 20℃를 기준으로 한다.
② 난방 및 냉방설비의 용량계산을 위한 외기조건은 지역별로 위험율 2.5%(냉방기 및 난방 기를 분리한 온도출현분포를 사용할 경우) 또는 1%(연간 총 시간에 대한 온도출현 분포를 사용할 경우)로 하거나 별표7에서 정한 외기 온·습도를 사용한다.
③ 목욕장 및 수영장은 실내온도 기준이 다르다.
④ 지역난방 방식 건축물은 '집단에너지시설의 기술기준' 을 적용한다.

· **정답** : ①
설계기준 실내온도는 난방의 경우 20℃, 냉방의 경우 28℃를 기준으로

예제3 **에너지절약설계에 관한 기준 "기계부문의무사항" 중 기기배관 및 덕트 단열에 대한 설명 중 가장 적합한 것은?**

① 「건축기계설비공사표준시방서」의 보온두께 이상 또는 그 이상의 열 저항을 갖도록 단열조치를 하여야 한다.
② 기기, 덕트 및 배관은 단열재 피복시 선택사항이다.
③ 관 내 수온에 따른 단열피복두께는 일정하다.
④ 표준시방서의 재료 또는 두께와 다르게 작성하는 경우 확인서로 대체가능하다.

· **정답** : ①
기기배관 및 덕트 단열은 국토교통부에서 정하는 「건축기계설비공사표준시방서」의 보온두께 이상 또는 그 이상의 열 저항을 갖도록 단열조치를 하여야 한다.

예제4 **에너지절약설계에 관한 기준 "기계부문권장사항" 중 전력 피크부하를 줄일 수 있도록 하는 냉방기기 방식으로 가장 부적합한 것은?**

① 심야전기를 이용한 축열·축냉시스템
② 가스 및 유류를 이용한 냉방설비
③ 소형열병합발전을 이용한 냉방방식
④ 개별 에너지를 이용한 지역냉방방식

· **정답** : ④
냉방기기는 전력피크 부하를 줄일 수 있도록 하여야 하며, 상황에 따라 심야전기를 이용한 축열·축냉시스템, 가스 및 유류를 이용한 냉방설비, 집단에너지를 이용한 지역냉방방식, 소형열병합발전을 이용한 냉방방식, 신·재생에너지를 이용한 냉방방식을 채택한다.

예제5 **기계설비 부문 의무사항 중 펌프 적용시 다음 설명 중 가장 부적합한 것은?**

① 'KS제품 또는 KS규격효율이상 제품 사용' 표기
② 신정펌프의 용량, A·B 효율값을 상비일람표에 표기한다.
③ 고효율 펌프 채택시 소음감소 및 전력 절감도 가능하다.
④ 한국산업규격 및 기타 국제 규격 제품의 경우 사용가능하다.

· **정답** : ④
펌프는 한국산업규격 KS B 6318, 7501, 7505 등 표시인증제품 또는 KS규격에서 정해진 효율 이상의 제품을 설치하여야 한다.

예제6 기계부문의 의무사항 중 소형열병합 발전에 대한 설명으로 가장 적합한 것은?

① 심야시간에 전기를 이용하여 축냉재에 냉열을 저장하였다가 이를 심야시간 이외의 시간에 냉방에 이용하는 설비
② LNG와 LPG(유류포함)를 열원으로 가스 엔진의 동력으로 구동되는 압축기에 의해 냉매를 실내기와 실외기 사이의 냉매배관으로 흐르게 하여 액화와 기화를 반복시켜 여름에는 냉방장치로, 겨울에는 난방장치로 이용하는 가스 냉난방 멀티공조 시스템
③ 수송관을 통해 공급된 온수(증기)가 건물에 설치된 흡수식냉동기 또는 제습냉방기를 거치면서 냉수 또는 냉기를 만들고 이를 통해 냉방
④ 주로 천연가스(LNG)를 연료로 발전용량이 1만kW 이하인 가스엔진 또는 가스터빈을 이용하여 열과 전기를 동시에 생산·이용하는 고효율 종합에너지시스템

· **정답 : ④**
① 축냉식 전기냉방설비
② 가스이용냉방(GHP)
③ 지역냉방

예제7 에너지절약설계에 관한 기준 "기계부문권장사항" 중 가장 부적합한 것은?

① 환기시 열회수가 가능한 폐열회수형 환기장치 등을 설치한다.
② 급수용 펌프 또는 급수가압펌프의 전동기에는 가변속제어방식 등 에너지절약적 제어방식을 채택한다.
③ 열원설비는 부분부하 및 전부하 운전효율이 좋은 것을 선정한다.
④ 위생설비 급탕용 저탕조의 설계온도는 65℃ 이하로 하고 필요한 경우에는 부스터히터 등으로 승온하여 사용한다.

· **정답 : ④**
위생설비 급탕용 저탕조의 설계온도는 55℃ 이하로 하고 필요한 경우에는 부스터히터 등으로 승온하여 사용한다.는 법의 개정으로 삭제되었다.

예제8 기계설비 부문 의무사항 중 펌프 규격 중 한국산업규격 KS 인증제품에 해당하지 않는 것은?

① KS B 6318　　② KS B 7501
③ KS B 7505　　④ KS B 7508

· **정답 : ④**
한국산업규격 KS B 6318은 양쪽 흡입 벌루트 펌프에 관한 규정이며, KS B 7501은 소형 벌루트 펌프, KS B 7505는 소형 다단 원심펌프에 관한 규정이다.

예제9 에너지절약설계에 관한 기준 "기계부문권장사항" 중 "공기조화기 팬의 에너지절약적 제어" 에 해당되는 방식들의 조합으로 가장 적합한 것은?

① 가변속 제어방식, 가변익 축류방식, 다단제어방식
② 가변익 축류방식, 흡입베인에 의한 제어방식, ON/OFF제어방식
③ 가변속 제어방식, 가변익 축류방식, ON/OFF제어방식
④ 가변속 제어방식, 가변익 축류방식, 흡입베인에 의한 제어방식

· **정답 : ④**
공기조화기 팬은 부하변동에 따라 풍량제어가 가능하도록 가변속 제어방식, 가변익 축류방식, 흡입베인에 의한 제어 등 에너지절약적 제어방식을 채택한다.

예제10 **에너지절약설계에 관한 기준 "기계부문권장사항" 중 기계환기설비를 사용하여야 하는 지하주차장 환기용 팬에 에너지 절약적 제어방식 설비 채택에 대한 설명 중 가장 적합한 것은?**

① 환기용 팬은 대수제어 또는 풍량조절(가변익, 가변속도), 일산화탄소(CO)의 농도에 의한 자동(on−off)제어 등의 에너지 절약적 제어방식을 도입한다.
② 배기되는 공기로부터 활용할 수 있는 열을 회수하여 이용함으로써 에너지를 효율적으로 사용할 수 있도록 한다.
③ 실내 오염정도에 따라 CO_2 농도를 감지하여 외기량을 가변적으로 제어하는 방식을 통해 에너지 절감을 할 수 있도록 한다.
④ 지하주차장 팬 전체동력의 50% 이상 적용되어야 한다.

· **정답** : ①
환기용 팬은 대수제어 또는 풍량조절(가변익, 가변속도), 일산화탄소(CO)의 농도에 의한 자동(on−off)제어 등의 에너지 절약적 제어방식을 도입한다.

예제11 **"건축물의 에너지절약설계기준"에서 설계용 실내 온도 조건으로 ( )에 적합한 온도는?**

> 난방 및 냉방설비의 용량계산을 위한 설계기준 실내온도는 난방의 경우 (℃), 냉방의 경우 28℃를 기준으로 한다. (단 목욕장 및 수영장은 제외)

① 19 ② 20
③ 22 ④ 24

· **정답** : ②
난방 및 냉방설비의 용량계산을 위한 설계기준 실내온도는 난방의 경우 20℃, 냉방의 경우 28℃를 기준으로 한다. (단 목욕장 및 수영장은 제외)

핵심24 전기부문의 의무사항 (고시 제10조) 전기부문의 권장사항 (고시 제11조)

고시 제10조【전기부문의 의무사항】

1. 수변전설비
   가. 변압기를 신설 또는 교체하는 경우에는 고효율제품으로 설치하여야 한다.
2. 간선 및 동력설비
   가. 전동기에는 기본공급약관 시행세칙 별표 6에 따른 역률개선용커패시터(콘덴서)를 전동기별로 설치하여야 한다. 다만, 소방설비용 전동기 및 인버터 설치 전동기에는 그러하지 아니할 수 있다.
   나. 간선의 전압강하는 한국전기설비규정을 따라야 한다.
3. 조명설비
   가. 조명기기 중 안정기내장형램프, 형광램프를 채택할 때에는 산업통상자원부 고시 「효율관리 기자재 운용 규정」에 따른 최저소비효율 기준을 만족하는 제품을 사용하고, 유도등 및 주차장 조명기기는 고효율제품에 해당하는 LED 조명을 설치하여야 한다.
   나. 공동주택 각 세대내의 현관 및 숙박시설의 객실 내부입구, 계단실의 조명기구는 인체감지점멸형 또는 일정시간 후에 자동 소등되는 조도자동조절조명기구를 채택하여야 한다.
   다. 조명기구는 필요에 따라 부분조명이 가능하도록 점멸회로를 구분하여 설치하여야 하며, 일사광이 들어오는 창측의 전등군은 부분점멸이 가능하도록 설치한다. 다만, 공동주택은 그러하지 않을 수 있다.

라. 공동주택의 효율적인 조명에너지 관리를 위하여 세대별로 일괄적 소등이 가능한 일괄소등스위치를 설치하여야 한다. 다만, 전용면적 60m^2 이하인 주택의 경우에는 그러하지 않을 수 있다.

4. 영 제10조의2에 해당하는 공공건축물을 건축 또는 리모델링 하는 경우 법 제14조의2 제2항에 따라 에너지성능지표 전기설비부문 8번 항목 배점을 0.6점 이상 획득하여야 한다.
5. 「공공기관 에너지 이용 합리화 추진에 관한 규정」 제6조 제3항의 규정을 적용 받는 건축물의 경우에는 에너지 성능지표 전기설비부문 8번 항목 배점을 1점 획득하여야 한다.

고시 제11조 【전기부문의 권장사항】

1. 수변전설비

가. 변전설비는 부하의 특성, 수용율, 장래의 부하증가에 따른 여유율, 운전조건, 배전방식을 고려하여 용량을 산정한다.

나. 부하특성, 부하종류, 계절부하 등을 고려하여 변압기의 운전대수제어가 가능하도록 뱅크를 구성한다.

다. 수전전압 25kV이하의 수전설비에서는 변압기의 무부하손실을 줄이기 위하여 충분한 안전성이 확보된다면 직접강압방식을 채택하며 건축물의 규모, 부하특성, 부하용량, 간선손실, 전압강하 등을 고려하여 손실을 최소화할 수 있는 변압방식을 채택한다.

라. 전력을 효율적으로 이용하고 최대수용전력을 합리적으로 관리하기 위하여 최대 수요전력 제어설비를 채택한다.

마. 역률개선용커패시터 (콘덴서) 를 집합 설치하는 경우에는 역률자동조절장치를 설치한다.

바. 건축물의 사용자가 합리적으로 전력을 절감할 수 있도록 층별 및 임대 구획별로 전력량계를 설치한다.

2. 조명설비

가. 옥외등은 고효율제품인 LED 조명을 사용하고, 옥외등의 조명회로는 격등 점등(또는 조도조절기능) 및 자동점멸기에 의한 점멸이 가능하도록 한다.

나. 공동주택의 지하주차장에 자연채광용 개구부가 설치되는 경우에는 주위 밝기를 감지하여 전등군별로 자동 점멸되거나 스케줄제어가 가능하도록 하여 조명전력이 효과적으로 절감될 수 있도록 한다.

다. LED 조명기구는 고효율제품을 설치한다.

라. KS A 3011에 의한 작업면 표준조도를 확보하고 효율적인 조명설계에 의한 전력에너지를 절약한다.

마. 효율적인 조명에너지관리를 위하여 층별 또는 구역별로 일괄소등이 가능한 일괄소등스위치를 설치한다.

3. 제어설비
가. 여러 대의 승강기가 설치되는 경우에는 군관리 운행방식을 채택한다.
나. 팬코일유닛이 설치되는 경우에는 전원의 방위별, 실의 용도별 통합제어가 가능하도록 한다.
다. 수변전설비는 종합감시제어 및 기록이 가능한 자동제어설비를 채택한다.
라. 실내 조명설비는 군별 또는 회로별로 자동제어가 가능하도록 한다.
마. 승강기에 회생제동장치를 설치한다.
바. 사용하지 않는 기기에서 소비하는 대기전력을 저감하기 위해 대기전력자동차단장치를 설치한다.

4. 건물에너지관리시스템(BEMS)이 설치되는 경우에는 「제로에너지건축물 인증기준」 별표1의 1에 따라 센서 · 계측장비, 분석 소프트웨어 등이 포함되도록 한다.
5. 삭제
6. 삭제

고시 제12조【신 · 재생에너지 설비부문의 의무사항】
에너지절약계획서 제출대상 건축물에 신·재생에너지설비를 설치하는 경우「신에너지 및 재생에너지 개발·이용·보급 촉진법」에 따른 산업통상자원부고시「신·재생에너지 설비의 지원 등에 관한 규정」을 따라야 한다.

고시 제12조의2【신 · 재생에너지 설비부문 의 권장사항】
에너지절약계획서 제출대상 건축물 건축주와 설계자 등은 난방, 냉방, 급탕 및조명에너지 공급 설계시 신·재생에너지설비를 제15조의 규정에 적합하도록 선택적으로 채택할 수 있다.

예제1 에너지절약설계에 관한 기준 "전기부문의무사항" 에 대한 설명 중 가장 부적합한 것은?
① 변압기를 신설 또는 교체하는 경우에는 고효율제품으로 설치하여야 한다.
② 전동기에는 대한전기협회가 정한 내선규정의 콘덴서부설용량 기준표에 따른 역률개선용콘덴서를 전동기별로 설치하여야 한다. 소방설비용 전동기 및 인버터 설치 전동기에도 역률개선용 콘덴서를 설치하여야 한다.
③ 간선의 전압강하는 한국전기설비 규정을 따라야 한다.
④ 공동주택 각 세대내의 현관 및 숙박시설의 객실 내부입구, 계단실의 조명기구는 인체감지점멸형 또는 일정시간 후에 자동 소등되는 조도자동조절조명기구를 채택하여야 한다.

· **정답** : ②
전동기에는기본공급약관 시행세칙 별표 6에 따른 역률개선용커패시터(콘덴서)를 전동기별로 설치하여야 한다. 다만, 소방설비용 전동기 및 인버터 설치 전동기에는 그러하지 아니할 수 있다.

예제2 에너지절약설계에 관한 기준 "전기부문의무사항" 중 가장 부적합한 것은?
① 조명기구는 필요에 따라 부분조명이 가능하도록 점멸회로를 구분하여 설치하여야 하며, 일사광이 들어오는 창측의 전등군은 부분점멸이 가능하도록 설치한다. 다만, 공동주택은 그러하지 않을 수 있다.
② 공동주택은 거실, 침실, 주방에는 대기전력 자동차단 장치를 2개 이상 설치하여야 한다.
③ 안정기는 해당 형광램프 전용안정기를 사용하여야 한다.
④ 소방설비용 전동기 및 인버터 설치 전동기에는 역률개선용 콘덴서를 설치하지 않는다.

· **정답** : ②
공동주택은 거실, 침실, 주방에는 대기전력 자동차단 장치를 1개 이상 설치하여야 한다.는 법의 개정으로 전기부문 의무사항에서 삭제 되었다.

예제3 에너지절약설계에 관한 기준 "전기부문의무사항"과 관련된 내용 중 ( ) 안에 가장 적합한 것은?

공동주택의 효율적인 조명에너지 관리를 위하여 세대별로 일괄적 소등이 가능한 일괄소등스위치를 설치하여야 한다. 다만, 전용면적 ( ) m^2 이하인 주택의 경우에는 그러하지 않을 수 있다.

① 60
② 70
③ 80
④ 90

· **정답 : ①**
공동주택의 효율적인 조명에너지 관리를 위하여 세대별로 일괄적 소등이 가능한 일괄소등스위치를 설치하여야 한다. 다만, 전용면적60 m^2 이하인 주택의 경우에는 그러하지 않을 수 있다.

예제4 "건축물의 에너지절약설계기준" 에서 전기설비부문 의무사항 8가지 항목으로 가장 부적합한 것은? 【13년 1급】

① 간선의 전압강하 규정 준수
② 조도자동조절조명기구 설치
③ 대기전력 자동제어 기능설치
④ 변압기의 신설 또는 교체시 고효율제품 설치

· **정답 : ③**
대기전력 자동제어 기능설치는 전기설비부문 의무사항에 해당되지 않는다.

예제5 에너지절약 설계기준 중 전기설비부문 의무사항관련 3번 항목인 "공동주택의 각 세대내의 현관, 숙박시설의 객실 내부입구 및 계단실의 조명기구" 설치에 관련된 내용 중 가장 부적합한 것은?

① 인체 또는 주위 밝기를 감지하여 자동적으로 점멸되거나 조도를 자동 조절 할 수 있는 조명등으로 고효율 인증제품을 사용한다.
② 전체 타입의 세대도면을 제출하여야 한다.
③ 조도자동조절 조명기구, 비상시 부하에 백열전구 사용을 금한다.
④ 조도자동조절조명기구에는 LED센서 등을 포함하지 않는다.

· **정답 : ④**
조도자동조절 조명기구에는 LED 센서 등을 포함한다.

예제6 전기부문 의무사항 중 전압강하 계산식 중 가장 적합한 것은?

① (17.6 × 전선길이 × 부하기기의 정격전류)/(1000 × 전선의 단면적) –3상3선식
② (17.8 × 전선길이 × 부하기기의 정격전류)/(1000 × 전선의 단면적) –3상3선식
③ (30.8 × 전선길이 × 부하기기의 정격전류)/(1000 × 전선의 단면적) –3상3선식
④ (35.6 × 전선길이 × 부하기기의 정격전류)/(1000 × 전선의 단면적) –3상3선식

· **정답 : ③**
(30.8 × 전선길이 × 부하기기의 정격전류)/(1000 × 전선의 단면적) – 3상3선식

예제7 에너지절약설계에 관한 기준 "전기부문권장사항" 중 가장 부적합한 것은?

① 팬코일유닛이 설치되는 경우에는 전원의 방위별, 실의 용도별 통합제어가 가능하도록 한다.
② LED 조명기구는 고효율제품을 설치한다.
③ 전동기는 역률개선용커패시터를 채택한다. 다만, 간헐적으로 사용하는 소방설비용 전동기는 그러하지 않을 수 있다.
④ 여러 대의 승강기가 설치되는 경우에는 효율적인 관리를 위해 개별관리 운행방식을 채택한다.

· **정답 : ④**
여러 대의 승강기가 설치되는 경우에는 효율적인 관리를 위해 군관리 운행방식을 채택한다.

예제8 에너지절약설계에 관한 기준 "전기부문권장사항" 중 가장 부적합한 것은?

① 여러 대의 승강기가 설치되는 경우에는 군관리 운행방식을 채택한다.
② 건축물의 사용자가 합리적으로 전력을 절감할 수 있도록 층별 및 임대 구획별로 전력량계를 설치한다.
③ 실내 조명설비는 군별 또는 회로별로 자동제어가 가능하도록 한다.
④ 조명기기 중 백열전구는 사용해도 무방하다.

· **정답** : ④
조명기기 중 백열전구는 사용하지 아니한다.는 법의 개정으로 삭제 되었다.

예제9 「신에너지 및 재생에너지 개발·이용·보급촉진법」 제2조의 규정에 의한 재생에너지가 아닌 것은?

① 수소에너지　　② 태양광
③ 바이오　　④ 폐기물

· **정답** : ①
수소에너지는 신에너지에 해당한다.

예제10 "건축물의 에너지절약설계기준" 전기설비부문의 권장사항(수변전설비)으로 적절하지 않은 것은?

【2016년 국가자격 시험 2회 출제문제】

① 변전설비는 부하의 특성, 수용율, 장래의 부하증가에 따른 여유율, 운전조건, 배전방식을 고려하여 용량을 산정한다.
② 부하특성, 부하종류, 계절부하 등을 고려하여 변압기의 운전대수제어가 가능하도록 뱅크를 구성한다.
③ 역률개선용콘덴서를 집합 설치하는 경우에는 역률자동조절장치를 설치한다.
④ 건축물의 사용자가 합리적으로 전력을 절감할 수 있도록 2개층 및 임대 구획별로 분전반을 설치한다.

· **정답** : ④
건축물의 사용자가 합리적으로 전력을 절감할 수 있도록 층별 및 임대구획별로 분전반을 설치한다.

예제11 "건축물의 에너지절약설계기준"의 제어설비와 관련된 내용으로 가장 적합하지 않은 것은?

【17년 출제문제】

① 승강기에 회생제동장치를 설치한다.
② 수변전설비는 기록이 가능한 자동제어설비를 채택한다.
③ 여러 대의 승강기가 설치되는 경우에는 개별 관리 운행방식 채택
④ 팬코일유닛이 설치되는 경우에는 전원의 방위별, 실의 용도별 통합제어 채택

· **정답** : ③
여러 대의 승강기가 설치되는 경우에는 개별 관리 운행방식 채택 : 군관리 운행방식을 채택한다.

예제13 에너지절약계획서 제출 대상으로 연면적이 5천 제곱미터인 공공기관 교육연구시설의 건축 설계를 진행중이다. 보기 중 "건축물의 에너지절약설계기준"에 따라 반드시 준수해야 할 사항을 모두 고른 것은?

【2018년 국가자격 시험 4회 출제문제】

> ㉠ 에너지성능지표 기계설비부문 10번 항목(축냉식전기냉방, 가스이용 냉방 등 전력수요 관리시설 냉방용량담당비율) 배점을 0.6점 획득
> ㉡ 에너지성능지표 건축부문 1번 항목(외벽의 평균 열관류율) 배점을 0.6점 획득
> ㉢ 에너지성능지표 전기설비부문 12번 항목(대기전력자동차단장치 콘센트 비율) 배점을 0.6점 획득
> ㉣ 에너지성능지표 전기설비부문 8번 항목(건물에너지관리시스템 또는 에너지원별 원격 검침전자식계량기 설치) 배점을 1점 획득

① ㉠, ㉡ ② ㉡, ㉢
③ ㉠, ㉡, ㉣ ④ ㉠, ㉢, ㉣

· **정답** : ①

㉢ 에너지성능지표 전기설비부문 12번 항목(대기전력자동차단장치 콘센트 비율) 배점을 0.6점 획득 : 법의 개정으로 삭제

㉣ 에너지성능지표 전기설비부문 8번 항목(건물에너지관리시스템 또는 에너지원별 원격 검침전자식계량기 설치) 배점을 1점 획득 : 공공기관에너지이용합리화추진에 관한 규정 제6조4항의 규정을 적용받는 건축물의 경우에만 해당된다.

건축, 기계, 전기, 신재생분야 도서분석능력

▌건축분야 도서분석▐

핵심25 ① 이 기준제6조 제1호에 의한 단열조치를 준수하였다.

제6조 【건축부문의 의무사항】

항 목	채택여부 (제출자 기재)		근거	확 인 (허가권자 기재)	
	채택	미채택		확인	보류
가. 건축부문					
① 이 기준 제6조제1호에 의한 단열조치를 준수 하였다.					
② 이 기준 제6조제2호에 의한 에너지성능지표의 건축부문 1번 항목을 0.6점 이상 획득하였다.					
③ 이 기준 제6조제3호에 의한 바닥난방에서 단열재의 설치방법을 준수하였다.					
④ 이 기준 제6조제4호에 의한 방습층을 설치하였다.					
⑤ 외기에 직접 면하고 1층 또는 지상으로 연결된 출입문을 따른 방풍구조로 하였다. (제6조제4호라목 각 호에 해당하는 시설의 출입문은 제외)					
⑥ 거실의 외기에 직접 면하는 창은 기밀성능 1~5 등급(통기량 5㎥/h·㎡ 미만)의 창을 적용하였다.					
⑦ 법 제14조의2의 용도에 해당하는 공공건축물로서 에너지성능지표의 건축부문 7번 항목을 0.6점 이상 획득하였다. (다만, 제로에너지건축물 인증을 취득한 경우 또는 제21조제2항에 따라 건축물 에너지 소요량 평가서의 단위면적당 1차에너지 소요량의 합계가 적합할 경우 제외)					

① 이 기준 제6조1호에 의한 단열조치를 준수하였다.

1. 근거서류
   1) 건축물 단열성능 관계 도면 : (부위별 열관류율계산서)
   2) 부위별 단열 (단면) 상세도 포함시킬 것
   3) 평면도, 주단면도, 입면도, 창호일람표, 창호평면도, 외피전개도 등
   4) 시험성적서
   5) 건축물 단열계획도

제6조 【건축부문의 의무사항】 제2조에 따른 열손실방지조치 대상 건축물의 건축주와 설계자 등은 다음 각 호에서 정하는 건축부문의 설계기준을 따라야 한다.

1. 단열조치 일반사항

가. 외기에 직접 또는 간접 면하는 거실의 각 부위에는 제2조에 따라 건축물의 열손실방지 조치를 하여야 한다. 다만, 다음 부위에 대해서는 그러하지 아니할 수 있다.

1) 지표면 아래 2미터를 초과하여 위치한 지하 부위(공동주택의 거실 부위는 제외)로서 이중벽의 설치 등 하계 표면결로 방지 조치를 한 경우
2) 지면 및 토양에 접한 바닥 부위로서 난방공간의 주변 외벽 내표면까지의 모든 수평거리가 10미터를 초과하는 바닥부위
3) 외기에 간접 면하는 부위로서 당해 부위가 면한 비난방공간의 외기에 직접 또는 간접면하는 부위를 별표1에 준하여 단열 조치하는 경우
4) 공동주택의 층간바닥(최하층 제외) 중 바닥 난방을 하지 않는 현관 및 욕실의 바닥부위
5) 방풍구조(외벽제외) 또는 바닥면적 150제곱미터 이하의 개별 점포의 출입문
6) 「건축법시행령」 별표1 제 21호에 따른 동물 및 식물관련시설 중 작물재배사 또는 온실 등 지표면을 바닥으로 사용하는 공간의 바닥부위
7) 「건축법」 제49조제3항에 따른 소방관진입창 (단, 「건축물의 피난 · 방화구조 등의 기준에 관한 규칙」 제18조의 2 제 1호를 만족하는 최소설치개소로 한정한다.)

나. 단열조치를 하여야 하는 부위의 열관류율이 위치 또는 구조상의 특성에 의하여 일정하지 않는 경우에는 해당 부위의 평균 열관류율값을 면적가중 계산에 의하여 구한다.

다. 단열조치를 하여야 하는 부위에 대하여는 다음 각 호에서 정하는 방법에 따라 단열기준에 적합한지를 판단할 수 있다.

1) 이 기준 별표3의 지역별·부위별·단열재 등급별 허용 두께 이상으로 설치하는 경우(단열재의 등급 분류는 별표2에 따름) 적합한 것으로 본다.
2) 해당 벽·바닥·지붕 등의 부위별 전체 구성재료와 동일한 시료에 대하여 KS F2277(건축용 구성재의 단열성 측정방법)에 의한 열저항 또는 열관류율 측정값이 별표1의 부위별 열관류율에 만족하는 경우에는 적합한 것으로 보며, 시료의 공기층 (단연재 내부의 공기층 포함)두께와 동일하면서 기타 구성재료의 두께가 시료보다 증가한 경우와 공기층을 제외한 시료에 대한 측정값이 기준에 만족하고 시료 내부에 공기층을 추가하는 경우에도 적합한 것으로 본다. 단, 공기층이 포함된 경우에는 시공 시에 공기층 두께를 동일하게 유지하여야 한다.
3) 구성재료의 열전도율 값으로 열관류율을 계산한 결과가 별표1의 부위별 열관류율 기준을 만족하는 경우 적합한 것으로 본다.(단, 각 재료의 열전도율 값은 한국산업규격 또는 시험성적서의 값을 사용하고, 표면열전달저항 및 중공층의 열저항은 이 기준 별표5 및 별표6에서 제시하는 값을 사용)
4) 창 및 문의 경우 KS F 2278(창호의 단열성 시험 방법)에 의한 시험성적서 또는 별표4에 의한 열관류율값 또는 산업통상자원부고시 「효율관리기자재 운용규정」에 따른 창 세트의 열관류율 표시값 또는 ISO15099에 따라 계산된 창 및 문의 열관류율 값이 별표1의 열관류율 기준을 만족하는 경우 적합한 것으로 본다.
5) 열관류율 또는 열관류저항의 계산결과는 소수점 3자리로 맺음을 하여 적합 여부를 판정한다.(소수점 4째 자리에서 반올림)

라. 별표1 건축물부위의 열관류율 산정을 위한 단열재의 열전도율 값은 한국산업규격 KS L 9016 보온재의 열전도율 측정방법에 따른 시험성적서에 의한 값을 사용하되 열전도율 시험을 위한 시료의 평균온도는 20±5℃로 한다.

마. 수평면과 이루는 각이 70도를 초과하는 경사지붕은 별표1에 따른 외벽의 열관류율을 적용할 수 있다.

바. 바닥 난방을 하는 공간의 하부가 바닥 난방을 하지 않는 공간일 경우에는 당해 바닥 난방을 하는 바닥부위는 별표1의 최하층에 있는 거실의 바닥으로 보며 외기에 간접 면하는 경우의 열관류율 기준을 만족하여야 한다.

예제1 **다음의 중부지방 업무시설 외벽 평균열관류율 계산표를 보고 틀린 것을 고르시오.**

벽체 및 창호	열관류율(W/m²K)	외기보정계수	면적(m²)	열관류율×계수×면적
W1(외기직접)	0.21	① 1.0	1,000	210.0
W2(외기간접)	0.35	② 0.7	500	122.5
G1(외기직접)	1.80	③ 1.0	300	540
G2(외기간접)	2.30	④ 0.7	100	161

· **정답** : ④
창 및 문 부위의 외기에 간접적으로 면한 부위에 대해서는 외기보정계수 값으로 0.8을 곱한다.

예제2 **다음의 열관류율 계산표를 보고 괄호 안의 알맞은 값은?**

벽체	재료명	열전도율(W/mK)	두께(mm)	열전도저항(m²K/W)
W1	실외표면열전달저항	–	–	0.043
	화강석	3.300	30	0.009
	비드법보온판2종1호	0.031	120	3.871
	콘크리트(1:2:4)	1.600	200	0.125
	실내표면열전달저항	–	–	0.110
소 계				(㉠)
열관류율(W/m²K)				(㉡)

① ㉠ 4.158, ㉡ 0.241　　② ㉠ 4.158, ㉡ 0.169
③ ㉠ 4.005, ㉡ 0.250　　④ ㉠ 4.005, ㉡ 0.175

· **정답** : ①
열관류율 값은 해당 구조체의 재료별 열전도저항 값을 모두 합한 뒤 역수를 취하여 구한다.

예제3 **건축물의 에너지절약설계기준에서 단열조치를 하여야 하는 부위에 대하여는 다음 각 호에서 정하는 방법에 따라 단열기준에 적합한지를 판단할 수 있다. 적합하지 않은 것은 어느 것인가?**

① 열관류율 또는 열관류저항의 계산결과는 소수점 4자리로 맺음을 하여 적합 여부를 판정한다.(소수점 5째 자리에서 반올림)
② 단열재의 열전도율 값은 한국산업규격 KS L 9016 보온재의 열전도율 측정방법에 따른 시험성적서에 의한 값을 사용하되 열전도율 시험을 위한 시료의 평균온도는 20±5℃로 한다.
③ 건축물의 에너지절약설계기준에서 정하는 지역별·부위별·단열재 등급별 허용 두께 이상으로 설치하는 경우 적합한 것으로 본다.
④ 창 및 문의 경우 KS F 2278(창호의 단열성 시험 방법)에 의한 시험성적서 또는 별표4에 의한 열관류율 값 또는 산업통상자원부고시 「효율관리기자재 운용규정」에 따른 창 세트의 열관류율 표시값 또는 ISO15099에 따라 계산된 창 및 문의 열관류율값이 별표1의 열관류율 기준을 만족하는 경우 적합한 것으로 본다.

· **정답** : ①
열관류율 또는 열관류저항의 계산결과는 소수점 3자리로 맺음을 하여 적합 여부를 판정한다. (소수점 4째 자리에서 반올림)

예제4 외기에 직접 또는 간접 면하는 거실의 각 부위에는 건축물의 열손실방지조치를 하여야 한다. 건축물의 단열조치 예외사항에 해당되지 않은 것은?

① 지표면아래 2m를 초과하여 위치한 지하부위(공동주택거실제외)로서 이중벽의 설치 등 하계 표면결로방지 조치한 경우
② 지표 및 토양에 접한 10m를 초과하는 내주부 바닥
③ 공동주택의 층간바닥(최하층제외) 중 바닥 난방을 하지 않는 현관 및 욕실의 바닥부위
④ 방풍구조 또는 바닥면적 300m² 이하의 개별점포의 출입문

· **정답 : ④**
방풍구조 또는 바닥면적 150m² 이하의 개별점포의 출입문

예제5 남부지역에서 수평면과 이루는 각이 70도를 초과하는 경사지붕이 외기에 직접 면하는 경우 열관류율 값은 얼마를 적용하는 것이 적정한가? (단위 : w/m²·k 단, 공동주택외인 경우)

① 0.320 이하　② 0.270 이하
③ 0.230 이하　④ 0.180 이하

· **정답 : ①**
수평면과 이루는 각이 70도를 초과하는 경사지붕이 외기에 직접
면하는 경우 공동주택 외 외벽의 평균 열관류율 값을 적용하므로 0.320 이하를 적용한다.

핵심26 ② 이 기준 제6조 제2호에 의한 에너지성능지표의 건축부문 1번항목을 0.6점 이상 획득하였다.

(1) 근거서류

1) 건축물 단열성능 관계 도면 : (부위별 열관류율계산서)
2) 부위별 단열 (단면) 상세도 포함시킬 것
3) 평면도, 주단면도, 입면도, 창호일람표, 창호평면도, 외피전개도 등
4) 시험성적서
5)건축물 단열계획도

예제1 다음 중 건축물의 에너지절약설계기준의 의무사항에서 에너지 성능지표의 0.6점 이상 점수를 획득하여야 하는 항목으로 가장 적합한 것은 다음 중 어느 것인가?

① 외벽의 평균열관류율　　② 지붕의 평균열관류율
③ 최하층 거실바닥의 평균열관류율　　④ 외단열공법의 채택

· **정답** : ①
이 기준 제6조제2호에 의한 에너지성능지표의 건축부문 1번 항목인 외벽의 평균열관류율을 0.6점 이상 획득하였다.

2. 에너지성능지표 주[1]

항목	기본배점(a)				배점(b)						평점 (a*b)	근거
	비주거		주거									
	대형 (3,000m^2 이상)	소형 (500~3,000m^2 미만)	주택 1	주택 2	1점		0.9점	0.8점	0.7점	0.6점		
1. 외벽의 평균 열관류율 Ue (W/m^2·K) 주2) 주3) (창 및 문을 포함)	21	34			중부1	0.380 미만	0.380~0.430 미만	0.430~0.480 미만	0.480~0.530 미만	0.530~0.580 미만		
					중부2	0.490 미만	0.490~0.560 미만	0.560~0.620 미만	0.620~0.680 미만	0.680~0.740 미만		
					남부	0.620 미만	0.620~0.690 미만	0.690~0.760 미만	0.760~0.840 미만	0.840~0.910 미만		
					제주	0.770 미만	0.770~0.860 미만	0.860~0.950 미만	0.950~1.040 미만	1.040~1.130 미만		
			31	28	중부1	0.300 미만	0.300~0.340 미만	0.340~0.380 미만	0.380~0.410 미만	0.410~0.450 미만		
					중부2	0.340 미만	0.340~0.380 미만	0.380~0.420 미만	0.420~0.460 미만	0.460~0.500 미만		
					남부	0.420 미만	0.420~0.470 미만	0.470~0.510 미만	0.510~0.560 미만	0.560~0.610 미만		
					제주	0.550 미만	0.550~0.620 미만	0.620~0.680 미만	0.680~0.750 미만	0.750~0.810 미만		

예제2 건축물의 에너지절약설계기준 의무사항 중 외벽의 평균열관류율은 배점 몇 점 이상을 반드시 획득하여야 하는가?

① 0.6점　　② 0.7점
③ 0.8점　　④ 0.9점

· **정답 : ①**

이 기준 제6조제2호에 의한 에너지성능지표의 건축부문 1번 항목인 외벽의 평균열관류율을 0.6점 이상 획득하였다.

예제3 다음의 외기에 직접 면하는 외벽과 거실의 조건일 때, 열관류율 값으로 가장 적합한 것은? (단, 공기층은 없는 것으로 간주한다.) (단위 : w/m² ·k)

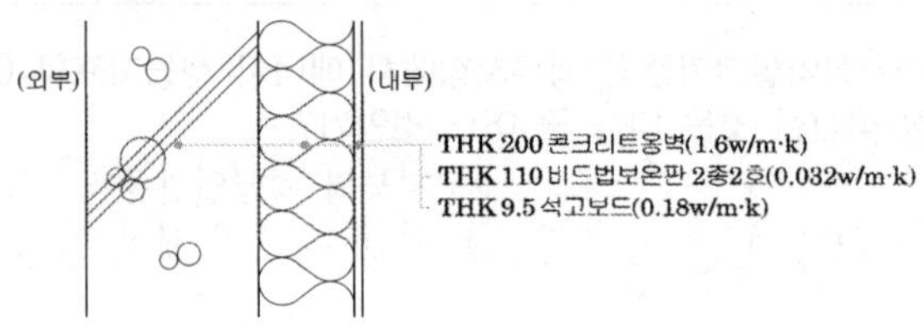

① 0.265　　② 0.260
③ 0.255　　④ 0.250

· **정답 : ①**

$$\text{열관류율}(K) = \frac{1}{\text{실내표면 열전달저항} + \text{재료의 열저항 합} + \text{공기층의 열저항} + \text{실외표면 열전달저항}}$$

$$\text{여기서 재료의 열저항합} = \frac{\text{재료두께(m)}}{\text{열전도율(W/m}\cdot\text{K)}}$$

$$= \frac{0.2}{1.6} + \frac{0.11}{0.032} + \frac{0.0095}{0.18} = 3.616\,(\text{m}^2 \cdot \text{K/W})$$

$$\therefore\ K = \frac{1}{0.11 + 3.616 + 0.043} = \frac{1}{3.769(\text{m}^2 \cdot \text{K/W})} = 0.265(\text{W/m}^2 \cdot \text{K})$$

* 실내 및 실외측 표면 열전달저항

열전달저항 / 건축물 부위	실내표면 열전달저항(R_i)	실외표면 열전달저항(R_o)	
		외기에 간접 접하는 경우	외기에 직접 접하는 경우
거실의 외벽(측벽 및 창, 문 포함)	0.11 이하	0.11 이하	0.043 이하
최하층에 있는 거실의 바닥	0.086 이하	0.15 이하	0.043 이하
최상층에 있는 거실의 반자 또는 지붕	0.086 이하	0.086 이하	0.043 이하
공동주택의 층간바닥	0.086 이하		

핵심27 ③ 이 기준 제6조제3호에 의한 바닥 난방에서 단열재의 설치방법을 준수하였다.

(1) 근거서류

① 바닥부위 단열성능 관계도면 (바닥부위별 열관류율 계산서)
② 부위별 단열 (단면) 상세도 포함시킬 것
③ 바닥난방 배관평면도, 바닥단열계획도, 단면도
④ 시험성적서

■ 바닥 난방에서 단열재의 설치

가. 바닥 난방 부위에 설치되는 단열재는 바닥 난방의 열이 슬래브 하부로 손실되는 것을 막을 수 있도록 온수배관(전기난방인 경우는 발열선) 하부와 슬래브 사이에 설치하고, 온수배관(전기난방인 경우는 발열선) 하부와 슬래브 사이에 설치되는 구성 재료의 열저항의 합계는 해당 바닥에 요구되는 총열관류저항(별표1에서 제시되는 열관류율의 역수)의 60% 이상이 되어야 한다. 다만, 바닥 난방을 하는 욕실 및 현관부위와 슬래브의 축열을 직접 이용하는 심야전기이용 온돌 등(한국전력의 심야전력이용기기 승인을 받은 것에 한한다)의 경우에는 단열재의 위치가 그러하지 않을 수 있다.

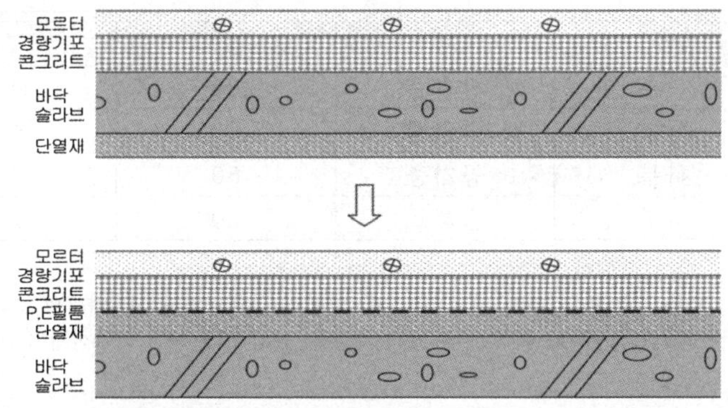

* 단열재는 콘크리트 상부와 하부에 나눠서 설치할 수 있지만, 위의 규정을 만족하도록 슬라브 상단에 단열재를 적정 두께로 설계해야 한다.

■ 바닥 난방시 온수배관 하부부터 슬라브 상단까지 재료에 요구되는 열저항합(단위 : m^2K/W)

[별표1]에서 제시되는 바닥난방인 층간바닥 열관류율 역수의 60% , 최하층의 거실바닥 열관류율 역수의 70% (단, 중부1지역은 60%, 중부2지역은 65%)

건축물의 부위 \ 지역		중부1지역	중부2지역	남부지역	제주도
바닥난방인 층간바닥		0.74 이상	0.74 이상	0.74 이상	0.74 이상
최하층의 거실바닥	외기직접(바닥난방인 경우)	4.00 이상	3.52 이상	2.72 이상	2.06 이상
	외기간접(바닥난방인 경우)	2.85 이상	2.50 이상	1.93 이상	1.46 이상

예제1 남부지방의 최하층 있는 거실의 바닥에서 외기에 직접면하는 경우 바닥난방의 열관류율이 0.220W/m^2 · K 일 때, 최하층바닥의 총열관류저항은 얼마 이상이 되어야 하는가?

① 2.727 ② 2.643
③ 2.500 ④ 2.121

· **정답 : ①**

총열관류저항은 열관류율의 역수이므로 1/0.220=4.545
최하층바닥의 총열관류저항은 4.545의 60% 이상이 되어야 하므로 4.545×0.6= 2.727이 된다.

예제2 건축물의 에너지절약설계기준에서 바닥 난방의 경우 단열재의 설치 기준이다. ( )속에 가장 적합한 것은 다음 중 어느 것인가?

> 바닥 난방 부위에 설치되는 단열재는 바닥 난방의 열이 슬래브 (A) 로 손실되는 것을 막을 수 있도록 온수배관(전기난방인 경우는 발열선) 하부와 (B) 사이에 설치하고, 온수배관(전기난방인 경우는 발열선) 하부와 슬래브 사이에 설치되는 구성 재료의 열저항의 합계는 해당 바닥에 요구되는 총열관류저항의(C) %이상이 되어야 한다. 다만, 바닥 난방을 하는 욕실 및 현관부위와 슬래브의 (D)을 직접 이용하는 심야전기이용 온돌 등(한국전력의 심야전력이용기기 승인을 받은 것에 한한다)의 경우에는 단열재의 위치가 그러하지 않을 수 있다.

	A	B	C	D
①	상부	방습층	30	현열
②	상부	단열재	40	온열
③	하부	공기층	50	잠열
④	하부	슬래브	60	축열

· **정답 : ④**

슬래브 하부 로 손실되는 것을 막을 수 있도록 온수배관(전기난방인 경우는 발열선) 하부와 슬래브 사이에 설치하고, 최하층바닥의 경우 총열관류저항의 60% 이상, 슬래브의 축열을 직접 이용하는 심야전기이용 온돌

예제3 남부지역 아파트의 층간바닥의 난방배관 하부와 슬래브 사이 재료들의 열관류저항 값의 합계는? (단, 소수점 셋째자리에서 반올림)

① 0.56m^{2}K/W ② 0.74m^{2}K/W
③ 0.86m^{2}K/W ④ 1.23m^{2}K/W

· **정답 : ②**

1/0.74=1.35, 1.35 × 0.6=0.81

예제4 "건축물의 에너지절약설계기준" 에 따라 다음의 형별성능관계내역이 의무사항 건축부문 3번을 만족하기 위한 단열재의 최소 두께(㉠)로 가장 적합한 것은? 【17년 출제문제】

형별성능관계내역			
최하층(바닥난방)		외기직접	
재료명	두께(mm)	열전도율(W/mK)	열관류저항(m^2K/W)
실내표면 열전달저항			0.086
시멘트몰탈	40	1.4	0.029
온수파이프			
기포콘크리트 0.4품	30	0.13	0.231
압출법 보온판 1호	㉠	0.028	
철근콘크리트	150	1.6	0.094
압출법 보온판1호	140	0.028	5.000
합판	12	0.15	0.080
실외표면 열전달저항			0.043
기준 열관류율(중부1지역)			0.150

① 90mm ② 100mm
③ 110mm ④ 120mm

· **정답** : ③

① $0.231+\left(\frac{0.09}{0.028}\right)=3.214 \rightarrow 3.445$

② $0.231+\left(\frac{0.10}{0.028}\right)=3.571 \rightarrow 3.802$

③ $0.231+\left(\frac{0.11}{0.028}\right)=3.929 \rightarrow 4.16$

④ $0.231+\left(\frac{0.12}{0.028}\right)=4.286 \rightarrow 4.517$

$\frac{1}{0.150} \Rightarrow 6.667 \times 0.6 = 4.002 < 4.16$

핵심28 ④ 이 기준 제6조제4호에 의한 방습층을 설치하였다.

(1) 근거서류

① 건축물 단열성능 관계 도면 (부위별열관류율 계산서)

■ 기밀 및 결로방지 등을 위한 조치

가. 벽체 내표면 및 내부에서의 결로를 방지하고 단열재의 성능 저하를 방지하기 위하여 제2조에 의하여 단열조치를 하여야 하는 부위(창호 및 난방공간 사이의 층간 바닥 제외)에는 방습층을 단열재의 실내측에 설치하여야 한다.

나. 방습층 및 단열재가 이어지는 부위 및 단부는 이음 및 단부를 통한 투습을 방지할 수 있도록 다음과 같이 조치하여야 한다.

- 단열재의 이음부는 최대한 밀착하여 시공하거나, 2장을 엇갈리게 시공하여 이음부를 통한 단열성능 저하가 최소화될 수 있도록 조치할 것
- 방습층으로 알루미늄박 또는 플라스틱계 필름 등을 사용할 경우의 이음부는 100mm 이상 중첩하고 내습성 테이프, 접착제 등으로 기밀하게 마감할 것
- 단열부위가 만나는 모서리 부위는 방습층 및 단열재가 이어짐이 없이 시공하거나 이어질 경우 이음부를 통한 단열성능 저하가 최소화되도록 하며, 알루미늄박 또는 플라스틱계 필름 등을 사용할 경우의 모서리 이음부는 150mm 이상 중첩되게 시공하고 내습성 테이프, 접착제 등으로 기밀하게 마감할 것
- 방습층의 단부는 단부를 통한 투습이 발생하지 않도록 내습성 테이프, 접착제 등으로 기밀하게 마감할 것

다. 건축물 외피 단열부위의 접합부, 틈 등은 밀폐될 수 있도록 코킹과 가스켓 등을 사용하여 기밀하게 처리하여야 한다.

■ 방습층의 위치는 단열재를 기준으로 실내 측에 설치

- 방습층의 성능은 투습도가 24시간당 $30g/m^2$ (투습계수 $0.28g/m^2hmmHg$) 이하인 방습재료의 경우 인정
- 방습층으로 인정되는 구조

① 두께 0.1mm 이상의 폴리에틸렌 필름
② 투습방수 시트
③ 현장발포 플라스틱계(경질 우레탄 등) 단열재
④ 플라스틱계 단열재(발포폴리스티렌 보온재)로서 이음새가 투습방지성능이 있도록 처리될 경우
⑤ 내수합판 등 투습방지 처리가 된 합판으로서 이음새가 투습방지가 될 수 있도록 시공될 경우
⑥ 금속재(알루미늄 박 등)
⑦ 콘크리트 벽이나 바닥 또는 지붕
⑧ 타일마감
⑨ 모르타르 마감이 된 조적벽

예제1 건축물의 에너지절약설계기준에서 기밀 및 결로방지 등을 위한 조치를 설명한 것이다. 적합하지 않은 것은 어느 것인가?

① 단열재의 이음부는 최대한 밀착하여 시공하거나, 2장을 엇갈리게 시공하여 이음부를 통한 단열성능 저하가 최소화될 수 있도록 조치할 것
② 벽체 내표면 및 내부에서의 결로를 방지하고 단열재의 성능 저하를 방지하기 위하여 단열조치를 하여야 하는 부위(창호 및 난방공간 사이의 층간 바닥 제외)에는 빗물 등의 침투를 방지하기 위해 방습층을 단열재의 실외측에 설치하여야 한다.
③ 방습층으로 알루미늄박 또는 플라스틱계 필름 등을 사용할 경우의 이음부는 100mm 이상 중첩하고 내습성 테이프, 접착제 등으로 기밀하게 마감할 것
④ 방습층의 단부는 단부를 통한 투습이 발생하지 않도록 내습성 테이프, 접착제 등으로 기밀하게 마감할 것

· **정답** : ②
단열조치를 하여야 하는 부위(창호 및 난방공간 사이의 층간 바닥 제외)에는 방습층을 단열재의 실내측에 설치하여야 한다.

예제2 에너지절약계획 설계검토서와 관련된 "에너지절약 설계기준 의무사항" 중 방습층과 관련된 내용 중 ( ) 안에 가장 적합한 것은?

> "방습층"이라 함은 습한 공기가 구조체에 침투하여 결로발생의 위험이 높아지는 것을 방지하기 위해 설치하는 투습도가 (㉠)시간당 (㉡) 이하 또는 투습계수 (㉢) 이하의 투습저항을 가진 층을 말한다.

① ㉠ 24, ㉡ $30g/m^2$, ㉢ $0.28g/m^2 \cdot h \cdot mmHg$
② ㉠ 24, ㉡ $40g/m^2$, ㉢ $0.28g/m^2 \cdot h \cdot mmHg$
③ ㉠ 12, ㉡ $30g/m^2$, ㉢ $0.38g/m^2 \cdot h \cdot mmHg$
④ ㉠ 12, ㉡ $40g/m^2$, ㉢ $0.38g/m^2 \cdot h \cdot mmHg$

· **정답** : ①
"방습층"이라 함은 습한 공기가 구조체에 침투하여 결로발생의 위험이 높아지는 것을 방지하기 위해 설치하는 투습도가 24시간당 $30g/m^2$ 이하 또는 투습계수 $0.28g/m^2 \cdot h \cdot mmHg$ 이하의 투습저항을 가진 층을 말한다.

예제3 에너지절약계획 설계검토서와 관련된 "에너지절약 설계기준의무사항" 중 방습층의 위치는 단열재를 기준으로 실내 측에 설치하게 되어 있다. 다음 중 방습층으로 인정되는 구조로 볼 수 없는 것은?

① 두께 0.01mm 이상의 폴리에틸렌 필름
② 투습방수 시트
③ 타일마감
④ 내수합판 등 투습방지처리가 된 합판으로서 이음새가 투습방지가 될 수 있도록 시공될 경우

· **정답** : ①
방습층으로 인정되는 구조
① 두께 0.1mm 이상의 폴리에틸렌 필름
② 투습방수 시트
③ 현장발포 플라스틱계(경질 우레탄 등) 단열재
④ 플라스틱계 단열재(발포폴리스티렌 보온재)로서 투습방지 성능이 있도록 처리될 경우
⑤ 내수합판 등 투습방지처리가 된 합판으로서 이음새가 투습방지가 될 수 있도록 시공될 경우
⑥ 금속재(알루미늄 박 등)
⑦ 콘크리트 벽이나 바닥 또는 지붕
⑧ 타일마감
⑨ 모르타르 마감이 된 조적벽

핵심29 **⑤ 외기에 직접 면하고 1층 또는 지상으로 연결된 출입문을 방풍구조로 하였다.(제6조제4호라목 각 호에 해당하는 시설의 출입문은 제외)**

(1) 근거서류

■ 해당층 평면도,창호평면도 등

[제6조 제4호]

1) 외기에 직접 면하고 1층 또는 지상으로 연결된 출입문은 방풍구조로 하여야 한다. 다만, 다음 각 호에 해당하는 경우에는 그러하지 않을 수 있다.
 ① 바닥면적 3백 제곱미터 이하의 개별 점포의 출입문
 ② 주택의 출입문 (단, 기숙사는 제외)
 ③ 사람의 통행을 주목적으로 하지 않는 출입문
 ④ 너비 1.2미터

2) 방풍구조를 설치하여야 하는 출입문에서 회전문과 일반문이 같이 설치되어진 경우, 일반문 부위는 방풍실 구조의 이중문을 설치하여야 한다.

[제5조 제10호 아목]

"방풍구조"라 함은 출입구에서 실내외 공기 교환에 의한 열출입을 방지할 목적으로 설치하는 방풍실 또는 회전문 등을 설치한 방식을 말한다.

예제1 **에너지절약계획 설계검토서와 관련된 "에너지절약 설계기준의무사항" 중 방풍구조와 관련된 내용 중 출입문을 방풍구조로 하지 아니하여도 되는 것으로 가장 부적합한 것은?**

① 바닥면적 500제곱미터 이하의 개별점포의 출입문
② 주택의 출입문
③ 사람의 통행을 주목적으로 하지 않는 출입문
④ 너비 1.2미터 이하의 출입문

· **정답** : ①

외기에 직접 면하고 1층 또는 지상으로 연결된 출입문은 제5조제10호 아목에 따른 방풍구조로 하여야 한다. 다만, 다음 각 호에 해당되는 경우에는 그러하지 않을 수 있다.

① 바닥면적 3백제곱미터 이하의 개별점포의 출입문
② 주택의 출입문 (단, 기숙사는 제외)
③ 사람의 통행을 주목적으로 하지 않는 출입문
④ 너비 1.2미터 이하의 출입문

예제2 **건축물의 에너지절약설계기준에서 외기에 직접 면하고 1층 또는 지상으로 연결된 출입문은 방풍구조로 하여야 한다. 다만, 다음 각 호에 해당하는 경우에는 그러하지 않을 수 있다. 바르지 않은 것은 어느 것인가?**

① 바닥면적 3백 제곱미터 이하의 개별 점포의 출입문
② 주택의 출입문(기숙사와 연수원을 포함)
③ 사람의 통행을 주목적으로 하지 않는 출입문
④ 너비 1.2미터 이하의 출입문

· **정답** : ②

기숙사는 제외된다.

예제3 "건축물의 에너지절약설계기준에서 외기에 직접 면하고 1층 또는 지상으로 연결된 출입문은 방풍구조로 하여야 한다." 에서 방풍구조에 해당되지 않는 것은 어느 것인가?

① 방풍구조 ② 이중문
③ 자동문 ④ 회전문

· 정답 : ③
외기에 면한 출입구를 방풍구조로 설계
방풍구조 : 이중문, 회전문, 방풍구조

핵심30 ⑥ 거실의 외기에 직접 면하는 창은 기밀성능 1 ~ 5등급 (통기량 $5m^3/h \cdot m^2$ 미만)의 창을 적용하였다.

(1) 근거서류
1) 창호일람표
2) 적용비율계산서 : 계산서에는 건축물명 기재, 건축사 날인

바. 건축물의 창이 외기에 직접 면하는 부위인 경우에는 제5조제10호자목에 따른 기밀성 창을 설치하여야 한다.

제5조제10호자목 : "기밀성 창", "기밀성 문" 이라 함은 창 및 문으로서 한국산업규격(KS) F 2292 규정에 의하여 기밀성 등급에 따른 기밀성이 1~5등급(통기량 $5m^3/h \cdot m^2$ 미만)인 것을 말한다.

건축물의 거실에 설치되는 창은 기밀성능 5등급 이하 창호를 의무적으로 적용
예 통기량 $0 \sim 1m^3/hm^2$: 1등급, $1 \sim 2m^3/hm^2$: 2등급, $2 \sim 3m^3/hm^2$: 3등급, $3 \sim 4\ m^3/hm^2$: 4등급, $4 \sim 5m^3/hm^2$: 5등급

예제1 에너지절약계획 설계검토서와 관련된 "에너지절약 설계기준의무사항" 중 외기에 직접 면한 창의 기밀성능은 모두 몇 등급 이하로 설계하여야 하는가?

① 1등급 ② 2등급
③ 4등급 ④ 5등급

· 정답 : ④
외기에 직접 면한 창의 기밀성능은 모두 5등급 이하(통기량 $5m^3/hm^2$ 미만)로 설계
· 관련도면에 '기밀성능은 5등급 이하(통기량 $5m^3/hm^2$ 미만) 제품적용' 명기(의무사항)
· 건축 5번의 EPI 점수를 획득하고자 하는 경우에는 5등급 이하가 아닌 해당배점의 기밀성능을 창호일람표에 명기(권장사항)
· 관련도면에 '기밀성능은 2등급 미만(통기량 $1m^3 \sim 2m^3/hm^2$ 미만) 제품적용' 명기(공동주택)

예제2 건축물의 에너지절약설계기준 중 기밀 및 결로방지 등을 위한 조치에 관한 설명 중 틀린 것을 고르시오.

① 건축물의 거실의 창이 외기에 직접 면하는 부위인 경우에는 고효율 창을 설치하여야 한다.
② 방풍구조를 설치하여야 하는 출입문에서 회전문과 일반문이 같이 설치되어진 경우, 일반문 부위는 방풍실 구조의 이중문을 설치하여야 한다.
③ 단열재의 이음부는 최대한 밀착하여 시공하거나, 2장을 엇갈리게 시공하여 이음부를 통한 단열성능 저하가 최소화될 수 있도록 조치 할 것
④ 알루미늄박 또는 플라스틱계 필름 등을 사용할 경우의 모서리 이음부는 150mm 이상 중첩되게 시공하고 내습성 테이프, 접착제 등으로 기밀하게 마감할 것

· 정답 : ①
"건축물의 거실의 창이 외기에 직접 면하는 부위인 경우에는 고효율 창" 이 아니라
"제5조제10호자목에 따른 기밀성 창" 을 설치하여야 한다.

예제3 에너지절약계획 설계검토서와 관련된 "에너지절약 설계기준의무사항" 중 외기에 직접 면한 창의 기밀성능 중 5등급의 통기량은 얼마이어야 하는가?

① 통기량 $2m^3/h \cdot m^2$ 미만　② 통기량 $3m^3/h \cdot m^2$ 미만
③ 통기량 $4m^3/h \cdot m^2$ 미만　④ 통기량 $5m^3/h \cdot m^2$ 미만

· 정답 : ④

외기에 직접 면한 창의 기밀성능은 모두 5등급 이하(통기량 $5m^3$ $/hm^2$ 미만)로 설계
• 관련도면에 '기밀성능은 5등급 이하(통기량 $5m^3/hm^2$ 미만) 제품적용' 명기(의무사항)

핵심31

⑦ 법 제14조의2의 용도에 해당하는 공공건축물로서 에너지성능지표의 건축부문 8번 항목을 0.6점 이상 획득하였다. 다만, 제로에너지건축물건축물 인증을 취득한 경우 또는 제21조제2항에 따라 건축물 에너지 소요량 평가서의 단위면적당 1차에너지 소요량의 합계가 적합할 경우 제외

(1) 근거서류 및 도면 작성방법

항 목	근거서류	근거서류(도면 작성방법)
법 제 14조의2의 용도에 해당하는 공공건축물로서 에너지성능지표의 건축부문 8번 항목을 0.6점 이상획득	· 창호(차양)일람표 · 입면도(남측, 서측) · 단면도 · 자동제어계통도 · 적용비율계산서 · 계산서에는 건축물 명기재, 건축사 날인 · 에너지소요량 평가서 · 제로에너지 건축물인증서	· 공공건축물의 경우 남향 및 서향 투광부 면적에 대한 차양장치 설치비율 10% 이상 적용 · (표2), (표3), (표4)에 따라 태양열 취득율이 0.6 이하의 차양장치만 인정가능 · 고정형 및 수동조절 차양의 경우, 입면도, 단면도 및 적용비율계산서를 제출하고, 면적표를 입면도에 기재 · 자동제어 차양의 경우, 자동제어 계통도를 추가제출하고 면적표를 입면도에 기재 · 가동형 차양의 태양열 취득율은 KSL 9107 시험성적서 사용가능 · 단, 제로에너지 건축물 인증을 취득한 경우 또는 제21조에 따른 에너지 소요량 평가서의 단위 면적당 1차에너지 소요량의 합계가 140kWh/㎡년 미만인 경우 예외

(2) 에너지 성능 지표에서의 법 제14조2의 용도에 해당하는 공공건축물로서 에너지성능지표의 건축부문 8번항목을 0.6점 이상 획득 도면작성방법

① 공공건축물의 경우 남향 및 서향 투광부 면적에 대한 차양장치 설치비율 10% 이상 적용
② (표2), (표3), (표4)에 따라 태양열 취득률이 0.6 이하의 차양장치만 인정가능

- 고정형 및 수동조절 차양의 경우, 입면도, 단면도 및 적용비율계산서를 제출하고, 면적표를 입면도에 기재
- 자동제어 차양의 경우, 자동제어 계통도를 추가제출하고 면적표를 입면도에 기재
- 가동형 차양의 태양열 취득률은 KSL9107 시험성적서 사용가능

- 제6조 제5항에서의 '리모델링 하는 경우'는 별동 증축에 한하여 적용한다.
- <표1> <표3>에서 각 방위가 나타내는 범위는 아래와 같다. (정북방향 0도 기준)

방위	북	북동	동	남동	남	남서	서	북서
범위	337.5 이상 22.5 미만	22.5 이상 67.5 미만	67.5 이상 112.5 미만	112.5 이상 157.5 미만	157.5 이상 202.5 미만	202.5 이상 247.5 미만	247.5 이상 292.5 미만	292.5 이상 337.5 미만

- 커튼월과 같은 연속창 구조는 설치된 프레임(수평바 및 수직바)을 기준으로 투광부를 구분한다.
- <표2> <표3> <표4>에 따른 차양의 태양열취득률 계산방법
  - 태양열취득률 : 표2에 따른 태양열취득률 * 표3에 따른 태양열취득률(표4에 따른 태양열취득률 또는 kKS L 9107에 따른 시험성적서 값 [소수점 넷째자리에서 반올림])

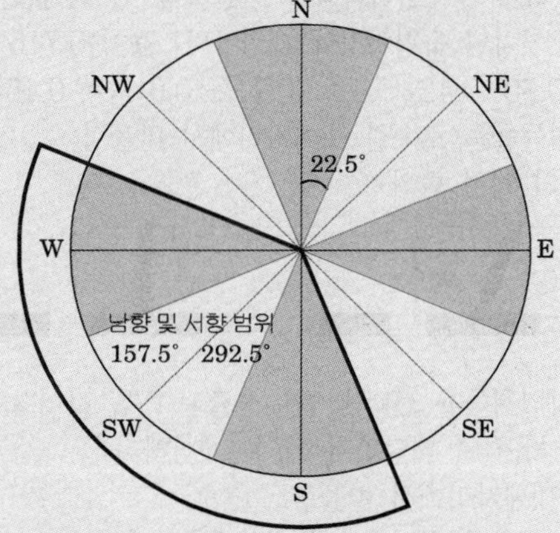

- 차양장치 설치 비율 계산을 위한 남향 및 서향의 범위

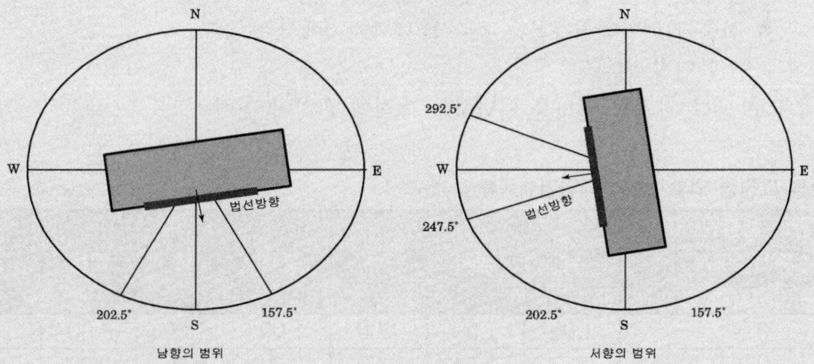

- 차양장치 설치 비율 계산 방법
  - 남향 및 서향에 위치한 투광부에 차양장치를 설치하여 차양의 태양열취득률을 0.6 이하로 만족시킨 면적 / 남향 및 서향에 위치한 투광부 면적

• 수평 고정형 외부차양의 인정 형태(단면)

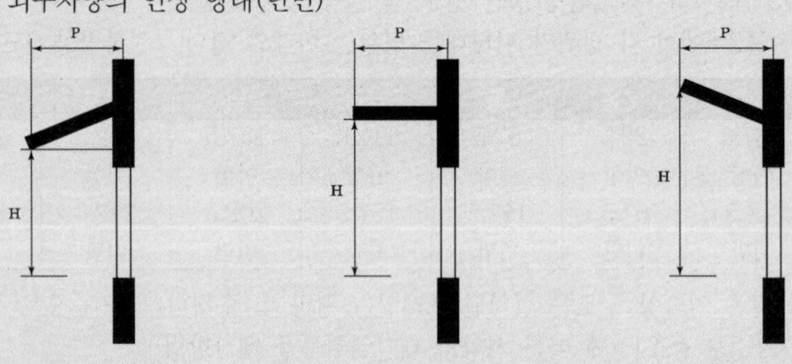

수평차양(< 90°)　　수평차양(90°)　　수평차양(> 90°)

- <표2>에 따른 태양열취득률 선택 방법 : 산출된 P/H 값이 <표2>에 따른 구간의 사이에 위치한 경우 보간법을 사용하여 태양열취득률을 계산하다. (P/H 값은 소수점 넷째자리에서 반올림)

  ex) 동향 투광부에 설치된 수평차양에 대한 P/H 값이 0.715인 경우에서의 태양열취득률

  $= 0.50 - \{(0.50-0.42)/0.2 * (0.715-0.6)\} = 0.454$

  ※ 산출된 태양열취득률은 소수점 넷째자리에서 반올림

• 수직 고정형 외부차양의 인정 범위

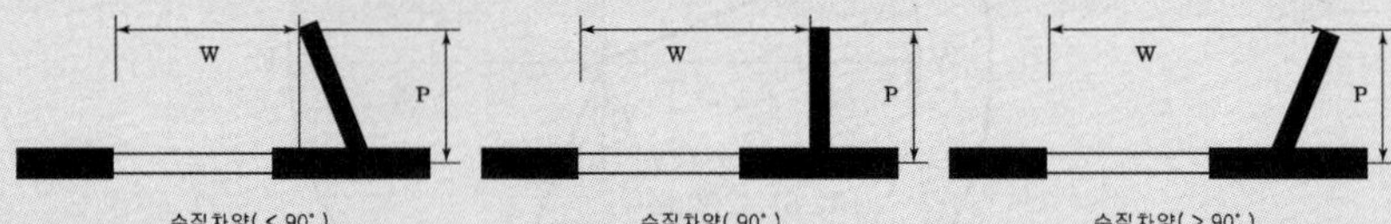

수직차양(< 90°)　　수직차양(90°)　　수직차양(> 90°)

- <표3>에 따른 태양열취득률 선택 방법 : 산출된 P/W 값이 <표3>에 따른 구간의 사이에 위치한 경우 보간법을 사용하여 태양열취득률을 계산하다.

  (P/H 값은 소수점 넷째자리에서 반올림)

  ex) 남향 투광부에 설치된 수직차양에 대한 P/W 값이 0.385인 경우에서의 태양열취득률

  $= 0.73 - \{(0.73-0.61)/0.2 * (0.385-0.2)\} = 0.619$

  ※ 산출된 태양열취득률은 소수점 넷째자리에서 반올림

• 가동형 차양의 인정 범위

  - 투광부 내 투과체의 일시를 차단하는 면적에 한하여 인정

〈표2〉 수평 고정형 외부차양의 태양열취득률

수평차양의 돌출길이(P) / 수평차양에서 투광부하단까지의 길이(H)	남	남서	서	북서	북	북동	동	동남
0.0	1.00	1.00	1.00	1.00	1.00	1.00	1.00	1.00
0.2	0.57	0.74	0.79	0.79	0.89	0.78	0.79	0.73
0.4	0.48	0.55	0.63	0.64	0.83	0.64	0.63	0.54
0.6	0.45	0.42	0.51	0.54	0.79	0.54	0.50	0.42
0.8	0.43	0.35	0.42	0.48	0.76	0.48	0.42	0.36
1.0	0.41	0.33	0.36	0.43	0.73	0.43	0.37	0.33

〈표3〉 수직 고정형 외부차양의 태양열취득률

수직차양의 돌출길이(P) / 수직차양에서 투광부폭까지의 길이(W)	남	남서	서	북서	북	북동	동	동남
0.0	1.00	1.00	1.00	1.00	1.00	1.00	1.00	1.00
0.2	0.73	0.84	0.88	0.76	0.68	0.79	0.89	0.82
0.4	0.61	0.72	0.79	0.61	0.56	0.64	0.80	0.67
0.6	0.54	0.60	0.74	0.46	0.47	0.50	0.75	0.54
0.8	0.50	0.51	0.70	0.38	0.42	0.42	0.71	0.46
1.0	0.45	0.43	0.65	0.28	0.34	0.31	0.66	0.39

〈표4〉 가동형 차양의 설치위치에 따른 태양열취득률

유리의 외측에 설치	유리와 유리사이에 설치	유리 내측에 설치
0.34	0.5	0.88

- 가동형 차양의 인정범위 : 투광부 내 투과체의 일사를 차단하는 면적에 한하여 인정
- 구조체 차양의 인정범위
  - 실내유입 저감을 위한 구조체 또한 차양장치로 인정. 따라서, 발코니, 돌출구조물, 처마부위 등 음영효과가 있는 구조체등 차양장치로 인정

예제1 건축물의 에너지절약설계기준 의무사항 중 태양열 취득률이 몇 이하의 차양장치만 인정 가능한가?

① 0.3 ② 0.4
③ 0.5 ④ 0.6

· **정답** : ④
<표2>, <표3>, <표4>에 따라 태양열 취득률이 0.6 이하의 차양장치만 인정가능

예제2 에너지절약계획 설계검토서와 관련된 "에너지절약 설계기준의무사항" 중 법 제14조의2의 용도에 해당하는 공공건축물로서 에너지성능지표의 건축부문 7번 항목을 0.6점 이상 획득하였다. 다만, (　　) 을 취득한 경우에는 예외로 한다. 괄호 안에 알맞은 것은?

① 2등급 ② 1등급
③ 1+등급 ④ 제로에너지등급

· **정답** :④
법 제14조의2의 용도에 해당하는 공공건축물로서 에너지성능지표의 건축부문 7번 항목을 0.6점 이상 획득하였다. 다만, 제로에너지 인증을 취득한 경우에는 예외로 한다.

예제3 에너지절약계획 설계검토서와 관련된 "에너지절약 설계기준의무사항" 중 법 제14조의2의 용도에 해당하는 공공건축물로서 에너지성능지표의 건축부문 7번 항목을 0.6점 이상 획득하였다. 에서 제출하여야 할 근거서류로 가장 부적합한 것은?

① 창호 (차양)일람표 ② 녹색건축인증서
③ 단면도 ④ 자동제어계통도

· **정답** : ②
녹색건축인증서는 해당되지 않는다.

예제4 에너지절약계획 설계검토서와 관련된 "에너지절약 설계기준의무사항" 중 법 제14조의2의 용도에 해당하는 공공건축물로서 에너지성능지표의 건축부문 8번 항목을 0.6점 이상 획득하였다. 에서 가동형 차양의 설치위치에 따른 태양열 취득률에서 유리의 외측에 설치할 때 태양열 취득률은?

① 0.34 ② 0.5
③ 0.6 ④ 0.88

· 정답 : ①

<표4> 가동형 차양의 설치위치에 따른 태양열취득률

유리의 외측에 설치	유리와 유리사이에 설치	유리 내측에 설치
0.34	0.5	0.88

핵심32 (1) 건축부문의 에너지성능지표

2. 에너지성능지표[주1)]

구분	항목	기본배점(a)				배점 (b)						평점 (a*b)	근거
		비주거		주거									
		대형 (3,000 m² 이상)	소형 (500~3,000m² 미만)	주택 1	주택 2		1점	0.9점	0.8점	0.7점	0.6점		
건축부문	1. 외벽의 평균 열관류율 Ue(W/m²·K)[주2)주3)] (창 및 문을 포함)	21	34			중부1	0.380미만	0.380~0.430미만	0.430~0.480미만	0.480~0.530미만	0.530~0.580미만		
						중부2	0.490미만	0.490~0.560미만	0.560~0.620미만	0.620~0.680미만	0.680~0.740미만		
						남부	0.620미만	0.620~0.690미만	0.690~0.760미만	0.760~0.840미만	0.840~0.910미만		
						제주	0.770미만	0.770~0.860미만	0.860~0.950미만	0.950~1.040미만	1.040~1.130미만		
				31	28	중부1	0.300미만	0.300~0.340미만	0.340~0.380미만	0.380~0.410미만	0.410~0.450미만		
						중부2	0.340미만	0.340~0.380미만	0.380~0.420미만	0.420~0.460미만	0.460~0.500미만		
						남부	0.420미만	0.420~0.470미만	0.470~0.510미만	0.510~0.560미만	0.560~0.610미만		
						제주	0.550미만	0.550~0.620미만	0.620~0.680미만	0.680~0.750미만	0.750~0.810미만		
	2. 지붕의 평균 열관류율 Ur (W/m²·K)[주2)주3)] (천창 등 투명 외피부분을 제외한 부위의 평균 열관류율)	7	8	10	10	중부1	0.090미만	0.090~0.100미만	0.100~0.110미만	0.110~0.130미만	0.130~0.150미만		
						중부2	0.090미만	0.090~0.100미만	0.100~0.110미만	0.110~0.130미만	0.130~0.150미만		
						남부	0.110미만	0.110~0.120미만	0.120~0.140미만	0.140~0.150미만	0.150~0.180미만		
						제주	0.150미만	0.150~0.170미만	0.170~0.190미만	0.190~0.210미만	0.210~0.250미만		
	3. 최하층 거실바닥의 평균 열관류율 Uf(W/m²·K)[주2) 주3)]	5	6	6	6	중부1	0.100미만	0.100~0.110미만	0.110~0.130미만	0.130~0.150미만	0.150~0.180미만		
						중부2	0.120미만	0.120~0.130미만	0.130~0.150미만	0.150~0.170미만	0.170~0.210미만		
						남부	0.150미만	0.150~0.170미만	0.170~0.190미만	0.190~0.210미만	0.210~0.260미만		
						제주	0.200미만	0.200~0.220미만	0.220~0.250미만	0.250~0.280미만	0.280~0.340미만		
	4. 외피 열교부위의 단열 성능 (W/m·K)(단, 창 및 문 면적비가 50% 미만일 경우에 한함)	4	6	6	6		0.400 미만	0.400~0.440 미만	0.440~0.475 미만	0.475~0.515 미만	0.515~0.550 미만		
	5. 기밀성 창 및 문의 설치 (KS F2292에 의한 기밀성 등급 및 통기량 (m³ /hm²))[주4)]	5	6	6	6		1등급 (1㎥/hm² 미만)	2등급 (1~2 ㎥/hm² 미만)	3등급 (2~3㎥/hm² 미만)	4등급 (3~4㎥/hm² 미만)	5등급 (4~5㎥/hm² 미만)		
	6. 창 및 문의 접합부에 기밀 테이프 등 기밀성능 강화조치	1	2	2	2		외기 직접 면한 창 및 문면적의 60%이상에 적용						
	7. 냉방부하저감을 위한 거실 외피면적당 평균 태양열취득[주6)]	7	5	3	3		19W/m² 미만	19~24W/m² 미만	24~29W/m² 미만	29~34W/m² 미만	34~39W/m² 미만		
공동주택	8. 외기에 면한 주동·출입구 의 방풍구조 설치 또는 공동주택 각 세대의 현관에 이중문 설치	-	-	1	1		적용여부						
	9. 대향동의 높이에 대한 인동간격비[주7)]	-	-	1	1		1.20이상	1.15이상-1.20미만	1.10이상-1.15미만	1.05이상-1.10미만	1.00이상-1.05미만		
	10. 지하주차장 설치되지 않는 경우의 기계부문 14번에 대한 보상점수	-	-	1	1		-						
	건축부문 소계												

핵심33

1. 외벽의 평균 열관류율 Ue(W/m²·K)주2) 주3) (창 및 문을 포함)
2. 지붕의 평균 열관류율 Ur(W/m²·K)주2) 주3)
(천창 등 투명 외피부분을 제외한 부위의 평균 열관류율)
3. 최하층 거실바닥의 평균 열관류율 Uf(W/m²·K)주2) 주3)

(1) 근거서류 및 작성방법

항 목	근거서류	근거서류(도면 작성방법)
1. 외벽의 평균 열관류율 Ue(W/m²·K)주2)주3) (창 및 문을 포함)	· 외벽의 평균 열관류율 계산서 · 건축물 성능관계 도면에 포함	· 외벽에서 열관류율이 다른 모든 부위의 면적 및 성능 값을 면적 가중 평균하여 계산 · 외벽, 측벽, 창호(창틀 포함), 문등을 모두 포함 · 단위는(W/m²·K)로 계산 [모든 단위 : SI 단위로 표기]
2. 지붕의 평균 열관류율 Ur(W/m²·K)주2)주3) (천창 등 투명 외피 부분을 제외한 부위의 평균 열관류율)	· 지붕 평균 열관류율 계산서 · 건축물 성능관계 도면에 포함	· 최상층 지붕에서 열관류율이 다른 모든 부위의 면적 및 성능 값을 면적가중 평균하여 계산 · 건물의 실제 최상층이 아닌 기타 층의 천정 또는 다른 용도로 분리되는 층의 천정도 포함
3. 최하층 거실바닥의 평균 열관류 Uf(W/m²·K)주2)주3)	· 최하층 바닥 평균 열관류율 계산서 · 건축물 성능관계 도면에 포함	· 최하층 바닥에서 열관류율이 다른 모든 부위의 면적 및 성능 값을 면적가중 평균하여 계산 · 건물의 실제 최하층이 아닌 기타 층의 바닥 또는 다른 용도로 분리되는 바닥도 포함

(2) 에너지성능지표에서의 평균 열관류율의 계산법

① 건축물 외피 구성체에 대한 열관류율 및 적용면적을 산출한다. (지붕 및 바닥에 대하여도 같은 방법을 적용한다.)

산출예시

단면구조			재료명	두께 (m) ①	열전도율 (W/m·K) ②	열관류저항 (m²K/W) ③＝①÷②
(외부) (내부) 콘크리트 옹벽 200mm 비드법2종1호 100mm 석고보드 9.5mm		1	실외표면 열전달저항Ro	–	–	0.043
		2	콘크리트(1:2:4)	0.2	1.600	0.125
		3	비드법보온판2종1호	0.1	0.031	3.226
		4	석고보드	0.0095	0.180	0.053
		5	실내표면 열전달저항Ri	–	–	0.110
		합 계 ④		–	–	3.557
		적용 열관류율(W/m²·K) ⑤＝1÷④		–	–	0.281
면적(m²)	2000	기준 열관류율(W/m²·K)		–	–	0.320

※ 열관류율 또는 열관류저항의 계산결과는 소수점 네째자리에서 반올림한다. 그 방법은 KS A 3251(데이타의 통계적 해석방법)에 따른다.

※ 열관류율의 단위 : W/m²·K＝(kcal/m² ·h·℃) ÷ 0.86

※ 산출예시에서 적용된 기준 열관류율은 지역별 건축물 부위의 열관류율표에 따른 남부지역 거실의 외벽 중 공동주택외의 경우 외기에 직접 면하는 경우를 적용함

② 산출된 구성체 열관류율과 해당면적을 곱하고 전체면적으로 나누어준다.(창포함)

주2) 평균열관류율의 단위는 $W/m^2 \cdot K$를 사용하며, 이를 $kcal/m^2 \cdot h \cdot ℃$로 환산할 경우에는 다음의 환산 기준을 적용한다.

$1\ [W/m^2 \cdot K] = 0.86\ [kcal/m^2 \cdot h \cdot ℃]$

주3) "평균열관류율"이라 함은 거실부위의 지붕(천창 등 투명 외피부위를 포함하지 않는다.), 바닥, 외벽(창을 포함한다) 등의 열관류율 계산에 있어 세부 부위별로 열관류율값이 다를 경우 이를 평균하여 나타낸 것을 말하며, 계산방법은 다음과 같다.

건축물의 구분	계 산 법
거실의 외벽(창포함) (Ue)	Ue = [Σ(방위별 외벽의 열관류율 × 방위별 외벽 면적) + Σ(방위별 창 및 문의 열관류율 × 방위별 창 및 문의 면적)] / (Σ방위별 외벽 면적 + Σ방위별 창 및 문의 면적)
최상층에 있는 거실의 반자 또는 지붕(Ur)	Ur = Σ(지붕 부위별 열관류율 × 부위별 면적) / (Σ지붕 부위별 면적) ☜ 천창 등 투명 외피부위는 포함하지 않음
최하층에 있는 거실의 바닥(Uf)	Uf = Σ(최하층 거실의 바닥 부위별 열관류율 × 부위별 면적) / (Σ최하층 거실의 바닥 부위별 면적)

※ 외벽, 지붕 및 최하층 거실 바닥의 평균열관류율이란 거실 또는 난방 공간의 외기에 직접 또는 간접으로 면하는 각 부위들의 열관류율을 면적가중 평균하여 산출한 값을 말한다.

※ 평균 열관류율 계산은 제2조 제1항 제1호에 따른 부위를 기준으로 산정하며, 외기에 간접적으로 면한 부위에 대해서는 적용된 열관류율 값에 외벽, 지붕, 바닥부위는 0.7을 곱하고, 창 및 문부위는 0.8을 곱하여 평균 열관류율의 계산에 사용한다. 또한 이 기준 제6조 제1호에 의하여 단열조치를 아니하여도 되는 부위와 공동주택의 이웃세대와 면하는 세대간벽 (거실의 외벽으로 계산가능)의 열관류율은 별표1의 해당 부위의 외기에 직접 면하는 경우의 열관류율 기준 값을 적용한다.

※ 평균 열관류율 계산에 있어서 복합용도의 건축물 등이 수직 또는 수평적으로 용도가 분리되어 당해 용도 건축물의 최상층 거실 상부 또는 최하층 거실 바닥부위 및 다른 용도의 공간과 면한 벽체 부위가 외기에 직접 또는 간접으로 면하지 않는 부위일 경우의 열관류율은 0으로 적용한다.

■ 공동주택 외벽의 평균열관류율 계산법

• 조건

- 층수 : 10층
- 기준층 형태 : 중간세대가 있는 계단실형
- 기준층의 총 외벽면적 : $35 \times 10 = 350m^2$
- 기준층의 총 세대간벽 면적 : $30 \times 3 = 90m^2$
- 외벽의 창 및 문 비율 : 45%

※ 단, 모든 층은 기준층과 같은 형태를 가졌으며 같은 구성요소들은 같은 열관류율을 가지고 있음

〈기준층 평면〉

– 기준층 부위별 면적 및 열관류율

		총면적	열관류율
거실의 외벽	외벽	$350 \times 0.55 = 192.5\text{m}^2$	0.150
	세대간벽	90m^2	0.170 (별표1 열관류율 적용값)
	창 및 문	$350 \times 0.45 = 157.5\text{m}^2$	1.000

※ 세대간벽의 경우 중부2지방의 [별표1] 외기에 직접 면하는 거실 외벽의 열관류율을 적용

• 계산결과

– 거실 외벽의 평균열관류율$=\dfrac{(192.5\times0.150+90\times0.170+157.5\times1.00)}{(350+90)}=0.458\text{W/m}^2\text{K}$

: 평균 열관류율 계산값은 소수점 넷째자리에서 반올림

예제1 에너지성능지표검토서 검토시 평균열관류율 산정시 ( ) 안에 가장 적합한 것은?

> 평균열관류율산정시 외기에 간접면한부위는 해당 열관류율 값에 외벽, 지붕, 바닥부위는 (㉠), 창 및 문부위는 (㉡)을 곱하여 적용한다.

① ㉠ 0.5, ㉡ 0.6　　② ㉠ 0.6, ㉡ 0.7
③ ㉠ 0.7, ㉡ 0.8　　④ ㉠ 0.8, ㉡ 0,9

· **정답** : ③

평균 열관류율 산정 시 외기에 간접 면한 부위는 해당 열관류율 값에 외벽, 지붕, 바닥부위는 0.7, 창 및 문 부위는 0.8을 곱하여 적용한다.

예제2 **에너지절약계획서에서 다음 서식의 (   ) 부분에 가장 적합한 숫자와 판정으로 가장 적합한 것은 다음 중 어느 것인가?**

	부위별 마감상세도	재료명	두께 (mm)	열전도율 (w/mk)	열전도저항 (m^2k/w)	비고
W2		실외표면열 전달저항	–	–	0.043	
		콘크리트	180	1.6	(㉠)	
		비드법보온판(2종1호)	85	0.031	(㉡)	
		석고보드	18	0.18	0.100	
		벽지(종이)	2	0.17	0.118	
		실내표면열 전달저항	–	–	0.110	
		합계			(㉢)	
		적용 열관류율	(㉣)			
		기준 열관류율	0.260			

① ㉠ 0.113 ㉡ 2.742 ㉢ 3.226 ㉣ 0.310
판정 : 적용 열관류율이 기준 열관류율을 초과하여 부적합하므로, 단열재의 두께를 증가 또는 단열재를 교체 등의 대책을 강구하여야 한다.
② ㉠ 0.113 ㉡ 2.742 ㉢ 3.159 ㉣ 0.317
판정 : 적용 열관류율이 기준 열관류율을 초과하므로 적합으로 판정한다.
③ ㉠ 0.113 ㉡ 1.742 ㉢ 2.159 ㉣ 0.463
판정 : 적용 열관류율이 기준 열관류율을 초과하므로 적합으로 판정하고 단열재의 두께를 감소한다.
④ ㉠ 0.113 ㉡ 1.742 ㉢ 2.159 ㉣ 0.463
판정 : 적용 열관류율이 기준 열관류율을 초과하므로 부적합으로 판정하고 콘크리트의 두께를 증가한다.

· **정답** : ①

	부위별 마감상세도	재료명	두께(mm)	열전도율 (w/mk)	열전도저항 (m^2 k/w)	비고
W2		실외표면열 전달저항	–	–	0.043	
		콘크리트	180	1.6	(㉠ 0.113)	
		비드법보온판(2종1호)	85	0.031	(㉡ 2.742)	
		석고보드	18	0.18	0.100	
		벽지(종이)	2	0.17	0.118	
		실내표면열 전달저항	–	–	0.110	
		합계			(㉢ 3.226)	
		적용 열관류율	(㉣ 0.310)			
		기준 열관류율	0.260			

열전도저항 = 두께/열전도율
① 0.18/1.6=0.113
② 0.085/0.031=2.742
③ 열전도저항 합계 : 0.043 + 0.113 + 2.742 + 0.100 + 0.118 + 0.110 = 3.226
④ 열전도저항 합계의 역수를 취하면 열관류율이 된다.
1/3.226 = 0.310

• 판정 : 적용 열관류율이 기준 열관류율을 초과하여 부적합하므로, 단열재의 두께를 증가 또는 단열재를 교체 등의 대책을 강구하여야 한다.

예제3 다음의 표를 보고 최하층에 있는 거실의 바닥의 평균열관류율 값으로 가장 적합한 것은?

기호	외기구분	보정계수	열관류율 ($W/m^2 \cdot K$)	부위별면적(m^2)	열관류율×부위별면적×보정계수($W/m^2 \cdot K$)
①	직접	1	0.230	67.76	15.585
②	직접	1	0.210	65.50	13.755
③	직접	1	0.220	32.20	7.084
④	간접	0.7	0.350	25.76	6.311
⑤	간접	0.7	0.340	22.70	5.403
계				213.92	48.138

① 0.210W/m² K　　② 0.225W/m² K
③ 0.286W/m² K　　④ 0.298W/m² K

· 정답 : ②
최하층에 있는 거실의 바닥에 대한 평균열관류율 : $U_f = 48.138/213.92 = 0.225(W/m^2 \cdot K)$

예제4 다음의 표를 보고 최상층에 있는 거실의 지붕에 대한 평균열관류율 값으로 가장 적합한 것은?

기호	외기구분	보정계수	열관류율 ($W/m^2 \cdot K$)	부위별면적 (m^2)	열관류율×부위별면적×보정계수($W/m^2 \cdot K$)
①	직접	1	0.180	67.76	12.197
②	직접	1	0.175	65.50	11.463
③	직접	1	0.183	32.20	5.893
④	간접	0.7	0.260	25.76	4.688
⑤	간접	0.7	0.265	22.70	4.211
계				213.92	38.452

① 0.180W/m² K　　② 0.215W/m² K
③ 0.225W/m² K　　④ 0.230W/m² K

· 정답 : ①
최상층에 있는 거실의 지붕에 대한 평균열관류율 : $U_r = 38.452/213.92 = 0.180(W/m^2 \cdot K)$

예제5 다음의 중부지방 업무시설 외벽 평균열관류율 계산표를 보고 틀린 것을 고르시오.

벽체 및 창호	열관류율 (W/m²K)	외기보정계수	면적(m²)	열관류율×계수×면적
W1(외기직접)	0.21	① 1.0	1,000	210.0
W2(외기간접)	0.35	② 0.8	500	122.5
G1(외기직접)	1.80	③ 1.0	300	540
G2(외기간접)	2.30	④ 0.8	100	161

· **정답** : ②

평균 열관류율 계산에 있어서 외기에 간접적으로 면한 부위에 대해서는 적용된 열관류율 값에 외벽, 지붕, 바닥부위는 0.7을 곱하고, 창 및 문부위는 0.8을 곱하여 평균 열관류율의 계산에 사용하며, 이 기준 제6조 제1호에 의하여 단열조치를 아니하여도 되는 부위의 열관류율은 별표1의 해당 부위의 외기에 직접 면하는 경우의 열관류율을 적용한다.(외기에 간접적으로 면한 벽체부위에 대해서는 외기보정계수 값으로 0.7을 곱한다.)

예제6 다음과 같은 최하층 바닥의 조건일 때 열관류율을 계산하시오.

(내부)
지정마감재
시멘트모르타르
기포콘크리트
비드법보온판 2종2호
콘크리트 슬래브
비드법보온판 2종2호
(PIT)

	재료명	두께 (mm)	열전도율 (W/m·K)
1	바닥마감재	10	0.190
2	시멘트모르타르	40	1.400
3	기포콘크리트(0.6품)	50	0.190
4	비드법보온판 2종 2호	60	0.032
5	콘크리트 슬래브	210	1.600
6	비드법보온판 2종 2호	70	0.032

① 0.186W/m² K　　② 0.209W/m² K
③ 0.236W/m² K　　④ 0.246W/m² K

· **정답** : ②

$$\text{열관류율}(K) = \frac{1}{\text{실내표면 열전달저항}+\text{재료의 열저항 합}+\text{공기층의 열저항}+\text{실외표면 열전달저항}}$$

$$\text{여기서 재료의 열저항합}(R) = \frac{\text{재료두께(m)}}{\text{열전도율(W/m·K)}}$$

$$= \frac{0.01}{0.19}+\frac{0.04}{1.4}+\frac{0.05}{0.19}+\frac{0.06}{0.032}+\frac{0.21}{1.6}+\frac{0.07}{0.032}$$

$$= 4.538\,(\text{m}^2\cdot\text{K/W})$$

$$\therefore\ K = \frac{1}{0.086+4.538+0.15} = \frac{1}{4.774(\text{m}^2\cdot\text{K/W})} = 0.209\,(\text{W/m}^2\cdot\text{K})$$

예제7 "건축물의 에너지절약설계기준" 에 따라 다음 건축물 지붕의 평균열관류율 값을 계산하시오.

【17년 출제문제】

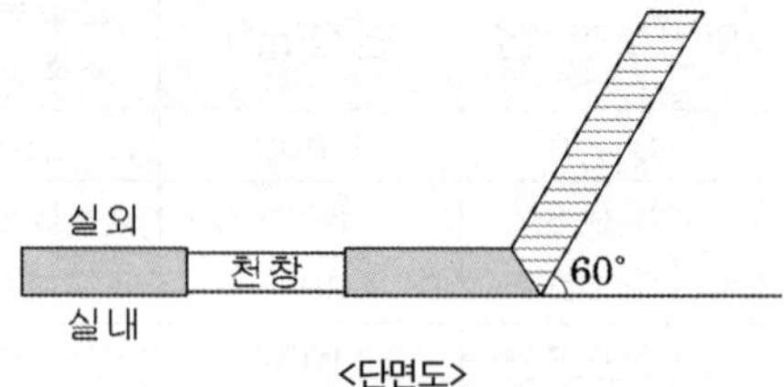

<단면도>

지붕 $70m^2$ | 지붕 $35m^2$

천창
$15m^2$
G1

R1 | R2

<평면도>

<면적집계표>

부호	면적(m^2)	열관류율(W/m^2K)
R1	70	0.14
R2	35	0.13
G1	15	1.4

① $0.137W/m^2K$　　② $0.140W/m^2K$
③ $0.294W/m^2K$　　④ $0.56W/m^2K$

· **정답** : ①

천창은 제외

$$\frac{70 \times 0.14 + 35 \times 0.13}{70 + 35} \fallingdotseq 0.137w/m^2k$$

핵심34

4. 외피 열교부위의 단열성능(w/mk) (단, 창 및 문면적비가 50% 미만일 경우에 한함)

(1) 근거서류 및 작성방법

항목	근거서류	근거서류(도면 작성방법)
외피 열교부위의 단열 성능 (W/m·K) (단, 창 및 문면적비가 50% 미만일 경우에 한함)	· 선형열관류율 계산표 · 수직, 수평열교 형상 및 단열라인표기도(평면도, 단면도) · 수직, 수평열교 부위별 길이 표기도(평면도, 입면도) · 열교부위 길이 산출표 · 외피 단열계획도 · ISO 10211에 따른 평가결과서 및 프로그램 파일(필요시)	· 선형열관류율 계산표 – 창면적비, 열교부위명, 별표11에 따른 부위코드, 선형열관류율, 열교부위 길이, 열교부위 단열 성능 계산값, 항목배점, 관련 근거서류 등 명시 · 수직, 수평열교 형상 및 단열라인 표기도 – 외피 단열라인, 열교부위명, 예외부위명, 부위코드 표시 · 수직, 수평열교 부위별 길이 표기도 – 열교부위명, 수평열교 부위별 길이, 수직열교 부위별 길이 표시 · 열교부위 길이 산출표 – 수평열교, 수직 열교 부위별 길이 표시

(2) 에너지 성능지표에서의 외피 열교 부위의 단열 성능(W/m · k) 표기법

① 선형열관류율 계산표
- 창면적비, 열교부위명, 별표11에 따른 부위코드, 선형열관류율, 열교부위 길이, 열교부위 단열 성능 계산값, 항목배점, 관련 근거서류 등 명시

② 수직, 수평열교 형상 및 단열라인 표기도
- 외피 단열라인, 열교부위명, 예외부위명, 부위코드 표시

③ 수직, 수평열교 부위별 길이 표기도
- 열교부위명, 수평열교 부위별 길이, 수직열교 부위별 길이 표시

④ 열교부위 길이 산출표
- 수평열교, 수직 열교 부위별 길이 표시

핵심35 5. 기밀성 창 및 문의 설치(KS F2292에 의한 기밀성 등급 및 통기량(m^3/hm^2))

(1) 근거서류 및 작성방법

항목	근거서류	근거서류(도면 작성방법)
기밀성 창 및 문의 설치(KS F2292에 의한 기밀성 등급 및 통기량 (m^3/hm^2)	· 건축물성능 관계도면 · 창호일람표 · 적용비율계산서	· 성능관계도면(창호 일람표)등에 기밀성능 표기(등급) · KSF2292에 의한 기밀성등급(통기량 0~1m^3/hm^2 미만 : 1등급, 1~2m^3/hm^2 미만 : 2등급, 2~3m^3/hm^2 미만 : 3등급, 3~4m^3/hm^2 미만 : 4등급, 4~5m^3/hm^2 : 5등급 · 기밀성(통기량)이 다른 창호에 대해서는 면적에 따른 배점 평균 값 적용 · 1~5등급 이외의 경우는 0점으로 적용하고 면적가중평균배점적용 · 기준 제6조1호 가목에 해당하는 창 및 문의 경우 평가대상에서 제외

(2) 에너지 성능지표에서의 기밀성 등급 및 통기량 표기법

① 건축물성능관계도면, 창호일람표, 적용비율계산서를 첨부하고

② 성능관계도면(창호일람표) 등에 기밀성능(또는 등급) 즉 KS F2292에 의한 기밀성 등급(통기량 0~1$m^3/h \cdot m^2$ 미만 : 1등급, 1~2$m^3/h \cdot m^2$ 미만 : 2등급, 2~3$m^3/h \cdot m^2$ 미만 : 3등급, 3~4$m^3/h \cdot m^2$ 미만 : 4등급, 4~5 $m^3/h \cdot m^2$ 미만 : 5등급 등)을 표기한다. (5등급 이하로 설계한다.)

③ 기밀성(통기량)이 서로 다른 창호에 대해서는 면적에 따른 배점 평균값(면적가중평균값)을 적용한다.

④ 1~5등급 이외의 경우는 0점으로 적용하고 면적가중평균배점적

예제1 에너지절약 설계기준의무사항 중 외기에 직접면한 창호의 기밀성능은 모두 몇 등급 이하로 설계하여야 하는가 가장 적합한 것은?

① 2등급 ② 3등급 ③ 4등급 ④ 5등급

· **정답 : ④**

성능관계도면(창호일람표) 등에 기밀성능(또는 등급) 즉 KS F2292에 의한 기밀성 등급(통기량 0~1$m^3/h \cdot m^2$ 미만 : 1등급, 1~2$m^3/h \cdot m^2$ 미만 : 2등급, 2~3$m^3/h \cdot m^2$ 미만 : 3등급, 3~4$m^3/h \cdot m^2$ 미만 : 4등급, 4~5 $m^3/h \cdot m^2$ 미만 : 5등급 등)을 표기한다. (5등급 이하로 설계한다.)

예제2 도면의 건축물이 에너지성능지표 건축부문 5번 항목 (기밀성 창 및 문의 설치)에서 획득할 수 있는 배점은? (단, 배점은 소수점 넷째자리에서 반올림한다.) 【2015년 국가자격 시험 1회 출제문제】

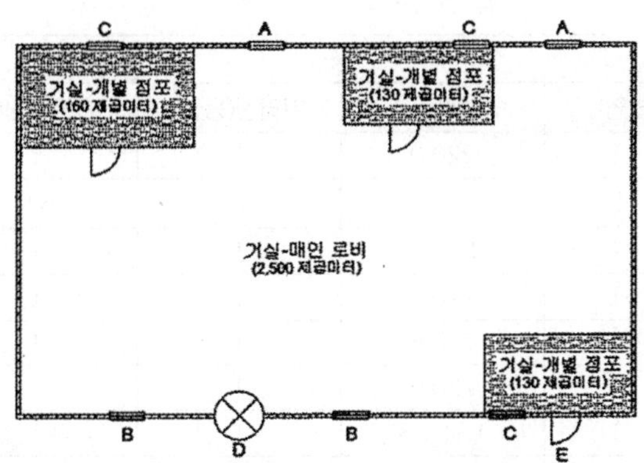

창 및 문 기호	종류	기밀 성능 등급	면적(m^2)
A	창	1등급	10
B	창	2등급	10
C	창	3등급	10
D	회전문	–	10
E	출입문	4등급	10

① 0.844 ② 0.863
③ 0.883 ④ 0.886

· 정답 : ④

구분	면적(m^2)	배점(b)	개수	면적×배점(b)×개수
A	10	1	2	20
B	10	0.9	2	18
C	10	0.8	3	24
합			70×10=70m^2	62

배점(b)=62÷70=0.886점

예제3 다음 표의 창 면적에서 기밀성 창호의 창의 통기량 배점(a×b)로 가장 적합한 것은? (단, 주택1부문의 기본배점(a)은 6점으로 계산한다.)

창 면적표

층	창			
	창 타입	면적(m^2)	기밀성(등급)	기본배점(b)
6층	CW-1	220.0	1	1
	CW-2	50.0	2	0.9
5층	CW-1	360.0	1	1
4층	CW-1	720.6	1	1
3층	CW-1	720.6	1	1
2층	CW-1	720.6	1	1
1층	CW-1	1,034.8	1	1
지하1층	CW-3	224.8	3	0.8
계		4,051.4		

① 5.93점 ② 5.63점
③ 5.33점 ④ 5.13점

· **정답 : ①**

- 전체 창면적 : 4,051.4m^2
- 창의 통기량 가중평균 :

  [(1점 × 3,776.6m^2) + (0.9점 × 50m^2) + (0.8점 × 224.8m^2)] ÷ 4,051 = 0.9876

  기밀성창호 기본배점 6점(주택1부문) × 0.99점 = 5.93점

핵심36 6. 창 및 문의 접합부에 기밀 테이프 등 기밀성능 강화조치

(1) 근거서류 및 작성방법

항목	근거서류	근거서류(도면 작성방법)
창 및 문의 접합부에 기밀테이프 등 기밀성능 강화조치	· 평면도, 입면도, 단면도, 창호일람표, 외피전개도 등 · 시험성적서 · 기밀성능 강화조치 적용 비율 계산서	· 평면도, 입면도, 외피전개도 등에 기밀성능 강화조치 적용 창 및 문에 대한 표기 – 외기에 직접 면한 창 및 문의 면적 합계 대비 60% 이상에 적용한 경우 인정 – 단일 창 및 문이 구조체와 접하는 전체 둘레에 기밀성능 강화조치를 한 경우 조치를 한 면적으로 인정 – 적용비율 계산서에는 건축물명 기재 및 건축사 날인 필요 · 외기에 직접 면하는 창 및 문 등 개구부와 구조체의 접합부위(개구부 둘레)에 기밀테이프, 팽창테이프 또는 가변형방습탄성도막 제품을 적용한 경우 인정 – KS F 2607에 따른 등가공기층 두께(Sd)가 2m를 초과하는 기밀성능 강화조치 제품을 적용하여야 함 – 건축물 구조의 종류 및 단열재 설치 위치에 따라 기밀성능이 강화될 수 있도록 시방서에 따라 적용하여야 함

(2) 에너지 성능지표에서의 창 및 문의 접합부에 기밀테이프 등 기밀성능 강화조치 표기법

① 평면도, 입면도, 외피전개도 등에 기밀성능 강화조치 적용 창 및 문에 대한 표기
- 외기에 직접 면한 창 및 문의 면적 합계 대비 60% 이상에 적용한 경우 인정
- 단일 창 및 문이 구조체와 접하는 전체 둘레에 기밀성능 강화조치를 한 경우 조치를 한 면적으로 인정
- 적용비율 계산서에는 건축물명 기재 및 건축사 날인 필요

② 외기에 직접 면하는 창 및 문 등 개구부와 구조체의 접합부위(개구부 둘레)에 기밀테이프, 팽창테이프 또는 가변형방습탄성도막 제품을 적용한 경우 인정
- KS F 2607에 따른 등가공기층 두께(Sd)가 2m를 초과하는 기밀성능 강화조치 제품을 적용하여야 함
- 건축물 구조의 종류 및 단열재 설치 위치에 따라 기밀성능이 강화될 수 있도록 시방서에 따라 적용하여야 함

핵심37 7. 냉방부하저감을 위한 일사조절장치 설치 따른 거실외피면적당 평균 태양열 취득

(1) 근거서류 및 도면 작성방법

항목	근거서류	근거서류(도면 작성방법)
냉방부하저감을 위한 일사조절장치 설치 따른 거실 외피면적당 평균 태양열취득	· 창호(차양)일람표 · 입면도 · 단면도 · 자동제어 계통도 · 면적 산출 계산서 · 태양열취득량 · 계산서	· 차양, 구조체, 태양열취득률이 낮은 유리 등의 일사조절장치 설치를 통해 거실 외피면적당 태양열취득량이 39W/㎡ 미만이 되도록 설계할 경우 인정 · 유리의 태양열취득률, 창틀계수, <표2~5>를 활용하여 일사조절장치 종류별 태양열취득률 계산 – 고정형 차양 및 구조체의 태양열취득률 계산 증빙서류(고정 차양 종류별 P/H비 등) 제출 필요 – 가동형 차양의 태양열취득률은 KS L 9107 시험성적서 사용 가능 – 유리의 종류에 따른 태양열취득률 및 가시광선투과율은 KS L 2514 규정에 따른 시험성적서 사용 가능 · 거실 투광부 면적 및 거실 외피면적 계산, <표1>을 활용하여 거실 외피면적당 평균 태양열취득량 계산 – 계산서에는 건축물명 기재, 건축사 날인

(2) 에너지 성능 지표에서의 냉방부하 저감을 위한 일사조절장치 설치따른 거실 외피면적당 평균 태양열 취득 도면 작성방법

① 차양, 구조체, 태양열취득률이 낮은 유리 등의 일사조절장치 설치를 통해 거실 외피면적당 태양열취득량이 39W/㎡ 미만이 되도록 설계할 경우 인정

② 유리의 태양열취득률, 창틀계수, <표2~5>를 활용하여 일사조절장치 종류별 태양열취득률 계산
- 고정형 차양 및 구조체의 태양열취득률 계산 증빙서류(고정 차양 종류별 P/H비 등) 제출 필요
- 가동형 차양의 태양열취득률은 KS L 9107 시험성적서 사용 가능
- 유리의 종류에 따른 태양열취득률 및 가시광선투과율은 KS L 2514 규정에 따른 시험성적서 사용 가능

③ 거실 투광부 면적 및 거실 외피면적 계산, <표1>을 활용하여 거실 외피면적당 평균 태양열취득량 계산
- 계산서에는 건축물명 기재, 건축사 날인

핵심38 8. 외기에 면한 주동출입구 또는 공동주택 각 세대의 현관에 방풍구조를 설치

(1) 근거서류 및 작성방법

항 목	근거서류	근거서류(도면 작성방법)
외기에 면한 주동출입구 또는 공동주택 각 세대의 현관에 방풍구조를 설치	해당층 평면도, 창호평면도 등	세대현관 출입구또는 주동출입구를 방풍구조로 설계

(2) 에너지 성능지표에서의 외기에 면한 주동 출입구 또는 공동주택 각 세대의 현관에 방풍구조를 설치 (공동주택)

"방풍구조"라 함은 출입구에서 실내외 공기 교환에 의한 열출입을 방지할 목적으로 설치하는 방풍실 또는 회전문 등을 설치한 방식을 말한다.

1) 방풍구조

방풍실은 공동주택의 현관 또는 각 세대의 현관에 공기의 빈번한 출입을 방지하기 위하여 설치되는 실 또는 장치를 말하며 다음 각 호의 것들이 이에 해당될 수 있다.

① 현관 출입문 이외에 별도의 문을 설치한 이중문 구조

② 회전문

외기에 직접 면하고 1층 또는 지상으로 연결된 출입문은 제5조제10호아목에 따른 방풍구조로 하여야 한다. 다만, 다음 각 호에 해당하는 경우에는 그러하지 않을 수 있다.

2) 제6조4호라목

① 바닥면적 3백 제곱미터 이하의 개별 점포의 출입문

② 주택의 출입문 (단, 기숙사는 제외)

③ 사람의 통행을 주목적으로 하지 않는 출입문

④ 너비 1.2미터 이하의 출입문

예제 에너지절약계획 설계검토서와 관련된 "에너지절약 설계기준의무사항" 중 방풍구조와 관련된 내용 중 출입문을 방풍구조로 하지 아니하여도 되는 것에 포함되지 않는 것은?

① 바닥면적 3백제곱미터 이하의 개별점포의 출입문

② 주택의 출입문

③ 사람의 통행을 주목적으로 하지 않는 출입문

④ 너비 1.5미터 이하의 출입문

· **정답** : ④

외기에 직접 면하고 1층 또는 지상으로 연결된 출입문은 제5조제10호 아목에 따른 방풍구조로 하여야 한다. 다만, 다음 각 호에 해당되는 경우에는 그러하지 않을 수 있다.

1) 바닥면적 3백제곱미터 이하의 개별점포의 출입문

2) 주택의 출입문 (단, 기숙사는 제외)

3) 사람의 통행을 주목적으로 하지 않는 출입문

4) 너비 1.2미터 이하의 출입문

핵심39 9. 대향동의 높이에 대한 인동간격비*

(1) 근거서류 및 작성방법

항목	근거서류	근거서류(도면 작성방법)
대향동의 높이에 대한 인동간격비*	· 단지 배치도 · 인동간격 비율계산서	· 도면상에 건물높이 및 동간거리를 표기 · 인동간격비 = (전면부에 위치한 대향동과의 거리/대향동 높이)용 · 대지 내에 동별 인동간격비가 다를 경우 최솟값을 적용 · 대지 내에 전면부에 위치한 대향동이 없는 경우, 인동간격비는 (인접대지경계선과의 이격거리 ×2)/(해당동의 높이)로 산출한다.

(2) 에너지 성능지표에서의 대향동의 높이에 대한 인동간격비 산출방법

① 방풍실은 공동주택의 현관 또는 각 세대의 현관에 공기의 빈번한 출입을 방지하기 위하여 설치되는 실 또는 장치를 말하며 다음 각 호의 것들이 이에 해당될 수 있다.
인동간격비 = (전면부에 위치한 대향동과의 이격거리)/(대향동의 높이)

② 대지 내 동별 인동간격비가 다를 경우 최솟값을 적용

③ 대지 내에 전면부에 위치한 대향동이 없는 경우의 인동간격비는(인접대지경계선과의 이격거리 ×2)/(해당동의 높이)로 산출한다.

■ 인동간격 비율 계산서

단지내 A, B, C, D, E 5개의 동이 있는 경우 각 동별로 인동간격 산정

- A동 인동간격 : 1.1 → 0.8점
- B동 인동간격 : 1.1 → 0.8점
- C동 인동간격 : 1.3 → 1점
- D동 인동간격 : 대향동 없음(계산에서 제외)
- E동 인동간격 : 대향동 없음(계산에서 제외)

∴ 인동간격비 최종배점 : 최소값인 0.8점을 부여하게 된다.

예제1 에너지 성능지표검토서 중 건축부문에서 대향동의 높이에 대한 인동간격비의 배점과 기준으로 적합한 것은?

내 용	①	②	③	④
인동간격비	1.20 이상	1.1 이상~1.20 미만	1.05 이상~1.1 미만	1.05 미만
배점(b)	1점	0.9점	0.8점	0.7점

· 정답 : ①

인동 간격비	1.20 이상	1.15 이상~1.20 미만	1.10 이상~1.15 미만	1.05 이상~1.10 미만	1.00 이상~1.05 미만
배점(b)	1점	0.9점	0.8점	0.7점	0.6점

예제2 공동주택에서 다음의 조건일 때 대향동의 높이에 대한 인동간격비 항목을 채택 할 경우 배점으로 가장 적합한 것은?

동 별	A	B	C	D	E
대향동과의 이격거리(m)	35	40	36	32	43
대향동의 높이(m)	30	40	30	30	30

① 1점 ② 0.8점
③ 0.7점 ④ 0.6점

· 정답 : ④
인동간격비의 최소 값인 배점 0.6점을 부여한다.

동별	A	B	C	D	E
대향동과의 이격거리(m)	35	40	36	32	43
대향동의 높이(m)	30	40	30	30	30
인동간격비	1.17	1.0	1.2	1.07	1.43
배 점	0.9점	0.6점	1점	0.7점	1점

핵심40 10. 지하주차장 설치되지 않는 경우의 기계부문 14번에 대한 보상점수

(1) 근거서류 및 작성방법

항 목	· 건축물 평면도 (공동주택만 해당)근거서류	근거서류(도면 작성방법)
지하주차장 설치되지 않는 경우의 기계부문 14번에 대한 보상점수	· 건축허가신청서 · 건축개요 · 건축물 평면도등	· 공동주택에 지하 주차장이 설치되지 않은 경우 · 보상 점수 취득 시에는 기계 14번배점 불가

(2) 건축부문 12번에 대한 보상점수 (1점 부여)

공동주택의 지하주차장에 300m² 이내마다 2m² 이상의 채광용 개구부를 설치하며(지하 2층 이하 제외), 조명설비는 주위 밝기에 따라 전등군별로 자동점멸 또는 스케줄 제어가 가능하도록 하여 조명전력을 감소

• 기계부문 14번에 대한 보상점수(2점부여)
기계환기시설의 지하주차장 환기용 팬에 에너지절약적 제어방식설비채택

예제1 다음 설명 중 건축부분 에너지성능지표 13번 항목과 관련된 내용에서 기계부문 어느 항목에 대하여 보상점수를 부여하는가?

① KS규격 펌프채택
② 배기덕트
③ 환기용 팬
④ 대수분할제어방식 채택

· **정답** : ③
기계부문 14번에 대한 보상점수(2점부여)
기계환기시설의 지하주차장 환기용 팬에 에너지절약적 제어방식설비채택

예제2 건축물에너지 절약 계획서 건축부문의 의무사항에 해당되지 않는 것은?

① 방습층 설치
② 최하층 거실바닥의 평균 열관류율 0.6점 이상 획득
③ 단열조치 준수
④ 기밀성 5등급 이하의 창을 적용

· **정답** : ②
최하층 거실바닥의 평균 열관류율이 아니라 외벽의 평균열관류율 0.6점 이상 획득하여야 한다.

▌기계분야 도서분석 ▌

핵심41 **① 냉난방설비의 용량계산을 위한 설계용 외기조건을 제8조제1호에서 정하는 바에 따랐다.(냉난방설비가 없는 경우 제외)**

1. 에너지절약설계기준 의무 사항					
항 목	채택여부 (제출자 기재)		근거	확 인 (허가권자 기재)	
	채택	미채택		확인	보류
나. 기계설비부문					
① 냉난방설비의 용량계산을 위한 설계용 외기조건을 제8조제1호에서 정하는 바에 따랐다.(냉난방설비가 없는 경우 제외)					
② 펌프는 KS인증제품 또는 KS규격에서 정해진 효율이상의 제품을 채택하였다.(신설 또는 교체 펌프만 해당)					
③ 기기배관 및 덕트는 국가건설기준기계설비 공사에서 정하는 기준 이상 또는 그 이상의 열저항을 갖는 단열재로 단열하였다. (신설 또는 교체 기기배관 및 덕트만 해당)					
④ 공공기관은 에너지성능지표의 기계부문 10번 항목을 0.6점 이상 획득하였다.(「공공기관 에너지이용합리화 추진에 관한 규정」 제10조의 규정을 적용받는 건축물의 경우만 해당)					
⑤ 법 제14조의2의 용도에 해당하는 공공건축물 로서 에너지성능지표의 기계부문 1번 및 2번 항목을 0.9점 이상 획득하였다. (냉방 또는 난방설비가 없는 경우 제외, 에너지성능 지표의 기계부문 16번 또는 17번 항목 점수를 획득한 경우 1번 항목 제외, 냉방설비용량의 60% 이상을 지역냉방으로 공급하는 경우 2번 항목 제외)					

※ 각 항목의 채택 여부는 제출한 근거서류를 검토하여 결정한다.
※ 근거서류 중 도면에 의하여 확인하여야 하는 경우는 도면의 일련번호를 기재하여야 한다.
※ 만약, 미채택이거나 확인되지 않은 경우에는 더 이상의 검토 없이 부적합으로 판정한다. 확인란의 보류는 확인되지 않은 경우이다. 다만, 자료제시가 부득이한 경우에는 당해 건축사 및 설계에 협력하는 해당분야(기계 및 전기) 기술사가 서명·날인한 설치예정확인서로 대체할 수 있다.

① 냉난방설비의 용량계산을 위한 설계용 외기조건을 제8조제1호에서 정하는 바에 따랐다. (냉난방설비가 없는 경우 제외)

(1) 근거서류

1. 냉 · 난방 부하계산서(설계조건) 2. 장비용량계산서

1) 설계용 외기조건

난방 및 냉방설비의 용량계산을 위한 외기조건은 각 지역별로 위험율 2.5%(냉방기 및 난방기를 분리한 온도출현분포를 사용할 경우) 또는 1%(연간 총시간에 대한 온도출현 분포를 사용할 경우)로 하거나 별표7에서 정한 외기온·습도를 사용한다. 별표7 이외의 지역인 경우에는 상기 위험율을 기준으로 하여 가장 유사한 기후조건을 갖는 지역의 값을 사용한다. 다만, 지역난방공급방식을 채택할 경우에는 산업통상자원부 고시 「집단에너지시설의 기술기준」에 의하여 용량계산을 할 수 있다.

2) 설계기준[별표7]에서 정한 외기 온습도 기준 사용

냉난방부하계산서 중 외기온도 조건이 작성된 페이지 발췌 첨부 또는 기계설비계산서중 설계용 온도조건이 작성된 페이지 발췌 첨부

3) 지역난방 방식 건축물은 '집단에너지시설의 기술기준' 적용

예제1 설계용 외기조건에 대한 설명 중 가장 부적합한 것은?

① 설계기준 실내온도는 난방의 경우 20℃, 냉방의 경우 28℃를 기준으로 한다.
② 외기조건은 각 지역별로 위험율 1%(냉방기 및 난방기를 분리한 온도출현분포를 사용할 경우) 또는 2.5%(연간 총시간에 대한 온도출현 분포를 사용할 경우)로 하거나 별표7에서 정한 외기온·습도를 사용한다.
③ 목욕장 및 수영장은 실내온도 기준이 다르다.
④ 지역난방 방식 건축물은 '집단에너지시설의 기술기준' 을 적용한다.

· 정답 : ②

외기조건은 각 지역별로 위험율 2.5%(냉방기 및 난방기를 분리한 온도출현분포를 사용할 경우) 또는 1%(연간 총시간에 대한 온도출현 분포를 사용할 경우)로 하거나 별표7에서 정한 외기온·습도를 사용한다.

예제2 설계용 외기조건에 대한 설명 중 옳지 않은 것은?

① 설계기준 실내온도는 난방의 경우 20℃, 냉방의 경우 28℃를 기준으로 한다.
② 설비의 용량을 과하게 하여 증축에 대비한다.
③ 목욕장 및 수영장은 실내온도 기준이 다르다.
④ 지역난방 방식 건축물은 '집단에너지시설의 기술기준' 을 적용한다.

· 정답 : ②

설비의 용량이 과다해지지 않도록 한다.

예제3 건축물에너지 절약 계획서 기계부문의 의무사항에 해당되지 않는 것은?

① 설계용 외기조건 준수
② 펌프는 KS 인증제품 채택
③ 기기배관 및 덕트 단열
④ 대수분할 방식 등 에너지절약적 방식 채택

· 정답 : ④

대수분할 방식 등 에너지절약적방식 채택은 기계설비부문에너지성능지표 8번 항목에 해당한다.

핵심42 ② 펌프는 KS인증제품 또는 KS규격에서 정해진 효율 이상의 제품을 채택하였다. (신설 또는 교체 펌프만 해당)

(1) 근거서류

1) 전체 장비일람표

① 장비일람표 펌프 비고란에 'KS제품 또는 KS규격효율이상 제품 사용' 표기

② 선정펌프의 용량, A·B 효율값을 장비일람표에 표기
A 특성 : 펌프효율의 최대치 B특성 : 규정토출량에서의 펌프효율

③ 한국산업규격 KS B 6318은 양쪽 흡입 벌루트 펌프에 관한 규정이며, KS B 7501은 소형 벌루트 펌프, KS B 7505는 소형 다단 원심펌프에 관한 규정이다.

④ 일반 펌프에 비해 같은 유량 및 용량의 고효율 펌프를 채택할 경우 설치 공간 축소에 따른 공간 활용과 소음 감소의 효과를 볼 수 있으며 전력 절감도 가능하다.

양쪽흡입 벌루트 펌프　　　　소형 벌루트 펌프

소형 다단 원심 펌프

* 출처 : 에너지절약계획서 해설서

예제1 펌프 규격 중 한국산업규격 KS 인증제품에 해당하지 않는 것은?

① KS B 6318　　② KS B 7501
③ KS B 7505　　④ KS B 7508

· 정답 : ④
한국산업규격 KS B 6318은 양쪽 흡입 벌루트 펌프에 관한 규정이며, KS B 7501은 소형 벌루트 펌프, KS B 7505는 소형 다단 원심펌프에 관한 규정이다.

예제2 펌프 적용 시 다음 설명 중 틀린 것을 고르시오.

① 'KS제품 또는 KS규격효율이상 제품 사용' 표기
② 선정펌프의 용량, A·B 효율값을 장비일람표에 표기한다.
③ 고효율 펌프 채택시 소음감소 및 전력 절감도 가능하다.
④ 한국산업규격 및 기타 국제 규격 제품의 경우 사용가능하다.

· 정답 : ④
펌프는 한국산업규격 KS B 6318, 7501, 7505 등 표시인증제품 또는 KS규격에서 정해진 효율 이상의 제품을 설치하여야 한다.

예제3 기계설비 부문 의무사항 중 펌프 규격 중 한국산업규격 KSB 7505는 어떤 펌프에 관한 규정인가 가장 적합한 것은?

① 소형벌루트 펌프 ② 소형다단 원심펌프
③ 한 쪽 흡입 벌루트 펌프 ④ 양쪽 흡입 벌루트 펌프

· 정답 : ②

한국산업규격 KS B 6318은 양쪽 흡입 벌루트 펌프에 관한 규정이며, KS B 7501은 소형 벌루트 펌프, KS B 7505는 소형 다단 원심펌프에 관한 규정이다.

핵심43 ③ 기기배관 및 덕트는 국가건설기준 기계설비공사에서 정하는 기준 이상 또는 그 이상의 열저항을 갖는 단열재로 단열하였다. (신설 또는 교체기기 배관 및 덕트만 해당)

(1) 근거서류

보온시방서(표준시방서 첨부가능)

- 국가건설기준기계설비공사 표준시방서의 보온두께 이상 또는 그 이상의 열저항을 갖도록 단열조치를 하여야 한다.(다만, 건축물내의 벽체 또는 바닥에 매립되는 배관 등은 그러하지 아니할 수 있다.)
  - 표준시방서의 재료 또는 두께와 다르게 작성하는 경우 동등 이상의 열저항 성능을 갖는다는 근거자료 제시
  - 표준시방서 두께, 적용두께, 증가비율표기

예제1 기기배관 및 덕트 단열에 대한 설명 중 가장 적합한 것은?

① 기기, 덕트 및 배관은 단열재 피복시 선택 사항이다.
② 관내 수온에 따른 단열 피복두께는 일정하다.
③ 국가건설기준 기계설비공사 표준시방서의 보온두께 이상 또는 그 이상의 열저항을 갖도록 단열조치를 하여야 한다.
④ 표준시방서의 재료 또는 두께와 다르게 작성하는 경우 확인서로 대체 가능하다.

· 정답 : ③

국가건설기준 기계설비공사 표준시방서의 보온두께 이상 또는 그 이상의 열저항을 갖도록 단열조치를 하여야 한다. (다만, 건축물내의 벽체 또는 바닥에 매립되는 배관 등은 그러하지 아니할 수 있다.)

예제2 건축물에너지 절약 계획서 기계부문의 의무사항에서 건축기계 표준시방서에서 정하는 기준 이상을 만족하여야 하는 항목은?

① 설계용 외기조건 준수
② 기기배관 및 덕트 단열
③ 냉방, 난방 효율 0.6점 이상 획득
④ 펌프는 KS 인증제품 채택

· 정답 : ②

기기배관 및 덕트는 국가건설기준 기계설비공사 표준시방서에서 정하는 기준 이상 또는 그 이상의 열 저항을 갖는 단열재로 단열하였다. (신설 또는 교체 기기배관 및 덕트만 해당)

핵심44

④ 공공기관은 에너지성능지표의 기계부문 10번 항목을 0.6점 이상 획득하였다. (「공공기관 에너지이용합리화 추진에 관한 규정」 제10조의 규정을 적용받는 건축물의 경우만 해당)

(1) 근거서류
1) 장비일람표
2) 냉방부하계산서
(「공공기관 에너지이용합리화 추진에 관한 규정」 제10조의 규정을 적용받는 건축물의 경우만 해당)
- 공공기관에서 연면적 1,000m^2 이상의 건축물을 신축 또는 증축하는 경우
- 공공기관의 냉방설비를 전면 개체할 경우(전체 냉방설비를 일부씩 나누어 교체하는 경우 포함) 에너지성능지표의 기계부문 10번 항목 배점을 0.6점 이상 획득하여야 한다.
- (「공공기관 에너지이용합리화 추진에 관한 규정」 제10조의 규정을 적용받는 건축물의 경우만 해당) : 축냉식전기냉방, 가스 및 유류이용냉방, 지역냉방, 소형열병합냉방, 신재생에너지 이용냉방을 이용하여 냉방용량 담당 비율이 60% 이상일 때, 배점 0.6점 이상 획득가능

항 목	기본배점(a)				배점(b)				
	비주거		주거						
	대형 (3,000m^2 이상)	소형 (500~3,000m^2 미만)	주택 1	주택 2	1점	0.9점	0.8점	0.7점	0.6점
10. 축냉식 전기냉방, 가스 및 유류이용 냉방, 지역냉방, 소형열병합 냉방 적용, 신재생에너지 이용 냉방 적용(주간 최대 냉방 부하 담당비율, %)	2	1	−	1	100	90~100 미만	80~90 미만	70~80 미만	60~70 미만

예 냉방비율 : EHP40% + GHP60%

■ 축냉식 전기냉방설비 : 심야시간에 전기를 이용하여 축냉재(물, 얼음 또는 포접화합물과 공융염 등의 상변화물질)에 냉열을 저장하였다가 이를 심야시간 이외의 시간(이하 "기타시간"이라 한다)에 냉방에 이용하는 설비
- 빙축열식 냉방설비 : 심야시간에 얼음을 제조하여 축열조에 저장하였다가 기타시간에 이를 녹여 냉방에 이용하는 냉방설비
- 수축열식 냉방설비 : 심야시간에 물을 냉각시켜 축열조에 저장하였다가 기타시간에 이를 냉방에 이용하는 냉방설비
- 잠열축열식 냉방설비 : 포접화합물이나 공융염 등의 상변화물질을 심야시간에 냉각시켜 동결한 후 기타시간에 이를 녹여 냉방에 이용하는 냉방설비

(2) **가스이용 냉난방(GHP)** : LNG와 LPG(유류포함)를 열원으로 가스 엔진의 동력으로 구동되는 압축기에 의해 냉매를 실내기와 실외기 사이의 냉매배관으로 흐르게 하여 액화와 기화를 반복시켜 여름에는 냉방장치로, 겨울에는 난방장치로 이용하는 가스 냉난방 멀티공조 시스템

(3) **지역 냉방** : 업무용 빌딩, 주상복합건물, 체육센터, 아파트등 사용자가 지역 난방용 온수를 이용하여 흡수식 냉동기를 가동하는 냉방 방식과 지역냉수를 이용한 냉방방식으로 실외기가 필요없고 전기와 프레온 가스를 사용하지 않아 경제적이며 안전하고 쾌적한 친환경 시스템

(4) **소형열병합발전** : 주로 천연가스(LNG)를 연료로 발전용량이 1만kW 이하인 가스엔진 또는 가스터빈을 이용하여 열과 전기를 동시에 생산·이용하는 고효율 종합에너지시스템

(5) **신재생에너지를 이용한 냉방방식** : 「신에너지 및 재생에너지 이용·개발·보급 촉진법」 제2조에 의해 정의된 신재생에너지를 이용한 냉방방식

예제1 다음 중 GHP에 대한 설명으로 옳은 것은?

① LNG와 LPG(유류포함)를 열원으로 가스 엔진의 동력으로 구동되는 압축기에 의해 냉매를 실내기와 실외기 사이의 냉매배관으로 흐르게 하여 액화와 기화를 반복시켜 여름에는 냉방장치로, 겨울에는 난방장치로 이용하는 가스 냉난방 멀티공조 시스템
② 지역 난방용 온수를 이용하여 흡수식 냉동기를 가동하는 냉방 방식과 지역냉수를 이용한 냉방방식으로 실외기가 필요 없고 전기와 프레온 가스를 사용하지 않아 경제적이며 안전하고 쾌적한 친환경 시스템
③ 천연가스(LNG)를 연료로 발전용량이 1만kW 이하인 가스엔진 또는 가스터빈을 이용하여 열과 전기를 동시에 생산·이용하는 고효율 종합에너지시스템
④ 심야시간에 얼음을 제조하여 축열조에 저장하였다가 기타 시간에 이를 녹여 냉방에 이용하는 냉방설비

· **정답** : ①
② 지역냉방, ③ 소형열병합발전, ④ 빙축열식 냉방설비

예제2 소형열병합 발전에 대한 설명으로 옳은 것은?

① 심야시간에 전기를 이용하여 축냉재에 냉열을 저장하였다가 이를 심야시간 이외의 시간에 냉방에 이용하는 설비
② LNG와 LPG(유류포함)를 열원으로 가스 엔진의 동력으로 구동되는 압축기에 의해 냉매를 실내기와 실외기 사이의 냉매배관으로 흐르게 하여 액화와 기화를 반복시켜 여름에는 냉방장치로, 겨울에는 난방장치로 이용하는 가스 냉난방 멀티공조 시스템
③ 수송관을 통해 공급된 온수(증기)가 건물에 설치된 흡수식냉동기 또는 제습냉방기를 거치면서 냉수 또는 냉기를 만들고 이를 통해 냉방
④ 주로 천연가스(LNG)를 연료로 발전용량이 1만kW 이하인 가스엔진 또는 가스터빈을 이용하여 열과 전기를 동시에 생산 · 이용하는 고효율 종합에너지시스템

· **정답** : ④
① 축냉식 전기냉방설비, ② 가스이용냉방(GHP), ③ 지역냉방

예제3 건축물에너지 절약 계획서 기계부문의 의무사항에서 0.6점 이상 획득하여야 하는 항목은?

① 기계부문 에너지성능지표 1번 항목
② 기계부문 에너지 성능지표 2번 항목
③ 기계부문 에너지 성능지표 10번 항목
④ 기계부문 에너지 성능지표 12번 항목

· **정답** : ③
공공기관은 에너지성능지표의 기계부문 10번 항목을 0.6점 이상 획득하였다.
(「공공기관 에너지이용합리화 추진에 관한 규정」 제10조의 규정을 적용받는 건축물의 경우만 해당)

핵심45 ⑤ 법 제14조의2의 용도에 해당하는 공공건축물로서 에너지성능지표의 기계부문 1번 및 2번 항목을 0.9점 이상 획득하였다. (냉방 또는 난방설비가 없는 경우 제외, 에너지성능지표의 기계부문 16번 또는 17번 항목 점수를 획득한 경우 1번 항목 제외, 냉방설비용량의 60% 이상을 지역냉방으로 공급하는 경우 2번 항목 제외)

(1) 근거서류

1) 장비일람표
2) 용량가중 평균효율계산서 또는 용량가중 평균배점계산서

- 근거서류(도면) 작성 방법
- 개별가스보일러의 경우 '에너지소비효율 1등급 제품'을 명기한 경우에 1점 배점, 그 외에는 0.6점 배점
- 신재생에너지인 경우, '신재생에너지인증제품 채택' 여부 표기
- 배점기준이 다른 난방설비의 경우, 정격효율에 따른 용량가중 값을 적용
- 기타 난방설비 '에너지소비효율 1등급제품'의 경우 0.9점 배점 가능
  ☞ 용량가중 평균효율 계산서에 건축물명 기재 및 기술사 날인

예제1 기계관련 의무사항 법 제14조의2의 용도에 해당하는 공공건축물로서 에너지성능지표의 기계부문 1번 및 2번 항목을 0.9점 이상 획득하였다. 에서 적용 제외되는 경우에 해당되지 않는 것은?

① 냉 난방설비가 없는 경우
② 기계부분 16번 항목 점수를 획득한 경우
③ 냉방설비용량의 60% 이상을 지역냉방으로 공급하는 경우 2번 항목 제외
④ 이코노마이저 시스템을 적용하는 경우

· **정답** : ④
이코노마이저 시스템을 적용하는 경우는 제외되는 경우에 해당하지 않는다.

예제2 기계관련 의무사항 법 제14조의2의 용도에 해당하는 공공건축물로서 에너지성능지표의 기계부문 1번 및 2번 항목을 0.9점 이상 획득하였다. 와 관련된 사항으로 가장 부적합한 것은?

① 신재생에너지인 경우, '신재생에너지인증제품 채택' 여부 표기
② 개별가스보일러의 경우 '에너지소비효율 1등급 제품'을 명기한 경우에 1점 배점, 그 외에는 0.6점 배점
③ 냉방설비용량의 60% 이상을 지역냉방으로 공급하는 경우 2번 항목 제외
④ 기타 난방설비 '에너지소비효율 1등급제품'의 경우 0.9점 배점 가능

· **정답** : ④
기타 난방설비 '에너지소비효율 1등급 제품'의 경우 1점 배점 가능

예제3 "건축물의 에너지절약설계기준" 기계설비부문의 의무사항이 아닌 것은?

【2016년 국가자격 시험 2회 출제문제】

① 급수용 펌프의 전동기에 에너지절약적 제어방식 적용
② 냉난방설비의 용량계산을 위하여 지역별 설계용 외기조건 준수
③ 펌프는 KS인증제품 또는 KS규격에서 정해진 효율이상의 제품 채택
④ 공동주택에 중앙집중식 난방설비 설치시 "주택건설기준 등에 관한 규정"에 적합한 조치

· **정답** : ①
①은 권장사항이다.

핵심46 (1) 기계설비부문의 에너지성능지표

구분	항목			기본배점 (a) 비주거 대형(3,000㎡ 이상)	비주거 소형(500~3,000㎡미만)	주거 주택1	주거 주택2	배점 (b) 1점	0.9 점	0.8 점	0.7 점	0.6 점	평점(a*b)	근거
기계설비부문	1. 난방설비[주8] (효율%)	기름 보일러		7	6	9	6	93이상	90~93미만	87~90미만	84~87미만	84미만		
		가스 보일러	중앙난방방식					90이상	86~90미만	84~86미만	82~84미만	82미만		
			개별난방방식					1등급 제품	-	-	-	그외 또는 미설치		
		기타 난방설비						고효율 제품, (신재생 인증제품)	-	-	-	그외 또는 미설치		
	2. 냉방설비	원심식(성적계수, COP)		6	2	-	2	5.18 이상	4.51~5.18 미만	3.96~4.51 미만	3.52~3.96 미만	3.52미만		
		흡수식 (성적계수, COP)	① 1중효용					0.75 이상	0.73~0.75 미만	0.7~0.73 미만	0.65~0.7 미만	0.65 미만		
			② 2중효용 ③ 3중효용 ④ 냉온수기					1.2 이상	1.1~1.2 미만	1.0~1.1 미만	0.9~1.0 미만	0.9 미만		
		기타 냉방설비						고효율 제품, (신재생 인증제품)	-	-	-	그외 또는 미설치		
	3. 공조용 송풍기의 우수한 효율설비 채택(설비별 배점 후 용량가중평균)			3	1	-	1	60% 이상	57.5~60% 미만	55~57.5% 미만	50~55% 미만	50%미만		
	4. 냉온수, 냉각수 순환, 급수 및 급탕 펌프의 우수한 효율설비 채택[주9]			2	2	3	3	1.16E 이상	1.12E~1.16E 미만	1.08E~1.12E 미만	1.04E~1.08E 미만	1.04E 미만		
	5. 이코노마이저시스템 등 외기냉방시스템의 도입			3	1	-	1	전체 외기도입 풍량합의 60% 이상 적용 여부						
	6. 고효율 열회수형 환기장치 채택[주10]	공조기 부착형		3	3	3	3	설치 여부						
		개별 장치 (열교환효율, %) 전열교환기	난방					74 이상	73 이상	72 이상	71 이상	70 이상		
			냉방					57 이상	54 이상	51 이상	48 이상	45 이상		
		현열교환기	난방					88 이상	86 이상	84 이상	82 이상	80 이상		
			냉방					72 이상	69 이상	66 이상	63 이상	60 이상		
	7. 기기배관 및 덕트 단열			2	1	2	2	국가건설기준 기계설비공사에서 정하는 기준의 20% 이상 단열재 적용 여부(급수, 배수, 소화배관, 배연덕트 제외)						
	8. 열원설비의 대수분할, 비례제어 또는 다단제어 운전			2	1	2	2	전체 열원설비의 60% 이상 적용 여부						
	9. 공기조화기 팬에 가변속제어 등 에너지절약적 제어방식 채택			2	1	-	1	공기조화기용 전체 팬 동력의 60% 이상 적용 여부						
	10. 축냉식 전기냉방, 가스 및 유류이용 냉방, 지역냉방, 소형열병합 냉방 적용, 신재생에너지 이용 냉방 적용(냉방용량 담당 비율, %)			2	1	-	1	100	90~100 미만	80~90 미만	70~80 미만	60~70 미만		
	11. 전체 급탕용 보일러 용량에 대한 우수한 효율설비 용량 비율(단, 우수한 효율설비의 급탕용 보일러는 고효율제품인 경우에만 배점)			2	2	2	2	80이상	70~80 미만	60~70 미만	50~60 미만	50미만		
	12. 냉방 또는 난방 순환수, 냉각수 순환 펌프의 대수제어 또는 가변속제어 등 에너지절약적 제어방식 채택			2	1	2	2	냉방 또는 난방 순환수, 냉각수 순환 펌프 전체 동력의 60% 이상 적용 여부						
	13. 급수용 펌프 또는 가압급수펌프 전동기에 가변속제어 등 에너지 절약적 제어방식 채택			1	1	1	1	급수용 펌프 전체 동력의 60% 이상 적용 여부						
	14. 기계환기설비의 지하주차장 환기용 팬에 에너지 절약적 제어방식 설비 채택			1	1	1	1	지하주차장 환기용 팬 전체 동력의 60% 이상 적용 여부						
	15. T.A.B 또는 커미셔닝 실시			1	1	-	-	커미셔닝	-	T.A.B	-	-		
	16. 지역난방방식 또는 소형가스열병합발전 시스템, 소각로 활용 폐열시스템을 채택하여 1번, 8번 항목의 적용이 불가한 경우의 보상점수			10	8	12	9	지역난방, 소형가스열병합발전, 소각로 활용 폐열시스템은 전체 난방설비용량(신재생에너지난방설비용량 제외)의 60% 이상 적용 여부 (단, 부 열원은 기계부문 1번 항목의 배점(b) 0.9점 이상 또는 에너지소비효율 1등급 수준 설치에 한함)						
	17. 개별난방 또는 개별냉난방방식[주11]을 채택하여 8번, 12번 항목의 적용이 불가한 경우의 보상점수			4	2	4	4	개별난방 또는 개별냉난방방식은 전체 난방설비 용량의 60% 이상 적용 여부						
	기계설비부문 소계													

핵심47 1. 난방 설비(효율%)

(1) 근거서류 및 도면 작성방법

항목	근거서류	근거서류(도면 작성방법)
난방설비	·장비일람표 ·난방배관계통도 ·용량가중 평균효율 계산서 또는 용량가중 평균배점 계산서	·장비일람표에 난방설비의 효율 (%)을 표기 – 연료가 유류인 경우 보일러 효율(%) : 저위발열량 기준 – 연료가 가스인 경우 보일러 효율(%) : 고위발열량 기준 – 개별가스보일러의 경우 '에너지 소비효율 1등급제품'을 명기한 경우에 1점배점, 그 외 에 0.6점 배점 ·신재생에너지인 경우 산업표준화법 제15조에 따른 '신재생에너지설비 인증제품' 여부 표기 ·동일종류의 열원설비가 다수 설치된 경우 각설비의 효율에 따라 용량가중평균배점을 계산하며, 배점기준이 다른 여러 종류의 열원설비가 설치된 경우 각 설비의 효율에 따라 용량가중평균 배점을 계산함 단, 건축물 일부분에 열원설비가 미설치되는 경우 0.6점을 적용하여 전체건물에 대한 면적가중 배점을계산 ·기타 난방설비로서 고효율에너지기자재 인증제품 또는 에너지소비효율 1등급 제품의 경우 1.0점 배점 가능

(2) 에너지성능지표에서의 난방설비 효율 산정방법

① 장비일람표에 난방설비의 효율(%)을 표기
- 연료가 유류인 경우 보일러 효율(%) : 저위발열량 기준
- 연료가 가스인 경우 보일러 효율(%) : 고위발열량 기준

② 개별가스보일러의 경우 '에너지소비효율 1등급 제품'을 명기한 경우에 1점 배점, 그 외에는 0.6점 배점

③ 기타 난방설비의 경우 '고효율에너지기자재인증제품 채택' 여부 표기(1점배점)
신재생에너지인 경우 산업표준화법 제15조에 따른 '신재생에너지설비제품' 여부 표기(1점배점)
기타난방설비의 경우 고효율에너지기자재 인증제품 또는 에너지소비효율 1등급제품 : 1.0점

④ 배점기준이 다른 난방설비의 경우 용량가중 값을 적용

산출예시 중앙난방방식 가스보일러

품명	수량	형식	정격 증발량	최고 사용 압력	효율	전열 면적	보유 수량	가스 소비량
			(KG/H)	$(KG/CM)^2$	(%)	$(M)^2$	(LIT)	(NM^3/HR)
증기보일러	1	관류형	400	10	저 96.이상 고 86.이상	4.98	86	19.4

※ 중앙난방방식의 가스보일러는 고위발열량에 의해 산정되며 예시와 같이 '고86이상'이라고 명기되어 있다. 따라서, 기본배점 × 배점 = 7 × 0.9 = 6.3점(비주거 대형 건축물의 경우)으로 산정된다.

예제1 기계설비부문 에너지 성능지표 난방설비 효율 산정방법과 관련된 내용 중 가장 부적합한 것은?

① 개별가스보일러의 경우 '에너지소비효율 1등급 제품'을 명기한 경우에 1점 배점, 그 외에는 0.6점 배점
② 기타 난방설비의 경우 '고효율에너지기자재인증제품 채택여부를 표기한다.
③ 배점기준이 다른 난방설비의 경우 용량가중 값을 적용한다.
④ 가스를 연료로 사용하는 보일러의 경우는 저위발열량에 의한 효율에 의해 판정한다.

· 정답 : ④

- 연료가 유류인 경우 보일러 효율(%) : 저위발열량 기준
- 연료가 가스인 경우 보일러 효율(%) : 고위발열량 기준

예제2 에너지성능지표검토서 중 난방설비 항목의 작성방법이다. ( ) 안에 가장 적합한 것은?

개별가스보일러의 경우 '에너지소비효율 (㉠)제품'을 명기한 경우에 (㉡)배점, 그 외 또는 미설치인 경우에는 (㉢)을 배점한다.

① ㉠ 1등급 ㉡ 1점 ㉢ 0.6점
② ㉠ 2등급 ㉡ 1점 ㉢ 0.7점
③ ㉠ 3등급 ㉡ 2점 ㉢ 0.6점
④ ㉠ 4등급 ㉡ 2점 ㉢ 0.7점

· 정답 : ①

개별가스보일러의 경우 '에너지소비효율1등급제품'을 명기한 경우에 1점 배점, 그 외 또는 미설치 인 경우에는 0.6점을 배점한다.

예제3 에너지성능지표검토서 중 난방설비 항목의 작성방법 중 기타 난방설비에서 에너지소비효율등급 1등급 제품의 배점으로 가장 적합한 것은?

① 0.6점　　② 0.7점
③ 0.8점　　④ 0.9점

· 정답 : ④

- 기타난방설비의 배점 : 고효율인증제품(신재생인증제품) : 1점 배점
- 에너지소비효율1등급제품 : 0.9점 그 외 또는 미설치 : 0.6점

예제4 "건축물의 에너지절약 설계기준"에서 보일러 효율의 기준이 되는 발열량을 맞게 나타낸 것은?

【2015년 국가자격 시험 1회 출제문제】

	유류보일러	가스보일러
①	고위발열량	저위발열량
②	고위발열량	고위발열량
③	저위발열량	고위발열량
④	저위발열량	저위발열량

· 정답 : ③

장비일람표에 난방설비 효율(%)을 표기
1. 연료가 유류인 경우 보일러 효율 (%) : 저위발열량 기준
2. 연료가 가스인 경우 보일러 효율 (%) : 고위발열량 기준

예제5 15,000m² 사무소 건물의 난방설비의 효율계산서가 아래와 같을 때 에너지성능지표의 평점으로 가장 적합한 것은 다음 중 어느 것인가? (단, 중앙난방방식이다.)

1) 효율계산서 (난방설비)

장비번호	명 칭	대 수	용량(Kcal/h)	효 율
B1	가스보일러	40	25,000	87%
B2	가스보일러	30	20,000	84%

<table>
<tr><th colspan="4" rowspan="3">항 목</th><th colspan="4">기본배점(a)</th><th colspan="5" rowspan="2">배점(b)</th><th rowspan="3">평점
(a*b)</th></tr>
<tr><th colspan="2">비주거</th><th colspan="2">주거</th></tr>
<tr><th>대형
(3,000m²
이상)</th><th>소형
(500~
3,000m²
미만)</th><th>주
택
1</th><th>주
택
2</th><th>1점</th><th>0.9점</th><th>0.8점</th><th>0.7점</th><th>0.6점</th></tr>
<tr><td rowspan="4">기
계
설
비

부
문</td><td rowspan="4">1. 난방
설비[주6)]
(효율%)</td><td colspan="2">기름 보일러</td><td rowspan="4">7</td><td rowspan="4">6</td><td rowspan="4">9</td><td rowspan="4">6</td><td>93이상</td><td>90~93
미만</td><td>87~90
미만</td><td>84~87
미만</td><td>84
미만</td><td></td></tr>
<tr><td rowspan="2">가스
보일러</td><td>중앙난방
방식</td><td>90이상</td><td>86~90
미만</td><td>84~86
미만</td><td>82~84
미만</td><td>82
미만</td><td></td></tr>
<tr><td>개별난방
방식</td><td>1등급
제품</td><td>–</td><td>–</td><td>–</td><td>그 외
또는
미설치</td><td></td></tr>
<tr><td colspan="2">기타
난방기기</td><td>고효율
인증제품
(신재생인증
제품)</td><td></td><td>–</td><td>–</td><td>그 외
또는
미설치</td><td></td></tr>
</table>

① 5.6점 ② 7.0점
③ 7.1점 ④ 7.2점

· 정답 : ①

기타난방설비의 배점 : 고효율인증제품 (신재생인증제품): 1점 배점
에너지소비효율1등급제품 : 1점 그 외 또는 미설치 : 0.6점
평균효율이 85.875%이므로 0.8점 배점
평점=7×0.8=5.6점

예제6 다음은 연면적의 합계가 4,000m²인 업무시설의 난방설비 설치현황이다. 해당 건축물의 에너지성능지표 기계설비부문 1번 항목(난방설비)의 평점(기본배점×배점)은? (단, 평점은 소수점 넷째자리에서 반올림한다.)
【2016년 국가자격 시험 2회 출제문제】

종 류	정격용량	정격효율	기 타
가스보일러 (중앙난방방식)	100kW	82%	
전기구동형 히트펌프(EHP)	20kW	성적계수 (COP)3.8	에너지소비효율 1등급 제품
지열히트펌프	60kW	성적계수 (COP)4.0	신재생 에너지 인증 제품

① 5.831　② 6.578
③ 7.022　④ 7.467

· 정답 : ①

종류	정격용량	정격효율	기 타	배점(b)	배점×용량
가스보일러 (중앙난방방식)	100kW	82%		0.7	70
전기구동형 히트펌프(EHP)	20kW	성적계수(COP) 3.8	에너지소비 효율 1등급 제품	1.0	20
지열히트펌프	60kW	성적계수(COP) 4.0	신재생 에너지 인증 제품	1	60
계	180kW				150

- 배점(b) = 150 ÷ 180 = 0.833점
- 비주거 대형 기계 1항목 배점(a) = 7점
- 평점 = 7 × 0.833 = 5.831점

핵심48 2. 냉방 설비

(1) 근거서류 및 도면 작성방법

항목	근거서류	근거서류(도면 작성방법)
냉방 설비	· 장비일람표 · 냉방배관계통도 · 용량가중 평균 효율 계산서 또는 용량가중 평균 배점 계산서	· 장비일람표에 냉방설비의 성적계수(COP)를 표기 신재생에너지인 경우산업표준화법법 제15조에 따른 '신재생에너지 설비 인증제품' 표기 · 동일종류의 열원설비가 다수 설치된 경우 각설비의 효율에 따라 용량가중평균배점을 계산하며, 배점기준이 다른 여러 종류의 열원설비가 설치된 경우 각 설비의 효율에 따라 용량가중평균 배점을 계산함 단, 건축물 일부분에 열원설비가 미설치되는 경우 0.6점을 적용하여 전체건물에 대한 면적가중 배점을계산 · 기타냉방설비로서 고효율에너지기자재 인증제품 또는 에너지소비효율 1등급 제품의 경우 1.0점 배점 가능

(2) 에너지 성능 지표에서의 냉방설비 산정 방법

① 장비일람표에 냉방설비의 성적계수(COP)를 표기

② 기타 냉방설비의 경우 '고효율에너지기자재인증제품 채택' 여부 표기(1점배점)
기타냉방설비의 경우 산업표준화법 제15조에 따른 '신재생에너지인증제품채택' 여부 표기 (1점배점)
기타냉방설비로서 고효율에너지기자재 인증제품 또는 에너지소비효율 1등급제품 : 1.0점

③ 배점기준이 다른 냉방설비의 경우, 정격 효율에 따른 용량가중 값을 적용
* USRT : 섭씨 0도의 물 1톤을 24시간동안에 섭씨 0도의 얼음으로 만드는 냉동 능력
* COP : 냉동 사이클에서의 냉동능력과 소비된 압축기의 일량과의 비

산출예시 흡수식 냉온수기

장비번호	수량	용도	설치위치	용량	
				USRT	C.O.P
CH-01	2	냉방용	지하2층 기계실	120	1.2 이상

※ 냉방설비 중 흡수식 냉온수기는 성적계수(COP)에 의해 산정되며 예시와 같이 'COP 1.2 이상'이라고 명기되어 있다. 따라서, 기본배점 × 배점 = 6 × 1.0= 6점(비주거 대형 건축물의 경우)으로 산정된다.

예제1 **기계설비부문 에너지 성능지표검토서 중 냉방설비와 관련된 내용으로 가장 부적합한 것은?**

① 장비일람표에 냉방설비의 성적계수(COP)를 표기한다.
② 기타 냉방설비의 경우와 신재생에너지인 경우 '고효율에너지 기자재인증제품 채택' 여부를 표시한다.
③ 근거서류로는 장비일람표와, 용량가중 평균효율계산서가 있다.
④ 배점기준이 다른 냉방설비의 경우, 정격효율에 따른 용량 가중 값을 적용한다.

· **정답** : ②

기타 냉방설비의 경우 '고효율에너지 기자재인증제품 채택' 여부를 표시하고, 신재생에너지인 경우 '신재생에너지 설비인증제품' 여부를 표기한다.

예제2 기계설비부문 에너지 성능지표검토서 중 냉방설비 점수 배점에 포함되지 않는 건축물은?

① 대형 비주거 건축물(3,000m^2 이상)
② 소형 비주거 건축물(500~3,000m^2 미만)
③ 개별 냉난방 공동주택
④ 중앙집중식 냉방적용 공동주택

· **정답 : ③**
개별 냉난방 공동주택의 경우 입주자가 개별적으로 냉방설비를 선택

예제3 에너지성능지표검토서 중 냉방설비 항목의 작성방법 중 기타 냉방설비에서 에너지소비효율등급 1등급 제품의 배점으로 가장 적합한 것은?

① 0.6점　　② 0.7점
③ 0.8점　　④ 1.0점

· **정답 : ④**
기타냉방설비의 배점 : 고효율인증제품 (신재생인증제품) : 1점 배점
에너지소비효율1등급제품 : 109점 그 외 또는 미설치 : 0.6점

예제4 에너지성능지표검토서 중 냉방설비 항목의 작성방법과 관련된 사항으로 가장 부적합한 것은?

① 배점기준이 다른 냉방설비의 경우, 정격 효율에 따른 용량가중 값을 적용
② 기타 냉방설비의 경우 '고효율에너지기자재인증제품 채택' 여부 표기(1점 배점)
③ 기타냉방설비의 경우 신재생에너지인 경우 '신재생에너지설비인증제품 ' 여부 표기(1점 배점)
④ 기타냉방설비 에너지소비효율1등급 제품의 경우 0.9점 배점 가능

· **정답 : ④**
기타냉방설비 에너지소비효율1등급 제품의 경우 1.0점 배점 가능

예제5 다음은 장비일람표의 일부이다. 이 중 온수 흡수식 냉동기의 COP는 약 얼마인가?

【2015년 국가자격 시험 1회 출제문제】

장비 번호	용도	형식	용량	냉수			온수		
			냉방	온도 ℃		유량	온도 ℃		유량
			kW	입구	출구	1pm	입구	출구	1pm
CH1	냉방용	흡수식	527	14	7	1,080	95	55	314

※ 1pm : L/min

① 0.52　　② 0.57
③ 0.60　　④ 0.73

· **정답 : ③**
냉동기성적계수 = 저열원에서 흡수한 열량/외부에서 공급한 일
따라서 저열원에서 흡수한 열량=1080×(14−7) = 7560
외부에서 공급한 일 = 314×(95−55) = 12,560
그러므로 7,560/12,560 = 0.60

예제6 보기 ㉠~㉣ 중 에너지성능지표 기계설비부문 항목에서 미설치한 경우에도 최하 배점(0.6점)을 받을 수 있는 항목을 모두 고른 것은? 【2016년 국가자격 시험 2회 출제문제】

㉠ 1번 난방설비	㉡ 2번 냉방설비
㉢ 7번 기기, 배관 및 덕트 단열	㉣ 12번 급탕용 보일러

① ㉠, ㉡　　② ㉠, ㉢
③ ㉠, ㉡, ㉢　　④ ㉡, ㉢, ㉣

· **정답** : ①
7, 12번은 배점(b) 적용부분을 적용해야 배점 획득가능

예제7 15,000m² 사무소 건물의 냉방설비의 효율계산서가 아래와 같을 때 에너지성능지표의 평점으로 가장 적합한 것은 다음 중 어느 것인가?

1) 효율계산서(난방설비)

장비번호	항목	대수	용량(USRT)	COP
CH-1	흡수식냉동기(이중효용)	2	250	1.2
CH-2	터보냉동기	1	500	4.7

항 목			기본배점(a)				배점(b)					평점 (a*b)
			비주거		주거							
			대형 (3,000m² 이상)	소형 (500~ 3,000m² 미만)	주택 1	주택 2	1점	0.9점	0.8점	0.7점	0.6점	
2.냉방 설비	원심식 (성적계수, COP)		6	2	–	2	5.18 이상	4.51~ 5.18 미만	3.96~ 4.51 미만	3.52~ 3.96 미만	3.52 미만	
	흡수식 (성적계수, COP)	① 1중효용					0.75 이상	0.73~ 0.75 미만	0.7~ 0.73 미만	0.65~ 0.7 미만	0.65 미만	
		② 2중효용 ③ 3중효용 ④ 냉온수기					1.2 이상	1.1~ 1.2 미만	1.0~ 1.1 미만	0.9~ 1.0 미만	0.9 미만	
	기타 냉방기기						고효율 인증제품 (신재생인 증제품)	–	–	–	그 외 또는 미설치	

① 4.50점　　② 5.50점
③ 5.60점　　④ 5.70점

· **정답** : ④
① 흡수식 냉동기(2종 효율)는 COP가 1.2이므로 배점은 1점
② 터보냉동기(원심식)는 COP가 4.7이므로 배점은 0.9점
③ 가중평균배점=(1점×250×2대)+(0.9점×500×1대)/250×2+500×1=0.95점
④ 냉방설비평점=배점(a)×배점(b)=6×0.95=5.70점

핵심49 3. 열원설비 및 공조용 송풍기의 우수한 설비효율채택 (설비별 배점후 용량가중평균)

(1) 근거서류 및 도면 작성방법

항 목	근거서류	근거서류(도면 작성방법)
열원설비 및 공조용 송풍기의 우수한 설비 효율채택 (설비별 배점 후 용량가중평균	· 장비일람표 · 용량가중 평균배점 계산서	· 장비일람표에 공조용 송풍기의 효율(%)을 표기 · 송풍기 용량가중 평균배점계산서 작성 제시 – 용량이 0.75kW 이상인 보일러 및 공조용 송풍기 적용

(2) 에너지 성능 지표에서의 열원설비 및 공조용 송풍기의 우수한 설비효율채택(설비별 배점 후 용량가중평균) 산정방법

① 장비일람표에 공조용 송풍기의 효율(%)을 표기
② 송풍기 용량가중 평균배점 계산서 작성 제시
- 용량 0.75kW 이상인 보일러 및 공조용 송풍기 적용
- 공조기가 설치되지 않은 건축물은 기본점수(0.6 배점) 불인정

예제1 기계설비부문 에너지 성능지표검토서 중 열원 및 공조용 송풍기의 효율 배점 산정시 가장 부적합한 것은?

① 공조기가 설치되지 않은 건축물은 기본점수(0.6 배점) 불인정
② 송풍기의 효율 계산은 용량가중에 의한 평균값 적용
③ 용량 0.7kW 이상인 보일러 및 공조용 송풍기 적용
④ 장비일람표에 공조용 송풍기의 효율(%)을 표기

· **정답** : ③
용량 0.75kW 이상인 보일러 및 공조용 송풍기 적용

예제2 열원설비 및 공조용 송풍기의 우수한 효율설비 채택(설비별 배점 후 용량가중평균, 보일러 및 공조용 송풍기 적용 용량으로 가장 적합한 것은?

① 용량 0.6kW 이상　　② 용량 0.75kW 이상
③ 용량 0.8kW 이상　　④ 용량 0.95kW 이상

· **정답** : ②
용량은 0.75kW 이상인 보일러 및 공조용 송풍기 적용

예제3 다음 장비일람표와 같이 건축물에 송풍기를 설치한 경우 "건축물의 에너지절약설계기준"에 따른 에너지 성능지표 기계설비부문 3번 항목(공조용 송풍기의 우수한 효율설비)에서 획득할 수 있는 배점(b)은? 【2018년 국가자격 시험 4회 출제문제】

〈장비일람표〉

장비번호	정압(Pa)	풍량(CMH)	동력(kW)	효율
F-1	1,000	10,000	10.42	49%
F-2	1,500	25,000	22.22	67%

배점(b)				
1점	0.9점	0.8점	0.7점	0.6점
60% 이상	57.5~60% 미만	55~57.5% 미만	50~55% 미만	50% 미만

① 0.008　　② 0.872　　③ 0.886　　④ 1.000

· **정답** : ②
(10.42×0.6 +22.22×1)÷(10.42+22.22)= 0.872

예제4 용량 3kW, 효율 58%의 급기송풍기 2대와 용량 1kW, 효율 56%의 환기송풍기 4대를 사용하는 경우 아래의 에너지성능지표 기계설비부문 항목에서 획득할 수 있는 배점 (b)은?

【2015년 국가자격 시험 1회 출제문제】

[열원설비 및 공조용 송풍기의 우수한 효율설비 채택]

배점(b)				
1점	0.9점	0.8점	0.7점	0.6점
60% 이상	57.5%~60% 미만	55%~57.5% 미만	50%~55% 미만	50% 미만

① 0.9점　　② 0.86점
③ 0.85점　　④ 0.8점

· 정답 : ②

열원설비 및 공조용 송풍기의 우수한 효율설비 채택은 설비별배점후 용량가중평균으로 배점을 부여한다.
따라서 3kW×2대×0.9점+1kW×4대×0.8점/3kW×2대+1kW×4대=0.86점

예제5 다음과 같은 기계설비 장비일람표를 보고 비주거 소형건축물의 공조용송풍기의 평점으로 가장 적합한 것은?

장비번호2	수량	급기송풍기						
		풍량	정압	동력		형식	규격	효율
		m^2/h	Pa	kW	PH/V/Hz			
AHU-01	1	19,500	1,085	12	3/380/60	AIR FOIL	DS#4	74%
AHU-02	2	21,900	1,025	10	3/380/60	AIR FOIL	DS#4.5	72%
AHU-03	1	12,600	1,025	8	3/380/60	AIR FOIL	DS#4	65%

항 목	기본배점 (a)				배점 (b)					평점 (a*b)
	비주거		주거							
	대형 ($3,000m^2$ 이상)	소형 (500~ $3,000m^2$ 미만)	주택 1	주택 2	1점	0.9점	0.8점	0.7점	0.6점	
3. 열원설비 및 공조용 송풍기의 우수한 효율 설비채택(설비별 배점후 용량가중 평균)	3	1	-	1	60% 이상	57.5~60% 미만	55~57.5% 미만	50~55% 미만	50% 미만	

① 0.6점　　② 0.7점
③ 0.8점　　④ 1점

· 정답 : ④

장비번호	효율(%)	배점	용량(Kw)	대수	용량×대수	용량×대수×비합
AHu-01	74	1	12	1	12	12
AHu-02	72	1	10	2	20	20
AHu-03	65	1	8	1	8	8
합					40	40

배점(b) = 40/40 → 1점
평점 = 기본배점(a) × 배점(b) →1점 ×1 = 1점 부여

핵심50 4. 냉온수,냉각수 순환, 급수 및 급탕 펌프의 우수한 효율설

(1) 근거서류 및 도면 작성방법

항 목	근거서류	근거서류(도면 작성방법)
냉온수,냉각수 순환, 급수 및 급탕 펌프의 우수한 효율설비 채택	· 장비일람표 · 용량가중 평균 배점 계산서 · 펌프용량 일람표	· 장비일람표에 펌프의 A,B 효율(제품 효율)표기, 기본효율 계산근거 제시 ※ 펌프성능 곡선 및 인증서 등은 첨부 불필요 · 펌프 용량 일람표 등에 해당 펌프의 용량가중 평균배점 작성 – 200lpm 이하의 급수, 급탕, 냉난방 순환펌프는 평균배점 계산에서 제외가능

(2) 에너지 성능 지표에서의 냉온수 순환, 급수 및 급탕 펌프의 우수한 효율설비 채택 도면작성방법

1) 주6) 펌프 효율 E는 다음과 같이 계산한다.

① E는 다음표의 A 및 B효율을 의미하며 A 및 B효율이 모두 만족될 때 해당배점을 받을 수 있다.

② 펌프가 여러대일 경우에는 개별 펌프에 대해 배점을 구하고 배점에 대한 가중평균값을 적용한다.

- 펌프의 가중평균 배점 = Σ{토출량(m³/분)×대수(대)×각 펌프의 배점}/Σ{토출량(m³/분)×대수(대)}

※ 단, 토출량 0.2(m³/분) 이하의 펌프는 효율 계산에서 제외할 수 있다.

※ A특성 : 펌프효율의 최대치, B특성 : 규정토출량에서의 펌프효율

2) 장비일람표에 펌프의 A, B 효율(제품 효율)표기, 기본효율 계산근거 제시

펌프성능 곡선 및 인증서 등은 첨부 불필요

3) 펌프 용량 일람표 등에 해당 펌프의 용량가중 평균배점 작성

- 200lpm 이하의 급수, 급탕, 냉난방 순환펌프는 평균효율계산에서 제외가능
- 용량 가중 평균배점계산서에 '건축물명 기재 및 기술사' 날인

4) 작성 예시) 펌프 용량 일람표(펌프효율계산서)

기계설비 성능지표 4번 항목 배점을 0.6점으로 신청하는 경우 생략가능

① 선정펌프의 용량

항 목	기본배점(a)				배점 (b)					평점 (a*b)
	비주거		주거							
	대형 (3,000m² 이상)	소형 (500~3,000m² 미만)	주택 1	주택 2	1점	0.9점	0.8점	0.7점	0.6점	
냉온수 순환, 급수 및 급탕 펌프의 평균 효율[주7)]	2	2	3	3	1.16E 이상	1.12E~ 1.16E 미만	1.08E~ 1.12E 미만	1.04E~ 1.08E 미만	1.04E 미만	

■ 소형펌프(소형벌루트펌프, 소형다단원심펌프 등)

토출량(m³/분)		0.08	0.1	0.15	0.2	0.3	0.4	0.5	0.6	0.8	1.0	1.5	2	3	4	5	6	8	10	15
효율E	A효율(%)	32	37	44	48	53.5	57	59	60.5	63.5	65.5	68.5	70.5	73	74	74.5	75	75.5	76	76.5
	B효율(%)	26	30.5	36	39.5	44	46.5	48.5	49.5	52	53.5	56	58	60	60.5	61	61.5	62	62.5	63

■ 대형펌프(양쪽흡입벌루트펌프 등)

토출량(m³/분)		2	3	4	5	6	8	10	15	20	30	40	50
효율E	A효율(%)	67	70	71	72	73	74	75	76	77	78	78.5	79
	B효율(%)	57	59	60	61	61.5	62.5	63	64	65	66	66.5	67

구분		펌프A	펌프B	펌프C	펌프D
토출량(용량, m^3/분)		0.6	1	2	5
설치대수		2	5	10	3
공인시험성적서에 의한 효율(생산업체 제시)	A효율	63	75	75	82
	B효율	52	64	64	72

② 펌프의 배점 계산

구분		펌프A	펌프B	펌프C	펌프D
토출량(용량, m^3/분)		0.6	1	2	5
설치대수		2	5	10	3
제품효율/기본효율	A효율	63/60.5=1.04	75/65.5=1.15	75/70.5=1.06	82/74.5=1.1
	B효율	52/49.5=1.05	64/53.5=1.20	64/58=1.10	72/61=1.18
펌프별 배점		0.7	0.9	0.7	0.8

5) 용량가중평균배점

$= (0.6 \times 2 \times 0.7 + 1 \times 5 \times 0.9 + 2 \times 10 \times 0.7 + 5 \times 3 \times 0.8)/(0.6 \times 2 + 1 \times 5 + 2 \times 10 + 5 \times 3) = 0.76$

6) 최종평점

0.76×해당 용도 건축물의 펌프 효율 배점

예제1 기계설비부문 성능지표검토서 중 냉온수, 순환급수 및 급탕펌프의 평균효율과 관련된 내용으로 가장 부적합한 것은?

① 장비일람표에 펌프의 A, B 효율(제품효율) 표기, 기본효율 계산근거를 제시한다.
② 펌프성능 곡선 및 인증서 등은 첨부가 불필요하다.
③ A특성 : 펌프효율의 최대치, B특성 : 규정토출량에서의 펌프효율
④ 300lpm 이하의 급수, 급탕, 냉난방 순환펌프는 평균효율계산에서 제외가능하다.

· 정답 : ④

200lpm 이하의 급수, 급탕, 냉난방 순환펌프는 평균효율계산에서 제외가능하다.

예제2 기계설비부문 성능지표검토서 중 펌프평균효율 계산에 대한 설명 중 틀린 것은?

① A 및 B 효율이 모두 만족될 때 해당배점을 받을 수 있다.
② 펌프가 여러대일 경우에는 개별 펌프에 대해 배점을 구하고 배점에 대한 가중평균값을 적용한다.
③ 토출량 0.3(m^3/분) 이하의 펌프는 효율 계산에서 제외할 수 있다.
④ A특성 : 펌프효율의 최대치, B특성 : 규정토출량에서의 펌프효율

· 정답 : ③

토출량 0.2(m^3/분) 이하의 펌프는 효율 계산에서 제외할 수 있다.

예제3 에너지 성능지표검토서 중 냉온수, 냉각수 순환 급수 및 급탕펌프의 근거서류로 가장 부적합한 것은?

① 장비일람표 ② 펌프용량일람표
③ 용량가중 평균배점계산서 ④ 자동제어 계통도

· 정답 : ④

자동제어계통도는 이코노마이저 시스템 등 외기냉방 시스템의 도입, 열원설비의 대수분할 비례제어 또는 다단제어 운전 등에 필요한 근거서류이다.

※ 다음은 비주거 대형 건축물의 장비일람표이다. 이를 참조하여 4~5번 문항에 답하시오.

<장비일람표>

장비명	대수	유량 (LPM)	동력 (kW)	펌프효율E		유량 제어
				A효율	B효율	
온수순환 펌프	1	2,257	15	1.059E	1.040E	없음
냉수순환 펌프	1	4,033	30	1.112E	1.133E	없음
배수펌프	1	800	11	1.000E	0.980E	없음

예제4 "건축물의 에너지절약설계기준" 에 따른 에너지성능지표 기계설비부문 4번 항목(펌프의 우수한 효율설비)에서 획득할 수 있는 배점(b)은?

배점(b)				
1점	0.9점	0.8점	0.7점	0.6점
1.16E	1.12E~ 1.16E 미만	1.08E~ 1.12E 미만	1.04E~ 1.08E 미만	1.04E 미만

① 0.669
② 0.746
③ 0.764
④ 0.767

· 정답 : ③
(2,257×0.7+4,033×0.8)÷(2,257+4,033)=0.764

예제5 온수순환펌프에 가변속제어를 적용할 경우 "건축물의 에너지절약설계기준"에 따른 에너지성능지표 기계설비부문 12번 항목(펌프의 에너지절약적 제어 방식)의 적용비율과 건축물 에너지효율등급 평과결과의 변동사항이 예상되는 것으로 가장 적절한 것은? (단, 조건외 사항은 변동없음)

① 26.79 % – 난방 에너지요구량 감소
② 26.79 % – 난방 에너지소요량 감소
③ 33.33 % – 난방 에너지요구량 감소
④ 33.33 % – 난방 에너지소요량 감소

· 정답 : ④
냉난방순환수 펌프의 대수제어 또는 가변속제어를 적용할 경우는 난방에너지소요량이 감소된다.
(15÷45)×100%=33.3%

핵심51 5. 이코노마이저시스템 등 외기냉방시스템의 도입

(1) 근거서류 및 도면 작성방법

항 목	근거서류	근거서류(도면 작성방법)
이코노마이저 시스템 등 외기 냉방 시스템의 도입	· 자동제어 계통도 · 적용비율 계산서 · 장비 일람표	· 엔탈피 제어, 이코노마이저시스템 등 외기 냉방 시스템 적용을 알 수 있도록 자동제어 계통도 등에 표기 – 엔탈피 제어시 설정 값 제시 – 전체 환기설비외기(OA) 도입풍량(CMH)의 60% 이상 적용시 인정

(2) 에너지 성능 지표에서의 이코노마이저 시스템 등 외기냉방 시스템의 도입 작성 방법

엔탈피 제어, 이코노마이저시스템 등 외기냉방시스템 적용을 알 수 있도록 자동제어계통도 등에 표기

- 엔탈피 제어 : 실내 엔탈피 및 외기 엔탈피에 의한 외기 댐퍼 비례 제어
  * 엔탈피 : 공기 1kg이 보유하고 있는 전열량(kcal/kg)
- 이코노마이저시스템 : 중간기 또는 동계에 발생하는 냉방부하를 실내 엔탈피보다 낮은 도입 외기에 의하여 제거 또는 감소시키는 시스템을 말한다.
- 전체 환기설비외기(OA) 도입풍량(CMH)의 60% 이상 적용시 인정

예제1 기계설비부문 성능지표검토서 중 외기냉방 시스템에 해당되지 않는 제어는?

① CO_2 농도에 의한 제어 ② 엔탈피 제어
③ 이코노마이저 시스템 ④ 타임스케쥴 제어

· 정답 : ④

스케쥴에 있어서 기기의 ON/OFF 관리를 기존 사람이 하던 것에서 타이머 또는 소프트 웨어로 제어

예제2 기계설비부문 성능지표검토서 중 이코노마이저 시스템에 대한 설명으로 가장 적합한 것은?

① 기기의 출력값과 목표값의 편차에 비례하여 입력량을 조절하여 최적운전 상태를 유지할 수 있도록 운전하는 방식을 말한다.
② 실내 오염정도에 따라 CO_2 농도를 감지하여 외기량을 가변적으로 제어하며 외기 냉방시 실내부하 즉 실내온도를 감지하여 외기 도입량을 제어하는 방식
③ 실내 엔탈피 및 외기 엔탈피에 의한 외기 댐퍼 비례 제어
④ 중간기 또는 동계에 발생하는 냉방부하를 실내 엔탈피 보다 낮은 도입 외기에 의하여 제거 또는 감소시키는 시스템을 말한다.

· 정답 : ④

1. 비례제어 : 기기의 출력값과 목표값의 편차에 비례하여 입력량을 조절하여 최적운전 상태를 유지할 수 있도록 운전하는 방식을 말한다.
2. CO_2 농도에 의한 제어 : 실내 오염정도에 따라 CO_2 농도를 감지하여 외기량을 가변적으로 제어하며 외기 냉방시 실내부하 즉 실내온도를 감지하여 외기 도입량을 제어하는 방식
3. 엔탈피 제어 : 실내 엔탈피 및 외기 엔탈피에 의한 외기 댐퍼 비례 제어
   ※ 엔탈피 : 공기 1kg이 보유하고 있는 전열량(kcal/kg)
4. 이코노마이저 시스템 : 중간기 또는 동계에 발생하는 냉방부하를 실내 엔탈피 보다 낮은 도입 외기에 의하여 제거 또는 감소시키는 시스템을 말한다.

예제3 **기계설비부문 성능지표검토서 중 외기냉방 시스템에서 전체 환기설비외기도입 풍량의 몇 % 이상 적용시 기본배점을 부여하는가?**

① 30% 이상 ② 40% 이상
③ 50% 이상 ④ 60% 이상

· **정답 :** ④

전체 환기설비외기(OA) 도입풍량(CMH)의 60% 이상 적용시 기본배점을 부여한다.

예제4 **다음 보기는 중앙식 공기조화설비에 대한 계통도이다. 도면 중 ㉠, ㉡, ㉢, ㉣에 해당되는 설비의 명칭을 기호에 맞게 설명하고 있는 것으로 가장 적합한 것은?**

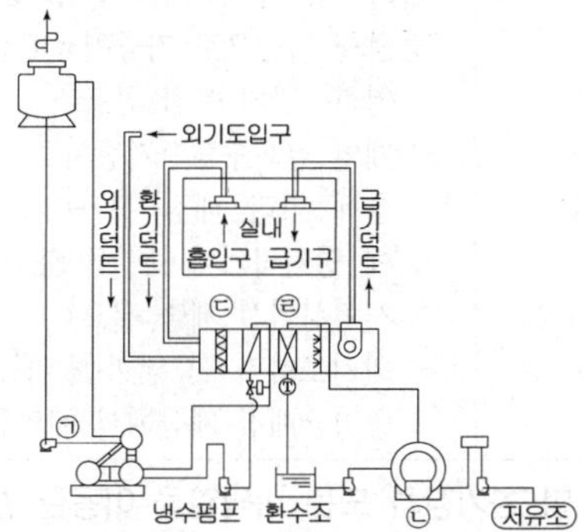

① 냉동기－보일러－공기여과기－공기가열기 ② 보일러－냉동기－공기냉각기－공기가열기
③ 냉각탑－보일러－공기가습기－공기여과기 ④ 보일러－냉각탑－공기냉각기－공기여과기

· **정답 :** ①

㉠－냉동기, ㉡－보일러, ㉢－공기여과기, ㉣－공기가열기

핵심52 6. 고효율 열회수형 환기장치 채택

(1) 근거서류 및 도면 작성방법

항목	근거서류	근거서류(도면 작성방법)
고효율 열회수형 환기장치 채택	· 장비일람표 · 시험성적서 · 용량가중평균 배점 계산서	· 전체 환기설비 외기(OA)도입 풍량의 60% 이상에 열회수형 환기장치가 적용된 경우 배점 신청 가능(급기팬만 설치된 외기조화기 제외) · 열회수형 환기장치의 종류 및 냉난방 전열교환효율에 따라 풍량을 기준으로 가중평균배점을 계산 · 적용함 – 열회수장치 부착 공조기 : 설치 시 1.0배점 적용 – 개별 열회수형환기장치 : 난방 및 냉방 유효전열교환 효율에 따라 배점 평가(열회수형환기장치의 성능은 도면에 명기하거나 KS B 6879(열회수형 환기장치)에 따른 시험성적서 제출 필요) – 외기조화기 및 열회수 기능이 없는 환기장치의 경우 가중평균배점 계산에서 제외함

(2) 에너지 성능 지표에서의 폐열회수형 환기장치 또는 바닥열을 이용한 환기장치, 보일러 또는 공조기의 폐열회수설비 작성방법

① 전체 환기설비 외기(OA)도입 풍량의 60% 이상에 열회수형 환기장치가 적용된 경우 배점 신청 가능(급기팬만 설치된 외기조화기 제외)

② 열회수형 환기장치의 종류 및 냉난방 전열교환효율에따라 풍량을 기준으로 가중평균배점을 계산 · 적용함

- 열회수장치 부착 공조기 : 설치 시 1.0배점 적용
- 개별 열회수형환기장치 : 난방 및 냉방 유효전열교환 효율에 따라 배점 평가(열회수형환기장치의 성능은 도면에 명기하거나 KS B 6879(열회수형 환기장치)에 따른 시험성적서 제출 필요)
- 외기조화기 및 열회수 기능이 없는 환기장치의 경우 가중평균배점 계산에서 제외함

예제1 기계설비부문 성능지표검토서 중 열열회수형 환기장치 전체외기 도입 풍량의 몇 % 이상 적용시 기본배점을 부여하는가?

① 30% 이상　　② 40% 이상
③ 50% 이상　　④ 60% 이상

· **정답** : ④
전체 환기설비외기(OA) 도입풍량(CMH)의 60% 이상 적용시 기본배점을 부여한다.

핵심53 7. 기기, 배관 및 덕트 단열

(1) 근거서류 및 도면 작성방법

항 목	근거서류	근거서류(도면 작성방법)
기기배관 및 덕트 단열	· 기계설비도서범례 · 배관계통도 · 보온시방서	· 국가건설기준 기계설비공사 표준시방서 기준 대비 20% 이상 단열두께 표시(인정두께 = 기준두께 ×1.2) –두께 또는 열저항 기준 20%증가 –표준시방서 두께, 적용두께, 증가비율 표기 –급수, 배수, 소화 배관은 제외(20% 이상 단열할 필요 없음)

(2) 에너지 성능 지표에서의 기기배관 및 덕트, 단열 작성방법

① 국가건설기준 기계설비공사 표준시방서 기준 대비 20% 이상 단열두께 표시
(인정두께 = 기준두께 ×1.2)
- 두께 또는 열저항 기준 20% 증가
- 표준시방서 두께, 적용두께, 증가비율 표기
- 급수, 배수, 소화 배관은 제외(20% 이상 단열할 필요 없음)

예제1 기계설비부문 성능지표검토서 중 기기, 배관 및 덕트 단열 배점 산정 시 가장 부적합한 것은?

① 국가건설기준 기계설비공사 표준시방서에서 정하는 기준의 20% 이상 단열재 적용
② 급수, 배수, 소화배관 포함
③ 표준시방서두께, 적용두께, 증가비율 표기
④ 관경에 따라 보온두께 증가

· 정답 : ②
급수, 배수, 소화배관 제외

예제2 에너지 성능지표 검토서 중 기계설비부문 관련 항목 중 기기 배관 및 덕트 단열의 단열재의 인정두께는 국가건설기준 기계설비 표준시방서 기준 대비 얼마 이상의 단열두께로 하여야 하는지 가장 적합한 것은?

① 10% ② 20%
③ 30% ④ 40%

· 정답 : ②

항 목	근거서류	근거서류(도면) 작성방법
기기, 배관 및 덕트 단열	· 기계설비도서범례 · 배관계통도 · 보온시방서	– 국가건설기준 기계설비공사 표준시방서기준대비 20% 이상단열두께 표시(인정두께 = 기준두께 × 1.2) – 두께 또는 열저항 기준 20%증가 – 표준시방서두께, 적용두께, 증가비율표기 –급수, 배수, 소화 배관은 제외(20% 이상 단열할 필요 없음)

예제3 기계설비부문 성능지표검토서 중 기기, 배관 및 덕트 단열 작성방법에서 인정두께로 가장 적합한 것은?

① 인정두께 = 기준두께 × 1.1
② 인정두께 = 기준두께 × 1.2
③ 인정두께 = 기준두께 × 1.5
④ 인정두께 = 기준두께 × 1.6

· **정답** : ②
인정두께 = 기준두께 × 1.2

핵심54 8. 열원설비의 대수분할, 비례제어 또는 다단제어 운전

(1) 근거서류 및 도면 작성방법

항 목	근거서류	근거서류(도면 작성방법)
열원설비의 대수분할, 비례제어 또는 다단제어 운전	· 장비일람표 · 자동제어계통도	· 도면에 에너지 절약적 제어방식 표기 – 대수분할, 비례제어, 다단제어 등 (예비용은 제외) – 전체 열원설비용량의 60%이상적용 시 인정

(2) 에너지 성능 지표에서의 열원설비의 대수분할, 비례제어 또는 다단제어 운전 작성방법

① 도면에 에너지 절약적 제어방식 표기 : 대수분할, 비례제어, 다단제어 등

- 대수분할 : 기기를 여러대 설치하여 부하상태에 따라 최적 운전상태를 유지할 수 있도록 기기를 조합하여 운전하는 방식을 말한다.
- 비례제어운전 : 기기의 출력값과 목표값의 편차에 비례하여 입력량을 조절하여 최적운전 상태를 유지할 수 있도록 운전하는 방식을 말한다.
- 다단제어 : 한번의 제어에 의한 출력이 다음번 제어의 기준이 되는 제어계통
- 전체 열원설비용량의 60% 이상 적용 시 인정

예제1 기계설비부문 성능지표검토서 중 열원설비의 에너지절약적 제어방식으로 가장 부적합한 것은?

① 기기를 여러대 설치하여 부하상태에 따라 최적 운전상태를 유지할 수 있도록 기기를 조합하여 운전하는 방식
② 기기의 출력값과 목표값의 편차에 비례하여 입력량을 조절하여 최적운전 상태를 유지할 수 있도록 운전하는 방식을 말한다.
③ 한번의 제어에 의한 출력이 다음번 제어의 기준이점이 되는 제어계통
④ 일정 입력 값에 따라 자동으로 운전 및 정지를 반복하는 제어

· **정답** : ④
① 대수분할
② 비례제어
③ 다단제어
④ ON/OFF 제어

예제2 기계설비부문 성능지표검토서 중 열원설비의 에너지 절약적 제어방식 중 비례제어 운전에 대한 설명으로 가장 적합한 것은?

① 기기를 여러대 설치하여 부하상태에 따라 최적 운전상태를 유지할 수 있도록 기기를 조합하여 운전하는 방식
② 기기의 출력값과 목표값의 편차에 비례하여 입력량을 조절하여 최적운전 상태를 유지할 수 있도록 운전하는 방식을 말한다.
③ 한번의 제어에 의한 출력이 다음번 제어의 기준이 되는 제어계통
④ 일정 입력 값에 따라 자동으로 운전 및 정지를 반복하는 제어

· **정답** : ②
① 대수분할
② 비례제어
③ 다단제어
④ ON/OFF 제어

예제3 기계설비부문 성능지표검토서 중 열원설비의 대수분할, 비례제어 또는 다단제어운전에서 전체열원설비용량의 몇 % 이상 적용시 인정할 수 있는가?

① 30% 이상 ② 40% 이상
③ 50% 이상 ④ 60% 이상

· **정답** : ④
전체열원설비용량의 60% 이상 적용시 인정한다.

예제4 에너지 절약설계 기준과 관련된 내용 중 기계설비 부문에서 '열원설비의 에너지 절약적 제어방식'에 해당되지 않는 것은?

① 대수분할제어방식 ② 가변속제어방식(인버터)
③ 비례제어방식 ④ 다단제어운전

· **정답** : ②
열원설비방식에는 – 대수분할방식, 비례제어방식, 다단제어방식이 있다.

항 목	근거서류	근거서류(도면)작성방법
열원설비의 대수분할, 비례제어 또는 다단제어 운전	– 장비일람표 – 자동제어 계통도	– 도면에 에너지절약적 제어방식표기 (대수분할, 비례제어, 다단제어 등) – 전체열원설비의 60%이상적용
공기조화기 팬에 가변속제어 등 에너지절약적 제어방식 채택	– 장비일람표 – 자동제어 계통도	– 도면에 에너지절약적 제어방식표기 (가변속 제어방식(인버터), 흡인베인 제어방식, 가변익축류방식 등 – 공조용 송풍기 전동력의 60% 이상 적용시 인정

핵심55 9. 공기조화기 팬에 가변속제어 등 에너지절약적 제어방식 채택

(1) 근거서류 및 도면 작성방법

항 목	근거서류	근거서류(도면 작성방법)
공기조화기 팬에 가변속제어 등 에너지 절약적 제어방식 채택	· 장비일람표 · 자동제어계통도 · 적용비율계산서	· 도면에 에너지 절약적 제어방식 표기 – 가변속제어방식(인버터), 흡입베인제어 방식, 가변익축류 방식 등 – 공조기 송풍기 전동력의 60% 이상 적용시 인정

(2) 에너지 성능 지표에서의 공기조화기 팬에 가변속 제어 등 에너지절약적 제어방식 채택 작성방법

① 도면에 에너지절약적 제어방식 표기[가변속제어방식(인버터), 흡입 베인제어방식, 가변익축류방식 등]

② 공조용 송풍기 전동력의 60% 이상 적용시 인정

- 흡입 베인(SUCTION VANE)에 의한 제어
  송풍기의 흡입측에 방사형의 가동익을 설치하고 그 각도를 조절하여 베인 입구의 절대속도 선회량을 변화 시켜서 풍압 풍량을 가감한다.
- 가변익 축류방식(VAV)
  축류 송풍기의 회전수, 즉 주속도가 일정할 때 날개의 취부각을 변화시켜 축류속도 및 영각을 바꿔 압력 풍량 특성을 변화시키는 것이다.
- 가변속 제어방식(INVERTER)
  보통의 상용전원의 교류를 콘버터(converter)를 이용하여 직류로 바꾼 후 이것을 다시 인버터(inverter)에서 임의의 주파수를 가진 교류로 바꾸어 전동기를 구동함으로써 전동기의 회전수를 바꾸는 것이다.

예 송풍기 제어 적용비율 계산서

공조기 번호	Supply		Return	
	동력(kW)	효율(%)	동력(kW)	효율(%)
AHU-1	15	60	5.5	50
AHU-2	15	60	5.5	50
합계	30	–	11	–

- 인버터적용 전동력량 : SF(15kW) × 2대 = 30kW
- 전체 팬 전동력량 : SF(15kW) × 2대 + RF(5.5kW) ×2대 = 41kW
- 적용비율 : 30kW/41kW×100% = 73.2%

예제1 기계설비부문 성능지표검토서 중 공기조화기 팬의 에너지절약적 제어방법으로 적정하게 조합된 것은?

① 흡입베인에 의한 제어, 가변속제어, 다단제어
② 가변속제어, 가변익 축류방식, PI제어
③ 가변속제어, 가변익 축류방식, 흡입베인에 의한 제어
④ 가변익 축류방식, 흡입베인에 의한 제어, ON/OFF제어

· 정답 : ③

에너지절약적 제어방식 표기[가변속제어방식(인버터), 흡입 베인제어방식, 가변익축류방식 등]

예제2 건축물의 에너지절약설계기준의 권장사항 중 공조설비 중 "공기조화기 팬은 부하변동에 따른 풍량제어가 가능하도록 가변익축류방식, ( ), 가변속제어방식 등 에너지절약적 제어방식을 채택한다"의 ( ) 속에 적당한 것은 어느 것인가?

① 대수제어방식 ② 토출베인제어방식
③ 가변축제어방식 ④ 흡입베인제어방식

· **정답** : ④
흡입베인제어방식을 채택함

예제3 에너지 절약설계 기준과 관련된 내용 중 기계설비 부문에서 '공기조화기 팬에 가변속제어 등 에너지 절약적 제어방식에 해당되지 않는 것은?

① 대수분할제어방식
② 가변속제어방식(인버터)
③ 흡인베인제어방식
④ 가변익축류방식

· **정답** : ①
열원설비방식에는 – 대수분할방식, 비례제어방식, 다단제어방식이 있다.

항 목	근거서류	근거서류(도면)작성방법
열원설비의 대수분할, 비례제어 또는 다단제어 운전	– 장비일람표 – 자동제어 계통도	– 도면에 에너지절약적 제어방식표기 (대수분할, 비례제어, 다단제어 등) – 전체열원설비의 60%이상적용
공기조화기 팬에 가변속제어등 에너지절약적 제어방식 채택	– 장비일람표 – 자동제어 계통도	– 도면에 에너지절약적 제어방식표기(가변속제어방식(인버터), 흡인베인 제어방식, 가변익축류방식 등 – 공조용 송풍기 전동력의 60% 이상 적용시 인정

예제4 에너지 절약설계 기준과 관련된 내용 중 기계설비 부문에서 '공기조화기 팬에 가변속제어 등 에너지 절약적 제어방식'에서 배점을 인정받을 수 있는 경우로 가장 적합한 것은?

① 공조용 송풍기 전동력의 30% 이상 적용시 인정
② 공조용 송풍기 전동력의 50% 이상 적용시 인정
③ 공조용 송풍기 전동력의 60% 이상 적용시 인정
④ 공조용 송풍기 전동력의 80% 이상 적용시 인정

· **정답** : ③
공조용 송풍기 전동력의 60% 이상 적용시 인정

핵심56 10. 축냉식 전기냉방, 가스 및 유류이용 냉방, 지역냉방, 소형열병합 냉방 적용, 신재생에너지 이용 냉방 적용(냉방용량 담당 비율 %)

(1) 근거서류 및 도면 작성방법

항 목	근거서류	근거서류(도면 작성방법)
축냉식 전기냉방, 가스 및 유류이용냉방, 지역냉방, 소형열병합냉방, 신재생에너지 이용냉방 설비(냉방용량담당비율 %)	· 장비일람표 · 냉방부하 계산서 · 적용비율 계산서	· 장비일람표에 해당 설비 용량 표기 – 전체 냉방 설비용량에 대한 담당 비율에 따른 배점 적용 – 담당비율(%) ＝ (전기대체냉방설비 설치 용량)÷(전체 냉방설비 설치 용량)× 100 – 단, 축냉식 전기 냉방시스템은 열교환기 용량으로 기재 – 담당비율 계산서에 '건축물명 기재 및 기술사 날인' – 한 대지내에 여러동이 있고, 각 동별로 설비가 제어되는 경우 각 동별로 60%이상 적용

(2) 에너지 성능 지표에서의 축냉식 전기냉방, 가스 및 유류이용 냉방, 지역냉방, 소형열병합냉방, 신재생에너지 이용냉방 설비 도면 작성방법

① 장비일람표에 해당 설비 용량 표기

- 전체 냉방 설비 용량에 대한 담당비율에 따른 배점 적용

$$- \text{ 담당비율}(\%) = \frac{\text{전기대체 냉방설비 설치용량 또는 냉방부하의 합}}{\text{전체최대 냉방부하}} \times 100$$

– 단, 축냉식 전기 냉방시스템은 열교환기 용량으로 기재

– 한 대지내에 여러동이 있고, 각 동별로 설비가 제어되는 경우 각 동별로 60% 이상 적용

항 목	기본배점 (a)				배점 (b)					평점 (a*b)
	비주거		주거							
	대형 (3,000m² 이상)	소형 (500~3,000m² 미만)	주택 1	주택 2	1점	0.9점	0.8점	0.7점	0.6점	
10. 축냉식 전기냉방, 가스 및 유류이용 냉방, 지역냉방, 소형열병합 냉방 적용, 신재생에너지 이용 냉방 설비(냉방용량담당비율, %)	2	1	–	1	100	90~100 미만	80~90 미만	70~80 미만	60~70 미만	

예제1 에너지 절약 설계기준 중 기계설비부문 에너지 성능지표의 기계부문 11번의 항목과 관련된 내용 중 부적합한 것은?

① 공공기관 에너지이용합리화 추진에 관한 규정 제10조의 규정을 적용받는 건축물의 경우는 의무사항에 해당된다.
② 근거서류로는 장비일람표, 냉방부하계산서가 있다.
③ 축냉식전기냉방, 가스 및 유류이용냉방, 지역냉방, 소형열병합 냉방 적용, 신재생 에너지 이용 냉방을 적용한다. (냉방용량 담당비율, %)
④ 시스템에어컨은 냉바용량 담당비율에 포함시켜 적용비율을 계산한다.

· 정답 : ④
시스템에어컨은 냉바용량 담당비율에 포함시켜 적용비율을 계산하지 않는다.

예제2 다음 중 연면적 3,000 제곱미터 이상의 신축 건축물에 대한 주간 최대 냉방비율 산출이 올바르게 된 것은?

• 가스식 냉방 : 60,000 kcal/hr	• 전기식 냉방 : 40,000 kcal/hr

① 60 %　　② 50 %
③ 40 %　　④ 30 %

· **정답** : ①
냉방비율 = (가스식냉방)/(가스식냉방 + 전기식냉방)
60,000/60,000 + 40,000 × 100% = 60%

예제3 축냉식 전기냉방, 가스 및 유류이용냉방, 지역냉방, 소형열병합 냉방 적용, 신재생에너지 이용 냉방 적용에 따른 비율 계산으로 옳은 것은?

열원구분	냉방부하(W)	난방부하(W)	비 고
지역냉난방	376,000	321,000	지역냉방
지열히트펌프	191,000	154,000	신재생에너지
가스히트펌프	63,000	43,000	도시가스

① 10%　　② 30%
③ 60%　　④ 100%

· **정답** : ④
{지역냉방(376,000W)+신재생에너지(191,000W)+도시가스(63,000W)} / 냉방부하총계(630,000W) × 100(%) = 100%

예제4 전력피크 부하를 줄이기 위한 에너지성능지표 기계설비부문 10번 항목에 해당하는 냉방방식을 모두 나타낸 것은? 【2015년 국가자격 시험 1회 출제문제】

㉠ 지역냉방	㉡ 가스이용 냉방
㉢ 유류이용 냉방	㉣ 소형열병합 냉방
㉤ 축냉식 전기냉방	㉥ 신재생에너지이용 냉방

① ㉠, ㉡, ㉢, ㉥　　② ㉠, ㉡, ㉢, ㉣, ㉤
③ ㉠, ㉡, ㉢, ㉣, ㉥　　④ ㉠, ㉡, ㉢, ㉣, ㉤, ㉥

· **정답** : ④
에너지성능지표 기계설비부문 10번 항목에 해당하는 냉방방식은 축냉식전기냉방, 가스 및 유류이용냉방, 지역냉방, 소형열병합냉방적용, 신재생에너지이용냉방이므로 ㉠ 지역냉방 ㉡ 가스이용냉방 ㉢ 유류이용냉방 ㉣ 소형열병합 냉방 ㉤ 축냉식전기냉방 ㉥ 신재생에너지이용냉방 모두 포함된다.

예제5 공공기관은 에너지성능지표의 기계부문 10번 항목을 0.6점 이상 획득하였다. (공공기관 에너지이용 합리화 추진에 관한 규정 제10조의 규정을 적용받는 건축물의 경우만 해당)과 관련된 냉방설비에서 냉방비율에 따른 평점으로 가장 적합한 것은? (단, 연면적 5,000m²인 경우)

열원구분	냉방부하(W)	난방부하(W)	비 고
지역냉난방	376,000	321,000	지역냉방
지열히트펌프	191,000	154,000	신재생에너지
가스히트펌프	63,000	43,000	도시가스
EHP	310,000	270,000	전기

항 목	기본배점 (a)				배점 (b)					평점 (a*b)
	비주거		주거							
	대형 (3,000m² 이상)	소형 (500~3,000m² 미만)	주택 1	주택 2	1점	0.9점	0.8점	0.7점	0.6점	
10. 축냉식 전기냉방, 가스 및 유류이용 냉방, 지역냉방, 소형 열병합 냉방 적용, 신재생에너지 이용 냉방 설비(냉방용량 담당 비율, %)	2	1	–	1	100	90~100 미만	80~90 미만	70~80 미만	60~70 미만	

① 1.2점 ② 1.4점
③ 1.6점 ④ 1.8점

· **정답** : ①

376,000+191,000+6,300/냉방부과 총합계(940,000W)×100%= 67.02%이므로
배점은 0.6점
평점 =2점×0.6=1.2점을 받게 된다.

예제6 대형 비주거 건물에서 전체 냉방설비가 다음과 같을 때, 에너지성능지표 기계설비부문 10번항목(전기대체냉방 적용비율)에서 획득할 수 있는 평점(기본배점×배점)은? 【2016년 국가자격 시험 2회 출제문제】

명 칭	용량 (USRT)	성적계수 (COP)	대 수
터보냉동기	300	4.7	1
이중효용 가스흡수식냉동기	250	1.3	2

① 0.8 ② 1.0
③ 1.2 ④ 1.4

· **정답** : ③

1. 전기대체냉방 적용비율 = $\frac{250 \times 2}{250 \times 2 + 300} \times 100\% = 62.5\%$
2. 배점(b)=0.6점
3. 대형 비주거 기계 11항목 배점(a)=2점
4. 평점=2 × 0.6=1.2점

핵심57

11. 전체 급탕용 보일러 용량에 대한 우수한 효율설비 용량비율 (단, 우수한 효율설비의 급탕용보일러는 고효율에너지기자재 또는 에너지소비효율1등급 설비인 경우에만 배점

(1) 근거서류 및 도면 작성방법

항 목	근거서류	근거서류(도면 작성방법)
급탕용 보일러	· 장비일람표 · 용량가중 배점 계산서	· 장비일람표에 '고효율기자재 인증제품 채택' 또는 '에너지 소비효율 1등급제품' (개별가스 보일러의 경우)을 명기 – 가스, 전기온수기도 인정(단, '고효율에너지기자재 인증 제품 채택' 또는 '에너지 소비효율 1등급제품') – 급탕설비 미설치시 배점신청불가

(2) 에너지 성능 지표에서의 급탕용보일러 도면 작성방법

① 장비일람표에 '고효율기자재 인증제품 채택' 또는 '에너지소비효율 1등급제품' (개별가스 보일러의 경우)을 명기

• 가스, 전기온수기도 인정(단, '고효율에너지기자재 인증제품채택' 또는 '에너지소비효율 1등급제품')

② 위생설비 급탕용 저탕조의 설계온도는 55℃ 이하로 하고 필요한 경우에는 부스터히터 등으로 승온하여 사용한다.

• 급탕용 저탕조의 높은 설계온도는 보일러 및 급탕을 위한 열원설비의 용량을 증대시키는 요인으로 작용한다.
동 조항은 적정한 급탕용 저탕조의 설계온도를 제시함으로써 과대 설계에 의한 열효율 감소를 방지함을 목적으로 하고 있다.

예제1 급탕용 보일러 설치시 해당되지 않는 사항은?

① 에너지소비효율1등급 제품 적용
② 고효율에너지기자재 인증제품 적용
③ 급탕용 저탕조의 설계온도는 55℃ 이하로 하고 필요한 경우에는 부스터히터 등으로 승온하여 사용한다.
④ 급탕용 저탕조의 온도를 높게 설정하여 필요한 경우 히터 등으로 승온시 빠른 온도상승을 통한 에너지 절감

· 정답 : ④
급탕용 저탕조의 높은 설계온도는 보일러 및 급탕을 위한 열원설비의 용량을 증대시키는 요인으로 작용한다. 동 조항은 적정한 급탕용 저탕조의 설계온도를 제시함으로써 과대 설계에 의한 열효율 감소를 방지함을 목적으로 하고 있다.

예제2 건축물의 에너지절약설계기준의 권장사항 중 위생설비 급탕용 저탕조의 설계온도는 ( )℃ 이하로 하고 필요한 경우에는 부스터히터 등으로 승온하여 사용한다. 에서 가장 적합한 것은?

① 55 ② 60 ③ 65 ④ 70

· 정답 : ①
55℃ 이하로 한다.

예제3 다음 중 에너지절약계획 설계 검토서의 기계부문 에너지 성능지표와 배점평가에서 적용여부만을 판단하는 항목으로 가장 부적합한 것은?

① 이코노마이저시스템 등 외기냉방시스템의 도입
② 급수용펌프 또는 가압급수펌프 전동기에 가변속 제어 등 에너지절약적 제어방식 채택
③ 기계환기설비의 지하주차장 환기용 팬에 에너지절약적 제어방식 설비 채택
④ 축냉식전기냉방, 가스 및 유류이용냉방, 지역냉방, 소형열병합 냉방적용, 신재생에너지 이용냉방적용

· 정답 : ④
축냉식전기냉방, 가스 및 유류이용냉방, 지역냉방, 소형열병합 냉방적용, 신재생에너지 이용냉방적용(냉방용량 담당비율 : %)에 따라 배점을 부여한다.

예제4 다음 중 에너지절약계획 설계 검토서의 기계부문 에너지 성능지표와 배점평가에서 급탕용보일러의 기본배점을 부여하는 항목으로 가장 적합한 것은?

① 고효율에너지기자재 또는 에너지소비효율 1등급 적용여부
② 신재생에너지기자재 또는 에너지소비효율 1등급 적용여부
③ 에너지절약적 제어방식채택 또는 고효율 에너지기자재 적용여부
④ 신재생에너지기자재 또는 고효율 에너지기자재 적용여부

· 정답 : ①

고효율에너지기자재 또는 에너지소비효율 1등급 적용여부에 따라 기본배점을 부여한다.

핵심58 12. 난방 또는 냉난방순환수 펌프의 대수제어 또는 가변속 제어 등 에너지절약적 제어방식 채택

(1) 근거서류 및 도면 작성방법

항 목	근거서류	근거서류(도면 작성방법)
난방 또는 냉난방순환수 펌프의 대수제어 또는 가변속제어 등의 절약적 제어방식 채택	· 장비일람표 · 자동제어 계통도 · 적용비율 계산서	· 도면에 순환펌프의 제어방식 표기 – 에너지절약적 제어방식 : 대수제어, 가변속제어 등 – 순환펌프 전체동력의 60% 이상 적용시 인정(예비용은 제외)

(2) 에너지 성능 지표에서의 난방 또는 냉난방순환수 펌프의 대수제어 또는 가변속제어 등 에너지절약적 제어방식 채택 도면 작성방법

① 도면에 순환펌프의 제어방식 표기
- 에너지절약적 제어방식 : 대수제어, 가변속 제어 등
- 순환펌프 전체동력의 60% 이상 적용시 인정(예비용은 제외)

예 펌프 장비일람표

장비 번호	수량	용도	설치 위치		유량	양정	동력		제품효율		비 고
					LPM	m	KW	ø/V/Hz	A 효율	B 효율	
P-1	3	냉각수 순환용	기계실	입형 다단	2,213	21	15	3/380 /60	78	64	1대예비(MECHANICAL SEAL 포함), 기타표준 부속품 일체포함, 고효율 에너지기자재 인증제품
P-2	3	냉수 순환용	기계실	입형 다단	3,024	21	37	3/380 /60	80	66	1대예비(MECHANICAL SEAL 포함), 기타표준 부속품 일체포함, 고효율 에너지 기자재 인증제품

예제1 에너지 절약 설계기준 중 기계설비부문 에너지 성능지표의 기계부문 12번 항목 난방 또는 냉난방 순환수 펌프의 대수제어 또는 가변속제어 등 에너지절약적제어방식 채택과 관련된 내용 중 가장 부적합한 것은?

① 냉난방 순환수 펌프 전체 동력의 60%이상 적용여부시 기본배점을 부여한다.
② 순환펌프의 예비용은 도면에 순환펌프의 제어방식 표기
③ 근거서류에는 장비일람표, 자동제어계통도가 포함된다.
④ 주택1은 12번 항목을 적용하지 않는다.

· 정답 : ④

12번 항목은 주거와 비주거 부문 모든 부분에 적용한다.

예제2 **에너지 절약 설계기준 중 기계설비부문 에너지 성능지표의 기계부문 12번 항목 난방 또는 냉난방 순환수 펌프의 대수제어 또는 가변속제어 등 에너지절약적제어방식 채택과 관련된 내용 중 가장 부적합 한 것은?**

① 냉난방 순환수 펌프 전체 동력의 60% 이상 적용여부시 기본배점을 부여한다.
② 순환펌프의 예비용은 제외한다.
③ 근거서류에는 장비일람표, 적용비율계산서가 포함된다.
④ 난방 또는 순환수 펌프의 대수제어 또는 가변속 제어 등 에너지절약적 제어방식 채택은 주거와 비주거 모든 부분에 적용한다.

· **정답 : ③**
근거서류에는 장비일람표, 자동제어계통도가 포함된다.

핵심59 13. 급수용 펌프 또는 가압급수펌프 전동기에 가변속 제어 등 에너지절약적 제어방식 채택

(1) 근거서류 및 도면 작성방법

항 목	근거서류	근거서류(도면 작성방법)
급수용 펌프 또는 가압급수 펌프 전동기에 가변속 제어 등 에너지절약적 제어방식 채택	· 장비일람표 · 자동제어계통도 · 적용비율계산서	· 도면에 급수펌프의 제어방식 표기 – 에너지절약적 제어방식 : 가변속(인버터제어 등) – 급수펌프 전체동력의 60% 이상 적용시 인정

(2) 에너지 성능 지표에서의 급수용 펌프 또는 가압급수펌프 전동기에 가변속 제어 등 에너지절약적 제어방식 채택 도면 작성방법

① 도면에 급수펌프의 제어방식 표기
- 에너지절약적 제어방식 : 가변속(인버터) 제어 등
- 급수펌프 전체동력의 60% 이상 적용시 인정

예 펌프 장비일람표

장비번호	수량	용도	설치위치	형식	유량	양정	동력		제품효율		비 고
					LPM	m	KW	ø/V/Hz	A효율	B효율	
P-3	1SET	급수용	기계실	부스터	200×2	40	3.0×2	3/380/60	62.98	62.36	인버터제어 기타표준 부속품 일체 포함, 고효율에너지기자재 인증제품
P-4	1SET	급수용	기계실	부스터	367×3	40	5.5×3	3/380/60	67.92	67.08	인버터제어 기타표준 부속품 일체 포함, 고효율에너지기자재 인증제품
P-5	1	배수용	PIT	수중펌프	100	7	0.6	3/380/60			기타표준부속품 일체 포함, KS제품 또는 KS제품규격효율 이상제품

예제 **기계설비부문 성능지표검토서 중 12번 항목인 난방 또는 냉난방순환수 펌프의 대수제어 또는 가변속제어 등 에너지절약적 제어방식 채택, 13번 항목인 급수용 펌프 또는 가압급수펌프 전동기에 가변속 제어 등 에너지절약적 제어방식 채택 등에서 공통으로 전체동력의 몇 % 이상일 경우 부여된 점수를 받을 수 있는가?**

① 50% ② 60%
③ 65% ④ 70%

· **정답 : ②**
12번 항목인 난방 또는 냉난방순환수 펌프의 대수제어 또는 가변속제어 등 에너지절약적 제어방식 채택, 13번 항목인 급수용 펌프 또는 가압급수펌프 전동기에 가변속 제어 등 에너지절약적 제어방식 채택 등에서 공통으로 전체동력의 60% 이상일 경우 부여된 점수를 받을 수 있다.

핵심60 14. 기계환기설비의 지하주차장 환기용 팬에 에너지절약적 제어방식 설비 채택

(1) 근거서류 및 도면 작성방법

항 목	근거서류	근거서류(도면 작성방법)
기계환기설비의 지하주차장 환기용 팬에 에너지절약적 제어방식 설비 채택	· 장비일람표 · 자동제어 계통도 · 적용비율 계산서	· 도면에 지하주차장 환기팬 제어방식 표기 – 에너지절약적 제어방식 : 대수제어, 풍량조절제어(가변익, 가변속도) CO농도제어 등 – 지하주차장 팬 전체동력의 60% 이상 적용시 인정

(2) 에너지 성능 지표에서의 기계환기설비의 지하주차장 환기용 팬에 에너지절약적 제어방식 설비 채택도면작성방법

① 도면에 지하주차장 환기팬 제어방식 표기
- 에너지절약적 제어방식 : 대수제어, 풍량조절제어(가변익, 가변속도), CO농도 제어 등
- 지하주차장 팬 전체동력의 60% 이상 적용시 인정

예제1 에너지성능지표검토서 중 기계환기설비의 지하주차장과 관련된 내용 중 (   ) 안에 가장 적합한 것은?

> 기계환기시설의 환기용 팬에 에너지절약적 제어방식 설비 채택시 지하주차장 환기용 팬의 전체 동력의 (㉠)이상 적용 시 (㉡)을 획득한다.

① ㉠ 60%, ㉡ 1점　　② ㉠ 50%, ㉡ 1점
③ ㉠ 40%, ㉡ 2점　　④ ㉠ 30%, ㉡ 2점

· **정답** : ①
기계환기시설의 환기용 팬에 에너지절약적 제어방식 설비 채택시 지하주차장 환기용 팬의 전체동력의 60% 이상 적용시 1점을 획득한다.

예제2 에너지성능지표검토서 중 지하주차장 환기용 팬에 에너지절약적 제어방식 설비 채택에 대한 설명 중 옳은 것은?

① 대수제어, 풍량조절제어, CO 농도 제어를 통한 에너지절약적 방식을 채택한다.
② 배기되는 공기로부터 활용할 수 있는 열을 회수하여 이용함으로써 에너지를 효율적으로 사용할 수 있도록 한다.
③ 지하주차장 팬 전체동력의 50% 이상 적용되어야 한다.
④ 실내 오염정도에 따라 CO_2 농도를 감지하여 외기량을 가변적으로 제어하는 방식을 통해 에너지절감을 할 수 있도록 한다.

· **정답** : ①
② 폐열 회수 시스템
③ 60% 이상
④ CO_2 농도에 의한 제어

예제3 기계설비부문 성능지표검토서 중 14번 항목인 기계환기설비의 지하주차장 환기용 팬에 에너지절약적 제어방식으로 적합하지 않은 것은?

① 대수제어　　② 흡입댐퍼제어
③ 풍량조절제어　　④ CO 농도제어

· **정답** : ②
대수제어, 풍량조절제어, CO 농도 제어를 통한 에너지절약적 방식을 채택한다.

핵심61 15. TAB 또는 커미셔닝 설치

(1) 근거서류 및 도면 작성방법

항목	근거서류	근거서류(도면 작성방법)
TAB 또는 커미셔닝 설치	· TAB 또는 커미셔닝 계약서 및 수행계획서 · TAB 실시예정 확인서 · TAB 또는 커미셔닝 결과보고서 (에너지절약계획 이행 검토서 제출 시)	· TAB 또는 커미셔닝 계약서 및 수행계획서 제출 시 인정 – TAB의 경우 계약서 및 수행계획서 대신 건축주 및 기술사(관계전문기술자 협력대상 건축물의 경우)가 날인한 실시예정 확인서를 제출하여 배점 취득 가능 – 개별 냉난방설비가 적용된 건축물의 경우 배점 취득 불가 · TAB 또는 커미셔닝 실시에 대한 에너지성능지표 평점을 획득한 경우 사용승인 신청 시 제출하는 [별지 제3호서식] 에너지절약계획 이행검토서에 결과보고서를 반드시 첨부해야 함

(2) 에너지성능지표 TAB 또는 커미셔닝 실시 도면 작성방법

① TAB 또는 커미셔닝 계약서 및 수행계획서 제출 시 인정

- TAB의 경우 계약서 및 수행계획서 대신 건축주 및 기술사(관계전문기술자 협력대상 건축물의 경우)가 날인한 실시예정 확인서를 제출하여 배점 취득 가능
- 개별 냉난방설비가 적용된 건축물의 경우 배점 취득 불가

② TAB 또는 커미셔닝 실시에 대한 에너지성능지표 평점을 획득한 경우 사용승인 신청 시 제출하는 [별지 제3호서식] 에너지절약계획 이행검토서에 결과보고서를 반드시 첨부해야 함

핵심62 16. 지역난방방식 또는 소형가스열병합발전 시스템, 소각로 활용폐열시스템을 채택하여 1번, 8번 항목의 적용이 불가한 경우의 보상점수

(1) 근거서류 및 도면 작성방법

항목	근거서류	근거서류(도면 작성방법)
지역난방방식 또는 소형가스열병합발전 시스템, 소각로 활용 폐열시스템을 채택	· 장비일람표 · 열원흐름도 · 적용비율계산서	· 보상점수 취득시 1.8번 항목에 배점불가 · 지역난방, 소형가스열병합발전, 소각로 활용폐열시스템은 난방설비용량의 60% 이상 적용할 경우 인정 – 전체 난방용량 계산시 지열 등 신재생 용량은 제외 – 부열원이 있는 경우, 부열원은 기계 1번 항목의 0.9점 이상을 취득할 수 있는 효율값을 적용 또는 에너지소비효율1등급 수준설치에 한함

(2) 에너지 성능 지표에서의 지역난방방식 또는 소형가스열병합발전 시스템, 소각로 활용 폐열시스템을 채택 도면 작성방법

① 보상점수 취득시 1.8번 항목에 배점불가

② 지역난방, 소형가스열병합발전, 소각로 활용폐열시스템은 난방설비용량의 60% 이상 적용할 경우 인정

- 전체 난방용량 계산시 지열 등 신재생 용량은 제외
- 부열원이 있는 경우, 부열원은 기계 1번 항목의 0.9점 이상을 취득할 수 있는 효율값을 적용 또는 에너지소비효율1등급 수준설치에 한함

핵심63 17. 개별난방 또는 개별난방방식을 채택하여 8번, 12번 항목의 적용이 불가한 경우의 보상점수

(1) 근거서류 및 도면 작성방법

항목	근거서류	근거서류(도면 작성방법)
개별난방 또는 개별냉난방방식 을 채택하여 8번, 12번 항목의 적용이 불가한 경우의 보상 점수	· 장비일람표 · 열원흐름도 −개별난방 −개별 냉난방 · 자동제어 계통도	· 보상점수 취득시 8, 12번 항목에 배점불가 · 개별냉난방 : 실내기가 집합 또는 중앙식으로 제어되는 시스템을 포함한 경우로 중앙에서 모니터링기능, 스케줄제어, 피크전력제어(전기구동식) 가 가능하고, 가변속제어 또는 용량제어가 가능해야 함 (공동주택 제외)

(2) 개별난방 또는 개별 냉난방방식을 채택하여 8번, 12번 항목의 적용이 불가한 경우의 보상점수 도면 작성 방법

① 에너지 성능 지표에서의 개별난방 또는 개별냉난방방식[주10)] 을 채택 도면 작성방법

- 보상점수 취득시 8, 12번 항목에 배점 불가
- 개별 냉난방 : 실내기가 집합 또는 중앙식으로 제어되는 시스템을 포함한 경우로 중앙에서 모니터링 기능, 스케줄제어, 피크전력제어(전기구동식)가 가능하고, 가변속제어 또는 용량 제어가 가능해야함 (공동주택 제외)

주10) 개별냉난방방식은 실내기가 집합 또는 중앙식으로 제어되는 시스템을 포함한 경우로 중앙에서 모니터링 기능, 스케줄제어, 피크전력제어(전기구동방식일 경우에 한함)가 가능하고 가변속제어 또는 용량제어가 가능할 경우에 한한다. 단 공동주택은 그러하지 아니하다.

예제1 에너지성능지표검토서 중 17번 항목인 개별난방방식은 실내기가 집합 또는 중앙식으로 제어되는 시스템을 포함한 경우에 해당하는 제어시스템으로 가장 부적합한 것은?

① 대수제어
② 중앙에서 모니터링 기능
③ 스케줄제어
④ 피크전력제어(전기구동방식일 경우에 한함)

· **정답** : ①
대수제어는 포함하지 않는다.

예제2 다음 중 에너지절약계획 설계 검토서의 에너지성능지표 기계부문 배점에 대해 가장 적합한 것은?

【13년 1급 출제유형】

① 에너지소비효율 1등급 멀티전기히트펌프시스템을 채택하면 난방 설비항목의 배점을 0.9점 획득할 수 있다.
② 개별가스보일러의 경우 에너지소비효율 1등급제품을 명기한 경우 배점을 0.6점 획득할 수 있다.
③ 열원 및 공조용 송풍기의 효율이 60%이면 열원 및 공기의 효율 항목 배점을 0.8점 획득할 수 있다.
④ 지역난방방식 난방설비의 경우 난방설비항목의 배점이 불가하므로 보상점수를 획득할 수 있다.

· **정답** : ④
① 에너지소비효율 1등급 멀티전기히트펌프시스템을 채택하면 난방 설비항목의 배점을 0.9점 획득할 수 있다. (기타 난방설비의 경우 경우 에너지소비효율 1등급제품을 명기한 경우 배점을 1.0점 획득할 수 있다.)
② 개별가스보일러의 경우 에너지소비효율 1등급제품을 명기한 경우 배점을 1점 획득할 수 있다.
③ 열원 및 공조용 송풍기의 효율이 60%이면 열원 및 공기의 효율 항목 배점을 1점 획득할 수 있다.

예제3 지역난방방식 또는 소형가스열병합발전, 소각로 활용폐열 시스템 적용에 따른 보상점수 내용 중 맞는 것은?

① 지역난방, 소형가스열병합발전 시스템은 난방설비용량의 60% 이상 적용할 경우 인정
② 지역난방, 소형가스열병합발전 시스템은 난방설비용량의 50% 이상 적용할 경우 인정
③ 지역난방, 소형가스열병합발전 시스템은 냉난방설비용량의 60% 이상 적용할 경우 인정
④ 지역난방, 소형가스열병합발전 시스템은 냉난방설비용량의 50% 이상 적용할 경우 인정

· **정답 : ①**

지역난방, 소형가스열병합발전, 소각로 활용 폐열 시스템은 난방설비용량의 60% 이상 적용할 경우 인정한다.

예제4 에너지 절약설계 기준 기계설비 성능지표 부문에서 9번 항목인 공기조화기 팬에 가변속제어 등 에너지절약적 제어방식채택, 12번 항목인 난방 또는 냉난방 순환수펌프의 대수제어 또는 가변속제어 등 에너지절약적 제어방식, 13번 항목인 급수용펌프 또는 가압 급수펌프 전동기에 가변속 제어 등 에너지절약적 제어방식채택 등에서 공통으로 전체동력의 몇 % 이상일 경우 부여된 점수를 받을 수 있는가?

① 30% ② 40%
③ 50% ④ 60%

· **정답 : ④**

9번 항목인 공기조화기 팬에 가변속제어 등 에너지절약적 제어방식채택, 12번 항목인 난방 또는 냉난방 순환수펌프의 대수제어 또는 가변속제어 등 에너지절약적 제어방식, 13번 항목인 급수용펌프 또는 가압 급수펌프 전동기에 가변속 제어 등은 전체동력의 60% 이상 일 때, 부여된 점수를 받을 수 있다.

▌전기분야 도서분석▌

핵심64 전기설비부문의 의무사항

항 목	채택여부 (제출자 기재)		근거	확 인 (허가권자 기재)	
	채택	미채택		확인	보류
다. 전기설비부문					
① 변압기는 고효율제품으로 설치하였다.(신설 또는 교체 변압기만 해당)					
② 전동기에는 기본공급약관 시행세칙 별표6에 따른 역률개선용커패시터 (콘덴서)를 전동기별로 설치하였다. (소방설비용 전동기 및 인버터 설치 전동기는 제외하며, 신설 또는 교체 전동기만 해당)					
③ 간선의 전압강하는 한국전기설비규정에 따라 설계하였다					
④ 조명기기중 안정기내장형램프, 형광램프를 를 채택할 때에는 산업 통상자원부고시 「효율관리기자재 운용규정」에 따른 최저소비효율을 만족하는 제품을 사용하고, 주차장 조명기기 및 유도등은 고효율 제품에 해당하는 LED 조명을 설치하였다.					
⑤ 공동주택의 각 세대내 현관, 숙박시설의 객실 내부입구 및 계단실을 건축 또는 변경하는 경우 조명기구는 일정시간 후 자동 소등되는 조도자동조절 조명기구를 채택하였다.					
⑥ 거실의 조명기구는 부분조명이 가능하도록 점멸회로를 구성하였다. (공동주택 제외)					
⑦ 공동주택 세대별로 일괄소등 스위치를 설치하였다.(전용면적 60제곱미터 이하의 주택은 제외)					
⑧ 법 제14조의2의 용도에 해당하는 공공건축물로서 에너지 성능지표 전기설비부문 8번 항목 배점을 0.6점 이상 획득하였다. 다만, 「공공기관 에너지이용합리화 추진에 관한 규정」 제6조제3항의 규정을 적용받는 건축물의 경우에는 해당 항목 배점을 1점 획득하여야 한다.					

※ 근거서류 중 도면에 의하여 확인하여야 하는 경우는 도면의 일련번호를 기재하여야 한다.

※ 만약, 미채택이거나 확인되지 않은 경우에는 더 이상의 검토 없이 부적합으로 판정한다. 확인란의 보류는 확인되지 않은 경우이다. 다만, 자료제시가 부득이한 경우에는 당해 건축사 및 설계에 협력하는 해당분야(기계 및 전기) 기술사가 서명·날인한 설치예정확인서로 대체할 수 있다.

예제1 **건축물에너지 절약 계획서 전기설비부문의 의무사항에 해당되지 않는 항목으로 가장 적합한 것은?**

① 고효율 변압기 설치
② 간선의 전압강하 준수
③ 공동주택 세대별로 일괄소등스위치 설치
④ 최대수요전력제어설비 설치

· **정답 : ④**

최대수요전력제어설비설치는 전기설비부문 에너지성능지표 4번 항목에 해당된다.

예제2 **다음 중 건축물의 에너지 절약설계기준에서 전기설비부문 의무사항 8가지 항목으로 가장 부적합한 것은?**

① 부분조명이 가능하도록 점멸회로 구성
② 조도자동조절 조명기구 설치
③ 역률개선용 콘덴서 설치
④ 층별 및 임대구획별로 전력량계를 설치

· **정답 : ④**

층별 및 임대구획별로 전력량계를 설치하는 것은 전기설비부문 에너지성능지표 7번 항목에 해당된다.

예제3 **다음 중 건축물의 에너지 절약설계기준에서 전기설비부문 의무사항 8가지 항목으로 가장 부적합한 것은?**

① 간선의 전압강하 준수
② 일괄소등 스위치 설치
③ 무정전전원장치 또는 난방용 자동온도조절기 설치
④ 고효율 변압기 설치

· **정답 : ③**

무정전전원장치 또는 난방용 자동온도조절기 설치를 채택 하는 항목은 전기설비 부문 에너지성능지표 는 법의 개정으로 에너지 성능지표에서 삭제 되었다.

예제4 **다음 중 건축물의 에너지 절약설계기준에서 전기설비부문 의무사항 8가지 항목으로 가장 부적합한 것은?**

① 변압기는 고효율 제품으로 설치
② 간선의 전압강하 준수
③ 조명기기는 고효율조명기기 사용
④ 대기전력저감우수 제품 채택

· **정답 : ④**

대기전력저감우수제품은 에너지성능지표부문에서 공동주택의 경우 도어폰의 경우에 해당한다는 법의 개정으로 삭제 되었다.

핵심65 ① 변압기는 고효율제품으로 설치하였다.(신설또는 교체 변압기만 해당)

1) 근거서류 : 수변전설비 단선결선도.
2) 근거서류(도면)작성방법
   - 도면에 '효율관리기자재 운용규정'에서 정한 고효율 변압기 사용 (표준 소비효율 기준을 만족하는 제품)표기

※ 일반적으로 고효율변압기는 CORE(철심)의 재질을 방향성규소강판(CGO)대신 자구미세화 또는 아몰퍼스로 이루어진 몰드형임

예제1 전기설비부문 중 고효율변압기 설치에 대한 설명 중 옳지 않은 것은?

① 산업통상자원부 고시「효율관리기자재 운용규정」에서 정한 고효율변압기
② 근거서류 : 수변전설비 단선결선도
③ 표준소비 효율 기준을 만족하는 제품표기
④ 증축 또는 교체 변압기만 해당

· **정답** : ④
신설 또는 교체 변압기만 해당

예제2 건축물의 에너지절약설계기준 중 권장사항에서 수변전설비는 수전전압 25kV이하의 수전설비에서는 변압기의 (　) 손실을 줄이기 위하여 충분한 안전성이 확보된다면 (　)방식을 채택하며 건축물의 규모, 부하특성, 부하용량, 간선손실, 전압강하 등을 고려하여 손실을 최소화할 수 있는 변압방식을 채택한다.

① 무부하, 직접강압
② 무부하, 간접강압
③ 무효전력, 직접강압
④ 무효전력, 간접강압

· **정답** : ①
무부하 / 직접강압

예제3 변압기 중 가장효율이 좋은 변압기는 다음 중 어느 것인가?

① 유입변압기
② 몰드 변압기
③ 건식변압기
④ 아몰퍼스 몰드 변압기

· **정답** : ④
아몰퍼스 몰드 변압기는 전력변환장치로서 철심소재를 기존의 방향성 규소강판대신 철과 붕소, 규소 혼합물을 사용한 철심을 적용하여 무부하손(철손)을 기존 규소강판 변압기 대비 75% 이상 절감한 고효율 변압기이다.

핵심66 **② 전동기에는 기본공급약관 시행세칙 별표6에따른 역률개선용커패시터 (콘덴서)를 전동기별로 설치하였다. (소방설비용 전동기 및 인버터 설치 전동기는 제외하며, 신설 또는 교체 전동기만 해당)**

(1) **전동기에는 기본공급약관 시행세칙 별표6에따른 역률개선용커패시터(콘덴서)를 전동기별로** 설치하여야 한다. 다만, 소방설비용 전동기 및 인버터 설치 전동기에는 그러하지 아니할 수 있다.
※ 근거서류 : 장비일람표 (W/ 콘덴서 용량), MCC 결선도

(2) 근거서류(도면)작성방법
- 도면에 역률개선용 커패시터 (콘덴서) 부착여부 표기
- 장비일람표 산의 모든 전동기에 대한 MCC결선도작성과 적정용량 부착여부 확인

예제1 전기설비 부문 의무사항중 역률 개선용 커패시터 (콘덴서)에 대한 설명 중 가장 적합한 것은?
① 모든 전동기에 콘덴서를 설치하여야 한다.
② 대한 전기협회가 정한 내선규정의 콘덴서부설용량 기준표 외에 국제기준을 적용할 수 있다.
③ 소방설비용 전동기 및 인버터 전동기에는 설치하지 않을 수 있다.
④ 0.5kW 이상의 모든 전동기에 부착하여야 한다.

· 정답 : ③
다만, 소방설비용 전동기 및 인버터 설치 전동기에는 그러하지 아니할 수 있다.

예제2 건축물의 에너지절약설계기준의 중 전동기에는 대한전기협회가 정한 내선규정의 역률개선용콘덴서를 전동기별로 설치하여야 한다. 다만, ( )전동기 및 ( )전동기에는 그러하지 아니할 수 있다.
① 예비용, 대수제어
② 소방설비용, 대수제어
③ 예비용, 인버터 설치
④ 소방설비용, 인버터 설치

· 정답 : ④
소방설비용 / 인버터 설치

예제3 건축물의 에너지절약설계기준의 중 변압기 또는 전동기 등에 역률을 개선시키기 위해 병렬로 접속하는 설비로서 가장 적합한 것은?
① 진상콘덴서
② 직렬 콘덴서
③ 병렬리액터
④ 직렬리액터

· 정답 : ①

예제4 "건축물의 에너지절약설계기준" 전기설비부문의 근거서류 중 MCC 결선도를 통해 확인할 수 있는 항목은? 【2016년 국가자격 시험 2회 출제문제】
① 변압기 대수제어 가능 뱅크 구성
② 대기전력자동차단콘센트 설치
③ 전동기별 역률개선용 콘덴서 설치
④ 일괄소등스위치 설치

· 정답 : ③
전동기별 역률개선용콘덴서설치의 근거서류에는 MCC결선도를 통해 확인할 수 있다.

핵심67 ③ 간선의 전압강하는 한국전기설비규정에 따라 설계하였다.

(1) 전압강하는 배전선로의 송전단전압 (인입전압)과 수전단전압(부하측전압)과의 차를 말하며, 이 전압강하의 수전단전압에 대한 백분율(%)을 전압강하율이라고 한다. 전압강하는 부하전류에 비례하므로 부하가 증가하면 수전단전압이 내려가고 부하가 감소하면 수전단전압은 올라간다.

※ 근거서류 : 전압강하 계산서

1) 한국전기설비규정 KEC 232.3.9 수용가 설비에서의 전압강하에 따라 다른 조건을 고려하지 않은 상태에서 수용가 설비의 인입구와 부하점 사이의 전압강하는 설비의 공칭 전압에 대하여 표 232.3-1의 값 이하이어야 함

[표 232.3-1 수용가설비의 전압강하]

설비의 유형	조명 (%)	기타 (%)
A - 저압으로 수전하는 경우	3	5
B - 고압 이상으로 수전하는 경우a	6	8

a가능한 한 최종회로 내의 전압강하가 A 유형의 값을 넘지 않도록 하는 것이 바람직하다. 사용자의 배선설비가 100 m를 넘는 부분의 전압강하는 미터 당 0.005% 증가할 수 있으나 이러한 증가분은 0.5%를 넘지 않아야 한다.

2) 전압강하 산출방법(한국전기설비규정 해설서)

- 전압강하는 다음 식을 사용하여 정할 수 있음

$$u = b(\rho_1 \frac{L}{S} cos\Phi + \lambda L sin\Phi) I_B$$

u : 전압강하[V]

b : 배선방식에 대한 계수

* 3상 회로일 때는 1, 단상 회로일 때는 2를 사용하고, 30% 이상의 불평형률(단상부하)을 가지는 3상 회로는 단상회로로 간주하여 2를 사용한다(단상 3선식의 경우 1을 사용)

ρ_1 : 통상적인 사용에서 도체의 저항률

L : 배선설비의 직선 길이[m]

S : 도체의 단면적[mm^2]

$cos\Phi$: 역률, 정확한 사항을 알고 있지 못한 경우 역률은 0.8($sin\Phi$=0.6)

λ : 도체의 단위길이당 리액턴스이며, 다른 자세한 사항을 알고 있지 못한 경우, 0.08mΩ/m

I_B : 설계전류[A]

3) 옥내배선 등 비교적 전선의 길이가 짧고, 전선이 가는 경우에서 표피효과나 근접효과 등에 의한 도체저항값의 증가분이나 리액턴스분을 무시해도 지장이 없는 때는 아래 계산식으로 전압강하를 계산할 수 있다.

배전방식	전압강하	비고
단상 2선식	e = 35.6·L·I / 1000A	선간
단상 3선식	e = 17.8·L·I / 1000A	대지간
3상 3선식	e = 30.8·L·I / 1000A	선간
3상 4선식	e = 17.8·L·I / 1000A	대지간

※ e = 전압강하 [V], I = 부하전류 [A], L = 전선의 길이 [m], A = 사용전선의 단면적 [mm^2]

예제1 수용설비의 전압강하에서 저압으로 수전하는 경우 조명 (㉠)% 기타 (㉡)% 이하로 한다. ( ) 안에 가장 적합한 것은?

① ㉠ 3[%], ㉡ 5[%]　　② ㉠ 2[%], ㉡ 3[%]
③ ㉠ 3[%], ㉡ 2[%]　　④ ㉠ 3[%], ㉡ 2[%]

· 정답 : ②
수용설비의 전압강하 저압으로 수전하는 경우 조명은 3%, 기타는 5%이다.

예제2 전기부문 의무사항 중 전압강하 계산식 중 가장 적합한 것은?

① (17.4 × 전선길이 × 부하기기의 정격전류)/(1000 × 전선의 단면적) – 3상4선식
② (17.6 × 전선길이 × 부하기기의 정격전류)/(1000 × 전선의 단면적) –3상4선식
③ (17.8 × 전선길이 × 부하기기의 정격전류)/(1000 × 전선의 단면적) –3상4선식
④ (17.2 × 전선길이 × 부하기기의 정격전류)/(1000 × 전선의 단면적) –3상4선식

· 정답 : ③
③ (17.8 × 전선길이 × 부하기기의 정격전류)/(1000 × 전선의 단면적) – 3상4선식

예제3 어떤 비주거 소형건축물의 분기회로가 다음과 같을 때 LE-102실의 전압강하와 전압강하율로 가장 적합한 것은? (단, 정격전압은 220V 로 본다)

구 간		연결부하 특성					CABLE SCHEDULE			전압 강하계산	
PANEL BOARD	FROM	배전 방식	배전전압 (V)	거리 (m)		전류 (A)	전류	굵기	허용 전류 (A)	전압 강하 (A)	강하율 (%)
LE-101	전기실	3φ 4W	380/5220V	175	101,755	154.6	F-CV	70/1C×4	190.2	( )	( )
LE-102	전기실	3φ 4W	380/220V	177	113,250	172.1	F-CV	70/1C×4	190.2	( )	( )
LE-103	전기실	3φ 4W	380/220V	124	64,350	97.8	F-CV	35/4C×1	112.1	( )	( )

① 전압강하 : 7.75 전압강하율 : 3.52%
② 전압강하 : 6.68 전압강하율 : 3.13%
③ 전압강하 : 6.17 전압강하율 : 2.80%
④ 전압강하 : 7.15 전압강하율 : 3.25%

· 정답 : ①
LE-102
전압강하 e = 17.8 × L(전선길이) × I(정격전류)/1,000 × A(전선의 단면적)
e = 17.8 × 177 × 172.1/1,000 × 70 = 7.75
전압강하율 δ = e/Vrn × 100
δ = 7.75/220 × 100 = 3.52%

예제4 전기부문의무사항 중 전선의 전압강하와 관련된 사항 중 가장 부적합한 것은?

① 각 배전반에서 분전반까지 간선들의 전압강하율은 최대값을 만족해야 한다.
② 간선의 전압강하는 전선의 길이에는 비례하고 부하기기의 정격전류에 반비례한다.
③ 근거서류에는 전압강하계산서가 포함된다.
④ 사용자의 배선설비가 100m를 넘는 부분의 전압강하는 미터당 0.005%fh 증가할 수 있으나 이러한 증가분은 0.5%를 넘지 않아야 한다.

· 정답 : ②
간선의 전압강하는 전선의 길이 및 부하기기의 정격전류에 비례하고, 전선의 단면적에 반비례하므로 전압강하율이 내선규정보다 큰 경우 전선의 단면적을 크게 해야 한다.

예제5 "건축물의 에너지절약설계 기준" 전기설비부문의 의무사항 중 배전방식별 간선의 전압강하 계산식으로 적절하지 않은 것은? (단, A : 전선의 단면적(mm^2), L : 전선 1본의 길이(m), I : 부하기기의 정격전류(A)) 【2016년 국가자격 시험 2회 출제문제】

① 단상 2선식 : 전압강하(V) = $(35.6 \cdot L \cdot I)/(1000 \cdot A)$: 선간
② 단상 3선식 : 전압강하(V) = $(35.6 \cdot L \cdot I)/(1000 \cdot A)$:대지간
③ 3상 3선식 : 전압강하(V) = $(30.8 \cdot L \cdot I)/(1000 \cdot A)$:선간
④ 3상 4선식 : 전압강하(V) = $(17.8 \cdot L \cdot I)/(1000 \cdot A)$: 대지간

· **정답** : ②
단상 3선식 : 전압강하(v) = $(17 \cdot 8 \cdot L \cdot I)/(1000 \cdot A)$:대지간

핵심68 **④ 조명기기 중 안정기내장형램프, 형광램프를 채택할 때에는 산업통상자원부 고시「효율관리 기자재 운용 규정」에 따른 최저소비효율기준을 만족하는 제품을 사용하고, 주차장 조명기기 및 유도등은 고효율제품에 해당하는 LED 조명을 설치하였다.**

(1) 근거서류 : 조명기구상세도

(2) 근거서류(도면)작성방법

도면에 조명기기 사양 및 고효율조명기기 사용을 표기
- 모든 조명기기의 구성품에 대한 타입, 소비전력, "고효율 인증제품 또는「효율관리기자재 운용규정」에서 정한 최저소비효율 기준을 만족하는 제품사용(에너지소비효율 1등급 제품, 최저소비효율 기준을 만족하는 제품")여부를, 도면에 명시
- 주차장 조명기기 및 유도등은 LED조명여부 도면에 명시(고효율제품 채택)

예제1 에너지절약 설계기준 중 전기설비부문 의무사항관련 4번 항목에서 ( ) 안에 가장 적합한 것은?

도면에 조명기기 사양 및 고효율조명기기 사용을 표기하며, 모든 조명기기의 구성품에 대한 타입, 소비전력, "고효율 인증제품 또는 (㉠), (㉡)을 만족하는 제품" 여부를, 도면에 명시

① ㉠ 에너지소비효율 1등급 제품, ㉡ 최저소비효율기준
② ㉠ 에너지소비효율 1등급 제품, ㉡ 최고소비효율기준
③ ㉠ 에너지소비효율 2등급 제품, ㉡ 표준소비효율
④ ㉠ 에너지소비효율 2등급 제품, ㉡ 최고소비효율기준

· **정답** : ①
도면에 조명기기 사양 및 고효율조명기기 사용을 표기하며, 모든 조명기기의 구성품에 대한 타입, 소비전력, "고효율에너지기자재 인증제품 또는 (㉠ 에너지소비효율 1등급 제품), (㉡ 최저소비효율기준)을 만족하는 제품" 여부를, 도면에 명시

예제2 고효율 조명기기 설치시 근거서류로 가장 적합한 것은?

① 조명기구 상세도 ② 전등설비 평면도
③ 설치예정확인서 ④ 적용비율계산서

· **정답** : ①
고효율조명기기설치시 근거서류는 조명기구상세도 이다.

핵심69 **⑤ 공동주택의 각 세대내의 현관, 숙박시설의 객실 내부입구 및 계단실을 건축 또는 변경하는 경우 조명기구는 일정시간 후 자동 소등되는 제5조제12호마목에 따른 조도자동조절 조명기구를 채택하였다.**

마. "조도자동조절조명기구"라 함은 인체 또는 주위 밝기를 감지하여 자동으로 조명등을 점멸하거나 조도를 자동 조절할 수 있는 센서장치 또는 그 센서를 부착한 등기구로서 고효율인증제품 또는 동등 이상의 성능을 가진 것을 말하며, LED센서 등을 포함한다. 단, 백열전구를 사용하는 조도자동조절조명기구는 제외한다.

(1) 근거서류 : 단위세대(객실) 전등설비평면도

(2) 근거서류(도면)작성방법

① 도면에 '조도자동조절 조명기구' 종전고효율 인증ㅣ준을 만족하는 제품 사용 표기

- 조도자동조절 조명기구(센서등) : 인체 또는 주위 밝기를 감지하여 자동으로 점멸하거나 조도를 자동 조절할 수 있는 조명등으로 고효율인증제품을 사용(LED 포함)
- 조도자동조절 조명기구, 비상시 부하에도 백열전구 사용을 금지한다.
- 전체 type의 세대도면을 제출할 것

예제1 **에너지절약 설계기준 중 전기설비부문 의무사항관련 5번 항목인 "공동주택의 각 세대내의 현관, 숙박시설의 객실 내부입구 및 계단실의 조명기구" 설치에 관련된 내용 중 가장 부적합한 것은?**

① 인체 또는 주위 밝기를 감지하여 자동적으로 점멸되거나 조도를 자동 조절 할 수 있는 조명등으로 고효율에너지 기자재 인증제품을 사용한다.
② 전체 타입의 세대도면을 제출하여야 한다.
③ 조도자동조절 조명기구, 비상시 부하에 백열전구를 사용한다.
④ 조도자동조절조명기구에는 LED센서 등을 포함한다.

· 정답 : ③
조도자동조절 조명기구, 비상시 부하에도 백열전구사용을 금한다.

예제2 **에너지절약 설계기준 중 전기설비부문 의무사항관련 5번 항목인 "공동주택의 각 세대내의 현관, 숙박시설의 객실 내부입구 및 계단실의 조명기구" 설치에 관련된 내용 중 제출하여야 할 근거서류로서 가장 적합한 것은?**

① 단위세대(객실) 전등설비평면도
② 조명기구상세도
③ 수변전설비단선결선도
④ 전압강하계산서

· 정답 : ①
② 조명기구상세도 – 의무사항 4번 항목 조명기기관련 근거서류
③ 수변전설비단선결선도 – 의무사항 1번 항목 고효율변압기 관련 근거서류
④ 전압강하계산서 – 의무사항 3번 항목 간선의 전압강하 관련 근거서류

핵심70 ⑥ 거실의 조명기구는 부분조명이 가능하도록 점멸회로를 구성하였다.(공동주택 제외)

(1) **근거서류** : 전등설비평면도, 설치예정확인서

(2) **근거서류(도면)작성방법**

도면에 조명기구가 부분조명이 가능하도록 점멸회로를 구성하고, 일사광선이 들어오는 창측의 전등군은 부분점멸이 가능하도록 설계

- 공동주택은 의무사항 아님

예제1 전기부문 의무사항 중 거실의 조명기구는 부분조명이 가능하도록 점멸회로를 구성하였다. 에서 의무사항에 해당되지 않는 용도로 가장 적합한 것은?

① 학교　　② 사무실
③ 상점　　④ 공동주택

· **정답** : ④
공동주택은 부분조명이 가능하도록 점멸회로를 구성하는 의무사항에 해당하지 않는다.

핵심71 ⑦ 공동주택 대별로 일괄소등스위치를 설치하였다.(전용면적 60제곱미터 이하의 주택은 외)

(1) **근거서류** : 전등설비평면도

(2) **근거서류(도면)작성방법**

- (공동주택) 세대 유형별로 현관에 일괄소등스위치를 설치, 전용면적 $60m^2$ 이하는 제외(도면에 스위치 위치를 표기)-전체 타입의 세대도면을 제출할 것
- 일괄소등스위치는 전기용품안전인증을 받은 제품을 설치

예제1 건축물의 에너지절약설계기준 중 조명설비에 대한 설명으로 맞지 않는 것은 어느 것인가?

① 조명기기를 채택할 때에는 고효율조명기기를 사용하여야 한다.
② 안정기는 해당 형광램프 전용안정기를 사용하여야 한다.
③ 공동주택 각 세대내의 현관 및 숙박시설의 객실 내부입구, 계단실의 조명기구는 인체감지점멸형 또는 일정시간 후에 자동 소등되는 조도자동조절조명기구를 채택하여야 한다.
④ 건축물에는 층별, 구역별 또는 세대별로 일괄적 소등이 가능한 일괄소등스위치를 설치하여야 한다. 다만, 실내 조명설비에 자동제어설비를 설치한 경우와 전용면적 70제곱미터 이하인 주택의 경우, 숙박시설의 각 실에 카드키시스템으로 일괄소등이 가능한 경우에는 그러하지 않을 수 있다.

· **정답** : ④
공동주택 세대형별로 현관에 일괄소등스위치를 설치하여야 한다. 다만, 60제곱미터 이하인 주택은 그러하지 않을 수 있다.

예제2 건축물의 에너지절약설계기준 전기부문 의무사항 중 층별, 구역별 또는 세대별로 일괄소등스위치를 설치하였다 에서 제외 대상에 해당되는 것은?

① 실내조명 자동제어 설비를 설치하는 경우
② 전용면적 60제곱미터 이하의 주택
③ 카드키 시스템으로 일괄소등이 가능한 경우
④ 고효율에너지 인증제품에 해당하는 LED 조명설치

· **정답** : ②
세대별로 일괄적 소등이 가능한 일괄소등스위치를 설치하여야 한다. 다만, 전용면적 60제곱미터 이하인 주택인 경우는 제외

핵심72

⑧ 법 제14조의2의 용도에 해당하는 공공건축물로서 에너지 성능지표 전기설비부문 8번 항목 배점을 0.6점 이상 획득하였다. 다만, 「공공기관 에너지이용합리화 추진에 관한 규정」 제6조제4항의 규정을 적용받는 건축물의 경우에는 해당 항목 배점을 1점 획득하여야 한다.

(1) 근거서류 : • BEMS 시스템 구성도 • 원격검침 설비계통도

(2) 근거서류(도면) 작성 방법

- BEMS 시스템 구성도 제출 및 제로에너지건축물 인증기준 별표 2의2설치기준에 따른 구성 시스템 구성내용을 도면에 표기
- 건축물에 상시 공급되는 에너지원 중 전자식 원격검침량기가 설치되는 에너지원의 계통도 또는 흐름도 제출

[별표의2의2] 건축물에너지관리시스템(BEMS) 설치 기준

항 목		설치 기준
1	일반사항	· 대상건물의 에너지관리에 대한 일반적인 사항 작성
2	시스템설치	· 시스템 구축 및 운영을 위하여 설치 시 필요한 일반적인 요구사항을 평가
3	데이터 수집 및 표시	· 대상건물에서 생산·저장·사용하는 에너지를 에너지원별(전기/연료/열등)로 데이터 수집 및 표시
4	정보감시	· 에너지 손실, 비용 상승, 쾌적성 저하, 설비 고장 등 에너지관리에 영향을 미치는 관련 관제값 중 5종 이상에 대한 기준값 입력 및 가시화
5	데이터 조회	· 일간, 주간, 월간, 년간 등 정기 및 특정 기간을 설정하여 데이터를 조회
6	에너지소비 현황 분석	· 2종 이상의 에너지원단위와 3종 이상의 에너지용도에 대한 에너지소비 현황 및 증감 분석
7	설비의 성능 및 효율 분석	· 에너지사용량이 전체의 5% 이상인 모든 열원설비 기기별 성능 및 효율 분석
8	실내외 환경 정보 제공	· 온도, 습도 등 실내외 환경정보 제공 및 활용
9	에너지 소비 예측	· 에너지사용량 목표치 설정 및 관리
10	에너지 비용 조회 및 분석	· 에너지원별 사용량에 따른 에너지비용 조회
11	제어시스템 연동	· 1종 이상의 에너지용도에 사용되는 설비의 자동제어 연동
12	종합유지관리	· 계측장비 및 계측데이터에 대한 체계적 관리 수행
13	시스템 확장성	· 설비 등 증개축에 따른 추가데이터 축척관리

※ 건축물에너지관리시스템 설치 대상 및 항목확인은 제 10조에 따라 운영기관의 장이 운영세칙으로 정하는 바에 따른다.

핵심73 (1) 전기설비부문의 에너지성능지표

항 목		기본배점 (a)				배점 (b)					평점 (a*b)	근거
		비주거		주거								
		대형 (3,000m² 이상)	소형 (500~ 3,000m² 미만)	주택 1	주택 2	1점	0.9점	0.8점	0.7점	0.6점		
전기설비부문	1. 제5조제10호가목에 따른 거실의 조명밀도(W/㎡)	3	2	2	2	8 미만	8~ 11 미만	11~ 14 미만	14~ 17 미만	17~ 20 미만		
	2. 간선의 전압강하(%)	1	1	1	1	3.5 미만	3.5~ 4.0미만	4.0~ 5.0미만	5.0~ 6.0미만	6.0~ 7.0미만		
	3. 최대수요전력 관리를 위한 따른 최대수요전력 제어 설비	2	1	1	1	적용 여부						
	4. 실내 조명설비에 대해 군별 또는 회로별 자동제어설비를 채택	1	1	–	–	전체 조명전력의 40% 이상 적용 여부						
	5. 옥외등은 LED 조명을 사용하고 격등 조명(또는 조도조절가능) 및 자동 점멸기에 의한 점소등이 가능하도록 구성	1	1	1	1	적용 여부 (고효율제품인 경우 배점)						
	6. 층별 또는 구역별로 일괄소등 스위치 설치	1	1	–	–	설치여부						
	7. 층별 및 임대 구획별로 전력량계를 설치	1	2	–	–	층별 1대 이상 및 임대구획별 전력량계 설치 여부						
	8. 건물에너지관리시스템(BEMS) 또는 건축물에 상시 공급되는 에너지원(전력, 가스, 지역난방 등)별로 전자식 원격검침계량기 설치	3	3	2	2	제로 에너지 건축물 인증기준 별표2의2설치 기준	–	3개 이상 에너지 원별 원격검침 전자식 계량기 설치	2개 에너지 원별 원격검침 전자식 계량기 설치	1개 에너지원 원격검침 전자식 계량기 설치		
	9. 역률자동 콘덴서를 집합 설치할 경우 역률자동조절장치를 채택	1	1	1	1	적용 여부						
	10. 대기전력 자동차단 장치를 통해 차단되는 콘센트의 거실에 설치되는 전체 콘센트 개수에 대한 비율	2	2	2	2	80% 이상	70% 이상 ~80%	60% 이상 ~70%	50% 이상 ~60%	40% 이상 ~50%		
	11. 승강기회생제동장치설치 비율	2	1	–	–	전체 승강기 동력의 60% 이상에 회생제동장치 설치여부						
	전기설비부분 소계											

핵심74 1. 거실의 조명밀도(W/m^2)

(1) 근거서류 및 도면 작성방법

항 목	근거서류	근거서류(도면 작성방법)
조명밀도	· 조명밀도 계산서 · 전등설비 평면도	· 층별 거실 천장면의 평균조명밀도(W/m^2)를 계산하여 제출 – 조명밀도(W/m^2) = 모든 용도의 해당 거실에 적용된 조명기구의 총소비 전력(W) ÷ 바닥면적(m^2) – 건축물에 적용된 LED등의 60% 이상이 고효율제품인 경우 배점 신청 가능

(2) 에너지 성능 지표에서의 거실의 조명밀도 산출 방법

① 층별 거실 천장면의 평균조명밀도(W/m^2)를 계산하여 제출

- 조명밀도(W/m^2) = 모든 용도의 해당 거실에 적용된 조명기구의 총 소비전력(W) ÷ 바닥면적(m^2)

② 제5조제10호 가목에 따른 거실의 정의

건축물 안에서 거주(단위 세대 내 욕실·화장실·현관을 포함한다)·집무·작업·집회·오락 기타 이와 유사한 목적을 위하여 사용되는 방을 말하나, 특별히 이 기준에서는 거실이 아닌 냉방 또는 난방공간 또한 거실에 포함한다.

예제1 거실의 조명밀도 계산에서 조명밀도로서 가장 적합한 것은?

구 분	조명부하 전력량(W)	거실 바닥 면적(m^2)	조명밀도 (W/m^2)	비고
1층	7150	420		
2층	7030	420		
3층	7030	420		
4층	7200	420		
5층	5900	360		

① 15.81(W/m^2) ② 16.81(W/m^2)
③ 17.81(W/m^2) ④ 18.81(W/m^2)

· **정답** : ②

조명부하전력량/거실바닥면적 = 조명밀도

구 분	조명부하 전력량(W)	거실 바닥 면적(m^2)	조명밀도(W/m^2)	비고
1층	7150	420		
2층	7030	420		
3층	7030	420		
4층	7200	420		
5층	5900	360		
계	34,310	2,040	16.819	

최종배점은 배점표의 "14~17 미만"에 적용되어 배점 0.7점으로 선정됨

예제2 다음의 거실과 관련된 그림에 나타난 실(공간)의 단위면적당 조명밀도(W/m²)로 가장 적합한 것은?

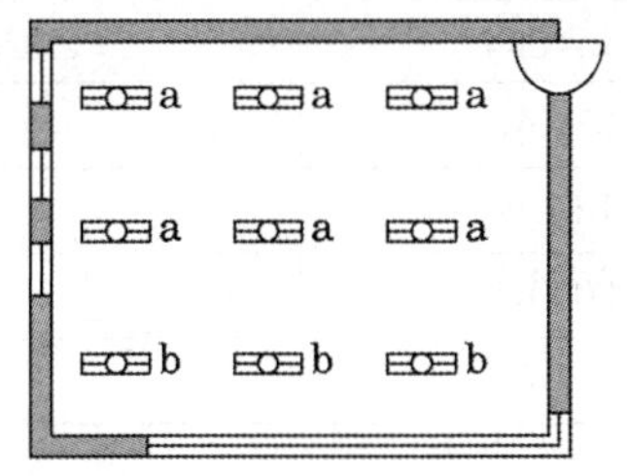

항 목	내 용
실(공간)의 면적	$60m^2$
a	FL32W×2
b	FL28W×2

① 8.2　　② 9.0
③ 9.2　　④ 10.2

· **정답** : ③

64W × 6 + 56W × 3 = 552W

조명밀도 552W/$60m^2$ =9.2

예제3 비주거 소형 건축물의 조명밀도 산출시 EPI 배점으로 옳은 것은?

항 목	기본배점 (a)				배점 (b)					평점 (a*b)	근거
	비주거		주거								
	대형 (3,000m^2 이상)	소형 (500~3,000m^2 미만)	주택 1	주택 2	1점	0.9점	0.8점	0.7점	0.6점		
제5조제10호가목에 따른 거실의 조명밀도 (W/m^2)	3	2	2	2	8 미만	8~11 미만	11~14 미만	14~17 미만	17~20 미만		

구 분	면 적	조명전력
업무공간	$300m^2$	3500W
회의실	$100m^2$	1200W
휴게실	$200m^2$	2000W
재활용창고	$50m^2$	250W

① 2.4　　② 1.6
③ 1.4　　④ 2.1

· **정답** : ②

건축물 안에서 거주(단위 세대 내 욕실·화장실·현관을 포함한다)·집무·작업·집회·오락 기타 이와 유사한 목적을 위하여 사용되는 방을 말하나, 특별히 이 기준에서는 거실이 아닌 냉방 또는 난방공간 또한 거실에 포함한다.

구 분	면적	조명전력	조명밀도
업무공간	$300m^2$	3500W	11.6W/m^2
회의실	$100m^2$	1200W	12.0W/m^2
휴게실	$200m^2$	2000W	10.0W/m^2
재활용창고	$50m^2$	250W	계산 미포함

평균조명밀도 = 6700W/$600m^2$ = 11.16W/m^2

가중치 0.8 × 2점(소형건축물배점) = 1.6점

예제4 비주거 소형 건축물의 조명밀도 산출시 평점으로 가장 적합한 것은 다음 중 어느 것인가?

구 분	면 적	조명전력	조명밀도
업무공간	300m^2	3500W	
회의실	100m^2	1200W	
휴게실	200m^2	2000W	
오락실	50m^2	250W	

(EPI)

항 목	기본배점 (a)				배점 (b)				
	비주거		주거						
	대형 (3,000m^2 이상)	소형 (500~ 3,000m^2 미만)	주택 1	주택 2	1점	0.9점	0.8점	0.7점	0.6점
1. 제5조제9호가목에 따른 거실의 조명밀도 (W/m^2)	3	2	2	2	8 미만	8~11 미만	11~14 미만	14~17 미만	17~20 미만

① 2.0점　② 1.8점
③ 1.6점　④ 1.4점

· **정답** : ②

건축물 안에서 거주(단위 세대 내 욕실·화장실·현관을 포함한다)·집무·작업·집회·오락 기타 이와 유사한 목적을 위하여 사용되는 방을 말하나, 특별히 이 기준에서는 거실이 아닌 냉방 또는 난방공간 또한 거실에 포함한다.

구 분	면적	조명전력	조명밀도
업무공간	300m^2	3500W	11.6W/m^2
회의실	100m^2	1200W	12.0W/m^2
휴게실	200m^2	2000W	10.0W/m^2
오락실	50m^2	250W	5.0W/m^2

평균조명밀도 = 6950W/650m^2 = 10.69W/m^2
배점 0.9 × 2점(소형건축물배점) = 1.8점(평점)

핵심75 2. 간선의 전압강하(%)

(1) 근거서류 및 도면 작성방법

항 목	근거서류	근거서류(도면 작성방법)
간선의 전압강하(%)	· 전압강하 계산서	· 간선의 전압강하율의 최댓값이 기준에 적합 하도록 전압강하율 산정(개별 배점별로 확인) – 수용가설비으 인입구와 부하점 사이 각 간선들의 전압강하율 적용하며, 기타 전압강하를 기준으로 배점평가

(2) 에너지 성능 지표에서의 간선의 전압강하(%) 산출 방법

① 간선의 전압강하율의 최대값이 기준에 적합하도록 전압강하율 산정(개별 배점별로 확인)
- 배전반에서 (세대) 분전반까지 각 간선들의 전압강하율을 적용

② 제5조제12호 다목에 따른 전압강하의 정의
인입전압(또는 변압기 2차 전압)과 부하측 전압과의 차를 말하며 저항이나 인덕턴스에 흐르는 전류에 의하여 강하하는 전압을 말한다.

예제1 변압기 2차전압과 부하측 전압과의 차를 의미하는 말이며 저항이나 인덕턴스에 흐르는 전류에 의하여 발생하는 것을 무엇이라 하는가?

① 전압변동률　　② 전압강하율
③ 전압강하　　④ 페란티현상

· 정답 : ③
변압기 2차 전압과 부하측 전압과의 차를 의미하는 말이며 저항이나 인덕턴스에 흐르는 전류에 의하여 발생하는 것을 전압강하라 한다.

예제2 어떤 비주거 소형건축물의 분기회로가 다음과 같을 때 전압강하와 관련하여 평점을 구한 것으로 가장 적합한 것은? (단, 정격전압은 220V로 가정하여 계산한다.)

구간		연결부하 특성					CABLE SCHEDULE			전압강하계산	
PANEL BOARD	FROM	배전 방식	배전 전압 (V)	거리 (m)	연결 부하	전류 (A)	전류	굵기	허용 전류(A)	전압 강하(A)	강하율 (%)
LE-101	전기실	3ϕ 4W	380/ 220V	175	101,755	154.6	F-CV	70/1C×4	190.2	( )	( )

(EPI)

항 목	기본배점 (a)				배점 (b)				
	비주거		주거						
	대형 (3,000m^2 이상)	소형(500~ 3,000m^2 미만)	주택 1	주택 2	1점	0.9점	0.8점	0.7점	0.6점
2. 간선의 전압강하(%)	1	1	1	1	3.5 미만	3.5~4.0 미만	4.0~5.0 미만	5.0~6.0 미만	6.0~7.0 미만

① 0.6점 ② 0.8점
③ 0.9점 ④ 1.0점

· **정답 : ④**

1. LE-101

단상3선식, 3상4선식-e=17.8×L(전선길이)×I(정격전류)/1,000×A(전선의 단면적)

전압강하 e=17.8×L(전선길이)×I(정격전류)/1,000×A(전선의 단면적)

e=17.8×175×154.6/1,000×70=6.88

전압강하율 δ=e/Vrn×100

δ=6.88/220×100=3.13%

따라서 평점은 1점×1점=1점이 된다.

예제3 간선의 전압강하가 아래와 같을 때, 에너지성능지표 전기설비부문 2번 항목의 평점을 산정할 때 적용하여야 할 전압 강하율로 가장 적합한 것은?

전압강하	전압강하율(%)
3.96	1.80
3.15	1.43
1.41	0.64
7.21	3.28

① 1.80% ② 1.43%
③ 3.28% ④ 0.64%

· **정답 : ③**

전압강하율 중 가장 높은 비율이 평점산정의 근거가 된다.

핵심76 3. 최대수요전력 관리를 위한 최대수요전력 제어설비

(1) 근거서류 및 도면 작성방법

항 목	근거서류	근거서류(도면 작성방법)
최대수요전력 관리를 위한 최대수요전력 제어설비	수변전설비 단선결선도 또는 전력자동 제어설비 계통도	· 도면에 최대수요전력 제어설비 계통 표기 – 단순 Peak 경보 기능은 인정불가 – 최대 수요전력의 감시뿐만 아니라, peak Cut 등 제어프로그램이 가능해야 인정

(2) 에너지 성능 지표에서의 최대수요 전력 관리를 위한 최대수요전력 제어설비 산출 방법

① 도면에 최대수요전력 제어설비 계통 표기
- 단순 Peak 경보 기능은 인정불가
- 최대 수요전력의 감시뿐만 아니라, peak Cut 등 제어프로그램이 가능해야 인정

② 최대수요전력 제어설비의 정의
수용가에서 일정 기간 중 사용한 전력의 최대치를 말하며, "최대수요전력제어설비"라 함은 수용가에서 피크전력의 억제, 전력 부하의 평준화 등을 위하여 최대수요전력을 자동제어할 수 있는 설비를 말한다.

예제 전력수요관리 방법 중 아래 그림과 같은 방법을 무엇이라 하는가?

① Flexible Load Shape
② Strategic–Conservation
③ Peak Cut
④ Load Valley Filling

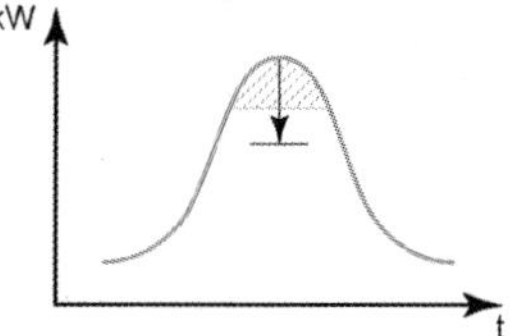

· **정답** : ③
최대수요전력관리에서 peak cut은 최대수요전력의 감시뿐만 아니라 peack cut 등 제어프로그램이 가능해야 인정한다.

핵심77 4. 실내 조명설비에 대해 군별 또는 회로별 자동제어 설비를 채택

(1) 근거서류 및 도면 작성방법

항 목	근거서류	근거서류(도면 작성방법)
실내 조명설비에 대해 군별 또는 회로별 자동제어설비를 채택	· 조명자동제어설비 계통도 및 시스템 구성도 · 적용비율계산서	· 도면에 자동제어방식 및 설비표기 – 거실 조명부하의 40% 이상 적용시 인정 – 조명부하 계산서 첨부

(2) 에너지 성능 지표에서의 실내 조명설비에 대해 군별 또는 회로별 자동제어설비를 채택 도면 작성 방법

① 도면에 자동제어방식 및 설비표기

- 거실 조명부하의 40% 이상 적용시 인정
- 조명부하 계산서 첨부

② 비주거형 건축물에 적용시 EPI점수 배점

예제 에너지 성능지표검토서 중 "실내조명설비에 대해 군별 또는 회로별 자동제어설비를 채택"할 경우 거실 조명부하의 몇 % 이상의 설비를 적용 시 인정을 받을 수 있는가?

① 10% ② 20%
③ 30% ④ 40%

· 정답 : ④
실내조명설비에 대해 군별 또는 회로별 자동제어설비를 채택할 경우거실 조명부하의 40% 적용시 인정한다.

핵심78 5. 옥외 등은 LED 램프를 사용하고 격등 조명(또는 조도조절기능) 및 자동 점멸기에 의한 점 소등이 가능하도록 구성

(1) 근거서류 및 도면 작성방법

항 목	근거서류	근거서류(도면 작성방법)
옥외 등은 LED 램프를 사용하고 격등 조명(또는 조도조절기능) 및 자동 점멸기에 의한 점소등이 가능하도록 구성	옥외외등 설비 평면도	· 도면에 '고효율제품'과 '격등회로 구성' 및 '자동점멸기에 의한 점 · 소등' 표기 – 옥외등 : 고효율에너지기자재 인증제품 에너지소비효율 1등급 제품인 LED램프 적용 – 자동점소등방식 : 광센서방식, 타이머방식, 조명자동제어 시스템 방식

(2) 에너지 성능 지표에서의 옥외등은 LED 램프를 사용하고 격등 조명(또는 조도조절기능) 및 고효율제품과 자동 점멸기에 의한 점 소등이 가능하도록 구성 도면작성방법

① '도면에 점소등' 표기 '고효율기자재 인증제품'과 '격등회로 구성' 및 '자동점멸기에 의한 점 · 소등' 표기

- 옥외등 : 고효율에너지기자재 인증제품 에너지소비효율 1등급제품인 LED램프 적용
- 자동점 소등방식 : 광센서방식, 타이머방식, 조명자동제어 시스템방식

예제1 "건축물의 에너지절약설계기준" 에너지성능지표 전기설비부문 6번 항목(옥외등) 배점획득과 관련된 요소로 가장 적절하지 않은 것은? **【2019년 5회 국가자격시험】**

① 고효율에너지기자재인증 LED램프 적용
② 격등 조명회로 구성
③ 자동점멸기에 의한 점소등이 가능하도록 구성
④ 옥외등 개별접지방식 구성

· **정답 : ④**
옥외등은개별접지 방식 구성은 하지않는다.

예제2 다음 중 전기관련 에너지성능지표 6번 항목 "옥외등은 고휘도방전램프(HID 램프) 또는 LED 램프를 사용하고 격등 조명과 자동 점멸기에 의한 점소등이 가능하도록 구성"에서 자동 점소등 방식에 해당하지 않는 것은?

① 광센서 방식 ② 타이머 방식
③ 조명자동제어 시스템 방식 ④ 스케줄제어 방식

· **정답 : ④**
자동 점소등 방식 : 광센서방식, 타이머방식, 조명자동제어 시스템방식

핵심79 6.층별 또는 구역별로 일괄소등 스위치 설치

(1) 근거서류 및 도면 작성방법

항 목	근거서류	근거서류(도면 작성방법)
층별 또는 구역별로 일괄소등스위치 설치	· 전등설비평면도	· 비주거 건축물에 층별 또는 구역별로 일괄소등스위치를 설치(도면에 스위치 위치를 표기)한 경우 인정 – 층별로 일괄소등스위치를 설치하거나, 효율적 에너지절약을 위해 층별 전체 조명을 제어할 수 있는 구역별 일괄소등스위치를 설치한 경우도 인정 가능 – 숙박시설의 각 실에 카드키시스템으로 일괄소등이 가능한 경우에는 일괄소등스위치를 설치한 것으로 인정 – 실내조명 자동제어 설비를 채택하여 에너지성능지표 전기부문 4번의 점수를 획득하는 경우는 해당 설비가 적용된 층 또는 구역은 일괄소등스위치를 설치한 것으로 인정 · 일괄소등스위치는 전기용품 안전인증을 받은 제품을 설치

(2) 에너지성능지표에서의 층별 또는 구역별로 도면 작성 방법

① 비주거 건축물에 층별 또는 구역별로 일괄소등스위치를 설치(도면에 스위치 위치를 표기)한 경우 인정

- 층별로 일괄소등스위치를 설치하거나, 효율적 에너지절약을 위해 층별 전체 조명을 제어할 수 있는 구역별 일괄소등스위치를 설치한 경우도 인정 가능
- 숙박시설의 각 실에 카드키시스템으로 일괄소등이 가능한 경우에는 일괄소등스위치를 설치한 것으로 인정
- 실내조명 자동제어 설비를 채택하여 에너지성능지표 전기부문 4번의 점수를 획득하는 경우는 해당 설비가 적용된 층 또는 구역은 일괄소등스위치를 설치한 것으로 인정

② 일괄소등스위치는 전기용품 안전인증을 받은 제품을 설치

핵심80 7. 층별 및 임대 구획별로 전력량계를 설치

(1) 근거서류 및 도면 작성방법

항 목	근거서류	근거서류(도면 작성방법)
층별 및 임대 구획별로 전력량계를 설치	· 전력 간선 계통도 (전력량계 포함)	· 도면에 층별 및 임대 구획별로 적산전력량계설치 여부 표기 – 임대건물의 경우 층별, 임대 구획별 전력량계 (kwh) 설치시 인정 – 임대건물외의 경우 층별 전력량계 설치시 인정

(2) 에너지 성능 지표에서의 층별 및 임대 구획별로 전력량계를 설치 도면작성방법

① 도면에 층별 및 임대 구획별로 적산전력량계설치 여부 표기
- 임대건물의 경우 층별, 임대 구획별 전력량계(kwh) 설치시 인정
- 임대건물외의 경우 층별 전력량계 설치시 인정

② 비주거형 건축물에 층별 및 임대구획별로 전력량계를 설치시 EPI점수 획득 가능

예 전력량계

전자식 전력량계	기계식 전력량계
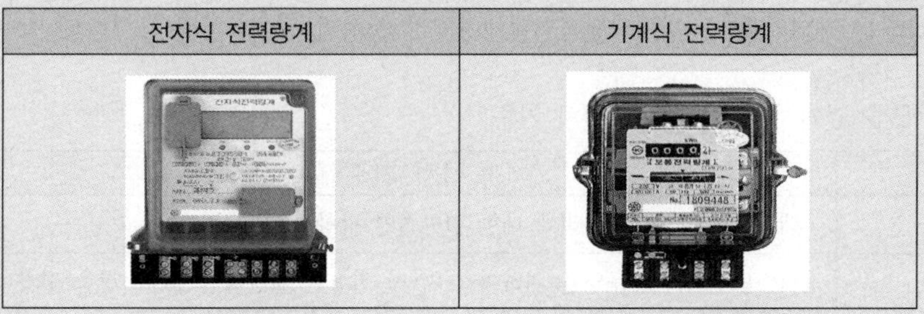	

예제 전기부문 에너지 성능지표검토서 중 "건축물에 층별 및 임대 구획별 전력량계 설치" 내용 중 가장 적합한 것은?

① 주거, 비주거 모두 배점 가능
② 단위세대는 각 세대별 전력량계 설치
③ 임대건물의 경우 층별, 임대구획별 전력량계(kwh) 설치시 인정
④ 전력량계 및 가스미터, 수도미터도 인정

· **정답** : ③
- 도면에 층별 및 임대구획별로 적산 전력량계 설치 여부 표기
- 근거서류 : 전력간선계통도(W/계량기)
- 임대건물의 경우 층별, 임대 구획별 전력량계(kwh) 설치시 인정
- 임대건물외의 경우 층별 전력량계 설치시 인정

핵심81 8. 건물에너지관리 시스템(BEMS) 또는 건축물에 상시 공급되는 에너지원(전력, 가스, 지역난방 등)별로 전자식원격검침계량기 설치

(1) 근거서류 및 도면 작성방법

항목	근거서류	근거서류(도면 작성방법)
건물에너지관리 시스템(BEMS) 또는 건축물에 상시 공급되는 에너지원(전력, 가스, 지역난방 등)별로 전사식원격검침계량기 설치	· BEMS 시스템 구성도 · 원격검침 설비 계통도 및 시스템 구성도	· BEMS 시스템구성도 제출 및 제로에너지건축물 인증기준 별표 2의2설치기준에 따른 구성 시스템 구성내용을 도면에 표기 · 건축물에 상시 공급되는 에너지원 중 전자식 원격검침계량기가 설치되는 에너지원의 계통도 또는 흐름도 제출

(2) 에너지 성능 지표에서의 건물에너지 관리 시스템(BEMS) 또는 건축물에 상시 공급되는 에너지원(전략, 가스, 지역 난방 등) 별로 전자식원격검침 계량기 설치시 도면 작성 방법

① BEMS 시스템구성도 제출 및 제로에너지 건축물인증기준별표2의2의 설치 기준에 따른 구성 시스템 구성내용을 도면에 표기

② 건축물에 상시 공급되는 에너지원 중 전자식원격검침계량기가 설치되는 에너지원의 계통도 또는 흐름도 제출

[별표의2의2] 건축물에너지관리시스템(BEMS) 설치 기준

항 목		설치 기준
1	일반사항	· 대상건물의 에너지관리에 대한 일반적인 사항 작성
2	시스템설치	· 시스템 구축 및 운영을 위하여 설치 시 필요한 일반적인 요구사항을 평가
3	데이터 수집 및 표시	· 대상건물에서 생산 · 저장 · 사용하는 에너지를 에너지원별(전기/연료/열등)로 데이터 수집 및 표시
4	정보감시	· 에너지 손실, 비용 상승, 쾌적성 저하, 설비 고장 등 에너지관리에 영향을 미치는 관련 관제값 중 5종 이상에 대한 기준값 입력 및 가시화
5	데이터 조회	· 일간, 주간, 월간, 년간 등 정기 및 특정 기간을 설정하여 데이터를 조회
6	에너지소비 현황 분석	· 2종 이상의 에너지원단위와 3종 이상의 에너지용도에 대한 에너지소비 현황 및 증감 분석
7	설비의 성능 및 효율 분석	· 에너지사용량이 전체의 5% 이상인 모든 열원설비 기기별 성능 및 효율 분석
8	실내외 환경 정보 제공	· 온도, 습도 등 실내외 환경정보 제공 및 활용
9	에너지 소비 예측	· 에너지사용량 목표치 설정 및 관리
10	에너지 비용 조회 및 분석	· 에너지원별 사용량에 따른 에너지비용 조회
11	제어시스템 연동	· 1종 이상의 에너지용도에 사용되는 설비의 자동제어 연동
12	종합유지관리	· 계측장비 및 계측데이터에 대한 체계적 관리 수행
13	시스템 확장성	· 설비 등 증개축에 따른 추가데이터 축적관리

※ 건축물에너지관리시스템 설치 대상 및 항목확인은 제 10조에 따라 운영기관의 장이 운영세칙으로 정하는 바에 따른다.

예제1 전기부문 에너지 성능지표검토서 중 건물관리자가 사용자의 쾌적하고 기능적인 업무환경을 효율적으로 유지, 보전하기 위해 ICT기술을 이용하여 합리적인 건물에너지 사용이 가능하도록 구현하는 건물에너지 제어, 관리, 경영 통합 시스템에 대한 용어로 가장 적합한 것은?

① FMS　　② BIM
③ BEMS　　④ APFR

· **정답 : ③**

BEMS(Building Energy Management System)
건물관리자가 사용자의 쾌적하고 기능적인 업무환경을 효율적으로 유지, 보전하기위해 ICT기술을 이용하여 합리적인 건물에너지 사용이 가능하도록 구현하는 건물에너지 제어, 관리, 경영 통합 시스템을 말한다.

예제2 다음 보기 중에서 이 건축물이 제로에너지건축물 인증을 취득하기 위해 필요한 조치로 적절한 것을 모두 고른 것은? 【2018년 국가자격 4회 출제문제】

> ㉠ 에너지원별 원격검침전자식계량기 설치
> ㉡ 에너지사용량 목표치 설정 및 관리
> ㉢ 1종 이상의 에너지용도에 사용되는 설비의 자동제어 연동
> ㉣ 2종 이상의 에너지용도와 3종 이상의 에너지 원단위에 대한 에너지소비 현황 및 증감 분석
> ㉤ 에너지사용량이 전체의 10% 이상인 모든 열원설비 기기별 성능 및 효율 분석

① ㉠, ㉡, ㉢　　② ㉠, ㉢, ㉣
③ ㉠, ㉡, ㉢, ㉣　　④ ㉠, ㉡, ㉢, ㉤

· **정답 : ①**

㉣ 2종 이상의 에너지용도와 3종 이상의 에너지 원단위에 대한 에너지소비 현황 및 증감 분석– 2종이상의 에너지원단위와 3종이상의 에너지용도에 대한 에너지소비현황 및 증감분석
㉤ 에너지사용량이 전체의 10% 이상인 모든 열원설비 기기별 성능 및 효율 분석
– 에너지사용량이 전체의 5% 이상인 모든 열원설비 기기별 성능 및 효율 분석

핵심82 9. 역률개선용콘덴서를 집합 설치할 경우 역률자동조절장치를 채택

(1) 근거서류 및 도면 작성방법

항 목	근거서류	근거서류(도면 작성방법)
역률개선용 콘덴서를 집합 설치할 경우 역률자동조절 장치를 채택	수변전 설비 단선 결선도	도면에 역률 자동조절장치(APFR) 설치여부 표기

(2) 에너지 성능 지표에서의 역률개선용 콘덴서를 집합 설치할 경우 역률자동조절장치를 채택 도면 작성 방법

역률개선용 콘덴서를 집합 설치할 경우 역률자동조절장치(APFR) 를 채택시 EPI점수 획득 가능

※ APFR (Automatic Power Factor Regulator)

APFR은 지상(lagging) 또는 진상(leading)전류를 조정함으로써 역률을 일정하게 유지시키기 위해 설계된 기기이며, 회로내의 무효전력을 연속적으로 감시하고, 콘덴서 뱅크의 차단기를 제어하기 위한 ON/OFF 신호를 자동적으로 주도록 설계되어 진상 또는 지상 부하의 상황에 맞게 콘덴서를 투입·차단시킴으로써 역률을 제어한다.

예제1 전기부문 에너지 성능지표검토서 중 지상(lagging) 또는 진상(leading)전류를 조정함으로써 역률을 일정하게 유지시키기 위해 설계된 기기이며, 회로내의 무효전력을 연속적으로 감시하고, 콘덴서 뱅크의 차단기를 제어하기 위한 ON/OFF 신호를 자동적으로 주도록 설계되어 진상 또는 지상 부하의 상황에 맞게 콘덴서를 투입·차단시킴으로써 역률을 제어하는 용어로 가장 적합한 것은?

① FMS ② BIM
③ BEMS ④ APFR

· 정답 : ④

APFR은 지상(lagging) 또는 진상(leading)전류를 조정함으로써 역률을 일정하게 유지시키기 위해 설계된 기기이며, 회로내의 무효전력을 연속적으로 감시하고, 콘덴서 뱅크의 차단기를 제어하기 위한 ON/OFF 신호를 자동적으로 주도록 설계되어 진상 또는 지상 부하의 상황에 맞게 콘덴서를 투입·차단시킴으로써 역률을 제어한다.

예제2 전기설비부문의 수변전설비의 도면에서 사용되는 범례와 주기사항으로 가장 적합하게 표시된 것은?

① MOF 전화용 국선단자함 ② OCB 진공차단기
③ 3구용 콘센트 ④ APFR 역률자동조정장치

· 정답 : ④

① MOF : 전력수급용 계기용 변성기
② OCB : 유입차단기
③ : 전력용 콘덴서

핵심83 10. 대기전력 자동 차단장치를 통해 차단되는 콘센트의 거실에 설치되는 전체 콘센트 개수에 대한 비율

(1) 근거서류 및 도면 작성방법

항 목	근거서류	근거서류(도면 작성방법)
대기전력 자동 차단장치를 통해 차단되는 콘센트의 거실에 설치되는 전체 콘센트 개수에 대한 비율	· 전열설비 평면도 · 적용비율계산서	· 도면에 '대기전력자동차단장치는 산업통상 자원부고시 「대기전력저감프로그램운용규정」 에 따른 대기전력저감 우수제품으로 적용' 명기 · 적용비율 (%) = 대기전력자동 차단 콘센트 또는 대기전력자동차단스위치를 통해 차단 되는 콘센트(개수) ÷ 전체 콘센트(개수) ×100 – 전체콘센트 개수는 거실에 설치되는 콘센트만을 대상으로 개수산정(주차장, 기계실 등은 제외)

(2) 에너지 성능 지표에서의 대기전력 자동 차단장치를 통해 차단되는 콘센트의 거실에 설치되는 전체 콘센트 개수에 대한 비율도면 작성방법

① 도면에 '대기전력자동차단장치는 산업통상자원부고시 「대기전력저감프로그램운용규정」에 따른 대기전력저감 우수제품으로 적용' 명기

② 적용비율(%) = 대기전력자동 차단 콘센트 또는 대기 전력자동차단스위치를 통해 차단되는 콘센트(개수) ÷ 전체 콘센트(개수) × 100

- 전체콘센트 개수는 거실에 설치되는 콘센트만을 대상으로 개수산정(주차장, 기계실 등은 제외)

예제1 대기전력 자동차단 콘센트 비율 계산 결과 값으로 옳은 것은?

구 분	일반 콘센트	대기전력 자동 차단콘센트	대기전력 자동 차단 콘센트 비율	비 고
업무 공간	100EA	100EA	50%	대기전력저감 우수제품
회의실1	50EA	25EA	33%	일반제품
휴게실	20EA	10EA	33%	일반제품
컴퓨터실	20EA	20EA	50%	대기전력저감 우수제품
회의실2	10EA	5EA	33%	일반제품

① 10%　　② 20%
③ 33%　　④ 40%

· **정답 : ③**

대기전력 자동차단장치중 대기전력자동차단 콘센트의 경우 대기전력저감 우수제품으로 인증 받은 콘센트를 적용하여야 한다.

120÷360×100%=33%

예제2 건축물의 거실에 설치되는 콘센트 현황이 아래 표와 같을 때, 에너지성능지표의 대기전력자동차단 콘센트 적용 배점(b)은? 【2015년 국가자격 시험 1회 출제문제】

단위 : 개(EA)

구 분	대기전력자동차단콘센트		일반형 콘센트
	대기전력저감 우수제품 미적용	대기전력저감 우수제품 적용	
회의실	0	20	20
휴게실	10	0	10
업무공간	0	30	30

① 0.6점　② 0.7점
③ 0.8점　④ 0.9점

· **정답** : ①

적용비율(%)=대기전력 자동 차단콘센트 또는 대
기전력 차단스위치를 통해 차단되는 콘센트(개수)/전체콘세트개수×100
전체콘센트개수=10+50+60=120개
대기전력저감우수제품=50개
따라서 50/120×100%=41.67%이므로 배점은 0.6점을 받는다.
(EPI)

항 목	기본배점 (a)				배점 (b)				
	비주거		주거						
	대형 (3,000m^2 이상)	소형(500~ 3,000m^2 미만)	주택 1	주택 2	1점	0.9점	0.8점	0.7점	0.6점
10. 대기전력 자동차단장치를 통해 차단되는 콘센트의 전체 콘센트 개수에 대한 비율	2	2	2	2	80% 이상	70% 이상 ~80%	60% 이상 ~70%	50% 이상 ~60%	40% 이상 ~50%

예제4 비주거 소형건축물의 대기 자동차단 콘센트비율이 다음과 같을 때, 대기전력 자동차단 콘센트의 비율을 구하고, 비율에 의한 배점과 평점을 구하시오.

구 분	일반콘센트	대기전력 자동 차단콘센트	대기전력 자동 차단 콘센트 비율	비 고
업무공간	100EA	100EA	50%	대기전력저감 우수제품
회의실1	50EA	40EA	44%	대기전력저감 우수제품
휴게실	20EA	15EA	43%	일반제품
컴퓨터실	20EA	20EA	50%	대기전력저감 우수제품
오락실	10EA	5EA	33%	일반제품

(EPI)

항 목	기본배점(a)				배점(b)				
	비주거		주거						
	대형 (3,000m^2 이상)	소형 (500~ 3,000m^2 미만)	주택 1	주택 2	1점	0.9점	0.8점	0.7점	0.6점
10. 대기전력자동차단 장치를 통해 차단되는 콘센트의 전체 콘센트 개수에 대한 비율	2	2	2	2	80% 이상	70% 이상 ~80%	60% 이상 ~70%	50% 이상 ~60%	40% 이상 ~50%

① 1점　② 1.2점
③ 1.4점　④ 1.6점

· 정답 : ②
대기전력 자동차단 콘센트의 경우 대기전력저감우수제품으로 인증받은 콘센트를 적용하여야 한다.

구 분	일반콘센트	대기전력 자동 차단콘센트	대기전력 자동 차단 콘센트 비율	비 고
업무공간	100EA	100EA	50%	대기전력저감 우수제품
회의실	50EA	40EA	44%	대기전력저감 우수제품
휴게실	20EA	15EA	43%	일반제품
컴퓨터실	20EA	20EA	50%	대기전력저감 우수제품
오락실	10EA	5EA	33%	일반제품
계	200EA	180EA		

1. 적용비율(%)=대기전력 자동 차단콘센트 또는 대기전력 차단스위치를 통해 차단되는 콘센트(개수)/전체콘세트개수×100
   전체콘센트개수=200+180개
   대기전력저감우수제품=160개
   따라서 160/380×100%=42.11%이므로 배점은 0.6점을 받는다. 비주거소형의 경우 기본배점은 2점이므로 평점은 2×0.6점=1.2점을 받게 된다.

핵심84 11. 승강기 회생제동장치 비율

(1) 근거서류 및 도면 작성방법

항목	근거서류	근거서류(도면 작성방법)
승강기 회생제동 장치 설지비율	· 승강기 장비일람표 · 전열설비평면도 등 · 적용비율계산서	· 승강기 장비일람표에 승강기 설치대수, 전동기 동력 및 승강기 회생제동장치 설치 여부 표시 제출 – 적용비율(%) = 회생제동장치 적용 승강기 동력의 합계 ÷ 전체 승강기 동력의 합계 × 100 – 승강기는 「승강기 안전관리법 시행규칙」 별표 1에 따른 "전기식 엘리베이터" 를 말함

(2) 에너지 성능 지표에서의 승강기 회생제동장치 설치비율 도면 작성방법

① 승강기 장비일람표에 승강기 설치대수, 전동기 동력 및 승강기 회생제동장치 설치 여부 표시 제출
- 적용비율(%) = 회생제동장치 적용 승강기 동력의 합계 ÷ 전체 승강기 동력의 합계 × 100
- 승강기는 「승강기 안전관리법 시행규칙」 별표 1에 따른 "전기식 엘리베이터" 를 말함

핵심85 신재생 부문

1. 신재생부문 의무사항

고시 제12조【신 · 재생에너지 설비부문의 의무사항】

에너지 절약계획서제출대상 건축물에·신재생에너지설비를 설치하는 경우「신에너지 및 재생에너지 개발·이용·보급촉진법」에 따른 산업통상자원부 고시「신·재생에너지 설비의 지원 등에 관한 규정」을 따라야 한다.

2.

<table>
<tr><th colspan="2" rowspan="3">항목</th><th colspan="4">기본배점 (a)</th><th colspan="5">배점 (b)</th><th rowspan="3">평점 (a*b)</th><th rowspan="3">근거</th></tr>
<tr><th colspan="2">비주거</th><th colspan="2">주거</th><th rowspan="2">1 점</th><th rowspan="2">0.9 점</th><th rowspan="2">0.8점</th><th rowspan="2">0.7점</th><th rowspan="2">0.6 점</th></tr>
<tr><th>대형 (3,000㎡ 이상)</th><th>소형 500~ 3,000㎡ 미만)</th><th>주택 1</th><th>주택 2</th></tr>
<tr><td rowspan="8">신재생설비부문</td><td rowspan="2">1. 전체난방설비용량에 대한 신·재생에너지 용량 비율</td><td rowspan="2">4</td><td rowspan="2">4</td><td rowspan="2">5</td><td rowspan="2">4</td><td>2% 이상</td><td>1.75% 이상</td><td>1.5% 이상</td><td>1.25% 이상</td><td>1% 이상</td><td rowspan="2"></td><td rowspan="2"></td></tr>
<tr><td colspan="5">단, 의무화 대상 건축물은 2배 이상 적용 필요</td></tr>
<tr><td rowspan="2">2. 전체냉방설비용량에 대한 신·재생에너지 용량 비율</td><td rowspan="2">4</td><td rowspan="2">4</td><td rowspan="2">–</td><td rowspan="2">3</td><td>2% 이상</td><td>1.75% 이상</td><td>1.5% 이상</td><td>1.25% 이상</td><td>1% 이상</td><td rowspan="2"></td><td rowspan="2"></td></tr>
<tr><td colspan="5">단 , 의무화 대상 건축물은 2배 이상 적용 필요</td></tr>
<tr><td rowspan="2">3. 전체급탕설비용량에 대한 신·재생에너지 용량 비율</td><td rowspan="2">1</td><td rowspan="2">1</td><td rowspan="2">4</td><td rowspan="2">3</td><td>10% 이상</td><td>8.75% 이상</td><td>7.5% 이상</td><td>6.25% 이상</td><td>5% 이상</td><td rowspan="2"></td><td rowspan="2"></td></tr>
<tr><td colspan="5">단 , 의무화 대상 건축물은 2배 이상 적용 필요</td></tr>
<tr><td rowspan="2">4. 전체조명설비전력에 대한 신·재생에너지 용량 비율</td><td rowspan="2">4</td><td rowspan="2">4</td><td rowspan="2">4</td><td rowspan="2">3</td><td>60% 이상</td><td>50% 이상</td><td>40% 이상</td><td>30% 이상</td><td>20% 이상</td><td rowspan="2"></td><td rowspan="2"></td></tr>
<tr><td colspan="5">단, 의무화 대상 건축물은 2배 이상 적용 필요 (잉여 전력은 계통 연계를 통해 활용)</td></tr>
<tr><td colspan="11">신재생설비부분 소계</td><td></td><td></td></tr>
<tr><td colspan="11">평점 합계(건축+기계+전기+신재생)</td><td></td><td></td></tr>
</table>

항 목	근거 서류	근거서류(도면) 작성방법	작성여부 체크(○,×)
① 전체 난방설비 용량에 대한 신재생에너지 용량 비율(%)	• 장비일람표 • 부하계산서 • 적용비율계산서	• 전체 용량대비 1%이상 적용시 인정 – 설치의무화 대상 건축물은 2배 이상 – 신재생에너지설비 장비일람표 제출 – 적용 비율(%) = 신재생에너지 난방 설비용량(kW) ÷ 전체 난방설비용량(kW) × 100% – 신재생에너지 설비인증을 받은 제품(산업표준화법 제15조에 따른 제품)만 인정 – 1차 생산되는 에너지원만 해당 에너지원으로 인정 – 「신 · 재생에너지설비의 지원 등에 관한 규정(산업통상자원부고시)」 및 「신 · 재생에너지 설비의 지원 등에 관한 지침(한국에너지공단 공고)」 에 따라 신재생에너지설비 설치 · 시공 – 적용비율계산서에 건축물명 기재 및 기술사 날인	
② 전체 냉방설비 용량에 대한 신재생에너지 용량 비율(%)	• 장비일람표 • 부하계산서 • 적용비율계산서	• 전체 용량대비 1%이상 적용시 인정 – 설치의무화 대상 건축물은 2배 이상 – 신재생에너지설비 장비일람표 제출 – 적용 비율(%) = 신재생에너지 냉방 설비용량(kW) ÷ 전체 냉방설비용량(kW) × 100% – 신재생에너지 설비인증을 받은 제품(산업표준화법 제15조에 따른 제품)만 인정 – 1차 생산되는 에너지원만 해당 에너지원으로 인정 – 「신 · 재생에너지설비의 지원 등에 관한 규정(산업통상자원부고시)」 및 「신 · 재생에너지 설비의 지원 등에 관한 지침(한국에너지공단 공고)」 에 따라 신재생에너지설비 설치 · 시공 – 적용비율계산서에 건축물명 기재 및 기술사 날인	
③ 전체 급탕설비 용량에 대한 신재생 에너지 용량 비율(%)	• 장비일람표 • 부하계산서 • 적용비율계산서	• 전체 용량대비 5%이상 적용시 인정 – 설치의무화 대상 건축물은 2배 이상 – 신재생에너지설비 장비일람표 제출 – 적용 비율(%) = 신재생에너지 급탕 설비용량(kW) ÷ 전체급탕 설비용량(kW) × 100% – 신재생에너지 설비인증을 받은 제품(산업표준화법 제15조에 따른 제품)만 인정 – 1차 생산되는 에너지원만 해당 에너지원으로 인정 – 「신 · 재생에너지설비의 지원 등에 관한 규정(산업통상자원부고시)」 및 「신 · 재생에너지 설비의 지원 등에 관한 지침(한국에너지공단 공고)」 에 따라 신재생에너지설비 설치 · 시공 – 적용비율계산서에 건축물명 기재 및 기술사 날인	
④ 전체 조명설비 전력에 대한 신재생 에너지 용량 비율	• 신재생설비 구성도 • 단선결선도 • 신재생장비 일람표 및 계통도 • 조명설비 전력 용량계산서 • 적용비율계산서	• 전체 용량대비 20%이상 적용시 인정 – 설치의무화 대상 건축물은 2배 이상 – 신재생에너지설비 장비일람표 제출 – 적용 비율(%) = 신재생에너지 전기 설비용량(kW) ÷ 전체 조명설비전력(kW) × 100% – 신재생에너지 설비인증을 받은 제품(산업표준화법 제15조에 따른 제품)만 인정 – 1차 생산되는 에너지원만 해당 에너지원으로 인정 – 도면에 「신 · 재생에너지설비의 지원 등에 관한 규정(산업통상자원부고시)」 및 「신 · 재생에너지 설비의 지원 등에 관한 지침(한국에너지공단 공고)」 에 따라 신재생에너지설비 설치 · 시공 – 적용비율 계산서에 건축물명 기재 및 기술사 날인 – 잉여전력은 단선결선도에 계통 연계 표시	

예제1 에너지성능지표 중 신재생설비부문의 설명으로 가장 적절하지 않은 것은? (단, 배점기준 1점일 경우) 【2015년 국가자격 시험 1회 출제문제】

① 전체 난방설비용량에 대한 신재생에너지 용량 비율 2% 이상 적용 (단, 의무화대상 건축물은 4% 이상)
② 전체 냉방설비용량에 대한 신재생에너지 용량 비율 2% 이상 적용 (단, 의무화대상 건축물은 4% 이상)
③ 전체 급탕설비용량에 대한 신재생에너지 용량 비율 10% 이상 적용 (단, 의무화대상 건축물은 20% 이상)
④ 전체 조명설비용량에 대한 신재생에너지 용량 비율 2% 이상 적용 (단, 의무화대상 건축물은 4% 이상)

· **정답** : ④

신재생설비부분에 전체 조명설비전력에 대한 신재생에너지용량비율은 60% 이상(단, 의무화 대상건축물은 4% 이상)

<table>
<tr><th colspan="2" rowspan="3">항 목</th><th colspan="4">기본배점 (a)</th><th colspan="5">배점 (b)</th><th rowspan="3">평점 (a*b)</th><th rowspan="3">근거</th></tr>
<tr><th colspan="2">비주거</th><th colspan="2">주거</th><th rowspan="2">1점</th><th rowspan="2">0.9점</th><th rowspan="2">0.8점</th><th rowspan="2">0.7점</th><th rowspan="2">0.6점</th></tr>
<tr><th>대형 (3,000m^2 이상)</th><th>소형 500~ 3,000m^2 미만)</th><th>주택 1</th><th>주택 2</th></tr>
<tr><td rowspan="8">신재생설비부문</td><td rowspan="2">1. 전체난방설비용량에 대한 신·재생에너지 용량 비율</td><td rowspan="2">4</td><td rowspan="2">4</td><td rowspan="2">5</td><td rowspan="2">4</td><td>2% 이상</td><td>1.75% 이상</td><td>1.5% 이상</td><td>1.25% 이상</td><td>1% 이상</td><td rowspan="2"></td><td rowspan="2"></td></tr>
<tr><td colspan="5">단, 의무화 대상 건축물은 2배 이상 적용 필요</td></tr>
<tr><td rowspan="2">2. 전체냉방설비용량에 대한 신·재생에너지 용량 비율</td><td rowspan="2">4</td><td rowspan="2">4</td><td rowspan="2">–</td><td rowspan="2">3</td><td>2% 이상</td><td>1.75% 이상</td><td>1.5% 이상</td><td>1.25% 이상</td><td>1% 이상</td><td rowspan="2"></td><td rowspan="2"></td></tr>
<tr><td colspan="5">단, 의무화 대상 건축물은 2배 이상 적용 필요</td></tr>
<tr><td rowspan="2">3. 전체급탕설비용량에 대한 신·재생에너지 용량 비율</td><td rowspan="2">1</td><td rowspan="2">1</td><td rowspan="2">4</td><td rowspan="2">3</td><td>10% 이상</td><td>8.75% 이상</td><td>7.5% 이상</td><td>6.25% 이상</td><td>5% 이상</td><td rowspan="2"></td><td rowspan="2"></td></tr>
<tr><td colspan="5">단, 의무화 대상 건축물은 2배 이상 적용 필요</td></tr>
<tr><td rowspan="2">4. 전체조명설비전력에 대한 신·재생에너지 용량 비율</td><td rowspan="2">4</td><td rowspan="2">4</td><td rowspan="2">4</td><td rowspan="2">3</td><td>60% 이상</td><td>50% 이상</td><td>40% 이상</td><td>30% 이상</td><td>20% 이상</td><td rowspan="2"></td><td rowspan="2"></td></tr>
<tr><td colspan="5">단, 의무화 대상 건축물은 2배 이상 적용 필요 (잉여 전력은 계통 연계를 통해 활용)</td></tr>
<tr><td></td><td colspan="10">신재생설비부분 소계</td><td></td><td></td></tr>
<tr><td colspan="11">평점 합계(건축+기계+전기+신재생)</td><td></td><td></td></tr>
</table>

예제2 신에너지 및 재생에너지 개발·이용·보급촉진법에서 정하는 신에너지가 아닌 것은 어느 것인가?

① 연료전지
② 태양열 이용 설비
③ 수소
④ 석탄의 액화 가스화 및 중질잔 사유가스화

· **정답** : ②
태양열 이용 설비는 재생에너지에 포함됩니다.

예제3 에너지 성능지표검토서중 신재생설비부문의 배점기준 1점에 대한 설명으로 가장 부적합한 것은?

① 전체 난방설비용량에 대한 신재생에너지 용량비율은 전체용량대비 2% 이상 적용여부 (단, 의무화 대상 건축물은 2배이상 적용 필요)
② 전체 냉방설비용량에 대한 신재생에너지 용량비율은 전체용량대비 2% 이상 적용여부 (단, 의무화 대상 건축물은 2배이상 적용 필요)
③ 전체 급탕설비용량에 대한 신재생에너지 용량비율은 전체용량대비 2% 이상 적용여부 (단, 의무화 대상 건축물은 4% 이상)
④ 전체 조명설비전력에 대한 신재생에너지 용량비율은 전체용량대비 60% 이상 적용여부 (단, 의무화대상 건축물은 2배이상 적용필요)

· **정답** : ③
전체 급탕설비용량에 대한 신재생에너지 용량비율은 전체용량대비 10% 이상 적용여부 (단, 의무화대상 건축물은 20% 이상)

예제4 에너지 성능지표서 검토서 중 신재생부문과 관련된 전체 급탕부하에 대한 비율로서 (   ) 안에 가장 적합한 것은?

전체 급탕설비용량에 대한 신재생에너지의 용량비율은 (㉠) 이상 적용여부(단, 의무화 대상건축물은 (㉡) 이상의 적용여부로 기본배점을 부여한다.

① ㉠ 10%, ㉡ 1.5배
② ㉠ 10%, ㉡ 2배
③ ㉠ 20%, ㉡ 1.5배
④ ㉠ 20%, ㉡ 2배

· **정답** : ②
전체 급탕설비용량에 대한 신재생에너지의 용량비율은 10% 이상 적용여부 (단, 의무화 대상건축물은 2배 이상의 적용여부로 기본배점을 부여한다.

※ 다음 건축물의 1층 평면도 및 "건축물의 에너지절약설계기준"에 따른 에너지성능지표 배점표를 참조하여 5~8번 문항에 답하시오. (단, 1층에 한해서만 적용한다.)

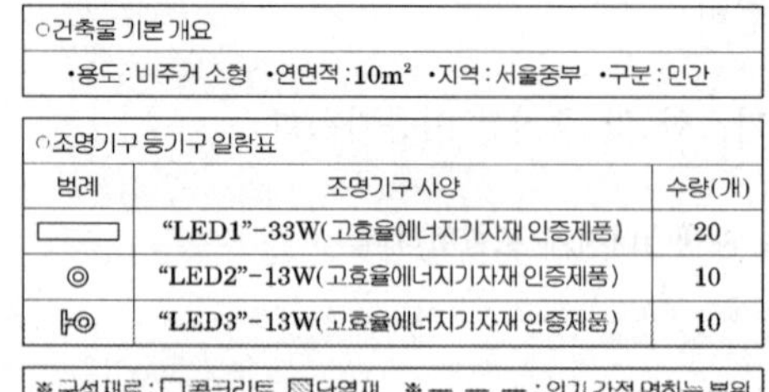

○건축물 기본 개요

•용도 : 비주거 소형 •연면적 : $10m^2$ •지역 : 서울중부 •구분 : 민간

○조명기구 등기구 일람표

범례	조명기구 사양	수량(개)
▭	"LED1"-33W(고효율에너지기자재 인증제품)	20
◎	"LED2"-13W(고효율에너지기자재 인증제품)	10
⊢◎	"LED3"-13W(고효율에너지기자재 인증제품)	10

※구성재료 : □콘크리트 ▨단열재 ※— — — : 외기 간접 면하는 부위

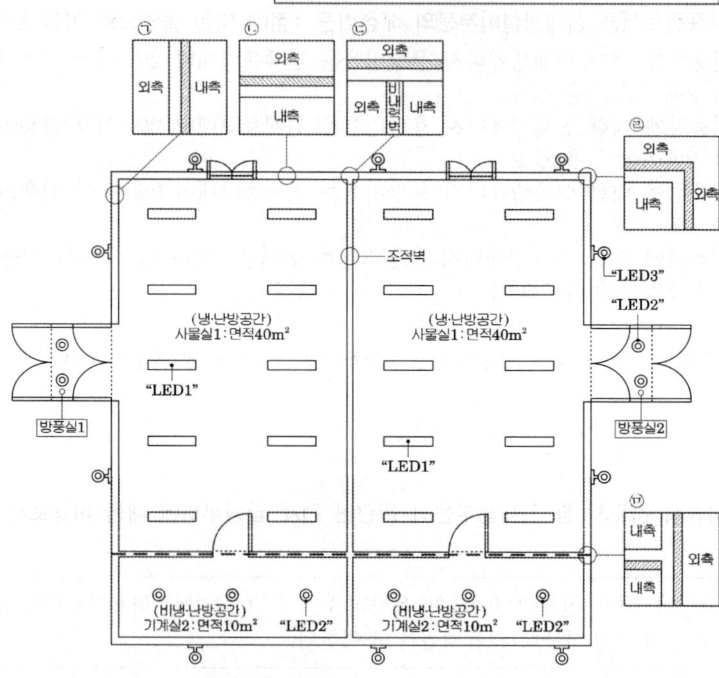

항목	기본배점(a)	배점(b)				
	비주거 소형	1점	0.9점	0.8점	0.7점	0.6점
[전기설비부문] 제5조제10호 가목에 따른 거실의 조명밀조 (W/㎡)	2	8미만	8~11 미만	11~14 미만	14~17 미만	17~20 미만
[신재생설비부문] 4. 전체조명설비전력에 대한 신재생에너지 용량 비율	4	60% 이상	50% 이상	40% 이상	30% 이상	20% 이상

예제5 "건축물의 에너지절약설계기준"에 따른 에너지성능 지표 전기설비부문 1번 항목(거실의 조명밀도 (W/㎡))에서 획득할 수 있는 평점(기본배점×배점)은?

① 1.2 ② 1.4
③ 1.6 ④ 1.8

· **정답** : ④

(20×33)÷80=8.25w/㎡- 0.9점(배점)

평점=2×0.9=1.8점

예제6 "건축물의 에너지절약설계기준"에 따른 에너지성능지표 신재생설비부문 4번항목(전체조명설비전력에 대한 신재생에너지 용량 비율)에서 평점 3.2점을 획득하기 위한 최소 신재생에너지 용량은?

① 264W ② 276W
③ 316W ④ 368W

· **정답** : ④
920×0.4=368kW가 된다.

예제7 "건축물의 에너지절약설계기준"에 따른 에너지성능지표 건축부문 4번항목(외피열교부위의 단열성능)에 따라 평가대상 예외에 해당하는 것을 도면의 ㉠~㉤ 중에서 모두 고른 것은?

① ㉠, ㉡, ㉢ ② ㉢, ㉣, ㉤
③ ㉠, ㉡, ㉢, ㉣ ④ ㉠, ㉡, ㉢, ㉣, ㉤

· **정답** : ③
커튼월부위 또는 샌드위치 패널부위

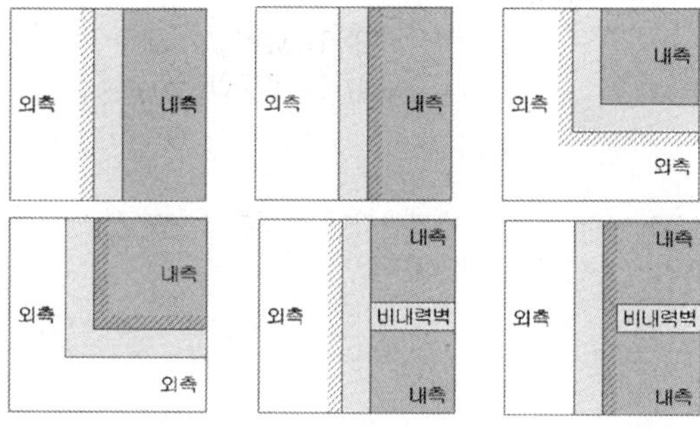

예제8 평균열관류율 계산서가 아래와 같을 경우 "건축물의 에너지절약설계기준"에 따른 에너지성능지표 건축부문 1번 항목 외벽의 평균열관류율 값은?

〈평균열관류율 계산서〉

부호	구분	열관류율(W/㎡·K)	면적(㎡)	열관류율×면적
W1	외기에 직접 면하는 벽체	0.25	81.2	20.30
W2	외기에 간접 면하는 벽체	0.35	36.2	12.67
D1	외기에 직접 면하는 문	1.5	8.4	12.60
D2	외기에 간접 면하는 문	1.7	3.8	6.460
G1	외기에 직접 면하는 창	1.4	14.4	20.16
합계			144	

① 0.461W/㎡·K ② 0.466W/㎡·K
③ 0.475W/㎡·K ④ 0.501W/㎡·K

· **정답** : ②

부호	구분	열관류율(W/㎡·K)	면적(㎡)	열관류율×면적×보정계수
W1	외기에 직접 면하는 벽체	0.25	81.2	20.30×1=20.30
W2	외기에 간접 면하는 벽체	0.35	36.2	12.67×0.7=8.869
D1	외기에 직접 면하는 문	1.5	8.4	12.60×1=12.60
D2	외기에 간접 면하는 문	1.7	3.8	6.460×0.8=5.168
G1	외기에 직접 면하는 창	1.4	14.4	20.16×1=20.16
합계			144	67.097

(67.097÷144)=0.466W/㎡·K

예제9 신축 공공건물에서 급탕부하를 산정한 결과 급탕설비용량이 200kW로 산출되었다. "건축물 에너지 절약설계기준" 에너지성능지표 신재생에너지 부문 중 급탕항목에서 최대 배점을 획득하고자 한다. 태양열시스템의 최소 급탕용량은?

① 4kW ② 8kW
③ 20kW ④ 40kW

· **정답 : ④**

공공건물의 경우 급탕항목은 의무화대상건축물은 신재생에너지부문에서 20%를 적용하여야 한다.

200kW × 0.2 = 40kW

예제10 지붕 면적 100m²인 주택에서 80%에 해당하는 지붕 면적에 연간 발전능력 1,250kWh/kWp.year의 태양광 시스템을 설치할 계획이다. 기대할 수 있는 연간 전력 생산량으로 가장 적합한 것은? (단, 1kWp PV시스템 설치면적은 10m² 이다.)

① 5 MWh/year ② 10MWh/year
③ 20MWh/year ④ 100MWh/year

· **정답 : ②**

태양광 발전 연간 전력 생산량

= 면적(m²) × 연간발전능력 (kWh/kWp.year)×단위면적당 발생전력(kWp/m²)

= 80(m²) × 1,250kWh/kWp.year × (1kWp÷10m²)

= 10MWh/year

예제11 전체 난방설비용량에 대한 신재생에너지 용량비율(%)과 관련하여 근거서류로 가장 부적합한 것은 어느 것인가?

① 장비일람표 ② 단선결선도
③ 부하계산서 ④ 적용비율계산서

· **정답 : ②**

단선결선도는 전체 전기용량에대한 신재생에너지 용량비율(%)과 관련하여 제출하여야 할 근거서류이다.

예제12 전체 전기용량에 대한 신재생에너지 용량비율(%)과 관련하여 근거서류로 가장 부적합한 것은 어느 것인가?

① 신재생설비 구성도 ② 단선결선도
③ 적용비율계산서 ④ 부하계산서

· **정답 : ④**

부하계산서는 전체 전기용량에 대한 신재생에너지 용량비율(%)과 관련하여 제출하여야 할 근거서류가 아니다.

예제13 다음 그림은 태양열시스템 구성개념도를 예시한 것이다. 아래 설명 중 가장 부적합한 것은?

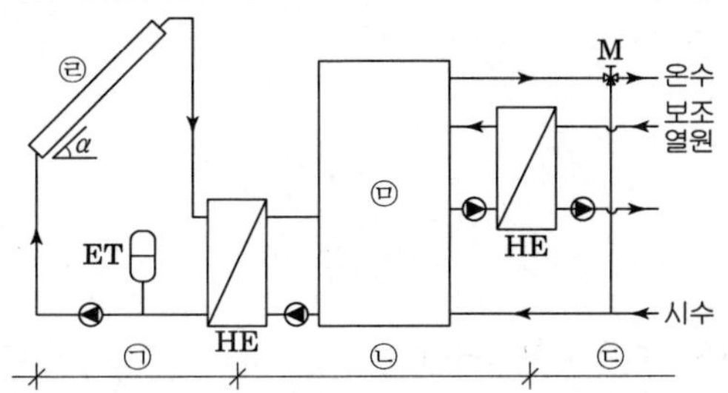

① ㉣ 내부 흡수판에 적용되는 선택흡수막코팅(selective coating)은 방사율을 최소로, 흡수율은 최대로 하여 집열효율을 향상시킨 기술이다.
② 난방 및 급탕 겸용시스템의 경우 ㉣의 설치각도 α는 겨울에 태양복사 수열이 가장 커지도록 설치하는 것이 바람직하다.
③ ㉠, ㉡, ㉢는 태양열 시스템의 3대 구성요소로 각각 집열부, 축열부, 이용부를 표시하고 있다.
④ ㉤내의 온도분포는 성층화가 발생하지 않도록 항시 상하부 온도편차를 최소화 해주는 것이 시스템효율 향상에 유리하다.

· **정답 : ④**

축열조 내 온도계층화는 물의 온도변화에 따른 밀도차이로 인하여 윗부분에는 온도가 높은 물, 아랫부분에는 온도가 낮은 물이 위치함으로써, 축열조 내의 유체가 안정된 상태를 유지함을 의미한다. 온도 계층화 상태에서는 가벼운 유체가 위에 무거운 유체가 밑에 있기 때문에 열의 대류는 일어나지 않으며, 단지 수직방향으로 온도 변화 가 있는 층인 온도경계층(thermal boundary layer)에서 열전도만이 일어난다. 축열조 내의 온도분포는 최대한 축열매체의 상하부 대류를 억제시켜 성층화를 파괴하지 않는 것이 시스템 효율향상에 유리하다.

예제14 에너지 성능지표검토서 중 신 · 재생설비부문의 에너지 성능지표의 항목에서 전체난방설비용량설비에 대한 신 · 재생에너지의 비율로 가장 적합한 것은 다음 중 어느 것인가?

구분	설비 종류	용 량	대 수	전체용량(KW)
1	컴펙트 열교환기	1,298	1	1,298
2	멀티전기히트 펌프시스템	85.6	1	85.6
3	지열히트 펌프시시템	55.8	1	55.8

① 1.88%　　② 2.88%
③ 3.88%　　④ 4.88%

· **정답 : ③**

전체난방설비용량에 대한 신 · 재생에너지용량비율
55.8/1,439.4×100% = 3.88%

■ 저자약력

조 영 호

- 공학박사
- 건축사
- 건축시공기술사, 건축기사, 건축도장기능사
- (전) 주연건축사대표소장(건축사)
- (전) 힐 코리아씨엠 ㈜ 설계본부장(부사장)
- (전) 단에이엔씨 종합건축사사무소(감리단장)
- (전) 홍익전문건설(건축부장)
- (전) 국토교통부 중앙건설기술 심의위원회 위원
- (전) 국방부 특별건설기술 심의위원회 위원
- (전) 여수엑스포 설계자문위원
- (전) 수원시 건축설계공모 작품 심사위원
- (전) 안산시 설계자문위원회 기술위원
- (전) 부천시 원미포럼 회원
- (현) 서울도시개발공사 기술자문위원회 위원
- (현) 용인도시개발공사 기술자문위원회 위원
- (현) 한국 친환경설비학회 이사
- (현) 재단법인 건설산업교육원 교수(교수부장)
- (현) 인하대학교 건축학부 겸임교수
- (전) 경기대학교, 인천대학교, 부천대학교
숙명여자대학교대학원, 인하대학교 교육대학원
외래교수
- 저서 : 건축설계배치론, 건축계획론,
건축관계법규, 건축설비관계법규
새로운 주거의 형태, 건축에너지관계법규
건물에너지 효율설계 · 평가 다수
- 2014년 국토교통부장관상 수상
- 2023년도 국토교통부장관상 수상(국토 교통부 선정 최우수강사선정) ; 유효기간3년간(2024~2026년)

건축관계법 해설

定價 30,000원

저 자 조 영 호
발행인 이 종 권

2025年 2月 27日 초 판 인 쇄
2025年 3月 5日 초 판 발 행

發行處 (주) 한솔아카데미

(우)06775 서울시 서초구 마방로10길 25 트윈타워 A동 2002호
TEL : (02)575-6144/5 FAX : (02)529-1130
〈1998. 2. 19 登錄 第16-1608號〉

※ 본 교재의 내용 중에서 오타, 오류 등은 발견되는 대로 한솔아카데미 인터넷 홈페이지를 통해 공지하여 드리며 보다 완벽한 교재를 위해 끊임없이 최선의 노력을 다하겠습니다.

※ 파본은 구입하신 서점에서 교환해 드립니다.

www.inup.co.kr / www.bestbook.co.kr

ISBN 979-11-6654-680-8 93540